## 《21 世纪新能源丛书 》编委会

国家科学技术学术著作出版基金资助出版

21世纪新能源丛书

# 生物质能源技术与理论

陈冠益　马隆龙　颜蓓蓓　主编

科 学 出 版 社

北　京

## 内 容 简 介

生物质能是绿色植物将太阳能转化为化学能而储存在生物质内部的能量。发展高效生物质能部分替代化石能源，已成为世界各国保障能源安全的重要战略措施。然而，开发高效、环境友好、低成本的生物质能源技术并研究相关的理论依旧是亟待解决的国际性难题。在此背景下，本书系统、全面、深入地介绍了生物质能利用技术及理论，并通过工程案例对当前主流技术、相关机理、环境效益、政策法规以及发展趋势进行明晰的阐释。全书共分为五部分(11 章)。第一部分(第 1 章)主要介绍本书的撰写背景和主要思路。第二部分(第 2~8 章)主要介绍生物质能利用的主流技术和理论，包括生物质制气、生物质制油、生物质发电与供热、生物质成型燃料、生物质制氢、生物质能源前沿技术、生物质炼制与高值化利用等 7 章。第三部分(第 9 章)主要介绍生物质能源利用的环境生态社会效应。第四部分(第 10 章)主要介绍管理政策与公众参与。第五部分(第 11 章)主要介绍生物质能源技术发展与应用挑战。

本书可供生物、能源、环境、化工等相关领域的研究生及高年级本科生阅读学习，也可供相关领域科研工作者参考使用。

**图书在版编目(CIP)数据**

生物质能源技术与理论/陈冠益，马隆龙，颜蓓蓓主编. —北京：科学出版社, 2017.9

(21 世纪新能源丛书)

ISBN 978-7-03-054454-4

I.①生… Ⅱ.①陈… ②马… ③颜… Ⅲ.①生物能源-研究 Ⅳ.①TK6

中国版本图书馆 CIP 数据核字(2017) 第 221838 号

责任编辑: 钱 俊／责任校对: 杨 然 邹慧卿

责任印制: 赵 博／封面设计: 耕者设计

科 学 出 版 社出版

北京东黄城根北街 16 号

邮政编码: 100717

http://www.sciencep.com

三河市春园印刷有限公司印刷

科学出版社发行 各地新华书店经销

*

2017 年 9 月第 一 版 开本: 720 × 1000 B5

2025 年 1 月第六次印刷 印张: 36 3/4

字数: 721 000

**定价: 228.00 元**

# 《21世纪新能源丛书》序

物质、能量和信息是现代社会赖以存在的三大支柱。很难想象没有能源的世界是什么样子。每一次能源领域的重大变革都带来人类生产、生活方式的革命性变化，甚至影响着世界政治和意识形态的格局。当前，我们又处在能源生产和消费方式发生革命的时代。

从人类利用能源和动力发展的历史看，古代人类几乎完全依靠可再生能源，人工或简单机械已经能够适应农耕社会的需要。近代以来，蒸汽机的发明唤起了第一次工业革命，而能源则是以煤为主的化石能源。这之后，又出现了电和电网，从小规模的发电技术到大规模的电网，支撑了与大工业生产相适应的大规模能源使用。石油、天然气在内燃机、柴油机中的广泛使用，奠定了现代交通基础，也把另一个重要的化石能源引入了人类社会；燃气轮机的技术进步使飞机突破声障，进入了超声速航行的时代，进而开始了航空航天的新纪元。这些能源的利用和能源技术的发展，进一步适应了高度集中生产的需要。

但是化石能源的过度使用，将造成严重环境污染，而且化石能源资源终将枯竭。这就严重地威胁着人类的生存和发展，人类必然再一次使用以可再生能源为主的新能源。这预示着人类必将再次步入可再生能源时代——一个与过去完全不同的建立在当代高新技术基础上创新发展起来的崭新可再生能源时代。一方面，要满足大规模集中使用的需求；另一方面，由于可再生能源的特点，同时为了提高能源利用率，还必须大力发展分布式能源系统。这种能源系统使用的是多种新能源，采用高效、洁净的动力装置，用微电网和智能电网连接。这个时代，按照里夫金《第三次工业革命》的说法，是分布式利用可再生能源的时代，它把能源技术与信息技术紧密结合，甚至可以通过一条管道来同时输送一次能源、电能和各种信息网络。

为了反映我国新能源领域的最高科研水平及最新研究成果，为我国能源科学技术的发展和人才培养提供必要的资源支撑，中国工程热物理学会联合科学出版社共同策划出版了这套《21世纪新能源丛书》。丛书邀请了一批工作在新能源科研一线的专家及学者，为读者展现国内外相关科研方向的最高水平，并力求在太阳能热利用、光伏、风能、氢能、海洋能、地热、生物质能和核能等新能源领域，反映我国当前的科研成果、产业成就及国家相关政策，展望我国新能源领域未来发展的趋势。本丛书可以为我国在新能源领域从事科研、教学和学习的学者、教师、研究生提供实用系统的参考资料，也可为从事新能源相关行业的企业管理者和技术人员提供有益的帮助。

中国科学院院士
2013 年 6 月

# 前 言

生物质能是蕴藏在生物质中的能量，是绿色植物通过叶绿素将太阳能转化为化学能而储存在生物质内部的能量。生物质能是可再生能源，通常包括农业废弃物、林业废弃物、水生植物、油料植物、城市和工业有机废弃物以及动物粪便。在全球能耗中，生物质能约占 14%。目前全世界约 25 亿人的生活能源的 90%以上是生物质能，且主要利用方式为直接燃烧。生活用能的生物质直接燃烧热效率仅为 10%~30%，且污染排放严重。因此，开发高效、环境友好、低成本的生物质能源技术并研究相关的理论成为全球关注的热点，也是亟待解决的国际性难题。

目前，越来越多的国家将发展高效生物质能作为部分替代化石能源、保障能源安全的重要战略措施，并积极推进生物质能的开发利用。生物质能在许多国家能源供应链的作用正在不断增强。“十一五”时期，我国生物质能产业快速发展，开发利用规模不断扩大，部分领域已初具产业化规模，在替代化石能源、促进环境保护、带动农民增收等方面发挥了积极作用。“十二五”时期是转变能源发展方式、加快能源结构调整的重要阶段，是完成 2020 年非化石能源发展目标、促进节能减排的关键时期，生物质能面临重要的发展机遇。因此，国家能源局根据《国家能源发展“十二五”规划》和《可再生能源发展“十二五”规划》，制定了《生物质能发展“十二五”规划》，对生物质能的研究重点和发展规划进行了更为明晰的诠释，生物质能技术与产业模式有望更加清晰。

在此背景下，本书应中国科学院工程热物理研究所徐建中院士、金红光院士邀请而撰写，首次系统、全面、深入地介绍了生物质能利用技术及理论，并通过工程案例对当前主流技术及相关机理进行明晰的阐释。除对技术及理论进行系统评述外，本书还就各技术产生的环境效益进行了简要评价和比较。同时，本书还试图对生物质能相关的政策法规进行介绍，以期让读者更为清晰地了解国家对生物质能产业技术方面的政策支持。最后，紧跟学术前沿，对生物质能源技术及理论的发展趋势进行了展望。

本书由陈冠益(天津大学)、马隆龙(中国科学院广州能源研究所)、颜蓓蓓(天津大学)主编，参编人员包括马文超、李湘萍、石家福、齐云、徐莹、王媛、刘庆岭、赵迎新、杨改秀、程占军、陈鸿，由陈冠益统稿，袁振宏(中国科学院广州能源研究所)审稿。书稿得到了骆仲泱(浙江大学)、 郭烈锦(西安交通大学)等教授专家的认真指点，这使本书增辉不少。

在本书编写过程中，参考了一些国内外相关资料，部分研究生也参与了编写，在此向各位作者和研究生以及提供相关材料的同仁表达诚挚谢意。此外，本书得到了国家科学技术学术著作出版基金资助，也得到了国家科技部国家重点基础研究发展计划(973 计划)项目、国家自然科学基金项目、天津市自然科学基金项目等支持，在此一并表示感谢。

由于本书内容涉及面广，作者水平有限，难免有不足和疏漏之处，欢迎读者批评指正。

作　者

2017年7月

# 目　　录

# 第 1 章 绪　　论

## 1.1　本书撰写背景

生物质能一直是人类赖以生存的重要能源，是仅次于煤炭、石油和天然气居世界能源消费总量第四位的能源，在能源系统中占有重要地位。据预测，到 21 世纪中叶，采用新技术生产的各类生物质替代燃料将占全球总能耗的 40%以上。

生物质能源技术的研究与开发已成为国际热门课题之一，受到各国政府与科学家、工业界的关注。许多国家和地区都制订了相应的开发研究计划，如日本的阳光计划、印度的绿色能源工程、美国的能源农场、巴西的酒精能源计划和欧盟的生物质燃料替代行动计划等，其中生物质能源的开发利用占有相当大的比重。欧盟确定了 2020 年可再生能源消费占欧盟总能源消费结构至少 20%的能源战略目标，欧盟第二代生物质能源消费预计到 2020 年将达到 1.32 亿吨石油当量。目前，国外的生物质能技术和装置已多数达到商业化应用程度，实现了规模化产业经营。以美国、瑞典和奥地利为例，生物质转化为高品位能源利用已具有相当可观的规模，分别占该国一次能源消耗量的 4%、16%和 10%。在美国，生物质能发电的总装机容量已超过 10000MW，单机容量达 10～25MW；美国纽约的斯塔藤垃圾处理站投资 2000 万美元，采用湿法处理垃圾，回收沼气，用于发电，同时生产肥料。巴西是燃料乙醇开发应用最有特色的国家，实施了世界上规模最大的乙醇开发计划，目前燃料乙醇已占该国汽车燃料消费量的 50%以上。美国开发出利用纤维素废料生产酒精的技术，示范工厂年产酒精 2500 吨。

我国既是典型的人口大国，又是经济快速发展的国家，面临着经济增长和环境保护的双重压力。因此改变能源生产和消费方式，开发利用生物质能等可再生的清洁能源对建立可持续的能源系统，促进国民经济可持续发展和环境保护具有重大意义。

开发利用生物质能对我国农村和村镇建设更具特殊意义。我国 40%人口生活在农村，秸秆和薪柴等生物质能是农村的主要生活燃料。尽管煤炭等商品能源在农村的使用迅速增加，但生物质能仍占有重要地位。我国每年产生农作物秸秆约 7 亿吨，约 40%可用于能源开发。发展生物质能源技术，为农村和乡镇地区提供生活和生产用能，是帮助这些地区改善生活质量、提高生活水平的一项重要任务，也是城镇化建设的一个重要措施。

生物质能高效转换技术不仅能够大大加快村镇居民实现能源现代化进程，满足农民富裕后对优质能源的迫切需求，同时也可在乡镇企业等生产领域中得到应用。由于我国地广人多，常规能源不可能完全满足广大村镇日益增长的需求，而且由于国际上正在制定各种有关环境问题的公约，限制$CO_2$等温室气体排放，这对我国以煤炭为主的能源结构是很不利的。因此，立足于村镇现有的生物质资源，研究新型转换技术，开发新型装备，既是村镇发展的迫切需要，又是减少排放、保护环境、实施可持续发展战略的需要。

综上所述，作为新兴产业，生物质能源的发展关乎着未来国家经济可持续发展的战略，是未来替代能源极其重要的组成部分。生物质能的合理利用将为国家能源和经济结构转型带来革命性变化，但是生物质能源开发利用与农业农村、环境生态高度相关，因此适度有序开发生物质能源技术至关重要。遗憾的是，至今为止，缺乏一本系统、全面详尽阐述生物质能源利用技术及相关关注点的专著。本书对各种生物质能源利用技术做了详细分析，对生物质能源的发展方向提出了明确的思路。

## 1.2　本书框架思路与主要内容

本书按以下框架展开(图 1-1)。

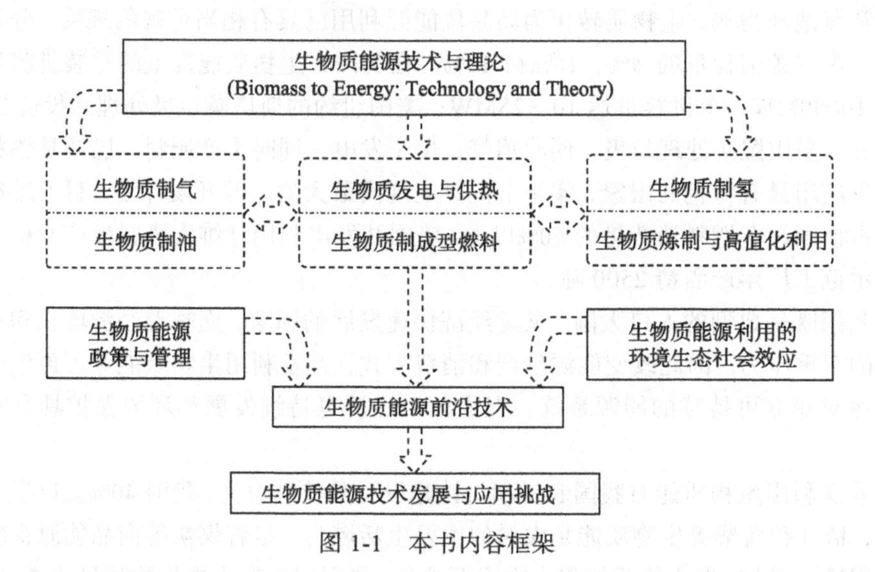


图 1-1　本书内容框架

本书第 2 章至第 6 章全面地介绍了生物质能源利用技术(图 1-2)，阐述了生物质能源利用技术的基础理论，介绍了各种工艺、技术的机理。本书涵盖了当前主流的生物质能源利用技术，包括直接燃烧、混合燃烧、气化、发电供热、热解制油、沼气发酵、生物质制氢、酒精发酵、生物柴油与航空生物燃油制备。第 7 章重点介绍了前沿技术，包括能源植物与作物、微藻、微生物电池等。第 8 章围绕生物质炼制与高值化，重点介绍了生物基平台化学品合成与应用、生物基高值聚合物制备与产业化发展、木塑复合材料、生物基碳材料的发展前景。第 9 章阐述了生物质能源利用的环境生态社会效应。第 10 章介绍了生物质能利用的管理制度、政策法规以及公众参与等过程。第 11 章提出生物质能源技术发展与应用挑战，合理展望未来，为将来的生物质能的利用与发展提出了美好蓝图和建议。

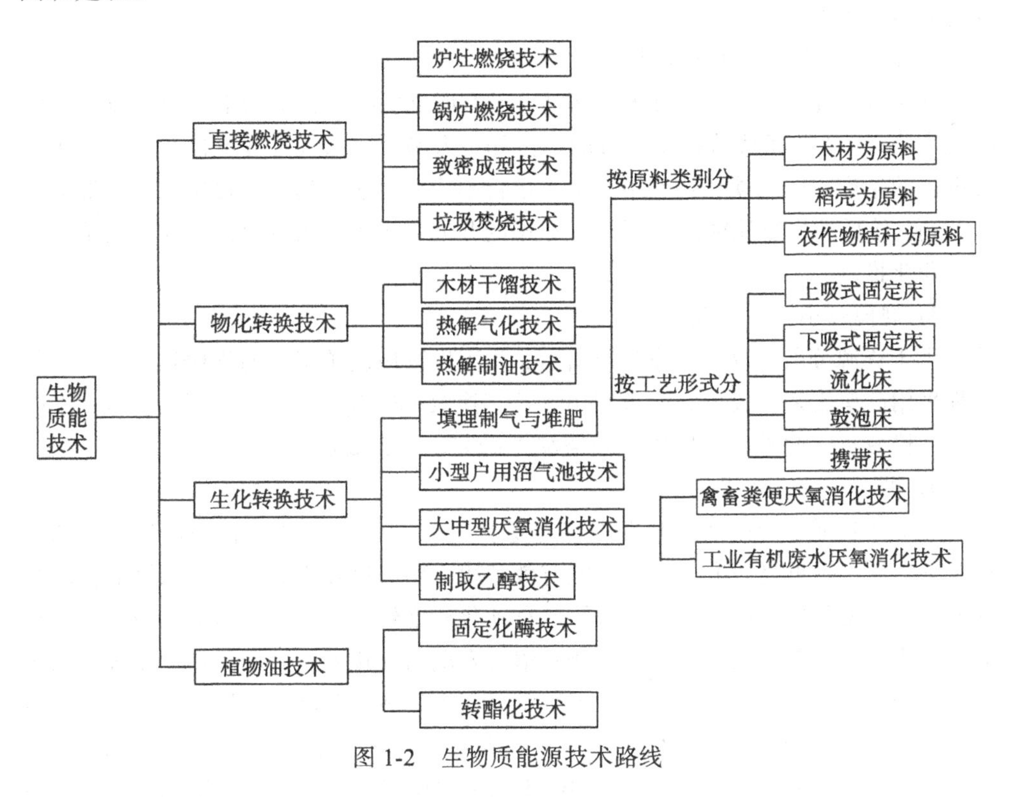

图 1-2 生物质能源技术路线

## 1.3 编写本书的重要性和必要性

我国政府及有关部门对生物质能源的利用一直很重视，国家科技部已连续在五年计划中将生物质能源技术的研究与应用列为重点内容。在此背景下，涌现出了一批优秀的科研成果和成功的应用范例，如户用沼气池、禽畜粪便沼气技术、生物质气化发电和集中供气、生物质压块燃料等，取得了较好的社会效益和经济效益。同时，我国已组建了一支高水平的科研队伍，拥有一批致力于生物质能源技术研究与开发的专家学者，具备一定的产业和技术基础。虽然我国在生物质能源开发方面取得了巨大成绩，但应该清醒地认识到，我国的生物质能源发展整体水平与发达国家相比仍存在一定差距。

1) 技术单一，开发力度不够

我国早期的生物质能利用主要集中在小型沼气开发上，近年逐渐重视热解气化技术的开发应用，也取得了一定突破，但其他技术进展依然缓慢，包括木质纤维素生产酒精、热解液化、大规模生物质燃气的工业化技术和速生林能源的培育等，还没有取得突破性进展。

2) 标准欠缺，管理存在缺位

在秸杆气化供气与沼气工程开发上，没有明确的技术标准与准入机制以及严格的技术监督，不具备优势技术力量的单位和个人参与了沼气工程承包和秸杆气化供气设备的生产，造成项目技术不过关，运行不稳定，达不到预期目标，甚至带来安全问题，给后续生物质能源利用工程应用的开展带来了很大的负面影响，甚至影响到产业化推进。

3) 规模较小，效益较低

由于资源分散，收集手段相对落后，我国生物质能源工程的规模较小，大部分工程采用简单工艺和设备，设备利用率及转换效率较低，造成投资回报率低，难以形成规模效益。此外，环境生态效益缺乏研究，综合效益没有形成。

4) 投入较少，效果欠佳

相对生物质能源的研究开发内容的复杂性来说，投入偏少，使得研发的技术含量较低，低水平重复研究较多，未能有效解决一些关键技术，例如，厌氧消化产气率低、辅助设备配套性差、设备与管理自动化程度较差；气化利用中焦油问题没有彻底解决，给长期应用带来隐患问题；沼气发电与气化发电效率较低，相应的二次污染问题没有解决，导致许多工程系统常处于维修或故障状态，降低了系统运行强度和效率；在生物质液化方面虽然有一定研究，但技术离工程化仍有不少差距。

本书正是在此背景下展开的。相信本书的出版对于我国生物质能源技术的发展能起到一定的指导作用，促进社会更好地了解生物质能源技术与应用，形成支持生物质能源发展的局面。

# 第 2 章　生物质制气

## 2.1　生物质燃气热解气化技术制备

### 2.1.1　制备技术分类

生物质燃气热解气化制备技术包括生物质热解、常规气化、超临界气化技术，其有多种分类形式，常用有以下几种：

(1) 按设备运行方式，可分为固定床(也称移动床)气化、流化床气化(包括循环流化床气化)、气流床气化、旋风床气化、浆态床气化、双床气化。

(2) 按气化炉操作压力，可分为常压气化和加压气化。

(3) 按供热方式，可分为内热式气化和外热式气化。

(4) 按气化介质，可分为不使用气化介质和使用气化介质，如图 2-1 所示。①不使用气化介质时称为热解，热解技术可分为慢速热解、快速热解和反应性热解。根据目标产物的不同，可选择相应的热解技术。②使用气化介质则分为空气气化、$O_2$气化、水蒸气气化、水蒸气-$O_2$混合气化、$H_2$气化、$CO_2$气化等。

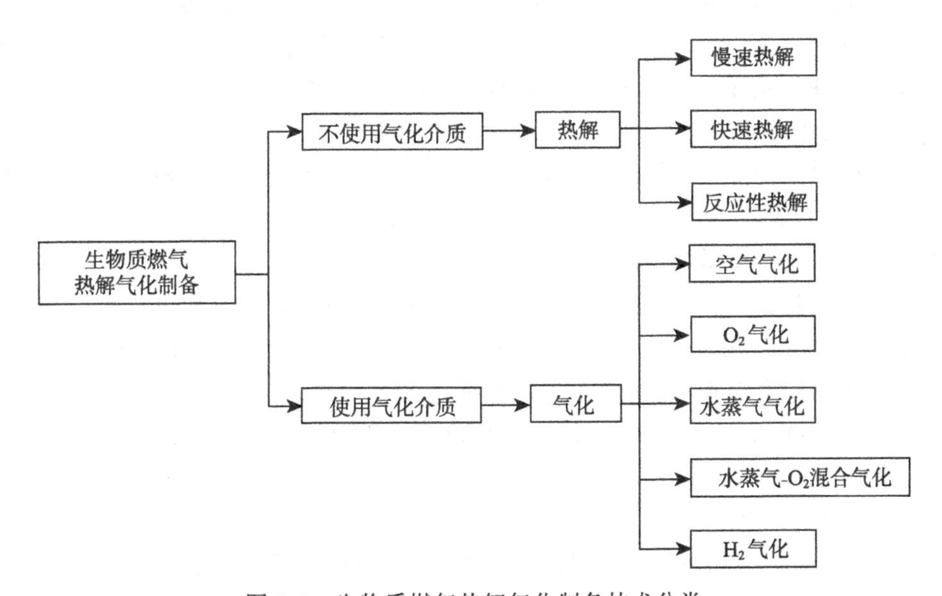


图 2-1　生物质燃气热解气化制备技术分类

1) 热解

热解，又称干馏气化，是在完全无氧或严重缺氧(只提供极有限的氧)的热作用下，生物质中有机物质发生的热分解反应。生物质热解工艺是以热解为主要反应的工艺，目的是通过有机物质的裂解得到期望的目标产物。为了尽量减少氧化造成的物质损失，热解工艺通常需要隔绝空气，有时为减少提升温度的能源消耗，也供应少量空气，但整个过程仍以热解为主。热解反应是一个吸热过程，但由于生物质原料中含氧量较高，当温度升高到一定程度后，这些氧将参加反应从而使温度迅速提高，进而加速完成热解反应，减少外部热源的输入。按热解温度可分为低温热解(600℃以下)，中温热解(600～900℃)和高温热解(900℃以上)。热解产物成分比例大致为木焦油 5%～10%，木醋液 30%～35%，木炭 28%～30%，可燃气 25%～30%[1]，其中热解气热值为 12～15MJ/$Nm^3$($Nm^3$ 为标准立方米)，为中热值气体。该燃气既可用作燃气，也可用作化工合成气的原料。由于热解气化是吸热反应，应在工艺中提供外部热源使反应连续进行。

2) 空气气化

空气气化是以空气为气化介质的气化反应。气化过程中，空气为燃烧过程提供$O_2$，即与生物质发生氧化反应，氧化反应为气化反应的其他过程如热分解和还原过程提供所需热量和反应物，整个气化过程是一个自供热系统。但由于空气中含有79%的 $N_2$，不参加气化反应，却稀释了燃气中可燃组分的含量，使气化气中 $N_2$ 含量可高达 50%左右，因而降低了燃气的热值。一般气化气热值在 5MJ/$Nm^3$ 左右。该气化气用作燃气使用时输送效率较低，作为化工合成气原料使用时需要进行合成处理。由于空气可以任意取得，空气气化过程又不需外供热源，因而空气气化是所有气化过程中最简单、最经济、也最易实现的形式，故此种气化技术的应用较普遍。

3) $O_2$气化

$O_2$气化是以 $O_2$ 为气化剂的气化过程，其气化过程与空气气化相同，但没有惰性气体 $N_2$，因此在与空气气化相同的当量比下，反应温度提高，反应速率加快，反应器容积减小，热效率提高，气化气热值提高一倍以上。在与空气气化相同反应温度下，耗氧量减少，当量比降低，因而也提高了燃气质量。$O_2$气化所产气体热值与城市煤气相当。在该反应中应控制 $O_2$ 供给量，既保证生物质全部反应所需要的热量，又不能使生物质同过量的氧反应生成过多的 $CO_2$。$O_2$气化生成的可燃气体的主要成分为 CO、$H_2$ 及 $CH_4$ 等，其热值为 13～15MJ/ $Nm^3$，为中热值气体，既可用作燃气，也可用作化工合成气的原料。

4) 水蒸气气化

水蒸气气化是指水蒸气在高温下与生物质发生反应，它不仅包括水蒸气和碳的还原反应，也包括 CO 与水蒸气的变换反应、甲烷化反应以及生物质在气化炉内的热分解反应等。其主要反应是吸热反应过程，仅由水蒸气本身提供的热量难以为气化反应提供足够的热源，因此，水蒸气气化的热源主要来自外部热源。由于气化反应即焦炭与水蒸气的反应，温度要求较高，所以要使气化达到较好的效果，水蒸气的温度必须在 700℃以上，这大大增加了运行能耗。典型的水蒸气气化结果为，$H_2$：20%～26%；CO：28%～42%；$CO_2$：16%～23%；$CH_4$：10%～20%；$C_2H_2$：2%～4%；$C_2H_6$：1%；$C_3^+$：2%～3%。生成的气化气中，$H_2$ 和 $CH_4$ 的含量较高，其热值也可以达到 10～18MJ/Nm$^3$，为中热值气体[2]。水蒸气气化的热源来自外部热源及蒸汽本身热源，但反应温度不能过高或过低，该技术较复杂，不宜控制和操作。水蒸气气化经常出现在需要中热值气体燃料而又不能使用 $O_2$ 的气化过程中，如双床气化反应器中有一个床是水蒸气气化床。

5) 混合气化(富氧气化)

混合气化是指同时或交替使用两种以上气化剂对生物质进行气化，如水蒸气-富氧混合气化或空气-水蒸气混合气化过程。从理论上分析，空气(或 $O_2$)-水蒸气气化是比单用空气或水蒸气都优越的气化方法。一方面，它是自供热系统，不需要复杂的外供热源；另一方面，气化所需要的一部分 $O_2$ 可由水蒸气提供，减少了空气(或 $O_2$)消耗量，并生成更多的 $H_2$ 及碳氢化合物。特别是在催化剂存在的条件下，CO 变成 $CO_2$，随着反应的进行，降低了气体中 CO 含量，使气体燃料更适合于用作城市燃气。典型情况下，$O_2$-水蒸气气化的气体成分(在 800℃水蒸气与生物质比为 0.95，$O_2$ 的当量比为 0.2)，按照体积分数，$H_2$：32%；$CO_2$：30%；CO：28%；$CH_4$：7.5%；$C_mH_n$：2.5%[3]；气体低热值为 11.5MJ/Nm$^3$。

6) $H_2$ 气化

$H_2$ 气化是使 $H_2$ 同碳及水发生反应生成大量的甲烷的过程，其气化气热值可达 25MJ/Nm$^3$，属高热值气化气。由于反应条件苛刻，需在高温高压且具有氢源的条件下进行，所以此项技术不常应用。不同气化技术的气化特性如表 2-1 所示。

**表 2-1　不同气化技术的气化特性[3]**

| 气化装置类型 | 气化剂 | 热值/(MJ/Nm$^3$) | 用途 |
|---|---|---|---|
| 空气气化炉 | 空气 | 4.20～7.56 | 锅炉、干燥、动力 |
| $O_2$ 气化炉 | $O_2$ | 15 | 区域管网、合成燃料、氨 |
| 水蒸气气化炉 | 水蒸气 | 10.92～18.90 | |
| $H_2$ 气化炉 | $H_2$ | 22.26～26.04 | 工艺热源、管网 |

7) $CO_2$ 气化

生物质 $CO_2$ 气化过程第一个反应阶段为快速热解，主要产物为生物质中的易挥发成分与焦炭。随后在高温条件下，$CO_2$ 与焦炭反应生成 CO，反应需要吸收大量的热，过程受温度、压力和气化剂等因素的影响，反应速度较慢。$CO_2$ 气化技术不但可以制备高品质合成气，同时可以减少大气中$CO_2$的排放，可有效应用于生物质废弃物的资源化处理，得到了越来越多研究者的重视。

### 2.1.2 生物质热解技术

生物质热解(也称热裂解)是生物质在完全缺氧或有限氧供给的条件下热降解为液体生物油、可燃气体和固体生物质炭三个组成部分的过程。控制热裂解的条件(主要是反应温度、升温速率、停留时间、催化剂使用等)可得到不同的热裂解产品，但气体产物总是存在，因此生物质燃气总伴随热解过程。

以制气为主要目的热解：热解反应通常在中高温范围(700～900℃)、中高加热速率、较长停留时间的条件下进行。气体产率随着温度和加热速率的升高及停留时间的延长而增加，低温度和低加热速率会导致物料碳化，使固体生物质碳产率增加。气体的成分也随着反应条件的变化而有所改变，一般而言，随着热解温度的升高，热解气参与的二次反应会更为强烈，产物气体中$CO_2$含量有所减少，CO和$CH_4$的含量会明显增加。$H_2$以及$C_2$-$C_4$类气体虽然总量较少，但其含量也随反应温度的升高而显著升高。由热解得到的不可冷凝气体可以作为燃气直接使用，或者作为载气参与其他的反应。

以制油为主要目的热解：生物质热解液化是在中温(500～600℃)、高加热速率($10^4$～$10^5$℃/s)和极短气体停留时间(约2s)的条件下，将生物质直接热解，产物经快速冷却，可使中间液态产物分子在进一步断裂生成气体之前冷凝，得到高产量的生物质液体油，液体产率(质量比)可高达70%～80%[4]。

1. 生物质热解工艺类型

根据工艺操作条件，生物质热解工艺可分为慢速、快速和反应性热解三种类型。在慢速热裂解工艺中又可分为碳化和常规热裂解。生物质热裂解的主要工艺类型总结如表2-2所示。

表2-2 生物质热裂解的主要工艺类型

| | 工艺类型 | 滞留期 | 升温速率 | 最高温度/℃ | 主要产物 |
|---|---|---|---|---|---|
| 慢速热裂解 | 碳化 | 数小时～数天 | 非常低 | 400 | 炭 |
| | 常规 | 5～30min | 低 | 600 | 气、油、炭 |
| 快速热裂解 | 快速 | 0.5～5s | 较高 | 650 | 油 |
| | 闪速(液体) | <1s | 高 | <650 | 油 |
| | 闪速(气体) | <10s | 高 | >650 | 气 |
| | 极快速 | <0.5s | 非常高 | 1000 | 气 |
| | 真空 | 2～30s | 中 | 400 | 油 |
| 反应性热裂解 | 加氢热裂解 | <10s | 高 | 500 | 油 |
| | 甲烷热裂解 | 0.5~10s | 高 | 1050 | 化学品 |

2. 反应机理

在热裂解反应过程中，会发生一系列的化学变化和物理变化，前者包括一系列复杂的化学反应(一级、二级)，后者包括热量传递和物质传递。通过对国内外热裂解机理研究的归纳概括，现从以下三个角度对反应机理进行分析。近年来，一些研究者相继提出了与二次裂解反应有关的生物质热裂解途径，但基本上都是以 Shafizadeh 等[5]提出的反应机理为基础的，其分解反应机理途径如图 2-2 所示。

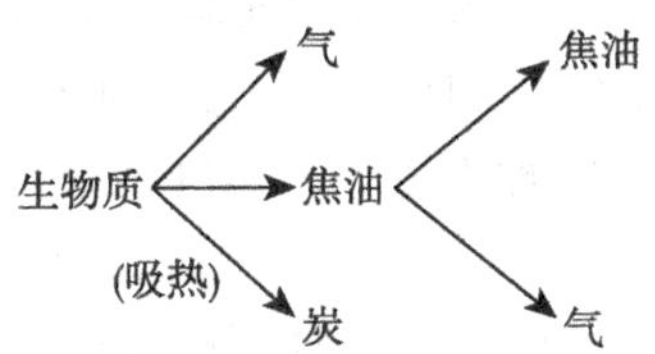


图 2-2　Shafizadeh 等提出的分解反应机理途径

1) 从生物质组成成分分析

生物质主要由纤维素、半纤维素和木质素三种主要组成物以及一些可溶于极性或弱极性溶剂的提取物组成。生物质的三种主要组成物常被假设独立地进行热分解，纤维素主要在 300～375℃分解，半纤维素主要在 225～325℃分解，木质素在 250～500℃分解。半纤维素和纤维素主要产生挥发性物质，而木质素主要分解成炭。生物质热裂解工艺开发和反应器的合理设计都需要对热裂解机理进行深入的认识。

(1) 纤维素热解。

纤维素是多数生物质最主要的组成物(如在木材中平均占 43%)，同时它也是相对简单的生物质组成物，因此纤维素被广泛用作生物质热裂解基础研究的实验原料。最为广泛接受的纤维素热分解反应途径模式如图 2-3 所示。

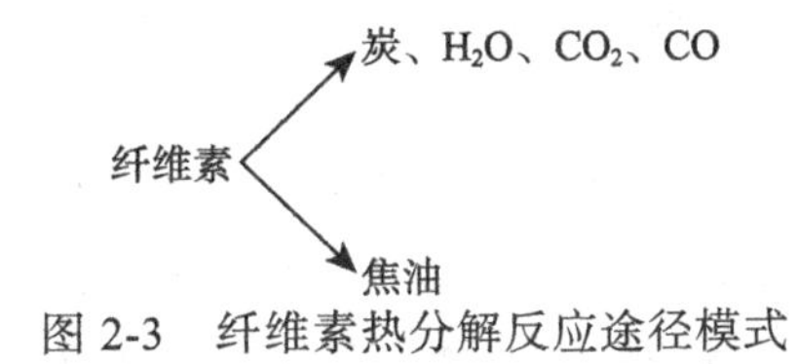


图 2-3　纤维素热分解反应途径模式

很多研究者对该基本图式进行了详细的解释。Kilzer 等[6]提出了一个很多研究所广泛采用的概念性框架，其反应图式如图 2-4 所示。

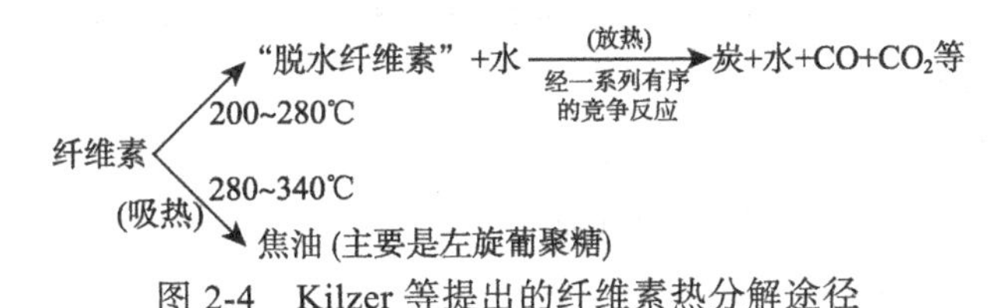


图 2-4　Kilzer 等提出的纤维素热分解途径

从图 2-4 中明显看出，低的加热速率倾向于延长纤维素在 200～280℃范围所用的时间，结果以减少焦油为代价增加了炭的生成。

Antal 等对图 2-4 进行了评述。首先，纤维素经脱水作用生成脱水纤维素，脱水纤维素进一步分解产生大多数的炭和一些挥发物。与脱水纤维素在较高的温度下的竞争反应是一系列纤维素解聚反应产生左旋葡聚糖(1,6 脱水-A-D-呋喃葡糖)焦油。根据实验条件，左旋葡聚糖焦油的二次反应生成炭、焦油和气；慢速热裂解使一次产物在基质内的滞留期加长，从而导致左旋葡聚糖主要转化为炭。纤维素热裂解产生的化学产物包括 CO、$CO_2$、$H_2$、炭、左旋葡聚糖以及一些醛类、酮类和有机酸等，醛类化合物及其衍生物种类较多，是纤维素热裂解的一种主要产物。

(2) 半纤维素热解。

半纤维素是生物质中最不稳定的一种成分，反应活性最高。在慢速热解中，150℃甚至更低的温度下半纤维素就开始热解，200~300℃范围内热解进行迅速。代表半纤维素的木聚糖降解机制与纤维素类似，只是中间产物由左旋葡聚糖变为呋喃衍生物，但呋喃衍生物活性较高，很快发生了二次热解，转变为气体。

(3) 木质素热解。

目前对木质素的热解机理尚缺乏充分的认识。一般认为，木质素热解过程遵循的是自由基反应机理，在常规热解条件下，键断裂导致了自由基的生成。普通的 C—C 键能大约为 380kJ/mol，较难断裂，也有一些化学键(如 O—O 键)能够在低温下断裂，带有这些化学键能的化合物能够在相对较低的温度(低于 200℃) 产生自由基，因此木质素热解过程覆盖 200~500℃的宽广范围。

木质素的一次热解一般发生在热软化温度 200℃，由其氢键断裂和芳香基失稳所引起。随着温度的升高，木质素中大分子化合物通过自由基反应首先断裂成低分子碎片，这些碎片进一步通过侧链 C—O、C—C 键断裂形成低分子化合物，主要是轻芳香族物质，如邻甲氧基苯酚。

热解过程生成的大部分炭都来自于木质素，这是由于木质素中的芳香环很难断裂。在较低反应温度(≤400℃)和较慢加热速率(≤10℃/min)下，木质素热解可以得到超过 50%的炭。木质素热解的液体产物中有芳香族物质，如苯酚、二甲氧基苯酚、甲酚等。温度高于 600℃时，这些产物会二次反应，如分裂、脱氢、缩合、聚合和环化。分裂反应产生一些小分子物质，如 CO、$CH_4$ 和其他气态烃、乙酸、羟基乙酸和 $CH_3OH$ 等，聚合和缩合反应则形成其他一些芳烃聚合物、稳定的可冷凝物(如苯、香豆酮和萘)等。

2) 从反应进程分析

生物质的热裂解过程分为几个阶段。

第一阶段为预加热和干燥阶段，100℃以下生物燃料被加热，在 100～130℃的范围，燃料的内在水分全部蒸发。

第二阶段为预热解阶段，主要是纤维素高分子链断裂、纤维素聚合度下降及玻璃化转变，这一阶段会有一些内部重排反应发生，例如，失水、键断裂、自由基的产生，以及羧酸、羰基、过氧烃基的形成。当温度低于200℃时，纤维素热效应并不明显，即使加热很长时间也只有少量的重量损失，外观形态并无明显变化。然而，经过预热解处理的木质纤维材料内部结构已经发生了一些变化，其热解产物的产量不同于未经过预处理的纤维素材料，这表明预热解是整个热解过程必要的一步。

第三阶段为热解的主要阶段，在300～600℃下发生，纤维素进一步解聚形成单体，进而通过各种自由基反应和重排反应形成热解产物。这一阶段发生化学键的断裂和重排，需要吸收大量的热量。

第四阶段为焦炭降解阶段，这一阶段焦炭进一步降解，C—H和C—O键断裂，深层的挥发性物质继续向外层扩散，残炭重量下降并逐渐趋于稳定。同时，一次热解油也进行着多种多样的二次裂解反应。

3) 从物质、能量的传递分析

首先，热量传递到颗粒表面，并由表面传到颗粒的内部。热裂解过程由外至内逐层进行，生物质颗粒被加热的成分迅速分解成木炭和挥发分。其中，挥发分由可冷凝气体和不可冷凝气体组成，可冷凝气体经过快速冷凝得到生物油。一次裂解反应生成了生物质炭、一次生物油和不可冷凝气体。在多孔生物质颗粒内部的挥发分将进一步裂解，形成不可冷凝气体和热稳定的二次生物油。同时，当挥发分气体离开生物颗粒时，还将穿越周围的气相组分，在这里进一步裂化分解，称为二次裂解反应(也称裂化反应)。生物质热裂解过程最终形成生物油、不可冷凝气体和生物质炭(图2-5)。反应器内的温度越高且气态产物的停留时间越长，二次裂解反应则越严重。为了得到高产率的生物油，需快速去除一次热裂解产生的气态产物，以抑制二次裂解反应的发生。

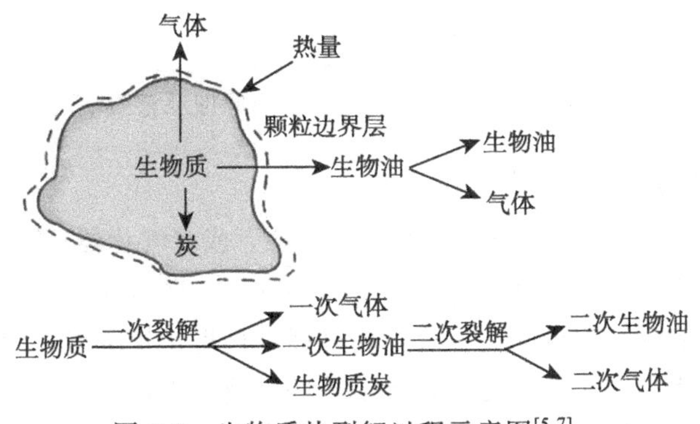


图2-5 生物质热裂解过程示意图[5-7]

与慢速热裂解产物相比，快速热裂解的传热过程发生在极短的原料停留时间内，强烈的热效应导致原料迅速降解，不再出现一些中间产物，直接产生热裂解产物，而产物的迅速淬冷使化学反应在所得初始产物进一步降解之前终止，从而最大限度地增加了液态生物油的产量。

### 2.1.3 生物质气化技术

#### 1. 生物质气化原理

生物质气化的过程很复杂，随气化装置的类型、工艺流程、反应条件、气化剂种类、原料性质等条件的不同，反应的过程也不相同，不过这些过程的基本反应包括固体燃料的干燥、热解反应、还原反应和氧化反应四个过程，如图 2-6 所示。

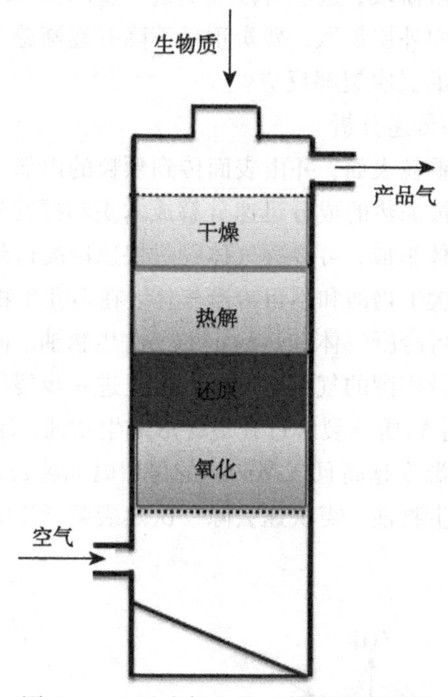


图 2-6　上吸式气化炉工作原理示意图

1) 生物质干燥

生物质原料在进入气化反应器(也称气化炉，或者气化器)后，在热作用下，首先被加热析出吸附在生物质表面的水分，在 100～150℃主要为干燥阶段，大部分水分在低于 105℃条件下析出，这一阶段的过程进行得比较缓慢，因需要供给大量的热，而且在表面水分完全脱除之前，被加热的生物质温度不上升。在上吸式气化炉的最上层为干燥区，从上面加入的生物质物料直接进入干燥区，湿物料在这里同下面三个反应区生成的热气体产物进行换热，使原料中的水分蒸发出去，生物质物料由含有一定水分的原料转变为干物料。

2) 热(裂)解反应

当温度达到160℃以上便开始发生高分子有机物在吸热不可逆条件下的热分解反应，并且随着温度的进一步升高，分解反应进行得更加激烈。由于生物质原料中含有较多的氧，当温度升高到一定程度后，氧将参加反应而使温度迅速提高，从而加速完成热分解。热分解是一个十分复杂的过程，其真实的反应可能包括若干不同路径的一次、二次甚至高次反应，不同的反应路径得到的产物也不同，但总的结果是大分子的碳水化合物的链被打碎，析出生物质中的挥发分，留下木炭构成进一步反应的床层。生物质的热分解产物是非常复杂的混合气体和固态炭，其中混合气体至少包括数百种碳氢化合物，有些可以在常温下冷凝成焦油，不可冷凝气体则可直接作为气体燃料使用，是相当不错的中热值干馏气，热值可达15MJ/$Nm^3$(标准状态)。由于生物质的裂解需要大量的热量，在上吸式气化炉裂解区温度降到400～600℃。裂解反应方程为

$$CH_{1.4}O_{0.6} \longrightarrow 0.64Cs + 0.44H_2 + 0.15H_2O + 0.17CO + 0.13CO_2 + 0.005CH_4 \tag{2-1}$$

当然，在裂解反应中还有少量烃类物质的产生。裂解反应的主要产物为炭、$H_2$、水蒸气、CO、$CO_2$、$CH_4$、焦油及其他烃类物质等。

原料种类及加热条件是生物质热分解过程的主要影响因素。由于生物质原料中的挥发组分高，在较低的温度下(300～400℃)就可能释放出70%左右的挥发组分，而煤要到800℃时才释放出约30%的挥发组分。热分解速率随着温度的升高和加热速率的加快而加快，当有足够的温度与加热速率时，热分解会以相当快的速率进行。完成热分解反应所需时间随着温度的升高呈线性下降，由试验可知，当温度为600℃时，完成时间小于30s；当温度达900℃时，则只需不到10s。而足够的气相滞留期和较高的温度则会在很大程度上使二次反应发生，从而使最终的不可冷凝气体产量随着温度的升高而增加。

3) 还原反应

在还原区氧化反应中生成的$CO_2$在这里同炭及水蒸气发生还原反应，生成CO和$H_2$。由于还原反应是吸热反应，还原区的温度也相应降低，为700～900℃，其还原反应方程为

$$C + CO_2 \longrightarrow 2CO, \quad \Delta H = 162.41\text{kJ} \tag{2-2}$$

$$C + H_2O \longrightarrow CO + H_2, \quad \Delta H = 118.82\text{kJ} \tag{2-3}$$

$$C + 2H_2O \longrightarrow CO_2 + 2H_2, \quad \Delta H = 75.24\text{kJ} \tag{2-4}$$

$$CO + H_2O \longrightarrow CO_2 + H_2, \quad \Delta H = 43.58\text{kJ} \tag{2-5}$$

还原区的主要产物为 CO、$CO_2$ 和 $H_2$，这些热气体同氧化区生成的部分热气体进入上部的裂解区，而没有反应完的炭则落入氧化区。

由反应式(2-2)可知，$CO_2$ 的还原反应向右进行，是强烈的吸热反应，因而温度愈高，$CO_2$ 的还原将愈彻底，CO 的形成将更多。有效的 $CO_2$ 的还原温度是在 800℃以上，随着温度的升高，$CO_2$ 的含量急剧减少，反应平衡常数值迅速增大，温度增加有利于还原反应。同时正向反应的体积增加，系统的总平衡压力将影响平衡时的组成，压力增大使 CO 平衡含量减少。$CO_2$ 在气化器内与燃料接触的时间也影响 $CO_2$ 还原反应的彻底程度，由使用焦炭做燃料试验得出，在温度为 1300℃时，彻底还原所需的时间为 5～6s，当温度降低后，则所需时间增长。

式(2-3)和式(2-4)两个反应都是吸热反应，因此温度增加都将有利于水蒸气还原反应的进行，但生成 CO 与 $CO_2$ 的反应平衡常数是不同的。温度对于红热的碳与水蒸气生成 CO 和 $CO_2$ 的反应的影响程度不同。在温度较低(<700℃)时，$C+2H_2O(g)$ 的反应常数比 $C+H_2O(g)$ 的大，这表明温度较低，不利于 CO 的生成，有利于 $CO_2$ 的生成。在温度较高时情况相反，有利于生成 CO 的反应进行。提高温度有利于提高 CO 含量和降低 $CO_2$ 含量。此外，温度低于 700℃时，水蒸气与碳的反应速率极为缓慢，在 400℃时，几乎没有反应发生，只有当温度高于 800℃时，反应速率才可显著增加。

综上所述，温度是影响碳还原反应的主要因素。温度升高有利于 CO 的生成及水蒸气的分解，确切地说，800℃是木炭与 $CO_2$ 及水蒸气充分反应的温度。

4) 甲烷生成反应

生物质气化可燃气中的甲烷，一部分来源于生物质中挥发分的热分解和二次裂解，另一部分则是气化器中的碳与可燃气中的氢反应以及气体产物的反应结果。

$$C + 2H_2 \longrightarrow CH_4, \quad \Delta H = 752.40\text{kJ/mol} \tag{2-6}$$

$$CO + 3H_2 \longrightarrow CH_4 + H_2O(g), \quad \Delta H = 2035.66\text{kJ/mol} \tag{2-7}$$

$$CO_2 + 4H_2 \longrightarrow CH_4 + 2H_2O(g), \quad \Delta H = 827.51\text{kJ/mol} \tag{2-8}$$

以上生成 $CH_4$ 的反应都是体积缩小的放热反应。在常压下，$CH_4$ 生成反应速率很低，高压有利于反应进行。

而碳与水蒸气直接生成的 $CH_4$ 反应也是产生 $CH_4$ 的重要反应：

$$2C + 2H_2O \longrightarrow CH_4 + CO_2(g), \quad \Delta H = 677.286\text{kJ/mol} \tag{2-9}$$

碳加氢直接合成 $CH_4$ 是强烈的放热反应，$CH_4$ 是稳定的化合物，当温度高于 600℃时，甲烷就不再是热稳定了，因而反应将向分解的方向 $CH_4 \rightarrow C+2H_2$ 进行，在这个反应中，碳以炭黑形式析出。

总压力的变化必然影响平衡时的 $H_2$ 和 $CH_4$ 的含量。因此，为了增加混合气中的甲烷含量，提高混合气的热值，宜采用较高的气化压力和较低的温度；反之，为了制取合成原料气，应降低 $CH_4$ 的含量，则可采用较低的气化压力和较高的反应温度。常压气化时，此反应的适宜温度一般认为在 800℃。

5) CO 变换反应

$$CO + H_2O \longrightarrow CO_2 + H_2, \quad \Delta H = 43.51 kJ/mol \tag{2-10}$$

该反应称为 CO 变换反应，它是气化阶段生成的 CO 与蒸汽之间的反应，这是制取以 $H_2$ 为主要成分的气体燃料的重要反应，也是提供气化过程中甲烷化反应所需 $H_2$ 源的基本反应。

当温度高于 850℃时，此反应的正反应速度高于逆反应速度，故有利于生成 $H_2$。为有利于此反应的进行，通常要求反应温度高于 900℃。由于该反应易于达到平衡，通常在气化器燃气出口温度条件下，反应达到平衡，从而该反应决定了出口燃气的组成。

在实际的气化过程中，上述反应同时进行，改变温度、压力或组分浓度都对反应的化学平衡产生影响，从而影响产气成分，而且由于气体的停留时间很短，不可能完全达到平衡。因此，在确定合理的操作参数时，应综合考虑各反应的影响。

6) 氧化反应

气化剂(空气)由气化炉的底部进入，在经过灰渣层时与热灰渣进行换热，被加热的热气体进入气化炉底部的氧化区，在这里同炽热的炭发生燃烧反应，生成 $CO_2$，同时放出热量。由于是限氧燃烧，$O_2$ 的供给是不充分的，因而不完全燃烧反应同时发生，生成 CO，同时也放出热量。在氧化区，温度可达 1000～1200℃，反应方程为

$$C + O_2 \longrightarrow CO_2, \quad \Delta H = 408.8 kJ \tag{2-11}$$

$$2C + O_2 \longrightarrow 2CO, \quad \Delta H = 246.44 kJ \tag{2-12}$$

在氧化区进行的均为燃烧反应，并放出热量，也正是这部分反应热为还原区的还原反应、物料的裂解和干燥提供了热源。在氧化区中生成的热气体(CO 和 $CO_2$)进入气化炉的还原区，灰则落入下部的灰室中。

通常把氧化区及还原区合起来称为气化区，气化反应主要在这里进行；而裂解区及干燥区则统称为燃料准备区或燃料预处理区。这里的反应是按照干馏的原理进行的，其载热体来自气化区的热气体。

如上所述，在气化炉内截然分为几个区的情况实际上并不如此。事实上，一个区可以局部地渗入另一个区，由于这个缘故，所述过程至少有一部分是可以互相交

错进行的。

气化过程实际上总是兼有燃料的干燥裂解过程的。气体产物中总是掺杂有燃料的干馏裂解产物，如焦油、醋酸、低温干馏气体。所以在气化炉出口，产出气体成分主要为 CO、$CO_2$、$H_2$、$CH_4$、焦油及少量其他烃类($C_mH_n$)，还有水蒸气及少量灰分。这也是实际气化产生的可燃气的热值总是高于理论上纯气化过程产生可燃气的热值的原因。

7) 主要影响因素

(1) 气化反应器(气化炉)。

根据气化炉型的不同，主要可分为固定床气化炉和流化床气化炉。固定床气化炉适用于物料为块状及大颗粒原料。它结构简单，制作方便，具有较高的热效率，但内部过程难以控制，内部物料容易搭桥形成空腔，且处理量小，处理强度低。流化床气化炉适合含水分大、热值低、着火难的细颗粒原料，原料适应性广，可大规模、高效率利用，处理量大，处理强度高。流化床还具有气固充分接触、混合均匀的优点，反应温度一般为 700～850℃，其气化反应在床内进行，焦油也在床内裂解。生物质气化过程中产生的生物质燃气的特性受到气化炉的形式与运行方式等因素的影响。

(2) 气化物料性质。

物料粒度大小、总表面积及含水量等对于燃料层中的气化过程均具有很大的影响，物料粒径越小，其总表面积越大，热交换和扩散过程就进行得越激烈，使整个气化过程进行得越激烈和越完全。并且物料粒径小，其热阻力也小，气化炉内的温度分布也就越均匀，气化结果好。水分的影响主要体现在两个方面：一方面，蒸发需要消耗气化过程中燃烧反应所放出的热量；另一方面，由于水是一种气化剂，能与 C 发生水煤气反应生成 $H_2$ 和 $CO_2$，进而提高气化气的质量。

(3) 气化温度。

温度是影响气化产品气组成和性质的最主要因素之一。高温条件下，生物质的碳转化率提高，并且焦油的裂解增强，从而减少了焦油含量，提高了气体产率，因为温度升高使吸热反应得到加强，促进了 C 的反应和焦油的裂化反应。Kumar 等在实验中发现，当气化温度由 750℃增加到 850℃时，碳转化率、气体含热量以及 $H_2$ 所占的比例有所增加。Gupta 等观察到，在超过 800℃的条件下，当水蒸气与生物质质量比值从 0.5 增加到 1.08 时，$H_2$ 含量明显增加。Gonzalez 等在空气气化过程中发现，当温度由 700℃增加到 900℃时，$H_2$ 和 CO 含量明显增加，而 $CH_4$ 和 $CO_2$ 含量有所下降。因此，提高反应温度有利于制取富含 CO 和 $H_2$ 的合成气。

Guanyi Chen 等在水蒸气气化过程中发现，当温度由 700℃增加到 900℃时，$H_2$ 和 CO 含量明显增加，两者之和从 35%增加至 75%，而 $CH_4$、$C_nH_m$ 和 $CO_2$ 含量有所下降。因此，提高反应温度有利于制取富含 CO 和 $H_2$ 的合成气。另外，提高温度，有利于降低焦油产生，促进焦油能量转化为燃气组分，气化效率会提高，但是提高温度本身需要消耗能量，因此系统的能效平衡需要核算。

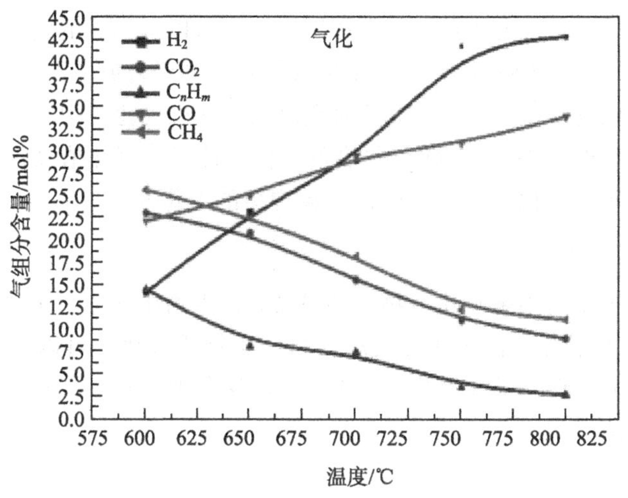

图 2-7 水蒸气气化的产气组分含量(600～800℃)[7]

(4) 气化压力。

目前，国际上大型的生物质气化发电项目，如美国的 Battelle(63MW)项目，英国(8MW)和芬兰(6MW)的示范工程等都是采用的加压流化床技术。加压气化的优势在于，同样的生产能力时，提高压力可以减小气化炉的体积，后续处理的设备尺寸也可以减小，因此可以提高生产能力；另一方面，加压气化生产的压缩燃气可以直接带压参与后续的重整变换过程；通常后续合成反应需要加压，该技术更有优势。从合成气的角度来看，加压气化的缺点在于，气化压力提高导致 $CH_4$ 以及其他碳氢化合物的含量有所上升，增加后续重整的难度。黄海峰等在生物质加压气化试验中观察到，随着压力的提高，$CH_4$ 和烃类气体的含量有上升趋势。

(5) 气化剂(也称气化介质)。

气化剂不同，气化炉出口产生的气体组分也不同。氧气做气化介质时，CO 的含量要明显高于空气做气化介质时 CO 的含量，这可能是由于参与燃烧的氧气量增加，从而使得参与还原反应的 $CO_2$ 气体浓度增加，提高了 CO 的含量，同时也增加了 $CO_2$ 的含量；$CH_4$ 气体的含量有所下降，可能是由于部分 $CH_4$ 与过剩的 $O_2$ 发生燃烧反应，同时 $N_2$ 的加入也稀释了其浓度，因此也影响燃气热值。气化介质为氧气-水蒸气时，CO、$CH_4$、$H_2$ 三种气体的含量要比气化介质为氧气时对应成分高很多，特别是 $H_2$ 的含量从 8.31%提高至 23.26%，$CH_4$ 从 9.32%提高至 16.68%，CO

也从 34.61%提高至 43.52%。产生这种现象的主要原因是发生了生成水煤气(粗煤气)的反应，同时一些碳氢化合物也会参与反应。这些反应作用的共同结果是产气中可燃气成分如 CO、$CH_4$、$H_2$ 等含量增多，特别是 $H_2$ 的含量增加的效果最明显，从而导致产气热值提高，这说明水蒸气是很重要的气化介质。通常水蒸气包括了物料中的水分以及外部加入系统的水蒸气，其作用是除了可以提高碳的转化率外，还可以有效地调节产气组分，从而得出纯氧-水蒸气气化有利于合成甲醇。空气-水蒸气气化结合了空气气化设备简单、操作维护简便以及水蒸气气化气中 $H_2$ 含量高的优点，用较低的运行成本得到 $H_2$ 与 CO 含量高的气体，此可燃气热值高，运行和生产成本较低，也适合于其他化学品的合成，是较理想的气化介质。

2. 生物质气化炉

生物质气化炉是指用来气化生物质的设备，是生物质气化系统的核心设备，生物质在气化炉内由固态燃料转变为气态燃料。生物质气化炉可以分为固定床气化炉、流化床气化炉、旋风床气化炉三大类。从应用角度上看，主要是固定床气化炉和流化床气化炉两大类。

1) 固定床气化炉

所谓固定床气化炉，是指气流在流经炉内物料层时，相对于气流来说物料处于静止状态，因此称作固定床。固定床气化炉是由一个容纳原料的炉膛和一个承托固体原料的炉栅组成的。根据气化炉内气流运动方向的不同，固定床气化炉又可分为上吸式气化炉、下吸式气化炉和平吸式气化炉三种类型。

(1) 上吸式气化炉。

上吸式生物质气化炉的结构如图 2-6 所示。上吸式气化炉主体一般被加工成圆筒形，最上面是加料口，往下依次是炉膛、炉栅和灰室。气化过程中原料由加料口进入，在重力作用下下落，从上到下依次经过干燥层、热解层(裂解层)、还原层和氧化层等 4 个反应区，发生一系列反应，转变为燃气，由上面的出气口排出，而气化后剩余的灰渣则通过炉栅落入灰室，并定期从出灰口被掏出。

上吸式气化炉的工作原理如下。气化反应所需的能量来自原料与气化剂在氧化区发生的氧化反应。由风机吹入的空气首先在经过灰渣层时被预热，然后与炽热的碳发生氧化反应，在产生 CO 和 $CO_2$ 的同时释放出大量的热量，使氧化区的温度升高到 1000℃以上。气化剂在氧化区被消耗，产生的高温 CO 和 $CO_2$ 气体向上流动进入还原区，$CO_2$ 与上面的碳和水蒸气发生还原反应产生 CO 和 $H_2$。由于还原反应为吸热反应，所以在还原区反应温度降到 700～900℃。反应产生的气体继续向上运动，所携带的热量使还原区上面的原料进一步发生热裂解反应，裂解反应产生的挥发分与 CO、$H_2$ 等一起继续往上流动，而裂解后产生的炭则下落进入还原区和氧化区参与氧化和还原反应。经过裂解区的气体还有很高的温度，与上面的原料进一步发生热交换，将原料加热干燥的同时，使得自身的温度下降到 200～300℃，同时也将干燥过程中产生的大部分水蒸气携带出反应器。

上吸式气化炉的优点体现在以下几个方面：一是操作简便，这主要跟气化炉本身结构较为简单有关。二是运行能耗低，由于气化过程中产生的燃气顺着热流的方向流动，因此可以节省用在鼓风方面的能量消耗。三是燃气灰分含量少，这一方面是因为燃气在流出气化炉前经过了各个料层的过滤作用，而更为主要的原因是燃气没有流经灰渣层。四是效率较高，这一方面是因为氧化区位于气化炉的最下层，从而有较为充足的 $O_2$ 供应以保障炭的充分燃烧；另一方面由于还原层产生的高温燃气所携带的热量在经过裂解区和干燥区时被利用，所以燃气的出口温度较低，在 300℃以下，从而降低燃气带出热量产生的热损失。此外，炉栅由于受到空气的冷却，所以工作比较可靠。

上吸式气化炉存在的一个最为突出的问题是燃气中焦油含量高，这主要是由于热裂解产物直接进入燃气。而焦油的净化问题一直是生物质气化技术的一个难点，所以这成为了限制其应用的主要因素，需要对焦油处理特别予以重视。上吸式气化炉还存在其他问题，如结渣、原料“架桥”等。

原则上讲，上吸式气化炉适用于气化各类生物质原料，但特别适用于木材等堆积密度较大的原料，也适用于处理水分含量高的原料，水分含量可高达 50%。此外，由于焦油问题，该类气化炉一般用在粗燃气不需要冷却和净化就可以直接使用的场合。一般情况下，上吸式气化炉在微正压下运行，由鼓风机将气化剂吹入气化炉内，根据气化炉的结构和运行条件的不同，其气化强度一般在 100～300kg/($m^2$h)变化。由于气化炉的燃气出口与进料口的位置很接近，所以为了防止燃气泄漏，必须采取密封措施，同时进料多采用间歇进料的方式。

(2) 下吸式气化炉。

下吸式气化炉的结构与工作原理如图 2-8 所示。下吸式气化炉主体一般也被加工成圆筒形，而且上部为双层结构，形成外腔和内胆，最上面是加料口，往下依次是炉膛、喉部、炉栅和灰室。气化过程中原料由加料口进入，在重力作用下下落，从上到下依次经过干燥层、裂解层、氧化层和还原层等 4 个反应区，发生一系列反应，转变为燃气，气化后剩余的灰渣则通过炉栅落入灰室，并定期从出灰口排出。

下吸式气化炉工作时，生物质从上部的加料口进入，然后在重力作用下逐渐下移。首先在上部的干燥区内脱水变干。干燥区内的温度在 300℃左右，热量主要通过热辐射和传导由外腔和内胆里的热气体传入。干燥后的原料进入下部的裂解区在较高的温度下(500～700℃)发生热裂解反应，释放出挥发分，同时产生炭。这些产物下移进入氧化区，一部分炭和挥发分与气化剂发生氧化反应，释放出热量用以维持其他气化反应的进行，氧化区的温度在 1000～1200℃。另有一部分炭和挥发分继续向下进入还原区，在还原区，炭与 $CO_2$ 反应生成 CO，与水蒸气反应生成 $H_2$ 和 CO 等燃气成分。此外，在该反应区还会发生 CO 转换反应，还原区的温度为 700~900℃。还原反应过程中产生的灰渣落入下面的灰室，产生的燃气则由外腔降温后排出气化炉。

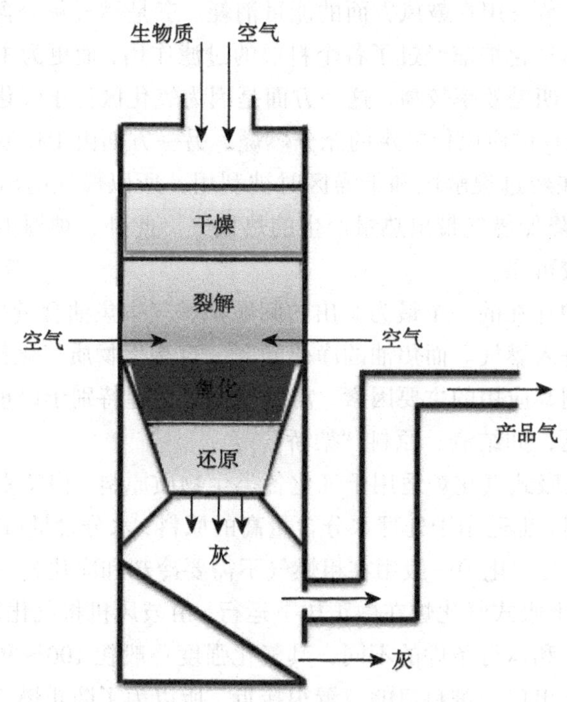


图 2-8　下吸式气化炉结构与工作原理示意图

对于下吸式气化炉，喉部设计是其一个显著的特点。一般用孔板或缩径来形成喉部。喉部的工作原理为：由喷嘴进入喉部的气化剂与裂解区产生的炭发生氧化反应，在喷嘴附近形成氧化区。而在离喷嘴稍远的区域，即喉部的下部和中心，由于 $O_2$ 已经在氧化区被消耗尽，炽热的炭和裂解区产生的挥发分在此部位进行还原反应，产生 CO 和 $H_2$ 等可燃气体，同时部分焦油也在喉部的氧化区和还原区发生裂解反应，产生小分子的可燃气体。

下吸式气化炉的优点主要体现在三个方面：一是燃气中焦油含量低，这主要是焦油产生的来源，即热裂解产生的挥发分在氧化区和还原区进一步裂解转变成小分子气体的结果；二是结构简单，且由于其有效层高度几乎不变，所以工作稳定性好；三是操作方便，这与气化炉可以在微负压条件运行，从而便于连续进料有关。

下吸式气化炉的不足之处在于：一是由于燃气流动方向和热气流方向相反，所以燃气的吸出消耗能量多；二是燃气最后经灰渣层和灰室吸出，致使燃气中灰分含量高，且灰分和焦油混在一起粘结在输气管壁和阀门等部位易引起堵塞；三是燃气出口温度较高，引起能量损失增加。

下吸式气化炉适合气化较干的大粒径物料，或者低水分大粒径物料和少量粗糙颗粒相混的物料(含水量小于 30wt%)，不适合处理高灰分含量的物料。其最大气化强度为 500kg/(m$^2$h)。

(3) 平吸式气化炉。

平吸式气化炉的工作原理如图 2-9 所示。生物质从上部的进料口加入，经过一系列反应后剩余的灰分落入下面的灰室。与其他两种固定床气化炉不同的是，平吸式气化炉的气化剂从气化炉一侧吹入，产生的燃气从对侧流出，因燃气呈水平方向流动，故称为平吸式气化炉。

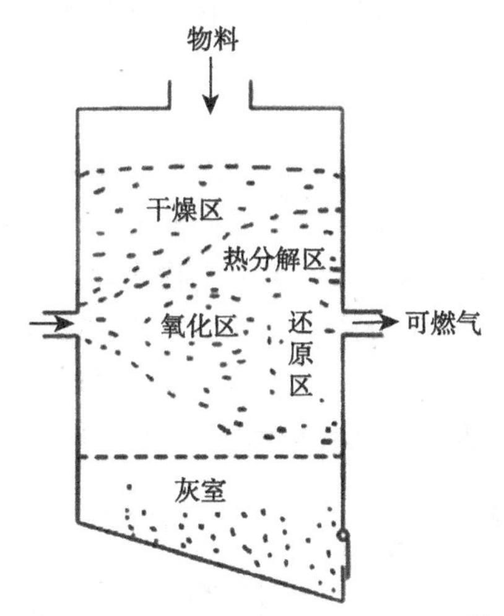


图 2-9 平吸式气化炉工作原理图[8]

空气或空气与水蒸气的混合气从一侧的单管进风喷嘴高速吹入气化炉，气化剂与生物质发生氧化反应，形成一个高温燃烧区，温度可达 2000℃以上。产生的热量分别用于原料的干燥，以及还原反应和裂解反应。反应过程同其他固定床气化炉相同。

结构紧凑，启动时间短，以及负荷适应能力强是平吸式气化炉的几个优点。这种气化炉的不足之处在于：一是燃料在炉内停留时间短，影响燃气质量；二是高温燃烧区的存在易造成结渣现象；三是炉子还原层容积小，影响了 $CO_2$ 向 CO 的转变，使燃气质量变差；四是燃气的出口温度可高达 800～900℃，从而造成气化炉的能源转化率较低和焦油含量高等问题。

由于上述特点，平吸式气化炉一般用于灰分含量很低的物料，如木质类生物质和焦炭等。

2) 流化床气化炉

生物质在流化床气化炉内气化时，气化剂由气化炉的底部吹入，通过控制气流流速使原料颗粒全部悬浮于流体中，床层的这种状态称为流化床。由于在这种状态下生物质原料像液体沸腾一样飘浮起来，所以流化床有时也称为沸腾床。在流化床气化炉内常采用惰性介质(如沙子等)作为流化介质来增强传热效果，也可采用非惰性介质(如石灰或催化剂)促进气化反应。在生物质气化过程中，流化床首先通过外热源加热到运行温度，流化介质吸收并储存热量。鼓入气化炉的空气经布风板均匀分布后将床料流化，床料的湍流流动和混合使整个床保持一个恒定的温度，当合适粒度的生物质燃料经供料装置加入流化床中时，与高流化介质迅速混合，在布风板以上的一定空间内激烈翻滚，迅速完成干燥、热解、氧化及还原等气化反应过程。流化床气化炉可分为鼓泡床气化炉、循环流化床气化炉、双流化床气化炉以及携带床气化炉。

(1) 鼓泡床气化炉。

鼓泡床气化炉是最基本也是最简单的气化炉。鼓泡床气化炉只有一个流化床反应器，气化剂从底部布风板吹入，生物质原料被送入布风板上由细颗粒形成的流动床中，并与气化剂发生气化反应，最终生成生物质燃气。气化炉内气化剂的上升流速为 1～3m/s。燃气中焦油含量较低，一般小于 1～3g/$Nm^3$。生成的生物质燃气直接由气化炉出口送入净化系统中。鼓泡床的炉温可通过调节气化剂的消耗量而控制在 700～900℃的范围内。鼓泡床气化炉系统工作原理如图 2-10 所示。

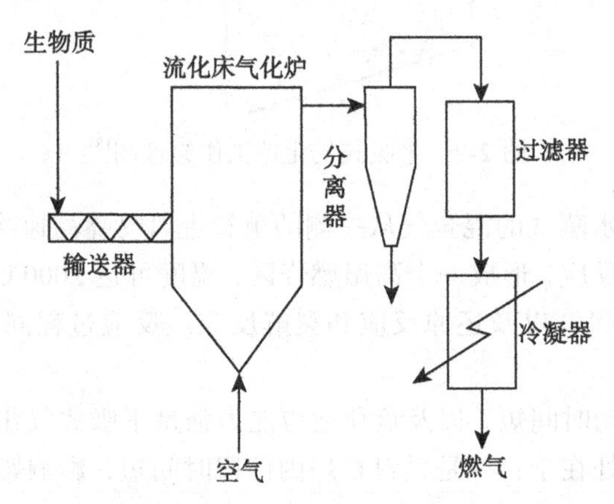


图 2-10　鼓泡床气化炉系统工作原理示意图

鼓泡床气化炉流化速度相对较慢，适用于气化颗粒较大的生物质原料，一般情况下必须增加流化介质。鼓泡床气化炉的不足之处在于燃气夹带飞灰和炭粒严重，以及运行费用高，所以这种气化炉只适合在大中型生物质气化系统中使用。

(2) 循环流化床气化炉。

与鼓泡床气化炉相比，循环流化床气化炉的流化速度高，气化剂的上升流速为5～10m/s，从而使得从气化炉出来的燃气中携带有大量的固体颗粒，这些颗粒包含大量未完全反应的炭粒，通过设置在气化炉出气口处的旋风分离器将这些颗粒从燃气中分离出来，并重新送入气化炉内，继续参与气化反应。循环流化床气化炉系统结构与工作原理如图 2-11 所示。循环流化床气化炉的反应温度一般控制在 700～900℃。

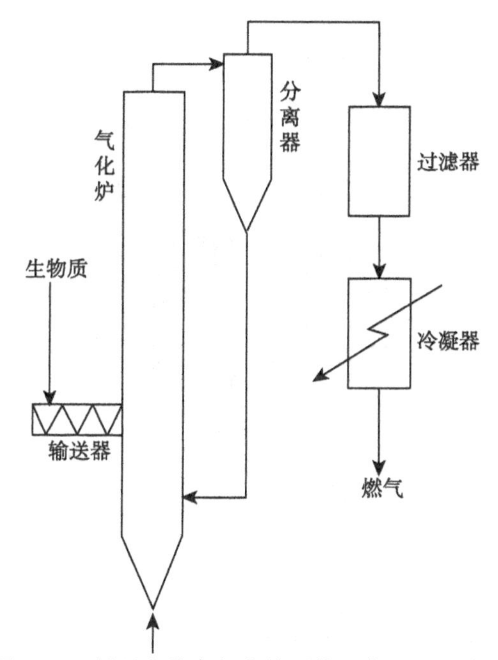


图 2-11　循环流化床气化炉系统工作原理示意图

气化过程中流化速度通过所供空气量调节和保持。一般生物质气化所需的空气量仅为其完全燃烧所需空气量的 20%～30%，所以应保持较高的流化速度，一方面可以减少气化炉的相对截面积，另一方面可以减少生物质颗粒的直径。因此，循环流化床气化炉适合气化小颗粒的生物质原料。在大部分情况下，可以不需要加流化介质，所以运行最简单。循环流化床气化炉气化强度高，非常适合于大型的工业供气系统，且燃气的热值可在一定范围内任意调整。循环流化床的不足在于燃气中焦油和固体颗粒的含量偏高，存在沙子等流化介质对流化床壁等部位造成磨损，以及燃气的显热损失大等问题。循环流化床气化炉是目前商业化应用最多的气化炉。

(3) 双流化床气化炉。

双流化床气化炉如图 2-12 所示，由一级反应器和二级反应器两部分组成。一级反应器为热解床，二级反应器为燃烧床。生物质原料首先进入热解床，产生热解气体和焦炭，经过气固分离后焦炭进入燃烧床与空气燃烧反应，加热床中的热载体，热载体再循环到热解床为生物质的热解反应提供能量。热解床的气化剂为水蒸气，其炉内温度为800～850℃，燃烧床用空气鼓风，炉内温度为900～950℃。

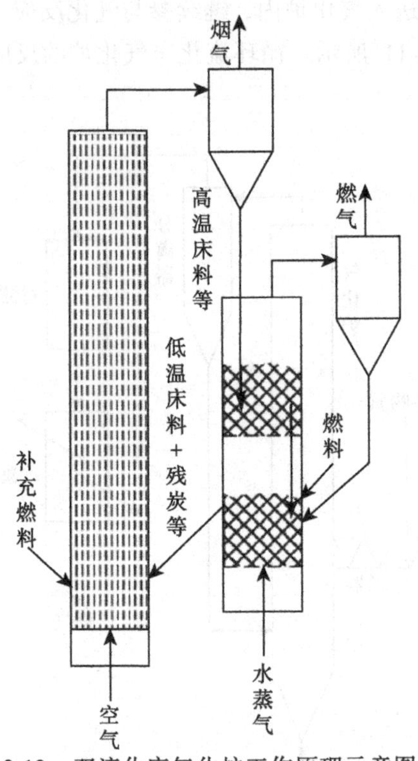


图 2-12　双流化床气化炉工作原理示意图[9]

该方法充分利用了流化床的特点，将气化过程中两种过程，即燃烧和热解分开，分别放在两个流化床中独立进行。该气化方式采用了先进的流化床技术，使得热解产生的燃气与燃烧过程中出现的 $CO_2$ 和 $N_2$ 分离，因而燃气质量较好，而且不需要额外的热源和制氧设备，相应的运行成本较低。但是，由于流化介质数量上和温度上的限制，通常情况下热解床的温度不能很高，因而生物质的气化率较低。由于燃烧床排出的尾气温度较高、热焓值较高，需要回收，否则浪费较大，因而需要较好的余热回收装置。另一方面，由于运行时焦炭和流化介质都在较高温度下循环，难以定量控制，较易引起炉温的起伏变化和不稳定，因此，控制好流化介质的循环速度和加热温度是双流化床系统最关键也是最难的技术。

(4) 携带床气化炉。

携带床气化炉是一种特殊形式的流化床气化炉，它不使用流化介质，而是让气化剂直接吹动生物质原料，且流速较大，为紊流床。这种气化炉的特点是其气化过程是在高温下完成的，运行温度可高达 1100℃以上，因此所产燃气焦油含量低，碳转化率可接近 100%。但同样，运行温度高，这种气化炉易出现烧结现象，导致气化炉炉体材料较难选择。

3) 旋转锥气化炉

旋转锥气化炉是一种新型的生物质热解气化反应装置，它能最大限度地增加生物油的产量。除了生物质气化裂解以外，旋转锥气化炉还可以应用于页岩油、煤、聚合物、渣油的气化裂解。旋转锥气化炉主要包括喂入系统、反应系统以及收集系统。反应过程中，预先粉碎的生物质原料由给料器输送至反应器中，并且通入气化剂加速原料的流动，防止原料颗粒堵塞。与此同时，预先加热的砂子也被输送至反应器中。喂入旋转锥底部的生物质与预先加热的惰性热载体砂子一起沿着高温锥壁螺旋上升，在上升过程中，炽热的砂子将热量传给生物质，在气化剂的作用下，使生物质发生高温气化反应。离开气化炉的气化气首先进入旋风机，在旋风机中固定炭被分离出去，而气化气进入冷凝器中，在冷凝器中冷凝形成的生物油从循环管道中排出。不可冷凝的气化合成气从管道中排出并收集。使用后的砂子及产生的另一部分炭被收集到连接在反应器下端的收集砂箱中，砂子可重复利用。

上述不同类型的生物质气化炉各有特点，可根据气化原料、气化系统规模、生物质燃气用途等不同要求加以选择，上述气化炉的优缺点总结和对比如表 2-3 所示。

**表 2-3　各种生物质气化炉优缺点比较[4]**

| 气化炉类型 | 优点 | 缺点 |
|---|---|---|
| 上吸式固定／移动床气化炉 | 工艺简单且成本低；<br>燃气出口温度低，大约 250℃；<br>碳转化率高；<br>燃气成分含量低；<br>热效率高 | 焦油产率高；<br>会产生沟流现象；<br>会产生架桥现象；<br>要求原料粒度小；<br>会产生结渣问题 |
| 下吸式固定/移动床气化炉 | 工艺简单；<br>燃气焦油含量低 | 要求原料粉碎很细；<br>对原料的灰分含量有限制；<br>存在功率限制；<br>能产生架桥和结渣现象 |
| 鼓泡床气化炉 | 进料速率和成分较灵活；<br>可气化高灰分含量原料；<br>可以加压气化；<br>燃气 $CH_4$ 含量高；<br>容积负荷高；<br>温度易于控制 | 操作温度受灰熔点的限制；<br>燃气出口温度高；<br>燃气焦油尘含量高；<br>飞灰中炭含量可能偏高 |
| 循环流化床气化炉 | 操作灵活；<br>操作温度可高达 850℃ | 存在腐蚀和磨损问题；<br>气化生物质时可操控性差 |

续表

| 气化炉类型 | 优点 | 缺点 |
|---|---|---|
| 双床流化床气化炉 | 不需要 $O_2$；<br>床层温度低使得 $CH_4$ 含量高 | 低床层温度导致焦油产量高；<br>加压气化条件下控制困难 |
| 携带床气化炉 | 燃气焦油和 $CO_2$ 含量非常低；<br>原料适应性强 | 燃气 $CH_4$ 含量低；<br>要求原料粒度非常小；<br>操控复杂；<br>灰携带碳损失率高；<br>存在灰分熔融问题 |
| 旋转锥气化炉 | 生物油的产率较高；<br>气化副产物可以循环利用；<br>为气化炉提供热量 | 工艺较为复杂；<br>耗电较高 |

受技术成熟度和经济性能等因素的影响，目前各种气化炉的市场占有率是不均衡的。以下是从这两个角度对几种不同类型的气化炉所做的一些分析。

### 2.1.4　气体净化及重整变换技术[42]

生物质热解气化得到的燃气中含有较多的杂质及含硫有害成分等，$H_2/CO$ 低、$CO_2$ 含量高，还有部分碳氢化合物，而且含有较多的焦油，不能直接作为燃气尤其是合成气加以利用，需进行净化和调整体积比。

1) 气体净化技术

气体净化是除去燃气中的杂质和有害成分，包括固体颗粒、焦油、碱类物质、含硫含卤化合物以及 $N_2$ 成分。气体净化的方法可以分为两种，即低温法和高温法。低温法一般经过焦油裂解、旋风分离器分离固体颗粒、气体冷却、过滤、水洗、溶剂吸附等流程，该方法能够使气体中焦油降低到 20～40mg/m$^3$。该处理技术已经广泛用于炼焦炉和天然气加工行业。Baker 等对该方法进行了详细的论述。该技术的缺点是，需要在净化过程中冷却高温燃气，使整个工艺的热效率降低；水洗过程中产生的废水需要处理；当后续需要高温合成时，又需要加热燃气，造成能量损失。针对这些缺点，近年来人们对高温气体净化进行了研究，提出了通过焦油裂解、颗粒床过滤、不经过冷却直接除去碱类物质、卤素和硫化物的方法。该技术的优点是经过处理的气体依然保持高温，热效率提高，有利于后续利用。但是，该方法需要特殊的过滤和净化设备，成本较高，而且焦油的脱除效果较差，但是随着净化技术的发展，高温法具有潜在的应用前景。在焦油脱除领域，采用高温热化学法通过一系列的化学反应将焦油组分中的大分子化合物转化为小分子及可燃性气体，成为研究的热点。热化学法除焦主要包含热裂解法和催化裂解法，部分氧化和等离子体法只有国外有少量的研究报道，目前仍处于实验室研究阶段。热裂解法是指在生物质气化的高温(1000～1200℃)条件下，把气化过程中产生的焦油分子通过脱氢、脱烷基等反应转化为较小的气体分子，不仅可以减少气化气中焦油的含量，还可以充分回收利用其所含的能量，并且净化效率高，但焦油中芳香类化合物裂解需要较高温度和较长的停留时间[43]。而催化裂解法是通过加入一定量的催化剂，降低焦油转化所需的活化能，使焦油在较低温度下就能被裂解为较小的分子化合物。与热裂解法相比，在焦油转化率相同的情况下，催化裂解法所需的温度大幅降低，而且还能提高气体的热值。目前该方法是焦油脱除最有效的方法之一，因此一直受到广大研究者的关注[44]。

天津大学开发的微波焦油催化法，针对生物质气化焦油的脱除问题，结合了微波高效加热技术、微波等离子体和“热点效应”对焦油催化裂解反应的促进作用，以及微波选择性加热机制对催化剂积碳失活现象的抑制效果，设计一种新型的微波焦油处理设备，研制生物质焦负载镍、铁等活性金属作为双效催化剂，对生物质气化炉出口产气中含有的焦油进行彻底的脱除，焦油裂解率可达 99%以上，且焦油催化裂化产物气体中氢气的浓度达到 92vol%，催化剂积碳率也控制在 3wt%以下，实现在相对较低能量消耗的前提下，对焦油本身富含能量的高效转化。

2) 重整技术

重整就是在高温条件下，用合适的催化剂将气体中的焦油、$CH_4$ 以及其他碳氢化合物转化为 $H_2$ 和 CO 的方法。重整一般采用加入适量水蒸气的方法，水蒸气重整需要提供大量的能量，而且需要耐高压设备，成本较高。王铁军等[45]以松木粉为原料，采用空气-水蒸气气化制备了富氢燃气，通过添加 $CH_4$ 重整富氢燃气，调整了合成气化学当量比。结果表明，引入 $CH_4$ 重整，活化了富氢燃气中过量的 $CO_2$，生物质碳转化率达到 70%以上。该工艺的 $CH_4$ 来源于沼气，一方面可以摆脱制备工艺对天然气资源的依赖，另一方面可实现生物质制备液体燃料的绿色工艺。

3) 变换技术

变换就是调节 $H_2$/CO 的技术。经过重整的燃气通常 $H_2$ 不足，$CO_2$ 过量，变换技术一般通过添加 $H_2$ 或者除去 $CO_2$ 来完成。德国太阳能和氢能研究中心及意大利环境研究所对 3 种不同的变换技术进行了研究和评价。一是电解水产生 $H_2$ 和 $O_2$，$H_2$ 用于合成气变换，$O_2$ 用于气化炉，脱除多余的 $CO_2$，该方法碳转化率很低；二是电解水产生足够的 $H_2$，一部分用于将全部的 $CO_2$ 转化为 CO，其余部分与 CO 匹配，电解产生的 $O_2$ 用于气化炉，该工艺碳转化率最高，但是耗电量也最大；三是由变压吸附 PSA 为气化炉提供 $O_2$，$CO_2$ 全部脱出，该方法耗电量极低，但是碳转化率最低，$CO_2$ 排放量也最大。总体来看，虽然第二种工艺成本较高，但是要获得最高的转化率，采用第二种工艺更有前景。

### 2.1.5 生物质气化过程模拟[46]

本节以固定床下吸式气化装置为例对生物质气化进行数值模拟。在建模过程中，反应器被分为四个区，即干燥区、热解区、氧化区和还原区，其中，还原区为反应器最为活跃的部分，C 与 $CO_2$ 和 $H_2O$ 发生还原反应而被气化，这个过程控制了产出气的组分浓度和温度。在模拟所使用的模型中，前三个区域被视为一个整体，仅用物质和能量平衡来描述，而在还原区，则通过使用当地控制容积速率颗粒模型对它进行详细描述，该模型考虑了 C-$CO_2$ 和 C-$H_2O$ 之间发生的可逆的、分级数的化学反应和均匀水气转换平衡，还包含了热量和组分输运方程，以及由颗粒半径逐渐缩小主导的气相和固相间的热量、物质平衡和流动方程等。

该模拟采用当地控制容积速率颗粒模型，颗粒模型将碳的转化和气相组成作为时间和颗粒内部位置的函数进行描述，作为反应物的 $CO_2$ 和 $H_2O$ 从气相通过一个气体薄膜被传送到颗粒中，扩散到孔隙中，和固体碳发生反应，生成 CO 和 $H_2$，CO 和 $H_2$ 随后又被传送到气体中。

1. 假设

为了对这个作为时间和颗粒内部位置函数的体系进行描述，在不作进一步假设的情况下，需要五个物质(C、$H_2$、CO、$CO_2$ 和 $H_2O$)平衡、一个能量平衡和一个动量平衡。然而，通过下面四个假设可以把有七个微分方程的复杂体系简化为只有三个微分方程的体系：

(1) 颗粒是绝热的，如果有温度梯度存在，它也只位于气体薄膜中；

(2) 水气转换反应处于平衡状态；

(3) 颗粒内的压力梯度可以忽略；

(4) 气体反应物的输运仅通过扩散的方式。

此外，为了便于建模，还需对颗粒形状和化学反应速度作下面的假设：

(1) 颗粒为球形；

(2) 随着转化的增加，颗粒半径不断减小；

(3) 颗粒中发生的两种不同类型的还原反应都是可逆的，并且是平行发生的，都可达到平衡；

(4) 颗粒内部气体的性质是准稳态的。

2. 颗粒模型的公式

根据下面两个不同类型的还原反应：

$$C + CO_2 \underset{r_{12}}{\overset{r_{11}}{\rightleftharpoons}} 2CO, \quad \Delta H_1 = 172.4\text{kJ/mol}, T=298\text{K} \tag{2-13}$$

$$\mathrm{C+H_2O \underset{r_{22}}{\overset{r_{21}}{\rightleftharpoons}} CO+H_2}, \quad \Delta H_2 = 131.9\mathrm{kJ/mol},\ T=298\mathrm{K} \tag{2-14}$$

由 $CO_2$ 和 $H_2O$ 的物质平衡可得

$$\frac{\mathrm{d}}{\mathrm{d}r}\left(AD_{\mathrm{eCO_2}}\frac{\mathrm{d_{eCO_2}}}{\mathrm{d}r}\right)-(r_{11}-r_{12})A=0 \tag{2-15a}$$

$$\frac{\mathrm{d}}{\mathrm{d}r}\left(AD_{\mathrm{eH_2O}}\frac{\mathrm{d_{eH_2O}}}{\mathrm{d}r}\right)-(r_{21}-r_{22})A=0 \tag{2-15b}$$

式中，$A$ 为控制球体的表面积，$4\pi r^2$，单位为 $\mathrm{m^2}$；$r$ 为控制球体的半径，单位为 m；$D_{\mathrm{eCO_2}}$、$D_{\mathrm{eH_2O}}$ 为 $CO_2$ 和 $H_2O$ 的扩散系数，单位为 $\mathrm{m^2/s}$；$r_{ij}$ 为摩尔反应速率，单位为 $\mathrm{mol/(m^3 \cdot s)}$。

边界条件为：当 $r$=0 时，$\frac{\mathrm{d_{eCO_2}}}{\mathrm{d}r}=0$ 及 $\frac{\mathrm{d_{eH_2O}}}{\mathrm{d}r}=0$，输运到颗粒的 $CO_2$ 和 $H_2$ 的量等于颗粒中参加反应的 $CO_2$ 和 $H_2O$ 的量。

$$J_{\mathrm{CO_2s}}=\frac{1}{A_P}\iiint(r_{11}-r_{12})\mathrm{d}V_{\mathrm{p}}=\frac{2k_{\mathrm{CO_2}}}{R(T_P+T_{\mathrm{g}})}(C_{\mathrm{CO_2g}}RT_{\mathrm{g}}-c_{\mathrm{CO_2g}}RT_{\mathrm{p}}) \tag{2-16a}$$

$$J_{\mathrm{H_2Os}}=\frac{1}{A_P}\iiint(r_{21}-r_{22})\mathrm{d}V_{\mathrm{p}}=\frac{2k_{\mathrm{H_2O}}}{R(T_P+T_{\mathrm{g}})}(C_{\mathrm{H_2Og}}RT_{\mathrm{g}}-c_{\mathrm{H_2Og}}RT_{\mathrm{p}}) \tag{2-16b}$$

碳的转化速率由反应(2-13)和(2-14)的净反应速率得到。

$$-\frac{\mathrm{d}c_{\mathrm{C}}}{\mathrm{d}t}=r_{11}-r_{12}+r_{21}-r_{22} \tag{2-17}$$

初始条件为当 $t$=0 时，Cc=Cc(0)。CO 和 $H_2$ 的量可以利用 O 和 H 元素的守恒进入颗粒的 $CO_2$ 和 $H_2O$ 的量得到

$$\mathrm{O}: J_{\mathrm{CO_2s}}=J_{\mathrm{H_2Os}}+2J_{\mathrm{CO_2s}} \tag{2-18a}$$

$$\mathrm{H}: J_{\mathrm{H_2}}=J_{\mathrm{H_2Os}} \tag{2-18b}$$

在颗粒模型中，需要有反应速率、有效扩散速率和颗粒缩小的表达式。正反应的速率表达式为

$$r_{11}=k_{11}C_{\mathrm{C}}^{m}C_{\mathrm{CO_2}}^{n} \tag{2-19a}$$

$$r_{21}=k_{21}C_{\mathrm{C}}^{p}C_{\mathrm{H_2O}}^{q} \tag{2-19b}$$

逆反应的速率表达式为

$$r_{12}=k_{12}C_{\mathrm{C}}^{m}C_{\mathrm{CO}}^{2}C_{\mathrm{CO_2}}^{n-1} \tag{2-20a}$$

$$r_{22}=k_{22}C_{\mathrm{C}}^{p}C_{\mathrm{CO}}C_{\mathrm{H_2}}C_{\mathrm{H_2O}}^{q-1} \tag{2-20b}$$

由假设(2)知水气转化反应处于平衡状态，即

$$CO+H_2O \rightleftharpoons CO_2+H_2,\ \Delta H_3 = -40.5\text{kJ/mol},\ T\text{=298K} \tag{2-21a}$$

$$K_3 = \left(\frac{C_{CO_2}C_{H_2}}{C_{H_2O}C_{CO}}\right)e^q \tag{2-21b}$$

总的气体压力在气相中和在颗粒中的任何一点都是相等的，即

$$(C_{CO_P}+C_{H_2P}+C_{CO_2}+C_{H_2O_p})RT_p = (C_{CO_g}+C_{H_{2}g}+C_{CO_{2}g}+C_{H_2O_g})RT_g \tag{2-22}$$

如果在气体中各组分的浓度和颗粒内某点处 $CO_2$ 和 $H_2O$ 的浓度已知，则在该点处另外两种气体组分的浓度就可以通过方程(2-21b)和方程(2-22)计算出来。有效扩散速率是与气体在多孔介质中扩散和对流有关的函数，即

$$D_{\varepsilon A} = D_A\frac{\varepsilon_p}{\tau_p} \tag{2-23}$$

式中，$D_A$ 为气体组分在气相中的扩散系数，单位为 m²/s；$\varepsilon_p$、$\tau_p$ 分别为碳粒多孔介质的空隙率和空隙结构系数，均为无量纲参数。

颗粒半径的改变依据缩小规范，如果在表面脱落中的固体浓度在最小浓度以下，则这些固体就好脱离，对碳的转化不再有贡献，即

$$C_C > C_{C\min},\ 0 \leqslant r \leqslant r_p \tag{2-24a}$$

$$X_{\max} = 1-\frac{C_{C\min}}{C_{C(0)}} \tag{2-24b}$$

3. 数值方法

颗粒模型很复杂，很难得到解析解。在把反应项线性化之后，在半径方向上采用有限中心差分的数值方法来计算一个时间步内的固相和气相特性，计算出来的第 $i$–1 时间步的结果将作为第 $i$ 时间步的入口变量，在一个时间步内变量不会同时发生改变。差分是通过把颗粒分成大量的等体积壳体来获得的，在时间坐标上采用前向差分方法，时间步的大小通过转化步的需求来获得。

4. 颗粒模型数值结果

上述颗粒模型的特点在于把控制容积反应速率与扩散率和碳的浓度联系在一起。为了显示这些关系的重要性，计算了一个在绝热条件下，碳和水蒸气之间发生不可逆多相反应时的转化速率。图 2-13 给出了碳转化率在不同碳浓度级数下随时间的变化关系，图中显示，对于小的转化率，碳浓度级数的影响可以忽略；当 $p$>1 时，级数的影响就变得很重要了，当 $p$=2 时，最后 5%的碳和前面 95%的碳转化所需要的时间相当，颗粒中等体积壳体内相应的碳浓度随无量纲半径的变化关系如

图 2-13 所示，随着碳浓度级数的增加，转化速率曲线变得平坦，其原因是高的总体碳转化率需要在颗粒表面的碳浓度达到最小才可实现。

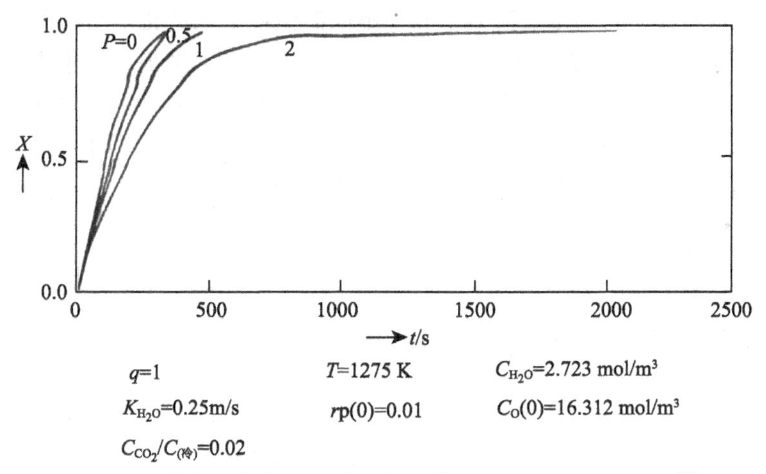


图 2-13　碳转化率在不同碳浓度级数下随时间的变化关系[6]

有效扩散系数与孔隙率之间的关系可用下式进行表达：

$$D_{\varepsilon A} = D_A \frac{\varepsilon_P^2}{9.33 - 8.33{\varepsilon_p}^2} \tag{2-25}$$

观察式(2-23)和式(2-25)不难发现，有效扩散系数与碳浓度之间可以通过孔隙率建立一定的关系。

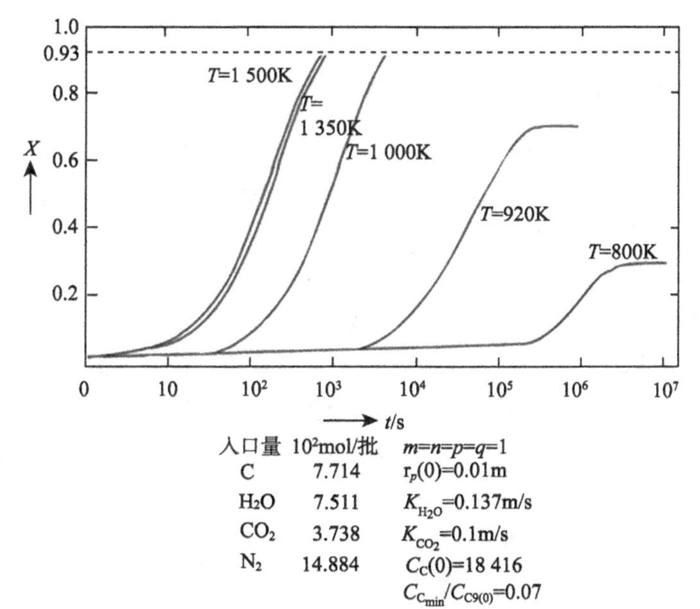


图 2-14　五种不同的温度下碳转化率与时间的关系[45]

为阐明整个颗粒模型的特点，模拟了一批在不同温度下碳和混合气体发生的绝热反应。初始时混合气体中只含有 $N_2$、$CO_2$ 和 $H_2O$，随着反应的进行，CO 和 $H_2$ 的浓度增加，而反应物的浓度降低。五种不同的温度下碳转化率与时间的关系如图 2-14 所示。可以看出，在 800K 和 920K 时，反应达到了平衡，对于更高的温度，平衡不可能达到，因为初始的碳的数量是有限的；在 1350K 左右，转化速率基本上不受温度影响，这是由于组分输运的限制。由此可见，对于不同的固体燃料气化装置(固定床、流化床)，当地控制容积速率颗粒模型对于 $C+CO_2/H_2O$ 的描述都是合适的。

5. 颗粒模型的数据

化学反应速率表达式通过 TGA 可以获得，即

$$k_{11} = k_{21} = 10^7 e^{\frac{26317}{T}} \text{mol}^{1-(m+n)} \cdot \text{s}^{-1} \tag{2-26a}$$

$$m = p = 1, \quad n = q - 0.7 \tag{2-26b}$$

有效扩散率和孔隙率的测量结果如下。当碳的转化率 $X$=0 时，孔隙率 $\varepsilon_p(0) = 0.8$，有效扩散率 $D_{eA} = 0.16D_A$；碳转化率只增加几个百分点，孔隙率基本上不变，但有效扩散率却增长很快，具体表达式如下：

$$D_{\varepsilon A} = 0.01D_A \ (\text{m}^2/\text{s}), \quad \varepsilon p \leqslant 0.73 \tag{2-27a}$$

$$D_{\varepsilon A} = D_A(7.692\varepsilon p - 5.615) \ (\text{m}^2/\text{s}), \quad 0.73 \leqslant \varepsilon p \leqslant 0.893 \tag{2-27b}$$

$$D_{\varepsilon A} = D_A \varepsilon p \ (\text{m}^2/\text{s}), \quad \varepsilon p \geqslant 0.893 \tag{2-27c}$$

### 2.1.6 超临界气化技术

超临界水具有与液体相近的密度、与气体相近的黏度，而扩散系数却比液体大近 100 倍。另外，通过改变温度和压力可以改变其密度、溶解度、相状态、离子积和介电常数等性质参数。其介电常数由标准状态时的 78.46 减少为 2～10，大小与有机溶剂的值相当，因而可以溶解有机物。超临界水生物质气化技术利用超临界水(温度高于 374℃，压力高于 22.1MPa)的特殊性质，使生物质完全溶解在水中，气化效率高，有利于环保。超临界水气化技术可以直接处理高含湿量的生物质，无需高能耗的干燥过程，具有气化率高、气体产物中 $H_2$ 含量高等特点，气化率可以达到 100%，$H_2$ 体积分数可超过 50%[47]。超临界水气化技术作为一项新兴的利用生物质能的方法，由于其较高的能量利用率及环保特性，正日益受到人们的重视[48]。

超临界水气化生物质反应主要受到温度、压力、浓度、停留时间因素的影响。其中，温度的升高利于气化效率的升高，利于气体产物中 $H_2$ 和 $CO_2$ 的生成；压力对反应的影响规律体现在气化效率和气体产物组成上，与温度影响类似，临界点附

近压力对反应影响较大；高浓度不利于气化的完全进行；停留时间的延长对提高超临界气化生物质的气化率有利，但是对提高 $H_2$ 产率作用不大。而金属类催化剂、碳类催化剂及碱类催化剂的应用均有利于气化反应的进行，但催化效果视反应条件而不同。这些规律对于超临界水气化生物质技术的进一步应用有指导意义，但目前的研究还仅限于实验规模。此技术的经济效益方面，还需要降低气体净化成本，提高工艺中换热器的利用效率，减少能量损失，从而进一步降低生产成本。将该技术的经济效益和环境效益结合，从处理废弃物及 $CO_2$ 减排方面考虑超临界水气化生物质技术，其具有独特的优势[48]。

与常压气化相比，超临界水气化有诸多优点。首先，该技术可以处理含水率较高的生物质，降低生产成本；其次，该工艺在高压下进行生产，产生的高压气体可以方便后续的利用，如高压合成，储存等；该工艺超高的固体转化率也解决了反应器中焦炭积累的问题。生物质超临界水气化制氢技术近年来成为国内外的研究热点，并得到快速发展。

尽管如此，超临界水气化技术仍然存在很多问题和难点没有解决。首先，生物质超临界水气化反应过程复杂，还未从理论和技术上系统总结出可工业化利用的规律，仍停留在实验室小规模研究；其次，由于超临界水相对苛刻的操作条件，反应器设计和制造难度大，因此给反应器的生产提出很高的要求[46]。

## 2.2　生物合成气制备

近年来，生物质气化制合成气技术已成为了各国研究的热点[10]，日本及欧美等发达国家和地区在该领域取得了较多研究成果，尤其是气化装置和催化剂的研究处于世界领先水平。过去几年，我国在生物质气化技术方面也取得了一定的进步，而利用生物质气化途径制备合成气的研究还比较少，主要集中在中国科学院广州能源研究所、华中科技大学、中国科学技术大学、天津大学等少数科研院所，并且多数仍停留在实验室阶段。

日本、美国及欧洲一些国家在生物质气化制合成气技术领域经过了长期、系统的研究，一些工艺技术目前已进入商业化运营阶段。这些研究工作主要集中在气化反应装置、生物质原料类型、气化技术和催化剂研究等方面。

生物质气化制备合成气的反应装置主要包括固定床气化器和流化床气化器两大类。Karmakar 等[11]利用流化床反应器进行了富氢合成气的研究，得到的产气中 $H_2$ 体积分数最高可达 53.08%，碳转化率为 90.11%，合成气的低位热值(LHV)在 12MJ/Nm$^3$ 左右。瑞典的 Göransson 等[12]对双流化床气化技术进行了探讨，得到了 $H_2$ 体积分数为 40%的合成气，$H_2$/CO 可达 1.6 左右，合成气的平均低位热值为

14MJ/Nm$^3$，焦油裂解率为 90%～95%。日本的 Xiao 等[13]以流化床热解加固定床重整的两阶段气化装置进行了生物质的低温气化的研究，在 600℃的条件下，可以得到产率为 2.0m$^3$/kg，$H_2$ 体积分数高达 60%，LHV 为 14MJ/Nm$^3$ 的富氢合成气。日本名古屋大学的 Ueki 等[14]对比了上吸式和下吸式固定床的生物质气化效果，其中上吸式固定床得到的合成气低位热值较高(4.8MJ/Nm$^3$)，而下吸式固定床则具有较高的碳转化率(82%)。然而，无论采用何种气化反应装置，在制备合成气的过程中仍普遍存在焦油裂解率和碳转化率偏低的现象，得到的合成气 $H_2$/CO 也往往不能满足液体燃料的合成要求。因此，研制新型高效的生物质气化反应设备是将来的研究热点之一。

用于气化反应制取合成气的生物质原料有很多种。Asadullah 等[15]利用双流化床反应装置对比了雪松、黄麻、稻草和甘蔗渣 4 种生物质的催化气化反应效果，其中雪松气化得到的合成气中 $H_2$ 体积分数(35.4%)和 $H_2$/CO(1.20)都最高，而黄麻气化反应的碳转化率(84.0%)最高。加拿大的 Ahmad 等[16]在固定床微型反应器上进行了小麦和玉米的气化反应对比实验，结果表明玉米气化得到的合成气在 $H_2$ 和 CO 体积分数(11.0%和 56.5%)、产率(0.42m$^3$/kg)、低位热值(10.65MJ/Nm$^3$)以及碳转化率(44.2%)等方面都优于小麦。波兰的 Plis 等[17]利用固定床反应器对比了木头和麦壳的气化效果，结果表明用木头得到的产气中 CO 体积分数(15.0%～28.0%)明显高于麦壳(11.0%～16.0%)，而 $H_2$ 体积分数也要比麦壳高出 2%～3%。希腊的 Skoulou 等[18]则在下吸式固定床上进行了橄榄树锯屑和果仁的气化实验，发现在 950℃的条件下，锯屑得到的合成气低位热值(9.41 MJ/Nm$^3$)高于果仁(8.60 MJ/Nm$^3$)，而 $H_2$/CO(1.52)则低于果仁(1.68)。

国外研究者一直在努力通过改进气化技术提高气化效果及合成气质量。Kantarelis 等[19]将快速热解和固定床气化进行了对比，发现快速热解得到的合成气的 LHV 最高可达 14.80MJ/Nm$^3$，$H_2$/CO 为 0.86；固定床气化合成气的 LHV 只有 11.62MJ/Nm$^3$，但 $H_2$/CO 稍高(0.93)。日本的 Kazuhiro 等[20]研究了木质生物质与煤的共气化，最终得到的合成气中 $H_2$ 体积分数(41.6%～43.3%)和 $H_2$/CO(1.67～2.12)都较高，碳转化率也可达到 98.0%。美国佛罗里达大学的 Mahishi 等[21]在松树皮的气化反应中加入了氧化钙作为 $CO_2$ 吸附剂，结果表明气化效果得到了很大改善，在 600℃的条件下，与不加氧化钙的相比，合成气产率、$H_2$ 产率及碳转化率分别提高了 62%(874.8～1418.1mL/g)、48.6%(573.0～852.3mL/g)和 83.5%(30.3%～56.0%)。

在生物质气化制合成气的过程中，会产生焦油等难以直接利用的物质，不仅造成能量的浪费，还会影响系统的正常运行。因此，研究开发能够降低焦油产生量的催化剂，是生物质气化制合成气技术的关键问题之一，也是各国研究的热点。生物质气化除焦油最常用且效果相对较好的催化剂是 Ni 基催化剂。美国国家可再生能源实验室的 Kimberly 等[22]以 90%的 α-$A_2O_3$ 为载体，负载质量分数分别为 5.0%的 MgO、8.0%的 NiO 和 3.5%的 $K_2O$ 得到的催化剂具有较好的焦油裂解效果，在 800℃下焦油裂解率可达 90%以上。其中载体 α-$A1_2O_3$ 的粒径在 100～400μm，其抗磨损的能力强，经过 48h 的连续实验，粒径分布没有明显变化。日本名古屋大学的 Li 等[23]以七铝酸十二钙为载体，通过浸渍法负载六水合硝酸镍制成的 Ni 基催化剂也可用于生物质气化制备富氢合成气。在温度为 650℃，气固比 S/C 为 2.1，时空速率 ωcat/Ftoluene 为 8.9kgh/$m^3$ 的条件下进行焦油裂解，焦油转化率可达 99%以上，$H_2$ 产率可达 80%，CO 选择性可达 63%。另外，在 400～500℃时使用浸渍法得到的纳米级 Ni 基催化剂，对于提高 $H_2$ 产率和焦油转化率的效果非常明显[24]。Ni 基催化剂的主要问题是失活现象比较严重，其中 $H_2S$ 中毒而使 Ni 的活性位点减少是导致催化剂失活的最主要原因。另外，烧结导致 Ni 晶体变大以及炭化现象也可能造成催化剂的失活[25]。Rh 基催化剂也是一种有效的焦油裂解催化剂，Colby 等[26]在气化炉温度为 850℃，压力为 0.1MPa 的条件下，以 α-$A1_2O_3$ 为载体负载 Rh 可使焦油转化率达到 50%。日本的 Keiichi 等[27]以 $SiO_2$ 为载体，负载上 Rh 和 $CeO_2$(其中 $CeO_2$ 的质量分数占 35%)用以催化焦油裂解和生物质气化。在温度为 650℃，压力 0.1MPa，生物质进料量 85mg/min，空气流量 50m/min 的条件下，碳转化率达 99%以上，可得到 CO 产量为 2254μmol/min，$H_2$ 产量为 2016μmol/min 的合成气。Rh 基催化剂在使用中的最大问题是催化剂的磨损和失活。天津大学陈冠益、李健等研究利用生物质热解焦负载 Ni，在微波加热条件下，对生物质气化焦油进行催化裂解，利用 Ni 基催化剂较高的催化活性，以及微波条件下产生的等离子体与“热点效应”对焦油催化裂解过程的促进作用，达到了较好的焦油脱除效果，焦油裂解率达到 96%以上，并且气体产物中氢气的浓度也达到 92 vol%。除了 Ni 基和 Rh 基催化剂外，在生物质气化制合成气中，Ru、Zr、Pt 等重金属对焦油的去除也有一定效果[28]，但目前研究较少。不管采用哪种催化剂，在合成气制备过程中普遍存在焦油转化率较低的问题，某些催化剂虽然具有比较理想的焦油转化率，但成本很高，因此研究开发催化效率高且价格低廉的新型焦油裂解催化剂是生物质气化制合成气技术发展过程中一个亟待解决的关键问题。

我国生物质气化研究一直以燃气生产为主，生物质燃气主要用于炊事、锅炉供热及发电[29]，在生物质气化制合成气进而生产化学品方面的研究和实践相对少，仍停留在实验室阶段。中国科学院广州能源研究所研制出了规模为 100t/a 的玉米气化制合成气进而生产二甲醚的生产系统，当玉米进料量为 45～50kg/h 时，得到的合成气产率可达 40～45$m^3$/h，产气中 $H_2$ 体积分数为 32.5%，$H_2$/CO 在 1 左右[30,31]。中国科学技术大学研制出一套流化床式生物质定向气化装置，最多可处理 50kg/h 生物质，气化压力最高可达 3MPa[32]。

华中科技大学的李建芬等[33]以树叶为原料，利用热裂解装置进行了生物质制合成气的研究。实验得到的合成气的主要成分是 CO、$H_2$、$CH_4$及 $CO_2$，其中 CO 和 $H_2$的总体积分数占 56%，合成气的低位热值为 15~20MJ/Nm$^3$，属于中热值可燃气，可以直接做民用燃气。武汉工业学院的杜丽娟等[34]以松木锯屑为原料，使用自制的 Ni 基催化剂，在固定床装置上进行了催化裂解制合成气的实验。结果表明，温度的升高和催化剂的加入都有利于焦油的裂解和产气量的升高。在 900℃时气化效果最好，得到的合成气中 CO 和 $H_2$的体积分数达到 85%，焦油产率仅为 1.8%，产气量可达 1.56m$^3$/kg。

中国科学院广州能源研究所的 Lv 等[35]以松木锯屑为原料进行了生物质气化制合成气的研究。实验装置前端是流化床气化炉，以白云石为催化剂，用于生物质气化；后端是固定床反应器，加入 Ni 基催化剂，用以去除气体中的焦油等杂质。在进料速率为 0.47kg/h，空气流量 0.65m$^3$/h，水蒸气流量 0.4kg/h，S/B 为 0.85 的条件下，最终得到的合成气中 $H_2$体积分数最大可达 52.47%，$H_2$/CO 的值为 1.87～4.45。

天津大学的陈冠益等[36]以 HZSM-5 为催化剂在两段式固定床反应系统中进行了芦竹催化热解实验，研究了热解温度、催化温度和催化剂床层高度对热解产物分布以及气体和液体组分的影响。结果表明：随着热解温度的升高，$CO_2$含量明显降低(58.86%～43.26%)，而 CO 含量则逐渐升高(35.94%～39.19%)，$CH_4$含量也有了显著增加(2.89%～11.00%)。$H_2$和 $C_2$—$C_3$的含量较小，呈现逐渐增大的变化趋势。随着催化温度的升高，CO 和 $CO_2$的产率逐渐升高，这是由于随着催化温度的增加，脱羰基和脱羧基反应加剧，生成了大量的 CO 和 $CO_2$。其他气体如 $H_2$和 $C_1$—$C_3$的产量也都有了增加。CO 和 $C_1$—$C_3$等可燃性气体的产量的增加，有利于合成气热值的提高，为合成气的下一步应用提供了可能。催化剂床层高度的增加，促进了热解气裂解反应的发生，进而改变了气体各组分的产率。由结果可知，随着床层高度的增加，CO 的产量从 7.37%增加到了 13.98%，$CO_2$ 的产量也有所增加(16.21%～20.80%)。这是由于催化剂的增多，提供的酸性位点增加，热解气在床层停留时间加大，有利于脱羰基和脱羧基反应的进行。$H_2$的产率变化不大，$C_2$—$C_3$则逐渐增加。Chen 等[37]以生物质碳为原料进行水蒸气气化制备合成气研究，结果表明，提高气化温度可以提高产气品质、气体产量以及能量转换率。添加适量的水蒸气可以提高气化效果，但是过量的水蒸气会降低产气中 $H_2$含量以及能量转换率。在 800℃时最佳水蒸气与生物质之比为 3.3。

大连理工大学的 Gao 等[38]利用安装了多孔陶瓷改性装置的连续进料固定床反应器进行了松锯屑的气化实验，得到的合成气产率为 0.99～1.69m$^3$/kg，$H_2$ 产率为 43.13～76.37g/kg，合成气中 $H_2$/CO 可达到 1.74～2.16。与不加多孔陶瓷相比，产气中最大 $H_2$体积分数可提高 45.4%。华中科技大学的 Yan 等[39]同样利用多孔陶瓷改性的上吸式固定床反应器进行了富氢合成气的研究，得到的合成气 LHV 为 8.10～13.40MJ/$Nm^3$，$H_2$ 产率为 45.05～135.40g/kg。产气中最大 $H_2$ 体积分数可达 60.59%，与不用多孔陶瓷改性(43.37%)相比有明显提高。

除了传统的流化床和固定床气化器外，也有研究者利用等离子体反应器[40]和高压微反应器[41]进行生物质气化制合成气的实验，同样收到了不错的效果。虽然我国在生物质气化制合成气技术方面取得了一定的进展和成果，但尚处于起步阶段，研究工作仍然很少，与国外发达国家相比还存在较大差距，尤其是得到的合成气中 H/C 无法满足合成液体燃料的要求，而且焦油转化率也比较低，一些关键的技术问题还有待解决，因此我国在该领域的研究有待加强。

## 2.3　生物质燃气厌氧消化技术制备

### 2.3.1　生物沼气简介

生物沼气是各种有机物在隔绝空气时，保持一定的温度、湿度、酸碱度等条件下，经过各类厌氧微生物的发酵作用而产生的一种可燃性气体。生物质厌氧消化可产生生物沼气。生物沼气是一种混合气体，主要包括 55%～70%的 $CH_4$、30%～45%的 $CO_2$，以及少量的 $H_2$、$H_2S$、$NH_3$ 和 CO 等。其中，提供能量的主要有用成分为 $CH_4$。甲烷是一种最简单的有机化合物，是一种良好的气体燃料，它的化学性质极为稳定，不溶于水，无色、无臭、无毒，燃烧后没有污染物。1$Nm^3$ 沼气完全燃烧相当于 0.7kg 汽油或 4.5kg 煤炭燃烧效能，属于中等热值燃料。

### 2.3.2　生物沼气的制备

制备生物沼气的原料既是产生沼气的底物，又是沼气发酵细菌赖以生存的养料来源。各种农业剩余物、农作物的秸秆以及农产品加工的废物、废水等都是良好的沼气发酵原料。根据原料的溶解性和固体物含量的高低，可将发酵原料划分成若干范围(表 2-4)。本节主要介绍以市政污泥、城市有机垃圾(主要指餐厨垃圾)、农业废弃物(包括家畜粪便、农作物秸秆等生物质材料)为原料制备沼气的情况。

**表 2-4　制备生物沼气原料的类型**

| 类型 | 固体物含量/% | 举例 |
|---|---|---|
| 有机废水 | $<1$ | 酒醪滤液、豆制品废水 |
| 低固体含量 | 1～5 | 酒醪、畜禽舍冲水 |
| 中固体含量 | 6～20 | 牛粪、马粪 |
| 高固体低木质素 | $>20$ | 玉米秸秆、生物质垃圾 |
| 高固体高木质素 | $>20$ | 锯末 |

1. 厌氧消化的原理

厌氧消化也称厌氧发酵，是一个较为复杂的过程，目前比较公认的厌氧消化理论是三阶段理论模式：水解发酵阶段(第一阶段)、产酸脱氢阶段(第二阶段)、产甲烷阶段(第三阶段)。厌氧消化的三阶段理论是伯力特(Bryant)等在 1979 年根据微生物的生理种群提出的[10]。该过程的模式如图 2-15 所示。

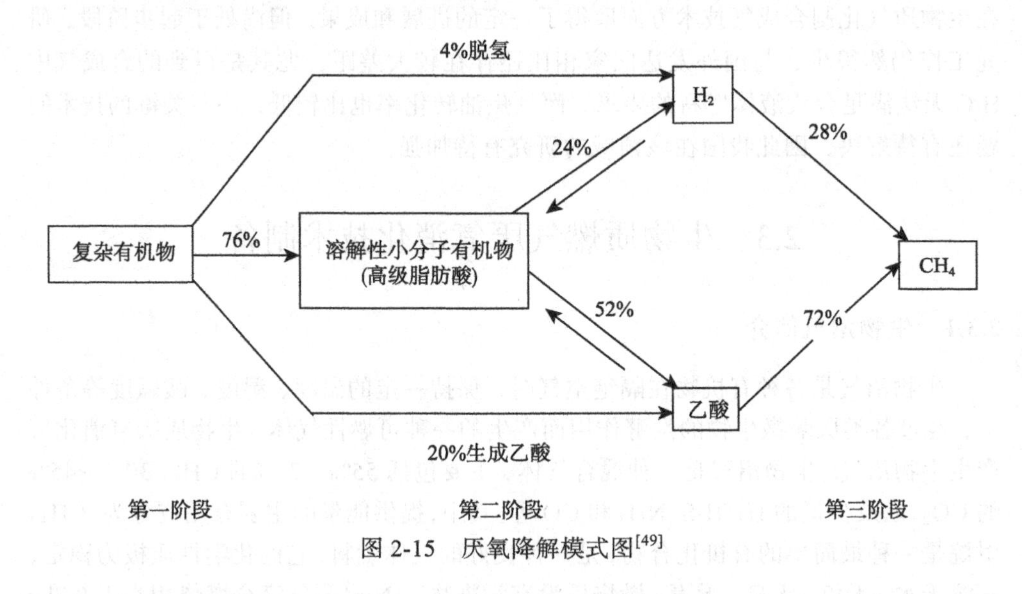


图 2-15 厌氧降解模式图[49]

如图 2-15 所示，由乙酸产生的 $CH_4$ 占 72%，由 $H_2$ 还原产生的 $CH_4$ 占 28%。三阶段有机物分解的过程可简略表述如图 2-16 所示。

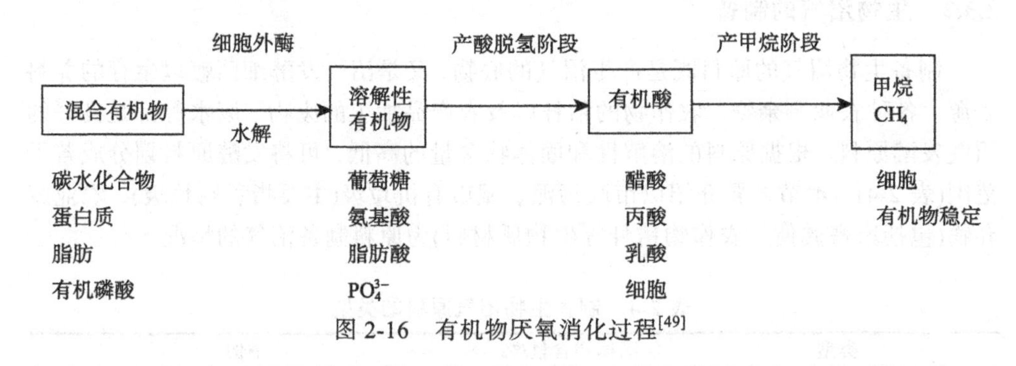


图 2-16 有机物厌氧消化过程[49]

第一阶段，水解发酵阶段是将大分子不溶性复杂有机物在细胞外酶的作用下，水解成小分子溶解性脂肪酸、葡萄糖、氨基酸、$PO_4^{3-}$等，然后渗入细胞内。参与的微生物主要是兼性细菌与专性厌氧细菌，兼性细菌的附带作用是消耗掉废水带来的溶解氧，为专性厌氧细菌的生长创造有利条件。此外，还有真菌(毛霉(mucor),

根霉(rhigopus)，共头霉(syncephastrum)，曲霉(aspergillus))以及原生动物(鞭毛虫，纤毛虫，变形虫)等，可统称为水解发酵菌。碳水化合物水解成葡萄糖，是最易分解的有机物，含氮有机物水解较慢，故蛋白质及非蛋白质等的含氮有机物(嘌呤、嘧啶等)是在继碳水化合物及脂肪的水解后，水解为膘、胨、肌酸、多肽后形成氨基酸；脂肪的水解产物主要为脂肪酸。

第二阶段，产酸脱氢阶段是将第一阶段的产物降解为简单脂肪酸(乙酸、丙酸、丁酸等)并脱氢。奇数碳有机物还产生 $CO_2$，如

$$\text{戊酸}\ CH_3CH_2CH_2CH_2COOH+2H_2O \longrightarrow CH_3CH_2COOH+2H_2 \tag{2-28}$$

$$\text{丙酸}\ CH_3CH_2COOH+2H_2O \longrightarrow CH_3COOH+3H_2+CO_2 \tag{2-29}$$

$$\text{乙醇}\ CH_3CH_2OH+H_2O \longrightarrow CH_3COOH+2H_2 \tag{2-30}$$

参与作用的微生物是兼性及专性厌氧菌(产氢产乙酸菌以及硝酸盐还原菌 NRB、硫酸盐还原菌 SRB 等)，故第二阶段的主要产物是脂肪酸，$CO_2$，碳酸根 $HCO_3^-$，铵盐 $NH_4^+$和 $HS^-$，$H^+$等。此阶段速率较快。

第三阶段，产甲烷阶段是将第二阶段的产物还原成 $CH_4$，参与作用的微生物为绝对厌氧菌(甲烷菌)，此阶段的反应速率较慢，是厌氧消化的控制阶段。

厌氧消化的最终产物是二氧化碳和甲烷气(或称污泥气、消化气、沼气)，并能杀死部分寄生虫卵与病菌，减少污泥体积，使污泥得到稳定。所以污泥厌氧消化过程也称污泥生物稳定过程。

与好氧氧化相比，厌氧消化的产能量是很少的，所产能量大部分用于细菌自身的生活活动，只有少量用于合成新细胞，故厌氧生物处理产生的污泥量远少于好氧氧化。可用乙酸钠分别好氧氧化与厌氧消化作为例子说明之。

好氧氧化时

$$C_2H_3O_2Na+2O_2 \longrightarrow NaHCO_3+H_2O+CO_2+848.8kJ/mol \tag{2-31}$$

厌氧消化时

$$C_2H_3O_2Na+H_2O \longrightarrow NaHCO_2+CH_4+29.3kJ/mol \tag{2-32}$$

可见，相同底物，厌氧消化所产能量仅为好氧氧化的 1/20~1/30。

2. 污泥厌氧消化制沼气

污泥厌氧消化是在无氧环境下，利用污水、污泥中的厌氧菌菌群的作用，使有机物经液化、气化而分解成稳定物质，病菌、寄生虫卵被杀死，固体达到减量和无害化的方法。污泥厌氧消化可以减少污泥体积，不需要供给氧气，同时产生含有60%～70%甲烷的沼气，可以用作能源。而且，厌氧消化过程中病菌死亡率高，处理后的污泥含有较高的有机肥效，可用于改良土壤。污泥厌氧消化是液态或泥饼形

式的污泥实现最终处置前必要的处理过程。

污泥厌氧消化的温度根据消化池内生物作用的温度分为中温消化和高温消化。中温消化，温度一般控制在 33～35℃，而高温消化的温度一般控制在 55～60℃。高温消化比中温消化分解速率快，产气速率高，所需的消化时间短(气量达到总产气量 90%时所需要的天数)，消化池的容积小。高温消化对寄生虫卵的杀灭率可达90%以上。但高温消化加热污泥所消耗热量大，耗能高。因此，只有在卫生要求严格，或对污泥气产生量要求较高时才选用。目前国内外常用的都是中温消化池，中温消化在国内外均已使用多年，技术上比较成熟，有一定的设计运行经验。

污泥厌氧消化的等级按其消化池的串联使用数量分为单级消化和二级消化。单级消化只设置一个消化池，污泥在一个消化池完成消化过程。而二级消化，消化过程分别在两个串联的消化池内进行。一般情况下，在二级消化的一级消化池内主要进行有机物的分解，只对一级消化池进行混合搅拌和加热，不排上清液和浮渣。污泥在一级消化池进行主要分解后，排入二级消化池。二级消化池不再进行混合搅拌和加热，使污泥在低于最佳温度的条件下完成进一步的稳定。在二级消化的过程中排上清液和浮渣。单级消化的土建费用较省；可分解的有机物分解率可达 90%；由于不能在池内分离上清液，为减少污泥体积需要设浓缩池，另外起到释气作用。二级消化的土建费用较高；有机物的分解率可略有提高，产气率一般比单级消化约高10%；二级消化的运行操作比单级消化复杂。

常规的污泥厌氧消化工艺存在污泥降解率低、停留时间长及沼气产气率低等问题，因此混合厌氧消化成为国内外学者研究的热点。混合消化是厌氧消化过程中同时处理两种或多种有机废物，将含碳量较高的底物与含氮量高的底物混合起来，在物料间建立一种良性互补，减缓消化过程中的不良影响。例如，将污泥与餐厨垃圾、猪粪等物质进行混合厌氧消化。餐厨垃圾固体含量通常在 20%左右，含水率高(65wt%～95wt%)，其营养丰富，具有容易腐烂、消化的特点，C/N 较高，含有大量的微生物菌种等，具有很高的产甲烷能力，适合厌氧消化处理。市政污泥有机质含量相对较低，C/N 低，生物降解性能差，单独进行厌氧消化时挥发性固体含量的去除率和产气量都很低。有学者将猪粪与脱水污泥混合探究其产气特性，实验结果表明，将猪粪与脱水的污泥以 2:1 进行混合厌氧消化，可使甲烷的产率提升 82.4 %。污泥中微生物细胞壁的水解过程是厌氧消化的限速阶段，通过对污泥进行预处理可以破坏微生物细胞结构。将污泥经超声处理后在蛋形消化池中进行厌氧消化实验，结果显示，超声处理后的污泥产气量可提高 45%，且污泥固体去除率增加了 30%。

3. 城市有机垃圾厌氧消化制沼气

城市中的有机垃圾是指垃圾中含有有机物成分的废弃物，主要包括纸、纤维、竹木、厨房菜渣等，其中餐厨垃圾是城市有机垃圾的重要组成部分。本节中，我们主要针对餐厨垃圾厌氧消化做简单介绍。餐厨垃圾具有自身特性，含水率高，脱水性能差，有机物含量高等特点。餐厨垃圾含水率高，不适合进行焚烧处理，而好氧堆肥存在占地面积大、卫生条件差等缺点，厌氧消化具有独特的优势：

(1) 餐厨垃圾有机物含量高，经厌氧消化能够产生大量的沼气，实现能源回收利用，具有较大的经济效益；

(2) 反应器效能高、容积小、占地面积小、可降低基建费用；

(3) 剩余污泥量少，生成的污泥比较稳定；

(4) 消化残留物可作为土壤添加剂或者肥料，产生的沼渣、沼液经处理后可作为动物饲料，增加其经济效益。

餐厨垃圾的厌氧消化包括脱水、破碎等前处理过程，以及厌氧消化、渗滤液处理、气体净化等环节。首先是经过离心机等机械进行物料的水分调节。破碎则利用破碎机对物料中的粗大物体(如骨头等)进行破碎，有利于后续消化单元的顺利进行。厌氧消化阶段经过投加兼性和厌氧微生物菌种，强化物料中有机物的分解，生成稳定的消化产品和以甲烷为主的沼气。利用水处理装置对物料脱水形成的有机废水进行处理，防止渗滤液造成二次污染。另外，甲烷是一种有较高经济利用价值的气体，通过净化装置去除气体中的 $H_2S$ 等杂质气体，能提高沼气的利用价值。

不少研究者探究更高效的餐厨垃圾厌氧消化工艺流程，Delia 等利用容积为 70L 的生物反应器进行餐厨垃圾的厌氧消化试验。试验采用 2 个不同的回流比，以未采用回流的处理作为对照，回流量分别是：9L/d，21L/d。在消化到第 50 天时，沼气中甲烷的含量分别为 30% (对照)，50% (9L/d)，40% (21L/d)。研究者认为，合适的回流比可以促进甲烷菌的增殖，从而提高产气量，而过高的回流比会造成底物的酸化，抑制甲烷菌的活性。合适的天然植物添加物可以刺激微生物的生理活动，提高发酵底物的局部浓度，创造更适合微生物活动的环境，从而提高沼气的产量。例如，在芒果制品废渣的厌氧消化过程中，添加 1500ppm 的菜豆、黑鹰嘴豆、革荚豆的混合提取物可以使沼气产量提高 2～3 倍。

4. 农业废弃物厌氧消化制沼气

农业废弃物制备沼气的资源尽管很多，但从沼气利用的角度出发，主要分为秸秆类和粪便类。秸秆类主要包括禾本科作物秸秆和豆科作物秸秆及农产品加工过程中产生的米糠、麸皮等，以及各种藤蔓。据统计，2009 年全国农作物秸秆理论资源量为 8.20 亿 t (风干，含水量为 15%)，秸秆资源可回收量为 6.87 亿 t。家禽粪便的主要来源是牛粪、猪粪和鸡粪。预计到 2020 年，我国畜禽粪便排放量将达到 40 亿 t，将对环境产生严重污染。秸秆类需要较长时间才能分解达到预期的沼气产量，和粪便一起进行厌氧消化时效果会更好，而粪便类单独进行厌氧消化时效果也很好。

我国广大农村由于原料特点和农村用肥集中等原因，主要是采用半连续厌氧发酵工艺。在沼气池启动时一次性加入较多原料，正常产气后，不定期、不定量地添加新料。在厌氧发酵过程中，往往根据其他因素(如农田用肥需要)不定量地出料；到一定阶段后，将大部分料液取走用作它用。可根据处理对象，把农村沼气池通常采用的半连续发酵工艺分为两种不同的工艺流程(图 2-17、图 2-18)。

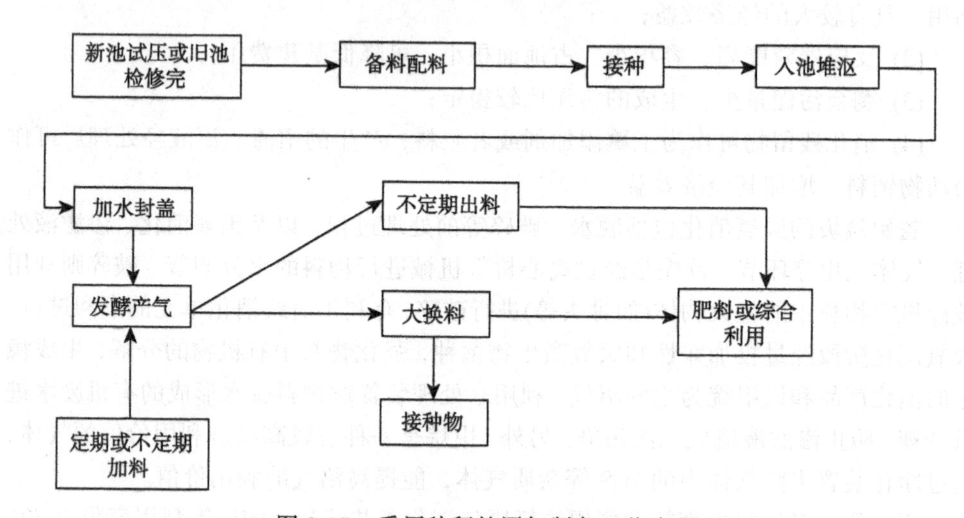


图 2-17　采用秸秆的沼气制备工艺流程

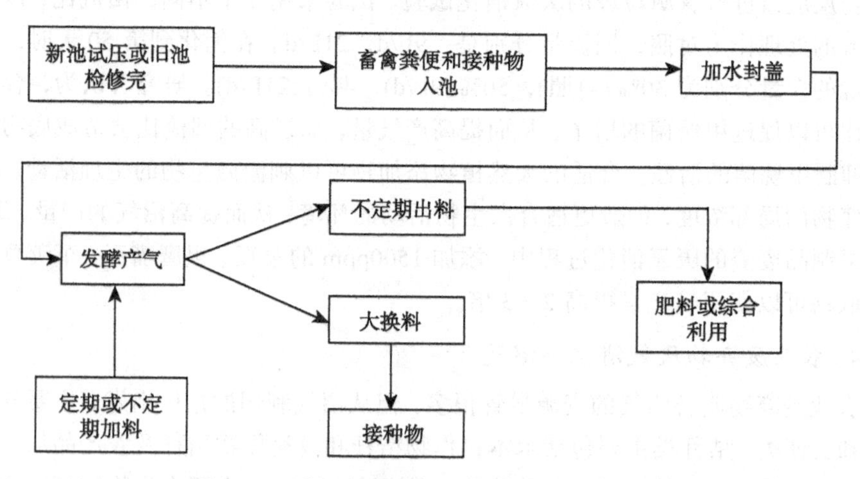


图 2-18　采用畜禽粪便的沼气制备工艺流程

### 2.3.3　生物沼气的提纯

生物沼气中甲烷的含量一般在 60%左右，$CO_2$、$H_2S$ 等气体的存在会降低沼气的热值，增加沼气输配管路的阻力，也会增加对管路的腐蚀，所以有必要将沼气中的甲烷进行提纯，使之成为接近天然气的高热值燃料。提纯后的生物沼气称为生物天然气。

根据分离原理的不同，沼气提纯方法可分为：吸收法、变压吸附法、膜分离法、低温分离法、原位沼气提纯技术等。

1. 吸收法

吸收法是利用 $CO_2$ 比 $CH_4$ 在吸收剂中溶解度高的特性实现对沼气的提纯。用于沼气提纯的吸收法主要有加压水洗法、有机溶剂物理吸收法及化学吸收法。

加压水洗是沼气提纯中应用最多的物理吸收法，加压水洗过程首先需要将沼气加压到 1000～2000kPa 送入洗涤塔，在洗涤塔内沼气自下而上与水流逆向接触，实现 $CO_2$ 和 $H_2S$ 向水中的溶解，从而与 $CH_4$ 分离，$CH_4$ 从洗涤塔的上端被引出，进一步干燥后得到生物天然气。由于在加压条件下一部分 $CH_4$ 也溶入了水中，所以从洗涤塔底部排出的水进入闪蒸塔，通过降压将溶解在水中的 $CH_4$ 和大部分 $CO_2$ 从水中释放出来，这部分混合气体重新与原料气混合再次参与洗涤分离。从闪蒸塔排出的水进入解吸塔，利用空气、蒸汽或惰性气体进行再生。当沼气中 $H_2S$ 含量高时，不宜采用空气吹脱法对水进行再生，因为空气吹脱会产生单质硫污染和堵塞管道。这种情况下，可以采用蒸汽或者惰性气体进行吹脱再生，或者对沼气进行提前脱硫处理。此外，空气吹脱产生的另一个问题是增加了生物甲烷气中氧气和氮气的浓度。

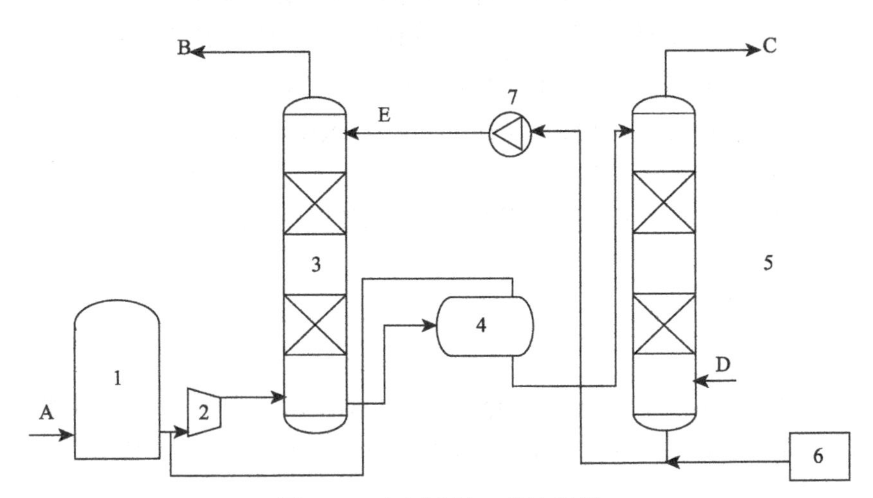


图 2-19　加压水洗工艺流程图

1. 储气罐；2. 压缩机；3. 吸收塔；4. 闪蒸罐；5. 解析塔；6. 贮水罐；7. 水泵；A. 沼气；B. 净化气；C. 废气；D. 空气；E. 水

水洗法效率较高，在最低的操作管理条件下通过单个洗涤塔就可以将 $CH_4$ 浓度提纯到 95%，同时 $CH_4$ 的损失率也可以控制在比较低的水平，而且由于采用水做吸收剂，所以这也是一种相对廉价的提纯方法，尤其在不需要对水进行再生处理时其经济性更加突出。

加压水洗法存在的一个问题是微生物会在洗涤塔内的填料表面生长形成生物膜，从而造成填料堵塞，因此，需要安装自动冲洗装置，或者用加氯杀菌、紫外线照射，高温热水、过氧醋酸、柠檬酸或清洁剂洗塔的方式解决这一问题。虽然水洗过程可以同时脱除 $H_2S$，但是为了避免其对脱碳阶段所用压缩设备的腐蚀，应在脱 $CO_2$ 之前将其脱除。此外，由于提纯后的沼气处于水分饱和状态，所以需要进行干燥处理。

有机溶剂物理吸收法原理与加压水洗法相同，所不同的是 $CO_2$ 在有机溶剂中的溶解度高于在水中的溶解度，因此，这种方法可以使吸收剂的循环量减少、设备的体积下降。常用的物理吸收剂还有碳酸丙烯酯、聚乙二醇二甲醚和甲醇、乙醇等。物理溶液吸收法的优点是在低温高压下进行，吸收能力大，吸收剂溶剂少，吸收剂再生不需加热，因而能耗低。由于 $CO_2$ 在吸收剂中的溶解服从亨利定律，因此物理吸收法比较适合于 $CO_2$ 分压较高的场合。

化学吸收法是使原料沼气和化学溶剂在吸收塔内发生化学反应，二氧化碳被吸收到溶剂中成为富液，富液进入脱析塔加热分解出二氧化碳从而达到分离回收二氧化碳的目的。常用的吸收液有氨水、热钾碱溶液、有机胺溶液等。胺洗法是应用较多的化学吸收法，其中最普遍的溶剂是胺基溶剂，如乙醇胺(MEA) 、二乙醇胺(DEA)、三乙醇胺(TEA)和甲基二乙醇胺(MEDA)。其吸收与解吸的原理为

$$CO_2\text{吸收：}RNH_2 + H_2O + CO_2 \longrightarrow RNH_3^- + HCO_3^- \tag{2-33}$$

$$CO_2\text{解吸：}RNH_3^- + HCO_3^- \longrightarrow RNH_2 + H_2O + CO_2 \tag{2-34}$$

化学吸收法的优点是气体净化度高，处理气量大，可以在较低的压力下进行吸收，缺点是对原料气适应性不强，需要复杂的预处理系统，吸收剂的再生循环操作较为繁琐，运行过程需要消耗大量的工艺用热，且由于存在蒸发损失，运行过程需要经常补充胺溶液。

2. 变压吸附法

变压吸附法(pressure swing adsorption, PSA)的工艺原理是，利用吸附剂对不同气体的吸附能力不同，对混合气体中的某种组分进行选择性吸附，使之与其他气体分离。

吸附剂是 PSA 工艺的核心，整个循环过程的特性取决于吸附剂最初的吸附选择性。用于 PSA 的吸附材料至少应该满足以下两个条件中的任意一个：①吸附剂对 $CO_2$ 具有高选择性；②吸附剂的孔径可以被调整到使动力学直径小的 $CO_2$ 分子(3.4Å)很容易渗透到其结构中，而使动力学直径大的 $CH_4$ 分子(3.8Å)在向吸附剂扩

散时存在尺寸限制。目前，工业化的 PSA 设备常用的吸附剂有沸石、活性炭、分子筛、硅胶和氧化铝。

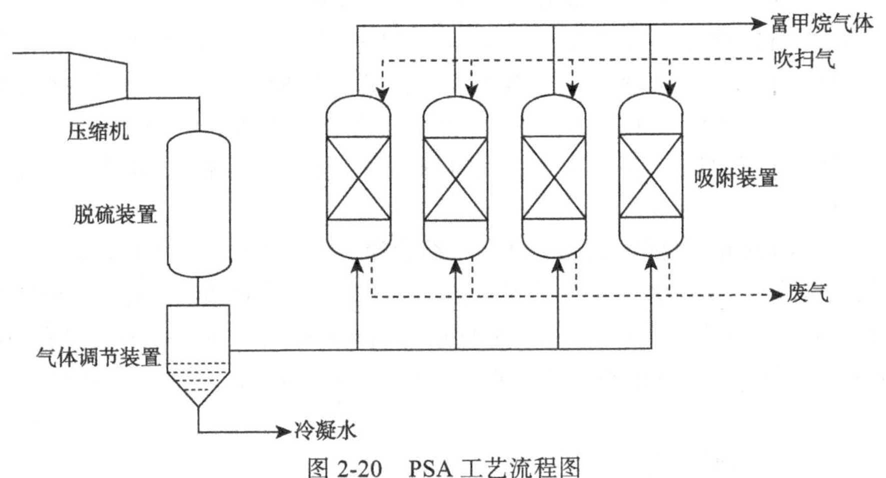


图 2-20　PSA 工艺流程图

PSA 工艺一般需要多个平行吸附塔同时进行工作，通常选用的是四塔工艺。工作时，4 个吸附塔循环交替处于高压吸附、降压再生、负压再生和升压恢复等 4 个阶段。组分的吸附量受温度和压力影响，压力升高时吸附量增加，压力降低时吸附量减少；当温度升高时吸附量减少，温度降低时吸附量增加。硫化氢的存在会导致吸附剂永久性中毒，且变压吸附要求气体干燥，因此在变压吸附之前要脱除硫化氢和水。

因为 PSA 工艺避开了高压、深冷等苛刻工艺要求，所以该工艺具有能耗低、效率高、装置自动化程度高等特点。但是，由于变压吸附需要多套吸附装置并联使用，以保证工艺连续性，因此该技术在产气量不稳定的工况下应用时，会造成操作工艺参数波动、操作难度增加、运行成本高等问题。

3. 膜分离法

膜分离(membranes)工艺是利用沼气中不同组分在通过膜时渗透速率存在差异，从而实现气体分离的一种方法。膜法分离主要有两种：高压气相分离和气液相吸收膜分离。前者的原理是，首先去除沼气中的卤化烃和部分 $H_2S$ 后，再将其压缩至 3.6 MPa 左右，最后通过膜分离组件进行净化；后者是在低压条件下，当沼气中的 $CO_2$ 分子穿过多孔的气液相疏水膜时，被反向流过的液体选择吸收去除的一种净化工艺。

1) 膜材料与膜组件

膜的分离性能直接关系气体膜分离的效果和运行成本，而膜制造的难易程度和使用寿命的长短则关乎气体膜分离的投资成本。目前主要使用的膜材料有聚酰亚胺(PI)、醋酸纤维(CA)膜和聚砜(PSF)膜，其 $CO_2$ 渗透速率在 2～80 GPU(标准状况下，1GPU=$7.5\times10^{-10}$ $cm^3/(cm\cdot s\cdot Pa)$)，$CO_2/CH_4$ 选择性在 16～100。

CA 膜原料易得，成本低廉，有着成熟的大规模的应用；PI 膜由于本身的热稳定性、化学稳定性、机械性能和成膜性能均较好，分离性能优于 CA 膜。CA 膜、PI 膜的缺陷在于 $CO_2$ 塑化压力均较低。PSF 膜塑化压力高达 3MPa 以上，适合高 $CO_2$ 分压的气体处理。PSF 膜由于其化学稳定性、机械性能优异，更多用作复合分离膜的支撑材料。

工业常用膜组件为中空纤维膜组件。螺旋卷式膜的优点主要体现在，过膜后的压力损失比较小，且不像中空纤维膜孔径较小，易被污染物堵塞，对气体预处理要求较高。中空纤维膜易于制造，装填密度可达 10000 $m^2/m^3$，而螺旋卷式只有 200～1000 $m^2/m^3$，每根中空纤维膜组件的膜面积可达 300～600$m^2$，而螺旋卷式只有 20～40 $m^2$。

2) 单级/多级膜分离系统

评估膜分离系统性能最重要的指标是产气 $CH_4$ 浓度和 $CH_4$ 回收率(或 $CH_4$ 损失率)。单级膜分离系统由于具有膜分离系统的基本特性被广泛研究，并为设计更复杂的膜分离系统做基础，当产气达到车用燃料或管输标准后，单级膜分离系统存在着甲烷损失率过大的问题。理论上，单级膜分离系统的膜组件串联和并联排布是等效的。

沼气纯化常用二级(段)膜分离系统提高甲烷回收率。通过增设回流系统，二级(段)膜分离系统的甲烷回收率提高到 95%以上。

三级膜分离系统由于设计复杂，投资和运行成本较高，因此应用不多。但近来，随着甲烷零排放要求的提出，三级膜分离系统近年来也有了一定的应用。常应用于沼气纯化领域的三级膜分离系统结合了二级和二段膜分离系统。2012 年，DMT 公司使用 Evonik 膜组件在英国 Poundbury 建成的三级膜法沼气纯化厂，处理量为 650 $m^3/h$，产气甲烷体积分数为 98.4%，甲烷损失率为 0.3%～0.5%。Envitec 在德国 Sachsendorf 的首座膜法沼气纯化厂使用 Evonik 的 Sepuran 膜也是三级膜分离工艺，处理量在 150～200 $m^3/h$，其 $CH_4$ 体积分数超过 99%，甲烷损失率小于 0.5%。

与其他技术相比，膜法气体分离具有绿色清洁，占地面积小，分离效率高，能耗投资较低，易于组装和操作简单等特点，但是膜价格普遍偏高，甲烷损失较大，存在膜塑化和老化等问题，且膜对其他杂质气体及工艺条件较为敏感，稍有不慎，会经常更换膜，导致运行成本较高。

4. 低温分离法

低温分离法(cryogenic upgrading)是利用沼气中 $CH_4$ 和 $CO_2$ 组分沸点/升华点

的显著差异，在低温条件下将 $CO_2$ 转变为液体或固体，并使 $CH_4$ 依然保持为气相，从而达到二者分离的目的。纯 $CO_2$ 的升华点是−78.5℃，甲烷的沸点为−161.52℃。$CH_4$ 的存在会影响 $CO_2$ 的升华温度，为了使 $CO_2$ 凝结成液体或干冰需要更高的压力或更低的温度。

低温分离法工艺所用设备较多，操作条件严格，投资和能耗较高，但因其提纯纯度高，进一步冷却即可得到液化生物甲烷，因此也具有广阔的研究前景。

5. *原位沼气提纯技术*

变压吸附、吸收或膜分离等技术在提纯过程中，有 2%～10% 的甲烷会损失，随二氧化碳排放到空气中。由于甲烷的温室效应是二氧化碳的 20 倍，因此该部分甲烷损失会对环境造成影响。基于工业上沼气提纯技术存在的问题，科研工作者近年来开始探索原位沼气提纯(in situ methane enrichment)技术，即在厌氧反应器中通过一定的措施实现生成的沼气中含有高浓度的甲烷( > 90% )。

1) 利用溶解度不同提纯沼气

近年来，有研究者探索了利用二氧化碳的溶解度远高于甲烷，从而在厌氧反应器中降低二氧化碳浓度实现沼气提纯。将反应器中的污泥抽送至解吸塔，在解吸塔中二氧化碳得到释放，然后污泥又被抽送回反应器，如此循环。当污泥进入解吸塔后，在反应器中对污泥进行曝气，二氧化碳就得到了释放。由此反应器中的二氧化碳不断被去除，输出的沼气中甲烷含量得以提高，达到提纯效果。

该工艺虽然实现了原位沼气提纯，仍需要在厌氧反应器后增加额外的设施，此外通过空气吹脱也可能使回流液中带进氮气和氧气，其中氧气会影响厌氧反应器的运行，还会有至少 2% 的甲烷随着空气吹脱而排放到大气中。

2) 利用外源氢气纯化升级沼气的方式

有研究者尝试利用外源氢气通过厌氧发酵体系自身的代谢过程，实现沼气的纯化升级。该工艺基于产甲烷反应 $CO_2 + 4H_2 \longrightarrow CH_4 + 2H_2O$，通入外源氢气，一方面可以增加 $CH_4$ 的产量；另一方面可以消耗掉部分 $CO_2$，$CH_4$ 在沼气中的浓度将显著提高。

(1) 原位加氢纯化方式。

所谓原位加氢纯化方式，是将外源氢气直接通入真实的沼气发酵体系中，在原位把沼气中的 $CO_2$ 转化成 $CH_4$，达到纯化升级沼气的目的。

在 55℃发酵温度和 150 r/min 搅拌强度下，当以 1440 mL/(L·d)的速率持续通气时，$H_2$ 会被消耗完全，$CH_4$ 的浓度达到 90.2%。而在不通氢的发酵体系中，产生的沼气只含有 55.4%的 $CH_4$，$CO_2$ 占 44.6%。可见，采用连续通氢的方式也可以纯化沼气，使之升级到接近生物甲烷的品质。

通入外源氢气可以利用发酵体系自身的代谢把 $CO_2$ 转化为 $CH_4$，但 $H_2$ 的气液传质速率比较慢，成为提高 $H_2$ 利用效率、加快 $CH_4$ 生成速率的制约因素。另外需要注意协调好两个问题：一个是有机酸的堆积，这是由对挥发性脂肪酸 VFAs 降解的抑制导致的；另一个是 pH 值的升高，这是由碳酸氢盐过快消耗造成的。利用原位加氢的纯化方式，必须面对复杂的真实沼气发酵体系，需要考虑多种因素的综合影响，维持整个体系的微妙平衡，给实际操作带来复杂性和风险性。

**表 2-5　集中沼气净化工艺特点的对比和总结[50]**

| 工艺 | 优点 | 缺点 |
|---|---|---|
| 高压水洗工艺 | 净化率高，技术成熟，设备简单，水资源可以循环利用 | 耗水量大，填料表面容易生成微生物，造成堵塞 |
| 其余物理吸收工艺 | 净化率高，吸收液消耗量少且可再生，可同时吸收硫化氢、有机硫化物和水 | 溶剂挥发性高，操作费用高，难度大 |
| 化学吸收工艺 | 化学反应选择性高，净化效率高，甲烷损失率低，净化前无需加压 | 吸收剂再生能耗大，沼气需预处理 |
| PSA 工艺 | 可同时除去卤代烃、硅氧烷等杂质，净化率高，不需使用化学物质，自动化程度高 | 投资和操作费用高，甲烷损失率高，设备易损坏 |
| 膜分离工艺 | 环境友好，设备简单，能耗低 | 净化率较低，分离膜更换频繁，维护费用高 |
| 低温分离工艺 | 不需使用化学物质，进一步冷却液化易得到液化生物天然气 | 能耗高，预处理工艺较多，净化率不高 |
| 原位沼气提纯工艺 | 灵活性高 | 技术不够成熟 |

(2) 离位加氢纯化方式。

由于实际的沼气发酵体系是一个涉及多菌群、多反应的复杂体系，功能不同的菌群之间存在着既相互制约又相互依存的关系，维持着非常微妙的平衡。原位加氢方式中，外源氢气的加入会给这个系统平衡带来各种复杂的影响，如 pH 值的改变及对 VFAs 降解的抑制等。因此，离位加氢纯化的方案被提出，把发酵罐中产生的沼气引入纯化罐内，同时通入氢气进行加氢纯化。在实际的发酵罐旁边建一个单独的纯化罐，这个纯化罐里装的是经过驯化的富含特定食氢产甲烷菌(methanobacteriales)的培养液，然后把未经处理的沼气和外源氢气按适当的比例同时通入，运用同样的原理对沼气进行加氢纯化。原本沼气中含有 62.5%的 $CH_4$ 和 37.5%的 $CO_2$，经过纯化罐后，$CH_4$、$CO_2$ 及 $H_2$ 分别占 89.9%、2.6%和 7.5%。此时搅拌强度为 500r/min，沼气处理能力为 4.8L/(L·d)。如果将搅拌强度提高到 800 r/min，沼气处理能力可以达到 9.6L/(L·d)，纯化后的沼气组成为 90.8% $CH_4$、2.2% $CO_2$ 和 7.0% $H_2$。此方式使用的是经过专门培养的单一优势菌种，体系相对简单，甲烷生产效率更高，缺点是需要另建纯化罐，增加了固定投资。

尽管实验已经证明，利用外源氢气可以实现沼气的纯化升级，但氢气本身是一种优质的清洁能源，工业氢气的价格是民用天然气价格的 4～5 倍。因此，该技术要有经济竞争性，必须解决廉价氢气的来源问题。实际上在我国，焦炉废气含有 55%～60% $H_2$，23%～27% $CH_4$，5%～8% CO，1.5%～3% $CO_2$ 及其他痕量气体。这一类废弃可燃气体来源广泛，价格低廉，可以作为廉价的 $H_2$ 来源。但焦炉煤气除了含有 $H_2$、$CH_4$ 和 CO 外，还含有 $CS_2$、HCN、噻吩、硫醚、萘和苯等杂质，这些杂质对产甲烷菌是否有毒害作用，尚不得而知。另外，沼气站附近未必建有炼焦厂，焦炉煤气的输送是一个问题。

### 2.3.4　生物沼气的应用前景

国家发展和改革委员会公布的《可再生能源发展“十二五”规划》，明确指出扩大可再生能源的应用规模，促进可再生能源与常规能源体系的融合，显著提高可再生能源在能源消费中的比重；全面提升可再生能源技术创新能力，掌握可再生能源核心技术，建立体系完善和竞争力强的可再生能源产业。在生物质能多元化发展的大背景下，大力发展生物沼气技术和应用范围已是大势所趋。《可再生能源发展“十二五”规划》中还提到，到 2015 年，全国生物质能年利用量相当于替代化石能源 5000 万 t 标准煤。生物质发电装机容量达到 1300 万 kW，沼气年利用量 220 亿 $m^3$，生物质成型燃料年利用量 1000 万 t。充分利用农村秸秆、生活垃圾、林业剩余物及畜禽养殖废弃物，在适宜地区继续发展户用沼气，积极推动小型沼气工程、大中型沼气工程和生物质气化供气工程建设。鼓励沼气等生物质气体净化提纯压缩，实现生物质燃气商品化和产业化发展。此外，农业部最近几年在中央专项资金的资助下，每年投入沼气工程的财政补贴高达数十亿元。因此，生物沼气在我国的发展有强大的需求和市场，围绕生物沼气的制备和后续提质利用技术开展研究与应用，是产业沼气发展的关键之一。

## 2.4　生物质燃气利用及工程案例

### 2.4.1　生物质气化集中供气工程实例[51]

1. 工程概述

绍兴县杨讯桥镇展望村秸秆热解气化集中供气工程占地 2600 多平方米。工程配备了 JQ2500-B 型秸秆热解气化机组 2 套，储气柜容积为 $2\times500m^3$，用 PE 管(高密度聚乙烯管)作输气管网，总投资 140 万元。工程于 2003 年 1 月建成并开始投入运行，气化原料为稻杆，供气规模为 500 户。

2. 工艺技术

1) 秸秆热解气化集中供气系统的组成

系统由四部分组成：①秸秆预处理系统，包括堆料库、铡草机、上料机等；②制气系统，包括气化炉、冷却器、罗茨鼓风机等；③燃气输配系统，包括焦油净化装置储气柜和输气主管网等；④用户燃气系统，包括户用焦油净化器、流量表、灶具等。

2) 工艺流程

系统工艺流程如下：秸秆→铡草机→上料机→气化炉→旋风冷却除尘器→焦油净化装置→罗茨鼓风机→储气柜→用户。

用铡草机将秸秆铡成小段，用上料机把秸秆送入气化炉中，秸秆在气化炉内经过热解气化反应转换成可燃气体，在净化器中去除燃气中含有的灰尘和焦油等杂质，由鼓风机送至储气柜中。储气柜的作用是储存一定量的燃气，以平衡系统燃气负荷的波动，并提供一个始终恒定的压力，保证用户燃气灶具的稳定燃烧。从储气柜出来的燃气通过敷设在地下的管网输送到系统中的每一用户。户用净化器用来除去燃气中剩余的灰尘和焦油等杂质，以延长灶具使用寿命。

3. 结果与分析[51]

1) 结果

(1) 气体分析。从储气柜取样，测气体热值和焦灰含量，气体分析结果如表 2-6 所示。

表 2-6　气体分析结果

| 项目 | 第 1 次 | 第 2 次 | 第 3 次 | 第 4 次 | 第 5 次 | 第 6 次 | 平均 |
|---|---|---|---|---|---|---|---|
| 热值/(kJ/Nm$^3$) | 4673 | 4681 | 4656 | 4649 | 4630 | 4655 | 4657 |
| 焦灰含量/(mg/m$^3$) | 23.6 | 23.1 | 22.8 | 22.5 | 23.2 | 23.7 | 23.2 |

(2) 气化率测定。每 100kg 稻秆产气量记录如表 2-7 所示。

表 2-7　每 100kg 稻秆产气量记录

| 编号 | 第 1 次 | 第 2 次 | 第 3 次 | 第 4 次 | 平均 |
|---|---|---|---|---|---|
| 产气量/m$^3$ | 168 | 159 | 171 | 165 | 166 |

(3) 农户用气量测定。农户 1 个月用气量记录如表 2-8 所示。

表 2-8　农户 1 个月用气量记录

| 编号 | 户 1 | 户 2 | 户 3 | 户 4 | 户 5 | 平均 |
|---|---|---|---|---|---|---|
| 用气量/m$^3$ | 117 | 129 | 150 | 144 | 123 | 132.6 |

从气体分析结果可以看出，燃气热值在 4630～4681kJ/Nm$^3$，燃气经净化处理后，焦油含量在 23mg/m$^3$ 左右，两项指标都符合中华人民共和国农业行业标准——《秸秆气化供气系统技术条件及验收规范》(NY/T 443—2001)。

从表 2-7 和表 2-8 可知，每千克稻秆平均可产燃气 1.66m$^3$，平均每户每日用燃气 4.42m$^3$，相当于每户每日需消耗稻秆 2.67kg，该工程(按 500 户供气规模计算)一年可利用稻秆 487.3t。

2) 工程运行经济分析

根据原料运费、电费、职工工资、维修费、折旧及其他费用等，估算出每 1m$^3$ 燃气成本为 0.21 元(按照当时市场行情估算)。若向农户按 0.25 元/m$^3$ 收取燃气费(平均每户每月燃气费用支出 33.15 元)，则工程运行略有结余。本工程在供气能力上还有一定余地，若再扩大供气规模，工程运行会更加经济。

4. 结论

绍兴县展望村秸秆热解气化集中供气工程不仅开发利用了稻草废弃物，减少了农村环境的污染，而且为开发农村清洁能源开辟了新的途径。工程具有明显的能源、生态和社会效益，同时也具有一定的经济效益。但是在提高燃气热值和焦油去除率方面需要进一步探索，使秸秆热解气化集中供气技术更具市场的推广价值。

### 2.4.2 生物质气化集中供热工程案例[52]

1. 工程概述

西杏园村示范工程项目是由北京市环保局、延庆县人民政府投资，延庆县环保局、大榆树镇人民政府组织实施，北京市环境保护科学研究院负责设计的示范工程项目，于 2006 年建设完成，2007 年完成科学技术成果鉴定。总投资 257 万元。该项目主要由新型生物质干馏生产、燃气输配、太阳能照明以及生物质燃气、太阳能综合采暖和公共洗浴等几部分组成。生物质干馏工艺年可处理农业废弃物 1000t 左右，将生物质原料转化为高附加值产品：高品质燃气 30 万 m$^3$(15000～17000kJ/Nm$^3$)、木质炭 300t、木醋液 250t、焦油 25t。该项目通过生物质燃气和副产品的销售保证了日常运营并实现盈利。工程系统图如图 2-21 所示。

2. 工艺技术

1) 原料预处理

依据生物质所含有的纤维素、半纤维素及木质素等主要成分的特点，采用冷压和热压相结合的成型技术，将农、林废弃物经粉碎、输送、成型等工序，将生物质压缩成块状，以便于储运、销售或使用[53]。

2) 热解生产

采用热解生产工艺，每处理 1000kg 生物质(干基)可产出约 300m³ 可燃气、300kg 木炭、250kg 木醋液和 50kg 焦油(符合销售标准)。燃气质量可满足国家标准的要求，热值可达 15～17MJ/Nm³(标态)。

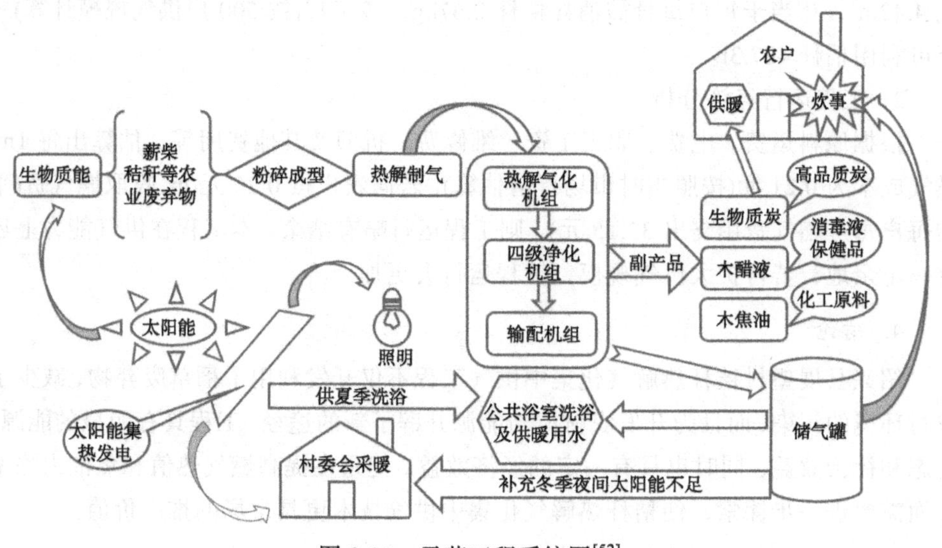


图 2-21　示范工程系统图[52]

3. 结果与分析[50]

1) 系统能量平衡分析

该工程如全负荷运转，生产能力将为实际的 3～5 倍，会大大提高整个生产线的运行效率，从而在更大程度上有效解决农村居民的炊事和取暖问题。该工程全负荷运转情况下的能量和物料平衡如图 2-22 所示。

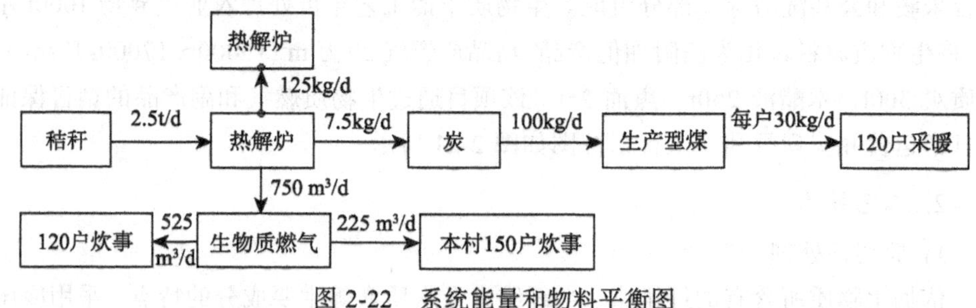


图 2-22　系统能量和物料平衡图

从图 2-22 可以看出，工程全负荷运转后，每年所需生物质的量为 1000t；所生产的生物质炭可以解决 120 户村民的取暖问题，可以减少燃煤 600t/a；所生产的燃气除了解决本村 150 户村民的炊事用气外，还可以外供 3～5 个村约 350 户村民的炊事用气。

2) 经济效益分析

如果项目能够全负荷运营，不仅能够满足运营支出，年可盈利 45.8 万元。支出与收入一览表如表 2-9 所示。

**表 2-9　项目运营情况**

| 收支 | 项目 | 单位 | 单价/元 | 数量 | 总价/万元 | 合计/万元 |
|---|---|---|---|---|---|---|
| 支出 | 原料秸秆 | t | 260 | 1000 | 26.00 | 48.20 |
| | 电费 | 万 kW·h | 6000 | 10 | 6.00 | |
| | 除焦剂 | t | 4000 | 15 | 6.00 | |
| | 人工费 | 人 | 12000 | 6 | 7.20 | |
| | 维修费 | — | — | — | 3.00 | |
| 收入 | 燃气 | 万 $m^3$ | 270000 | 1 | 27.00 | 94.50 |
| | 炭 | t | 1500 | 270 | 40.50 | |
| | 木醋液 | t | 800 | 225 | 18.00 | |
| | 木焦油 | t | 2000 | 45 | 9.00 | |

4. 结论

我国各地相继建设了很多为农村居民供气的生物质气化站，多数采用传统的氧化法制气工艺，由于其燃气热值低，有焦油等二次污染问题，且缺乏维护管理与经济效益，目前多数已处于停运状态。该项目采用的新型生物质干馏生产工艺，具有热值高、CO 含量低、可产生多种高附加值产品、无二次污染等特点。通过项目的建设和运行，有效利用了大量的农业废弃物，明显改善了项目所在地区的环境及卫生水平；生物质燃气的供应和太阳能热电的利用减少了燃煤的数量，项目的综合效益显著；符合国家可持续发展政策的可再生能源利用计划，具有较好的产业化发展条件和基础。

### 2.4.3　沼气发电工程案例[52]

1. 工程概述

北京德青源农业科技股份有限公司成立于 2000 年 7 月，是一家由北京德青源科技有限公司、世界银行国际金融公司(IFC)、上海益倍管理咨询有限公司、中国香港哲思农业有限公司、天津宝迪农业科技股份有限公司及 6 位自然人共同投资成立的外商合资股份制高新技术企业，企业注册资金 6000 万元人民币，主要生产“德青源”牌鸡蛋、鸡肉、液蛋、蛋粉、有机肥料等系列产品。

北京德青源农业科技股份有限公司健康养殖生态园是国内最大的蛋鸡养殖基地，年饲养蛋鸡 260 万羽，每天产生鸡粪 212t。2006 年筹建热电肥联产的大型鸡粪沼气发电工程，沼气量 700 万 $m^3/a$，可发电 1400 万 kW·h/a，年减排温室气体 8 万吨 $CO_2$ 当量。本项目 2007 年被列入“联合国开发计划署(UNDP)/全球环境基金(GEF)‘加速中国可再生能源商业化能力建设项目——大型沼气发电技术推广示范工程’”。

2. 工艺设计[52]

1) 工艺流程

北京德青源健康养殖生态园沼气发电工程工艺流程如图 2-23 所示。

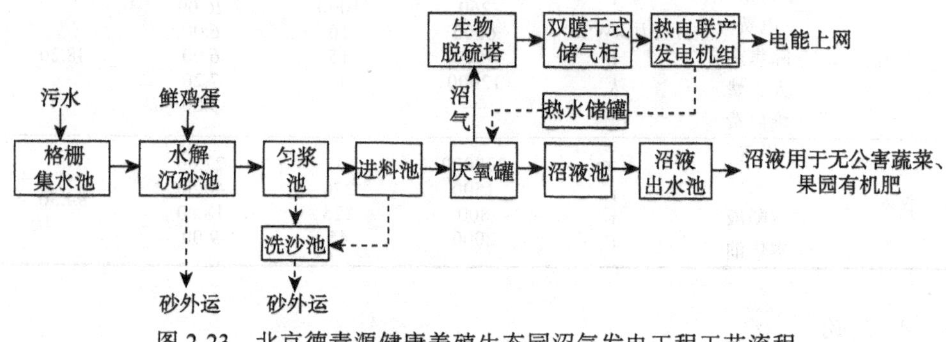


图 2-23　北京德青源健康养殖生态园沼气发电工程工艺流程

2) 工艺流程说明

(1) 预处理。

本工程发酵原料蛋鸡粪中含有大量的砂。预处理的一个重要环节就是将粪便中的砂除去，避免其在厌氧罐中的沉积，减少对泵和搅拌机等设备的磨损。

本工程预处理采用三级除砂工艺。第一级为水解除砂，在水解沉砂池内通过水解作用将粪便中的大部分砂沉淀，并采用机械方式将砂除去。第二级为匀浆池内进一步沉淀颗粒较小的砂，排入洗砂池，洗出的砂外运。第三级为进料池除砂，将进料池内的砂进一步除去。经过上述过程，绝大部分砂可被除去。

(2) 厌氧消化。

本工程采用完全混合厌氧反应器(CSTR)工艺，对生态园内的蛋鸡粪便及污水进行中温厌氧消化处理。完全混合厌氧反应器(CSTR)适用于畜禽粪污发酵工艺。它在沼气发酵罐内采用搅拌和加温技术，这是沼气发酵工艺中的一项重要技术突破。搅拌和加热，使沼气发酵速率大大提高，完全混合式厌氧反应器也被称为高速沼气发酵罐，其特点是：固体浓度高，挥发性固体含量(TS) 8%～12%，可使畜禽粪便污水全部进行沼气发酵处理。优点是处理量大，产沼气量多，便于管理，易启动，运行费用低。一般适宜于以产沼气为主，有使用液态有机肥(水肥)习惯的地区。由于这种工艺适宜处理含悬浮物高的畜禽粪污和有机废弃物，具有其他高效沼气发酵工艺无可比拟的优点，现在欧洲等沼气工程发达地区广泛采用[54]。

主要工艺参数如下。

处理量：蛋鸡粪便 212t/d，污水 318t/d。

沼气产量：19000m$^3$/d。

发酵温度：中温 38℃。

厌氧罐容积：2800m$^3$×4 座(总容积 11200m$^3$)。

停留时间：22d。

容积产气率：1.7 m$^3$/(m$^3$·d)。

(3) 沼液利用本项目产生沼液 18 万 t/a 作为有机肥料用于周边约 1 万亩果树、蔬菜和 2 万亩玉米种植，同时可对农田进行土壤改良，增加土壤有机成分。

(4) 沼气净化与利用。本工程采用生物脱硫工艺对产生的沼气进行脱硫处理，处理效率可达 95%以上，成本较传统化学脱硫降低 70%以上。净化后的沼气在双膜干式储气柜中储存，用于 2MW 热电联产的沼气发电机组。发电并入电网，机组余热用于厌氧罐增温，维持中温发酵所需温度。同时，实现温室气体减排。

3) 建、构筑物结构设计

a) 预处理

(1) 集水池。

功能描述：格栅集水池的功能是除去来水中大粒径固体物质，如悬浮物、漂浮物、纤维物质和固体颗粒物质，保证后续处理单元和水泵的正常运行；另外，为配比池提供部分的配水水量。鸡舍冲洗水、场区生产、生活污水统一由汇集管网经格栅送至格栅集水池；雨、洪水根据需要补充进入格栅集水池。格栅集水池水由一级提升泵泵入水解池。

容积：1000m$^3$。

停留时间：3d。

结构形式：地下钢筋混凝土结构。

主要设备：回转式格栅机 1 台，型号 ZGC-500，功率 0.75kW；
潜污泵 3 台(2 用 1 备)，功率 4kW。

(2) 水解沉砂池。

功能描述：鸡粪与污水充分混合，利用水解过程去除粪便中的砂。

容积：900m$^3$。

停留时间：1.7d。

结构形式：地下钢筋混凝土结构。

主要设备：侧壁搅拌机 1 台，型号 CMXF1100-300，功率 11kW；
潜水搅拌机 1 台，型号 QJB7.5/6，功率 7.5kW；

中心传动浓缩机 1 台，型号 ZXN-01，功率 1.1kW；

螺旋除砂机，型号 ZLS-320，功率 4kW；

匀浆池提升泵 2 台(1 用 1 备)，型号 NM090BY01L06V，功率 11kW；

碎机 2 台(1 用 1 备)，型号 M-OVAS/70-3.0/NC，功率 3kW。

(3) 匀浆池。

功能描述：鸡粪与废水在此进一步充分混合，并沉淀砂砾。

容积：140$m^3$×2 座。

停留时间：13h。

结构形式：地上钢筋混凝土结构。

主要设备：搅拌机 2 台(每座池 1 台)，型号 MXF400-X5-41，功率 4kW；

螺旋除砂机 2 台(每座池 1 台)，型号 ZLS-260，功率 1.1kW。

(4) 洗砂池。

功能描述：将匀浆池和进料池排出的砂冲洗沉淀，外运。

容积：70$m^3$。

构造形式：半地上钢筋混凝土结构。

主要设备：螺旋除砂机 1 台，型号 ZLS-260，功率 2.2kW；

立式排污泵 2 台，型号 80WL60134，功率 4kW。

(5) 进料池。

功能描述：调节进料量。

容积：300$m^3$。

停留时间：14h。

构造形式：半地上钢筋混凝土结构。

主要设备：搅拌机 1 台，型号 CMXF750-280，功率 7.5kW。

(6) 进料泵房。

功能描述：放量进料泵和排砂泵。

面积：30$m^2$。

构造形式：地下钢混结构。

(7) 预处理间。

功能描述：放置匀浆池和进料池等。

占地面积：450$m^2$。

构造形式：轻钢结构。

b) 厌氧消化处理系统

(1) 厌氧消化罐。

功能描述：厌氧消化罐是沼气发酵的核心设备，粪污在此进行厌氧消化，并转为沼气。

容积：2800m$^3$×4 座(总容积 11200m$^3$)。

停留时间：22d。

发酵温度：中温 38℃。

容积产气率：1.7m$^3$/(m$^3$·d)。

构造形式：地上 Lipp 结构，外设保温层。

主要设备：搅拌机 8 台(每座罐 2 台)，型号 LIPP，功率 22kW；

厌氧循环泵 4 台(每座罐 1 台)，型号 NM063BY01L06V，功率 5.5kW；

厌氧排砂泵 4 台(每座罐 1 台)，型号 NM063BY01L06V，功率 5.5kW。

(2) 厌氧罐操作间。

功能描述：放置厌氧罐循环泵及排砂泵等设备。

面积：160m$^2$。

构造形式：轻钢结构。

(3) 沼液储池。

功能描述：沼液暂存。

容积：4000m$^3$。

停留时间：62d。

结构形式：池体 Lipp 结构，池顶采用柔性膜结构，防止沼气泄漏。

主要设备：搅拌机 3 台，型号 CMXF750-280，功率 7.5kW。

(4) 沼液出水罐。

功能描述：调节沼液出水。

结构形式：Lipp 罐。

主要设备：沼液泵 1 台。

c) 沼气净化、储存及发电系统

(1) 沼气净化系统。

功能描述：禽畜粪便消化产生的沼气中含有较多的 $H_2S$ 和水蒸气等，不适宜直接发电，因此，需要对沼气进行脱硫、汽水分离等一系列净化后方可进入发电机组发电。本工程采用生物脱硫工艺对沼气进行脱硫处理。所谓生物脱硫，就是在适宜的温度、湿度和微氧条件下，通过脱硫细菌的代谢作用将 $H_2S$ 转化为亚硫酸或单质硫。这种脱硫方法已在欧洲广泛使用，在国内某些工程也采用，是干法脱硫的理想替代技术。

(a) 生物脱硫塔，脱硫效率 95%，处理能力 200m$^3$/h，数量 4 台。

(b) 汽水分离器，型号 GS-1000，数量 4 台。

(c) 干式阻火器，型号 HF-200，数量 2 台。

(d) 沼气流量计，型号 JLQEX-250/1200，数量 1 台。

(2) 沼气净化室。

功能描述：防止沼气净化设备。

结构形式：框架结构。

(3) 双膜干式沼气储柜。

功能描述：储存净化后的沼气，向发电机组提供沼气。

容积：2150m$^3$。

结构形式：柔性双层膜储气柜由外层膜、内层膜和底层膜组成，外层膜构成储气袋外部球体形状，内层膜与底膜围成内腔以储存沼气。储气袋设有防爆风机，防爆风机自动按要求调节气体的稳定，同时在恶劣天气条件下保护外层膜。外层膜设有一道上下走向的软管，由上述防爆风机把外面空气经此软管输送进外层膜与内层膜之间的空间，使外层膜保持球体形状同时把沼气压送出去。并配有超声波测距仪，自动调节和控制沼气的储存和使用。

工作原理及功能：储气柜安装时，进气管、排气管、冷凝水排水管管道等使用特殊密封技术与底膜密封至完全气密，底膜固定在混凝土基座底板上，接着，在离球心 3/4 处固定圈将储气袋用预埋或化学螺栓固定在水泥基座上即完成储气袋的安装。内外层膜及底部膜均经过 HF 熔接工序熔接而成，所用材料包括经过表面特殊 PVC 处理的高强度聚酯纤维和丙烯酸酯涂层。该纤维具有高度防火性能，特殊表面处理的配方使之具有防紫外线及防泄漏功能。同时，该纤维不会与各种沼气成分发生反应或受之影响，而白色外层膜有助于反射阳光。此外，储气袋可抵抗强风的吹刮及积雪的重压，保证设备安全运行。

(4) 沼气发电组。

功能描述：以沼气为燃料发电并实现热电联产。

发电能力：2.0kW·h/m$^3$ 沼气。

发电功率：1260kW×2。

日发电量：38000kW·h。

(5) 沼气发电机房。

功能描述：放置沼气发电机组。

占地面积：120m$^2$。

结构形式：框架结构。

(6) 热水储罐。

功能描述：发电机组余热通过换热器以热水的形式储存在热水储罐中用于厌氧罐的增温。

容积：300m$^3$。

结构形式：地上 Lipp 结构。

主要设备：热水循环泵(发电机组)1 台，型号 125HGR100-20，功率 7.5kW；

热水循环泵(预处理间)1 台，型号 125HGRI00-20，功率 7.5kW；

热水循环泵(厌氧罐)4 台，型号 125HGRI00-20，功率 7.5kW。

(7) 增温泵房。

功能描述：存放增温泵。

面积：10m$^2$。

结构形式：地上轻钢结构。

(8) 管理房。

功能描述：化验、办公、综合管理等。

占地面积：400m$^2$。

结构形式：砖混结构。

3. 结果与分析

(1) 蛋鸡饲养量：260 万羽。

(2) 鸡粪产量：212t/d，TS30%。

(3) 设计沼气产量：700 万 m$^3$/a。

(4) 涉及发电量：1400 万 kW·h/a (自用电 6%左右)。

(5) 肥料产量：年产沼肥 18 万 t，为周边 4 万亩葡萄园、苹果园和饲料基地提供优质绿色有机肥料。

(6) 每年减排温室气体 80000t $CO_2$ 当量。

(7) 总投资 4950 万元，投资回收期 5 年。

近年来，该项目产生的沼气经过分离净化提纯后，制取生物天然气，通过自主建设的加气站进行销售，获得收益；沼气发电上网获得收益，沼液沼渣外卖给当地经销商获得收益。总体上该项目具有可持续发展能力，效果显著。

### 2.4.4 生物质气化多联产技术工程案例[52]

“生物质气化多联产技术”的概念最早由南京林业大学的周建斌提出，其基本的工艺路线图如图 2-24 所示[1]。生物质气化多联产技术的应用，体现了其特有的先进性、经济性和环保性，使生物质气化符合绿色环保和持续的理念。传统的生物质气化过程中除了得到可燃气外，还会产生灰渣(占生物质原料的 10%～20%)、废水、焦油等。它们的资源化利用难度较大，应用前景不佳。若弃置，不仅降低了生物质气化转化效率，还会造成一定的环境污染。而生物质气化多联产技术在产生可燃气的同时，又能得到生物质炭及大量经水洗净化处理后的提取液(循环喷淋后浓度逐渐增加)。其中气相产物(可燃气)用于发电、供气或替代煤烧锅炉；液相产物(生物质提取液)可制备液体肥料；固相产物(生物质炭)则根据原料的不同可分别制备炭基有机–无机复混肥(秸秆类原料)、高附加值活性炭(果壳类和木片类)以及工业用还原剂或民用燃料。因此生物质气化多联产技术既解决了传统气化技术产品单一的问题，也提升了气化副产物的经济附加值。

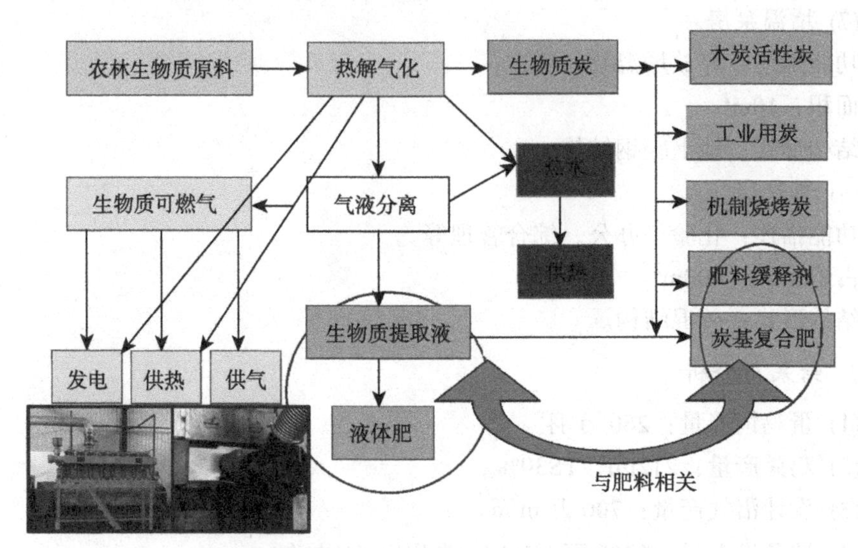


图 2-24　生物质气化多联产技术工艺路线图

**工程案例 1. 生物质热解气化供气、供暖和发电工程示范——天津大学(天津静海)**

1. 工程概述

天津大学与天津大明恒运再生能源利用科技有限公司签署合作协议，共同建立生物质气化及应用基地，共同建立示范工程，开展相关技术研究工作。联合示范基地场景如图 2-25 所示。

图 2-25　生物质联合实验基地

该示范工程主要包括 300m$^3$ 生物质气化炉两座，1000m$^3$ 柔性储罐一座，生物质气化工艺一套，调压设施一套，500kW 生物质燃气发电机组(内燃机)一套，生物质采暖炉(额定热功率≤0.1MW)3 套，铺设生物质燃气输配干管(直径 300mmPE 管)500m。

该示范工程采用干湿式结合生物质燃气净化工艺，生产适用于农民炊事、供暖和发电的生物质燃气。现已完成场站建设、生物质气化装置安装调试、生物质发电机组安装调试、生物质燃气采暖炉安装调试等工作，生物质燃气输配管网敷设等工作，待附近小区入住率达到一定数量后，即可开栓供气。在 2013 年冬季供暖期，双方共同合作进行生物质燃气集中供热和分散式供热的测试工作，以选择适宜供暖模式，以便后期推广。发电机组已完成运行调试，在后续工作中，继续测试发电机组稳定性，继续完善生物质气化系统和发电系统匹配，最终实现上网发电。

2. 工程设计

1) 设计依据和设计原则

(1) 设计依据：

《城镇燃气设计规范》(GB50028—2006)

《建筑设计防火规范》(GB50016—2006)

《家用燃气灶具》(GB16410—2007)

《秸秆气化供气系统技术条件及验收规范》(NY/T 443—2001)

《秸秆燃气灶》(NY/T 1561—2007)

《秸秆气化装置和系统测试方法》(NY/T 1017—2006)

《秸秆气化炉质量评价技术规范》(NY/T 1417—2007)

(2) 设计原则：

提高农民生活质量，避免秸秆露天焚烧的大气污染，降低农村建筑室内环境污染，提高生物质废物的利用效率，提升当地经济发展。

在满足供气要求的前提下，保证生产安全和用户用气安全。

积极采用新技术、新工艺和新材料，使之技术先进，经济合理。项目建成后尽量做到无废水、废液和废气排放。

严格遵守国家现行的标准和规范。

2) 场站平面布置

气化站内主要布置有秸秆等原材料储藏间、气化炉及净化设备、储罐、调压设施和生活设施。场站的平面布置主要考虑具有较高防火要求的可燃材料储藏间、可燃气体储罐与场外道路、居民用户和场站内建筑物的安全间距要求。

(1) 规范要求：

可燃气体储罐与周边建筑物、设备等的防火间距要求如下：体积小于 1000m$^3$

的湿式可燃气体储罐与甲类物品仓库，明火或散发火花的地点，甲、乙、丙类液体储罐，可燃材料堆场，室外变、配电站的安全距离为20m。距民用建筑18m，距其他建筑的安全间距不小于 15m。可燃气体储罐与场站外道路路边的安全间距为15m，与场内主要道路为10m，次要道路为5m。

露天、半露天可燃材料堆场与建筑物的防火间距要求如下：稻草、麦秸、芦苇、打包废纸等，当储存量为10～5000t时，距离一、二级建筑物的距离为15m，距离民用建筑的安全间距为30m，与室外变、配电站的防火间距不小于50m，与明火或散发火花地点的防火间距为30m，可燃材料堆场与场外道路的安全间距为15m，与场内的主要道路的安全间距为10m，与次要道路的安全间距为5m。

(2) 场站具体布置：

场站内气化设备，原料储藏间等危险设施距离东侧主干道30m，西侧为庄稼地，南侧有一河流，北侧为一工厂，距离为20m，厂区内在距离储罐15m有一座池塘，提供景观和消防用水。

图 2-26　生物质气化中试基地一角

3) 气化炉及净化系统设计

(1) 工艺过程：

该工程秸秆气化机组是把生物质原料转换为气体燃料的核心设备，由上料器、气化炉(图 2-27)、燃气净化系统(图 2-28 和图 2-29)和燃气输送机组成。干燥的秸秆粉碎成15～20mm的长度，经加料器进入气化器，经过热解、氧化和还原反应，转化为可燃气体。燃气通过旋风分离和一、二级净化器去除灰尘并降温，在三、四级净化器中去除部分焦油，经过水洗换热器冷凝去除部分焦油，并使温度进一步降低，再经过五、六级净化器进一步净化，最后再经过过滤器过滤。在净化系统中彻底去除了焦油和灰尘，燃气温度降至进罐要求。净化后的燃气通过风机送至储罐。储罐中的燃气经过调压后，通过燃气管网输送至用户。

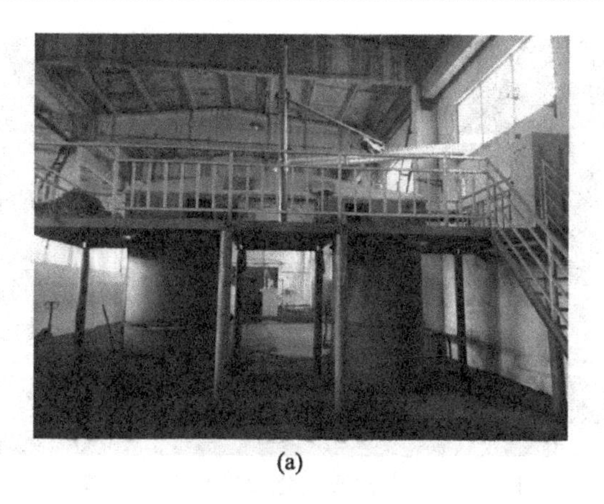

(a)

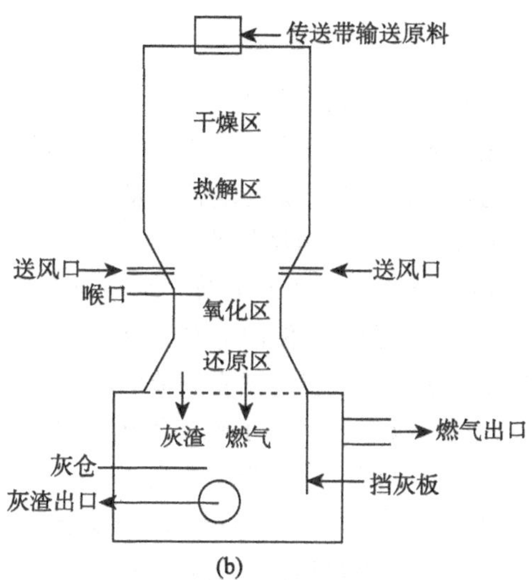


(b)

图 2-27　生物质气化机组

图 2-28　燃气净化系统

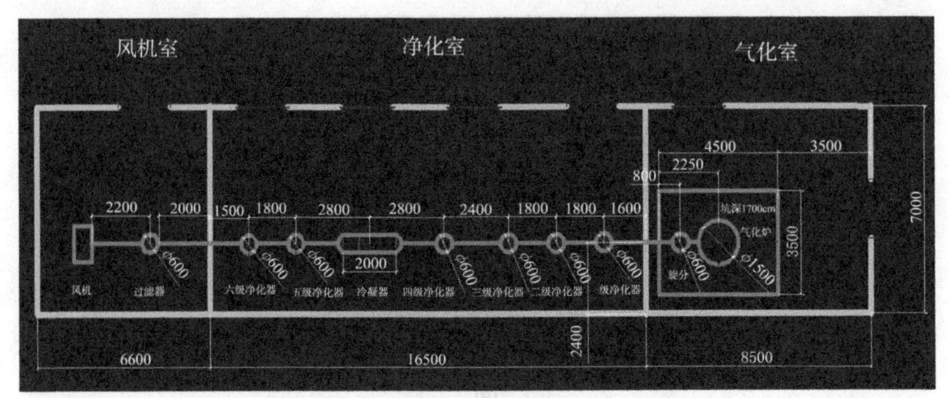


图 2-29　生物质气化及净化工艺布置

(2) 工艺特点：

炉顶皮带输送机把粉料直接卸入气化炉。

该气化炉内燃料通过一种浆叶压实装置，实现了对物料的压实铺平，使燃料燃烧得更加均匀，提高产气效率，减少了穿孔现象的发生，使气化燃烧室内各燃烧层区分更加清晰，同时也避免了人工不断压料的麻烦。

该气化炉采用了一种八个侧面配风通道与一个中央配风空心轴共同进气的配风方式，可以将吸入的空气进行预热，使内部空气流动场趋于均匀化，使产气的工艺环境更加稳定。八个配风通道内设置可独立调节的调节阀。同时为方便观察，在炉体外壁上开有观察孔，通过观察孔可以了解到气化炉内部生物质燃烧状况。

采用机械上进料、下除灰，可连续作业连续生产，且节省劳动力。在气化炉底部产气处置有自动出灰机构，可实现自动出灰、落灰功能。

气化强度高，产能大，能够满足居民用气量的要求。

燃气净化彻底，燃气中焦油含量低，避免了燃气在管道中的堵塞。

(3) 工艺参数：

该气化炉燃气产量为 300m$^3$/h，机组性能参数满足 NY/T 443—2001 《秸秆气化供气系统技术条件及验收规范》和 NY/T 1417—2007 《秸秆气化炉质量评价技术规范》要求。

4) 输配系统

(1) 压力级制的确定：

城镇燃气的压力级制分为 7 级，根据该项目实际用气量情况和从安全用气角度考虑，采用低压输气，储气罐出口压力为 1.5～3kPa。

(2) 室外管网的布置及安全检测：

室外燃气管道应埋深在土壤冰冻线以下。室外管道应设置不小于 0.003 的坡度，在最低处设置集水器(凝水缸)，且设置护井或护罩。用户支管应坡向主干管，且有不小于 0.003 的坡度。

(3) 储气罐：

该中试工程生物质燃气输配系统包括 1000m$^3$ 皮膜罐一个(图 2-30)，加压风机 1 台(图 2-31)及燃气输配管网。燃气储罐用于生物质燃气储存，用于调节高峰用气量和满足生物质气化设备检修时的供气。从储罐出来的燃气经风机加压后通过燃气管道输送给用户。在储罐前后及燃气出站管道上分别设置阀门。

图 2-30　燃气储罐

图 2-31　燃气加压风机

5) 室内燃气管网的布置

(1) 室内燃气管道管材：

室内低压燃气管道选用镀锌钢管(热浸镀锌)，符合现行国家标准《低压流体输送用焊接钢管》(GB/T3091)的规定。管道为普通管，连接方式采用螺纹连接，管件选用铸铁螺纹管件。密封填料选用聚四氟乙烯生料带、尼龙密封绳等性能良好的填料。

(2) 燃气引入管：

燃气引入管指从室外支管至室内主干管之间的管道。燃气引入管有三种引入方式：地下引入、地上引入和架空。地下引入方式是指燃气管道从房屋下进入，进入室内后伸出地面。地上引入方式是指燃气支管在屋外靠近墙壁处伸出地面，然后从穿外墙进入室内。架空方式是指管道直接在室外架空进入室内，主要用于灶具等用气设备不设在一层的用户。本工程采用地上进户的方式。

(3) 室内燃气管道布置：

室内燃气管道的布置和安装要求如下：

室内管道穿墙时，应置于套管内，套管与墙面平齐。

燃气引入管的阀门设置在室内。

室内燃气管道采用钢管，必须沿墙或梁敷设，管路及燃气表要固定牢固。其固定支点之间的间距立管不应超过 1m，水平管不应超过 0.8m。

室内管道和燃气表的压力损失不应大于 150Pa。

(4) 防止焦油在管道沉积措施：

由于生物质燃气中含有焦油，使用一段时间后，焦油会在管道内沉积，堵塞管道，甚至损坏燃气表具。因此，该项目在室内燃气管道的设计中采取了一定措施，排除管道中沉积的焦油。

为了防止焦油在管道的沉积，缩小管道的横截面积，管道从引入管至燃气表前均采用 DN25 的管。

为了保护燃气表具，在燃气表的前后分别坡向立管和灶前。

引入管以 1%的坡度坡向室外。

6) 灶具选择与安装

(1) 灶具选择：

生物质燃气灶具应符合 NY/T1561—2007 标准，满足以下要求：

灶具前的燃气额定压力为 1000Pa。

双眼的灶具应有一个主火，其额定热流量不小于 2.9kW(2500kcal/h)。

灶具的燃烧性能应满足在 0.5 倍额定压力下工作时不发生回火，在 1.5 倍额定压力下工作时不应有脱火和黄焰，即燃气压力应在 0.75~1.5 额定压力范围内。

灶具在额定压力时的热效率应不低于 40%。

(2) 灶具安装：

燃气灶具的安装和使用应保证用户使用安全，具体要求如下：

燃气灶具应安装在有自然通风和自然采光的厨房内，不得设在地下室或卧室内。

安装燃气灶具的房间净高不得低于 2.2m。

燃气灶具与墙面的净距不得低于 10cm。当墙面有易燃材料时，应加防火隔热板。燃气灶具灶面边缘距烤箱的侧壁、距木质家具的净距不得小于 20cm。

放置燃气灶具的灶台应采用难燃材料。

燃气用具与燃气管道采用软管连接。燃气用软管应采用耐油橡胶管或燃气专用管。软管与家用燃具连接时，其长度不应超过 2m，并不得有接口，连接软管后不得再设阀门。

软管与管道、燃具的连接处应采用压紧螺帽(锁母)或管卡(喉箍)固定。在软管的上游与硬管的连接处应设阀门。软管不得穿墙、天花板、地面、窗和门。

燃气灶与周边家具的净距离不得小于 0.6 m，与对面墙之间应有不小于 1m 的通道。

7) 消防安全

(1) 场站消防设计：

场站消防设计主要考虑储料间、储罐、消防水池的安全间距，这部分内容在场站的平面布置已阐述。场站的建筑均应采用不可燃材料建造，且窗户应开向室外。

(2) 场站消防设施：

(a) 消防水源。

由于该场站有一条 3m 宽的河流，可作为场站的天然消防水源。场站内池塘也可作为天然消防水源。消防水量应满足在火灾延续时间内室内消防用水量的要求。对于储存量为 50~500t 的可燃材料堆场(稻草、麦秸、芦苇等易燃材料)，消防用水量为 20L/s，当可燃气体储罐的容积为 500～10000$m^3$时，消防用水量为 15L/s。可燃气体储罐的火灾延续时间为 3.0h，其他可燃材料露天、半露天堆场的火灾延续时间为 6.0h。

(b) 灭火器。

场站内储罐区、净化区、气化区、加压区分别设置 8kg 手提式灭火器 2 个。储料间设置 35kg 手推式干粉灭火器 1 个。

(c) 燃气报警器。

为确保燃气生产安全，在场站内设置集中式工业用燃气报警系统。在燃气生产车间气化间、净化间和加压室分别设置燃气报警器探头，通过导线将信号统一连接于集中控制系统。探头采用国外进口传感器，误报率低、使用时间长。

8) 场站道路

燃气生产场站应设置消防通道，根据规范要求，该气化站设置两个出口，分别位于场站的东西两侧。西侧出口主要为运输车辆进出，平时关闭。东侧出口为人行出口。两个出口与站内空场地形成环形的通道，保证场站消防的需要。消防车道的净宽度和净高度均不宜小于 4m，消防车道与材料堆场堆垛的最小距离不应小于 5m。

9) 场站绿化

场站内绿化既可以美化环境，改善小气候，又可减少环境污染，但绿化设计必须结合场站生产的特点。生产区应选择含水分较多的树种，不应种植含油脂多的树木，不宜种植绿篱或灌木丛。工艺装置区或储罐组与其周围的消防车道之间，不应种植树木。防护墙内严禁绿化。

3. 示范工程的应用

该生物质中试工程的供应对象主要是距离该气化站约 100m 处的住宅小区(图 2-32)及周边农户，住户约 500 户。主要供应燃气用于炊事(图 2-33)及供暖(图 2-34)。生物质燃气的另一个主要用途是发电(图 2-35)，满足站内用电需要，多余电量上网。

图 2-32　供气小区

图 2-33　生物质能燃气灶

图 2-34　生物质燃气采暖炉

图 2-35　生物质燃气轮机发电机组

4. 跟踪检测

使用采气袋到现场采样，经气相色谱分析生物质燃气成分，测试结果见表 2-10。

表 2-10　燃气组成及热值计算结果

| 样品 | $CH_4$ | $CO_2$ | $C_2H_6$ | $C_2H_4$ | $C_3H_8$ | $C_3H_6$ | CO | $N_2$ | $O_2$ | $H_2$ | 低热值 ($MJ/m^3$) | 高热值 ($MJ/m^3$) |
|---|---|---|---|---|---|---|---|---|---|---|---|---|
| 1 | 1.75 | 8.45 | 0.10 | 0.00 | 1.18 | 0.00 | 12.25 | 53.27 | 2.17 | 20.83 | 5.59 | 6.17 |
| 2 | 1.80 | 8.12 | 0.11 | 0.15 | 1.42 | 0.00 | 11.10 | 52.33 | 3.46 | 21.52 | 5.85 | 6.47 |
| 3 | 1.59 | 8.34 | 0.13 | 0.18 | 1.68 | 0.06 | 9.31 | 55.57 | 4.15 | 18.99 | 5.60 | 6.19 |
| 4 | 1.83 | 8.16 | 0.16 | 0.22 | 1.78 | 0.05 | 8.06 | 56.03 | 4.59 | 19.11 | 5.67 | 6.28 |
| 平均值 | 1.74 | 8.27 | 0.13 | 0.18 | 1.52 | 0.06 | 10.18 | 54.30 | 3.59 | 20.11 | 5.68 | 6.28 |

使用焦油测定装置测量燃气中的焦油含量为 7.9 mg/m$^3$。使用德图 Testo350 烟气分析仪分析生物质燃气供暖炉燃烧尾气成分为 $O_2$：13.72%；$CO_2$：7.17%；CO：7.25ppm；$NO_x$：4ppm；$SO_2$：13.25ppm。烟气温度为 121.05℃。

**工程案例 2：生物质气化工程示范——山东百川(黑龙江省伊春市)**

在生物质预处理系统开发成功的基础上，课题组在黑龙江省伊春市乌马河区伊东经营所建立了产气量 4000m³/d 的示范工程 1 座(图 2-36)，设备配置为 JQ-C700(WS)型生物质气化机组 2 套，每套产气量 700m$^3$/h，1500m$^3$ 干式气柜 1 座。该示范工程以当地较为丰富的农业生物质为主原料，可实现就地取材，为当地 864 户居民日常生活提供了清洁燃气。

图 2-36　示范工程现场照片

经检测，示范工程提供的用户入口燃气焦油含量小于 10mg/Nm$^3$，燃气的热值大于 4600kJ/Nm$^3$。截止到目前，该示范工程已经实现稳定、安全运行 10 个月，生产生物质清洁燃气 120 万 m$^3$，可以代替液化气约 116t。该示范工程运行期间共消化枝丫柴等农业生物质约 600t，为农民增收约 9 万元，节省燃气费用开支约 56.8 万元。

图 2-37　示范工程供气相关图片

1. 工艺路线

本项目采用集干燥、炭化、活化于一体的粉末状多孔炭生产先进技术工艺与设备，实现活性炭生产的同时可生产燃气，满足居民炊事用气、采暖的需求。

其工艺流程如图 2-38 所示。

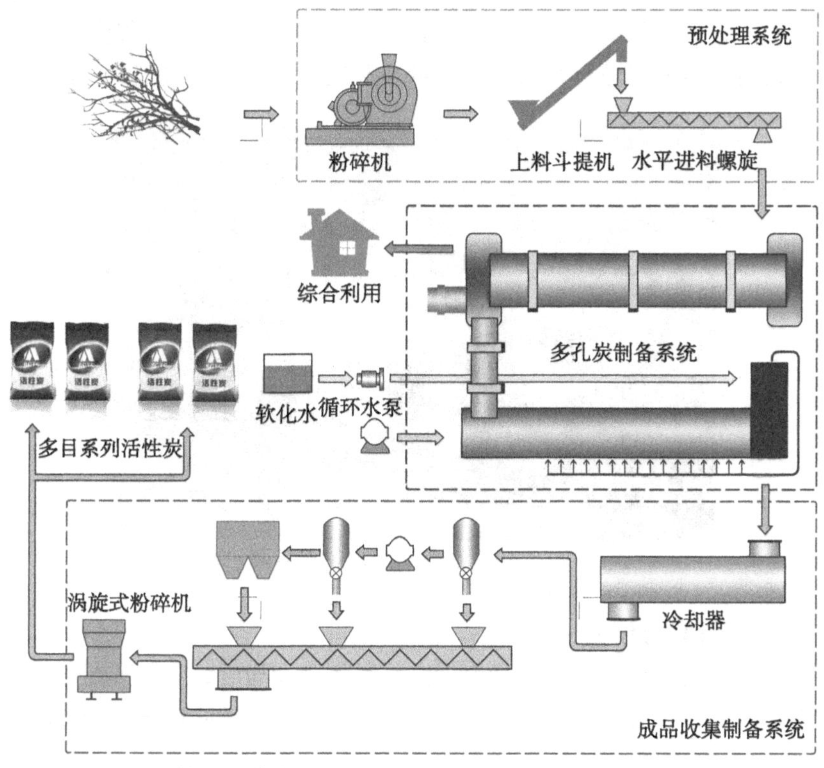


图 2-38　林业剩余物活性多孔炭、燃气和热力联产项目流程图

图 2-39　烘干设备现场图

1) 烘干炭化一体化

在经过粉碎的林业废弃物含水量小于 40%的情况下，无需烘干处理，在炭化干燥一体化系统中，实现烘干、炭化过程，产生炭化料和燃气，燃气可用于炊事、采暖或烘干。

2) 水蒸气旋流活化过程

炭化料输送至活化炉内，与活化剂水蒸气发生活化反应，过程中间释放出大量的热量，利用余热锅炉进行回收产生大量水蒸气，满足活化过程蒸汽需求。

图 2-40　水蒸气活化炉现场图

3) 冷却、研磨与包装

活化产出的粉末状活性多孔炭温度高，经坚壁冷却后，采用涡旋式粉碎机研磨至用户需求粒度，包装后销售，生产的活性多孔炭可广泛应用于医疗、环保、饮水等领域。

图 2-41　收集包装车间现场图

4) 燃气集中供气及采暖

在活性炭制备过程中，产生大量的燃气，燃气除一部分满足自身烘干生产外，其余大部分经净化后，送入储气柜，满足当地居民炊事集中供气和采暖的需求。

2. 技术工艺特点

(1) 干燥炭化一体化技术，实现能量梯级利用，可满足不同季节不同含水率原料的生产要求，不受环境条件限制，确保全年稳定生产；

(2) 采用高效、洁净的生产工艺，生产过程炭化、活化连续进行，炭化所需热量由原料热解过程产生的自热供给，无需其他能源投入，实现环保与清洁生产；

(3) 活化所需热量靠燃烧部分炭化料和活化产生的可燃气体，活化剂是利用余热锅炉产生的水蒸气，$CO_2$、$SO_2$ 零排放，且无任何化学品残留，产品品质与附加值高；

(4) 项目产生大量的燃气，除满足自身生产外，经净化后满足居民炊事供气和冬季采暖需求，将实现多孔炭、燃气和热力的联产。

3. 设备配置及技术参数

本项目采用 3 套原料粉碎设备、1 套 1t/h 物料干燥系统、1 套 600t/a 的活性多孔炭制备系统。主要设备配置如下：

(1) 粉碎系统。

粉碎系统主要功能是将枝丫等林业剩余物进行粉碎，粉碎至 1mm 以内，达到连续炭化的要求。

系统主要包括削片机、粉碎机、风机、沙克龙、闭风器等设备。

(2) 物料干燥系统。

物料干燥系统主要功能是将含水率大于 40%的枝丫等林业剩余物进行烘干，烘干至 30%以内，满足后续设备对物料的要求。

系统主要包括筛分装置、燃气热风炉、转筒干燥机、旋风等设备。

(3) 多孔炭制备系统配置。

处理后物料经过短暂的储存后，进入炭化、活化系统进行活性多孔炭的制备。

系统配备产能为 2t/d 的活性多孔炭制备系统 1 套，主要包括：物料输送系统、炭化炉、活化反应器、余热锅炉、测控系统、设备等。

(4) 成品炭包装、研磨系统。

活化炉产生的活化料，输送至涡旋式粉碎机研磨到规定的粒度，包装成成品后出售。

(5) 辅助系统及配套：管道、阀门、仪表等。

4. 环境和生态影响分析

1) 环境现状

(1) 空气环境质量现状。

项目区位于林场，大气环境影响因素主要来源于周边居民生活产生的烟气和用户自采暖产生的煤烟。

(2) 声环境质量现状。

区域内无大型工业企业，没有太强的声源，环境噪声的影响主要是建设期间会产生施工噪声。噪声环境质量达到一类标准值，环境达到国家二类标准值。规划区域内环境噪声质量较好。

(3) 固体环境污染现状。

固体废弃物主要分两大类，一是自采暖燃煤产生的炉灰渣，二是居民生活垃圾。总体评价：项目区人口密度较低，周围大气环境质量良好，所在林区有较大的环境容量。

2) 环境保护依据及执行标准

根据《中华人民共和国环境保护法》等有关法规，在项目实施过程中对排出的污染物应采取必要的措施，使之达到国家规定的标准。

(1) 设计依据：

《中华人民共和国环境保护法》(1989 年 12 月 26 日)

《建设项目环境保护管理条例》(国务院(1998)253 号)

《建设项目环境保护设计规定》(国环字(1997)第 002 号)

《中华人民共和国环境噪声污染防治法》(1996 年 10 月 29 日)

《中华人民共和国清洁生产促进法》(2002 年 6 月 29 日)

(2) 执行标准：

《大气污染物综合排放标准》(GB16297—1996，二级标准)

《工业企业厂界噪声标准》(GB12348—90，Ⅲ类标准)

《建筑施工场界噪声限值》(GB12523—90)

《一般工业固体废物贮存、处置场污染控制标准》(GB18599—2001)

《污水综合排放标准》(GB8978—1996，一级标准)

《污水排入城市下水道水质标准》(CJ3082—1999)

3) 项目主要污染和污染物分析

本项目生产处理对象为林区枝丫柴等林业废弃物，产品是活性炭，在生产过程中主要污染源为废气和噪声，针对这些污染源，着重说明污染防治和治理的措施与方案。

(1) 废气的排放及治理。

本项目排放的废气主要有三股，第一股是从滚筒干燥机出来的干燥物料的废烟气，其成分只有二氧化碳、氮气和水蒸气，不存在污染问题，可满足《大气污染物综合排放标准》(GB16297—1996，二级标准)要求；第二股为炭化炉出来的热解气(含焦油)，这部分气体经燃气锅炉燃烧后完全变成了二氧化碳、氮气和水蒸气，不存在污染问题，满足《大气污染物综合排放标准》(GB16297—1996，二级标准)要求；第三股是从活化炉出来的活化废气，其主成分是氮气、二氧化碳、水蒸气、少量氢气和一氧化碳，将其引入燃气锅炉烧掉后变成了二氧化碳、氮气和水蒸气，不存在污染问题，也满足《大气污染物综合排放标准》(GB16297—1996，二级标准)要求。因此，本项目排放的废气不会对大气环境造成污染。

(2) 废水的排放及治理。

本项目生产过程用水仅限于通过冷却管间接给燃气降温，在这个过程中水不直接与燃气接触，且可实现循环利用。因此，在整个活性炭生产工艺中不存在生产污水排放问题，仅项目站内少量生活污水需排放，符合《污水综合排放标准》(GB8978—1996，一级标准)的要求。

本项目站内建有厕所，粪便等可以作为农家肥积肥使用，或者运走集中处理。本工程不会对环境有任何污染，可完全满足环保部门的要求。

(3) 固废的综合利用。

本项目主要使用枝丫柴等原料采用物理法生产活性炭，生产过程中仅有微量的微细活性炭颗粒，通过全封闭的粉尘收集系统可实现粉尘颗粒的完全收集，回收利用。此过程满足《一般工业固体废物贮存、处置场污染控制标准》(GB18599—2001)，符合环保要求。

(4) 噪声的控制及治理。

本项目生产中噪声设备有鼓风机、引风机等，噪声等级在60～90 dB(A)。此类设备上均加装消音、隔音装置，且放置在专用泵房及车间中，避免了对周围环境的噪声污染。

在厂区总平面布置中，统筹规划、合理布局，注重防噪声间距；在厂区、厂前区及厂界围墙内外广泛设置绿化带，进一步降低噪声对周围环境的影响。厂区边界噪声可达到《工业企业厂界噪声标准》(GB12348—90)Ⅲ类标准要求。

4) 结论

该项目是利用林区丰富的可再生资源通过技术转化，为林场居民提供清洁能源，燃气生产中产生的污染物数量少，并且是可控的，不会对当地生态环境产生不利影响。同时该项目建设有利于森林资源培育和保护，是改善民生、保护林区生态环境，促进大小兴安岭生态功能区建设的有效措施。

5. 效益分析

1) 经济效益分析

项目年活性多孔炭 600t，林业剩余物按 200 元/t 收购(折算含水率 30%)，将为林区居民带来 120 万元的收益。

本项目年产燃气 219 万 $m^3$，用于五道库居民炊事供暖，解决代木问题。

图 2-42　用户小区景观

2) 效益说明

该项目与压缩成型燃料以及干馏木炭生产相比，碳基环保材料的附加值与价格更高，其销售价格达到 10000 元/t，是成型燃料的 20 倍，是木炭的 5 倍。

高的附加值使其远距离运输销售成为可能，而不单单局限在本地使用，可以运输至东北、华北、华南等地区，也可出口美国和欧洲国家。2010～2015 年期间世界多孔炭需求量比前五年增加近一倍，尤其是本项目采用的水蒸气物理法生产的活性多孔炭，目前更是供不应求。

图 2-43　气化站房

高附加值增加了产业的抗风险能力，即使未来原料价格波动提升，仍具有非常强的竞争力和抗风险能力。利用活性炭作为主要的项目收益形式，补贴当地居民炊事用气及采暖，按照每户每天用气 $4m^3$，燃气成本价格 0.2 元/$m^3$，每平方米年采暖成本 33 元计算，年可补贴 200 户居民炊事用气费用 5.84 万元，采暖季采暖费用 26.4 万元。活性炭销售收入扣除各项成本及利税、补贴等，项目整体效益略有盈余，作为一项利国利民的民生工程，其意义显著。

因此，利用林区剩余物生产活性多孔炭材料，同时实现燃气和热力联产，与附加值低的成型燃料和木炭生产相比，将是一项稳定的和长期的产业，将推动美溪区乃至伊春市形成新的产业集聚与发展模式。

## 参考文献

[1] 马隆龙，吴创之，孙立. 生物质气化技术及其应用. 北京：化学工业出版社，2003.
[2] 吴创之，马隆龙. 生物质能现代化利用技术. 北京：化学工业出版社，2003.
[3] 郑昀，邵岩，李斌. 生物质气化技术原理及应用分析. 区域供热, 2010, (3): 39-42.
[4] 杨世关，李继红，李刚. 气体生物燃料技术与工程. 上海：上海科学技术出版社，2013.
[5] Shafizadeh F, Fu Y. Pyrolysis of cellulose. Carbohydrate Research, 1968, 23(11):21-26.
[6] Kilzer F, Broido A. Speculation on the nature of cellulose pyrolysis. Pyrodynamics, 1965, 2(2): 151-163.
[7] Chen G, Yao J, Yang H, et al. Steam gasification of acid-hydrolysis biomass CAHR for clean syngas production. Bioresource Technology, 2014, 179C:323-330.
[8] 袁振宏，吴创之，马隆龙. 生物质能利用原理与技术. 北京：化学工业出版社, 2005.
[9] 王晓明，肖显斌，刘吉，等. 双流化床生物质气化炉研究进展. 化工进展, 2015, 34(1):26-31.
[10] 解庆龙，孔丝纺，刘阳生，等.生物质气化制合成气技术研究进展. 现代化工，2011，31(7): 16-20.
[11] Karmakar M, Datta A. Generation of hydrogen rich gas through fluidized bed gasification of biomass. Bioresource Technology, 2011, 102(2):1907-1913.
[12] Göransson K, Söderlind U, He J, et al. Review of syngas production via biomass DFBGs. Renewable and Sustainable Energy Reviews, 2011, 15(1):482-492.
[13] Xiao X, Meng X, Le D, et al. Two-stage steam gasification of waste biomass influidized bed at low temperature: Parametric investigations and performance optimization. Bioresource Technology, 2011, 102(2): 1975-1981.
[14] Ueki Y, Torigoe T, Ono H, et al. Gasification characteristics of woody biomass in the packed bed reactor. Proceedings of the Combustion Institute, 2011, 33(2):1795-1800.
[15] Asadullah M, Miyazawa T, Ito S, et al. Gasification of different biomasses inadualbed gasifier system combined with novel catalysts with high energy efficiency. Applied Catalysis A: General, 2004, 267(1/2): 95-102.
[16] Ahmad T, Masoumeh G, Chirayu S, et al. Production of hydrogen and syngas viagasification of the cornand wheat dry distillergrains (DDGS) inafixed-bed microreactor. Fuel Processing Technology, 2009, 90(4): 472-482.

[17] Plis P, Wilk R. Theoretical and experimental investigation of biomass gasification process in a fixed bed gasifier. Fuel & Energy Abstracts, 2011, 36(6):3838-3845.
[18] Skoulou V, Zabaniotou A, Stavropoulos G, et al. Syngas production from olive tree cutting sand olive kernels in a downdraft fixed-bed gasifier. International Journal of Hydrogen Energy, 2008, 33 (4):1185-1194.
[19] Kantarelis E, Zabaniotou A. Valorization of cotton stalks by fast pyrolysis and fixed bed air gasification for syngas production as precursor of second generation biofuels and sustainable agriculture. Bioresource Technology, 2009, 100(2):942-947.
[20] Kazuhiro K, Toshiaki H, Shinji F. Co-gasification of woody biomas sand coal with air and steam. Fuel, 2007, 86(5/6):684-689.
[21] Mahishi M, Goswami D. An experimental study of hydrogen production by gasification of biomass in the presence of a $CO_2$ sorbent. Internationa lJournal of Hydrogen Energy, 2007, 32(4):2803-2808.
[22] Kimberly A, Stefan C, Richard F, et al. Fluidizable reforming catalyst development for conditioning biomass-derived syngas. Applied Catalysis, 2007, 318:199-206.
[23] Li C, Hirabayashi D, Suzuki K. Development of new nickel based catalyst for biomass tar steam reforming producing H2-rich syngas. Fuel Processing Technology, 2009, 90(6):790-796.
[24] Yohan R., Joël B., Ghislaine V., et al. Insitugeneration of Nimetalnano particles as catalyst for H2-rich syngas production from biomass gasification. Applied Catalysis, 2010, 382 (2):220-230.
[25] Yung M, Magrini-Bair K, Parent Y, et al. Demonstration and characterization of Ni/Mg/K/AD90 used for pilot-scale conditioning of biomass-derived syngas. Springer Science, 2010, 134: 242-249.
[26] Colby J, Wang T, Schmidt L D. Steam reforming of benzeneasa model for biomass-derived syngas tars over Rh-based catalysts. Energy Fuels, 2010, 24:1341-1346.
[27] Keiichi T, Mohammad A, Kimio K. Syngas production by biomass gasification using $Rh/CeO_2/SiO_2$ catalysts and fluidized bed reactor. Catalysis Today, 2004, 89(4): 389-403.
[28] Polina Y, Svetlana P, Vladislav S, et al. Combinatorial approach to the preparation and characterization of catalysts. Catalysis Today, 2008, 137(1):23-28.
[29] 王翠艳，白轩，王永威.流化床生物质气化试验研究．农村能源，2007，(2):24-26.
[30] Li Y, Wang T, Yin X, et al. 100t/a Scale demonstration of direct dimethyl ether synthesis from corn cob-derived syngas. Renewable Energy, 2010, 35(3):583-587.
[31] Li Y, Wang T, Yin X, et al. Design and operation of integrated pilot-scaled imethyl ether synthesis system via pyrolysis/gasification of corn cob. Fuel, 2009, 88(11):2181-2187.
[32] 朱锡锋.生物质气化制备合成气的研究．可再生能源，2002, (6):7-10.
[33] 李建芬，肖波，江建方，等.农林生物质热裂解制取合成气的研究．新能源及工艺，2006，(1): 19-21.
[34] 杜丽娟，李建芬，肖波，等.生物质催化裂解制合成气的研究．化学工程师，2008，153(6):3-5.
[35] Lv P, Yuan Z, Wu C, et al. Bio-syngas production from biomass catalytic gasification. Energy Conversion and Management, 2007, 48(4):1132-1139.
[36] 陈冠益，杨会军，姚金刚，等．两段式固定床芦竹催化热解实验研究．天津大学学报(自然科学与工程技术版)，2016.
[37] Chen G, Yao J, Yang H, et al. Steam gasification of acid-hydrolysis biomass CAHR for clean

syngas production. Bioresource technology, 2015, 17(9):323-30.
[38] Gao N, Li A, Quan C. A novel reforming method for hydrogen production from biomass steam gasification. Bioresource Technology, 2009, 100(18):4271-4277.
[39] Yan F, Luo S, Hu Z, et al. Hydrogen-rich gas production by steam gasification of char from biomass fast pyrolysis in a fixed bed reactor: Influence of temperature and steam on hydrogen yield and syngas composition. Bioresource Technology, 2010, 101(14):5633-5637.
[40] Tang L, Huang H. Plasma pyrolysis of biomass for production of syngas and carbon adsorbent. Energy and Fuels, 2005, 19:1174-1178.
[41] And X, Leung D, Chang J, et al. Characteristics of the synthesis of methanol using Biomass-Derived syngas. Energy & Fuels, 2004, 19(1): 305-310.
[42] 涂军令，应浩，李琳娜.生物质制备合成气技术研究现状与展望. 林产化学与工业，2011，31(6):112-117.
[43] Houben M. Analysis of tar removel in a partial oxidation burner. Eindhoven: Technische Universitiet Eindhoven, 2004.
[44] Huber G, Iborra S, Corma A. Synthesis of transportation fuels from biomass: chemistry, catalysts, and engineering. Chemical Reviews, 2006, 106(9):4044-98.
[45] 王铁军，常杰，祝京旭，等. 生物质气化重整合成二甲醚. 燃料化学学报，2004，32(3)：297-300.
[46] 朱锡峰. 生物质热解原理与技术. 合肥：中国科学技术出版社，2006.
[47] 涂军令，应浩，李琳娜.生物质制备合成气技术研究现状与展望. 林产化学与工业，2011，31(6): 112-117.
[48] 陈桂芳，马春元，陈守燕，等.超临界水气化生物质技术研究进展. 化工进展，2010，29(1): 45-50.
[49] 张自杰. 排水工程(下册), 第五版. 北京:中国建筑工业出版社,2015:496-497.
[50] 郑戈，张全国. 沼气提纯生物天然气技术研究进展. 农业工程学报, 2013, 29(17):1-8.
[51] 刘晓霞. 生物质燃气供暖系统模式分析. 吉林建筑工程学院学报. 2009，26(5):42-44.
[52] 刘广青，董仁杰，李秀金. 生物质能源转化技术. 北京：化学工业出版社，2009: 196-213.
[53] 李海滨，袁振宏，马晓茜. 现代生物质能利用技术. 北京：化学工业出版社，2012: 61-126.
[54] 朱锡锋，陆强. 生物质热解原理与技术. 北京：科学出版社，2016.
[55] 周建斌，周秉亮，马欢欢,等. 生物质气化多联产技术的集成创新与应用. 林业科技开发，2016, 1(2): 1-8.

# 第 3 章　生物质制油

## 引　言

生物质能作为唯一可转化为液体燃料的碳载体的可再生能源，在利用过程中以其可再生性和基本可实现 $CO_2$ 零排放的优势，已经引起了世界各国政府的关注和重视。虽然各国的自然条件和技术水平差别很大，对生物质能源今后的利用情况也千差万别，但生物质能源已经发挥了重要的作用，在整个一次能源体系中占据了稳定的比例和重要的地位，尤其在道路运输领域发挥的作用越来越大。

生物质能在世界能源消耗中居第四位，仅次于煤炭、石油、天然气，占世界总能耗的 15%～18%。以燃料乙醇和生物柴油为代表的第一代生物质液体燃料，已经在美国、欧盟、巴西、中国、印度等得到了广泛的开发和利用，燃料乙醇技术和生物柴油生产与应用技术也是目前生物质产业化比较成熟的技术，但是该技术和产业的发展是建立在对农业资源大量占用和对农产品大量消耗的基础之上，粮食作为生物质能生产的主要原料势必带来诸如粮食种植结构偏重、粮食供应总量下降、粮食价格动荡上升、粮食危机等一系列问题。因此，开发非粮生物质液体燃料(第二代生物质液体燃料)已然成为世界各国关注和研究的重要课题，也是生物质液体燃料发展的必然趋势。

第二代生物质液体燃料指的是以麦秆、草和木材等农林废弃物为主要原料，采用生物纤维素转化为液体燃料的模式，主要研究方向有纤维素乙醇技术、生物柴油技术、生物质合成燃料(在第 2 章已经提及此内容，本章不再重复介绍)、生物质热解油技术、生物质汽柴油及生物航空燃油技术等。

本章对各类生物燃油的制备及利用情况进行了介绍和分析，对其反应原理、反应设备、反应工艺等方面内容进行了详述。所涉及的生物燃油种类包括：燃料乙醇、生物柴油、生物质热解油、生物质汽油/柴油以及生物航空燃油。

## 3.1　燃料乙醇制备

乙醇(ethanol)又称酒精，是一种重要的工业原料，广泛应用于化工、食品、饮料、军工、日用化工、医药卫生等领域，通常工业酒精中乙醇含量约为 95%，无水酒精中乙醇含量在 99.5%以上。因 95.6%的乙醇与 4.4%的水组成恒沸混合液，沸点 78.15℃，而无法用蒸馏法去除少量水，通常采用工业酒精与新制生石灰混合加热蒸馏的方法，制取无水乙醇。医用酒精中乙醇占 75%的体积分数，此时能够获得最佳的细胞蛋白凝固效果，故常以其作为消毒杀菌剂。乙醇易被人体肠胃吸收，少量乙醇对大脑有兴奋作用，大量饮用会对肝脏和神经系统造成毒害。工业及医用酒精中含有少量甲醇，有毒而不能掺水饮用[1,2]。

近年来，乙醇用做能源领域的液体燃料成为热点。用以替代或部分替代汽油做发动机燃料的酒精，为燃料乙醇。我国 2001 年颁布的《与汽油混合用作车用点燃式发动机燃料的变性乙醇标准规格》中明确规定，燃料乙醇中乙醇的体积百分含量大于等于 92.1%，水分含量在 0.8wt%以内。燃料乙醇的应用对减少汽油用量，降低颗粒物、一氧化碳、挥发性有机化合物(VOC)等的排放有重要意义。目前包括我国在内的巴西、美国、欧洲一些国家和印度、泰国、津巴布韦、南非等国都已开始实施乙醇汽油计划。用汽油发动机的汽车，乙醇加入量为 5%～22%；专用乙醇发动机汽车，乙醇加入量为 85%～100%[3,4]。

燃料乙醇生产技术主要有第一代和第二代两种。第一代燃料乙醇技术是以糖质和淀粉质作物为原料生产乙醇。其工艺流程一般分为五个阶段，即液化、糖化、发酵、蒸馏、脱水。第二代燃料乙醇技术是以木质纤维素质为原料生产乙醇。与第一代技术相比，第二代燃料乙醇技术首先要进行预处理，即脱去木质素，增加原料的疏松性以增加各种酶与纤维素的接触，提高酶效率。待原料分解为可发酵糖类后，再进入发酵、蒸馏和脱水。

燃料乙醇的发展获得了国家的长期政策支持。目前，我国燃料乙醇的主要原料是陈化粮和木薯、甜高粱等淀粉质或糖质等非粮作物，未来研发的重点主要集中在以木质纤维素为原料的第二代燃料乙醇技术。国家发改委已核准了广西的木薯燃料乙醇、内蒙的甜高粱燃料乙醇和山东的木糖渣燃料乙醇等非粮试点项目，以农林废弃物等木质纤维素原料制取乙醇燃料技术也已进入年产万吨级规模的中试阶段。国家发改委、农业部和财政部颁布的“十二五”农作物秸秆综合利用实施方案中，提出推进秸秆纤维乙醇产业化的方案，预计 2015 年通过粮棉主产区的示范项目，使秸秆能源化利用比例达 30%。目前看来，这一目标的实现还有较大差距。

在燃料乙醇推广成功的巴西，政府曾颁布强制使用生物燃料的行政法令。麦肯锡的研究报告显示，预计 2020 年我国生产的二代燃料乙醇可替代 3100 万吨汽油，每年可减排 9000 万吨二氧化碳。从原料上看，我国玉米等淀粉类原料极限供应量可生产 500 万吨乙醇；甘蔗、甜菜等糖质原料主要用于制糖，不足作为乙醇的主要生产原料；木薯、能源甘蔗、甜高粱等能源作物原料生产技术成熟，全国有大量的可利用边际性土地，应加快品种研发及因地制宜地推广应用进程；纤维素类原料可提供近6000万吨燃料乙醇的能力，产业化技术研发需求非常迫切[5]。

### 3.1.1 乙醇的物理性质

乙醇是由 C、H、O 三种元素组成的有机化合物，分子式为 $C_2H_5OH$，由乙基($—C_2H_5$)和羟基(—OH)两部分组成，可以看成是乙烷分子中的一个氢原子被羟基取代的产物，也可以看成是水分子中的一个氢原子被乙基取代的产物，相对分子量为46.07。常温常压下，乙醇是无色透明液体，具有特殊的芳香味和刺激味，吸湿性很强，可以与水以任何比例混合并产生热量，易挥发，易燃烧。乙醇分子中含有极化的氧氢键，电离时生成烷氧基负离子和质子，乙醇的 pKa=15.9，与水相近，具有很弱的酸性。乙醇的物理性质主要与其低碳直链醇的性质有关。分子中的羟基可以形成氢键，因此乙醇黏度很大，也不及相近相对分子质量的有机化合物极性大。表 3-1 是乙醇详细的物理性质。

表 3-1 乙醇的物理性质

| 项目 | 数值 | 项目 | 数值 |
|---|---|---|---|
| 密度/($g/cm^3$) | 0.789 | 临界压力/MPa | 6.38 |
| 熔点/ K | 158.8 | 辛醇/水分配系数的对数值 | 0.32 |
| 常压沸点/ K | 351.6 | 混合气热值/($kJ/m^3$) | 3.66 |
| 黏度(20°C)/(mPa·s) | 1.2 | 引燃温度/℃ | 363 |
| 分子偶极矩/ D | 1.69 | 自燃点/K | 1066 |
| 折射率 | 1.3614 | 爆炸下限/%(V/V) | 3.3 |
| 相对密度(水=1) | 0.79 | 爆炸上限/%(V/V) | 19.0 |
| 相对蒸汽密度(空气=1) | 1.59 | 闪点/K(开杯法) | 294.2 |
| 饱和蒸气压(19℃)/kPa | 5.33 | 闪点/K(闭皿法) | 287.1 |
| 燃烧热(25℃)/(J/g) | 29676.6 | 热导率(20℃)/(W/(m·K)) | 0.170 |
| 汽化热/(沸点下)(J/g) | 839.31 | 磁化率(20℃) | $7.34 \times 10^{-7}$ |
| 熔化热/(J/g) | 104.6 | 十六烷值 | 8 |
| 比热容(20℃)/(J/(g·K)) | 2.71 | 辛烷值(RON) | 111 |
| 临界温度/℃ | 243.1 | 理论空燃比/质量 | 8.98 |

### 3.1.2 燃料乙醇原料

发酵制取燃料乙醇的原料有三种：糖原料、淀粉原料和纤维原料。不同原料的处理方法如表 3-2 所示。

表 3-2　不同原料的处理方法[6]

| 种类 | 淀粉类 | 糖类 | 纤维素类 |
|---|---|---|---|
| 预处理 | 粉碎、蒸煮、糊化 | 压榨、调节 | 粉碎、物理或化学处理 |
| 水解 | 易水解，产物单一，无发酵抑制物 | 无水解过程，无发酵抑制物 | 水解较难，产物复杂，有发酵抑制物 |
| 发酵 | 产淀粉酶酵母发酵六碳糖为乙醇 | 耐乙醇酵母发酵六碳糖为乙醇 | 专用酵母或细菌发酵六碳糖或五碳糖为乙醇 |
| 乙醇提取与精制 | 蒸馏、精馏、纯化 | 蒸馏、精馏、纯化 | 蒸馏、精馏、纯化 |
| 综合利用 | 饲料、沼气、$CO_2$ | 肥料、沼气、$CO_2$ | 木质素(燃料)、沼气、$CO_2$ |

1. 糖原料

糖原料包括甘蔗、甜菜、甜高粱和各种水果。因其汁液的主要成分是葡萄糖，其制取乙醇就是微生物发酵葡萄糖的过程。理论上100g葡萄糖可以产生51.4g乙醇和48.6g二氧化碳，实际上微生物生长要用去一些葡萄糖，时间产率低于100%。

交通燃料一直依赖进口又盛产甘蔗的巴西，1975年开始制订计划支持甘蔗生产乙醇工业化项目，成为世界上燃料乙醇生产和利用最成功的案例。

2. 淀粉原料

淀粉原料主要包括谷物(玉米和小麦)、土豆、红薯和木薯。淀粉分子由长链葡萄糖分子组成，通过水解将淀粉分子转变成葡萄糖分子，然后发酵成乙醇。1990年世界玉米产量约4.75亿吨，其中2亿吨产于美国，800万～900万吨用来生产乙醇。采用不同的技术，1蒲式耳(在美国相当于2150.42in$^3$，或35.42L)玉米(25.3kg，15%水分)可以生产9.4～10.9L纯乙醇，乙醇密度按0.789 kg/L计，折算产率为37wt%～43wt%(干基原料)。淀粉原料需要用水将淀粉分子水解成糖(糖化)，通常将淀粉与水混合成浆液然后搅拌加热打碎细胞壁。在加热过程中加入用于将化学键打破的特殊酶。美国和中国都是以玉米为主要原料生产燃料乙醇，皆需政府补贴，如我国东北地区燃料乙醇生产厂家年收益净现值为零：以新玉米为原料要补贴379元/吨，陈玉米补贴282元/吨；美国政府补贴180美元/吨，折合人民币约1200元/吨。

3. 纤维原料

纤维原料指主要组分是纤维素、半纤维素和木质素类的生物质原料，包括木材、农业废弃物等，具体见表3-3。这三种成分构成植物体的支持骨架：纤维素组成微细纤维，构成纤维细胞壁的网状骨架，半纤维素和木质素是填充在纤维之间的“黏合剂”和“填充剂”。在一般的植物纤维原料中，这三种成分的质量分数为80%～90%。

表 3-3 用以制取燃料乙醇的木质纤维素类生物质

| 原料种类 | 名称 | 备注 |
|---|---|---|
| 木材纤维原料 | 软木(针叶材) | 云杉、冷杉、马尾松、落叶松、湿地松、火炬松等 |
| | 硬木(阔叶材) | 杨木、桦木、桉木等 |
| 非木材纤维原料 | 禾本科纤维原料 | 竹子、芦苇、甘蔗渣、高粱秆、稻草、麦草等 |
| | 韧皮纤维原料 | 树皮类和麻类 |
| | 籽毛纤维原料 | 棉花、棉质破布等 |
| | 叶部纤维原料 | 香蕉叶、龙舌兰麻、甘蔗叶、龙须草等 |
| 半木材纤维原料 | 棉秆 | 性质类似软阔叶材 |

生物质纤维素主要是由β-d-吡喃葡萄糖基通过1-4β苷键连接起来的线性高聚糖，分子式$(C_6H_{12}O_5)_n$，聚合度 $n$ 为 7000～10000，在植物纤维素中沿着纤维素分子链链长的方向彼此近似平行聚集成微细纤维状态而存在，排列整齐而紧密的部分为纤维素的结晶区，不整齐而较松散的部分为纤维素无定型区，结晶区比无定型区难水解。

半纤维素是由多种糖基(木糖基、葡萄糖基、甘露糖基、半乳糖基、阿拉伯糖基、鼠李糖基等)、糖醛酸基(如半乳糖醛酸基、葡萄糖醛酸基等)和乙酰基所组成的分子中带有支链的复合聚糖(杂多糖)的总称[7,8]。聚合度 $n$ 为 150～200，各种植物纤维中半纤维素组成和结构都有所不同，一般认为它是木糖单元组成的高聚糖。纤维素水解后生成葡萄糖，半纤维素水解产物是木糖。

木质素是由苯基丙烷单元通过醚键和碳—碳键连接而成的具有三度空间结构的高聚物，不能被水解，是水解残渣的主要成分。因占生物质 20%以上的木质素不能水解，生物质制取乙醇转化率为 15%～22%。表 3-4 列出了各种木质纤维素粗原料的组成。

表 3-4 各种木质纤维素粗原料的组成

| 木质纤维素原料 | 碳水化合物/%(相当于糖量) | | | | | 非碳水化合物/% | |
|---|---|---|---|---|---|---|---|
| | 葡萄糖 | 甘露糖 | 半乳糖 | 木糖 | 阿拉伯糖 | 木质素 | 灰分 |
| 玉米芯 | 39.0 | 0.3 | 0.8 | 14.8 | 3.2 | 15.1 | 4.3 |
| 麦秆 | 36.6 | 0.8 | 2.4 | 19.2 | 2.4 | 14.5 | 9.6 |
| 稻草 | 41.0 | 1.8 | 0.4 | 14.8 | 4.5 | 9.9 | 12.4 |
| 稻壳 | 36.1 | 3.0 | 0.1 | 14.0 | 2.6 | 19.4 | 20.1 |
| 甘蔗渣 | 38.1 | NA | 1.1 | 23.3 | 2.5 | 18.4 | 2.8 |
| 杨树(硬木) | 40.0 | 8.0 | NA | 13.0 | 2.0 | 20.0 | 1.0 |
| 花旗松(软木) | 50.0 | 12.0 | 1.3 | 3.4 | 1.1 | 28.3 | 0.2 |

糖类和淀粉类原料都可作为食物，用来生产燃料乙醇存在与人争口粮的问题。目前乙醇汽油主要来自甘蔗和玉米，来自玉米等粮食作物的燃料乙醇，原料成本占

生产成本的 40%以上，生产厂家全部靠政府补贴得以维系，长远看来没有生命力。木质纤维素类生物质种类多、数量大，用来生产燃料乙醇的同时，可以充分利用农林废弃物，改善环境，长远看还可以得之于速生林，所以用木质纤维素类生物质生产燃料乙醇意义重大。但由于木质纤维素类生物质结构复杂，研究开发经济可行的木质纤维素类生物质水解和发酵方法成为研究热点。

近几年纤维素乙醇的研究很活跃，如 ABUS 公司以玉米芯、玉米秸秆等生物质为原料，用锤式粉碎机对添加稀酸的原料进行微粉碎；美国可再生能源实验室开发了稀酸预处理-酶解发酵工艺，约 90%纤维素转化为葡萄糖，采用同步糖化共发酵技术使乙醇质量分数达 5.7%；上海奉贤建成燃料乙醇 600t/a 的工业化示范厂；山东东平建立了玉米秸秆发酵燃料乙醇 3000t/a 的示范工程；天冠集团采用化学预处理和酶水解工艺，建成了 300t/a 玉米秸秆纤维乙醇中试装置；中粮集团采用连续蒸汽爆破预处理和酶水解工艺，建成了 500t/a 玉米秸秆纤维素乙醇试验装置，其中酶制剂由中粮集团与丹麦诺维信公司联合开发。

制取燃料乙醇的主要方法是水解发酵制成乙醇，再通过不同的脱水方式制取质量浓度更高可用于燃料中的乙醇。而木质纤维素与其他生物质不同的是，需要在此之前进行更精细的预处理，而不仅仅是粉碎研磨。

木质纤维素的水解糖化并生产燃料乙醇的过程中，从葡萄糖转化为乙醇的生化过程是简单和成熟的，反应在温和条件下进行。目前传统的间歇发酵已被各种连续发酵工艺所取代，因而有较高的生产率，可为微生物生长保持恒定环境的同时，也能达到较高的转化率，其水解产物为以木糖为主的五碳糖。以农作物秸秆和草为原料时，还有相当量阿拉伯糖生成(可占五碳糖的 10%～20%)，故五碳糖的发酵效率也是决定过程经济性的重要因素。同时发酵戊糖和己糖的菌种也已发现和改良，并能够达到较高的产率。生物质制燃料乙醇即把木质纤维素水解制取葡萄糖，然后将葡萄糖发酵生成燃料乙醇的技术。

燃料乙醇的制备常用的催化剂是无机酸和纤维素酶，由此分别形成了酸水解工艺和酶水解工艺。我国在这方面开展了许多研究工作，比如华东理工大学开展了以稀盐酸和氯化亚铁为催化剂的水解工艺及水解产物葡萄糖与木糖同时发酵的研究，转化率在 70%以上[5]。

### 3.1.3　燃料乙醇工艺

木质纤维素类生物质发酵法制乙醇的工艺流程如图 3-1 所示，由预处理、水解、发酵、产品的回收净化和废水以及残渣的处理 5 个工艺部分组成，对于不同的工艺，可能有略微不同。以下将对该 5 部分进行介绍，因在纤维素类生物质制取燃料乙醇的工艺中，关键步骤和技术瓶颈主要来自水解和发酵，所以下面将针对水解和发酵工艺作详细介绍。

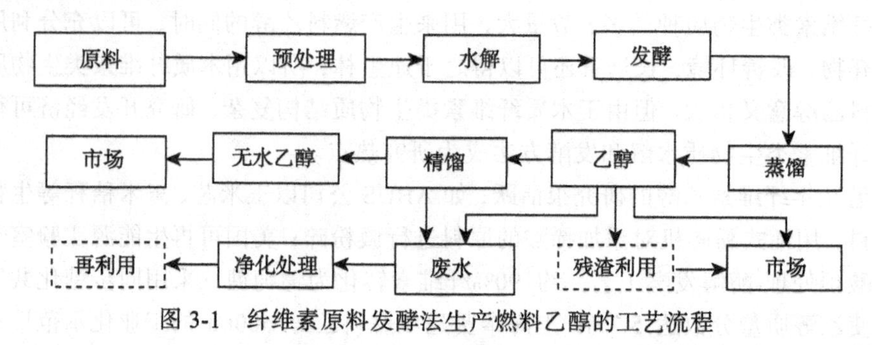


图 3-1　纤维素原料发酵法生产燃料乙醇的工艺流程

1. 预处理工艺

所有的生物质在水解之前均要通过预处理这一工艺，并达到清洗和粉碎的目的。以木质纤维素为例，有效的预处理应当避免减小物料颗粒尺寸，保护戊糖(半纤维素)组分，限制抑制物的形成，降低能量需求和成本投入等。上述因素连同其他条件，如降低预处理催化剂(回收)成本、提取高值木质素副产品等，构成了评判预处理的基本标准。同时，预处理结果还需权衡其对后续工艺的影响，以及操作成本、资本成本和原料成本，生物质原料在加工过程中会掺杂一些诸如泥土等杂质，因此在使用前必须进行清洗，如果采用干态生物质作为原料，还要添加烘干步骤。原料的粒度大小，是影响其反应速率的重要因素。粒度越小，比表面积越大，有利于催化剂和热量的传递。通过研磨后生物质的粒度可以达到 0.2～2 mm，但能耗较大，最大可达到总过程能耗的三分之一，因此一般粉碎粒度在 1～3mm 为宜。表 3-5 是不同预处理法的作用。

表 3-5　不同预处理法的作用[9]

| 项目 | 增加可及表面积 | 纤维素去晶作用 | 去除半纤维素 | 去除木质素 | 改变木质素结构 |
|---|---|---|---|---|---|
| 机械预处理 | + | + | | | |
| 无污染蒸汽爆碎 | + | | + | | – |
| 高温液态水预处理 | + | ND | + | | – |
| 高温液态水穿流预处理 | + | ND | + | – | – |
| 稀酸预处理 | + | | + | | + |
| 酸穿流预处理 | + | | + | – | + |
| 碱预处理 | + | | – | +/– | + |
| 氨纤维爆破法(AFEX) | + | + | – | + | + |
| 石灰预处理 | + | + | – | + | + |
| 氧化预处理 | + | ND | – | + | + |

注：“+”表示主要影响；“–”表示次要影响；ND 表示未知。

预处理方法可分为物理法、化学法、物理化学法和生物方法。

1) 物理法

物理法包括机械粉碎、蒸汽爆碎、热液分解和超声波处理等，机械粉碎又分为干粉碎、湿粉碎、振动球磨碾磨和压缩碾磨。物理法具有污染小、操作简单等优点，但能耗大，成本高。

a) 高能辐射

高能辐射处理木质纤维原料提高转化效率的作用机理有两个方面，一是使纤维素解聚，二是使纤维素的结构松散，晶体结构改变，活性增加，可及度提高。高能辐射可以降低纤维素的结晶度，增加纤维素酶的可及面积，减少酶的用量、提高转化率、降低成本，并且不会造成环境污染，具有很大的发展前景[10]。

b) 微波、超声波处理技术

微波是一种波长在 100cm～1mm 范围内的电磁波(其频率 300MHz～300GHz)。微波处理木质纤维原料提高转化效率的作用机理是：微波处理能使纤维素的分子间氢键发生变化，处理后的粉末纤维素类物质没有润胀性，能提高纤维素的可及性和反应活性，从而提高基质浓度，得到较高浓度的糖化液。

微波、超声波对植物纤维素原料进行预处理有一定的效果，优点是易操作、方便和无污染，能降低纤维素的结晶度，但会产生对后续发酵有不良影响的抑制物，故需更进一步的改进。

2) 化学法

化学法主要是指以酸、碱、有机溶剂作为物料的预处理剂，破坏纤维素的晶体结构，打破木质素与纤维素的连接，同时使半纤维素溶解，常用于预处理的化学试剂有 $H_2SO_4$ 和 NaOH。纤维素溶剂能溶解甘蔗渣、玉米秸秆、高羊茅草等木质纤维素物料中的纤维素，使 90%的纤维素转化为葡萄糖，纤维素溶剂还能改变物料结构，提高物料的酶水解率。碱性双氧水、臭氧、有机溶胶、甘油、二氧杂环乙烷、苯酚和乙二醇是破坏纤维素结构和促进水解型溶剂的典型代表。

a) 酸预处理法

酸处理木质纤维素的机理是破坏纤维素的晶体结构，打破木质素与纤维素的连接，同时使半纤维素溶解。近年来，酸预处理越来越受到研究者的关注，用得最多的是稀硫酸[11]，其次是硝酸、盐酸和磷酸。稀硫酸可以去除半纤维素、水解纤维素，半纤维素的去除能够提高纤维素的消化率[12]。

安宏[13]以生物质的主要成分纤维素为原料，进行了以极低浓度硫酸为催化剂的水解研究，以 0.05%硫酸为催化剂，在 215℃、4MPa 等优化条件下得到了 46.55%的还原糖得率和 55.07%的纤维素转化率。Sun 等采用稀硫酸处理黑麦秆，结果表明，随着硫酸浓度的提高和反应时间的延长，半纤维素的溶解程度显著增加。在

0.9%$H_2SO_4$、90 min 或 1.2%$H_2SO_4$、60 min 条件下处理黑麦秆，超过 50%的半纤维素被溶解。

b) 碱预处理法

碱处理的机理是基于木聚糖半纤维素和其他组分内部分子之间酯键的皂化作用，随着酯键的减少，木质纤维素原料的空隙率增加、纤维素结晶度降低，易于酶解。广泛使用的碱是 NaOH，主要是因为稀 NaOH 溶液可以引起木质纤维素溶胀，内表面积增加，纤维素结晶性降低，木质素和碳水化合物之间的结构链分离，以破坏木质素结构。Zhu 等采用微波辅助 NaOH 预处理，将稻草在质量分数 1%的 NaOH 溶液中，经 700W 微波处理 6min，还原糖得率显著提高。

c) 臭氧法

臭氧法实际上是一种利用氧化剂氧化破坏天然植物纤维的物理结构的方法，其他氧化剂还有过乙酸、臭氧、硝酸、次氯酸钠等。臭氧法常被用来降解如麦秸、甜菜渣等纤维素类物质中的木质素和半纤维素。此法的优点是：可高效去除木质素；不产生对进一步反应起抑制作用的物质；反应在常温常压下进行。缺点是需要臭氧量比较大，提高了整个生产过程的成本。

此外，化学法还包括常用于预处理的有机溶剂处理，试剂包括甲醇、乙醇、丙酮等。

3) 物理化学法

物理化学法是物理法和化学法的有机结合，具有两者的优点。

a) 蒸汽爆破法

蒸汽爆破是将原料和水或水蒸气等在高温高压下处理一定时间后，立即降至常温常压的一种方法。蒸汽爆破可以改变纤维素的 O/C 比和 H/C 比，提高化学试剂的可及度，改善化学反应性能。

罗鹏等[13]研究发现在温度 210℃、停留时间 8min 的条件下，汽爆麦草原料的纤维分离程度最佳，纤维素的酶水解得率最高达到 72.4%；廖双泉等[14]采用蒸汽爆破处理技术处理剑麻纤维，使纤维素含量提高到 84.54%，木质素含量降低到 3.61%，实现了原料组分的有效分离。

b) 氨纤维爆破法

氨纤维爆破法(AFEX)是蒸汽爆破法与碱处理法的结合，将物料置于高压状态的液氨中，温度范围为 50～100℃，保压一段时间后突然卸压，使液氨气化，物料爆破，主要是液氨和木质素发生反应。Kim 和 Lee 以玉米秸秆为原料进行液氨循环浸泡，试验结果表明，在高温下可以去除 75%～85%木质素，溶解 50%～60%的木聚糖。

Alidades 等[15]用 AFEX 预处理柳枝，确定了最佳工艺条件：处理温度 100℃，氨与物料比为 1:1，处理时间为 5min，物料葡萄糖转化率为 93%。

氨纤维爆破法主要能有效去除木质素，但与蒸汽爆破法相比对半纤维素的溶解程度不大；可有效破坏纤维素的晶体结构，提高酶解率；水解产物对发酵的抑制作用小，氨可以回收，污染小；设备投资成本低，操作简单，但耗能大。总的来说，此种技术仍是最有前景的预处理。目前国内对此技术的运用还未见报道。

c) $CO_2$ 爆破

$CO_2$ 爆破也被用于纤维素的预处理。研究者认为在汽爆过程中加入 $CO_2$ 可以有效促进酶水解。

Dale 和 Moreira[16]用该法处理苜蓿(4kg$CO_2$/kg 纤维，压力为 5.62MPa)，在经过 24h 的酶解后得到了 75%的葡萄糖。这个量要相对低于蒸汽爆破和氨水处理，但另外的研究发现，$CO_2$ 爆破不仅成本较低，而且不会像蒸汽爆破那样产生抑制产物。

4) 生物法

生物处理法是利用真菌来溶解木质素，可降解木质素的微生物包括白腐菌、褐腐菌等。白腐菌主要降解木质素，褐腐菌主要降解纤维素和半纤维素。生物预处理能达到的处理效果有去木质素作用，减小了纤维素的聚合度，并且能水解部分半纤维素。该法具有低能耗，无需化学试剂，处理条件温和及效率一般，应用范围不大的特点。常用的微生物是白腐菌、褐腐菌和软腐菌。最近很多学者研究了白腐菌降解木质纤维素的机理、变化规律及影响因子，为下一步纤维素类原料能源化、资源化利用奠定了良好的基础。

杜甫佑等[17]研究了 3 株白腐菌对木质纤维素的作用，结果表明，3 菌株都能较快地降解木质素。

生物法相对于其他预处理法的主要优点是将木质素降解，保护纤维素和半纤维素；耗能少、条件温和、副反应少、环境污染小。但目前存在的微生物种类较少，分解木质素的酶类的活力低，作用周期长，故此种方法多停留在试验阶段。最具前景的解决办法是采用基因工程技术对白腐菌进行改良[9]。

### 2. 生物质水解工艺

生物质水解是制取燃料乙醇的必要步骤。水解是指由复杂物质分解成重新与水分子结合的更简单物质的过程。生物质水解指主要成分为纤维素、半纤维素和木质素的木材加工剩余物、农作物秸秆等木质纤维素类生物质，在一定温度和催化剂作用下，使其中的纤维素和半纤维素加水分解(糖化)成为单糖(已糖和戊糖)的过程，其主要目的是将单糖通过化学和生物化学加工，制取燃料乙醇、糠醛、木糖醇、乙酰丙酸等产品[19]，当前主要用于制取燃料乙醇。常用的催化剂有无机酸和纤维素酶，以酸作为催化剂称为酸水解，包括稀酸水解和浓酸水解，后者称为酶水解。

木质纤维素是一种由不同种类碳水化合物结合而成的复杂联合体，其主要成分是木质素、纤维素和半纤维素。纤维素是D-葡萄糖以β-1,4糖苷键结合起来的链状高分子化合物，纤维素分子链牢牢连在一起，形成高结晶结构，不溶于水，并且具有抗解聚能力；半纤维素是由几种不同类型的单糖构成的异质多聚体，这些糖是五碳糖和六碳糖，包括木糖、阿拉伯糖、甘露糖和半乳糖等。木质素是由苯基丙烷结构单元通过碳—碳键连接而成的三维空间高分子化合物，在酸性条件下难以水解，且在纤维素周围形成保护层，影响纤维素水解。半纤维素和纤维素微纤维间以氢键连接，形成的空间结构是植物细胞壁的主体框架，而木质素内部除了有强大的氢键连接外，还与半纤维素通过共价键形成稳定的木质素-碳水化合物复合体。由于复杂的结构特征，木质纤维素的纤维素酶解率很低(小于20%)。影响木质纤维素水解的因素主要是纤维素的结晶度、有效表面积、木质素对纤维素的保护作用、物料特性和半纤维素对纤维素的包覆。故在进行预处理时应排除这些影响水解的因素，才能有效提高水解率。

水解反应方程如下：

$$(C_6H_{10}O_5)_n + nH_2O \xrightarrow{H^+或酶} nC_6H_{12}O_6 \tag{3-1}$$

$$(C_5H_8O_4)_n + nH_2O \xrightarrow{H^+或酶} nC_5H_{10}O_5 \tag{3-2}$$

1) 浓酸水解

指浓度在30%以上的硫酸或盐酸将生物质水解成单糖的方法。反应条件为：100℃以内，常压，2～10h，一般分预处理和水解两步进行。优点是糖转化率高，无论纤维素还是半纤维素都能达到90%以上，反应器和管路可以选用玻璃纤维等廉价耐酸蚀材料，缺点是反应速度慢，工艺复杂，酸必须回收且费用高。主要用于处理玉米芯、麦秸等农业废弃物。

该技术始于19世纪20年代，第一个浓酸工艺由美国农业部(USDA)开发后经Purdue大学和TVA(Tennessee Valley Authority)改进并应用。目前做这方面研究的主要有美国的Arkernol公司、Masada Resource Group和TVA。

TVA浓酸水解工艺是将玉米废弃物与10%硫酸混合，在第一个处理半纤维素的反应器中在100℃下加热2～6h，残渣多次在水中浸泡并甩干，收集半纤维素水解产物；残渣经脱水烘干后在30%～40%浓酸中浸泡1～4h，以作为纤维素水解的预水解步骤；残渣脱水干燥后，放在另一只反应器中，酸浓度增大到70%，在100℃温度条件下加热1～4h，过滤得到糖和酸的混合液。将该溶液循环至第一步水解，从第一步水解液中回收第二步水解的糖。典型的浓酸水解工艺如图3-2所示。

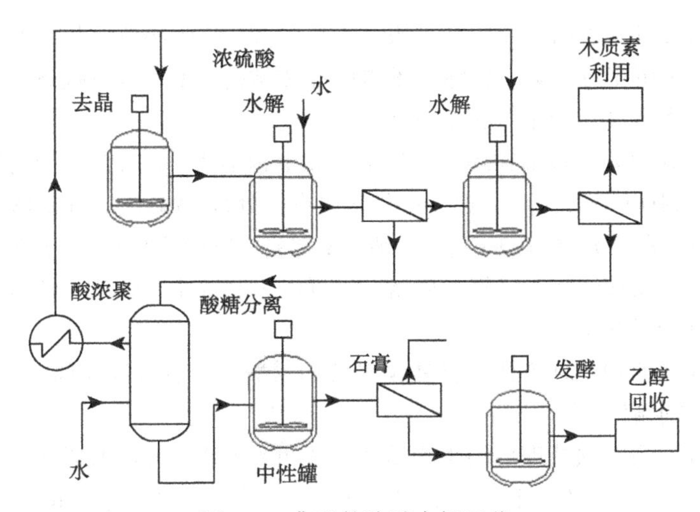


图 3-2　典型的浓酸水解工艺

2) 酶水解

酶水解是始于 20 世纪 50 年代的生化反应，是一种较新的生物质水解技术。利用纤维素酶对生物质中的纤维素预先糖化进而发酵生成乙醇。在常压、45～50℃、pH 值为 4.8 左右的条件下进行，可形成单一糖类产物且产率可达 90%以上，不需要外加化学药品、副产物较少、提纯过程相对简单、生成糖不会发生二次分解，因此越来越受到各国重视，甚至有人预测酶水解有替代酸水解的趋势。缺点是酶生产成本高，要消耗 9%左右的生物质物料，预处理设备较大，操作成本较高，反应时间长，合适的纤维素酶尚在开发研究中[12,13]。目前所应用的酶主要有三种：endoglucanases(EC3.2.1.4)，cellobiohydrolases(EC3.2.1.91)和 H-glucosidases (EC3.2.1.21)，全球最大的酶生产厂商是 Genencor International 和 Novozymes Biotech Incorporated。

酶水解工艺包括酶的生产、原料预处理和纤维素水解发酵三部分。

a) 酶的生产

纤维素酶制造方法有固体发酵法和液体发酵法两种。目前大规模生产纤维素酶的方法是固体发酵法，即使微生物在没有游离水的固体基质上生长，一般将小麦麸皮堆在盘中，用蒸汽蒸后接种。生长期经常喷水雾并强制通风，保持一定的温湿度和良好的空气流通，微生物培养成熟后用水萃取、过滤后将酶从萃取液中沉淀下来。目前酶的研究热点在于选择培养能够提高酶的产率和活性的微生物，以廉价的工农业废弃物作为微生物的培养基，开发各种酶的回收方法以及试验各种发酵工艺。在酶水解工艺中酶的生产成本最高。

b) 原料预处理

因为生物质所含纤维素、半纤维素和木质素相互缠绕，纤维素本身又存在晶体结构，阻止酶接近其表面，导致直接酶解效率很低，故生物质原料需要通过预处理除去木质素，溶解半纤维素，破坏纤维素的晶体结构，增大其可接近表面。酶水解产物转化率很大程度上要依赖预处理的效果。

常用的预处理方法包括物理法、化学法和生物学法。物理法主要有粉碎、高压蒸汽爆碎、照射(电子束、γ 射线)等；化学法有酸处理(浓硫酸、稀硫酸、稀盐酸、亚硫酸、过氧乙酸等)、碱处理(氢氧化钠、氨等)、臭氧处理等；生物学法主要有用褐杆菌、白杆菌和软杆菌等降解木质素、半纤维素和纤维素[20,21]。具体工艺已在预处理环节中进行了介绍。

目前最经济的预处理方法是稀酸预水解和稀酸浸润后蒸汽处理。

c) 纤维素水解发酵

指用纤维素酶将预处理后的生物质降解成可发酵糖，再将水解糖液进行发酵生产乙醇的过程。现主要有三种工艺：①独立水解和发酵工艺(Separate Hydrolysis and Fermentation, SHF)，如图 3-3 所示，先预处理生物质得到半纤维素的水解液和主要成分为纤维素的固体残渣，纤维素渣与纤维素酶混合进行酶水解，得到纤维素水解液，将两种水解液与发酵微生物一同放入发酵罐中，回收乙醇；②同时糖化和发酵工艺(Simultaneous Saccharification and Fermentation，SSF)，如图 3-4 所示，该工艺将预处理后的生物质、纤维素酶的微生物和发酵微生物相混合，当产生的纤维素酶作用于纤维素物质并释放出单糖时，发酵微生物就将单糖转化成酒精，使酶水解和发酵在同一个装置内完成；③直接微生物转化工艺(Direct Microbial Conversion，DMC)，以既能产生纤维素酶，自身又能发酵生产酒精的微生物一次性完成纤维素类生物质的转化。在这三种纤维素转化乙醇的工艺中，SSF 是最有效的方式。

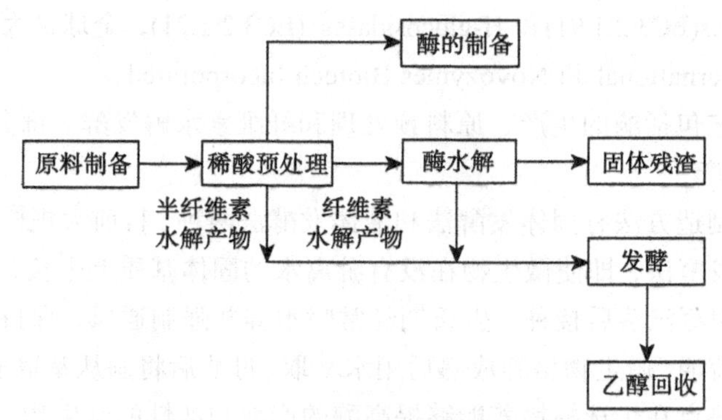


图 3-3　独立水解和发酵工艺(SHF)

为了降低乙醇的生产成本，在 20 世纪 70 年代开发了同时糖化和发酵工艺(SSCF)，即把经预处理的生物质、纤维素酶和发酵用微生物加入一个发酵罐内，使酶水解和发酵在同一装置内完成。SSCF 不但简化了生产装置，而且发酵罐内的纤维素水解速度远低于葡萄糖发酵速度，使溶液中葡萄糖和纤维二糖的浓度很低，这就消除了它们作为水解产物对酶水解的抑制作用，相应可减少酶的用量。此外，低的葡萄糖浓度也减少了杂菌感染的机会。图 3-5 为 SSCF 工艺流程，目前 SSCF 已成为很有前途的生物质制乙醇工艺，主要问题是水解和发酵条件的匹配。

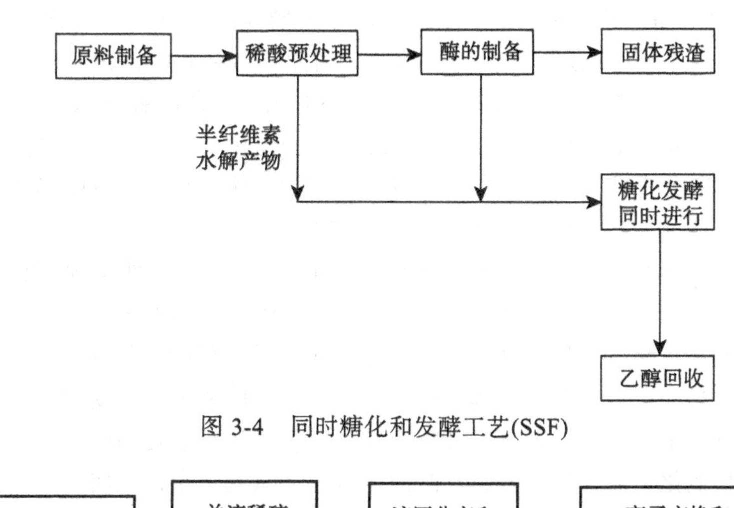


图 3-4　同时糖化和发酵工艺(SSF)

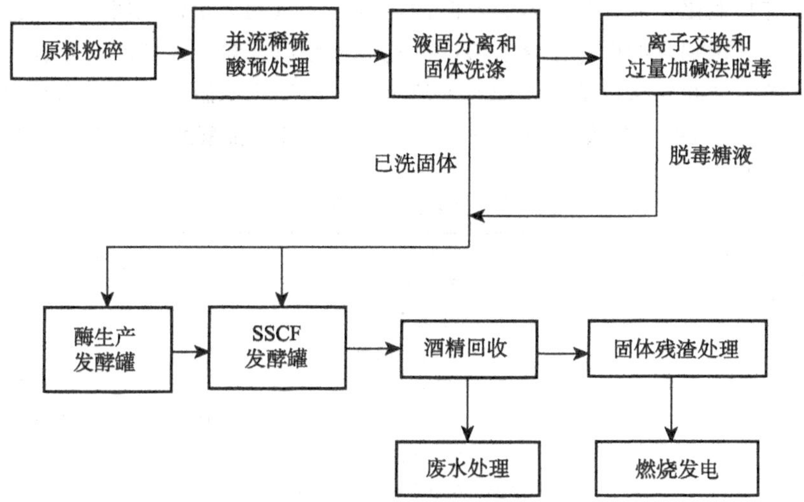


图 3-5　SSCF 酶水解乙醇生产工艺流程图

3) 稀酸水解

一般指用 10%以内的硫酸或盐酸等无机酸为催化剂将纤维素、半纤维素水解成单糖的方法，温度 100～240℃，压力大于液体饱和蒸气压，一般高于 10 个大气压。优点是反应进程快，适合连续生产，酸液不用回收；缺点是所需温度和压力较高，副产物较多，反应器材质要求高。目前有两条研究路线：一是作为生物质水解的方法，二是作为酶水解最经济的预处理方法。在浓酸水解、酶水解和稀酸水解三种方法中，稀酸水解在反应时间、生产成本等方面较其他两种有优势，而且还是浓酸水解、酶水解预处理的必要步骤。

稀硫酸水解法 1856 年由法国梅尔森斯首先提出，1898 年德国人提出木材制取酒精的商业构想，并很快工业化。第一次世界大战期间，美国建有两个商业化工厂，后期因木材缺乏而停产。1932 年，德国开发出稀硫酸浸滤工艺，即舍莱尔工艺(Scholler process)；第二次世界大战期间，美国面临酒精和糖作物的匮乏，美战备部在 Springfield 建工厂，指定林产品实验室(FPL)改进 Scholler process，于是有了麦迪森木材制糖法(Madison wood sugar process) 的诞生，生产能力较之前又有很大提高，后经过多次改进，1952 年出台了稀酸水解渗滤床反应器，目前仍是生物质糖化最简单的方法之一，且成为发明新方法的基准[22-31]。

20 世纪 70 年代后期至 80 年代前半期，有关稀酸水解系统的模型和新的水解工艺成为研究热点。1983 年，Stinson 提出二阶段稀酸水解工艺，其原理是半纤维素和纤维素的水解条件不同，以不同的反应条件分开水解；90 年代以来，极低浓度酸水解、高压热水法等工艺因环境友好、对反应器材质要求低而受到重视；近十年来，研究热点在于新型反应器开发和反应器理论模型研究以提高稀酸水解产率和开发单糖外的其他化学品，如糠醛、乙酰丙酸等；通过动力学模型研究及工艺设计实践，研究者认识到高的固体浓度、液固的逆向流动以及短的停留时间是提高单糖转化率的关键，据此新型反应器主要有逆流水解、收缩床水解、交叉流水解及其组合等，多处于小试和中试阶段，未见商业化报道[32,33]。各种稀酸水解方法如表 3-6 所示。

**表 3-6　生物质稀酸水解方法**

| 分类依据 | 名称 | 备注 |
|---|---|---|
| 反应步骤 | 单步水解 | |
| | 两步水解 | |
| 加热方式 | 反应器外加热 | |
| | 反应器内蒸汽加热 | 一般先将原料以稀酸浸润 |
| 催化剂种类 | 稀酸 | $H_2SO_4$、HCl、$CH_3COOH$ 等 |
| | 稀酸 + 助催化剂 | 相应的 Fe 盐、Zn 盐等 |
| 酸浓度 | 高压热水法(HLW)(自动水解(autohydrolysis)) | 无酸 |
| | 极低酸浓度 | 酸浓度 0%～0.1% |
| | 一般酸浓度 | 酸浓度 0.5%～10% |
| 反应器型式 | 固定床间歇反应器 | |
| | 渗滤床反应器 | |
| | 收缩渗滤床反应器 | |
| | 平推流反应器 | |
| | 平推逆流收缩床反应器 | |
| | 交叉流收缩床反应器 | 模型阶段 |

a) 两步水解

自 20 世纪 80 年代以来，木质纤维素类生物质稀酸水解多数采取两步工艺(图 3-6)，第一步用低浓度稀酸和较低的温度先将半纤维素水解，主要水解产物为五碳糖；第二步以较高的温度及酸浓度，得到纤维素的水解产物葡萄糖。优点是减少了半纤维素水解产物的分解，从而提高了单糖的转化率；产物浓度提高，降低了后续乙醇生产的能耗和装置费用；半纤维素和纤维素产物分开收集，便于单独利用。图 3-6 为两步水解流程。

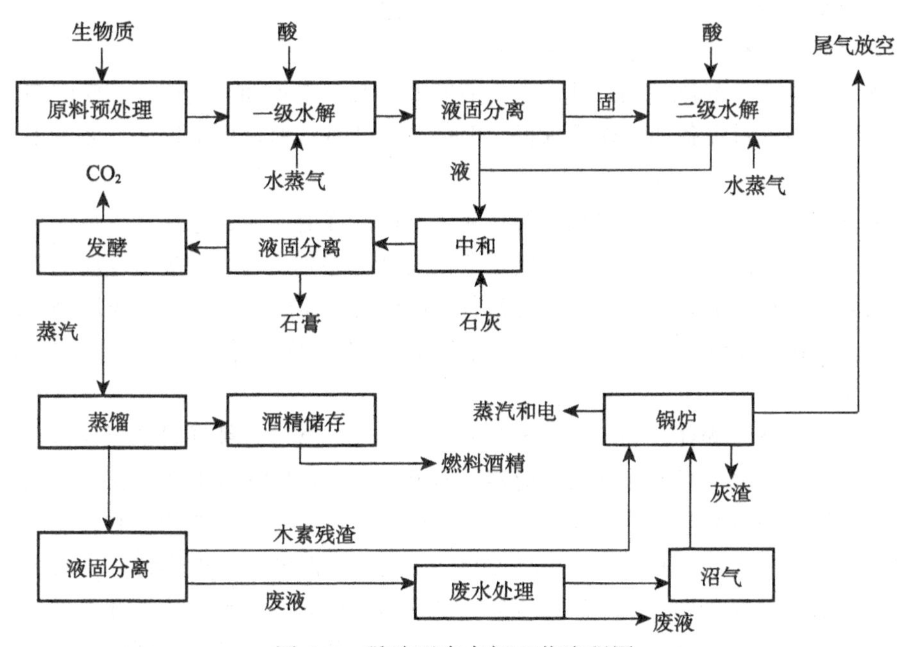


图 3-6　稀酸两步水解工艺流程图

b) 极低浓度酸水解和高温热水法水解

极低酸(extremely low acids)指浓度为 0.1%以下的酸，以极低酸为催化剂在较高温度下(通常 200℃以上)的水解称为极低浓度酸水解。该工艺有以下明显优势：①中和发酵前液产生的 $CaSO_4$ 产量最小；②对设备腐蚀性小，可用普通不锈钢来代替昂贵的耐酸合金；③属于绿色化学工艺，环境污染小。美国可再生能源实验室(NREL)以极低浓度酸水解工艺在连续逆流反应器、收缩渗滤床(BSFT)和间歇床(BR)进行研究，发现连续逆流反应器在 ELA 条件下可得到 90%的葡萄糖产率，BSFT 的反应速度是 BR 的 3 倍，是很有前景的工艺。

高温热水法(hot liquid water)又称自动水解(autohydrolysis)，是指完全以液态水来水解生物质中的半纤维素，通常作为两步水解法中的预处理。因在高温高压下，

水会解离出 $H^+$和 $OH^-$，具备酸碱自催化功能，从而完成半纤维素的水解。该法用于酶水解的预处理，与其他方法相比具有成本低廉、产物中发酵抑制物含量低、木糖回收率高等优点[34,35]。

c) 稀酸水解反应器

根据生物质原料和水解液的流动方式，可把稀酸水解反应器分为固定式、活塞流式、渗滤式、逆流式和交叉流式等几种。稀酸水解反应器在高温下工作，其中与酸液接触的部件需用特殊材料制作，钛钢即耐蚀镍合金虽然能用，但价格太高，只宜用在必要场合[36]。用耐酸衬砖是较好的解决方法。

固定床和平推(活塞)流式反应器水解：

固定床水解是最原始的方法，水解液和原料都一次性加入反应器，反应完成后一起取出。该法对设备和操作要求低，但糖分解严重，糖转化率较低，多用于水解的一些机理研究。

活塞流式水解中，固液二相在泵作用下，以同样的流速通过一管式反应器。它在形式上是连续的，但在本质上和固定式没有什么差别，因为在整个反应期间，和任一微元固体接触的始终是同一微元液体。这种反应器的优点是便于控制物料的停留时间，在其总停留时间小于 1min 时也能精确控制，故很适用于水解动力学研究。

渗滤式水解：

渗滤式水解是固体生物质原料充填在反应器中，酸液连续通过的反应方式。相对固定床，这种设备属半连续式反应器。前苏联主要采取这种形式，我国华东理工大学亦设计利用该种反应器。具体工艺为：原料装入渗滤水解器的同时，加入稀硫酸浸润原料，上盖后由下部通入蒸汽加热，达到一定温度时使预热到一定温度的水和酸在混酸器中混合后，连续从反应器上部送入，同时将水解液从下部引出，待水解结束时，停止送入硫酸，用热水洗涤富含木质素的残渣，降温开阀排渣。它的主要优点如下：①生成的糖可及时排出，减少了糖的分解；②可在较低的液固比下操作，提高所得糖的浓度；③液体通过反应器内的过滤管流出，液固分离自然完成，不必用其他液固分离设备；④反应器容易控制。

收缩渗滤床反应器：

收缩渗滤床反应器(bed-shrinking flow-throw reactor)是美国 Auburn 大学和 NREL 联合开发的用于极低的酸浓度(ELA)的生物质水解反应实验装置，该法是以极低浓度酸(质量分数低于 0.1%)，200℃以上来水解生物质，因其酸用量少、对设备腐蚀小、反应器可用不锈钢代替昂贵的高镍耐酸合金，产物后处理简单被誉为绿色工艺而日益受到重视[37]。原理是在生物质固体物料床层上部保持一定的压力，随着生物质中可水解部分的消耗，固体床层的高度将被逐渐压缩，水解液在收缩床内的实际停留时间减少，从而减少了糖的分解，有利于提高糖的收率。反应装置如图 3-7 所示。以黄杨为原料在 205℃，220℃，235℃条件下，葡萄糖产率分别为理论产率的 87.5%，90.3%和 90.8%，葡萄糖浓度分别为 2.25 wt%，2.37 wt%和 2.47wt%，停留时间 10～15min 时产率最高。

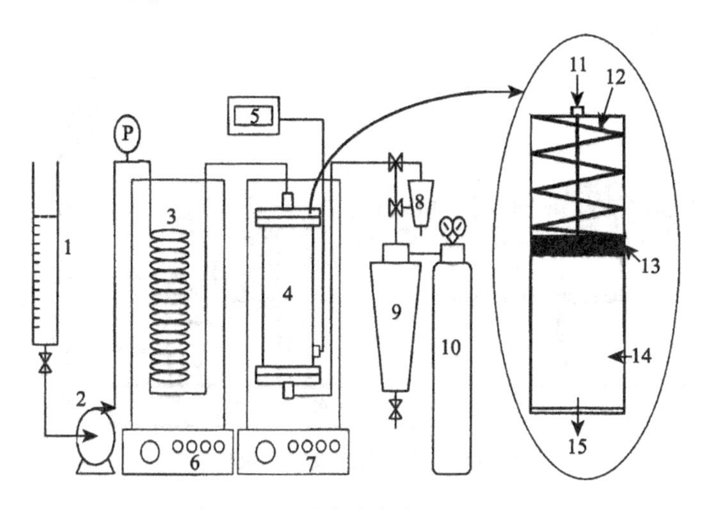


图 3-7 收缩渗滤床水解反应器

1. 酸罐；2. 计量泵；3. 预热盘管；4. 反应器；5. 热电偶；6、7. 温控沙浴床；8. 取样罐；9. 保压罐；10. $N_2$气瓶；11. 进酸口；12. 弹簧；13. 活塞；14. 原料；15. 出液口

平推逆流收缩床反应器：

平推逆流反应器是指固体原料和液体产物同向流动的反应器，而逆流反应器是指水解液和物料流动方向相反的反应器，二者相结合，可实现连续进料，水解液停留时间短，产物转化率高。图 3-8 是 NREL 开发的平推逆流收缩床反应器。

该装置为连续两阶段反应器系统，生产能力为 200kg/d，已连续运行 100h。采用生物质两步反应工艺，第一步通过水平螺旋平推流系统完成，170～185℃的蒸汽加热生物质，停留时间 8min，可使 60%半纤维素水解，随后物料流出此反应器进入垂直逆流收缩床反应器进行第二步水解，加入稀硫酸浓度小于 0.1wt%，反应温度在 205～225℃，此阶段几乎所有的半纤维素和 60%纤维素完成水解，以黄杨木屑为原料，纤维素、半纤维素水解率达 80%～90%。

交叉流收缩床水解反应器：

交叉流收缩床生物质水解反应器是美国 Dartmouth College 的 A.O.Converse 提出的模型(图 3-9)。生物质浆液通过螺旋由入口(1)送入环面 A，水或蒸汽通过入口(2)进入布满孔隙的内胆，当物料通过 A 时，螺旋挤压将水解产物 E 排出至 B，由出口(3)流出，残渣由(4)排出。模拟计算在 240℃，1%酸，液固比为 1:1 时，可得到 88%的葡萄糖和 91%的木糖。但该装置尚处模型阶段。

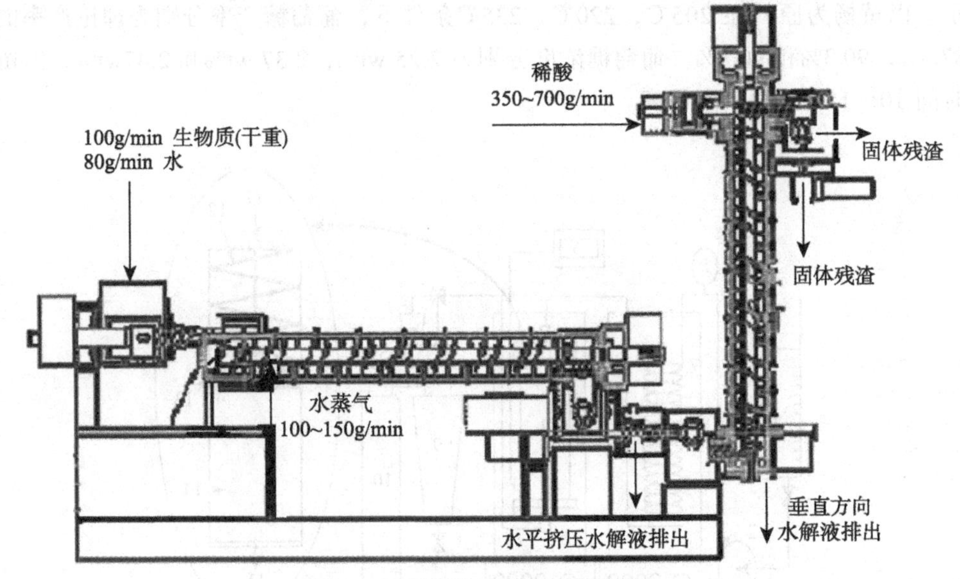


图 3-8　平推逆流收缩床反应器

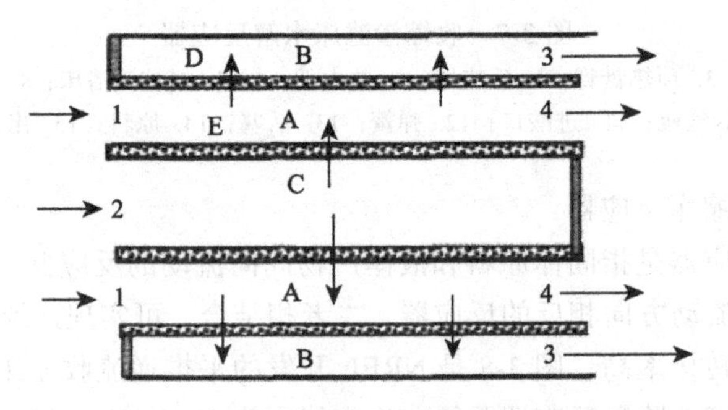


图 3-9　交叉流生物质水解收缩床反应器模型

A、B 环面；C 内胆；D、E 带孔穴的隔离筒；1. 液固混和浆料入口；2. 液体空心管入口；3. 水解液出口；4. 固体残渣排出口

d) 生物质两步稀酸水解的经济性

生物质水解生产燃料乙醇的经济性一直是人们关注的热点，影响因素包括原料价格、运输费用、生产规模、预处理方法、水解和发酵技术及乙醇市场价格等。对比当前以玉米、小麦等粮食作物为原料的生产情况，在原料价格上生物质水解有明显优势。据报道，原料占生产成本的 50%～60%，且每有 $2.5\times10^6$t 玉米用于燃料乙醇的生产，玉米价格就会上浮 1.2～2 美元/吨，而以生物质为原料，其价格只占生产成本的 21%。

对生物质两步稀酸水解的经济性，美国可再生能源实验室做了较为详细的评估，见表 3-7。如原料价格适中，规模达到一定程度，该项目可获得近 20%的收益。另外在生产乙醇的同时，生产糠醛、低聚糖等高附加值产品，会显著提高其收益率。

**表 3-7　生物质两步稀酸水解经济性评估表**

| 原料种类 | 林业废弃物 | 麦秆 | 城市绿色垃圾 | 废纸 | 草秆 |
|---|---|---|---|---|---|
| 原料消耗量/(BDT/d) | 1369 | 2739 | 400 | 682 | 1232 |
| 原料价格/(美元/BDT) | 28 | 30 | 20 | 20 | 35 |
| 建厂投资(美元 MM) | 50.1 | 74.5 | 30.5 | 34.7 | 47.7 |
| 燃料乙醇售价/(美元/gal) | 1.25 | 1.25 | 1.25 | 1.25 | 1.25 |
| 乙醇产量/(gal/ BDT Feed) | 58 | 53 | 40 | 55 | 53 |
| 生产能力/(MM gal/a) | 29 | 54 | 6 | 14 | 24 |
| 内部收益率/% | 19.0 | 18.3 | 14.0 | 7.0 | −1.3 |

注：BDT(Biomass Dry Ton)——干燥基生物质重量，吨。

e) 发酵产乙醇工艺

常用的发酵方法有分批培养(batchculture)、连续培养(continuous culture)、半连续培养(semi-continuous culture)、补料分批培养(fed-batch culture)和固定化细胞发酵法。

分批培养是指培养基一次加入、产物一次性收获的方法，此间发酵液的组成是不断变化的。开始阶段糖浓度高，酒精浓度低，结束阶段糖浓度低，酒精浓度高。分批培养发酵的生产效率通常较低，在分批发酵过程中，必须计算全过程的生产率，即时间不仅包括发酵时间，而且也包括放料、洗罐、加料、灭菌等时间。

连续培养是指在培养器中不断补充新鲜营养物质，并不断排出部分培养物(包括菌体和代谢产物)，以保持长时间生长状态的一种培养方式。连续培养主要分为恒浊连续培养和恒化连续培养两类。这样的连续发酵的方法可以为微生物保持恒定的生长环境，从而优化发酵条件，故能得到较高的生产率。同时，连续发酵所得产品性质稳定，便于自动控制，所需人工少，适合大规模生产。

半连续培养是指在发酵罐中的一部分发酵液保留下来作为菌种液，放出其余部分进入提练加工工序，在剩余的培养液中加满新的未接种的培养液，继续培养，如此反复，谓之半连续培养。

补料分批培养又称半分批培养，是指在分批培养过程中，间歇或连续地补加新鲜培养液，但不取出培养物。待培养到适当时期，将其从反应器中放出，从中提取目的生成物(菌体或代谢产物)。若放出大部分培养物后，继续进行补料培养，如此反复进行，则称为重复补料分批培养。与传统分批发酵相比，补料分批发酵的优点在于使发酵系统中的基质浓度维持在较低水平，这有以下优点：①可除去快速利用碳源的阻遏效应，并维持适当的菌体浓度，以减轻供氧矛盾；②避免有毒代谢物的抑菌作用；③大大减少了无菌操作要求十分严格的接种次数。与连续发酵相比，补料分批培养不会产生菌种老化和变异等问题，故其应用范围十分广泛。

固定化技术是指通过化学或物理方法将酶或酵母整个细胞固定在固相载体上，使发酵器中细胞浓度提高，细胞可以连续使用，从而使最终发酵液中乙醇浓度得以提高的方法。常用的载体有海藻酸钙、卡拉胶、多孔玻璃和陶瓷等。目前在这方面研究较多的是酵母和运动发酵单胞菌的固定化，通常固定化运动发酵单胞菌比酵母更有优越性。

在试验研究阶段多用分批培养，有报道称，补料分批培养可克服水解液中发酵抑制成分的影响，乙醇转化率较高。另外，固定化细胞发酵技术已用于以我国的甜高粱茎秆为原料制取乙醇的生产工艺中。

f) 固态乙醇生产工艺

固态发酵(solid substrate fermentation)是培养基呈固态，虽然含水丰富，但没有或几乎没有自由流动水的状态下进行的一种或多种微生物发酵过程。底物(基质)是不溶于水的聚合物，它不仅可以提供微生物所需的碳源、氮源、无机盐、水及其他营养物质，还是微生物生长的场所。

“固态发酵”一词从广义讲，指一切使用不溶性固体基质培养微生物的工艺过程，既包括将固体物悬浮在液体中的深层浸没发酵，也包括在没有或几乎没有游离水的湿体材料上培养微生物的所谓固态发酵(solid state fermentation)。

固态发酵工艺在中国有很长的历史，白酒、酱油、食醋等传统食品是利用固态发酵工艺生产的，酶制剂、饲料酵母等的生产中也有采用固态发酵工艺进行生产。

由于环境压力和能源潜在危机，固态发酵乙醇(Solid-State Ethanol Fermentation，SSEF)生产工艺已越来越受到重视。固态乙醇发酵工艺具有投资少、酒糟处理能耗低的优点，同时又是中国的传统发酵技术的精华，采用现代生物技术的最新成就，将其淀粉利用率提高，将会使其成为节能、低污染的新工艺。从国外引进的DDGs工艺可以解决酒糟废水的问题，但投资大、运转能耗高，即使在发达的国家，也在研究采用替代它的方法。固态乙醇发酵工艺是他们考虑的方法之一。

在固态乙醇发酵工艺中，木质纤维素材料的利用可以得到充分的发挥。木质纤维素是地球上数量最大的一种再生资源。纤维素被酸完全水解时，能得到96%～98%的D-葡萄糖，生物酶法水解纤维素类物质近几年取得了较大的进展。

纤维素同时糖化发酵工艺(SSF)纤维素酶对纤维素的水解和发酵产生乙醇在同一装置内连续进行。这样酶水解产物葡萄糖由菌体不断发酵而被利用，消除了葡萄糖因浓度过高对纤维素酶的反馈抑制。在工艺方面采用一步发酵，简化设备，节约能源，缩短了总生产时间，提高了生产效率，但木糖的抑制作用和糖化发酵温度不协调是该工艺的不足。一般在纤维素酶糖化过程中，纤维素酶的最适温度为50℃左右，而酵母的发酵温度为 37～40℃，采用耐热酵母(如假丝酵母、克劳林比酵母)是解决这一问题的有效途径。

3. 产品的回收净化

发酵之后的液体是酒精、微生物细胞、水以及一些副产物的混合物，其中目标产物酒精的含量较低，一般不超过 5%。可以通过双塔精馏及分子筛吸附脱水的工艺对发酵液中的酒精进行提纯，以得到无水乙醇。

4. 废水和残渣处理

精馏塔底废水中含有大量的有机物，可以将其通过厌氧发酵进行处理，同时产生的甲烷可作为内部燃料，用于生产蒸汽以降低能耗。水解所产生的水解残渣主要成分为木质素，可以用作普通燃料进行燃烧。为了提高纤维素乙醇产业的经济性，可以将水解残渣进行气化和裂解，分别制取合成气以及生物油。

## 3.2　生物柴油制备

生物柴油是指短链一元烷醇的脂肪酸酯。由于甲醇价格便宜、易回收、易纯化，大多数生物柴油标准(如欧盟标准 EN14214、美国标准 ASTMD6751)定义生物柴油为来源于动植物油脂的脂肪酸甲酯。生物柴油的动力、效率、拖力和爬坡能力与普通柴油相当，其他性能二者也相近，如十六烷值、黏度、燃烧热、倾点等。生物柴油具有环境友好的特点，体现在生产、燃烧过程的各个层面。生物柴油的生产可减少石化能源的开采和消耗，燃烧排放的 $CO_2$ 远低于植物生长过程吸收的 $CO_2$，可缓解因 $CO_2$ 积累造成的全球气候变暖；生物柴油含硫量低，可使二氧化硫和硫化物的排放减少约 30%，且不含造成环境污染的芳香烃，其废气排放可满足欧洲III号排放标准[37,38]。

以地沟油为原料炼制成品柴油是近十多年来我国石油化工新能源开发的重点技术，被列为中国石化液体生物燃料攻关项目，经过升级改造后的石家庄炼化厂的 2000t/a 生物柴油中试装置完成了该工艺的所有生产试验工作，试验结果达到预期效果，日前进入标定阶段。SRCA 二代生物柴油技术中试装置试车成功，并生产出了符合国际标准 BT100 的生物柴油产品，为该技术的工业化应用提供了技术支撑，同时标志着中国石化生物柴油技术获得突破。另外，福建龙岩卓越新能源公司的年产 10 万吨生物柴油工厂已经运行多年，积累了丰富的经验。

### 3.2.1　生物柴油的特点

生物柴油是清洁的可再生能源，是以植物油脂、工程微藻油脂、动物油脂以及餐饮废油等为原料制成的液体燃料，是优质的石化柴油代用品。生物柴油具有以下特性：

(1) 与普通柴油相比,生物柴油具有优良的环保特性,使用生物柴油可降低 90%的空气毒性，降低 94%的患癌率；由于生物柴油含氧量高，燃烧时排烟少，一氧化碳的排放与柴油相比减少约 10%(有催化剂时为 95%)；生物柴油的生物降解性高。

(2) 具有较好的低温发动机启动性能，无添加剂冷滤点达–20℃。

(3) 具有较好的润滑性能，使喷油泵、发动机缸体和连杆的磨损率低，使用寿命长。

(4) 具有较好的安全性能，由于闪点高，生物柴油不属于危险品，在运输、储存、使用方面十分安全。

(5) 具有良好的燃料性能，十六烷值高，使其燃烧性好于柴油，燃烧残留物呈微酸性，使催化剂和发动机机油的使用寿命加长。

(6) 具有可再生性，通过农业和生物科学家的努力，可供应量不会枯竭。

(7) 无须改动柴油机，可直接添加使用，同时无需另添设加油设备、储存设备及人员的特殊技术训练。

(8) 生物柴油以一定比例与石化柴油调和使用，可以降低油耗、提高动力性，并降低尾气污染。生物柴油是典型“绿色能源”，大力发展生物柴油对经济可持续发展，推进能源替代，减轻环境压力，控制城市大气污染具有重要的战略意义[39]。

生物柴油具有优良的燃烧性能，燃用生物柴油可降低 $CO_x$、$SO_x$、HC(碳氢化合物)、PM(颗粒状物)和芳香族化合物的排放，有利于大气污染防控和保护环境；生物柴油闪点高，不易挥发，不属于危险品，很容易生物降解，在使用、运输和储存方面有显而易见的优点；可以作为柴油机燃料的替代品。所用的动植物油包括猪油、牛油、菜籽油、大豆油等食用油，乌桕、黄连木、麻疯树等野生植物油，棉籽油、烟草种子油等生产其他经济作物产生的副产物，还包括废弃食用油、油脚等；短链醇包括 1～8 个碳原子的醇，主要是 $CH_3OH$ 和 $C_2H_5OH$，由于 $CH_3OH$ 碳链短、极性大、价格便宜，目前大多采用 $CH_3OH$。

### 3.2.2 生物柴油的原料

与柴油相比，生物柴油具有以下明显的优越性能：减少污染物排放量；较好的润滑性能，可降低喷油泵、发动机缸和连杆的磨损率，延长其使用寿命；闪点高，运输及储存安全；使用便捷，对发动机无特殊要求；具有可再生性。表 3-8 给出了生物柴油与 0#柴油的性能比较[40]。

国内外对生物柴油在柴油机上的应用进行了广泛的研究。Staat 等研究了用菜籽油生产的甲酯生物柴油在柴油机上的动力性和排放性能，对同一柴油机使用了 3 年的生物柴油并跟踪其性能状况。研究结果表明，使用生物柴油可以减少 HC 和颗粒排放，但 $NO_x$ 有略微的升高。生物柴油相对石化柴油的略低热值对动力性的影响很小。使用生物柴油的柴油机在不用改变其原来构造的情况下，能够达到使用柴油时的功率。Mustafa Canakei 研究了用餐饮废油生产生物柴油并进行了排放试验，研究的结果表明生物柴油和普通柴油具有几乎相同的热效率：在 HC、CO 和烟度排放方面比普通 2#柴油(美国标准)分别降低了 46.27%、17.77%、64.21%。Tsolakis 等研究了 EGR 措施对生物柴油调和油的燃烧和排放性能的影响，指出在发动机各工况及各种调和比例情况下，生物柴油的 $NO_x$ 排放高于柴油，采用 EGR 可以降低 $NO_x$[41,42]。

**表 3-8　生物柴油与 0#柴油的性能比较**

| 项目名称 | 单位 | 生物柴油 | 0#柴油 |
|---|---|---|---|
| 十六烷值 | — | >49 | 45 |
| 排放 | — | 碳氢化合物、微粒子以及 $SO_2$、CO 排放量少 | 有黑烟 |
| 闪点 | ℃ | >105 | >60 |
| 密度(20℃) | kg/L | 0.88 | 0.815 |
| 低位热值 | MJ/kg | 37.5 | 44.95 |
| 元素组成 | — | C，H，O | C，H |
| 分子量 | — | 300 左右 | 190～220 |

目前生物柴油的原料主要来源于食用草本植物油、木本油料植物油、废弃油脂和水生植物油等。

(1) 食用草本植物油。以食用油料作物油(如菜籽油、大豆油、花生油、棉油、米糠油等)生产出来的生物柴油品质好，质量稳定，原料来源充足。如欧盟、美国等，将菜籽油作为生物柴油的主要原料，已占到生物柴油原料的 84%。其原因也许是生活方式和习惯的不同，不喜欢食用菜籽油。

(2) 木本油料植物油。目前研究生产出来的木本油料植物油有棕榈油、麻风籽油、黄连木油、乌桕油、文冠果油、苦楝籽油、油莎豆油、果皮精油、苦杏仁油、花椒油、松节油等。以木本油料植物油生产出来的生物柴油油品好，质量稳定，成本低，尤其是棕榈油、麻风籽油、乌桕油，但目前原料难以满足需要。另外，要特别引起重视的是，一些木本植物种子具有毒性，如麻风果榨油后的饼粕含有极毒的物质，安全问题需特别注意，以免带来更大的环境污染。

(3) 废弃油脂。据估计，我国每年产生地沟油、煎炸油、油脚、酸化油、废弃机油等废弃油脂 400 万～800 万吨，是目前生物柴油原料的重要来源。

(4) 水生植物油。工程微藻的太阳能利用效率高，单位面积产油量为陆生油料作物如大豆等的几十倍，是理想的原料来源。例如，美国可再生资源国家实验室通过现代生物技术制成工程微藻，在实验室条件下可以使其脂质含量达到 40%～60%，预计每公顷工程微藻可年产 2590～6475L 生物柴油，为生物柴油的生产开辟了一条新途径[43]。

(5) 微生物油脂。微生物油脂又称单细胞油脂，是由酵母、霉菌、细菌等微生物在一定的条件下产生的，其脂肪酸组成与一般植物油相近，以 $C_{16}$ 和 $C_{18}$ 系脂肪酸如油酸、棕榈酸、亚油酸和硬脂酸为主。一些产油酵母菌能高效利用木质纤维素水解得到的各种碳水化合物，包括五碳糖和六碳糖，胞内产生的油脂可达到细胞干重的 70%以上。

(6) 微藻油脂。藻类光合作用转化效率可达 10%以上，含油量可达 50%以上。美国的研究人员从海洋和湖泊中分离得到 3000 株微藻，并从中筛选出 300 多株生长速度快、脂质含量较高的微藻。在各种藻类中，金藻纲、黄藻纲、硅藻纲、绿藻纲、隐藻纲和甲藻纲中的藻类都能产生大量不饱和脂肪酸。小球藻为绿藻门小球藻属 Chlorella 单细胞绿藻，生态分布广、易于培养、生长速度快、应用价值高。小球藻细胞除了可在自养条件下利用光能和二氧化碳进行正常的生长外，还可以在异养条件下利用有机碳源进行生长繁殖，可以获得含油量高达细胞干重 55%的异养藻细胞。

### 3.2.3　生物柴油的制备方法

生物柴油的制备方法大致可分为物理法——包括直接混合以及微乳液法；化学法——包括高温热裂解，酸碱催化酯交换法(酯交换法是生物柴油生产中最常见的工艺，影响酯化反应的因素较多，主要包括催化剂种类、反应温度、反应时间、醇油比、水分与游离脂肪酸含量等方面)[44]；生物法——包括酶催化法和固定化细胞法等。生物柴油的主要制备方法是酸碱催化剂的酯交换及酯化法以及酶催化法。

1. 酸碱催化法

1) 概述

酸碱催化法包括均相酸碱催化以及固体酸碱催化法。目前，制备生物柴油多以酸或碱为催化剂，在均相下通过酯交换方法合成。所用的酸或碱一般为浓硫酸或 NaOH、KOH。若采用碱作催化剂，原料油和醇必须经过严格脱水，否则易形成乳状物而难以分离，另外，原料油中的游离酸对碱性催化剂的活性有很大损害。若采用浓硫酸作催化剂，虽然它对原料油的水分和游离酸含量没有特殊要求，但其强腐蚀性对设备要求很高，而且因其对有机物会产生碳化作用，从而使反应体系的颜色加深，后处理过程复杂[45]。

2) 酸碱催化的酯交换反应原理

脂肪酸甲酯主要是由甘油三酯与甲醇通过酯交换制备，酯交换反应过程是通过以下三个连续的可逆反应完成的，每一步反应都会生成一种酯。对于甘油三酸酯的酯交换反应，事实上，由于整个反应的最终产物都是脂肪酸甲酯和甘油，如果忽视中间产物甘油二酯和甘油单酸酯，就可以简化成一步反应，其反应方程式如图 3-10 所示。

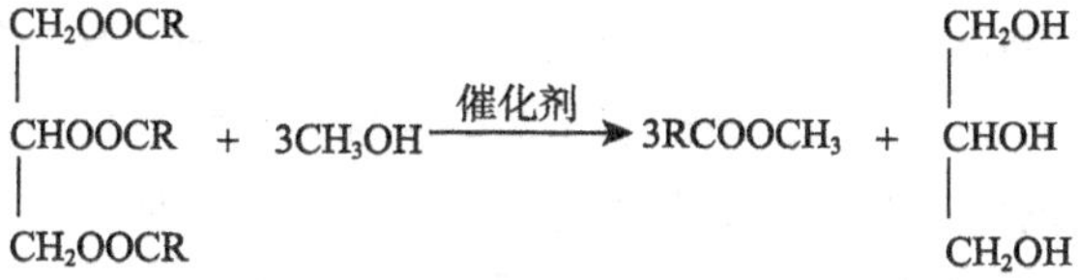

$$
\begin{array}{l} CH_2OOCR \\ | \\ CHOOCR \\ | \\ CH_2OOCR \end{array} + 3CH_3OH \xrightarrow{\text{催化剂}} 3RCOOCH_3 + \begin{array}{l} CH_2OH \\ | \\ CHOH \\ | \\ CH_2OH \end{array}
$$

图 3-10　酯交换反应简式

油脂(甘油三酯)先与一个甲醇反应生成甘油二酯和甲酯，甘油二酯和甲醇继续反应生成甘油单酯和甲酯，甘油单酯和甲醇反应最后生成甘油和甲酯。

酯交换催化剂包括碱性催化剂、酸性催化剂、生物酶催化剂等。其中，碱性催化剂包括易溶于醇的催化剂(如 NaOH、KOH、$NaOCH_3$、有机碱等)和各种固体碱催化剂；酸性催化剂包括易溶于醇的催化剂(如硫酸、磺酸等)和各种固体酸催化剂。

a) 碱催化

在碱性催化剂催化的酯交换反应中，真正起活性作用的是甲氧阴离子，如图 3-11 所示。甲氧阴离子攻击甘油三酯的羰基碳原子，形成一个四面体结构的中间体，然后这个中间体分解成一个脂肪酸甲酯和一个甘油二酯阴离子，这个阴离子与甲醇反应生成一个甲氧阴离子和一个甘油二酯分子，后者会进一步转化成甘油单酯，然后转化成甘油。所生成的甲氧阴离子又循环进行下一个催化反应。

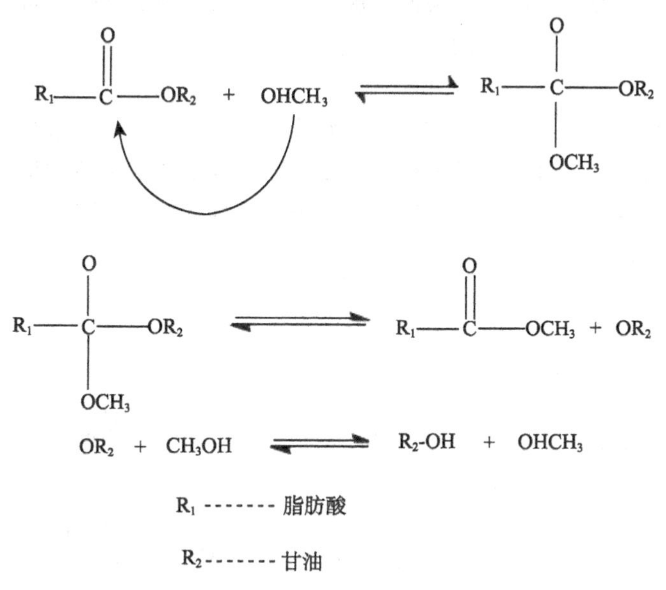


图 3-11　碱性催化剂催化下酯交换反应机理

碱性催化剂是目前酯交换反应使用最广泛的催化剂。使用碱性催化剂的优点是反应条件温和、反应速度快。有学者估计，使用碱催化剂的酯交换反应速度是使用同当量酸催化剂的4000倍。碱催化的酯交换反应甲醇用量远比酸催化的低，因此工业反应器可以大大缩小。另外，碱性催化剂的腐蚀性比酸性催化剂弱很多，在工业上可以用价廉的碳钢反应器。除了上述优点外，使用碱性催化剂还有以下缺点：碱性催化剂对游离脂肪酸比较敏感，因此油脂原料的酸值要求比较高。对于高酸值的原料，比如一些废弃油脂，需要经过脱酸或预酯化后才能进行碱催化的酯交换反应。

目前绝大多数的生物柴油工业生产装置都采用液相催化剂，用量为油重的0.5%～2.0%。甲醇钠与氢氧化钠(或钾)用作酯交换催化剂时还有所不同。当使用甲醇钠为催化剂时，原料必须经严格精制，少量的游离水或脂肪酸都影响甲醇钠的催化活性，国外工艺中要求两者的含量都不超过 0.1%；但其产物中皂的含量很少，有利于甘油的沉降分离及提高生物柴油收率。而氢氧化钠(或钾)为催化剂对原料的要求相对不严格，原料中可含少量的水和游离脂肪酸，但这会导致生成较多的脂肪皂，影响甘油的沉降分离速度，同时会导致甘油相中溶解较多的甲酯，从而降低生物柴油的收率。与液碱催化剂相比，使用固体催化剂可以大大提高甘油相的纯度，降低甘油精制的成本，“三废”排放少，产物不含皂，提高生物柴油收率；但反应速度慢，需要较高的温度和压力，较高的醇油比，且对游离脂肪酸和水比较敏感，原料需严格精制。法国石油研究院开发的 Esterfip-H 工艺是第一个将固体碱作为催化剂成功应用于工业生产的生物柴油生成工艺，其催化剂是具有尖晶石结构的双金属氧化物，已经建成 16 万 t/a 的生产装置。

b) 酸催化

酸催化酯交换的反应机理如图 3-12 所示。质子先与甘油三酯的羰基结合，形成碳阳离子中间体。亲质子的甲醇与碳阳离子结合并形成四面体结构的中间体，然后这个中间体分解成甲酯和甘油二酯，并产生质子催化下一轮反应。甘油二酯及甘油单酯也按这个过程反应。

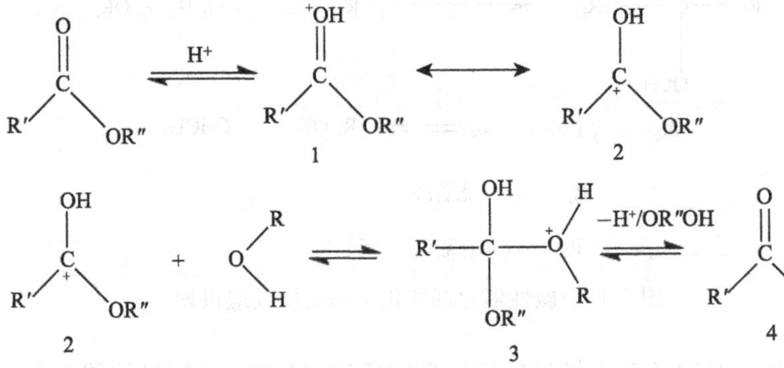

图 3-12　酸催化酯交换反应机理

与碱催化相比，酸性催化剂可以加工高酸值原料，因为在酸性催化剂存在下，游离脂肪酸会与甲醇发生酯化反应生成甲酯。因此酸性催化剂非常适合加工高酸值的油脂。另外，对于长链或含有支链的脂肪醇与油脂的酯交换，一般也用酸性催化剂。但是，酸催化酯交换的反应速度非常慢，且需要比较高的反应温度和醇油比。在酸催化反应中，如反应温度较高，可能产生副反应，生成副产物，如二甲醚、甘油醚等。另外，在酸催化中，水对催化剂活性的影响非常大。据报道，硫酸催化大豆油与甲醇酯交换的反应中，若大豆油中加入 0.5%的水，则酯交换转化率由 95%降到 90%。如果加入 5%的水，则转化率仅为 5.6%。在酯交换过程中生成的碳阳离子容易与水反应生成碳酸，从而降低生物柴油收率。当油脂中游离脂肪酸含量高时应注意这一问题，因为酸性催化剂会催化游离脂肪酸与甲醇酯化，从而产生一定量的水，影响反应进程，一步酯交换反应难以达到满意的转化率。以高酸值的油脂如废弃油脂为原料时，为了避免产生的水的影响，工业上常采用边反应边脱水的方法，或采用间歇操作，把水分离出去后再补充甲醇继续反应。

在工业应用中，最常用的酸性催化剂是浓硫酸和磺酸或其混合物。两者相比，硫酸价格便宜，吸水性强，这有利于脱除酯化反应生成的水，缺点是腐蚀性强，且较容易与碳碳双键反应，导致产物的颜色较深。磺酸催化剂的催化活性比硫酸弱，但在生成过程中产生的问题少，且不攻击碳碳双键。

c) 酸碱催化剂使用的对比

酸性催化剂不受原料中游离脂肪酸含量的限制，它既能充当游离脂肪酸酯化反应的催化剂，又能催化酯交换反应的进行，常用的酸性催化剂主要有硫酸和盐酸，但是酸性催化剂的不足之处就是活性较低，反应需要较大的醇油比和较高的反应温度，反应速率比较慢，收率也不理想。鉴于酸性催化剂不受游离脂肪酸的影响，一般只是将其用作高酸值动植物油脂进行预酯化以降低物料酸值的预处理过程的催化剂，以消去游离脂肪酸对下一步碱催化酯交换反应的影响，同时还能获得更多的产品。这为廉价高酸值原料的使用创造了条件。

Marinkovic 和 Tomasevic[47,48]直接以葵花籽为原料，醇油比为 100:1，浓硫酸催化剂的用量为油质量的 16%，产物的收率为 91.3%。

均相碱催化酯交换反应的催化剂是能溶于甲醇的碱，如 NaOH、KOH、甲醇钠、甲醇钾等。NaOH 和甲醇反应能生成少量的水，引起碱催化剂中毒，所以甲醇钠要比 NaOH 的活性高，但是 NaOH 价格较低，在工业生产中应用较普遍。为了达到好的催化效果，反应前要确保催化剂完全溶于甲醇中。

反应后要用水洗去除产品中的碱催化剂。原料中水分和游离脂肪酸、醇油比、催化剂种类、催化剂用量、反应温度等都会影响均相碱催化酯交换反应。经过前人大量的研究得出了均相酯交换反应最优反应条件为：在无水和低酸值下反应。因为水和游离脂肪酸都能使催化剂中毒，刘寿长等[49]认为酸值应小于1。酯交换反应理论醇油比是 3:1，为了增加植物油的转化率，适当提高醇油比是必要的，大多数的研究者认为醇油比为 6:1 比较合适。催化剂种类可以有多种选择，KOH、NaOH、甲醇钠等都见有报道，主要根据经济和具体条件选择合适的催化剂。催化剂用量根据催化剂种类而定，当用 KOH 和 NaOH 为催化剂时，催化剂用量为油重的 1%左右比较合适。反应温度可以影响反应速度，由于受到油的凝固点和甲醇沸点的影响，大部分的研究者都把反应温度定在 25～68℃，D. Damoko 和 Munir Cheryan 认为随着温度的升高反应速度是增加的，但是增加的幅度不大，邬国英等认为 45℃是反应的最佳温度。均相碱催化酯交换反应有一个特点：在反应开始时，甲醇和植物油不互溶，反应物分成两相，反应结束时产物甘油和脂肪酸甲酯也不互溶，产物也分成两相，反应过程中由于甘单酯和甘二酯的乳化作用，反应体系形成准一相。这个特点既给反应带来了阻力也给反应提供了好的条件，反应开始时的两相增加了传质阻力，使反应速度减慢，而反应结束时产物的两相给产物分离带来了方便。David 等[49]在反应体系中加入四氢呋喃，将反应开始时的两相变为一相，降低了传质阻力，提高了反应速度。Jordan 等[50]将反应分为两步，中间排出产物甘油，提高了植物油的转化率。综上所述，均相酯交换反应是技术成熟的反应，反应条件温和，常温常压下就可以反应，反应速度快，60℃下反应 20min 就基本达到平衡，产物脂肪酸甲酯收率高。缺点是产物分离困难，需要大量水洗涤作为催化剂的碱，产生大量废水。

d) 酸碱催化剂催化作用原理对比

按照 Bronsted 和 Lewis 的定义，固体碱是指具有可接收质子或给出电子对能力的固体，反之则称为固体酸。100%硫酸的酸强度用 Hammett 酸强度函数表示时，其酸强度为 $H_0 = -11.9$，我们把酸强度 $H_0 < -11.9$ 的固体酸称为固体超强酸。而固体超强碱的定义为：固体的碱强度函数 $H_- > +26$ 时，就叫固体超强碱[52-55]。

固体碱能向反应物给出电子，作为催化剂其活性中心具有极强的供电子或接收质子的能力，它有一个表面阴离子空穴，即自由电子中心由表面 $O^2$—或 $O^{2-}$—OH 组成。固体碱表面的碱强度的定义是表面使电中性吸附酸转化为其共轭碱的能力，亦即表面授予吸附酸分子一对电子的能力。固体上的碱(碱中心)量通常用固体单位重量或单位表面上的碱中心数(或 mmol)表示。

因为均相碱催化存在使产物分离困难，产生废水等问题，开发固体碱催化剂成为近来的热点。与液体碱催化剂相比，固体碱催化剂具有如下优点：①催化剂容易从反应混合物中分离出来；②反应后催化剂容易再生，可循环使用；③环境友好，避免使用极性溶剂或相转移剂，对设备无腐蚀；④可使反应工艺过程连续化，提高设备的生产能力；⑤可在高温甚至气相反应中应用；⑥固体碱催化剂无 C—C 键断裂能力，高温下反应不会引起积碳。但是固体碱(特别是超强固体碱催化剂)制备工艺复杂、成本高、强度低、极易被大气中的 $CO_2$ 和水等杂质污染，而且在液相反应中，容易溶解于液体中，造成催化剂流失，使用寿命降低。因此固体碱催化剂还处在积极研制开发阶段。应用于油脂酯交换的固体碱催化剂主要包含：金属氧化物和氢氧化物；水滑石、类水滑石；负载型固体碱。

有关固体酸催化剂的文献报道没有固体碱的多，主要是因为固体酸的酯交换催化活性不如碱的好，反应往往需要高温，较长的反应时间，添加共溶剂等才能达到较高的产率，使得催化剂的优势不突出。Satoshi 等考察了 $WO_3/ZrO_2\text{-}Al_2O_3$、$SO_4/SnO_2$、$SO_4/ZrO_2\text{-}Al_2O_3$ 3 种催化剂在制备生物柴油的酯交换反应中的活性大小。$WO_3/ZrO_2\text{-}Al_2O_3$ 表现出了较高的活性，一定条件下豆油转化率约达到 90%。另外两种催化剂的活性相对较低，在实验条件下转化率分别只有 70%和 80%[46]。

固体酸催化的优点是对原料的要求比较宽松，并且避免了均相反应产品分离困难和废催化剂的环境污染等问题，缺点是催化效果不好，反应速度较慢。

3) 固体酸碱催化剂制备生物柴油产业化概况

目前，在国外的生物柴油生成装置中，很少用酸催化的酯交换工艺。酸性催化剂主要被用来对酸值较高的油脂进行预酯化，然后再进行碱催化的酯交换。我国现有的生物柴油厂主要以高酸值的废弃油脂为原料，规模小，使用的催化剂大多是液体酸，也有少数开发使用固体酸。使用固体酸催化剂对高酸值的植物油进行预酯化，然后再用碱催化酯交换制备生物柴油，是一条较好的工艺路线。

### 2. 生物酶法

生物酶催化酯交换法是利用酶为催化剂的酯交换反应，生物酶按来源分为动物酶、植物酶以及微生物酶等。这类酯交换法具有以下特征：①专一性强，包括脂肪酸专一性、底物专一性和位置专一；②反应条件温和，醇用量少；③产物易于分离与富集，无污染排放，对环境友好；④广泛的原料适应性，对原料没有过高的要求；⑤设备要求不高；⑥安全性好。

工业化脂肪酶主要来源于动物及微生物，其中来源于微生物的脂肪酶的种类最多，生产方便且活性高，是生物柴油酶催化酯交换法应用最多的一种脂肪酶。微生物脂肪酶分为细菌类脂肪酶与真菌类脂肪酶两种类型。为了提高酶催化效率，降低成本，提高酶的使用率，生物柴油酶催化酯交换反应，通常在少量水及有机相反应体系中进行。

生物酶法制备生物柴油目前还只是处于技术研究与中试阶段，限制其工业规模化生产的主要问题是脂肪酶的成本问题：①目前固定化酶存在用量大，酶促反应时间长和固定化酶使用寿命短等问题；②固定化细胞存在着催化活性低和使用寿命短的问题，难以达到大规模生产生物柴油的要求[56]。

除常用的酯交换法之外，还有以下几种方法也是在制备生物柴油中较成熟的方法。

3. 超临界法

超临界酯交换工艺，主要指超临界甲醇(Supercriticalmethanol，SCMeOH)工艺，即在甲醇的超临界状态下无需催化剂进行酯交换反应制备生物柴油的一种方法。超临界甲醇可以溶解油脂，使反应在均相下进行，速度超常；同时超临界甲醇法对原料要求不高，具有无需催化剂、收率高、后处理简单等优点。因此，该方法引起各国学者的高度重视。超临界方法不使用任何催化剂，不存在分离反应产物与催化剂的问题，使得后续处理相当简单。正因如此，超临界酯交换法日益受到研究者的关注。超临界甲醇的溶解性相当高，因此油脂与甲醇能够很好地互溶，使得该反应成为均相反应。

尽管超临界酯交换工艺优点突出，但苛刻的操作条件(10～50MPa，350～500℃)成为制约其工业化发展的瓶颈。因此，改善超临界酯交换工艺的操作条件成为关键。目前，主要从两方面进行研究：一是选择合适的共溶剂，研究混合体系的临界特性及变化规律，降低操作条件；二是开发与传统催化工艺相结合的技术，以催化剂强化超临界反应过程，进而改善操作条件[47,57]。

Saka 和 Kusdiana[57]将菜籽油和甲醇以摩尔比 1:42 投入 5mL 的反应容器中混合，并将反应容器迅速放入已预热至 350℃的锡浴中，通过监控反应温度和压力，以保证菜籽油和甲醇在超临界环境中进行反应，保持一段时间后，将反应容器置于冷水浴中，以停止反应并迅速冷却反应产物。之后，取出反应产物且静置 30min。待反应产物分为 3 层后，除去最上层过量的甲醇，并将剩下的上下层分别在 90℃下进行蒸馏，除去残留的甲醇。结果发现反应 240s，菜籽油几乎完全转化，转化率远高于传统的酸碱催化法。

此外，Demithas[58]使用高压反应釜制备生物柴油。高压反应釜为圆柱形，采用 316 不锈钢制成，容积为 100mL，并且可以承受 100MPa 的高压和 850K 的高温，其内的压力和温度可实时监控。将一定配比的油料和甲醇从高压釜的注射孔中注入，反应过程中用螺栓将孔封紧。高压釜由外部热源供热，先预 15min。在加热过程中反应开始进行，并用铁-康铜温差电偶将反应釜内的温度控制在指定温度±5K，此加热过程进行 30min。反应结束后，将存在于高压釜内的气体排出，再将液体产物从高压釜倒入收集器内，并用甲醇将高压釜内的残余物质洗出。

4. 高温热裂解法

高温热裂解法过程简单，没有任何污染物产生，缺点是在高温下进行，需要催化剂裂解设备昂贵，反应程度很难控制，且当裂解混合物中硫、水、沉淀物及铜片腐蚀值在规定范围内时，其灰分、碳渣和浊点就超出了规定值。另外，高温热裂解法的产品中生物柴油含量不高，大部分是生物汽油。

### 3.2.4 生物柴油生产工艺

生物柴油的制备工艺一般分为 3 个阶段，流程如图 3-13 所示。

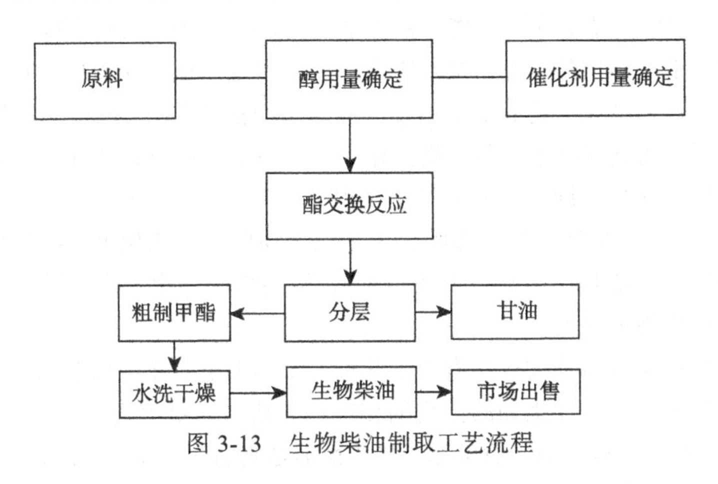


图 3-13　生物柴油制取工艺流程

第 1 阶段为物料的预处理阶段，也属于反应的准备阶段，主要对物料性质进行测试，去除相关杂质，然后确定醇、催化剂用量及其他反应条件；

第 2 阶段为反应阶段，也是工艺的主要阶段，需要对温度进行控制，随时监控反应进程；

第 3 阶段为精制包装阶段，该阶段实质上是分离提纯阶段，通过物理分层、蒸馏、水洗、干燥等工序精制获得成品的生物柴油，并可实现醇的回用和副产品的开发利用。

生物柴油生产工艺按生产的连续性可分为间歇式生产和连续式生产。

(1) 间歇式生产生物柴油，通常为实验室及小规模生产采用。这种方法工艺过程简单，设备通用性强，设备投资费用少，生物柴油的各种制备方法大多都可用间歇法生产。年生产规模在 1 万 t 以下的多采用间歇式，而且多为酸碱催化酯交换反应。间歇式酯交换法生产生物柴油的工艺包括原料处理、反应、分离精制和回收几部分。原料预处理一般需经过脱胶、除杂和除水，碱催化时还要控制酸值(酸值在 10 以下)。其中化学酯交换反应常在反应釜内进行，工艺条件：①酸催化为醇油物质的量之比 10:1～50:1，催化剂用量为油质量的 5%～7%，反应时间 3～10h，反应温度在 65～100℃，压力一般为常压下[61-63]；②碱催化为醇油物质的量之比 6:1，催化剂用量为油质量的 1%，反应时间 1～2h，反应温度 60～70℃，一般为常压[64,65]。③超临界、亚临界甲醇法为醇油物质的量之比 15:1～50:1，或者用固体催化剂(占油质量 1%～10%)，反应时间 4min～1h，反应温度 130～400℃，压力 1～25MPa。酶催化酯交换反应一般在酶生物催化反应器内进行，工艺条件为：醇油物质的量之比1:1～5:1，催化剂固定化脂肪酶用量应为油脂质量的4%～10%，反应时间4～18h，反应温度(30±15)℃，常压、酯交换反应结束后，一般先蒸出未反应的甲醇，之后通过重力沉降静止分层得粗生物柴油和粗甘油，再通过分离精制得到产品生物柴油和副产物甘油。粗生物柴油在蒸馏塔中减压精馏(如0.098MPa的真空度下馏出温度不超过240℃)，根据不同的工艺，粗生物柴油在精制之前还可能需要进行中和、水洗等步骤。粗甘油的精制工艺有真空蒸馏法和离子交换法[6]。未反应的甲醇蒸馏提纯后，回收利用。间歇式由于采用分批操作，产品质量不稳定，能耗大，生产操作费用高，存在安全和环保问题，不能产生规模效益。

(2) 连续化生产生物柴油，连续化工艺是生物柴油工业化生产的趋势，采用连续化生产可以减少能耗，消除“工业三废”，提高生产效率，降低操作费用，稳定产品质量，产生规模效益。

连续法生产生物柴油的方法有以下几种：①热裂解；②均相催化酯交换；③非均相固体催化酯交换；④生物酶催化酯交换；⑤超临界甲醇法。

(a) 热裂解法通过高温裂解油脂，其产物不是脂肪酸甲酯，也没有副产物甘油，通过加氢裂解还可提高裂解产物的品质。芬兰Neste公司开发出来的加氢热裂解工艺，可利用现有炼油厂的设备技术条件，便于炼油厂采用。裂解法对原料要求不高，但能耗高，工艺复杂，技术条件要求高。

(b) 均相催化酯交换法的连续生产工艺，通过多釜串联、连续酯交换结合离心机分离、反应分离过程耦合或者水力空化酯交换反应器等工程技术手段的革新和改进来实现制备生物柴油的连续化，虽提高了连续性，一定程度上缩短了反应时间，但增加了能耗和工艺的复杂程度。

(c) 非均相固体催化剂催化酯交换连续法生产生物柴油，虽减少了产物后处理工序的复杂程度，但反应时间长，单独使用较少。

(d) 生物酶法反应条件温和，产物易于处理，但反应时间长、固定化酶的价格高和寿命短是其工业化的障碍。

(e) 超临界甲醇法有许多优点，可用管式反应器进行连续化操作，但反应在高温高压条件下进行，对设备的要求苛刻，能耗也高，目前还未实现工业化。油脂与甲醇的酯交换反应的活化能很低，属于易进行的反应，其反应速率应该很快，但由于油脂与甲醇只是部分互溶，传质阻力大导致反应速度慢，工业生产中就相应地使生产时间延长，能耗增加，不利于连续快速生产和降低生产成本。BIOX公司的工艺[69]采用加入能使醇油互溶的共溶剂，可以在温和的条件下大大加快反应速度，其连续化生产采用柱塞流管式反应器(PFR)，在接近甲醇沸点的温度下碱催化几分钟便可完成，对高酸值油脂原料，才用先酸催化后碱催化的处理方法，可对游离脂肪酸含量达 30%的动植物油脂进行加工生产[60]。

### 3.2.5 生物柴油发展历程

1. 生物柴油产业发展历程

我国生物柴油产业起步于 2001 年，且率先在民营企业实现。油价飙升促进了生物柴油的迅速发展。从 2006 年开始，生物柴油在上海、福建、江苏、安徽、重庆、新疆、贵州等地陡然升温，我国生物柴油正式进入产业化生产的快车道，迎来了投资高潮。不同于以前带有试验性质的、年产 1 万 t 的小规模投入，各地开始呈现较大规模投入趋势。其中，仅山东省的临沂、济宁、东营就有 3 个以民资投入为主的年产 10 万 t 规模的生物柴油项目。同时，我国石油业巨头为代表的大型国企也开始涉足生物柴油领域，以取得有战略价值的资源基地为首选，将资金投入油料林基地建设，与地方政府及农户合作种植油料林项目总量超过 1000 万亩。四川、贵州、云南等地分布着大量野生麻疯树资源，并具有发展几十万公顷麻疯树原料林基地的潜力。中石化、中石油在这些地区各自建立研发基地，大力研究生物柴油，规划设计了大规模的生物柴油项目及建立配套原料林基地；中海油也在积极运作，逐步加强与各方联系和合作。中粮油也开始进入生物能源行业，成立了生化能源事业部，推动生物柴油产业的快速发展。2009 年 8 月，由中国江南航天集团投资的以麻风树等为原料生产清洁能源的万吨级生物柴油项目在贵州省正式投产。此外，外资公司也积极介入我国生物柴油产业。

2. 生物柴油企业现状

至今为止，全国生物柴油生产厂家超过 200 家，设计总生产能力已经超过 350t/a，以小企业居多。据中国科学院广州能源研究所生物柴油课题组的不完全统计，现有产能超过 10 万 t/a 的生物柴油企业有 16 家，最大规模为 30 万 t/a。山东省为生物柴油生产企业数量最多的省份，超过 18 家，其设计总生产能力高达 81 吨/年，居全国首位，其次为江苏、河北、广东等省份。除了现有产能外，我国还有多项大规模的生物柴油项目正在建设中，累计约 180 万 t/a。

从产能来看，我国生物柴油行业已经形成了一定规模。但是，受我国原料主要为地沟油等所限，我国现有企业生产的生物柴油很难达到 BD100 标准的要求。此外，由于原料短缺、价格高涨以及部分小企业技术水平低等原因，最近三年我国生物柴油年产量均维持在 30～60 万 t，处在产业化发展的艰难时期。目前，很多企业处于部分停产或完全停产状态，行业发展陷入了困境。虽然出台了免消费税，以及 B5 标准的相关激励政策，很多生产企业能够有微利或改变亏损状态，然而短时间内生物柴油产业仍受到原料来源的严重制约。

目前全国仅 28 家公司保持营业生产生物柴油，总生产能力为 153.2t，全部为民营企业。除少数两家企业原料采用油脚或进口棕榈油外，其他所有企业原料均采用地沟油、潲水油等废弃油脂，技术来源大多为自主研发。我国保持营业生产的生物柴油厂家分布情况如图 3-14 所示。生物柴油发展较好的重点省份依次为福建、山东、河北、河南、广东、江苏等，这些省份 2011 年度实际产量占全国总产量的 71%，总生产能力占全国总生产能力的 85%以上。

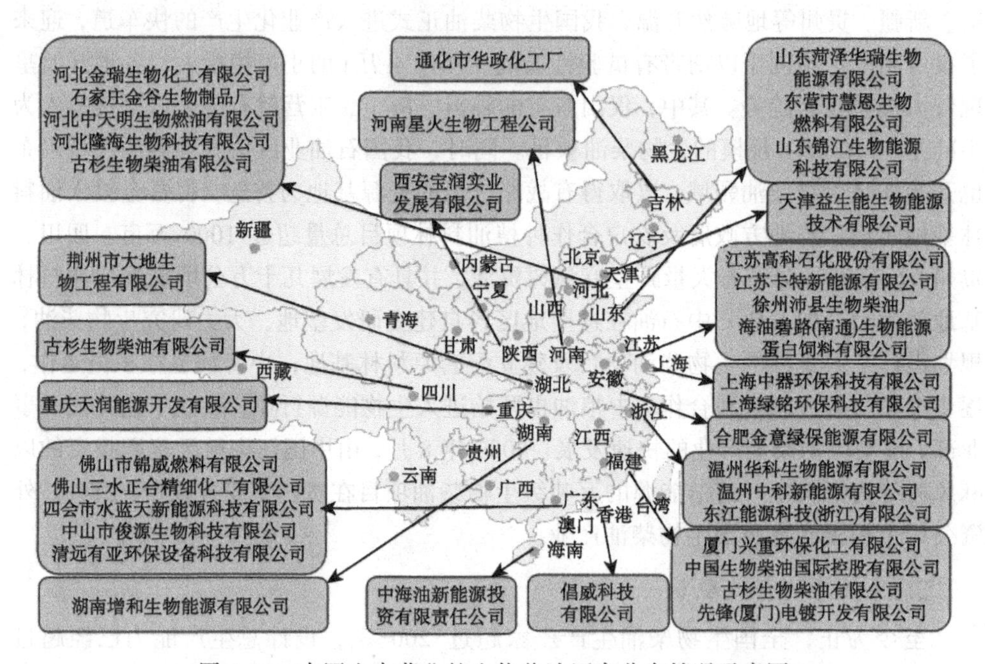


图 3-14　中国生产营业的生物柴油厂家分布情况示意图

3. 生物柴油相关标准

2007 年 5 月，我国发布了生物柴油产业首部产品标准《柴油机燃料调合用生物柴油(BD100)》国家标准(GB/T 20828—2007)。2009 年 4 月，《生物柴油调和燃料(B5)》标准通过审查，B5 标准 GB/T 25199—2010 于 2011 年 2 月 1 日正式实施，规范了调和燃料油技术标准。2%～5%(体积分数)生物柴油可与 95%～98%(体积分数)石油柴油调和，经过这种标准调和的生物柴油可进入成品油零售网络销售，这意味着被认为是石化能源最好替代品的生物柴油可名正言顺地进入成品油零售网络。

4. 生物柴油产业链情况

生物柴油产业是一个系统工程，包含原料供应、设备提供、生产加工、流通、终端应用等完整的产业链，涵盖了从农业、化工、设备制造、能源、环境等领域。

(1) 原料。原料成本占生产总成本的 75%左右，对生物柴油的价格起决定性作用。我国生物柴油行业的主要原材料供应商为地沟油及餐饮废油回收企业、油脂厂、油品经销商等。目前，伴随着原料不足、供给不稳定以及市场渠道不完善等诸多原因，我国生物柴油产业链濒临脱节，产能严重过剩。从长期看，我国以麻风树、黄连木等木本油料植物果实作为生物柴油主要原料具有较大发展空间。如充分利用，每年生产的果实可满足 500 万 t/a 生物柴油装置的原料需求。遗憾的是，前几年由于四川等地种植的麻风树能源林所需投入资金巨大、基地建设的造林费用没能及时到位、缺乏下游产业的带动、持续三年大旱等综合原因，几十万亩麻风树缺乏后续看护管理，目前收果率低于 10%。目前，全国并没有形成“南方麻风树、北方黄连木”的局面。因此，有待进一步提高并稳定树种的产油率，完善能源林的管理。

(2) 设备。设备供应商既包括德国 Westfalia 食品技术公司、意大利梅洛尼集团、美国鲁齐公司、奥地利 Energea 生物柴油技术公司等国际知名技术设备供应商，国内少数生物柴油设备公司，如清远有亚环保设备科技有限公司、无锡华宏生物燃料有限公司、恒顺达生物能源集团公司、无锡市正洪生物柴油设备科技有限公司，也包括国内一些专业油脂设备生产商，例如，河南修武永乐粮机集团、武汉理科鑫谷科技有限公司、无锡市瑞之源生物燃料设备制造有限公司、上海中器环保科技有限公司等。一般而言，进口设备质量较好，但价格昂贵，对原料要求也比较苛刻，适用生产规模较大的企业；而国产设备质量相对逊色，但价格低，对原料的适应性也强，适合于中小型企业。

(3) 产品。从已知产品销售方式的生产营业公司数据统计发现，我国生物柴油产品的类型及销售比例分别如下(副产品较为单一，几乎均为粗甘油及植物沥青)：

作为车辆动力用油：占总产品的 54%，其中，90%销售给加油站。目前销售价格为 7500～8000 元/t，远低于国内柴油均价 8670 元/t (2012 年 3 月)。目标客户为石化、石油公司，民营加油站，各种运输车队，船队和公交公司。

作为普通燃料用油：占总产品的 12%。主要销售价格范围为 7000～7800 元/t，少量低于 7000 元/t。目标客户为各种船舶，工业锅炉，餐饮锅炉。

作为脂肪酸甲酯：目标客户为大型化工企业，主要作为增塑剂使用，其次还有表面活性剂等；这部分产品占总产品的 34%。销售价格为 8000～8200 元/t。

#### 5. 生物柴油发展障碍

(1) 原料有限，价格上涨，盈利空间不足。

国情决定了我国不能像欧盟和北美国家一样直接采用食用植物油作生物柴油的原料。我国现有生物柴油企业的主要原材料均取自植物油下脚料或城市地沟油、泔水油，但下脚料资源总量有限，远不能满足生物柴油产业快速发展对原料的需要。原料价格的不断攀升，较大程度地影响了生物柴油企业的盈利能力。以地沟油为例，其价格从2006年的800元/t上涨到目前的5500元/t，而且供不应求。有些企业采用棉籽油或棕榈油等作原料，2005～2006年初尚有利可图，2007起则已无利可图，被迫停产。在沉重的成本压力下，企业难以为继。

(2) 设备落后，产品品质不达标。

为了适应成分复杂的原料，我国生物柴油技术形成了原料适应性较强的工艺路线。目前，形成了以废弃油脂和野生树木种子为原料，以常规酸碱和改性酸碱、固体分子筛为催化剂的实用工业技术，以及以脂酶为催化剂和超临界无催化剂的技术储备体系。总体而言，我国生物柴油主体生产技术相对成熟，但生产设备比较落后，生物柴油厂的生产设计和运行没有技术规范，存在安全隐患。由于原料和设备技术问题，多数达不到标准的要求。生物柴油市场混乱，以次充好、以假乱真的现象非常多，对产业发展造成不良影响。

(3) 销售渠道匮乏。

销售渠道匮乏表现为民营企业的生物柴油无法进入国有加油站。我国生物柴油生产、调配后，尽管符合国家相关标准，却无法进入市面上的加油站进行销售，使得生物柴油市场不畅通。政策问题主要表现为在成品油价格管制的前提下，我国仍缺乏对生物柴油生产和使用的扶持政策。在成品油市场管理方面，生物柴油进入主流市场还缺乏完善的国家商务主管部门市场管理办法，无相应的生物柴油市场准入条件，没有建立配套的规模化调配站，绝大多数省份的民营企业的生物柴油暂时无法顺利进入中石油、中石化的销售网络中，使得大部分生物柴油只能以土炼油的价格出售，由此导致每吨生物柴油售价比普通柴油低600元左右。

(4)生物柴油产业扶持政策还不完善。

我国相关领域缺乏用投资补贴的市场经济杠杆手段调节的政策性法规，生物柴油的收购价格及定价机制并没有国家相关部门的正式指导；没有形成原料储存标准、生物柴油加工设备的规范、生产过程的技术评价标准等一系列完备标准体系，从而导致企业进入生物柴油行业的技术门槛过低，在遇到原料价格瓶颈时运营困难的局面。另外，相关政策之间也存在着协调性差，政策难以落实等问题，还没有形成支持生物柴油产业持续发展的长效机制。

#### 6. 生物柴油发展建议

(1) 加强生物柴油原料供应体系建设。

深入认识国情，理性分析自然和资源条件，从以下几个方面着手保障我国未来油脂资源供应：①充分利用现有废油脂；②利用转基因等生物技术改良传统油料作物，提高作物产量和出油率；③合理利用冬闲田，发展油菜等草本油料作物；④加强边际土地与油脂植物资源的调查等基础平台性研究；⑤发展木本油料植物，建立油料林；⑥积极发展微生物油脂和微藻等前沿生物柴油原料。

(2) 加大研发，加大科研投入，延伸产业链，完善支撑产业。

生物柴油的制备技术虽然基本成熟，但应用性较差，今后加大研发，重点提高生物柴油经济可行性，降低动植物油的黏度及提升其可燃性，改善生物柴油对发动机润滑油的破坏腐蚀作用。此外，建立原料收集系统，提高原料收集利用率；加大对附加值高的下游化工产品的研发，提高行业的盈利能力和竞争性，吸引更多企业进入。

(3) 尽快制定落实有关废弃油脂回收处理的法规。

如果全面建立废油收集体系，估计可满足年产 100 万 t 生物柴油的原料需求。为规范废弃食用油脂进入食用油系统冲击食品安全，各地分别出台了相应的法规，如《上海市废弃食用油脂污染防治管理办法》《北京市餐厨垃圾收集运输处理管理办法》，其他中小城市也参照这些规定正在制定相应的法规。但这些规定比较笼统，缺乏可操作性。规定颁布以后取得一些实效，但废弃油脂冲击食用油安全的状况并没有从根本上得到改善，往往随着打击力度大小而时好时坏。在这方面，可学习欧洲和香港的一些先进管理经验。

(4) 由国家协调生物柴油产业与中石油及中石化的关系。

生物柴油要进入市场，必须通过加油站系统，而目前的加油站系统 90%以上属于中石油和中石化两大集团。目前，由于种种原因屡屡出现中石化、中石油拒绝销售而导致生物柴油滞销的情况。鉴于 B5 标准，建议各省建立加油站试点，在两大石油加油站销售 B5 生物柴油，并由国家指导生物柴油的定价机制，制定相应的调配工艺及储存设备。目前，我国生物柴油企业多采用直接销售的方式，或大多低价销售给加油站，没有真正进入中石油、中石化两大集团销售网络。随着生物柴油产量的增加，相关部门应制定政策，对生物柴油的市场推广予以支持。

(5) 实行政府引导、规划、支持和市场机制结合的发展方针。

我国生物柴油的产业发展首先在民营企业发起，发展初期没有政府的引导、规划，各种投资者(个体、民营、国企、外资等)一哄而上形成了抢原料、抢市场的局面，最后大部分因原料问题停业亏损。因此，要实行政府规划引导和市场相结合的方针使我国生物柴油产业有条不紊地发展壮大。

#### 7. 生物柴油发展趋势

原料短缺和面临亏损的局面近期难以扭转。生物柴油产业目前的重心在于开拓原料。根据原料发展的不同，我国生物柴油产业可分成三个阶段发展：近期阶段，主要以废弃油脂为主，民营以及外资企业居多，生产规模小、数目多，经营风险相应较大；中期阶段，大规模种植木本油料作物为原料，实行生产企业和原料种植者结合的模式，规模为年产 10 万吨以上的大型工厂，以国有企业为主；远期阶段，在沿海和内地水域大规模种植产油藻类，规模为年产 50 万吨乃至百万吨以上的大型和特大型工厂。

## 3.3 生物油制备

生物质热裂解是指生物质在没有氧或缺氧条件下加热，产物经快速冷却，使中间液态产物分子在进一步断裂生成气体之前冷凝，从而得到高产量的生物质液体油。生物质热解的最终产物包括生物油、木炭和可燃气体。三种产物的比例取决于热裂解工艺和反应条件。目前，以生物油为主要产物的热裂解技术已经成熟，并进入了示范及商业化阶段。其中，生物质热解油是极具竞争力的一种产品。所谓生物质热解油(bio-oil 或 bio-fuel-oil)是一种以废弃生物质为原料，经特殊的快速热化学液化工艺转化、分离、冷凝所获得的新型、绿色可再生的生物质液体燃料，也称为生物油或生物燃油，主要是通过生物质的快速热裂解液化制取的。实验研究结果说明，生物油可在一定程度上代替石油，直接作为各种工业燃油锅炉、透平发电机的燃料。普通柴油发动机也可以经简单改装后直接使用生物油燃料，只是输出功率要下降 50%。也可将生物燃油与一定比例的石化柴油混合，通过特殊的乳化技术制成乳化型生物柴油，直接用作普通发动机燃料。除此之外，生物油还是用途广泛的化工原料和精细日化原料，可用来生产胶黏剂、食品添加剂、长效化肥和化妆品等[70-73]。

### 3.3.1 生物油特征

1) 含水率

生物油的含水率最大可以达到 30wt%～45wt%，油品中的水分主要来自于物料所携带的表面水和热裂解过程中的脱水反应。水分有利于降低油的黏度，提高油的稳定性，但也降低了油的热值。

2) pH 值

生物油的 pH 值较低，主要是因为生物质中携带的有机酸如蚁酸、醋酸进入油品，因此油的收集储存装置最好是抗酸腐蚀的材料，比如不锈钢或聚烯烃类化合物。由于中性的环境有利于多酚成分的聚合，所以酸性环境对于油的稳定是有益的。

3) 密度

生物油的密度比水的密度大，大约为 $1.2\times10^3$kg/$m^3$。

4) 高位热值

25%含水率的生物油具有 17MJ/kg 的热值，相当于 40%同等质量的汽油或柴油的热值。这意味着 2.5kg 的生物油与 1kg 化石燃油能量相当，由于生物油密度高，1.5L 的生物油与 1L 化石燃油能量相当。

5) 黏度

生物油的黏度可在很大的范围内变化。室温下，最低为 10mPa·s，若是长期存放于不好的条件下，可以达到 10000mPa·s。水分、热裂解反应操作条件、物料情况和油品储存的环境及时间对其有着极大的影响。

6) 固体杂质

为了保证高加热速率，热裂解液化的物料粒径一般很小，因而热裂解生成的生物质炭的粒径也很小，旋风分离器不可能将所有的炭分离下来，因此，可采用过滤热蒸汽产物或液态产物的方法更好地分离固体杂质。

7) 稳定性

普遍认为生物油的稳定性取决于裂解过程中的物理化学变化和液体内部的化学反应。这些过程导致大分子形成，尤其在燃料的使用时是不希望发生的。生物油中分子的形成复杂且难以量化。反应的全过程近似为物理变化。考虑到聚合物与平均分子量相关，黏度就成为最明显的物性参数而且黏度也是燃料使用的重要标志，它直接影响生物油的流动和雾化。普遍认为，将生物油暴露在空气中是有害的，应将其存放在密封容器内。

8) 生物油品质

目前还没有一个明确的生物油质量评定标准。常规燃料有其品质判定的标准，有必要也建立一个针对不同用途的生物油品质评定标准。

9) 生物油的运输需求

随着生物油需求量的增加，Cordner Peacocke(CARE Ltd，UK)认为安全环保的运输成为至关重要的问题。由于生物油未被列于联合国认可的运输范围内，运输过程中的生物油如何分类尚无定论。由于潜在的危险性，中型容器不适于运输，油轮等大型运输应在沿途张贴布告。为了推广生物油的使用，必须制定相应的法律法规。

### 3.3.2　生物质热解方法

生物质热解的三种产物的相对比例在很大程度上取决于热解方法和反应条件。通常，根据反应温度和加热速率的不同，可将生物质热解工艺分成低温低速、中温闪速和高温高速热解。低温低速热解是生物质在极低的升温速率，热解温度约 500℃以下，反应时间 15min 到几天，主要用来生成木炭，这个过程也称为生物质的炭化，炭产量最大可达 30%，约占总能量的 50%。中温闪速热解是生物质在常压、超高的升温速率(1000℃/s 左右)、超短的气体停留时间(ls 以内)、适中的热解温度(500～650℃)下瞬间热解，然后快速冷却成液体，最大限度地获得液体产品。在国外，生物质快速热解技术已趋于成熟，最高的液体产率达 70%～80%。温度高于 700℃，气相停留时间小于 0.55 的高温高速热解，主要产物为气体，气体产物获得率达

80%[74,75]。

表 3-9　生物质热解的主要工艺类型

| 工艺类型 | 气相停留时间 | 升温速率 | 最高温度/℃ | 主要产物 |
|---|---|---|---|---|
| 慢速热解 | | | | |
| 干馏 | 数小时～数天 | 非常低 | 400 | 焦炭 |
| 常规 | 5～30min | 低 | 600 | 气、油、炭 |
| 快速热解 | | | | |
| 快速 | 0.5～5s | 较高 | 650 | 生物油 |
| 闪速 | <1s | 高 | <650 | 生物油 |

1. 快速热解

快速热解是在缺氧或无氧条件下使生物质快速加热到中间温度(400～600℃)，利用热能将生物质大分子中的化学键切断，从而得到低分子量的物质，并将所产生的蒸气快速冷却为生物油，它可将所有生物质成分，包括木质素，转化为液体产品。

快速热解可使质量和能量的约 70% 转化成液体产品。生物油即热解油，包含许多与水互溶的含氧有机化学品和与油互溶的组分。与慢速热解相比，快速热解的整个传热反应过程发生在极短的时间内，强烈的热效应直接产生热解产物，再迅速淬冷，通常在 0.5s 内急冷至 350℃以下，最大限度地增加了液态产物。

与传统的热解工艺相比，快速热解能以连续的工艺和工厂化的生产方式处理低品位木材或农林废弃物(如锯末、稻壳、树枝以及其他有机废弃物)，将其转化为高附加值的生物油，比传统处理技术获得更大效益，因此物质快速热解液化技术得到了国内外的广泛关注。

2. 慢速热解

传统的慢速热解又称干馏工艺、传统热解，该工艺具有几千年的历史，是一种以生成木炭为目的的炭化过程。低温干馏的加热温度为 500～580℃，中温干馏温度为 660～750℃，高温干馏的温度为 900～1100℃。干馏工艺是将木材放在窑内，在隔绝空气的情况下加热，可以得到原料质量 30%～35%的木炭产量。传统的生物质慢速热解，是一种以得到固体产物为目标的生物质利用方法，一般得到的液体产物产率较低。

热解的速率对生物油的组成有着很大的影响，高加热速率有利于产生更多的液相产物；低加热速率有利于气、固相产物的生成。

总体来说，慢速热解是一种以生成焦炭为主要目的的热解过程，在慢速热解条件下焦炭产率可达 30%～35%。有研究者以固体废弃物作为原料进行了慢速热解，

CO 和 $CO_2$ 的含量占到了 2/3 以上，在热解终温>500℃时，氢气和甲烷含量开始逐渐增加。在 Wiliams 等[75]的松木慢速热解实验研究中，发现在低温区木质生物质的主要热解产物是水、二氧化碳和一氧化碳，在高温区则是油、水、氢气以及气相碳氢物。

近几年来，科研工作者对慢速热解又有了新的应用。张巍巍等[76]将慢速热解方法作为生物质气化的前处理工艺，通过慢速热解方法解决生物质在气流床气化过程中能量密度低、物料运送难度大及焦油含量高等问题，提高气化合成气的热值。

3. 真空热解

真空热解液化技术是指在一定的真空度下将生物质迅速加热到 500～600℃，将热解蒸汽迅速凝结成液体，尽可能地减少二次裂解，从而得到以液体产物为主的技术。液态产物生物油可直接作为燃料使用，也可通过精制提炼后作为化石燃料的替代品，或进一步处理后作为重要的化工原料。生物质经真空热解液化技术后可得到部分固体焦和少量气体燃料。

真空热解液化技术的特点是：体系内压力低，热解蒸汽停留时间短。生物质的热解是一个固相转变成气相、体积增大的过程，真空条件有利于热解反应的进行。真空热解过程中体系压力的降低相应地降低了热解产物的沸点，因而有利于热解产物分子的蒸发，同时缩短了热解产物在反应区的停留时间，可以降低二次裂解生成气体的概率，有利于液体产物的生成。

采用真空热解技术的目的在于通过真空来达到在较低温度下使生物质中的聚合有机物快速热解为需要的挥发性组分的目的，进而将其冷凝为具高热值的热解燃料油。

4. 闪速热解

生物质闪速热解技术又称生物质闪速热解制取生物油技术，主要产品是液体生物油，为棕黑色黏性液体，有较强的酸性，组成复杂，以碳、氢、氧元素为主，成分多达几百种。从组成上看，生物油是水、含氧有机化合物等组成的一种不稳定混合物，包括有机酸、醇、醛、酯、芳烃、酚类等。其副产物有气体和固体炭，气体可作为燃料气，固体炭则可作为固体燃料使用或加工成活性炭，用于化工和冶炼。生物质有自身的缺点，质量密度和能量密度都较小，体积较大不易运输，通过闪速热解将其转化为液体生物油，可增加其容积热量，减少运输费用，并有利于它们在燃油锅炉等现有的装置中应用，在经过去氧加氢等改性处理后生物油可用于替代常规的动力用油，或进一步提炼出重要的化工原料。

5. 超临界热解

超临界水(SCW)是一种温度、压力均高于其临界温度和临界压力(临界温度 $T_c$ 为 374.3℃，临界压力 $P_c$ 为 22 MPa)的可压缩性高密度流体，具有良好的溶解特性和传质特性。在超临界状态下，水的性质更近似于非极性有机溶剂，可与大多数有机物和气体互溶，形成均相反应环境。

生物质的主成分为纤维素、半纤维素和木质素，纤维素、半纤维素是糖类高聚物，木质素是酚类高聚物，其在亚临界、超临界水中主要发生水解反应和热解反应，生物质通过水解反应主要形成液相产物(主要为大分子物质)并且释放出小分子气体，而水解产物(大分子物质)可进一步经过热解反应形成油和一些小分子气体。低温时(亚临界区)水解反应为主反应，热解反应缓慢，因而油品中的沥青质(大分子物质)收率高，轻油收率低。随着反应温度的升高(亚临界区)，水解反应进一步增强，气体收率增加，同时热解反应加剧导致沥青质收率下降而轻油收率增加，两者共同作用的结果是亚临界区内气体收率和油收率随反应温度的升高而增加。当温度继续升高至超临界温度区时，随着反应温度的升高，热解反应急剧增强成为过程中的主反应，沥青质收率继续下降，轻油收率继续增加，体系中油品收率随温度升高而增加，在 380～400℃时油收率达到最大，而热解形成的一些小分子产物则以气体形式($CO_2$、CO、$H_2$、$CH_4$ 和一些小分子烃类)脱出，导致气体收率不断增加。当温度高于 380℃时，水解反应速率明显大于近超临界和超临界温度下的反应速率，热解反应也十分剧烈，可在相对较短的时间内完成生物质的热解，剩余时间内热解产物中的大分子物质(沥青质)和轻油发生分解，导致沥青质收率继续下降而轻油收率也开始下降，油收率随温度的升高而下降，气体收率则继续上升。沥青质经热解能产生气体，以 320℃产生的沥青质为实验原料，在 450℃反应得到气油和渣。有关超临界水对生物质热解气化的研究不是很多，原因是超临界热解的成本颇高，反应条件苛刻，极难实现工业化生产。

6. 生物质热解新工艺

为提高生物质的热转化率和生物油的产率，研究人员近年来开发了混合热解、催化热解、微波热解和等离子体热解等新的热解工艺[78]。

1) 混合热解

混合热解主要指生物质与煤进行共热解液化，生物质中的氢传递给煤进行的液化反应，从而很大程度上影响生物油的产率和性质。在固定床反应器上对生物质与煤共热解的实验结果表明：将 20%生物质与和 80%褐煤的参混共热解，半焦的产率为生物质单独时热解产率的 2.1 倍，焦油产率相应降低；共热解过程中产生气体的热值增加，且高于生物质单独进行热解时热解气的热值。但在煤液化工艺中，使用的氢气价格较昂贵以及操作压力较高，使得煤加氢液化燃油在价格上与原油竞争难有优势。为了提高煤的转化效率，降低生产成本，提高产品的质量，近年来将煤与含有氢源的木质纤维类生物质共液化逐渐引起广大研究者的兴趣[81]。

2) 催化热解

催化剂会降低生物质热解过程的活化能，改变生物质分子热解时的断裂部位，使生物质快速热解过程中能形成高温蒸气。选择合理的催化剂一定程度上可以在生物质热解过程中降低焦炭的产率，从而增加了生物油的产率[82]。例如，松木木屑在480℃热解时，添加无机催化剂可以明显减少气体的产物。沸石分子筛催化剂应用较广，但易结焦。近几年研究人员已经开发出 H-ZSM-5、Reusy 等可以降低结焦率的催化剂。生物质热解中生成的焦油是生成的燃气质量的一个重要影响因素。生物质的催化热解中，催化剂的加入，可以有效裂解并去除燃气中的焦油，提高燃气的产率且改善燃气质量[79,80]。

3) 微波热解

微波热解是指利用微波使生物质中的大分子发生裂解、异构化以及小分子聚合等反应生产生物油的过程。在微波加热过程中，二次裂解反应会比常规热解少，有利于生物油产率的增加。将木屑进行微波热裂解时，单模谐振腔与多模谐振腔相比，更有助于木屑热解生成生物油。在微波热解玉米秸秆和山杨木过程中，使用催化剂乙酸钾作为热点吸收微波，不仅可以加速热解反应，还可以提高生物油的产率[83]。

与传统加热方式相比，微波加热的特点与优势：①穿透性。微波可以直接穿透进入物料内部，使物料内外均衡加热，从而很大程度上缩短了加热的时间。②微波对各种不同的物料吸收程度是不一样的。一般说来，物料极性越强的分子，更容易吸收微波。例如，水是分子极性极强的物质，所以非常容易吸收微波。同样物料中水的含量越大，其对微波吸收的能力就越强。③反应快，易于控制。微波加热的时间滞后量极短，加热与升温几乎是同步的[84]。

4) 等离子体热解

等离子体加热具有温度调节容易、射流速率可调的优点，适合深入研究生物质快速热解液化的工艺参数。当等离子体的出口温度为 400～430℃时，玉米秸秆热解液的生物油产率可达到 50%。李志合等以等离子体为主加热热源、热电阻丝保温的新型流化床反应器对玉米秸秆进行热解，发现生物油的产率随温度升高先增大而后减小，在 477℃左右液体产率最高[85]。

### 3.3.3　生物质快速热裂解液化机理与工艺流程

1. 生物质快速热裂解液化机理

1) 生物质热解基本原理

生物质主要成分是纤维素、半纤维素与木质素，这三种成分的热解速率、机理与途径各不相同。纤维素和半纤维素热解后主要产生挥发分，木质素主要产生焦炭。纤维素由若干个 D-吡喃式葡萄糖单元通过以 β-苷键形成的氧桥键 C—O—C 组成。

氧桥键较 C—C 键弱，受热易断开而使纤维素大分子断裂为挥发性小分子。半纤维素由两个或两个以上单糖(丁糖、戊糖、己糖等)通过氧桥键 C—O—C 聚合组成，稳定性较纤维素差，在 225～325℃下氧桥键断裂，裂解为挥发分。木质素具有最好的热稳定性，它由苯基丙烷通过 C—C 键与氧桥键 C—O—C 结合形成，在 250～500℃下，连接单体的氧桥键与单体苯环上的侧链键断裂，形成苯环自由基，同时其他小分子与自由基极易发生缩合反应，生成更稳定的大分子，进而转变为焦炭。

首先，热量被传递到颗粒表面，并由表面传到颗粒的内部。热裂解过程由外至内逐层进行，生物质颗粒被加热的成分迅速分解成木炭和挥发分。其中。挥发分由可冷凝气体和不可冷凝气体组成，可冷凝气体经过快速冷凝得到生物油。一次裂解反应生成了生物质炭、一次生物油和不可冷凝气体。在多孔生物质颗粒内部的挥发分还将进一步裂解，形成不可冷凝气体和热稳定的二次生物油。同时，当挥发分气体离开生物颗粒时，还将穿越周围的气相组分，在这里进一步裂化分解，称为二次裂解反应。生物质热裂解过程最终形成生物油、不可冷凝气体和生物质炭。反应器内的温度越高且气态产物的停留时间越长，二次裂解反应则越严重。为了得到高产率的生物油，需快速去除一次热裂解产生的气态产物，以抑制二次裂解反应的发生。

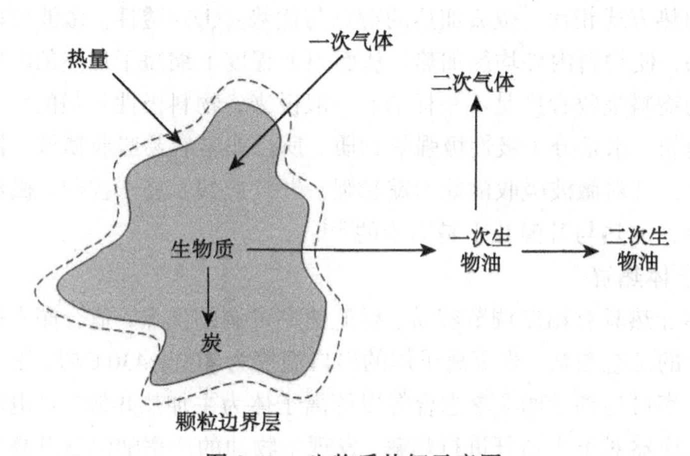


图 3-15　生物质热解示意图

与慢速热裂解产物相比，快速热裂解的传热过程发生在极短的原料停留时间内，强烈的热效应导致原料极迅速降解，不再出现一些中间产物，直接产生热裂解产物，而产物的迅速淬冷使化学反应在所得初始产物进一步降解之前终止，从而最大限度地增加液态生物油的产量。

生物质的热裂解过程分为三个阶段：

(1) 脱水阶段(室温～100℃)。在这一阶段，生物质只是发生物理变化，主要是失去水分。

(2) 主要热裂解阶段(100～380℃)。在这一阶段，生物质在缺氧条件下受热分解，随着温度的不断升高，各种挥发物相应析出，原料发生大部分的质量损失。

(3) 炭化阶段(>400℃)。在这一阶段发生的分解非常缓慢，产生的质量损失比第二阶段小得多，该阶段通常被认为是 C—C 键和 C—H 键的进一步裂解所造成的。

现在的研究已发展到利用简单分子并以蒙特卡罗(Monte Carlo)模拟来描述反应过程，而实际反应是按化学方程式进行的。蒙特卡罗模拟是一种通过设定随机过程，反复生成时间序列，计算参数估计量和统计量，进而研究其分布特征的方法。具体的，当系统中各个单元的可靠性特征量已知，但系统的可靠性过于复杂，难以建立可靠性预计的精确数学模型或模型太复杂而不便应用时，可用随机模拟法近似计算出系统可靠性的预计值；随着模拟次数的增多，其预计精度也逐渐增高。由于涉及时间序列的反复生成，蒙特卡罗模拟法是以高容量和高速度的计算机为前提条件的，因此只是在近些年才得到广泛推广。

蒙特卡罗法把聚合物分解看成由独立的马尔可夫(Markov)链分解组成。马尔可夫(无后效)过程(Markov process)是指在很高的加热速率下生物质闪速热裂解时，聚合物链结构分解是随机发生的。在假设的模型中，用 N 代表聚合物中的每个单体结构的结合总个数，用每个链的长度来代表所形成的气体、固体和液体状态，产品存在状态用两个参数来描述，保持固相状态最小的链的长度和气相状态最大的链长度，而长度在两者之间的部分为液体焦油部分。

以生产生物油为目的快速热裂解反应被认为是由于非常高的加热及热传导速率，并严格控制反应终温，热裂解蒸汽得到迅速冷凝，因此产物以中等长度分子链形式存在。

2) 生物质热解动力学研究

生物质热解动力学主要研究生物质在热解反应过程中，反应温度、反应压力、反应时间等参数与物料或者反应产物转化率之间的关系。热解动力学直接关系到生物质热化学利用。通过动力学分析可深入地了解反应的过程或机理，还可以预测反应速率，以及反应的难易程度。热重分析法是进行生物质热动力学研究的常用方法。热重法是在程序控制温度下，借助热重仪(热天平)以获得物质失重质量与温度关系的一种技术，且热重分析通常在恒定的升温速率下进行。国内外许多研究者利用热分析方法研究了不同种类的生物质的热挥发特性。

热解动力学参数的获得主要是通过对样品进行热重分析得到失重与温度的变化曲线(图 3-16)，对以下公式的变形作图，通过斜率和截距来计算动力学参数[86]。

$$\frac{\mathrm{d}\alpha}{\mathrm{d}T}=\frac{A}{\beta}\mathrm{e}^{\frac{E}{RT}}(1-\alpha)^n$$

其中，$\alpha$为某时刻样品的失重百分比(%)；$\beta$为加热速度(℃/min)；$R$ 为气体常数

(8.314J/(mol·K))；$T$ 为温度(℃)；$E$ 为活化能(kJ/mol)；$A$ 为频率因子($s^{-1}$)。

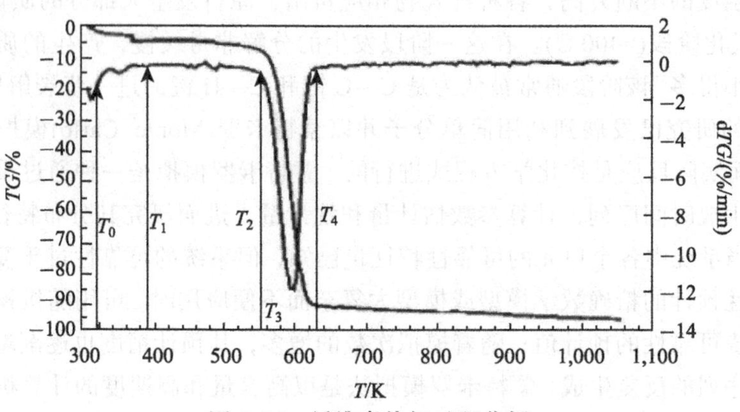


图 3-16　纤维素热解过程分析

如图 3-16 所示，纤维素热裂解过程主要分为五个区域。第一区域是从室温开始到 $T_0$ 的部分，在该区域中纤维素除了温度升高外，没有发生失重，此时纤维素的性质基本也未变化。第二区域是指 $T_0$ 到 $T_1$ 的这个范围，在这个过程中纤维素开始失去自由水。在第三区域内($T_1$ 至 $T_2$)，热重曲线几乎呈水平，期间发生微量的失重，这是纤维素发生解聚及玻璃化转变现象的一个缓慢过程。第四区域是从 $T_2$ 到 $T_4$ 阶段，该区域是纤维素热裂解过程的主要阶段，绝大部分失重都发生在该区域，在该范围内纤维素热裂解生成小分子气体和大分子的可冷凝挥发分而造成明显失重，并在 $T_3$ 时纤维素的失重速率达到最大值，此阶段吸收的热量占整体反应的主要部分。第五区域对应于残留物的缓慢分解，并在最后生成部分炭和灰分。

3) 纤维素热解机理研究

纤维素热解机理的探索源于对纤维素燃烧过程的研究，Broido 发现在低温加热条件下，一部分纤维素可转化为脱水纤维素。Broido 和 Nelson 在研究纤维素的燃烧实验中发现纤维素在 230～275℃预处理后焦炭产量由没有预热的 13%增加到 27%。

1976 年，Broido 在 226℃、真空条件下进行长达 1000h 的纤维素热重分析，之后，Shafizadeh[87]在低压、259～341℃环境下，对纤维素进行批量等温实验，发现在失重初始阶段有一加速过程，提出纤维素在热解反应初期有活化能从非活化态向活化态转变的反应过程，由此将 Broido-Nelson 模型改进成广为人知的 Broido-Shafizadeh (B-S)模型[88]。

纤维素 ⟶ 活性纤维素 ⟶ 挥发物
　　　　　　　　　　⟶ 焦炭、气体

随着研究的不断深入，不同的学者根据不同的研究方式观察或分析到不同的产物，在不断地改进 B-S 机理模型。Olivier Boutin 等[89]使用氙灯加热纤维素发现在纤维素热解过程中存在一种短时液态物质。通过对短时液态物质定量分析揭示了纤维素热分解过程中瞬时液相物质的存在。Olivier Boutin 等对 B-S 机理进行了改进：

刘倩等[89]同样用氙灯加热纤维素获取了一种可溶于水的黄色中间体，通过分析将黄色中间体定性为活性纤维素，并提出了一种改进的机理模型：

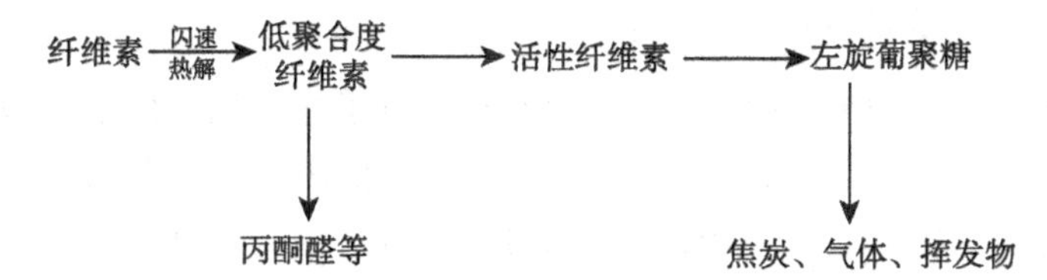


浙江大学的廖艳芬等[90]使用 GC-MS 联用技术对热解产物进行分析，提出了如下所示的反应机理模型。

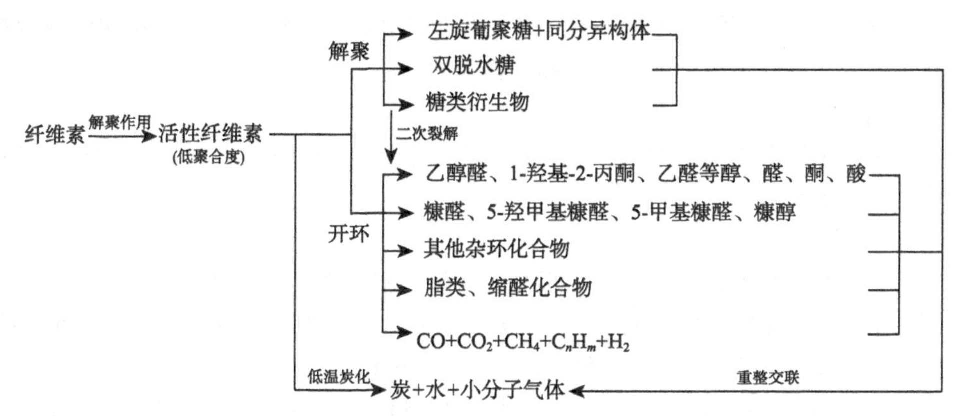


Demirbas[91]以纤维素为样品研究了生物质热解液化反应，认为纤维素热解是一系列化学反应综合作用的结果，并归结如下：

$$(\text{纤维素})(C_6H_{10}O_5)_x \rightleftharpoons xC_6H_{10}O_6$$

$$(\text{左旋葡聚糖})\ C_6H_{10}O_6 \rightleftharpoons H_2O+2CH_3—CO—CHO$$

$$(\text{甲基乙二醛})\ 2CH_3—CO—CHO \rightleftharpoons 2CH_3—CO—CH_2OH$$

$$(\text{丙基乙二醇})\ 2CH_3—CO—CH_2OH+2H_2 \rightleftharpoons 2CH_3—CHOH—CH_2OH$$

$$2CH_3—CHOH—CH_2OH+H_2 \rightleftharpoons CH_3—CHOH(\text{异丙基乙醇})+H_2O$$

4) 生物质热解的分子模拟

近年来随着计算机技术的飞速发展，分子模拟与其紧密结合，作为科学研究方法的地位日益显著，分子模拟作为一种新的研究纤维素热解的方法被提出来以弥补实验方法研究的空缺。

江德正[92]基于 AMBER 力场模拟了纤维素的热解过程。热解过程分为四个阶段，分别为低温加热阶段、中温断键阶段、高温裂解阶段、残余物分解阶段。并阐述了热解的各个阶段形态以及分解情况，从断键机理出发分析了纤维素热解产物形成的原理及其分布情况，得到了与实验比较一致的结果。裂解总是从分子能量最低的地方开始，纤维素的一个单元内，最先断裂的是环上羟基(—OH)和支链上羟基(—OH)，接着环开始断开。从纤维素分子的整条链来看，分子链总是从两端竞争分解，并向中间逐次推进。内部单元的羟基(—OH)断裂会比两端开环更早。根据断键顺序获得了纤维素分子的失重情况。

廖瑞金等[93]采用 COMPASS 力场对纤维素分子在热场作用下的微观降解过程进行了分子动力学模拟研究，并结合原子力显微镜(AFM)观测分析了实验的绝缘纤维素纸降解特性。模拟结果表明纤维素主链的 β-1-4 糖苷键连接处最易发生断裂，直接导致聚合度降低。

2. 生物质快速热裂解液化工艺流程

生物质快速热裂解技术的一般工艺流程包括物料的干燥、粉碎、热裂解、产物炭和灰的分离、气态生物油的冷却和生物油的收集。

1) 干燥

为了避免原料中过多的水分被带到生物油中，对原料进行干燥是必要的。一般要求物料含水率在 10wt%以下。

2) 粉碎

为了提高生物油产率，必须有很高的加热速率，故要求物料有足够小的粒度。不同的反应器对生物质粒径的要求也不同，旋转锥所需生物质粒径小于 200μm；流化床要小于 2mm；输送床或循环流化床要小于 6mm；烧蚀床由于热量传递机理不同可以采用整个的树木碎片。但是，采用的物料粒径越小，加工费用越高，因此，物料的粒径需在满足反应器要求的同时综合考虑加工成本。

3) 热裂解

热裂解生产生物油技术的关键在于要有很高的加热速率和热传递速率、严格控制的中温以及热裂解挥发分的快速冷却。只有满足这样的要求，才能最大限度地提高产物中油的比例。在目前已开发的多种类型反应工艺中，还没有发现最好的工艺类型。

4) 产物炭和灰的分离

几乎所有生物质中的灰都留在了产物炭中，所以分离了炭的同时也分离了灰。但是，炭从生物油中的分离较困难，而且炭的分离并不是在所有生物油的应用中都是必要的。因为炭会在二次裂解中起催化作用，并且在液体生物油中产生不稳定因素，所以对于要求较高的生物油生产工艺，快速彻底地将炭和灰从生物油中分离是必须的。

5) 气态生物油的冷却

热裂解挥发分由生产到冷凝阶段的时间及温度影响着液体产物的质量及组成，热裂解挥发分的停留时间越长，二次裂解生成不可冷凝气体的可能性越大。为了保证油产率，需快速冷却挥发产物。

6) 生物油的收集

生物质热裂解反应器的设计除需保证温度的严格控制外，还应在生物油收集过程中避免由于生物油的多种重组分的冷凝而导致的反应器堵塞。

生物质快速热裂解技术作为一种高效的生物质能量转换技术是目前世界上生物质能研究开发的热点技术，具有独特的优势。能以连续的工艺和工业化生产方式将生物质转化为高品位的易储存、易运输、能量密度高且使用方便的液体燃料，可作为可再生替代液体燃料在锅炉中直接燃烧、与煤混烧、乳化代替柴油或精制后作为动力燃料，还可以作为化工原料从中提取具有商业价值的化工产品。生物油 S、N 元素含量低，是清洁无污染的液体燃料，生产原料广泛，不与粮食争地，原料收集面积小，便于运输，大大降低了成本，也是国家政策大力支持的产业[95-97]。

### 3.3.4　快速热解反应器

热解反应器针对生物质快速热解获取高产率生物油所需的反应条件，各国研究机构已开发出了多种类型的热解技术和热解反应器，对各种反应器的结构特性以及工作原理进行了详细介绍。各种热解技术的应用状况各异[98]。

(1) 携带床反应器(entrained-flow reactor)。研发单位主要有美国的 GTRI 和比利时的 Egemin 公司。Egemin 公司在 1991 年将其热解技术规模放大并实现了商业应用，但运行过程中发现，依靠流化载气向生物质颗粒传递热量，在热量传递速率方面存在很大问题，最后 Egemin 中止了该项技术的深入研究。GTRI 则一直没有对其技术进行规模扩大。

(2) 涡流反应器(vortex reactor，moving-blade)。研发单位主要有美国 SERI(即现在的 NREL)、英国 Aston 大学和德国 Pytec。NREL 开发的涡旋反应器小试装置显示出了较好的热解效果，但在规模扩大过程中没有克服如何保持颗粒在反应器内的高速运动这一技术难题，NREL 在 1997 年之后停止了该项技术的研究。Aston 大学和 Pytec 在烧蚀式热解原理的基础上，研发了移动刮板式热解反应器，目前尚不知其技术的成熟程度如何。

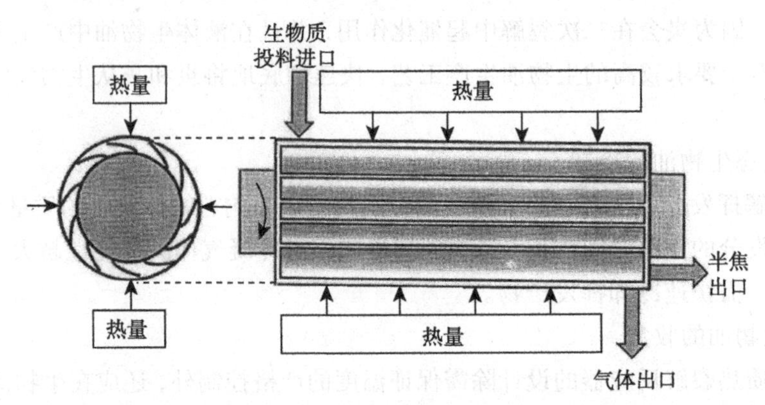


图 3-17　烧蚀式反应器

(3) 真空式热解反应器(vacuum pyrolysisreactor)。研发单位主要有加拿大 Pyrovac。真空热解技术实际上是中速至慢速热解，生物油产率较低(35%～40%)。在 2000 年，Pyrovac 成功建立了日处理 93t 生物质原料的工业示范装置，但由于真空热解所得到的生物油黏度大、使用困难、缺乏相应的应用市场，在 2002 年之后这项技术也没有继续深入开发。

(4) 奥格热解反应器(auger reactor)。研发单位主要有加拿大 Renewable Oil International (ROI)。ROI 是一家致力于开发先进的快速热解生物炼制技术，将木材和其他生物质转化为高价值产品的公司，其公司的技术具有能源自给自足，成本低廉，可使用大部分生物质原料生产等特点。ROI 目前已经完成了日处理 5t 生物质原料的中试装置，正在筹建日处理 25t 和 100t 原料的工业示范装置。该热解工艺不需要使用流化载气，设备造价比较低，具有较好的开发前景。

(5) 螺旋热解反应器(screw pyrolysis reactor)。研发单位主要有德国 Forschungs-zentrumKarl-sruhe。这项技术对生物质进行快速热解后并不对产物进行气固分离而是直接冷凝，从而得到生物油和焦炭的浆状混合物，作为气化合成气原料。目前这项技术还没有进入工业示范研究。

(6) 鼓泡流化床反应器(bubbling fluidizing bed)。研发单位主要有加拿大 DynaMotive、西班牙 UnionFenosa、英国 Wellman 等。其中，DynaMotive 已建立了日处理 100t 木屑的鼓泡流化床工业示范装置，生物油产率超过 60%，油品用于燃气轮机发电。

(7) 旋转锥反应器(rotating cone)。研发单位主要有荷兰 Twente 大学和 BTG。BTG 已在马来西亚建立了日处理 50t 棕榈壳的旋转锥工业示范装置，生物油产率超过 60%，油品用于锅炉燃烧发电。

(8) 循环流化床反应器(circulating fluidizing bed)。研发单位主要有加拿大 Ensyn

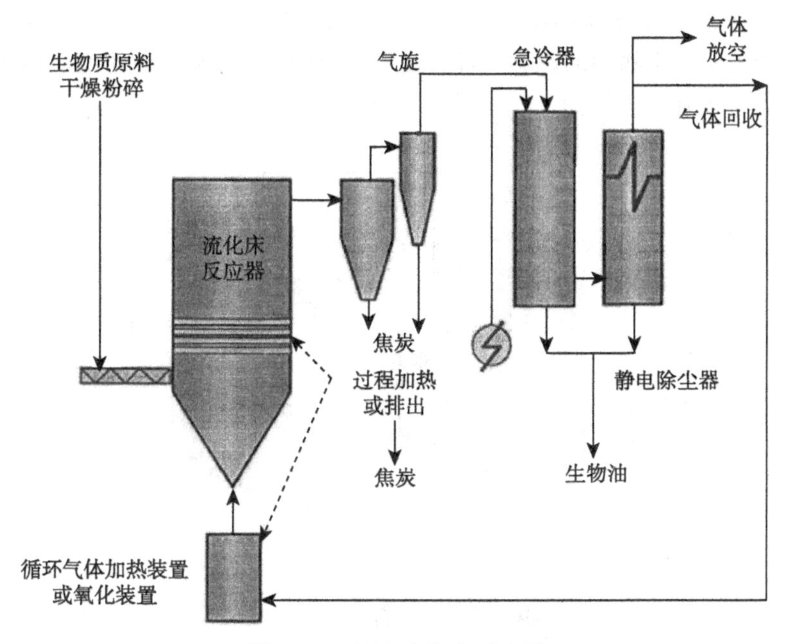


图 3-18　鼓泡流化床反应器

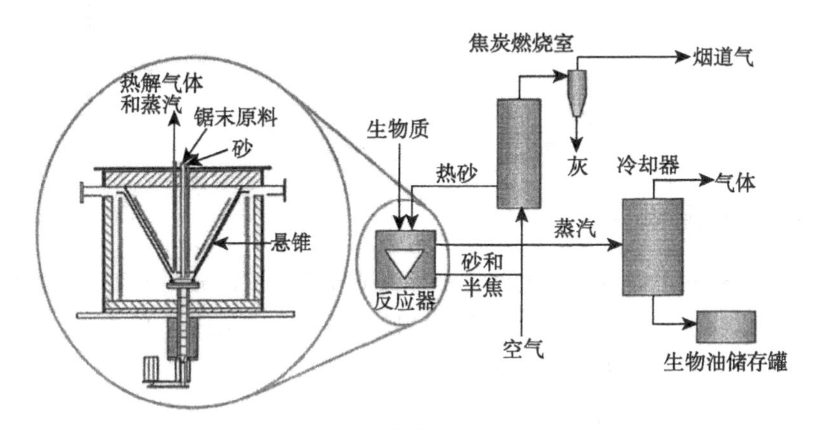


图 3-19　旋转锥反应器

Technologies Inc.(ENSYN)、希腊 CRES 和 CPERI、意大利 ENEL、芬兰 VTT 等。ENSYN 开发了多种不同结构的循环流化床热解装置，这是目前世界上唯一的已经实现商用的热解技术，其中规模最大的装置日处理 50t 原料，出售给美国 RedArrow 公司，但 RedArrow 公司并不是利用该装置生产生物油作为燃料使用，而是从生物油中提取高附加值的食品添加剂，反应条件与常规的获得最大生物油产率的反应条件有所不同，主要是大大缩短了气相滞留时间(数百毫秒)，经过化学提取后的残油作为燃料油燃烧使用。然而美国 Manltowoc 一发电厂对该装置生产的生物油与煤共燃发电试验表明，生物油的燃烧特性较差，这说明 ENSYN 目前使用的热解技术还不能得到品质较好的生物油。

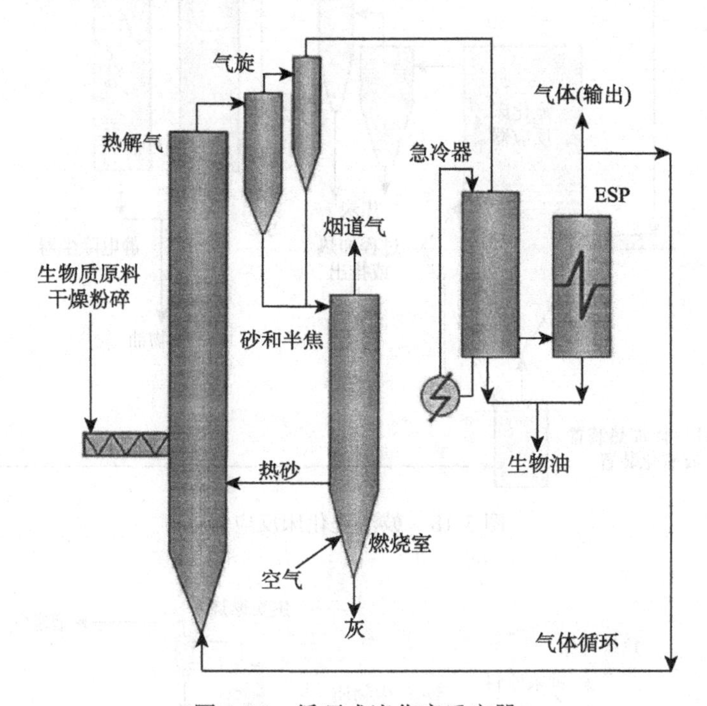


图 3-20　循环式流化床反应器

### 3.3.5　热解的影响因素

影响快速热解生物油产率和组分的因素有很多，可以分两大类：一类与物料特性有关，如物料组成、粒径、含水率等；另一类与反应条件有关，如升温速率、反应温度、滞留时间、压力和催化剂等。

1. 原料对产物的影响

不同种类的生物质原料会对生物油成分造成很大的影响，不仅会导致组分含量的差异，还会导致物质组成上的差异，这主要是因为生物质本身成分不同。不同的生物油，组分含量虽有所差别，但有许多组分在每种生物油中都有所存在，不同的组分也通常属于同一个化学族类。

生物油主要组分包括小分子有机酸、芳香族化合物以及醛、酮等物质，其中酚类及其衍生物含量较高，一般都是带有甲基、甲氧基、羟基和烯基等官能团的有机化合物。而在生物油热解中产生的芳香族化合物，通常被认为不是产出自快速热解过程，而是在反应停留时间中有一次挥发分二次热解所得。

2. 热解温度对产物的影响

生物质种类不同，热解过程温度范围也有所不同。大体上来说，生物质的热解主要发生在750℃以下，在122～202℃时发生预热解，375～527℃为主要热解阶段，热解温度对各相产物产率的影响结论较为一致，随着热解温度的升高，一次和二次分解反应加剧，固相产物减少；液相产物先增加后减少；由于液相产物的二次裂解和固相产物的二次分解，气相产物增加。因此，为得到较高的生物油产量，反应温度宜选取在500℃左右，温度过低有可能导致生物质的不完全热裂解，而当温度过高时，气体产量增加同时生物油产量减小，这主要是由于气相生物油的二次裂化或重整加剧使得生物油产量有所减小。而且气相产物分子的平均自由历程很大，使得相互之间碰撞的可能性变得很小，从而降低了气相生物油重整的概率，因此二次反应以二次裂化反应为主。

Wang 等在研究垃圾热解时发现，300～550℃为主要热解阶段，超过 550℃为炭化阶段。Wagenaar 等[98]发现，在450～550℃下生物油收集率达到最高； 当温度超过550℃后，有大量的热解气体产生，生物油产率下降得非常快，而焦炭产率变化不大，原因是在自由空间内，过高的温度使得二次热解较容易发生，促使生物油产率快速下降。王树荣等[99]以花梨木为生物质原料，经粉碎、干燥后，在循环流化床内进行快速热解。研究发现，伴随着温度升高，焦炭产率逐渐下降到一个稳定值，而生物油产率在500～550℃达到最大。

3. 加热速率对产物的影响

加热速率对热解产物产量和特性也有较大影响，升温速率越慢，生物质颗粒越容易被炭化，这会使产物中炭含量大大增加，同时产生一定量的副产物。所以如果想要获得高产率的生物油，就必须提高升温速率，升温速率增加，物料达到所需温度的时间变短，从而降低二次热解发生的概率。较快的加热速率可以使反应器内部与生物质颗粒快速达到所需热解温度，促进了生物质的快速热解，提高了生物油的产率，但也会导致热解不完全。

Debdoubi 等对细茎针草进行热解发现，随着加热速率的提高，气、固相产物产量减少，液相产物产量增加。在不同加热速率下，保证液相产物产量最大的热解温度有一定差别。当加热速率为50℃/min 和150℃/min 时，该温度为500℃；当加热速率为250℃/min 时，该温度为550℃。对树皮慢速热解而言，450℃时液相产物产量最大；对油菜籽快速热解而言，550℃时液相产物产量最大。Guerrero 等在不同加热速率下对按木进行热解，并对所得焦炭比表面积进行测试发现，当热解温度为900℃时，挥发分迅速析出会造成生物质颗粒内较大的压力，使焦炭形成较多开放性微孔，快速热解所得焦炭比表面积大于慢速热解所得焦炭。Cetin 等对辐射松热解所得焦炭进行研究发现，焦炭活性随着加热速率的提高而增强，但高加热速率会导致颗粒的塑性形变。此外，Demirbas 研究了不规则加热速率下生物质热解产物的分布规律[100]。

4. 生物质物料预处理对产物的影响

生物质快速热解之前，需要进行粉碎处理。文献发现[97]，当进料粒径<1mm 时，热解反应为反应动力学控制； 当粒径>1mm 时，反应为传热与传质控制。平均热解速率随原料粒径上升而下降，生物质热解达到最大失重速率时所对应的温度有增大趋势；由于生物油分为水相和油相，而水相是生物油不稳定的最关键因素，所以通过对原料颗粒的干燥，可使水分在原料颗粒中低于 10%，很大程度降低生物油中的含水率，进而提高生物油的稳定性；酸洗预处理脱灰可以使生物质热解的挥发分产量增加，生物油产量提高，气体产量降低，脱灰增大了其有效比表面积，提高了生物油的热值；焙烧预处理在近些年也引起了研究者的关注，研究证明，经过低温(<300℃) 焙烧可以部分脱除生物质中的氧含量，从而得到低氧含量的生物油[97]。

5. 其他因素对产物的影响

热解温度和升温速率是影响热解的两个主要因素，除这两个因素外，影响热解生物油产率和组分的因素还有催化剂、颗粒尺寸、吹扫气流、热解压力等。

催化剂的种类繁多，其催化效果与其孔径大小、尺寸分布、孔道结构、金属的负载等因素有关，在大部分研究中所使用的催化剂都可以使催化热解所得液相产物中氧含量减少，热值提高，Ates 等对玉米棒芯进行催化热解发现，催化剂能降低同等热解效果的反应温度。随着催化剂用量的增加，生物质热解脱水效应增强，从而使液相产物的含水量增加，同时固相产物随催化剂用量增加而增加。再加上催化剂在反应过程中会发生不可避免的结焦，能否找到适合热解的催化剂也是热解工艺能否大规模工业化的一大影响因素。

颗粒尺寸和吹扫气量对热解产物也存在着一定的影响，在早期的研究中，研究者已发现对传统热解而言，颗粒尺寸越小反应越快，而增加吹扫气流量，可以使生成的热解生物油和不凝性气体及时逸出反应器，缩短了挥发分在固定床内的停留时间，减小了二次反应发生的可能，热解生物油产量增加。但是过分减小颗粒尺寸，增大吹扫气量会导致成本增加，反应不充分等问题。另外，研究者在研究热解压力对固相产物特性影响时发现，随着热解压力的提高，焦炭孔径变大，孔壁变薄，但在 1000℃下，颗粒发生熔融，焦炭微孔减少，比表面积减小[96]。

### 3.3.6 生物油的理化性质及分析方法

生物油的组成和理化性质受多个因素影响，如原料种类、含水量、反应器类型、反应参数、产物收集方法等，但不同途径制得的生物油仍具有一些共同的性质，如水分含量高、含颗粒杂质、黏度大、稳定性差、有腐蚀性等，这与传统石化燃料(柴油、汽油)有很大不同，也给生物油用于柴油机带来了很多困难。表 3-10 和表 3-11 是各类生物油的典型理化特性。

**表 3-10　生物油的典型性质**

| 生物油特性 | 数值范围 | 典型值 |
|---|---|---|
| 水分/wt% | 15～31 | 23 |
| 比重 | 1.15～1.25 | 1.20 |
| HHV/(MJ/kg) | 15～19 | 17.5 |
| LHV/(MJ/kg) | — | 16.2 |
| 黏度(40℃，Cst) | 35～53 | 40 |
| pH 值 | 2.8～3.8 | 3.2 |
| 元素分析/wt% | | |
| C | 54～58.3 | 54.5 |
| H | 5.5～6.8 | 6.4 |
| N | 0.07～0.20 | 0.2 |
| S | 0.00～0.17 | 0.0005 |
| O | 34.4～42.9 | 38.9 |
| Ash/wt% | 0.13～0.21 | 0.16 |

**表 3-11　各种生物油的元素组成与理化特性**

| 原料 | 元素组成/wt% | | | 水分 /wt% | 灰分 /wt% | 密度 /(kJ/kg) | 热值 /(kg/m$^3$) | 黏度 /(mm$^2$/s) | pH 值 |
|---|---|---|---|---|---|---|---|---|---|
| | C | H | O | | | | | | |
| 松木屑 | 41.7 | 7.7 | 50.3 | 25.6 | 0.07 | 1170 | 17.27 | 120 | 3.4 |
| 稻壳 | 41.0 | 7.4 | 51.2 | 24.5 | 0.08 | 1150 | 17.16 | 110 | 3.2 |
| 玉米秆 | 41.9 | 8.3 | 49.5 | 25.2 | 0.07 | 1145 | 17.11 | 130 | 2.8 |
| 棉花秆 | 42.3 | 7.9 | 49.4 | 24.4 | 0.07 | 1160 | 17.77 | 125 | 3.3 |

1. 生物油的物理性质

木质纤维素生物质热解制取的生物油，其相对密度变化不大，约为 1.2。生物油黏度变化较大，40℃时生物油的黏度一般为 20～200 mPa·s。如 Sipila 等[101]快速热解稻草、松木、硬质木材，在 50℃时，三种生物油的黏度分别为 11 mPa·s、46 mPa·s 和 50 mPa·s ，且在室温条件下，前 65 天可以观察到生物油黏度显著增加，此后生物油黏度变化不大；徐宝江等快速热解松木屑，温度为 40℃时，生物油的黏度约为 64 mPa·s；廖艳芬[91]快速热解木材获得的生物油黏度为 150 mPa·s。含水率对生物油的黏度影响较大，含水率大的生物油，其黏度一般较小。此外，如果生物油含有较多的极性基团(一般是含氧基团)和较大的分子，分子间作用力大，则黏度增大。

生物油含水量较高，其主要来自生物质原料本身、热解反应和生物油存储时的脱水反应。水一方面降低了生物油的热值和火焰温度，另一方面降低了生物油的黏度，增强了生物油的流动性，使其有利于在发动机内喷射燃烧。Shihadeh 等[106]对 NREL 和 ENSYN 制备的生物油进行了比较，发现 NREL 的热解步骤改善了生物油的化学和气化性质，得到的生物油含水量低、相对分子质量小，因此其点火等性能比 ENSYN 制备的生物油好。

生物油含有较多的小分子有机酸，pH 值较低，一般为 2.5 左右。强酸性使生物油的腐蚀性很强，高温下腐蚀性更强，因此对于容器的抗腐蚀性要求很高。如果生物油用作车用燃料，则需对其进行精制。如 Sipila 等[100]快速热解稻草、松木和硬质木材，三种生物油的 pH 值分别为 3.7，2.6 和 2.8；戴先文等[103]快速热解木粉，获得的生物油 pH 值为 2.1；任铮伟等[106]快速热解木屑，获得的生物油 pH 值为 2.5。

2. 生物油的化学性质

生物油来源于生物质，但不同生物质在不同热解条件下制取的生物油的元素组成可能差别很大。一般木质纤维素中氧的质量分数在 40%左右，其热解产生的生物油中氧的质量分数一般也在 40%左右，这种生物油的典型元素组成为：$w$(C)=53%，$w$(H)=6%，$w$(O) = 40%和 $w$(N)=0.2%。而藻类生物质含有较多的脂类、可溶性多糖和蛋白质，所以藻类生物质制取的生物油含氧量低，$w$(O)约为 17%。在快速热解工艺中，裂解产物的二次反应被减至最小，生物质的许多官能团被保留，因此从生物质转化为生物油的过程中氧元素的含量变化不大。所以，快速热解虽然获得了较高的生物油产量，但由此获得的生物油也存在含氧量高的缺点。中速、慢速热解工艺由于裂解产物的二次裂解，许多含氧官能团断裂，氧元素进入不可凝气体，由此得到的生物油含氧量较快速热解工艺低。如 Zabaniotou 等[101]利用木材为原料($w$(O)达 51.1%)，在温度为 400～700℃，加热速率 120～165℃/s 的条件下，获得 $w$(O)=30%的生物油。

生物质快速热解过程中会生成一些碳，这些碳大部分在旋风分离器被分离，但仍会有微量的碳夹杂在生物油中。戴先文等由木粉快速热解获得的生物油，$w$(C)为 2%。

生物油在生产过程中可能会混入一些灰分，其含量一般占生物油质量的 0.1%左右，生物油中的灰分会引起发动机和阀门的腐蚀、反冲启动等问题，当灰分质量分数大于 0.1%时，情况更加恶化。灰分对热裂解制取生物油有负面作用，会促进小分子量的气体的生成。灰分主要含碱金属和碱土金属，主要是易沉积、可引起高温腐蚀的钠、钾及会导致更坚硬的固体沉积的钙金，它在热裂解反应温度下几乎不分解或挥发，所以其起作用的方式类似于催化剂。H50 生物油含有钾、钠、钙，质量分数分别为 $2\times10^{-6}$，$6\times10^{-6}$，$1.3\times10^{-5}$。NREL 研究的热蒸气过滤步骤可有效降低生物油中碱金属和碱土金属的质量分数，使之分别达到 $2\times10^{-6}$。如 Sipila 等快速热解稻草、松木和硬质木材，三种生物油的 $w$ 灰分分别为 0.14%、0.07%和 0.09%；戴先文等快速热解木粉制取的生物油中 $w$ 灰分为 0.1%；徐保江等[107]快速热解松木屑制得的生物油中 $w$ 灰分为 0.2%。生物油的热稳定性比较差，加热到一定温度后，生物油的内部组分将会发生聚合反应，这对生物油的精馏分离等过程非常不利。任铮伟等[106]发现，快速热解木屑制取的生物油加热到 120℃左右就形成海绵状胶体，不能用蒸馏法分离，考察了由树皮经过真空热解获得生物油的热稳定性，生物油样品分别在 40℃、50℃和 80℃储存 168 h，另外的一个样品在室温下储存 1 年，然后测量生物油的相分离时间(水相和油相)、黏度和平均分子质量。结果表明：被加热到 80℃储存的生物油的性质发生了显著改变，而在 40℃和 50℃储存的生物油的性质变化不大；在 80℃的条件下，生物油迅速出现相分离，放置 1 周，其分子质量的改变相当于生物油在室温下放置 1 年的改变。实验还发现，如果将生物油的水相部分加入另外一个生物油样品，则这个生物油样品的热稳定性显著变差，这充分证明了生物油水相的组分是生物油不稳定的原因；此外，如果在生物油中加入甲醇，生物油的稳定性将会得到增强。

3. 生物油的分析方法

目前，对生物质热解油组成进行分析的方法主要有 GC、TG、GC-MS、GPC、HPLC、CNMR、HNMR、FTIR 和 CE 等。热解油中的沥青质通过 n-正己烷沉淀，可溶组分通过柱层析分别用正己烷、甲苯和甲醇可以转化为脂肪族、芳香族的和极性组分。芳香组分和极性组分可以利用红外吸收光谱法分析，通过气相色谱配合火焰离子检测器，可以分析不同沸点的脂肪组分。GC-MS 被证明是研究不同气氛下热解产物的一种较好的工具。

生物油的化学成分非常复杂，获知其详细化学组成非常困难。目前采用的方法是将生物油的复杂化学组成进行分类，然后再鉴别各类的主要成分。生物油大致是由酸、醛、醇、酯、酮、糖、苯酚、邻甲基苯酚、丁香醇、呋喃、木质素衍生取代酚、提取物衍生萜和水等组成的混合物，其组成很复杂，多达数百种。王树荣等[102]利用色谱-质谱分析了生物油的组成，发现不同种类的生物油中主要组分的相对含量大都相同，如糠醛、二甲氧基苯酚、2-甲氧基-4-甲基苯酚、丁子香酚、雪松醇、2-呋喃酮等在每种生物油中都占有很大的比例。生物油中带有酮、醛取代基的苯酚类物质种类最多。色谱-质谱分析还证明了大量存在的醛类和酮类化合物使生物油具有亲水性，并使其含水量高且水不易去除。在 Sipila 等[101]对水萃取木质纤维素生物质(如稻草和松木等)热解制取的生物油进行了分析，他们将生物油分为溶于水的组分(水相)和不溶于水的组分(油相)两大类，并定量测定了水相主要成分的组成，结果发现水相占据生物油质量的60%～80%，水相主要由水、小分子有机酸和小分子醇组成。以源于稻草的生物油为例，水相中的水占生物油质量的19.9%、甲酸占1.85%，乙酸占 7.41%。张素萍等也用此法测定了源于木屑的生物油的组成，水相中含量较多的成分为水，$w(H_2O)$=66.1%，乙酸质量分数为17.9%，羟基丙酮为11.4%，油相用正庚烷萃取，正庚烷的萃取物进行柱层析分离后分析，发现甲基呋喃占正庚烷的萃取物质量的14.17%，苯乙醇占12.38%，检验出的酚类占51%。对正庚烷不溶物用 $C_{13}$NMR 进行分析，发现脂肪炭的含量远大于芳香炭的含量，烷氧基炭的含量较高。戴先文等[103]快速热解木粉，发现生物油中酚和有机酸的含量较大，烷烃占生物油质量的31.04%，芳烃占13.47%。易维明等利用等离子加热的方法快速热解玉米秸粉，发现乙酸占生物油质量的25.99%，羟基丙酮占生物油质量的19.24%(换算后的数值)。由此可见，快速热解木质纤维素一类生物质获得的生物油，成分随具体工艺条件和原料而变化，含量较多的成分有水(质量分数在20%左右)、小分子有机酸、酚类、烷烃、芳烃、含碳氧单键和碳氧双键的化合物如甲基呋喃、羟基丙酮等[105]。

如前文所述，不同生物油尽管在组分上有所不同，但在主要成分的相对含量上大都表现出相同的趋势，如糠醛、二甲氧基苯酚、2-甲氧-4-甲基苯酚、2,6-二甲氧基苯酚、2-呋喃酮和左旋葡聚糖等在每种生物油中都占有较大比例。经过多年的研究，研究者已对市政污水污泥、城市垃圾、工业废油、废皮革制品、新闻用纸、优良纸、废纸浆、腰果壳、棉籽块、软木材的树皮、向日葵壳、榛果壳、桉木废弃物、阿月浑子树以及白杨锯屑、云杉锯屑、橡树锯屑、亚麻块、绿藻、微藻、水曲柳、花梨木、芒、橄榄、大豆、稻草秸秆、油菜秸秆、芝麻秆、玉米秸秆、高粱楂、小麦壳和水稻等多种生物质热解油的组成和性质进行了分析研究。

### 3.3.7　生物油精制高品位油品

生物油精制的目的就是要降低生物油中氧含量，提高 H/C 比率，使其性能更接近化石燃油，从而使生物油可以在生活中替代化石燃料。氧主要来源于纤维素、半纤维素和木质素热解产生的酸类、酚类和聚酚类等一些含氧化合物。这些含氧化合物导致生物油热稳定性差，热值低，挥发性和腐蚀性低等，因此需要对生物油进行精制。

生物油的精制方法主要分为两大类：物理处理和化学精制，主要包括催化加氢、催化裂解、添加溶剂、乳化、分子蒸馏及催化酯化。

1. 物理处理方法

物理处理方法主要采用乳化或分离等手段来解决生物油的缺点，一般都在比较温和的条件下进行，所采用的设备和操作成本也比较低。通过处理，生物油的物理特性可以得到一定的改善，甚至可以部分应用于发动机。但是，造成生物油诸多缺点的根本原因是其复杂的物质组成和化学结构，所以大多的物理处理很难从根源上解决生物油中存在的问题[109]。

2. 化学精制法

化学精制法主要是针对生物油中成分的特性，采用一些有针对性的加工，可以实现生物油的高品位转化。根据生物油的特性，采用两步法精制加工生物油具有一定的意义。由于生物油的成分多样，且热稳定性不好，通过前一步比较温和的条件下对生物油进行提质，从而得到稳定性或者酸性改善的油品；然后在更苛刻的条件下进行进一步的加工精制，从而获取高品质的燃油。

生物油精制常用的工艺包括催化加氢、催化裂化、乳化技术等。

1) 催化加氢

催化加氢是在高压(10～20MPa) 和供氢溶剂存在的条件下，通过催化剂催化作用对生物油进行加氢处理的技术。氧元素以 $CO_2$ 与 $H_2O$ 的形式脱除。催化剂通常使用经过硫处理后的 Co-Mo 催化剂。对生物油而言，由于生物油中氧含量远高于硫和氮含量，因此，生物油中的催化加氢的主要目的为催化加氢脱氧(HDO)。对生物油的催化加氢精制一般是在加氢催化剂作用下，在高压(10～20MPa)或有供氢溶剂(如甲醇、甲酸等)存在的条件下，使生物油中的氧以 $CO_2$ 或 $H_2O$ 的形式除去。因此，生物油的加氢精制能够有效地降低生物油中的含氧量，提高生物油的燃烧性能和稳定性，增加生物油的燃烧热。研究者在一定的压力、温度和氢流量下，以戊酸甲酯和庚酸甲酯为模型化合物进行实验，根据研究结果推测认为脂肪酸甲酯生成烃类有 3 种途径：第 1 种是酯生成醇，然后脱水生成烃；第 2 种是酯水解生成羧酸和醇，再脱羧和脱水生成烃；第 3 种是酯直接脱羰基生成烃，加氢的最佳工况约为 250℃，反应时间 2h，冷氢气压力约 1.5MPa。

Piskorz 等[110]将由快速热解产生的高温气态生物油直接与 $H_2$ 混合后进行加氢反应，不仅可以利用热反应的余热，还可以进一步降低油的含氧量(小于 0.5%)。但是，生物油稳定性差，超过 80℃后就会发生强烈的聚合反应，导致黏度迅速增加，生物油进入催化剂基体中，覆盖催化剂活性中心，极易导致催化剂失活。Mahfud 等[111]使用均相钌催化剂对生物油水溶组分进行催化加氢，试验采用温和的反应条件(4MPa，90℃)，并在水/甲苯有机两相体系中催化生物油。反应后，羟丙酮和羟乙醛的含量显著减少，分别转化成丙二醇、乙二醇，含氧量大大降低。

催化加氢技术可以大幅度降低生物油的含氧量，但过程中需要大量的氢气，这造成催化加氢的成本高。而且由于生物油成分复杂、热稳定性差，催化加氢的效果不是十分理想。精制后，生物油的产率较低，同时产生相当量的积碳，这些焦炭类物质易沉积在催化剂表面，覆盖催化剂的活性位点，导致催化剂失活。并且此过程产生焦炭类物质易堵塞反应装置，使催化加氢过程难以进行，Co-Mo 等催化剂造价昂贵，易结焦失活，并且需要在高压下进行，反应条件苛刻，所以催化加氢技术目前仍未广泛使用，研究低温高活性的催化剂是生物油加氢产业化的出路。

2) 催化裂化[113,114]

催化裂化方法主要是在中温、常压下通过加催化剂对生物油进行精制处理，将生物油中所含的大分子脱除裂化为小分子，将氧元素以 $CO_2$、CO 和 $H_2O$ 的形式脱除。但以 $CO_2$、CO 的形式脱除好于以 $H_2O$ 的形式：因为 $H_2O$ 的生成必然会降低生物油中的氢元素含量，降低 H/C 比，从而降低生物油中饱和烷烃、环状脂肪烃的含量，使油品下降。催化裂化方法无需还原性气体，操作压力较低，温度适中，易于将裂解和改性两个步骤紧密相联，因此比较简易方便。对于酒精原料的分子筛处理，已进行过商业运行，主要用于将醇类转化为汽油，同时还用于纤维素热解产品的改性，但是对木质素热解产品的处理，沸石分子筛处理还存在着焦化问题。相比于催化加氢相，常压在没有氢气的条件下进行的反应，所需设备及运行操作成本都比催化加氢低，但催化裂解效果不如催化加氢，其获得的精制油的产率一般比催化加氢低。

催化裂解技术近些年的变化主要围绕在两个方面：一是由生物油液相加热催化裂解发展为生物质热裂解蒸汽在线催化裂解，优点是节约能耗、避免生物油加热时聚合而导致催化剂结焦；二是催化剂的选择由传统的沸石分子筛向介孔分子筛发展，优点是介孔材料作为催化剂使用时，能够一定程度上改善结炭，介孔有助于提高反应物和产物的扩散速度。介孔材料的特点是具有均匀规则的介孔(2～50nm)，很大的比表面积(一般≥1000m²/g)和孔道体积，这是它的特点和结构优势，在有大分子参加的催化反应中显示出特别优异的催化性能。结合目前的应用情况来看，介孔分子筛的热稳定性(一般都在 800℃以上)完全可以满足快速裂解(裂解的温度一般不超过 600℃)的要求，但与常规的微孔分子筛晶体相比，一是酸性较弱；二是介孔材料具有较低的水热稳定性(介孔分子筛低的水热稳定性是指将其放入冷水或热水中，经过一段时间后，孔壁介孔结构塌陷，变成无定形)，这是目前尤其应注意解决的问题，因为生物质在快速裂解的过程中不可避免地会产生水蒸气。与传统的沸石类分子筛催化剂相比，介孔材料类的催化剂反应后焦炭类产物较少，催化剂失活得到有效的改善。但是，由于介孔材料类催化剂是由纯二氧化硅组成的，缺少酸性的位点，因此在催化裂解前必须引入离子或酸性氧化物，以增加其酸性。然而，酸性强弱对催化反应结果影响非常显著，不同反应或同一反应在不同条件下对催化剂酸性强度要求都不一样，因此，实验过程催化剂的酸性难以掌握，增加了应用推广的难度。

可见催化剂的结焦失活问题能否解决是催化裂解技术能否进一步推广应用的关键。目前来看，介孔分子筛催化精制后的目标产物的产率还不能令人满意，选用的介孔分子筛主要是 MCM-41、SBA -15、MSU-S 等。因此，要进一步寻找廉价简便的合成方法和回收模板剂，降低成本，强化无机孔壁的结构，改善水热稳定性和机械强度，孔结构、孔分布和酸性要可调控，有效地改善结构和性能，合成功能化、多层次(从大孔到介孔到微孔)、多维孔道结构的介孔材料，使介孔分子筛的优势真正地发挥出来是今后生物油裂解精制的重要发展方向。

Williams 等[115]认为催化裂化主要通过以下两种途径进行：①沸石分子筛将生物油催化裂化为烷烃，然后将烷烃芳构化；②将生物油中的含氧化合物直接脱氧后形成芳香族化合物。目前，催化裂化的催化剂主要使用酸性催化剂，如 HZSM-5、NaZSM-5、Y 型分子筛以及磷酸铝分子筛等。郭晓亚等[116]采用 HZSM-5 分子筛催化剂，将生物油与溶剂四氢化萘以 1:1 的质量比混合，在固定床反应器内催化裂解，实验结果表明，精制油中的含氧化合物如有机酸、酯、醇、酮和醛的含量大大降低，而不含氧的芳香烃含量增加。

3) 乳化

因为稳定性差、黏度高、酸性强等特点，经快速热解制得的生物油不可直接用于柴油机。向生物油中加入表面活性剂(乳化剂) 后，可有效地降低生物油表面张力、抑制凝聚，可与柴油形成乳化液，提升稳定性、降低腐蚀性，更重要的是，只需将现有柴油机的喷嘴与输油泵更换为不锈钢制品，即可将乳化液作为车用燃油使用。

乳化机理为：生物油水相溶液中水、醛、酸、酮等极性组分稳定地被乳化剂包裹在 W/O 型乳化液液滴中，生物油水相溶液中少量的乙酸乙酯、芳香类化合物等则溶于非离子乳化剂胶束的亲水基(聚氧乙烯基)中。

Chiaramonti 等[117]在柴油中添加了质量分数 25wt%、50wt%、75wt%的生物油，并对其乳化情况进行了研究，发现乳化油比生物油更稳定。生物油的含量越高，乳化油的黏度越高。当乳化剂添加量的质量分数在 0.5wt%～2.0wt%时，乳化油的黏度适中。Ikura 等[49]考察了生物油-柴油乳浊液的稳定性和腐蚀性，他们先将生物油置于离心机中离心，以除去生物油的重组分，然后将处理后的生物油与柴油混合制成乳化油。实验发现，表面活性剂浓度对乳化油的腐蚀性影响很大，经腐蚀实验测定，浸泡在纯生物油中的钢棒质量损失了 72wt%，而浸泡在生物油质量分数为 20wt%的乳化油体系中的钢棒质量只损失了 35wt%，即后者腐蚀性能更弱。Michio 等研究了乳化温度、乳化时间、表面活性剂的用量、生物油在混合油中的浓度以及单位体积输入功五种因素对生物油乳化性能的影响。研究表明，后面三种因素对生物油乳化性能有较大影响；表面活性剂的用量为总质量的 0.8wt%～1.5wt%和生物油的加入量为 10wt%～20wt%时，所得乳化油的运动黏度最好；与此同时，乳化油的性能与生物油在混合油中的浓度以及单位体积输入功也有关系。

乳化方法操作简单，不需要进行化学反应，但乳化剂的成本较高，乳化过程需要投入较大的能量，所得乳化油对内燃机的腐蚀性较大。目前，已经报道的生物油乳化技术均未能对生物油中的木质素、水分以及酸类化合物进行处理。生物油中所有的木质素、水分以及酸类化合物都保留在乳化油中，使得制备的乳化油热值较低(水分蒸发吸收热量)，燃烧不完全、易产生积碳(木质素低聚物燃烧不充分)，同时对内燃机有一定的腐蚀作用(有机酸没有被排除)。因此，该技术目前还有待于进一步的研究，以处理上述问题。

综上所述，目前生物油精制改性技术的研究热点主要集中在催化加氢、催化裂解、添加溶剂及乳化几个方面。每种方法都有能够提高生物油的品质，然而每种都有一定的局限性，单独使用某一方法不足以解决生物油所有问题，不能够实现生物油的商业化利用。因此，必须开发新的生物油精制改性技术，提高生物油品质，以使其真正成为化石燃料的替代品。结合上述精制方法的优缺点和生物油的性质特点，一步或多步精制生物油，提高生物油的品质可能是一个有效的方案。

4) 催化酯化

生物质快速热解产物生物油中有机羧酸含量较高，种类较多，导致生物油的酸性和腐蚀性很强。催化酯化就是在生物油中加入醇类助剂，在固体酸或碱催化剂的作用下发生酯化等反应，从而将生物油中的羧基等组分转化为酯类物质，降低羧酸的腐蚀性，达到提高生物油物化性能的目的。

生物油中含有大量小分子有机酸类化合物，这些酸类化合物在燃烧过程中会造成内燃机的腐蚀；同时，酸类化合物能够促使生物油中的醛酮及木质素低聚物等发生缩聚反应，导致生物油的老化变质；此外，酸类化合物的存在对生物油的储存和运输也提出了更高的要求。因此，必须将生物油中的酸类化合物除去或转化为其他化合物。然而，与醛酮类化合物相比，酸类化合物性质较为稳定、反应活性较弱。对乙酸的加氢精制条件要求较为苛刻，对设备要求较高，往往需要高温高压(反应温度要求 300℃以上，体系氢气压力 10.0MPa 以上)才能进行。因此加氢精制不是处理酸类化合物的理想方法。催化酯化具有反应条件温和，催化剂成本低(无需贵金属活性中心)等特点；催化酯化反应还有设备要求低(无需高温高压反应釜)，操作简单和成本低廉等优点；另外，酯化反应的产物为酯类化合物，酯类化合物具有易挥发、易燃等特性，能够提高生物油的点火性能和燃烧性能。综合上述三个方面考虑，将生物油中的酸类化合物转化为性质稳定的酯类化合物，是提高生物燃烧性能和油稳定性的有效方法。但是，精制后的生物油的H/C提高不明显，热值还是偏低，不能用于汽车燃料使用。

$SO_4^{2-}/M_xO_y$固体酸催化剂较早实现工业化，此类固体超强酸的酸中心是由金属氧化物与$SO_4^{2-}$之间的相互作用所致。常用的固体超强酸有$SO_4^{2-}/ZrO_2$、$SO_4^{2-}/TiO_2$、$SO_4^{2-}/Fe_2O_3$、$SO_4^{2-}/Al_2O_3$和$SO_4^{2-}/Sb_2O_3$等，催化效果很明显。固体酸催化剂按照组成不同，大致分为5大类：杂多酸、无机酸盐、金属氧化物及其复合物、沸石分子筛和阳离子交换树脂。其中$M_xO_y$类氧化物具有催化活性高，对水的稳定性很好，且副反应少，后续处理简单等优点。$M_xO_y$经$H_2SO_4$处理后可显著提高固体$SO_4^{2-}/M_xO_y$的酸量，引入氧化物体系确实对原有氧化物产生诱导作用，导致酸性增强。自从1979年日本的Hino[50]获得首例$SO_4^{2-}/M_xO_y$型固体酸($SO_4^{2-}/Fe_2O_3$)以来，至今已开发了一系列基于某些金属氧化物的$SO_4^{2-}/M_xO_y$型固体酸，其中$SO_4^{2-}$基于Fe、Ti、Sn、Zr、Hf等氧化物固体酸的研究已被广泛应用。固体酸催化的反应有烷烃异构化、裂化、烷基化、酯化、醚化、聚合、齐聚等，这方面的研究还在不断发展中。固体碱则包括担载碱阴离子交换树脂、金属氧化物、金属盐、氧化物混合物以及经碱金属或碱土金属交换的各种沸石等。

传统的酯化反应催化剂中，应用最广泛的是浓硫酸，其缺点是：硫酸同时具有氧化、磺化、脱水和异构化等作用，导致一系列的副反应发生；反应产物复杂，后续处理繁琐，并有大量废液产生，污染环境；同时硫酸严重腐蚀反应设备。酯化反应通常受平衡限制，尤其是在液相反应中，必须不断地将产生的水除掉或在某一反应物过剩的情况下操作，这样才可能得到较高的酯产率。基于此，国内外对替代硫酸的新型催化剂进行了大量研究，主要集中在固体催化剂方面。固体催化剂具有活性高、与反应物异相容易分离、无设备腐蚀和环境污染，且易回收、可重复使用、可实现连续生产等优点。

近些年来，用于酯化反应的固体酸催化剂制备过程中，添加某些贵金属或过渡金属组分，可以改善其催化性能，提高催化活性。金华峰等[120]采用共沉淀和浸渍法制备了纳米复合固体超强酸$S_2O_8^{2-}/CoFe_2O_4$、$SO_4^{2-}/ZnFe_2O_4$，而王绍艳等[121]用纳米$Fe_2O_3$粉体浸渍硫酸制备了纳米复合固体超强酸$SO_4^{2-}/Fe_2O_3$，常铮等[122]用纳米磁性材料$Fe_3O_4$和固体酸$ZrO_2$进行组装，采用全返混液膜反应法制备出新型磁性纳米固体酸催化剂$ZrO_2/Fe_2O_3$，实现了以磁性材料为核将固体酸包覆在其外部的结构模型。梅长松等[123]则将磁性材料CF加入$ZrOCl_2$的溶液中，获得钴基磁性固体超强酸催化剂SCFZ，并应用于乙酸和正丁醇的酯化反应。Song等[124]研究了不同固体酸催化剂对生物油性质的影响。结果表明，$SO_4^{2-}/SiO^{2-}TiO_2$催化剂有较好的催化性能，生物油的热值增加了83.22%，动力学黏度下降了95.45%，pH值升高了68.63%，水的质量分数下降了52.23%。也经常有报道用离子交换树脂作酸碱催化剂，这符合绿色化学要求，应用前景广阔。常用的强酸性阳离子交换树脂有 D001、D061、NKC-9 和 732 型等，已在试验中显示出了较好的催化性能。

Wang 等[125]选取了 732 和 NKC-9 型离子交换树脂作为研究对象，以生物油模型物与甲醇反应，其结果是 732 型树脂和 NKC-9 型树脂的精制油酸值分别下降了 88.54%和 85.95%，生物油模型的发热量分别增加了 32.26%和 31.64%，水质量分数分别下降了 27.74%和 30.87%，两者的密度降低了 21.77%，黏性降低了大约 97%。此法精制油的稳定性增强，腐蚀性降低，黏性降低幅度最大，是一种很好的降低黏度和提高生物油热值的方法。王琦等[126]等利用间歇式玻璃反应釜，在 60℃、油醇质量比为 1:2、催化剂质量分数为 20%和全回流条件下，研究了强酸型离子交换树脂催化的生物油酯化精制反应。结果表明，酯化后生物油的含水量和黏度下降，热值提高了 42.7%；生物油中低级羧酸均得到不同程度的转化，产物分布发生较大变化，主要生成乙酸乙酯、原乙酸三乙酯等新成分。

随着绿色化学的发展，人们也越来越关注固体碱催化剂。徐莹等[127]以超细 $\gamma$-$Al_2O_3$ 负载 $K_2CO_3$ 为原料制备固体碱进行催化酯化研究，结果表明，添加了 $K_2CO_3$ 后的 $\gamma$-$Al_2O_3$ 酯化效果较好，乙酸转化率显著增加。若添加适量的 NaOH，不仅能增强催化剂的耐水性，而且能提高生物油的 pH 值从而降低生物油的腐蚀性。

通过催化酯化反应能够显著地提高生物油的品质，精制后，生物油的 pH 值上升，稳定性增加，热值提高。但是，固体酸催化剂普遍存在酸性强弱和酸性流失的问题，这主要是由生物油中存在的水分造成的。一般来说，酸性越强，催化酯化的效果越好，但酸性越强，酸流失的程度就越严重。催化剂酸性的流失不但极大地降低了催化剂的活性，而且导致生物油的 pH 值下降。所以，在催化酯化过程中选择合适酸性的催化剂是至关重要的，一般而言，应当选择具有一定的抗水能力的催化剂。

5) 分子蒸馏

分子蒸馏是一种特殊的液-液分离技术，它不同于传统蒸馏依靠沸点差分离原理，而是靠不同物质分子运动平均自由程的不同实现分离。不同种类的分子，由于其分子运动平均自由程不同，逸出液面后与其他分子碰撞的飞行距离也就不同，在大于重分子平均自由程而小于轻分子平均自由程处设置冷凝板，气体中轻分子不断被冷凝，从而打破其动态平衡，促使液相中轻分子不断逸出；相反，气相中重分子不能到达冷凝板，很快与液相中重分子趋于动态平衡，表观上重分子不再从液相中逸出，实现了液相中轻、重分子的分离。

郭祚刚等[128]利用分子蒸馏技术将生物油中的水分与酸性组分作为整体对象进行分离，既得到生物油酸性组分富集馏分，又获得了水分含量低、酸性较弱、热值较高的精制生物油Ⅰ(蒸馏重质馏分)与精制生物油Ⅱ(常温冷凝馏分)。同时，具体考察了精制前后生物油的 pH 值、热值和水分等参数的变化规律。Martinello 等[129]

以分子蒸馏法研究了葡萄籽油的物理精制过程。对原料粗油进行水脱胶、脱蜡和漂白三步预处理，然后再进行分子蒸馏以脱氧。实验以物料流量(0.5～1.5mL/min)和蒸发温度(200～220℃)为变量考察了精制油中游离脂肪酸和生育酚的含量。

6) 添加溶剂

也有很多研究者希望通过添加溶剂来改善生物油的各项性能。添加溶剂是指在生物油中加入其他性质稳定的化合物，以提高生物油的稳定性和降低生物油的黏度的过程。添加甲醇和乙醇等溶剂不仅可以降低生物油的黏度，还可以降低生物油的pH 值，提高生物油的点火性能，是常见的提高生物油稳定性的方法。许多研究者研究了添加剂对生物油改性的作用。结果表明甲醇是优良的生物油改性添加剂，向生物油中添加少量(约 10wt%)的甲醇，就能显著地提高生物油的稳定性。Lopez 等[130]分别对纯生物油和生物油与乙醇混合(生物油质量分数为 80wt%，乙醇质量分数为20wt%)，在涡轮机中进行了燃烧试验研究。结果发现，由于混合油黏度较高，需要对燃烧室中的喷嘴进行改进，在燃烧性能方面与标准燃料相比有明显差异。添加醇类虽然改善了生物油的品质，但甲醇等燃料的自燃性都很差,有较高的抗爆性,低温蒸发性差,蒸发潜热高,不利于低温冷启动；而生物油本身的十六烷值很低，因此添加醇类的生物油作为内燃机燃料应用可能有一定的困难。而且，添加溶剂并不能够降低生物油中的含氧量，不能够提高生物油的燃烧热，此外，添加溶剂的成本往往较高，难以大范围推广。因此，通过添加溶剂来对生物油进行改性的研究较少。

7) 其他方法

除了加氢、酯化、乳化等传统的改性方法，目前又出现了新的工艺，如高压均化处理技术(HPH)，He 等[131]通过 HPH 方法处理生物油，生物油的平均分子量减小，其组成发生了很大的变化，生物油中的糠醛、左旋葡萄糖、二乙氧基甲基醋酸盐等含量明显增加，醋酸和 1，2-二醇明显减少，精制后的生物油在 40℃下放置 60 天，黏度只增加了 13.9%，而原生物油在相同的条件下却增加了 56%，说明高压均相反应能够有效地改善生物油的品质。

还有一些方法可以对生物油进行提质。萃取法是利用被分离组分在两种互不相溶的溶剂中溶解度的差异而达到分离目的的一种方法；与它类似的还有利用膜达到分离目的的膜分离法，膜分离以半透膜为选择障碍层，在膜两侧施加一定的压差，使不同的溶质在通过液层时具有不同的扩散系数，从而将各溶质分离。膜分离高效、节能、环保、选择性高、富集倍数大和操作简便，但由于生物油的复杂性，因此还没有在真实生物油体系中应用膜分离技术。

由于生物油含氧量的问题长期得不到良好的解决，所以有一些新思路被提了出来。一些研究者认为应该将生物油体制改造成结构简单的含氧化合物，这些化合物本身也可以作为燃料使用，并非必须降低生物油含氧量才能使用。为实现品位提升，调控的目标是使长链和结构复杂的分子裂解、醛和酮的不饱和键加氢、正构碳链的异构化、氮和硫原子的加氢脱除以及有机酸和醇的酯化等。这些反应均可在金属/酸碱催化中心上协同完成。Tang 等[132]设计了以下模型加氢酯化归并反应：醛 + $H_2$ + 酸 ⟶ 酯。将乙醛和丁醛分别与乙酸构成模型体系，在酸性载体 HZSM-5 和 $Al_2(SiO_3)_3$ 上负载 Pt 制成双功能催化剂。在氢压 1.5MPa 和 150℃条件下，醛和酸确实转化生成了乙酸乙酯和乙酸丁酯。这个结果说明，在生物质热解油提质过程中，提质反应的偶合、归并是完全可能的。

此外，将生物油进行分离提取出某种价值较高的化工产品也不失为一种很好的处理方法。如何提取其中含量较少但价值很高的化工产品被很多研究者，尤其是商家所关注。生物油中可提取的化工产品有与醛形成树脂的多酚、食品工业中的添加剂和调味剂、制备除冰剂的挥发性有机酸、左旋葡聚糖、羟基乙醛和可用于制药、合成纤维、化肥工业的物质等。

## 3.4 生物质汽油/柴油制备

我们在前面介绍的生物柴油及其工艺流程方法大致都是针对通过酯交换反应制成的生物柴油提出的，有研究者将这一类通过植物油、动物油脂、餐饮废弃的地沟油等原料中的脂肪酸甘油三脂与低分子的醇发生酯交换反应生成的生物柴油称为第一代生物柴油，在此基础上，研究者总结并发展了新的生物柴油技术，并逐渐形成了第二代和正在研发的第三代生物柴油。第二代生物柴油即以动植物油脂为原料通过催化加氢工艺生产的非脂肪酸甲酯生物柴油。第二代生物柴油结构与石化柴油更加接近，而且具有优异的调和性能，较低的密度和黏度，并且具有高的十六烷值和更低的浊点。因为第二代生物柴油制备的材料仅限于油脂，研究者又对非油脂类和微生物油脂进行试验并成功研制了生物柴油，称为第三代生物柴油。

**表 3-12　原料与工艺对比**

| 分析项目 | 第一代生物柴油 | 第二代生物柴油 | 第三代生物柴油 |
|---|---|---|---|
| 原料 | 精炼动植物油、甲醇 | 精炼动植物油、氢气 | 农林废弃物 |
| 工艺 | 酯交换工艺 | 加氢脱氧-异构化工艺 | 气化-FT 工艺 |
| 难易程度 | 易 | 难 | 难 |

第二代生物柴油的制备工艺主要通过对动植物油脂进行加氢处理来得到类似柴油组分的烷烃组分，动植物油脂的主要成分是脂肪酸三甘酯，油脂中典型的脂肪酸包括饱和酸、一元不饱和酸和多元不饱和酸，不饱和脂肪酸多为一烯酸和二烯酸。第二代生物柴油在化学结构上与柴油完全相同，具有与柴油相似的黏度和发热值，

密度较低，十六烷值较高，含硫量较低，稳定性好，符合清洁燃料的发展方向，而且第二代生物柴油具有优异的调和性质，低温流动性较好。

第三代生物柴油主要是在原料范围上的拓展，从原来的棕榈油、大豆油等油脂拓展到高纤维含量的非油脂类生物质和微生物油脂。目前，主要有两种技术：①以微生物油脂生产生物柴油；②生物质气化合成生物柴油。

生物质气化-FT工艺合成生物柴油是生物质原料进入气化系统，把高纤维素含量的非油脂类生物质制备成合成气，再采用气体反应系统对其进行反应，并在气体净化系统和利用系统中催化加氢制备生物柴油。非油脂类生物质气化是把木屑、农作物秸秆和固体废弃物等压制成型或破碎加工处理，然后在缺氧的条件下送入气化炉裂解，得到可燃气体并净化处理获得合成气，主要成分是甲醇、乙醇、二甲醚和液化石油气(LPG)等燃料。法国5家公司与德国伍德公司在合作开发生物质气化技术，重点是完善和改进伍德公司的PRENFLO气化技术。该技术具有直接骤冷的特点，且原料灵活性大。德国Choren工业公司用自己开发的Corbo-V气化技术和Shell的合成油技术，以废木材为原料，在中型装置运行22500h、生产27000L合成油基础上，在德国建设了示范装置，2009年气化装置开始生产合成气，2010年初合成油装置运行生产合成油，生产能力为 $1.5\times10^4$t/a。把生物质气化合成生物燃料看做第三代生物燃料，是由于生物质产率很大，现在全球每年生产的生物质能够转化为 $340\times10^8$～$1600\times10^8$bbl生物质油，远超过每年 $40\times10^8$bbl的石油消耗量。美国农业部和能源部的研究表明，在不减少食用作物、动物饲料和出口的前提下，美国每年生产 $13\times10^8$t生物质，至少可生产 $1000\times10^8$gal生物燃料，大约相当于目前美国每年汽柴油消费量的一半[133]。

生物质费托(BIO-STG)法制汽油是将生物质气化重整得到的合成气再经费托法合成汽油。生物质甲醇(BIO-MTG)法制汽油是将生物质气化并重整得到的合成气先合成为甲醇，然后通过甲醇制汽油的方法制取汽油。通过BIO-MTG和BIO-STG法制取的汽油与原油提炼的汽油组分相近，经调和后可直接用作车用燃料。生物质制汽油是一个涉及多种工艺流程的能源生产过程[134]。据美国《化学工程》报道，德国Karlsruhe技术研究院(KIT)2013年10月首次在中型装置上利用生物质(稻草和麦秆)原料成功地生产出汽油，并将该技术称为bioliq新工艺。该工艺主要有四道工序：①生物质快速热解，把干基生物质进行粉碎，通过快速热解转化为生物基合成油(这是一种能量密度比原料高13～15倍的合成原油)，可以经济地长距离集中输送到加工厂；②高压携带流气化，把生物基合成原油通过携带流气化器在>1200℃和>8.0MPa条件下转化为合成气(主要是氢气和一氧化碳)；③合成气调节，把合成气进行净化脱除杂质，如颗粒物、氯化物和氮化物；④合成，把清洁的合成气送进合成反应器生产二甲醚(DME)，二甲醚可以直接替代汽油使用，也可以与汽油调和以后使用。

目前，生物质气化合成生物汽油/柴油还主要处于试验阶段，生物质气化方法存在焦油转化不理想、CO 选择性低等问题，所以要研究新型、高效、经济的气化合成装置和催化剂。我国利用非油脂类生物质气化制备合成气，主要集中在科研院所的实验室阶段，有待进一步研究发展。随着世界科技的进步，生物质气化合成生物汽油/柴油的技术也将逐渐产业化，来满足人们对柴油的需求量[135]。

## 3.5 航空生物燃油制备

飞机燃油大致有三种：航空汽油、航空煤油、航空柴油。 民用客机绝大多数使用航空煤油，而航空煤油要求有较好的低温性、安定性、润滑性、蒸发性以及无腐蚀性、不易起静电和着火危险性小等特点。

航空煤油(jet fuel)是由直馏馏分、加氢裂化和加氢精制等组分及必要的添加剂调和而成的一种透明液体，主要由不同馏分的烃类化合物组成，分子式 $CH_3(CH_2)_nCH_3$ ($n$ 为 8～16)，还含有少量芳香烃、不饱和烃、环烃等，纯度很高，杂质含量微乎其微。航空煤油的主要判断指标有发热值、密度、低温性能、馏程范围和黏度。喷气式飞机的飞行高度在一万米以上，这时高空气温低达-55～-60℃，这就要求航空煤油能在这样的低温下不凝固，以确保飞机在高空中正常飞行。

### 3.5.1 航空燃油的特性

航空汽油主要为航空器提供动力，能量含量是一个重要的性能，其他重要性能有抗爆性、流动性、挥发性、抗腐蚀性和洁净度等。

1) 能量含量

飞机的活塞发动机把燃料中化学能转换为机械能，因此能量含量是航空汽油的一个重要参数。航空汽油的能量含量(燃烧热)是指在一定条件下一定质量的燃料燃烧后释放的热量。能量含量可以通过重量(单位质量燃料所含的能)或体积(单位体积所含的能)表示。国际单位是兆焦/千克(MJ/kg )，兆焦/升(MJ /L)。在美国，通常使用的重量单位是每英镑热值(Btu/lb)，体积单位是每加仑热值(Btu/gal)。

不同成分的燃料的能量含量不同，航空汽油的重量能量变化不大，因为航空汽油对组分要求很苛刻。发动机处理的空气越多，输出的功率就越大。功率方面考虑的主要因素有发动机气缸的大小、发动机的压缩比，以及是否进气增压。

2) 抗爆性

抗爆性就是指汽油在发动机中燃烧时的抗爆震的能力,它是汽油燃烧性能的主要指标。爆震是汽油在发动机中燃烧不正常引起的，用辛烷值(octane number)评定(汽车燃料润滑)。辛烷值是衡量航空汽油抗爆能力的一个参数，它的测定是在专门设计的可变压缩比的单缸试验机中进行的。异辛烷(2，2，4-三甲基戊烷)的抗爆性较好，辛烷值给定为 100。正庚烷的抗爆性差，给定为 0。汽油辛烷值的测定是以异辛烷和正庚烷为标准燃料，按标准条件，在实验室标准单缸汽油机上用对比法进行的。调节标准燃料组成的比例，使标准燃料产生的爆震强度与试样相同，此时标准燃料中异辛烷所占的体积百分数就是试样的辛烷值。航空汽油的辛烷值一般不能与汽车用汽油比较，因为航空汽油的辛烷值是以一台完全不同的测试发动机与测试方法来厘订的。第一个(数值较低的)数字是“贫气混合气辛烷值”，而第二个较高的数值被称为“富气混合气辛烷值”(“贫”与“富”，指的是航空汽油在混合气中所占的比例)。相对之下，汽车用汽油的辛烷值，一般是标示成“抗爆震指数”，是以“研究值”与“汽车发动机测试值”两者取平均而得的。富气混合气辛烷值大致与发动机的最大输出功率成线性关系。发动机和燃料是相互依赖的，每个发动机对燃料都有最小抗爆性能的要求。发动机使用抗爆性能低的燃油会发生爆震，损坏发动机；使用过高的抗爆性燃料，对发动机无害，但增加成本。

航空汽油的辛烷值逐步提高，涡轮发动机和高压缩比的发动机也应运而生，四冲程发动机工作循环所做的功与所消耗的空气是成比例的。发动机的排量和入口空气压力的增加均会导致发动机工作循环的空气耗量的增加。这种进气压缩被称为增压或涡轮增压。对于航空来说，由于增压导致的发动机重量和容积的增加是不允许的，而涡轮增压器却有较小的重量和容积。涡轮发动机的气缸的压力和温度较高，对燃料的辛烷值要求较高。

燃料的辛烷值越高，发动机的压缩比就可以越高。单纯地增加压缩比不会增加空气耗量，但增加了发动机的热效率。

3) 流动性

与其他液体相似，当温度足够低时，航空汽油也会结冰，航空汽油是由不同烃类化合物组成的，而每种烃类化合物的冰点各不相同。在同一温度下，航空汽油不会冻结成固体。随着温度的降低，航空汽油中冰点最高的烃类首先冷凝成固体，随后冰点较低的烃类再冷凝成固体，从而燃料从均相的液体变成含有烃类晶体的液体，继而成为液体燃料和烃类晶体的泥状物，最终成为烃类固体。为保证航空汽油处于低温的高海拔时，仍能流向发动机，航空汽油要有一定的流动性。高海拔地区的温度随着季节或纬度变化，海拔 3000 m 的最低平均温度为−25℃，海拔 6000m 的最低平均温度为−42℃，汽油中大多数的低分子量和低冰点的烃类在这样的温度下不会结晶，但是高分子量烃类却能结晶。为避免烃类结晶，航空汽油的规范规定航空汽油的冰点不能低于−58℃。

4) 挥发性

挥发性是指燃料变成气体或蒸汽的过程，通常用蒸汽压和蒸馏程来描述航空汽油的挥发性。航空汽油的挥发性越好，蒸汽压越大，蒸馏温度越低。

发动机通过化油器或喷油器把燃料送入气缸内。化油器把燃料和空气混合，混合气被吸入进气管，进气管把燃料和空气充分混合后再送入气缸内，而喷油器是把燃料喷入各气缸上方的进气管。空气被吸入，但是燃料和空气的混合是在进入进气门之前，最终在气缸的进气和压缩冲程中完全进行。化油器主要应用于早期的航空汽油中，航空汽油挥发性规范随着化油器发动机的发展而发展。喷油器发动机对航空汽油的挥发性要求不高，这种挥发性规范也适用于喷油器发动机。

5) 储存稳定性

航空汽油的多步反应导致航空汽油的不稳定性，有一些是氧化反应，初始反应物为过氧化氢以及其他过氧化物。这些产物溶解在燃料中，会破坏胶体并缩短燃料中胶体的寿命。其他反应中会形成可溶胶和不可溶固体颗粒。这些产物会堵塞燃油过滤器并沉积在飞行器燃料系统的壁面上。限制了小直径通道的流量。

由于航空汽油的制造方式以及制造后几个月内就会用完，航空汽油的储存过程中不会出现问题，而对于偶尔或紧急情况下使用的航空汽油来说，储存的稳定性是一个问题，在正确的储存方法下，航空汽油至少可以保存一年。储存时间较长或储存方法不当的航空汽油，在使用前应检测其是否满足航空汽油的使用规范。

储存过程中出现的变化：①烃类的空气氧化反应；②四乙基铅的空气氧化反应，形成不溶于水的固体白色颗粒；③易挥发烃类组分的蒸发。不稳定反应中大多是易挥发的分子。储存稳定性不仅受燃料稳定性的影响，且受储存条件的影响。当储存的温度较高时，发生不稳定反应的速度更快。储存航空汽油的另一个挑战是高温下储存航空汽油。燃料中的易挥发组分挥发并丢失在大气中。当高蒸汽压组分挥发过多时，燃料中的四乙基铅浓度就会增加，超过航空汽油的最大规范标准，而蒸汽压低于规范标准的最低量。

6) 抗腐蚀性

航空汽油具有腐蚀性，在使用中会接触多种材料，为避免其腐蚀这些材料尤其是飞行器的燃料系统，当燃料系统中使用新材料时，发动机和飞机制造商会对该材料进行燃料兼容性测试。航空汽油中的硫具有腐蚀性，因此航空汽油对硫含量均有限制。

7) 洁净度

燃料的清洁度是指燃料中不允许含有固体颗粒及自由水，尤其是铁锈和污垢等，这些均会堵塞燃料过滤器、磨损燃油器。发动机中水是不燃烧的，当在高海拔低温环境下，就会结冰。结冰会阻塞燃油过滤器，水会腐蚀金属，并促进燃料中微生物的生长。刚生产出来的航空汽油是无菌的，在经过高温的提炼过程中，被空气和水中的微生物污染，这些微生物主要是真菌和细菌(酵母菌和霉菌)。微生物生长形成的固体会阻塞燃油过滤器，并生成会腐蚀金属的酸性产物。大多数微生物生长需要水，微生物通常生长在燃料-水界面。好氧微生物生长需要空气，厌氧微生物生长不需要空气。微生物的生长除了需要燃料和水，还需要一些带有营养物质的元素，磷就是一种微生物生长所需的元素。高温也有利于微生物的生长。像航空汽油这种微生物污染在其他的石油产品中并不多见，这种污染也许是四乙基铅的存在的缘故。为了减少微生物污染，应尽量减少燃油储存罐中水的含量，尽量不使用航空汽油添加剂。

8) 安全特性

航空汽油易燃，易爆。如果在使用航空汽油过程中操作不当，极易发生危险事故，另外，皮肤不能直接接触航空汽油，在使用航空汽油前需认真阅读供应商提供的材料安全数据表。液体不燃烧，只有气体能燃烧，而气体只有在空气中的浓度达到可燃范围内才能燃烧，混合气中的燃料蒸汽低于燃烧下限或者高于燃烧上限时均不能燃烧。航空汽油的燃烧上限和燃烧下限约为 7%和 1.2%(体积分数)。

9) 闪点和电导率

闪点是液体挥发的可燃气在液体表面与空气组成可燃混合气可以点燃的最低温度。航空汽油的闪点是−40℃。低于环境温度不易测量控制。不同介质表面接触时会产生静电荷，当燃料在管道或过滤器内流动时也会产生电荷。纯烃不是导体，燃料的电导率单位是 CU，$1\ \mathrm{CU} = 1\mathrm{pS/m} = 1\times10^{12}\Omega^{-1}\cdot\mathrm{m}^{-1}$，航空汽油的电导率的变化范围从不到 1CU 至 10CU。去离子水的电导率为 10 亿 CU。

航空生物燃料对油质的要求很高，特别是在低温性能方面，航空生物燃料要求冰点不高于−47℃，而航空生物燃料中存在大量的生物柴油时燃料冰点升高，会导致在航行时燃料固化；另外，生物柴油会对航空生物燃料的稳定性造成影响，一般含有生物柴油的航空燃料保质期为 6 个月。试验表明，储存过久的燃料黏度有所增加，会产生浑浊和沉淀。同时，航空燃料主要成分为烷烃和少量的芳烃、烯烃等，因而酯交换制备的生物柴油不能直接用于航空涡轮发动机。国内外已经开发出多种航空生物燃料生产工艺路线，其研究思路主要是将生物质转化为中间产物(生物质油或合成气)，再对中间产物(或天然油脂)进行改性制备航空生物燃料，主要工艺路线包括：天然油脂(或生物质油)加氢脱氧-加氢裂化/异构技术路线(加氢法)；生物质液化(气化-费托合成)-加氢提质技术路线；生物质热裂解(TDP)和催化裂解(CDP)技术路线；生物异丁醇转化为航空燃料技术路线。因此，与传统的生物柴油相比，航空生物燃料制备过程中需要对原料进行加氢脱氧处理，以得到与传统航空煤油相似的组分。

### 3.5.2　航空燃油的等级

航空汽油以最大含铅量可以分为几个等级，如表 3-13 所示。而四乙基铅是常用的添加剂，且是一种昂贵的添加剂，通常只添加很少量到航空汽油内以达到所需要的辛烷值，所以航空汽油的含铅量往往都比最大含铅量低。

表 3-13　航空汽油的等级分类

| 等级分类 | 备注说明 |
|---|---|
| Avgas 80/87 | 1gal 最大含铅量为 0.5g，只用于压缩比非常低的引擎 |
| Avgas 100/130 | 是一种高辛烷值的航空汽油，每加仑最大含铅量为 4g |
| Avgas 100LL | 100LL(Low Lead, 低含铅量)就是用于取代 Avgas100/130。每加仑最大含铅量为 2g，是现今最常用的航空汽油 |

表 3-14 列出了航空油与生物油物理性质的差异，从表中我们可以看出，航空油中的 C、H 含量高，不含有 O，芳烃含量 8%～26.5%，而生物油的 O 含量较高，是生物油热值低的主要原因。

表 3-14　航空油与生物油物理性质对比

| 物理性质 | 航空油 | 生物油 |
|---|---|---|
| C/% | 约 86.3 | 51～58 |
| H/% | 13.4 | 5.1～5.7 |
| O/% | 0 | 34.5～43.7 |
| LHV/(MJ/kg) | >43.3 | 22.1～24.3 |
| 总芳烃/% | 8～26.5 | — |

生物质中木质素、纤维素、半纤维素的含量影响生物油的质量。与木质生物质相比，农业残渣中的木质素较少，而半纤维素、灰分、碱金属的含量较多，从而导致较高的 O/C 比。纤维素降解成糖和水，在生物油产量上有很大影响(72%, 580℃)，半纤维素生成的生物油(主要为酸)产量较低(45%)，生成大量的炭和气体。由于草和秸秆比木材含有更多的半纤维素，农业作物中生成气体较多，从木质素生成的生物油中有较低的氧含量，从而有较高的能量密度。另一方面，农业原料中木质素较易裂解，可能是由于其中较多的碱金属含量对其的催化影响。

生物航油是以多种动植物油脂为原料，采用自主研发的加氢技术、催化剂体系和工艺技术生产的。近年来，中国石化一直在开发餐饮废油和海藻加工生产生物航油的技术。利用生物质全成分制取航空燃料技术具有原料适应性广、产品纯度和洁净度高、清洁无污染等特点，可成为理想的交通运输动力燃料的新型生产技术。美国、欧盟和日本等已高度重视 Biomass To Liquid(BTL)技术，并建立了相应的生物质气化合成醇醚及烃类液体燃料示范装置。而利用生物质水相重整技术将生物质转化为液体燃料是一个新颖和前沿的课题，主要将纤维素类生物质先水解降解，然后经过醇醛缩合、连续加氢，实现产物向航空燃料组分生成。这种工艺最先由美国科学家 Dumesic 提出，采用生物质模型化合物(单糖类)在贵金属负载型 Pt ~ Re 催化剂上水相重整得到 C7～C15 长链烷烃。中国科学院广州能源研究所对生物质水相重整制取生物汽油和航空燃料的工艺进行了反复的探索与研究，制备了高性能的非贵金属负载型催化剂，已建立了百吨级生物汽油示范系统，取得了较好的研究成果。

### 3.5.3　生物航油合成技术

生物航油的合成技术主要有以下三种。

1. 费托合成技术

费托合成技术是一种把含碳物质先气化得到合成气然后再合成液体烃的工业技术，该方法是由德国科学家 Fischer Frans 和 Tropsch Hans 首先提出的，简称 F-T 合成。费托合成技术可以按照操作条件的不同分为高温费托合成(HTFT)和低温费托合成(LTFT)。高温费托合成主要使用铁基催化剂得到性能较好的汽油、柴油、溶剂油和烯烃等产品，反应温度一般控制在 300～350℃，而低温费托合成主要使用钴基催化剂生产性能稳定的煤油、柴油、润滑油、基础油、石脑油馏分等产品，反应温度一般控制在 200～240℃。产品中不含芳烃，硫含量也较低。费托合成技术按照原材料的不同可以分为 3 种类型：煤炭为原料的煤制油工艺(CTL)，天然气为原料的天然气合成油工艺(GTL)，以及生物质为原料的生物质合成油工艺(BTL)。为了解决当地石油的需求问题，南非于 1951 年建成了第一座由煤生产液体运输燃料的 SASOL-I 厂。荷兰皇家 Shell 石油公司一直在进行从煤或天然气基合成气制取发动机燃料的研究开发工作，尤其对一氧化碳加氢反应的 Schulz-Flory 聚合动力学的规律性进行了深入的研究。在 1985 年第五次合成燃料研讨会上，荷兰皇家 Shell 石油公司宣布已开发成功 F-T 合成两段法新技术(Shell Middle Distillate Synthesis，SMDS)，并通过中试装置的长期运转。基于费托合成的生物质合成油工艺可以适用于各种不同的生物质原料，包括森林和农业废弃物，木质加工业底料，能源作物，以及城市固体废弃物等。

费托合成燃料无硫、无氮、低芳烃含量，油品质量符合环保要求，与石油基燃料相比是一种对环境友好的运输燃料。费托合成最显著的特征是产物分布宽($C_1$～$C_{20}$ 不同烷、烯的混合物及含氧化合物等)，单一产物的选择性低。减少甲烷生成、选择性地合成目标烃类(液体燃油、重质烃或烯烃)始终是催化剂研发的方向。积年的研发工作形成了沉淀铁、熔铁、负载钴及铁锰(钴锰)几大催化体系。费托合成催化剂通常包括下列组分：活性金属(第Ⅷ族过渡金属)，氧化物载体或结构助剂($SiO_2$，$Al_2O_3$ 等)，化学助剂(碱金属氧化物)及贵金属助剂(Ru，Re，Cu 等)。费托合成催化剂的选择性在很大程度上取决于原料合成气的组成。现阶段的研究和实践表明：铁催化剂因具有较高的水气变换反应(WGS)活性，更适合于低氢碳比的煤基合成气($H_2$/CO=0.5～0.7)的转化；而钴催化剂因有高的单程转化率和不敏感的水气变换反应活性，较适合于天然气基合成气($H_2$/CO=1.6～2.2)的转化。反应器和反应过程的选择则受多种因素的影响，但总体而言，煤基合成气最适合在含有铁催化剂的浆态床反应器中进行高效转化。近 20 年来，铁催化剂浆态床反应的研究与应用十分活跃。我国煤炭储量丰富，而石油和天然气资源相对不足，2000 年我国进口原油突破 7000 万 t，发展煤制油技术已成为保障我国油品基本自给和经济可持续发展的必由选择和最为现实可行的途径。近年来，对于生物质能的研究逐渐成为热点，生物质具有可再生性等优点，中国的生物质资源非常丰富，开发生物质能源对于中国的能源安全至关重要。国内外很多研究人员开展了生物质制油技术的研究，取得了一定的成果[136]。铁催化剂是煤间接液化和生物质制油的首选催化剂，开发研制性能优越的铁催化剂和改进配套工艺是当前费托合成 R&D 的核心之一。用于费托合成的铁催化剂可通过沉淀、烧结或熔融氧化物混合而制得。研究最多的是熔铁，而熔铁催化剂多采用 $Fe_3O_4$ 基催化剂。铁基催化剂中助剂对于调变活性和选择性发挥着重要的作用，研究较多的助剂为碱金属、碱土金属、Cu 和其他过渡金属。文献[137]报道了微球型 Fe/Cu/K/$SiO_2$ 催化剂中 K 的作用，认为添加 K 的同时提高了费托合成反应和水气反应(WGS)的活性，研究发现碳氢化合物中 $CH_4$ 及 $C_{2\sim4}$ 烃的选择性随 K 含量的增加而下降，而 $C_5^+$ 烃选择性则随之增加，可达到 84%左右。此外，在 Fe 基催化剂中加入 Cu 助剂，可促进 Fe 的还原，降低催化剂的还原温度。

与 Fe 催化剂相比，Co 基催化剂具有较好的碳链增长能力，其高碳直链饱和烃选择性高，产物中含氧化合物少，具有在反应过程中不易积碳、WGS 反应活性低等特点。陈建刚等研究了 Co 基费托合成催化剂上 CO、$H_2$ 的吸附行为，试验表明：助剂 Zr 显著改变了 Co-$SiO_2$ 费托合成催化剂与反应物的吸附行为，使 CO 吸附强度减弱，有利于重质烃的生成，同时锆助剂使吸附氢性质改变，因而使催化剂在表面 $H_2$/CO 比例较低时仍能维持较高的反应活性。中国科学院山西煤碳化学研究所研制了钴催化剂的催化活性，研究结果表明，采用催化剂表面疏水改性、改进介孔材料结构等手段能够显著改善催化剂选择性，研究开发的 I 型钴基催化剂，具有高活性、低甲烷选择性(5%～6%)和高直链重质饱和烃选择性(90%)等特点，目前已实现工业化制备。

2. 氢化处理技术

用作航空燃料的第二代航空生物燃料不仅需要具备第二代可再生新型生物燃料的各种特性，同时还要求具备更高的燃烧性能以及安全性能。目前，比较典型的第二代航空生物燃料技术包括美国 Honeywell's UOP 公司开发的 UOPTM 工艺和美国 Syntroleum 公司开发的 Bio-SynfiningTM 工艺。UOPTM 工艺主要包括加氢脱氧和加氢裂化/异构化两个部分。首先通过加氢脱除动植物油中的氧，该部分是强放热过程，加氢脱氧之后的物料再通过加氢进行选择性裂解和异构化反应获得石蜡基航空油组分。另外，美国 Honeywell's UOP 公司还开发了 RTPTM 工艺，通过生物质的快速裂解和加氢精制来提取芳烃，作为航空生物燃料的调和组分。在美国 Syntroleum 公司开发的 Bio-SynfiningTM 工艺中，脂肪酸和脂肪酸甘油酯通过 3 个工艺过程转化为航空燃油。首先，要除去原料油中的杂质和水，98%的金属杂质和磷脂组分也将会被选择性脱除。处理后的脂肪酸通过加氢催化转化成长碳链饱和烷烃，最后再通过加氢裂化/异构化过程制得含有支链的短链饱和烷烃。2008 年，美国 Syntroleum 公司已经以废弃动物油脂和皂脚为原料通过 Bio-SynfiningTM 工艺生产了 600gal 航空燃油用于美国空军的飞行计划。美国 Honeywell's UOP 公司也计划为美国海军和空军分别提供 190000gal 和 400000gal 的航空生物燃油，该计划将采用动物油脂，第一代能源作物大豆油和棕榈油，以及第二代可再生能源植物麻风树、亚麻和微藻作为原料。

3. 生物合成烃技术

美国 Virent 能源公司通过 Bio-Forming 新型催化反应工艺可以从植物的糖类、淀粉或纤维素制取传统的非含氧液体喷气燃料，该工艺组合了美国 Virent 公司自有的水相重整(APR)技术以及催化加氢、催化缩合和烷基化等石油炼制中的常规加工技术。从生物质原料分离出来的水溶性碳水化合物首先经过催化加氢处理将糖类组分转化为多元醇类物质。然后在水相重整(APR)过程中，得到的糖醇类组分与水在专有的多相金属催化剂作用下通过一系列的并联和串联过程降低反应物料的氧含量，生成氢气和化学品中间体，以及少量的烷烃组分。APR 反应的温度一般为 450～575K，反应压力为 1～9MPa。最后，水相重整过程得到的化学品中间体通过碱催化的缩合途径就可以转化为喷气燃料组分。通过改变催化剂的类型以及转化途径，利用这一技术也可以产出汽油、柴油等其他液体燃料。该工艺得到的烃类液体燃料在组成、性能和功能方面完全可以替代现有的石油产品。与发酵法不同，Virent 能源公司的新型催化反应工艺原料来源广泛，它可直接采用混合糖类、多糖类和从纤维素生物质衍生的 C5 和 C6 糖类。该工艺所需的氢气可以通过水相重整过程直接提供，而且生物质原料中的非水溶性组分经过分离后燃烧产生的能量，可以为该工艺提供所需的热量和电力，因此该工艺仅需要很少的外部能源。

### 3.5.4 生物航油原料

1. 微藻

在第二代生物燃料中，被寄予厚望的是微藻生物油，也有人认为微藻是第三代生物燃料。微藻繁殖快，不与人争粮，不与粮争地，只要有阳光和水就能生长，甚至在废水和污水中也能生长。微藻生长迅速，从生长到产油只需要十几天，而大豆、玉米等作物需要几个月。微藻生产的成本主要集中在大面积生长、收获方面，需要独立的扩大培养系统、脱水或浓缩系统以及微藻油的提取系统。微藻在培养过程中还需要添加营养成分、$CO_2$，补充水分。常规的微藻油抽提系统需要进行藻类生物质脱水和干燥，能耗大。高产油微藻不一定高产，高产的微藻又不一定含油量高；微藻死亡后，如不迅速处理，就会降解，发出腥臭，污染环境，因此，微藻的大面积培养、收集及提取都存在一定的问题，现在离工业化还有一定的距离[138,139]。

2. 麻风树

麻风树是一种灌木，耐干旱贫瘠，可在山林种植，不与粮争地，主要生长在拉丁美洲。麻风树种子油的脂肪酸成分组成比较简单，主要集中在 $C_{14}$，$C_{18}$；其含油酸、亚油酸较多，二者含量高达 70%以上，这样的品质有利于再加工利用[140]。麻风树油作为生物柴油的主要原料，受到广泛重视，尤其印度、奥地利和尼加拉瓜等国政府不断加大了这方面的研究力度。麻风树种子油运动黏度太高[141]，不能直接用作生物柴油；但转化的脂肪酸甲酯或者是乙酯均可达到菜籽油甲酯的标准。然而，生物柴油的指标远远达不到生物航油的标准，特别是它的凝固点比较高，若要达到生物航油的标准，尚需进一步处理。

3. 亚麻籽

亚麻籽(flaxseed 或 linseed)也称胡麻籽，为亚麻科、亚麻属一年生或多年生草本植物亚麻的种子，主要分布在地中海、欧洲地区。亚麻油是典型的干性油，外观为黄色透明液体状，有亚麻籽油的固有气味。其理化特性为：体积质量 0.9260～0.9365(20℃/4℃)；凝固点-25℃，粘度 7.14～7.66(20℃)，脂肪酸相对平均分子量 270～307[142,143]。

4. 盐生植物

盐生植物有盐地碱蓬、海滨锦葵等。盐地碱蓬属高耐盐真盐生植物，主要生长于海滨、湖边等盐生沼泽环境。其种子含油量高达 260g/kg，且碱蓬油中不饱和脂肪酸含量很高，亚油酸含量约占总脂肪酸的 70%，盐地碱蓬油成分与红花油相近，也可作为共轭亚油酸的生产原料。海滨锦葵为锦葵科锦葵属多年生宿根植物，具备耐盐耐淹特性。其种子黑色、肾形，含油率在 17%以上，和重要经济作物大豆相比，油脂含量不相上下。海滨锦葵是集油料、饲料、医药与观赏价值于一身的耐盐经济植物，在沿海滩涂种植不但充分利用了盐土资源，并且能加快滩涂脱盐，帮助土壤改造，有着潜在的巨大经济和社会效益[144-146]。

### 3.5.5 生物航油的生产方法

1. 脱氧化处理

用特定的海藻菌株生产的油所含的是大量中度链长的脂肪酸，在脱氧化处理后，链长完全接近常规煤油中存在的烃类长度。与少量燃料添加剂相混合后，就成为 JP8 或 Jet A 喷气燃料，适合喷气航空飞行应用。利用脱氧化处理生产中度链长脂肪酸基煤油的一个竞争性优势是无需采用昂贵的化学或热裂化过程，而动物脂肪、植物油和典型的海藻油中常见的长链脂肪酸却需采用这些过程处理。

2. 加氢化处理

希腊的 Stella 等[147]研究了真空汽油(VGO)-植物油的混合物，通过氢化裂解处理，可得到生物柴油、煤油/航空煤油和石脑油。他们利用未处理的向日葵油、真空汽油和预氢化处理的真空汽油进行研究，催化剂为 3 种常规催化剂。Huber 等[148]研究了植物油以及植物油-重真空油(HVO)混合物的氢化裂解。加氢条件为 300～450℃，常规的加氢催化剂为 NiMo 硫化物/$Al_2O_3$，产物主要为 $C_{15}$～$C_{18}$ 烷烃。催化温度低于 350℃时，$C_{15}$～$C_{18}$ 烷烃的产量随着植物油量的增加而增加；但另一方面，催化剂性能会因催化过程中有水分而钝化。

3. 生物质热解处理

研究人员已对很多种物料进行了生物质快速热解技术的研究，大部分的工作集中在木材原料上。在快速热解过程中，木质原料中高挥发性成分多因液体产物含量高、灰分高导致有机液体产物减少，特别是灰分中钾和钙化合物含量高会使液体产物减少。非木质原料灰分高，液体产物少。Chiaramonti 等[149]研究了生物质快速热裂解技术，发现生物质热解液体与石油基燃料在物理性质和化学组成方面显著不同。轻质油主要由饱和石蜡、芳烃化合物($C_9$～$C_{25}$)组成，与高极性热解液体不能混合。

4. 费托合成

Kazuhiro 研究了以合成气为原料，采用铁基催化剂，利用费托合成反应生产相当于煤油的航空代用燃料。费托合成所用反应器为下吸式连续流动型固定床反应器，反应温度为 533～573K，反应压力为 3.0MPa。研究了气体变化、反应时间、反应温度、Fe 基催化剂化学成分改变时对费托合成煤油产量的影响。在 $C_6$ 以上的烃中，生成相当于煤油($C_{11}$～$C_{14}$烃)的 CO 的选择性居第 2 位，选择性最高的是生成相当于蜡的 $C_2O$ 以上的烃。煤油产量最大的条件是不含其他化学成分的 Fe 基催化剂，气体原料 $H_2$:CO:$N_2$ 为 2:1:3，反应时间为 8h，费托合成温度为 553K。

5. 生物油催化裂解

Yee Kang Ong 研究了以可食用油及不可食用油为原料，借助催化剂裂解生产生物油的现状和前景。与热分解、酯交换过程相比，催化裂解反应具有以下优点：首先，催化裂解反应的温度为450℃，远低于热分解时的500～850℃；其次，热分解产物的质量主要取决于给料方式。高纤维素原料产生的液相部分包括酸、乙醇、乙醛、酮和酚类化合物。酯交换只是用来生产生物柴油，而催化裂解可用来生产煤油、汽油和柴油。酯交换的主要缺点在于利用均相催化剂，总的生产能耗和分离成本较高。现在非均相催化剂和超临界反应仍在不断的研究中。

## 3.6 生物质液体利用与工程案例

### 3.6.1 燃料乙醇工艺实例介绍

1. 国外纤维素燃料乙醇工业的实例介绍

1) 蒸汽爆破工艺

蒸汽爆破是将纤维素材料在高温高压下维持一段时间，随后突然释放压力的一种处理方式，在处理过程中可以加入一定量的硫酸、氨水及其他化学品，从而加强预处理的效果。采用此类工艺的主要有加拿大 Iogen、美国杜邦与丹麦丹尼斯科公司合作的 DDCE 公司等。

2) 稀酸及水热处理工艺

稀酸处理工艺是采用低浓度的硫酸、盐酸、磷酸等无机酸及甲酸、乙酸等有机酸，在高温条件下处理一定时间，从而可以增加纤维素水解效率。具有代表性的主要有芬兰科伯利(Chempolis)公司、意大利康泰斯(Chemtex)公司、丹麦 Dong Energy 公司等。

3) 气化发酵工艺

气化发酵工艺是将纤维素材料在高温气化炉中进行气化，生成含有 CO、$CO_2$、$H_2$、$CH_4$、水蒸气及含量较低杂质的合成气，将合成气经过处理后通入特定的发酵设备中，经过发酵将 CO 和 $H_2$ 转化为乙醇。新西兰的郎泽(Lanza Tech)公司及美国的 Coskata 公司采用此类工艺建成了合成气生产乙醇的中试装置。

国外纤维素燃料乙醇工业发展迅猛，特别是美国前总统布什大力支持可再生能源的开发，争取到 2017 年燃料乙醇的生产达到 350 亿 gal 之后，广大的能源企业争先恐后地建设纤维素燃料乙醇的中试以及大规模的工厂。这些企业中比较大型、实力雄厚的如：VERENIUM 公司、Coskata 公司、Range Fuels 公司、Mascoma Corporation 公司和 Abengoa Bioenergy 公司[150]。

此外，国外有很多公司在专门从事燃料乙醇的研究工作，下面将介绍几家规模较大的企业的研究方向和进展。

(1) VERENIUM 公司。

VERENIUM 公司于 2008 年 5 月在美国路易斯安那州的 Jennings 建造了一个生物质酒精的示范工厂，以甘蔗渣和树木为原料，采用 2 级稀酸水解工艺，可年产酒精 140 万 gal。以此中试工厂为基础，VERENIUM 公司准备建造生产能力为年产酒精 3000～6000 万 gal 规模的工厂。美国能源部于 2008 年 7 月给该公司 2 亿 4 千万美元的联邦计划资助，令其在美国境内建造 9 个小规模的生物炼制工厂。

该公司的 2 级稀酸水解工艺过程主要可以分为 10 步：①原料的输送；②原料的预处理，包括粉碎和清洗；③稀酸水解半纤维素，通过蒸汽爆破以及较温和的稀酸水解工艺，将生物质中的半纤维素转化为五碳糖；④固液分离，将含有五碳糖的液体与固体物料分离，液体进入五碳糖发酵罐中，固体物质通过清洗后进入六碳糖的发酵罐中；⑤五碳糖发酵；⑥回收到的纤维素和木质素的物料，在六碳糖发酵罐中进行连续酶水解和发酵工序，得到稀的乙醇溶液；⑦将五碳糖和六碳糖的发酵液混合，进入精馏工序；⑧稀乙醇溶液精馏，可得到含量为 100%的无水乙醇；⑨水解之后的木质素残渣进行燃烧，作为蒸汽的一部分热源；⑩将无水乙醇运送至各分销点，流通进入市场。

(2) Coskata 公司。

Coskata 公司在实验室中生产纤维素燃料乙醇，并于 2009 年初，投资 2500 万美元在美国宾夕法尼亚州的麦迪逊建造以生物质、农业及城市废弃物为原料，生产能力为 4 万 gal/a 的纤维素燃料乙醇中试工厂。2011 年初扩大生产规模至 1 亿 gal/a。目前已从 Globespan Capital Partners、GM、Khosla Ventures 和 GreatPoint Ventures and Advanced Technology Ventures 处募集 3 千万美元的资金。

该公司的燃料乙醇生产工艺可以分为三步：①气化部分，将原料气化得合成气；②发酵部分，将第一步得到的合成气发酵为燃料乙醇；③分离以及回收燃料乙醇。该生产工艺具有高效、低运行成本和灵活的优点，主要是因为：微生物具有高的选择性，可以接近完全地利用能量；如果采用稻草、农业废弃物和木屑为原料，可以减少 80%～90%的二氧化碳排放，并且过程最后没有固体垃圾排放、废液处理及高价纤维素酶的限制；该过程能量的产出比投入高 7.7 倍，而玉米乙醇所产出的能量约是投入能量的 1.3 倍；而且该生产工艺不受纤维素酶的限制，采用独自开发的微生物将合成气转化为燃料乙醇，原料适用性强，可以选用木屑、稻草、林产品、玉米秸秆、城市垃圾和工业有机垃圾作为原料。

(3) Range Fuels 公司。

2008 年第一季度，Range Fuels 公司的中试工厂开始生产燃料乙醇，该中试工厂位于其在美国科罗拉多州丹佛市的研发中心。其生产工艺与 Coskata 的工艺相近，均是先采用热转化的方式将生物质原料转化为合成气，而后将净化过的合成气通过催化剂转化为燃料乙醇。该工厂所用的生物质原料为林业废弃物、农业废弃物以及玉米秸秆等，在此中试工厂之后，Range Fuels 公司在美国乔治亚州的 Soperton 开始兴建其第一座商业化规模的纤维素燃料乙醇工厂，预计该工厂将于 2010 年第一季度建成，届时甲醇和乙醇的产量会低于 1000 万 gal 每月，但是该工厂甲醇和乙醇的实际生产能力可达 1 亿 gal/a。

(4) 国外其他燃料乙醇公司。

POET 公司作为一个老牌的玉米燃料乙醇生产公司，也开展了燃料乙醇相应的开发工作。该公司要将其在美国爱荷华州的 Emmetsburg 现有的玉米燃料乙醇装置进行改造扩建，由原来的 5000 万 gal/a 的生产能力扩大至 1.25 亿 gal/a，其中 2500 万 gal 为纤维素燃料乙醇。该工程目前已经开工，所用原料为玉米和谷物的废气纤维。

杜邦公司与杰能科公司在 2009 年建造一座纤维素燃料乙醇的中试工厂，2012 年建造商业化工厂，以后的三年内共投资 1.4 亿美元，其中杜邦和杰能科各投 7000 万美元。该工厂采用玉米秸秆和甘蔗渣为原料，杜邦公司提供纤维素预处理技术及乙醇纯化技术，杰能科公司提供酶水解技术。

BlueFire Ethanol 公司将与 MECS 和 Brinderson 共同在美国加利福尼亚州的兰开斯特建造生产能力为 310 万 gal/a 的纤维素燃料乙醇工厂。同时 BlueFire Ethanol 公司与 DOE 合作建造另外一座燃料乙醇工厂，该工厂的原料为垃圾填埋场的固体垃圾，生产能力为 1.7 千万 gal/a。

Abengoa Bioenergy 公司隶属于西班牙 Abengoa 工程公司，该公司 2007 年 10 月耗资 3.5 千万美元在澳大利亚的约克角建造了一个燃料乙醇的中试工厂。Abengoa 公司耗资 3 亿美元在 Hugoton Kan 建造生产能力为 4.9 千万 gal/a 的燃料乙醇工厂，同时 DOE 公司资助 7.6 千万美元在堪萨斯州的 Colwich 建造一座生产能力为 1.14 千万 gal/a 的燃料乙醇生产工厂。

美国 Mascoma 公司成立于 2005 年，是一家专门从事纤维素乙醇研发的高技术公司，总部设在麻省剑桥，研发部门在新汉普顿，已经获得 2007 年纽约州政府奖励 1480 万美元，以及 Red Herring 奖和 Lemelson-MIT 奖。示范工厂建在纽约 Rochester，利用 Genencor 国际公司现有的设备及酶系统，采用 Mascoma 的创始人之一及首席科学家 Lee Lynd 的技术，利用木屑和废纸生产乙醇，乙醇年产量 50 万 gal。Lee Lynd 的“利用纤维素原料生产乙醇的无机械搅拌的连续工艺”为：经稀酸预处理后的纤维素浆、发酵菌和酶混合物连续进入温度控制在 60℃的生物反应器中，经糖化发酵为乙醇。反应物在反应器内分为三层：上层为乙醇、水蒸气和微生物的混合气，中层为乙醇、水和微生物的混合液，下层主要是不溶的原料渣。中层混合液连续流出，一部分直接进入蒸馏单元，另一部分回流到反应器以保证反应器内的酶和微生物浓度。上层气体中的乙醇可提纯，下层残渣在提取出乙醇和酶等后可用于燃料供热。该工艺特点是实现酶和微生物的内循环，反应时间短，单位体积产率高。Mascoma 公司先后累计从 Khosla、Flagship 和 General Catalyst Partners 公司等获得风险投资高达 5000 万美元。

加拿大 SunOpta 是美国 NASDAQ 上市公司，成立于 1973 年，下属的生物技术集团是世界上在纤维素乙醇的预处理、蒸汽爆破和精制生产工艺领域处于领先地位的公司之一，20 年前在法国建立第一家纤维素乙醇厂。该公司开发了全球第一套利用高压无水氨预处理纤维素的连续式生产工艺和设备，并于 1999 年申请了加拿大等国的专利，原理是先将原料放入压力为 1.38～3.10MPa、装有活化剂的预处理反应器中，停留时间为 1～10min，然后在常压下爆破，使原料角质化，再进行糖化发酵。由于 SunOpta 公司拥有先进的纤维素乙醇技术，它为多个纤维素乙醇商业化项目提供技术。Abengoa 与 SunOpta 公司合作，于 2005 年 8 月开始在西班牙 Babilafuente (Salamanca)的 BCYL 粮食乙醇厂旁边建造一座日处理 70t 干草，年产 5000 kL 生物质乙醇厂，采用添加催化剂的蒸汽爆破预处理以及同步酶水解发酵工艺，这是世界第一家纤维素乙醇商业厂。SunOpta 为该项目提供专利的预处理技术和设备。SunOpta 还对与 Celunol 公司合作的 Jennings 项目提供设备和技术，利用甘蔗渣生产乙醇，2007 年夏季开始建造美国第一个纤维素乙醇商业厂。2006 年，SunOpta 与黑龙江华润酒精有限公司合作在肇东市建厂，由 SunOpta 提供系统和技术，利用玉米秆生产乙醇。SunOpta 还与加拿大 GreenField 乙醇公司成立合资公司，专门设计建造从木屑制造乙醇的工厂。

2. 国内纤维素燃料乙醇工业的实例介绍

目前我国对燃料乙醇工业的研究也进展迅速，国内多家企业和科研单位对该工业投入了大量的人力物力进行研究，具有代表性的有：河南天冠集团、中粮集团、山东泽生生物科技有限公司、华东理工大学、中国科学院广州能源研究所和中国科学院过程工程研究所等。

“十五”期间该课题被列为“863”项目，在上海奉贤建成以木质纤维素为原料，年产非粮燃料乙醇 600t 的示范工厂。该项目由华东理工大学等 6 个单位承担，以木屑为原料，稀硫酸水解工艺为主，同时研究了酸酶联合水解、双酸水解等工艺，目前该项目已验收完成。该项目的成功开发，表明我国在纤维素乙醇领域已经取得了重大突破，其意义非常深远。由于受规模的限制，纤维素乙醇的生产成本过高，为 6000～6500 元/吨，比以小麦为原料的粮食乙醇高 500～1000 元/吨，但随着生产规模的扩大，能耗比例会相应下降，生产成本也会大幅下降。

河南天冠集团先后与浙江大学、山东大学、清华大学和河南农业大学等科研机构交流合作，攻克了秸秆生产乙醇工艺中的多项关键技术，使原料转化率超过 18%，即 6t 秸秆可以转化为 1t 乙醇。针对秸秆原料的特殊构造，采用酸水解和酶水解结合，戊糖、己糖发酵生产乙醇。该集团自主开发培育高活性纤维素酶菌种，生产纤维素酶，通过优化工艺，提高酶活力，使生产纤维素乙醇的用酶成本降至 1000 元/吨以下。同时，该集团还成功开发了酒精发酵设备，从根本上解决了纤维素乙醇发酵后酒精浓度过低的难题，降低了水、电、汽的消耗，有效地降低了生产成本。

由中国农业科学院麻类研究所和陕西师范大学等单位合作开展的麻类等纤维质预处理、糖化液酵解生成燃料乙醇研究，取得了重大的突破，形成了“麻类等纤维质酶降解生产燃料乙醇技术”，麻类纤维质总糖转化率达到 67%，燃料乙醇转化率在 40%以上。该项技术通过农业部成果鉴定。该项目首次将微生物技术应用于苎麻、芦苇和玉米芯等生物质合成燃料乙醇的预处理，开创了苎麻韧皮超临界二氧化碳介质中酶法预处理的先河。开发的高活性纤维素酶、木聚糖酶的活力显著高于国内同类水平。以木质素含量低的苎麻作为酶解生产燃料乙醇的原料，将超临界二氧化碳酶法脱胶、微生物发酵技术和酶工程有机结合起来，形成了苎麻生产燃料乙醇的新技术和工艺，使得苎麻韧皮、麻秆、玉米芯和芦苇的总糖转化率达到 67%，糖醇转化率达到 43.8%，达到国内同类研究领先水平，属自主创新成果。中国农业科学院麻类研究所表示，利用苎麻等纤维质生物降解生产燃料乙醇，“十一五”可望形成规模化生产工艺技术，为缓解我国能源危机提供新的途径。

天冠集团年产 3000t 的纤维素乙醇项目已于 2006 年 8 月底在河南省南阳市镇平开发区奠基，2007 年 11 月 23 日第一批燃料乙醇下线，这是国内首条纤维素乙醇产业化生产线，其技术水平在生物能源领域处于国际领先地位。该项目总投资 4500 万元，每年可消化玉米秸秆类生物质 18000t。在 3000t 装置运行正常的基础上，对其进行改造，扩大生产规模至 10000t/a。

山东大学微生物技术国家重点实验室研究课题试生产过程中生产纤维素酶、乙醇等产品。其一期目标(2006～2010 年)为：先利用已经经过预处理的废弃纤维生产出纤维素酶和乙醇，尽快通过中试建立和完善木糖相关产品－乙醇联产工艺，建立起万吨级纤维素乙醇示范工厂，实现纤维素乙醇的较大规模试生产，并以此为进一步研发的工艺基础和基地，加快纤维素生产乙醇完整技术实用化的进程。二期目标(2010～2020 年)为：在完善万吨级木糖相关产品－纤维素乙醇联产示范工厂的基础上，扩大原料品种(如玉米秸秆和麦秸秆等)，扩大联产产品(如纸浆、化学品、饲料、沼气、二氧化碳等)，进而以石油炼制企业为榜样，开发出以植物纤维资源为原料，全面利用其各种成分，同时生产燃料、精细化学品、纤维、饲料、化工原料的新技术，建立大型植物全株综合生物炼制技术示范企业。预期中国 2020 年可望建成年产 200 万 t 植物纤维基生物炼制产品的新兴产业，新增工业产值 2000 亿元，减少 300 万 t 石油需求，并安排 60 万农村人口就业，农民通过提供秸秆类原料增收 300 亿元，减少近亿吨二氧化碳净排放。远期目标(2050 年)为：实现生物质原料(淀粉、糖类、纤维素、木素等)全部利用，产品(燃料、大宗化学品和精细化学品、药品、饲料、塑料等)多元化，形成生物质炼制巨型行业，部分替代不可再生的一次性矿产资源，初步实现以碳水化合物为基础的经济社会可持续发展。山东大学承担的“酶解植物纤维工业废渣生产乙醇工艺技术”项目，开发成功木糖-乙醇联产工艺，实现了生物质资源的综合及高值利用。这项技术实现了玉米芯的高值利用。科研人员将提取了木糖、木糖醇后的玉米芯下脚料木糖渣中 60%的成分，先进行深度预处理，然后将处理过的纤维素用作原料生产葡萄糖，再由葡萄糖进一步生产燃料乙醇，余下高热能的木素则充当燃料。山东大学研究并成功实现了纤维素酶的产业化，初步的技术经济分析表明，木糖-乙醇联产工艺的乙醇生产成本低于粮食乙醇成本，具有良好的经济和社会效益。

山东滨州光华生物能源集团有限公司完成的甜高粱茎秆生物水解发酵蒸馏一步法制取燃料乙醇系统项目，通过由山东省科技厅组织的鉴定。由中国可再生能源协会、中国农业大学、中国科学院等单位组成的专家组鉴定认为：该系统提高了产酒率和发酵速度，减少了固定物料位移次数，创新设计了一套由可移动式含蒸酒器和混合型静态生物反应器为一体的一步法生产燃料乙醇成套设备，减少了能耗，降低了成本，从而提高了经济效益。

甜高粱秸秆制取无水燃料乙醇工程项目已于 2006 年 9 月底在新疆南部莎车县启动。甜高粱秸秆制取的无水燃料乙醇部分功能可代替石油，且价格成本比市场上使用的 93 号汽油价格成本要低。使用甜高粱秸秆制取无水燃料乙醇可减少环境污染，提取燃料乙醇的废渣还可以做饲料、造纸、制作密度板的原材料，延伸产业链，提高综合效益。莎车县与浙江浩淇生物新能源科技有限公司合作共同开发的甜高粱秸秆制取无水燃料乙醇项目建成，可使莎车县 4 个乡镇近 2 万亩的甜高粱秸秆得到综合利用，农户种植甜高粱每亩可增收 150～200 元。该公司用 5 年的时间分 3 期投资 12.6 亿元建设年产 30 万 t 甜高粱秸秆制取无水燃料乙醇项目。利用农作物秸秆制取燃料乙醇的工程于 2006 年 10 月底在新疆吉木萨尔县三台酒业(集团)公司生产基地开工。该项目利用当地丰富的废弃植物秸秆资源进行生物能源开发生产，预计年产乙醇 10 万 t，项目总投资 2.8 亿元。

由清华大学、中国粮油集团公司和内蒙古巴彦淖尔市五原县政府共同完成的甜高粱秸秆生产乙醇中试项目获得成功。中试结果显示，发酵时间为 44h，比目前国内最快的工艺缩短了 28h；精醇转化率达 94.4%，比目标值高出 44 个百分点；乙醇收率达理论值的 87%以上，比目标值高出 7 个百分点。该成果意味着我国以甜高粱秸秆生产乙醇的技术取得重大突破。在近一个月的试验期内，科研人员采用菌种(TSH-1)和转鼓式固态发酵装置实施了 6 次试验。这是我国采用固体发酵形式进行糖转醇的研究以来，首次成功实现乙醇收率超过预期指标。业内专家表示，该项目采用的发酵工艺与装备可行，为甜高粱秸秆制燃料乙醇进行工业化示范提供了科学的依据。据介绍，此次甜高粱秸秆制乙醇项目试验是由清华大学提供技术，中国粮油集团公司提供资金，内蒙古巴彦淖尔市五原县政府提供原料和场地条件联合完成。以此项目为契机，内蒙古河套地区计划建设 3 万 t/a 的绿色生物燃料乙醇生产基地。专家预测，未来 3～5 年，我国的东北、华北、西北和黄河流域部分地区共 18 个省市区的 2678 万 $hm^2$($1hm^2=10^4m^2$)荒地和 960 万 $hm^2$($1hm^2=10^4m^2$)盐碱地将成为甜高粱的生产基地，加上我国每年产生 7 亿多吨的作物秸秆，这些地区将成为我国生物燃料乙醇工业丰富的原料基地。

吉林九新实业集团白城庭峰乙醇有限公司年产 3 万 t 玉米秸秆燃料乙醇项目于 2007 年 5 月初奠基，它标志着吉林省瞄准非粮生物原料开发生物能源工程，迈出了具有划时代意义的一步。由白城庭峰公司投资建设的这一秸秆燃料乙醇项目是目前我国唯一家利用玉米秸秆生产酒精(乙醇)的高技术项目，拥有目前国际上规模最大的秸秆燃料乙醇生产线。在技术上，该企业在加强国际合作的基础上，自行研发了具有自主知识产权的玉米秸秆燃料乙醇生产技术，并正在积极申报国家专利。据介绍，该项目每年可转化玉米秸秆 23 万 t，可生产秸秆燃料乙醇 3 万 t、秸秆饲料 6 万 t，并可通过燃烧秸秆废料生产蒸汽 64 万 t、发电 4800 万 kW·h，年可实现销售收入 1.78 亿元，实现利润 8200 万元，带动当地农民年增加收入 2700 多万元。另悉，继 2006 年 50 万 t 燃料乙醇扩建项目达产后，一向以玉米为生产原料的吉林燃料乙醇有限公司正在开展原料多样化研究，积极探索走“非粮”路线。该公司 3000t/a 玉米秸秆生产燃料乙醇工业化试验研究项目的某些关键技术已取得重大突破。此外，以玉米深加工为龙头项目、以燃料酒精(乙醇)为主要产品的吉安新能源集团有限公司也在尝试以甜高粱秸秆生产燃料酒精。吉林省秸秆原料丰富，随着玉米生产规模的扩大和效益的显现，秸秆燃料乙醇必将在全省形成新的产业，玉米等粮食秸秆也将从此变废为宝，成为重要的能源资源。

2007 年 9 月 28 日，吉林燃料乙醇有限公司 3000t/a 甜高粱茎秆制乙醇示范项目在江苏省盐城地区东台市启动。吉林燃料乙醇公司确定以甜高粱茎秆为原料制乙醇作为“非粮”发展燃料乙醇的方向之一，立足在不占用耕地、不消耗粮食、不破坏生态环境的原则下，坚持发展“非粮”生产燃料乙醇路线。甜高粱是普通高粱的一个变种，其茎秆所含主要成分是糖、淀粉和纤维素。在充分利用甜高粱茎秆丰富的糖分生产乙醇的同时，还能综合利用其废弃物，创造更高的效益附加值。甜高粱籽粒可食用或做酿酒原料；叶片富含蛋白，可做饲料，也可直接还田，改善土壤；茎秆纤维部分可用来造纸，也可作为饲料。通过加工与综合利用，基本上不产生废弃物，可形成良性循环。该项目建设投资 6500 万元，以甜高粱茎秆为原料制燃料乙醇工程的实施，不仅开启了我国发展生物质能源的新途径，而且还可带动当地农民增收，拉动农业经济发展。

有关单位在山东禹城已经建立了以玉米芯为原料的产业集群，形成了玉米芯-低聚木糖、木糖醇、糠醛-纤维残渣发电的产业链条，并初具规模，年产木糖相关产品能力达 5 万 t。然而，这些生产工艺只利用了原料中的部分半纤维素，7～10t 原料才能生产 1t 产品，同时产生的数吨木糖渣只能低价卖给电厂烧掉。这些已经集中起来的木糖渣的纤维素含量高达 55%～60%，由于已经经过深度预处理，比较容易被纤维素酶水解生成葡萄糖，进而发酵生成燃料乙醇。废渣的乙醇得率可以达 20%以上。

在此基础上，山东大学开发出新的生物炼制工艺，从原料玉米芯生产出低聚木糖、木糖醇、燃料乙醇及木素产品。据估计，“木糖-酒精联产”工艺的酒精生产成本低于粮食酒精成本，初步的技术经济分析显示，该项目有良好的经济和社会效益。该课题组目前已经建立起年产 3000t 乙醇的试验装置，正在完善木糖相关产品-酒精联产工艺，在此基础上建立起万吨级的纤维素酒精示范工厂。

由山东龙力生物科技有限公司和山东大学合作完成的国内第一套以木糖渣为原料的乙醇生产装置于 2007 年 8 月初通过技术鉴定。成果鉴定认为，木糖废渣生产纤维乙醇技术达到国内领先水平，是利用生物炼制技术发展循环经济的典型范例，符合国家的产业发展方向。该成果把生物炼制概念引入生物质资源开发领域，打破了原来用生物质单纯生产单一产品的传统观念，用玉米芯加工残渣为原料生产乙醇，其纤维素含量高达 60%左右，纤维素转化率达到了 86%以上，经检测产品达到燃料乙醇质量标准，实现了原料充分利用、产品价值最大化和土地利用效率最大化。同时，该成果避开了纤维素原料收集运输、预处理和戊糖利用 3 个难题。龙力公司在此成果技术的基础上，建成了国内首套以玉米芯废渣为原料、年产 3000t 乙醇的工业装置。

经过多年的努力，我国燃料乙醇事业有了飞速的发展，特别是在粮食乙醇工业邻域已经成为国际大国。但从我国的国情出发，我国并不适合发展粮食乙醇产业。通过多年以来对纤维素燃料乙醇的研究，我国在这一方面已取得了可喜的成绩，但是距离发达国家的先进水平还有一定的差距。因此，我们要合理利用自己的优势，充分发展我国的纤维素燃料乙醇产业，为节能减排以及国家能源安全事业做出贡献。

### 3.6.2 生物油工程实例介绍

1. 国外生物油工程实例

早在 20 世纪 80 年代初期，欧盟就开始使用流化床装置把农林废弃物转化为燃料油和木炭，并在意大利建造了设计容量为 1t/h 的欧洲第一个示范工厂，液体产物的产率在 25%左右。在同一时期，瑞士的 Bio-Altemative 公司也建成一套 50kg/h 的固定床中试装置，主要用于生产焦炭副产品油，焦油产率仅为 20%。虽然这两个项目属于常规热裂解工艺，液体产物产率低，却极大地激发了欧洲对生物质热裂解技术的兴趣。90 年代开始，生物质热裂解液化技术在欧洲开始蓬勃发展，随着试验规模的扩大和工艺的完善，各种各样的示范性和商业化运行的生物质热裂解装置在世界各地不断开发和建设。荷兰 Twente 大学生物质小组(BTG)研制了一套 10kg/h 的转锥式反应器模型，并建立了中试和商业装置，此后还研制了容量为 200kg/h 的改进旋转锥式反应器。希腊可再生资源中心建造了利用生物质热裂解产物焦炭作为热裂解过程中加热燃料的 10kg/h 的循环流化床反应装置，液体产率高达 61%。西班牙的 Union Fenosa 电力公司于 1993 年建立了基于加拿大 Waerloo 大学流化床反应器技术的 200kg/h 的热裂解示范厂，之后又开发了 2～4t/h 的商业规模生产线。意大利 ENEL 从加拿大 ENSYN 公司购买一台给料量为 10t/d 的循环流化床反应器热裂解设备，在北美一些规模达到 200kg/h 的快速热裂解商业与示范工厂正在进行。

为使生物质热裂解早日实现商业化，由英国 Aston 大学生物质能研究室 Tony Bridgwater 教授牵头，欧盟和国际能源机构(IEA)共同资助的热裂解协作网(PyNe)有来自欧美的 17 个国家参加，研究人员对生物质热裂解基础理论及生物油特性与应用做了大量研究工作，取得了很大进展。实现商业化，已成为当今世界生物质快速热裂解技术的发展趋势。

加拿大 ENSYN 公司是最早建立生物质快速热裂解商业化运行的公司，自 1989 年以来开始商业化生产和出售生物油，当前该公司仍在运行的最大设备是 2002 年建于美国威斯康星州，日处理量 75t 的反应器(图 3-21)，该反应器为流化床反应器，主要的生物质物料为木材废弃物，平均产油率在 75%，生产的生物油主要用来提取食品添加剂和一些聚合物，然后将剩余的生物油在锅炉中燃烧。

图 3-21　ENSYN 公司 75t/d 生物质热裂解示范台

加拿大 DynaMotive 公司在 2001 年和 2005 年相继成功运行了 15t/d 与 100t/d 的示范性生物质热裂解试验台以后，于 2007 年在加拿大安大略省建立了目前世界上最大的生物质快速热裂解工厂，日处理量在 200t(图 3-22)，反应器为流化床。该公司的主要生产流程如图 3-23 所示，预处理后的干燥物料被送进鼓泡流化床反应器中，加热至 450～550℃，热裂解后的气体进入旋风分离器，焦炭得到脱除，剩余的气流进入喷淋冷凝塔内，利用已经制取的生物油喷淋来实现冷凝。剩余的不可冷凝气体被重新送回反应器内，提供整个过程所需要的大约 75%的热量。生物油的产率在 65%～75%。

图 3-22　目前世界上最大的生物质热裂解装置

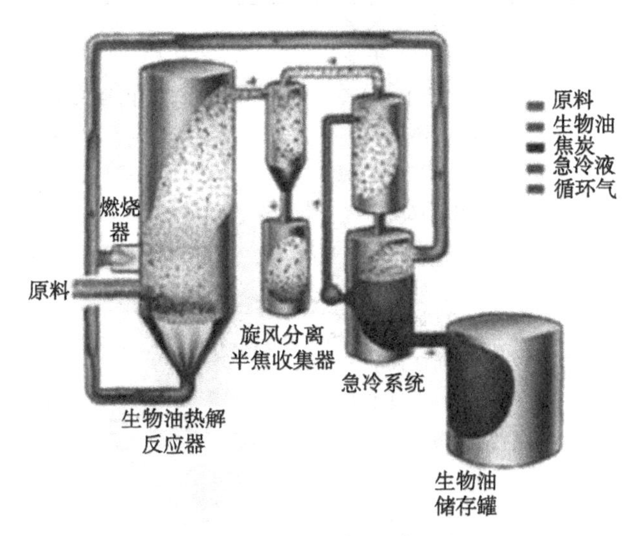


图 3-23　DynaMotive 生物质热裂解工艺流程图

澳大利亚近年来在生物质快速热裂解商业化推广上也有很大进展。Renewable

Oil 公司于 2007 年利用 DynaMotive 公司技术建成商业性示范工厂，从生物质物料接收开始，经过物料预处理、储备，再进入热裂解，最后储存生物油。每天处理生物质物料的能力为 178t，物料以小桉树为主，同时也处理其他木材废料、甘蔗渣或其他生物质。澳大利亚有辽阔的海岸线，土地由于海水入侵，盐渍化严重，需要大量种植生存力强又能抵抗海水入侵的小桉树，因此在保证了生物质热裂解物料供应的同时促进了农民种植小桉树的积极性，形成一个生态与经济的良性循环。

2. 国内生物油工程实例

表 3-15 列出了我国生物质热裂解生产生物油的一些实验室技术。国内虽然生物质热裂解技术商业化起步较晚，但发展迅速，目前也已经出现了几家较大的商业示范公司。安徽易能生物能源有限公司联合中国科学技术大学开展生物质热裂解液化技术研究，2004 年 8 月成功研制出每小时处理 20kg 物料(时产 10t 生物油)的小试装置。2005 年 8 月将上述装置改造成自热式的热裂解液化小试装置。2006 年 4 月，该公司又开发出每小时处理 120kg 物料的自热式热裂解液化中试装置(时产 60kg 生物油)。目前，该公司已成功开发出 500kg/h、1000 kg/h 生物油生产设备，首期建设用地 60 亩，项目投资总额为 7220 万元，在 2007 年建成 20 台 1000kg/h 生物油生产设备并布入网点。

表 3-15　我国生物质热裂解生产生物油的一些技术

| 反应器类型 | 研发机构 | 规模或尺寸 |
|---|---|---|
| 旋转锥 | 沈阳农业大学 | 50kg/h |
| | 上海理工大学 | 10kg/h |
| 流化床 | 哈尔滨工业大学 | 内径 32mm，高 600mm |
| | 天津大学 | 20 kg/h |
| | 浙江大学 | 5kg/h |
| | 沈阳农业大学 | 1kg/h |
| | 中国科学院广州能源研究所 | 5kg/h |
| | 上海理工大学 | 5kg/h |
| | 华东理工大学 | 5kg/h |
| | 浙江大学 | — |
| | 中国科学技术大学 | 1kg/h |
| 平行反应管 | 河南农业大学 | 微量原料 |
| 热裂解釜 | 浙江大学 | |
| 固定床 | 浙江大学 | 直径 75mm，长 200mm |
| 回转窑 | 浙江大学 | 4.5L/次 |
| 热分解器 | 清华大学化工系 | — |
| 等离子体 | 山东理工大学 | 0.5kg/h |

青岛福波思新能源开发有限公司已经建成每天吞吐 24t 物料规模的工业生产示范站。该装置使用自身产生的燃气加热，并可依据市场对产品的需求情况，通过调节热裂解温度及物料裂解滞留时间，调整产品(气、炭、油)的产出比率。但是和国外相比，我国生物质热裂解公司规模偏小，且生物油产率均不高(50%左右)，并未形成完善的营销管理体系，较多地依靠政府支持。

由北京林业大学研制的全国首家自热式流化床生物质快速热解中试生产线落户平泉，并于 2012 年 9 月 5 日投入调试运营生产。这一自热式流化床生物质快速热解中试生产线是北京林业大学木质材料科学与工程研究所常建民教授用八年时间研制成功，该技术生产线在国内尚属首家，在国际处于领先地位，生产线以农林废弃锯末、秸秆、柴草、林业三剩物为原料，每吨废弃物可生产出 0.6t 生物油、0.4t 生物炭，其中生物油用于家具胶制作原料，生物炭用于土壤缓释剂、生物肥料等。

武汉阳光凯迪新能源集团实现了用废弃柴禾、秸秆制造燃油的过程，油内含有 3 种成分，50%为生物柴油、50%为生物航空油和生物汽油。当柴禾被收集后，首先蒸发部分水分，随后粉碎成小颗粒送到炼油厂。在专用气化炉里，这些柴禾颗粒会通过化学热分解，在高温高压条件下分解成气态，并最终在催化剂作用下合成为液化油品，此时出来的是航空煤油、汽油和柴油的混合物，由于三种油的密度、分子量及比重不一样，还要再通过物理方法，让三种油进一步分离。阳光凯迪采用的化学热分解技术，利用农林废弃物生产液体燃料，全过程的整体能源转化率超过 60%。

### 3.6.3　生物航油实用工程案例

表 3-16 列出了全球航空生物燃料试飞案例。2007 年，CFM 国际公司在斯奈克玛公司靠近巴黎的 Villaroche 试车台使用酯基生物燃料对 CFM56-7B 发动机进行了最初的测试。当时使用的生物燃料为 30%的甲酯植物油。在 2007 年末，该公司在 GE 位于俄亥俄州的户外试车台 Peebles 对两种替代燃料进行了数小时的地面测试，一部分燃料是巴西棕榈果仁和椰子提炼混合而成的可再生的生物燃料。

**表 3-16　全球航空生物燃料试飞案例**

| 序号 | 时间 | 公司名称 | 原料 | 航空生物燃料加入量 | 燃料供应方 | 工艺 |
|---|---|---|---|---|---|---|
| 1 | 2008.2 | 英国维京大西洋航空公司波音 747-400 | 椰子油、棕榈油 | 20% | Imperium Renewables | 加氢 |
| 2 | 2008.12 | 新西兰航空公司波音 747-400 | 小桐子油 | 50% | UOP | 加氢 |
| 3 | 2009.1 | 美国大陆航空公司波音 737-800 | 藻油、小桐子油 | 50% | UOP | 加氢 |
| 4 | 2009.1 | 日本航空公司波音 747-300 | 亚麻荠油、小桐子油、藻油 | 50% | UOP | 加氢 |

续表

| 序号 | 时间 | 公司名称 | 原料 | 航空生物燃料加入量 | 燃料供应方 | 工艺 |
|---|---|---|---|---|---|---|
| 5 | 2009.11 | 荷兰皇家航空公司波音747-400 | 亚麻荠油 | 50% | UOP | 加氢 |
| 6 | 2010.3 | 美国空军A-10宙神Ⅱ飞机 | 亚麻荠油 | 50% | UOP | 加氢 |
| 7 | 2010.4 | 美国海军F-18超级大黄蜂飞机 | 亚麻荠油 | 50% | UOP | 加氢 |
| 8 | 2010.6 | 荷兰军方Ah-G4阿帕奇直升机 | 废弃油脂 | | | 加氢 |
| 9 | 2010.6 | 欧洲宇航防务集团Diamond D42 | 藻油 | 100% | IGV | 加氢 |
| 10 | 2010.11 | 美国海军MH-GOS海鹰直升机 | 亚麻荠油 | 50% | | 加氢 |
| 11 | 2010.11 | 巴西塔姆航空公司空客A320 | 小桐子油 | 50% | UOP | 加氢 |
| 12 | 2011.4 | 墨西哥低成本航空公司空客A320 | 小桐子油 | 27% | UOP | 加氢 |
| 13 | 2011.6 | 霍尼韦尔Gulfstream G450型飞机 | 亚麻荠油 | 50% | UOP | 加氢 |
| 14 | 2011.6 | 波音公司波音747-8货机 | 亚麻荠油 | 15% | UOP | 加氢 |
| 15 | 2011.6 | 荷兰航空公司波音737-800 | 废弃油脂 | 50% | SkyNRG | 加氢 |
| 16 | 2011.7 | 德国汉莎航空公司空客A321 | 亚麻荠油、小桐子油等 | 50% | Neste | 加氢 |
| 17 | 2011.8 | 墨西哥航空公司空客A320-200 | 小桐子油 | 27% | UOP | 加氢 |
| 18 | 2011.7 | 芬兰航空公司空客A321 | 废弃油脂 | 50% | SkyNRG | 加氢 |
| 19 | 2011.10 | 英国汤姆森航空公司波音757 | 废弃油脂 | 10% | SkyNRG | 加氢 |
| 20 | 2011.10 | 中国国际航空公司波音747-400 | 小桐子油 | 50% | 中国石油 | 加氢 |
| 21 | 2011.11 | 美国大陆航空公司波音737-800 | 藻类油 | 40% | UOP/solazyme | 加氢 |
| 22 | 2011.12 | 泰国Thai航空公司 | 废弃油脂 | | SkyNRG | 加氢 |
| 23 | 2012.1 | 阿联酋阿提哈德航空公司(Etihad) | 废弃油脂 | | SkyNRG | 加氢 |
| 24 | 2012.2 | 荷兰皇家航空公司KLM | 多种原料 | | SkyNRG | 加氢 |
| 25 | 2012.3 | 智利LAN Airlines空客A320 | 废弃油脂 | | Air BP Copec | 加氢 |
| 26 | 2012.4 | 澳洲航空公司(Qantas)空客A380 | 废弃油脂 | 50% | SkyNRG | 加氢 |
| 27 | 2012.4 | 加拿大波特航空公司庞巴迪Q400涡桨飞机 | 含油作物、骆驼刺和藻类油 | 50% | UOP | 加氢 |

2008 年 2 月 24 日，英国维京大西洋航空公司用波音 747-400 型客机进行了一次由生物燃料提供动力的飞行试验，这架客机共有 4 个主燃料箱，其中之一使用了由普通航空燃料和生物燃料组成的混合燃料。飞行中试用的生物燃料由椰子油和棕榈油制成。

位于美国加利福尼亚州的合成微生物学公司 Solazyme，于 2008 年 9 月生产出世界第一款微生物衍生的喷气燃料，已通过航空涡轮燃料标准(ASTM D1665)中的 11 项测试。 Solazyme 公司现已生产数千升海藻油，是生产这类燃料唯一通过标准测试的先进生物燃料公司。

2008 年 12 月 30 日，新西兰航空公司的一架以植物油作部分燃料的客机当天成功完成 2h 试飞。这架波音 747-400 型客机的一个发动机使用普通航空燃油与麻风树种子提炼燃油各半的燃料。

2009 年 1 月 12 日，美国大陆航空公司与波音、通用电气航空系统/CFM 国际以及霍尼韦尔子公司 UOP 合作，采用可持续生物燃料提供动力的波音 737-800 型飞机完成试飞，其配备了两台 CFM 国际提供的 CFM56-7B 引擎，此次试飞采用包含海藻与麻风树提取物的混合生物燃料。

美国亚利桑那州立大学与 Heliae 开发公司和亚利桑那科学基金会(SFAZ)合作，取得了利用海藻开发、生产和销售煤油基航空燃料方面的商业化突破。该项目采用亚利桑那州立大学海藻研究与生物技术实验室开发的专利技术。据称，现已从实验室走向中型规模验证和生产阶段。与从石油生产煤油的常规方法相比，海藻燃油开发可大大降低生产成本。

2009 年 1 月 30 日，日航历时约一个半小时示范飞行了一架未搭载乘客的日航波音 747-300 飞机，飞机 4 台普惠 JT9D 发动机中的三号发动机使用生物燃料与传统 Jet-A(煤油)各占 50% 的混合燃油。此次测试的生物燃料成分是 3 种第二代生物燃料原料的混合物，分别是亚麻荠油、麻风树油以及海藻油。

2011 年 10 月，中国国际航空公司的一架已经飞行了 20 年的波音 747-400 客机部分是以生物燃料为动力的，这种生物燃料是用一种叫麻风树的灌木制成的。中国航空监管机构认为这次试飞是成功的。航空业官员说，尤为重要的是，从在云南山区种植麻风树开始，整个项目完全是在中国完成的。

2012 年 9 月，欧洲空中客车公司与清华大学合作，从地沟油、海藻等中选定航空替代燃料，推动航空替代燃料在我国的规模化生产和商业化进程。根据空中客车与清华大学签署的协议，双方合作开展环保型航空替代燃料研究，包括替代燃料原料选定、产业链建立以及商业化模式推广等。产业链旨在促进环保型生物燃料在我国的生产、推广与应用。研究第一阶段是对符合生态环境、经济利益和可持续发展要求的生物燃料原料进行分析研究。

前不久，德国柏林新一代钻石 DA42 飞机首航成功。飞机使用的不是航空煤油，而是 100%由海藻制成的生物燃料。与航空煤油相比，藻类生物燃料在飞机飞行中可节省 5%～10%的燃料。废气排放检测数据显示，海藻燃料排放的氮氧化物，比传统航空煤油少 40%，排放的碳氢化合物减少 87.5%，生成的硫化物浓度仅为传统燃料的 1/60。

2013 年，中国首架使用含有地沟油成分的生物航油航班在东方航空公司成功试飞，这标志着我国成为了继美国、法国和芬兰之后，第 4 个能自主生产生物航油的国家。据中石化相关专家介绍，目前已成功转化为生物航煤的原料有废弃动植物油脂(地沟油)、农林废弃物、油藻等，而本次试飞加注的航煤是部分由地沟油转化，部分由棕榈油转化。研究过程中，科研人员需要将原本浓稠、黏腻的油脂黏度、沸点等降低，再生成为生物燃油。相较于传统航煤，生物航煤可实现减排 55%～92%的 $CO_2$，不仅可以再生，具有可持续性，而且无需对发动机进行改装，具有很高的环保优势。

目前，全球航空运输业每年消耗 15 亿至 17 亿桶的航空燃油。为减少化石基油料的依赖、降低成本和实现航空减排，必须开发大规模应用于航空发动机的可持续生物燃料，而生物质、藻类等第二代生物燃料将是未来航空替代燃油的主要来源。国际航空运输协会预计，到 2025 年总燃料的 25%将采用生物燃料，同时提出到 2020 年将航空燃油能效提高 1.5%，2050 年与 2005 年相比二氧化碳将减排 50%。欧盟近来宣布将从 2012 年开始向进出欧盟的航空公司征收碳排放费，届时航空公司用于购买碳排放指标的费用将达到几十亿欧元。德国 Lufthansa 公司计划 2020 年采用 10%生物航空燃料，使航线飞行每千米的碳排放减少 25%。

## 参考文献

[1] 裴坚，裴伟伟，邢其毅，等. 基础有机化学. 北京：高等教育出版社，2005.
[2] 吴创之，马隆龙. 生物质能现代化利用技术. 北京：化学工业出版社，2003.
[3] 袁振宏，吴创之，马隆龙. 生物质利用原理与技术. 北京：化学工业出版社，2005: 211-283.
[4] 于斌，齐鲁. 木质纤维素生产燃料乙醇的研究现状. 化工进展，2006，03: 244-249.
[5] 武冬梅，李冀新，孙新纪. 纤维素类物质发酵生产燃料乙醇的研究进展. 酿酒科技，2007: 116-120.
[6] Prosen E M，Radlein D，Piskorz J. Microbial utilization of levoglucosan in wood pyrolysate as a carbon and energy source. Biotechnology and Bioengineering，1993，42(4): 538-541.
[7] Silva C J S M，Roberto I C. Improvement of xylitol production by Candida guilliermondii FTI 20037 previously adapted to rice straw hemicellulosic hydrolysate. Letters in Applied Microbiology，2001，32(4): 248-252.
[8] 胡蝶，杨青丹，刘洪,等. 木质纤维素预处理技术研究进展. 湖南农业科学，2010: 105-108.
[9] 刘丽英. 秸秆组分分离及其高值化转化的研究. 北京：中国科学院过程工程研究所，2006.
[10] Nguyen Q A，Tucker M P，Keller F A，et al. Two stage dilute-acid pretreatment of softwoods. Applied Biochemistry and Biotechnology，2000，561-576.

[11] Grous W R, Converse A O, Grethlein, H E. Effect of steam explosion pretreatment on pore size and enzymatichydrolysis of poplar. Enzyme and Microbial Technology, 1985, (8): 274-280.
[12] 安宏. 纤维素稀酸水解制取燃料酒精的试验研究. 杭州:浙江大学, 2005.
[13] 罗鹏, 刘忠. 蒸汽爆破预处理条件对麦草酶水解影响的研究. 林业科技, 2007, 32(5): 37-40.
[14] 廖双泉, 马凤国, 邵自强, 等. 椰衣纤维的蒸汽爆破处理技术. 热带作物学报, 2003, 24(1): 17-20.
[15] Alizadeh H, Teymouri F, Gilbert T I, et al. Pretreatment of switchgrass by ammonia fiber explosion(AFEX). Applied Biochemistry and Biotechnology, 2005, 124: 1133-1141.
[16] Dale B E, Leong C K, Pham T K, et al. Hydrolysis of ligno-cellulosics at low enzyme levels: application of the AFEX process. Bioresource Technology, 1996, 56 (1): 111-116.
[17] 刘海军, 李琳, 白殿国, 等.我国燃料乙醇生产技术现状与发展前景分析. 化工科技, 2012: 68-72.
[18] Eken-Saracoglu N, Arslan Y. Comparison of different pretreatments in ethanol fermentation using corn cob hemicellulosic hydrolysate with Pichia stipitis and Candida shehatae. Biotechnology Letters, 2000, 22(10): 855-858.
[19] Kim S, Holtzapple M T. Lime pretreatment and enzymatic hydrolysis of corn stover. Bioresource Technology, 2005, 96(18): 1994-2006.
[20] Xia L M, Cen P L. Cellulase production by solid state fermentation on lignocellulosic waste from the xylose industry. Process Biochemistry, 1999, 34(9): 909-912.
[21] Mohammad J T, Claes N. Conversion of dilute-acid hydrolyzates of spruce and birch to ethanol by fed-batch fermentation. Bioresource Technology, 1999, 69(1): 59-66.
[22] Chung I S, Lee Y Y. Ethanol fermentation of crude acid hydrolyzate of cellulose using high-level yeast inocula.Biotechnology and Bioengineering, 1985, 27(3): 308-315.
[23] Olsson L, Hahn-Hägerdal B. Fermentation of lignocellulosic hydrolysates for ethanol production. Enzyme and Microbial Technology, 1996, 18(5): 312-331.
[24] Sun Y, Cheng J. Hydrolysis of lignocelulosic materials for ethanol production: a review. Bioresource Technology, 2002,83(1): 1-11.
[25] Lee J. Biological conversion of lignocellulosic biomass to ethanol. Journal of Biotechnology, 1997, 56(1): 1-24.
[26] Agu R C, Amadife A E, Ude C M. Combined heat treatment and acid hydrolysis of cassava grate waste (CGW) biomass for ethanol production. Waste Management, 1997, 17(1): 91-97.
[27] Iranmahbooba J, Nadima F, Monemib S. Optimizing acid-hydrolysis: a critical step for production of ethanol from mixed wood chips. Biomass and Bioenergy, 2002, 22(5): 401-404.
[28] Xia L M. Cellulase production by solid state fermentation on lignocellulosic waste from the xylose Industry. Process Biochemistry, 1999, 34(9): 909-912.
[29] Takagi M, Abe S, Suzuki S. A method of production of alcohol directly from yeast. Proc. Symp. Bioconversion of Cellulosic Substances into Energy, Chemicals and Microbial Protein. Ghose TK, Ed, Indian Institute of Technology, New Delhi. 1978: 551-571.
[30] Wright J D, Wyman C E, Grohmann K. Simultaneous saccharification and fermentation of lignocellulose. Applied Biochemistry and Biotechnology, 1988, 18: 75-90.
[31] Puppim J A, de Oliveira J A P. The policymaking process for creating competitive assets for the use of biomass energy: the Brazilian alcohol programme. Renewable and Sustainable Energy Reviews, 2002,6(1-2): 129-140.

[32] 方芳，于随然，王成焘．中国玉米燃料乙醇项目经济性评估．农业工程学报, 2004，20(3): 239-242.
[33] Mark Laser，Deborah Schulman, Stephen G A，et al. A comparison of liquid hot water and steam pretreatment of sugar cane basasse for bioconversion to ethanol. Bioresource Technology，2002，81(1): 33-44.
[34] Minowa T，Zhen F，Ogi T. Cellulose decomposition in hot-compressed water with alkali or nickel catalyst. The Journal of Supercritical Fluids，1998，13(1-3): 253-259.
[35] 王瑞明．燃料乙醇固态发酵生产工艺的研究．天津科技大学, 2002.
[36] 周小玲．关于我国发展生物质能源若干问题的思考．可再生能源，2011, 29(2): 141-146.
[37] eterson C，Auld D，Korus R. Winter rape oil fuel for diesel engines:Recovery and utilization. Journal of the American Oil Chemists' Society，1983, 60(8): 1579-1587.
[38] 张良波，李昌珠，欧日明，等．生物柴油产业现状与展望．湖南林业科技, 2008, 2: 70-73.
[39] 张志颖,张道玮.车用生物柴油的应用现状与展望．现代农业科技，2010，9:263-264.
[40] Staat F, Gateau P. The effects of rape seed oil methyl ester on diesel engine performance, exhaust emissions and long-term behavior-A summary of three years of experimentation. Translation of the ASAE，1995，26(4):164-169.
[41] Mustafacanakei. Production of biodiesel from feed-stocks with high free acids and its effect on diesel engine performance and emissions. Iowa: IowaState University，2001.
[42] 刘光斌,刘苑秋,黄长干．5 种野生木本植物油性质及其制备生物柴油的研究．江西农业大学学报，2010，32(2): 339-344.
[43] 曾彩明．生物柴油制备工艺影响因素的探讨．广州环境科学, 2010, 02: 1-5.
[44] 徐广辉，郭俊宝，马俊林，等．固体酸催化剂在生物柴油合成实验中的研究．能源工程，2007, 02: 43-45.
[45] 薄向利．非均相催化剂制备生物柴油的研究及经济评价．四川大学, 2007.
[46] 彭娜．超临界酯交换制取生物柴油及其燃烧反应机理研究．浙江大学, 2007.
[47] Silerarinkovic S, Tomaseviec A.Transesterification of sunflower oil in situ. Fuel, 1998, 77(12): 1389-1391.
[48] 刘寿长，关新新，韩家显．脂肪酸酯的均相催化制备的研究．日用化学工业, 1999, 5: 14-17.
[49] Booeoek D G B，Konar S K, Mao V，et al. Fast one-phase oil-rich processes for the preparation of vegetable oil methyl esters. Biomass and Bioenergy，1996，11(1): 43-50.
[50] Jordan V，Gutsehe B. Development of an environmentally benign process for the production of fatty acid methyl esters. Chemosphere，2001，43(l): 99-105.
[51] 孟鑫，辛忠．KF/CaO 催化剂催化大豆油酯交换反应制备生物柴油．石油化工，2005, 3: 282-286.
[52] 鞠庆华，曾昌凤，郭卫军，等．酯交换法制备生物柴油的研究进展．化工进展，2004, 2: 1053-1057.
[53] 将绍亮,掌福祥,关乃佳．固体碱催化剂在催化反应中的应用进展．石油化工,2006, 35: 1-10.
[54] 丁元生，罗志臣，王浔，等. $Na\text{-}Na_2CO_3/\gamma\text{-}Al_2O_3$ 型固体超强碱催化剂的制备及表征．精细石油化工，2004，1: 31-34.
[55] 王晓飞．大豆酸化油制备生物柴油及其工艺过程模拟．西安科技大学, 2010.
[56] 马震，银建中，商紫阳，等．超临界酯交换法制备生物柴油工艺基础及其过程强化技术研究．化学与生物工程, 2009, 08: 1-7.
[57] Kusdiana D, Saka S. Biodiesel fuel from rapeseed oil as prePared in supereritical methanol .

Fuel，2001，80: 225-331.
[58] Ayhan Demirbas. Energy Conversion and Management，2002, 43: 2349-2356.
[59] 孟中磊，蒋剑春，李翔宇．生物柴油制备工艺现状．生物质化学工程, 2007, 02: 59-65.
[60] Crabbe E，Nolasco H C，Kobayashi G，et al. Biodiesel production from crudepalm oil and evaluation of butanol extraction and fuel properties. Process Biochem，2001，37(1): 65-71.
[61] Obibuzorj U, Abigorr. D, Okiyda. Recovery of oil via acid. catalyzed transesterification . JAOCS, 2003(80): 77-80.
[62] Zhang Y, Dubem A, Mclean D D. Biodiesel production from waste cooking oil 1. Process design and technological assessment. Bioresource Techno1，2003，89(1): 1-16.
[63] 陈和，王金福．强碱催化棉籽油酯交换制备生物柴油的动力学．化工学报，2005, 56(10): 1971-1974.
[64] 李为民，郑晓林，徐春明，等．固体碱法制备生物柴油及其性能．化工学报，2005，56(4): 711-716.
[65] 安文杰，许德平，田中坤．超临界法制备生物柴油．天然气化工，2006，31(2): 21-23.
[66] 刘传武，杨燕，戴小安，等．植物油制备生物柴油的研究．河南化工，2005，22(6): 19-21.
[67] 李昌珠，蒋丽娟，程树棋，等．生物柴油——绿色能源．北京：化学工业出版社，2003.
[68] Boocock D G B. Process for production of fatty acid methyl esters from fatty acid triglycerides. US，2004, 6712867[P].
[69] Luo Z，Wang S，Liao Y. Research on biomass fast pyrolysis for liquidfuel . Biomass Bioenergy，2004，26(5): 455-462.
[70] Karaca F. Molecular mass distribution and structural characterizationof liquefaction products of a biomass waste material . Energy &Fuels，2006，20(1): 383-387.
[71] Qian Y，Zuo C，Tan J，et al. Structural analysis of bio-oils fromsub-and supercritical water liquefaction of woody biomass . Energy, 2007，32(3): 196-202.
[72] 周磊，丁明杰，宗营，等．生物油的组成和提质研究的进展．化工时刊，2007, 21(6): 69-71.
[73] 李滨．转锥式生物质闪速热解装置设计理论及仿真研究．东北林业大学, 2008.
[74] Glova A D, Miao Y, Yoshizaki S. Relationship between heating value and chemieal composition of seleeted agricultural and forest biomass, J. Trop. Agr, 1994, 38(l): l-7.
[75] Williams P T，Besler S. The influence of temperature and heat ingrate on the slow pyrolysis of biomass.Renewable.
[76] 张巍巍，曾国勇，陈雪莉，等．生物质气流床气化前的处理工艺．过程工程学报, 2007, 7(4): 747-750.
[77] 徐美．生物质基新型航空汽油的基础研究．沈阳航空航天大学, 2013.
[78] 蒋恩臣．生物质热分解技术比较研究．可再生能源, 2006，128：58-60.
[79] 王琦．生物质快速热裂解制取生物油及其后续研究．杭州：浙江大学, 2008.
[80] 王树荣．生物质热解制油的试验与机理研究．杭州：浙江大学, 1999.
[81] 陆强．生物质选择性热解液化的研究．合肥：中国科技大学，2010.
[82] Maschio G., Koufopanos C. Lucchesi A. pyrolysis a promising route for biomass utilizetion Bioresource technology，1994，42: 218-230.
[83] 苗真勇，厉伟，顾永琴．生物质快速热解技术研究进展．节能与环保，2005，2: 13-15.
[84] Yang H P, Yan R, Chen H P. Characteristics of hemicellulose,cellulose and lignin pyrolysis. Fuel, 2007，86: 1781-1788.
[85] 李豪杰．生物质热解机理研究．重庆大学, 2011.

[86] Bradbury A G W，Sakai Y，Shafizadeh F. A kinetic model for pyrolysis of cellulose. Journal of Applied Polymer Science，1979，23(11): 3271-3280.
[87] 董红星，刘剑，裴健. 加盐萃取精馏的研究进展. 化工时刊，2004，18(5): 16-19.
[88] Arhegyi G，Szabo P，Mok W S L. Kinetics of the thermal decomposition of cellulose in sealed vessels at elevated pressures: Effects of the presence of water on the reaction mechanism. Journal of Analytical and Applied Pyrolysis，1993，26(3): 159-174.
[89] 刘倩，王树荣，王凯歌，等. 纤维素热裂解过程中活性纤维素的生成和演变机理. 物理化学学报，2008，24(11): 1957-1963.
[90] 廖艳芬. 纤维素热解机理试验研究. 杭州：浙江大学，2003.
[91] Demirbas A. Mechanisms of liquefaction and pyrolysis reactions of biomass. Energy Conversion & Management，2000，41(6): 633-646.
[92] 江德正. 纤维素热解的分子动力学模拟. 重庆：重庆大学，2008.
[93] 廖瑞金，胡舰，杨丽君. 变压器绝缘纸热老化降解微观机理的分子模拟研究. 高压电技术，2009，35(7): 1565-1570.
[94] 朱锡锋，郑冀鲁，郭庆祥，等. 生物质热解油的性质精制与利用. 中国工程学，2005，7( 9): 83-89.
[95] 王勇，邹献武，秦特夫. 生物质转化及生物质油精制的研究进展. 化学与生物工程，2010，27(9): 1-5.
[96] 林木森，蒋剑春. 生物质快速热解技术现状. 生物质化学工程，2006，40(1): 21-26.
[97] Bridgwater A V. Review of fast pyrolysis of biomass and product upgrading . Biomass and Bioenergy，2011, 91(1): 263-272.
[98] Wagenaar B M，Prins W，Vanswaaij M W P. Pyrolysis of biomass in the rotating cone reactor: Modeling and experimental justification. Chemical Engineering Science，l994，49(24): 5109-5126.
[99] 王树荣，骆仲泱，董良杰. 生物质闪速热裂解制取生物油的试验研究. 太阳能学报，2002，23(1) : 4-10.
[100] Sipila K，Kboppala E，Fagernas L. Characterization ofbiomass-based flash pyrolysis oils. Biomass and Bioenergy，1998，14(2): 103-113.
[101] Zabaniotou A A，Karabelas A J. The Evritania(Greece) demonstration plant of biomass pyrolysis. Biomass and Bioenergy，1999，16: 431-445.
[102] 王树荣，骆仲泱，谭洪，等. 生物质热裂解生物油特性的分析研究. 工程热物理学报，2004，25(6): 1049-1052.
[103] 戴先文，吴创之，周肇秋，等. 循环流化床反应器固体生物质的热解液化. 太阳能学报，2001，22(2): 124-130.
[104] 朱锡锋，郑冀鲁，郭庆祥，等. 生物质热解油的性质精制与利用. 中国工程学，2005，7(9): 83-89.
[105] Shihadeh A,Hochgreb S.Impact of biomass pyrolysis oil process conditions on ignition delay in compression ignition engines. Energy Fuels，2002，16(3): 552-561.
[106] 任铮伟，徐清，陈明强，等. 流化床生物质快速裂解制液体燃料. 太阳能学报，2002，23，(4): 462-466.
[107] 徐保江，李美玲，曾忠. 旋转锥式闪速热解生物质实验研究. 环境工程，1999，17(5): 71-74.
[108] 熊万明. 生物油的分离与精制研究. 安徽：中国科学技术大学，2010.
[109] Bridgwater A V. Review of fast pyrolysis of biomass and product upgrading. Biomass Bioenergy，2012，38: 68-94.

[110] Piskorz J, Majerski P, Radilein D, et al. Conversion of liginins to hydrocabon fuels. Energy and Fuels, 1989, (3) : 723-726.
[111] Mahfud F H, Ghijsen F, Heeres H J. Hydrogenation of fast pyrolysisoil and model compounds in a two-phase aqueous organic systemusing homogeneous ruthenium catalysts. Journal of MolecularCatalysis A: Chemical, 2007, 264(1/2): 227-236.
[112] Soltes E J, Lin K S C, Shen E Y H. Catalyst specificities in high pressure hydroprocessing of pyrolysis and gasification tars. ASC Division of Fuel Chemistry, 1987, 32(2) : 229-239.
[113] Courtney A F, Tonya M, Ji Y, et al. Bio-oil upgrading over platinum catalysts using in situ generated hydroge. Applied Catalysis(A): General, 2009, 358: 150-158.
[114] Zheng X, Lou H. Recent advances in upgrading of bio-oils from pyrolysis of biomas. Chinese Journal of Catalysis, 2009, 30(8) : 765-770.
[115] Williams P T, Home A P. The influence of catalyst regeneration on the composition of zeolite-upgraded biomass pyrolysis oils. Fuel, 1995, 74(12) : 1839-1851.
[116] 郭晓亚, 颜涌捷, 李庭琛, 等. 生物质油催化裂解精制中催化剂上焦炭前身物的分析. 高校化学工程学报, 2006, 20(2) : 222-227.
[117] Chiaramonti D, Bonini M, Fratini E. Development of emulsions from biomass pyrolysis liquid and diesel andtheir use in engines Part 1: emulsions production . Biomass and Bioenergy, 2003, 25: 85-99.
[118] Ikura M, Stanciulescu M, Hogan E. Emulsification of pyrolysis derived bio- oil in diesel fuel . Biomass and Bioenergy, 2003, 24: 221-232.
[119] Hino M, Yarata K.Solid catalysts treated with anions. I catalytic activity of iron oxide treated with sulfate ion for dehydration of 2-propanol and ethanol and polymerization of isobutyl vinylether. Chemistry Letters, 1979.
[120] 金华峰, 李文戈. 纳米复合固体超强酸 $SO_4^{2-}/ZnFe_2O_4$ 的制备与催化合成癸二酸二乙酯的研究. 无机化学学报, 2002, 18(3): 265-268.
[121] 王绍艳, 张志强, 吕玉珍, 等. 纳米固体超强酸 $SO_4^{2-}/Fe_2O_3$ 的制备及其催化合成乙酸乙酯. 无机化学学报, 2002, 18(3): 279-283.
[122] 常铮, 郭灿雄, 李峰, 等. 新型磁性纳米固体酸催化剂 $ZrO_2/Fe_3O_4$ 的制备及表征. 化学学报, 2002, 60(2): 298-304.
[123] 梅长松, 景晓燕, 林茹春, 等. 磁性固体超强酸的制备及催化酯化反应的研究. 化学试剂, 2002, 24(1): 1-2.
[124] Song M, Zhong Z, Dai J J, et al. Different solidacidcatalystsinfluence on properties andchemicalcompositionchange of upgrading bio -oil. Journal of Analytical and Applied Pyrolysis, 2010, 89: 166-170.
[125] Wang J J, Chang J, Fan J. Catalytic esterification of bio-oil by ion exchange resins. Journal of Fuel Chemistry and Technology, 2010, 38(5): 560-564.
[126] 王琦, 姚燕, 王树荣, 等. 生物油离子交换树脂催化酯化试验研究. 浙江大学学报: 工学版, 2009, 43(5): 927-930.
[127] 徐莹, 王铁军, 马隆龙, 等. $MoNi/\gamma\text{-}Al_2O_3$ 催化剂的制备及其催化乙酸临氢酯化反应性能. 无机化学学报, 2009, 25(5): 805-811.
[128] 郭祚刚, 王树荣, 朱颖颖, 等. 生物油酸性组分分离精制研究. 燃料化学学报, 2009, 37( 1) : 50-52.
[129] Martinello M, Hecker G, Del C P M. Grape seed oil deacidification by molecular distillation:

Analysis of operativevariables influence using the response surface methodology. Journal of Food Engineering，2007，81(1) : 60-64.
[130] Lopez J G，SalvaMonfort J J. Preliminary test on combustion of wood derived fast pyrolysis oils in a gas turbine combustor. Biomass and Bioenergy. 2000，19: 119-128.
[131] He R，Ye X P, English B. Effects of high-pressure homogelization on physicochemical properties and storage stability of switchgrass bio-oil. Fuel Processing Technology，2009，90: 415-421.
[132] Tang Y，Yu W J，Mo L Y，et al. Energy Fuels. 2008，22: 3484.
[133] 姚国欣，王建明.第二代和第三代生物燃料发展现状及启示.中外能源, 2010, 15(9):23-37.
[134] 郭金凤，王树荣，尹倩倩，等．生物质经甲醇法和费托法制取汽油的生命周期评价．太阳能学报, 2015, 36(9): 2052-2058.
[135] 王兆祥．生物油重整制氢/富氢合成气以及费托液体燃料的合成．中国科学技术大学, 2007.
[136] 王健, 李会鹏, 赵华, 等．三代生物柴油的制备与研究进展．化学工程师, 2013, 1: 38-41.
[137] Rosenir R C M, Martin S. Effect of the Support on the F-T Synthesis with Co/$Nb_2O_5$ Catalysts. J. Chem. Soc. Fara. Trans.，1993，89(21): 3975.
[138] Stuart A S Matthew P D，John S, et al. Biodiesel from algae: Challenges andprospects. Current Opinion in Biotechnology，2010，21(3): 277-286.
[139] Val H S，Belinda S M S，Frank J D, et al. The ecology of algal biodiesel production. Trends in Ecology and Evolution，2009，25(5): 301-309.
[140] 李化，陈丽，唐琳，等．西南地区麻疯树种子油的理化性质及脂肪酸组成分析．应用与环境生物学报，2006，12(5): 643-646.
[141] Achten W M J，Verchot L，Franken Y J, et al. Jatropha bio-diesel production and use. Biomass and Bioenergy，2008，32(12): 1063-1084.
[142] 吴艳霞．亚麻籽及亚麻籽油．陕西粮油科技, 1994，19(2): 22, 23.
[143] 王俊国，王新宇．亚麻(籽)油的精炼技术研究．粮油加工，2007，(1): 47, 48.
[144] 李洪山，范艳霞．盐地碱蓬籽油的提取及特性分析．中国油脂，2010，35(1): 74-76.
[145] 张学杰，樊守金，李法曾．中国碱蓬资源的开发利用研究状况．中国野生植物资源，2003，22(2): 1-3.
[146] 杨庆利．海滨锦葵种子油脂提取及制备生物柴油研究．北京：中国科学院研究生院，2008.
[147] Stella B，Aggeliki K，Iacovos A V. Hydrocracking of vacuum gas oil-vegetable oil mixtures for biofuels production. Bioresource Technology，2009，100(12): 3036-3042.
[148] Huber G W，O' connor P，Corma A. Processing biomass in conventional oil refineries: Production ofhigh quality diesel by hydrotreating vegetable oils inheavy vacuum oil mixtures. Applied Catalysis A: General，2007，329(1): 120-129.
[149] Chiaramonti D，Oasmaa A，Lantausta Y. Power generation using fast pyrolysisliquids from biomass. Renewable and SustainableEnergy Reviews，2007，11 (6): 1056-1086.
[150] Negro M J，Manzanares P，Oliva J M，et al. Changes in variousphysical/chemical parameters of Pinus pinaster wood after steamexplosion pretreatment. Biomass and Bioenergy，2003，25: 301-308.
[151] 徐伟亮．有机化学．北京：科学出版社，2002.

# 第4章　生物质发电与供热

## 4.1　生物质发电

国际生物质发电起源于20世纪70年代。当时，世界性的石油危机爆发后，丹麦开始积极开发清洁的可再生能源，大力推行秸秆等生物质发电。自1990年以来，生物质发电在欧美许多国家开始大规模发展。

中国是一个农业大国，生物质资源十分丰富，各种农作物每年产生秸秆6亿多吨，其中可以作为能源使用的约4亿吨，全国林木总生物量约190亿吨，可获得量为9亿吨，可作为能源利用的总量约为3亿吨。如加以有效利用，开发潜力将十分巨大。此外，我国还有5400多万公顷宜林地，可以结合生态建设种植农作物，这些都是我国发展生物质发电产业的优势[1]。

同时，发展生物质发电，实施煤炭替代，可显著减少二氧化碳和二氧化硫排放，产生巨大的环境效益。与传统化石燃料相比，生物质能属于清洁燃料，燃烧后二氧化碳排放属于自然界的碳循环，不形成污染。据测算，运营1台2.5万kW的生物质发电机组，与同类型火电机组相比，可减少二氧化碳排放约10万t/a[2]。前瞻网《2013～2017年中国生物质能发电行业深度调研与投资战略规划分析报告》预测，到2025年之前，可再生能源中，生物质能发电将占据主导地位。

为推动生物质发电技术的发展，2003年以来，国家先后核准批复了河北晋州、山东单县和江苏如东3个秸秆发电示范项目，颁布了《可再生能源法》，并实施了生物质发电优惠上网电价等有关配套政策，从而使生物质发电，特别是甜高粱秸秆发电迅速发展。国家电网公司、五大发电集团等大型国有、民营以及外资企业纷纷投资参与中国生物质发电产业的建设运营。截至2007年底，国家和各省发改委已核准项目87个，总装机规模220万kW。全国已建成投产的生物质直燃发电项目超过15个，在建项目30多个。到2008年底，我国生物质能发电总装机为315万kW。截至2015年底，我国生物质发电并网装机总容量为1031万kW。我国的生物发电总装机容量已位居世界第二位，仅次于美国。国家“十一五”规划纲要提出的发展目标，是建设生物质发电550万kW装机容量。已公布的《可再生能源中长期发展规划》也确定了到2020年生物质发电装机3000万kW的发展目标。此外，国家已经决定，将安排资金支持可再生能源的技术研发、设备制造及检测认证等产业服务体系建设。总的说来，生物质能发电行业有着广阔的发展前景。

生物质发电技术主要包括生物质直接燃烧发电、气化发电、与煤混合燃烧发电、沼气发电以及垃圾发电等技术。前三种主要发电技术比较如表 4-1 所示。

**表 4-1　生物质发电技术对比**[4]

| 项目 | 直接燃烧发电 | 气化发电 | 与煤混燃发电 |
|---|---|---|---|
| 系统、结构 | 中 | 复杂 | 简单 |
| 投资 | 中 | 大 | 小 |
| 工程应用 | 较多 | 工业示范阶段 | 燃煤小机组的改造 |
| 难点问题 | 锅炉腐蚀 | 焦油的脱除和回收 | 掺烧比例有限，易堵塞 |
| 电价补贴 | 0.25 元/kW·h | 无 | 无 |
| 适用性 | 适用 | 不适用 | 不适用 |
| 推荐方案 | 推荐 | 不推荐 | 不推荐 |

生物质电厂与常规燃煤电厂最大的不同之处在于其使用的燃料是生物质，主要特点如下[5]：

(1) 资源分布范围广而分散，且带有明显的季节性。

(2) 燃料种类多，性质差异大。

(3) 燃料具有低灰分、低含硫量、高挥发分、高水分、低热值的特点。

(4) 燃料质地松软，密度小。生物质燃料的自然堆积密度一般在 50～200kg/m$^3$，比燃煤的 800kg/m$^3$ 小很多。

(5) 燃料灰中碱金属含量高，部分燃料可能含有一定量的氯离子。

### 4.1.1　生物质直燃发电

1. 生物质燃烧原理[6]

生物质直接燃烧发电技术的原理是将农作物秸秆、稻壳、林木废弃物等生物质与过量空气在锅炉中燃烧，产生的热烟气和锅炉的热交换部件换热，产生出高温高压蒸汽在蒸汽轮机中膨胀做功发出电能。燃烧后产生的灰粉可作为钾肥返田，该过程将农业生产原本的开环产业链转变为可循环的闭环产业链，是完全的变废为宝的生态经济。

生物质直燃发电的优势在于：①原料丰富且可再生。原料可以来自农林废弃物、生活垃圾、沼气等。燃烧发电也为垃圾处理提供了一条出路。②废弃物的资源化。利用生活垃圾、秸秆等生产生活过程中的废弃物来燃烧发电，既解决了废弃物处理问题，又带来了新的能源。③适用范围广。水电、风电及太阳能发电对地理环境有一定要求，存在区域局限性，而生物质直燃发电只需解决原料输送问题，限制较少。

④技术要求相对简单。原理与煤电基本相同，发电过程单一。与水电等相比，锅炉等前期成本相对较低[7]。

生物质直燃发电的工艺流程如图 4-1 所示。将生物质原料从附近各个收集点运送至电站，经预处理(破碎、分选)后存放到原料存储仓库，仓库容积要保证可以存放 5t 的发电原料量；然后由原料输送车将预处理后的生物质送入锅炉燃烧，通过锅炉换热将生物质燃烧后的热能转化为蒸汽，为汽轮发电机组提供汽源进行发电。生物质燃烧后的灰渣落入出灰装置，由输灰机送到灰坑，进行灰渣处置。烟气经过烟气处理系统后由烟囱排放入大气中。

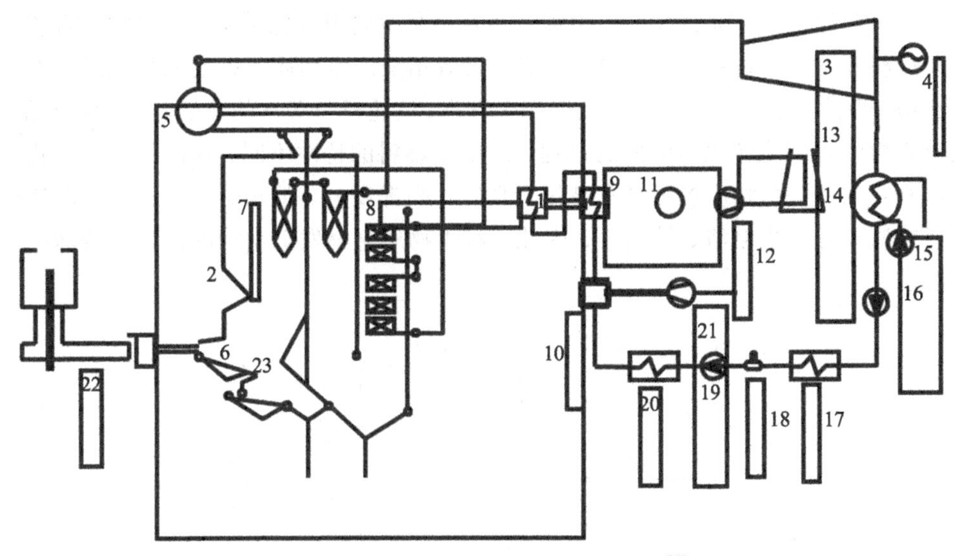


图 4-1　生物质直燃发电系统示意图[6]

1. 料仓；2. 锅炉；3. 汽轮机；4. 发电机；5. 汽包；6. 炉排；7. 过热器；8. 省煤器；9. 烟气冷却器；10. 空气预热器；11. 除尘器；12. 引风机；13. 烟囱；14. 凝汽器；15. 循环水泵；16. 凝结水泵；17. 低压加热器；18. 除氧器；19. 给水泵；20. 高压加热器；21.送风机；22. 给料机；23. 灰斗

生物质直接燃烧释放出的能量，为植物所固定的所有能量，如何提高能量的利用率并将其更为有效地转化为电能，是目前最为有效的方式。欧美一些国家在处理秸秆问题上已做过大量的研究，并应用于生产。我国生物质直燃发电的推广应用很快，直接燃烧发电技术已比较成熟。由于生物质能源需要在大规模利用下才具有明显的经济效益，因而要求生物质资源集中、数量巨大、具有生产经济性。同时，与燃煤锅炉对燃料单一性的要求不同，生物质锅炉要求能适应多种生物质原料，以保证燃料供应的稳定性。

生物质直接燃烧发电的关键技术包括原料预处理，生物质锅炉防腐，提高生物质锅炉的多种原料适用性及燃烧效率、蒸汽轮机效率等技术。生物质直接燃烧发电技术中的生物质燃烧方式包括固定床燃烧或流化床燃烧等方式。固定床燃烧对生物质原料的预处理要求较低，生物质经过简单处理甚至无须处理就可投入炉排炉内燃烧。流化床燃烧要求将大块的生物质原料预先粉碎至易于流化的粒度，其燃烧效率和强度都比固定床高。

2. 直接燃烧发电流程及发电厂组成

直接燃烧发电的流程如图 4-2 所示。燃烧秸秆发电时，秸秆入炉有多种方式：可以将秸秆打包、粉碎造粒(压块)、或打成粉或者与煤混合后打入锅炉。生物质与过量空气在锅炉中燃烧，产生的热烟气和锅炉的热交换部件换热，产出的高温高压蒸汽在蒸汽轮机中膨胀做功发出电能。整套系统主要由汽轮机发电、生物质直燃锅炉、给料系统、上料系统、除尘、除渣装置等组成。生物质直燃发电与燃煤发电十分相似，两者都是燃料在锅炉内燃烧产生蒸汽，汽轮机将蒸汽的热能转化为机械能，发电机再将机械能转化为电能的过程。但由于燃料的特性不同，这两种发电方式也有区别：主要是生物质燃料具有高氯、高碱、高挥发分、低灰熔点等特点，燃烧时易腐蚀锅炉并产生结渣、结焦等，因此，对生物质直燃发电锅炉的设计有特殊的技术要求。

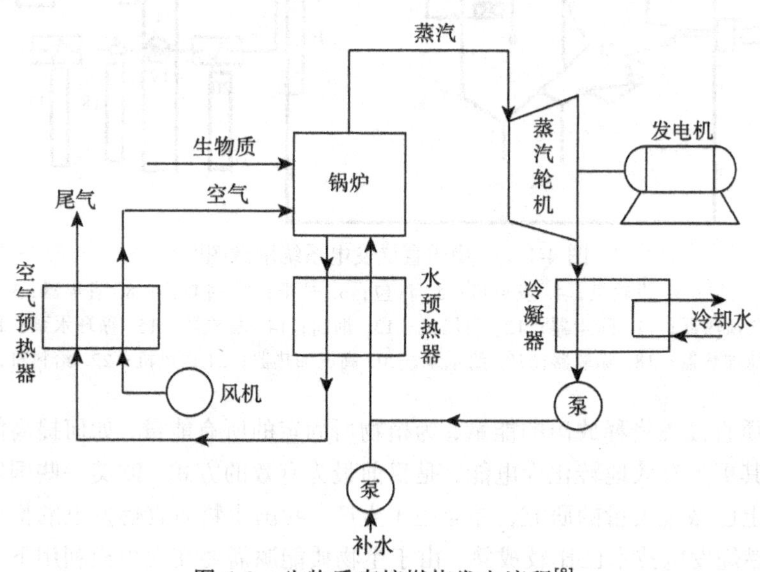


图 4-2　生物质直接燃烧发电流程[8]

生物质直燃发电工艺成熟，整套生物质发电系统可以稳定而连续地运行，并能高效率、大规模地处理多种废弃生物质，并且原料易于就地收集且营运维护成本相对较低，因此适合在我国进行大规模推广。

3. 生物质燃烧结渣及腐蚀

生物质一般含有较高的碱金属(Na，K)氧化物和盐类，这将造成灰熔点降低，给燃烧过程带来许多问题。Bapat 等[9]在研究高碱金属含量生物质在流化床上的燃烧时发现碱金属能够造成流化床燃烧中床料颗粒的严重烧结，其原因是碱金属(Na，K)氧化物和盐类可以与 $SiO_2$ 发生反应，反应如下所示：

$$2SiO_2+Na_2CO_3 = Na_2O\cdot 2SiO_2+CO_2 \tag{4-1}$$

$$4SiO_2+K_2CO_3 = K_2O\cdot 4SiO_2+CO_2 \tag{4-2}$$

形成的低温共熔体熔融温度分别仅为 874℃和 764℃，从而造成严重的烧结现象。Baxter 认为生物质燃烧时的灰沉积率在燃烧早期最大，然后会单调递减。比起煤燃烧时的灰沉积，它具有光滑的表面和很小的孔隙度，因而它的黏度和强度都比较高。这意味着生物质燃烧所产生的灰沉积更难去除[10]。含有某些化学成分的生物质所产生的灰污可能会造成金属的腐蚀。Blander 等模拟了麦秆燃烧时的无机化学反应，发现麦秆中含量最高的两种元素 Si 和 K 在燃烧时形成低熔点的硅酸盐沉积在燃烧设备的金属上，造成燃烧设备的腐蚀。同时由于碱金属的高挥发性，会发生如下反应造成腐蚀：

$$K_2O(\text{silicate})+Fe = FeO(\text{silicate})+K(g) \tag{4-3}$$

4. 生物质直接燃烧数值模拟

燃烧过程的数值模拟是近 30 年来随着计算机技术的发展，在燃烧理论、流体力学、化学动力学、传热学、数值计算方法及实验技术的基础上发展起来的。它以计算机为工具，把燃烧理论、试验和燃烧设备研制三者有机地结合起来，对燃烧学的发展具有重要的科学价值和实际意义[11,12]。

生物质的成分较为复杂，由大量的纤维素和木质素组成，纤维素和木质素都是些复杂的碳水化合物，这些纤维素和木质素的热解本来就很复杂[13]。生物质颗粒在热分解时所析出的挥发分的组分比煤粉热解复杂得多。不同的生物质热解时，挥发分的组分和析出速率不同；相同的生物质在不同的温度热解挥发时，成分和析出速率也都不同，且伴有焦油的产生[3,14]。

生物质燃烧发电过程涉及的物理过程，特别是能量、质量和动量交换，在燃烧系统中起着重要的作用[15]。实际燃烧过程几乎全部是湍流过程，湍流与气相的均相反应以及气固相反应之间有着强烈的相互作用，反应可以通过放热而影响湍流；反之，湍流通过加强反应物与产物之间的混合而影响燃烧。一般来说，层流运动中反应取决于分子水平上的混合，而湍流中的反应率同时受到湍流混合、分子输运和化学动力学三个方面的影响[16]。燃烧过程的数值模拟是由燃烧过程所遵循的基本定律

(质量守恒定律、牛顿第二定律、能量方程、组分方程等)出发构造基本守恒方程，即连续性方程、动量方程、能量方程、组分方程等。对于实际的湍流燃烧过程，上述基本方程通常是不封闭的[17]。

生物质燃料燃烧过程是典型的湍流气固两相流动，为更完善和有效地预测多相流动的状况，首先必须建立多相流动理论模型，并相应地给出描述其运动规律的基本微分方程，然后研究怎样求解这些方程组。根据连续介质的假定，即认为流体质点连续无空隙地占据流动空间。根据质量守恒定律、动量守恒定律可建立封闭单项流体运动微分方程。和单相流体不同的是，多相流体中既有连续性气体，又有离散性的生物质颗粒，这些离散的颗粒弥散地分布在流体中。研究气固流动的方法分为两类：一类是把流体或气体当做连续介质，而将颗粒视为离散体系；另一类是把流体与颗粒都看成共同存在且相互渗透的连续介质，即把颗粒视为拟流体。研究多相流体流动问题比单相流体复杂得多，其主要困难在于相与相之间的相互作用以及每一相的运动、传热、传质和反应等[18,19]。

对于复杂流体流动的传热传质连续性方程、动量方程、能量方程、组分方程的求解方法，早在 20 世纪初，Runge(1908)，Richardson(1910)和 Liebman 就提出了求解调和方程的五点差分格式和迭代解法[20]。20 世纪 60 年代，随着高速度、大容量、多功能的计算机的广泛使用，基于双曲线方程数学理论基础的时间相关方法(time-dependent method)开始应用于求解流体稳态绕流流场问题。这种方法的基本思想是从非稳态的欧拉方程或非稳态的 Navier-Stokes (N-S)方程出发，利用双曲型方程或双曲-抛物线型方程的数学特性，沿时间方向推进求解。1966 年，世界上第一本介绍计算流体力学(CFD)和计算传热学(NHT)的学术期刊——*Journal of Computational Physics* 创刊。Gentry 等关于确认上风差分的论文发表在该刊的第一卷第一期上。1969 年，MacCormack 提出了用二步显式格式求解可压流的 N-S 方程组，同年 Spalding 在英国帝国理工学院创建了 CHSM(Concentration Heat and Momentum Limited)公司，提出把 CFD 和 NHT 研究成果向工业应用转化[21]。20 世纪 70 年代开始，随着数值计算和计算机的进一步发展，许多研究者对模型的计算和如何描述多相流动的理论模型进行了大量研究。1972 年 SIMPLE 算法问世，1979 年 Leonard 发表了著名的 QUICK 格式，1980 年 Patankar 教授的名著 *Numerial Heat Transfer and Fluid Flow* 出版，该书是计算流体力学和计算传热学的一本经典著作[22]。在理论模型方面主要提出了四种模型：无滑移连续介质模型、小滑移连续介质模型、滑移-扩散连续介质模型和分散的颗粒群轨迹模型。前三种是在欧拉坐标系中考虑多相流体的运动，而最后一种则是要运用拉格朗日方法，跟踪颗粒运动轨迹来描述颗粒运动。各种模型各有缺点，适用于不同的模拟对象和场合，所采用的数值解法也不尽相同[9,10]。

### 4.1.2 生物质气化发电

1. 生物质气化技术发展

生物质发电技术在发达国家已受到广泛重视。奥地利、丹麦、芬兰、法国、挪威、瑞典和美国等国家的生物质能在总能源消耗中所占的比例增加相当迅速。例如，奥地利成功地推行了建立燃烧木材剩余物的区域供电站计划，生物质能在总能耗中的比例由原来的 2%～3%激增到 20%以上。到目前为止，奥地利已拥有装机容量为 1～2MW 的区域供电站及供热站 80～90 座。瑞典和丹麦正在实施利用生物质进行热电联产的计划，使生物质能在转换为高品位电能的同时满足供热的需求，以大大提高其转换效率。美国在利用生物质能发电方面处于世界领先地位，1992 年利用生物质发电的电站已有 1000 家，发电装机容量为 6500MW，1998 年超过 7500MW，2003 年超过 9700MW。2010 年，生物质能在美国总能耗中所占比例达到 12% 。根据有关科学家预测，美国能源部(DOE)生物质发电计划的目标是：到 2020 年实现生物质发电的装机容量为 45 GW，年发电 2250～3000 亿 kW·h[23,24]。目前，国际上有很多先进国家开展提高生物质气化发电效率方面的研究，如美国 Battelle(63MW)和夏威夷(6MW)项目，欧洲英国(8MW)和芬兰(6MW)的示范工程等，但由于焦油处理技术与燃气轮机改造技术难度很高，仍存在一些问题，系统尚未成熟，限制了其应用推广。

我国有着良好的生物质气化发电基础，在 20 世纪 60 年代就开发了 60kW 的谷壳气化发电系统。目前，中国生物质气化产业主要由气化发电和农村气化供气组成，其中，气化燃气工业锅炉/窑炉应用、干馏气化和其他技术才刚刚起步。1～3MWe 的气化炉-内燃机系统的发电效率为 17%～20%，6MWe 的内燃机-蒸汽轮机联合循环系统发电效率可达 28%；气化供气和气化工业应用技术则有一定优势，其他国家应用相对较多的是造纸厂石灰窑炉，但实际项目屈指可数[25]。我国生物质固定床气化技术典型指标如表 4-2 所示。

表 4-2　典型的生物质固定床气化技术指标[25]

| 项目 | 参数 | | |
|---|---|---|---|
| 最大燃料消耗量 qw/(t/h) | 1.5 | 2 | 3 |
| 反应器内径 $L$/mm | 1800 | 2200 | 2500 |
| 反应器高度 $H$/m | 8 | 8 | 8 |
| 可燃气的低位发热量/(kJ·N/m$^3$) | 5000 | 5000 | 5000 |
| 可燃气出口温度/℃ | 350 | 350 | 350 |
| 热气效率/% | 85 | 85 | 85 |
| 生物质燃料的低位发热量/(kJ·N/m$^3$) | 15 000 | 15 000 | 15 000 |
| 燃料的最大尺寸 $d$/mm | 30 | 30 | 30 |
| 出灰率/% | 10 | 10 | 10 |
| 主要燃料 | 木质颗粒 | 木质颗粒 | 木质颗粒 |

2. 生物质气化发电工艺

生物质气化发电是指生物质经热化学转化在气化炉中气化生成可燃气体，经过净化后驱动内燃机或小型燃气轮机发电。其发电技术的基本原理是经加热、部分氧化把生物质转化为可燃气体(主要成分为 CO，$H_2$，$CH_4$，$C_mH_n$，$CO_2$等)，再利用可燃气推动燃气发电设备进行发电，流程示意图如图 4-3 所示。气化发电的关键技术之一是燃气净化，气化出来的燃气都含有一定的杂质，包括灰分、焦油和焦炭等，需经过净化系统把杂质除去，以保证发电设备的正常运行；此外，气化炉应对不同种类的生物质原料有较强的适应性。

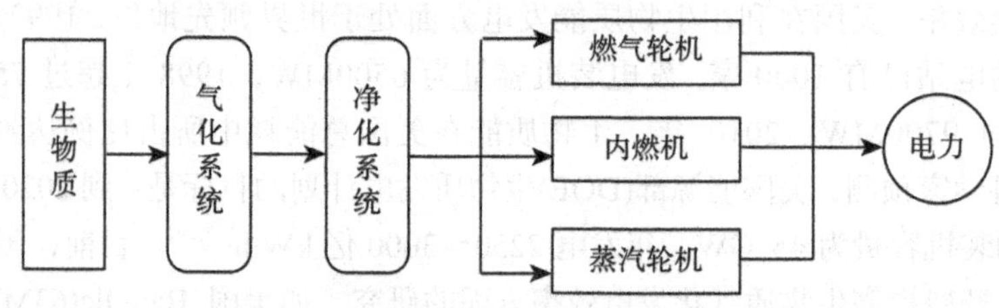


图 4-3　生物质气化发电流程示意图[26]

生物质气化发电可以分为内燃机发电、燃气轮机发电、燃气-蒸汽联合循环发电系统和燃料电池发电系统等。内燃机一般由柴油机或天然气机改造而成，以适应生物质燃气热值较低的要求，燃气轮机要求容量小，适于燃烧高杂质、低热值且规模较大的生物质燃气。燃气-蒸汽联合循环发电可以提高系统发电效率；燃料电池是在一定条件下使燃料和氧化剂发生化学反应，将化学能转换为电能和热能，燃料电池本体的发电效率高。根据采用的气化设备不同，生物质气化过程可以分为固定床气化和流化床气化两大类。固定床气化有上吸式气化、下吸式气化和开心层下式气化三种；固定床气化炉适用于小型、间歇性运行的气化发电系统，其最大的优点是原料不用预处理，设备结构简单紧凑，燃气中灰分含量较低，净化可采用简单的过滤方式，但不便于放大，难以实现工业化。流化床气化包括鼓泡床气化、循环流化床气化及双流化床气化三种，其中研究和应用最多的是循环流化床气化发电系统。

小型气化发电采用气化-内燃机发电工艺，大规模气化-燃气轮机联合循环发电系统作为先进的生物质气化发电技术，能耗比常规系统低，总体效率高于 40%，但关键技术仍未成熟。在气化发电技术方面，广州能源研究所在江苏镇江市丹徒经济开发区进行了 4MW 级生物质气化燃气-蒸汽整体联合循环发电示范项目的设计研究，并取得了一定成果[27]。

气化发电技术是生物质能源技术中有经济环境效益的发电技术之一，它既能解决生物质难于燃用而又分布分散的问题，又可以充分发挥燃气发电技术设备紧凑而污染少的优点。

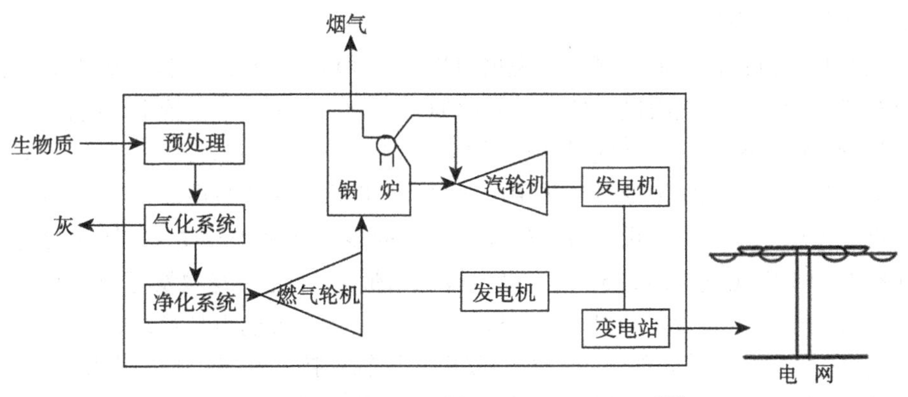


图 4-4　生物质气化联合循环系统概念图[28]

3. 燃气发电系统

燃气发电就是使用天然气或者其他可燃气体来发电的过程。燃气发电是最稳定的分布式供能方式之一，优秀的冷热电三联供发电系统能够把燃气发电的效率提高到 95%以上。从世界发达国家和一些东南亚国家的发展经验来看，发展分布式燃气发电系统是实现节能减排和能源供应可持续发展的必由之路，具有节能、减排、提高供能安全性、电力与燃气供应削峰填谷及促进循环经济发展等众多的优势，是现代能源领域发展的不可逆转的潮流。

燃气内燃机发电机组工作原理如下：

首先，活塞移动，进气阀开启，排气阀关闭，燃气与空气的混合气进入气缸。当活塞到达最低位置后，改变运动方向而向上移动，这时进排气阀关闭，缸内气体受到压缩。压缩终了，电火花塞点火将燃料气点燃。燃料燃烧膨胀，推动活塞做功，带动曲轴转动，通过发电机输出电能。内燃机产生的烟气经排气管、换热装置、消声器、烟囱排到室外。重复上述吸气、压缩、燃烧、膨胀、排气等过程，周期循环，不断地将燃料的化学能转化为热能，进而转换为机械能，驱动发电机发电[29]。

燃气内燃机每一个气缸的工作循环，都是由吸气、压缩、燃烧、做功、排气五个冲程组成的。每一个气缸完成一个完整的工作循环，活塞往复运动两次，曲轴旋转两周。

燃气内燃机通过火花塞点燃预先混合的可燃气与空气，点火方式有以下两种[30]：

(1) 开放式燃烧室：火花塞在气缸的燃烧室内，直接点火燃烧被压缩混合的可燃气与空气。此种开放式燃烧室点火是典型设计。

(2) 预燃室：以阶段式燃烧过程进行点火，即火花塞安装在气缸头内的小型预燃室，经过混合的可燃气与空气被送进预燃室，由火花塞点火，点燃后的混合气进入气缸进行内燃做功行程。此种在预燃室内运用稀薄燃烧原理的技术已成熟应用于一般大型缸径的内燃机。

内燃机气缸内的核心区域工作温度可以达到1400℃，使其效率大大超过了蒸汽轮机和燃气轮机。燃气内燃机的发电效率通常在30%～45%，比较常见的机型一般可以达到35%。燃烧后的烟气温度达到500℃以上，汽缸套冷却水可以达到110℃，再加上空气压缩机和润滑油冷却水中的热量，可以回收用于热电联产。燃气内燃机的优点是发电效率较高，设备投资较低。燃料的能量有约35%被自身转化为电能，其他约有30%随尾气排出，25%被发动机冷却水带走，通过机身散发等约占10%[31]。

燃气发电机组包含发动机、发电机、控制器，还有可选用装置，如稳压过滤装置、气液(汽液)分离装置等。发动机与发电机同轴连接，并置于整机底盘上，再将消声器和调速器连接在发动机上，由燃气源通入发动机内的燃气通道，连接在发动机上带拉绳的反冲起动器以及连接在发电机输出端的电压调节器。其中燃气源内置放的可燃气体是天然气，或液化石油气，或生物质气化燃气，或沼气。使用燃气发电机组与汽油发电机组、柴油发电机组相比，降低了对环境的污染，是一种环保节能型的发电机，而且结构简单，使用安全可靠，输出的电压和频率稳定。

燃气发电机组中燃气稳压过滤装置是燃气输配过程的主要和关键设备，主要承担调压和稳压的功能，同时还要承担过滤、计量、加臭、气体分配等一项或多项功能。

过滤装置用于保护燃气管路的阀门，过滤网的孔径应不大于1.5mm。如气阀列组配置独立稳压阀，其进气口前端应配置独立的过滤装置，避免堵塞稳压阀内的气管。

稳压阀出口气压的波动在整个燃烧调节范围内应不超过±5%。

燃气发电机组具有输出功率范围广、启动和运行可靠性高、发电质量好、重量轻、体积小、维护简单、低频噪声小等优点，可总结为以下四个方面[32]：

(1) 发电品质好。由于发电机组工作时只有旋转运动，电调反应速度快，工作特别平稳，发电机输出电压和频率的精度高，波动小，在突加空减50%和75%负载时，机组集腋成裘驼行非常稳定。优于柴油发电机组的电气性能指标。

(2) 启动性能好，启动成功率高。从冷态启动成功后到满负载的时间仅为30s，而国际规定柴油发电机启动成功后3min带负载。燃气轮发电机组可以在任何环境温度和气候下保证启动的成功率。

(3) 噪声低，振动小。由于燃气轮机处于高速旋转状态，它的振动非常小，而且低频噪声优于柴油发电机组。

(4) 采用的可燃性气体是清洁、廉价的能源。诸如瓦斯气、秸秆气、沼气等，以它们为燃料的发电机组不仅运行可靠，成本低，而且能变废为宝，几乎不会产生污染。

4. 生物质气化燃气发电过程模拟

Aspen Plus软件在石油炼制和煤气化、煤液化领域有着相当成熟的应用经验，是工程师进行工艺设计的重要辅助工具。生物质原料的工业分析和元素分析数据与燃煤的相关分析数据相似，并且在气化液化工艺处理方法上也类似(如高温高压的反应条件、固液气三相产物)，于是研究人员希望通过借鉴煤化工工艺模拟的计算方法，运用 Aspen Plus 软件搭建生物质能源利用工艺的模拟流程。

生物质利用技术的流程模拟研究主要是借鉴了 Aspen Plus 软件提供的煤气化工艺处理方法的思路，但软件本身并没有生物质原料的物性参数，需要研究人员在实验和理论分析的基础上，正确选择 Aspen Plus 软件的单元操作模块来描述生物质处理的过程并定义工艺计算方法。目前，生物质气化发电的模型尚不多见，已有的研究中工艺单元多采用热力学模拟，但实际工业反应体系尚不能达到热力学平衡，造成模拟数据与实际数据有一定的偏差，对实际生产过程的指导作用也不太理想。

Aspen Plus 中有许多单元模型，在生物质气化发电系统中主要的单元操作模块有：换热器、混合器/分流器、反应器(平衡反应器 REquil、吉布斯反应器 RGibbs、收率反应器 RYield)、压缩机等。生物质气化反应在高温下接近平衡，选择 RGibbs 反应模型，运用吉布斯自由能最小化原理来模拟流程。生物质气化模型需要建立在一定的假设条件下，假设条件如下：

(1) 气化炉处于稳定运行状态，所有参数不随时间发生变化；

(2) 生物质颗粒与气化剂在炉内瞬间混合完全；

(3) 生物质中的 H、O、N、S 全部转化为气相，而 C 随条件的变化不完全转化；

(4) 气化炉内无压力降；

(5) 生物质中的灰分为惰性物质，在气化过程中不参与反应；

(6) 生物质颗粒的温度均匀，无梯度；

(7) 所有气相反应速度快，且达到了平衡。

兰维娟[33]在 Aspen Plus 平台上，对生物质气化发电整个流程进行了模拟，建立了生物质气化燃气轮机燃烧集成发电模型。生物质气化燃气轮机燃烧集成发电的一般工艺过程如下：生物质气化后产生低热值粗燃气，然后经过净化，除去粗燃气中的粉尘等物质，接着进行冷凝，变为清洁的气体燃料，送入燃气轮机的燃烧室燃烧，被加热的气体用于驱动燃气透平做功发电。

气化发电系统的流程图如 4-5 所示：生物质原料 BIOMASS 经预热至 300℃后进入 DECOMP 模块计算元素产率，在这个模块里生物质分解成常规固体单质，也就是说气化生成的产物都是各元素最简单单质形式，例如，$O_2$、$H_2$、S、C、$N_2$ 和灰渣；产物 DECPROD 进入 GASIFY 反应器按动力学参数计算气化产物，产物为高温粗燃气 GAS1。

高温粗燃气 GAS1 从气化炉出来后，旋风分离器 SPLIT(Ssplit 模型)进行气固分离，分离后的燃气 GAS2 进入冷凝器 COOLING(Heater 模型)冷却换热，得到焦油与气体混合产物 GLPROD。含有焦油的混合气体 GLPROD 过气液分离器 SEP 模块，就得到了较纯净的燃气 GAS3，洁净燃气 GAS3 送往燃气轮机燃烧室。物流空气 AIR2 从压气机进口进入，经压气机 COMP-AIR(Compr 模块)按预设的压比和等熵压缩效率，经升压和增温的空气为 AIR3；在假定冷却空气全部由压气机出口抽出的情况下，压气机排气经过分流器(Ssplit 模块)分成两部分：约为 83%的空气 AIR3-1 送入燃烧室 BURN(RGibbs 模块)与同时送入燃烧室的洁净燃料煤气 GAS3 混合燃烧，产生高温高压的燃气 FUEL，从燃烧室排出之后送入透平(COMPR)膨胀做功；另一部分约 17%的空气 AIR3-2，从压气机出口抽出后通过冷却器 COOLING(Heater 模块)冷却、加压，作为冷却空气 AIR3-3 在透平入口与燃烧室排气 FUEL 混合后送入透平 TURBINE(Compr 模块)，驱动透平做功，最后燃气经过降温、降压后与冷却空气一起排出燃气透平。

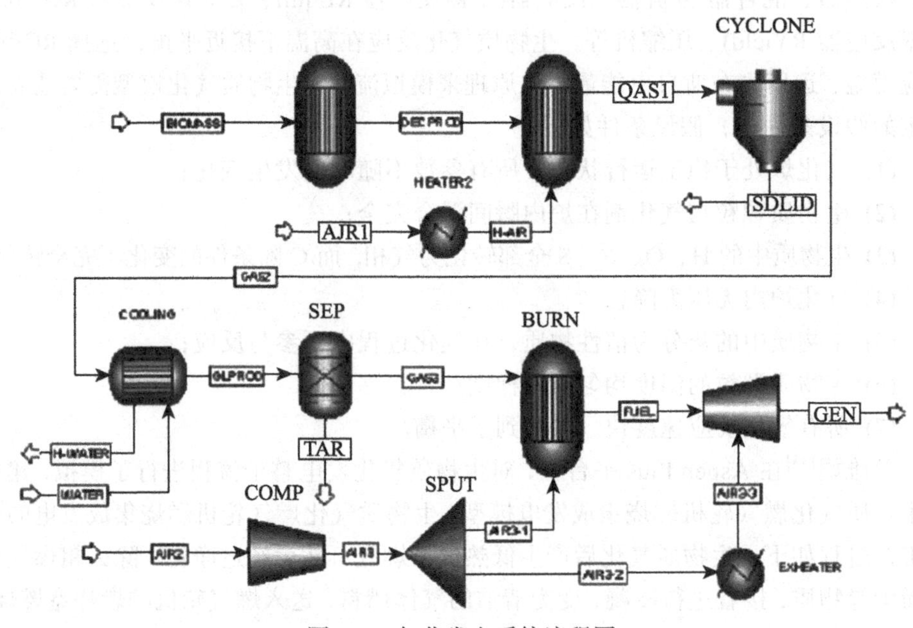


图 4-5　气化发电系统流程图

### 4.1.3　生物质混合燃烧发电

生物质混燃技术简单，投资和运行费用低。此外，生物质原料相对较便宜，对燃煤电厂而言还可增加燃料的选择范围和燃料适应性，降低燃料成本。煤粉燃烧发电效率高，可达 35% 以上，生物质燃烧低硫低氮，在与煤粉共燃时可以降低电厂的 $SO_x$ 和 $NO_x$ 排放。煤与生物质共燃，为现役电厂提供一种快速而低成本的生物质发电技术，是一种廉价而低风险的可利用再生能源的发电技术。

1. 混合燃烧的概念、优势和存在的问题

生物质混燃发电指将生物质原料应用于燃煤电厂中，和煤一起作为燃料发电。混合燃烧方式对生物质原料预处理的要求较高。在技术方面，混合燃烧发电一般是通过改造现有的燃煤电厂实现，只需在场内增加储存和加工生物质燃料的设备和系统，同时对原煤锅炉燃烧系统进行改造。与生物质直燃发电技术相比是一种相对低成本的发电技术，具有建设周期短、对原料价格控制能力强等优点，且符合削减温室气体、发展低碳经济的需要，但是在我国的应用有限。

生物质与煤混合燃烧发电系统，就是一个以秸秆等生物质和煤为燃料的火力发电厂，其生产过程概括起来就是：先将秸秆等生物质加工成适于锅炉燃烧的形式(粉状或块状)，和煤一起送入锅炉内充分燃烧，使储存于生物质和煤燃料中的化学能转变为热能；锅炉内的水吸热后产生饱和蒸汽，饱和蒸汽在过热器内继续加热成过热蒸汽进入汽轮机，驱动汽轮发电机组旋转，将蒸汽的内能转化成机械能，最后由发电机将机械能转化成电能[34]，其生产过程如图 4-6 所示。生物质、煤混合燃烧发电主要生产系统包括燃烧系统、汽水系统和电气系统。燃烧系统由锅炉的燃烧部分、生物质加工及传输系统和除灰、除尘、除渣等部分组成。汽水系统由锅炉、汽轮机、凝汽器、给水泵以及化学水处理和冷却水系统组成；发电系统由发电机、变压器、高低压配电器装置等组成。这些生产系统除燃烧系统与一般火力发电厂略有不同，其余汽水系统及发电系统均与一般火力发电厂完全相同[34]。

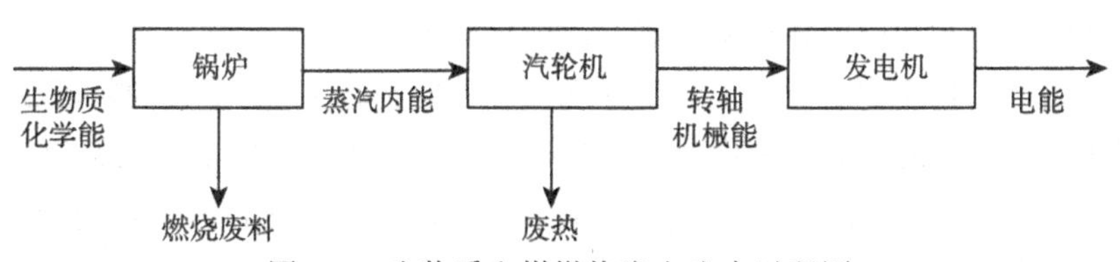


图 4-6　生物质和煤燃烧发电生产过程图

生物质与煤混合燃烧发电存在的问题如下：

(1) 由于生物质含水量高，产生的烟气体积较大，而现有锅炉一般为特定燃料设计，产生的烟气量相对稳定，所以烟气超过一定限度，热交换器很难适应。因此，混合燃烧中生物质的份额不宜过多。

(2) 生物质燃料的不稳定性使锅炉的稳定燃烧复杂化。

(3) 生物质灰的熔点低，容易产生结渣问题。

(4) 如使用含氯生物质，如秸秆、稻草等，当热交换器表面温度超过 400℃时，会产生高温腐蚀。

(5) 生物质燃烧生成的碱，会使燃煤电厂中脱硝催化剂失活。

2. 混合燃烧的形式

生物质与煤有两种混合燃烧方式[35]：

(1) 生物质直接与煤混合燃烧，不经过与煤混合，生物质与煤通过各自的入口直接进入锅炉，在锅炉内与煤混燃，产生蒸汽，带动蒸汽轮机发电。生物质需进行预处理，生物质预先与煤混合后再经磨煤机粉碎，或生物质与煤分别计量、粉碎。这种燃烧方式要求较高，并非适用于所有燃煤发电厂，而且生物质与煤直接混合燃烧可能会降低原发电厂的效率。

(2) 间接混燃，先把生物质气化为清洁的可燃气体，再通入燃煤炉。用这种方法可燃用难以粉碎的或杂质含量高的生物质，大大扩大了混燃的范围。将生物质在气化炉中气化产生的燃气与煤混合燃烧，产生蒸汽，带动蒸汽轮机发电，即在小型燃煤电厂的基础上增加一套生物质气化设备，将生物质燃气直接通过锅炉中燃烧，对原燃煤系统影响较小。

(3) 并行混燃，生物质与燃煤在独立的燃烧系统中燃烧，产生的蒸汽一同送入汽轮机发电机组。

3. 生物质和煤的灰熔融特性及结渣比较

生物质干燥无灰基的通用化学组成式可以描述为 $CH_xO_yN_z$，化学摩尔比分子式比较接近于 $CH_{1.4}O_{0.6}N_{0.1}$。生物质干基低位热值通常在 17～23MJ/kg，可以达到较高的理论燃烧温度，因此热值并不是提高生物质燃烧发电效率的限制。生物质中矿物质的结渣、积灰和腐蚀特性限制了发电效率的提高。

生物质中矿物质的组成与土壤特性和其生长特性有关，大多数的灰形成元素存在于植物生长所需的营养成分中，其中最丰富的 7 种灰形成元素是 Ca、K、Mg、Cl、P、S 和 Si。影响最大的元素是 K，K 可以是单质，也可以与硅结合成化合物，在燃烧过程中可能造成结渣或积灰。K 元素的迁移常发生在较低的温度下，然后沉积在受热面上，使受热面热阻增加，或者造成受热面的腐蚀。K 元素也可能对燃烧器造成腐蚀。生物质中的 K 等碱金属元素容易造成灰结垢，在温度小于 800℃时，K 元素运输的载体主要是 KOH、KCl 和硫酸盐。低温时，将生物质中的矿物质从可燃组分碳和氢中分离出来，可以避免发生碱金属输运。

干净的木材残渣是极好的燃料，灰和碱性物质的含量都很低，但是对于燃用非木料的生物质锅炉，锅炉管束、过热器和水冷壁等受热面上的矿物质沉积，以及惰性床料和生物质灰的结块使运行困难，需要对受热面管壁进行间断性清扫和维护，否则将影响生物质燃料燃烧发电的大规模长期应用与发展。

煤灰属于铝硅酸盐[78],其中 Fe、Ca、K 和 Mg 等造渣元素含量相对较低,难以溶解,具有较低的结渣和腐蚀趋向。对煤的灰熔融特性分析，我国国家标准采用的方法与美国 ASTM 基本一致，灰在 800℃进行预处理，然后进行三角锥高温加热分析，以确定灰的结渣与黏结特性。然而稻秸、麦秸和木料等生物质燃烧灰沉积与结垢的关键元素是 K，生物质中的 K 和其他一些矿物元素在 800℃开始挥发，重量损失可能改变灰的熔融特性。K 是灰形成多孔结构的关键元素，K 的含量可以达到钠的 1000 倍。在一年生植物如树木的灰中，碱金属含量高达 35%时，灰熔融温度可从 1300℃以上极剧降低到 700℃左右。此时，K 可以与生物质中的硅和流化床料形成共晶体，K 的存在形式多样化，以氧化物、氢氧化物、硫酸盐、亚硫酸盐和挥发性氯化物等形式进行运输，从而对受热面形成潜在的危险。

4. 生物质燃烧和煤燃烧的腐蚀问题

1) 生物质燃烧的腐蚀问题[79]

生物质直接燃烧发电过程中受热面腐蚀直接影响到发电效率的提高。不同生物质燃烧过程中生成的灰成分不同，对受热面的腐蚀程度也不同。如稻秸和麦秸灰中含有较高的 Si、Cl 及 K、Na 等碱金属，灰熔点较低，容易在炉膛内结渣、结焦或沉积于受热面，严重影响燃烧生物质锅炉的换热，甚至造成腐蚀，将严重制约燃烧生物质锅炉的长期正常运行。如何控制生物质燃烧过程中积灰、结渣，从而减少运行过程的腐蚀程度显得尤为重要。另外，如何控制灰的形成特性或抑制灰腐蚀，以及选择与改进现有的受热面清灰措施，对系统运行的可靠性也很重要。

由于生物质燃料中氯含量高，氯在生物质燃烧过程中的挥发及其与锅炉受热面的反应会引起锅炉的腐蚀。当生物质燃料含氯高时，将使壁温高于 400℃的受热面发生高温氯腐蚀。生物质燃料锅炉的高温氯腐蚀远比燃煤锅炉严重，应予以重视。

生物质燃料锅炉发生高温氯腐蚀的原因主要是生物质中氯在燃烧过程中以 HCl 形式挥发出来，与锅炉的金属壁面发生反应，生成的 $FeCl_3$ 熔点很低，仅为 282℃，较易挥发，对保护膜的破坏较为严重；除了对 Fe、$Fe_2O_3$ 的侵蚀外，氯与氯化物还可在一定条件下对 $Cr_2O_3$ 保护膜造成腐蚀。

在锅炉受热面设计时选用防腐材料，在实际运行中合理调整工况，加入适量脱氯剂或吸收剂脱除或减少 HCl 的排放，降低炉内 HCl 的浓度，可以减轻锅炉的高温氯腐蚀。同时考虑到生物质燃料中的氯大部分是以游离形态存在，收集原料时使雨水冲刷后晾干，在一定程度上可缓解锅炉的高温氯腐蚀。降低燃烧温度有利于防止碱金属所带来的结渣，但要保持燃烧效率相同，需要更多的换热面积。在流化床中，喷入生石灰有助于防止床料结块，同时可减轻结渣、腐蚀和酸性气体排放。在碱金属问题严重时，喷入生石灰后必须进行高温烟气过滤，捕集挥发性碱金属。过热蒸汽温度控制在 400℃，可避免过热器或锅炉管束的快速腐蚀。在燃用氯含量较高的生物质时，过热器或锅炉管束需要采用昂贵的合金以提高过热器或锅炉管束的寿命。炉膛耐火材料中的水泥含量必须低，因为耐火材料中的钙很容易与氯反应，从而造成耐火层破环。必须计算烟气中的露点腐蚀温度，控制排烟温度，避免省煤器与空气预热器的低温腐蚀。

2) 煤燃烧的腐蚀问题

电站锅炉水冷壁的高温腐蚀是影响电站安全经济运行的重要因素，腐蚀区域一般在燃烧的高温区，结渣或不结渣的受热面都可能发生，通常水冷壁管向火侧的正面腐蚀最严重，管壁减薄也最大[80]。近年来，随着锅炉向大容量高参数发展，锅炉水冷壁温度相应提高，因此锅炉水冷壁高温腐蚀现象出现得更加频繁。与此同时，世界各国都越来越重视环保问题，$NO_x$ 的排放量都受到了严格的控制。为了降低 $NO_x$ 的排放量，目前大都采用分级送风或低氧燃烧，因而在水冷壁附近区域形成了还原性气氛，直接造成了锅炉水冷壁的高温腐蚀[81]。

根据文献[80]，1991 年水冷壁爆漏所损失的电量占总损失电量的 15.35%，而产生水冷壁爆漏的主要原因是高温腐蚀。由高温腐蚀引起的锅炉水冷壁爆管事故的频繁发生，不仅造成了巨大的经济损失，同时也影响到整个电网的安全稳定运行。因此，研究高温腐蚀的机理，针对腐蚀的特点并根据锅炉的运行方式和设备状况具体分析高温腐蚀的原因，寻求防止和解决锅炉水冷壁高温腐蚀的途径属于重要的研究任务[81]。

5. 生物质和煤燃烧排放与控制

1) 生物质与煤燃烧排放

生物质燃烧排放的主要污染物有颗粒物(PM)、CO、$NO_x$ 和挥发性有机化合物，排放量取决于生物质的特性、炉型设计和运行条件等。由于生物质中硫含量相对较少，燃烧产生的 $SO_x$ 排放也比较少。欧洲生物质燃烧的典型排放数据如表 4-3[79]所示。

表 4-3　欧洲生物质燃烧的典型排放数据

| 项目 | $NO_x$ /(mg/kJ) | 颗粒 /(mg/kJ) | 焦油 /(mg/kJ) | CO /(mg/kJ) | UHC /(mg/kJ) | VOC /(mg/kJ) | PAH /(μg/MJ) |
|---|---|---|---|---|---|---|---|
| 旋风炉 | 333 | 59 | — | 38 | — | 2.1 | — |
| 流化床锅炉 | 170 | 2 | — | 0 | 1 | — | 4 |
| 煤粉炉 | 69 | 86 | — | 164 | 8 | — | 22 |
| 炉排炉 | 111 | 122 | — | 1846 | 67 | — | 4040 |
| 手烧炉 | 98 | 59 | — | 457 | 4 | — | 9 |
| 木料锅炉 | 101 | — | 499 | 4975 | 1330 | — | 30 |
| 新型木头手烧炉 | 58 | 98 | 66 | 1730 | 200 | — | 26 |
| 传统木头手烧炉 | 29 | 1921 | 1842 | 6956 | 1750 | 671 | 3445 |
| 壁炉 | — | 6053 | 4211 | 6716 | — | 520 | 105 |

在煤的燃烧过程中，$NO_x$ 和 $SO_x$ 的形成大部分来源于挥发分的燃烧。对于不同的煤种，其挥发分的含量和组分是不同的[82]。循环流化床变气氛煤燃烧试验显示，随着气氛中氧含量的增大，流化风量减小，$NO_x$ 和 $SO_2$ 排放量(mg/kg)增加，石灰石脱硫效率略有提高。$O_2/CO_2$ 气氛比相同氧含量的 $O_2/N_2$ 气氛下 $NO_x$ 排放降低可能是由于 $O_2/CO_2$ 气氛下煤燃烧不如 $O_2/N_2$ 气氛下充分，这样床内 NO 可以更多地与煤焦发生分解反应生成 CO，CO 来不及扩散而在煤焦表面发生 NO/CO/Char 的反应，进一步降解了 NO；实施烟气再循环时，$NO_x$ 在多次循环过程中在燃烧区域又大量降解而进一步降低了 $NO_x$ 排放。$O_2/CO_2$ 气氛下循环流化床的脱硫效率比相同氧含量的 $O_2/N_2$ 气氛下低，主要是由于 $O_2/CO_2$ 气氛下高浓度 $CO_2$ 对石灰石的煅烧分解有一定的抑制作用；实施烟气再循环时，炉膛出口的大量 $SO_2$ 随烟气再循环重新进入炉内，这样可以提高与脱硫剂的接触时间和脱硫剂的利用效率，有可能提高脱硫效率[83]。

2) 生物质与煤污染物控制

灰颗粒主要依靠布袋或静电除尘器去除。$NO_x$ 和 CO 的排放与输入的燃料特性、锅炉设计、锅炉燃烧和运行状态有关，降低 $NO_x$ 排放的主要方法有：①在适当的工况下，烟气中喷氨水或尿素减少 $NO_x$ 排放，可以降低烟气中 $NO_x$ 和 CO 排放的 33%～75%；②烟气再循环也可以降低 $NO_x$ 的排放；③在高含氮量的燃料燃烧过程中，炉内分级燃烧是降低 $NO_x$ 排放所广泛采用的措施，分级燃烧过程中，燃烧气氛处于略为缺氧的条件下，少部分燃料氮转化为 $NO_x$；④采用选择性催化还原脱氮措施，减少 $NO_x$ 的排放，但费用昂贵。低过量空气系数时，$NO_x$ 生成少，但易使 CO 含量增加，需要很好的燃烧控制，适当地加上二次风和三次风可以进一步降低 CO 的生成。另外，生物质对 $CO_2$ 减排贡献大，以燃用废木料发电为例，装机 1MW，每年 $CO_2$ 减排达 7500t[79]。

煤燃烧过程中同样会产生 $SO_2$ 和 $NO_x$，应选取合理的技术手段降低这些污染物的产生。

(1) 降低 $SO_2$ 的排放。

化石燃料如煤等均含硫，有些产地的煤含硫量较高，从燃煤烟气中除去 $SO_2$ 一直是大气污染防治的主要任务。降低 $SO_2$ 排放的重要方法如下[84]。

(a) 烟道气的湿式清洗。

目前普遍采用以碱性化合物吸收 $SO_2$ 的清洗法。可选用喷淋塔、泡盖塔、托盘塔、填充塔等类型的清洗器，以 $Ca(OH)_2$ 与烟道气中的 $SO_2$ 作用，形成 $CaSO_4$，这就是常用的石膏法。如果改用 $Na_2CO_3$ 或海水作吸收剂，则废水需处理后排放[84]。

(b) 烟道气的干式清洗。

烟道气在干燥塔内与雾状清洗剂($Ca(OH)_2$ 或 $CaCO_3$ 等)接触生成 $CaSO_4$，再经袋式除尘器或电除尘器除去固体产物。该法去除 $SO_2$ 效率达 90%[47]。我国重庆珞璜电厂 36 万 kW 装置采用日本的 $Ca(OH)_2$ 除硫技术，每年得到 4.5 万 t 的 $CaSO_4$，需另建一个水泥厂来利用这些产物[48]。

此外，还有 $SO_2$ 转化为硫酸，再生式湿式除硫法等方法[84]。

(2) 降低 $NO_x$ 的排放。

控制 $NO_x$ 的排放是大气污染防治的一项主要内容。$NO_x$ 主要由燃料及空气中的氮化物(或 $N_2$)在高温下转化而成，分别称为燃料基 $NO_x$ 和热 $NO_x$。主要有烟道气循环(FGR)法、低 $NO_x$ 燃烧器(LNB)法等方法来降低其排放[84]。

6. 生物质混燃发电技术应用

生物质混燃发电技术在挪威、瑞典、芬兰和美国已得到应用[36]。早在 2003 年，美国生物质发电装机容量约达 970 万 kW，占可再生能源发电装机容量的 10%，发电量约占全国发电总量的 1%[37]。其中生物质混燃发电在美国生物质发电中的比重较大，混燃生物质燃料的份额大多占到 3%～12%，预计还有更多的发电厂可能采用此项技术。英国 Fiddler Sferry 电厂的 4 台 500MW 机组，直接混燃压制的废木颗粒燃料、橄榄核等生物质，混燃比例为锅炉总输入热量的 20%，每天消耗生物质约 1500t，可使 $SO_2$ 排量下降 10%，$CO_2$ 排放量每年减少 100 万 t[38]。在我国，生物质混燃发电技术应用不多，与发达国家相比还相距较远，但是该项技术可以减少 $CO_2$ 的净排放量，符合低碳经济的发展要求和削减温室气体的需要，尤其可以大幅度降低投资费用，利用燃煤电厂的容量，具有很大的发展潜力。

在我国农村，农户土地分散导致秸秆收集难度较大，收集运输成本限制着秸秆的收集半径，加上秸秆种类复杂，若建立纯燃烧秸秆的电厂，难以保证原料的经济供应。掺烧生物质不失为一种更现实的解决方案，即把部分生物质和煤混燃，减少一部分耗煤。与生物质直燃发电相比，生物质混燃发电具有投资小、建设周期短、对原料价格易于控制等优势。从技术上看，混燃比纯燃具有更多的优越性：可以用秸秆等生物质替代一部分煤来发电，不必新建单位投资大、发电效率低的纯秸秆电厂。混燃还可以提高秸秆等生物质的利用效率，缓解腐蚀等问题，减少污染，简化基础设施。

### 4.1.4 生物质燃烧对系统运行和排放的影响

农林废弃物燃烧对环境的影响主要表现为排放物对大气的污染，生物质燃烧是大气中气态污染物和颗粒物的一个重要来源，对全球大气环境、气候变化及生态系统具有重要影响[39, 40]。直接排放到大气中的污染物为一次污染物。一次污染物经阳光照射后发生光化学反应，生成的污染物为二次污染物。农林废弃物燃烧污染物的数量和种类与燃烧的特性、燃烧方式、燃烧过程及控制措施等诸多因素有关，主要包括烟尘、CO、氮氧化物及 HCl 等。在农林废弃物燃烧过程中可采取减少污染物产生的措施如：通过选择合适的燃烧设备、燃烧过程的优化控制等方式，提高燃烧温度，延长滞留时间使空气与燃料充分混合，减少不完全燃烧热损失，提高燃烧效率，减少污染物的产生。各类生物质燃烧排放因子如表 4-4 所示。

**表 4-4　各类生物质燃烧排放因子[24]**

| 项目 | | 燃烧排放因子/(kg/t) | | | | | | | |
|---|---|---|---|---|---|---|---|---|---|
| | | $NO_x$ | $SO_2$ | CO | $CO_2$ | $CH_4$ | NMHC | PM | BC |
| 秸秆 | 家用燃料 | 1.51 | 0.09 | 107.07 | 1437.97 | 3.62 | 5.38 | 6.63 | 0.66 |
| | 露天焚烧 | 2.55 | 0.37 | 80.99 | 1445.76 | 3.89 | 7.00 | 6.37 | 0.64 |
| 薪柴 | | 1.46 | 0.32 | 75.93 | 1587.24 | 2.77 | 1.92 | 3.33 | 0.70 |
| 牲畜粪便 | | 1.26 | 6.61 | 53.50 | 1060.00 | 4.14 | 7.30 | 3.70 | 0.53 |
| 森林火灾 | | 1.85 | 0.79 | 95.57 | 1599.30 | 5.13 | 6.90 | 13.18 | 0.77 |
| 草场火灾 | | 3.84 | 0.35 | 91.03 | 1585.50 | 4.15 | 3.40 | 12.40 | 0.48 |

1. 烟气的生成与控制

生物质燃烧排放过程中由于燃料量大、设备简易、燃烧不完全等原因会产生大量烟气，其中 CO、$NO_x$ 等气体组分参与大气光化学反应，是对流层臭氧生成的重要前体物[41]；排放的颗粒物中包含大量的有机碳(OC) 和元素碳(EC) 及无机水溶性离子等组分，这些组分直接或间接影响太阳辐射从而改变大气的辐射平衡、大气光化学性质，引起大气灰霾现象[42,43]；除此之外，还包括有机物和重金属等有害物质或强致癌物质，这些物质会影响人类的呼吸系统，危害人们的身体健康。考虑到烟气对环境及人体的破坏，有必要掌握其各组分的形成机理和释放特性并加以控制。

二氧化硫：硫作为植物生长的必需元素之一，是植物细胞结构性组成元素，其主要通过根系吸收土壤中的硫酸盐进入植物体内。生物质燃烧过程中，硫主要以气相 $SO_2$ 和碱金属及碱土金属硫酸盐的形式存在，其中硫酸盐沉积在换热器表面或存在于底灰和飞灰中[44]。$SO_2$ 析出分别发生在挥发分析出及其燃烧和焦炭燃烧两个阶段,且认为挥发分析出及其燃烧阶段生成 $SO_2$ 主要为有机硫氧化生成,焦炭燃烧阶段生成 $SO_2$ 主要为无机硫酸盐的分解[45]。在 $SO_2$ 的控制方面，有研究发现，生物质中的 K、Ca 等大量碱性物质,在一定条件下硫会以碱性物质硫酸盐的形式存在于固相中,因此增强气固相的二次反应,能使更多的硫以硫酸盐的形式存在,提高生物质的自身固硫率特性[46]。另外，在相同燃料条件下，不同形式的燃烧器的 $SO_2$ 释放特性有明显不同[47]，因此根据燃烧的实际需要合理选择燃烧器也可实现 $SO_2$ 释放的减少。

挥发性有机化合物(VOCs)：生物质燃烧烟气中的挥发性有机物主要主要来自不完全燃烧。VOCs 是形成光化学氧化剂和二次有机气溶胶的主要前体物，一些大气

VOCs 组分还会对人体健康造成危害[48]。民用生物质燃烧排放 VOCs 中，最为丰富的物种为芳香烃和醛类，含量均在 25%以上；秸秆和木柴燃烧除卤代烃和腈类含量差异较大外，其余物种分布比较类似[49]。VOCs 的释放受供气量的影响最大[50]，故可通过合理配比二次风引入等气流组织方式控制其排放。

二噁英：二噁英是一类剧毒的持久性有机污染物，对人类及动植物危害极大[51]。生物质燃烧尤其是垃圾焚烧是二噁英的重要来源之一，但目前对生物质燃烧排放二噁英的认识不多，联合国环保署二噁英排放评估工具包中虽然有生物质燃烧的二噁英排放因子，但二噁英排放因子影响因素众多，生物质来源不同、燃烧的环境因素不同，都可引起二噁英排放因子的差别，因此对二噁英生成机理的研究仍在进行中[52]。

粉尘：粉尘是生物质燃烧过程中产生的随气流组织移动的飞灰，是烟气中颗粒较大的组成成分，主要包括炭和灰，层燃产生的飞灰粒径在 10～200μm，悬浮燃烧产生的飞灰粒径在 3～100μm。在生物质燃烧过程中，如何平衡气流与飞灰，使燃烧场内气流、燃料分布均匀，同时减少飞灰带来的燃料损失和环境污染，一直是燃烧器设计应用领域的热点研究。

炭黑：炭黑为农林废物挥发分在缺氧条件下，受热分解而形成的气相析出型灰黑颗粒。炭黑颗粒极细，呈絮状，质量较轻。仅靠改善燃烧技术无法完全消除烟尘，需要通过净化装置去除大部分的烟尘。除尘器的种类很多，按照除尘机理，可以分为机械除尘、湿式除尘、电除尘和组合式除尘。

除上述组成外，生物质燃烧烟气中还含有氮氧化物等有害成分，其生成机理与控制方法的研究长期以来一直被人们所重视。

2. 氮氧化物的生成与控制

生物质燃烧过程中，燃料氮的转换途径分三个阶段，如图 4-7 所示。生物质燃烧氮氧化物生成机理研究综述可参阅文献[25,26]。

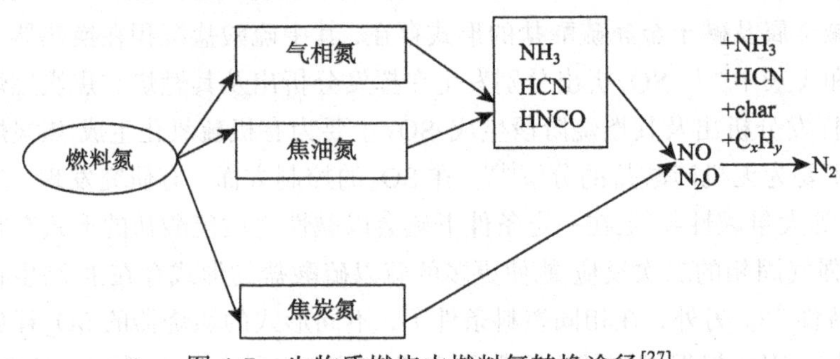


图 4-7　生物质燃烧中燃料氮转换途径[27]

(1) 挥发分析出阶段，生成产物是焦炭和挥发分。含氮挥发分由焦油氮和气相氮组成，其中气相氮即为生成 $NO_x$ 和 $N_2O$ 的主要前驱物 $NH_3$、HCN 和少量的 HNCO。因此经历过挥发分析出阶段，燃料氮以气相氮、焦油氮及焦炭氮的形式存在。

(2) 挥发分(主要是焦油)的二次热解和燃烧阶段。含氮挥发分进一步转化为 HCN、$NH_3$，$NH_3$ 进一步氧化生成 NO，或将 NO 还原为 $N_2$，HCN 进一步氧化形成 $N_2O$ 和 NO，或将 NO 还原成 $N_2$，同时生成的 NO 也能在碳氢化合物及焦炭的还原下生成 $N_2$。

(3) 焦炭燃烧阶段，焦炭氮有一部分进一步氧化生成 NO 和 $N_2O$，剩下的被还原为 $N_2$。

由上可见，生物质燃烧过程中氮氧化物的生成是极其复杂的过程，涉及挥发分析出气相之间的均相反应及焦炭的多相燃烧。影响温度型氮氧化物生成量的主要因素是燃烧温度、氧浓度和滞留时间，生物质燃烧的温度一般低于 1500℃，所以温度型氮氧化物生成量较少。抑制其生成主要采用的方法如下：

(1) 降低燃料温度，并防止产生局部高温区；

(2) 降低 $O_2$ 的浓度；

(3) 燃烧在偏离理论空气量的条件下进行；

(4) 缩短在高温区的滞留时间。

影响燃料型氮氧化物生成量的主要因素是燃料含氮量、氧浓度和过量空气系数，抑制燃料型碳氧化物的生成方法有二段燃烧法和流化床燃烧技术。

3. 生物质与煤混燃污染物排放特性

我国发电以燃煤为主，但煤炭不可再生，而且是一种不清洁的能源。生物质在我国分布广泛且产量很大，其高挥发分的特性也被证实是良好的燃煤替代品，因此用可循环的生物质替代不可再生的煤作为原料具有优势，因此煤中掺烧生物质是近年来我国研究的热点，但是混烧过程中污染物排放特性也成为新的环境关注点。

首先，有研究表明，在燃煤中掺烧生物质能够减少 $NO_x$ 和 $SO_2$ 两种燃煤主要污染物的形成。对此有学者解释为生物质中挥发分含量很高，同时 N、S 元素含量较低，在燃烧过程中会形成贫氧区，有效抑制了 $NO_x$ 与 $SO_2$ 的生成[53]。

另外，金属汞(Hg)的排放是燃煤所带来的一个环境问题，因此生物质与煤混燃过程中 Hg 的释放也引起了广泛关注。由于煤中含有微量的汞，Hg 排放到环境中后可在环境中长期存在，并转化为毒性更大的有机汞。煤中的 S、Cl、N 等元素对烟气中 Hg 的反应与分布有影响，Cl 对 Hg 的氧化，是烟气环境中最关键的 Hg 氧化途径，燃料中 Cl 含量越高，烟气中 Hg 含量越低[54]。有研究表明，由于某些生物质中 Cl 含量较高，可以减少燃煤过程中的 Hg 排放[55]，当然，燃煤掺烧生物质后单位热量的 Hg 排放还需要进行更多的论证。

4. 生物质在实际燃烧过程中需要注意的问题

通过分析比较生物质直接燃烧技术的发展现状，可得出以下结论：

(1) 生物质的种类繁杂，不同种类生物质之间外貌、组分、物性和燃烧性能千差万别，不可能找到一种统一的燃烧方式，以实现其资源化利用。

(2) 应根据不同种类生物质燃料的燃烧特性，开发不同类型的燃烧技术，并研制相应的燃烧设备，有利于提高生物质燃料燃烧效率。

(3) 目前关于生物质燃烧设备空气动力场的研究较少，因此，需要加强生物质燃烧设备空气动力场的理论分析和试验研究，为生物质燃烧设备的优化设计与高效运行提供科学的参考依据。

## 4.2 生物质供热

### 4.2.1 生物质供热国内外发展现状

1. 生物质成型燃料供热国内外发展现状

目前我国农村地区供热燃料以薪柴、煤炭为主，用生物质固体成型燃料进行供热并不多见。在燃烧设备方面，开发了生物质燃烧器、生物质炊事采暖炉、生物质常压热水锅炉等。

生物质固体成型燃料供热技术在欧洲各国发展得比较成熟，以瑞典、奥地利、德国为代表[56]。在瑞典，户用供热的主要方式是单户自给供热和区域集中供热。其中，单户自给供热主要有电加热供热、燃油供热、混合燃料供热、生物质燃料供热[57]。20 世纪 70～80 年代，石油危机的出现以及瑞典对化石燃料税的征收，促进了电加热供热技术和区域供热技术的发展[58]。在此过程中，有些区域供热厂利用未加工的木质燃料代替燃油。到 1980 年，生物固体成型燃料开始用于供热。随着生物质颗粒燃烧技术的逐渐成熟。户用生物质颗粒加热设备(生物质颗粒燃烧器、生物质颗粒炉)逐渐开始取代原先使用的燃油加热设备和电加热设备[59]。目前，欧洲市场上比较多见的生物质成型燃料供热技术分为集中供热锅炉和生物质燃烧炉两种类型[57]。集中供热锅炉可分为组合式锅炉和整体式锅炉，其中组合式锅炉在瑞典比较多见，而整体式锅炉在奥地利和德国比较多见。生物质燃烧炉中，以生物质炉具应用最为广泛，并根据进料方式不同分为上进料式、下进料式和水平进料式，市场上多采用上进料式颗粒燃烧器[60,61]。比较典型的是 PX 公司生产的上进料式颗粒燃烧器[62]、EcoTec 公司生产的下进料颗粒燃烧器[63]和 Traenergi 公司生产的水平进料颗粒燃烧器[64]等。本章 4.2.2 节第 6 和 7 部分对上述两种锅炉进行了更详细的介绍。

此外，欧洲各国开发出了生物质能和太阳能联合供热系统，并且使这项技术得到快速发展。在 2004 年，瑞典安装了大约 2 万套太阳能供热装置，其中 70%～80%的太阳能供热装置是用于生物质能和太阳能联合供热系统[65]。

2. 生物质气化供热国内外发展现状

生物质气化供热的发展主要取决于生物质气化技术的发展。

生物质气化技术已有 100 多年的历史，早期的生物质热解气化技术主要是将木炭气化后用作内燃机燃料。20 世纪 70 年代，美国、日本、加拿大、欧盟等就开始了生物质热裂解气化技术研究与开发，到 20 世纪 80 年代，美国就有 19 家公司和研究机构从事生物质热裂解气化技术的研究与开发，美国可再生能源实验室(NREL)和夏威夷大学也在进行生物质燃气联合循环(IGCC)的蔗渣发电系统的研究[66]；加拿大 12 个大学的实验室在开展生物质热裂解气化技术的研究；德国鲁奇公司建立了 100 MW IGCC 的发电系统示范工程；瑞典能源中心利用生物质气化、联合循环发电等先进技术在巴西建一座装机容量为 20～30 MW 的蔗渣发电厂；荷兰特温特(Twente)大学进行流化床气化器和焦油催化裂解装置的研究，推出了无焦油气化系统，还开展研究，将生物质转化为高氢燃气、生物油等高品质燃料，并结合燃气轮机、斯特林发动机、燃料电池等转换方式，将生物质转化为电能。英国 Aston 大学和美国多个研究机构在生物质快速热解液化的研究方面也取得了一定的突破。国外的生物质能气化技术和装置大多实现规模化产业经营，以美国、瑞典和奥地利 3 国为例，分别占该国一次能源消耗量的 4%、16%和 10%。在美国，生物质能发电的总装机容量已超过 10000MW，单机容量达 10～25MW。2000 年，欧盟委员会在其发布的《欧盟能源发展战略白皮书》中指出，2015 年生物质能占总能源消费的 15%，其中大部分来自生物质制沼气、农林废弃物及能源作物的利用；到 2020 年生物质燃料将替代 20%的化石燃料。芬兰和瑞典的生物质能占总能源消费量的 24%和 15%，它们主要通过直接燃烧和气化发电来生产热能以提供区域性电力和采暖。

我国生物质气化技术研究始于 20 世纪 80 年代初期，至今已广泛开展了生物质能高品位转换技术以及装置的研究和开发，形成了生物质气化集中供气、燃气锅炉供热、内燃机发电等技术，把农林废弃物、工业废弃物等生物质能转换为高品位的煤气、电能或蒸汽，提高生物质能源的利用效率，实现以生物质替代气、油和煤。从单一固定床气化炉发展到流化床、循环流化床、双循环流化床和富氧气化流化床等高新技术；由低热值气化装置发展到中热值气化装置；由户用燃气炉发展到工业烘干、集中供气和发电系统等工程应用，建立了各种类型的试验示范系统。多种较为成熟的固定床和流化床气化炉，以秸秆、木屑、稻壳、树枝等为原料，生产热值为 4～10 $MJ/Nm^3$ 的燃气，用于村镇级秸秆气化集中供气系统近 300 处，供气户数 3 万余户；木材和农副产品干燥器有 800 多台；MW 级木屑、稻壳气化发电系统已经进行实际应用[68]。

### 4.2.2 生物质燃料供热

1. 生物质颗粒燃料特性及其与煤燃烧特性的比较

1) 生物质成型燃料的物理品质

在生物质成型燃料的品质特性中，除燃烧特性外，成型块的物理特性是最重要的品质特性，它直接决定了成型块的使用要求、运输要求的贮藏条件，而松弛密度和耐久性是衡量成型块物理品质特性的两个重要指标。

生物质成型块在出模后，由于弹性变形和应力松弛,其压缩密度逐渐减小，一定时间后密度趋于稳定，此时时成型块的密度称为松弛密度。它是决定成型块物理性能和燃烧性能的一个重要指标值。松弛密度要比模内的最终压缩密度小,通常采用无量纲参数——松弛比，即模内物料的最大压缩密度与松弛密度的比值描述成型块的松弛程度[69]。生物质成型块的松弛密度与生物质的种类及压缩成型的工艺条件有密切关系,不同生物质由于含水量不同,组成成份不同,在相同压缩条件下所达到的松弛密度存在明显的差异。

耐久性反映了成型块的黏结性能，它是由成型块的压缩条件及松弛密度决定的。耐久性作为表示成型块品质的一个重要特性,主要体现在成型块的不同使用性能和贮藏性能方面，而仅通过单一的松弛密度值无法全面、直接地反映出成型块在使用要求方面的差异性。因此,耐久性又具体细化为抗变形性(resistance to defor-mation)、抗跌碎性(shatter resistance)、抗滚碎性(tumbler resistance)、抗渗水性(water resistance)和抗吸湿性(hygroscopity)等几项性能指标,通过不同的试验方法检验成型块黏结强度大小,并采用不同的指标来表示各项性能[70]。

2) 生物质成型燃料的组成和性质

生物质的组成主要由 3 种聚合体(纤维素、半纤维素和木质素)以及少量的灰分和提取物组成，其元素组成通常仅指其有机质的元素组成，主要有碳、氢、氧、氮、硫 5 种元素。碳是生物质的主要可燃成分，1kg 碳完全燃烧可以释放出 33858kJ 的热量。碳元素的着火点很高，故生物质中碳元素含量越高就越不容易着火。氢是生物质中仅次于碳的主要可燃成分，1kg 氢完全燃烧可以释放出 125400kJ 的热量。氢在生物质中有两种存在形式：一种是可燃氢，燃烧时放出大量的热能；另一种是化合氢，它与氧结合为水，不能燃烧和放热。由于生物质中的可燃氢含量远低于碳的含量，所以氢燃烧所起的作用明显不如碳。氧是不可燃成分，它与一部分氢和碳相结合处于化合物状态，生物质中的氧量目前还没有直接测定的方法。氮在高温下与氧燃烧反应生成氮氧化合物 $NO_x$。$NO_x$ 排入大气，在光的作用下产生对人体有害的物质。但氮在较低的温度(800℃)下与氧燃烧反应生成氮氧化合物的能力显著下降，甚至不与氧燃烧反应而生成游离 $N_2$ 状态，若燃烧时温度不高，可近似认为生物质中的氮元素最后只以 $N_2$ 形式析出[71]。

3) 生物质成型燃料的燃烧性能

生物质成型燃料一般是高挥发分的生物质在一定温度下挤压而成。在高压成型的生物质燃料中，其组织结构限定了挥发分由内向外的析出速度，热量由外向内的传递速度减慢，且点火所需的 $O_2$ 比原生物质有所减少，因此生物质成型燃料的点火性能比原生物质有所降低，但远高于型煤的点火性能。影响生物质成型燃料的点火因素有：点火温度、生物质种类、外界的空气条件、生物质成型密度、生物质成型燃料含水率和生物质成型燃料几何尺寸等[72]。

如上文所述，生物质燃烧通常可分为3个阶段，即预热起燃阶段、挥发分燃烧阶段、木炭燃烧阶段[73]。燃料送入燃烧室后，在高温热量 (由前期燃烧形成) 作用下，燃料被加热和析出水分。随后，燃料由于温度的继续升高，约250℃，热分解开始，析出挥发分，并形成焦炭。气态的挥发分和周围高温空气掺混首先被引燃而燃烧。一般情况下，焦炭被挥发分包围着，燃烧室中 $O_2$ 不易渗透到焦炭表面，只有当挥发分的燃烧快要终了时，焦炭及其周围温度已很高，空气中的 $O_2$ 也有可能接触到焦炭表面，焦炭开始燃烧，并不断产生灰烬。

4) 煤与生物质颗粒燃料特性的比较

生物质颗粒燃料的粒度直径通常为6～15mm，长度小于30mm，密度近似于粒煤和沫煤，易于储存与运输。国内常用的生物质颗粒燃料与沈阳东源供热有限责任公司常年使用的铁法Ⅱ类烟煤的特性比较如表4-5所示。

**表4-5[74]　常用的生物质颗粒燃料及铁法Ⅱ类烟煤的特性比较**

| 品种 | 低位发热值/(kcal/kg) | 分析基灰分/% | 水分/% | 可燃基挥发分/% | 硫分/% | 燃烬率/% | 单位热价/(元/$10^4$kcal) |
|---|---|---|---|---|---|---|---|
| 铁法Ⅱ类烟煤 | 3700～4500 | ≤42 | ≤15 | 20～35 | ≤0.8 | ≤90 | 1.15 |
| 玉米秸秆颗粒 | 3500～4000 | ≤6 | ≤9 | 60～75 | ≤0.08 | ≤98 | 1.25 |
| 稻壳颗粒 | 3150～3500 | ≤15 | ≤9 | 60～85 | ≤0.08 | ≤98 | 1.10 |

由表4-5可以看出：①密度与煤相差不大；②含硫量只是煤的1/10；③灰分大约是煤的1/3～1/7；④燃烬率高于煤；⑤挥发分是煤的3倍左右，发热值较煤低；⑥等发热值的颗粒燃料要比煤的单价贵10%～15%。

5) 煤与生物质颗粒燃料燃烧特性的比较[74]

生物质颗粒燃料的特性决定了它的燃烧与煤相比具有一定的独特性：①挥发分在

350℃时就析出约 80%，析出时间和燃烧时间短，只占燃烧时间的 1/10 左右；②挥发分逐渐析出和燃完后，剩余物为疏松的焦碳，气流运动会将部分碳粒裹入烟道形成黑絮，所以应控制通风不要过强，以免降低燃烧效率；③焦碳燃烧受到灰烬包裹和空气渗透较难的影响，造成灰烬中残留余碳，此时应适当加以捅火，并加强炉排下一次风的供给。

根据生物质成型燃料的燃烧特点，合理的锅炉结构和配风方式是保证燃烬率及锅炉热效率的关键。对于燃煤层燃锅炉改烧生物质颗粒燃料能否成功，则更是关键所在。

6) 燃煤锅炉与燃生物质颗粒燃料锅炉热损失的比较

由文献[75]可以得出这样的结论，燃生物质颗粒燃料的锅炉，当炉膛过量空气系数合适(大约在 1.5)时，燃烧工况稳定，要比燃煤锅炉的热损失小 10%左右，这主要是由燃料特性决定的。其中固体、气体未完全燃烧热损失，散热损失，排烟热损失均有减少。

2. 生物质成型燃料颗粒燃烧锅炉房的改造

国内直燃式生物质工业锅炉常见的燃烧方式有层燃式(包括固定炉排燃烧、下饲式燃烧、链条炉排燃烧、往复炉排燃烧等)、室燃式(粉体燃烧)、悬浮式(流化床燃烧)。对于生物质成型燃料，主要燃烧方式为层燃式，层燃式锅炉是生物质工业锅炉的最基本炉型。根据生物质特性设计的生物质层燃锅炉具有一些独特的结构[76]。

1) 锅炉本体

锅炉本体与燃煤锅炉相同，生物质层燃锅炉本体主要有水管、水火管两种结构，一般情况下，2.8MW 以下的锅炉大多采用水火管结构，4.2MW 及以上的锅炉主要采用水管结构。但实际应用情况表明，由于水管锅炉对流管束易积灰且不易清理，生物质燃料的粉尘比较疏松，附着力比煤灰要强许多，所以常常因清灰而造成停炉，且停炉时间较长。相比之下，水火管锅炉的烟管束不易积灰，易清理，因此国外的生物质锅炉主要采用水火管炉型。国内新型的单回程烟管水火管锅炉，在减少烟管数量、降低锅炉耗钢量的同时，保留了水火管锅炉的特征，是一种比较适合燃用生物质燃料的炉型。

2) 炉前料斗

层燃锅炉一般通过炉前料斗对炉膛供料，由于生物质燃料非常易燃，为了防止燃料提前着火或在炉前料斗内燃烧和蔓延，生物质锅炉炉前料斗内应当设置较完善的燃料隔断和密封设施，生物质颗粒燃料锅炉常采用关风机式锁料装置或滚动式拨料装置进行燃料的隔断。

3) 锅炉热效率

目前的生物质层燃锅炉热效率往往较低，主要原因是生物质易燃且固定碳很少的特征，造成炉床局部燃烧激烈，大部分炉床只有少量固定碳在燃烧，因此生物质炉床的配风处理比较困难。为了保证充分燃烧，生物质锅炉的过量空气系数普遍较高，造成锅炉的排烟损失大为上升。此外，生物质锅炉较易积灰，使得锅炉传热效果下降，这些都造成了生物质锅炉热效率下降。因此合理配置一次风和二次风，控制好风量、风压和进风位置，是提高生物质锅炉热效率的有效措施。此外，通过炉墙的合理布置，延长烟气在炉膛的滞留时间，保证挥发分得到充分燃尽。布置合理的清灰装置，及时清理换热面的积灰，都可以大大提高锅炉的热效率。

4) 炉膛容积、炉排面积

与燃煤锅炉相比，生物质锅炉炉膛容积需要增加很多，以适应生物质燃料高挥发分的特征，降低炉膛温度，防止炉内结焦挂渣，减少 $NO_x$ 的产生。由于生物质固定碳含量较低、易燃尽，生物质锅炉炉排面积可适量减小。

5) 炉墙、配风

生物质燃烧一般可以分为三个区域：气化区、燃烧区和燃尽区，可以通过炉墙将炉膛划分出这 3 个部分，分别为燃料干燥和挥发分析出、挥发分燃尽、固定碳燃烧及固定碳燃尽的区域。一般来说，生物质燃料易着火，所以炉膛的绝热度相对可以低些，前拱可以高且短，后拱覆盖面也可以减少很多，但合理布置中隔墙可以延长烟气在炉膛内的燃烧时间，保证烟气的充分燃尽。合理配风是烧好生物质的基本条件，由于挥发分高且析出迅速，通过二次风进行炉膛烟气扰动是使挥发分完全燃烧的有力措施。常见生物质燃料的理论空气量为 4～5m$^3$/kg，过量空气系数控制在 1.4 左右为佳，二次风约占总风量的 25%～30% ，二次风应当布置在燃料气化区的出口或上部。

6) 炉排速度

炉排速度是燃料供应量的保证。一般生物质燃料的自然堆积密度都很小，为了满足锅炉出力的需要，必须具有足够快的炉排速度作为支撑。由于生物质自然堆积密度过小及热值偏低，要提高料层厚度和炉排速度方能满足燃烧量的需求，但过高的炉排速度会直接影响生物质中固定碳的完全燃烧，这也是造成生物质锅炉热效率低的一个原因。将生物质固化成成型颗粒可以很好地解决这一问题。

7) 锅炉除渣、除尘

生物质燃料锅炉的烟尘中硫氧化物、氮氧化物的含量较低，但粉尘含量相对较高，且粉尘密度、粒径都很小，离心式除尘装置效率较低，比较有效的方法是采用布袋除尘器，为了防止大颗粒火星进入布袋，可以离心除尘和布袋除尘联合使用。一般来说，锅炉除尘可根据当地环保要求配置水膜除尘器或布袋除尘器，在环保要求高的地区可配置布袋除尘装置。由于木质生物质燃料的灰分含量很低(2%左右)，因此锅炉排渣系统可采用水力冲刷、气力吹扫或人工清理，一般状况下，容量 10t/h

以下的锅炉可采用人工清理，每班清理 1～2 次。

毕慧杰等[74]通过分析区域供热锅炉房燃煤与燃烧生物质颗粒燃料的燃料特性和燃烧特性的不同，提出了适用于燃烧生物质颗粒燃料的工艺改造措施。

(1) 燃料储存、输配系统的改造。

由于生物质颗粒遇水后潮解，所以要有封闭库房，并根据消防要求，配备必要的消防设施。

目前国内生产的生物质颗粒通常是袋装，有 25kg 和 50kg 两种，利用原有输煤系统如斗式提升机、皮带运输机、链式输送机等略做改造均可成袋或散料输送。

(2) 除灰渣、除尘及脱硫系统。

生物质颗粒燃料的含灰量远小于煤炭，而且灰渣的特性与煤渣类似，所以现有除渣系统完全可以满足改烧生物质颗粒燃料后的除渣，不必做大的改动，日常除渣运行费用应该有所降低。储存最好采用湿法，避免二次扬尘。灰渣作为很好的天然钾肥，还可以销售利用。

由于生物质颗粒燃料的含硫量只有煤的 1/10，灰分含量只有煤的 1/3～1/7，所以现有除尘脱硫装置如果燃煤时达标，就不需对现有设备进行改造，改燃生物质颗粒后排放量更低。这对于燃煤排放物不达标的单位，应该是一个福音。

(3) 烟风系统改造。

(a) 风机变频调速节能是众所周知的，对燃用生物质颗粒燃料更有其独到的作用，它可以随意调整供、引风量及风压、烟压，使燃料充分燃烧，经济运行。

(b) 当燃料品种同定后，在负荷一定的情况下，燃料层厚度是不须经常调整的，只须对炉排速度及配风进行调整。所以炉排为变频调速方式对调整燃烧是必须的，这样能更好地适应不同燃料的燃烧。

(c) 增装二次风系统。层燃生物质颗粒燃料的挥发分是煤的几倍，析出和燃烧时间很短，只是整个燃烧时间的 1/10 左右，且主要是在炉膛空间燃烧，此时单靠从炉排下部供给的一次风是远远不够且不及时的，必须及时向炉膛空间送入适量的空气，保证燃料悬浮燃烧所需的足够 $O_2$。

增装二次风系统时，最好选用变频调速风机，会更加适应燃烧需求。要使二次风进风口布置在炉墙的不同位置，在以不同的角度向炉内供风的同时扰动气流，保证燃烧区域有合适的温度水平，延长可燃物与高温烟气在炉内的停留时间。伸入炉墙，靠近炉膛内壁的送风管，选择陶瓷、铸铁材质的为好，耐热、耐磨，不易损坏。

(4) 燃烧方式及燃烧设备改造。

(a) 层状燃烧改为层状燃烧+悬浮燃烧。适应生物质颗粒燃料燃烧特性，大型锅炉的首选燃烧设备应该是循环流化床，中小型工业锅炉则首推抛煤机倒转炉排，因为它具有层燃+悬浮燃的综合特点。首先由炉前若干个燃料进口角度可调及推煤行程可调的机械风力抛煤机，将颗粒燃料抛入炉膛，大的颗粒落在炉排的后部，小的颗粒落在炉排的前部。炉排由炉后向炉前部行进，在一次风的配合下燃烧，燃烬的灰渣落入前部渣斗。较小的颗粒及粉状燃料则在抛入炉膛内时就在空中迅速地呈悬浮状燃烧，并由二次风供给足够的 $O_2$。供助于前墙二次风的托送，后墙二次风的交叉扰动下，这种燃烧方式强化了燃烧，保证了生物质颗粒燃料的及时着火和充分燃烬。在合适的过量空气系数时，气体和同定未完全燃烧损失比燃煤大大减少，锅炉热效率明显提高。瑞典 Boras 建造的两台出力 90 蒸吨/时的锅炉就是采用的抛煤机倒转炉排。平时烧小木块，也可以烧煤。现有链条炉排炉(≥6t/h)，也可以将链条炉排改为倒转炉排减速器不需更换，只是要将炉排支架做些改动，将出渣口改在炉前。风力机械抛煤机另行购置安装，国内比较有名的制造商首推济南锅炉厂。小容量的链条炉排锅炉(＜6t/h)，往复炉排锅炉，也可以采用增加风力进料装置的办法，即在锅炉前部炉排上方布置若干个进口角度可调的进料口，分别向炉内均匀进料，同时通过布置在进料口下方的二次风将燃料送入炉膛前部，并在一次风的配合下，在炉膛内进行悬浮燃烧，在悬浮燃烧的过程中，较大的颗粒燃料落到炉排上，并随着炉排的推动或行进进行层状燃烧，逐渐燃尽而落入灰渣斗，这种方式由于比抛煤机抛煤悬浮燃烧的燃料份额少，只需在炉膛前部布置二次风，后墙二次风不需布置或少量布置即可，这种方式也是适合生物质颗粒燃料强化燃烧的一种方式。

(b) 增加燃烧室及燃烧设备。由于燃煤锅炉燃烧室结构尺寸形状，都是按照设计煤种确定的，所以要想完全改造成与烧生物质颗粒燃料相匹配几乎是不可能的，总是要有些缺欠和不足。如果锅炉旁有足够的空间位置，也可以给锅炉增加一个新的燃烧室，主要任务是发生可燃气体并初步燃烧，原有的燃烧室(炉膛)作为燃尽室，这样新的燃烧室就完全可以按照生物质颗粒燃料设计，尽可能达到高效燃烧。据文献[77]等国外资料介绍，这种改造方式对于小型锅炉来说，成功率很高，成功的例子也很多。如果炉膛容积足够大，则将固定炉排改为移动炉排是方便的选择。选择小型炉排时，应优先选用倾斜式往复炉排，这种炉排结构更适合于生物质颗粒燃料燃烧，它依靠由高至低的炉排结构自身下移力，再加上活动炉排片的往复移动，使燃料松动，通风加强，不易结渣。

需要指出的是，目前国外燃用生物质颗粒的工业锅炉，大容量的采用流化床，中型容量的选用抛煤机倒转炉排，小容量的则多选用链条炉排、倾斜式往复炉排、双层倾斜式炉排等。很多在用的锅炉也是燃煤锅炉改造而成，可以燃煤和燃生物质颗粒两用，但都有二次风系统。

### 3. 生物质燃料集中供热技术

集中供热锅炉是指可向多个独立的空间供热的加热设备，主要用于单户或者多户家庭供热。其工作原理是通过生物质燃烧器加热锅炉中的水，然后被加热的水通过室内的散热片向室内释放热量。之前，集中加热锅炉的最大功率从 10kW 到 40kW 不等，自动化程度比较高，可以实现燃烧功率的连续调节，调节范围是 30%～100%。根据结构的不同，集中供热锅炉可分为组合式锅炉和整体式锅炉[65]。

组合式锅炉(图 4-8)在瑞典比较多见，是在燃油锅炉的基础上改造的。它由生物质颗粒燃烧器和锅炉组成，二者可分离。一般带有外置的料仓，通过螺旋机构向燃烧器自动供料。它具有成本低，消费者易于接受等优点，有利于广泛推广。

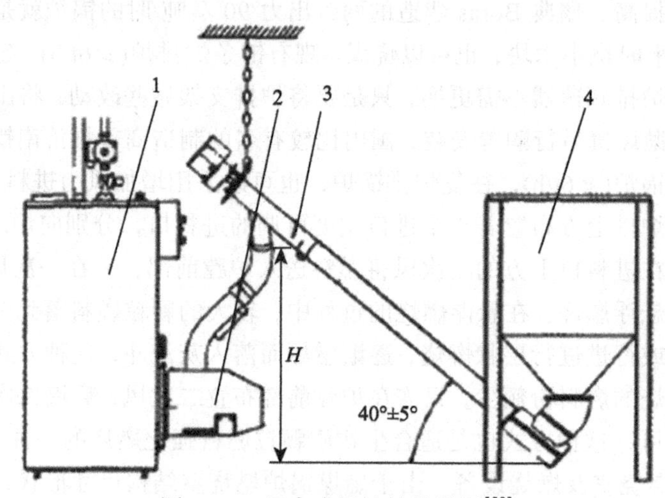


图 4-8　组合式锅炉结构简图[59]

1. 锅炉；2. 生物质颗粒燃烧器；3. 供料筒；4. 料仓

然而，采用同一种结构的锅炉燃烧两种性质完全不同的燃料(燃料油和生物质颗粒燃料)，往往存在一定的问题：①燃油锅炉不产生灰渣，但是燃烧生物质颗粒却会产生大量灰渣。原有锅炉结构无法满足自动排灰渣的要求，缩短了人工清灰的周期。②仅能输出固定的功率或只有 2～3 个功率挡位可调，不能实现输出功率的连续调节，导致锅炉的效率不高，一般在 85%以下。③一般没有安装精确的测控装置，不能及时监测排放物中 CO、$O_2$ 的浓度以及烟气的温度，因此，无法根据燃烧状况及时调节进料量和空气供给量，导致燃烧性能差、污染物排放量大等问题[85]。

组合式锅炉和整体式锅炉的比较如表 4-6 所示。

整体式锅炉(图 4-9)在奥地利和德国比较多见，瑞典目前主要是从国外进口。整体式锅炉与组合式锅炉类似，由生物质颗粒燃烧器和锅炉两部分组成，但这两部分是不可分离的，并带有内置料仓。该类型的锅炉是根据生物质颗粒的燃烧特性专门进行设计的，因此，性能上优于组合式锅炉。其主要优点如下：①自动化程度比较高。生物质燃烧器和烟道中带有可以自动清灰的螺旋机构，不仅可以自动清灰，还具有紊流作用，有利于热量的交换。有的生产商还安装了内置式灰渣压缩机，使得人工清理的周期有效延长。②可实现输出功率的连续调节，提高了锅炉的燃烧效率和供热性能。③安装了 $O_2$ 传感器、空气供给装置，可及时根据烟气中的氧含量判断燃烧状况并及时调整进料量和空气供给量以达到最佳比例，使燃料充分燃烧，燃烧效率高达 94%，降低了污染物排放，但整体式锅炉价格高，在推广过程中难度较大[65]。实际应用中，可结合本章 4.2.2 节第 2 部分内容，对区域供热系统进行局部工艺改造，就可以做到燃煤锅炉房改燃生物质颗粒燃料或两种燃料兼行，符合国家节能减排方针，并且经济效益明显。

**表 4-6　组台式锅炉和整体式锅炉的比较[65]**

| 项目 | 组合式锅炉 | 整体式锅炉 |
|---|---|---|
| 功率调整 | 50%和 100% | 30%～100% |
| 锅炉效率 | 78%～85% | 86%～94% |
| 燃烧空气供给装置 | 鼓风机 | 引风机 |
| 燃烧控制 | 无 | λ 传感器/变速风机 |
| 点火 | 自动 | 自动 |
| 空气通道清理 | 人工 | 自动/人工 |
| 燃烧器清理 | 人工 | 自动/人工 |
| 燃烧室中的灰渣清除 | 人工 | 自动/人工 |
| 灰渣清除周期 | 每周一次 | 每年 2～8 次 |
| CO 排放量/(mg/m³) | 260～650 | 12～250 |
| 价格/欧元 | 4000～6500 | 7000～10000 |

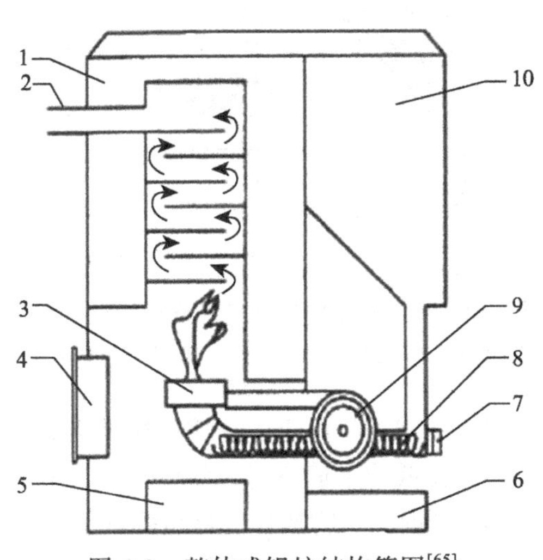


图 4-9　整体式锅炉结构简图[65]

1. 储水室；2. 烟道；3. 生物质颗粒燃烧器；4. 炉门；5. 积灰室；6. 控制单元；7. 电机；8. 送料螺旋；9. 风机；11. 料仓

4. 生物质颗粒燃料分散供热(生物质燃烧炉)技术

生物质燃烧炉主要适用于室内单个的房间、公寓等小空间供热。它通过对流和辐射作用直接与室内空气进行热交换，从而达到供暖的目的。某些生物质燃烧炉还附有水套，与室内的散热片连接，通过散热片进行热量交换。户用生物质燃烧炉的功率在10kW左右，有的可以根据室内温度自动或人工调节[65]。

目前应用的有两类生物质炉具：独立颗粒炉具(图4-10)和烟囱一体式炉具。烟囱一体式炉具适于安装在壁炉中，而独立式颗粒炉应用较为普遍。在生物质炉具中，颗粒燃料在一个内置的燃烧器中点火、燃烧，这与颗粒锅炉类似。大多数的生物质锅炉采用斜置螺旋将颗粒燃料从内置或外部料仓运送到燃烧盘。燃烧盘底部开有小孔，能够保证一次空气和自动点火所需的热空气进入。在燃烧盘壁上同样开有小孔，能够对二次进风预先加热。燃烧器底部的吸气管将提供燃烧空气。通常采用鼓风机提供助燃空气，并促进炉具与周围空气的热交换[65]。

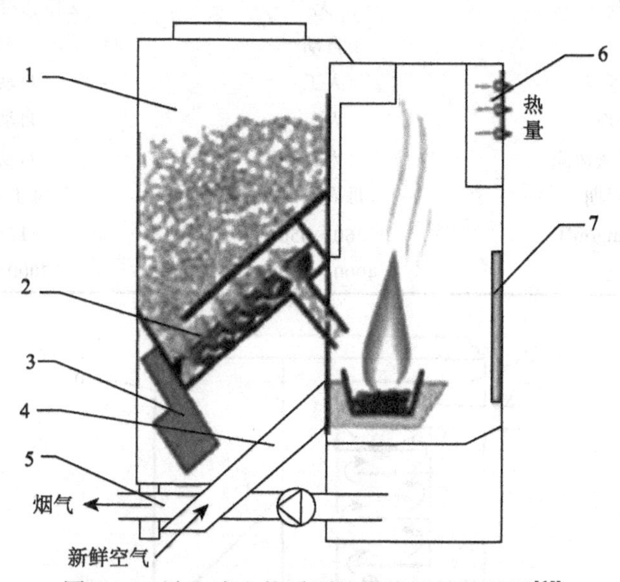


图4-10　独立式生物质颗粒燃烧炉结构简图[65]

1. 料仓；2. 送料螺旋；3. 电机；4. 进气道；5. 排气道；6. 散热窗；7. 炉门

在公寓楼等小空间实际供热中，由于生物质颗粒燃烧器着点火时间较长，且点火过程中CO排放量大[86]，在低功率运行时，效率较低，不宜频繁启动，因此常常结合太阳能进行采暖供热。同时，生物质燃烧器也弥补了太阳能供热的不连续性和在阴天或者晚上无法工作的问题[87]。本章列举具有代表性的两个类型的生物质-太阳能联合供热系统[65]。

系统一(图 4-11)：

该系统主要特点：①储热罐是连接供热设备和供热终端的唯一媒介。供热设备先通过换热器和储热罐中的水进行热量交换，然后再通过换热装置将热量传递给用户。②生物质加热设备和储热罐为一体，可以将燃烧生物质的能量直接传递给储热设备，减少了热量的损失。③家庭用水的加热是通过储热设备中的热量交换装置来完成的，而不是直接使用储热罐中的热水，保证了用水的清洁性。

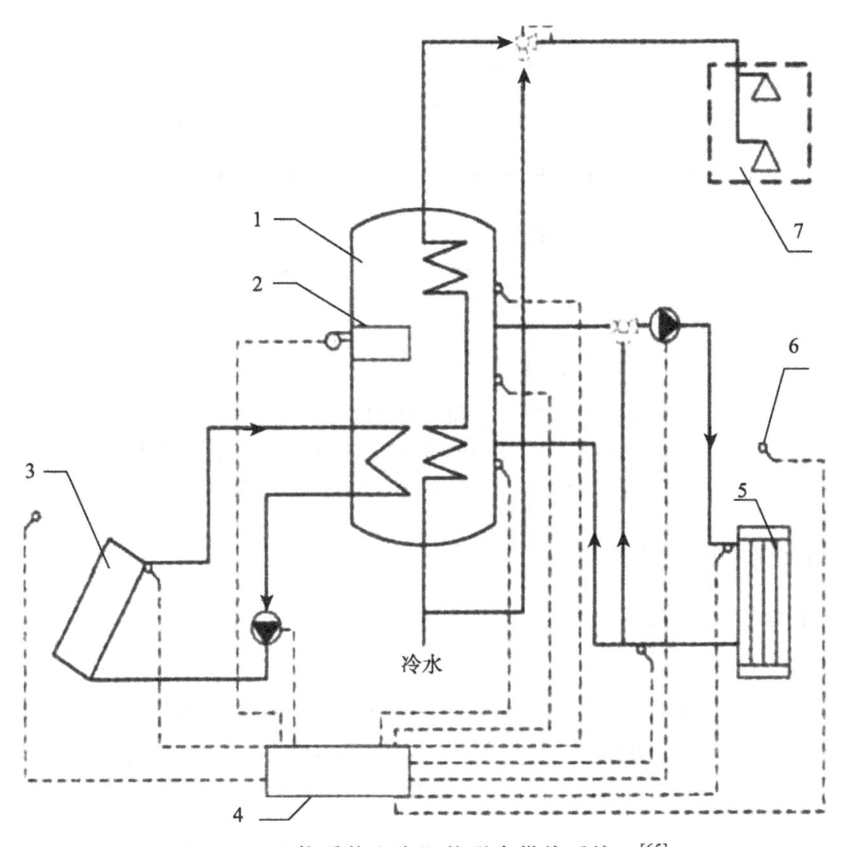


图 4-11　生物质能和太阳能联合供热系统一[65]

1. 储热罐；2. 生物质加热设备；3. 太阳能集热器；4. 测控单元；5. 供暖终端；6. 温度传感器；7.供热水终端

系统二(图 4-12)：

该系统连接关系与前一个系统不同，主要特点如下：①太阳能集热器和生物质加热设备可以直接进行供暖，而不需要经过储热罐。在该系统中，储热罐仅起到储存热水的作用。②家用热水直接来自储热设备。在该系统中，储热设备中的水不参与生物质加热设备和集热器的水循环，　因此依然可以保持清洁。

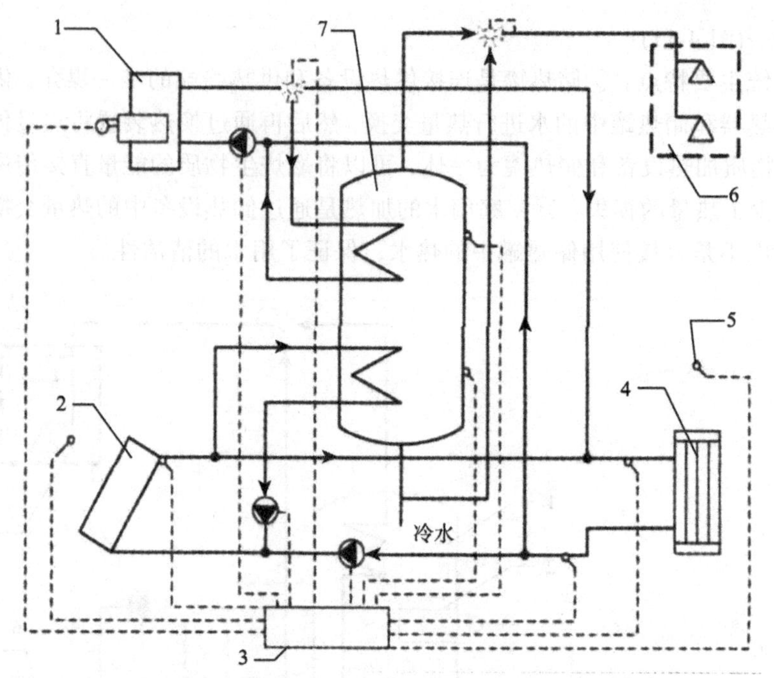


图 4-12　生物质能和太阳能联合供热系统一[65]

1. 生物质加热设备；2. 太阳能集热器；3. 测控单元；4. 供暖终端；
5. 温度传感器；6. 供热水终端；7. 储热罐

### 4.2.3　生物质气化供热

1. 生物质气化技术

1) 生物质气化原理

生物质气化是在一定的热力学条件下，将组成生物质的碳氢化合物转化为含 CO 和 $H_2$ 等可燃气体的过程。为了提供反应的热力学条件，气化过程需要供给空气或 $O_2$，使原料发生部分燃烧。气化过程和常见的燃烧过程的区别是：燃烧过程中供给充足的 $O_2$，使原料充分燃烧，目的是直接获取热量，燃烧后的产物是 $CO_2$ 和水蒸气等不可再生燃烧的烟气；气化过程只供给热化学反应所需的那部分 $O_2$，而尽可能将能量保留在得到的可燃气体中。气化后的产物是含 $H_2$、CO 和低分子烃类的可燃气体。生物质气化包括热解、燃烧和还原反应[88]。

2) 生物质气化设备

用来气化固体燃料的设备叫气化炉，气化炉是生物质气化系统中的核心设备。生物质在气化炉内进行气化反应，生成可燃气。生物质气化炉可以分为固定床气化炉和流化床气化炉。而固定床气化炉和流化床气化炉都有多种不同形式[88]。

固定床气化炉分为下吸式气化炉、上吸式气化炉、横吸式气化炉和开心式气化炉。流化床气化炉包括循环流化床气化炉、双流化床气化炉等。

2. 生物质气化集中供热技术

进料装置将原料仓中的生物质投入气化炉，产出的燃气通往锅炉的燃烧器进行燃烧并将锅炉中的水加热，由水泵将热水输向供热区。从燃烧器排出的烟气经省煤器(换热器)把供给锅炉的冷水加温后，由烟囱排走[89]。生物质气化供热系统的主要设备包括原料粉碎和烘干设备、加料螺旋、硫化床气化炉、风机、送气管、控制台、锅炉内燃烧、点火装置与管网系统等。它包括以下几个基本过程[90]：

1) 原料预处理与输送

生物质原料进厂后需根据其含水量，进行粉碎、烘干预处理，预处理后符合气化要求(含水量 < 20%，燃料颗粒平均直径小于 10mm)的原料通过输送设备及气化炉加料设备送进气化炉中。

2) 生物质(流化床)气化

生物质在 800℃的流化床或循环流化床气化炉中进行气化，生成 CO、$CH_4$、$H_2$ 等可燃气，同时有少量的焦油和飞灰。

3) 燃气输送

生成的高温燃气通过高温管道直接送到锅炉中进行燃烧，为了保证焦油在输送过程中不会冷凝堵塞管道，燃气输送过程中必须保证燃气温度高于 200℃，所以送气管道必须保温。

4) 燃气燃烧

燃气送进锅炉后立即进行燃烧，由于锅炉炉膛温度较高，燃气又有一定温度，所以燃烧过程比较稳定，燃烧效率也很高。燃气在炉内燃烧室必须增加点火装置及安全报警装置。这些装置与锅炉的设备一起进行连锁，确保有效。

5) 管网系统

在锅炉里燃烧产生的热水或蒸汽通过管网输送到热用户进行供热。

3. 生物质气化分户供热技术

生物质气化分户供热技术和生物质集中供热技术在很多程序上都是一样的，例如，原料预处理与输送、生物质(流化床)气化在生物质气化分户供热中也是必须要经历的程序。从生物质气化炉里面出来的气化气，必须先经过净化系统的净化，在储气罐里面储存起来，通过输气管道输送到每家每户燃气壁挂炉燃烧供热。其中生物质气化分户供热技术的关键就是生物质气化气的净化。下面就重点介绍一下生物质气化气的净化。

生物质气化的杂质主要有水分、飞灰和焦油。水分和飞灰的去除较为容易，水分可以通过离心、冷凝、收集处理后加以去除；灰分可以通过进一步处理加工成耐热、保温的材料，或提取高纯度的二氧化硅，也可以做肥料[91]。

相比较而言，焦油的去除却是一道难题。焦油占可燃气能量的 5%～10%，一般难以与可燃气一道被燃烧利用，大部分被浪费掉。焦油在低温下会凝结成液体，容易和水、炭粒等结合在一起，堵塞输气管道，卡住阀门、抽风机转子，腐蚀金属。焦油难以完全燃烧，且燃烧时产生炭黑等颗粒，对内燃机、燃气轮机等损害相当严重；此外，焦油燃烧后产生的气体对人体有害。因此，焦油用处小、危害大，必须加以去除，其去除方法主要有以下几种[91]：

(1) 水洗。在喷淋塔上将水与生物质燃气相接触，去除焦油，该方法集除尘、除焦油和冷却三重功能，技术较成熟，为中小型气化系统较常使用的一种技术。

(2) 过滤。令生物质燃气通过安装有吸附较强的材料(如活性炭、棉饼、滤纸和陶瓷芯)的过滤器，将焦油过滤出来，不仅具有除尘和除焦油双重功能，且过滤效率高，但是需要经常更换过滤材料，为了避免废物的产生，可以选择像碎玉米芯这样的物质作为杂质吸附物。

(3) 静电清除。焦油在高压静电下将生物质燃气电离，使焦油小液滴带电，小液滴聚合在一起形成大液滴并在重力作用下从燃气中分离出来，与上述两种方法相比，此方法可除去 90%以上的焦油，效率较高。

(4) 催化裂解。采用催化剂，在 800～900℃下使焦油发生热解效应，生成可燃性气体，直接被利用。其催化剂多采用木炭、白云石和镍基催化剂。也可以直接利用高温(1000～1200℃)将其裂解成小分子气体，但实现这样高的温度比较困难。因裂解技术较为复杂，只有大中型生物质气化系统方可采用。焦油成分影响裂解转化过程，焦油裂解的最终产物与可燃气体成分类似，对气体质量无影响。水蒸气有利于大部分焦油的裂解和可燃气的产生，它能与焦油中某些成分发生反应，生成 $CO$ 和 $H_2$ 等可燃性气体。

## 4.3　生物质发电供热利用及工程

### 4.3.1　生物质直燃发电工程案例

1. 工程概述

丹麦 Rudkφbing 热电厂始建于 1990 年，是丹麦(可能也是世界上)第一座以秸秆为燃料的热电联产系统。热电厂生产的电力供给公共事业公司的主电网，生产的热量供给城镇的区域供热系统，该项目的流程如图 4-13 所示。

2. 工程工艺

存储在料仓已经打捆的燃料经过自动化上料机构，由粉碎机粉碎后，进入生物质锅炉燃烧产生高温热烟气，热烟气经过换热锅炉、过热器、省煤器和空气预热器释放热量后，进入袋式除尘器净化，经烟囱排放，尾气温度约 110℃。锅炉换热后生产的高温高压蒸汽进入汽轮机发电，乏气经过冷凝器释放出热量，循环使用。冷凝器释放的热量传递给区域供热系统。Rudkφbing 热电厂系统参数如表 4-7 所示。

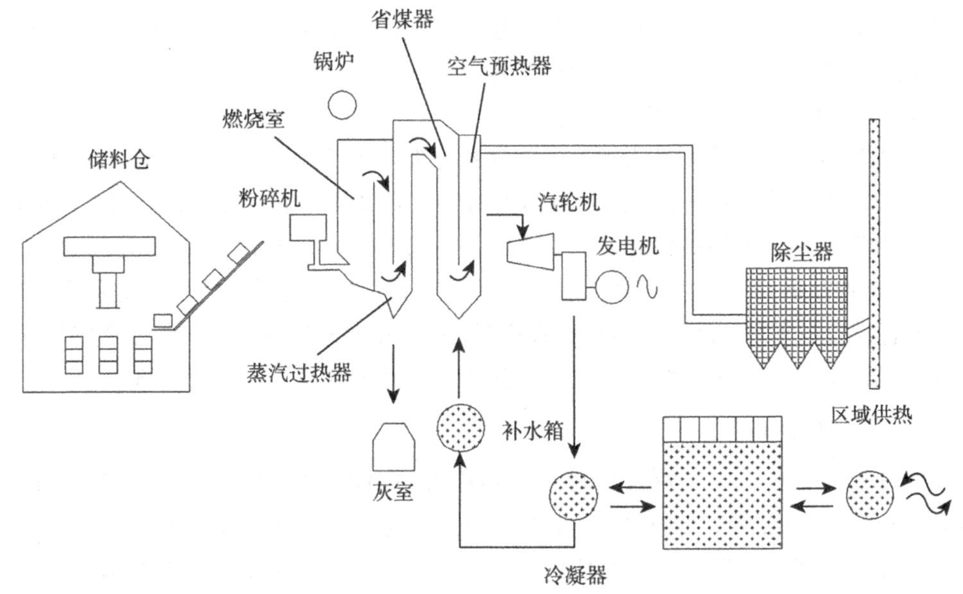


图 4-13　Rudkφbing 热电联产系统工艺流程[92]

**表 4-7　Rudkφbing 热电厂系统参数[92]**

| 项目 | 参数 | 项目 | 参数 |
|---|---|---|---|
| 装机容量/MW | 2.3 | 燃料含水率/% | 10～25 |
| 供热量/MW | 7.0 | 料仓容量/t | 350 |
| 蒸汽压力/MPa | 60 | 锅炉类型 | 炉排形式 |
| 蒸汽温度/℃ | 450 | 除尘器类型 | 粉碎燃料袋式除尘器 |
| 燃料消耗量/(t/a) | 12500 | | |

1) 系统的规模

Rudkφbing 热电厂的发电输出功率为 2.3MW，供热量分别为 7.0MJ/s，每年大约消耗 12500t 的秸秆。

2) 点火和燃烧系统

Rudkφbing 热电厂的输出为 10.7MW，仅需要一套点火系统。切碎后的秸秆落在送料系统上，送料系统由一个矩形活塞构成，通过活塞的前后移动推动秸秆通过水冷进料通道进入炉排。通过活塞式输送机的移动，秸秆在送料通道中被压缩在一起，形成密封体，防止出现返火现象。秸秆在振动炉排上燃烧，燃烧后的灰渣落入水冷灰室，并被送进储灰室。

3) 灰分和炉渣的处理

从锅炉底部清除的灰渣与从除尘器中清除的飞灰是分离的。从锅炉底部清除的灰渣送往农场，用作补充肥料，而由于飞灰的重金属含量过高，所以将它运至废物处理场，或者与灰渣混合在一起用作肥料。

4) 锅炉出力、蒸汽参数和热储藏

锅炉为带有锅筒的水管式锅炉，蒸汽系统为自然循环。考虑到系统效率原因，需要有较高发电输出功率，较高发电输出功率的前提条件是有较高的蒸汽压力和较高的蒸汽温度。为了使锅炉能够承受高压，锅水流经的水/蒸汽管束构成了水冷壁。汽-水混合物在锅筒中汽-水分离，然后蒸汽进入过热器。过热器为一组蛇形管受热面，垂直设置在顶部；也可采用垂直管箱型，作为独立的过热器设置在燃烧室后部。在预热器之后，设置了省煤器和空气预热器，分别加热给水和助燃空气。

3. 结果与分析

由于秸秆灰中含有相对较高的碱金属(K 和 Na)和 Cl，所以烟气具有腐蚀性，在高温(＞450℃)条件下腐蚀更甚。此外，秸秆灰的软化温度较低，有可能导致锅炉中出现结渣问题。如果灰渣变硬且具有黏性，则在运行中清除灰渣将极为困难，这阻碍烟气通过管壁向蒸汽传热；并且在严重情况下阻碍烟气流动，当结渣达到一定程度时就会产生负压，破坏锅炉的正常运行。Rudkφbing 热电厂通过设定过热器的最高温度为 450℃来避免出现上述问题。

丹麦的商业和工业经验为以秸秆为燃料的热电厂技术和设备出口到国外市场提供了基础，但其前提条件是热电厂要具有较高的发电效率，因此蒸汽参数的范围应该与最近建造的煤粉炉热电厂相差不多(580℃)。在如此高的温度下，除了要解决腐蚀和结渣问题，有必要使用质量更高的汽轮机。

### 4.3.2 生物质气化发电工程案例

1. 工程概述

瑞典的 Varnamo 生物质示范电站是欧洲发达国家一个 B/IGCC 发电项目，它是由瑞典国家能源部、欧盟政协资助，由瑞典南方电力公司(Sydkraft)，福斯特·威勒(Foster Wheeler)公司等企业合作建设的一个示范项目，主要目的是建设一个完善的生物质 IGCC 示范系统，研究生物质 IGCC 的各部分关键过程，所以该生物质发电站更适合于生物质气化发电的 R&D 活动，而不是完全的商业化运行，该项目的流程如图 4-14 所示。

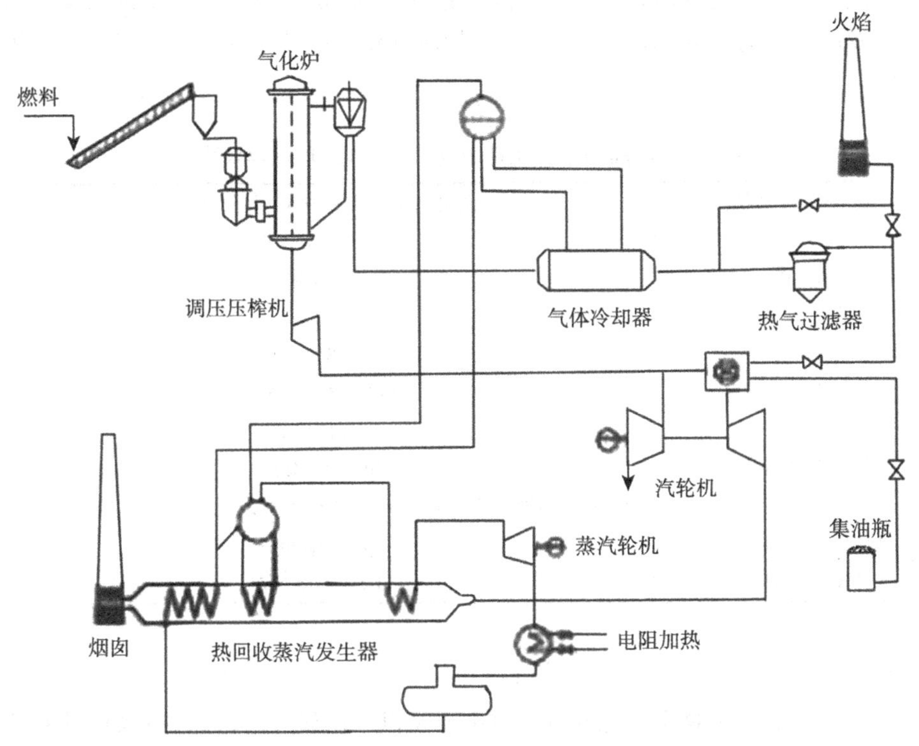


图 4-14　瑞典 Varnamo 生物质 IGCC 示范项目流程图[93]

2. 工程工艺

该项目采用了目前欧洲在生物质气化发电技术研究的所有最新成果，包括以下几个关键技术：

(1) 采用高压循环流化床气化技术，气化炉出力为 18MW，气化炉的气化压力为 1823. 85kPa，气化温度为 950～1000℃，气化炉本体、旋风分离器和还料设备全部由耐火材料制作。气炉由福斯特·威勒公司生产。

(2) 采用高温过滤技术，气化炉生产的高温燃气通过换热器冷却到 350～400℃，之后进入高温过滤器，由陶瓷过滤芯除去灰尘。陶瓷高温过滤器由 Schumacher GinbH 公司提供。

(3) 采用燃气轮机技术，高温燃气经过滤器后，只剩下焦油杂质，由于 350℃以上焦油仍是气相，所以这些高温高压燃气可以直接送到燃气轮机发电。燃气的热值为 5MJ/Nm$^3$，而燃气轮机的输出功效为 4.2MW。该燃气轮机由 ABB Alstom 公司提供。

(4) 余热蒸气发电系统，由燃气轮机出来的高温尾气进入余热锅炉产生蒸汽，这些蒸汽与高温燃气冷却时产生的蒸汽一起过热到4053kPa、455℃，进入蒸汽轮机发电，发电功率为 1.8MW，Varnamo 生物质气化发电项目的技术指标与参数如表4-8 所示。

表 4-8　Varnamo 生物质 IGCC 发电项目指标参数[94]

| | |
|---|---|
| 发电/供热能力 | 发电入网量为 6 MW，供热 9 MW |
| 原料种类 | 木片(水分 15%) |
| 原料量 | 18MW |
| 发电效率 | 32% |
| 热效率 | 83% |
| 气化压力/温度 | 1823.85kPa/950℃ |
| 气体热值 | 5MJ/Nm$^3$ |
| 蒸汽压力/温度 | 4053kPa/455℃ |
| 气体成分 | CO 16%～19%；$H_2$ 9.5%～12%；$CH_4$ 5.8%～7.5%；$CO_2$ 14.4%～17.5% |
| 气体中重焦油含量 | 50～9g/Nm$^3$ |
| 气体中轻焦油含量 | 1.5～3.7g/Nm$^3$ |

3. 结果与分析

由于 Varnamo 生物质气化发电项目主要是以示范研究为目标，所以相对来说其投资和运行成本都偏高，目前很难做出准确的计算，所以对该项目的经济指标的示范，有关方面对今后生物质 IGCC 项目的经济性做出了评估，假设技术成熟后，在55MW 发电规模条件下，生物质 IGCC 系统的投资大约在 1500 美元/kW，但对于15MW 左右发电项目，投资将达到 2300 美元/(kW·h)。而生物质 IGCC 的发电成本与燃料价格、发电规模关系很大，通过理论分析测算，对于生物质 IGCC 发电系统，在生物质价格大约为250元/t时，70MW IGCC发电站的发电成本大约为0.35元/(kW·h)。几乎与小型的煤发电电站成本相当，但由于 70MW 的规模需要的生物质量非常大(约 2000t/d)，而且投资也很高，有条件建设这种项目的国家或企业都很少，而小规模下的经济性将明显降低，所以这种项目近期要进入应用是相当困难的。

### 4.3.3　生物质与煤共燃发电工程案例

1. 工程概述

十里泉生物质与煤共燃发电厂引用丹麦 Burmeister & Wain Energy A/S(以下简称 BWE)公司技术进行攻关，对 5 号机组(140MW)进行秸秆发电技术改造，这种技术改造在我国经过首例之后进行了推广[34]。丹麦 BWE 公司拥有世界最先进、最成熟的生物燃料发电技术，设计并建造了世界上最大的秸秆发电厂。本项目研究主要内容为增加一套秸秆输送、粉碎设备，增加两台输入热量为 30MW 的秸秆燃烧器，同时对供风系统及相关控制系统进行改造，增加一个周转备料场。改造后锅炉可单独燃烧秸秆或单独燃烧煤粉，也可两种燃料同时混烧。

2. 工程工艺

1) 秸秆处理系统

秸秆处理系统和燃烧系统以料仓为界，料仓之前(不含)为秸秆处理系统，之后(含)为燃烧系统。本项目秸秆消耗量为 14.4t/h，9.36 万 t/a，配置三条秸秆处理线，每条处理线处理能力为 5t/h。

秸秆处理系统的工艺流程如下：

(1) 各种运输秸秆的车辆运输秸秆到达秸秆原料生产厂。

(2) 人工使用探测仪，进行秸秆含水量检测，检查合格填写记录单，不合格的则拒收。之后，秸秆运输车辆到第一个地磅处秤重，填写记录单。

(3) 秤重后的秸秆运输车辆进入指定的卸载区域，将秸秆倒入一个大型的混凝土秸秆池，松散的秸秆被倾倒到里面，卸载后的运输车辆到达第二个地磅秤重量，填写记录单，然后进行结算。

(4) 通过两台大型的吊车抓斗把秸秆池中的秸秆抓取并送入 3 条独立的秸秆处理线的切碎机旋转料斗，每条秸秆处理线包括各自的秸秆切碎机、锤磨机。

(5) 切碎机：秸秆首先经吊车抓送而进入切碎机旋转进料斗，由切碎转子把秸秆切成 75～100mm 的小段，经过出料螺旋输送器向外输送，进入连接管道。

(6) 经过气力作用，从切碎机螺旋输送器出来的秸秆在连接管道中经过石块分离收集去除石头和固体废物后，通过气力传输进入锤磨机。

(7) 锤磨机把秸秆磨成 15～20mm 的碎片。

秸秆燃烧热输入负荷为 60MW 时的秸秆用量为 4kg/s (等于 14.4t/h)，混凝土秸秆池容积 $3500m^3$，松散秸秆密度约为 $40kg/m^3$，满装后秸秆重量约为 140t，可满足运行 10h 所需的秸秆量。

2) 燃料输送系统

从磨碎机出来的秸秆碎片在传输管道中通过气力作用首先到达一预收集器进行第一次收集，收集的秸秆碎片进入料仓；剩余部分进入布袋除尘器(除尘器清灰压缩空气由电厂提供)，通过布袋除尘器将全部秸秆碎片收集进入料仓，引风机将除尘后的空气送入烟囱，而秸秆粉末留在系统内。

秸秆粉末通过预收集器和除尘器下部的旋转阀进入一个 3 条线共用的公共料仓，即经3条秸秆处理线处理后的秸秆粉末(燃料)都进入这个料仓，3条秸秆处理线各自的预收集器和布袋除尘器均布置在料仓的上方(从除尘器出来的清洁空气通过管道连接至由三条线共用的一烟囱排出)，公共料仓距离锅炉约1200m。初步确定料仓的容积为约300m$^3$，秸秆燃料密度50kg/m$^3$，在高正常料位下，秸秆燃料重量约为14t，即能满足一小时的秸秆燃烧需求量。运行时的总重量约为80t，设有4个支撑。料仓配备1组料位指示仪和3组温度报警指示仪，此信号与电厂主控DCS连接。燃料通过位于料仓下部平面布置的12个变频电机驱动的排放螺旋装置驱动进而送入两个交叉(横过)输送螺旋。从两个交叉(横过)输送螺旋出来的燃料分别进入两个出料口旋转阀。通过两台一次风机，使从料仓的下部两个出料口出来的燃料以气动的形式分别进入两根各长约 1200m 的 PA(一次风)管(DN300)，进而分别送入两个秸秆燃烧器进行燃烧。

3) 燃烧系统

秸秆燃烧系统包括两台旋流式燃烧器，每台燃烧器的热输入量为 30MW，安装在锅炉的左右墙上，垂直位置在丙、丁燃烧器中间，原有燃烧器不作改动，新燃烧器开孔尺寸大约1000mm。

一次风和燃料的混合物在燃烧器的中心燃烧，二次风从燃烧器外层经过旋流器旋转进入炉膛；燃烧空气由 5#机组送风机提供，通过两条新的管道连接，管道装有风门和流量计。

十里泉生物质与煤共燃发电项目的技术指标与参数如表 4-9 所示。

**表 4-9　十里泉生物质与煤共燃发电项目指标参数[95]**

| 项目/名称 | 参数/数量 |
| --- | --- |
| 秸秆 | 小麦、大麦、黑麦、燕麦、葡萄渣 |
| 打包形式 | 松散秸秆 |
| 含湿量 | 低于15% |
| 切碎碎片精度 | 75～100mm |
| 锤磨碎片精度 | 10～15mm |
| 满负荷容量 | 15t/h |
| 最大秸秆热输入比例 | 锅炉总输入热负荷的 18.5% |
| BMCR 工况的秸秆用量 | 4kg/s |
| 炉膛压力 | ±1000Pa |
| 预收集器 | 3台 |
| 除尘器 | 3台 |
| 料仓 | 1个 |
| 引风机 | 3台 |
| 一次风机 | 2台 |
| 燃烧器 | 2个 |
| 燃烧器大小 | 30MW |

续表

| 项目/名称 | 参数/数量 |
| --- | --- |
| 燃烧器调节比 | 1:1.5 |
| 每台燃烧器燃料消耗 | 2kg/s |
| 燃料低热值 | 15MJ/kg |
| 每台燃烧器燃烧空气总量 | 11.1kg/s |
| 最低燃烧空气压力 | 15mbar |

3. 结果与分析

现有锅炉以煤为燃料时最大热输入量为 325MW。新安装的秸秆燃烧器热输入量为 60MW，占锅炉总热负荷的 18%。现有风机系统能供给改造后所需燃烧空气总量；现有风机系统能排出所产生的所有烟气。煤和秸秆混合燃烧时，燃煤量的减少等于燃烧秸秆的量。任何时候，秸秆的热输入量不得超过锅炉总热输入量的 20%。秸秆燃烧器只能在满负荷情况下工作，当秸秆的输入量达到 60MW 时，煤和秸秆的总热输入量不得少于 300MW，当总热输入量少于 300MW 时停运一台秸秆燃烧器，当锅炉总热输入量少于 150MW 时整个秸秆燃烧系统停运。

采用秸秆替代煤炭燃烧发电对锅炉有影响，对机组的其他设备不会造成影响。将含湿量小于 15%的秸秆切碎成 10～15mm 的碎片后通过气力输送到秸秆燃烧器喷射燃烧。在锅炉的左右侧墙上安装两台旋流式燃烧器，垂直位置在丙、丁燃烧器中间，安装标高为 14.4m。两台秸秆燃烧器交叉布置，能保持相同的火焰转动特性。采取了措施避免火焰变形，并防止火焰触及水冷壁。秸秆燃烧空气利用现有送风机的空气余量。

秸秆燃烧发电设备的设计建设经验比燃煤设备少得多，而且秸秆具有独特的特性，秸秆燃烧很难达到较高的蒸汽参数，多数秸秆燃烧发电厂的发电效率只能达到 30%左右。为保证大容量高参数机组的正常发电，应限制秸秆在锅炉总输入热量中所占的比例不超过 20%。本改造项目秸秆燃烧系统每小时秸秆燃烧量为 14.4t， 秸秆的最低热值是 15MJ/kg，每台燃烧器为 30MW，两台燃烧器的热输入量占 5#炉总输入热量的 18.5%，对锅炉热效率的影响较小。

由于秸秆灰中碱金属和 Cl 的含量相对较高，因此，秸秆烟气在高温时(450℃以上)具有较高的腐蚀性。此外，飞灰的熔点较低，易产生结渣的问题。如果灰分变成固体和半流体，工作期间就很难清除，将会阻碍管道中从烟气至蒸汽的热量传输。严重时甚至会完全堵塞烟气通道，将烟气堵在锅炉中。由于存在这些问题，因此需严格限制秸秆在锅炉总输入热量中所占的比例不超过 20%。根据 BWE 公司经验，当秸秆在锅炉总输入热量中所占的比例不超过 20%时，秸秆灰在锅炉飞灰中所占的比例很小(占锅炉飞灰的 4.8%)，对锅炉飞灰性质的影响较小，不会对锅炉尾部受热面造成较大的侵蚀和堵塞。

综上所述，通过对锅炉进行部分改造后，采用秸秆部分替代煤炭燃烧发电是完全可行的，不会对机组的安全稳定运行造成影响。

### 4.3.4 沼气发电工程案例

1. 工程概述

Farm Wiesenau 沼气发电工程位于德国柏林郊区一农场，由农场主投资建设，分为两期工程，其中一期工程 2006 年建成，发电装机容量为 500kW，二期工程 2007 年建成，发电装机容量为 1MW。两期工程均采用一步法湿发酵工艺，发酵原料包括玉米青储、谷物、草、牛粪。主要工艺流程如图 4-15 所示。

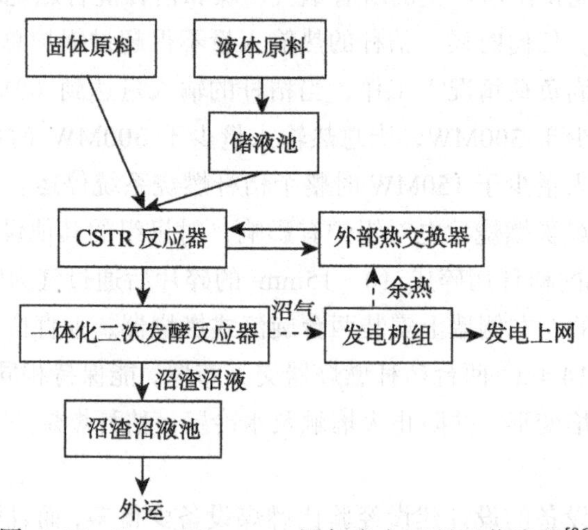


图 4-15　Farm Wiesenau 沼气发电工程工艺流程[96]

2. 工程工艺

该项目包括以下几个关键技术：

(1) 固体原料经进料机器搅拌均匀后直接进入 CSTR 反应器，液体部分经储液池被泵入 CSTR 反应器，同时向储液池中添加化学脱硫剂进行原位脱硫。

(2) 反应器中料液不断被泵入外部热交换器中进行热交换，使得反应器中的料液温度维持在 40 ℃。

(3) 料液在 CSTR 反应器中厌氧发酵 21 天，发酵后料液进入一体化二次发酵反应器进行 30～40 天二次发酵，产生的沼气与 CSTR 反应器中产生的沼气在反应器顶部经生物脱硫后于储气膜中暂存，用于发电上网，产生的沼渣沼液进入沼渣沼液池储存，一定时间后外运作为肥料施用于附近田地。

### 4.3.5　生物质直燃供热工程案例[97]

1. 工程概述

山东省阳信市某生物科技企业投资兴建了配套的自备热电厂，该热电厂直接燃烧生物质发电、供热。将生物质原料送入循环流化床锅炉中，生产蒸汽，驱动蒸汽轮机，带动发电机发电。利用汽轮机组的抽汽或排汽供热，其主要热用户是工业用汽(木糖车间和糠醛车间的生产用汽)。该工程系统示意如图 4-16 所示。

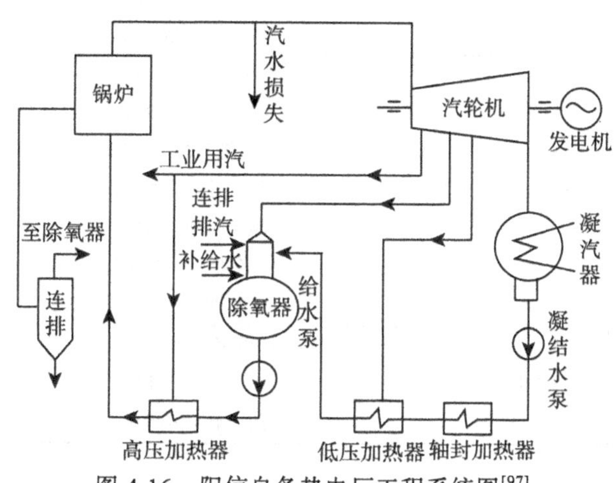


图 4-16　阳信自备热电厂工程系统图[97]

2. 工程工艺

企业根据自身的生产特性和工程负荷计算，并考虑到企业的后续发展，采用 1×75 t/h 次高温次高压高低差速床秸秆燃烧锅炉。本工程热负荷主要是生产工艺用热，又兼顾到热负荷有一定的季节性波动，所以汽轮机采用 12 MW 次高温次高压单抽汽凝汽式汽轮机，不足电力由电网购买。主要设备性能参数见表 4-10。

3. 结果与分析

1) 燃料消耗量

本工程以燃烧糠醛渣、木糖渣为主，当它们供应不足时，燃烧农业秸秆，主要为棉杆和果桑枝条。糠醛渣、木糖渣占燃料份额的 80%，农业秸秆占燃料份额的 20%(重量比)，糠醛渣和秸秆分开烧，不掺烧。糠醛渣燃料的低位发热量约为 9478kJ/kg，农业秸秆的低位发热量范围为 15000～17300kJ/kg，按 16000kJ/kg 计算。燃料的消耗量约为 13.33t/h，标准煤的低位发热量为 29270 kJ/kg，通过换算得出，系统标准煤耗量约为 4.91t/h。

年利用小时数按 7200 h 计算，该工程燃烧生物质达 95976t/a，以标准煤的低位发热量 29270 kJ/kg 计算，相当于燃烧标准煤约 35352t/a。

表 4-10　阳信自备热电厂主要设备性能参数表[97]

| | 型号 | 项目 | 参数 |
|---|---|---|---|
| 锅炉 | JG-75/5.3-SW | 额定蒸发量/(t/h) | 75 |
| | | 过热蒸汽压力/MPa | 5.29 |
| | | 过热蒸汽温度/℃ | 485 |
| | | 给水温度/℃ | 150 |
| | | 锅炉保证效率/% | ≥86 |
| 抽凝式汽轮机 | C12-4.9/0.981 | 额定功率/MW | 12 |
| | | 额定进气量/(t/h) | 78.5 |
| | | 额定进气压力/MPa | 4.9 |
| | | 额定进汽温度/℃ | 470 |
| | | 额定抽气量/(t/h) | 40 |
| | | 额定抽气压力/MPa | 0.98 |
| | | 额定抽气温度/℃ | 295.7 |
| 发电机 | QFW-122-2 | 额定功率/MW | 12 |
| | | 额定电压/kV | 10.5 |
| | | 额定转速/(r/min) | 3000 |

2) 热电厂总热效率

热电联产总热效率为输出电、热两种产品的总能量与输入能量之比，是热电厂综合评价的总指标之一。系统年均总热效率为 60.9%，而中小型纯凝式发电机组总热效率为 35%左右，实施热电联产后系统年均总热效率提高约 25.9%。

3) 热负荷

工程热负荷主要包括生产工艺热负荷和其他主要热负荷两部分。生产工艺热负荷主要包括木糖车间和糠醛车间用汽，用汽参数均为 0.3～0.6 MPa(绝压)、220～230℃下的过热蒸汽，年利用小时数按 7200h 计算，其具体热负荷见表 4-11。其他主要热负荷指生活用汽热负荷、采暖(空调)热负荷两项。其中生活用汽热负荷为 0.5t/h，采暖(空调)热负荷为 3t/h。据此确定工程平均总热负荷为 38.42t/h。

表 4-11　阳信自备热电厂生产工艺热负荷表

| 车间名称 | 生产工艺热负荷/(t/h) | | | 年均热负荷/t |
|---|---|---|---|---|
| | 最大值 | 平均值 | 最小值 | |
| 木糖车间 | 25.16 | 22.42 | 13.16 | 134520 |
| 糠醛车间 | 15 | 12.5 | 8 | 75000 |
| 总计 | 41.15 | 34.92 | 21.16 | 209520 |

将上述过热蒸汽进行焓值换算，换算为本工程汽轮机出口参数 0.98 MPa、300℃下的过热蒸汽，换算系数取 0.9，并考虑到对外供热管网损失(取 5%)和最大负荷同时使用系数(取 0.9)。换算得出，工程平均总热负荷约为 117.43 GJ/h。

4) 电负荷

电负荷主要分生产用电和生活办公用电两部分。其中，生产用电包括年产 4000t 木糖的生产线用电、年加工 20000t 油料的浸出制油生产线用电、年加工 20 万担皮棉的轧花剥绒生产线用电、年产 1000 万条毛巾的生产线用电、年产 5000t 糠醛的生产线用电，计算得出生产用电总共约 12000kW；生活办公用电约 300kW。据此可得工程总电负荷约为 12300 kW。

5) 总结

该工程节能的三个主要原因：热负荷确定合理、尽量保证热负荷较高且较稳定、以燃烧生物质代替燃煤来节约一次能源。该热电联产系统经济效益非常可观，发展热电梯级利用能量对节能降耗具有实际意义。

## 参 考 文 献


[1] 生物质能发电:10 年内成为可再生能源“主力军”. 地球, 2015(6): 13.
[2] 陈柳钦. 生物质能发电的国际趋势与中国的发展思路探索. 中国财经信息资料, 2012: 40-43.
[3] 陈汉平，李斌，杨海平，等. 生物质燃烧技术现状与展望. 工业锅炉, 2009, (5): 1-7.
[4] 刘婷婷，是艳杰，余英，等. 生物质与煤混合燃烧发电技术研究与应用. 环境科学与工程: 英文版, 2008, (4): 60-64.
[5] 林永明，潘峰，王正锋. 生物质发电燃烧方式与炉型选择. 广西电力, 2009, 32(1): 5-8.
[6] 张明，袁益超，刘聿拯. 生物质直接燃烧技术的发展研究. 能源研究与信息, 2005, 21(1): 15-20.
[7] 张迪茜. 生物质能源研究进展及应用前景. 北京: 北京理工大学, 2015.
[8] 肖军，段菁春，王华，等. 生物质利用现状. 安全与环境工程, 2003, 10(1): 11-14.
[9] Bapat D W, Kulkarni S V, Bhandarkar V P. Design and operating experience on fluidized bed boiler burning biomass fuels with high alkali ash. 1997.
[10] 孙迎，王永征，栗秀娟，等. 生物质燃烧积灰、结渣与腐蚀特性. 锅炉技术, 2011, 42(4): 66-69.
[11] 李思洋，杜涛，谷悦，等. 锅炉炉内燃烧过程数值模拟研究进展. 2015:4.
[12] 王海鸥. 复杂多相湍流燃烧的直接数值模拟. 杭州: 浙江大学, 2014.
[13] 田红，廖正祝. 农业生物质燃烧特性及燃烧动力学. 农业工程学报, 2013, (10): 203-212.
[14] 闵凡飞，张明旭. 生物质燃烧模式及燃烧特性的研究. 煤炭学报, 2005, (01): 104-108.
[15] 吕游，蒋大龙，赵文杰，等. 生物质直燃发电技术与燃烧分析研究. 电站系统工程, 2011, (04): 4-7.
[16] 随晶侠. 生物质成型燃料燃烧的数值模拟. 大连: 大连理工大学, 2013.
[17] 朱新才，胡桂川，林顺洪. 城市生活垃圾在机械炉排炉内焚烧过程研究及数值模拟. 环境工程学报, 2013, (12): 4958-4964.
[18] Shanmukharadhya K S, Sudhakar K G. Experimental and numerical investigation of

vortex-induced flame propagation in a biomass furnace with tangential over fire registers. Canadian Journal of Chemical Engineering, 2008, 86(1): 43-52.

[19] Zhang X H, Chen Q, Bradford R, et al. Experimental investigation and mathematical modelling of wood combustion in a moving grate boiler. Fuel Processing Technology, 2010, 91(11): 1491-1499.

[20] 陶文铨. 数值传热学. 西安:西安交通大学出版社, 2005.

[21] Versteeg H K, Malalasekhara W. An Introduction to CFD-The Finite Volume Method. Longman Scientific and Technical, 1995.

[22] Patankar S. Numerical heat transfer and fluid flow. CRC press, 1980.

[23] 闵丽. 国内外生物质发电现状的分析. 机械制造, 2013, 51(7): 85-87.

[24] 阴秀丽，周肇秋，马隆龙，等. 生物质气化发电技术现状分析. 现代电力, 2007, 24(5): 48-52.

[25] 吴创之，刘华财，阴秀丽. 生物质气化技术发展分析. 燃料化学学报, 2013, 41(7): 798-804.

[26] 常杰. 生物质气化发电发展关键问题及前景展望. 电力建设, 2009, 30(6): 1-5.

[27] 吴正舜，吴创之，郑舜鹏，等. 4MW 级生物质气化发电示范工程的设计研究. 能源工程, 2003, (3): 14-17.

[28] 金宝生. 生物质能发电技术分析. 能源研究与信息, 2008, 24(4): 199-205.

[29] 高春梅. 燃气内燃发电机热电冷联供系统. 煤气与热力, 2006, 26(4): 55-57.

[30] 黄宇. 分布式能源系统燃气内燃机国产化现状及应用. 煤气与热力, 2016, 36(3): 19-24.

[31] 祝兆辉. 燃气内燃机在 LNG 工程项目中的应用研究. 2007.

[32] 阴秀丽，吴创之，郑舜鹏，等. 中型生物质气化发电系统设计及运行分析. 太阳能学报, 2000, 21(3): 307-312.

[33] 兰维娟. 生物质气化与燃气轮机燃烧集成发电实验与模拟研究. 天津: 天津大学, 2013.

[34] 刘婷婷，余英，赵碧光，等. 生物质与煤混合燃烧发电技术及其发电工程. 2007.

[35] 闵凡飞，张明旭. 生物质与不同变质程度煤混合燃烧特性的研究. 中国矿业大学学报, 2005, 34(2): 236-241.

[36] 李静，余美玲，方朝君，等. 基于中国国情的生物质混燃发电技术. 可再生能源, 2011, 29(1): 124-128.

[37] 王伟，吴世新. 北京市的垃圾量与减量处理方式探究. 城市管理与科技, 2009, 11(3): 56-58.

[38] 秦成，田文栋，肖云汉. 中国垃圾可燃组分 RDF 化的探索. 环境科学学报, 2004, 24(1): 121-125.

[39] Yi Y, Zhang X X, Korenaga T. Distribution of polynuclear aromatic hydrocarbons (PAHs) in the soil of tokushima, Japan. Water Air & Soil Pollution, 2002, 138(138): 51-60.

[40] Yang H H, Tsai C H, Chao M R, et al. Source identification and size distribution of atmospheric polycyclic aromatic hydrocarbons during rice straw burning period. Atmospheric Environment, 2006, 40(7): 1266-1274.

[41] Lee M. Hydrogen peroxide, methyl hydroperoxide, and formaldehyde in air impacted by biomass burning. 1995.

[42] Rau J A. Composition and size distribution of residential wood smoke particles. Aerosol Science & Technology, 1989, 10(1): 181-192.

[43] Abel S J, Highwood E J, Haywood J M, et al. The direct radiative effect of biomass burning aerosols over southern Africa. Atmospheric Chemistry & Physics, 2005, 5(2): 1999-2018.

[44] Khan A A, De Jong W, Jansens P J, et al. Biomass combustion in fluidized bed boilers: Potential

problems and remedies. Fuel Processing Technology, 2009, 90(1): 21-50.
[45] Dayton D C, Jenkins B M, Turn S Q, et al. Release of inorganic constituents from leached biomass during thermal conversion. Energy Fuels, 1999.
[46] 聂虎，余春江，柏继松，等. 生物质燃烧中硫氧化物和氮氧化物生成机理研究. 热力发电, 2010, 39(9): 21-26.
[47] Knudsen J N, Jensen P A, Lin W, et al. Secondary capture of chlorine and sulfur during thermal conversion of biomass. Energy & Fuels, 2005, 19(2): 606-617.
[48] 唐孝炎. 大气环境化学. 北京: 高等教育出版社, 1990.
[49] 李兴华，王书肖，郝吉明. 民用生物质燃烧挥发性有机化合物排放特征. 环境科学, 2011, 32(12): 3515-3521.
[50] 唐喜斌，黄成，楼晟荣，等. 长三角地区秸秆燃烧排放因子与颗粒物成分谱研究. 环境科学, 2014, 35(5): 1623-1632.
[51] Dórea J G. Persistent, bioaccumulative and toxic substances in fish: Human health considerations. Science of the Total Environment, 2008, 400(1-3): 93-114.
[52] 陈德翼，彭平安，胡建芳，等. 生物质燃烧的二噁英排放特性. 环境化学, 2011, 30(7): 1271-1279.
[53] 刘豪，邱建荣，吴昊，等. 生物质和煤混合燃烧污染物排放特性研究. 环境科学学报, 2002, 22(4): 484-488.
[54] 侯文慧，张斌，周强，等. 均相汞氧化的化学动力学耦合流体动力学数值模拟. 中国电机工程学报, 2010, (5): 23-27.
[55] 殷立宝，徐齐胜，高正阳，等. 生物质与煤混燃过程气态汞排放特性试验研究. 中国电机工程学报, 2013, 33(17): 30-36.
[56] Faninger G. Combined solar–biomass district heating in Austria. Solar Energy, 2000, 69(6): 425-435.
[57] Fiedler F. The state of the art of small-scale pellet-based heating systems and relevant regulations in Sweden, Austria and Germany. Renewable & Sustainable Energy Reviews, 2004, 8(3): 201-221.
[58] Fiedler F, Nordlander S, Persson T, et al. Thermal performance of combined solar and pellet heating systems. Renewable Energy, 2006, 31(1): 73-88.
[59] Ståhl M, Wikström F. Swedish perspective on wood fuel pellets for household heating: A modified standard for pellets could reduce end-user problems. Biomass & Bioenergy, 2009, 33(5): 803-809.
[60] 罗娟，侯书林，赵立欣，等. 生物质颗粒燃料燃烧设备的研究进展. 可再生能源, 2009, 27(6): 90-95.
[61] Eskilsson D, Rönnbäck M, Samuelsson J, et al. Optimisation of efficiency and emissions in pellet burners. Biomass & Bioenergy, 2004, 27(6): 541-546.
[62] Powell J. Slagging characteristics during combustion of corn stovers with and without kaol.
[63] 袁艳文，林聪，赵立欣，等. 生物质固体成型燃料抗结渣研究进展. 可再生能源, 2009, 27(5): 48-51.
[64] Verma V K, Bram S, De Ruyck J. Small scale biomass heating systems: Standards, quality labelling and market driving factors–An EU outlook. Biomass & Bioenergy, 2009, 33(10): 1393-1402.

[65] 王泽龙,侯书林,赵立欣,等. 生物质户用供热技术发展现状及展望. 可再生能源, 2011, 29(4): 72-76.
[66] Cook J, Beyea J. Bioenergy in the United States: progress and possibilities 1. Biomass & Bioenergy, 2000, 18(6): 441-455.
[67] 吴创之，阴秀丽. 欧洲生物质能利用的研究现状及特点. 新能源, 1999, (3): 30-35.
[68] 袁振宏，等. 21世纪太阳能新技术. 上海：上海交通大学出版社, 2004.
[69] O'Dogherty M J. A review of the mechanical behaviour of straw when compressed to high densities. Journal of Agricultural Engineering Research, 1989, 44(C): 241-265.
[70] Lindley J A, Vossoughi M. Physical properties of biomass briquets. Transactions of the Asae American Society of Agricultural Engineers, 1989, 32(2): 0361-0366.
[71] 马常耕，苏晓华. 生物质能源概述. 世界林业研究, 2005, 18(6): 32-38.
[72] 刘圣勇，赵迎芳，张百良. 生物质成型燃料燃烧理论分析. 能源研究与利用, 2002, (6).
[73] Abeysekera S S. Hardware efficient frequency estimation and tracking using signal autocorrelations. 2008: 1-5.
[74] 毕慧杰，吴英伟，黄芝. 区域供热锅炉房燃煤改烧生物质颗粒燃料的工艺改造. 区域供热, 2010, (1): 35-39.
[75] 袁超,张明,秦立臣,等. 秸秆成型燃料锅炉的热损失试验及分析. 河南农业大学学报, 2005, 39(3): 345-348.
[76] 徐永前. 生物质颗粒燃料及直燃式生物质锅炉. 工业锅炉, 2013, (6): 34-38.
[77] 瓦雷斯. 生物质燃料用户手册. 北京：化学工业出版社, 2007.
[78] 田宜水，赵立欣，孟海波，等. 生物质-煤混合燃烧技术的进展研究. 水利电力机械, 2006, 28(12): 87-91.
[79] 李海滨. 现代生物质能利用技术. 北京：化学工业出版社, 2012.
[80] 岑可法. 锅炉和热交换器的积灰、结渣、磨损和腐蚀的防止原理与计算. 北京：科学出版社, 1995.
[81] 高全,张军营,丘纪华,等. 燃煤电站锅炉高温腐蚀特征的研究. 热能动力工程, 2007, 22(3): 292-296.
[82] 钟北京，杨静. 煤的挥发份组分对 $NO_x$ 和 $SO_x$ 排放的影响. 燃烧科学与技术, 1998, (4): 363-368.
[83] 毛玉如,方梦祥,王勤辉,等. $O_2/CO_2$气氛下循环流化床煤燃烧污染物排放的试验研究. 2005: 411-415.
[84] 陈笃慧. 燃煤烟气中 $SO_2$ 和 $NO_x$ 的防治. 化工环保, 1997, (3): 140-144.
[85] Persson T, Fiedler F, Nordlander S, et al. Validation of a dynamic model for wood pellet boilers and stoves. Applied Energy, 2009, 86(5): 645-656.
[86] 徐飞,赵立欣,孟海波,等. 生物质颗粒燃料热风点火性能的试验研究. 农业工程学报, 2011, 27(7): 288-294.
[87] 岳华，岳晓钰，王磊磊，等. 太阳能和生物质能互补供暖系统. 煤气与热力, 2009, 29(11): 15-17.
[88] 宋洁,王志凯,王乐,等. 生物质气化技术及其工程应用. 中国电机工程学会青年学术会议, 2008.
[89] 袁振宏. 生物质能利用原理与技术. 北京：化学工业出版社, 2005.
[90] 马隆龙. 生物质气化技术及其应用. 北京：化学工业出版社, 2003.

[91] 程备久. 生物质能学. 北京：化学工业出版社, 2008.

[92] Vincent B. Williams. Straw fueled generation in europe, http://biomass.ucdavis.edu/ma-terials/reports%20and20publications/2004, 2004.

[93] Ståhl K，Neergaard M，Nieminen J，et al. IGCC Power Plant for Biomass Utilisation Värnamo, Sweden. Springer Netherlands, 1997.

[94] Ståhl K，Waldheim L，Morris M，et al. Biomass IGCC at Värnamo, Sweden: Past and future. 2004.

[95] 谢方磊. 十里泉发电厂 140MW 机组秸秆发电技术应用研究. 山东电力技术, 2006, (2): 65-68.

[96] 何荣玉，宋玲玲，孟凡茂. 德国典型沼气发电技术及其借鉴. 可再生能源, 2010, 28(1): 150-152.

[97] 曲磊,李华. 12MW 生物质直燃发电的热电联产系统节能经济性分析. 能源研究与利用, 2010, (2): 37-39.

# 第 5 章　生物质成型燃料

## 引　言

生物质成型燃料是生物质原料经干燥、粉碎等预处理之后，在特定设备中被加工成的具有一定形状、一定密度的固体燃料。生物质成型燃料和同密度的中质煤热值相当，是煤的优质代替燃料，很多性能比煤优越，如资源遍布地球，可以再生，含氧量高，有害气体排放远低于煤，$CO_2$零排放。

生物质的成型主要有两种方式：① 通过外加黏合剂使松散的生物质颗粒粘结在一起；② 在一定温度和压力条件下依靠生物质颗粒相互间的作用力粘结成一个整体。目前，生物质成型燃料主要通过后者生产。图 5-1 是对生物质成型过程中原料颗粒的变化及生产的作用力总结[1]。

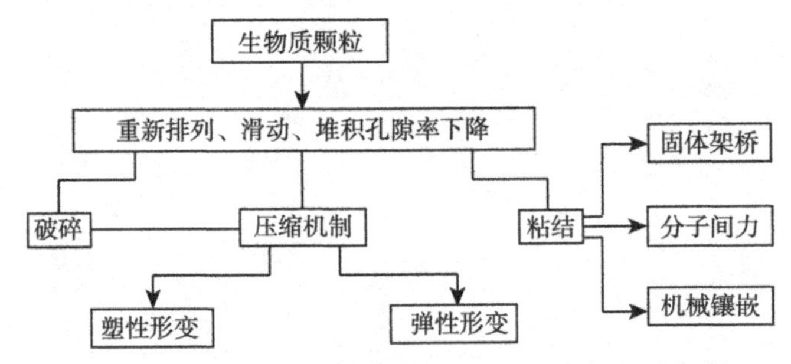


图 5-1　生物质成型过程中作用力的形成过程及机制

生物质的化学组成，包括纤维素、半纤维素、木质素、蛋白质、淀粉、脂肪、灰分等，对成型过程存在影响。在高温条件下压缩时，蛋白质和淀粉发生粘结作用。成型时的高温和高压条件会使木质素软化从而增强生物质的黏结性。低熔融温度(140°C)和低热固性使得木质素在粘结过程中发挥了积极的作用。生物质成型过程中的高压力可以将生物质颗粒压碎，将细胞结构破坏，使得蛋白质和果胶等天然黏结剂成分暴露出来。

张百良[1]对秸秆的成型机理进行了研究。秸秆的力传导性极差，通过对成型过程中的各种作用力之间的相互关系的研究，提出了弥补该缺陷的预压方式。在工程应用中，通过成型设备结构设计使预压的受力方向与成型压力的方向保持垂直，这样在一定压力和温度条件下更有利于被木质素携裹的纤维素分子团错位、变形、延展，从而使其相互镶嵌、组合而成。

将松散的生物质加工成成型燃料的主要目的在于改变燃料的密度。制约生物质规模化利用的一个障碍就是其堆积密度低，通常情况下，秸秆类生物质的堆积密度只有 80～100 g/cm$^3$，木质类生物质的堆积密度也只有 150～200 g/cm$^3$。过低的堆积密度严重制约了生物质的运输、储存和应用。虽然生物质的质量能量密度与煤相比并不算很低，但是生物质堆积密度低导致其体积能量密度很低，与煤相比这是其很大的一个缺点。表 5-1 和表 5-2 分别给出了生物质与煤的能量密度比值及生物质和化石燃料的能量密度对比。

**表 5-1 生物质与煤能量密度比值**

| 生物质的特性 | 生物质与煤体积能量密度比值 | 生物质与煤质量能量密度比值 |
| --- | --- | --- |
| 含水率 50%，密度 1 g/cm$^3$ | 0.25 | 0.33 |
| 含水率 10%，密度 1 g/cm$^3$ | 0.57 | 0.66 |
| 含水率 10%，密度 1.25g/cm$^3$ | 0.72 | 0.66 |

**表 5-2 几种燃料能量密度的对比**

| 燃料 | 含水率/% | 密度/(g/cm$^3$) | 低位热值/(kJ/g) | 低位热值/(kJ/Ncm$^3$) |
| --- | --- | --- | --- | --- |
| 生物质 | 50 | 1.0 | 9.2 | 9.2 |
| | 10 | 0.6 | 18.6 | 11.2 |
| 生物质成型燃料 | 10 | 1.0 | 18.6 | 20.9 |
| | 10 | 1.25 | 18.6 | 26.1 |
| 木炭 | 0 | 0.25 | 31.8 | 8.0 |
| 烟煤 | — | 1.3 | 28.0 | 36.4 |
| 甲醇 | 0 | 0.79 | 20.1 | 15.9 |
| 汽油 | 0 | 0.7 | 44.3 | 30.9 |

生物质的分子密度并不低，可以达到 1.5 g/cm$^3$，这是生物质成型燃料密度的理论上限。但是，植物体内有大量的运输水分和养分的中空导管存在，使得生物质密度显著下降，硬木的密度通常为 0.65 g/cm$^3$，软木的密度为 0.45 g/cm$^3$，农作物秸秆和水生植物的密度更低。生物质在存放过程中，单个的生物质个体与个体之间存在大量的空隙，使得其应用的堆积密度更低。通过压缩消除颗粒之间的空隙，并将植物体内的导管等生物结构空间填充就可以改变生物质的密度，这正是生物质压缩成型的出发点。

密度的改变不仅解决了制约生物质规模化利用在运输、储存和应用方面面临的体积能量密度过低的瓶颈，同时，对生物质的燃料特性也产生了积极作用。生物质自身的结构比较疏松，加之其挥发分含量高且易于析出的特点，使得生物质的燃烧过程极其不稳定。前期大量挥发分析出且易造成气体不完全燃烧热损失，后期松散的炭骨架又易于被热气流吹散随烟气排出炉外，导致固体不完全燃烧热损失。由于密度和结构的改变，生物质成型燃料燃烧过程中这两个影响燃料燃烧效率的问题都得到了一定程度的解决，从而改善了燃烧性能。

## 5.1 生物质颗粒制备

国内外多年来应用的成型机主要有两类，一类是颗粒燃料成型机，另一类是棒状或块状成型机。这两类成型机生产的成型燃料的密度都可达到 1.0g/cm$^3$ 以上，颗粒燃料直径为 8～12mm，密度为 1.1～1.3g/cm$^3$。不同规格的环模机是国外颗粒燃料成型机的主流机型，生产实现了自动化、规模化，产品实现了商业化，全部是木质原料。目前全球有近 7000 万 t 的颗粒燃料生产能力。燃炉配套，绝大多数是用于生活取暖、热水锅炉等，少数用于小型发电。

### 5.1.1　颗粒成型过程及影响颗粒成型的因素

生物质原料粒子在压缩开始阶段，松散堆积的固体颗粒排列结构开始改变。在成型压力作用下，原料粒子进入环境，并填满粒子之间的空隙，粒子的相互位置在运动中不断地发生着变换，将原料粒子之间的空气挤出。较大的木质纤维颗粒在巨大的成型压力作用下开始破裂，同时发生塑性流动，原料粒子之间因互相啮合变得十分紧密。在垂直于主应力方向上，原料粒子不断延展继续填充空隙。压辊的挤压运动及原料粒子间的摩擦会产生许多热量，木质素软化且黏合力随之增强，在与纤维素的共同作用下使生物质逐渐成型。此时，在成型块的内部尚有残余应力存在，在压辊的挤压作用下，成型块进入环模模孔的保型阶段。在这一阶段消除不利于保持形状的残余应力，最终使生物质颗粒定型。

1) 原料粒度的影响

在确定最佳成型环模压缩比最适宜成型水分范围和模孔直径为 8mm 的条件下，分别以 4 种粒度的玉米秸秆作为原料，测试这类农作物最适宜成型粒度的范围，结果如表 5-3 所示。

**表 5-3　原料在不同粒度范围内成型测试结果**

| 粒度范围/mm | 密度/(t/m$^3$) |
|---|---|
| 0～1 | 1.13 |
| 1～5 | 1.25 |
| 5～10 | 1.01 |
| ＞10 | 0.79 |

由表 5-3 的数据可以发现，当生物质原料粒度超过 10mm 时，挤压出的颗粒密度较低，甚至成型困难；而当原料粒度过小时，也会降低颗粒的密度。因此，当以玉米秸秆作为原料进行生产时，应保持 90% 以上的粉碎粒度小于环模孔径。

2) 原料中水分的影响

一定量的结合水和自由水存在于生物质原料机体内部，在压制颗粒成型过程中起着重要的作用。由于水分的影响，降低了摩擦力，起到润滑的作用，促进流动性的提高，在挤压过程中使粒子能够不断地滑动与啮合。当原料中的含水量过低时，原料粒子之间的摩擦力较大，限制了粒子的滑动与延展，使粒子之间的结合不够紧密，成型不牢固甚至难以成型；当原料中的含水量过高时，虽然原料粒子的流动性好，能够得到充分的延展，并相互啮合，但多余的水分会从原料中挤压出来，分布在粒子之间，原料粒子间难以紧密贴合，也会引起成型不牢固甚至难以成型。所以，在制粒时要掌握好水分含量。通过实验发现，玉米秸秆的含水率在 13%～16% 时成型密度最理想。

3) 制粒温度的影响

在 100℃以下，随着温度的不断升高，植物体中的木质素开始软化，粒子的二向平均径增加，能够起到粘结的作用。当温度超过木质素的软化温度时，生物质原料粒子接近于流体的性质，所测粒子二向平均径反而变小，垂直于最大主应力方向上的变形受到阻碍。因此，在生物质颗粒成型过程中需要掌握好合适的温度。

4) 纤维成分含量的影响

生物质原料含有不同数量的纤维成分，对于不同的生物质原料，加工出同等数量的颗粒所消耗的能量也存在较大差异，因此需要根据不同生物质原料来选择压缩比。通过对玉米秸秆成型实验发现(表 5-4)，在压缩比为 4.5 时，能够保证颗粒质量，且能耗较低。

**表 5-4　玉米秸秆在不同压缩比环模中成型测试结果**

| 压缩比 | 密度/(t/m$^3$) | 生产率/(kg/h) | 能耗/(kW·h/t) |
|---|---|---|---|
| 3.5 | 0.91 | 500 | 64.00 |
| 4.0 | 1.05 | 780 | 46.21 |
| 4.5 | 1.21 | 900 | 46.78 |
| 5.0 | 1.23 | 800 | 54.23 |
| 5.5 | 1.22 | 650 | 71.32 |

### 5.1.2　颗粒成型机理的研究

目前，对生物质压缩成型原理的研究还不多，并且主要集中在热压成型方面[1]。

1) 成型块的粘结机理

植物质原料中含有纤维素、半纤维素、木素、树脂和蜡等物质。一般在阔叶木、针叶木中，木素含量为 27%～32%(绝干原料)、禾草类中含量为 14%～25%。不同种类的植物都含有木质素，而其组成、结构不完全一样。在常温下木质素的主要部分不溶于有机溶剂，它属于非晶体，没有熔点但有软化点，当温度为 70～110℃时，软化具有黏性。当温度到达 200～300℃时呈熔融状，黏性高，此时加以一定的压力使植物质各部分粘结在模具内成型。对植物质原料加热软化，也利于减少成型的挤压力[2]，并且在一定的温度下，可以使生物质原料内在的黏结剂融化，从而发挥出粘合作用，可防止压缩后的物料反弹回原来的形态。生物质原料能在不用黏结剂的条件下热压成型，主要是因为有木质素存在[3]。因此，现代的压缩成型设备，尤其是较大生物质成型块的加工机械，多在成型模的末端用电阻丝加热，达到既成型又减少阻力的目的。

对于木质素等黏弹性组分含量较高的原料，如果成型温度达到木质素的软化点，则木质素就会发生塑性变形，从而将原料纤维紧密地粘结在一起，并维持既定的形状，成型燃料块经冷却降温后，强度增大，即可得到燃烧性能类似于木材的生物质成型燃烧块；对于木质素含量较低的原料，在压缩成型过程中，加入少量的诸如黏土、淀粉、废纸浆等无机、有机和纤维类黏结剂，也可以使压缩后的成型块维持致密的结构和既定的形状。被粉碎的生物质粒子在外部压力和黏结剂的作用下，重新组合成具有一定形状的生物质成型块，这种成型方法需要的压力比较小[4]。对于某些容易成型的材料则不必加热，也不必加黏结剂，但粉碎颗粒要细小，成型压力要大，滚筒挤压式小颗粒成型实际就是这种类型。

2) 颗粒填充、变形机理

在不添加黏结剂的成型过程中，生物质颗粒在外部压缩力的作用下相互滑动，颗粒间的孔隙减小，颗粒在压力作用下发生塑性变形，并达到粘结成型的目的。对大颗粒而言，颗粒之间以交错粘结为主；对于很小的颗粒(粉粒状)而言，颗粒之间以吸引力(分子间的范德瓦耳斯力或静电力)粘结为主。因此，颗粒大小及成型压力大小是影响生物质成型块物理性能的主要因素。

由于植物生理方面的原因，生物质原料的结构通常都比较疏松，堆积时具有较高的空隙率，密度较小。松散细碎的生物质颗粒之间被大量的空隙隔开，仅在一些点、线或很小的面上有所接触。生物质原料在受到一定的外部压力后，原料颗粒先后经历重新排列位置关系、颗粒机械变形和塑性流变等阶段(图 5-2)，体积大幅度减小，密度显著增大。由于非弹性或黏弹性的纤维分子之间相互缠绕和绞合，在去除外部压力后，一般不能再恢复原来的结构形状。总之，压力、温度、生物质原料的种类、含水率、颗粒度、黏结剂都是影响生物质成型块物理性能的主要因素。

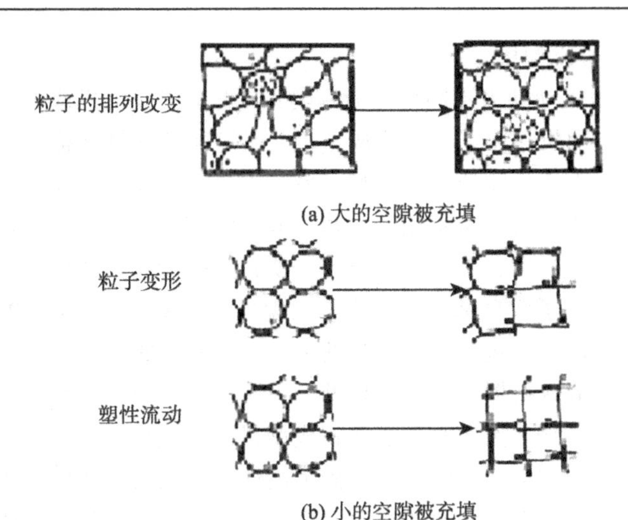


(a) 大的空隙被充填

(b) 小的空隙被充填

图 5-2　生物质颗粒压缩成型过程图解

### 5.1.3　成型设备的介绍

目前，热压成型工艺在生物质压缩成型中占主要地位，已研制成功的成型设备主要有螺旋挤压式成型机、活塞冲压式成型机和压辊式颗粒成型机。

1) 螺旋挤压式成型机

这类成型机利用螺杆挤压生物质，靠外部加热维持成型温度为 150～300℃，使木质素、纤维素等软化，挤压成生物质压块。启动时成型部件和物料温度低于成型温度，因此需要用电热元件加热成型部件。为避免成型过程中原料水分的快速汽化造成成型块的开裂和“放炮”现象发生，一般将原料的含水率控制在 8%～12%，成型压力的大小随原料和所要求成型块密度的不同而异，一般在 4.9～12.74kPa，成型燃料的形状通常为空心燃料棒。螺旋挤压式成型机以其运行平稳、生产连续、所产成型棒易燃(由于其空心结构以及表面的炭化层)等特性在成型机市场中一直占据着主导地位，尤其是在印度、泰国、马来西亚和中国等。

国内生产的生物质成型机一般为螺旋挤压式，生产能力多在 100～200kg/h，电机功率 7.5～18kW，电加热功率 2～4kW，生产的棒状成型燃料直径为 50～70mm，单位产品电耗 70～120kW·h/t。

目前，制约螺旋式成型机商业化利用的主要技术问题一个是成型部件，尤其是螺杆磨损严重，使用寿命短；另一个是单位产品能耗高，并且生产率相对较低，成型过程对物料含水率、颗粒大小等有严格要求，因此成型工艺不好掌握。为了解决螺杆首端承磨面磨损严重的问题，现在大多采用表面硬化方法对螺杆成型部位进行处理，另一种方法就是彻底改变这种成型工艺[5]。活塞式成型机的研制成功在较大程度上解决了螺旋挤压式成型方式存在的成型件磨损严重、能耗高的问题。

2) 活塞冲压式成型机

此类成型机按驱动动力不同可分为两类：一类是用发动机或电动机通过机械传动来驱动成型机，即机械驱动活塞式成型机，通过曲柄连杆结构带动冲杆做高速往返运动，产生冲压力将生物质压缩成型；另一类是用液压机械驱动，即液压驱动活塞式成型机，这类成型机通常不用电加热，成型物密度稍低，容易松散，以北欧和美国生产的大型成型机为代表。有关研究表明：与螺旋挤压式成型机相比，活塞冲压式成型机明显改善了成型部件磨损严重的现象，其使用寿命在 200 h 以上，而且单位产品能耗也有较大幅度的下降。但机械驱动活塞式成型机由于存在较大的振动负荷，所以一方面造成机器运行稳定性差，另一方面导致噪声较大，另外还存在润滑油污染较严重等问题。液压驱动活塞式成型机的研制成功解决了上述问题，由于采用液压驱动，机器的运行稳定性得到极大的改善，而且产生的噪声也非常小，明显改善了操作环境，但由于活塞的运动速度较机械驱动时低很多，所以其产量要受到一定程度的影响。

活塞冲压式成型机通常用于生产实心燃料棒或燃料块，其密度介于 0.8～1.1g/cm$^3$，其中液压冲压式成型机对原料的含水率要求不高，允许加工的原料含水率高达 20%左右。

3) 压辊式成型机

压辊式成型机主要用于生产颗粒状成型燃料，成型机的基本工作部件由压辊和压模组成，其中压辊可以绕自己的轴转动，压辊的外周加工有齿或槽，用于压紧原料而不致打滑。根据压模形状的不同，压辊式成型机可分为环模成型机和平模成型机，其中环模成型机又可分为卧式和立式两种。卧式环模成型机是现有颗粒成型机中的主流机型，这种机型具有压模更换保养方便、样机容易进行尺寸和速度放大等特点，其加工能力为 1～3t/h。立式环模成型机的压模和压辊轴线都为垂直设置，这种机型具有构造简单、结构紧凑、使用方便等特点。平模颗粒成型机的压模为一水平固定圆盘，在圆盘与压辊接触的圆周上开有成型孔，在工作过程中，该机型由于压辊和压模之间存在相对滑动，可起到原料磨碎作用，所以允许使用粒径稍大的原料。用压辊式成型机生产颗粒成型燃料一般不需要外部加热，可根据原料状况添加少量黏结剂，对原料的含水率要求较宽，一般在 10%～40%均能很好成型。颗粒成型燃料的密度为 1.0～1.4g/cm$^3$，随着原料含水率的增加，其密度有减小的趋势。

## 5.2 生物质块状燃料制备

### 5.2.1 生物质粘结机制及碾切成型机理

稻秆类物质原料粉碎后，结构疏松，粒子间孔隙较大，可视为多孔性材料。如

图 5-2 所示，首先生物质粉料在很小压力作用下发生流动、滑移，粒子间的孔隙被相邻粒子填充，此时生物质粒子未发生任何变形，仅有位置的改变；随着压力的继续增大，粒子在垂直于最大压力的平面上开始延展变形，粒子间的孔隙得到进一步填充，直至完全被生物质粒子填满。此阶段生物质粒子发生弹性变形，同时伴有少数塑性变形的发生；压力继续增大直至峰值阶段，生物质粒子在较大的压力作用下发生破裂，相邻生物质粒子相互缠绕并咬合在一起，此阶段主要发生塑性变形。此时若撤去压力，由于残余应力的存在，变形的生物质会发生一定程度的回弹，最终形成稳定的生物质成型产品。

各国学者对生物质压缩规律的研究较多，提出了不同的压力-密度数学模型，但鲜有对生物质粘结机制的深入理论分析，其中德国科学家 Rumpf 提出的粘结机制得到了大家的一致认可。Rumpf[6]通过对不同材料压缩成型过程的研究，认为物料内部粘合力和粘合方式可分为以下五类:

(1) 体颗粒桥接或架桥；

(2) 自由移动粘结剂作用的粘结力；

(3) 移动液体表面张力和毛细压力；

(4) 离子间的范德瓦耳斯力或静电引力；

(5) 固体粒子间的填充、嵌合。

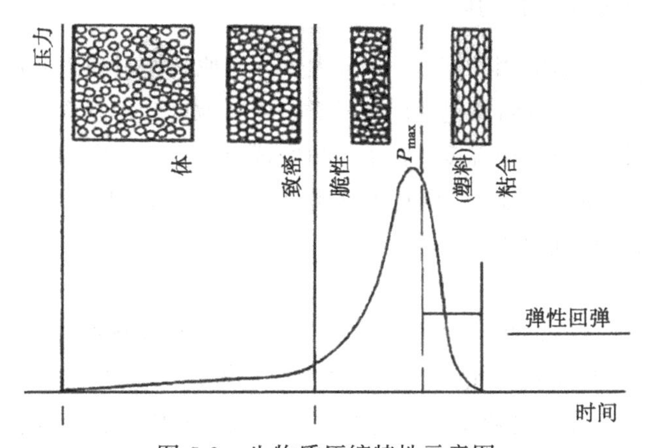


图 5-3　生物质压缩特性示意图

在生物质成型过程中，Rumpf 提出的五种粘结方式都或多或少地存在，其中粒子间的范德瓦耳斯力贯穿整个成型过程中，属于物理吸附，这种粘结方式无选择性，存在于任何分子之间。有研究表明，只有生物质颗粒小到微米级的时候，颗粒间的分子引力、静电引力才起到主导作用[7]。若将生物质粉粹到如此细微的状态，固化成型的成本将大大增加，因此压缩成型过程中通常不考虑此类粘结形式。

生物质压缩过程可大体分为预压缩阶段(粒子流动填充和弹性变形阶段)、主压缩阶段(粒子塑性变形阶段)和回弹阶段。预压缩阶段中，长纤维的生物质相互缠绕，固体颗粒桥接或架桥为主要粘结方式。主压缩阶段为成型关键阶段，粘结方式也最复杂，决定着成型产品质量。生物质细胞中 2/3 以上为纤维素、半纤维素和木质素[8]，此外还含有一定的水分，少量单宁、果胶质和灰分等。主压缩阶段生物质颗粒之间以及生物质与模具的摩擦作用，致使温度上升(130～200℃)，此时木质素作为一种非晶体，会发生软化并呈现出一定的粘性，起到粘结剂的作用。其中半纤维素主要由多聚糖组成，在一定条件下可以转化为木质素，也起到粘结剂的作用。而纤维素是由大量葡萄糖构成的链状高分子化合物，在以粘结剂为主要粘结作用的粘聚体内起到“骨架”的作用，类似混凝土中的钢筋，可有效提高成型块的强度。在主压缩阶段高温的作用下，生物质中的木质素、纤维素和半纤维素会发生化学变化，转化为固态、液态和部分气态产物。若控制得当，不但可以利用其中的化学反应提高粒子间的粘聚作用，而且可以提高成型块的热值。生物质中存在的部分结合水和自由水主要起到“润滑剂”的作用，使粒子间内摩擦阻力变小，流动性增加，促进粒子在压力作用下滑动嵌合。综上所述， 就本章研究的成型工艺过程而言，非自由移动粘合剂作用的粘合力以及固体粒子间的填充、嵌合为最重要的两种粘合方式。

### 5.2.2 生物质固化成型影响因素分析

生物质固化成型影响因素很多[9]，可大体分为原料本身因素和成型工艺参数因素两大类。其中原料本身因素包括原料种类、原料粒度与原料含水率；成型工艺参数因素包括成型压力与成型温度，就本章研究成型机而言，影响成型压力与成型温度的成型机参数有模孔长径比、模孔内壁粗糙度、辊模直径比、压辊环模工作间隙、压辊公转速度与模孔倾角等。

1) 原料种类

理论上讲，所有的农林生物质以及多数城市固体废弃物都可以挤压成型，然而不同原料的压缩成型特性有很大差异，从而对成型制品的质量(如密度、强度、热值及耐久性等)以及成型过程单位能耗有直接影响。本质上，原料种类不同造成的种种差异都是由原料组成成分及各成分含量不同造成的。如前文所述，木质素在较高温度时会熔融流动，起到粘结剂的作用。林业生物质虽然密度相对较高，较难压缩，但由于较高的木质素含量而易于成型且成型块质量较高，而稻秆等农业废弃物虽然松散易于压缩，但成型块的质量较林业生物质成型块相差甚远。就经济性上而言，由于我国农业废弃物资源丰富，原料成本低，且用于压块环保效应显著，因此我国农业废弃物成型制品产量大，且应用范围比木质生物质成型块广泛[10]。

2) 原料粒度

原料粒度也是影响成型块质量以及成型效率与能耗的重要因素。一般来说，原料粒度越小越容易被压缩，生产效率高、单位能耗小，且成型块质量越好(密度越大、抗渗水性越好等)。原料粒度越小，在相同的压力及其他工作条件下，粒子之间的空隙越容易被填充，粒子变形率越大，使得成型块密度增加，且内部残余应力变小，从而削弱了成型块的亲水性，提高了抗渗水性。然而，不同的成型方式对原料粒度的要求也不尽相同。螺旋挤压成型以及成型模孔孔径较小时，要求原料粒度小，而本章研究的环模压块成型机，要求原料有一定的尺寸，否则在压制过程中会出现模孔“喷料”的现象。任何一种成型方式，不论要求原料粒度小或者大，均要求原料粒度均匀，否则容易导致成型块表面裂纹，质量下降。

3) 原料含水率

在原料本身影响因素里面，原料含水率是对生物质压缩成型过程影响最大的参数，含水率过高或过低均不利于生物质成型。生物质中的水分在成型过程中可以起到“润滑剂”的作用，促进粒子在压力作用下的滑移、嵌合，同时水还是良好的导热介质，适当的水分在粒子间流动，可以使成型物料的温度场均匀。但当水分过高时，对于加热成型而言，水分的大量蒸发一方面会降低成型时的温度，另一方面造成模具中压力过高，出现“放炮”现象，成为安全隐患；对于常温成型而言，较高的含水率虽然会促进物料流动、降低磨损，但过多的水分被挤在粒子层之间，使其难以成型，即便能够成型，成型块从模孔中挤出以后，也非常容易松散开裂。若含水率过低，粒子流动性变差，造成粒子不能很好地延展，使成型块质量变差，同时也加剧了成型机的磨损。不同的成型方式对原料含水率的要求不同，一般要求原料含水率在 10%～23%。

### 5.2.3　生物质压块成型工作原理

生物质压块成型设备如图 5-4 所示。底座 7 通过地脚螺栓固定在工作台上，电机 6、减速机 4 等其他部件直接或通过支架、轴承等附属设备固定在底座 7 上。电机 6 作为动力部件通过弹性联轴器 5 与减速机直连，带动主轴转动。主轴上依次固定有惯性储能装置 3 和成型部件 2 (包括前支架、后支架、环模、压辑等)，进料搅龙 1 依靠成型部件 2 的后支架驱动，将原料输送至成型部件间的成型区。本成型机工作时的挤压方式为“开式”挤压成型，依靠环模、压辊和物料在成型区的相互挤压摩擦，连续成型。具体工作原理为：经过预处理的生物质原料由上料输送机输送至进料搅龙上方的料斗中，物料通过搅龙的旋转带动及后支架上的布料叶片的布料作用，均匀分布在整个成型区。压辊在电机带动下，以一定的转速顺时针转动，公转的同时，压辊在物料的摩擦作用下开始自转并起到一定的布料作用。成型区物料开始基本处于松散状态，随着压辊运动，推动物料向前移动。随着环模与压辊形成的楔形角逐渐小于物料的临界摩擦角，物料体积逐渐缩小，当物料所受挤压力大于物料与模孔内壁之间的摩擦力时，物料开始进入模孔形成一个挤压层。随着物料不断进入模孔，先进入模孔的物料在后进入模孔物料的推动下逐渐被压实，并连续地从模孔中挤出。当成型块挤出模孔达到一定长度后，由于重力作用而自行断裂，从出料口 8 落入收集容器内。

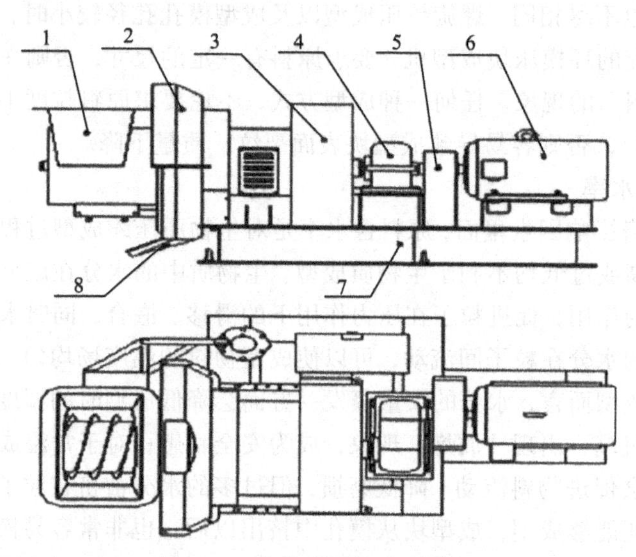


图 5-4　生物质压块成型设备

1. 进料搅龙；2. 成型部件及出料罩；3. 惯性储能装置；4. 减速机；5. 联轴器；6. 电机；7. 底座；8. 出料口

1) 模块的结构优化

由于模块隔板有一定宽度，压辊运行时，容易在其上形成一层非常密实的原料层。由于稻秆纤维较长且不易被切断，随时间的累积，原料层越来越厚，从而形成较大的阻力，阻碍模孔进料，同时形成很大的反弹，模孔堵塞现象时有发生。为解决此问题，在模块制造过程中，对此处进行倒角，较大限度地减小模块隔板的上表面面积，减小压辊转动的阻力，同时还可以对成型料起到一个提前挤压的作用，提高了压块密度。

2) 布料叶片的优化

搅龙输送进入压缩腔里的原料大多集中在底部，仅依靠压辊自身无法把料布匀，而且吃料的多少亦无法控制。这就导致环模底部压辊吃料多，出料快，而且阻力大，环模顶部出料少，造成环模磨损不均匀，主轴受力呈周期性变化易发生疲劳损坏。为改善这种状况，在压辊与环模之间增加“板条”状布料叶片，减小与原料的接触，并设计成可调式，通过调节叶片与磨盘之间的距离，控制压辊的吃料厚度，同时把环模底部多余的原料带走，达到均匀布料的作用。

# 5.3　生物质燃料棒制备

## 5.3.1　环模辊压式棒状成型

环模辊压式棒(块)状成型机主要是由上料机构、喂料斗、压辊、环模、传动机构、电动机及机架等部分组成。如图 5-5 所示的是立式环模棒(块)状成型机的结构，其中环模和压辊是成型机的主要工作部件。

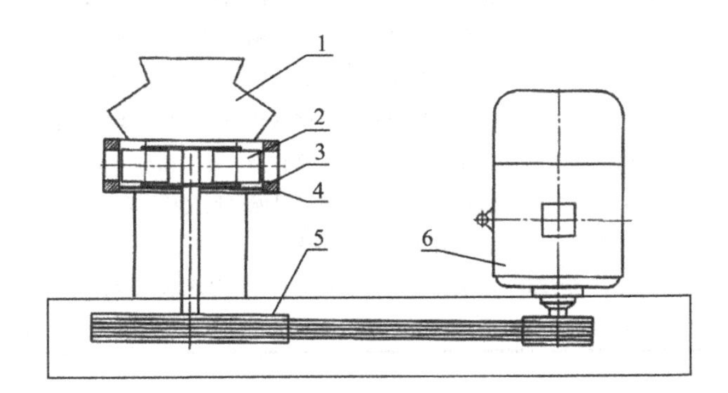


图 5-5　立式环模棒(块)状成型机构示意图

1.喂料斗；　2.压辊；　3.环模；　4.拨料盘；　5.传动机构；　6. 电动机

工作时，电动机通过传动机构驱动主轴，主轴带动压辊，压辊在绕主轴公转的同时也绕压辊轴自转。生物质原料从上料机构输送到成型机的喂料斗，然后进入预压室，在拨料盘的作用下均匀地散布在环模上。主轴带动压辊连续不断地碾压原料层，将物料压实、升温后挤进成型腔，物料在成型腔模孔中经过成型、保型等过程后呈方块或圆柱形状被挤出。

环模棒(块)状分体模块式成型机是目前使用较多的成型设备，其传动方式主要有齿轮和 V 形皮带传动。齿轮传动具有传动效率高、结构紧凑等特点，但生产时噪声较大，加工成本较高；V 形皮带传动噪声小，并有较好的缓冲能力，但传动效率低，不能实现低成本的二级变速。

环模式棒(块)状组合式成型机具有结构简单、生产效率高、耗能低、设备操作简单、性价比高等优点；环模以套筒和分体模块方式组合后，套筒和模块的结构尺寸可以单体设计，分别加工，产品易于实现标准化、系列化、专业化生产。可用于各类作物秸秆、牧草、棉花秆、木屑等原料的成型加工。但是分体模块式成型机加工工序多，批量维修量大，技术要求高，成本也高。固定母环或平模盘配以成型套筒的成型机具有较好的发展前景和较强的市场竞争力。

环模辊压式棒(块)状成型机主要技术性能与特征参数见表 5-5。

表 5-5　环模辊压式棒(块)状成型机的主要技术性能与特征参数

| 技术性能与特征 | 参考范围 | 说明 |
|---|---|---|
| 原料粒度/mm | 10～30 | 棒状，块状成型粉碎粒度可大一些，粉碎粒度小于 10mm |
| 原料含水率/ % | 15～22 | 含水率不宜过低，含水率低需要的成型压力大，成型率下降 |
| 产品截面最大尺寸/mm | 30～45 | 实心棒状、块状，则生产率高；直径小于或等于 25mm 的成为颗粒 |
| 产品密度/(g/cm³) | 0.8～1.1 | 保证成型的最低密度，密度要求高，会使成型耗能剧增 |
| 生产率/(t/h) | 0.5～1 | 棒(块)状成型一般生产率较高，颗粒成型则生产率较低 |
| 单位产品耗能/(kW·h/t) | 40～70 | 棒状成型耗能较低，否则成型耗能增加 |
| 压辊转速/(r/min) | 50～100 | 压辊转速不宜过高，否则成型耗能增加 |
| 模辊间隙/mm | 3～5 | 模辊间隙越小，可降低耗能，颗粒成型的模辊间隙为 0.8～1.5mm |
| 压辊使用寿命/h | 300～500 | 采用合金材料，价格较高。加工秸秆小于 300h |
| 环模(模孔)使用寿命/h | 300～500 | 采用套筒式，磨损后只能更换套筒，环模基本不变，模块重点修补 |
| 成型方式 | 热压成型 | 启动时采用外部加热 |
| 动力传动方式 | 齿轮、V 形皮带 | 因主轴转速要求较低，可采取两级减速传动 |
| 对原料的适应性 | 各类生物质 | 通过更换不同的成型组建，可对各科类生物质成型加工 |

## 5.3.2　平模式棒(块)状成型机

平模式棒状生物质成型机主要由喂料斗、压辊、平模盘、减速与传动机构、电动机及机架等部分组成，如图 5-6 所示。

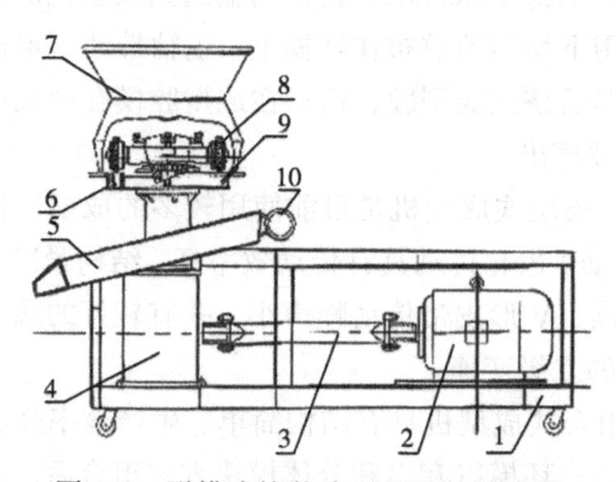


图 5-6　平模式棒状成型机结构示意图

1. 机架；2. 电动机；3. 传动轴；4. 减速器；5. 出料斗；
6. 成型套筒；7. 进料斗；8. 压辊；9. 平模盘；10. 振动器

工作时，经切碎或粉碎后的生物质原料通过上料机构进入成型机的喂料室，电动机通过减速机构驱动成型机主轴转动，主轴上方的压辊轴也随之低速转动，由于压辊与平模盘之间有 0.8～1.5 mm 的间隙(称为模辊间隙)，通过轴承固定在压辊轴上的压辊先绕主轴公转。被送入喂料室中的生物质原料，在分料器和刮板的共同作用下被均匀地铺在平模上，进入压辊与平模盘之间的间隙中。在压辊绕主轴公转过程中，生物质原料对压辊产生反作用力，其水平分力迫使压辊轮绕压辊轴自转，垂直分力使压辊把生物质原料压进平模孔中。在压辊的不断循环挤压下，已进入平模孔中的原料不断受到上层新进原料层的推压，进入成型段，在多种力的作用下温度升高，密度增大，几种黏结剂将被压紧的原料黏结在一起。然后进入保型段，由于该段的断面比成型段略大，因此被强力压缩产生的内应力得到松弛，温度逐步下降，黏结剂逐步凝固，合乎要求的成型燃料从模孔中被排出。达到一定长度和重量时自行脱离模孔或用切刀切断。平模式棒状成型机成型原理如图 5-7 所示。

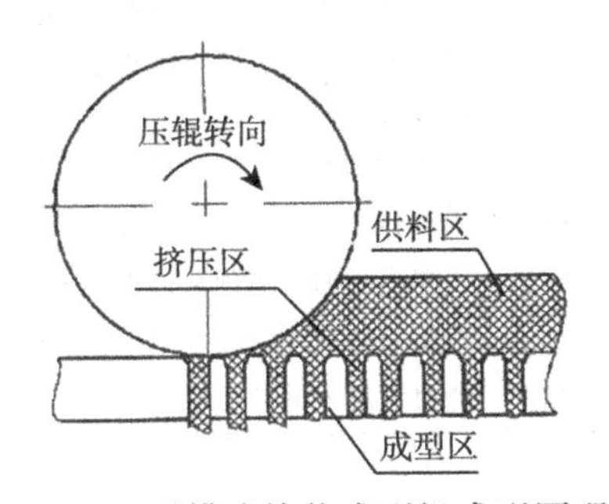


图 5-7　平模式棒状成型机成型原理

目前投入市场的平模式棒(块)状成型机逐渐增多，随压辊设计转速的进一步降低，电动机的动力传递仅采用一级 V 形带传动方式，在结构上显得较为庞大，提倡用传动效率高的齿轮减速传动。目前齿轮传动生产已标准化、专业化，传动比可以达到 20:1 以上，润滑、连接、维修、经营都已规范化，非常适合大传动比的农业工程类设备应用。

平模式棒(块)状成型机结构简单，成本低廉，维护方便。由于喂料室的空间较大，可采用大直径压辊，加之模孔直径可设计到 35cm 左右，因此对原料的适应性较好，不用做揉搓预处理，只用切断就可以。例如，秸秆、干甜菜根、稻壳、木屑等体积粗大、纤维较长的原料直接切成 10～15mm 的原料段就可投入原料辊压室。对原料水分的适应性也较强，含水率 15%～250%的物料都可挤压成型。棒(块)状成型燃料，平模盘最好采用套筒式结构，平模盘厚度尺寸设计首先要考虑燃料质量，其次考虑多数原料适应性以及动力、生产率的要求。平模式棒(块)状成型系统主要用于解决农作物秸秆等不好加工的原料，成型孔径可以设计得大一些，控制在 35mm

左右，平模盘厚度与成型孔直径的比值要随直径的变大适当减小，盘面磨损与套筒设计要同步。

平模式棒(块)状成型机主要技术性能与特征参数见表 5-6。

表 5-6　平模式棒(块)装成型机的主要技术性能与特征参数

| 技术性能与特征 | 参考范围 | 说明 |
| --- | --- | --- |
| 原料粒度/mm | 10～30 | 棒状，块状成型粉碎粒度可大一些，粉碎粒度小于 10mm |
| 原料含水率/% | 15～22 | 含水率不宜过低，含水率低需要的成型压力大，成型率下降 |
| 产品直径/mm | 25～40 | 秸秆类原料适宜大直径实心棒(块)状 |
| 产品密度/(g/cm$^3$) | 0.9～1.2 | 保证成型的最低密度，密度要求高，会使成型耗能剧增 |
| 生产率/(t/h) | 0.5～1 | 棒(块)状成型一般生产率较高，颗粒成型则生产率较低 |
| 成型率/% | ＞90 | 原料含水率合适时，成型率较高；含水率过高时，成型后易开裂 |
| 单位产品耗能/(kW·h/t) | 40～70 | 棒状成型耗能较低，否则成型耗能增加 |
| 压辊转速/(r/min) | ＜100 | 压辊转速不宜过高，否则成型耗能，设计时尽可能不超过 100r/min |
| 模辊间隙/mm | 0.8～3 | 模辊间隙越小，可降低耗能，颗粒成型的模辊间隙较小，盘、辊间隙应可调 |
| 压辊使用寿命/h | 300～500 | 采用合金材料，价格较高，可加模套 |
| 平模盘(套筒)使用寿命/h | 300～500 | 采用衬套套筒，磨损后更换，平磨盘母体可长时间使用 |
| 成型方式 | 预热启动 | 冷机启动时，需预热，也可少加料空转预热 |
| 动力传动方式 | 减速器 | 电机直联减速驱动效率高，结构紧凑 |
| 对原料的适应性 | 多种生物质 | 通过更换不同的成型组件，可对多种类生物质成型加工 |

### 5.3.3　液压活塞冲压式成型机

液压活塞冲压式成型机是河南农业大学在机械活塞冲压式成型机的基础上研究开发的系列成型设备，采用的成型原理均为液压活塞双向成型，主要由上料输送机构、预压机构、成型部件、冷却系统、液压系统、控制系统等几大部分组成。

工作时，先对成型套筒预热 15～20 min。当成型套筒温度达到 160℃时，依次按下油泵电机按钮、上料输送机构电机按钮，待整机运转正常后，通过输送机构开始上料，每一端的原料都经两级预压后依次被推入各自冲杆套筒的成型腔中，并具有一定的密度。冲杆在一个行程内的工作过程是一个连续的过程，根据物料所处的状态分为 5 个区：供料区、压紧区、稳定成型区、压变区和保型区，如图 5-8 所示。

随着活塞冲杆的前移，物料进入稳定成型区。在该区活塞冲杆压力急剧增大，进一步排除气体，相互贴紧、堆砌镶嵌，并将前面基本成型的物料压入成型锥筒内。随成型锥筒孔径的逐渐缩小，挤压作用越来越强烈，在成型锥筒内物料发生不可逆的塑性变形和粘结，直至成型后被不断成型的物料推入保型区。

保型区的成型棒，随活塞冲杆的往复运动，不断被新成型的物料向前推挤，在保型筒内径向力、筒壁和成型筒摩擦力、相邻成型块间轴向力的作用下，保持形状，最后从保型筒中挤出成为燃料产品，完成成型过程。

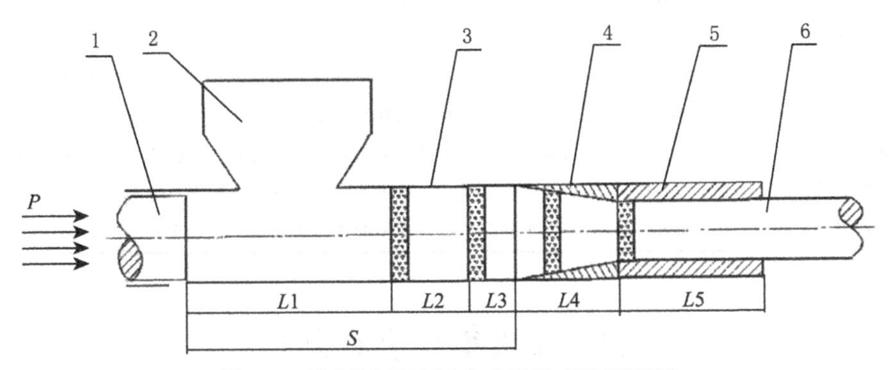


图 5-8　液压活塞冲压式成型机成型原理图

L1. 一级预压长度；L2. 二级预压长度；L3. 塑性变形区长度；L4. 成型锥筒长度；L5. 保型筒长度；P. 成型压强；1. 活塞冲杆；2. 喂料斗；3. 冲杆套筒；4. 成型锥筒；5. 保型筒；6. 成型棒

目前的液压活塞冲压式成型机技术已经成熟，在工作中运行较平稳，油温便于控制，工作连续性较好，驱动力较大。但由于采用了液压系统作为驱动动力，生产效率较低，加工出的成型燃料棒(块)直径大，利用范围小。为解决成型燃料棒(块)直径较大不便在生活用炉中燃烧的问题，在成型腔的成型锥筒与保型筒之间可增设分块装置。分块装置由 1 条或 2 条独立的刀片组合而成，每块刀片的一面制成三角状，可以减小出料阻力，分块装置与保型筒焊接在一起，加工过程对成型燃料的影响很小。通过分块后的成型燃料被切分为 2 个近似半圆形或 4 个扇形截面的条块形状，解决了成型燃料棒块直径大的问题，扩大了成型燃料的利用范围。

液压活塞冲压式成型机的主要技术性能与特征范围见表 5-7。

**表 5-7　液压活塞冲压式成型机的主要技术性能与特征范围**

| 技术性能与特征 | 参考范围 | 说明 |
|---|---|---|
| 原料粒度/mm | 10～30 | 因成型棒直径大，原料粒度可选大一些，节省粉碎耗能 |
| 原料含水率/% | 13～18 | 原料含水率过高易开裂不成型，含水率过低不容易成型 |
| 产品直径/mm | 70～120 | 一般呈实心棒状 |
| 产品密度/(g/cm$^3$) | 0.8～1.3 | 密度不宜太大，否则会使成型能耗剧增 |
| 成型温度/℃ | 160～240 | 成型温度不宜太高，一般不大于 280℃ |
| 生产率/(t/h) | 0.4～0.6 | 目前市场上的液压式成型机生产率都还比较低 |
| 单位产品耗能/(kW·h/t) | 40～60 | 与各种原料种类和成型棒的直径有关，直径小，单位产品耗能增高 |
| 冲杆的成型周期/s | 7～12 | 两端的成型间隔，要想实现快速成型，液压系统很难实现 |
| 成型锥筒的使用寿命/h | 600～1000 | 灰铸铁使用寿命短，合金材料使用寿命长，但价格较高 |

续表

| 技术性能与特征 | 参考范围 | 说明 |
|---|---|---|
| 保型筒使用寿命/h | >1500 | 保型筒的使用寿命一般是成型锥筒使用寿命的 5 倍以上 |
| 动力驱动方式 | 液压驱动 | 液压作为驱动动力，主油缸和二级预压采用液压系统 |
| 成型方式 | 热压成型 | 常采用外部加热圈加热，热压成型可减小成型阻力，降低成型能耗 |
| 上料方式 | 输送带 | 每端采用一套上料带式输送机上料，可降低劳动强度 |
| 进料预压机构 | 螺旋、液压 | 经过螺旋、液压两级预压，可提高进入成型腔原料的密度，提高生产率 |
| 对原料的适应性 | 各类生物质 | 通过改变保型筒出口的大小，可以适应各种类型原料的成型 |
| 安全防护装置 | 各种防护罩 | 必须电加热部位以及保型筒出口设防护罩或安全标志，确保安全 |

## 5.4　垃圾衍生燃料制备

### 5.4.1　垃圾衍生燃料

要提高焚烧炉的运行质量，加大热能利用率，减少尾气治理成本，首先应在垃圾进炉前进行有效的预处理，为焚烧创造有利条件是至关重要的。一种先将城市生活垃圾在进炉前进行有效的预处理和成型加工，然后作为固体燃料被焚烧利用的垃圾衍生燃料的出现，为解决上述问题提供了新的思路，目前已应用于城市生活垃圾焚烧处理资源化利用的工程中。垃圾衍生燃料(Refuse Derived Fuel，RDF)：通过对可燃性垃圾进行破碎、分选、干燥、添加药剂、压缩成型等处理而制成的燃料。其制作系统由破碎分选子系统和加工成型子系统组成。RDF 加工生产技术是将生活垃圾首先进行破碎，分拣出可燃物再加入添加剂干燥，最后对其进行挤压成型等处理，制成颗粒状物质——RDF。RDF 的特点是大小均匀，所含热值均匀，成型工艺可使垃圾热值提高 4 倍左右，且易运输及储存，在常温下可储存 6～10 个月不会腐烂。因此，可以临时将一部分垃圾储存起来，以解决锅炉技术停运，或者因旺季而导致垃圾产出高峰时期的处置能力问题。通过在 RDF 成型过程中加入添加剂[11]可以达到炉内脱除 $SO_2$、HCl 和减少二噁英类物质排放的目的。这种燃料可以作为主要原料单独燃烧，亦可根据锅炉工艺要求，与煤、燃油混烧。垃圾衍生燃料具有热值高、燃烧稳定、易于运输、易于储存、二次污染低和二噁英类物质排放量低等特点，可广泛应用于干燥工程、水泥制造、供热工程和发电工程等领域。

### 5.4.2　RDF 分类组成及特性

美国试验材料协会(ASTM)按城市生活垃圾衍生燃料的加工程度、形状、用途等将 RDF 分成 7 类(表 5-8)。在美国，RDF 一般指 RDF2 和 RDF3；在瑞士、日本等国家，RDF 一般是 RDF5，其形状为 $\Phi$(10～20)mm×(20～80)mm 圆柱状，其热值为 14600～21000 kJ/kg。

**表 5-8　ASTM 的 RDF 分类[12]**

| 分类 | 内容 | 备注 |
|---|---|---|
| RDF1 | 仅仅是将普通城市生活垃圾中的大件垃圾除去而得到的可燃固体废物 | — |
| RDF2 | 将城市生活垃圾中的金属和玻璃去除，粗碎通过 152 mm 的筛后得到的可燃固体废物 | Coarse(粗)RDF(C-RDF) |
| RDF3 | 将城市生活垃圾中的金属和玻璃去除，粗碎通过 50 mm 的筛后得到的可燃固体废物 | Fluff(绒状)RDF(F-RDF) |
| RDF4 | 将城市生活垃圾中的金属和玻璃去除，粗碎通过 1.83 mm 的筛后得到的可燃固体废物 | Powder(粉)RDF(P-RDF) |
| RDF5 | 从城市生活垃圾分拣出金属和玻璃等不燃物，粉碎、干燥、加工成型后得到的可燃固体废弃物 | Densitied(细密)RDF (D-RDF) |
| RDF6 | 将城市生活垃圾加工成液体燃料 | Liquid Fuel (液体燃料) |
| RDF7 | 将城市生活垃圾加工成气体燃料 | Gaseous Fuel (气体燃料) |

RDF 的性质随着地区、生活习惯、经济发展水平的不同而不同。RDF 的物质组成一般为：纸 68.0%、塑料胶片 15.0%、硬塑料 2.0%、非铁类金属 0.8%、玻璃 0.1%、木材、橡胶 4.0%、布类 5.0%、其他物质 5.0%。RDF 的特性主要如下：

(1) 防腐性。RDF5 的含水率低于 15%，制造过程中加入一些钙化合物添加剂，具有较好的防腐性，可在室内的条件下储存 1 年，且不会因吸湿而粉碎。

(2) 燃烧性。热值高，RDF5 的发热量在 14600～25000kJ/kg，且形状一致而均匀，有利于稳定燃烧和提高效率。可单独燃烧，也可与煤、木屑等混合燃烧。其燃烧和发电效率均高于原生垃圾。

(3) 环保特性。由于含氯塑料只占其中一部分，加上石灰可在炉内进行脱氯，抑制氯化物气体的产生，烟气和二噁英等污染物的排放量少，而且在炉内脱氯后生成氯化钙，有益于排灰固化处理。

(4) 运营性。RDF 生产方便，不受场地和规模的限制，原料一般用袋装，卡车运输即可。管理方便，可长期储存，适用于小城市分散制造后集中于一定规模的发电站使用，有利于提高发电效率和进行二噁英等的治理。

(5) 利用性。作为燃料使用时虽不如油，但使用方便与低质煤类似，RDF5 的燃点较低，与含硫高、发热值低的煤混烧可以大大提高煤的燃烧效能。据报道，日本川野田水泥厂在用 RDF 作为水泥回转窑燃料时，其较多的灰分也变成了有用原料，并开始在其他水泥厂推广。

(6) 残渣特性。RDF5 燃烧后的残渣占 10%～20%(与成分有关)，比未经制造的垃圾焚烧灰少，且干净，含钙量高，有微孔，吸附率高，易利用，是用于污水过滤的好材料，亦可减少填埋量。

### 5.4.3 RDF 的制备工艺

城市生活垃圾固型燃料的制备工艺一般有散装 RDF 制备工艺、干燥挤压成型 RDF 制备工艺和化学处理的 RDF 制备工艺。在 RDF 的生产中，要根据垃圾的成分，决定采用什么样的制备工艺。

1. RDF 制备工艺系统设计的内容

(1) 对垃圾进行有效的机械化分拣和破碎，保证破袋率≥99%，出料块度≤200mm；

(2) 对分拣破碎后的高含水混合垃圾进行有效分离，分为低含水的可燃物和高含水的发酵料两部分；

(3) 对高含水垃圾进行有效的生物预处理，在好氧条件下进行；

(4) 当可燃物部分垃圾含水在 30%～40%时，进行二次半湿粉碎至块度≤50mm；

(5) 对块度≤50mm 的垃圾进行均质混合和添加 CaO 等助剂后干燥、挤压造粒成$\phi$20mm、长 40～100mm，水分降至 15%～25%；

(6) 必要时对含水 10%～20%的颗粒燃料在进气温度 150℃下进行二次烘干，至含水率≤15%，送往焚烧炉；

(7) 中间过程配有污水处理、除臭、充氧等操作，优化操作环境。

2. RDF 制备工艺系统流程图

整套工艺由垃圾接收破碎单元、垃圾含水率降低及热值提高单元、造粒烘干单元、配套工程单元组成。工艺流程如图 5-9 所示。

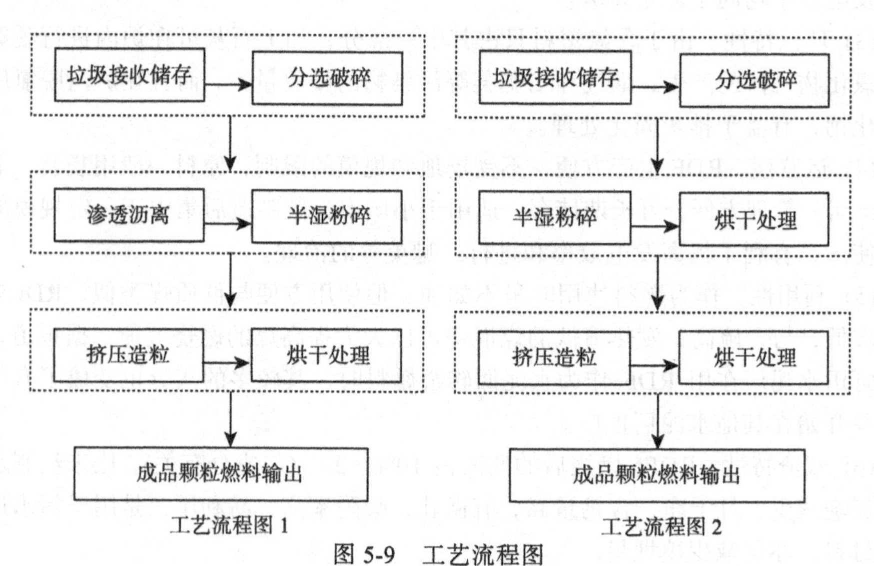


图 5-9　工艺流程图

图 5-9 中的流程可分为 3 个单元：

(1) 垃圾接收预处理破碎单元。分别设计大件分选和一体化破袋、分选、破碎机械加工，以及辅助人工分选过程相结合的方法。

(2) 垃圾含水率降低及热值提高单元。我国垃圾含水率平均在 35%～55%，为确保焚烧的低燃点和发热值的有效利用，采用一次烘干加一次冷却的方法，确保焚烧炉进料水分≤15%，燃料热值≥2300～3000kcal/kg。

(3) 造粒、烘干单元。原料的粉碎粒度直接影响颗粒燃料的造粒加工，因此，采用半湿粉碎的方法，将造粒进料块度控制在 5cm 以内，同时设计造粒机防堵孔机构，及时清理挤压孔板，确保造粒机正常高效运行。由于垃圾处理的特殊性，在工艺设计时，尽量实现设备的“口对口”连接模式，通过过程设备的选用，最大限度地减少用工。某 8～10t/h RDF 城市生活垃圾资源化工程的工艺流程拓扑图如图 5-10 所示。

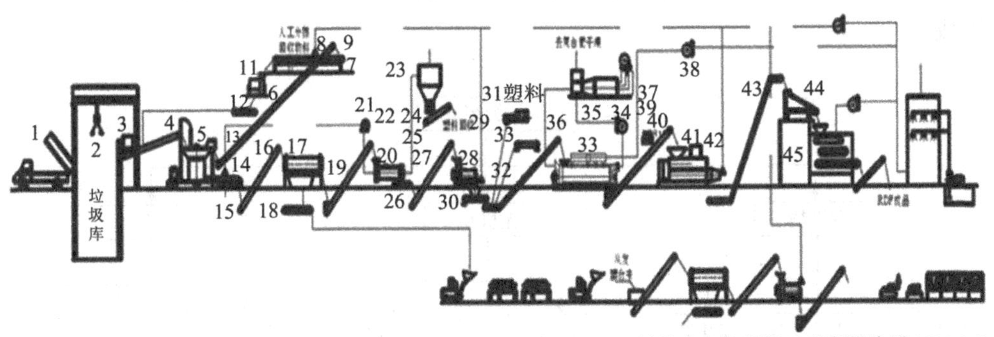


四川雷鸣生物环保工程有限公司 2008.9.9

图 5-10　工艺流程拓扑图

1. 垃圾接收槽；2. 行车抓斗；3. 除臭系统；4. 格筛；5. 板式拾料机；6. 垃圾分拣破碎机；7、11、12、17、19. 皮带输送机；8. 人工分拣机；9. 人工分拣平台；10. 大件垃圾复合式粉碎机；13. 磁选机；14、15. 封闭式皮带输送机；16. 半湿粉碎机；18. 搅拌预脱水烘干机；20. 生活垃圾切片熟化挤出机；21、23、25. 大倾角皮带机；22、24. 流化床；26. 料仓；27. 气动闸门；28. 人工分拣平台；29. 自动电控系统；30、33、35、37、39、41、43. 旋风除尘器；31、32、34、36、38、40、42. 风机；44. 尾气处理系统；45. 空气过滤器

### 5.4.4　存在问题

垃圾衍生燃料利用过程中也存在许多问题，主要有以下两类[11]：

(1) 近年来，垃圾被用于获取热能，但是在以单纯的焚烧垃圾的方式供热发电等过程中，焚烧过程产生的二次污染严重，尤其是烟气问题。

(2) 垃圾中的含氯物质在热处理过程中会产生 HCl 气体，一方面会引发炉体高温腐蚀的问题；另一方面对植物有较强的破坏作用，排放在大气中会形成酸雨造成大气污染。据研究，当温度超过 300℃时， HCl 对金属的腐蚀速度迅速加快，但若以此发电的锅炉温度控制在 300℃以下，会致使发电效率仅有 10%～15%。因此，如何有效控制 HCl 的生成，对垃圾热利用和发电技术的发展有着重要的意义。

## 5.5　污泥衍生燃料制备

### 5.5.1　污泥的特性

污泥是城市污水处理厂在各级污水处理净化后所产生的含水量为 75%～99%的固体流体状物质。污泥的固体成分主要包括有机残片、细菌菌体、无机颗粒、胶体及絮凝所用药剂等。污泥是一种以有机成分为主、组分复杂的混合物，其中包含有潜在利用价值的有机质、氮(N)、磷(P)、钾(K)和各种微量元素，同时也含有大量的病原体、寄生虫(卵)、重金属和多种有毒有害有机污染物，如果不能妥善安全地对其进行处理处置，将会给生态环境带来巨大的危害。图 5-11 所示为污泥的主要组成[13]。

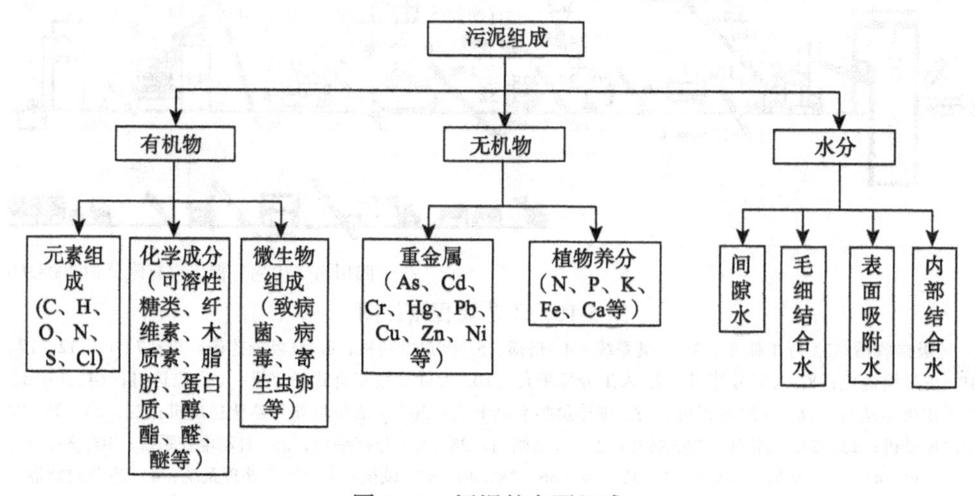


图 5-11　污泥的主要组成

### 5.5.2　污泥的分类

污水处理厂产生的污泥，可以分为以有机物为主的污泥和以无机物为主的沉渣。依据污泥的不同产生阶段可分为生污泥、消化污泥、浓缩污泥、脱水干化污泥和干燥污泥；按污泥处理工艺可以分为初沉污泥、剩余污泥、消化污泥和化学污泥[13]。本书按照污泥处理工艺的分类具体介绍如下。

(1) 初沉污泥：指一级处理过程中产生的污泥，即在初沉池中沉淀下来的污泥，含水率一般为 96%～98%。

(2) 剩余污泥：指在生化处理工艺等二级处理过程中排放的污泥，含水率一般为 99.2%以上。

(3) 消化污泥：指初沉污泥或剩余污泥经消化处理后达到稳定化、无害化的污泥，其中的有机物大部分被消化分解，因而不易腐败，同时，污泥中的寄生虫卵和病原微生物被杀灭。

(4) 化学污泥：指絮凝沉淀和化学深度处理过程中产生的污泥，如石灰法除磷、酸碱废水中和以及电解法等产生的沉淀物。

表 5-9 所示为不同种类污泥的营养物质含量范围。

**表 5-9　不同种类污泥的营养物质含量范围**　(单位：%)

| 污泥类型 | 总氮(TN) | 磷 $P_2O_5$ | 钾(K) | 腐殖质 |
|---|---|---|---|---|
| 初沉污泥 | 2.0～3.4 | 1.0～3.0 | 0.1～0.3 | 33 |
| 生物滤池污泥 | 2.8～3.1 | 1.0～2.0 | 0.11～0.8 | 47 |
| 活性污泥 | 3.5～7.2 | 3.3～5.0 | 0.2～0.4 | 41 |

### 5.5.3　污泥衍生燃料的制备、方法与工艺

污泥中的有机物约占干重的 50%，因此污泥含有热能，具有燃料价值。干化后污泥可用做发电厂或水泥厂的燃料。污泥燃料化利用是污泥实现减量化、无害化、稳定化和资源化的另一有效方法。污泥衍生燃料就是通过向污泥中添加一定量的助燃剂、固硫剂，防腐剂等，改善燃料性能，控制二次污染排放。

由于污泥的含水率高，污泥的燃料化最主要的步骤是除去污泥中的水分。污泥脱水的方法大致可分为自然干燥、机械脱水和加热脱水。自然干燥占地面积大，花费劳力多，干燥时间长，卫生条件差，这种方法不能再应用。机械脱水法是以过滤介质两面的压力差作为推动力，使污泥水分被强制通过过滤介质，形成滤液，而固体颗粒被截留在介质上，形成滤饼，从而达到脱水的目的。但机械脱水主要脱除污泥中的表面水，脱水率有一定限度，目前脱水泥饼的含水率一般只能达到 65%～80%，要将污泥中的毛细管水和吸附水脱除，必须采用加热脱水法。污泥加热脱水的方法有很多，目前常用的方法有热风干燥、水蒸气干燥和气流干燥。其中水蒸气干燥应用广泛，因为它的热效率高，节省能耗，热源温度低，产生的臭气成分和排气量少。一般要经过机械脱水和热脱水，污泥的含水率才能达到燃料的要求。

1. 污泥衍生燃料的制备[14]

1) 机械脱水

污泥机械脱水的方法有加压过滤法、离心脱水法、真空过滤法、电渗透脱水法。

a) 加压过滤脱水

利用各种加压设备(如液压泵或空压机)来增加过滤的推动力，使污泥上形成4～8MPa的压力，这种过滤的方式称为加压过滤脱水。加压过滤脱水通常所采用的设备有板框压率机和带式压滤机。近年来带式压滤机广泛用于污泥脱水。

带式压滤机是利用滤布的张力和压力在滤布上对污泥施加压力使其脱水，并不需要真空或加压设备，其动力消耗少，可以连续操作。典型的带式压滤机示意图如图 5-12 所示。污泥流入连续转动的上、下两块带状滤布后，先通过重力脱去自由水，滤布的张力和轧辊的压力及剪切力依次作用于夹在两块滤布之间的污泥上而进行脱水。污泥实际上经过重力脱水、压力脱水和剪切脱水三个过程。

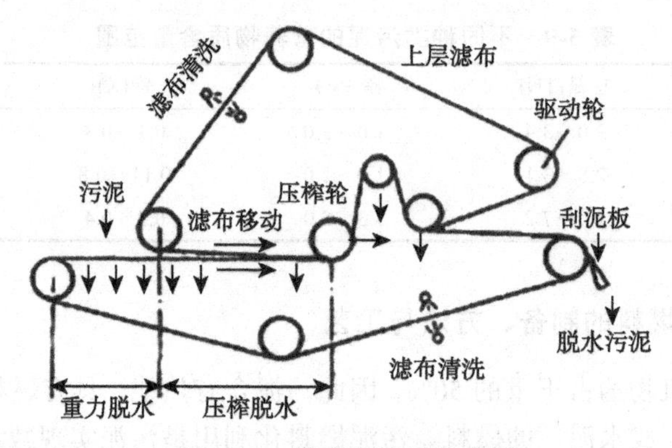

图 5-12 带式压滤机示意图

刮泥板将脱水泥饼剥离，剥离了泥饼的滤布用喷射水洗刷，防止滤布孔堵塞。冲洗水可以是自来水或不含悬浮物的污水处理厂出水。

带式压滤脱水与真空过滤脱水不同，它不使用石灰和 $FeCl_3$ 等药剂，只需投加少量高分子絮凝剂，脱水污泥的含水率可降低到75%～80%，也不增加泥饼量，脱水污泥仍能保持较高的热值。加压过滤脱水的优点是：过滤效率高，对过滤困难的物料更加明显；脱水滤饼固体含量高；滤液种固体浓度低；节省调质剂；滤饼的剥离简单方便。

b) 离心脱水

污泥离心脱水设备一般采用转筒机械装置。污泥的离心脱水是利用污泥颗粒与水的密度不同，在相同的离心力作用下产生不同的离心加速度，从而导致污泥固、液分离，达到脱水的目的。无机药剂和有机药剂都可应用于离心脱水工艺中。随着聚合物技术和离心机设计的进步，聚合物目前已广泛应用于市政污水污泥的多数离心脱水系统之中。

离心脱水设备的组成有转筒(通常一端渐细)、旋转输送器、覆盖在转筒和输送器上的箱盒、重型铸铁基础、主驱动器和后驱动器。主驱动器驱动转筒，后驱动器则控制传输器速度。转筒和传输器的速度因不同的生产商而不同。转筒机器装置有两种形式，即同向流和反向流。在同向流结构中，固体和液体在同一方向流动，液体被安装在转筒上的内部排放口去除；在反向流结构中，液体和固体运动方向相反，液体溢流出堰盘。

离心脱水设备的优点是结构紧凑、附属设备少、臭味少、可长期自动连续运行等；缺点是噪声大、脱水后污泥含水率较高、污泥中砂砾易磨损设备。

c) 真空过滤脱水

真空过滤技术出现在 19 世纪后期，美国 20 世纪 20 年代就将其应用于市政污泥的脱水。真空过滤是利用抽真空的方法造成过滤介质两侧的压力差，从而产生脱水推动力进行污泥脱水。其优点是运行平稳，可自动连续生产；主要缺点是附属设备较多、工序较复杂、运行费用高。近年来，由于更加有效的脱水设备的出现，真空过滤脱水技术的应用日趋减少。真空过滤也可用于处理来自石灰软化水过程的石灰污泥。

d) 电渗透脱水

污泥是由亲水性胶体和大颗粒凝聚体组成的非均相体系，具有胶体的性质，机械方法只能把表面吸附水和毛细水除去，很难将结合水和间隙水除去。而且机械脱水往往是污泥的压密方向与水的排出方向一致，机械作用使污泥絮体相互靠拢而压密，压力愈大，压密愈甚，堵塞了水分流动的通路。Banon 等采用核磁共振(NMR)的方法，测定了机械脱水污泥泥饼极限含水率为 60%，而该污泥采用压力过滤得到的泥饼实际含水率为 70%～76%。为了节能和提高污泥脱水的彻底性，多年来，研究者致力于脱水技术的研究，通过他们的不懈努力，电渗透脱水技术(Electroosmotic Dewatering， EOD)作为一种新颖的固液分离技术正在逐步发展，并开始应用。

带电颗粒在电场中运动，或由带电颗粒运动产生电场称为动电现象。在电场作用下，带电颗粒在分散介质中做定向运动，即液相不动而颗粒运动称为电泳(electonphoresis)；在电场作用下，带电颗粒固定，分散介质做定向移动称为电渗透(electroosmosis)。根据研究，电渗透脱水可以达到热处理脱水的水平，是目前污泥脱水效果最好的方法之一，脱水率比一般方法提高 10%～20%。

在实际应用中，电渗透脱水大多是在传统的机械脱水工艺中引入直流电场，利用机械压榨力和电场作用力来进行脱水。因为只经过机械脱水的污泥含水率比较高，所以采用两种方式结合进行深度脱水，较为成熟的方法有串联式和叠加式。串联式是将污泥经机械脱水后，再将脱水絮体加直流电进行电渗透脱水；叠加式是将机械压力与电场作用力同时作用于污泥进行脱水。

电渗透脱水具有许多独特的优点：

(1) 脱水控制范围广。对于一般的污泥脱水法，当污泥浓度和性质发生变化时，即使调整压力等机械条件，只能在很小范围内改变泥饼的含水率，而电渗透脱水可以在很大的范围内改变电流强度和电压，调整脱水泥饼的含水率。

(2) 脱水泥饼性能好。电渗透脱水泥饼含水率低，可达到 50%～60%，对污泥焚烧或堆肥化处理有利。电渗透脱水过程中污泥温度上升，污泥中一部分微生物被杀灭，泥饼安全卫生。

2) 加热脱水

污泥中的水分有 4 种存在形式：自由水分、间隙水分、表面水分以及结合水分。污泥加热干燥过程如图 5-13 所示。自由水分是蒸发速率恒定时去除的水分；间隙水分是蒸发速率第一次下降时期所去除的水分，通常指存在于泥饼颗粒间的毛细管中的水分；表面水分是蒸发速率第二次下降时期所去除的水分，通常指吸附和粘附于固体表面的水分；结合水分是在干燥过程中不能被去除的水分，这部分水一般通过化学力与固体颗粒相结合。

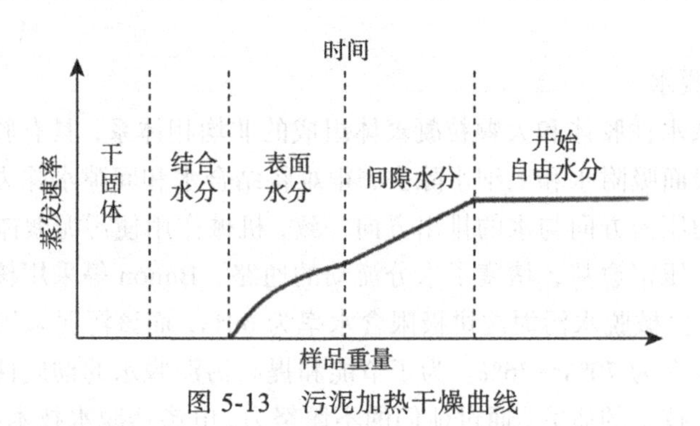


图 5-13　污泥加热干燥曲线

A. 污泥干燥基本过程

干燥过程可分为三个阶段：第一阶段为物料预热阶段；第二阶段是恒速干燥阶段；第三阶段是降速阶段，也称物料加热阶段。干燥速度随时间的变化情况如图 5-14 所示。

(1) 预热阶段。这一阶段主要对湿物料进行预热，同时也有少量水分汽化。物料温度(这里假定物料初始温度比空气温度低)很快升到某一值，并近似等于湿球温度，此时干燥速度也达到某一定值，如图中的 *B* 点。

(2) 恒速干燥阶段。此阶段主要特征是空气传给物料的热量全部用来汽化水分，即空气所提供的显热全部变为水分汽化所需的潜热，物料表面温度一直保持不变，水分则按一定速度汽化，如图中的 *BC* 段。

(3) 降速干燥阶段。此阶段空气所提供的热量只有一小部分用来汽化水分，而大部分用来加热物料，使物料表面温度升高。到达 *C* 点后，干燥速度降低，物料含水量减少得很缓慢，直到平衡含水量。

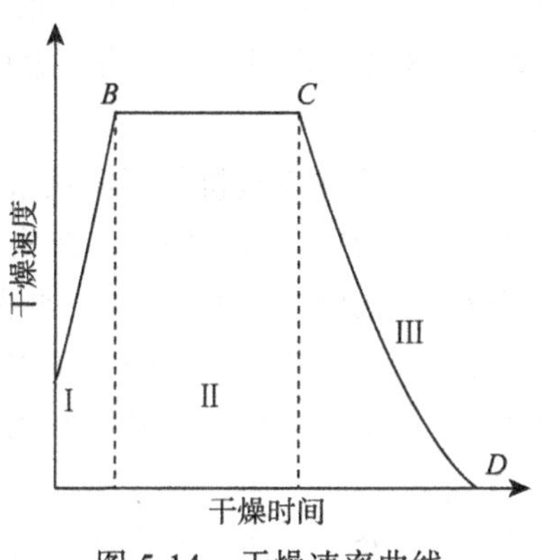


图 5-14　干燥速率曲线

很明显，上述第二阶段为表面汽化控制阶段，第三阶段为内部扩散控制段。

B. 加热干燥工艺

加热干燥的方法有很多种，一般按照热介质是否与污泥相接触分为两类：直接加热干燥技术和间接加热干燥技术。

a) 直接加热干燥技术

直接加热干燥技术又称对流热干燥技术。直接干燥工艺与间接干燥工艺明显不同之处是湿物料与热蒸汽直接接触。在操作过程中，加热介质(热空气、燃气或蒸汽等)与污泥直接接触，加热介质低速流过污泥层，在此过程中吸收污泥中的水分，处理后的干污泥需与热介质进行分离。排出的废气一部分通过热量回收系统回到原系统中再用，剩余的部分经无害化处理后排放。直接干燥工艺相对来说需要更大量的热空气，其中通常混有可燃烧物质。热量在相邻的热蒸汽和颗粒间传递，这是直接干燥器中最基本的热传递方式。直接干燥工艺系统是一个固-液-蒸汽-加热气体混合系统，这一过程是绝热的，在理想状态下没有热量的传递。

在直接加热干燥器中，水和固体的温度均不能加热超过沸点，较高的蒸汽压可使得物料中的水分蒸发为气体。当干燥物料的表面上水分的蒸汽压远大于空气中的蒸汽分压时，干燥容易进行了。随着时间的延长，空气中的蒸汽分压逐渐增大，当二者相等时，物料与干燥介质之间的水分交换过程达到平衡，干燥过程就会停止。

直接加热干燥设备有转鼓干燥器、流化床干燥器、闪蒸干燥器等类型，在众多的干燥器中，转鼓干燥器应用最为广泛，其费用较低，单位效率较高。

但是所有的直接加热干燥器都有共同的缺点：① 由于与污泥直接接触，热介质将受到污染，排出的废水和蒸汽需经过无害化处理后才能排放；同时，热介质与干污泥需加以分离，给操作和管理带来一定麻烦。② 所需的热传导介质体积庞大，能量消耗大。③ 气量控制和臭味控制较难，虽采用空气循环系统可部分消除这一不利影响，但所需费用高。④ 所有的直接干燥工艺都很复杂，均涉及一系列的物理、化学过程，如热传递过程、物质传递过程、混合、燃烧、传导、分离、蒸发等。

b) 间接加热干燥(传导干燥)技术

在间接加热干燥技术中，热介质并不直接与污泥接触，而是通过热交换器，将热传递给湿污泥，使污泥中的水分得以蒸发。因此，在间接加热干燥工艺中，热传导介质可以是可压缩的(如蒸汽)，也可以是非压缩的(如液态的热水、热油等)。同时，加热介质不会受到污泥的污染，省却了后续的热介质与干污泥分离的过程。干燥过程中蒸发的水分在冷凝器中冷凝，一部分热介质回流到原系统中再利用，以节约能源。

蒸汽、热油、热气体等热传导介质加热金属表面，同时在金属表面上传输湿物料，热量从温度较高的金属表面传递到温度较低的物料颗粒上，颗粒之间也有热量传递，这是在间接加热干燥工艺中最基本的热传递方式。间接干燥系统是一个液-固-气三相系统，整个过程是非绝热的，热量可以从外部不断地加入干燥系统内。在间接干燥系统内，固体和水分都可以被加热到 100℃以上。搅动可以使温度较低的湿颗粒与热表面均匀接触，因而间接加热干燥可获得较高的加热效率，加热均匀。间接干燥工艺有以下显著特点：由于可利用大部分低压蒸汽凝结后释放出来的潜热，因此热利用效率较高；不易产生二次污染；由于总有少量的气体导入，因此对气体的控制、净化及臭味的控制较为容易；在有爆炸性蒸汽存在时，可免除其着火或爆炸的危险；由干燥而来的粉尘回收或处理均较为容易；可以使用适当的搅拌作用，提高干燥效率。

蒸汽干燥法的热效率高，节省能耗，热源温度低，产生的臭气成分和排气量少。污泥多效蒸发干燥是由美国 CARVER-GREEENFIELD 公司开发的，故简称 CG 法。该法有两种操作方法：一是多效蒸发法，二是多效式机械蒸汽再压缩法。

(1) 多效蒸发法。传统的单效蒸发法其蒸发 1 kg水所需要总热量为 4200 kJ 以上，如果单采用多效蒸发，每蒸发 1kg 水所需热量为 740～900kJ，多效蒸发与机械蒸汽再压缩同时采用，则蒸发 1 kg水所需热量可以降低到 420kJ。蒸发器主要由加热罐和蒸发室构成，污泥用泵输送到加热罐的最上端，沿传热管呈液膜落下，在此期间被蒸汽充分加热，然后流入真空蒸发室，产生的蒸汽在这里与污泥固体分离。一般由 2～5 个蒸发器串联构成多效蒸发系统，污泥含水率愈高，级数愈多，以尽可能节约能耗，但目前最多为 5 级串联多效蒸发。

从锅炉产生的蒸汽先进入相邻蒸发器，在这里，污泥中水分被蒸发变成蒸汽，蒸汽再依次进入下一个蒸发器，使污泥中的水分蒸发。以 4 级串联多效蒸发系统为例，理论上采用四效蒸发操作，1kg 蒸汽(蒸汽压力 0.3MPa，120℃)可蒸发出 4kg

水分，而单效蒸发器蒸发 1kg 水分需 1.18kg 蒸汽。实际上，由于需要将污泥升温，蒸发器壁散热等造成热损失，1kg 蒸汽只能蒸发 3kg 水分，但比单效蒸发器热量利用率大大提高。

(2) 多效式机械蒸汽再压缩法。二次蒸汽再压缩蒸发，又称热泵蒸发。在单效蒸发器中，可将二次蒸汽绝热压缩，随后将其返回到蒸发器的加热室。二次蒸汽压缩后温度升高，与污泥液体形成足够的传热温差，故可重新作加热剂用。这样只需补充一定量的能量，但可利用二次蒸汽的大量潜热。实践表明，设计合理的蒸汽再压缩蒸发器的能量利用率可以胜过 3～5 级的多效蒸发器。

当欲干燥的污泥含固率很低，需要的蒸发级数多，超过所能控制的范围时，可以采用多效式机械蒸汽再压缩装置。例如，将含固率 3%的进料，先用 MVR 法，蒸发到固体含量 50%～70%的浓度，再送到多效蒸发器蒸发，比直接用多效蒸发器蒸发更经济合理。

C. 干燥设备

a) 直接干燥设备

(1) 旋转干燥器。旋转干燥器又称转鼓干燥器，具有适当倾斜度的旋转圆筒，圆筒直径 0.3～3m，中心装有搅拌叶片，内侧有提升板。圆筒旋转时物料被提升到一定高度后落下，物料在下落过程中与其前进方向相同(并流)或相反(逆流)的热风接触，水分蒸发而干燥。为了使物料在下落过程充分分散并保持较长时间，综合许多研究结果认为，一般物料投加量占圆筒容积的 8%～12%，转速 2～8r/min 为宜。旋转干燥器能适应进料污泥水分大幅度波动，操作稳定，处理量大，是长期以来最普遍采用的干燥器，但存在局部过热，污泥粘结在筒壁等问题。

(2) 通风旋转干燥器。旋转干燥器的缺点是容积传热系数比较小，为了使物料与热风接触更好，提高容积传热系数，在转筒内再安装一个带百叶板(导向叶片)的旋转内圆筒，热风通过外圆筒和内圆筒的环状空间(分成多个相隔的空间)，从百叶板的间隙透过物料层排出，其结构略比旋转干燥器复杂，但能耗低，污泥也不易在筒壁上粘结。

此外，还有热风带式干燥机、带式流化床干燥器、多段圆盘干燥器、喷雾干燥器、气流干燥器等。

b) 传导加热型干燥装置

污泥干燥着重要求能耗低，并能真正解决臭气问题，使之达到实际应用。传导加热型干燥装置是通过加热面热传导将物料间接加热而干燥的装置，产生的臭气少。目前常采用的有蒸汽管旋转干燥器和高速搅拌槽式干燥器两种。

(1) 蒸汽管旋转干燥器。这种干燥器是在旋转的圆筒内设置了许多加热管，管内通过热蒸汽，将污泥加热干燥。加热温度比较低，蒸汽中极少含有不凝性气体(漏入的空气)，热量几乎全部用于干燥，能量消耗低；干燥器及其连接设备等内部留存的空间小，从而大大降低了因粉尘微粒和燃烧气体引起的爆炸和着火的危险，排气量和排出的粉尘少。但这种干燥器对黏附性大的污泥不适用。

(2) 高速搅拌槽式干燥器。这种干燥器在带夹套的圆筒内装有桨式搅拌器，使物料沿加热面一边翻滚移动，一边干燥，因此对黏附性大的污泥也适用，而且传热系数大，热效率高，但搅拌消耗的动力大。干燥的污泥呈粒状，但也有一部分含水率低的粉状干燥污泥。

2. 污泥衍生燃料的制备方法

污泥燃料化方法目前有三种：一是污泥能量回收系统(Hyperion Energy Recovery System，HERS)；二是污泥燃料化法(Sludge Fuel，SF)；三是浓缩污泥直接蒸发法。

1) HERS 法[14]

HERS 法工艺流程如图 5-15 所示。它是将剩余活性污泥和初沉池污泥分别进行厌氧消化，产生的消化气经过脱硫后，用做发电的燃料。混合消化污泥离心脱水至

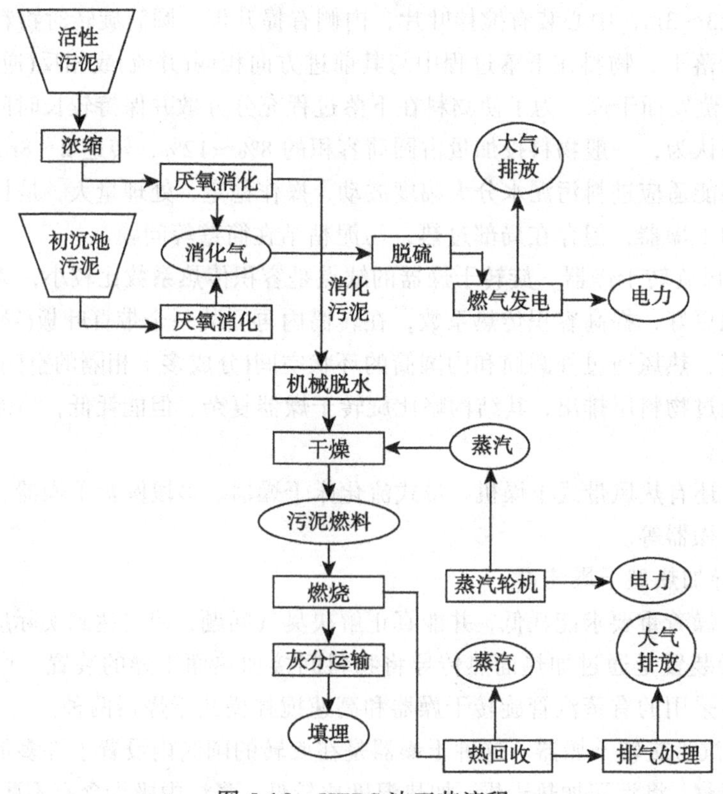


图 5-15　HERS 法工艺流程

含水率 80%，加入轻溶剂油，使其变成流动性浆液，送入四效蒸发器蒸发，然后经过脱轻油，变成含水率 2.6%、含油率 0.15%的污泥燃料。轻油再返回到前端作脱水污泥的流动媒体，污泥燃料燃烧产生的蒸汽一部分用来蒸发干燥污泥，多余蒸汽发电。

HERS 法所用物料是经过机械脱水的消化污泥。污泥干燥采用多效蒸发法，一般的蒸发干燥方法不能获得能量收益，而采用多效蒸发干燥法可以有能量收益；污泥能量回收采用两种方式，即厌氧消化产生消化气和污泥燃烧产生热能，然后以电力形式回收利用。

2) SF 法[14]

SF 法工艺流程如图 5-16 所示。它将未消化的混合污泥经过机械脱水后，加入重油，调制成流动性浆液送入四效蒸发器蒸发，然后经过脱油，变成含水率约 5%、含水率 10%以下、热值为 23027kJ/kg 的污泥燃料。重油返回作污泥流动介质重复利用，污泥燃料燃烧产生蒸汽，作污泥干燥的热源和发电，回收能量。

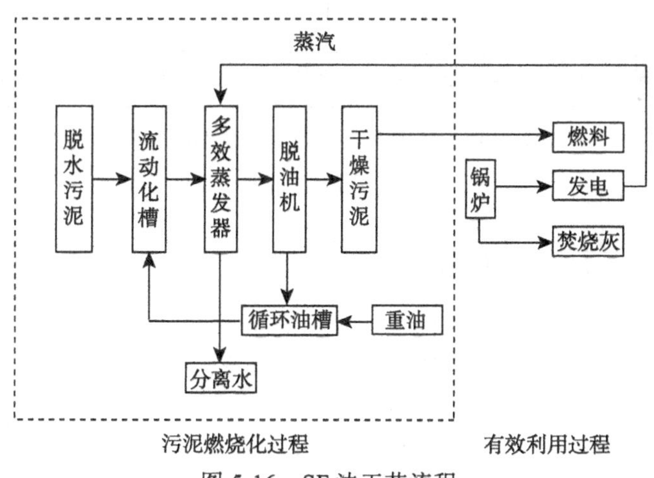


图 5-16　SF 法工艺流程

HERS 法与 SF 法的不同：一是前者污泥先经过消化，消化气和蒸汽发电相结合回收能量，而后者不经过使污泥热值降低的消化过程，直接将生污泥蒸发干燥制成燃料；二是 HERS 法使用的污泥流动介质是轻质溶剂油，黏度低，与含水率 80%左右的污泥很难均匀混合，蒸发效率低，而 SF 法采用的是重油，与脱水污泥混合均匀；三是 HERS 法轻溶剂油回收率接近 100%，而 SF 法采用的是重油，回收率低，流动介质要不断补充。

3) 浓缩污泥直接蒸发法[14]

HERS 法和 SF 法的物料都是机械脱水污泥，但有些污泥其浓缩和脱水性能差，需要投加大量的药剂才能浓缩脱水，操作复杂，运行成本高。日本研制了浓缩污泥直接蒸发法。利用平均含固率 4.5%的浓缩污泥，加入一定比例的重油，防止水分蒸发后污泥粘结到蒸发器壁上，并始终保持污泥呈流动状态；采用平均蒸发效率为 2.1kg 水/kg 蒸汽的三效蒸发器；蒸发后经过离心脱油，重油循环利用，干燥污泥作污泥燃料，燃烧产生蒸汽，作污泥蒸发干燥的热源。浓缩污泥直接蒸发干燥再燃烧并不是要取得可供外部应用的燃料，而是为了减少将污泥浓缩、脱水再焚烧的能耗。因此，离心脱油的要求低，干燥污泥总残留油分为 40%～50%(干基)，以维持锅炉燃烧产生的蒸汽。

### 5.5.4　污泥衍生燃料制备的影响因素

污泥制衍生燃料的基本技术路线如图 5-17 和图 5-18 所示。

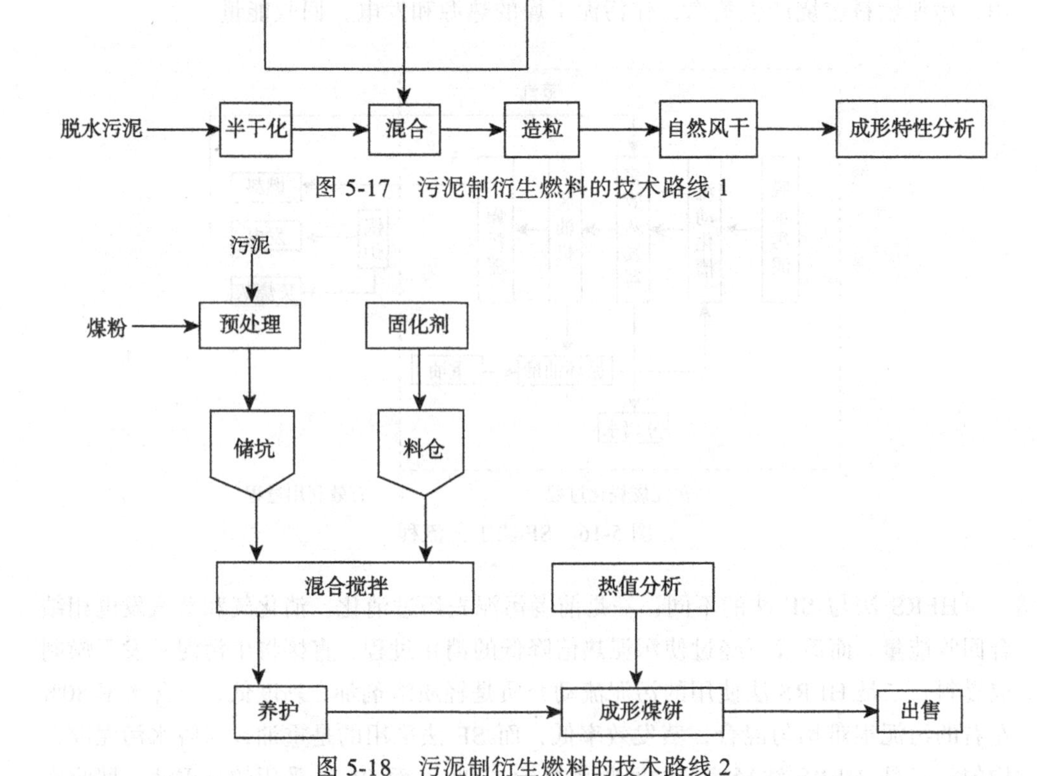


图 5-17　污泥制衍生燃料的技术路线 1

图 5-18　污泥制衍生燃料的技术路线 2

污泥衍生燃料制备的影响因素如下[13]。

1) 翻堆频率和翻抛时间的影响

污泥体系在混合后需经过一定的时间来自然干化，在这段时间里应给污泥堆翻堆，以加快混合体系中的水分蒸发。翻堆频率是指一段时间内翻堆的次数，而翻抛时间则着重指有翻堆操作的时间，一般是以天数为单位。总的来说，污泥混合体系的翻堆频率越高，翻抛时间越长，则体系的含水率下降越明显，燃烧性能也越好，燃烧热值也越高。

2) 添加剂的影响

引燃剂的使用改善了合成燃料的挥发分，燃料易着火。疏松剂可提高合成燃料的孔隙率，空气可深入燃料内部，使其反应剧烈而燃烧完全，炉渣的含碳量大大降低。常用的催化剂是金属氧化物。试验表明，在燃烧中掺入适量的金属氧化物能促进碳粒完全燃烧，阻止被灼热的碳还原而造成化学热损。英国近年开发的 M.H.T. 工艺，为改善型煤燃烧条件而加入部分铁矿石粉。固硫剂的使用则是考虑到环境保护，使硫的氧化物不扩散到空气中污染大气。

在污泥制固体燃料技术工艺中，通常添加固化剂来提升污泥的固化效果，一般用于固化的材料有膨润土、普通高岭土等，根据固化剂的加入是否有利于提高混合体系的热值以及固化效果来选择。

污泥衍生燃料在燃烧过程中会有令人不快的气味散出，加入泥土或者某些固化剂有利于臭味的减轻。也有学者通过向混合体系中加入经干燥粉碎的贝壳类物质来减少臭味污染，同时还有利于减小合成燃料的燃烧速率。

除了上述的添加剂以外，工艺中还经常会使用一些添加剂来提高污泥固体燃料的热值和固化效果。提高固化污泥热值的一般做法是向其中添加经过干燥的木屑、矿化垃圾和煤粉等掺加料，三种物质的热值分析见表 5-10。

**表 5-10　木屑、矿化垃圾、煤粉的热值**

| 项目 | 含水率/% | 元素分析/% | | | | | 干基热值/(kJ/kg) | 低位热值/(kJ/kg) |
|---|---|---|---|---|---|---|---|---|
| | | C | H | N | S | O | | |
| 木屑 | 45.00 | 50.00 | 6.00 | 0 | 0 | 44.00 | 18660.64 | 9137.86 |
| 矿化垃圾 | 30.00 | — | — | — | — | — | 11953.69 | 7614.88 |
| 煤粉 | 3.01 | — | — | — | — | — | 21827.93 | 21097.82 |

木屑、矿化垃圾以及煤粉的含水率分别为 45.00%、30.00%和 3.01%，而三种掺加料中最小的低位热值都在 7531.2kJ/kg 以上，均属于高热值掺加料。

污泥成型燃料技术是污泥燃料化的一种新兴方式，其所包括的三种技术都有其各自的优缺点，应当结合各地区污水处的现状审慎选择。未来污泥成型技术的发展要立足于现有的基础，全力创新，优化工艺和设备，降低成本，实现污泥成型燃料的产业化，替代化石燃料用于锅炉燃烧，实现经济的可持续发展和减少环境污染。

## 5.6　生物质成型燃料利用及工程案例

### 5.6.1　北京联合优发能源技术有限公司徐州生物质成型项目

1. 公司简介

北京联合优发能源技术有限公司(以下简称联合优发)是由一批资深能源、环保、管理和财务专家在北京中关村科技园区成立的高新技术企业。联合优发基于创业团队多年来在能源、环保、投资、运营领域积累的经验，以“联合创造价值，共谋优化发展”为使命，通过开发低碳能源领域的业务机会，为客户、员工、股东创造价值，为人类社会的可持续发展贡献力量。经过多年的努力，联合优发在有机废弃物处理、能效和可再生能源领域的 CDM 项目开发中居国际领先地位。

2. 项目概述

联合优发生物质能源徐州有限公司是联合优发致力于生物质能源的推广利用，于 2013 年 10 月在江苏省徐州市丰县注册成立的，投资建设了“生物质颗粒燃料和分布式光伏电站一体化”项目。项目占地面积 140 亩，投资 1.02 亿元。建设内容包括年产 20 万 t 生物质颗粒燃料生产基地和 3MWp 分布式光伏电站。

3. 工程工艺

1) 生物质颗粒燃料生产规模

联合优发生物质能源徐州有限公司是年产 12 万 t 生物质颗粒燃烧的生产加工企业，分为两条一样的生产线，下面所提到的工艺过程是其中一个生产线的配置和描述。

2) 生物质颗粒燃料生产工艺和参数

生物质压缩成型设备按照产品形态分为 3 大类，一类是压缩块，一类是压缩棒，一类是压缩粒。而按照机械作用原理又可以分为 3 类，即螺旋压缩成型(加热螺旋压缩成型)、活塞压缩成型和模压成型。

联合优发生物质能源徐州有限公司采用的是常温模压成型技术，农林废弃物(锯屑、稻壳、树枝、秸秆等)、木材加工厂剩余物等经粉碎、干燥后在一定的压力作用下连续挤压制成粒状成型燃料的加工工艺。

生物质压缩成型的工艺流程如图 5-19 所示。

(1) 原料清理系统。

此工段主要功能：保证干木屑进入制粒前的原料细度稳定均匀。

工序：将收集来不需粉碎的木屑通过装载机直接送入原料清理系统进行筛分处

理，其清理筛筛网选配$\phi$8～12mm 筛网，其筛分后的大杂料进入锤片粉碎机进行二次粉碎。合格的筛下物通过输送设备提升后送入烘干或熟料仓后进行制粒。

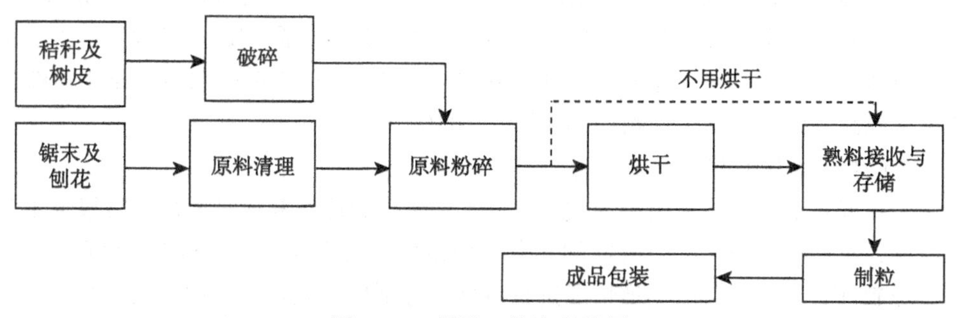


图 5-19　项目工艺流程简图

(2) 粉碎系统。

根据现场原料特性，本工艺选用了破碎机及锤片式粉碎机，来满足目前原材料的粉碎处理。锤片式粉碎机主要处理枝破碎后的板皮、刨花等原料，原材料规格：长度≤50mm，宽度≤50mm，厚度≤5mm(原料水分≤17%)。先由鼓式削片机或碎板机对枝丫、板皮等原料进行削片、破碎处理，经预处理后原料通过输送设备送入锤片粉碎机进行粉碎；设置破碎、细粉两级粉碎设施。每条生产线该工段处理设备单机产能：8～10t/h。

(3) 烘干系统。

根据现场原料特性，对含水量不符合要求的原料进行烘干。本工艺选用三通道滚筒干燥主机，由三个同心圆筒体按一定结构组合在一起，物料与热介质流程是筒体长度的三倍，且具有自身保温体系，利于节能。

(4) 熟料接收系统。

此工段主要功能：保证干木屑和粉碎好的原料与制粒系统有一个足够的缓冲。设置一个 21m×16m 的熟料房。熟料间内配置分料上料设备。 熟料间接收的来料来自需要烘干和不需要烘干的原料。

(5) 制粒系统。

每条生产线本工段设计 4 台制粒设备，产能可达 8～10t/h。来自熟料间的物料经输送设备送入待制粒仓(约 8m$^3$)进行制粒，经制粒成型后的颗粒密度>1.12kg/dm$^3$，具有光洁美观、长度均匀等特点，更具有热值高、燃烧充分、使用方便、便于储存运输等优点。颗粒机具有性能稳定、寿命长、自动化程度高，操作简便、适用性广的特点，设备配有自动加油装置、制粒压辊测温装置、加水装置、除铁装置、过载保护、机械连锁等功能。

(6) 成品处理与包装系统。

由于通过挤压制粒后颗粒温度一般较高(85～100℃)，如需灌袋包装运输，必须要冷却才能进行包装或储存，如果冷却不充分会产生冷凝水造成颗粒二次粉化。经过冷却器及分级筛冷却筛分后的颗粒，经输送设备进入成品仓进行打包，本工艺选用小包装和散装车直接发运两种模式：小包装规格为 25～50kg。项目每条生产线配置 1 个成品仓(约 $100m^3$)，预留扩建成品仓的位置。

(7) 生产线其他配套设施说明

主车间：本生产线采用平铺式结构，布局于原料库房和成品库房；另根据工艺的需要，车间内开设 1～2.5m 深的地坑。两条生产线需要厂房面积 3132 ㎡。

原料库：根据项目的场地情况进行分区，分别用于储存不同的物料，两条生产线共计 $13545m^2$。

成品库：设计以小包装发放为主的成品库，根据实际销售周期设计，设置为 $1320m^2$/条生产线。

4. 生物质颗粒燃料的应用

生物质颗粒燃料与燃煤、燃气、燃油相比，甚至与电热能设备相比，具有更好的环境友好性(生产电能过程中会产生化石燃料的污染物排放，燃煤、燃气、燃油更是直接的化石燃料使用)，作为生物质燃料的可再生性具有天生的碳中性。将现有使用化石燃料热能设备或电能制热设备改造成生物质颗粒燃料将使得用户能够以与燃煤相当的成本和比天然气还低的污染物排放的优势，满足用户热能需求。应用方式如下：

(1) 将燃煤锅炉系统更换为全新的生物质燃料锅炉；或通过加装生物质燃烧装置，将燃煤锅炉改造为生物质燃料锅炉。在燃煤锅炉上新增生物质燃烧装置，并配套相应的生物质燃料储存与输送系统，对现有锅炉不做任何改动便可以由燃煤改成燃烧生物质颗粒燃料。

(2) 采用生物质颗粒燃料气化燃烧装置，将燃油(气)锅炉直接改造成生物质燃料锅炉。

(3) 提供分布式生物质热能托管服务，即如果热能用户现有的热能需求有一定规模，且业务稳定，用能成本可测量、可报告、可核证，则可以委托节能服务公司以更低的成本托管，提供专业热能服务。

5. 生物质颗粒燃料的应用领域

工业用锅炉：钢铁、化工、造纸、陶瓷、铝制造、食品加工等；

城市分布式供热锅炉：机关、企事业单位供热，宾馆酒店、洗浴行业的供热供水，饮食娱乐业使用的食堂灶、茶水炉、饮食炉灶等；

热风炉：喷涂、电镀、电泳、种养花卉、大棚蔬菜、烟叶、农产品、香菇、木耳干燥加工等；

用户炊事取暖：用户供热、炊事等。

### 5.6.2 河南省科学院能源研究所有限公司万吨级秸秆成型燃料生产项目

1. 公司简介

河南省科学院能源研究所有限公司的前身是河南省科学院能源研究所，成立于1978 年，隶属于河南省科学院。公司是中-美(生物质基能源及材料)国际联合实验室、河南省生物质能源重点实验室、河南省秸秆能源化利用工程技术研究中心、河南省能源研究会及河南省可再生能源学会的依托单位。

公司在生物质能源领域主要从事生物质的固化、液化、气化技术研发，拥有生物质颗粒燃料冷成型技术、生物质气化发电技术、生物质直燃或混烧发电技术、生物质间接合成醇醚燃料技术、生物质纳米材料应用技术，开展生物质秸秆成型技术支持及设备供应、生物质气化及液化技术支持和应用、燃煤锅炉改造和燃油燃气锅炉改造、新能源规划及相关技术规范的编制等业务。

2. 项目概述

我国为农业大国，每年的秸秆理论产量为 8.2 亿 t，未利用量为 2.1 亿 t，主要为田边废弃与随意焚烧，严重的污染环境，影响工农业生产和人民生活。农作物秸秆已成为我国生物质能的主要存在形式，如加以充分利用，对缓解能源紧张、减少环境污染有重要意义。但秸秆与传统化石能源相比，具有分布范围广、体积能量密度低、含水率高、受气候影响大、储运不方便等缺点，严重影响生物质能的大规模现代化高效利用。

农作物秸秆成型燃料生产技术，是把含水率在 20%左右的秸秆，经粉碎等预处理技术后，压缩成具有一定形状、尺寸与密度的生物质成型燃料，其体积能量密度与劣质煤接近，含水率在 12%之间，为生物质在传统用能设备上代替化石原料提供了可能。生物质成型燃料只有代替燃煤，才能充分发挥其环保效益与社会效益。本项目根据河南农作物秸秆的理化特性与分布收获情况，对秸秆成型燃料厂进行一定的工艺设计，以求达到预定的目标。

3. 工程工艺

1) 秸秆成型燃料生产工艺及自动控制系统

秸秆成型燃料的生产主要包括原料的收集、预处理、压缩成型与包装储存等过程。每一过程对成型燃料的质量或成本都有较大的影响。我国为人口大国，平均耕地占有面积只有 1.38 亩/人，不足世界平均水平的 40%，农作物的种植方式以一年两季为主，间隔时间非常短，必须在庄稼收获时把秸秆堆积在原料场，否则农民为了种植下一季作物而把秸秆直接烧掉。因此，成型燃料生产厂中的贮料厂非常重要，其大小决定了企业的生产能力。以玉米秸秆为例，玉米的收获至冬小麦的种植，一般为 30 天时间，也就是在这一段时间内，要把玉米秸秆收集到原料场。秸秆的完整保存可增加其干燥速度，防止发霉。

玉米秸秆的含水率平均达到 25%以下时，根据天气情况要进行及时的粉碎。把不同含水率的秸秆混合放置于中间料场，为了保证原料含水率均匀，要保证料场有 3 天的贮料，为了保证生产的连续性，最好能提供 7 天以上的贮存。中间料场可对不同原料进行混合，如玉米秸秆、花生壳等，以使原料获得最佳的成型条件，降低成型燃料的综合电耗。适宜成型的原料经运行料仓进入成型机成型，燃料经干燥冷却后打包入库，或散料入仓直接供应用户。

成型燃料的生产过程可分为两步：秸秆的预处理和成型，如图 5-20 所示。

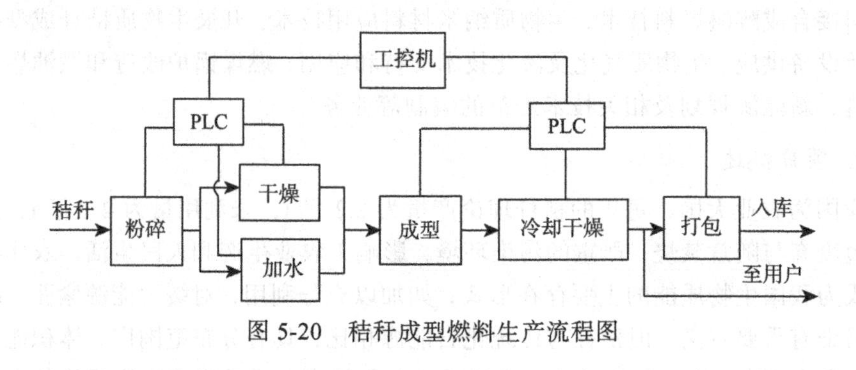


图 5-20　秸秆成型燃料生产流程图

2) 秸秆预处理设备及控制技术

对同一种秸秆来说，影响其成型率与吨料电耗的主要因素为处理后的秸秆粒度与含水率。粒度越小，成型时吨料电耗越低，但秸秆粉碎时的电耗增加，一般为原料的最大长度不大于成型模具孔的最大直径，这时的综合电耗最低，这就要求对不同的秸秆要进行粉碎处理。原料含水率也是影响其成型的主要因素之一，含水率高(大于 25%)时，不能成型，含水率低(小于 15%)时，秸秆颗粒的硬度增加，成型燃料的密度增加，吨料电耗大幅增加。可知，秸秆成型前要对其进行处理，包括秸秆的粉碎与水分调整。

本项目采用的为上进料式锤片粉碎机，在上部为圆桶式进料仓，可在调速电机的带动下旋转，其转速的改变可改变进料速度。其转速由主电机的负荷决定，当主电机的负荷超过设定负荷时，进料电机的转速下降，当主电机的负荷低于设定负荷时，进料电机的转速增加，提高进料量，从而保证粉碎机在一定的负荷下工作，提高了工作效率，降低了呈料电耗。粉碎后的秸秆从粉碎机下部自然落到皮带机上输送至料场。在送料皮带上安装有红外线在线水分检测仪，可对原料含水率进行在线即时检测。皮带的下部安装有高精度皮带秤，可对皮带输送的原料质量进行测量。当原料含水率高于 20%时，要对原料进行干燥，含水率小于 16%时，要对原料进行加水。

当系统检测到原料含水率高于 20%时，根据具体的原料含水率与原料质量，启动原料烘干机，使之含水率达到 16%～20%。

秸秆预处理的整个工作过程都是在 PLC 的控制下工作的。其对粉碎机主电机电流、红外线在线测水、在线皮带秤、水流量计、进烘干机烟气温度与出烘干机烟气温度进行实时检测，根据原设定程度，对粉碎机进料速度、加水速度、热风炉负荷、烘干机转筒转速、烘干机引风机转速进行控制，从而达到原料尺寸与含水率达到最佳成型条件，其工作过程全部由 PLC 控制，实现了生产的自动化与智能化。PLC 可把水监测的数据实时传送到工控机，以生成各种报表。

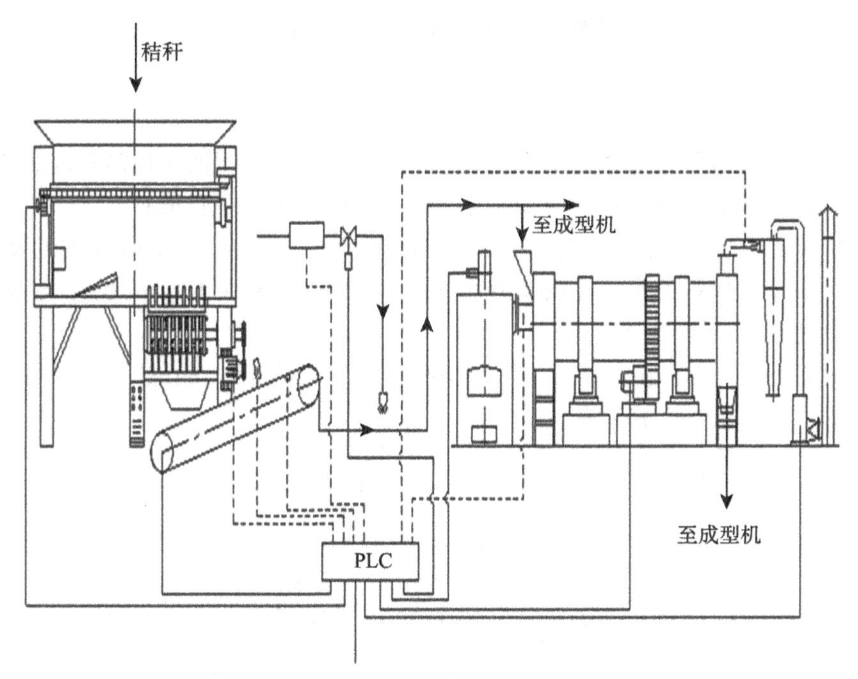


图 5-21　秸秆成型燃料生产预处理系统图

3) 秸秆成型设备及自动控制技术

本系统主要包括成型料仓、平皮带、上料皮带、成型机及成型燃料干燥冷却器等。粉碎后的秸秆，其内部纤维长短不一，在输送过程中极易搭桥，在本项目中我们设计了一活动底板进料仓，底板转动速度的改变可改变料仓的出料速度。在成型机的成型室内安装有料位计，当发生堵塞时可停止进料。在成型燃料冷却干燥器内安装有温度传感器，可根据温度值控制引风机转速，以达到高效节能的目的。

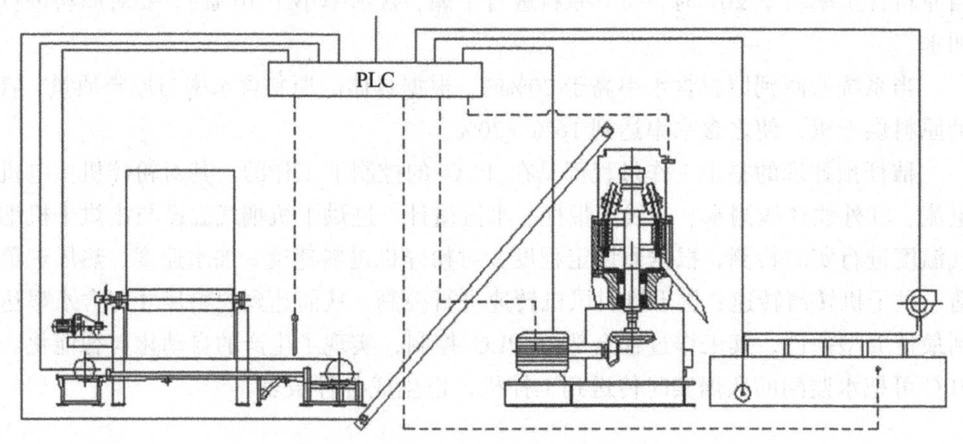


图 5-22　秸秆成型燃料生产系统图

4. 结论与分析

通过对万吨级秸秆成型燃料生产技术的研究，完成了智能化控制系统的开发，提高了对秸秆原料的适应性，降低了生产成本，达到了如下目的：

(1) 提高了对不同含水率原料的适用性，在系统中增加了自动干燥与自动加水系统，使成型时原料的水分控制在最佳条件下，即含水率在 18%～20%，增加了产品质量，提高了设备寿命。

(2) 采用本技术，在产品价格下降 10%以内，原料价格与工资上涨 20%以内，本项目依然有较强的抗风险能力。

## 参 考 文 献


[1] 张百良. 生物质成型燃料技术与工程化. 北京：科学出版社，2012.

[2] 薛伟，王秀波，祝彦杰. 采伐剩余物固化成型技术. 森林工程. 1998, (04): 4-5.

[3] 王民，郭康权，朱文荣. 秸秆制作成型燃料的试验研究. 农业工程学报. 1993, (01): 99-104.

[4] 杨军太，朱柏林，刘汉武. 柱塞式压块机压块成形理论分析与试验研究. 农业机械学报.1995, 26(3)：51-57.

[5] 林维纪，张大雷. 生物质固化成型技术的几个问题. 农村能源. 1998, (06): 16, 17.

[6] Rumpf H. The Strength of Granules and Agglomeration//Knepper W A. Agglomeration. New York: John Wiley, 1962: 324-331.

[7] 郭康权. 粉粒体技术基础. 西安: 西北大学出版社，1995.

[8] O'Dogherty M J. A review of the mechanical behavior of straw when compressed to highdensities. Journal of Agricultural Engineering Research, 1989, 44: 241-265.

[9] 黄明权，张大雷，姜洋，等. 影响生物质固化成型因素的研究. 农村能源，1999, (1): 25-28.
[10] 刘俊红，王革华，张百良.生物质成型燃料产业的理性思考. 农业工程学报，2006, 22(1): 138-141.
[11] 牛牧晨. 铁路固体废弃物衍生燃料 RDF 的燃烧过程与污染特性研究. 北京：北京交通大学，2007.
[12] 陈盛建，高宏亮，余以雄. 垃圾衍生燃料技术及研究现状. 四川化工，2004, 4(7): 19-22.
[13] 李鸿江，顾莹莹，赵由才. 污泥资源化利用技术. 北京：冶金工业出版社，2010.
[14] 占达东. 污泥资源化利用. 青岛：中国海洋大学出版社，2009.

# 第 6 章　生物质制氢

## 引　言

生物制氢是利用生物自身的代谢作用将有机质或水转化为氢气，实现能源产出。1931 年，Stephenson 等首次报道了在细菌中有氢菌的存在后，Nakamura 在 1937 年观察到光合细菌在黑暗条件下的放氢现象；1949 年，Gest 等报道了深红螺菌(Rhodospirilum rubrum)在光照条件下的产氢和固氮现象，生成氢气的反应可以在常温、常压的温和条件下进行，同时生物制氢可采用工农业废弃物和各种工业污水为原料，原料成本低，可以实现废弃物利用和能源供给与环境保护多重目标而倍受重视。

## 6.1　热解气化制氢

### 6.1.1　生物质热解制氢定义

热作用下生物质原料发生的分解反应叫做热解。温度超过 200～250℃时，碳水化合物发生热解反应，裂解成为较小分子的气态物质，从固体中释放出来。随着温度的升高，气态物质被进一步裂解，最后残留的固体由固定碳和灰分组成。气态挥发物质中含有常温下不可凝结的气体，如 $H_2$、CO、$CO_2$、$CH_4$ 等，也含有常温下凝结为液体的物质，如水、酸和碳氢化合物等，因此生物质热解同时得到固体、气体和液体三种形态的产物，三种产物的得率取决于温度、加热速率等工艺参数。

所有生物质热化学过程，如燃烧和气化的反应温度都高于热解起始温度，因此热解是这些过程必经的初始阶段。生物质总质量的 60%～80%是挥发分，热解反应在热化学过程中起着非常重要的作用，大部分物质向气体的转化是在热解阶段完成的。生物质热解还可以作为独立工艺，采用不同温度和加热速率，生产木炭、热解气或热解油。

独立的生物质热解过程是在一定温度和隔绝氧气两个基本条件下进行的，实质上就是隔绝氧气的加热过程，过程简单而且成本低。可贵之处在于不必使用氧气、水蒸气等介质就能够得到能量密度较高的能源产品。

1. 热裂解

煤气工业中已经发展成熟了的燃气净化技术，其着眼点是从燃气中去除焦油，对于焦油产率较高、规模较小的生物质转换系统，有些方法并不适用。目前生物质气化中主要使用水洗涤的方式来净化气体，往往带来不同程度的二次污染。

热裂解是近年来研究较多的除焦油方法，将含焦油气体加热到较高温度，使大分子的化合物通过断键脱氢、脱烷基以及其他一些自由基反应而转变为较小分子的气态化合物，既减少了焦油含量，又可以利用焦油所含能量，净化率也较高。这种方法简单，又减少了燃气净化所需的设备和投资，缺点是需要将气体加热到较高的温度水平。一般来说，若要将焦油彻底裂解，温度要达到 1000～1200℃。

2. 催化热裂解

为使焦油热裂解可以在较低温度下进行，研究者们提出了催化热裂解的思路，即利用特定催化剂的作用，使焦油组分转化反应所需活化能大为降低。实验研究等证实了，达到同样的焦油转化率，催化热裂解需要的温度水平大为降低。例如，在 850～900℃范围内，使用镍基催化剂，可以实现焦油的完全转化。

催化热裂解除了将大分子烃类物质分解之外，还有对燃气组成进行调整的作用。燃气在一定的温度和压力条件下流经固态催化剂，其中的碳氢化合物在催化剂表面上经历分解，同时与水蒸气和 $CO_2$ 发生反应，产生 CO、$H_2$ 和其他轻质烃，并析出炭黑。水蒸气或 $CO_2$ 的来源可以是燃气本身，也可以从外部加入，其反应为

$$C_nH_m + nH_2O \longrightarrow nCO + (n + m/2)H_2 \tag{6-1}$$

$$C_nH_m + nCO_2 \longrightarrow 2CO + m/2H_2 \tag{6-2}$$

对于催化热裂解的文献很多，采用的催化剂多为白云石和镍基催化剂。

1) 白云石类催化剂

白云石是一种镁矿石，一般写成($MgCO_3 \cdot CaCO_3$)的形式，价格低廉，容易获得。白云石用作热裂解催化剂的研究，较为早期的是美国 PNL，另外，法国 Nancy 大学、瑞典皇家工学院(KTH)和瑞典 TPS 公司、芬兰的 VTT 能源公司等也开展了大量的研究。白云石用作热裂解催化剂时很难超过 90%～95%的焦油转化率，或者是使气体中焦油含量低于 500～1000mg/m$^3$。白云石的作用容易破坏“软焦油”(如酚类及其衍生物)，而对“硬焦油”(多环芳烃，如萘和茚等)则较困难。白云石机械强度较低，热稳定性较差，但作为一种廉价催化材料仍然有较好的应用价值。

2) 镍基催化剂

镍基催化剂是热裂解采用最多的材料，有关文献很多，很多研究者将商用镍催化剂作为烃以及甲烷等的蒸汽重整材料。在 740℃以上的温度，镍基催化剂可使得

燃气中 $H_2$ 和 CO 含量显著增加，而烃和甲烷的含量大幅度下降。较早将镍基催化剂用于燃气净化和重整的是瑞典 KTH 和美国 PNL。KTH 的早期工作表明镍对生物质气化过程产生的焦油催化裂解效果比白云石要好，几乎可实现焦油和甲烷的完全转化，并使 CO 和 $H_2$ 产量加倍。PNL 在美国能源部的一个甲醇合成气项目中研究了镍基催化剂对生物质焦油的热裂解和重整作用，在流化床气化器床内加入镍基催化剂，通过部分氧化和下游固定床中的蒸汽催化重整而实现焦油完全裂解，选用的催化剂包括 Ni，NiO，Ni/Mo，Ni/Mo/Cu 和 Y 沸石。实验发现，沸石会很快结焦而需再生，而镍基催化剂有无限长的寿命，其效果使气体产量提高了 80%，气化效率从 70%左右提高到 92%。西班牙 Saragoss 大学的 Aznas 和马德里 Complutense 大学的 Corella 等开发了一种净化系统，用白云石进行燃气的初级净化，焦油脱除效率近 95%，然后利用镍基催化剂进行剩余焦油的裂解和燃气重整，使得蒸汽重整催化剂的寿命大为延长。瑞典 TPS 公司在 20 世纪 80 年代中期建立了一种使用氧气的加压气化器，后面连接使用镍基催化剂的焦油裂解器，原理和指标与 PNL 的工作类似。镍基催化剂的重要优点是同时实现了焦油的裂解和包括甲烷在内的轻烃重整，将会简化生物质热解制氢工艺，充分利用热解产物的热量，从而提高制氢过程的经济性。

### 6.1.2 热解生物质常用原料性质

常用原料有玉米秸、玉米芯、麦秸、稻壳、棉柴和花生壳等六种生物质，试验原料的基本性质如表 6-1 所示。

表 6-1　原料的特性参数(干基)

| | 元素分析/% | | | | | 灰分/% | 挥发分/% | 低位热值/(MJ/kg) |
|---|---|---|---|---|---|---|---|---|
| | C | H | O | N | S | | | |
| 玉米秸 | 46.8 | 5.74 | 41.4 | 0.66 | 0.11 | 5.1 | 80.9 | 16.95 |
| 麦秸 | 45.8 | 5.96 | 40 | 0.45 | 0.16 | 7.6 | 74.9 | 17.19 |
| 棉柴 | 40.5 | 5.07 | 38.1 | 1.25 | 0.02 | 15.2 | 62.9 | 15.22 |
| 稻壳 | 39.9 | 5.1 | 37.9 | 2.17 | 0.12 | 14.8 | 69.3 | 15.26 |
| 玉米芯 | 47.8 | 5.38 | 43.4 | 0.4 | 0.05 | 3.6 | 80.2 | 18.15 |
| 花生壳 | 45.5 | 5.52 | 38.39 | 1.97 | 0.16 | 8.44 | 70.3 | 16.51 |

### 6.1.3 热解法生物质制氢工艺流程[3]

二次热解法生物质制氢的工艺流程如图 6-1 所示，其要点为：① 通过隔绝空气的第一次热解，将占原料主要部分的挥发物质析出转变为气态；② 将残留木炭移出，对气体产物进行二次高温裂解，使分子量较大的重烃(焦油)裂解为氢、甲烷等气体，并彻底消灭焦油；③ 对热解气体进行重整，将其中的甲烷和一氧化碳转换为氢气；④ 产出的富氢气体可以直接用于高温碳酸盐等类型的燃料电池，成为一种高效清洁的分布型发电系统，或用变压吸附、膜分离等技术分离出纯氢气，用于工业用途。

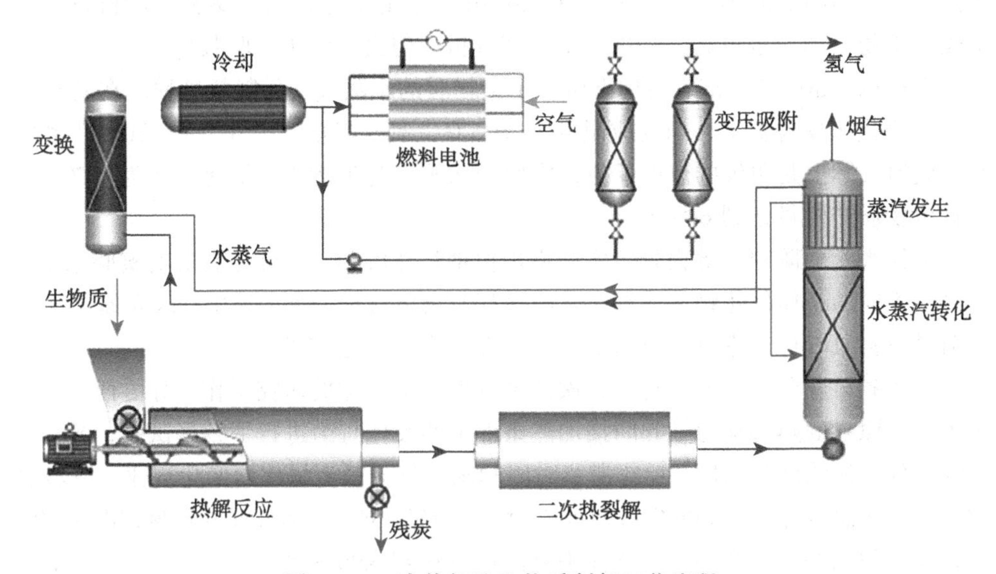


图 6-1　二次热解法生物质制氢工艺流程

我国生物质资源以农作物秸秆为主，这类原料松散、堆积密度低，采用流化床、气流床或固定床工艺时，物料的移动和输运比较困难，因此在一次热解段采用移动床管式热解炉，由螺旋推进器输送和移动固体颗粒，可以使用简单破碎的各种原料，有相当宽广的原料适应性，同时颗粒的运动增加了与壁面的接触摩擦，强化了传热。

秸秆含灰量远大于木质原料，而且钾元素存在使灰熔点降低，为防止灰熔融造成的问题，采用了二次热解的方案。第一次热解温度低于灰熔点，将残炭移出后，只对气体产物实施二次高温热解。二次热裂解的目的是将焦油等可凝结气体转化为不可凝结的永久气体，并彻底消除焦油。为提高氢气产率，在二次热裂解以后，采用水蒸气转化和变换对热解气进行重整。

与国内外其他生物质热化学制氢方法相比，本工艺有以下优点：① 采用了常压下进行热解和二次热裂解的方案，避免了苛刻的工艺条件；② 热解工艺中避免了空气参与，提高了气体有效成分浓度和热值；③ 避免了使用氧气等气化介质，降低了运行费用。

生物质热解的工艺十分简单，而且在不使用氧和水蒸气等介质的情况下产生品质较高的气体产物，因此被许多研究单位重视。意大利佩卢贾大学、荷兰能源研究中心都进行了生物质热解生产中热值气体和合成气的研究和示范。

美国 Brookhaven 国家实验室(BNL)的 Steinberg 等对煤和生物质的高温热解过程进行了研究，目标是制取氢、甲醇和轻烃。他们提出了名为 Hydrocarb 工艺的二步反应过程[4-6]，第一步是煤和生物质等碳质材料的热解，第二步是高温热裂解，得到氢气和纯净的炭黑。他们认为 Hydrocarb 工艺适合于所有凝聚相碳质材料，包括煤、生物质和城市垃圾，并进行了经济分析，但没有给出实验数据。

美国的 Turn 等在富氧条件下研究了生物质的水蒸气气化制氢过程。在实验室规模的流化床反应器上，当反应温度为 825℃，氧气当量比为 0 时，氢的产率最高，此时实际上是单纯的热解反应，实验中水蒸气与生物质质量流量比为 1.7，每千克生物质产氢量达到 60g[7]。

天津大学的陈冠益等报告了实验室规模稻秆热解和二次催化裂解的实验结果，讨论了不同的金属氧化物催化剂对热解过程和富氢气体产率的影响，认为催化剂的负荷量对富氢气体产率有明显影响，并存在一个优化范围[8]。

山东省科学院能源所进行了二次热解制取富氢气体的研究工作，对秸秆、稻壳等生物质原料的热解动力学和间接加热条件下的反应行为进行了较多试验，指出了燃气中各气体浓度随温度、反应滞留时间和水蒸气质量流量比的变化规律，在热解和二次裂解温度分别为 800℃和 1100℃时，得到氢 43%，一氧化碳 15.6%，甲烷 14%的燃气，预期经过重整的富氢气体中氢浓度可达到 65%～70%[9-12]。

### 6.1.4　热解法生物质制氢原理

生物质热解是生物质受热而发生的热分解反应，在热解过程中组成生物质的大分子碳水化合物裂解为较小分子量的产物。生物质热解可以得到气体、液体和固体三种产物，其中气体和液体产物来自原料中的挥发性物质，固体产物则是热解过程的残留物。受热后，挥发分从生物质中析出，一部分形成常温下不可凝结的简单气体，如氢、一氧化碳、二氧化碳、甲烷等；另一部分在温度降低时凝结成液体(有时称作焦油)，液体中含有分子量较大的有机物，如甲苯、苯、醇、萘、酸等[13]。热解过程中残留的固体物质是木炭，严格意义上的木炭应该只含有固定碳和灰分，但较低温度下得到的木炭常含有部分重烃物质，有些学者称之为半焦。

$$\text{大分子碳氢化合物}\left(+H_2O\right)\longrightarrow H_2+CO+CO_2+CH_4+C+C_nH_m \tag{6-3}$$

裂解过程中可能存在的反应如下：

$$C+CO_2 = 2CO \tag{6-4}$$

$$C+H_2O = CO+H_2 \tag{6-5}$$

$$CH_4+H_2O = CO+3H_2 \tag{6-6}$$

$$CH_4+2H_2O = CO_2+4H_2 \tag{6-7}$$

$$CO+H_2O = CO_2+H_2 \tag{6-8}$$

$$C_nH_m+2nH_2O = nCO_2+(2n+m/2)H_2 \quad (6\text{-}9)$$

通过以上反应可以看出，在高温裂解下，大部分反应都应该产生 $H_2$。

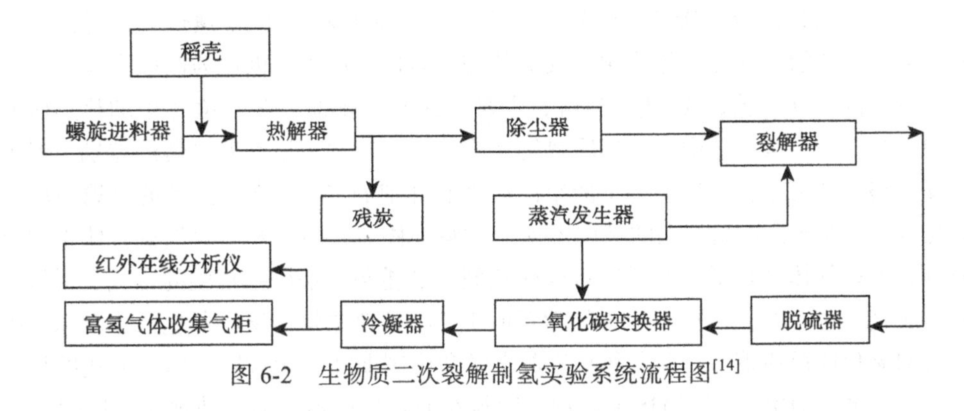


图 6-2　生物质二次裂解制氢实验系统流程图[14]

从工程上说，热解就是对生物质原料的无氧加热过程，用简单的方法获得高品位气体产品是生物质热解过程的重要优点。生物质热解技术有着悠久的历史。古埃及曾经通过木材的干馏来制取焦油和熏香，唐代诗人白居易脍炙人口的名篇《卖炭翁》显示了 1200 年前中国的木炭生产已经商业化。18 世纪工业革命后，木炭成为主要的工业燃料之一，在 20 世纪大规模开发使用石油以前，木炭气化器与内燃机的结合一直是人们获取动力的有效方法，至今在工业和家庭中仍在大量使用木炭。

生物质热解过程是由热量的传递驱动所引发的，热量从物料外部传递到生物质颗粒，温度的升高导致自由水分蒸发和不稳定挥发分发生降解，并从反应物内部逸出进入气相[15,16]。气相组分和固体颗粒内部的挥发分还将发生二次反应，这些反应产生的热效应又改变了颗粒的温度，从而影响热解过程的进行[17-19]。Milosavljevic 等[19]以纤维素为例描述了生物质热解的基本过程：① 外部热量的传递使生物质样品的内部温度逐渐升高；② 当生物质温度升高到某一温度时，挥发分开始析出，标志着热解反应的开始；③ 温度继续升高，导致挥发分的大量析出，析出的挥发分与未热解生物质之间也发生着热量传递；④ 在更高的温度下，气相产物和固相木炭以及气相各组分之间发生二次反应。Raveendran 等[20]认为生物质热解可以划分为如下阶段：① 100℃以下是预加热阶段；② 100～130℃的区段是干燥的过程，水分全部蒸发；③ 130～450℃区段是生物质的一次热分解，大部分挥发分析出；④ 450℃以上，挥发分持续析出和一次产物间的二次反应。万仁新[21]指出了纤维素热解主要发生在 300～375℃的较窄温度范围内，半纤维素热解的温度范围为 225～325℃，而木质素虽然在 200～500℃的宽广温度范围内均能发生热解，但分解速度最快的区段为 310～420℃。实际应用的生物质热解工艺多在常压或接近常压的工况下实施，主要的控制因素是升温速率、温度和反应停留时间。升温速率对热解过程十分重要，根据生物质被加热速率的不同，分别有三种不同的热解工艺[23]：① 缓慢热解，目的是制取木炭和活性炭，是传统的经典工艺；② 常速热解，得到气、液、炭三种产物，既是其他热化学反应的初级阶段，近年来也作为制取高品质燃气和合成气的独立工艺；③ 快速热解，主要产物为热解油，是近 20 年中的热点研究方向。在三种热解工艺中，生物质热解反应的微观过程应该有着显著的差别，但由于反应路线的复杂性，目前还不能给出精确而详细的定义。常速热解的升温速率一般在 5℃/s 以下，控制不同的裂解温度、物料的停留时间以及热解气氛，使生物质分解为可燃气体和烃类，然后通过催化热裂解和重整，获得所希望的燃气、富氢气或合成气，这一方法为越来越多的学者所重视。常速热解的反应器包括移动床、固定床和流化床反应器等，意大利佩鲁贾大学和中国浙江大学对回转圆筒形式的热解反应器开展了研究[24-27]，描述了生物质颗粒在回转反应器内的运动规律、热量传递、热解条件和热解温度对产物的分布规律等，美国 BNL 发展了制取氢、甲醇和轻烃的 Hydrocarb 热解工艺。Turn 等考察了流化床反应器中生物质热解制氢的工艺条件[6]。为了寻求替代石油的新途径，最近 20 年中有关快速热解制取热解油的文献浩瀚如海。快速热解的升温速率范围为 100～1000℃/s，其工艺要点是极快速的加热和气相产物极快速的冷却，反应温度一般在 500℃左右。通过这种瞬间的反应，将占生物质质量 60%～70%的物质转化为热解油，为此发展了许多各具特色的快速热解反应器，英国阿斯顿大学的 Bridgwater 等在报告中列举了快速热解的各种工艺和过程[27]。

热解温度是控制反应的重要参数，几乎所有研究者都叙述了温度对生物质热解的影响[29-32]。总的来说，低热解温度(300～400℃)有利于生物质的炭化，即生成较多木炭，同时生成较多液体；高热解温度有利于发生二次反应而生成较多的气体。在宽广温度范围内对农业废弃物的热解实验表明，随着热解温度[33]的升高，木炭产量呈现降低趋势，气体产量逐步提高，而液体焦油的产量在 600℃下达到最大值。一些学者指出，热解温度提高使低分子量的气体产量增加[34, 35]，当温度达到 800℃以上时，主要的热解产物是 $CO_2$、CO、$H_2$、$CH_4$，气体总产量约占生物质无灰干燥基的 80%[36]。许多学者研究了温度对焦油形成的影响，他们发现焦油总量随着温度的升高达到一个高峰后逐步降低[37,38]。在较低的温度下焦油黏度较低，并在 500～600℃范围内达到最高产率[39]。Li 等在自由沉降炉中 500～800℃范围内研究了温度对豆秆和杏核热解产物特性的影响[39]，在热解温度为 800℃时，豆秆质量约 80%的物质转化为富氢气体，而杏核也有一半以上转化为可燃气，其中 CO 和 $H_2$ 的总摩尔浓度分别占豆秆和杏核热解气体总产量的 65.4%和 55.7%。

反应停留时间也在影响热解过程，但不如升温速率和热解温度那样明显，其主要意义是使二次反应进行得比较彻底。较长反应时间使不稳定的有机物通过二次裂解成为气体产物，对木炭和焦油的产量没有明显影响，但气体产物增加。一般反应停留时间为 2～3s 时，气体的产量增加比较明显，再延长停留时间对焦油裂解没有什么意义。

### 6.1.5　热解过程的热分析方法

由于生物质组成和在热作用下的反应路线十分复杂，从微观过程入手描述其全部反应过程及其相互影响是非常困难的。为了获得相对简单的模型用于指导设计和实际操作运行，通常用表观动力学特性来解释热解过程的规律，这是研究热化学转换过程的重要手段。从理论上讲，尽管热解过程由许多复杂反应构成，但过程的机理性规律还是会以表观动力学的方式表现出来，热分析则为反应动力学的研究提供了精度较高的数字依据。

主要的热分析方法有热重法(TGA)、差热法(DTA)、差式扫描量热法(DSC)等。热重法(TG)是用程序控温下的热天平测量不同温度下样品失重的分析方法，所得到的热重曲线(TG)和微商热重曲线(DTG)直接反映了固体试样在热作用下转化为气相产物的表观规律，被广泛地用于描述生物质的热解动力学特性[41]。差热法(DTA)在程序控制下测量物质和参比物之间的温度差与温度或时间的关系，差式量热扫描法(DSC)在程序控制温度下测量输入到试样和参比物中的能量差与温度或时间的关系，它们常与热重分析仪联用以分析样品在升温失重过程中的温度和热量的变化[42]。

在热分析方法中，热重法应用得最为广泛，在测定反应动力学参数时，又有等速升温法(也称动态法)和等温法(也称为静态法)两种方法。等速升温法是指试验时，试样温度随时间按线性变化，不同温度下的质量由热天平连续记录下来，测得一条试样失重(TG)曲线和一条计算得到的失重速率(DTG)曲线，然后采用不同动力学分析方法从试验数据中求出反应级数和反应动力学的特征参数，如活化能 $E$ 和频率因子 $A$ 等，从而建立描述反应过程的方程。等速升温法是在反应开始到结束的整个温度范围内研究热解反应动力学，只需要一个微量的试验样品，消除了样品间的误差，减少了试验工作量和时间，对于求取热解动力学参数是十分方便的，因此为许多学者采用[43]。但等速升温法与实际的热解工艺有一定差别，为了判断在某一温度下的生物质热解速度、完成热解需要的停留时间以及热解后的木炭残余量等工艺参数，控制温度为恒定的等温法试验仍有重要价值，等温法试验得出的反应现象更为直观，缺点是若要得到一定温度范围的反应动力学参数，必须进行不同温度的试验，工作量较大。生物质热解在隔绝氧气的条件下进行，试验时需要采取措施不使空气混入仪器而降低测试精度。

一些国外的学者分别在等速升温和等温条件下进行了棉花、杨木、橄榄壳、坚果壳、木屑等生物质颗粒的热重分析和热解动力学的研究，并在此基础上建立了各种生物质热解动力学模型[44]。Gaur 等在报告[44]中汇集了大量的热重分析试验的结果，包括纤维素、半纤维素、各种林业残余物、农业残余物、果壳、油料、泥煤等，并列举了加热速率、试样粒度对试验数据的影响，叙述了从热分析数据求取动力学参数的各种方法。国内的学者利用热重分析仪进行了许多等速升温的热分析试验[46]，这些研究工作比较清晰地描述了生物质原料在热解过程中的表观规律，得出了共同的结论：① 热解反应为一级反应；② 生物质热解特性为纤维素、半纤维素和木质素三种主要组分热解的叠加，半纤维素的热解高峰出现在 280～300℃范围内，纤维素的热解高峰为 400℃以后；③ 在不同的升温速率下，得到一组大致平行的热重曲线，失重尖峰的温度随着升温速率的提高而提高，引起热重曲线偏移的重要原因是试样内部的传热迟滞；④ 不同生物质原料的热重曲线有所不同，但基本形状和变化趋势没有本质差别。

应该指出，多数文献的作者是为了研究生物质快速热解行为而进行热重试验的，但常规热重分析仪的最大升温速率不超过 200℃/min，与快速热解需要的每秒数百摄氏度的升温速率相差甚远，热重试验表达的机理和规律与快速热解过程有本质上的不同，只能在定性地了解热解现象时有一定帮助。而热分析的方法非常适合于本章所进行的常速热解获取富氢燃气过程，通过热重分析，可以了解生物质热解过程中的基本变化规律，为过程设计提供重要的基础数据。

为了建立生物质热解模型，近年来许多学者采用了热重分析仪(TG)与傅里叶红外光谱仪(FTIR)联用的方法，建立了反应动力学与热解产物分布之间的联系，为热解机理的理论研究和反应方向的控制提供了大量很有价值的数据依据[47]。

### 6.1.6 热解动力学研究

生物质热解是一个十分复杂的反应网，难以从微观角度描述各个反应、反应速率和反应平衡的数学关系，但是从热分析得出的 TG、DTG 等曲线比较简单，因此学者们建立了一些相对简单的模型来描述生物质热解动力学的表观特征[48]，并在模型基础上对热解特性进行了大量的研究，得到许多有实际意义的结论。这些模型包括简单反应模型、平行反应模型、竞争反应模型、连续反应模型以及各种组合模型等。这些模型在建立时都经过不同程度的简化，适用于特定的试样和一定的条件。由于生物质原料的多样性，还没有一个公认的能够广泛适用的热解模型。例如，纤维素是生物质的主要成分之一，被许多研究者作为首先研究的对象，但即使是比较好的纤维素热解模型，直接用于模拟整体生物质的热解时仍然会遇到许多问题。应用较多的几种模型简述如下：

(1) 简单反应模型：简单反应模型是在等速升温热分析中最经常用的热解动力

学模型，其特点是仅用一个反应常数 $k$ 来描述热解过程，而 $k$ 值遵循 Arrhenius 定律。实验和分析都认为，一级反应($n$=1)是最适合可行的反应机理。

(2) 二阶段平行反应模型：二阶段平行反应模型[49-52]认为，生物质是均一物质，热解分为两个阶段，在第一阶段平行地发生三个反应，分别生成不可凝气体、焦油和炭，在第二阶段焦油继续发生两个平行的裂解反应生成不可凝气体和炭。这个模型由 Janse 等提出[52]，他们假设这 5 个热解反应都为一级反应，并给出了各反应动力参数值。该模型主要针对快速热解的反应，没有考虑生物质化学成分的影响，从模型的一些热效应参数来看,假设条件也多一些。

(3) Miller 模型：描述生物质热解过程的 Miller 模型是一个通用模型[54]，模型提出者对照了诸多文献的实验数据，综合考虑了炭、焦油、气体三种主要产出组分，认为整个热解反应是 3 种原成分即木质素、纤维素、半纤维素反应的叠加。假定每一种原成分在高温下首先被活化，生成某种活化的中间产物，然后同时沿两路发生竞争型的反应。一路从活化物生成焦油，焦油在高温下进一步发生反应生成不可凝气体；另一路从活化物生成碳与不可凝气体，且碳和气体保持不变的比例。模型假设上述 4 个热解反应都是一级反应，并通过大量试验，得出了纤维素、半纤维素和木质素经历各反应的动力学参数。

### 6.1.7　生物质热裂解制氢技术的研究

生物质热裂解是在温度为 600～800K、压力为 0.1～0.5MPa 下，对生物质进行间接加热，使其分解为可燃气体和烃类(焦油)，然后对热解产物进行二次催化裂解，使烃类物质继续裂解以增加气体中氢含量，再经过变换反应，然后进行气体分离[55]。通过控制热裂解温度、停留时间及热解气氛等影响因素来达到制备富氢气体的目的。生物质热解可进一步细分为慢速热解、快速热解和闪速热解三种。慢速裂解的加热速率较低，为 5～7℃/min，产品主要是焦炭，而不用来生产氢气。一般来说，快速热解用来生产高品位的生物油，通过快速热解可以获得比较高的液体产量，其加热速率大约在 300℃/min，停留时间在 0.5～10s。闪速热解的加热速率很高，可以达到 1000℃/min，停留时间一般小于 0.5 s。在高温和充足的气相停留时间条件下，快速或闪速热解可以直接生成氢气。当气相的停留时间足够的情况下，生物质热解产生的一些高分子烃可以在高温下发生分解，生成低分子烃类和氢气、一氧化碳等。Zhao 等[55]提出了一种高效的生物质热裂解制氢技术，将生物质热裂解和气相裂解产物二次裂解相结合，并避免 $N_2$ 和 $CO_2$ 稀释气流的能量密度。通过热力学平衡模拟和实验研究了两步热裂解的操作参数，实验表明：在热解温度 923 K、停留时间 18min、二次热裂解温度 1123K 和蒸汽/碳的摩尔比为 2 的条件下，氢气在气体产物中的含量可达 60%，氢气产率约为 65g/kg 生物质。Hu 等[56]考察了在一个自动化提供水蒸气系统中，生物质热裂解产生富氢气体，实验表明：升温速率起着关键作用；在快速加热条件下，干燥和热裂解反应的时间较短，但是这可以提高自动生成的蒸汽和中间产品之间的相互作用，可产生更多的氢气；在缓慢加热条件下，自动生成的水蒸气将被部分清除，这导致了随后的反应减弱；载气不利于制氢；生物质的含水率对制氢影响较大。辛善志等[57]在水蒸气气氛下进行了生物质热解制取富氢气体实验研究，考察了热解温度、生物质颗粒粒径和水蒸气/生物质(S/B)等主要参数对产气率和目标气体($H_2$、CO)产率的影响，实验表明：提高热裂解温度和降低生物质颗粒粒径有利于合成气的产生，在热裂解过程中加入水蒸气，能提高气体产率，但是水蒸气的引入量存在一个最佳值；实验中产气率和 $H_2$、CO 的产率都随着 S/B 的增加先上升后降低，适宜的 S/B 为 2～2.5。

在生物质热裂解制氢中，添加适宜的催化剂能够提高氢气产率。陈冠益等[58]利用固定床反应器热裂解生物质制取氢气，考察了 FeO、$Al_2O_3$、MnO、$Cr_2O_3$ 和 CuO 等金属氧化物催化剂及碳酸盐和氯化物等无机盐催化剂对生物质热裂解制取氢气的影响，实验表明：在金属氧化物中，$Cr_2O_3$ 的催化效果最强，CuO 的催化效果最弱，甚至还有负面影响；在同样的条件下，催化剂对稻秆和锯末的催化效果是不同的，对锯末的影响要大于稻秆；催化剂的负荷量对生物质热裂解的总合成气的产率和富氢气体的产率也有一定影响。Medrano 等[59]在流化床反应器中研究了含水生物质热裂解催化蒸汽重整制氢，在蒸汽重整的热裂解液体中，考察了 Ni-Al 催化剂和改性钙或镁催化剂的性能；催化剂影响了焦炭的数量和沉积的类型；改性钙催化剂提高了碳素产品的形成，导致了主要燃料气中 $H_2$/CO 降低，而改性镁催化剂改善了水煤气转移反应；降低空速，导致了低焦炭的生成，通入少量的氧气，催化剂上含焦炭量降低 50%以上。王天岗等[60]以密封的管式炉为反应器，以稻壳粉为原料，通过自动控制系统控制热解反应参数，在 550～850 ℃的温度范围内对生物质热解的三种产物(气体、焦油和木炭)单独收集并进行了分析。结果表明：气体产物中氢气的百分含量随着热解温度的提高明显增加，在一定温度范围内，反应时间越长，产氢量越大。

用等离子体进行生物质转化是一项完全不同于传统生物质转化形式的工艺。生物质在氮的气氛下经等离子体热解后，气体产物中的主要组分就是 $H_2$ 和 CO，完全不含焦油，可通过水蒸气调节 $H_2$ 和 CO 比例。吴昂山等[61]提出了一种有别于常规下行床结构的水平床，考察了聚乙烯在等离子体射流水平床内的热裂解特性，并以聚乙烯为代表原料，研究了有机固体废弃物在直流电弧氮等离子体射流水平床内的热裂解特性，考察了聚乙烯进料速率对热裂解产物分布的影响，比较了不同反应器结构参数下气体产物中的氢气浓度，实验表明：聚乙烯热裂解产物以氢气和纳米炭黑为主，有少量的低碳烃；进料速率对气体产物中氢气浓度的影响最大，而对低碳烃浓度影响较小。

## 6.2　生物油制氢

### 6.2.1　生物油气化制氢

气化是以氧气(空气、富氧或纯氧)、水蒸气或氢气等作为气化剂，在高温的条件下通过热化学反应将生物质中可燃部分转化为可燃气(主要为一氧化碳、氢气和甲烷等)的热化学反应。气化可将生物质转换为高品质的气态燃料，直接应用作为锅炉燃料或发电，产生所需的热量或电力，或作为合成气进行间接液化以生产甲醇、二甲醚等液体燃料或化工产品。

1. 生物质快速热解制备生物油

由化石资源制氢的过程已有成熟的工艺，如通过石脑油、天然气与煤制氢[63]，然而这些过程会产生出大量的温室气体，同时因为化石燃料的资源有限和全球变暖的问题日益严峻，生物质类的可再生资源可看作替代的制氢原料。环境友好的可再生资源制氢不会产生温室气体 $CO_2$[64]。从根本上来说，要最终实现温室气体排放的减少只有通过可再生资源(如生物质)制氢。

生物质具有资源丰富、环境友好、可再生的优点，可通过若干途径获得可再生氢能源，如生物质气化或水蒸气重整生物乙醇。两个较为可行的生物质制氢工艺过程是近年研究的水蒸气气化生物质和水蒸气催化重整生物质快速裂解油(简称生物油)。后者包括快速裂解生物质生成生物油以及生物油重整获得富氢气体。生物质储量分布广阔但极为分散，能量密度也较低，生物质的大规模收集、运输和储存较为困难。与生物质原料相比，由快速裂解生物质得到的液体生物油能量密度较高，具有易收集、易运输和易储存方面的优势，它可以不受地域限制分散制取，然后集中制氢，因此，利用生物质油制氢是一条经济可行的制氢途径。

通过快速裂解生物质得到的生物油是获得可再生氢气和其他化学品潜在的原料。生物质热裂解是指在无氧高温条件下，生物质大分子中的化学键发生断裂，并释放出有机挥发组分的过程[65]。此过程最终会生成生物油、木炭和可燃性气体，它们的比例取决于热裂解工艺和反应条件。按照停留时间，生物质热解过程可以分为快速裂解和慢速裂解两种。快速裂解是在中等温度条件下，生物质在极短的停留时间($<1s$)内进行热裂解过程，之后再经过分离和冷凝，从而得到目的产物。由这种方法制取的生物油被称为生物质快速裂解油。慢速裂解是指在停留时间为几分钟到几天的条件下裂解所得到的产物。

在快速裂解过程中，用不同的原料制取生物油会得到不同的产率，温度的升高会导致生物油二次裂化的概率增大，产率降低；但若温度过低就有可能出现生物质裂解不完全的情况[66]。在慢速热解过程中，温度<500℃的条件下，提高温度有利于气体产物和液体产物热值的增加；若想得到高能量产率和高固体产率的半焦产品，则温度不能超过 500℃[67]。

经过快速裂解得到的生物油大约为干基生物质的 75%～80%。生物油是一种棕黑色的液体，由于其具有高度的氧化性、相对不稳定性、黏稠、化学组成复杂、腐蚀性等特点，直接用生物油来取代传统的石油燃料受到了限制。因此，必须对生物油进行精制，提高其品质，但是面临精制过程的高成本问题。

2. 生物油重整制氢

1) 生物油重整制氢精制

生物油主要由 C、H、O 以及少量的 N、S 和金属元素组成，含氧量很高(40%～60%，湿基)。随着生物质与裂解条件的不同，生物油的成分也在变化，它是含有低分子与高分子含氧化合物的复杂混合物。经过分析来自不同过程的生物油，其成分如下：酸、醛、醇、酮、酯、酚和糖。

元素分析显示出生物油主要含 C、H、O 元素，所以其化学式通常表示为 $C_mH_nO_k$，生物油水蒸气重整的目标产物是 $H_2$，同时伴有 $O_2$ 生成。水蒸气重整快速裂解油的反应方程式如下：

$$C_nH_mO_k + (n-k)H_2O \longrightarrow nCO + (n+m/2-k)H_2 \tag{6-10}$$

该反应之后接着发生水气变化反应(Water-Gas Shift，WGS)：

$$nCO + nH_2O \longrightarrow nCO_2 + nH_2 \tag{6-11}$$

总反应方程式如下：

$$C_nH_mO_k + (2n-k)H_2O \longrightarrow nCO_2 + (2n+m/2-k)H_2 \tag{6-12}$$

高温对水蒸气重整生物质快速裂解油这个吸热反应有利，而高温反应又很可能会发生部分热分解反应与 Boudouard 反应。

$$C_nH_mO_k \longrightarrow C_xH_yO_z + \text{气相}(H_2,H_2O,CO,CO_2,CH_4,\cdots) + \text{焦} \tag{6-13}$$

$$2CO \longrightarrow CO_2 + C \tag{6-14}$$

虽然在国际上对于生物油水蒸气催化重整制氢技术日益重视，但在理论研究与开发方面才刚起步，且多数文献仅局限于模型化合物的研究。生物油的特性、催化剂的特性、反应器的类型和反应条件等都是影响生物油水蒸气重整效果的因素。

2) 重整制氢反应热力学分析

生物质重整的理想反应方向就是获得最大的氢气产率，然而该过程中可能会发生一些不必要的副反应，例如，生物质脱氢、脱水和直接分解。催化剂以及操作条件决定了重整的反应机理。在探寻高选择条件和最佳的制氢条件时，热力学分析是一种很重要的工具，因为它能够让我们通过预测的最佳操作条件来最大限度地减少不必要的副反应。这些分析可以预测该过程的技术与经济可行性，评估一种特定的生物质用于重整技术的可行性并且预测最佳的操作条件。

Rossi 等[68]提出了一种乙醇与甘油重整的新技术。氢气产率随着操作条件，如温度、压力与进料比的不同而存在明显差异。热力学分析为这些变量对乙醇与甘油重整过程的影响提供了重要的理论依据。通过文献中查阅的实际温度和压力数据及最小吉布斯自由能来分析乙醇与甘油水蒸气重整的热力学，使用 GAMS 执行非线性规划模型，并用 CONOPT2 来进行方程求解，假设气体是理想气体，同时反应过程中有固态碳的形成。

当进料为乙醇，同时反应温度低于 600℃时，会大量产生甲烷，且氢气产量很低，表明乙醇正在分解。甲烷的生成量会随着反应温度的升高而减少，相应的氢气产量也会增加。在较低的水/乙醇摩尔比条件下，仅通过提高反应温度就有可能提高氢气产率。另一方面，在水/乙醇摩尔进料比为 1:1 和 3:1 时发现有碳的生成，低温条件下，增加惰性气体氩气可以提高氢气产率；而在高温条件下，增加一种惰性产物的量对氢气产率却没有影响。

进料为甘油时，在热力学的分析过程中，$CO_2$ 与 $H_2$ 的选择性随着水/甘油的摩尔进料比的增加而增加，与此同时，CO 的选择性降低，甲烷的选择性也接近于零。随着水/甘油的摩尔进料比和温度的升高，氢气产率增加。在常压下，根据完全反应可以得到最大氢气产率，同时甲烷含量在 5atm ($1atm=1.01325\times10^5Pa$)下较高。但水蒸气量不足时，甲烷的分解作用就会导致产生固态碳。在水/甘油摩尔进料比为 3:1 和 1:1 时，就会发生析碳现象，除了降低氢气产率以及会产生不需要的碳，甲烷分解还会导致催化剂失活。

Rossi 等所使用的方法对于甘油与乙醇水蒸气重整的热力学分析具有快速、稳定和可靠性等优点，并可以应用到其他类型的生物质及反应系统中。用 GAMS 软件执行所用的算法，能够表现出快速、稳定且应用简单的特性。

Nahar 等[68]对丁醇蒸汽重整制氢进行热力学分析，其仿真方法为吉布斯最小自由能法，进料的水/丁醇摩尔比在 1～18，反应温度 300～90℃，压力 0.1～5MPa。在不同的水/丁醇摩尔值和温度,压力为 0.1MPa 条件下能计算得到 $H_2$ 产物和 CO 产物之间的差异。最佳实验条件为 600～800℃，0.1MPa 和水/丁醇摩尔值在 9～12，在平衡计算基础中将需高级烃化合物排除。氢和一氧化碳的产率在这些条件中达到最大,而甲烷的选择性最小。氢在选择性处于 46.20%～54.96%时,产率为 75.13%～81.27%(湿基)。这个结果是在 800℃且进料的水/丁醇摩尔比值在 9～12 时达到的。一氧化碳在选择性处于 14.56%～10.66%时，产率在 65.48%～55.57%(湿基)。焦炭的产生在这些条件下可以被完全忽略。采用了两套仿真装置来评估甲烷在较低温度下对焦炭生成的影响，以及初级产物($H_2$、CO、$CO_2$、C)中是否含有甲烷。结果表明，在 300℃和进料的水/丁醇摩尔比值为 3 时，一些焦炭加氢可生成甲烷，而更高的压力有利于加氢反应，但高压对氢和一氧化碳的产率有负面影响。

Wang 等[69]利用最小吉布斯自由能法对乙醇水蒸气重整制氢进行了热力学分析。水/乙醇比为 0～100，压力为 1～69atm，反应温度为 400～2000K，氩气/乙醇比为 0～100。熔融碳酸盐与固体燃料电池适用的最佳工艺条件为 900～1200K，水/乙醇比为 3:6，1atm。乙醇在最佳条件下完全转化，一氧化碳率 32.82%～79.60%，氢产率 60.52%～83.58%，没有积碳发生。高压对氢产率有不利影响，但是惰性气体对氢产率却有积极影响。低温与低水/乙醇比条件下会导致积碳。

Vagia 等[70]选择生物油水相物质的典型代表乙二醇、乙酸和丙酮作为模型化合物，与天然气的水蒸气重整对比，对生物油水蒸气重整制氢进行热力学分析。反应器出口氢流率固定为 1kmol/s 以便于比较两组反应的能量消耗。在 293K 和 1atm 的条件下，以生物油模型物和甲烷进料，生物油模型物含 67%的乙酸、16.5%的丙酮和 16.5%的乙二醇，这种配比更接近于湿基生物油的 C、H、O 的配比。为了使两组实验的水/碳比都能达到 3:1，水蒸气和生物油模型物的进料比为 6.5，与甲烷的进料比为 3。甲烷重整温度为 1073K，生物油模型物重整温度为 900K。反应装置由转化器、重整反应器、加热器、冷却器和分离器组成，工艺流程图如图 6-3 所示。

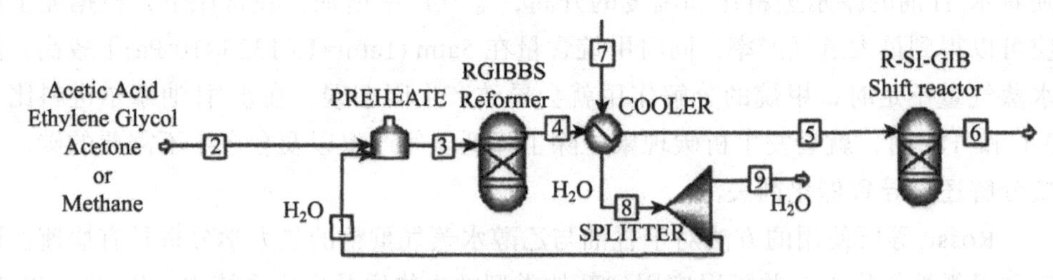


图 6-3　生物油模型物和甲烷重整制氢工艺流程图

3) 重整制氢反应历程

由于生物油成分比较多样化，所以其水蒸气催化重整制氢过程较为复杂。对于生物油制氢反应历程的研究，目的是可以促使反应尽可能向主反应方向进行，且可减少副反应的发生。Dvidian 等[71]以山毛榉木裂解油为原料，分别研究了 $Ni\text{-}K/La_2O_3\text{-}Al_2O_3$ 与 $Ni/Al_2O_3$ 催化剂上的反应特性。实验过程分为裂解/重整两步，碳在制得富氢气体的同时沉积在催化剂上，沉积的碳通过氧气燃烧使催化剂再生。两种催化剂在实验过程中都显示出良好的活性，生成的气体产品中含氢量为 45%～50%，催化剂再生具有高效迅速的特点，且再生后的催化剂活性与新鲜催化剂活性相差很小。碳的燃烧放热在裂解/重整过程的吸热和催化剂再生过程中能够达到自热平衡。通过比较生物油的催化裂解和热裂解，推测反应历程为：生物油首先裂解为初级产物($CO$、$CO_2$、$CH_4$、$C_2$)与炭黑，之后这些初级产物与生物油自身携带的水分进行水汽重整，如图 6-4 所示。

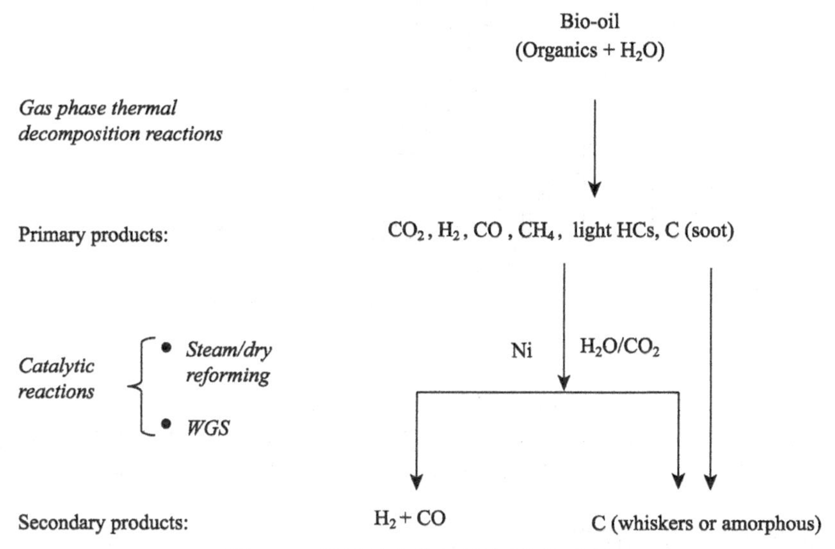


图 6-4　设想的生物油裂解反应过程

4) 重整催化剂

具有高选择性、高活性和高稳定性的催化剂在生物油催化重整制氢过程中具有重要作用。目前碳的沉积(焦炭形成)[73,74]是生物油水蒸气重整制氢面临的主要问题，它的主要约束条件是由于碳的沉积导致的催化剂失活，改善催化剂的性能一般可以通过两个途径：一是增强水蒸气的吸附，有利于部分氧化的进行，如焦炭的前驱物气化；二是使导致焦炭前驱物形成的这些催化剂上吸附的中间物发生脱氧，使脱氢的表面反应速率慢下来。

天然矿石、Ni 基催化剂、贵金属催化剂(Pd、Pt、Ph、Ru 等)等是生物油水汽催化重整的主要催化剂，载体主要是 $MgO$、$La_2O_3$、$Al_2O_3$、$ZrO_2$、$CeO_2$ 等单一金属氧化物或者复合氧化物或天然矿石(白云石、橄榄石等)。

5) 重整制氢实验流程

a) 固定床实验工艺流程

固定床生物质快速裂解油水蒸气催化重整制氢工艺流程图如图 6-5 所示。

固定床反应器的主体材料为不锈钢管，在反应器的中部装填催化剂，在反应器轴向有热电偶套管，可用其测量催化剂床层温度，程序温度控制仪控制催化剂床层温度，温度由 K 型热电偶测定，由电加热炉提供反应器需要的热量，由注射泵准确控制进料流量，反应后产物经过冷凝分离成气相和液相，由气相色谱分析干燥后的不凝气，液相用气质联用仪分析。

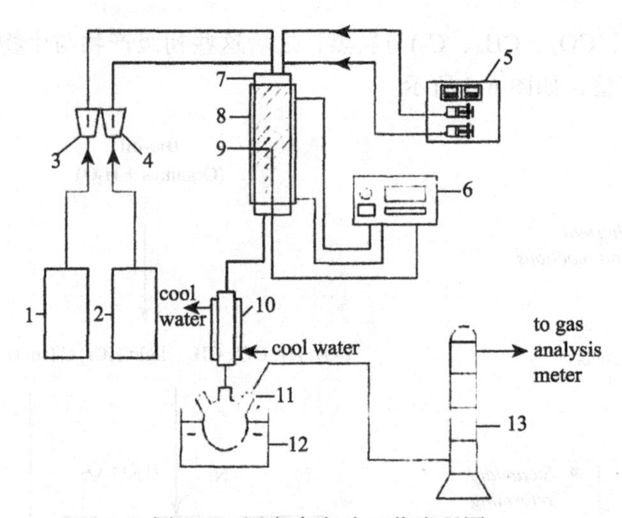


图 6-5　固定床实验工艺流程图

1.氮气钢瓶；2.氢气钢瓶；3.氮气流量计；4.氢气流量计；5.注射泵；6.程序温度控制仪；7.固定床反应器；8.加热炉；9.电热偶；10.冷凝管；11.烧瓶；12.冷凝水浴；13.干燥塔

b) 流化床实验工艺流程

流化床生物质快速裂解油水蒸气催化重整制氢工艺流程图如图 6-6 所示。

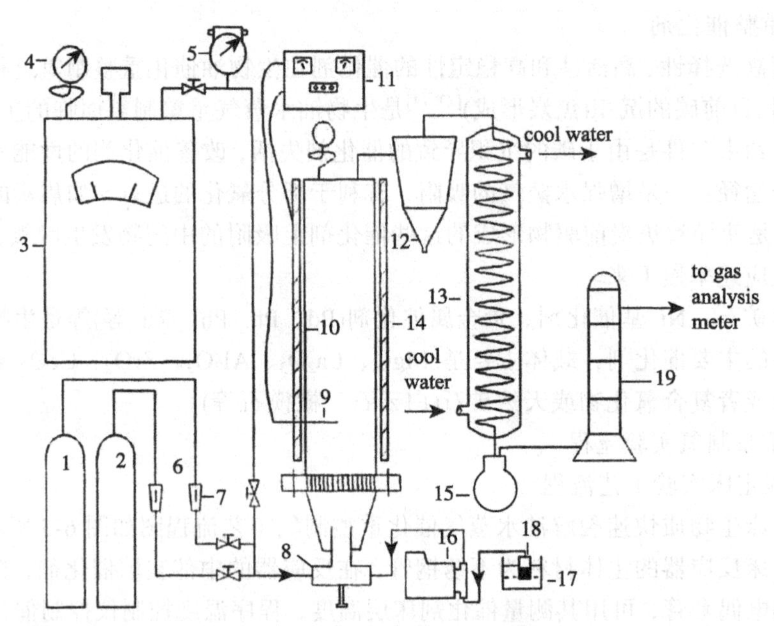


图 6-6　流化床实验工艺流程图

1.氢气钢瓶；2.氮气钢瓶；3.蒸汽发生器；4.压力表；5.蒸汽流量计；6.氮气流量计；7.氢气流量计；8.喷嘴；9.热电偶；10.流化床反应器；11.温控仪；12.旋风分离器；13.冷凝器；14.加热器；15.集液器；16.计量泵；17.恒温浴；18.生物油；19.干燥塔

在 50℃的恒温浴中保存生物油，以保持较好的流动性，电磁驱动计量泵控制生物油进料速率，水蒸气发生器产生水蒸气，并由蒸汽流量计控制流量，生物油与水蒸气在喷嘴混合后在流化床反应器底部进料，反应后的气体经旋风分离器后进入冷凝器冷凝，用气相色谱分析气相产物，液相产物用气质联用仪分析。

c) 实验步骤

称取一定量的催化剂放入反应器中，连接各个部件，将小流量氮气通入系统内，检查管路是否通畅，检查气密性；打开温控仪加热反应器，升温速率为 10℃/min；在升温的同时通入 $N_2$，700℃下通入还原气体来还原催化剂；还原结束时停止通入氢气，继续通 $N_2$ 置换还原气；在温度到达设定值时开始进料，同时保持进料速率恒定；气体组成由气相色谱分析，液相组成用气质联用仪分析；待反应器冷却后拆卸反应器，收集催化剂，清洗反应器管壁等。

### 6.2.2 生物质水相重整制氢

2002 年，美国康斯康星大学 Dumesic 教授课题组提出了一种新型的制氢方法——生物质水相重整制氢(aqueous phase reforming，APR)，该制氢过程采用生物质的含氧烃类化合物，如乙二醇(EG)、甘油、葡萄糖和纤维素等为原料制取氢气[75-79]。

该反应能够在较低的温度(500K)和较低的压力(1.5～5.0MPa)下发生一步反应，制得 $H_2$ 和其他低碳烷烃，且反应过程中生成的 $CO_2$ 气体可被植物的光合作用所吸收，因此，从整个物质循环的角度来说，并未增加 $CO_2$ 的净含量，不会引起温室气体的增加，是一个绿色的制氢过程[80]。

1. 水相重整制氢的优点

与其他制氢过程相比，APR 反应具有许多优点[81]：

(1) 相对于常规的气相和水蒸气重整过程而言，无须将反应原料气化，可以节省大量能源；

(2) 从原料的角度来说，采用生物质衍生物以及生物质的废弃物作为原料，来源丰富，且一般不易燃、无毒，储存和运输较为安全；

(3) 反应在温度 500K 左右进行，有利于水气变换反应的发生，因此，采用单个反应器可以在产生少量 CO(浓度低于 500mg/L)的前提下，减少副产物的生成，产生大量 $H_2$ 和 $CO_2$；

(4) APR 反应通常在 2.5～5.0MPa 下进行，气体产物仍存在一定的压力，可以利用变压吸附或者膜分离技术有效净化气体产物，副产物 $CO_2$ 也可被分离并有效回收；

(5) APR 反应可保证在低温下一步反应，获得 $H_2$，反应过程简单，比需要多个反应器的水蒸气重整过程更方便。

2. 反应路径分析

图 6-7 所示为含氧烃类化合物水相重整制氢反应所涉及的反应路径[75]。发生 C—C 键或 C—O 键断裂前，含氧烃类首先发生可逆的脱氢，于催化剂金属表面形成吸附中间态，根据不同催化剂活性金属表面所形成的吸附物种不同，可以通过金属—碳或金属—氧成键，例如，当 Pt 作为催化剂的活性金属中心时，形成的 Pt—C 键吸附物种比 Pt—O 键吸附物种更稳定[20]，因此对于 Pt 催化剂更易形成 Pt—C 吸附物种后再发生 C—C 键断裂。但 Pt 上的 C—H 键和 H—O 键断裂的活化能较为接近[21]，所以 Pt—O 键也可以形成。

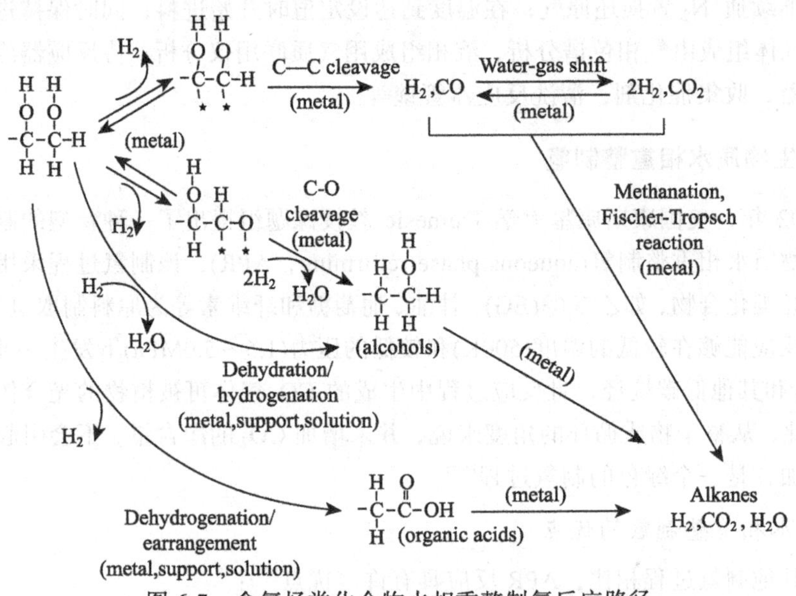


图 6-7　含氧烃类化合物水相重整制氢反应路径

如图 6-7 所示，反应过程存在(I)、(II)、(III)三条路径。路径(I)在可逆脱氢后，发生 C—C 键断裂，生成部分 $H_2$ 和 CO，CO 再与 $H_2O$ 反应生成大量 $CO_2$ 和 $H_2$，此过程即为水气变换反应(water-gas shift，WGS)[82-84]。如路径(II)所示，在某些金属催化剂上，含氧烃类 C—C 键的断裂被 C—O 键的断裂所取代，进一步失水生成醇，所生成的醇类在金属表面继续反应，形成烷烃、$CO_2$、$H_2$ 和 $H_2O$，从而导致 $H_2$ 选择性降低。催化剂催化也会引起从金属表面脱附的物种发生重排反应，形成酸类中间产物，然后生成烷烃、$CO_2$、$H_2$ 和 $H_2O$，降低了 $H_2$ 的产生。正如路径(III)所示，其中最不利的副产物为乙酸，因为乙酸较为稳定，不易发生后续的重整反应，且它本身具有的酸性可导致非贵金属催化剂的流失及反应装置的腐蚀。在上述反应发生的同时，Ni、Rh 和 Ru 催化剂也容易伴随着 $H_2$ 与 CO 或 $CO_2$ 发生甲烷化反应或/和费–托合成(Fisher-Tropsch，F-T)反应，降低 $H_2$ 选择性[85, 86]。路径(II)和(III)均为产氢的竞争性反应。

综上所述，为了提高水相重整制氢的反应活性和 $H_2$ 选择性，在水相重整制氢反应中所选取的催化剂必须能够促进 C—C 键断裂、抑制 C—O 键断裂，促进 WGS 反应而抑制甲烷化反应和费–托合成反应。另外，由于反应过程中可生成一些短链或长链烷烃，也表明了通过此方法从生物质中制取某些燃料也是一条具有积极意义的路径。

3. 理论依据

1) 热力学分析

对于 C/O 比为 1:1 的含氧烃类化合物，先发生 C—C 键断裂生成 CO 和 $H_2$，后进一步发生 WGS 反应生成 $CO_2$ 和 $H_2$，其反应方程式如下：

$$C_nH_{2n+2}O_n \longrightarrow nCO + (n+1)H_2 \tag{6-15}$$

$$CO + H_2O \longrightarrow CO_2 + H_2 \tag{6-16}$$

图 6-8 为多元醇催化重整制氢反应的标准反应自由能[81]。图中几组曲线分别代表气相重整反应、烷烃重整反应和 WGS 反应的标准反应自由能随反应温度的变化情况，ln(*P*)为各物质在不同温度下的蒸汽压。

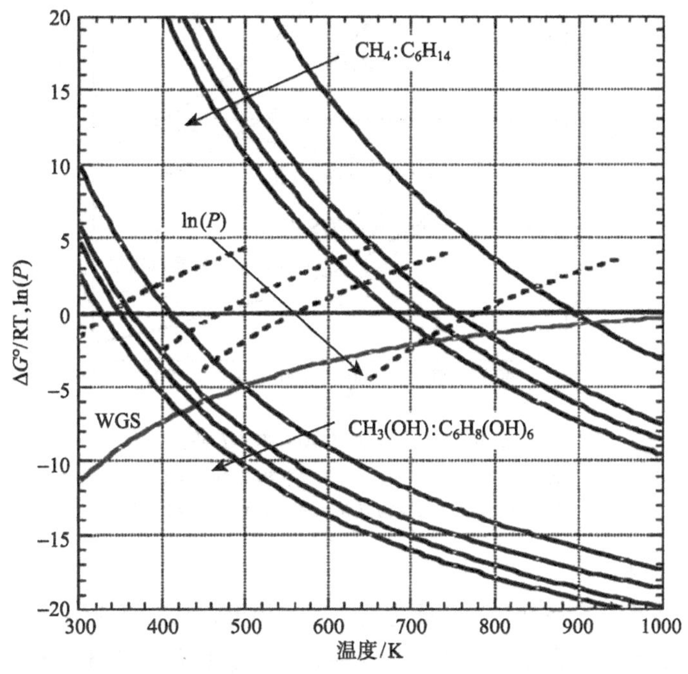


图 6-8　甲烷，乙烷，丙烷，己烷，甲醇，乙二醇，丙三醇，山梨醇蒸汽重整制取 $H_2$ 和 CO 的 Δ*G*°/RT-*T* 曲线；WGS 反应的 Δ*G*°/RT-*T* 曲线；甲醇，乙二醇，丙三醇和山梨的 ln(*P*)-*T* 曲线(虚线，压力单位为 atm)

对比烷烃和多元醇气相重整的吉布斯自由能发现，烷烃的重整反应需在较高温度下进行(高于 675K)，而多元醇的重整反应可发生在相对较低的温度条件下。同时，如图 6-8 所示，较低的反应温度对于 WGS 反应更为有利，因此，含氧烃类进行水相重整反应一步制取氢气在热力学上是可行的。另外，经 DFT 计算表明，含氧型碳水化合物 C—C 键断裂的活化能小于烷烃中 C—C 键断裂的活化能，可以经由单一反应过程转化生成 $H_2$ 和 $CO_2$，因此，水相重整和 WGS 反应能够在同一低温条件下进行[87, 88]。

图 6-9 对比了乙二醇水相和气相催化重整反应和水相、气相的 WGS 反应热力学[89]，结果表明，乙二醇水相和气相的催化重整反应均可在较低温度下进行(370K)，但相比于气相反应条件下的 WGS 反应，水相反应条件下的 WGS 反应可以在一个较为宽泛的温度范围内很容易地发生，因此，可以提高气体产物中 $H_2$ 的含量，降低 CO 的浓度。

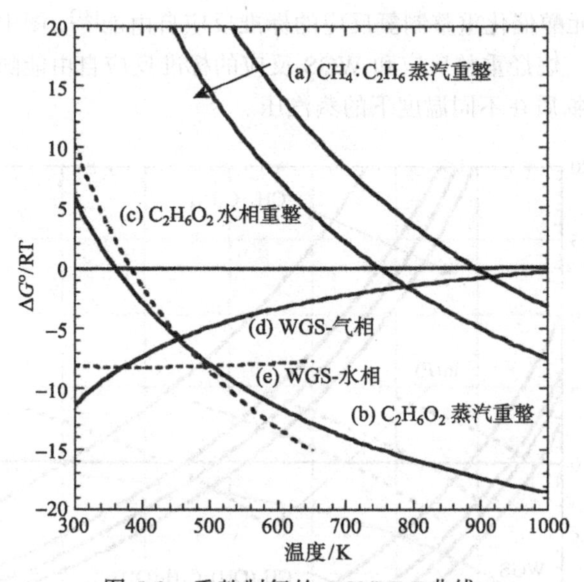


图 6-9　重整制氢的 $\Delta G°/RT$-$T$ 曲线

(a) 甲烷，乙烷蒸汽重整；(b) 乙二醇蒸汽重整；(c) 乙二醇水相重整和 WGS 反应的 $\Delta G°/RT$-$T$ 曲线；(d) 气相；(e) 水相，实线为气相反应，虚线为水相反应

2) 动力学分析

根据甲醇和乙二醇在 $Pt/Al_2O_3$ 催化剂上的水相重整制氢反应结果，Shabaker 等[90]提出了 Pt 催化剂上的乙二醇水相重整反应机理。主要包括决速步骤，即乙二醇的脱氢反应，以及快反应 C—C 键断裂和 WGS 反应，反应方程式如下：

$$C_2O_2H_6 + {}^* \xrightleftharpoons{K_{EG}} C_2O_2H_6^* \tag{6-17}$$

$$H_2O+2^* \underset{}{\overset{K_{H_2O}}{\rightleftarrows}} OH^*+H^* \tag{6-18}$$

$$H_2+2^* \overset{K_{H_2}}{\rightleftarrows} 2H^* \tag{6-19}$$

$$CO_2+^* \overset{K_{CO_2}}{\rightleftarrows} CO_2^* \tag{6-20}$$

$$C_2O_2H_6^*+^* \overset{k_{rxn}}{\rightleftarrows} C_2O_2H_5^*+H^* \tag{6-21}$$

经过一系列类似的不可逆反应过程得到一系列的 $C_2O_2H_x^*$

$$C_2O_2H_x^*+^* \overset{K_{C-C}}{\rightleftarrows} 2COH_y^* \tag{6-22}$$

经过一系列不可逆过程后形成 $CO^*$

$$CO^*+OH^* \overset{k_{WGS}}{\rightleftarrows} CO_2^*+H^* \tag{6-23}$$

表面Pt的活性位以*表示，假设表面吸附物种 $C_2O_2H_6^*$、H、$OH^*$和 $CO^*$，则可得到乙二醇水相重整反应的速率表达式

$$r=\frac{k_{rxn}K_{EG}P_{EG}}{\left[1+\sqrt{K_{H_2}P_{H_2}}\left(1+\frac{k_{rxn}K_{EG}P_{EG}}{k_{WGS}K_{H_2O}P_{H_2O}}\right)+K_{EG}P_{EG}+\frac{K_{H_2O}P_{H_2O}}{\sqrt{K_{H_2}P_{H_2}}}\right]^2} \tag{6-24}$$

分母中从左到右分别对应表面空缺位 $H^*$、$CO^*$、$C_2O_2H_6^*$、$OH^*$等吸附物种的覆盖度，这一结果与实验反应级数对 $H_2$ 为负和对乙二醇为分数级相一致。

与蒸汽重整反应相比，由于APR反应温度有利于WGS反应，可使气体产物中的CO浓度降低至500m/L以下。水相重整反应条件下WGS反应的平衡常数为

$$K_{WGS}=P_{CO_2}P_{H_2}/P_{CO}\alpha_{H_2O} \tag{6-25}$$

500K时，$K_{WGS}$ 为3.1MPa，由于水相重整条件下 $\alpha_{H_2O}=1$，故

$$Q_P=P_{CO_2}P_{H_2}/P_{CO} \tag{6-26}$$

由 $Q_P/K_{WGS}$ 的比值可以判断出WGS反应进行的程度。如负载型Pt基催化剂上的乙二醇水相重整反应中的 $Q_P/K_{WGS}>0.5$，表明该WGS反应达到准平衡状态；$CeO_2$ 负载的Pt催化剂上 $Q_P/K_{WGS}\approx0.9$，说明Ce能够有效促进WGS反应的进行。

通过水相重整反应生成的 $H_2$、$CO_2$ 和少量的烷烃在反应液中形成气泡，且气泡内部的压力大致等于系统的压力，而反应液的蒸汽压近似等于水的饱和蒸汽压，故

$$P_{bubble}\approx P_{system}=P_{H_2O}+\sum_{products}P_j \tag{6-27}$$

因此，可通过上式中各产物的浓度、体系压力和反应温度计算各产物的分压。

4. 国内外研究现状

水相重整制氢催化剂研究现状

根据水相重整制氢的反应路径分析得知，该反应的关键在于使生物质的C—C

键断裂的同时，尽量保证 C—O 键不发生断裂，所以需要所使用的催化剂具有较强的使 C—C 键断裂的能力和较强的 WGS 反应能力，而对烷烃化反应的催化能力较弱。因此，选择何种金属活性组分和催化剂载体至关重要。

a) 催化剂活性金属组分

(1) 单金属活性组分。

研究发现，第Ⅷ族过渡金属元素可以表现出较强的 C—C 键断裂能力[91, 92]。在乙烷氢解反应实验中，第Ⅷ族过渡金属元素变现出较强 C—C 键断裂能力，其催化活性顺序如下：Ni=Ru>Rh>Ir>Fe=Co>Pd=Pt[91]。在 WGS 反应研究中，采用氧化铝为载体的不同金属催化活性依次降低的顺序为：Cu，Re，Co，Ru，Ni，Pt，Os，Au，Fe，Pd，Rh，Ir[82]。不同金属的 WGS 反应催化活性[82, 91]和烷烃相对选择性[93]如图 6-10 所示，从图中可以看出，以金属 Ni 为活性组分的催化剂断裂 C—C 键的能力较强，但也表现出较高的甲烷化活性；Cu 表现出最优异的 WGS 反应催化活性，但几乎没有 C—C 键断裂能力。为了能够得到较高的氢气选择性，同时抑制甲烷化和费-托合成反应等副反应的发生，综合考虑，Pt 被视为水相重整制氢反应中单金属活性组分催化剂的最佳选择[89]。

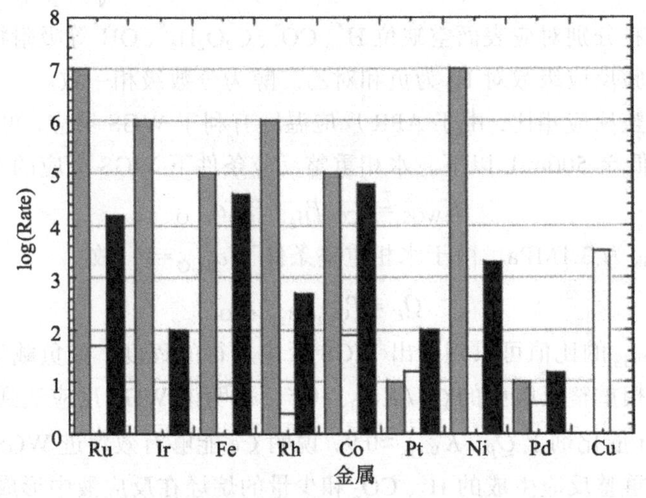


图 6-10　不同金属组分的 C—C 键断裂、WGS 反应、烷烃化相对速率

(黑色—甲烷化；白色—WGS；灰色—C—C 键断裂)

Wen 等[93]制备了 γ-$Al_2O_3$ 负载的 Pt、Ni、Co、Cu 催化剂用于甘油的水相重整制氢反应，得到催化剂的催化活性顺序为 Pt>Cu>Ni>Co，Pt 的产氢速率最高且较为稳定，而 Ni 和 Co 催化剂由于载体的晶化、金属颗粒烧结和活性物种氧化等作用迅速失活。

Luo 等[94]发现 Pt 的负载量对丙三醇水相重整制氢效果有较为显著的影响，Pt

负载量为 0.9wt%时，催化剂表现出最佳的催化活性，氢气收率可达 45%，但所有负载型 Pt 催化剂均存在不同程度的失活现象。Lehnert 等[95]研究了不同 Pt 前驱体制备得到的负载型 Pt 催化剂对丙三醇水相重整反应的影响，发现 Pt 纳米粒子的尺寸对氢气选择性有较大影响，Pt 颗粒越大，氢气选择性越高。

研究者还对 $Ni/CeO_2$[97]、$Ni/Al_2O_3$、$Ni/SiO_2$、$Ni/ZrO_2$ 和 Raney Ni[98, 99]等 Ni 基单金属活性组分的催化剂进行了水相重整制氢研究，发现以 Ni 为单一金属活性组分的催化剂存在共同的缺点——催化剂的稳定性较差。对比 $Al_2O_3$、$SiO_2$、$ZrO_2$ 负载 Ni 催化剂和 Raney Ni 催化剂的乙二醇水相重整制氢反应效果，反应 48h 后，催化剂的活性只有其初始反应活性的 10%；骨架 Raney Ni 催化剂的稳定性略有提高，但仍容易失活，相同反应条件下可失去 50%的催化活性。

此外，ZnO 负载单金属 Co 的催化剂用于乙二醇水相重整制氢的研究也有所报道[100]，与负载型单金属 Pt 催化剂的表现相似，随着 Co 负载量的增加，氢气选择性可从 52%升高至 89%，Co/ZnO 催化剂的气体产物中，CO 的生成量低于 Raney Ni 催化剂。

(2) 双金属活性组分。

单一活性组分的贵金属催化剂虽然可以保持较高的催化活性，但也存在负载量高、成本高、无法大规模工业化应用的问题；而以 Ni 为代表的单金属活性组分负载型催化剂虽然可以降低一定成本，但在反应过程中由于催化剂的积碳或烧结问题容易发生失活现象，为了解决上述问题，近年来不少研究者通过添加某些助剂、改进催化剂制备方法等来提高水相重整催化剂的催化活性和稳定性。

Dumesic 等在早期的研究中发现，可通过向 $Pt/Al_2O_3$ 催化剂中添加 Ni、Co 或 Fe 等金属提高乙二醇水相重整制氢的反应活性[90, 101]。一定比例 Co 和 Ni 的掺杂，可使 $H_2$ 的 TOF 值提高 47%～17.7%，$Pt_1Fe_9/Al_2O_3$ 催化剂的 $H_2$ TOF 是在相同反应条件下 $Pt/Al_2O_3$ 催化剂的 3 倍。掺杂 Fe 的 $Pd/Al_2O_3$ 催化剂得到的 $H_2$ TOF 值为相同条件下 $Pd/Al_2O_3$ 的 39～46 倍。经计算得出[102]，加入的 Ni、Co 或 Fe 与 Pt 形成的双金属催化剂可以降低主金属 Pt 的 d 轨道能量，从而减少 CO 和 $H_2$ 的吸附，使催化剂表面具有更多空位将乙二醇转化。

Ni 催化剂中加入 Sn 可以提高水相重整制氢反应的 $H_2$ 选择性。Sn 能占据 Raney Ni 中 Ni 得到缺陷位，在催化剂表面形成 $Ni_3Sn$ 合金，这些缺陷位的形成能降低甲烷化反应速率，从而提高 Raney-NiSn 催化剂的水相重整制氢反应的 $H_2$ 选择性和产氢的稳定性[79, 99, 103]，Raney $Ni_{14}Sn_1$ 催化剂的产氢速率与 $Pt/Al_2O_3$ 催化剂基本持平，且反应 250h 后仍保持稳定。Xie 等用 $SnCl_4$ 对猝冷骨架 Ni 改性，制备出的 RQ Ni 催化剂 $H_2$ 选择性较高，而烷烃选择性较低，反应中 CO 吸附和解离的活性位被 Sn 部分占据，抑制了甲烷化反应的发生，同时，Sn 可活化 $H_2O$ 分子，促进 WGS 反应的发生。但是，Sn 的加入可提高 APR 反应的 $H_2$ 选择性和稳定性，同时也能显著降低 Raney Ni 催化剂的活性[103，104]。

此外，还有文献报道了 Mo[105]、Co[106-108]、Re[109]、Ru[110]等单金属改性的催化剂用于含氧烃类水相重整制氢反应。采用猝冷法制备的 $Ni_{47.8}Mo_{2.2}Al_{50}$ 合金经碱处理活化抽提 Al 后可得到猝冷骨架 Ni-Mo 催化剂，该催化剂提高了 RQ Ni 催化剂的乙二醇水相重整反应活性，但 $H_2$ 选择性略有降低[105]。Luo 等[105]采用尿素矩阵燃烧法制备出双金属 $NiCo/Al_2O_3$ 催化剂，Ni/Co 物质的量比为 1:3 时，由于二者间具有较强的协同作用，丙三醇转化为气相产物的转化率达到最高值。

b) 催化剂载体

对于负载型催化剂来说，载体对催化活性的影响是一个重要因素。Shabaker 等[89]和 Sinfelt 等[90]等考察了不同载体负载 Pt 催化剂对乙二醇水相重整制氢反应性能的影响，结果表明，相对产氢速率顺序如下：

$TiO_2$>Pt-Black>C>$Al_2O_3$>$ZrO_2$

同时，催化剂载体对反应活性和选择性的影响大于活性组分分散度对反应活性的影响，酸性载体会导致甲烷选择性增加，而采用中性或碱性的载体有利于 $H_2$ 的生成[80]。

Wen 等[93, 110]将贵金属 Pt 负载于 SAPO-11 分子筛、AC(active carbon)、HUSY 分子筛、$SiO_2$、MgO 和 $Al_2O_3$ 上用于丙三醇的水相重整制氢研究，结果表明载体对催化活性影响较大，催化活性按 SAPO-11<AC<HUSY<$SiO_2$<MgO<$Al_2O_3$ 依次递增。

Huber 等[100]采用高比表面积的 $Fe_2O_3$ 为载体负载 Pd，在 453K、483K 和 498K 下乙二醇水相重整制氢反应 $H_2$ 的 TOF 值分别为 $14.6min^{-1}$、$39.1\ min^{-1}$ 和 $60.1\ min^{-1}$。Liu 等[111]将 Pt 负载于采用 Fe-Cr 复合氧化物上，比较单独采用 Fe 氧化物作为载体的催化剂的反应结果，获得了更高的产氢速率，研究认为 Cr 的修饰作用提高了 Pt 纳米粒子的分散性，增加了乙二醇分子与金属活性中心的接触机会。

Mg、Ce、Zr 和 La[113，114]可以通过对载体进行修饰而起到提高催化剂的催化活性的作用。白赢等用 Mg 和 Ce 对 $\gamma$-$Al_2O_3$ 进行改性后获得了更高的乙二醇水相重整制氢活性和 $H_2$ 选择性。研究表明，Mg 可以中和 $\gamma$-$Al_2O_3$ 载体的部分酸性位，提高载体的碱性；Ce 可以提高 Pt 氧化物的分散度，Pt 和 Ce 间存在一定的相互作用，有利于乙二醇 C—C 键的断裂和 WGS 反应的进行。Iriondo 等利用 Mg、Zr、Ce 和 La 对 $Al_2O_3$ 载体修饰后负载 Ni 用于甘油的水相重整制氢，研究发现修饰后的催化剂初始活性均有所提高，但不同助剂对催化剂的影响不同，Mg 可增加 Ni 的表面活性位，Zr 可增加 Ni 的活化反应物的能力，La 和 Ce 可提高 Ni 的稳定性。

此外，采用 $CeO_2$[97]、NaY[115]、Na(H)-ZSM[116]等作为载体制备催化剂进行水相重整制氢的研究也有所报道。

c) 反应原料

采用生物质衍生的多羟基化合物($C_nH_{2n}O_n$)作为水相重整制氢的原料可以得到较高的 $H_2$ 选择性，而糖类物质作为原料时，往往导致较高的烷烃选择性。多羟基化合物 C 原子数增加，副反应中 $H_2$ 消耗量增加，最终导致 $H_2$ 选择性降低，烷烃选择性升高。不同原料的水相重整制氢反应结果如表 6-2 所示。

**表 6-2　不同原料的 $H_2$ 选择性和烷烃选择性**

| 原料 | 498K | | 538K | |
|---|---|---|---|---|
| | $H_2$ 选择性/% | $C_nH_{2n}$ 选择性/% | $H_2$ 选择性/% | $C_nH_{2n}$ 选择性/% |
| 甲醇 | 100 | 0 | 99.8 | 0.2 |
| 乙二醇 | 92.5 | 4.5 | 86 | 8.2 |
| 丙三醇 | 75 | 18 | 51 | 31 |
| 山梨醇 | 66 | 15 | 46 | 22 |
| 葡萄糖 | 50 | 13 | 33 | 32 |

d) 反应介质

含氧烃类脱水将生成一些含氧副产物，而这类脱水反应是由酸催化发生的，在反应溶液中加入碱性助剂可以有效减少反应物发生脱水反应的可能性，有利于抑制甲烷化反应的活性。King 等[108]研究表明加入 KOH 后，$H_2$ 选择性有所增加，C2 烷烃的选择性有所降低。Liu 等[116]在乙二醇溶液中加入一定浓度 KOH，气相产物中无 CO 和 $CO_2$ 检出，氢气产率可达 $600\mu mol\cdot cm^{-3}{}_{reactor}\cdot min^{-1}$。

e) 反应条件控制

催化剂的催化活性不仅与原料的类型和 pH 值有关，系统压力对水相重整制氢的性能也有很大影响。

$$P_{system} \approx P_{bubble} = \sum_{feed} P_i + \sum_{products} P_j \tag{6-28}$$

$$P_j = \frac{P_{j,diluted}}{\sum_{products} P_{j,diluted}} \left( P_{bubble} - \sum_{feed} P_j \right) \tag{6-29}$$

根据上述关系式，假定反应器中的气泡主要由水蒸气构成，因此在恒温下，系统压力增加，气体产物中 $H_2$ 和 $CO_2$ 的分压也会相应增加，促使 WGS 反应逆向进行，增加 CO 的浓度，导致大量 CO 覆盖于活性金属表面，降低反应活性。而若反应发生在水相环境中，则有利于 WGS 反应的发生。还有研究表明[81]，原料转化为气体产物的转化率可随反应温度的升高而增加，但气体产物增加则反应体系压力增加，压力提高也会促进 $H_2$ 和 CO 或 $CO_2$ 发生费-托合成反应，降低 $H_2$ 选择性。所以，在水相重整制氢体系中，必须保持高于相应温度下水和原料的饱和蒸汽压，才能维持反应正常运行。因此，选择合适的反应条件对于水相重整制氢反应也是至关重要的。

# 6.3 超临界转化制氢

## 6.3.1 生物质在超临界状态下制氢的基本概念

超临界转换是将生物质原料与一定比例的水混合后，置于压力为 22～35MPa，温度为 450～650℃的超临界条件下进行反应，完成反应后产生氢含量较高的气体，再进行气体的分离。

液体的超临界点在相图上是气-液共存曲线的终点，在该点气相和液相之间的差别刚好消失，成为均相体系，这是介于气体和液体之间的一种特殊状态。在超临界状态下，通过调整压力、温度来控制反应环境，具有增强反应物和反应产物的溶解度、提高反应转化率、加快反应速率等显著优点。[118]

将生物质原料与一定比例的水混合，在超临界或者接近超临界的条件下制取氢气不同于普通气化技术，反应无固体废物或焦油产生。由于超临界状态下水具有介电常数较低，粘度小和扩散系数高的特点，因而具有很好的扩散传递性能，可降低传质阻力，并溶解大部分有机成分和气体，使反应成为均相，加速了反应进程。超临界转换的重要优点是：① 可以使用未经干燥的湿生物质；② 可以将生物质几乎完全转换为气体。

## 6.3.2 超临界转化制氢机理

葡萄糖是纤维素分解过程中的一种重要的中间物质，因此，许多学者都以葡萄糖为模型化合物，来研究生物质在超临界水中的气化过程。葡萄糖在超临界水中的气化过程被认为有许多可能的反应路径，但是蒸汽重整反应①和水气转换反应②被认为对葡萄糖的气化程度和最终分解产物的气体组成有重要的影响。

$$C_6H_{12}O_2 + 6H_2O \longrightarrow 6CO_2 + 12H_2 \tag{6-30}$$

$$CO + H_2O \Longleftrightarrow CO_2 + H_2 \tag{6-31}$$

葡萄糖和果糖在超临界水中分解过程中都有蚁酸生成，而研究表明蚁酸与水气转换反应有关。Yoshida 在水温为 240～260℃时，研究了蚁酸分解的反应路径，反应的可逆性有力地说明了蚁酸是水汽转换反应过程中的一种中间产物，其化学反应方程式可表示为[119]

$$CO + H_2O \longrightarrow HCOOH \longrightarrow CO_2 + H_2 \tag{6-32}$$

Kabyemela 认为甘油醛和二羟基丙酮是葡萄糖气化分解过程中的两种重要的中间物质，因此，在没有催化剂，温度为 300～400℃、压力为 25～40MPa、反应时间为 0.06～1.7s 的亚临界和超临界水条件下，分别对甘油醛和二羟基丙酮进行了气化分解实验。实验发现甘油醛经反应后生成二羟基丙酮和丙酮醛，而且生成的二羟基丙酮量总比丙酮醛量多；二羟基丙酮反应则生成丙酮醛和甘油醛，且生成丙酮醛的量总比甘油醛量多，由此判断出甘油醛和二羟基丙酮之间发生了可逆的异构反应，它们脱去水都生成丙酮醛。丙酮醛又与水反应生成了酸和一些其他物质，这些物质进一步气化分解，最终生成 $H_2$、CO、$CO_2$、$CH_4$ 等气体。[120]

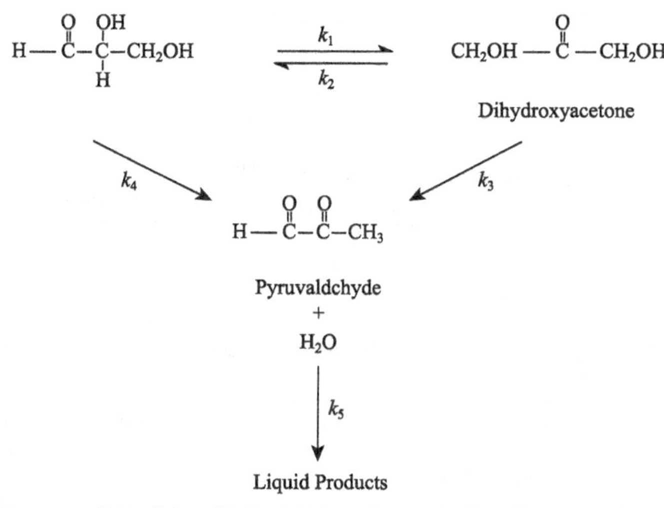


图 6-11　甘油醛和二羟基丙酮在亚临界和超临界水中的反应路径

另外，Kabyemela 在没有催化剂，温度为 300～400℃、压力为 25～40MPa、反应时间为 0.02～2s 的条件下，对葡萄糖溶液及其分解过程中的中间物质果糖、赤藓糖和 1,6-anhydroglucose 分别进行气化实验。实验发现葡萄糖分解过程中有果糖、赤藓糖、1,6-anhydroglucose、甘油醛、丙酮醛、二羟基丙酮等物质生成；果糖分解的产物和葡萄糖分解的产物基本相同，只是没有 1,6-anhydroglucose 产生；而赤藓糖和 1,6-anhydroglucose 分解后的产物均为蚁酸和醋酸；这些物质分解后最终生成 $H_2$、CO、$CO_2$、$CH_4$ 等气体，在此基础上 Kabyemela 提出了葡萄糖和果糖在亚临界和超临界水中气化分解的主要反应路径，如图 6-12 所示。葡萄糖环打开由 LBAE 转换反应生成了中间产物 2，3，4 和 7，中间产物 2 由反丁间醇醛反应打断碳 2-3 键生成了赤藓糖和乙醇醛；中间产物 3 的碳 1-2 键是双键，削弱了碳 3-4 键，使其更容易断裂生成乙醇醛；同样，中间产物 7 的碳 2-3 键为双键，使之容易因键断裂形成赤藓糖和乙醇醛；1,6-anhydroglucose 是由葡萄糖脱去一个水生成的，它进一步分解生成酸；羟甲基糠醛(5-HMF)可以由果糖分解生成，但在该实验条件下，尤其在时间极短的条件下，这个反应对于整个反应来说并不是很重要。葡萄糖分解可以生成甘油醛，甘油醛通过异构作用生成同素异构体二羟基丙酮，它们之间是一个可逆反应，两者脱水都可以生成丙酮醛，然后分解生成酸。果糖的分解过程大致和葡萄糖相同，只是没有 1,6-anhydroglucose 生成。最终，这些生成的酸和其他物质气化生成 $H_2$、CO、$CO_2$、$CH_4$ 等气体。

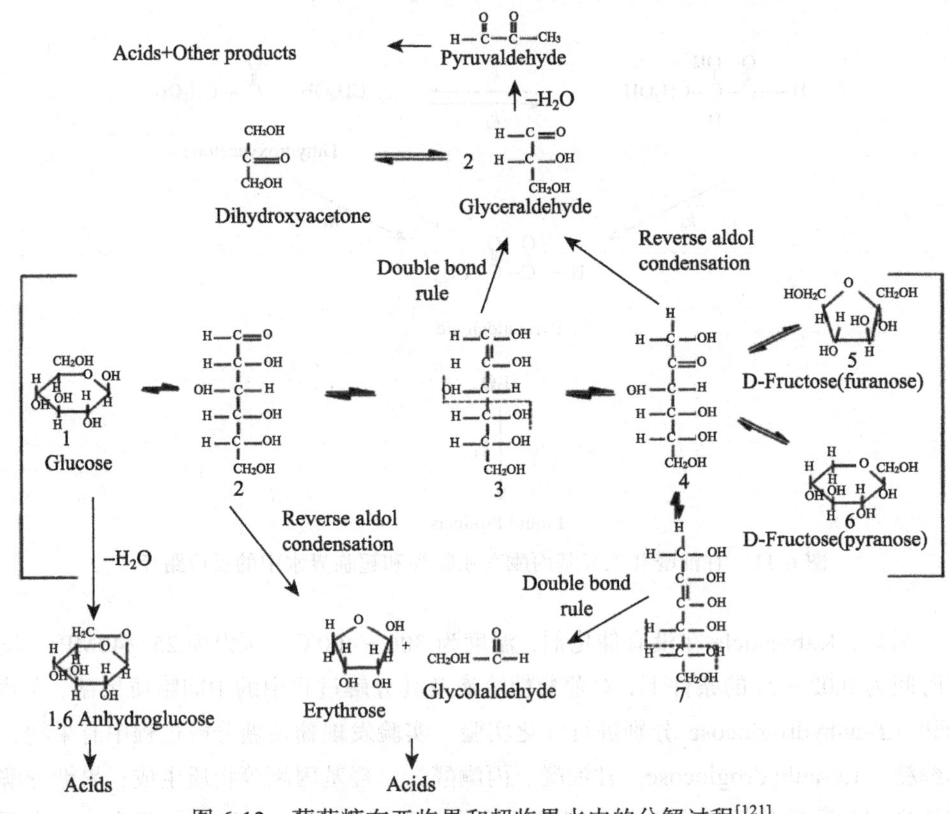


图 6-12 葡萄糖在亚临界和超临界水中的分解过程[121]

以葡萄糖为模型化合物，在温度为 400～500℃、压力为 30～40MPa、反应停留时间为 1.8～16.3min 条件下，加入 $K_2CO_3$ 进行超临界水气化实验。气化过程中发现有糠醛、甲基糠醛、5-HMF、苯酚、醋酸、蚁酸、乙酰丙酸和乙醛等物质生成，并给出了生成 5-HMF 的可能反应路径，如图 6-13 所示。5-HMF 是由葡萄糖分解过程中的中间产物经过脱水反应生成的，而 5-HMF 分解后又生成了乙酰丙酸和蚁酸，其中乙酰丙酸是典型的由 5-HMF 在酸催化条件下生成的。在该实验条件下，5-HMF 的乙酰基分裂形成了一种 pH 值为 3～4 的有机酸，同时生成了乙酰丙酸，乙酰丙酸分解的产物则主要是 $CO_2$。

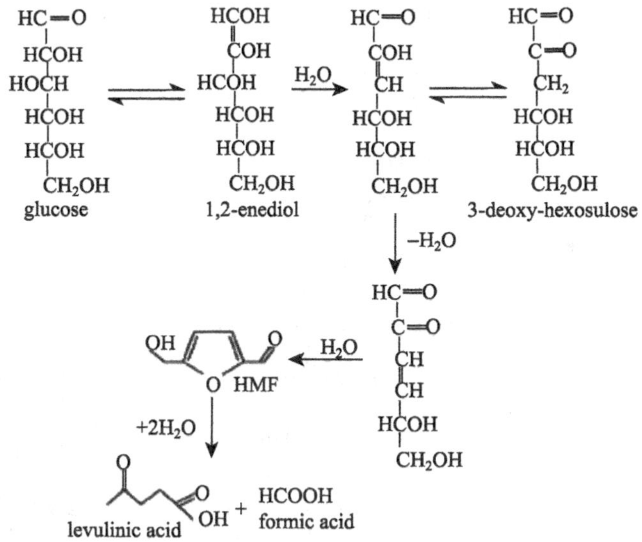

图 6-13 葡萄糖分解生成 5-HMF 以及由 5-HMF 生成蚁酸和乙酰丙酸的反应路径[122]

在温度为 473～593℃时，无催化剂条件下对果糖分解生成羟甲基糠醛(5-HMF)的过程进行了实验研究，并结合以前学者的研究给出了果糖在亚临界条件下分解的反应路径图，如图 6-14 所示。路径 a 和 b 表示果糖脱去水生成 5-HMF，然后 5-HMF 又与水化合生成乙酰丙酸和蚁酸的过程；除此之外，果糖脱水分解还生成胡敏素、糠醛等化合物如路径 c，d，e 所示；路径 g 表示了葡萄糖打开环经异构反应生成了果糖；赤藓糖和乙醇醛则可能是果糖由反丁间醇醛缩合反应生成的，如路径 f；同时还发现果糖经由路径 j、k 生成了二羟基丙酮和甘油醛。

生物质模型化合物葡萄糖在超临界水中气化可能的主要反应路径如图 6-12 所示。葡萄糖分解过程中的主要产物有果糖、1,6-anhydroglucose、赤藓糖、乙醇醛、甘油醛、二羟基丙酮、丙酮醛、醋酸、蚁酸以及其他一些中间产物，分解过程中涉及反丁间醇缩合反应、LBEA 转换反应、脱水反应、蒸汽重整反应和水汽转换反应等一系列反应。葡萄糖分解首先可生成果糖、1,6-anhydroglucose、赤藓糖、乙醇醛、甘油醛，而 1,6-anhydroglucose 进一步分解则生成酸，甘油醛可转化为其同分异构体二羟基丙酮，它们都可以进一步分解生成丙酮醛，丙酮醛分解则生成酸和一些其他物质；果糖的反应路径基本和葡萄糖的反应路径相同，只是没有 1,6-anhydroglucose 生成。生物质超临界水气化制氢技术与其他的制氢技术及气化过程相比较，具有良好的环保优势和应用前景。目前已经取得了一些初步的实验研究成果，但还不足以揭示生物质在超临界水中气化的反应机理，需要进一步对其进行研究，以获得更多有效可靠的实验数据，为最终实现超临界水生物质气化制氢的工业化奠定基础。

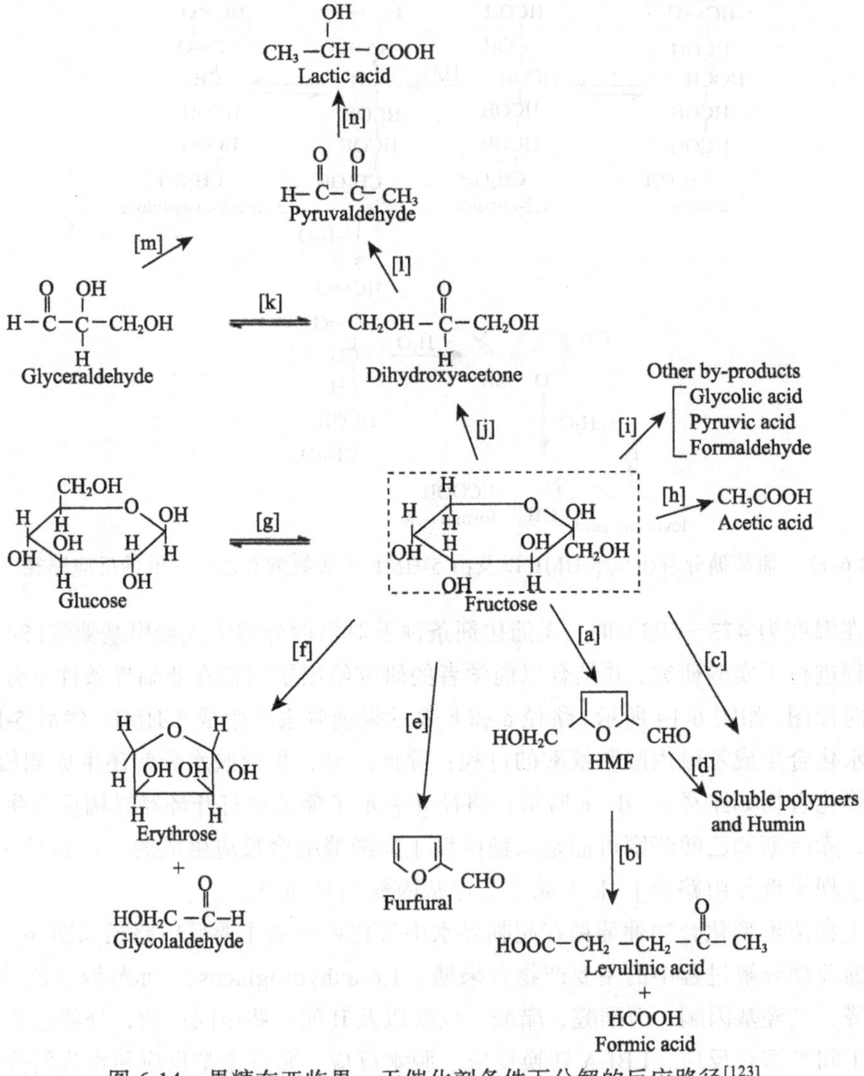

图 6-14　果糖在亚临界、无催化剂条件下分解的反应路径[123]

### 6.3.3　太阳能化学和生物转化制氢在超临界转化制氢方面的应用

太阳能化学和生物转化制氢正在成为新的太阳能利用的有效方式，引起世界各国学术界和工业界的高度重视。太阳能化学与生物转化制氢主要有三条途径：化学催化转化、模拟酶转化和生物酶转化。经过三十多年的研究，紫外光区化学催化分解水制氢的量子效率已经突破了 50%；可见光区分解水制氢的量子效率达到 2.5%，最近报道已经接近 5%，距离 10%的工业化目标已经不再遥远；此外，光催化分解硫化氢制氢在可见光区的量子效率达到 40%；光催化重整生物质制氢可见光区的量子效率达到 15%，已具有潜在的工业化前景。上述三个方向上的研究成果表明，太阳能化学与生物转化制氢研究经过多年的发展已取得了重要的进展。

1) 太阳能光催化分解水制氢

太阳能光催化分解水制氢($H_2O \longrightarrow H_2+O_2$)，是化学转化太阳能最理想的途径，但也是最具挑战的课题。一旦取得突破，将会改变世界能源格局。

1972 年，$TiO_2$ 催化剂在紫外光照下光解水的量子效率仅为 0.1%左右，经过不断的研究探索，2003 年报道的紫外光区具有最高活性的光催化剂，即 La 掺杂 $NaTaO_3$ 催化剂，分解水的量子效率达到 56%。这一研究结果在实验上表明光能转化为氢的量子效率可以突破 50%。由于在地面上紫外区在太阳光谱中仅占 5%，提高太阳能利用率的关键是开发可见光响应的光催化剂，因为可见光区在太阳光谱中占 40%以上。2000 年以来，科学家开始大力发展可见光区显示活性的光催化剂，2006 年报道的具有最高效率的可见光催化剂，在不加任何牺牲剂的条件下分解水产氢的量子效率可达到 2.5%。最近报道的量子效率已经接近 5%。而根据日本通产省评估，当可见光照射下催化剂分解水产氢的量子效率达到 10%以上时，就具有工业化太阳能制氢的实用价值。

2) 太阳能光催化重整生物质制氢

利用太阳能光催化转化生物质制氢($C_6H_{12}O_6 + 6H_2O \longrightarrow 12H_2 + 6CO_2$)，是高效转化利用生物质的一条途径。生物质所提供的能量，一直是人类赖以生存的重要能源，仅次于煤炭、石油和天然气，是居世界能源消费总量第四位的能源。据估计，到 2050 年前后，采用新技术生产的各种生物质替代燃料，将占全球总能耗的 40%以上。目前生物质制氢技术主要有部分氧化法制氢、快速高温热解制氢、高温分解-催化蒸汽重整集成制氢、超临界水中生物质催化气化制氢等。这些技术都存在能耗高、工艺设备复杂、副产物多、氢气的分离和净化难度大等缺点。同时，由于这些高温制氢过程受到热力学限制，气体产物中不可避免地伴随着具有热力学优势的 CO 生成，其浓度值远远超过了燃料电池的允许值。这需要一系列的水汽转换、甲烷化等过程来降低 CO 的含量，进一步增加了生物质制氢过程的复杂性。利用太阳能光转化生物质制氢有可能避免上述问题，具有重大的科学意义和应用价值。

3) 太阳能光催化转化污染物制氢

利用太阳能转化消除污染物并同时制氢，是一项一举多得的过程。既解决了环境问题，又可制取氢气。在化学和生化工业过程中，排放高浓度污染物废水，是造成水污染的主要原因。而这些污染物大多是有机物和无机物，含能较高，可通过水重整反应而转化为 $H_2$ 和 $CO_2$ 等无害物质。例如，造纸工业废水中含大量纤维素木质素物质，生化工业过程排放大量糖类等生物大分子，在石化工业中则排放大量硫化氢等有害物质。

目前日本和欧洲一些国家已经在这方面开始报道研究工作。我国在光催化消除污染物方面已有很好的基础，但在光催化消除污染物并同时制氢的研究工作还不多。最近，大连化物所利用太阳能光催化重整 $H_2S$ 制氢和直接分解 $H_2S$ 制氢($H_2S \longrightarrow H_2 + S$ 或 $H_2S + H_2O \longrightarrow H_2 + SO_x^{2-}$)的研究取得重大进展。

硫化氢是石油、天然气加工过程中伴生的有害气体。在我国的天然气中，硫化氢的含量最高可达 60%～90%，含硫总量达到 $6800\times10^4$t 以上。目前一些正开发的高硫天然气中硫化氢含量均大于 1000 mg/m$^3$。据悉，2010 年我国将进口中东含硫原油(硫含量 0.79%～3.50%)约 $5000\times10^4$～$6000\times10^4$t。目前工业上大多采用 Claus 法处理硫化氢回收硫磺，即硫化氢部分氧化转化为硫磺和水($H_2S+\frac{1}{2}O_2 \longrightarrow S+H_2O$)，从能源利用的角度来看，Claus 工艺不仅需要消耗大量的热能，也造成了氢能的极大浪费。目前，仅 Claus 工艺一项，我国硫化氢资源中每年至少有 $2\times10^4$t 氢被氧化为水。

### 6.3.4 超临界转化制氢国内外研究

1985 年最早将超临界水气化工艺用于生物质制氢。此后这项技术的研究在国内外广泛开展。由于超临界水所需的温度和压力对设备要求比较高。这方面的研究目前还主要停留在小规模的实验研究阶段。

美国麻省理工学院的 Modell 等 1977 年首先提出了木材的超临界水气化的工艺[124]，报告了在接近临界状态(374℃，22MPa)时，温度和浓度对水中葡萄糖和枫木屑的气化效果，没有产生固体残渣或木炭，气体的氢浓度达到 18%，该工艺 1978 年获得专利[125]。

美国夏威夷大学的 Antal 小组持续开展了生物质超临界转换制氢的深入研究，发表了许多文献。他们的主要工作为：① 进行了大量生物质超临界转换气化的实验研究，原料涉及葡萄糖、藻类、甘蔗渣、淀粉类、各种木屑、各种秸秆、废水污泥和甘油废弃物等，几乎涉及了所有可利用的生物质材料，实验温度范围为 550～650℃，压力范围为 22～34.5MPa，提供了大量化学热力学和反应动力学的数据[126~133]；② 发展了新的碳基催化剂来提高气化效率，包括云杉木炭、坚果壳木炭、活性炭和椰子炭等，在 600℃和 25MPa 以上有足够高的气化效率[128]，并发展了新的方法来提高催化剂寿命[129]；③ 研究了将木屑、污泥和颗粒生物质与淀粉混合，制备成适合工艺操作的浆状物，测量了浆状物的泵送性能，已经做到浆状物中淀粉量减少到 3wt%，颗粒生物质增加到 10wt %，在超临界压力(22 MPa)下蒸发未形成木炭[125]；④ 研究了超临界流动反应器、反应器的抗腐蚀问题、水煤气变换过程、高压水中

$CO_2$吸收等相关配套工艺。美国 2000 年公布的氢计划中由 Combustion System 公司继续完成将超临界水热解转化为商业技术的工作。

美国太平洋西北实验室(PNL)的 Elliott 等在名为 TEES 的连续流动反应器上研究了不同的原料和催化剂，目的是得到富含甲烷气体，但结果表明氢是主要的生成物。该工艺是水和液体有机材料的高压反应，反应条件为 300～450℃和 130atm 以上压力，使用了由钌、铑、锇、铱组成的还原性金属催化剂，分别获得了木质纤维素转化为燃气和有机物催化合成燃气的专利授权[134~137]。

日本国立资源环境研究所 Minowa 小组进行了纤维素和木质纤维素材料高压蒸气气化的研究，在研究中使用了还原性金属催化剂，温度为 200～374℃，压力为 17MPa，揭示了不同原料及反应条件对气化过程的影响规律[138~143]。

西安交通大学多相流国家重点实验室的郭烈锦小组对超临界水催化气化制氢进行了持续的理论与实验研究，发表了一系列文献资料，分析了超临界水环境中生物质催化气化制取富氢气体的主要影响因素，如温度、压力、停留时间、反应物浓度等对气化率和气态产物的影响，获得了产气量与混合物中纤维素、半纤维素和木质素质量分数之间关系的关联式。在连续管流反应器上，以玉米秸秆、玉米芯、麦秸、稻草、稻壳、花生壳、高粱秆等为原料，羧甲基纤维素纳为添加剂的实验结果表明：生成含有氢气、二氧化碳、一氧化碳、甲烷以及少量的乙烷和乙烯的气体，气体产物中一氧化碳体积分数大约为 1%，甲烷体积分数超过 10%，氢气的体积分数可达 41.28%[144~149]。裴爱霞等[149]在相同的实验条件下，利用不同种类的催化剂进行了花生壳在超临界水中气化制氢的实验研究。对采用不同催化剂时生物质的气化效果和产氢能力进行了比较，得出碱性化合物催化剂可以提高反应速率，抑制灰分和焦油的生成。在反应过程中形成甲酸盐，强化水–气转化反应，可以促进氢气的生成。$ZnCl_2$可以溶解花生壳中的纤维素，增加催化剂和生物质分子的接触面积，同时可促进水–气变换反应向正方向进行，在用 $ZnCl_2$ 作催化剂时，氢气的质量分数高达 32.79%，氢气气化率比不加催化剂时提高了 6.13%。在超临界水中，橄榄石对生物质气化产氢有催化作用，能够和水反应得到氢气和甲烷。煅烧厚的白云石催化剂可形成 CaO-MgO 的络合物，颗粒表面具有极性活化位，可促进水–气变换反应和重整反应。Raney-Ni 是大比表面积的骨架金属催化剂，有很高的活性，Raney-Ni 催化剂对气化率、碳气化率和氢气气化率的影响均最突出，在本书选择的几种类型催化剂中，Raney-Ni 的产氢效率和潜在产氢效率最高。此外，Raney-Ni 催化剂价格低廉，来源广泛，催化性能可改进的领域宽广。因此 Raney-Ni 催化剂是一种极具潜力的生物质制氢催化剂。

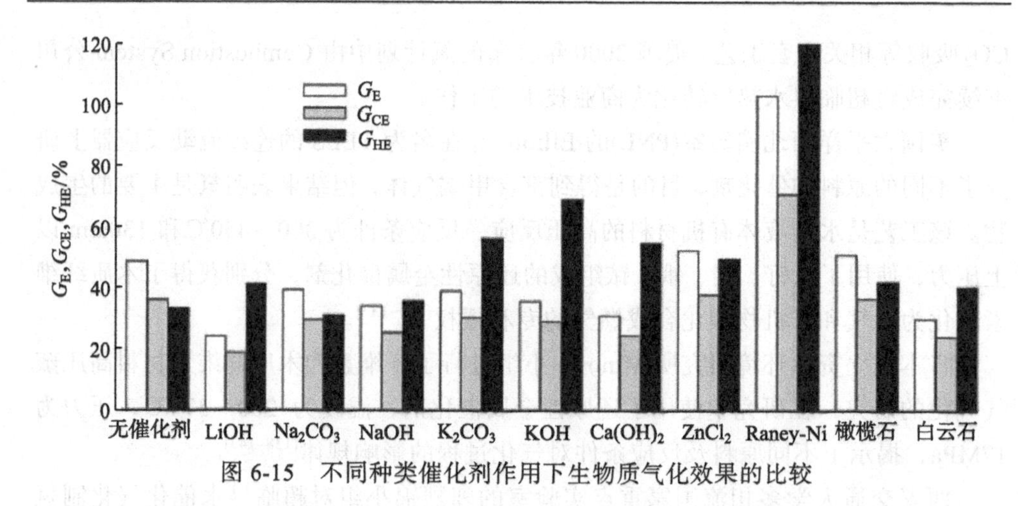


图 6-15　不同种类催化剂作用下生物质气化效果的比较

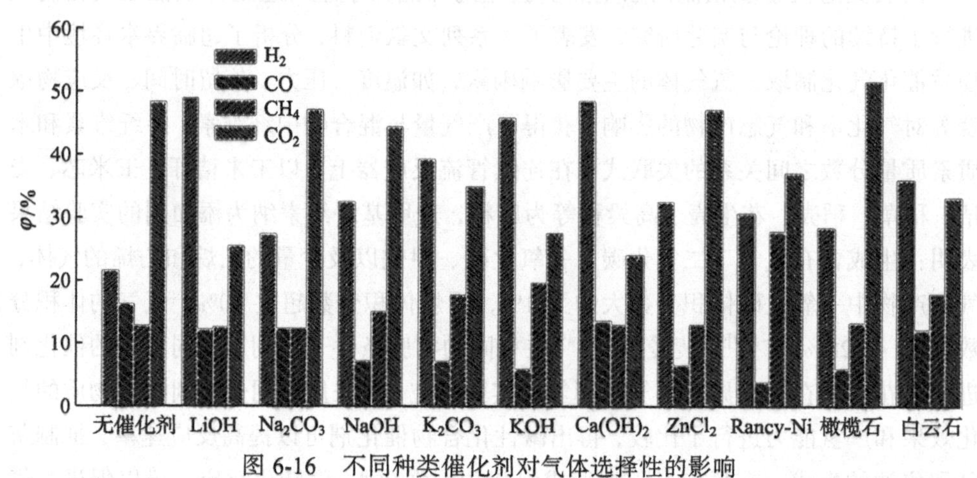


图 6-16　不同种类催化剂对气体选择性的影响

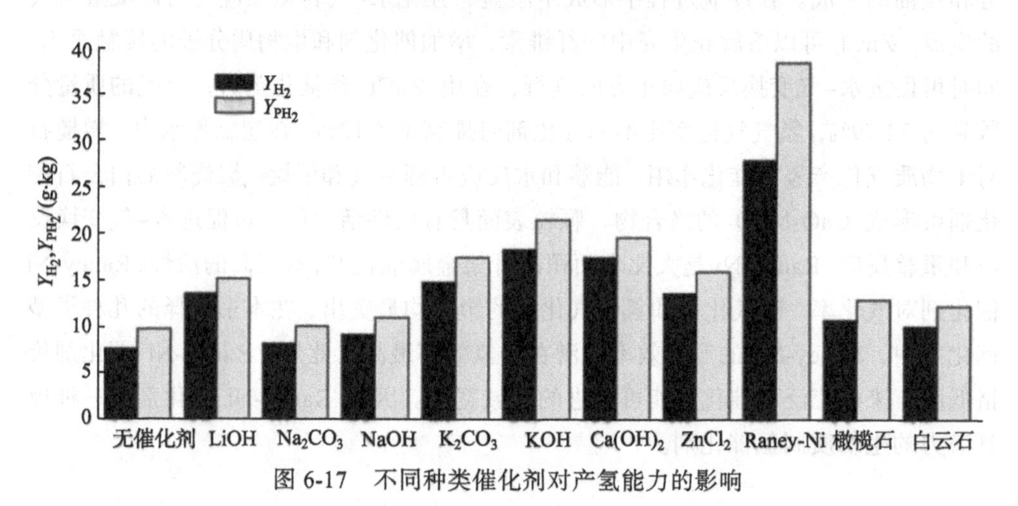


图 6-17　不同种类催化剂对产氢能力的影响

# 6.4　生物质化学链气化制氢

## 6.4.1　基于生物质的甲烷制氢

本技术是指利用废物及生物质为原料厌氧消化制取甲烷，再转化制氢。甲烷制氢是制氢技术中研究最多的技术之一，但目前大部分研究针对天然气的甲烷转化制氢，厌氧消化产生的甲烷与天然气共重整的研究也有报道。甲烷催化热裂解制氢和甲烷重整制氢是主要的两种方式。近年来国内外研究者进行了大量甲烷制氢的研究，采用各种新技术以提高甲烷的转化率，如用等离子体提高反应温度；采用新的催化剂；确定最优的反应参数以及改进设备等。已研究了 Ni、Co、Pd、Pt、Rh、Ru、Ir 等多种过渡金属和贵金属负载型催化剂。通过吸附动力学和反应器模拟发现在甲烷蒸汽重整技术中以 $Li_2ZrO_3$ 作为吸附剂能够增加氢气的产量。[151]

## 6.4.2　基于生物质的甲醇转化制氢

基于生物质的甲醇转化制氢是指通过微生物发酵将生物质或废物转化为甲醇，然后重整制氢，主要技术有甲醇裂解制氢和甲醇重整制氢。近期的研究主要是改进催化剂的结构以及新型催化剂的选择。*Science* 杂志[151]发表了对基于生物质的碳氢化合物催化制氢的研究，发现在产氢效果类似的情况下以雷尼镍和锡(Raney Ni-Sn)这种非稀有金属作为催化剂不仅比铂金更经济，而且锡还能够降低甲烷生成量，提高氢产量。以 $Cu/ZrO_2/CeO_2$ 为催化剂[153]的甲醇蒸汽重整的动力学研究，发现甲醇转化率最高、CO 释放量最小时的温度为 523～543K，催化剂中 Cu 的量对降低活化温度有重要影响。近年来还有研究者进行水相甲醇重整的研究，以 $Pt/Al_2O_3$ 为催化剂的液相甲醇重整制氢技术研究[154]。对甲醇在超临界水中重整制氢的研究结果显示主要产物为 $H_2$ 以及少量的 $CO_2$，在不加催化剂的情况下甲醇的转化率达到 99.9%，并发现是镍合金内壁对反应有影响，事先氧化内壁可以增加反应速率并减少二氧化碳的浓度。[155]

## 6.4.3　基于生物质的乙醇转化制氢

基于生物质的乙醇转化制氢是指通过微生物发酵将生物或废物转化为乙醇，然后通过重整制氢。乙醇催化重整制氢是目前制氢领域研究较热门的技术之一。将乙醇制成氢气不仅对环保有利亦可增加对可再生能源的利用，但目前此技术仍处于实验室研发阶段。当前乙醇催化重整制氢的研究主要集中于催化剂的选择和改进方面。乙醇转化效率和产氢量因不同的催化剂、反应条件以及催化剂的准备方法而有很大差异。目前在研的乙醇蒸气重整催化剂很多，其中 Co/ZnO，ZnO，$Rh/Al_2O_3$，$Rh/CeO_2$ 和 $Ni/La_2O_3-Al_2O_3$ 效果较好，无 CO 副产物。低温高温转移反应结合技术是当前此领域热点研究之一。$Ru/ZrO_2$，$Pt/CeO_2$，$Cu/CeO_2$，$Pt/TiO_2$，$Au/CeO_2$ 和 $Au/Fe_2O_3$ 催化效果较好，对于商业化应用，Cu/ZnO 适用于低温反应，$Fe/Cr_2O_3$ 主要应用于高温反应[156]。在基于生物质的乙醇重整制氢反应中，ICP0503 作为催化剂，催化效果稳定，重整产生的气体可能无需净化处理直接用于燃料电池。

### 6.4.4 基于生物质的热解气化制氢

与生物质热解制氢相反，生物质气化制氢在反应过程中需要有氧气存在，在 600～1000℃的高温下，将木屑、秸秆等生物质气化生成部分气体产物和炭，炭进一步发生还原反应生成 $H_2$ 和 CO，还有少量的 $CO_2$、甲烷和其他烷烃化合物，CO 继续与 $H_2O$ 发生 WGS 反应生成 $CO_2$ 和大量 $H_2$，气相产物经分离和纯化后得到最终目标产物 $H_2$，在该反应中，产物以气相产物为主，焦炭等固体产物含量较低(图 6-18)。

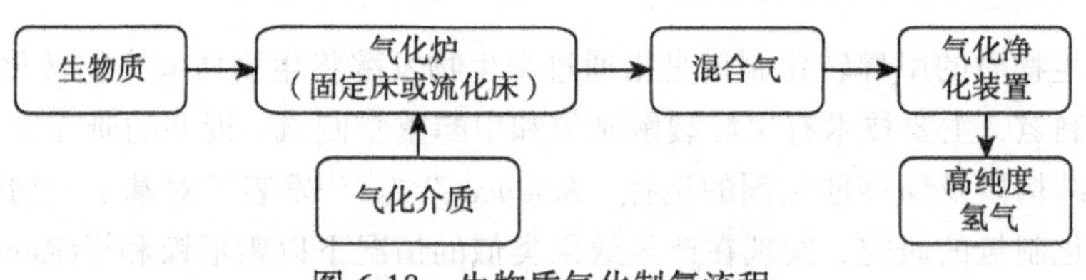


图 6-18　生物质气化制氢流程

生物质气化制氢技术的气相产物中氢气含量较高，且热值也较高，相比生物质热解制氢，可以获得 40%～60%的氢气含量，气化过程中产生的焦油含量却相对较低，对环境的压力较小。但对于生物质气化制氢技术来说，降低设备的成本是面临的主要挑战。

这里简要阐述热解气化过程，获得富氢气体。有关化学链气化及制氢应该放在第 7 章介绍。

## 6.5 光合生物产氢

### 6.5.1 生物质光合产氢

氢气因其具有清洁、能量密度高和使用范围广等特点，已成为两次能源危机后各国政府能源政策的支持重点，而生物制氢技术被公认为未来替代能源的最有应用前景的主要技术，成为目前世界能源科学技术领域的研究热点，促进了生物制氢技术的诸多发展。作为生物制氢技术中研究最早的制氢途径，藻类(蓝细菌)能直接利用水和太阳光进行产氢，被认为是最具有前途的制氢途径，也是目前生物制氢中研究最多的技术。目前，美国、日本、欧盟、中国等在藻类分子生物学、耐氧藻类开发、促进剂等技术领域取得了突破性进展，并开发了各式生物反应器，完成了藻类制氢从实验室逐步走向实用的转化[157~159]。但藻类的产氢过程同时伴随着氧的产生，反应产生的氧气除了能与生成的氢气反应外，还是氢酶活性的抑制剂，从而影响系统的产氢速率；同时当光强较大时，其主要进行 $CO_2$ 的吸收并合成所需的有机物质。因此，藻类的产氢不稳定且易被副产品氧气所抑制[160,161]。与藻类相似，蓝细菌在产氢的同时也会产生氧气，而氧是固氮酶的抑制剂。通过基因工程改变藻类的基因提高藻类的耐氧能力是目前的主要研究内容，并已取得了一些进展。

厌氧细菌产氢由于不依赖光照，在黑暗条件下就可进行产氢反应，容易实现产氢反应器的工程放大试验，加之厌氧细菌能利用多种有机物质作为制氢反应原料，可使多种工农业有机污水得到净化处理，有效地治理了环境污染，同时还产生洁净的氢气，使工农业有机废弃物实现了资源化利用，也被认为是较为理想的产氢途径，引起了国内外氢能科技工作者的青睐，尤其是我国在厌氧产氢选育、产氢机理和工程技术等方面取得了令人瞩目的研究进展。但在研究中发现，该途径在厌氧细菌在发酵制氢过程中的产氢量和原料利用率均比较低等问题，其主要原因是：从厌氧产氢细菌存在的角度看，丙酮酸酵解主要用于合成细胞自身物质，而不是用于形成氢气，这是自然进化的结果；其次，反应过程中所产生氢气的一部分在氢酶的催化下被重新分解利用，降低了氢的产出率。同时，在厌氧细菌的发酵产氢过程中，pH 值必须在酸性范围内以抑制产甲烷菌等氢营养菌的生长，但当 $pH<4$ 时，产氢菌的生长及产氢过程都受到明显的抑制。对厌氧细菌连续发酵产氢工艺系统而言，产氢代谢途径对氢分压敏感且易受末端产物抑制，当氢分压高时，产氢量减少，代谢途径向还原态产物的生产转化。$CO_2$ 的浓度也会影响厌氧细菌产氢速率和产氢量，同时在连续的厌氧细菌产氢过程中，产氢细菌不能利用乙酸、丙酸、丁酸等小分子有机酸，造成有机酸的积累而对产氢细菌形成抑制作用，虽然乙酸对产氢细菌没有毒害作用，但大量乙酸累积会限制能源转化率的提高，制约了厌氧细菌产氢工程技术的进一步应用与发展。

光合细菌作为一类古细菌产氢现象广泛存在于自然界，可以使用自然界中各种有机物质作为生长底物，曾被广泛应用于有机废水的降解处理。产氢现象作为光合细菌的一种特有生理特征近几年才被能源科学技术界所关注，并逐渐成为能源科学技术领域的一个研究热点。但光合细菌在产氢过程中对光照的高度依赖性限制了光合细菌制氢技术的发展，一般根据光合细菌产氢稳定性对光照强度和光照连续性的要求，光合细菌制氢工艺中常常采用消耗电能或其他化石能源的人工光源技术，技术经济不合理，市场应用前景黯淡，同时光合细菌在生长过程中色素的分泌以及反应溶液本身的色浊度影响了光在反应溶液中的均匀分布，降低了光能的利用效率，增加了光合细菌制氢工艺的成本。

产氢细菌(藻)的产氢能力是生物制氢技术向实际工程技术转化的重要评价指标。常见有机物生物质制氢工艺的方程及其反应的吉布斯自由能变化($\Delta G$)表示如下[160]。

厌氧细菌产氢工艺：

葡萄糖　$C_6H_{12}O_6 + 2H_2O \longrightarrow 2CH_3COOH + 2CO_2 + 4H_2$　　$\Delta G = -184kJ$

$C_6H_{12}O_6 \longrightarrow CH_3(CH_2)_2COOH + 2CO_2 + 2H_2$　　$\Delta G = -257kJ$

光合细菌产氢工艺：

葡萄糖　$C_6H_{12}O_6 + 2H_2O \longrightarrow 6CO_2 + 12H_2$　　$\Delta G = -34kJ$

乙酸　$CH_3COOH + 2H_2O \longrightarrow 2CO_2 + 4H_2$　　$\Delta G = 75kJ$

光解水产氢工艺

$4H_2O$ +光能 $\longrightarrow 2O_2 + 4H_2$　　$\Delta G = 1498kJ$

虽然从产氢反应的吉布斯自由能变化规律上可以看到厌氧细菌发酵产氢十分有利，能从产氢反应中获得比光合细菌产氢更多的自由能，然而厌氧细菌分解有机物的速率缓慢及不彻底性，显著降低了产氢速率和产氢量，1mol 的葡萄糖理论上只能产生 2～4mol 的氢气。

在产氢反应的吉布斯自由能变化规律上，光解水藻产氢大致与厌氧细菌发酵产氢相似，能从产氢反应中获得比光合细菌产氢更多的自由能，但由于藻类的光解水产氢在原理上受酶中介以及氧的抑制效应，其产氢体系很不稳定，不利于有效提高光解水工艺的产氢速率和产氢量。

在光合细菌产氢反应中，从产氢反应的吉布斯自由能变化规律上，可以看到虽然只能获得少量的自由能甚至要付出大量自由能，但光合细菌可以通过光合磷酸化获得足够的 ATP，使反应能有效地进行，理论上光合细菌可以将 1mol 葡萄糖转化为 12mol 的氢气。显而易见，发展光合细菌制氢技术的关键是光照技术问题，而合适的光源选择和降低光照能耗成为解决光合细菌制氢工艺中的光照问题的两大关键技术，利用太阳能作为光源的光合细菌制氢技术则因能从根本上解决光照能耗和制氢成本等问题引起了能源界的特别关注，具有较强的技术可行性和潜在的发展前景。

### 6.5.2　光合生物制氢技术国内外研究进展

1949 年，Gest 等首次报道了光合细菌深红红螺菌(rhodospirillum rubrum)在厌氧光照下能利用有机质作为供氢体产生分子态的氢，此后人们进行了一系列的相关研究。目前的研究表明，有关光合细菌产氢的微生物主要集中于红假单胞菌属(rhodopseudomonas)、红螺菌属(rhodospririllum)、梭状芽孢杆菌属(clostridium)、红硫细菌属(chromatium)、外硫红螺菌属(ectothiorhodospira)、丁酸芽孢杆菌属(trdiumbutyricum)、红微菌属(rhodomicrobium)等 7 个属 20 余个菌株，其中研究和报道最多的是红假单胞菌属，在该属中，共有 7 个种的 10 多菌株进行过产氢相关的研究，见表 6-3。

**表 6-3　有关光合产氢菌的菌株统计**

| 属 | 菌株 |
|---|---|
| 红假单胞菌属(rhodopseudomonas) | 该属种为 Rp . sphaeroides、Rp. sp. D、Rp. vividis、Rp . gelatinosa、Rp . acidophila、Rp . capsulata、Rp . palustris; 其中，Rp. palustris: A、4001 等菌株；Rp. sphaeroides: TN3、B、Miami2271、RV、S、DSM、ATCC、B21、B22、豆、4.1.4 等菌株；Rp.capsulata：ATCC、NCIB 等菌株 |
| 红螺菌属(rhodospririllum) | Rs. Rubrum、Rs. molischianum |
| 梭状芽孢杆菌属(clostridium) | C. butyricum、C. limicola |
| 红硫细菌属(chromatium) | Ch.vinosum、Ch. Sp. Miamil07 |
| 外硫红螺菌属(ectothiorhodospira) | E.vacuolata |
| 丁酸芽孢杆菌属(trdiumbutyricum) | T.roseopersicina |
| 红微菌属(rhodomicrobium) | R. vannielii |

国内外近几年已开始从提高光合细菌的光转化效率方面着手对光合生物制氢进行实验研究，其中以河南农业大学农业部可再生能源重点开放实验室的研究进展最具代表性，该实验室针对利用畜禽粪便污水作为原料的高效光合产氢菌群的筛选与培养、产氢工艺条件、固定化方法、太阳自动跟踪采光及光导纤维导光系统、太阳能光合产氢细菌光谱耦合特性等关键理论与技术问题进行了较系统地深入研究，研制出单元有效容积世界最大的太阳能光合生物连续制氢试验系统及其装置，在中小型太阳能光合生物连续制氢系统生产性运行试验等方面取得了一些重要进展[162-169]。

(1) 在选育以畜禽粪便为原料的光合产氢菌种方面取得了重要进展。从具有代表性的 6 个地点获得 24 个典型样品，按照各类光合细菌的生长条件和营养需求，从培养基组成、pH 值、光照时间和周期、培养温度、厌氧状态几个方面设计出相应的培养基和培养条件，对光合细菌进行了广泛地富集和分离，获得 33 株光合细菌，并按照猪类粪的成分特点，对其进行了猪粪、相关小分子有机酸和产氢能力研究，筛选出 7 株具有极高的原料转化效率的光合产氢菌株。

(2) 研制成功带有自动跟踪太阳且可调滤光的太阳能高效聚焦采集系统，并开展了该系统的光传输与光谱耦合性能优化研究。为了提高太阳能利用率，已研制出菲涅耳透镜聚光型的太阳能光导采光系统，采用菲涅耳透镜聚光方式把太阳光聚集在焦点上，并把光导纤维置于焦点上，经由可调滤光器可选择性滤波后，通过光导纤维输入光合生物反应器内实现太阳光的高效传输。同时，分别对筛选出的7株光合细菌进行了太阳光吸收光谱实验研究，提出不同太阳光波段下的生长特性和以猪粪污水为底物的产氢特性的相关性，探索了太阳能光合生物制氢过程的光传输与光谱耦合性能，以及进一步提高太阳能光合生物制氢效率的途径。

(3) 研制成功具有较高表面积和体积比的新型环流罐式光合生物制氢反应器，并系统地研究了光在反应器中传输过程的衰减特性。依据光合产氢细菌的生长和代谢特性，研制的环流罐式光合生物制氢反应器具有能够利用较高的光照表面积与体积比而减弱光合细菌细胞和畜禽粪便污水的相互遮光效应、通过控制反应液的循环流量使细菌周围产生“闪烁效应”、有效改善光的传播途径和质量等特性，并能对光合制氢反应条件进行自动控制、不同接种量、溶氧水平等的优化控制，使光转化效率和氢气产率能达到最佳。

(4) 较系统地研究了太阳能光合生物制氢过程的热动力学特性，揭示生物制氢过程的热动力学特性对光合细菌产氢酶活性和产氢速率的影响规律，用热动力学的方法对光合产氢菌生长代谢过程中产热规律进行分析，获得太阳能光合产氢菌生长代谢的热动力学信息，研究光合生物制氢体系的温度场分布，建立表征太阳能光合生物制氢过程热动力学特征的模型，优化光合产氢菌的最佳生长代谢温度和能流工艺条件，为进一步开展光合生物产氢反应器的设计和规模化生产运行试验研究提供了科学参考和理论依据。

氢能作为最具有发展潜力的清洁能源将在未来社会的经济发展中发挥重要作用。生物制氢技术因能在常温、常压的自然环境条件下完成产氢过程而成为氢能技术发展的新生力量。生物制氢技术能够利用工农业有机废弃物(如蜜糖废水、养殖污水、食品废水等)进行产氢，实现了工农业有机废弃无降解制氢过程的清洁化和能源化目标。其中，有较强产氢能力的光合生物产氢技术具有不产生对产氢酶有抑制作用的氧气、工艺简单、可利用太阳能以及能量利用率高等优点，只需解决某些工程技术问题便会实现生产技术的产业化和商业化，太阳能光合生物制氢技术应该成为一种最具有发展潜力的生物制氢方法。

## 6.6　生物质制氢利用与工程案例

近年来，关于生物质废弃物的热化学处理已引起了越来越广泛的注意。氢气是生物质热化学处理中得到的高品位的洁净能源。由于氢在燃料电池及作为运输燃料在内燃机中的广泛应用，从生物质气化中制取氢气已引起了很多国家的研究兴趣。

生物质气化燃料电池一体化发电技术是 20 世纪 70 年代末提出的，但由于生物质气化气成分的复杂性以及燃料电池本身的技术和成本问题，直到最近才引起国内外研究者的注意。

燃料电池发电技术在我国尚处于实验阶段，至今还没有建成一个商业化的燃料电池电站。发展生物质制氢与高温燃料电池整合系统的商业化，仍然需要克服一系列技术和经济方面的障碍，包括开发经济有效的生物质热化学转化途径和燃气净化与组分调整技术，降低生物质氢的成本，加快电池催化电极、电解质等先进材料的开发，优化核心部件的制备与组装技术，探索提高电池系统的管理、降低造价、提高稳定性和延长寿命等。生物质制氢系统与燃料电池配接过程中，要解决二者的产力匹配、技术集成以及系统整体可靠性提高等问题，需要技术研究、工艺、材料、制造等多方面工作的结合。同时，我国的研发水平与世界先进水平还有一定的差距，需要政府和市场多方努力，通过一些经济和技术的政策措施，鼓励支持分布式电源，特别是可再生、清洁、高效能源的发展。

高温燃料电池包括熔融碳酸盐燃料电池(MCFC) 和固体氧化物燃料电池(SOFC)，二者都在高温下工作，对污染物的忍耐度高，不需要贵重金属作为催化剂，具有内重整功能，价格相对比较低，发电效率高，是和生物质气化构成一体化系统的理想选择。由于技术问题，截至目前，所有的燃料电池均没有达到大规模民用商业化程度。

以生物质燃气为燃料的燃料电池发电技术的研究相继展开，Morita 等研究了生物质气化与 MCFC 结合系统，并将其与生物质气化燃气轮机发电系统进行了比较，结果显示了路线的可行性。英国 Ulster 大学的 McIlveen 等、瑞典的 Kivisaari 等对生物质气化燃料电池系统进行了系统的经济技术环境评价，认为 MCFC 系统对小规模的发电系统非常有效，如电池寿命可以延长，则 MCFC 的成本可以降低而具有较大潜力。Omosum 等对 200kW 生物质气化与 SOFC 的热电联产系统进行了模拟，在热煤气净化条件下得到发电效率和系统总效率分别为 23%和 60%，而在冷煤气净化条件下则分别为 21%和 34%。中国科学技术大学研究了以模拟生物质燃气为燃料的 SOFC 的性能，电池在 600℃的功率接近 350 $mW/cm^2$，运行 3 天后性能基本没有衰减。

近年来，继一些研究者估算出以生物质气为燃料的电池发电系统具有较高的效率后，欧洲和美国也开始进行试验研究,并相继建立了一体化的示范工程。

(1) 意大利 Perugia 大学工程学院的 Poberto Bove 等研究者模拟了几种生物质气(气化气、厌氧发酵气、垃圾填埋气等) 作为 MCFC 的燃料进行发电，试验结果表明，模拟生物质气和重整天然气具有几乎相同的功率输出曲线[4]。

(2) 欧盟的几所大学、研究所和企业联合攻关,投资 260 万欧元于 2001 年 3 月启动了生物质气化和燃料电池一体化的项目，采用 500 kW 快速内循环流化床气化器和 125 kW 的熔融碳酸盐燃料电池，试图通过详细模拟整套系统和部件，开发一套最佳的运行和控制方案。

(3) 欧洲 5 个国家(奥地利、德国、斯洛伐克、西班牙、丹麦) 投资 360 万欧元于 2001 年 12 月启动了 AMONCO 工程，采用生物质厌氧发酵工艺生产的气体作为燃料电池的燃料，旨在通过整个系统的测试改进生物质发酵的条件和燃料电池性能，并进行经济性分析，从而开发商业运行系统。

(4) 2003 年 1 月，欧盟的几所大学、研究所和企业联合攻关启动了一个为期 3 年的项目，该项目以生物质裂解产生的氢作为燃料电池(MCFC)的燃料，其规模为 500kW。

(5) 美国爱荷华州立大学等研究机构于1998年9月联合启动了生物质气化燃料电池一体化的示范工程(Chariton Valley Biomass Project)，该工程采用流化床气化器及碳酸盐燃料电池，规模为 2.85 MW，系统的发电效率约为 46%。

目前，我国对以生物质气为电池燃料的理论和试验研究均比较少，中国科学技术大学燃料电池课题组对以生物质气为燃料的 SOFC 的性能及理论计算开展了一些工作，广州能源研究所正在开展以生物质气化气为燃料的 MCFC 性能的理论和试验研究。

生物质气化燃料电池一体化发电技术是未来生物质发电的发展趋势，在我国应有良好的应用前景。它可以在较小的规模下实现较高的效率，超低污染排放和 $CO_2$ 零排放，是有效利用生物质资源的一项重要技术，能满足国民经济可持续发展的要求。我国发展生物质气化高温燃料电池一体化发电技术，应重点关注以下几个方面的研究和开发。

(1) 加强高温燃料电池的研究力度，在关键部件和材料制备方面取得突破和创新，进一步提高燃料电池的寿命，掌握 MCFC 和 SOFC 的设计制造及发电系统集成技术，形成我国有自主知识产权的燃料电池产业。

(2) 开展以模拟生物质气为电池燃料的试验研究，进而改进燃料电池的性能。

(3) 由于电池内重整功能对系统的发电效率影响很大，因而有必要开展提高高温电池内重整功能的研究。

(4) 尽管低温水洗净化技术能除去硫和氨，但也降低了系统的总效率。因此应进一步完善净化技术，特别是要研究和完善除硫、氨等技术。

## 参 考 文 献

[1] Miyake, Schnackenberg M J, Nakamura C, et al. Molecular Handling of Hydrogenase// Biohydrogen II, An approach to environmentally acceptable technology. Amsterdam: Elsevier

Publisher, 2001.
[2] Karapdan I K, Kargi F, Bio-hydrogen production from waste materials. Enzyme and Microbial Technology, 2006, 38: 569-582.
[3] Steinberg M. Clean carbon and hydrogen fuels from coal and other carbonaceousraw materials. 1987, BNL-39630.
[4] Steinberg M. The flash hydro-pyrolysis and methanolysis of coal with hydrogen and methane. Int. J. Hydrogen Energy, 1987, 12(4): 251-266.
[5] Steinberg M. The conversion of carbonaceous materials to clean carbon and coproduct gaseous fuel. 5th European Conference On Biomass for Energy and Industry，Lisbon，Portugal，1989，12-14.
[6] Turn S, Kinoshita C, Zhang Z, et al. An experimental investigation of hydrogen production from biomass gasification. Int. J. Hydrogen Energy, 1998, 13(8): 641-648.
[7] 陈冠益，李强，Spliethoff H, 等，生物质热解气化制取氢气. 太阳能学报，2004，25(6): 776-781.
[8] Sun L, Xu M, Sun R F. Secondary decomposition of pyrolysis gas for hydrogen-rich gas production，Pyrolysis and Gasification of Biomass and Waste，CPL Press. UK, 2003, 283-288.
[9] Sun L, Xu M, Sun R F. Indirectly heated pyrolysis for selected biomass materials. Asme Turbo Expo: Power for Land, Sea & Air, 2004,179-183.
[10] Zhang X D, Xu M, Sun R F, et al. Study on biomass pyrolysis kinetics. Journal of Engineering for Gas Turbines and Power，2006，128(3): 493-496.
[11] Sun L, Zhang X D, Yi X, et al. Study on efficient hydrogen production from biomass. Asme Turbo Expo: Power for Land, Sea, & Air, 2006, 1-6.
[12] Demirbas A，Arin G. An overview of biomass pyrolysis. Energy Sources, 2002, 24(5): 471-482.
[13] 孟光范，赵保峰，张晓东，等. 生物质二次裂解制取氢气的研究. 太阳能学报，2009，30(6)，837-841.
[14] Michael L B, Jack B H, John P L, et al. Product yields and kinetics from the vapor phase cracking of wood pyrolysis tars. AIChE Journal, 1989, 35(1): 120-128.
[15] Theodore R N, Jack B H, John P L, et al. Product compositions and kinetics in the rapid pyrolysis of sweet gum hardwood. Ind. Eng. Chem. Process Des. Dev., 1985, 24: 836-844.
[16] Hugh N S, Rafael K. Secondary reactions of flash pyrolysis tars measured in a fluidized bed pyrolysis reactor with some novel design features. Fuel, 1989, 68: 275-282.
[17] Colomba. Kinetic and heat transfer control in the slow and flash pyrolysis of solids. Ind. Eng. Chem. Res., 1996, 35: 37-46.
[18] Hastaogli M A, Berruti F. A gas-solid reaction model for flash wood pyrolysis. Fuel, 1989, 68: 1408-1415.
[19] Milosavljevic I, Suuberg E M. Cellulose thermal decomposition kinetics: Global mass loss kinetics. Ind. Eng. Chem. Res., 1995, 34: 1081-1091.
[20] Raveendran K, Ganesh A K, Khilar C. Influence of mineral matter on biomasspyrolysis characteristics. Fuel, 1995, 74(12): 1812-1822.
[21] 万仁新. 生物质能工程. 北京：中国农业出版社，1991, 232-233.
[22] 吴创之，马隆龙. 生物质能现代化利用技术. 北京：化学工业出版社，2003.
[23] Francesco F, Colantoni S, Bartocci P, et al. Rotary kiln slow pyrolysis for syngas and char

production from biomass and waste: Part 1: Working envelope of the reactor. Proceedings of ASME Turbo Expo 2006, 2006.

[24] Francesco F, Colantoni S, Bartocci P, et al. Rotary kiln slow pyrolysis for syngas and char production from biomass and waste: Part 2 - Introducing products yields in the energy balance. Proceedings of ASME Turbo Expo 2006, 2006.

[25] 李水清，李爱民，严建华，等. 生物质废弃物在回转窑内热解研究—Ⅰ.热解条件对热解产物分布的影响. 太阳能学报，2000, 21(4): 333-340.

[26] 李水清，李爱民，任远，等. 生物质废弃物在回转窑内热解研究—Ⅱ.热解终温对产物性质的影响. 太阳能学报，2000，21(4)：341-348.

[27] Bridgwater A V, Peacocke G V. Fast pyrolysis processes for biomass. Renewable and Sustainable Energy Reviews, 2000, 1-79.

[28] Maggi R, Delmon B. Comparison between slow and flash pyrolysis oils from biomass. Fuel, 1994, 73(5): 671-677.

[29] Beaumont O, Schwob Y. Influence of physical and chemical parameters on wood pyrolysis, Ind. Eng. Chem. Process Des.,1984, 23: 637-641.

[30] Cetin E, Moghtaderi B, Gupta R, et al. Influence of pyrolysis conditions on thestructure and gasification reactivity of biomass chars. Fuel, 2004, 83(16): 2139-2150.

[31] Sensoz S, Can M. Pyrolysis of pine chips: Effect of pyrolysis temperature and heating rate on the product yields. Energy Sources, 2002, 24(4): 347-355.

[32] Dai X, Wu C, Li H B, et al. The fast pyrolysis of biomass in CFB reactor. Energy & Fuels, 2000, 14(3): 552-557.

[33] Babu B V, Chaurasia A S. Pyrolysis of biomass: Improved models for simultaneous kinetics and transport of heat, mass and momentum. Energy Conversion and Management, 2004, 45(9-10): 1297-1327.

[34] Fagbemi L, Khezami L, Capart R. Pyrolysis products from different biomasses: application to the thermal cracking of tar. Applied Energy, 2001, 69(4): 293-306.

[35] Yu Q Z, Brage C, Chen G X, et al. Temperature impact on the formation of tar from biomass pyrolysis in a free-fall reactor. Journal of Analytical and Applied Pyrolysis, 1997, 40: 481-489.

[36] Chen G, Andries J, Spliethoff H. Catalytic pyrolysis of biomass for hydrogen rich fuel gas production. Energy Conversion and Management, 2003, 44(14): 2289-2296.

[37] Onay O, Kockar O M. Slow, fast and flash pyrolysis of rapeseed. Renewable Energy, 2003, 28(15): 2417-2433.

[38] Horne P A, Williams P T. Influence of temperature on the products from the flash pyrolysis of biomass. Fuel, 1996, 75(9): 1051-1059.

[39] Li S, Xu S, Liu S, et al. Fast pyrolysis of biomass in free-fall reactor for hydrogen-rich gas. Fuel Processing Technology, 2004, 85(8-10): 1201-1211.

[40] Antal J J, Varhegyi G. Cellulose pyrolysis kinetics: The current state of knowledge. Ind. Eng. Chem. Res., 1995, 34(3): 703-717.

[41] Safi M J, Mishra I M, Prasad B. Global degradation kinetics of pine needles in air. Thermochimica Acta, 2004, 412(1-2): 155-162.

[42] Volker S, Rieckmann Th. Thermokinetic investigation of cellulose pyrolysis-impact of initial and final mass on kinetic results. Journal of Analytical and Applied Pyrolysis, 2002, 62: 165-177.

[43] Babu B V, Chaurasia A S. Modeling, simulation and estimation of optimum parameters in pyrolysis of biomass. Energy Conversion and Management, 2003, 44(13): 2135-2158.

[44] Gaur S, Reed T B. An atlas of thermal data for biomass and other fuels. NREL, De-AC36-83CH10093, 1995.

[45] 谭洪. 生物质热裂解机理试验研究. 浙江大学博士学位论文, 2005.

[46] Jong de W, Pirone A, Wojtowicz M A. Pyrolysis of miscanthus giganteus and wood pellets: TG-FTIR analysis and reaction kinetics. Fuel, 2003, 82(9): 1139-1147.

[47] Antal J J, Varhegyi G. Cellulose pyrolysis kinetics: The current state of knowledge. Ind. Eng. Chem. Res., 1995, 34(3): 703-717.

[48] Shafizadeh F, Chin P P. Thermal deterioration of wood. ACS Symp Ser., 1977, 43: 57-81.

[49] Thurner F, Mann U. Kinetic investigation of wood pyrolysis. Ind Engng Chem Process Des. Dev., 1981, 20: 482-488.

[50] Chan W R, Kelbon M, Krieger B B. Modelling and experimental verification of physical and chemical processes during pyrolysis of large biomass particle. Fuel, 1985, 64: 1505-1513.

[51] Font R, Marcilla A, Verdu E, et al. Kinetics of pyrolysis of almond shells and almond shells impregnated with $CoCl_2$ in a fluidised bed reactor and in a Pyroprobe 100. Ind Engng Chem Res., 1990, 29: 1846-1855.

[52] Janse A M, Westerhout R W, Prins W. Modelling of flash pyrolysis of a single particle. Chemical Engineering and Procedding, 2000, 39: 239-252.

[53] Miller R S, Bellan J. A generalized biomass pyrolysis model based on superimposed cellulose, hemicellulose and lignin kinetics. Combust Sci and Tech, 1997, 126: 97-137.

[54] Xu Q L, Lan P, Zhang B Z, et al. Hydrogen Production via catalytic steam reforming of fast pyrolysis bio-oil in a fluidized-bed reactor. Energy & Fuels, 2010, 24: 6456-6462.

[55] Zhao B F, Zhang X D, Sun L, et al. Hydrogen production from biomass combining pyrolysis and the secondarydecomposition. International Journal of Hydrogen Energy, 2010, 35: 2606-2611.

[56] Hu G X, Huang H, Li Y H. Hydrogen-rich gas production from pyrolysis of biomass in an autogenerated steam atmosphere. Energy & Fuels, 2009, 23: 1748-1753.

[57] 辛善志，张尤华，许庆利，等. 水蒸气气氛下生物质热解制取富氢气体试验研究. 可再生能源, 2009, 6(27): 36-40.

[58] 陈冠益，李强，Spliethoff H，等. 生物质热解气化制取氢气. 太阳能学报，2004，25(6): 776-781.

[59] Medrano J A, Oliva M, Ruiz J, et al. Hydrogen from aqueous fraction of biomass pyrolysis liquids by catalytic steam reforming in fluidized bed. Energy, 2010, 36(4): 2215-2224.

[60] 王天岗，孙立，张晓东. 生物质热解释氢的实验研究. 山东理工大学学报，2006, 20(5): 41-43.

[61] 吴昂山，聂勇，江小波，等. 聚乙烯在等离子体射流水平床内的热解特性. 化学反应工程与工艺，2009，25(2)：188-192.

[62] Gomez J, Fierro J. New catalytic routes for syngas and hydrogen production. Applied Catalysis A: General, 1996, 144(1): 7-57.

[63] Marquevich M. Life cycle inventory analysis of hydrogen production by the steam-reforming process: comparison between vegetable oils and fossil fuels as feedstock. Green Chemistry, 2002, 4(5): 414-423.

[64] 任志忠. 生物油催化重整制氢研究. 华东理工大学硕士学位论文，2012.

[65] 王树荣,骆仲泱,董良杰,等. 生物质闪速热裂解制取生物油的试验研究. 太阳能学报,2002, 23(1): 4-10.
[66] 张巍巍，陈雪莉，于遵宏. 生物质慢速热解工艺的新探讨. 环境科学与技术，2008，31(2): 38-42.
[67] Rossi CCRS, Alonso C G, Antunes OAC, et al. Thermodynamic analysis of steam reforming of ethanol and glycerine for hydrogen production. International journal of hydrogen energy, 2009, 34(1): 323-332.
[68] Nahar G, Madhani S. Thermodynamics of hydrogen production by the steam reforming of butanol: analysis of inorganic gases and light hydrocarbons. International journal of hydrogen energy, 2010, 35(1): 98-109.
[69] Wang W, Wang Y. Thermodynamic analysis of steam reforming of ethanol for hydrogen generation. J. International journal of energy research, 2008, 32(15): 1432-1443.
[70] Vagia E C, Lemonidou A A. Thermodynamic analysis of hydrogen production via steam reforming of selected components of aqueous bio-oil fraction. International Journal of Hydrogen Energy, 2007, 32(2): 212-223.
[71] Davidian T, Guilhaume N, Iojoiu E, et al. Hydrogen production from crude pyrolysis oil by a sequential catalytic process. Applied Catalysis B: Environmental, 2007, 73(1): 116-127.
[72] Trimm D. Coke formation and minimisation during steam reforming reactions. Catalysis Today, 1997, 37(3): 233-238.
[73] Fatsikostas, A N, Verykios X E. Reaction network of steam reforming of ethanol over Ni-based catalysts. Journal of Catalysis, 2004, 225(2): 439-452.
[74] Cortright R, Davda R, Dumesic J. Hydrogen from catalytic reforming of biomass-derived hydrocarbons in liquid water. Nature, 2002, 418(6901): 964-967.
[75] Davda R R, Dumesic J A. Catalytic reforming of oxygenated hydrocarbons for hydrogen with low levels of carbon monoxide. Angewandte Chemie，2003，115(34): 4202-4205.
[76] Davda R R, Dumesic J A. Renewable hydrogen by aqueous-phase reforming of glucose. Chemical Communications, 2004(1): 36-37.
[77] Huber G W, Cortright R D, Dumesic J A. Renewable alkanes by aqueous-phase reforming of biomass-derived oxygenates. Angewandte Chemie International Edition, 2004, 43(12): 1549-1551.
[78] Huber G W, Shabaker J, Dumesic J. Raney Ni-Sn catalyst for $H_2$ production from biomass-derived hydrocarbons. Science, 2003, 300(5628): 2075-2077.
[79] Chheda J N, Huber G W, Dumesic J A. Liquid-phase catalytic processing of biomass-derived oxygenated hydrocarbons to fuels and chemicals. Angewandte Chemie International Edition, 2007, 46(38): 7164-7183.
[80] Davda R R, Shabaker J W, Huber G W, et al. A review of catalytic issues and process conditions for renewable hydrogen and alkanes by aqueous-phase reforming of oxygenated hydrocarbons over supported metal catalysts. Applied Catalysis B: Environmental, 2005, 56(1): 171-186.
[81] Grenoble D, Estadt M, Ollis D. The chemistry and catalysis of the water gas shift reaction: 1. The kinetics over supported metal catalysts. Journal of Catalysis, 1981, 67(1): 90-102.
[82] Greeley J, Mavrikakis M. A first-principles study of methanol decomposition on Pt (111). Journal of the American Chemical Society, 2002, 124(24): 7193-7201.

[83] Hilaire S, Wang X, Luo T, et al. A comparative study of water-gas-shift reaction over ceria supported metallic catalysts. Applied Catalysis A: General, 2001, 215(1): 271-278.
[84] Iglesia E, Soled S L, Fiato R A. Fischer-Tropsch synthesis on cobalt and ruthenium. Metal dispersion and support effects on reaction rate and selectivity. Journal of Catalysis, 1992, 137(1): 212-224.
[85] Kellner C S, Bell A T. The kinetics and mechanism of carbon monoxide hydrogenation over alumina-supported ruthenium. Journal of Catalysis, 1981, 70(2): 418-432.
[86] Davda R, Alcalá R, Shabaker J, et al. 11 DFT and experimental studies of CC and CO bond cleavage in ethanol and ethylene glycol on Pt catalysts. Studies in Surface Science and Catalysis, 2003, 145: 79-84.
[87] Alcala R, Mavrikakis M, Dumesic J. DFT studies for cleavage of C-C and C-O bonds in surface species derived from ethanol on Pt (111). Journal of Catalysis, 2003, 218(1): 178-190.
[88] Davda R, Huber G, Shabaker J, et al. Aqueous-phase reforming of ethylene glycol on silica-supported metal catalysts. Applied Catalysis B: Environmental, 2003, 43(1): 13-26.
[89] Shabaker J, Davda R, Huber G, et al. Aqueous-phase reforming of methanol and ethylene glycol over alumina-supported platinum catalysts. Journal of Catalysis, 2003, 215(2): 344-352.
[90] Sinfelt J H, Yates D J. Catalytic hydrogenolysis of ethane over the noble metals of Group VIII. Journal of Catalysis, 1967, 8(1): 82-90.
[91] Somorjai G A, Li Y. Introduction to surface chemistry and catalysis. John Wiley & Sons, 2010.
[92] Vannice M. The catalytic synthesis of hydrocarbons from $H_2CO$ mixtures over the group VIII metals: II. The kinetics of the methanation reaction over supported metals. Journal of Catalysis, 1975, 37(3): 462-473.
[93] Wen G, Xu Y, Ma H, et al. Production of hydrogen by aqueous-phase reforming of glycerol. International Journal of Hydrogen Energy, 2008, 33(22): 6657-6666.
[94] Luo N, Fu X, Cao F, et al. Glycerol aqueous phase reforming for hydrogen generation over Pt catalyst–Effect of catalyst composition and reaction conditions. Fuel, 2008, 87(17): 3483-3489.
[95] Lehnert K, Claus P. Influence of Pt particle size and support type on the aqueous-phase reforming of glycerol. Catalysis Communications, 2008, 9(15): 2543-2546.
[96] Manfro R L, Costa A F D, Ribeiro N F P, et al. Hydrogen production by aqueous-phase reforming of glycerol over nickel catalysts supported on $CeO_2$. Fuel Processing Technology, 2011, 92(3): 330-335.
[97] Shabaker J W, Dumesic J A. Kinetics of aqueous-phase reforming of oxygenated hydrocarbons: $Pt/Al_2O_3$ and Sn-modified Ni catalysts. Industrial & Engineering Chemistry Research, 2004, 43(12): 3105-3112.
[98] Shabaker J, Simoneffi D, Cortright R, et al. Sn-modified Ni catalysts for aqueous-phase reforming: Characterization and deactivation studies. Journal of Catalysis, 2005, 231(1): 67-76.
[99] Chu X. Aqueous-phase reforming of ethylene glycol on Co/ZnO catalysts prepared by the coprecipitation method. Journal of Molecular Catalysis A: Chemical, 2011, 335(1): 129-135.
[100] Huber G W, Shabaker J W, Evans S T, et al. Aqueous-phase reforming of ethylene glycol over supported Pt and Pd bimetallic catalysts. Applied Catalysis B: Environmental, 2006, 62(3): 226-235.
[101] Christoffersen E, Liu P, Ruban A, et al. Anode materials for low-temperature fuel cells: A density

functional theory study. Journal of Catalysis, 2001, 199(1): 123-131.

[102] Shabaker J, Huber G, Dumesic J. Aqueous-phase reforming of oxygenated hydrocarbons over Sn-modified Ni catalysts. Journal of Catalysis, 2004, 222(1): 180-191.

[103] Xie F, Chu X, Hu H, et al. Characterization and catalytic properties of Sn-modified rapidly quenched skeletal Ni catalysts in aqueous-phase reforming of ethylene glycol. Journal of Catalysis, 2006, 241(1): 211-220.

[104] 褚娴文，刘俊，乔明华，等. Sn 修饰的猝冷骨架 NiMo 催化剂上的乙二醇液相重整制氢. 催化学报，2009，7.

[105] Luo N, Ouyang K, Cao F H, et al. Hydrogen generation from liquid reforming of glycerin over Ni-Co bimetallic catalyst. Biomass and Bioenergy, 2010, 34(4): 489-495.

[106] Wang X, Li N, Pfefferle L D, et al. Pt-Co bimetallic catalyst supported on single walled carbon nanotube: XAS and aqueous phase reforming activity studies. Catalysis Today, 2009, 146(1): 160-165.

[107] Wang X, Li N, Pfefferle L D, et al. Pt-Co bimetallic catalyst supported on single-walled carbon nanotubes: Effect of alloy formation and oxygen containing groups. The Journal of Physical Chemistry C, 2010, 114(40): 16996-17002.

[108] King D L, Zhang L, Xia G, et al. Aqueous phase reforming of glycerol for hydrogen production over Pt-Re supported on carbon. Applied Catalysis B: Environmental, 2010, 99(1): 206-213.

[109] Chang A C-C, Louh R F, Wong D, et al. Hydrogen production by aqueous-phase biomass reforming over carbon textile supported Pt-Ru bimetallic catalysts. International Journal of Hydrogen Energy, 2011, 36(14): 8794-8799.

[110] 温国栋，徐云鹏，魏莹，等. 负载型 Pt 催化剂上生物质水相重整制氢. 催化学报，2009，30(008): 830-835.

[111] Liu X, Shen K, Wang Y, et al. Preparation and catalytic properties of Pt supported Fe-Cr mixed oxide catalysts in the aqueous-phase reforming of ethylene glycol. Catalysis Communications, 2008, 9(14): 2316-2318.

[112] 白赢，卢春山，马磊，等. Ce 和 Mg 改性的 γ-$Al_2O_3$ 负载 Pt 催化剂催化乙二醇水相重整制氢. 催化学报，2006，27(3): 275-280.

[113] Iriondo A, Barrio V L, Cambra J F, et al. Hydrogen production from glycerol over nickel catalysts supported on $Al_2O_3$ modified by Mg, Zr, Ce or La. Topics in Catalysis, 2008, 49(1-2): 46-58.

[114] Tang Z, Monroe J, Dong J, et al. Platinum-loaded NaY zeolite for aqueous-phase reforming of methanol and ethanol to hydrogen. Industrial & Engineering Chemistry Research, 2009, 48(5): 2728-2733.

[115] You S J, Su J Y, Baek. I G, et al. Direct conversion of cellulose into polyols or $H_2$ over Pt/Na (H)-ZSM-5. Korean Journal of Chemical Engineering, 2011, 28(3): 744-750.

[116] Liu J, Chu X, Zhu L, et al. Simultaneous aqueous-phase reforming and KOH carbonation to produce $CO_x$-free hydrogen in a single reactor. ChemSusChem, 2010, 3(7): 803-806.

[117] Ni M, Leung M K H, Sumathy K. Renewable Energy. 2004, 117(5): 37-40.

[118] Yoshida K, Wakai C, Matubayasi N，et al. NMR spectroscopic evidence for an intermediate of formic acid in the water-gas-shift reaction. The Journal of Physical Chemistry, 2004, 108(37): 7479-7480.

[119] Kabyemela B M, Adschiri T, Malaluan R M, et al. degradation kinetics of dihydroxyacetone and glyceraldehyde in subcritical and supercritical water. Ind.. Eng. Chem. Res, 1997, 36(6): 2025-2030.
[120] Kabyemela B M, Adschiri T, Malaluan R M, et al. Glucose and fructose decomposition in subcritical and supercritical water: Detailed reaction pathway, mechanisms, and kinetics. Ind. Eng. Chem. Res, 1999, 38(8): 2888-2895.
[121] Sinag A, Kruse A, Schwarzkopf V. Key compounds of the hydropyrolysis of glucose in supercritical water in the presence of $K_2CO_3$. Ind. Eng. Chem. Res, 2003, 42(15): 3516-3521.
[122] Asghari F S, Yoshida H. Acid-Catalyzed production of 5-Hydroxymethyl furfural from D-Fructose in subcritical water. Ind. Eng. Chem. Res, 2006, 45(7): 2163-2165.
[123] Modell M. Reforming of glucose and wood at the critical conditions of water. American Society of Mechanical Engineers, 1977, 11-14.
[124] Modell M, Reid R C, Amin S. Gasification process. U. S. Patent, 4, 113, 446. 1978-Sept.
[125] Manarungson S, Mok W S, Antal Jr M J. Hydrogen production by gasification of glucose and wet biomass in supercritial water. Hydrogen Energy Progress VIII, Proceedings of the 8th World Hydrogen Energy Conference, Honolulu, Hawaii, 1990, 345-355.
[126] Antal Jr M J, Xu X, Stenberg J. Hydrogen production from high-moisture content biomass in supercritical water. Proceedings of the 1994 U.S. DOE Hydrogen Program Review, 1994, 451-462.
[127] Antal Jr M, Matsumura Y, Onuma M T, et al. Hydrogen production from high-moisture content biomass in supercritical water. Proceedings of the 1995 U.S.DOE Hydrogen Program Annual Review, Coral Gables, Florida, 1995, 757-795.
[128] Antal Jr M J, Adschiri T, Ekbom T, et al. Hydrogen production from high-moisture content biomass in supercritical water. Proceedings of the 1996 U.S.DOE Hydrogen Program Annual Review, 1996, 1: 499-511.
[129] Antal Jr M J, Xu X. Total, catalytic, supercritical steam reforming of biomass. Proceedings of the 1997 U.S. DOE Hydrogen Program Review, Herndon, Virginia, 1997, 149-162.
[130] Antal Jr M J, Xu X. Hydrogen production from high moisture content biomass in supercritical water. Proceedings of the 1998 U.S. DOE Hydrogen Program Review, 1998, 639-654.
[131] Antal Jr M J, Allen S, Lichwa J, et al. Hydrogen production from high-moisture content biomass in supercritical water. Proceedings of the 1999 U.S. DOE Hydrogen Program Review, 1999, 1-24.
[132] Antal Jr M J, Allen S G, Schulman D, et al. Biomass gasification in supercritical water. Industrial & Engineering Chemistry Research, 2000, 39(11): 4040-4053.
[133] Elliott B C, Butner R J, Sealock L J Jr. Low-temperature gasification of high-moisture biomass. Research in Thermochemical Biomass Conversion. Bridgwater A V, Kuester J L. London: Elsevier, 1988, 696-710.
[134] Elliott D C, Neuenschwander G G, Baker E G, et al. Bench-scale reactor tests of low-temperature, catalytic gasification of wet industrial wastes. Proceedings of the 25th Intersociety Energy Conversion Engineering Conference, 1990, 5: 102-106.
[135] Elliott D C, Neuenschwander G G, Baker E G, et al. Low-temperature,catalytic gasification of wastes for simultaneous disposal and energy recovery. Energy from Biomass & Wastes IV, IGT

Conference, 1991, 1013-1021.

[136] Elliott D C, Phelps M R, Sealock L J, et al. Chemical processing in high-pressure aqueous environments continuous flow reactor process development experiments for organics destruction. Ind & Eng. Chem. Res., 1994, 33: 576-574.

[137] Minowa T, Ogi T, Yokoyama S Y. Hydrogen production from wet cellulose by low temperature gasification using a reduced nickel catalyst. Chemistry Letters, 1995, 937-938.

[138] Minowa T, Ogi T, Yokoyama S. Hydrogen production from lignocellulosic materials by steam gasification using a reduced nickel catalyst. Developments in The rmochemical Biomass Conversion, 1997, 2: 932-941.

[139] Minowa T, Ogi T. Hydrogen production from cellulose using a reduced nickelcatalyst. Catalysis Today, 1998, 45: 411-416.

[140] Minowa T, Fang Z. Hydrogen production from cellulose in hot compressed water using reduced nickel catalyst: Product distribution at different reaction temperature. Journal of Chemical Engineering of Japan, 1998 31(3): 488-491.

[141] Minowa T, Inoue S. Hydrogen production from biomass by catalytic gasification in hot compressed water. Renewable Energy, 1999, 16: 1114-1117.

[142] Minowa T, Fang Z. Hydrogen production from biomass by low temperature catalytic gasification. Progress In Thermochemical Biomass Conversion, Tyrol, Austria, 2000, 167-173.

[143] 郝小红，郭烈锦．超临界水中湿生物质催化气化制氢研究评述，化工学报， 2002，53(3)：221-228.

[144] 郝小红，郭烈锦．超临界水生物质催化气化制氢实验系统与方法研究．工程热物理学报，2002，23(2)：143-146.

[145] 毛肖岸，郝小红，郭烈锦，等．超临界水中纤维素气化制氢实验研究．工程热物理学报，2003，24(3)：388-390.

[146] 吕友军，冀承猛，郭烈锦．农业生物质在超临界水中气化制氢的实验研究．西安交通大学学报，2005，39(3)：238-242.

[147] 郝小红，郭烈锦，吕友军，等．生物质超临界水气化制氢反应动力学分析．西安交通大学学报，2005，39(7)：681-705.

[148] 关宇，郭烈锦，张西民，等．生物质模型化合物在超临界水中的气化．化工学报，2006，57(6)：1426-1431.

[149] 裴爱霞，张锐，金辉，等．超临界水中花生壳气化制氢催化剂的筛选与研究．西安交通大学学报，2008，42(7)：913-918.

[150] Ochoa-Fernandez E, Rusten H K, Jakobsen H A, et al. Sorption enhanced hydrogen production by steam methane reforming using $Li_2ZrO_3$ as sorbent: Sorption kinetics and reactor simulation. Catalysis Today, 2005, 106 (1-4): 41-46.

[151] Huber G W, Shabaker J W, Dumesic J A, Raney Ni-Sn catalyst for $H_2$ production from biomass-derived hydrocarbons. Science, 2003, 300 (5628): 2075-2077.

[152] Mastalir A, Frank B, Szizybalski A, et al. Steam reforming of methanol over $Cu/ZrO_2/CeO_2$ catalysts: a kinetic study. Journal of Catalyst, 2005, 230 (2): 464-475.

[153] Shabaker J W, Davda R R, Huber G W, et al. Aqueous-phase reforming of methanol and ethylene glycol over alumina supported platinum catalysts. Journal of Catalysis, 2003, 215 (2): 344-352.

[154] Boukis N, Diem V, Habicht W, et al. Methanol reforming in supercritical water. Industrial &

Engineering Chemistry Research, 2003, 42 (4): 728-735.
[155] Haryanto A, Femando S, Murali N, et al. Current status of hydrogen production techniques by steam reforming of ethanol: A review. Energy & Fuels, 2005, 19(5): 2098-2106.
[156] Maniatis Ks. Pathways for the production of bio-hydrogen: Opportunities and challenges. Journal of the American College of Surgeons, 2003, 183(6): 553.
[157] Melis A, Haooe T. Hydrogen Production: Green algae as a source of energy. Plant Physiol, 2001, 127: 740-748.
[158] IEA. International Energy Agreement on the production and Utilization of hydrogen: End of term trport: 1999-2004 and Plans: 2004-2009. http://www. icahia. org/pdfs/HIA end of term report 2004.pdf.
[159] 朱核光，史家木梁. 生物产氢技术研究. 应用与生物学报，2002，8(1)：98-104.
[160] 赵玉山. 细菌产氢机理研究. 北京：北京化工大学，2005.
[161] Basak N, Das D. The prospect of purple non-sulfur(PNS) photosynthetic bacteria for hydrogen production: The present state of the art. World Journal of Microbiology and Biotechnology, 2007, 23(1): 31-42.
[162] 王艳锦. 畜禽粪便污水光合细菌制氢技术研究. 郑州：河南农业大学，2004.
[163] 李鹏鹏. 光合生物过程中的固定化细胞技术研究. 郑州：河南农业大学，2005.
[164] 原玉丰. 利用畜禽粪便产氢的高效光合生物产氢菌群及其产氢过程初步研究. 郑州：河南农业大学，2005.
[165] 尤希凤. 光合产氢菌群的筛选及其利用猪粪污水产氢因素的研究. 郑州：河南农业大学，2005.
[166] 周汝雁. 环流罐式光合生物制氢反应器及其能量传输过程研究. 郑州：河南农业大学，2007.
[167] 师玉忠. 光合细菌连续产氢工艺及其相关机理. 郑州：河南农业大学，2008.
[168] 张全国，荆艳艳，李鹏鹏，等. 包埋法固定光合细菌技术对光合产氢能力的影响. 农业工程学报，2008，24(4)：190-193.
[169] 师玉忠，张全国，王毅，等. 生物质制氢的光合细菌连续培养实验研究. 农业工程学报，2008，24(6)：184-187.

# 第7章　生物质能源前沿技术

## 引　言

由于传统的生物质能源利用面临诸多问题，尤其是在生物质能源制备使用等环节引起的环境问题不容忽视，因此将生物燃料与环境治理相结合是今后生物质能源发展的方向之一。目前能源与环境相结合技术主要有以下两种。

一种是能源环境系统技术，即以利用能源为主，同时解决环境问题，其中最典型的例子是利用秸秆发电技术。我国农作物秸秆的产生量已经达到640Mt，大部分作为农户取暖和炊事的燃料(约为37%)，但其转换效率较低，仅为15%～20%，这在很大程度上是能源的浪费。全国每年约有20.5%的秸秆被弃于田间，直接在田中燃烧，产生大量的 CO、$CO_2$、$SO_2$、$NO_x$ 和烟尘等污染物，严重污染了大气环境，浓烟弥漫还影响到交通和航空运输事业的安全。目前，已发生过多起焚烧秸秆导致高速公路关闭、民航停飞的事件，给人民健康和生活带来很大的影响。而秸秆是一种很好的清洁能源(每2t秸秆的热值就相当于近1t标准煤，而其含硫量远低于煤)，适用于村镇范围内的分布式发电。在获得电力能源的同时，解决其对大气污染等环境问题。

另一种是环境能源系统技术，该技术以解决环境问题为主，同时以能源利用为辅，如垃圾能源化利用、污泥资源化、能源微藻与废水处理耦合技术、粪便资源化利用技术、垃圾填埋气利用技术等。

本章主要包括能源植物与作物、能源微藻、海洋生物质能源、合成气发酵制油、微生物电池以及生物质气化与燃料电池联合发电等目前在生物质能源开发利用方面的前沿技术。

## 7.1　能源植物与作物

我国生物质原料主要来自农林产业，分布遍及全国各自然生态区，有草、灌、乔，淀粉、糖、木质纤维素等，所以发展生物质能产业应当走原料与产品的多元化道路。根据我国国情，生物质资源开发应利用边际性土地种植的能源植物及作物作为其原料主要来源。从长远看，能源农作物和能源林业是发展生物质能源的基础。

能源植物及作物大多具有抗干旱、耐瘠薄、适应性强、丰产性能好等优点。利用荒山荒坡大力发展，以其种子作为原料生产生物燃料具有多重优势，如不与粮争地，有利于绿化，可以增加农民的种植种类、拓宽农民脱贫致富的渠道。我国还有 5 400 万 $hm^2$ 宜林荒山荒沙地和 1 亿 $hm^2$ 的边缘性难于利用的土地，可以种植 3 600 万 $hm^2$ 油料能源作物与植物，改善生态环境，提高土地利用率，其战略意义与开发潜力巨大。

### 7.1.1　能源植物与作物种类

1. 能源植物

能源植物，主要指生长迅速、轮伐期短的乔木、灌木和草本植物，如棉籽、芝麻、花生、大豆、薪炭林、灌木林、能源油料林等。

1) 木本能源植物

我国的木本能源植物种类丰富，分布范围广，共有 151 个科 1553 种，其中种子含油量在 40%以上的植物为 154 种。主要集中分布在亚热带至热带区域，在山区往往与常绿阔叶林或落叶阔叶林相伴生，目前大部分的能源植物处于野生或半野生状态，而且以野生为主(野生种占总数的 75.4%)，栽培植物种则很少[1]。其中，可用作建立规模化生物质燃料油原料基地的乔灌木种约 30 种，可用作建立起规模化的良种供应基地的生物质燃料油植物约 10 种。利用荒山、沙地等宜林地进行造林，栽培这些适应性强、产值高的木本油料植物，是我国实现生态重建与生物柴油原料规模化生产有机结合的可行途径。在推进可再生能源开发的同时，还能促进水土保持及退耕还林等生态建设，对调整农业产业结构，促进农村经济发展有重大意义。

(1) 薪炭林(能源林)的生物质资源量。

薪炭林是我国五大材种之一，也是林业生物质能源的主要来源。薪炭林经过多年的造林和经营，面积达到 303.44 万 $hm^2$，蓄积量为 5627 万 $m^3$。根据各省薪炭林的蓄积量测算，全国薪炭林生物质总量为 0.66 亿 t。除天津、上海外，我国其他各省(区、市)都有薪炭林分布，其中云南、陕西、辽宁、江西、内蒙古、贵州、湖北、河北是我国薪炭林生物质资源最多的省(区)，占全国总量的 76% [2]。

(2) 灌木林生物质资源量。

目前，我国灌木林地总面积 4529.68 万 $hm^2$，占林业用地面积 16.02%。根据各省主要灌木树种面积及其单位面积生物量计算，全国灌木林平均复种总生物量为 3 亿～4 亿 t [2]。

(3) 木本油料树种的油料产量。

我国现有经济林面积 2140 多万公顷，其中木本油料树种总面积为 804.2 万 $hm^2$，年油料树种的果实产量为224.5万吨,但是,目前资源的加工利用还不足1/4(表7-1)。

表7-1 林业生物质资源“主要油料树种果实产量”预测表

| 主要树种 | 面积/(万 hm²) | 果实产量/万吨 | 加工利用量/万 | 主要分布省(区) |
|---|---|---|---|---|
| 油桐 | 106 | 56.4 | 11.2 | 贵、湘、陕 |
| 乌桕 | 40.6 | 18.6 | 0.7 | 贵、鄂、川 |
| 漆树 | 22 | 4.2 | 2.2 | 陕、贵、鄂 |
| 核桃 | 102 | 36.5 | 3.3 | 冀、陕、晋、新 |
| 油茶 | 230 | 82.3 | 37.0 | 湘、闽、浙 |
| 麻疯树 | 1.1 | 0.5 | 0.3 | 川、云、贵 |
| 黄连木 | 2.5 | 1.0 |  | 鲁、冀等 |
| 油橄榄、油翘果、四合木、文冠果、棕榈 | 300 | 25 |  | 全国 |
| 合计 | 804.2 | 224.5 | 54.7 |  |

(4) 竹林生物质资源量。

我国是世界上竹类分布最广、资源最多、利用最早的国家之一，发展竹林资源具有得天独厚的优势。目前,全国竹林面积48426万$hm^2$,其中毛竹林33720万$hm^2$,占69.63%，其他竹林147.063万$hm^2$，占30.37%。共有竹子683.01亿株，其中毛竹74.58亿株，其他竹608.43亿株，竹林主要分布于福建、江西、浙江、湖南、广东、四川、广西、安徽、湖北、重庆10省(区、市)，其竹林面积454.12万$hm^2$，占全国的93.78%。竹林主要分布省(区、市)面积及比例见表7-2[3]。

表7-2 竹林主要分布省(区、市)面积及比例

| 序号 | 单位 | 面积/(万 hm²) | 占全国比例/% |
|---|---|---|---|
| 1 | 福建 | 88.52 | 18.28 |
| 2 | 江西 | 80.66 | 16.66 |
| 3 | 浙江 | 74.75 | 15.44 |
| 4 | 湖南 | 52.20 | 10.78 |
| 5 | 广东 | 37.42 | 7.73 |
| 6 | 四川 | 37.38 | 7.72 |
| 7 | 广西 | 30.74 | 6.35 |
| 8 | 安徽 | 26.98 | 5.57 |
| 9 | 湖北 | 13.76 | 2.84 |
| 10 | 重庆 | 11.71 | 2.41 |
| 合计 |  | 454.12 | 93.78 |

据有关资料介绍[4]，日本的竹林面积为 1.4 万 $hm^2$，估计有 30 万 t 可以作为生物质资源加以利用。参考日本的经验数据，我国竹林面积为 48426 万 $hm^2$，估计有 1 亿 t 竹林生物质资源可利用。

2) 草本能源植物

能源草是指植株高大、生长迅速、生物质产量高的草类能源植物，是可直接作燃料及用于生产生物质能源的草本植物的统称，多为两年或多年生[5]。利用能源草生产生物质能源可缓解煤炭、石油的供应压力，有效利用农闲田，改良土壤结构，提高生物多样性，减少有害气体排放等。根据能源草的成分特征，可将其分为 4 类：淀粉类，生产燃料乙醇，如甜高粱等；油脂类，生产生物柴油，如油莎草等；木质纤维素类，通过转化获得热能、电能、乙醇和生物气体等，如芦竹、芒草等；萜类、烯烃类石油物质类，通过脱脂处理作为柴油使用，如续随子等。

欧洲各国已对能源草草芦[6]、芦竹[7]、芒草[8]、象草[9]、芦苇[10]、柳枝稷[11]等从生物质产量、能源利用效率、季节养分动态、茎皮层和髓部木质素的结构特征、灰分熔融性、转化乙醇的最佳条件等方面作了广泛而深入的研究。1978 年美国能源部(DOE)建立了关于生物能源原料发展的项目，以多年生草本为研究对象进行了能源植物的筛选。1984 年 DOE 设立了“草本能源植物研究项目”(HECP)。1985～1989 年，从 35 种草本植物中筛选出 18 种最具潜力的能源草，如柳枝稷、象草、大蓝须芒草(*Andropogon gerardii*)、五芒雀麦(*Broums inermis*)等。其中，柳枝稷是最具潜力的多年生草本植物。1987 年，美国率先将象草作为能源草开展研究，经过长达 20 年的研究，证明其可用于乙醇、沼气和电能的生产。

目前，已从抗性、分子、建植、产量等方面最新研究了奇岗、柳枝稷[12-14]等能源草，以期为生物质能的发展提供高产、优质的生物质原料。

我国对能源草的研究起步较晚。近年来对柳枝稷、芒草等研究较多[15-17]，并在此基础上建立了相关的评价体系，有助于我国能源草的选择[18]。

目前能源草开发利用产品主要有以下几种方式[19]：

1) 固体燃料

能源草经粉碎、干燥后在一定温度(80℃)和压力作用下，被压缩成棒状、块状或颗粒状等固体燃料，从而改善燃烧性能，提高热利用效率。这样制成的固体燃料可以直接作为“高效无烟柴炉”的燃料，也可利用干馏技术将固体燃料干馏变成木炭。我国已经初步形成固体成型燃料的产业链雏形，在密云县太师屯镇构建了“能源草边际土地规模化种植—压缩成型与固体成型燃料加工—用户生物质炉燃料利用”的能源农业发展模式。

2) 液体燃料

能源草能够通过不同的转化方式生产生物原油、生物柴油、燃料乙醇等液体燃料。

生物原油：在缺氧状态下，在极短的时间(0.5～5s)内将生物质加热到 500～540℃，迅速冷凝其会变成液体生物燃油。生物原油在常温下具有一定的稳定性，热值一般在 16～18MJ/kg。目前，中国科学院理化技术研究所在天津市武清区建立了“能源草边际土地规模化种植—高温裂解—植物基合成油气及生物质炭技术”示范工程。

生物柴油：生物柴油是以植物油脂和动物油脂、微生物油脂为原料与烷基醇通过交换反应和酯化反应生成的甲酯或乙酯燃料。1990 年，欧洲开始以菜籽油为原料生产生物柴油，并取得较好的效果。Ugheoke 等经过研究提出，添加一定浓度的催化剂，可以从油莎草中获得很好的生物柴油[20]。

燃料乙醇：生物质中的纤维素、半纤维素等有效成分经稀酸水解等预处理降解为己糖和戊糖等，后经纤维素酶解发酵可制备纤维素乙醇。纤维素制酒精技术在 19 世纪就已经提出，并且美国和苏联建有生产工厂。Moss 研究分析指出，在美国俄克拉荷马州利用柳枝稷生产纤维素乙醇有很大的经济效益[21]。

3) 沼气

沼气是由多种微生物以生物质为底物进行厌氧发酵而产生的一种混合气体，主要成分为甲烷、二氧化碳及氮气、氢气、硫化氢等少量气体。我国在此领域走在了世界前列，自 20 世纪 70 年代以来形成的具有中国特色的户用沼气方式甚至被联合国定为一种模式向发展中国家推广使用。在能源草发酵沼气方面，李联华等研究了杂交狼尾草(*Pennisetum hybrid*)经过预处理后，在厌氧发酵过程中产沼气量的表现，结果表明，热处理能够提高沼气产量，而微波处理会降低产量[22]。

美国能源部生物能源原料发展计划(BFDP)在橡树岭国家实验室(ORNL)，通过对 34 种草本植物候选品种的产量和农学数据评估之后，作出这样的评价(主要有 3 个重要的考虑因素)：考虑其农艺方面的生物能种植体系，包括土壤和水质对植株的具体的影响(生物产量、适应性和抗逆性等方面)；在取代原有种植方式后土地使用的不同差别与实际效果(碳螯合率[23]、$CO_2$ 的固定[24]、土壤养分和土壤有机质含量的变化等方面)；能源生产的质与量，即比较取代化石能源后，原料每个单位的能源消耗和环境成本[25]。

尽管能源草可在一定程度上缓解能源危机、改善环境，但其存在的问题也应引起人们的重视。总体而言，能源草的开发利用处于初级阶段，真正的产业链尚未形成，仍面临着诸多问题。如①随着能源草越来越受到人们的重视，能源草的大规模生产也在逐步推进。然而，大规模生产能源草仍然挤占耕地、破坏自然生态系统，所以，应根据能源草种类选择适宜的土壤类型，首先利用生产力较低的边际农业土地，以保证粮食安全和生态系统的稳定性。②能源草品种资源缺乏制约了能源草的总体发展和不同地区发展方式的选择。针对这一问题，应收集、引种、筛选适合本土种植的能源草品种资源，并利用诱变技术、分子生物等技术对功能基因进行定向改良，创建优良的能源植物品种，选育高产、优质、易管理的新品种。③高产栽培配套技术和生物、化工等生物质能转化技术是加速生物能源产业发展的关键。技术单一、落后，技术创新力量薄弱，均阻碍了生物能源的开发利用[18]。此外不同的转化利用方式，对生物质原料的品质要求也不相同，因此对各能源草种的生物质品质进行系统的取样分析也是十分必要的[26]。

2. 能源作物

根据生物质中能源载体成分一般把能源作物分为三类：一类是淀粉和糖料作物类，主要包括富含淀粉和糖类的作物，可用于生产燃料乙醇；一类是油料作物类，其富含油脂，可以通过脂化过程形成脂肪酸甲酯类物质即生物柴油；一类是木质纤维素作物类，其富含半纤维素和木质素，可以获得热能、电能、乙醇和生物气等[27]。与农作物残留秸秆、畜禽排泄物、城市有机废弃物等各种生物质原料及其产能效率相比较，能源作物是最主要的生物质能源原料，其种植面积和产量是生物质能源发展的最重要因素[28, 29]。目前在我国研发与应用较多的能源作物是甜高粱。

### 7.1.2　几种重要能源植物及其开发和利用现状

1. 木本能源植物

1) 光皮树

光皮树(*Cornus wilsoniana* Wanaer)又称花皮树、光皮梾木等，山茱萸科(*Cornaceae*)，梾木属(*Cornus* L.)。属落叶灌木或乔木，树高 8～10m，原产中国。喜生长在排水良好的壤土，深根性，萌芽力强，喜光，耐旱，耐寒，一般可忍受−18～−25℃低温。对土壤适应性较强，在微盐、碱性的沙壤土和富含石灰质的黏土中均能正常生长；抗病虫害能力强。树皮白色带绿，疤块状剥落后形成明显斑纹。树干光滑看似几乎无皮，小枝初被紧贴疏柔毛，淡绿褐色，叶椭圆形或卵状长圆形，长 3～9cm，宽 1.85～5cm，面暗绿，微被紧贴疏柔毛，背淡绿，近苍白，毛较密。聚伞花序塔形，长 2～3cm。萼管倒圆锥形，长 2mm，萼片三角形，花瓣披针舌形，长约 5mm，花期 4～5 月，果实未熟圆形、绿色、径 4～5mm，果熟期 10～11 月，核果球形，紫黑色。实生苗造林一般 5～7 年始果，人工林林分群体分化严重，产量高低不一，嫁接苗造林一般 2～3 年始果，结果早，产量高，树体矮化，便于经营管理。果实千粒重为 62～89g，平均 70g，其果实(带果皮)含油率 33%～36%，盛果期平均每株产油 15kg 以上。

光皮树广泛分布于黄河以南地区，集中分布于长江流域至西南各地的石灰岩区，分布于陕西、甘肃、浙江、江西、福建、河南、湖南、湖北、广东、广西、四川、贵州等省份，以湖南、江西、湖北等省最多，垂直分布在海拔 1000m 以下。我国现有光皮树野生资源较多，主要为散生分布。主产区处于中亚热带季风气候区，气候温和，光照充足，雨水充沛，如江西省产量较多的兴国、于都、石城、寻乌、龙南、定南、全南 7 县。据统计，目前湖南、江西两省有相对集中光皮树资源约 8 万亩，湖南省永州市和湘西州、江西现有光皮树资源比较多。

光皮树果实能榨油，其含油率较高，能作为生物柴油原料油，光皮树油有两大突出特点：一是光皮树全果含油酸和亚油酸高达 77.68%(其中油酸 38.83%、亚油酸 38.85%)，所生产的生物柴油理化性质优(如冷凝点和冷滤点)；二是利用果实作为原料直接加工(冷榨或浸提)制取原料油，加工成本低廉，得油率高。据湖南、江西、广东、广西的不完全统计，石灰岩山地总面积有 2200 万 $hm^2$，按 10%面积栽植光皮树，可年产光皮树油 3000 万 t。以光皮树油为原料通过酯化反应制取的生物柴油与 0#柴油燃烧性能相似，是一种安全(闪点大于 105℃)、洁净(灰分小于 0.003)的生物质燃料油[30]。光皮树具有喜钙耐碱、耐干旱瘠薄、萌芽力强等适生特性，随着光皮树油制取生物柴油的相关研究的开展，光皮树作为重要的生物柴油原料得到广泛关注。

湖南省林科院较系统地研究了光皮树生物学特性和栽培经济性状，对 12 年生光皮树人工林主要立地因子与产量的向光性进行了调查和分析，分析了光皮树油脂脂肪成分及其理化性质。“十五”期间选育出的早实、高产光皮树优良无性系湘林 1-8 号，其果实千粒重为 62～89g，平均 70g。果实(带果皮)含油率为 33%～36%，盛果期平均每株产油 15kg 以上。其中湘林 G1 号光皮树优良无性系(图 7-1)：鲜果千粒重 126g，干果含油率为 34.15%，3 年生平均亩产油量达 80.16kg；湘林 G2 号光皮树优良无性系(图 7-2)：鲜果千粒重 116g，干果含油率为 32.71%，3 年生平均亩产油量达 90.16kg。同时开展了光皮树油脂提取方法及其制取生物柴油的研究。选择果实提取油后，通过酯交换反应制取生物柴油，并对所得生物柴油的物化性质进行了测定，表明以光皮树油为原料的通过酯化反应制取的生物柴油与 0#柴油燃烧性能相似，是一种安全、洁净的生物质燃料油。

1981 年国家粮食部门对光皮树油进行了油脂加工工艺鉴定，认为光皮树是一种值得大力发展的油料树种。在“八五”期间，湖南省长沙市新技术研究所开展了野生光皮树油制取生物柴油研究，小试成功，并且此树也是江西省大力发展的生物能源树种之一。2007 年国家林业局在湖南永州、湘西土家族苗族自治州正式启动了原料林基地的建设，种植光皮树 0.7 万 $hm^2$，经嫁接选育的光皮树可在 3 年内挂果，果实中含油酸和亚油酸高达 77%，可直接冷榨原料油，加工生物柴油成本低。因此，光皮树已成为南方生物质能源树种的首选，湖南省林业科学院选育出 13 个无性系良种，嫁接成活率高达 90%，为其大面积推广储备了技术和优良种苗[31]。

图 7-1　湘林 G1 号光皮树优良无性系

图 7-2　湘林 G2 号光皮树优良无性系

2) 麻疯树/麻风树

麻疯树(*Jatropha curcas*)，又名小桐子，别名青桐木、臭油桐，大戟科麻疯树属，是一种原生长在中南美洲的常绿落叶灌木或小乔木，现广泛分布于亚洲中南半岛的缅甸、泰国、老挝、柬埔寨、马来西亚、印度和我国热带、亚热带以及干热河谷地区(图 7-3)，美国佛罗里达的奥兰多地区、夏威夷群岛地区，澳大利亚的昆士兰及北澳地区，非洲的莫桑比克、赞比亚等国等都有分布。我国引种有 300 多年的历史，目前，四川、贵州、云南、两广都有大量的野生分布，所有热带干旱地区都可以种植。麻疯树栽植简单、生长迅速，最高能长至 6m，3 年就可以结果、5 年进入盛果期、之后可连续采果近 50 年[32]。一般种植 3～4 年的麻疯树年产种仁可达 4500kg/hm，种子含油量为 35%～40%，种仁含油量高达 50%～60%，可提取加工油 2700kg/$hm^2$[33]。

图 7-3　麻疯树

麻疯树的发展经历了三个阶段。最初阶段一般是野生或栽于园边作绿篱，以散生或小面积纯林分布。第二个阶段是首次规模造林，始于 20 世纪 70 年代末 80 年代初，以四川攀枝花栽培面积最多，目的是改善干热河谷地区脆弱的生态环境和保护天然林资源。第三个阶段是 2005 年以后，麻疯树已经成了公认的生物柴油重要原料资源，国家林业局及云南省、贵州省、四川省、广西区、海南省等相继进行了麻疯树种植的规划和实施，这类资源分布通常集中成片。目前我国麻疯树野生资源约 55 万亩，人工种植约 175 万亩，其中云南省种植了 97.8 万亩，贵州、四川、广西分别种植了 20 多万亩。我国麻疯树资源情况见表 7-3。

表 7-3　我国麻疯树资源情况

| 省份 | 2020 年规划种植规模/万亩 | 现有规模/万亩 | 种植地区 | 主要种植者 |
|---|---|---|---|---|
| 贵州 | 600 | 种植 25 万亩，野生林 3 万亩 | 黔南州罗甸、黔西南州贞丰、望谟 | 中水公司、飞龙雨公司 |
| 广西 | 100 | 种植 23 万亩 | 南宁、柳州、来宾、白色、河池、钦州、崇左 | 智联可再生能源有限公司 |
| 云南 | 1000 | 造林 97.8 万亩，野生林 27,76 万亩 | | 中石油和国家林业局、英国阳光科技集团、云南神宇新能源有限公司、怒江天生实业有限公司 |
| 四川 | 攀枝花 180 万亩，凉山州 320 万亩 | 野生林 24.4 万亩，人工林 29.6 万亩 | 攀枝花、凉山州 | 中石油和国家林业局 |
| 海南 | 中海油东方市 30 万亩、临高县 20 万亩 | 种植 0.12 万亩 | 临高县 | 中海新能源产业开发有限公司 |

麻疯树油色泽淡黄，其比重 0.914，折光率 1.463，酸值 16.82，碘值 93.79，皂化值 192，不皂化物 0.787%。麻疯树子油的脂肪酸组成及理化性质与菜籽油、大豆油、花生油等极其相似，脂肪组成主要为油酸和亚油酸，其中油酸含量 47.5%，亚油酸含量 30.3%，二者含量高达 70%以上。此外，麻疯树子油的碘值较低，属于半干性油，油色浅而清亮，是加工高品质的生物柴油的优质原料[34]。

最早直接使用麻疯树油代用农用柴油机燃料油试验研究的是泰国工业财团(1979)，试验结果认为麻疯树是一种很适宜的生物能源。麻疯果油制备生物柴油的几项关键指标如热值、闪点、十六烷值都比较好，满足国际相关标准，十六烷值比柴油高，热值与柴油接近，闪点远远高于柴油，使用安全可靠，硫含量很低，对环保有利。因此，总体物化性能与柴油十分接近，可以直接在柴油发动机中加以替代使用[35]。

我国开发的麻疯树生物柴油加工技术大致分为均相碱催化酯交换法、固相碱催化酯交换法和超/近临界酯交换技术三大类。我国已经核准了中国石油采用此工艺建设 6 万吨/年麻疯树生物柴油示范项目，贵州大学采用固相催化酯交换工艺，已完成了 300 吨/年的中试，并建设了 1 万吨/年麻疯树生物柴油装置。

2004 年，科技部将“生物质燃料油技术开发”列为“十五”国家重点科技攻关计划项目，由四川长江科技公司承担。该公司已与红河哈尼族彝族自治州政府签署协议，在种植推广取得成效的基础上，拟在红河工业园区内建设 10 万吨生物柴油加工厂，长江科技公司已经完善了一整套可以进行实际生产的生物柴油工艺流程。经过相关部门测定，麻疯树油生物柴油被证明可以替代 0 号商用柴油，作为柴油机燃料用油。四川已经建成了目前最大的麻疯树种植基地和基因库。2006 年，中国科学院重要方向性项目“能源植物筛选评价与小桐子规模化种植关键技术研究”正式启动。该项目由中国科学院西双版纳热带植物园主持，项目组集成了中国科学院遗传与发育研究所、昆明植物所、华南植物园和武汉植物园的优势力量。至 2011 年项目结题时，收集了国内外麻疯树优良种源 250 余份，选育出种子产量和含油率较高的优良种源 2 个；利用系统诱变技术研究，获得了 10000 余份的诱变材料；开展分子辅助育种，初步建立了 SRAP-PCR 优化体系，确定高产或抗逆性强优良株系 11 个；在西双版纳植物园建成了约 $4hm^2$ 的麻疯树种质资源圃和诱变材料圃。同时，在云南思茅、西双版纳和广东等地区建立了栽培试验点 6 个，面积约 $7hm^2$，初步掌握了麻疯树丰产栽培的一些关键技术；通过种子繁殖、扦插繁殖等技术建立了麻疯树的快繁技术体系，3 年生植株种子产量达 $2250kg/hm^2$；发现通过激素处理后，麻疯树的总花数及雌雄花比显著提高，单株试验的种子产量提高至 3.3 倍。同时，项目中分离克隆并注册与油脂代谢和抗冷相关的重要功能基因 12 个，申请专利 17 项，其中 PCT 专利 2 项[36]。

从 2006 年开始，云南神宇新能源有限公司开始发展麻疯树相关产业，并于 2007 年在云南省科技厅的组织下，与中石油合作申报了国家科技支撑计划“小桐子生物柴油产业化关键技术研究与示范”项目，获科技部立项支持。该项目实施了麻疯树良种选育，规模化、集约化栽培示范，麻疯树生物柴油加工技术与示范生产线建设等课题。通过项目的实施，已累计收集优良种质资源 800 余份；建设了种质资源圃 20 多 $hm^2$；筛选出优良材料 20 余个，获得优良品种 9 个，新品种 3 个；建立了麻疯树母树园和育种基地 130 多 $hm^2$，完成良种繁育基地 200 多公顷，繁育优质种苗 8000 多万株；建立了 10 万 $hm^2$ 麻疯树生物能源原料林丰产栽培试验示范基地。据云南省科技厅介绍，神宇新能源有限公司已建成了一座年产 6 万 t 麻疯树生物质能源加工厂，建成投产了年处理 1 万余吨麻疯树原料生产线，同时还建成可年产 3000t 麻疯树原料油、3000t 麻疯树生物柴油和 3000 余吨脱毒饲料蛋白的生产线，属于国内第一条产业化连续生产麻疯树生物质能源产品的生产线。而在麻疯树良种选育、生物柴油加工和副产品综合利用等一批关键核心技术方面也逐渐趋于成熟，建立了9项技术规程和3项质量控制规范，申请专利19项(其中11项已获授权)，获得麻疯树优良品种3个。2008年根据国家科技部、四川省科技厅和省林业厅的工作安排，国家科技支撑项目“西南地区麻疯树良种选育及规模化培育综合利用关键技术研究与示范”正式启动。该项目由四川省林科院主持，中国林科院资源昆虫研究所、四川大学、中石油西南油气田公司、四川省长江造林局、贵州省农科院等单位共同承担。针对麻疯树高油、高产、多抗良种选育技术、良种壮苗标准化快繁技术、高产稳产定向培育技术、低产低效林改造及集约经营技术、生物柴油高效制备示范装置及综合利用技术等进行了深入研究。至项目结束时，共收集国内外麻疯树种质资源群体72个、家系426个，初步筛选出种子含油率大于39%的种源15个、早实种源1个，获得17个耐寒个体；初选出扦插优良基质5种，研制麻疯树高效专用肥系列产品3个，申请发明专利1项；建设各类试验、示范区35个，面积合计1478hm$^2$。2004年，四川大学生命科学学院利用麻疯树果实榨油建设年产1万～2万t的生产装置；贵州省与生物柴油生产技术成熟的德国开展项目合作，同德国鲁奇、奔驰、大众、西门子、博世等8家企业签订《中德可再生交通能源合作框架下贵州省小油桐(麻疯树)项目合作谅解备忘录》，将此项目列入中德可再生交通能源合作项目。下一步贵州将与德方进行技术交流，进行生物柴油的生产工艺研究和设备选型，提出适合贵州小油桐(麻疯树)特点的生物柴油生产技术，使之尽快实现工业化。2006年9月，中国海洋石油基地集团和四川省攀枝花市政府签订了攀西地区麻疯树生物柴油产业发展项目，预计投资23.47亿元，到2010年种植3.3万hm$^2$麻疯树，建设年产10万t生物柴油基地，攀枝花市还制定了培育麻疯树能源林48万hm$^2$的远期目标，将利用麻疯树生物柴油加工新工艺和生物催化工艺技术，建立生物柴油生产示范工程。云南省西双版纳也将建立2万t级采用酶法工艺、利用麻疯树油为原料生产生物柴油的装置[37]。

目前我国麻疯树多种植于南方偏僻地区，利用手段仅仅局限于种子进行生物柴油提炼，而对麻疯树其他部分如枝干(可用于木柴加工及造纸行业)、种子提炼残留部分(可用来进行有机肥料加工)、叶片(国外已研究出无毒叶片的麻疯树，可用来进行牲畜青饲料)研究甚少，这就造成麻疯树目前提炼所生产的生物柴油与其他来源柴油相比价格不具竞争优势。因此，急需进行品种改良，培育无毒品种。另外，可扩大国际交流与合作，直接从国外引进高产优质品种或种源。总的来说，我国麻疯树的发展经历了快速扩展阶段，但是由于种植与收集成本的限制，除示范项目外，至今推广应用困难，多项预计投资的大项目没有落实。

3) 油茶

油茶(*Camellia oleifera* Abel)，山茶科茶属(*Camellia*)植物，灌木或小乔木，高

达 7m；花期 9～11 月，果熟期翌年秋季[38, 39]。油茶是喜温暖湿润气候的温带植物，通常种植 6～7 年就会结实，经营管理细致得当，2～3 年就能开花结果，一直结到 70～80 年，最长可达 100 多年。油茶对土壤的要求不严，但是由于根系入土比较深，因此以土层深厚和土质疏松的山地比较好，虽然耐干旱瘠薄，但不适宜在卵石多或土质坚硬的坡地种植。油茶不耐寒，最冷的日平均气温低于－2℃的地区，就生长不好。所以一般在长江以北或海拔超过 800m 的山地，都不适宜大发展。我国长江流域以南的湖南、江西、广西、广东、湖北、浙江和福建为油茶的主要分布区，四川、重庆、贵州、云南、安徽、河南、陕西、江苏、甘肃、海南等省份也有种植。印度、越南也有种植[40, 41]。

山茶油分布在我国 17 个省市，主要集中在浙江、江西、湖南、广西四省，全国年产量仅为 20 万 t 左右。平均每亩油茶林油茶籽产量约为 20.73kg，在 2007 年全国油茶籽产量中，湖南、江西、广西 3 省(区)油茶籽产量均在 10 万 t 以上，分别达到 40 万 t、16 万 t 和 14 万 t。这 3 省(区)油茶籽产量为 70 万 t，占全国油茶籽产量的 71.76%。茶油的产量不高，1 亩油茶林的年产油量约在 6L。2007 年全国茶油产量为 97.55 万 t，比 2006 年的 91.99 万 t 增长 6.04%，比 2000 年的 82.32 万 t 增长 18.5%，平均每年递增 1.91%[42]。预计到 2020 年全国油茶种植面积要达到 466.67 万 $hm^2$，年产茶油总量要达到 250 万 t。

茶油的特点是它的成分(脂肪酸组成)与橄榄油相近，在碘值、皂化值、折光指数等方面都基本相同。相比于橄榄油，山茶油不皂化物含量更少，茶油的油酸含量非常高，在 72%～87%变化，亚油酸的含量范围是 2%～15%，远高于橄榄油。而饱和脂肪含量在 7%～11%，低于橄榄油。含硫橄榄油(即脚油)经过酯化反应处理后，其单酯可以与柴油混在一起作发动机燃料[43]。

不同地区油茶种仁含油量为 39.9%～58.7%(注：种子含油量 36.6%～40%)，种仁油折光率 20℃时为 1.4～1.4691，20℃相对密度为 0.9145～0.9206，碘值为 77.8～80.3，皂化值为 190.6～201.2。不同地区油茶种仁脂肪酸组成以油酸为主，占 70.7%～84.4%，其次是亚油酸为 5.5%～16.3%，再就是棕榈酸为 8.4%～14.1%。

4) 黄连木

黄连木(*Pistacia chinensis*)，漆树科黄连木属落叶乔木。因其木材色黄而味苦，故名“黄连木”或“黄连树”。黄连木原产地中海地域、亚洲和北美南部，其分布区跨越温带、亚热带、热带地区，遍布华北、华南、西南、华中、华东与西北地区的 25 个省、自治区、直辖市，主要集中分区在河南、河北、山西、陕西、安徽、湖北、湖南、山东等省。黄连木抗干旱，适应性强，生长迅速，较适宜于山地种植，在云南分布广泛，常生长在海拔 900～2400m 的林缘或灌木丛中。秦岭南、北坡黄连木分布较普遍，仅陕西年产黄连木籽就达 25 万 kg 以上。黄连木结果寿命可达数百年。嫁接苗栽植5年后即可开花结果，胸径15cm时，每棵树年产种子50～100kg；胸径30cm时，每棵树年产种子100～150kg。

黄连木是传统的油料树种，黄连木种子含油率达40%以上，种仁含油率达50%以上；出油率20%～35%，理化性质为碘值111.0，皂化值为193.0；脂肪酸由0.3%的肉豆蔻酸、15.6%的棕榈酸、0.9%的硬脂酸、1.2%的十六碳烯酸、51.6%的油酸、28.3%的亚油酸、2.1%的亚麻酸组成，是一种非干性油。利用我国黄连木油脂生产的生物柴油的碳链长度集中在$C_{17}$～$C_{20}$之间，与普通柴油主要成分的碳链长度极为接近(普通柴油的主要成分为$C_{15}$～$C_{19}$的烷烃)，说明我国黄连木油脂非常适合用来生产生物柴油[44]。黄连木生物能源林预期经济收益高，丰产期年亩产种子量可达500kg，按目前的每2.5kg种子生产1kg生物柴油计，每亩地每年可生产生物柴油200kg，如果发展300万亩黄连木生物能源林，每年可生产生物柴油60万t。按照目前每吨柴油5520元计算，每年可以创造出33.12亿元的价值。

我国海南正和生物能源有限公司在河北开发出了0.73万$hm^2$黄连木种植基地，每年可产果实2万～3万t，可获得生物柴油原料8000～12000t。已建成一套以黄连木种子为原料年产1万t生物质燃料油装置，2001年9月已投产，采用两段法工艺，环流喷射技术、真空分馏技术、固体酸催化剂技术，生产能力10000t/a，油品主要物理化学指标达到美国生物质燃料油以及中国轻质燃料油标准S6T。经过专家鉴定为：生物柴油的柴油机动力性能与常规柴油无明显差别，一氧化碳、碳氢化合物有所下降，微粒和烟排放明显改善[45]。

5) 文冠果

文冠果(*Xanthocerass orbifolia* Bunge)，又名木瓜、文登阁、僧灯毛道，隶属于无患子科文冠果属，为单种属，落叶乔木或灌木。文冠果在中国分布于北纬33°～45°、东经100°～127°的广大地区，南自江苏北部、河南南部，北到吉林南部、内蒙古赤峰市，东至山东海边，西到甘肃、宁夏。文冠果林主要集中分布地区是内蒙古、辽宁、河北、山西、陕西等省(区)。文冠果为温带树种，喜光，适应性较强，文冠果能在比较耐干旱瘠薄，抗寒性强，耐盐碱，在黄土高原、山坡、丘陵、沟壑边缘和土石山区都能生长，大多生长在海拔400～1400m的山地和丘陵地带[47]。

该植物播种后当年就有花芽形成，一般2～3年生开花结果，10年生树每株产果50kg以上，30～60年生单株产量15～35kg。文冠果树木寿命特别长，人工选育的新品种2年生每亩即有200kg左右产量，5年生亩产文冠果种子达300～1000kg。8～10年株产20～50kg，高产栽培亩产种子2000～2500kg，每亩折算能生产生物柴油700～1000kg或更多，经济效益显著。全国现有栽培面积70万亩，年产种子在100万kg以上。

文冠果是我国特有的优良木本油料树种，种子含油率在30%以上，种仁含油率在 50%以上，主要含有各种不饱和脂肪酸。2.5kg 文冠果种仁可生产 1kg 生物柴油，与其他生物柴油相比文冠果生物柴油具有出油率高，闪点和十六烷值高，杂质少等特点。

文冠果生产生物柴油基本都是以文冠果种仁油和甲醇为原料，在碱催化剂作用下生产生物柴油，最终的生物柴油得率在 90%以上。于海燕等[48]对文冠果生物柴油的质量进行了分析，结果显示文冠果种仁油制备的生物柴油质量符合 GB/T20828-20075 柴油机燃料调合用生物柴油(BD100)标准，如表 7-4 所示。

**表 7-4　文冠果油生物柴油的质量指标**

| 项目 | 测试结果 | 质量指标 | |
|---|---|---|---|
| | | S500 | S50 |
| 密度(20℃)/(g/cm$^2$/s) | 0.872 | 0.820～0.900 | 0.820～0.900 |
| 运动黏度(40℃)/(mm$^2$/s) | 4.181 | 1.6～6.0 | 1.6～6.0 |
| 冷凝点/℃ | –3 | 报告 | 报告 |
| 硫含量 | 14mg/L (参考) | ≤ 0.05% | ≤ 0.005% |
| 10%蒸余物残碳/% | 0.23 | ≤ 0.3 | ≤ 0.3 |
| 硫酸盐灰分/% | 0.014 | ≤ 0.020 | ≤ 0.020 |
| 水含量 wt/% | 0.0351 | ≤ 0.05 | ≤ 0.05 |
| 机械杂质 | 无 | 无 | 无 |
| 铜片腐蚀(50℃, 3h) | 1a 级 | ≤ 1 级 | ≤ 1 级 |
| 十六烷值 | 58.0 | ≥49 | ≥49 |
| 酸值(KOH)/(mg/g) | 0.36 | ≤ 0.80 | ≤ 0.80 |
| 游离甘油含量/% | 未检出 | ≤ 0.020 | ≤ 0.020 |
| 总甘油含量/% | 0.11 | ≤ 0.240 | ≤ 0.240 |
| 90%回收温度/℃ | 362 | ≤ 360 | ≤ 360 |

自 2007 年开始，内蒙古、辽宁、甘肃、黑龙江和陕西等省份，在中国石油天然气股份有限公司等企业的积极参与和推动下，开始进行人工种植文冠果生物柴油能源林，并着手制定相应的发展目标与规划。内蒙古自治区作为生物能源林基地建设首批试点单位，被列为国家林业局-中国石油林油一体化生物柴油原料林示范基地建设项目区，并围绕林业生物质能源开发，在文冠果能源林营造和科技支撑方面做了大量工作，截至 2009 年 4 月底，已完成文冠果基地建设面积 1.78 万 hm$^2$[49]。

在利用文冠果种仁油生产生物柴油的同时，还要充分利用过程的其他副产资源，如甘油和文冠果的残余成分。根据这些副产资源的主要组成，可以得出其潜在的应用价值，副产物甘油可以生产 1, 3-丙二醇，富含木质纤维素的果壳、种皮可以生产纤维素乙醇，果壳和种仁油渣可以提取药用皂普，整合潜在产品的现有生产工艺，可以探索文冠果生物炼制的多产物联产过程。

6) 油桐

油桐(*Vernicia fordii*)是大戟科油桐属植物，是世界著名的木本工业油料植物，是我国特有的亚热带地区代表性经济林树种。油桐属典型的中亚热带树种，在我国北纬 22°15′～34°30′，东经 97°50′～121°30′的广大亚热带地区，包括湖南、湖北、贵州、重庆、四川、广西、广东、云南、陕西、河南、安徽、江苏、浙江、江西、福建、台湾等省(市、自治区)都有分布，其中以湖南、重庆、贵州、湖北等省市栽培面积和总产量最大[50]。

油桐性喜温暖湿润、畏严寒，要求年平均温度 16～18℃，10℃以上的活动积温 4500～5000℃，全年无霜期 240～270 天。冬季短时低温利于油桐发育，但长期−10℃以下会引起冻害。花期日均温需稳定在 14.5℃以上才能正常授粉结实；果实生长发育和花芽分化期又需 25℃以上的高温和充足的水分。油桐生长快，要求有充沛而分配适当的降雨和较高的空气湿度，主要分布地区的年降雨量为 900～1300mm。花期如多雨伴随低温会导致授粉不良，引起减产；7～8 月份如干旱也会使种仁不饱满，含油量降低。缓坡地段及向阳谷地、盆地以及河床两岸台地适于生长。油桐喜光，年日照要求在 1000h 以上，阴坡峡谷生长不良。油桐在 3 月下旬顶芽萌动，4 月开花，4 月下旬至 5 月上旬形成幼果，10 月中下旬果实成熟。实生繁殖油桐一般至第 3 年生即可开花结果。6～8 年生进入盛果期，盛果期可延续 10 年以上。鲜果重量 50～70g，果径 4～8cm，单果种子 4～5 粒，每 1kg 种子 240～320 粒。

油桐是我国重要的工业油料树种，与油茶、核桃、乌桕并称为我国四大木本油料树种。油桐种子含油(桐油)达 50%～70%，其中约 94%不饱和脂肪酸，是潜在优良的生物柴油资源。至 20 世纪 80 年代，全国油桐栽培面积共 180 万 $hm^2$，油桐在“六五”和“七五”期间就被列入国家攻关课题，期间收集整理了我国所有的油桐品种资源 184 个，选出了一大批优良无性系和家系，在全国建立了 3 个油桐种质基因库。但自 20 世纪 80 年代末开始，由于人工合成油漆的大量上市和价格优势，桐油价格下降，1994 年以后油桐生产呈现大幅度滑坡，许多地方砍掉油桐种果树，国家和地方中止对油桐科研项目的资助，科研基地荒芜，桐树大量死亡，多数品种濒临灭绝或已经灭绝，大部分省份已经没有油桐，只有湖南、湖北、贵州、重庆毗邻地区还有一部分油桐林。从 2007 年开始，由于桐油价格的攀升，全国油桐栽培面积有所回升，但发展很慢。湖南等省区的一些大公司为了开发生物柴油，正在营造大面积生物质能源油桐林。据不完全统计，全国现有油桐林面积约为 66.17 万 $hm^2$，年产桐油约 6.75 万 t，平均每公顷产桐油约 102kg；桐油总产值约 18.25 亿元，桐饼产值约为 2.7 亿元，总产值约为 20.95 亿元。其中，广西壮族自治区的油桐资源面积最大，为 16.12 万 $hm^2$，常年产桐油约 2 万 t；贵州省的油桐资源面积次之，为

15.74 万 $hm^2$，年产桐油约 1.6 万吨；重庆市的油桐资源面积居第三位，有 10 余万 $hm^2$，年产桐油约 1.6 万吨；陕西省的居第四位，约有 10 万 $hm^2$，年产桐油约 1.3 万 t；湖北省现有油桐面积 4.04 万 $hm^2$，年产桐油 0.45 万 t；湖南省现有油桐资源面积约 3.6 万 $hm^2$，年产桐油 0.4 万 t；其他各省区的油桐资源总面积估计不超过 6.67 万 $hm^2$，年产桐油不超过 1 万 t。2009 年，我国桐油的年产量约为 6.75 万 t，仅占世界桐油总产量的 35%；而南美洲的阿根廷、巴拉圭和巴西三国的总产量已达到 11 万多吨，占世界桐油总产量的 60%。世界油桐生产的重心已经转向南美洲[51]。

利用油桐种子榨取的油脂称为桐油。桐油为甘油三酯的混合物，通过酯交换反应可以生产桐油生物柴油，现在国内利用桐油生产生物柴油的技术已经被攻克，生物柴油已经实现工业化生产。其脂肪酸种类主要有 6 种，即棕榈酸(3.44%)、硬脂酸(2.84%)、油酸(7.15%)、亚油酸(10.04%)、亚麻酸(1.50%)和桐酸(75.03%)，其中桐酸含量最高可达 80%。桐酸(eleostearic acid，ELA)是十八碳三烯酸，是桐油中特有，也是决定桐油性质的主要成分，含有 3 个共轭双键，化学性质活泼。桐油是世界上最优良的干性油，油桐种仁含油量高，最高可达 70%，高于油菜和大豆等，而且桐油的脂肪酸含有较长的碳直链，适合用于生产生物柴油。

同时，桐油在加工生产过程中，产生大量的副产品桐子壳和桐枯饼，桐子壳和桐枯饼中含有大量的有机质，将其隔绝空气高温催化裂解，可以得到气体燃料、液体燃料和固体燃料，是生产生物质能源的优质原料。国家在“十五”和“十一五”期间，为固体有机质生产生物质能源提供了大量的经费支持，多个技术难点已被攻克，一些有机质转化为优质生物质能源的工业化生产已经实现。我国现有油桐适宜林地面积在 333.33 万 $hm^2$ 以上，如果在南亚热带和部分中亚热带发展 66.67 万 $hm^2$ 千年桐作为生物质能源林，则每年可提供 50 万 t 的生物柴油[51]。

桐油与其他木本油料植物一样，也存在多不饱和脂肪酸含量过高的问题，因此，降低多不饱和脂肪酸的含量，是桐油作为生物柴油原料首先需要解决的问题之一。我国绝大部分木本油料植物处于野生、半野生状态，未得到有效的开发利用[52, 53]。

7) 油棕

油棕(*Elaeis guineensis*)属棕榈科的单子叶多年生木本油料作物，是世界上生产效率最高的产油植物，平均每公顷年产油量高达 4.27t，是花生的 5～6 倍、大豆的 9～10 倍，有“世界油王”之称。原产地在南纬 10°～北纬 15°、海拔 150m 以下的非洲潮湿森林边缘地区，分布比较广泛，在世界 20 多个国家均种植，主要产地分布在亚洲的马来西亚、印度尼西亚、非洲的西部和中部、南美洲的北部和中美洲。我国海南、广东、广西和云南等省区也有种植油棕。油棕植株高大，茎粗 30～40cm，老树高达 10m 以上。油棕结果期长，含油量高。油棕定植后第 3 年开始结果，6～7 龄进入旺产期，经济寿命 20～25 年；油棕果含油量高达 50%以上；适应性强，便于管理。油棕能够在干旱和贫瘠的地区生长，病虫害少、树冠覆盖率高且稳定。

2007 年棕榈油总产量达 3500 万 t。据估计，到 2015 年棕榈油需求将达到 6800 万 t，总植物油需求量为 1.7 亿 t。目前，东南亚是主要生产地区，在 2007 年马来西亚和印度尼西亚占世界棕榈油产量 86%左右，泰国棕榈油的产量近些年也增加较快。一般马来西亚已到成熟期的油棕每年每公顷平均产量是 3.7t 毛棕榈油，每公顷油棕所生产的油脂比同面积的花生高 5 倍，比大豆高出 9 倍。2011 年全球棕榈油产量为 5020 万 t，预计 2012 年将达到 5230 万 t，占世界 9 种主要植物油总产量的 30%以上。印度、中国和欧盟是世界主要的棕榈油进口国。在棕榈油基本上属于潮湿热带作物，但它已经能适应更为广泛的气候条件，从潮湿的热带地区到干旱半干旱热带地区。这种植物能在各种土壤条件下生长。最广泛种植的是高产油棕榈品种田娜拉。最佳的种植密度是 143 株/公顷。另外，由于油棕种苗无性繁殖技术开始应用生产，可望油棕种植材料能保持亲本的优势性状——高产、高油等，产量得到稳步提高[54]。

20 世纪 20 年代中期，归国华侨从马来西亚携带油棕种子回国，在海南的那大、琼山等地试种。此后，又引种到云南河口、广东雷州半岛和广西北海等地试种。1960 年以后，海南岛在全岛范围内进行了大规模的油棕定植，同时也在云南的河口、潞西、允景洪、文山、临沧地区，广东的湛江、信宜、海康，广西的龙律、南宁，福建的漳浦、诏安、厦门、晋江，四川的米易丙谷、会理红格，贵州的望谟、罗甸等地都已引种或试种。此时，我国经历了一个油棕种植大发展时期。在 20 世纪 60 年代中期到 70 年代末，油棕产业发展比较缓慢。在 20 世纪 80 年代，海南油棕植区通过选用良种，扩大新植，集约经营，油棕生产又开始了新的发展。1983 年、1984 年和 1985 年我国油棕种植面积分别为 2460 万 $hm^2$、2667 万 $hm^2$、3467 万 $hm^2$。但是由于品种的适应性差、配套的栽培和加工技术跟不上，到 1990 年对海南油棕种植资源考察时，其种植面积只有 3000 $hm^2$，以后种植面积逐步缩小。目前仅在海南省西部、南部以及云南省西双版纳有零星分布和小块种植。据统计，我国油棕种植面积仅为 270 $hm^2$，产量 3551t 左右，通过引种试种工作的推进，种植面积在逐步扩大[55, 56]。

油棕是世界上生产效率最高的产油植物，油棕作为一种新兴的、潜力巨大的木本能源树种，是国家林业局确定的重要能源树种之一。发展以棕榈油为原料生产生物柴油，不仅原料来源可以保证，实现不与粮食争地，而且其价格相对菜籽油、棉籽油便宜；同时棕榈油中含有大量饱和脂肪酸，以其为原料生产的棕榈油脂肪酸甲酯也是生产高碳醇、脂肪酸甲酯磺酸盐等大宗化工产品的优良原料。因此，棕榈油是生产生物柴油最有竞争力的原料之一。

棕榈油是从油棕树上的棕果(*Elaeis guineensis*)中榨取出来的。棕榈油是由饱和脂肪、单不饱和脂肪和多不饱和脂肪 3 种成分混合构成的，其中饱和脂肪约占 50%，因此棕榈油又被称为“饱和油脂”。棕榈油的脂肪酸组成为：豆蔻酸约 0.73%、棕榈酸为 37.94%、硬脂酸为 4.51%、油酸为 39.56%、亚油酸为 17.26%。由于棕榈油中饱和脂肪酸含量比较高，其稳定性好，不容易发生氧化变质。但油棕果实里含有较多的解脂酶，所以对收获的果实必须及时进行加工或“杀酵”处理，棕榈毛油容易自行水解而生成较多的游离脂肪酸，酸值增长很快，因此要及时精炼或分提。另外，棕榈油中富含胡萝卜素以及维生素 A 和 E，有益于防止血栓、降低心脑血管疾病的发生并且有抑制癌症的功效。棕榈油的下游产品主要是以茎、叶、果壳、油饼等为原料，生产活性炭、油墨、洗涤去污剂、化妆品、护肤用品以及特种用纸等[54]。

我国棕榈油主要依靠进口，近年来进口量呈持续增长的态势。2001 年进口量为 152 万 t，2004 年进口量则达到了 386 万 t，2001～2004 年棕榈油进口年均增加量达到 78 万 t。2005 年我国棕榈油进口数量虽然仍有一定幅度增长，但增速已明显减缓，全年棕榈油的进口数量为 436 万 t，2006 年进口量为 508 万 t，比 2005 年增长约 17%。由于我国从 2006 年起取消棕油配额管制并实行统一进口税率之后，棕榈油进口数量大幅增长。2007～2010 年棕榈油的进口量都在 500 万 t 以上。马来西亚和印度尼西亚是我国棕榈油的主要进口国，目前我国从这两个国家进口的棕榈油占我国棕榈油进口总量的 98%以上[57]。

棕榈油的消费主要有食用和工业用两种，棕榈油食用消费量的增长趋势一直没有变，但是远没有工业消费增加突出。统计数据表明 2011 年生物柴油的产量较 2010 年增加 300 万 t 以上，棕榈油工业消费量占总消费 25%以上，其快速增长的主要推动力是生物柴油的大量生产，尤其是马来西亚、我国及欧盟 25 国生物燃料项目的驱动。

巴西大面积种植的一种棕榈树可作为提炼生物柴油的油料作物，这种棕榈树可以在牧场和丛林地带种植，可耐受贫瘠的土地，并且产油量高，种植简单，赢利明显，适合小生产者开发。每公顷土地可以产 3500L 油脂。这种棕榈树的种子和果实还可作为掺加物供鸟类和猪食用。

在马来群岛，棕榈油的研究者对棕榈油转化为生物柴油进行了系统研究，结果表明棕榈油的物理性质和化学成分符合生产生物柴油的要求[58]，泰国计划通过提高油棕榈种植面积及单产来提高棕榈油产量，推广棕榈树种植，到 2009 年将种植约 16 万 $hm^2$ 棕榈树，新的种植及技术将帮助棕榈单产从 0.46t/$hm^2$ 增至 0.56t。泰国目前拥有 32 万 $hm^2$ 油棕榈树，每年棕榈油产量约为 130 万 t，其中 85 万 t 用于国内消费。泰国每月棕榈油需求量约为 15 万 t，因而目前的库存水平仅够满足全国一半的需求。在 15 万 t 的需求中，7 万 t 用来生产烹调油，5 万 t 用于出口，3 万 t 用来生产生物柴油。2008 年马来西亚亚洲基因组技术宣布马来西亚和美国的研究小组已完成了棕榈树基因组70%的测序工作。

油棕具有含油量高、产量大、经济寿命长等优点，我国目前十分重视油棕产业的发展，并相继出台一系列的文件和政策促进该产业的发展。国办发(2010)45号文件《国务院办公厅关于促进我国热带作物产业发展的意见》明确指出：“促进天然橡胶、木薯和油棕等热带作物产业的发展，从国家战略高度重视和加大油棕等热带油料作物科研和产业的发展”。要求在加大油棕新品种引进选育力度的基础上，尽快培育一批适合大规模栽培的优良品种。继续开展多点试种，确定适宜品种和适宜种植区域，创造条件适时推进产业开发。国家林业局计划将油棕作为重要能源林树种列入《2011～2020年全国林业生物质能源发展规划》，建议海南省近5年内建设1300多公顷油棕示范林，以树立典型，在南方省(区)推广[57]。

2. 草本能源植物

1) 芒草

芒属植物是指分类学上隶属于禾本科(Poaceae)黍亚科(Subfam. Panicoideae A. Braun)须芒草族(Trib. Andropogoneae Dumortier)甘蔗亚族(Subtfib. Saccharinae Grisebach)芒属(*Miscanthus*)的一类多年生草本植物，俗称“芒草”，主要分布在东亚、东南亚、太平洋群岛及非洲地区，其水平分布范围为22°S的波利尼西亚至50°N的西伯利亚，垂直分布范围为海拔0～3100m。中国是芒属植物的分布中心，拥有芒、五节芒、尼泊尔芒、双药芒、荻、南荻和红山茅等7个种，其中南荻和红山茅2个种为中国所特有；芒和五节芒分布于长江以南广大区域，在华南的山地、丘陵和荒坡原野，常形成优势群落。

芒属能源植物特指芒属植物中那些具备能源植物的基本特点，且适宜于作为能源植物开发与利用的种类，也称之为“能源芒草”。在芒属植物的14个种中，南荻、荻、芒和五节芒的生态适应性强，分布广泛，资源丰富，且植株较高大，生物质产量高，而其他种类多属于稀有种，其分布区域较窄，且生物质产量有限，因此，芒属能源植物目前主要有南荻、荻、芒和五节芒等4个种。

芒属植物这类曾备受冷落的野草，能在能源植物领域一跃成为新一代能源植物而受到高度关注和广泛认可，完全得益于其自身的综合优势。芒属植物作为能源作物开发有以下主要优点。

(1) 生物质产量高。芒属植物为C4植物，对光能、水分、N素利用率高。芒属植物光能利用率达4.1g/MJ，对水分的利用率达10.0g/L，N利用率达613kg/kg[59, 60]，干生物质年产量可达30t/hm$^2$以上，是目前干物质产量最高的植物之一[59]。

(2) 生物质质量优。芒属植物的纤维素和半纤维素含量可高达80%以上，木质素含量则在20%以下，而灰分含量仅1.6%～4.0%，Cl、K、Si、S等残留少，硫和灰分等的含量约为中质烟煤的 1/10[61]，且芒属植物的生物质热值高，产能高，1t 干物质相当于 4 桶原油或 0.45t 标准煤的热能，可产 450L 乙醇。

(3) 种植成本低。芒属植物为多年生宿根植物，一次种植可多年收割，一般种植 2～3 年后可达到产量高峰，高产期可维持 20 年以上[62]，且当植株成熟枯黄后，茎秆中的矿质养分会回流至地下根状茎中储存起来，实现循环利用，地上部分干物质的收割很少引起矿质养分的流失[63]，这既保证了生物质的质量，也降低了对肥料的需求。另外，与其他作物相比，芒属植物的病虫害少，与杂草的竞争力强，无需大量施用农药，可粗放耕作，栽培管理成本低，环境污染少。

(4) 适应能力强。芒属植物的生态幅宽，从亚热带到温带的广阔地区都能生长，各种恶劣环境下都有其种类生存，可利用各种边际土地种植。五节芒能在贫瘠土地和重金属污染土地上生存；芒能在寒冷的条件下生存；芒属植物是目前已知的在温度低于 15℃时仍能对 $CO_2$ 保持高同化效率的 C4 植物，其地下根状茎能在−20℃下安全越冬，空气温度低至 5℃时，叶片仍然能保持正常生长[64, 65]。

(5) 生态效应好。芒属植物的 $CO_2$ 补偿点低，对空气中的 C 同化效力高，生长过程中可消耗大量 $CO_2$，有助于缓解温室效应。有研究表明，即使撇开芒草生长中对减少 $CO_2$ 的贡献不算，芒草燃烧发电时，排放的 $CO_2$ 和 $SO_2$ 分别只有煤炭的 1/2 和 1/10。另外，其地下根茎既有固碳作用，也有良好的水土保持和生态改良作用。芒属植物每公顷产量高达 30～40t，可直接燃烧产生能量，也可作为生物乙醇原料，每公顷产能相当于 36 桶石油[66]。

(6) 遗传资源广。芒属能源植物有多个种及多种生态型和基因型，遗传多样性极其丰富，这为其新品种的选育提供了丰富的种质资源和广阔的遗传背景；芒属植物具有自交不亲和的遗传特点，且种间不存在生殖隔离，能通过远缘杂交来创造新品种[67, 68]。

芒属能源植物必须驯化为专用能源作物，并通过大规模人工栽培生产，才能满足生物质能源产业的原料需要，因此，世界各国都十分重视芒属能源作物品种选育和规模化栽培技术的研发。欧洲将多年生禾草作为生物质能的研究始于芒属植物。20 世纪 60 年代，在丹麦进行了将芒草作为能源植物的第一个试验，并在 1983 年建立了第一个试验基地。在此基础上，于 1989 年启动了欧洲 JOULF 计划项目，分别在丹麦、德国、爱尔兰和英国建立了试验基地。欧美国家并没有芒属植物的自然分布，他们目前正在推广的芒属能源作物品种是一个从日本引入的天然三倍体，其品种名为“奇岗”(*Miscanthus giganteus*)。1993 年，在欧洲 AIR 计划项目下开展了一个将田间试验延伸到南欧的大工程，其中包括希腊、意大利和西班牙。另外，丹麦、荷兰、德国、奥地利和瑞士等国的国家项目也资助了有关芒属植物的生殖、发育、管理实践以及收获和加工方面的研究工作。由于“奇岗”单一品种的生态适应性有限，且易导致生态脆弱，同时三倍体不育，无法通过有性杂交进行遗传改良，因此，1997 年英国、德国、丹麦、瑞典、葡萄牙等 5 个欧洲国家合作启动了“欧洲芒改良计划”，其目标是引进种质资源，扩大欧洲地区芒的遗传基础，构建核心种质和育种体系。同时，奇岗的燃烧产能研究也得到了荷兰“全球大气污染和气候变化国家研究计划”和 EC-AIR 计划下的“欧洲芒草网络”工程项目的资助。欧美通过 20 多年的筛选研究确定了芒属植物、柳枝稷(*Panicum virgatum*)、草芦(*Phalaris arundinacea* L.)、芦竹(*Arundo donax*)等是理想的能源植物种类，他们普遍认为这类多年生的木质纤维素植物是边际土地上最有潜力的能源植物。近年来，美国也将“奇岗”等芒属植物引入北美地区栽培，Illinios 大学等研究机构正在利用有性杂交和生物技术手段开展新品种培育。在资源开发与利用研究方面，目前欧美科学家在芒属植物分子标记遗传多样性分析、遗传连锁图谱构建和基因定位研究、组织培养和多倍体选育、种质资源评价、栽培技术研究、纤维素酶降解和高温分解加工等方面开展了一系列的研究。到目前为止，芒属植物已培育出几个生物量高的新品系，并计划作为优良的能源植物大面积推广利用。如今，五节芒(*Miscanthus floridulus*)、象草(*Pennisetum purpureum* Schum)和矮柳(*Salixherbaeea*)已经被电厂、学校、医院和工厂用来发电或供热。丹麦已经成功地将芒草以 50%或 20%的比例与煤混合发电；英国 AnglianStraw 公司目前在大规模地种植芒，为世界上最大的生物质发电厂——Elean 发电厂提供燃料。在将芒属植物纤维转化为燃料乙醇方面，英、美等国正大力开展系统研究，已在纤维转化、酶和菌种筛选、发酵工艺优化等方面进行了大量研究。德国科技人员以开发和研究可直接燃烧、清洁卫生、可替代煤和燃油的能源植物为重点，做过多种尝试。已经实施的一项计划是用耕地栽培由他们自行选育的能源植物。德国兴建了一座发电能力为 12 万 kW 的发电厂，其燃料就是芒属植物。据 Clifton[69]的报道，2000 年芒草的产电量在欧盟 15 国中占其总产电量的 9%，其中爱尔兰最高，占总产电量的 37%。2011 年美国农业部启动了一项能源植物援助计划(Biomass Crop Assistance Program，BCAP)，计划在 Ohio、Arkansas、Missouri Pennsylvania、Kansas 和 Oklahoma 等州发展共约 12 万 $hm^2$ 的芒草和柳枝稷，其生物质主要用于生产液体燃料乙醇。在美国，当时科学家考虑将农作物与煤以 1:1 的比例混合来发电，在农作物的选择上，科学家也倾向于杂交后的芒草。目前已有生物能专用种——三倍体奇岗的育成，株高达 7～10m，理论单产可高达 $22t/hm^2$。由于热值高(18.2MJ/kg)，在欧洲已经广泛种植于田间，用专用机械将芒草压缩成颗粒或块，进而发电或制燃气。可见，欧美国家对芒属能源作物的开发与利用十分重视，无论是品种选育，还是产业化应用都在迅速向前推进。

我国对芒属植物资源利用的研究已有较长的历史，可追溯到 20 世纪 50 年代。早期的研究主要集中在将南荻作为造纸原料或将五节芒作为牧草的利用上。对于芒属能源植物开发利用的研究，中国则起步较晚，直到 2006 年，才由湖南农业大学启动了相关的研究。湖南农业大学收集了 1250 多份有居群代表性的芒属植物野生种质资源，建立了活体种质资源库，并系统地开展了基于形态学和分子标记的遗传多样性研究，构建了芒属能源植物的核心种质。同时，建立了芒属植物人工快繁和远缘杂交技术体系，并培育出了芒与南荻远缘人工杂交新品种。新品种的地上部干生物质产量达到了 37.5～42.0t/hm$^2$，经湖南省农作物品种审定委员会审定，分别登记为“湘杂芒 1 号、2 号和 3 号”。这是目前国内外第一批人工远缘杂交芒草新品种。2008 年以来，中国科学院北京植物研究所和武汉植物园启动了芒属植物资源驯化和群体遗传学的研究，上海生命科学研究中心启动了南荻基因组测序研究。近年来，已有中国科学院青岛能源与过程研究所、上海植物生理研究所以及华中农业大学、武汉大学、山东农业大学、北京市农林科学研究院等多家单位相继加入到了芒属能源植物的研究行列，其研究工作主要围绕着资源收集与评价、优良种质资源发掘与新品种选育、边际土地栽培与示范等方向全面展开[70]。

芒属植物作为能源植物的利用方式有多种：① 直接燃烧发电，这是欧美国家主要的利用方式，茎秆一般在晚冬或第二年早春收获，此时茎秆水分含量会减少为 15wt%～20wt%，茎秆中部分钾、氯等元素会转移到地下茎，从而明显地改善了燃烧性能。② 粉碎、压缩成固体燃料，用于锅炉或其他用途。③ 在高温高压下气化，制成 CO、$H_2$ 等可燃气体，这些气体可用于燃烧产生热量或者经过不同的化学合成产生次级产物(乙醇、柴油燃料、工业上使用的化学溶解剂等)。④ 直接利用硫酸或纤维素酶分解芒草制取燃料乙醇。⑤ 利用厌氧发酵制取沼气。

2) 柳枝稷

柳枝稷是禾本科(*Gramineae*) 稷属(*Panicum*)，高秆多年生 C4 草本植物，水肥利用效率高，生长迅速，产量高，适应性强，具有较大发展潜力。柳枝稷的干物质年产量高，可达 35t/hm$^2$；生长 10 年，如管理合理，高产期可持续 15 年。柳枝稷抗逆性强，分布范围广。原产于北美，在美国广泛种植。种植在与其起源地相近的地区会表现出较高的产量和生态适应性。比传统农作物的抗旱、耐涝能力强。适宜各种土壤类型，pH 值为 4.9～7.6 土壤上生长良好，在中性土壤上生长最优。柳枝稷中纤维素、半纤维素含量分别为 37.10%，32.10%，而木质素、水分及灰分含量较低。因 N、S 含量低，能适应养分贫瘠的土壤条件，所以对土壤的可持续利用具有重要的意义[18]。

柳枝稷为直立多年生草本 C4 植物，其根系发达，株高可达 4.0m，叶片绿色扁平，长约 150cm，宽约 1.3cm。6～8 月开花，花序呈圆锥状，15～55cm 长，分枝末端有小穗。种子呈浅褐色，光滑且具有光泽，新收获的种子具有较强的休眠性，品种间千粒重变化较大。冬季地上部枯死，地下宿生根系依然存活，次年 5 月返青。

柳枝稷起源于北美，在对多种能源作物材料的筛选中，柳枝稷因其高产、多年生、具有水土保持能力以及对于贫瘠土地的强适应性等特点而被选为主要的牧草作物。从干旱草原到盐碱地，甚至在森林中都可以生长，其最宜生长环境为年降水量为 381～762mm 的粗质土壤，在南部潮湿地带植株可高达 3m。在长期的进化过程中，形成了许多生态型和变种，主要的两种生态型为：细秆高地生态型，主要分布在美国中部和北部地区，适应干旱环境，茎秆较细，分枝多，在半干旱环境中生长良好，主要变种有 Trailblazer、Blackwell、Cave-in-Rock、Pathfinder；粗秆低地生态型，主要分布于潮湿地带，适于种植于低纬度地区，多为四倍体($2n=8X=72$)，诸如漫滩、涝原，植株高大，茎秆粗壮，成束生长，主要变种有 Alamo、Kanlow。不同的柳枝稷品种只有种植在与其起源位置相近地区才能表现出较高产量和生态适应性[71]。

与传统作物相比，柳枝稷的抗旱能力强、需肥量少、虫害少、产量高，最高产量可达到 74.1t/hm$^2$。柳枝稷为 C4 植物，氮和水的利用率高，生长迅速，产量高，适应性强。在美国东南部产量为 14.8～22.2t/hm$^2$，引种到南欧则高达 61.7t/hm$^2$。低地变种的产量高于高地变种，研究者发现产量与变种起源地的纬度有密切关系，决定引种的一个主要因素是原产地的纬度，南方变种引种到北方则产量较高。据美国农业部调查，在美国东南部产量为 17.3～39.5t/hm$^2$，西部地区则为 12.3～14.8t/hm$^2$。阿拉巴马州一试验基地持续 6 年的研究发现，低地品种 Alamo 产量为 24.4t/hm$^2$。佐治亚州一研究显示，低地品种 Alamo 和 Kanlow 是该地区产量最高的品种，分别为 16.3 和 15.8t/hm$^2$(以上产量均为干物质量)。

与欧洲研究极多的另一能源植物巨型芒相比，柳枝稷的抗旱能力强，更适应于贫瘠地区。其茎秆虽细小，以种子繁殖，耕种成本少，风险小于巨型芒。

对柳枝稷细胞成分的分析显示，其细胞壁成分主要是纤维素、半纤维素以及木质素，其整株植株的淀粉和蛋白质含量分别高于玉米(*Zea mays*)和大豆(*Glycina max*)。因为柳枝稷的细胞壁可被消化为糖类，并随后发酵生成乙醇，所以称它为木素纤维作物。这种发酵方式与玉米和谷物发酵不同，玉米和谷物是被消化成淀粉，然后发酵生成糖类和乙醇。应用这个基本原理开发木质素纤维作物成为生物能源，省去了繁琐的生产工艺，也避免了消耗食用性作物和占用良田。理想的生物能源作物应能产生高的生物量，水、氮、灰烬的含量少，木质素和纤维素含量高。柳枝稷细胞壁(干物质)含纤维素 37.10%、半纤维素 32.10%、碳合物 13.60%、木质素 17.20%，可见木质素和纤维素的含量极高[72]。最近的研究显示，柳枝稷的乙醇转化率可达到 57%，其提取量是玉米的 15 倍。柳枝稷木质纤维素原料转化燃料乙醇的技术很成熟。柳枝稷生物质利用的主要障碍是原料的收集、运输、储存和预处理。对柳枝稷进行颗粒化是一种有效的预处理方法。

预处理前须对柳枝稷进行颗粒化使其水分含量低于 15wt%以易于高效运输和安全储存。对柳枝稷原料的预处理主要有碾磨、高温分解、酶解和稀酸预处理等。通过预处理，柳枝稷材料中的木质纤维素成分被降解和糖化，得到能够被发酵微生物利用的葡萄糖、木糖、甘露糖和半乳糖等。糖化液中戊糖和己糖所占比例高，其关键是如何将木糖高效发酵为乙醇[73]。

因柳枝稷比小麦、大麦、玉米秸秆的水分和灰分含量低、热值高，柳枝稷又为典型的理想生物燃料。其含水 11.99%、灰烬 4.61%、碳 42.04%、氢 4.97%、氧 35.44%、氮 0.77%、硫 0.18%。1kg 柳枝稷单独燃烧时 $CO_2$、$N_2O$、$CH_4$、$SO_x$、$NO_x$、CO 的排放量分别为 1525g、0.0893g、0.144g、0.172g、3.366g 和 4.122g[74]。柳枝稷焚烧中碳、硫、氮的排放量分别为等量煤炭的 5%、1%、20%。其单独焚烧会形成造渣和结垢，合燃可以避免此缺点，并可减少 $CO_2$ 的排放量，故常与煤炭混燃，添加量为 5%～10%[75]。

美国长达 10 多年的研究和评估证明，柳枝稷无论在近期还是长期都会在可再生能源中起重要的作用。研究发现，将柳枝稷的生物质与煤炭混燃发电，是成本最为低廉的生物质利用方式；将 10%柳枝稷和 90%煤炭混合具有较好的燃烧性能，$SO_x$ 和 $NO_x$ 的排放量也相应降低。除用于燃烧发电外，柳枝稷也可作为热化学处理的原材料，通过热解和气化作用生产甲醇、综合燃气、热解油，通过生化转化生产乙醇或甲烷。柳枝稷被酿成酒精之后，燃烧时可以放出 5 倍于它本身生长时所需的能量；而且，酒精在燃烧时能够释放出 13 倍相当于等量石油燃烧时释放的能量。将柳枝稷通过微生物发酵生产乙醇，其能量约是“玉米酒精”的 2.5 倍。柳枝稷可以吸收大气中约 94%的温室气体并储存在根系中，对环境有更好的净化作用。美国橡树岭国家实验室通过植物基因工程培育出一种新的柳枝稷，其植株体内的木质素减少了 1/8，增加了发酵效率；这种柳枝稷通过发酵生产的乙醇产量较普通种的高出 33%；与非改良的柳枝稷相比，转基因品系发酵时需要的预处理温度更低，发酵相同数量的乙醇只需 1/4～1/3 的酶，这大大降低了用柳枝稷生产生物乙醇的成本；由于乙醇产量提高了，因此 $1hm^2$ 柳枝稷能生产更多的生物燃料，这不仅将使运输业受益，而且将使种植业者和社区受惠[75]。

爱荷华州试验结果表明，以 $6.7t/hm^2$ 的中等产量、每吨 50 美元的价格估算，种植柳枝稷将对该地区的经济发展起到强有力的推进作用[76]。Walsh 等认为，生物能源作物将对美国几个地区产生巨大经济影响[77]。柳枝稷用于提取乙醇经济潜能很大。奥本大学 Huang P 在 10 个试验点持续 6 年的研究结果表明，柳枝稷在当地最高产量可达 $37t/hm^2$，平均产量为 $28.4t/hm^2$。每吨干草大约可提炼 100 加仑乙醇。玉米乙醇的生产成本为每加仑 40～53 美分，而柳枝稷乙醇的生产成本不超过 40 美分[78]。一研究机构估计一个年产 5 亿加仑乙醇的工厂，将每天需要 1451t 柳枝稷。

假若每年生产 330d，约需 478830t 柳枝稷。另一生物能源提炼厂则估计每天约需 4000t 或每年 1400 万 t 柳枝稷才能满足其生产需要[79]。

柳枝稷还可与煤炭共气化来进行能源生产，柳枝稷灰分可使焦炭的气化速度提高 8 倍。柳枝稷可以捣碎压制成“煤球”，燃烧时产生的能量比煤要低，但它具有成本低廉、制作方便的优点，对空气污染很小，灰烬还可用作肥料。爱荷华州 CharitonValley 能源作物项目研究结果显示，在煤炭中掺入 5%的柳枝稷，能产生 35MW 的电力(总电力为 725MW)，约需柳枝稷 181400t。Jensen 和 Menard 研究了田纳西州一家煤草混燃火力发电厂，这家工厂共用 10 个焚烧炉，产电量为 $7.7\times10^{7}$MW·h。研究结果显示，如掺入 10%的柳枝稷，一个焚烧炉需 50.3 万 t 左右的柳枝稷[80]。另外，目前有技术还可将其加工成颗粒状，便于运输、储藏和燃烧。

欧洲对柳枝稷的认识是来自于美国的启示，从 1988 年起，欧盟基金项目对柳枝稷的研发也进行了资助，并对其生产性能展开了小规模的田间试验，有 20 多个品种被测试。

目前，兰州大学在定西地区种植柳枝稷。2008 年以后北京市农林科学院开展了北京郊区边际土地种植柳枝稷的试验研究，截至 2010 年底该地区种植的柳枝稷面积已经达到 115hm$^2$，是目前国内种植面积最大的地区。北京市农林科学院设立数个科研项目在京郊挖沙废弃地上开展了柳枝稷的规模化种植探索，并从生物质产量和生态经济价值角度研究了其生产潜力。西北农林科技大学将柳枝稷分别于 2006 年春播种于陕西杨凌和宁夏固原；2010 年春播种于陕西定边。截止到 2011 年，共有面积 0.8hm$^2$。我国引种柳枝稷的工作处于初级阶段，还没有有组织地开展引种和试验示范工作，面积尚未达到开展生物乙醇工厂化生产的要求[81]。

3) 芦竹

芦竹(*Arundo donax*)为禾本科芦竹属多年生高大丛生 C3 草本植物，其为芦竹属唯一广泛分布的种[82]，生长期 20 年以上。芦竹是 C3 植物中产量比较高的一种，其产量接近许多 C4 植物，其干物质产量 30～40t/hm$^2$，木质素和灰分含量较低，热值 14.8～18.8MJ/kg。芦竹作为欧洲重点研究的能源植物，主要分布于较温暖的南欧和地中海地区。在我国分布范围广、产量高，芦竹产量在天津地区可达 45t/hm$^2$。干物质年产量可达 45t/hm$^2$；生态适应性强，芦竹是一种高抗逆性植物，是低洼盐碱地的“先锋植物”，易于繁殖和管理，便于机械化收割，由于芦竹主要生长在陆生生境中，植株高大，并可推迟收获时间，因此非常便于机械化收割。

芦竹植物组织中纤维含量较高，木质素和灰分含量较低，凯氏木质素含量低于 30%，低于常见能源植物芒草与柳枝稷。有研究发现，芦竹在霜后收获比柳枝稷、蓖麻等有更高的利用价值，其原因大概是芦竹在冬季保留了主秆，以便在春天萌发。因此，延迟收获时，落叶以及矿物质向地下茎的运输可减少收获能源植物的矿物质含量。研究表明，如能源植物 Si/K 和 Ca/K 的值较高，其作为燃料燃烧产生的熔渣较少，芦竹的 Si/K 和 Ca/K 在叶中分别为 3.4 和 1.2，在茎秆中为 1.1 和 0.2，平均水平高于高粱秸秆、蓖麻等能源材料。

在种植芦竹作为能源植物的同时，也可取得很大的生态效益。它还是一种非常有效的净化水体的生物过滤植物。芦竹在污染或非污染环境中都能较好地富集镉、铅、汞，一方面切断了有害金属进入食物链，另一方面通过资源再利用过程，使富集的重金属得到稀释，避免了重金属的二次污染，由此可见，芦竹在修复湿地重金属污染方面具有较大潜力，是一种较为理想的选择[83]。

4) 狼尾草

狼尾草是禾本科黍亚科狼尾草属(*Pennisetum*)的总称，多数原产于非洲，广泛分布于热带、亚热带和温带地区。为一年生或多年生 C4 草本植物，具有高效的光合作用能力，生物量高，适应性和抗逆性强。主栽品种有象草、杂交狼尾草、王草等，其利用年限长，生长 4～6 年，甚至长达 10 年以上[84]。其干物质年产量高达 89.4t/hm$^2$，如象草富含纤维素、半纤维素，均高达 30%；木质素、灰分含量较低。作为能源草，其生长迅速，生物量大，再生能力强；热值高 17.8～18.1MJ/kg；抗逆性强，抗土壤酸性能力强，在沙土和黏土中均能生长；适应性广；生物质燃料易被引燃，灰烬中残留的碳量较燃用煤炭少，燃烧完全。

杂交狼尾草(*Penisetum amerieanum*×*P. purpureum*)是美洲狼尾草(*Pennisetum americanum*(L.) Leeke)和象草(*P. purpureum* Schum)的种间杂交种，是暖季型禾本科狼尾草属多年生草本植物，具有明显的杂种优势，较好地结合了双亲的优良性状，具有产量高、抗逆性强、较耐盐、对土壤要求不高等优点，近年来作为优质牧草被广泛种植。

1984 年，美国能源部(DOE)以多年生禾草为主要研究对象，设立了“草本能源植物研究计划项目”(HECP)，在 1985～1989 年间从 35 种草本植物中筛选出了包括属于狼尾草属的象草等 18 种最具潜力的禾草。夏威夷大学项目(600 万美元)，该项目将研究夏威夷的狼尾草、能源草、甘蔗和甜高粱的生产，并优化能源植物的收获和预处理技术，使其更适于喷气燃料和柴油的生产。

我国目前已经成功攻克了以杂交狼尾草为原料制备纤维素乙醇的相关关键技术，将杂交狼尾草的干物质经过预处理后并经纤维素酶解液发酵制备纤维素乙醇，能够获得的最高纤维素乙醇产率可达 23.11%。另外，杂交狼尾草干物质直接燃烧，可以释放出较高的热量，其热值可达 17000kJ/kg 以上，这样 1t 杂交狼尾草干物质可折合标准煤约 0.58t。在北京市昌平区小汤山国家精准农业研究示范基地种植的杂交狼尾草的生物质产量达到 4.50 吨/亩。

5) 紫花苜蓿

紫花苜蓿(*Medicagosativa*)为多年生草本豆科植物，具深根性，根系可达几米至几十米，主要分布于温暖地区，主要产区有美国、加拿大、欧盟、中国。苜蓿具有较强的耐寒和再生能力，其生态适应性强，耐贫瘠，产量高，纤维素含量高，纤维素含量 37.89%，灰分 6.97%，热值 17062.596J/g。在含盐量为 0.1%～0.8%下能生长良好[85]，因此被作为黄土高原地区栽培草地的首选草种。在适度灌溉条件下，苜蓿平均产量可达 17t/hm$^2$，且其具有较好的固氮能力，可减少氮肥的使用。苜蓿叶还可作为优质的高蛋白饲料。使用苜蓿作为能源牧草的一个关键因素是从其初渣中可提炼高价值的特殊黏结剂，因此可增加其作为能源植物的生产附加值。

美国农业部相关项目(美国农业部国家级项目 NP307)已确定“生物质型”苜蓿的育种目标：① 直立生长习性；② 收割次数少的情况下仍可生长良好；③ 茎、叶产量均最大化；④ 生产成本低；⑤ 纤维素含量增加而木质素含量减少。已有研究比较了不同条件下稀酸法预处理苜蓿后纤维素酶解的糖分产量。结果表明，其在150℃条件下其酶解后糖产量较高，其葡萄糖产量随酸浓度的增加而增加，在1.25%(m: V)的浓度下达最高值，但非葡萄糖糖产量在 2.25%(m: V)的酸浓度条件下达到最高[86]。

除上述提到的欧、美洲几种能源植物外，目前我国用于生物质能开发利用的重点能源草种质资源主要有以下几种：

(1) 苏丹草(*Sorghum sudanense*)，一年生草本植物，根系发达，入土 2m 以上，高产。纤维素含量 37.91%，灰分 8.05%。

(2) 沙打旺(*Astragalushuangheensis*)，多年生草本，根多叶茂，入土 1～2m，抗逆性很强。纤维素含量 22.06%，灰分 7.43%。

(3) 柠条锦鸡儿(*Caragana Korshinskii*)属落叶大灌木饲用植物，抗逆性强，产量较高。柠条的枝条含有油脂，燃烧不忌干湿，是良好的薪炭材。其纤维素含量 35.46%，灰分 5.78%。

(4) 尖叶胡枝子(*Lespedeza hedysaroides*)为中旱生草本状小半灌木，具有抗旱、耐寒、耐瘠薄及适应性广等特性，并具有返青早、枯黄晚、叶量大、营养价值高、适口性好等特点，其纤维素含量 22.83%～33.87%、灰分 3.37%，无氮浸出物 37.61%～49.13%。

(5) 大米草(*Spartinaanglica*)主要成分含量为：半纤维素 23.28%，纤维素 35.18%，木质素 13.50%，水分 2.00%，灰分 11.78%，可溶性糖 0.80%，总糖 10.57%，其他 2.89%。

(6) 荻(*Triarrhena sacchariflora* (Maxim.) Nakai)为禾本科荻属多年生草本水陆两生植物，俗称荻草、霸王剑。是多年生禾本科荻属 C4 草本植物。该种植物原产东亚，分布于我国黑龙江、吉林、辽宁、内蒙古、华北、西北和俄罗斯、朝鲜半岛及日本北部，繁殖力极强，在自然状态下以无性繁殖为主。荻的根系发达，耐旱能力强，一般情况下只在种植初期浇水，以后不用人工灌溉，完全靠自然降水就能正常生长，形成茂密的景观群落。适应性广、抗病虫能力强、抗旱性强、养护成本低；具有投入少，适应性强、生物质产量高、燃烧特性好和再生能力强等特点，是最理想的草本能源作物之一。

荻的纤维含量丰富，茎秆中的纤维素含量高达 40%～60%，产量和质量都比芦苇、麻类、毛竹、杨树和柳树高，是一种优质的制取燃料乙醇和造纸原料。实验证明，利用荻作为燃料，不仅燃烧值高，而且放出的 $CO_2$ 低，不含有害气体，残留的灰烬也少，是燃料乙醇的理想原料。

(7) 虉草为长根茎型禾草，株高 150～300cm，属 C3 植物，根状茎发达，生长周期约为 10 年。虉草在欧洲温带、亚洲、北美都有分布，其在瑞典及芬兰种植面积达几千公顷，多用作饲料作物，以及应用于造纸业以及生物能源。虉草在多种类型的土壤上都能较好地生长，其在排水能力较差的土地上生长良好，耐涝能力强，因此在用作能源植物的同时，还可以发展其防洪及污水治理的作用。同时，其比许多草种都更加耐旱。虉草干物质产量可达到 7～13t/($hm^2$·a)，每年春天可收获 1 次，这种延迟收割可以降低植物的水分、灰分、钾以及氯化物含量。虉草可用种子繁殖，其种子萌发较慢，并有不同程度的休眠。因此在建植的前 3 年，可能存在杂草干扰，但可使用常用的除草剂治理，从第 2 年起，杂草影响较小，虉草草地一旦建成，即具有较强的竞争力。虉草的纤维素等的含量随植物部位与成熟度的不同存在较大差异，在稀酸预处理以及酶糖化后，未成熟虉草的葡萄糖产量显著高于成熟虉草以及苜蓿[83]。

目前，欧洲各国已对能源草草芦、芦竹、芒草、象草、芦苇、柳枝稷等从生物质产量、能源利用效率、季节养分动态、茎皮层和髓部木质素的结构特征、灰分熔融性、转化乙醇的最佳条件等方面作了广泛而深入的研究。

王学江、柯凤山通过对西吉县 34 种灌草的热值、生物产量、抗逆性和适应性比较，发现拧条、沙棘、沙打旺等是良好的能源利用植物[87]。刘亮、朱太平等研究发现，特产于我国的南荻(*Triarrhena lutarioripara*)新种，植株高大，秆年生长高度达 5～7m，直径 2～3cm，每平方米生长 20～30 株，年可产出 22.5～30t/$hm^2$ 的干荻秆，是一种可持续利用的高生物量资源，它比一般植物能更多地吸收 $CO_2$ 和放出 $O_2$[88]。

### 7.1.3　几种重要能源作物及其开发和利用现状

近期最有潜力的能源农作物主要有可用于生产燃料乙醇的甜高粱、木薯、甘薯等淀粉和糖类农作物，以及可用于生产生物柴油的油菜。目前，全国共种植木薯约 800 万亩，年产量约 1100 万 t；甘薯 500 万 $hm^2$，总产量约 1.07 亿 t；甘蔗 120 万

$hm^2$，年产量约 9000 万 t；油菜 720 万 $hm^2$，油菜籽产量约 1300 万 t。

1. 甜高粱

甜高粱作为生物质能源植物的一种，是粒用高粱的一个变种，它同普通高粱一样，每 667$m^2$ 能生产出 150～500kg 的粮食，甜高粱茎秆亩产可达 4000～5000kg，其中含有大量的汁液和含量 18%～24%的糖分，含糖量与甘蔗相当，其糖分组成主要是蔗糖，最高达 79%；其次是葡萄糖和果糖，这两种单糖含量差别不大。在我国，甜高粱的单位面积酒精产量远高于玉米、甜菜和甘蔗。甜高粱茎秆经简单发酵就可制取乙醇，近年来作为一种新兴的能源作物已引起许多国家的广泛重视和积极研究。

与其他能源作物相比，甜高粱具有不可比拟的优势：①在生物量能源系统中，甜高粱是第一位的竞争者，每公顷能收获 2250～7500kg 的种子，茎秆富含糖分，且产量极高，一般每公顷鲜秸秆的产量在 75000kg 以上。②甜高粱是高能和高光效作物。生长旺盛时期，每亩甜高粱每天合成的碳水化合物可产 3.2L 酒精，而玉米只有 1L，小麦为 0.2L，粒用高粱 0.6L。因为甜高粱属 C4 植物，$CO_2$ 浓度的补偿点为 1ml/L 时，便可积累光合产物，而 C3 作物补偿点为 40～60ml/L；并且 C3 作物 $CO_2$ 浓度达 300ml/L 时即可达到光饱和，而甜高粱的光饱和点很高，$CO_2$ 浓度高达 1000ml/L 时，光合作用仍在上升。因此，甜高粱的光合效率很高，为大豆、甜菜、小麦的 2～3 倍。同时它又是节水作物，生产 1000g 干物质仅耗水 320g，为小麦、黄豆的一半，对干旱的调节性能优于小麦、玉米、谷子等作物。③甜高粱不仅产量高，而且其适应性很广，抗旱、耐涝、耐盐碱，是作物中的“骆驼”。据我国品种区域试验表明[89]，从海南岛至黑龙江，凡 10℃以上积温达 2600～4100℃的地区均可栽培甜高粱。甜高粱在 pH 值 5～8.5 的各种类型的土壤均可栽培，在含盐量达到 0.36%～0.53%的盐碱土地上，甜高粱能正常生长，公顷产量能达到 60000～82500kg。

甜高粱具有多种用途，在生产酒精的同时，能够综合利用其废弃物，发挥更高的经济效益。甜高粱籽粒可以食用、做酿酒原料或做饲料，叶片富含蛋白，可用于喂牛，也可以直接还田，改善土壤；茎秆富含糖分，汁液可用来生产酒精燃料，纤维部分可以用来造纸，也可以直接燃烧，供发酵过程的能耗；固体发酵时所产生的酒糟可以作为饲料喂牛，也可以用来改良盐碱地的有机肥料。通过加工与综合利用，基本上不产生废物，形成了一个循环系统。这也正是目前酒精企业对以甜高粱为原料生产燃料乙醇或乙烯等化工产品项目感兴趣的主要原因[90]。

美国、巴西、印度、欧洲等国和地区，都开展了培育和种植甜高粱及其生产燃料酒精方面的研究与开发。美国从 1978 年开始进行甜高粱生产酒精的研究，美国能源部还将甜高粱列为制取酒精的主要作物，他们计划用甜高粱逐渐取代玉米生产酒精[91]。巴西 20 世纪 70 年代就开始利用甜高粱、甘蔗等生产乙醇作为汽车燃料，巴西已制定了一个发展酒精汽车燃料工业的计划，最初预算产量为每年生产约 320 亿 t 酒精，现在的计划为每年约 112 亿 t。随着巴西政府提倡使用酒精作为替代能源政策的实施和汽油酒精两用汽车的使用推广和普及，以酒精作为燃料的能源消费将会快速发展。乌拉圭仿效巴西，每年种植 65 万 $hm^2$ 甜高粱用于制作酒精燃料。欧洲对甜高粱的研究与开发也十分重视，从 1982 年开始，在欧共体的支持下，开展了甜高粱的研究，首先评价甜高粱作为一种有潜力的工业和能源作物的可能性，并经过生物质能源的多年试验，结果表明，甜高粱是欧洲未来最有希望的再生能源。1991 年在欧共体内成立了“甜高粱协作网”，在不同的国家分别开展甜高粱研究。印度尼西亚对甜高粱的栽培及其利用也进行了研究，认为从它的汁液中获取酒精比甘蔗容易，甜高粱生产酒精的前途是光明的。印度的研究表明甜高粱在热带和亚热带地区是一种理想的粮食、饲草和能源作物。

在我国，甜高粱燃料乙醇产业已有一定的规模，在黑龙江、辽宁、内蒙古、山东、山西、新疆等省份都有种植基地和加工厂，甜高粱乙醇的生产能力达到年产 2 万 t。在有关生物质能技术开发权威部门编制的“十一五”科技计划项目可研报告中，预期甜高粱燃料乙醇生产关键技术开发与产业化示范将建 6 个点，生产 12 万 t 甜高粱燃料乙醇。

目前甜高粱茎秆发酵生产燃料乙醇的工艺主要有两种：一是榨汁后对汁液进行液态发酵，是研究较为成熟的工艺；二是秆粉碎后进行固态发酵[92]。

甜高粱茎秆液态发酵法制取乙醇，除原料处理和酵母造粒部分较为特别外，其他工艺部分与糖蜜制取乙醇生产技术近似。其主要工艺流程如图 7-4 所示[93]。

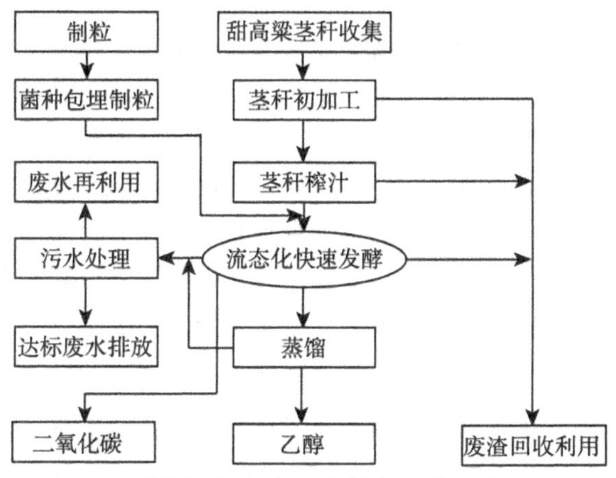


图 7-4　甜高粱茎秆液发酵制取乙醇工艺流程图

甜高粱茎秆含有 70%～80%的汁液，一般选用机械压榨提汁技术或磨压提汁设备。榨出的汁液首先要经过滤处理，过滤后的汁液经高温灭菌后进入发酵前处理罐，等待入罐发酵。另外，甜高粱茎秆汁液高密度发酵工业化生产往往采用固定化酵母发酵工艺，载体内部的酵母受外界影响较少，并不断增殖向外扩散，载体内部一直保持原有品质，而且拥有较好的抗污染能力，使得反应速度加快、反应周期缩短，生产效率提高。高密度液态发酵的缺点主要是发酵不完全，由于产物抑制和高渗透压等因素造成发酵液中仍残留大量的糖没有被完全利用，另外还存在物料黏度大、输送困难等问题。由于茎秆采收后贮藏过程中水分损失严重，液态发酵必须立即榨汁，并且需要集中榨汁，存在着额外的运输费用和榨汁费用的问题。液态发酵中的废水处理也是一大难题，污染比较严重[94]。

甜高粱茎秆固体发酵是借鉴传统的白酒固体生产工艺原理，结合甜高粱茎秆原料本身的特点，将甜高粱茎秆直接粉碎后进行发酵。这样可以节省榨汁成本，另外固态发酵还具有需水量少、能耗小、产物浓度高、产生的废水少和运作费用低等优点。固态发酵也存在如下缺点：颗粒混合不均匀、微生物生长受营养扩散的限制、有效去除代谢热比较困难、易出现过热现象、过程控制困难和发酵不均匀等。传统固态发酵工艺流程如图 7-5 所示[95]。

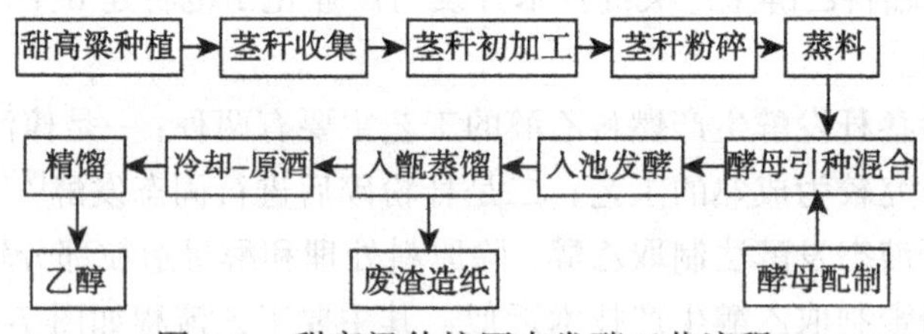


图 7-5　甜高粱传统固态发酵工艺流程

从“十一五”期间至今，国家高粱改良中心将围绕“超高产、高糖分、高转化率、高效栽培技术”等目标选育优质甜高粱杂交种。目前，限制甜高粱茎秆制取燃料乙醇发展的主要障碍在于甜高粱收获季节较短，使得原料可供给的时间较短，造成乙醇生产企业年实际生产时间较短，设备闲置时间较长，生产成本提高。因此，甜高粱茎秆生产燃料乙醇应该从甜高粱茎秆的贮藏入手，以延长甜高粱茎秆的可供给时间；同时，应用不同的发酵工艺方式对甜高粱茎秆进行酒精发酵研究，以确定适合甜高粱茎秆发酵酒精的方式。此外，加大甜高粱的综合利用。

2. 甘蔗

甘蔗是一年生宿根热带和亚热带草本植物，属 C4 作物。甘蔗在南、北纬度 35°以内都可种植生长，以南北纬 10°～23°为最适宜生长区，在南北纬 23°以上或 10°

以下，甘蔗产量或糖分较低。目前，甘蔗按用途不同分成两大类：一类用于制糖，其纤维较为发达，利于压榨，糖分较高，一般为 12%～18%，出糖率高，这一类称为糖料蔗或原料蔗；另一类作为水果食用，其纤维较少，水分充足，糖分较低，一般为 8%～10%，称为果蔗或肉蔗。

能源甘蔗是美国于 20 世纪 70 年代后期利用甘蔗属(*Saccharum*)的热带种 *S.officinarum* 热带能源杂草杂交育成的高生物量、高总可发酵量的一种非食用甘蔗新品种。与糖料甘蔗以高蔗糖分、高纯度、低纤维分为选育目标相比，能源甘蔗是以高生物量、高可发酵糖含量和高纤维分为选育目标，又可分为能源专用和能糖兼用两种类型。能源专用甘蔗的利用是通过纤维酶解技术，将纤维素、半纤维素酶解成为五碳糖和六碳糖，然后与蔗汁中的蔗糖、还原糖进行同步发酵生产。由于纤维素酶解工艺成本较高，经济可行性较差，故尚未得到产业化应用。能糖兼用是甘蔗在工艺成熟早期或后期，当蔗糖分和重力纯度不适宜制糖工艺要求时，利用蔗汁中总可发酵糖(蔗糖、还原糖及其他可被酵母菌利用的戊糖、多糖)发酵生产乙醇；当甘蔗工艺成熟时的蔗糖分和重力纯度满足制糖工艺要求时，生产蔗糖或乙醇，能适应糖能联产，提高交工效率的甘蔗品种。

甘蔗原产于印度，现广泛种植于热带及亚热带地区。甘蔗种植面积最大的国家是巴西，其次是印度，中国位居第三。中国蔗区主要分布在广东、台湾、广西、福建、四川、云南、江西、贵州、湖南、浙江、湖北等省(区)，其种植面积和产量占全国的 70%以上。甘蔗是我国制糖的主要原料，在世界食糖总产量中，蔗糖约占 65%，我国则占 80%以上[96]。

利用甘蔗制备燃料乙醇具备很多优势：

1) 甘蔗具有较高的净能比(NER)，单位土地面积燃料乙醇产量高

净能比是太阳光通过叶绿素光合作用储存能量的比例，即输出总能量/输入能量。甘蔗是 C4 作物，其光合作用能力强，净能比为 1.90～2.70，木薯净能比的最高值可以达到 3.5，最低值为 0.69。在现有技术条件下，木薯的产量为 1.3t/667m$^2$ 左右，甘蔗的产量为 5t/667m$^2$ 左右。按 7t 鲜木薯生产 1t 燃料乙醇，13t 甘蔗生产 1t 燃料乙醇计算，每 667m$^2$ 耕地产木薯燃料乙醇 0.186t，产甘蔗燃料乙醇为 0.358t，单位耕地面积甘蔗燃料乙醇的产量是木薯燃料乙醇产量的 2 倍以上[97]。

2) 甘蔗可发酵糖量高

甘蔗特别是糖蔗，其糖分含量较其他作物高(甜菜除外)，一般都在 13%以上，高的超过 16%。糖蔗主要用于生产结晶糖，蔗茎中能结晶的糖只有蔗糖，蔗茎中的果糖、葡萄糖等不能结晶，不能用于结晶糖。而能源甘蔗的糖分含量虽然和糖蔗差不多，但由于能源甘蔗主要用于生产燃料乙醇，其蔗茎中的蔗糖、果糖和葡萄糖都可以通过发酵转化成为乙醇，而能源甘蔗的蔗茎产量远高于糖蔗，故其单位面积土

地上的可发酵糖产量远高于糖蔗和甘蔗。能源甘蔗的糖分与糖蔗相同，一般为14%～16%，加上果糖和葡萄糖等还原糖 0.5%～1.5%，其可发酵糖为 13.5%～16.5%[98]。

3) 甘蔗燃料乙醇生产过程能耗少、成本低

用木薯或玉米等淀粉质原料生产无水酒精，需要经过粉碎、蒸煮，利用淀粉酶把淀粉转化成糊精，由糖化酶把淀粉、糊精转化为糖，再经酵母发酵生成乙醇，其工艺流程长，厂房设备投资大，能耗(电、燃料)大。以甘蔗为原料制酒精时，只须将甘蔗简单榨汁就能发酵，因而生产过程能耗少，生产成本低。甘蔗燃料乙醇的加工成本为 700 元/吨左右，木薯燃料乙醇的加工成本为 1100 元/吨左右。根据国际权威机构 2004 年有关燃料乙醇生产成本的调查结果，利用传统的糖质和淀粉质原料生产乙醇的成本中，原料成本占 60%～70%。我国甘蔗的收购价受政府调控，且与蔗糖的价格紧密相连，当蔗糖价格比较高的时候，甘蔗的价格也比较高，蔗糖价格比较低时，原料甘蔗的价格也比较低。2007/2008 年榨季，国内食糖过剩，为保护农民种植甘蔗的积极性，广西将甘蔗的平均收购价定为 275 元/吨。2009/2010 年榨季，蔗糖供应偏紧，蔗糖价格在高位运行，广西甘蔗的平均收购价为 331.4 元/吨。2010/2011 年榨季，广西普通糖料甘蔗收购首付价由上榨季的 260 元/吨提高到 350 元/吨，这样的收购价格使农民有较好的收入，农民的种蔗意愿增加。如果甘蔗的收购价格为 350 元/吨，按 13t 甘蔗制 1t 乙醇计算，甘蔗乙醇的原料成本为 4550 元/吨。同样，木薯的价格也受原料供给、市场需求的影响。木薯既可以生产燃料乙醇，也可以生产木薯淀粉等产品，自从广西北海以木薯为原料的 20 万 t 燃料乙醇生产厂投产后，木薯的价格快速上涨。木薯的单产仅为 1.3t/667m$^2$ 左右，为保护农民种木薯的积极性，木薯的平均市场价格须要维持在 700 元/吨左右，按照 7.5t 鲜薯制 1t 乙醇计算，木薯乙醇的原料成本为 5250 元/吨。2008 年，广西鲜木薯的价格为 700 元/吨左右。2009 年，鲜木薯的国内、国际需求减少，鲜木薯的价格在开榨初期为 380 元/吨左右，后来上升到 550～650 元/吨。随着木薯需求量的增大，生产木薯燃料乙醇的原料成本还会上升。因此从长期考虑，木薯燃料乙醇的生产成本远大于甘蔗燃料乙醇的生产成本。

4) 甘蔗的综合利用价值高，节能减排效果好，利于环境保护

目前，国内大部分蔗糖厂以生态经济、循环经济的理念指导生产。甘蔗叶可用于畜牧养殖或燃烧发电，广西柳城县就建立了以甘蔗叶为主要燃料的发电厂。蔗糖、甘蔗燃料乙醇的主要副产品为滤泥、甘蔗渣和酒精废醪液，滤泥和酒精废醪液可以用来制造复合肥，甘蔗渣可以用来燃烧发电或造纸，蔗渣作为木质纤维可用于生产纸浆，节省木材原料，保护生态环境。生产 1t 燃料乙醇可产生 1.5～1.8t 的绝干蔗渣，这些蔗渣可用于生产 0.7～0.8t 纸，产值 3000～4000 元，利润 2000～3000 元。

在甘蔗燃料乙醇生产过程中产生的冷却水完全符合环保一级排放标准，由精馏塔排出的低浓度废水的 COD，BOD 及 SS 等指标均符合环保排放标准，对环境基本无污染。目前，生产木薯燃料乙醇所产生的废气和废渣的污染问题已基本解决，但乙醇废液的处理较为困难，目前主要采用氧化塘法、厌氧–好氧法、EM 技术和浓缩燃烧法来处理乙醇废液，但这几种处理工艺难以达到排放标准。

甘蔗燃料乙醇温室气体减排效果最好，甘蔗的光饱和点高、光补偿点低，每公顷甘蔗比 C3 作物稻、麦、大豆等多吸收 50kg/h 的 $CO_2$，从而减缓了温室气体的排放，促进了可持续发展。美国环境保护署(EPA)已经确认甘蔗乙醇是一种低碳可再生燃料，作为最后定稿的关于实施第 2 阶段可再生燃料标准(RFS2)公告的一部分，美国环境保护署把甘蔗乙醇确定为可减少超过 50%温室气体排放量的先进生物燃料。另外，甘蔗是宿根作物，有利于防止水土流失。木薯是一年生植物，种植初期由于木薯株距较宽，苗期生长较慢，往往不能等到木薯封行就会遇上强降雨，缺少植被覆盖的裸露地表极易受冲刷，造成大量土壤流失。据测算，东南亚地区每种植 667$m^2$ 木薯就要流失 10t 干土，是种植玉米、高粱、花生等作物的 5 倍，我国海南儋州地区种植 667$m^2$ 木薯会导致 17t 干土流失。

能源甘蔗品种是乙醇生产的核心技术。早在 20 世纪 70 年代，巴西就投资 39.6 亿美元实施“生物能源计划”，育成 SP71-6163 和 SP76-1143 等能源甘蔗品种。80 年代中期，印度和美国联合实施 IACRP 计划，育成纤维量达 26.85%的高纤维品种 IA3132，蔗汁蔗糖分为 21.65%～22.27%，且可发酵糖高，乙醇发酵量达 1.2 万 L/$hm^2$ 的两个生产乙醇用品种为 EMS145、EMS245。

能源甘蔗生产乙醇的几种途径及经济可行性分析[98]。

1) 酶解同步发酵法

将甘蔗全株分解发酵生产乙醇。根据美国初步试验结果，能源甘蔗 271t/$hm^2$ 可生产 29.65t 乙醇(图 7-6)，每吨甘蔗可产乙醇 109.6kg。但由于酶解工艺成本过高，尚难于投入商业化生产。

2) 巴西糖能联产模式

巴西目前普遍应用美国 ARKEL 工艺加以改进的蔗汁发酵工艺，应用糖能兼用甘蔗的蔗汁发酵乙醇或实行糖能联产。按照 ARKEL 公司的报告，11.67t 甘蔗制备 1t 乙醇(图 7-7)，每吨甘蔗可产 85.7L 乙醇。

3) 国内外中试结果

农业部甘蔗生理生态与遗传改良重点实验室、福建省发酵工程中心与广东中能乙醇有限公司合作进行了蔗汁发酵的中试，结果约 13t 甘蔗生产 1t 乙醇，即 1t 甘蔗生产 76.9kg 乙醇。说明我国已经具备了建设甘蔗乙醇产业化工程的工农业技术条件。

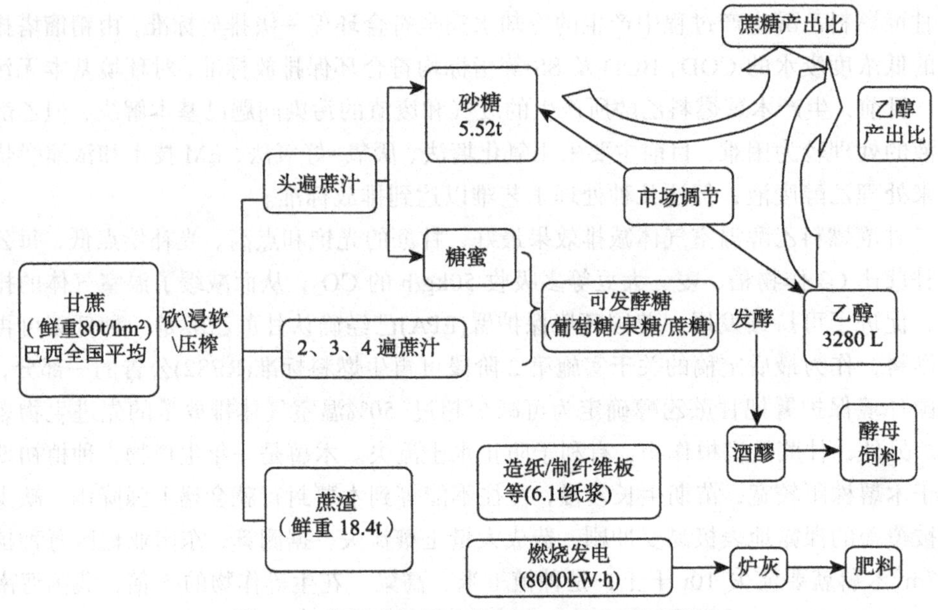


图 7-6 美国酶解同步发酵法生产乙醇示意图

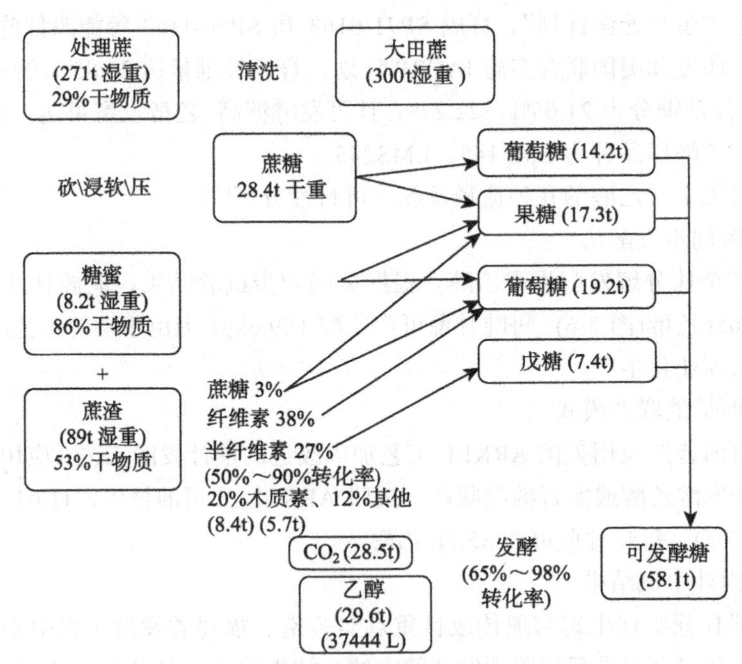


图 7-7 巴西糖能联产生产乙醇示意图

广东中能乙醇有限公司于 2002 年 6 月～2003 年 4 月进行了 4 期试验，共处理甘蔗 1215t，甘蔗糖平均为 16.2%，用小型压榨机提取，抽出率制油 73%，生产 1t 无水乙醇成本约为 3000 元。

巴西是世界上最早大规模使用乙醇做替代燃料的国家。自 1974 年第一次石油危机后，巴西政府就开始推广“酒精汽油”计划。巴西的酒精主要以糖蜜或甘蔗汁为原料，全国甘蔗年产量约有一半，用于生产乙醇。20 世纪 70 年代初的前五年，巴西酒精产量由 45 万 t 猛增到 270 万 t，到 1982 年已跃居世界第一，1985 年达到 944 万 t，巴西目前的年乙醇生产能力为 1272 万 t，燃料乙醇的年产量自 2000 年以来年均增长 12%以上。目前，巴西约有 1550 万辆汽车使用汽油醇或纯乙醇燃料，并有 370 多万辆专用乙醇车投入使用。巴西生产燃料乙醇的企业达 320 多家，其中 205 家实行糖和乙醇联产，115 家单纯生产燃料乙醇，这为巴西的燃料乙醇工业提供了有力的保障。巴西现在主要燃料为 4 种：纯乙醇(含水乙醇)、乙醇汽油(22%乙醇+78%汽油)、MEG 燃料(60%乙醇+33%甲醇+7%汽油)和柴油。巴西在燃料乙醇作为汽油代用品方面走在了世界前列，现在已成为世界上唯一不供应纯汽油的国家，也是世界上使用以酒精为汽车燃料最为成功的国家之一。

目前有 70%以蔗糖为原料的酒精厂采用间歇发酵，发酵能力达 150 万 L 酒精。约有 350 个酒精厂采用连续发酵工艺。在两种发酵过程中，酵母均被从发酵后醪液中分离出来，经稀硫酸冲洗后再用于发酵过程。发酵可获得较高酒精浓度(8%vol～11%vol)和较高酒精得率(92%vol～93%vol)及较短发酵时间(6～10h)，可使酵母 1 天回收利用 3 次，连续运行 200 天。由于野生酵母具有很强的发酵能力，在巴西 30 个酒精厂已有 21 个将野生酵母作为接种菌种进行发酵[99]。

“十五”以来我国先后对能源甘蔗育种与选择技术、中试与产业化示范等有关内容进行研究和开发，现已储备了一批能糖兼用甘蔗新品种，平均生物量 150～180t/hm$^2$，可发酵糖含量 25%以上，达到或超过了美国第二代能源甘蔗代表品种 US67-22-2 的水平。福建农林大学甘蔗研究所于 2003 年育成“福农 91-4710”“福农 94-0403”两个能糖兼用甘蔗新品种，新植和宿根蔗平均每公顷蔗茎产量分别达 128.3t 和 129.5t，平均公顷可发酵糖量 46.18t 和 46.69t[9]。广西甘蔗研究所于 2005 年育成一个能糖兼用甘蔗新品种桂糖 22 号(桂辐 97-18)，平均每公顷蔗茎产量为 121t[100]。

近年我国甘蔗产量在 8500 万 t 左右，用蔗糖副产品的糖蜜生产酒精(食用酒精)约 50 多万吨，应用纯甘蔗汁发酵工艺生产能源乙醇仍处于示范阶段。代表性事件：广东遂溪建成 1.2 万亩“双高一优甘蔗产业化示范区”，辐射原料蔗区面积约 1.5 万 hm$^2$，有 3 个能源甘蔗品种通过协议有偿转让给闽、粤两地的蔗糖、酒精生产龙头企业；2002 年广东遂溪特级酒精酿造企业公司以糖能兼用新品种的应用为核心的

10 万吨乙醇技改扩建项目获得了国家有关部门批准和助资[100]。通过国家立项与资助，糖能兼用新品种的能源乙醇技术获得了工业化突破。

3. 甘薯

甘薯(*Ipomoea batatas* (L.) Lam.)又名红薯、山芋、番薯等，是旋花科甘薯属多年生草本植物，广泛种植于 100 多个国家，在世界粮食生产中总产列第五位。据联合国粮农组织统计，2002 年世界甘薯总种植面积为 976.5 万 $hm^2$，总产量为 1.36 亿 t，平均鲜薯单产 13.9t/$hm^2$。在我国甘薯是继水稻、小麦和玉米之后的第四大粮食作物，也是世界最大的甘薯生产国，种植面积约 $500\times10^4hm^2$。占世界总种植面积的 57%。近年来我国甘薯平均单产基本稳定在 22t/$hm^2$ 左右。2008 年，中国甘薯产量约 $1.0\times10^8t$。在同等生产条件下，甘薯产量高于谷类作物，而且稳产。它根系发达，茎蔓再生不定根的能力很强，尤其生长中后期，即便土壤含水量仅 4%～5%，植株仍可生长，表现出很强的抗旱能力。如河北省邯郸地区新垦土壤贫瘠沙荒地的栽植甘薯仍亩产 1500kg。又如江苏省徐州甘薯研究中心在沿海滩涂含盐量 0.5%的盐渍荒地上试验，亩产亦达 1500kg。因此，甘薯可作为先锋作物栽植在旱、瘠、盐碱的垦荒地上。中国甘薯种植区域分布很广。四川、河南、山东、重庆、广东、安徽 6 省市为甘薯主产区。2008 年 6 省市的种植面积和产量合计分别占全国总量的 66%和 70%。四川是我国甘薯种植第一大省，2008 年种植面积 $93\times10^4hm^2$。产量 $1716\times10^4t$，均居全国首位。鲜甘薯含有 70%～75%的水分、20%～25%的淀粉、2%的可溶性糖、2%的蛋白质和少量脂肪，其中淀粉是制乙醇的原料，平均 8t 鲜甘薯可产 1t 乙醇[101]。

以甘薯为原料发酵制得 5%～12%粗乙醇，粗乙醇通过蒸馏得到最高质量分数约为 95%的乙醇，因乙醇–水系统存在恒沸现象，需采用特殊的脱水方法进一步浓缩 95%乙醇生产燃料乙醇。完全以甘薯生产燃料乙醇的新工艺是采用甘薯粉生物质为吸附剂的吸附脱水法，95%乙醇经甘薯粉吸附脱水制得燃料乙醇，甘薯粉吸附剂可热再生脱水重复使用。甘薯粉吸附剂的吸水性能完全失效不可再生后可回收，并经预处理制备甘薯浆料进入燃料乙醇的发酵工段。完全以甘薯生产燃料乙醇的新工艺示意图如图 7-8 所示[101]。

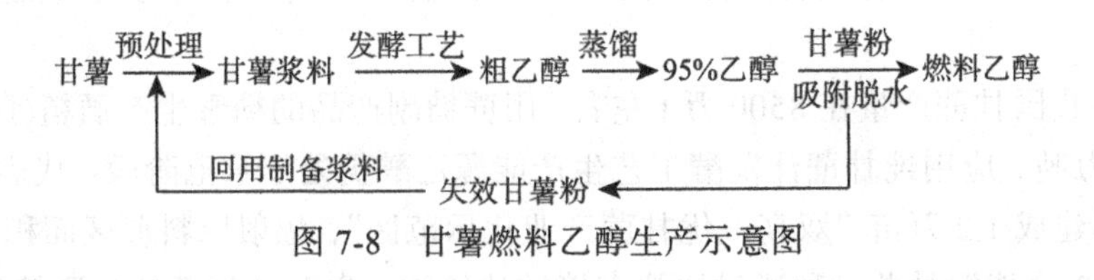


图 7-8　甘薯燃料乙醇生产示意图

在不考虑粮食安全、环境保护和其他经济技术的限制条件下，按照目前中国甘薯乙醇的平均生产水平，中国甘薯可分布区的乙醇生产总潜力为 83528.6×$10^4$t/a。多个省份的生产潜力达到了 2000×$10^4$t/a 以上，其中以广西、云南和湖南最大，都在 5000×$10^4$t/a 以上。

新型能源专用甘薯新材料创制和新品种选育，已经列入我国“863”计划，旨在培育高产、高淀粉含量、高抗病的新型能源用甘薯新品种。燃料乙醇专用甘薯“川薯 34”高产示范片鲜薯最高亩产达到 2391.9kg，平均亩产 2140.5kg。

随着我国将甘薯划分为非粮作物，甘薯因其能量产量明显高于其他作物等优点而被作为一种新型能源作物得到重视。四川省农科院生物技术研究所和作物所与四川科源高科技农业股份有限公司率先在成都市金堂县竹篙镇凤凰村联合建立了近 500 亩能源专用甘薯品种的种薯繁育基地。2007 年，中粮集团以甘薯为原料的燃料乙醇项目落户徐州。2008 年 4 月初，国家发改委发布消息，委托中国国际工程咨询公司对重点省份的生物燃料乙醇专项规划评估已完成。评估认为，利用薯类作为原料生产燃料乙醇略具经济性。2010 年中国科学院成都生物研究所实施的万吨级甘薯燃料乙醇产业化示范项目已完成 5 批次鲜薯的燃料乙醇发酵试验，发酵醪的黏度从 10000 以上降到 1000 以下，发酵时间低于 30 小时，乙醇浓度达到 12.41%，发酵效率大于 90%。

4. 木薯

木薯属高产作物，耐干旱、耐贫瘠、易栽培，在亚热带产量较高。全世界木薯种植总面积约 1850×$10^4$$hm^2$,主产区是非洲和东南亚,分别占世界总种植面积的 66%和 16%。木薯总产量最高的是尼日利亚，亚洲木薯生产国为泰国、印度尼西亚等。中国不是木薯主产国，种植面积约 44×$10^4$$hm^2$。占世界总种植面积的 2%，年产量约 600×$10^4$t，主要分布在广西、广东、云南、海南和福建等省。鲜木薯含有 27%～33%的淀粉、4%左右的蔗糖[102]。木薯具有光合效率高、产量大的优点。同时，木薯适应性强，耐旱耐瘠抗病，但不耐涝。在年平均温度 18℃以上，无霜期 8 个月以上的地区均可种植；降雨量 600～6000mm，热带、亚热带海拔 2000m 以下，土壤 pH 值 3.8～8.0 的地方都能生长；最适于在年平均温度 27℃左右，日平均温差 6～7℃，年降雨量 1000～2000mm 且分布均匀，pH 值 6.0～7.5，阳光充足，土层深厚，排水良好的土地生长。我国约 30%的木薯由农户用作饲料，70%用作加工淀粉和酒精等产品。

乙醇生产是利用木薯块根中的淀粉，平均 7t 鲜木薯(或木薯干片 3t 左右)产 1t 乙醇。在原料成本方面，干木薯成本为 2500 元/吨左右，而甘蔗和玉米的成本为 3000 元/吨左右；在产能方面，木薯较甘蔗等的土地酒精产率更高，其净能比高达 3.56，而甘蔗的净能比最高只达到 1.7。

以广西中粮生物质能源有限公司木薯燃料乙醇项目为例[103]，说明木薯燃料乙醇的主要生产工艺流程。该项目选址于广西北海市合浦业园区，占地 550 亩。2006 年 11 月正式动工，中粮集团首期投资 7.5 亿元，木薯燃料乙醇设计年产能达 20 万 t，建有一条铁路专用线、一条生物燃料乙醇生产线、一座装机容量为 1.5 万千瓦的自备电站和一座大型污水处理系统。技术上采用中温蒸煮、连续发酵、差压蒸馏、变压吸附、清洁生产、循环经济的工艺，除生物燃料乙醇外，还年产纤维饲料 5 万 t，沼气 2970 万 $m^3$ (标况下)，二氧化碳 5 万 t。其主要工艺流程如图 7-9 所示[103]。

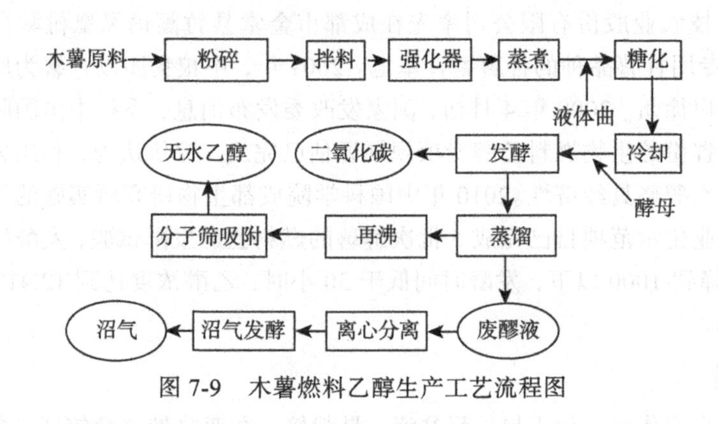


图 7-9　木薯燃料乙醇生产工艺流程图

(1) 原料预处理。原料包括鲜木薯、干木薯。鲜木薯首先通过除杂，然后进入粉碎处理，得到所需粒度的粉浆再送至液化工段。

(2) 蒸煮液化。来自粉碎工段的木薯浆必须经过高温(120～150℃)蒸煮，在此过程中原料结构破坏，淀粉糊化，便于淀粉酶起糖化作用，并且灭杀有害杂菌。

(3) 加曲糖化。目前国内以麸曲糖化法和液曲糖化法为主。调整适宜温度和 pH 值，在淀粉酶和曲的作用下，可以得到液化醪。

(4) 酵母菌发酵。适当温度和 pH 值的液化醪进入 3400$m^3$ 的发酵罐进行间歇发酵，成熟醪送往精馏工段。

(5) 差压精馏及分子筛脱水。成熟醪经过三塔差压精馏得到高浓度乙醇蒸气，进入分子筛吸附床，经分子筛的吸附作用除去残余水分，最终获得生物燃料乙醇。

(6) 废醪液处理。来自精馏工段的废醪液，经分离后，固相物送至气流干燥机干燥，干燥产品可作为饲料出售或作为燃料使用，清液送至废水处理工段。

广西是中国木薯主产区和最大的木薯加工基地。近年来木薯种植面积和总产量均占全国的 70%以上。2008 年广西木薯种植面积 $30\times10^4hm^2$，总产量 $450\times10^4t$ 左右。平均鲜木薯单产可达 $15t/hm^2$，其应用现状及所占原料的比例见表 7-5。

表 7-5　广西木薯应用现状及占原料比例

| 用途 | 淀粉 | 酒精 | 柠檬酸 | 农民自用 | 外销省外 |
|---|---|---|---|---|---|
| 用量/$10^6$t | 182 | 133 | 49 | 112 | 224 |
| 比例/% | 26 | 19 | 7 | 16 | 32 |

注：表中统计数据包含进口木薯的数量。

木薯产业已形成区域化、产业化发展新格局。2008 年，广西中粮生物质能源有限公司在广西北海建成年产 20 万 t 木薯燃料乙醇示范装置，是目前国内唯一一套以非粮为原料的燃料乙醇试点项目。该项目于 2006 年 11 月正式动工，中粮集团首期投资 7.5 亿元，木薯燃料乙醇设计年产能达 20 万 t，并且从 2008 年 4 月 15 日起，广西全面封闭销售使用 E10 车用乙醇汽油，成为我国首个推广使用非粮原料乙醇汽油的省区。截至 2011 年 3 月 15 日共生产木薯燃料乙醇超过 48 万 t，销售车用乙醇汽油超过 440 万 t，相当于替代近 45 万 t 的石化汽油资源。2010 年 8 月中旬，中粮集团又投资 2.3 亿元启动建设广西中粮生物质能源有限公司二期项目，主要生产优质食用酒精和工业无水酒精。项目建成后，北海将成为中国南方最大的生物质能源基地。现在该地区已有以加工为主的广西中粮集团生物质能源有限公司、广西明阳生化开发有限公司等木薯产业龙头企业十多家，直接辐射带动三十余万户农民从事该产业生产。为确保非粮生物质能源基地建设，广西农业部门自 2007 年开始，相继启动了全区木薯良种推广及产销对接工作，加快木薯主产区良种良法的推广力度，顺应国家新能源战略的实施，全力推进可再生能源和广西生物质清洁能源的发展，将广西发展成中国最大的非粮生物质能源基地。

另外，中国石油天然气集团公司将投资 32 亿与华立集团股份有限公司联合建设浙江舟山生物燃料乙醇项目。该建设项目位于浙江省舟山市六横棕榈湾涨起临港产业区，这是以进口木薯干为原料的 30 万 t/a 燃料乙醇项目，主要包括 30 万 t/a 燃料乙醇主体生产装置及配套的公用工程、辅助生产设施等。工程总投资 32.5948 亿元，其中环保投资 2.9731 亿元。至今为止，该项目还没有启动建设。

中国木薯生产将呈逐年下降趋势，且不会发生大的变化，总产量保持在 700 万 t 左右。随着中国淀粉、酒精及其深加工业的发展，国内市场对木薯及其加工品的需求将逐年增长，国内生产难以满足木薯的实际要求，木薯进口量迅速增加。受国际金融危机的影响，2008 年国内木薯总供给大幅度下降，为 1238 万 t，但 2009 年我国木薯总供给量达 2377 万 t，达历史高点，木薯对外依存度达 69.4%。因此，仅依靠国内供应生产木薯燃料乙醇的产业目标难以实现，需要调整相关的产业政策。世界上约有 100 个国家种植木薯，但其中大部分国家都作为粮食，因而粮价的涨落直接影响木薯价格。目前我国大部分食用酒精和工业酒精都以木薯干片为原料，而且近年来进口的木薯干片数量越来越多，所以木薯干片的价格不断上涨，到岸价已从 2005 年的 1000 元/吨左右，上涨到 2008 年的 1600 元/吨。由于石油价格的波动，不少盛产木薯的国家已建成或在考虑建燃料乙醇项目，势必拉动木薯价格上扬[95]。

5. 油菜

油菜是世界上四大油料作物之一，由于油菜品种类型多、适应性广，因此在世界六大洲均有分布。世界油菜总面积为 2286 万 $hm^2$，亚洲、欧洲和北美洲三个洲油菜面积占世界油菜总面积的 95%，其中亚洲油菜面积占世界油菜总面积近 60%；世界油菜平均单产为 1424kg/$hm^2$，世界油菜总产量为 3255 万 t，亚洲、欧洲和北美洲三个洲的油菜总产量占世界油菜总产量的 98%。世界种植油菜的国家有 24 个，其中收获面积超过 100 万 $hm^2$ 的有中国、印度、加拿大、德国、法国和澳大利亚六大油菜主产国，这六大主产国中，总产量除澳大利亚外均达 100 万 t 以上，其合计种植面积达 1929 万 $hm^2$，占世界油菜总面积的 84%，总产合计达 2629 万 t，占世界油菜总产量的 81%。油菜面积和总产以中国为最高，单产以法国为最高。中国是油菜的发源地之一，又是油菜生产大国，目前，我国油菜面积、总产均约占世界 30%，是国际上最大的油菜生产国；长江流域油菜产区面积和总产各约占全世界的 25%，是世界上最大的油菜产区。我国油菜生产分布的范围很广，几乎东西南北中都有种植，其中集中产区在长江中下游的浙江、江苏、四川、湖北、安徽、江西、贵州等省份，占全国油菜种植面积的 80%以上。油菜已由我国建国时期的边缘性作物发展成为目前继水稻、小麦、玉米之后的第四大作物，并已成为我国的优势油料作物[104]。

2001/2002 年～2005/2006 年，世界油菜生产与消费均出现较大增长，种植面积从 2331 万 $hm^2$ 增长到 2735 万 $hm^2$，增长 17%；总产从 3603 万 t 增长到 4855 万 t，增长 34.7%；菜籽压榨量从 3349 万 t 增长到 4426 万 t，增长 32%；菜籽油消费量由 1320 万 t 增长到 1705 万 t，增长 29%；菜籽粕消费量由 1998 万 t 增长到 2612 万 t，增长 30%[105]，是目前世界排名第二的植物油和油粕原料(仅次于大豆)。“十五”期间，我国油菜种植面积和总产五年平均分别为 720.2 万 $hm^2$ 和 1191 万 t，分别占我国主要油料作物种植(五年平均)总面积和总产量的 31.1%和 26.55%，面积仅次于大豆(40.31%)，产量仅次于大豆(36.15%)和花生(31.82%)。2005 年油菜夏收面积和总产分别比 2001 年增长 26%和 15.2%。从生产水平来看，发展趋势更明显，2005 年全国平均产量从 2001 年 1597.5kg/$hm^2$ 提高到 1770kg/$hm^2$，增长 10.8%，高出世界平均产量 90kg/$hm^2$，高出加拿大平均产量 16kg/$hm^2$，但远远低于德国等欧洲国家水平，相差达 1605kg/$hm^2$[106]。我国油菜播种面积在 690 万～740 万 $hm^2$ 之间波动，并稳中有升。目前“双低”油菜已占总面积的 75%左右。

每 1$hm^2$ 油菜可生产 1200L 植物油，1060L 氧气(40 个人一年的需氧量)，平均每吨油菜籽可以制取 200L 生物柴油，以及 10%左右的副产品——甘油。低芥酸菜油的脂肪酸碳链组成为 16～18 个碳，与柴油分子碳数相近。现在国内外种植的油菜大多为经过改良的双低油菜籽，该品种产生的菜籽油中含 0%～3%芥酸，60%～61%油酸和 20%～21%多不饱和脂肪酸。由于双低油菜籽不饱和脂肪酸含量高，比较适合于生物柴油生产，1 公顷油菜可生产 1 吨柴油。因此，以低芥酸菜油为原料所制取的生物柴油是矿物柴油的理想替代品。

双低油菜是指菜籽油中芥酸含量<5%和菜籽饼中硫代葡萄糖苷(简称硫甙)含量<30μmol/g 的国际标准的油菜品种，普通油菜品种中芥酸含量>40%，硫苷含量>100μmol/g，加工后芥酸存在于油脂中，硫苷则富集在饼中。芥酸是长碳链脂肪酸，不易为人体所吸收，油酸和亚油酸属于不饱和脂肪酸，有利于降低血脂和胆固醇。硫甙本身无毒，但当菜籽饼被压破后，硫甙在酶的作用下水解生成一类有毒物质，造成动物的肝、肾和消化道受损以及甲状腺肿大。双低品种菜籽油芥酸含量低、不饱和脂肪酸(油酸、亚油酸)含量高，是营养效价高的保健植物油，双低品种菜籽饼硫甙含量低，蛋白质含量高，是一种全价蛋白饲料(蛋白效价高于动物蛋白和大豆蛋白)。加拿大曼尼托巴大学的 Stefansson 教授于 1964 年培育出世界上第一个低芥酸油菜品种 Oro，将芥酸含量由原来的 44%左右降低到 5%以下，使低芥酸菜籽油成为被广泛接受的食用油。1974 年 Stefansson 教授又育成了世界上第一个甘蓝型双低油菜品种 Tower，将硫甙含量降低到 30μmol/g 以下，使油菜副产品菜籽饼成为优良的饲料粮，极大地提高了油菜的经济价值。单、双低优质油菜品种的育成极大地推动了加拿大油菜的发展，从而使加拿大在短短的 30 年间由不种油菜一跃成为世界第二大油菜生产国和第一大油菜出口国，加拿大成为世界上最重要的优质油菜生产基地之一，并在世界油菜贸易中占有举足轻重的地位，油菜也成为加拿大仅次于小麦的第二大作物。1984 年加拿大油菜已实现了双低化，双低油菜面积已占加拿大油菜总面积的 99%，只保留 1%的高芥酸油菜供工业用[106]。

油菜是欧洲传统栽种的油料作物，目前欧洲国家主要是以菜籽油为原料生产生物柴油。由于自 20 世纪 80 年代起，欧洲已普及推广双低(低芥酸和低硫甙含量)油菜，加之双低菜籽油的脂肪酸碳链长度与矿物柴油比较接近，所以欧洲国家用于生物柴油生产的菜籽油均为双低类型。立法支持、优惠政策的实行和严格标准的执行促进了欧洲油菜生物柴油产业的发展。加拿大也是以 Canola 油菜籽为原料生产生物柴油，但开发利用尚处于起步阶段，年生产和消费量仅有几万吨。德国凯姆瑞亚·斯凯特公司自 1991 年起研发出用菜籽油生产生物柴油的工艺和设备，并在德国和奥地利等欧洲国家建起了多个生物柴油生产厂，最大产量达 300t/d，显示了良好发展势头。近年来生物柴油发展迅速，其中以欧洲发展最快。欧盟主要以油菜籽为原料生产生物柴油，2001 年产量超过 $100\times10^4$t，预计 2003 年达 $230\times10^4$t，2010

年达 $830\times10^4$t[106]。

2004 年，欧盟国家以低芥酸菜油为原料生产的生物柴油约 160 万 t，占欧盟国家同期生物柴油生产总量的 80%，有效地缓解了柴油的紧缺局面，到 2010 年，欧盟国家预期将以低芥酸油菜生产生物柴油 340 万 t 以上，美国从 20 世纪 90 年代初就开始将生物柴油投入商业性应用，最近两年已形成规模。

据对长江流域 14 省市的油菜质量普查结果，2002 年商品菜籽芥酸含量平均值为 16.3%，硫甙含量平均值为 64.87μmol/g，双低达标率仅 32%，含油量平均值为 37.7%；2005 年芥酸含量降为 7.91%，硫甙含量降为 46μmol/g，双低达标率和含油率分别提高到 60.48%、9.92%。虽然我国也培育出一批品质接近或超过国际先进水平的优良品种，但由于混种、混收、混销、混加工以及相关配套种植技术不到位，品质与加拿大、澳大利亚及欧洲比还有较大的差距。2005 年农业部长江流域油菜质量普查结果显示，我国商品菜籽芥酸和硫甙含量分别是加拿大菜籽的 77.3 和 3.12 倍，含油量比之也低 2.7 个百分点，差距仍然较大。

我国生物柴油开发生产尚处于初级阶段，与国外相比还有很大差距。油菜是我国最重要的油料作物，2000 年以来种植面积已突破 733 万 $hm^2$，菜籽总产量达到 1100 万 t 以上，种植面积和总产量均占世界油菜面积与总产量的 30%左右。我国对油菜生物柴油技术已有不少研究，目前，中国农业科学院武汉油料所已培育出含油量高达 51.9%的油菜品系。华中农业大学也在着力选育高产、高含油量和与生物柴油的脂肪酸组成相适应的脂肪酸组成高的“三高”油菜新品系，并取得了显著进展。中国科学院上海生命科学研究院利用转基因技术，将耐盐、抗旱基因导入到油菜中。中国科学技术大学利用菜籽油下脚料作原料，开展了年产 1000t 生物柴油的中试。但迄今为止，我国油菜生物柴油尚未大规模产业化[106]。

目前，制约油菜生物柴油产业发展的主要问题是原料成本较高，一般要占到总生产成本的 75%左右，导致生物柴油在价格上无法与矿物柴油竞争。国外由于政府采取了税收减免、价格补贴等优惠政策，将生物柴油零售价降至矿物柴油零售价以下，使得油菜生物柴油产业得以较快地发展。目前的油菜面积、单产和含油量都不能满足未来生物柴油产业发展的需要(目前我国油菜年种植面积为 1.2 亿亩、亩产量为 110kg、菜籽含油量为 41%左右)；有些关键技术有待突破，如油菜大面积亩产量达 200kg 以上、菜籽含油量达 50%以上的油菜品种和技术，菜油转化为生物柴油的加工技术等。

6. 菊芋

菊芋俗称洋姜、鬼子姜，菊科，向日葵属植物，学名 *Helianthus tuberous* L.。菊芋对生态环境条件要求不严，菊芋喜温暖，但耐寒，喜温润，但耐旱，喜肥沃，但耐贫瘠，耐盐碱[107]，在全球的热带、温带、寒带以及干旱、半干旱地区都有菊芋的分布和栽培，在我国黑龙江、辽宁、吉林、北京、内蒙古、河北、河南、四川、山东、陕西、新疆、江苏、湖南、湖北、安徽、宁夏、山西等省份都可栽培。菊芋的繁殖力很强，可以 20 倍/年以上的速度进行繁殖，菊芋对土壤的适应性较强，能从难溶的硅酸盐土层中吸收养分，即使在含盐量 7‰～10‰的盐碱地上也能生长良好，菊芋根系发达具有抗风沙及保持水土的作用。

成熟的植株有上百条 0.5～2.0m 长的根，植株高大，株高和茎粗受群体密度和环境条件影响，Liu 等[108]报道在我国陇东黄土高原半干旱地区种植，株高可达 206～343cm，主茎基部直径为 1.6～2.4cm。南京农业大学经近十年的研究，在山东莱州 500 亩滩涂示范区，海水灌溉条件下，亩产菊芋块茎鲜重可达 4000kg 以上，鲜重含水 70%左右，折算块茎干物质生物量亩产量为 1200kg 左右，茎叶干重 1300kg 以上，远远超过玉米和小麦的生物质单产水平。

菊芋的地下块茎的主要成分是菊粉/菊糖，菊粉为多聚果糖，可以在菊粉酶的作用下水解为果糖，是微生物发酵生产乙醇和油脂的良好糖源，也可以作为原料经过生物或化学反应制备氢能及多种化学品。

菊糖平均含量达块茎干重的 75%，是一种由呋喃构型的 D-果糖经 β-2-1 糖苷键脱水聚合而成的果聚糖混合物，其末端以 α-1-2 糖苷键连接一分子葡萄糖，聚合度一般在 2～60，分子量在 3500～5500。菊糖的聚合度受收获时间、贮藏条件、土壤以及气候等因素的影响。块茎中几乎不含淀粉，存在少量的脂肪酸。

菊芋成熟期茎秆含水量一般为 70wt%～80wt%。茎秆中含纤维素 13.1%～14.2%、半纤维素 9.3%～9.6%、木质素 10.8%～14.1%，叶片含纤维素 6.6%～7.3%、半纤维素 4.3%～4.5%、木质素 17.9%～21.7%。

我国适宜种植菊芋的边际地面积为 1760 万 $hm^2$[109]，主要集中在东北、西北和中部地区[110]。

菊芋平均滩涂荒地生物量达 5～10 吨/亩(其中地上部分产量为 2.5～4 吨/亩，地下块茎部分为 3～6 吨/亩，纯沙漠荒地块茎也可达 1 吨/亩左右)；菊芋块茎的菊粉含量很高，可占湿重的 15%～20%，干重的 80%左右。菊芋块茎中每年亩产糖总量 566.7～1000kg，为玉米的 2 倍，与甜菜持平；转化乙醇亩产 233.3～450kg，为玉米 2.0 倍，小麦 3.7 倍；转化生物柴油，亩产 141～250kg，为油菜的 3.0 倍；花生的 2.2 倍。

菊芋块茎收获时间对乙醇产量至关重要。收获时间因品种和地域而异，正常收获在 9、10 月初进行，也可延迟到次年早春。在地上部没有枯萎之前，贮存在茎叶中的同化产物仍在向块茎转移。过冬后收获或者正常收获后经过冬储的块茎更利于发酵，因为此过程中菊糖分解成易发酵碳水化合物，有利于水解。

发酵菊芋制酒精的研究主要集中在发酵菌株的筛选和发酵工艺上，并取得了一些成果[111-115]。在生产中，乙醇产量能够达到 3900～4500L/hm$^2$，而理论上可以达到 11230L/hm$^2$。菊糖发酵生产乙醇工艺主要有：同步发酵法和分步水解发酵法。乙醇产量和原料中可发酵糖含量有关，研究表明，块茎糖产量 6.7 和 10.35/hm$^2$时，其乙醇产量分别为 3840L/hm$^2$和 5850L/hm$^2$。德国一项研究表明，菊芋块茎可产乙醇 6000L/hm$^2$。开花后 40d，5 个甜高粱品种的可溶性总糖产量为 4.1～10.5t/hm$^2$，理论乙醇产量为 2252～5414L/hm$^2$[116]。根据美国橡树岭国家实验室 Vogel 等的报告，现有柳枝稷品种生物量可达 14t/hm$^2$，可产纤维素、半纤维素 10t/hm$^2$以上，在 75%转化率的条件下，柳枝稷可产乙醇 5000L/hm$^2$。说明利用菊芋块茎产乙醇可以达到柳枝稷和甜高粱的乙醇产量水平。菊芋开花前，碳水化合物临时贮存地上部，有研究证实，茎秆中可溶性碳水化合物的含量达到高峰的时间与花芽出现时间一致。如果利用地上部分生产乙醇，一方面需要植株地上部含有大量的可溶性和不溶性糖分，另一方面要确保已经形成足够的块茎用于下一年的繁殖。收获过早会影响块茎形成，收获过晚则茎秆中糖含量下降，所以应该在开花以前地上部同化产物积累量最多时收获[117]。根据胡剑锋和邱树毅的报道，开花前收获菊芋茎秆，其中含有 58.7%的水溶性糖，其中果聚糖占 84%。Stolzenbur 报道，9 月份收获地上部生产乙醇，最高产量可达 3197L/hm$^2$。利用菊芋茎秆中的可溶性糖分发酵产乙醇是一个新的有潜力的途径，同时，利用茎秆可以避免收获块茎过程中对水土保持可能带来的负面影响。菊芋茎秆是潜在的纤维素乙醇原料来源。目前尚无利用菊芋茎秆纤维素成分产乙醇的报道[118]。

菊芋茎秆中含有大量的易于发酵的非结构性碳水化合物，青贮的菊芋茎秆中总干物质占 17.1%，挥发性固体占 15.4%，其中可被微生物降解的挥发性固体占 81.7%。青贮料中碳和氮分别占总固体干物质的 42.0%和 2.5%，碳氮比为 17。研究证明，鲜料和青贮两种原料利用方式的甲烷产量相近。营养生长期收获(8 月 27 日)和开花期收获(9 月 19 日)茎秆，甲烷产量分别为 93.3m$^3$/t 和 11.1m$^3$/t。当茎秆产量(鲜重)达到 9～16t/hm$^2$时，甲烷产量 3100～5400m$^3$/hm$^2$，总产能 30～53MW·h/hm$^2$，高于虉草，狼尾草和荨麻[119]。当利用地上部生产甲烷时，块茎产量约为正常收获块茎产量的 50%。另外，菊芋块茎发酵后的残渣和废液可用于发酵产甲烷。由此可见，菊芋是一种适合生产甲烷的原料植物，茎秆产甲烷也是菊芋整株利用方式之一，然而国内目前尚无利用菊芋产甲烷方面的报道[120]。

用菊芋制生物柴油的技术正处于中试阶段。中国科学院化学物理研究所开辟了菊糖发酵生产微生物油脂，筛选得到了能直接利用菊芋块茎汁、水解液和菊芋浆发酵产油的菌株，在优化条件下菌体油脂含量可达 60%以上，成功实现了从菊芋到生物柴油的转化[121]。武汉理工大学的研究人员利用菊芋块茎，开发出 $C_7$-$C_{15}$ 烷烃生物柴油全套工艺，完成了实验室千克级小试。其主要工艺流程为：菊糖浸提，菊糖酶催化水解生成果糖，果糖催化脱水生成羟甲基糠醛，在催化剂作用下，羟甲基糠醛与丙酮进行醇醛缩合反应，生成 $C_7$-$C_{15}$ 醛酮缩合产物，经催化氢解生成 $C_7$-$C_{15}$ 烷烃和水。目前，菊芋制生物柴油的成本有待降低，包括原料成本和工艺技术成本。其中原料成本占总生产成本的 60%以上。研制高效产油微生物，提高产油率是降低工艺技术成本的途径。

菊芋茎秆生物量高，可用于生产固体颗粒燃料或直接燃烧的生物质原料。研究报道，秋季和春季收获的菊芋茎秆容积密度分别是 78kg/m$^3$ 和 65kg/m$^3$，净热值分别是 18.0MJ/kg 和 18.5MJ/kg。有报道称菊芋茎秆含水量高，干燥过程需要较高的成本。在生长期菊芋茎秆含水量 70%～80%。Liu 等分析了 59 份菊芋材料的灰分含量，其中茎秆灰分含量为 2.2%～4.1%，叶片灰分含量较高，为 16.3%～21.4%。高凯等研究了不同生境下的块茎热值、灰分含量，认为生境条件对块茎热值和灰分有显著影响。有关利用菊芋茎秆作为直燃燃料的研究十分少见，分析其物化特性，探索其作为直燃燃料的可行性是有待研究的课题。

高产优质的能源专用良种将是降低未来菊芋生物燃料工业化生产成本的重要因素。与其他主要作物相比，菊芋的系统育种工作显得十分不足，种质资源收集、保存与鉴定、引种、品种选育、组织培养和快速繁殖技术等尚处在起步阶段。我国种植的菊芋大部分是当地农家品种，并且大规模生产实践缺乏。因此，培育能源专用良种，是今后研究工作的重要方向之一。前人研究结果表明，通过系统选育，能够选育高产优质的能源用菊芋新品种。一方面应加快国内种质资源收集、保存和鉴定，在明确现有种质资源生物学特点的基础上，研究其化学成分组成。根据特定的育种目标，系统开展比较试验和区域试验，筛选适合各类型边际地生产条件的品种。另一方面，俄罗斯、加拿大、德国、奥地利及东欧国家的研究机构在菊芋种质资源研究和品种选育上做了相当多的工作，保存有一定数量的种质资源，育成了一些著名的品种，可根据实际情况考虑予以引种。

7. 大豆

食用油油料作物生产生物柴油主要以大豆和油菜籽为主。大豆是世界性的农作物，其种子可食用，种油可作为食用油。大豆原产地在中国和其他东亚国家，19 世纪后期引种到北美中西部等地区，优越的生产条件(雨量充沛，土壤肥沃)和巨大的市场需求导致了大豆生产在北美迅速发展，到 20 世纪 50 年代北美地区成为全球大豆的最大生产地，而美国主要利用高产转基因大豆，发展以转基因大豆油为原料的生物柴油产业。2004 年美国大豆播种面积达 305 万 hm$^2$，每千克价格为 0.48～0.57 美元。世界大豆市场中，美国占主要的份额，美国大豆的年增长率超过 10%，年销售额超过 40 亿美元，大豆年产量占世界总量的 1/4～1/3。大豆油脂中主要含五种脂肪酸，其含量分别为棕榈油 13%、硬脂酸 4%、油酸 18%、亚油酸 55%、亚麻酸 10%。大豆在水热条件充足、日照变化不大的赤道雨林和热带草原气候带，脂肪酸含量明显增高。大豆油脂通过酶催化或者热裂解的方法转化成脂肪酸甲酯，转化率可达 75%以上，3.3kg 豆油可生产 1L 生物柴油[122]。

大豆种子含油量 16%～18%，美国应用基因工程技术改良大豆使其含油量提高到 20%。利用大豆加工生物柴油后还可联产动物高蛋白饲料，因而美国等许多国家都选用大豆作原料生产生物柴油。美国是世界大豆生产第一大国，国内 55%以上的生物柴油用大豆生产，2003 年生产生物柴油实际消耗大豆约占该国大豆总产量的 0.3%。美国 2007 年或 2008 年以大豆为原料生产的生物柴油产量预计比今年的 1.5 亿加仑增长一倍，达到 3 亿加仑，美国政府计划到 2012 年生产 37.85 亿 L 大豆生物燃料。目前，美国生物柴油中有 50%左右来自大豆油。巴西和阿根廷是世界第二和第三大豆生产大国。巴西与阿根廷都是世界上豆油的主要出口国，两国加快制造生物柴油，但为了满足国内家庭食用油和面粉的需求，减少了国际市场上 13%的豆油出口量。由于巴西的生物柴油项目，巴西的豆油出口从 2010 年 1 月份开始平均减少了 1/3。

国内大豆市场完全放开之后，由于中国本土大豆出油率低、价格高，在进口大豆冲击下，大豆种植面积不断萎缩，国产大豆产量一直提不上去。作为国产大豆的主要产区，东北地区这些年来大豆种植面积不断萎缩。2011 年黑龙江大豆播种面积减少 30%，目前中国食用油短缺，不允许使用大豆、菜籽油作为工业原料制备生物柴油等燃料。

8. 玉米

1988～2009 年期间，我国玉米产量由 7735 万 t 上升至 16397.36 万 t，增长了近 8662.4 万 t，增长了一倍之多，年均增长率约 3%，占粮食总产量比重也由 17.88% 提高至 30.89%。1988～2009 年间，我国玉米播种面积由 1969.2 万 $hm^2$ 增加至 3118.264 万 $hm^2$，增幅达 45.7%；同时，占国内粮食总耕种面积的比重也相应地从 17.88%提高至 30.89%。生物燃料乙醇产业的快速发展促使玉米获得较高的经济收益，刺激了国内玉米需求的不断增长，进而推动了国内玉米供给产量的持续快速增加。2002～2009 年间，我国玉米产量由 12130.76 万 t 增加至 16397.36 万 t，增长了 4266.6 万 t，增幅为 35.17%，年均增长率为 4.4%。与此同时，生物燃料乙醇玉米需求也出现了快速增加的趋势，2002 年生物燃料乙醇玉米需求量仅 10 万 t，占当期玉米总产量仅 0.8%；2009 年燃料乙醇玉米需求量增加至 462 万 t，增长了近 45 倍，占当期玉米总产量比重达到近 3%。

美国不仅是世界上玉米出口量最大的国家，同时也是乙醇产业玉米消耗量最大的国家。进入 21 世纪，针对国际市场原油价格的持续上涨的形势，美国试图通过提高生物燃料的产量和扩大其消费量来缓解美国石油消费量持续增加的局面。

2001～2006 年，美国乙醇的产量呈现出快速增加的势头：2006 年比 2001 年增加了 144.5%。与此同时，2001～2006 年美国乙醇产业消耗玉米的数量也在快速增加：2001 年美国乙醇产业消耗玉米约 2017.29 万 t，占该年美国玉米产量的 8.36%；2006 年美国乙醇产业消耗玉米约 5377.18 万 t，占该年美国玉米产量的 20.09%。2007 年，美国出台的《2007 能源政策法案》对美国乙醇产业的发展目标作出了新的规划：到 2020 年美国燃料乙醇的消费量达到约 1362.6 亿 L，其中，约 794.85 亿 L 是以非食用纤维为原料生产的，约 567.75 亿 L 仍然是以玉米为原料生产的。

根据美国《2007 能源政策法案》对 2020 年美国乙醇产业使用玉米加工乙醇的生产目标约 567.75 亿 L 计算，2020 年美国使用玉米加工的乙醇产量将是 2006 年美国使用玉米加工乙醇产量(198.5 亿 L)的 2.86 倍。因此，未来十几年里美国乙醇产业消耗玉米的数量仍处于增长阶段。

在 2001～2009 年期间，美国生物燃料乙醇产业对玉米的需求快速增加，年均增长率达到 25%以上。根据 EIA(2007)预测，到 2030 年美国以玉米为原料的生物乙醇将占到 93%以上，而以纤维素为原料的乙醇则不超过 7%。与此同时，美国生物燃料乙醇产业的迅速发展在刺激了国内玉米需求增加的同时也引起了玉米价格的大幅上涨，导致农场主大量购进土地种植玉米，进而带动国内玉米播种面积与产量的持续增加，由此给玉米带来较高的经济效益，也使农民从中直接受益。美国农业部 2007 年的中长期预测显示，美国国内玉米价格将在未来几年内持续上涨，产量也将因价格上涨出现快速上升，2012 年将达到 38127 万 t，比未实施国家能源政策时增加了 6188 万 t。据美国农业部报告预测，未来十年美国生物乙醇玉米需求及播种面积还将继续增长。

由于 20 世纪 90 年代中期以后，我国玉米期末库存不断增加，玉米囤积现象日益严重，市场流通转化难度加大，严重损害农民种植积极性，与此同时国际油价不断攀升，能源供需矛盾日益深化，我国开始尝试利用玉米等陈化粮为原料生产生物燃料乙醇，并对指定生产的企业按“保本微利”的原则进行直接补贴，同时也免征生物乙醇 5%的消费税。

2001 年国家先后投资建立了四个大型生物燃料乙醇试点基地，其中黑龙江、吉林、安徽这三省企业均以玉米作为主要生产原料，且这三省企业的年均生产能力为 90 万 t 左右，河南企业主要以陈化粮小麦作为生产原料，年均产能约 20 万 t。目前这四大企业在国家一系列的税收优惠和补贴政策支持下，年产生物乙醇 130 万 t 左右。国家开始积极扩大车用乙醇生产和使用的试点范围，并对生产乙醇企业按

“平均先进”原则实行定额补贴，2006 年每吨生物燃料乙醇的直接补贴达到 1370 元。经过这三年的快速发展，2005 年我国已成为仅次于美国、巴西之后的第三大生物乙醇生产与使用国。以玉米等粮食作物为原料的生物乙醇的快速发展消耗了大量的粮食，陈化粮逐步消耗殆尽和玉米价格的一路攀升，对我国的粮食安全产生了一定的影响。国家于 2006 年末下发紧急叫停玉米燃料乙醇的通知，明确提出重点支持薯类、甜高粱和纤维质等非粮作物发展生物燃料乙醇，并对在建和拟建项目进行全面检查和清理。

在目前的技术水平和政策环境条件下，目前我国开发生产玉米物燃料乙醇成本较高，每吨玉米只能转化 0.3t 燃料乙醇，美国则可转化为 0.4t；而且我国燃料乙醇生产的原料成本占总成本的 70%～80%，在其生产过程中的物耗、热耗、煤耗、汽耗以及电耗分别比美国高出 20%、90%、95%、100%和 40%左右[123]。目前企业每生产 1t 生物燃料乙醇可得到国家财政补贴 1800 元，免征 5%的消费税，增值税实行先征后返还，这也从侧面反映了我国乙醇汽油的生产模式难以进入商业化发展阶段。此外，我国玉米生物乙醇加工转化率较低、技术水平落后也是目前造成生物燃料乙醇产品价格居高不下的另一重要原因。

近年来，我国在纤维素制乙醇方面也取得了较大进展。华东理工大学承担的“农林废弃物制取燃料乙醇技术”国家 863 项目研究在上海建成了以纤维素为原料，年产乙醇 600t 的示范工厂，已经实现了连续化生产，并具有自主知识产权的纤维素生产燃料乙醇的工艺。在秸秆生产燃料乙醇的关键技术方面，河南天冠集团与高校合作取得了重要进展，可以使原料转化率超过 18%，并建成了 1 条 300t/a 燃料乙醇的中试生产线，另外还成功开发了新型乙醇发酵设备，大大缩短生产周期。目前的生产示范线上，秸秆与乙醇的产出比可以达到 6: 1。中国科学院过程工程研究所利用研究成果，使得秸秆纤维素转化率达到 70%以上。而中粮集团 500t/a 纤维素乙醇试验装置采用纤维素酶解技术，于 2006 年投料成功，实现了 1t 乙醇消耗 7t 玉米秸秆[124]。

### 7.1.4　能源植物与作物利用发展趋势

我国生物质能源研究和产业发展，虽然取得了很大的进步，但是与国外相比，生物质资源利用技术还有较大差距。我国已经把生物质资源的研究开发和产业化列入国家的能源中长期发展规划，并作为我国缓解化石能源危机的战略。随着高新技术的飞速发展，林业生物质能源工程正朝着以绿色化学洁净转化为特征的高效率、高附加值、精深加工、定向转化、功能化、环境友好化等方向发展。未来生物质能源产业发展的重点方向主要有以下几个方面[125]。

1) 速生能源植物的产业化

林业资源是生物质能源的主体，而林木、木本燃料油植物和沙生灌木三者是林业资源的重要组成部分，也是开发生物能源的重要基础原料。我国针对区域及气候特点，大力发展速生林木、木本燃料油植物和沙生灌木等生物质能源林，对现有生物质能的分布特性和能量可利用性进行调查分析，筛选培育与地域相适应的能源作物，采用基因工程或杂交育种技术选育高产、速生、耐候性好、适应性强的各类能源植物品种，建立育种基地，建设大面积示范林或示范田。同时，借鉴国外成功经验和技术，引进与合作研究相结合，开发能源植物优良品种，为我国生物质能源工业提供原料保障，研究开发林业生物质能源的技术和产品，对于我国可再生能源的可持续发展具有十分重要的战略意义。

2007 年国家林业局与中国石油天然气股份有限公司正式启动林油一体化示范项目、中华人民共和国科技部与联合国开发计划署联合启动了“少数民族地区绿色能源减贫项目”等。有关促进油料能源林发展的系列国家政策与政府行为为企业进入该新兴行业带来了良好的市场契机，大量的企业加入到能源林建设的行列中，其中包括中石油、中海油、湖南未名创林生物能源有限公司、武汉凯迪控股投资有限公司和江南航天公司、海南绿博实业公司等。国内中石油、中石化、中海油、中粮集团有限公司、香港能源等分别投资发展生物柴油原料基地。中石油和国家林业局签订协议，自 2007 年开始，在云南、四川建设首批林业约 4hm$^2$ 的生物柴油原料林基地，预计能提供约 6 万吨生物柴油原料。中石化计划在云南、贵州等地种植能源树。中粮集团与国家林业局合作建立林业生物质能源基地[126]。

目前，我国现有木本油料林面积超过 600 万 hm$^2$，主要油料树种果实年产量均在 200 万 t 以上。生物柴油原料林基地建设规模为 83.91 万 hm$^2$，其中新造林 66.21 万 hm$^2$，现有林改造 17.70 万 hm$^2$，分别占总规模的 78.9%和 21.1%。小桐子、油桐、黄连木、文冠果、乌桕、光皮树建设规模分别为 29.56 万 hm$^2$、15.91 万 hm$^2$、15.64 万 hm$^2$、15.51 万 hm$^2$、4.00 万 hm$^2$、2.99 万 hm$^2$，分别占总规模的 35.6%、19.0%、18.6%、18.5%、4.8%、3.6%。四川省攀枝花市、凉山州，云南省红河州、临沧市和贵州省黔西南州建立小桐子培育示范基地共计 40hm$^2$(600 万亩)；在河北省邯郸市、安徽省滁州市、陕西省安康市和河南省安阳市建立黄连木培育示范基地共计 25hm$^2$(375 万亩)；在湖南省和江西省建立光皮树培育示范基地共计 5hm$^2$(75 万亩)；在内蒙古、辽宁、新疆等省(区)建立文冠果培育示范基地共计 13hm$^2$(200 万亩)[126]。

2) 生物质气化发电工程技术产业化

结合能源植物与作物，产业化发展比较快的将会是生物质气化(供气、供热、发电)，尤其是热电联供系统，将会引起人们的重视。建立能源林综合利用的示范工程，先期可选择若干个条件较好的薪炭林试点基地，建立从生物质资源栽培到加工利用的能源示范系统，然后进一步推广应用。结合我国小城镇建设，研究开发的直接应用农林生物质气化，作为锅炉的燃料替代的技术产业化，提高燃烧热利用效率达到60%以上。同时，在木材加工、粮食加工和造纸等行业建立大规模的示范工程，2010 年内达到推广水平。大规模系统发电效率达到 35%以上，小型气化发电达到 20%。到 2020 年产业化的规模，达到我国发电量的 5%左右。

3) 生物质制取液体燃料和化工产品技术产业化

生物质能源是可再生能源，从发展趋势看，生物质制取液体燃料技术的生产成本将能和石油相竞争。生物柴油和生物质乙醇技术是热点。生物质制取生物柴油实现产业化生产，是未来重点发展的技术，要努力使生物柴油技术和经济指标达到国际先进水平。

从环境、能源可持续发展这一大系统来看，酒精是清洁、可循环、可再生的能源，符合可持续发展的宗旨。我国生物质通过水解和发酵制取燃料酒精，一旦技术上有所突破，生产成本降低较多，将会很快实现产业化。

4) 生物质成型固化技术

生物质成型技术在我国发展比较快，在已经研究开发成功的棒状和颗粒状成型燃料生产技术基础上，将重点开发低能耗的成型技术和设备。

5) 生物质沼气转化技术

所有大型养牛养猪场都配套大型沼气热电工程，实现养殖场热电自给并向周围小区输送热电，可消除养殖场的异味，生产商用有机肥料。通过沼气热电工程保障小城镇建设的顺利发展，通过沼气工程为有条件的小城镇居民提供热电，保障小城镇生态环境，建设绿色社区。

6) 利用边际土地种植非粮能源作物，扩大生物质资源量

"不与人争粮，不与粮争地"是生物燃料发展应该遵循的一个基本原则，充分合理地利用宜能边际性土地资源，适度发展高产非粮能源作物，将成为我国应对化石能源枯竭，发展替代能源的重要途径。边际性土地是指"那些尚未被利用，自然条件较差，而又能产生一定生物量，有一定生产潜力和开发价值的土地"，这类土地暂不宜垦为农田，但可以生长或种植某些适应性强的植物。利用低质的宜耕边际性土地，种植发展适应性好、抗逆性强、具有较高生物量的非传统食物类生物，有助于部分缓解我国近期粮食和生物质燃料的短缺。2007 年 4 月，农业部科教司向各省市发布了关于开展对我国适宜种植能源作物边际土地资源进行调查评估的函，开始着手对可用于种植能源作物的冬闲地和宜能荒地的调查评估工作。此次调查除对没有连片宜能荒地的一些直辖市、省会城市等大中城市所辖县(市、区)未要求上报外，共收到 1845 个县(市、区)的资料，基本上覆盖了我国潜在的宜能荒地资源地区。调查表明，我国共有各类宜能边际土地 3420 万 $hm^2$，其中，宜能荒地约 2680 万 $hm^2$，占 78.36%；宜能冬闲田约 740 万 $hm^2$，占 21.64%。科技部中国生物技术发展中心有关专家指出，根据能源作物生产条件以及不同作物的用途和社会需求，估计中国

未来可以种植甜高粱的宜能荒地资源约有 1300 万 $hm^2$，种植木薯的土地资源约有 500 万 $hm^2$，种植甘蔗的土地资源约有 1500 万 $hm^2$。如果其中 20%～30%的宜能荒地可以用来种植上述能源作物，充分利用中国现有土地与技术，生产的生物质可转化 5000 万 t 乙醇[127]。

## 7.2　能 源 微 藻

近年来，生物质能源(生物能源)的生产消费获得了长足的发展，但是其高速增长也越来越具有争议性。现有的生物质能源生产方式带来了一系列的负面影响；大量粮食作物的应用导致全球粮价步步攀升，而能源作物的大面积种植同时也会导致种植单一化并带来森林退化等恶果；另外，现有生物质能源可否完全替代化石能源目前还不得而知。就传统的第一代生物质能源而言，其所带来的气候变化及相应的经济影响将使得其作用极为有限。

对第一代生物能源而言，最大的问题在于其产能的提升将对农业用地造成极大的竞争。生物燃料工业产能越大，则需要越多的农业用地用于原料种植。以英国为例，若以油菜为原料生产柴油，则需要 17 500 000$hm^2$ 种植面积方可满足英国 2008 年全年的柴油需求，而这一面积相当于全英国土面积的一半[128]。利用耕地种植燃料作物将进一步提升粮价同时减少粮食库存，进而导致全球粮食市场的紧张甚至在部分地区引发饥荒。淡水资源是另一个限制性因素，就水资源消耗而言，生物能源的生产远大于传统的化石能源，其单位水资源消耗量甚至是其他一次性能源的 70～400 倍(水电除外)[129]。综合世界各国的生物能源规划，若要达成相关目标，则到 2030 年全球每年将需要 180$km^3$ 淡水应用于相关的生产过程中[130]。这将加剧水资源利用的紧张情况。此外，传统生物能源还会带来一系列的环境影响，包括酸雨、光化学污染、生物多样性丧失以及物种入侵等。同时，杀虫剂和化肥的大量使用还将对地表水源和土壤造成严重污染，并最终会导致富营养化及生态毒性等恶果。

考虑到目前的技术水平，微藻是最佳的生物燃料原料。藻类，尤其是海洋单细胞藻类，即微藻，是地球上最早的生物物种，它们中的某些物种已经在地球上生存了 35 亿年之久。微藻的养殖可追溯至 20 世纪 50 年代，其前期的养殖主要以药用为目的，直到近来才作为生物能源原料得到重视。它们能十分有效地利用太阳能将 $H_2O$、$CO_2$ 和无机盐类转化为有机资源，是地球有机资源的最初级生产力，有了它们才有了大气中的氧气，才有了海洋和陆地的其他生物，也才有了人类。随着科技水平的不断提高，人口的不可逆性增长、人类生活水平的不可逆性提高、陆地资源和可耕种面积的不可逆性减少，全球性食品资源短缺压力日益增加，开发和利用海洋微藻是最长远的解决人类食品资源和能源的重要途径。因为藻类不仅富含蛋白质、脂肪和碳水化合物这三大类人类所必需的要素，而且还含有可燃性油类、各种氨基酸、多种维生素、抗生素、高不饱和脂肪酸以及其他多种生物活性物质，是人类向海洋索取食品、药品、燃料、生化试剂、精细化工产品以及其他重要材料的一把金钥匙。微藻是一类单细胞生物，与陆地微生物相比，微藻具有如下特点：

(1) 微藻具有叶绿素等光合器官，是非常有效的生物系统，能有效地利用太阳能通过光合作用将 $H_2O$、$CO_2$ 和无机盐转化为有机化合物。相较于陆生植物而言，微藻具有更高的生长速度，其可在数天之内完成传代，而陆生植物则需要花费数年时间。微藻的高生长速率使其在有限的资源条件下能满足大规模生物燃料生产的原料需求。相较于陆生植物，微藻作为单细胞光合微生物其太阳能转化效率是前者的10～50 倍[131, 132]；微藻的光合效率可以超过 10%，而在中纬度地区植物的光合效率甚至低于 0.5%。事实上全球每年大约一半的净初级出产源自于微藻的光合作用。

(2) 微藻一般是以简单的分裂式繁殖，细胞周期较短，易于进行大规模培养，由于微藻通常无复杂的生殖器官，整体生物量容易采收和利用。

(3) 可以用海水、咸水或半咸水培养微藻，因此是淡水短缺、土地贫瘠地区获得有效生物资源的重要途径。

(4) 微藻富含蛋白质、脂肪和碳水化合物，某些种类还富含油料、微量元素和矿物质，是人类未来重要的食品及油料的来源。

(5) 微藻，尤其是海洋微藻，因其独特的生存环境使其能合成许多结构和生理功能独特的生物活性物质。特别是经过一定的诱导手段微藻可以高浓度地合成这些具有商业化生产价值的化合物，是人类未来医药品、保健品和化工原料的重要资源。

(6) 微藻可产生多种生物质能源。微藻在环境胁迫条件下能够积累大量的能源物质，尤其是油脂。在不利的生长条件下，微藻会在细胞内大量积聚能源物质，包括多糖和油脂。糖类可通过发酵生产沼气，油脂则通过转酯化生产生物柴油。某些微藻可在细胞内积累占到干重五到六成的油脂[133, 134]，个别微藻的油脂含量甚至可达干重的 80%[135]。按照美国能源部水生生物计划的估算，每英亩培养面积的微藻油脂年产量可达 10000 加仑，而大豆等油料作物的产率仅为 50～100 加仑。就中国而言，若将所有边际土地用于微藻养殖，则年均可获得燃料的热值相当于 419 万 t 标准煤当量，这远高于 2007 年中国的总能耗；若微藻油脂含量为 35%，则可提供 2007 年中国全年能源的 37.6%～65.8%。微藻粗油脂的能量密度大约在 35800kJ/kg 左右，相当于石油平均能量密度的约 80%。微藻粗油脂是石油的一种潜在替代品，可被加工成多种交通运输用燃料。结合微藻的高生长速率和油脂含量，微藻是一种极具希望的生物燃料，尤其是交通运输用燃油原料。

(7) 微藻可固定二氧化碳。微藻的另一个优势是可以用于固定吸收二氧化碳，这使得可以利用其从烟道气等废气中高效捕捉二氧化碳。目前最常用的二氧化碳捕捉技术是碳捕获和存储技术；通过此技术，二氧化碳经收集压缩液化后填埋。此项技术虽减少了碳排放，但仍存在一系列的技术、环境、经济以及安全性问题，因而只是一项权宜之计。微藻提供了一个极具竞争性的二氧化碳捕捉固定的措施。微藻可从空气、烟道气及碳酸盐中获取相应的碳源，并通过同化作用将之转化为自身组成物质，其效率是陆生植物的 10～50 倍。同时，微藻的高生长率也使得微藻可达到较高的二氧化碳固定效率(高达 6.24 $kg·m^3·d$)。在光合作用过程中，微藻利用二氧化碳作为碳源进行生长。所固定的碳被同化为碳水化合物及油脂，进而可作为食品或者化工原料加以利用。微藻可在细胞内积聚超过 50%干重的碳；形成 1kg 生物量需要固定 1.8kg 的二氧化碳[136]。按照估算，需要提供 13 亿 t 二氧化碳用于微藻养殖方可满足欧洲交通运输需求。就中国而言，若以微藻能源替代传统的化石能源，则年均碳减排量在 42.7 亿～74.4 亿 t，这接近于 2006 年中国的碳排放总和[137]。因此，微藻具有良好的碳减排应用前景。

(8) 可与其他环境处理方法相结合，解决环境污染问题。微藻在吸收净化污水的同时还能积累生物量。相较于传统的污水处理方式而言，微藻提供了一个更生态、便宜且更高效污水净化的途径。在传统处理工艺中，氮磷等均不能完全去除；其中磷最终会与其他污染物一起形成有毒终产物[138]。但是微藻可将之从污水中吸收并同化成细胞组分[139, 140]。以污水培养微藻将大大降低对化肥的需求进而降低其对整个过程的影响。许多微藻可在污水中生长、吸收同化营养、积累生物量并生产油脂等能源物质。迄今为止已经有许多相关研究问世，其油脂含量高低不等，部分实验结果具有较高的油脂产率。

由于微藻中很多种类富含油脂，可以用来生产生物柴油(脂肪酸甲酯)；藻类含有极丰富的烃类物质，化学结构与矿物油相似，提取后可加工成汽油、柴油使用；在特定条件下，绿藻和蓝藻在光合作用的同时可以产生氢气。因此能够用来制备生物能源的微藻，我们统称为能源微藻。

近年来，国际市场石油价格不断高涨，中国从 1993 年起已经成为一个石油进口国。利用藻类生物质生产液体燃料，对缓解人类面临的粮食、能源、环境三大危机，有着巨大的潜力，对于减少对石油的依赖、保证国家能源安全具有深远意义。

美国从 1976 年起就启动了微藻能源研究，研究以化石燃料产生的废气生产高含脂微藻。这一计划因为研究经费精减、藻类制油成本过高，而于 1996 年中止。虽然研究中止，但是，美国的科学家已经培育富出富油的工程小球藻，这种藻类在实验室条件下脂质含量可达到 60%以上(比自然状态下微藻的脂质含量提高 3～12 倍)，户外生产也可增加到 40%以上。这为未来研究提供了坚实基础。2006 年 11 月，美国绿色能源科技公司和亚利桑那公众服务公司在亚利桑那州建立了可与 1040 兆瓦电厂烟道气相连接的商业化系统，成功地利用烟道气的二氧化碳，大规模光合成培养微藻，并将微藻转化为生物“原油”，其产率可达到每年每英亩提供 5000～10000 加仑生物柴油和相当量生物乙醇的水平。近 10 年，美国又加大了微藻能源的研究，微藻能源化技术取得了快速的发展。

### 7.2.1 微藻生物能源技术的形成与发展

微藻生物技术可以被理解为是以微藻生物学为基础，利用微藻生物体系和工程原理，提供商品和社会服务的综合性科学。本质上与农业生物技术相似，即利用太阳光能大量生产生物量，用作人类的有机资源。

微藻生物技术的发展经历了一百多年的时间，大致可以分为以下几个阶段。

1. 微藻的认识与调查阶段(1850～1940 年)

最早注意微藻细胞的是显微镜专家 J.W.Baily，他于 1841 年发现藻类的化石，并将淡水藻与海水藻进行比较详细的对比，被誉为美国的第一位藻类学家。C.F.Durant 在 1850 年发表的著作和 P.B.Pieters 于 1867 年的科学报告，对藻类进行详细的报道与描述。藻类经过 30 多年的发展积累，J.Snow 于 1903 年将藻类扩展到 103 个属，并成功地在实验室进行相关工作与研究，使其成为第一个发展藻类培养技术的人。

West 于 1916 年出版第一本藻类学专著《藻类》，该书总结了前几十年的工作，为以后藻类的研究奠定了基础。此后，又有《北美东部海岸藻类》《美国淡水藻类》《藻类的结构与生产》、《新格兰海洋藻类》等多部著作分门别类地介绍藻类资源的分布、生活史以及藻类在食物链中的作用与地位等，使人们进一步了解藻类。

2. 微藻生物技术的形成(1940～1980 年)

此阶段对藻类的生理生化特性、藻类光合作用机理、藻类的培养条件、实用藻株的筛选与开发、藻类的大规模培养，藻类产品及藻类生物活性物质的开发以及藻类产品的应用和经济学评价等多方位，进行了深层次广泛的研究，初步建立起来一个比较完整的微藻生物技术体系。此时期开发出了以开放式跑道池为主体的开放式培养系统，并在许多国家和地区得到了推广和应用。尤其是小球藻、螺旋藻和盐藻等微藻的大规模培养和应用方面的成功使人类看到了微藻生物技术的前途和其巨大的经济潜力。

随着研究的深入，以及一些藻类的大规模培养和应用的成功，人类对微藻生物技术的前景和潜力给予了肯定，并引起了世界各国政府与学者的重视。1946～1959 年，美国、英国、日本、法国、捷克斯洛伐克、菲律宾、印度等国家分别成立国家级藻类学会，国际藻类学会也于 1961 年成立，加速了微藻生物技术的发展。

3. 微藻生物技术的发展(1980～2000 年)

在这 20 年之间，世界各国的科学家在藻种(株)的筛选和开发、微藻的生理生化特性、培养条件、微藻有效成分及各种活性物质的调查分析等基础研究，各种新型高效光生物反应器的研制和微藻高密度培养技术，微藻生物量及其代谢产物的采收技术，微藻产品开发及其应用以及微藻基因工程等方面都进行了深入的研究，进而形成了富有特色的微藻生物技术研究体系。为争夺技术上的制高点，近年来美国、德国和日本等发达国家已经把海洋生物技术列为重点发展方向，尤其是将海洋微藻的大规模培养及其天然活性物质的分离提取等技术放在首位。

与国外相比，我国的微藻生物技术起步较晚，20 世纪 50 年代中期才开始对小球藻和栅藻等微藻进行了相关的研究，70 年代至 80 年代主要对螺旋藻、盐藻及一些固氮蓝绿藻的大量培养及应用进行了研究并取得了一定的成绩。

20 世纪 90 年代后期是我国微藻生物技术发展的快速时期，中国科学院、烟台大学、大连理工大学、中国海洋大学、厦门大学等相关单位在微藻基础研究、新型光生物反应器研制、藻的高密度大规模培养、海洋赤潮微藻的大量培养、微藻基因工程及微藻生物活性物质的分离纯化等多方面进行了详细的研究，取得了较大的成果。

4. 微藻生物技术的成熟与快速发展阶段(2000 年至今)

进入新千年以来，微藻生物技术有着突飞猛进的进步，与微藻生物技术相关的各类应用与开发有了明显的发展，主要体现在：① 建立了比较完整成熟的微藻生物技术研究体系。② 基础日趋完善，多个国家的研究单位建立了有一定规模的微藻种子库，适于大规模培养的生物反应器与藻类高密度培养技术先后被开发出来，为进一步的工作奠定了基础。③ 藻类活性物质的开发与利用使得微藻走向市场得到进一步的发展。④ 转基因技术与微藻生物技术的结合为转基因微藻与能源微藻的构建提供了重要的保障，为进一步利用藻类做出了贡献。⑤ 由于看到了微藻的价值与潜力，各国政府、大型企业、科研单位纷纷加大资金的投入，为微藻生物技术的发展提供了前所未有的机遇。

### 7.2.2　能源微藻利用形式

微藻可提供多种形式的燃料：微藻生物质可直接燃烧，粗油脂可直接燃烧或者转化为柴油、汽油及航空煤油等液体燃料[141]，生物质可经厌氧发酵产气[142]，亦可利用微藻碳水化合物发酵生产乙醇或氢燃料[143]，还可直接利用微藻光合作用生产乙醇[144]。微藻生产生物燃料路线见图 7-10，在微藻细胞内，其代谢途径见图 7-11[145]。

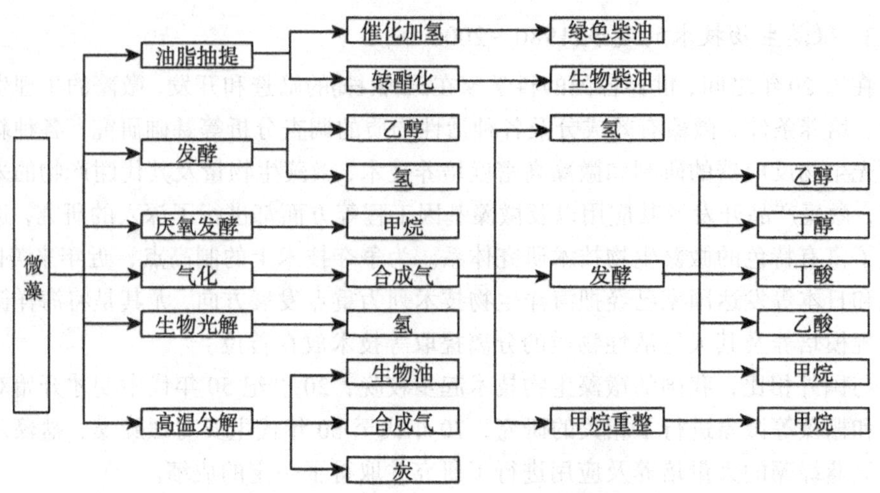


图 7-10　微藻生物燃料生产路线图

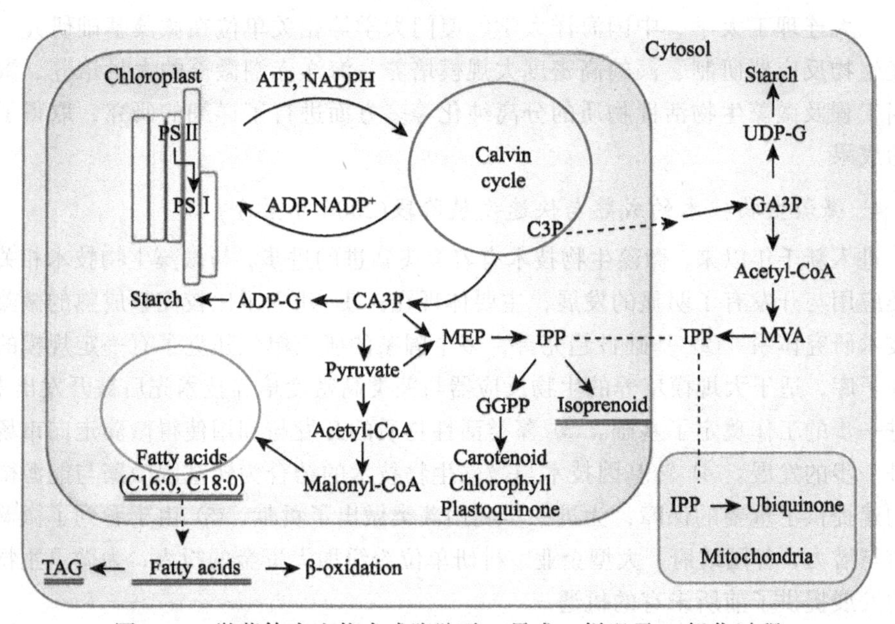


图 7-11　微藻体内生物合成脂肪酸、异戊二烯以及 β-氧化过程

划线部分表示生物合成产物可转化为汽油、柴油和航空燃油，虚线箭头表示代谢产物的运输。PS：光和系统；GA3P：3-磷酸甘油醛；C3P：磷酸丙糖；ADP-G：ADP 葡萄糖焦磷酸化酶；UDP-G：UDP-葡萄糖焦磷酸化酶；TAG：三酰甘油；IPP：异戊烯焦磷酸；MEP：磷酸甲基赤藓糖；MVA：甲羟戊酸

在上述燃料中，利用海洋微藻油脂转化生产交通运输燃料是目前最瞩目的研究焦点之一，许多商业公司亦参与其中(表 7-6)。在这众多公司中，多数着眼于利用自养微藻生产油脂。其他一些公司则致力于通过光合作用将二氧化碳和水直接转化为

可利用的燃料。例如，Algenol Biofuels 公司目前正在开发利用基因工程微藻直接生产生物乙醇的技术，Joule Unlimited 公司则在利用类似方法生产其他生物燃料。而 Solazyme 公司则在利用源自植物的糖类培养富油微藻。

**表 7-6　目前参与微藻能源项目的商业公司**[146]

| 公司 | 地点 | 网址 |
|---|---|---|
| Algenol Biofuels | Bonita Springs，FL，USA | www.algenolbiofuels.com |
| Aquaflow | Nelson，New Zealand | www.aquaflowgroup.com |
| Aurora Algae，Inc. | Hayward，CA，USA | www.aurorainc.com |
| Bioalgene | Seattle，WA，USA | www.bioalgene.com |
| Bionavitas，Inc. | Redmond，WA，USA | www.bionavitas.com |
| Bodega Algae，LLC | Boston，MA，USA | www.bodegaalgae.com |
| Joule Unlimited，Inc. | Bedford，MA，USA | www.jouleunlimited.com |
| LiveFuels，Inc. | San Carlos，CA，USA | www.livefuels.com |
| OriginOil，Inc. | Los Angeles，CA，USA | www.originoil.com |
| Parabel，Inc. | Melbourne，FL，USA | www.parabel.com |
| Phyco Biosciences | Chandler，AZ，USA | www.phyco.net |
| Sapphire Energy，Inc. | San Diego，CA，USA | www.sapphireenergy.com |
| Seambiotic Ltd. | Tel Aviv，Israel | www.seambiotic.com |
| Solazyme，Inc. | South San Francisco，CA，USA | www.solazyme.com |
| Solix Biofuels，Inc. | Fort Collins，CO，USA | www.solixbiofuels.com |
| Synthetic Genomics Inc. | La Jolla，CA，USA | www.syntheticgenomics.com |

### 1. 能源微藻制备生物柴油

微藻细胞所合成的油脂主要是碳链长度在 12～22 的饱和及不饱和脂肪酸[147]。脂肪酸中的极性成分可用于合成细胞膜，而中性部分则可转化为储存性碳源。其中，碳链长度在 12～16 的饱和脂肪酸是生物柴油的理想原料，但最理想的脂肪酸组成则有赖于当地的实际气候[148]。实际研究发现，微藻粗油脂富含长链不饱和脂肪酸[149]，因此较之于其他植物油脂不太适合于直接生产生物柴油[150]。但是海洋微藻油脂可被加工转化为汽油、柴油及煤油等石油炼制产品。微藻油脂加工产品测试性能优异[151]，因此海洋藻类生物燃油极具前景。

目前，已经有许多研究在探讨如何直接从未干燥藻细胞中抽提油脂。若微藻细胞可直接分泌油脂，则可规避加工过程中的油脂抽提过程。相关研究可能性已经在酿酒酵母细胞及大肠杆菌中得到证实[152]。目前有研究表明某些微藻可以分泌碳氢化合物，如布朗葡萄藻，这将大大节省抽提成本(图 7-12)。但是到目前为止，研究或生产所采用的绝大多数海洋藻株不具备分泌油脂特性，因此有必要对其进行深入研究。

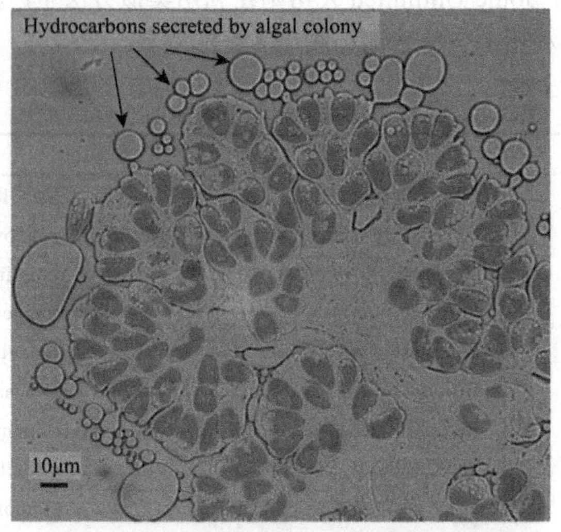


图 7-12　布朗葡萄藻及其分泌碳氢化合物

2. 能源微藻制取氢

除燃油外，微藻还可以用于制氢。作为一种可再生、可持续的环境友好型能源，氢能是最有可能缓解未来能源需求所带来环境压力的能源。目前，已有许多化学或生物方法用于从化石燃料、生物质以及水中制氢。尽管目前主要依赖于化石燃料化学制氢，但生物制氢自 20 世纪 20 年代以来已经越来越受到关注。微藻的产氢代谢通路如下所示：

(1) 直接光解

$$2H_2O \rightarrow 光 \rightarrow 2H_2+O_2 \tag{7-1}$$

(2) 间接光解

$$12H_2O+6CO_2 \rightarrow 光 \rightarrow C_6H_{12}O_6+6O_2 \tag{7-2}$$

$$C_6H_{12}O_6+12H_2O \longrightarrow 12H_2+6CO_2 \tag{7-3}$$

受微藻自身光合作用产率及光利用率的影响，微藻可在有氧及厌氧条件下通过特殊的生化及光生化反应以极低的代价产氢[153]。许多微藻，包括鱼腥藻[154]、蛋白核小球藻[155]、小球藻[156]、海洋扁藻[157]、钝顶螺旋藻[185]，尤其是莱茵衣藻[159]在产氢研究上获得了相当多的重视。在光合产氢的过程中，微藻需要利用两类对氧敏感的金属酶，即固氮酶和脱氢酶[160]。不同的酶所催化的产氢过程能耗不尽相同。若按照消耗 ATP 计算，则脱氢酶的产氢效率是固氮酶的三倍。另一方面固氮酶对氧的敏感性相对更低[161]。鉴于两种酶对氧的敏感性，有必要对培养条件进行优化以提高产氢效率。

海洋微藻产氢可通过两条途径实现：一是借助两个光合系统完成，另一个则是通过对胞内光合作用同化固定的还原碳进行氧化催化形成[162-164]。虽然微藻产氢研究起步较早[165]，但研究表明必须通过抑制 PSII 的光合水氧化活性方可进行产氢 [166, 167]；同时，氢气产率当且仅当在硫缺失的条件下才有意义[168]。硫缺失可导致整个光合作用的产氧及碳同化过程发生变化，并诱使 PSII 固定在修复循环中的某个中间态，进而导致光合产氧能力的下降[169, 170]。

相较于其他抑制剂而言(DBMIB、DCMU、SAL、C1-CCP 等)，硫缺失可诱发可逆失活和可持续且上升的氢气产率[166, 167]。近来的研究多着眼于两段式硫缺失，但诸如海洋扁藻、大扁藻之类的藻株并不像莱茵衣藻一样对硫缺失敏感，研究表明相关的代谢抑制剂以及氮缺失可获得较好的氢产率[171, 172]。此外，尽管实验室规模的实验取得了较好的结果，但室外实验的结果往往相差甚远不尽人意。在室外直接光照的条件下，微藻细胞不能很好地适应光照抑制作用和硫缺失条件。所以，相关藻株需要驯化提高其对光照的适应性以用于产氢。此外，固定化微藻以及基因改造藻株产氢技术目前尚需进一步地研究探讨。

3. 能源微藻制备生物乙醇

作为一种清洁能源，生物乙醇燃烧所释放的温室气体远低于传统化石能源。目前全球工业化生物乙醇主要源自于玉米、大米、小麦、木薯、甘蔗、甜菜以及高粱等农作物。生物乙醇的生产过程可总结为将原料中的多糖水解为单糖，然后经过微生物进一步的发酵生产乙醇。生物乙醇的生产流程如图 7-13 所示。

面对全球能源与粮食需求的矛盾，越来越多的目光开始将生物能源的生产从粮食作物转向微藻等原料上。生物乙醇可通过生物量的发酵或微藻细胞直接合成的方式生产[173]。对发酵法而言，关键在于如何在微藻细胞中积累淀粉，后者作为发酵底物可占微藻干重的一半左右。微藻淀粉经机械或酶法抽提后，再进一步经水相或有机溶剂分离纯化。微藻淀粉再经水解成葡萄糖后即可用于乙醇发酵。微藻生物乙醇的生产在预处理上与粮食乙醇相差甚远，这是因为微藻需要特殊的离心、采收及机械破碎体系与其生理特性和培养体系相结合。

微藻还可以通过一系列的胞内生化反应将乙醇直接透过细胞壁分泌到胞外。但这个过程仅能在黑暗中进行，这是因为光照对乙醇的形成有抑制作用。包括海洋绿球藻[174]、莱茵衣藻[166, 167]、小球藻[175]、湖泊颤藻[176]、泥生颤藻[174]、高山粘球藻[177]、钝顶螺旋藻[158]及蓝杆藻[173]在内的微藻均有直接分泌乙醇的相关文献报道。淀粉作为胞内光合作用所合成的内生碳源，经糖酵解途径和磷酸戊糖途径等一系列步骤降解为丙酮酸，之后经丙酮酸脱羧酶及乙醇脱氢酶作用生成乙醇。Gfeller [166]认为，光照下微藻细胞乙醇转化能力的缺失与活性还原吡啶核苷酸的缺失以及活性乙醛以及乙醇脱氢酶的损耗有关。在细胞内，酰基辅酶 A 可分别通过两条途径转化为乙酸或者乙醇。酰基辅酶 A 可经脱酰基酶催化转化为乙酸，亦可转化为乙醛后还原生成乙醇。酰基辅酶 A 经还原生成乙醛后，可再经气化作用生成乙酸和乙醇。

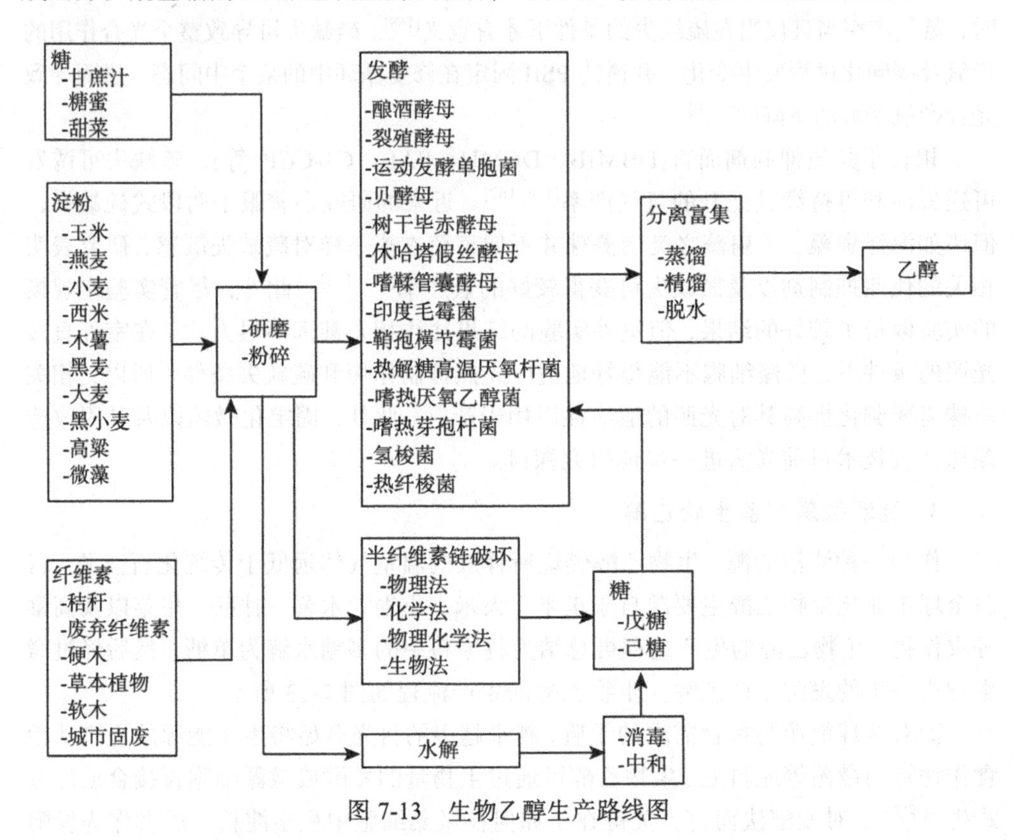

图 7-13　生物乙醇生产路线图

目前，基因工程乙醇高产藻株也在研究中。研究人员将乙醇发酵菌株运动发酵单孢菌的相关基因转移到聚球藻中，使后者获得了固碳并同时直接向胞外分泌乙醇的能力[178, 179]。这种方法的新颖之处在于其产物分离过程。该方法不需要细胞采收即可获得终产物，这有效地降低了整个生产过程的能耗和水资源消耗。除生产生物乙醇外，剩下的生物质可用于厌氧发酵生产沼气并用于发电。发酵所产生的二氧化碳及污水等副产物可在微藻培养过程中再利用。

4. 能源微藻制取沼气

农作物秸秆及其副产物经常用于厌氧发酵生产沼气，沼气主要是由甲烷(55%～75%)和二氧化碳(25%～45%)所构成的混合气体。沼气中的甲烷气可作为交通运输及发电燃料，也可在农村地区用于燃烧取暖。微藻的高生物量产率引起了研究人员对其在沼气发酵应用上的兴趣。微藻光合作用所同化的太阳能可经厌氧消化生产甲烷气。微藻高油脂、高淀粉、高蛋白以及少纤维素和少木质素的特性使其成为厌氧消化可靠有效的原料。上述特性是微藻较之于其他作物能更有效地用于生物甲烷气生产的原因。

微藻可在特殊微生物的作用下一步步被厌氧发酵：生物多聚物经水解生成单糖；单糖经发酵生成羧酸和乙醇；羧酸和乙醇转化为醋酸、氢和二氧化碳；上述终产物经产甲烷菌转化为甲烷和二氧化碳；厌氧消化产生的藻渣可进一步加工成肥料，这可有效提升整个生产过程的额外价值。沼气中的二氧化碳也可经回收后再用于微藻培养过程。

相关研究模型认为，微藻产率、采收、富集以及高效厌氧发酵技术的使用对整个过程中能源生产的经济性至关重要[142]。采用随机模型的生命周期分析认为，相较于传统的软枝草、加拿大油菜以及玉米等能源作物而言，微藻在能耗、温室气体排放以及耗水(不考虑培养过程)方面劣势明显。微藻仅在土地总体利用和富营养化潜能方面占据优势[180]。因此，以微藻生产生物甲烷实际处于劣势，但研究也表明采用适当的培养方式可有效降低整个生产过程的负面影响并提高其竞争力[181]。此外厌氧发酵既能回收利用营养物质，同时还能生产沼气用于整个生物柴油生产过程。对生物质进行干燥抽提这种做法不实用，对整个生产过程的能源利用率有严重负面影响。对油脂抽提而言，含水率在 86 wt%～90wt%的生物质具有相当好的经济性。如前所述，海洋微藻是唯一能够大规模生产的生物能源原料。因此，在生物质采收后需经淡水洗涤脱盐方可用于进一步加工。利用嗜盐产甲烷菌可有效地对含盐生物质进行厌氧发酵，但是需要注意的是通用的厌氧发酵技术仅适用于低盐生物质。因此，需要对生物质厌氧发酵进行进一步研究。

5. 能源微藻一体化工艺

目前技术水平下的微藻单一生物能源生产在能量平衡上不具有可行性。在整个生产过程中，需要直接或间接投入化石能源，用于培养体系的搅拌流动、采收以及油脂抽提等过程。因此，有必要对整个过程的能源利用率进行核算。理想状态下的整个生产体系的能源利用率应该不低于 7。但是对微藻生物柴油而言，其能源利用率约为 1.4[143]，但这个值存在严重高估的可能。微藻生物柴油生产的能源利用率并不均一，实际上估算过程中也存在相当大的误差。例如，Khoo 等的估算结果仅为 0.5 左右，而其计算忽略了油脂抽提以及残余藻渣的再利用[180]，而其他计算过程所得的结果更低[181, 182]。

因此，必须采用相关措施以提高整个体系的能源利用率。例如，将大型微藻培养体系与乙醇发酵过程相整合后，可利用乙醇发酵所生成的二氧化碳培养微藻。经济性分析认为小球藻之类的优质藻株可用于这个整合过程[130]。产油藻株钝顶螺旋藻同样适用于这个一体化过程[183]，且残余藻渣可通过发酵得到再利用。将微藻和甲烷氧化菌混养，即可利用多余的二氧化碳，同时又能将甲烷氧化所带来的气体排放降至最低。而微藻光合作用所生产的氧气可将甲烷氧化所需的氧气通入量降低55%。利用生物柴油生产所得到甘油及其后续加工中所生成的二氧化碳也可提升整个生物柴油生产过程的经济性。经济性研究表明，将生物柴油生产所剩藻渣用于生物甲烷气的生产可降低后续生产中的总体成本，尤其是能耗，进而提升整个过程的竞争性。

此外，微藻的培养、采收及油脂抽提过程必须进行工程优化以减少能耗[184-186]。具体来说，任何高速离心、高能物理破壁及干燥法、超临界抽提、油膜回收技术等高能耗方法均不适用于整个生产过程。相较之下，絮凝–沉降法与低速离心或连续带状过滤相结合可作为一种较为理想的低能耗采收技术使用。而油脂也应该尽量采用湿法抽提，除非细胞可自溶或者分泌油脂。通过厌氧发酵回收氮磷等营养物质可有效提高整个过程的能源利用率。对全生物质或藻渣进行水热液化也会提高整个过程的能源利用率。

目前已经有许多微藻厌氧发酵的相关研究[187, 188]，但是有关油脂抽提藻渣发酵的研究尚不多见。研究认为，培养体系的生物量产率对全生物质厌氧发酵的沼气产率有严重影响[142]。因此，必须设法提高微藻培养过程的经济性。厌氧发酵具有极高的物质转化率。其沼气产率可达 $0.18m^3/(kg·d)$，这都是对全生物质进行厌氧发酵所得的数据，并非藻渣的实验结果。理论上来说，藻渣经过油脂抽提已经破坏了微藻细胞，因而更易于产甲烷菌进行厌氧发酵产气。

在营养胁迫条件下，微藻的能含量一般为 23 000kJ/kg 左右。粗油的能含量约为 35 800kJ/kg。若油脂含量占生物量的 40%，则抽提后残余藻渣的能含量应该在 14 466kJ/kg 左右。此外，微藻细胞内还含有相当可观的蛋白质及其他有用组分[149]。因此，藻渣还可作为饲料或其他深加工原料，这可以进一步降低整个微藻生物柴油的生产成本。但是，考虑到藻渣较低的能含量，厌氧发酵是最具可行性的再利用方式；藻渣厌氧发酵可有效提高整个过程的能源利用率。

利用水热液化技术替代油脂抽提和后续藻渣厌氧发酵具有相当的可行性；对全生物质进行水热液化可在抽提油脂的同时生产可燃气[191-197]。无机营养物质可通过水热液化后在液相中回收。较之于溶剂抽提法，对全组分或藻渣水热液化可有效提高整个过程的油脂产出。在某些情况下，水热液化所生产的可燃气可直接用于给整个生产过程供能[196]。水热液化可用于回收无机营养物质，但需要注意的是部分营养物质可能会因为与油脂结合而损失[196]。因此，水热液化技术仍需要进一步的深化研究。

### 6. 能源微藻制取高附加值产品

微藻也可用于生产高附加值产品。在回收利用多数藻渣的前提下，将高附加值产品生产与生物能源的生产相结合将有效地提高整个生产过程的经济性。微藻高附加值产品、替代来源及其应用见表 7-7。

表 7-7　微藻高附加值产品、替代来源及其应用

| 产品 | 潜在或已知微藻来源 | 替代来源 | 应用 |
| --- | --- | --- | --- |
| 类胡萝卜素 | | | |
| β-胡萝卜素 | 杜氏盐藻 | 三孢布拉霉、合成 | 食品色素、维生素 A 前体、抗氧化剂 |
| 虾青素 | 雨生红球藻、小球藻 | 红法夫酵母、合成 | 水产用色素、抗氧化剂 |
| 角黄素 | 淡水小球藻及其他绿藻 | 迪茨氏菌、合成 | 农业及食品色素 |
| 玉米黄质 | 椭圆小球藻、杜氏盐藻突变株 | 辣椒、万寿菊、合成 | 抗氧化剂、食品色素 |
| 叶黄素 | 栅藻及其他绿藻 | 金盏菊、布拉霉 | 抗氧化剂 |
| 八氢番茄红素，六氢番茄红素 | 盐藻 | 番茄 | 抗氧化剂、化妆品 |
| 海胆烯酮 | 布朗葡萄藻、蓝藻 | | 抗氧化剂 |
| 褐藻素 | 三角褐指藻 | 褐藻 | 抗氧化剂 |
| 藻胆素 | 蓝藻、红藻、隐藻、灰藻 | | 抗氧化剂、天然色素、荧光结合物等 |
| 脂肪酸 | | | |
| 花生烯酸 | 缺刻缘绿藻 | 被孢霉属 | 营养补剂 |
| EPA | 绿球拟藻、三角褐指藻、单胞藻等 | 鱼油 | 营养补剂 |
| DHA | 隐甲藻等 | 鱼油 | 营养补剂 |
| 甾醇 | 多种 | 多种植物 | 保健品 |
| 角鲨烯 | 裂殖壶菌 | 鲨鱼肝 | 化妆品 |
| 聚羟基烷酸 | 念珠藻、集胞藻及其他蓝藻 | 罗尔斯顿氏菌、大肠杆菌基因改造菌株 | 生物降解塑料 |
| 多糖 | 紫球藻及多种蓝藻 | 瓜尔胶、黄原胶 | 增稠剂、凝胶剂、药妆等 |
| 类菌胞素氨基酸 | 甲藻、蓝藻及其他藻类 | | 遮光剂 |

微藻是重要的商业化高价值化学产品的来源，包括类胡萝卜素[198]、长链不饱和脂肪酸[199]及藻胆素[200]等。微藻的进化和系统发生多样性使得微藻的化学组成多样性，因而具有很好的商业潜力。而微藻生物燃料的发展也使得微藻高附加值产品的生产日益受到关注，许多研究认为高附加值产品和低附加值的甘油三酯生物柴油生产相结合才能使得整个过程具有实际可行性[201]。微藻生物柴油的高投入使得整

个过程目前不具备实用化可能。在原油 200 美元一桶的情况下，油价应该在每千克 1.13 美元，这意味着含油量 40%的微藻的成本不能超过每千克 40 美分，这一价格远低于目前微藻商业化项目的成本。即使抽提油脂后的藻渣作为高蛋白原料用于动物养殖，相关饲料产品的成本价值也不能高于每千克 0.60 美元 (基于大豆价格每吨 600 美元)。

微藻商业化研究由来已久，Harder 和 Von Witsch 在 1942 年即在研究以之作为油脂来源，类胡萝卜素的研究始于 1964 年，20 世纪 70 年代很多人开始考虑以微藻作为蛋白质来源。小球藻和螺旋藻是最早商业化应用的微藻，当时日本、中国台湾以及墨西哥以之为健康食品进行养殖。80 年代杜氏盐藻商业化生产 β-胡萝卜素获得成功；90 年代以雨生红球藻生产虾青素也得到了应用，随后隐甲藻生产 DHA 也得到了成功。

但是，上述产品也能通过化学合成或者作为天然产物由真菌、细菌或高等植物等其他生物合成后分离得到。上述生产途径的成本可能要低于微藻，因而使得微藻途径并不是很具有经济性。比如尽管微藻可用于维生素 C、E 及 B12 的商业生产，但实际上此种生产方法目前并不能与已有的工业化产品相抗衡。

1) 类胡萝卜素

2010 年全球类胡萝卜素市场净值 12 亿美元，其中大部分源自于化学合成法。但微藻生产的 β-胡萝卜素和虾青素占据了相关自然产品的大头。作为一种高附加值产品，80 年代即有四家公司开始应用杜氏盐藻生产 β-胡萝卜素，这四家分别是以色列 Koor Foods(Nature Beta Technology)、澳大利亚 Western Biotechnology Ltd 和 Betatene Ltd，以及美国的 Nutralite。在这四家中，Koor Foods 和 Betatene 是目前仍然在继续生产的两家公司；Nutralite 因为成本太高竞争失败而退出市场。澳大利亚拥有目前世界上最大的微藻养殖工厂。中国和印度也有小规模的杜氏盐藻 β-胡萝卜素生产厂家。目前所有的杜氏盐藻均采用开放跑道池而非高昂的封闭式光生物反应器进行养殖。

杜氏盐藻生长在高盐环境中，有效规避了其他微生物的污染，且其 β-胡萝卜素含量远高于其他生物，因而成为了第一个高附加值化学品(300～1500 美元/千克)商业化生产原料微藻。这一成功很大程度上依赖于价格优势。这使得相关公司能够有钱用于进一步的研发，同时拓宽其销售网络，最终在压低成本的同时构建了一个大型销售网。已有的合成 β-胡萝卜素的销售网络为微藻产品的销售提供了便捷。但是，与全反式构型的化学合成品不同，杜氏盐藻产品包括全反式和顺式两种异构体；这一不同作为两者之间的显著差别，在市场化早期对杜氏盐藻产品的市场认可造成了不良影响。β-胡萝卜素的市场净值约为 2.7 亿美元，其中天然产品约占市场份额的 20%～30%。而近年来，三孢布拉氏霉菌作为 β-胡萝卜素的原料对微藻产品形成了竞争。

虾青素是第二个得到商业化的微藻类胡萝卜素产品，最早是以淡水微藻雨生红球藻作为原料，后者的虾青素含量在所有天然原料中最高。虾青素有(3R, 3′R)，(3R, 3′S)(meso)和(3S, 3′S)三种立体异构体。合成虾青素包含上述三种异构体，而雨生红球藻虾青素产品仅有(3S, 3′S)一种[202]。目前的虾青素生产主要采用两步法，即在光照反应器中培养积累运动态细胞，然后在跑道池或者(如美国 Cyanotech)生物反应器[203]中积累虾青素。例如，以色列 Algatechnologies 公司在沙漠中用 300km 长的玻璃管状生物反应器培养雨生红球藻生产虾青素。天然虾青素市场的发展比 β-胡萝卜素要艰难得多。虾青素市场的定位主要是在鲑鱼或者鳟鱼养殖中作为食品添加剂用于鱼肉着色。但即使雨生红球藻虾青素产品的效果好，其价格也远高于市场承受力。因此，需要开拓虾青素的抗氧化新市场；在大规模商业化之前需要确定相关产品的安全性，同时还要经相应监管部门报备许可。这一过程耗时耗力，也许在 20 年后才能达到预期目标。磷虾和红法夫酵母/法夫酵母也少量用于天然虾青素的生产[204]。

微藻也是其他类胡萝卜素的潜在生产原料[205]，包括叶黄素、角黄素、玉米黄质、海胆烯酮、藻褐素及八氢番茄素和六氢番茄素等。但是上述产品在相应微藻中含量较低，因而其生产需要在分离纯化方面加大投入，进而对其市场化造成不利影响。

2) 藻胆素

藻青素、藻红蛋白及别藻蓝蛋白等藻胆素仅仅在微藻中存在。这些色素仅仅在蓝藻、红藻及隐藻和灰藻等中存在。这些水溶性色素可在食品和化妆品中得到广泛应用；日本已经将藻青素实际应用化，欧美虽然还没有类似产品，但目前 FDA 已经批准了藻胆素在流式细胞仪和免疫中的应用。C-藻胆素的售价为 500～100 000 美元/千克，其具体价格取决于纯度。藻胆素的纯度通常由其 A620/A280 吸光度比来决定；优级藻胆素的吸光度比应该不低于 0.7，活性级则应达到 3.9，分析级则应不低于 4.0[206]。目前藻胆蛋白的市场价值约合六千万美元。作为 C-藻青素的优质原料，螺旋藻一直采用开放跑道池进行商业化培养[207]，目前其全球年产量已超过 5 000t。尽管目前很难确定其具体产能，但可以确定的是螺旋藻及其他蓝藻产能的扩增正在逐步满足全球日益增长的藻胆素需求。

3) 脂肪酸

长期以来，微藻一直被视为脂肪酸尤其是长链多不饱和脂肪酸(polyunsaturated fatty acids，PUFA)的重要原料，包括 γ-亚油酸、花生烯酸、花生四烯酸(eicosapentaenoic acid，EPA)以及二十二碳六烯酸(docosahexaenoic acid，DHA)。最早应用于 PUFA 商业化生产的是裂壶藻、隐甲藻、及吾肯氏藻。隐甲藻经破壁后以正己烷抽提出 DHA 富集油脂，再经精炼、漂白、冷冻、除臭，然后加入维生素 E 作为抗氧化剂，最后与高油酸葵花籽油混合形成 40% w/w 的标准 DHA 产品（DHASCO™)。PUFA 主要面向婴幼儿市场，裂壶藻生产 DHA 及 EPA 目前已经得到实际生产应用。目前尚无其他 EPA 富集藻株用于商业化生产，但 Aurora Algae 公司宣称微拟球藻极具前景。同样，目前花生烯酸的商业化生产仅依赖于高山被孢霉；尽管缺刻缘绿藻的花生烯酸含量较高，但其总酯含量远低于接合菌。勃那特螺旋藻是微藻中 γ-亚油酸的最佳来源[208]，但其较低的油脂含量使得其产率较低。

目前，自养微藻相对于异养微藻及鱼油等在 PUFA 的市场竞争中的优劣还有待于进一步观察。以提高油脂产率为目的的藻株选育[209, 210]、基因操作[211]以及培养优化[212]已经取得了很多成绩；若将 PUFA 生产与微藻生物燃料生产相结合将大大提高整个过程的实用性。

Ω-3 油脂就是微藻 PUFA 产品市场化的绝佳例证。目前全球 Ω-3 油脂的价格大约在 80～160 美元/千克，远高于相应鱼油产品。2009 年全球 EPA 和 DHA 市场需求大约是 85 000t，且在 2015 年将攀升至 135 000～190 000t。作为目前最主要的 EPA 和 DHA 来源，南美凤尾鱼每年可提供 300 000t 粗鱼油(30% EPA+DHA)。2009 年全球 EPA/DHA 市场对凤尾鱼油的需求在 175 000t 左右。而到 2013 年凤尾鱼油将不能满足全球市场所需[213]。鱼肝油（30 % EPA+DHA)、金枪鱼油（20%～24% EPA+DHA) 及鲑鱼油(15%～20% EPA+DHA)将占到更大的市场份额。磷虾和乌贼也可作为生产原料，但磷虾中的 EPA 和 DHA 与磷脂结合在一起因而需要额外的加工处理工艺。

目前营养添加剂、药用以及保健食品需求占到了市场需求的 72%，其中营养添加剂作为最大的使用方向占到了 59%的市场份额。药用市场增长最为迅猛，但目前全球仅有两种 Ω-3 油脂药物产品被批准投入市场，占整个 16 亿美元销售额的 1.6%。Ω-3 油脂仅被批准用于降脂(如 Pronova Biopharma 生产的 Omacor/Lovaza)。其他 Ω-3 相关药物目前还在研发过程中，且其商业化还有很长的路要走。保健食品市场在未来数年内将获得长足增长，尤其是在欧洲和亚洲。对美国而言，宠物食品市场的增长潜力也不可小觑。

DSM 等大公司对 Ω-3 油脂市场的垄断使得入市很困难，这既是风险也是机遇。如果 EPA 市场足够成功，那么 DSM 等大公司将会考虑收购相关企业。值得注意的是，DSM 拥有 Mead Johnson Nutritionals、Pfizer、Daone 以及 Abbott Nutrition 等大型婴幼儿产品厂商的独家供给权，但目前迅速发展的 Ω-3 市场将为新的厂商提供机遇。

尽管动物饲料市场目前主要使用植物或者动物油脂，但这对微藻油脂来说也是一个可开拓的市场。添加油脂的目的是作为能量来源，且所有的油脂均可添加进动物饲料中。添加 Ω-3 油脂的主要目的是提升鲑鱼等最终肉产品中 Ω-3 油脂的含量。2011 年 2 月，粗鱼油的离岸价格在 1800 美元/吨（饲料级秘鲁鱼油），到 2012 年 1

月这个价格跌落至 1300 美元/吨左右。但是水产业(饲料市场中 Ω-3 油脂主要用户)和食品添加剂产业的强劲需求使得其价格在中期范围内升值潜力较大。目前，微藻相应油脂产品的价格(1500 美元/吨)显著低于微藻养殖成本。因此，微藻生产成本必须足够低才能在动物饲料市场取得一席之地。

此外还存在其他潜在的质量问题。例如，如果在鲑鱼饲料中以全藻细胞的形式添加 EPA 和 DHA,则可能会影响饲料生产的挤压过程最终造成分布不均,因而 EPA 和 DHA 需要经过抽提之后方可投入鲑鱼饲料的生产。少量饱和脂肪酸的存在会影响油脂的可消化性进而影响鲑鱼的营养价值[214]。此外，鲑鱼饲料业年均干藻需求量极大，超过了 100 000t (数据源于挪威、智利和加拿大的主要鲑鱼饲料生产商 EWOS 集团，其饲料年产能超过 100 万 t)。

4) 甾醇

微藻可合成一系列的植物固醇，包括菜籽甾醇、谷固醇以及豆甾醇，具体的固醇成分取决于微藻相应的分类种属，且甾醇的含量可通过调控生长条件加以控制[215]。相关甾醇产品的生物体内活性也已得到证实[216]。这些植物固醇可应用于制药工业或保健食品[217]。全球植物固醇市值大约为 3 亿美元，且年增长率在 7%～9%之间。目前全球应用最广的植物固醇是 Danisco 等公司生产的塔罗油和大豆油脱臭馏出物。微藻植物固醇的前景还需要进一步研究探讨。

5) 聚羟基烷酸

蓝藻等微生物可生产诸如聚-3-羟基丁酸(PHB)在内的聚羟基烷酸；螺旋藻和集胞藻等蓝藻在兼性营养条件下可积累约占干重 14%的 PHB[218]。这一含量要低于真养产碱杆菌和假单胞菌等微生物[219]。不过蓝藻可通过调控生长条件或基因操作提高其产量[220],进而作为 PHB 原料用于生产可降解塑料。Bhati 和 Mallick[221]报道称，在氮磷缺失条件下，添加 0.4%的醋酸盐和 0.4%的戊酸酯可使得灰色念珠藻细胞内的聚(3-羟基丁酸-co-3-羟基戊酸酯)即 P(3HB-co-3HV)共聚物含量达到干重的 58%～60%。此外，P(3HB-co-3HV)共聚物所生产的塑料没有 PHB 产品易碎。

6) 多糖

微藻生产的多糖种类繁多，且紫球藻和红球藻[222]等单细胞红藻以及许多蓝藻[223]。但大型藻类(卡拉胶、褐藻胶、琼脂等)级高等植物(瓜尔胶、黄原胶等)多糖产品价格要更便宜，因此目前市场对微藻多糖的接纳性很低[224]。不过目前有少量微藻多糖已经市场化，但主要用于化妆品行业。

7) 其他成分

近五六十年来，从微藻中分离得到了许多生物活性物质，包括抗氧化物[225, 226]、抗生素[227]、抗病毒药物[228]、抗癌药[229]、消炎药[230]、降压药[231]等。沟鞭藻类和蓝藻等还能合成相应毒素，这些均可用于药物研发。许多活性物质的结构也已得到阐明。

尽管如此，目前所有已经投入临床应用的生物活性物质均非源自海洋微藻[232]，但有研究表明其中某些活物质可能源自于微藻(主要是蓝藻)[233]。例如，源自于尾海兔的尾海兔素[234]，即被认为是源自于尾海兔摄入的束藻。研究发现尾海兔素10的类似物monomethyl auristatin E可与霍奇金淋巴瘤细胞表面蛋白CD30的抗体相结合，形成一种有效的治疗药物；相关产品[235]在2011年8月经FDA审批同意用于霍奇金淋巴瘤和间变大淋巴瘤的治疗。在多数情况下，微生物所合成的化学物质经过进一步加工后可作为活性药物质用。

许多研究表明可通过调控培养条件促进微藻合成相应活性成分并提高其产率[236, 237]。但是微藻细胞中活性成分的低含量使得相关活性物质的生产上化学合成更具经济性。不过目前微藻生产的流感抑制剂等已获得专利授权，但实际临床应用仍有待进一步研究。

除药用外，微藻活性成分也可用于健康产业和农业。例如，融合微藻分离得到的蛋白被用于食品工业[238, 239]，而微藻在食物凝胶中的应用也得到了证实[240]。

8) 药妆、营养品、保健食品

大型藻和微藻提取物作为药妆原料已经得到了应用，相关产品中的生物活性组分具有药用作用。螺旋藻、杜氏盐藻、雨生红球藻和小球藻等提取得到的藻胆素在化妆品中使用极广。不过美国FDA并不认可药妆这个定义，但实际上一系列相关条例在全球已经实行。其中欧盟2009年制定的化妆品(Cosmetic Products Regulation (EC) 1223/2009)规定相关措施自2013年实施。新近有一个注册名为Alguronic Acid的药妆产品即是异养绿藻多糖的混合体。此前已有许多微藻生产的化妆品成分，如紫球藻中提取的多糖、小球藻、螺旋藻及束丝藻提取物、螺旋藻蛋白富集提取物及其他微藻提取物。

化妆品及类似工业中使用的微藻产品还包括微藻和蓝藻等合成的类菌胞素氨基酸[241-243]，其可作为天然遮光剂用于防晒产品。大型红藻脐形紫菜中所提取的某些蛋白组分(商品名 Helioguard 365)已经在化妆品中得到了应用。作为微藻潜在的产物，鲨烯及其氢化产物角鲨烯已经大范围应用于化妆品和护肤行业[244]。目前鲨烯的主要来源是鲨鱼肝脏，但是葡萄藻等藻类也可以合成少量的鲨烯[245]。纤维藻是最具潜力的鲨烯合成微藻，其鲨烯含量可达198mg/g[246, 247]。

营养品指包含胡萝卜素及PUFA等物质并可带来健康和医疗功效的食品及食品产品，具体作用包括预防和治疗疾病。FDA对营养品的监控要严于药妆产品，但其市场规模之大也使得微藻营养产品相当有吸引力。此外，营养品市场对象不仅包括人类，还包括宠物。

保健品首先出现在日本[248]，随后风靡全球保健品作为一种食品，除了具有足够的营养价值外，还可以促进健康并预防疾病，比如某种饼干中即添加了球鞭金藻的 ω-3 脂肪酸[249]。但是保健食品很多时候和营养品被归为一类，故尔在此不加赘述。

综上所述，微藻将作为重要的能源来源在未来发挥极为重要的作用，但需要将生物柴油、氢、沼气、乙醇等生物能源的生产以及高附加值产品的生产有序结合起来，这样才能在实现预期产能的同时提高整个过程的经济效益，并最终为实现微藻产业化奠定坚实的基础。

### 7.2.3　能源微藻生产系统——采样与预培养

能源微藻生产系统的具体生产过程包括以下几个步骤：能源微藻的筛选和生长条件优化，微藻大规模培养，藻细胞的收获。其中，最关键的步骤就是微藻的大规模培养。

对藻类进行分离和筛选前需要从自然界或者人工培养的水体中进行水样的收集。藻类主要分布在水中，如湖、河、海洋，可分为固着、漂浮、浮游三类，在陆地潮湿处也有分布。从气候条件看，一般在温暖季节，藻类的种类和数量较多。有一些种类如蓝藻在气温较高时生长特别繁盛；也有些种类如硅藻、甲藻在气温凉爽时较多。因此，采集藻类要以各种藻类的生态环境、生活习性为基础。

1. 采集点的设置

水样可以取自任何有可能生长所需单胞藻的水体，通常在海岸边退潮后留下的小水洼中或者在养殖场、盐场等地方的小水坑中，生长有适合静水培养的单胞藻类，而且比较纯。例如对海藻类的采集，一般是在潮间带进行的。潮间带有岩礁、石缝、水峡、砂砾和其他各种各样的环境，所以在这里可找到这个地区的绝大部分种类。绿藻一般主要生长在潮间带，褐藻、红藻多数生长在潮间带和潮下带。另外在实验场、育苗场等一些淡水池、水桶中都有可能出现比较纯的藻类。采样时也要同时测定水样的温度和盐度，供分离、培养时参考。

2. 采样方法

藻类分布极广，在不同环境条件中，藻类的组成成分是不同的。因此，采集不同生境中的藻类，应根据它们的生长情况，采取不同方法。这里主要涉及的是有关浮游藻类的采集。

对于浮游藻类的采集，需事先准备好采集工具，可在水面较宽、较深的水体中使用。

(1) 浮游生物网。一般用 25 号(网孔为 0.06mm)筛绢做成。在湖泊内应用的浮游生物网为圆锥形，口径约 20cm，网长约 60cm。制作时，可用直径 3～4mm 的铜条或粗铅丝作一环，来支持网口，使它成环形。用金属(如铝、钢精或铜)或玻璃小筒，套结在网底，通常称为网头，用来收集过滤到的藻类。由于滤液内有浮游动物，如时间放得较久，往往藻类有不少被浮游动物吞食，所以若不即刻观察，则需用固定液固定。若用来分离藻种，可用 13 号筛绢(网孔 0.1mm)再将滤液过滤一次备用。有些地方购买筛绢较困难，也可不用浮游生物网，而用采水瓶，或一般器皿。但因藻类个体较少，最好多采些水样，待沉积富集后观察，待用。

(2) 采水瓶。采取垂直分层定量藻样和水样时需用采水瓶。这种工具式样规格繁多，也可以自制简易采水瓶。制作方法是取一个 500mL(或 1000mL)的广口瓶，瓶底附一块重 1.5kg 的铅块(或不锈钢块)，用铅丝固定在瓶底。瓶口橡皮塞穿三个孔，一孔插进水的长玻管，一孔插排气和出水的短玻管，一孔插温度计。进水管与出水管的上端都高出塞面 3cm 左右，进水管下端接近瓶底，出水管下端接近塞底。用一根长约 24cm 的软橡皮管，一头紧套在排气管上，不使脱落；另一头则较松地套在进水管上，并在此处扎一根细绳(既要扎牢，又不能影响以后排水)，还要在瓶颈上扎一根较粗的绳子，以沉下或拉起水瓶。

采样时，将采水瓶沉没到规定水层，向上拉细绳，使橡皮管与进水管脱开，水即可迅速进入采水瓶(为使进水速度快些，玻管内径最好粗些，在 10mm 以上)。待 3～5 分钟后，将瓶提出水面，先看水温，再倒出水样。

(3) 采样记录。采样结束后，即填写采样记录，在标本瓶上缚牢编号标签，并将标本瓶口塞紧。

3. 预培养

藻类的预培养就是利用微生物富集培养的方法对藻类进行富集培养。富集培养主要是指利用不同微生物间生命活动特点的不同，制定特定的环境条件，使仅适应于该条件的微生物旺盛生长，从而使其在群落中的数量大大增加，使人们能够更容易地从自然界中分离到这种所需的特定微生物。富集培养是微生物学最强有力的技术手段之一。

水样采回后，首先需要进行镜检，即显微镜检查。如果采集的水样中需要分离的藻类比较多，可以立即进行分离。如果采集的水样中需要分离的藻类数量很少，这时就需要进行预备培养，即富集培养，待其繁殖起来以后再进行分离和筛选。藻类的富集培养可以采用三角烧瓶或试管作为培养容器，加入容量 1/4～1/3 的培养液，然后把经筛绢过滤的水样接种进去，在一定的温度和光照下静止培养，每天摇动 1～2 次。

筛绢过滤可以除去水样中部分大颗粒物和杂质，可以根据水样的具体情况来选择不同规格的筛绢。不同的藻类对预备培养的培养液的需求也是不一样的。用作预培养的培养液，可选择各类藻类通用的培养液配方或者同时采用几种不同藻类的培养液同时分别培养。如当水样中藻类种类较多时，可以使用几种不同的培养液，使藻类在适合于自己繁殖的培养液中繁殖起来。有的藻类在普通培养液中完全不能繁殖，有的繁殖非常困难。此时需改变培养液浓度，加入如葡萄糖、蛋白胨等有机物，补充微量元素和辅助生长物质，加入土壤抽出液等，就有可能获得较好的培养效果。(土壤抽出液简单的制作方法：先在试管底部加入高约 1cm 土壤，采用腐殖化的农田或庭院土；再加入水使达 5cm，塞上棉塞，采用蒸气间隙灭菌，每天灭菌 1 小时，连续两天。)

预培养时培养液的浓度应小一些，一般只用原配方的 1/2 或 1/4。如果要分离的藻类的最适生长条件是已知的，那就在其最适的光照和温度下培养。如果不知其最适生长条件，那就在人为设定的条件下培养，以便适应应用时的特定环境。

### 7.2.4　分离和筛选技术

藻类培养首先要有藻种。藻种可以从天然水域的混杂生物群中，用一定方法把所需藻类个体分离出来，而获纯种培养。这种方法称为藻种分离和纯化，又称纯培养法。真正意义上的“纯种培养”是指在排除包括细菌在内的一切生物的条件下进行的培养。这是进行科学研究不可缺少的技术，而在生产性培养中不排除细菌的称为“单种培养”。不同的微藻选择合适的分离方法，对单种分离成功与否是很重要的。

采集回来的水样经过一段时间的预培养，其中所需要分离的藻类繁殖生长，并且已经具有了一定的生物量，此时可以对样品进行分离，以便得到纯种藻类，方便进行下一步的研究。藻类分离最常见的方法有微细管法、样品稀释法、水滴分离法、涂布平板法、稀释倒平板法等，根据分离时培养基的状态也可简单地分为液体分离法和固体分离法。

1. 液体培养基分离法

液体培养基培养分离的藻种首先要配制培养液。液体培养基通常是用灭菌海水(可用人工海水)或蒸馏水按常规配方配置，如 F/2 海水培养基和 BG11 淡水培养基，或者根据不同的微藻采用其专用的培养基配方。微藻分离和培养操作的工具、器皿要进行严格的高温灭菌。

1) 微细管法

微细管法，即采用微细管进行逐一分离的方法，是取得“单种”最可靠也是最常用的方法之一。其原理比较简单，微吸管在入水的瞬间，因毛细管的作用会吸入微量的水。在无菌操作条件下，用极细的微吸管在显微镜下把目标藻样从一个玻片移到另一个玻片，采用同样的方法反复操作，直到镜检水滴中只有目标单种为止。

微吸管(玻璃点样毛细管内径约0.5mm)简单的制作方法：用直径0.5cm、长35cm的普通玻璃管，在中央部分加热，拉长6～10cm，使玻璃管的直径缩小至0.06～0.1cm，把它折断后即成两个吸管。把一团棉絮塞进吸管的宽大一端，然后放入高压灭菌器中消毒。消毒后，再在酒精灯上加热吸管的细端，用镊子拉成极细的微管，直径缩小至0.08～0.16mm即可。

操作方法：将稀释适度的藻液水样，置浅凹载玻片上，镜检。用微吸管挑选要分离的藻体，认真仔细地吸出，放入另一浅凹载片上，镜检这一滴水中是否达到纯分离的目的。如不成功，应反复几次，直至达到分离目的为止。然后移入经灭菌的培养液中培养，一般在每个培养器中接20～30个个体。从分离出少量细胞扩大培养到200mL的培养量，如硅藻一般需20天以上。为了较长时期保存藻种，可将分离到的藻种用青霉素(1000～5000单位或链霉素20ppm)处理后，获得较纯藻种。另外，对于个体较大的种类，可在双筒解剖镜下操作，将微细吸管内的藻细胞轻轻吹入浅凹载玻片上或载玻片上的水滴中。为达到纯培养，微藻细胞最好经数次洗涤，即吹入另一滴之后，再吸出吹入另一滴灭菌培养液水滴中，反复吸出洗涤几次，最后经镜检确认水滴中是要筛选的一个藻细胞之后，再接种试管中，或将含有藻细胞的一段毛细管用消毒镊子夹断，放入接种试管中，放在适宜的光照下培养。待试管有藻色后镜检，培养为单种的试管。

微吸管分离法的特点是易找到特定的种类，所用的设备也较简单，但操作技术难度较大，要求高，往往吸取一个单细胞需要几次至十几次才能成功，且适于分离个体较大或丝状的藻类，如螺旋藻、骨条藻等，一般较小的藻类用此方法分离比较困难。

2) 样品稀释法

样品稀释法，顾名思义就是在无菌操作的条件下，对分离的样品采用逐步稀释的方法。在显微镜下镜检，边稀释，边镜检，直到视野中每滴样品只含有1个细胞，即停止稀释，开始分接培养，达到把原混杂生物单个分离培养的目的。

操作方法：首先在第一个试管中加入要分离的藻液样品，其他试管中加入培养液，加入培养液的体积根据分离样品的具体情况而定。如从第一支试管中吸取1mL待分离的藻液，加到第二支事先加入9mL培养液的试管中，充分振荡摇匀，此时藻液被稀释了10倍；再用一支新的消毒的移液管，吸取第二支试管中的稀释藻液(1mL)加入第三支试管(9mL)中，如前振荡，使均匀稀释，此时藻液被稀释了100倍，以后的试管依次采用同样的方法逐级稀释，直到镜检每滴稀释样品中只含有1个细胞时，可以用这样的稀释藻液进行培养。稀释的倍数可以根据富集培养的情况而定。如果富集培养后待分离的藻数量较多，可以选取较高倍数进行稀释，以减少操作时间，如果目标藻类较少可以选取较小倍数进行适当的稀释，其最终的目的都是使每滴样品中只含有 1 个藻细胞。最后，稀释的藻液分装到不同的试管中，用棉塞塞好试管，把试管放在有漫射阳光的地方，每日轻轻地摇动几次，发现试管中有藻色后进行镜检，如镜检到单种则表示分离成功。此时已达到了分离、纯化的目的，可进行扩大培养。

样品稀释分离法操作简便，设备简单，工作量小。但是此法最大的不足就是存在很大的盲目性，分离成功率不大。因为分离时的样品很可能来自两个或更多的细胞，分离的微藻单种不一定是目标种。但也有可能分离到其他新的藻种，而且对于从天然水域采取水样的初步分离非常适合，对于微藻的种类、大小没有限制。

3) 水滴分离法

水滴分离法，在无菌操作的条件下，把要分离的藻样用微吸管在玻片上滴成大小合适的小水滴，当镜检水滴中只含有一个要分离的单种，即可冲入试管或三角瓶培养。

操作方法：用微吸管吸取稀释适度的藻液，滴到消毒过的载玻片上，即有一个小水滴留在载玻片上，水滴尽可能滴小些，要求在低倍镜视野中能看到水滴全部或大部分。一个载玻片上滴 2～4 滴，间隔一定距离，作直线排列，然后在显微镜下观察。稍稍移动显微镜的载物台就能看清整个小水滴，如果一滴水中只有一个所需要分离的藻细胞，无其他生物混杂，即用移液管吸取培养液，把这滴水冲入装有培养液并经灭菌的试管或小三角瓶中，放在适宜条件下培养。水滴中只要是同一种藻细胞，2～3 个细胞成链也行，这样更易使所需要的藻类迅速生长繁殖起来。如未成功，需反复重做，直到达到目的。

此法简便易行，尤其适宜于分离已在培养液中占优势的种类。一般用于分离受少量生物污染的培养液中的藻类。操作时同样要求细致、认真，使用工具及培养液经严格消毒。并且此方法分离成功与否的关键就是藻样的稀释倍数要适宜(稀释至每个水滴约有 1～2 个藻细胞为最好)，水滴大小适宜(采用毛细管)，以在低倍镜下能看到水滴全部或大部分，并且观察要准确、迅速。

2. 固体培养基分离法

固体培养基是用琼脂或其他凝胶物质固化的培养基。分散的微生物在适宜的固体培养基表面或内部生长、繁殖到一定程度可以形成肉眼可见的并且具有一定形态结构的子细胞生长群体，称为菌落。培养平板是被用于获得微生物纯培养的最常用的固体培养基形式，它是冷却凝固后的固体培养基在无菌培养皿中形成的培养基固体平面，通常简称为平板。大多数的细菌和单细胞的藻类都能很方便地通过平板分离法来获得纯培养。

藻类的平板分离法，首先按所要分离的藻类的特性，选用合适的培养液，在液体培养基中加入一定量的琼脂(一般1%～2%)，加热熔解后分装到三角瓶中(加热后要加淡水补充蒸发掉的水分)，然后置于高压蒸汽灭菌锅中，121℃，灭菌20～30min，待培养基冷却至50℃左右时，在无菌操作台中倒入灭菌过的培养皿中，制成平板(厚3～5mm)待用。而根据藻种的接种方式的不同，又可将平板分离法具体分为喷雾法、划线法、涂布法和稀释倒平板法。

操作方法1，喷雾法：首先在无菌操作台中用无菌水把需要分离的藻样进行适当的稀释，装入灭菌过的医用喉头喷雾器中，打开培养皿盖，距离平板15cm处轻轻喷射，把藻样喷射到培养基平面上，使藻样在培养基表面上形成分散均匀的一层薄水珠，用封口膜密封，置于适宜的光照条件下培养。水样稀释到合适的程度一般是指水样喷射在培养基平面上必须相隔1cm以上有一个藻细胞，否则将来长出的藻落距离太近，不易后续的分离。如果藻斑过于密集，藻株不纯时，需将原藻样再进行适当的稀释，喷雾分离。

操作方法2，划线法：在无菌操作台中用接种环以无菌操作蘸取少许待分离的藻样，在无菌平板表面进行平行划线、扇形划线或其他形式的连续划线。例如，蘸取藻样轻轻在培养基平面上做第一次划线3～4条，再把培养皿转动约70°角，并把接种环在酒精灯上灭菌，通过第一次划线区做第二次划线，用同样的方法做第三、第四次划线。藻类细胞数量将会随着划线次数的增加而减少，并逐步分散开来，如果划线适宜的话，藻细胞能够一一分散，经适宜的条件培养后，可在平板表面得到单菌落。

操作方法3，涂布法：通过无菌操作，用移液枪吸取适量的含藻水样(如50μL)，滴加到平板表面，再用无菌涂布棒将藻样均匀分散至整个平板表面，用封口膜密封，置于适宜条件下培养。挑取单一菌落接种到新的培养基上，培养数天后镜检，如果已纯化则转入少量液体培养基培养，若未纯化重复平板分离。

操作方法4，稀释倒平板法：先将待分离的含藻水样用无菌水进行一系列的稀释(如1∶10，1∶100，1∶1000，…具体操作可见液体培养基分离法中的样品稀释法)，然后分别取不同的稀释液少许，与已融化并冷却至50℃左右的琼脂培养基混合，摇匀后，倾入灭过菌的培养皿中，待培养基完全冷却，琼脂凝固以后，制成可能含藻细胞的琼脂平板，置于适宜的光照条件下培养一段时间即可出现菌落。如果稀释得当，藻落和细菌群落会充分分离，在平板表面或者琼脂培养基内部就可出现分散的单个菌落，或重复以上操作数次，便可得到纯培养。

以上平板分离的各种接种方法均能将所需的单个藻细胞于固体培养基上培养。在适宜的光照和温度条件下，一般经过十来天的培养就会在培养基上长出相互间隔，形态明显的藻落。值得强调的是整个操作过程必须是在严格的无菌条件下完成。

最后，通过显微镜检查后，找出所要的纯的藻落，再用已灭菌的接种针从培养基上挑取藻体，移植到另一平板培养基中或者移入装有培养液并经过灭菌的试管或小三角瓶中进行培养。待试管或三角瓶中有藻色后再进行镜检，如无其他生物混杂，便达到了单种分离的目的，如果镜检仍然不纯，重复上述操作，反复几次，就能得到纯种培养物。

琼脂固体培养基的分离方法并不适合所有的微藻，大多数的绿藻都可以在这种培养基上生长，从而达到单种分离的目的。但是有的微藻在琼脂培养基上生长较差，甚至不能生长，如有些金藻类和硅藻类。这可能是琼脂培养基的表面张力较大的缘故。因此可以在配置固体培养基时加入适量的表面活性剂，促进藻类的生长。另外，固体培养基中琼脂的加入量要根据琼脂的质量灵活使用。琼脂过多，培养基太硬，会影响营养盐的缓释，水分易失去，不利于藻落的生长；琼脂太少，培养基太软，不利于划线，容易划破培养基，影响操作和后续的培养及观察。同时，固体培养基分离法工作较为繁琐，工作量大，但操作难度不大，易于掌握，分离单种成功的几率也较高，并且通过平板分离法可看到是否污染杂菌，对于分离能运动的羽纹硅藻类、鞭毛型绿藻类最为适宜。

对所分离筛选到藻种可进行保存，也可立即进行扩大培养。一般来说，筛选到某一菌株还需要对其进行各方面的生理生化鉴定。根据菌株的功能和用途的不同，制定相应的鉴定体系，综合评定得到的菌种，对后续菌种的研究和应用具有重大的意义。例如，产生物柴油微藻的生理、生化指标：生长速率，含油率，色素含量，油脂组成等；产生物柴油微藻的培养工艺指标：$CO_2$耐受性，pH 适应性，分散性，黏壁性，盐度适应性，抗菌能力，温度适应性，光强适应性，抗剪切力能力等；产生物柴油微藻的后处理指标：转化生物柴油品质，采收性能，破壁性能，藻渣利用效率，水资源循环利用等。

### 7.2.5　藻种保藏技术

通过分离纯化得到的微藻纯培养物，还必须通过各种保藏技术使其在一定时间内不死亡，不会被其他微生物污染，不会因发生变异而丢失重要的生物学性状，否则就无法真正保证藻类研究和应用工作的顺利进行。因此，在微藻的培养和应用中，藻种保存技术显得十分的重要，它也是微藻培养和进一步应用的基础和关键环节。由于藻种极易受到外界其他微生物的污染，分离培养方法比较复杂而且耗时较长，因此，在微藻保种工作中要尽量减少接种次数，避免藻种被杂藻、细菌或原生动物所污染。保存藻种时可以根据保种目的和保种条件的不同分别采取不同的保种方法。本节主要对微藻常用的几种保藏方法进行简单介绍。

1. 继代保存法

继代保存法是目前普遍采用的一种方法，可用于一切藻种的保存，通常在常温或常低温下进行。常温一般是指 15～25℃，常低温一般指 0～15℃。藻种可接种在固体、液体或双相培养基中。接种后应首先放在适宜的光照条件下培养，待藻细胞生长繁殖达到较高密度，可见明显的条状或块状的藻细胞群落时，再移至低温、弱光的条件下保藏。保藏时间半年到一年不等，或者根据需要 10 天或 20 天后也可进行转接。

此法可根据保藏时间和继代频率灵活使用。例如，采用三角烧瓶(300mL、500mL、1000mL 等)和细口瓶(10000mL、20000mL 等)，将容器、工具消毒后，加入正常浓度的培养液，接种后瓶口用消毒的滤纸包扎，放在适宜的温度和光照条件下培养。白天摇动瓶子数次。培养 15～20 天即可移样一次。此法简单、容易掌握，具有保存的藻种活力强、纯度高、数量大等特点。但是由于转接次数的增加，同时也增大了藻种染菌的可能性，而且继代频繁，藻种容易发生变异。

2. 固定化保存法

固定化细胞，是指将游离细胞包埋在多糖或多聚化合物制成的网状支持物中，固定载体束缚藻种，影响其代谢过程，从而抑制细胞的生长和分裂。固定化微生物技术是在 20 世纪 60 年代固定化酶技术的基础上发展起来的，1978 年以来，固定化技术就被用来作为延长光合细胞寿命的一种重要手段。但微藻存活时间从 1 个月到几年不等。

操作方法：首先配置藻种相应的培养液，此处以三角褐指藻为例。添加 N∶P∶Fe 的比例为 20∶1∶0.1。室温，自然光照(800～12000lx)。配制 1.5%的褐藻酸钠溶液，培养好的藻种计数后加入、混匀。选用 6#、9#针头及注射器、针管，用注射器将混合液滴入 0.lmol/L 的 $CaCl_2$ 溶液中，边滴边摇，然后静止 30min，形成褐藻酸钙-细胞固定化胶球，置于小三角瓶内，往三角瓶加 50mL 培养液，低温保存即可。藻种需要复苏时，加 1～2mL 的 3%柠檬酸钠溶解小球，离心弃上清液，加 50mL 新鲜培养液常温下培养即可。

固定化保种技术对多数微藻是适用的，该法可以在常低温下实现对藻类的中期保存，培养保存时间较长，活化复苏快，技术设备简单，细胞外渗少，而且可用于次生代谢物质的生产，在一般的微藻实验室内都能进行。但固定化程序较复杂，大多数微藻在培养后期常会从胶珠中溢出。而且，现有的资料表明，某种固定化方法只适用一定种类的微藻，对于其他种类的微藻会有不同的反应，原因复杂，还需要做更深入、广泛的研究。这就给固定化保种技术的推广带来了一定的困难。

3. 超低温保种技术

所谓超低温保存区别于其他低温概念的冰箱温度(4～40℃)和干冰温度(–79℃)，是指在液氮低温(–196℃)下保存。此时生物体的物质代谢和生长活动几乎完全停止，可是它们仍处于可逆的成活状态。早在 20 世纪 70 年代，英国的 Morris 等就对海产单胞藻进行了超低温保存研究，取得了在–196℃下保存 1 年，存活率 100%的结果。目前普遍采用两步冷冻法，即慢速降温进行冷适应，然后投入液氮中保存。复苏时，从液氮罐中取出冻存管，然后立即放置在 38～40℃的水浴中快速复苏并适当摇动，直到内部结冰全部溶解为止，一般约需 50～100s。开启冻存管，将内容物移至适宜的培养基上进行培养即可。

超低温保存法具有保持种质遗传稳定性、对藻种进行优胜劣汰、便于长期保存、能最大限度地减少污染等方面的优点，还能省去藻种的活力监测和繁殖更新。但微藻的种类很多，生理状态各异，适宜的保存条件各不相同，找出不同微藻的超低温保种方法困难，而且不同的细胞要求不同类型、不同浓度的抗冻剂，至今还没有找出一种对所有种类都适用的保护剂。但随着研究的深入，在探明生物细胞冻害和抗冻机理的基础上，超低温保存微藻藻种的应用前景将会是十分光明的。

4. 浓缩低温保存技术

浓缩低温保存技术是将藻液高密度培养后，采用物理、化学的方法浓缩 1000 倍左右，再低温保存。国外自 20 世纪 80 年代末开始就有对海洋经济微藻的浓缩方法和低温保存方法进行研究，取得了不少的研究成果，其中美国、英国和日本已有相应的产品(微藻浓缩细胞或称“藻膏”)问世。

浓缩低温保存多用于海洋微藻的保存。微藻浓缩液的生产，可以使海洋微藻的生产与使用保留一定的时间差，但相对保存时间较短。海洋微藻的抗逆原理还有待作更多的研究和探讨。

5. 冷冻真空干燥保存法

冷冻真空干燥保存法是在极低温度下(–70℃左右)快速冷冻，然后在极低温度下真空干燥，使藻种的新陈代谢活动处于高度静止状态。19 世纪末 Fkral 与 Mudd 创立的冷冻真空干燥法是迄今公认最佳的藻种保存法。

冷冻干燥保存法的优点是微藻复苏效果好，保藏期内可避免其他杂菌污染，便于携带运输，易实现商品化生产，其缺点是操作繁琐、对设备要求高等，但是其应用前景十分光明。

6. 低温甘油生理盐水法

低温甘油生理盐水法是对甘油原液保存法的改进。加入生理盐水适当降低了甘油的高渗作用，更有利于藻种的保存。在藻液中加入一定的甘油作保护剂，同时加入一定的生理盐水，混匀后直接放置在−20±0.5℃冰箱放置保存，保存时间长，一般3年左右。

此法一般在实验室比较常用，而且操作简单，试剂要求不高，对于藻种的中期保存非常适合。

除上述方法外，各种藻种的保藏方法还有很多，如纸片保藏、薄膜保藏、沙土管保藏等。由于微生物的多样性，不同的微生物往往对不同的保藏方法不同的适应性，迄今为止尚没有一种方法能够被证明对所有的微生物适宜。因此，在具体选择保藏方法时必须对被保藏的藻种特性、保藏物的使用特点及现有条件等进行综合考虑。对于单细胞藻类的保种技术，目前尚没有发展成为一项成熟稳定的技术，许多问题还有待于我们去探索。开展微藻保种方面的研究工作，不但会填补微藻保种理论研究上的空白，还会在生产实践中发挥应有的作用，具有重大的意义。

### 7.2.6　藻种培养技术

获得单种培养后，一方面扩大培养，另一方面可把藻种作较长时间保存，需要时可随时取出使用。藻种培养要求比较严格，培养容器可用各种不同大小的三角烧瓶，容量有100mL、250 mL、500 mL、1000 mL，适于逐渐扩大培养。培养容器和工具都需经高温高压灭菌或使用化学药品灭菌后，用煮沸水冲洗。根据不同的藻种，配置好特定的培养液后经蒸汽锅灭菌后接种，然后用灭菌纸将瓶口包扎，放在适宜的光照、温度条件下进行培养，每天轻轻摇动两次，大约两周后可进行一次移接。藻种在培养过程中必须定期用显微镜检查，以保持不受其他微生物的污染。

1. 藻种培养类型

单胞藻的培养方式多种多样，可以根据不同的培养目的和不同的培养条件来选择不同的具体方法。只要是能够充分满足单胞藻的生长条件，在培养期间没有污染，便于操作，能达到培养目的的方法就是可取的方法。常用的培养方法从不同的角度可以大概地进行以下分类。

1) 纯培养和单种培养

纯培养即无菌培养，是没有任何其他一切生物的单种培养。单种培养是不排除细菌存在条件下的单一藻种的培养。

2) 充气培养和不充气培养

充气培养一般是在高密度培养时采用，用充气的方式补充培养液中的二氧化碳。

3) 开放式培养和封闭式培养

开放式培养的容器是敞开的。由于有充足的光照和空气流通，一般来说藻类的生长比较快，但是容易被污染。封闭式培养是将藻类培养在封闭的玻璃瓶、透明圆柱形容器、透明塑料薄膜袋等容器中。容器除了充气管、加液管和藻液抽出管外，不与外界接触。封闭式培养由于污染少，培养的成功率较高。

4) 一次性培养和连续培养

一次性培养是指培养液中的藻类长起来后一次性采收。当藻类达到一定的密度时只采收了一部分藻液，又加入新的培养液继续培养，称为半连续培养。连续培养一般为室内的封闭培养，有人工光源，充气，培养的藻类在优化的条件下快速生长繁殖，培养液从一端连续流入，一定密度的藻液则从另一端连续流出。连续培养的流量是可以人为控制的。

5) 小型培养和大规模培养

小型培养的目的是为生产性培养提供藻种。一般培养容器为 1000～3000 mL 的三角烧瓶，用消毒的白纸或纱布包扎瓶口，一般是不充气的封闭式一次性培养；比小型培养的规模大一些的是中继培养，目的是培养大量的高纯度藻种，为生产性培养提供大量的藻种，培养容器的体积在几升到几百升之间，一般是封闭式半连续的培养；在大型的玻璃钢水槽、水泥池中的培养则是生产性的大规模培养，容易污染，往往是充气的开放式一次性培养。

从另一个角度来说，藻种的培养就只有两种培养方式。一种是长期保存所需要的培养方法，一种是以实验为目的的短期内保藏藻种的培养方法。长期培养最主要的问题是选择一种合适的培养基，可以在 3 个月到一年的时间内连续培养藻种。最适合长期培养藻种的培养基是固体琼脂培养基，但是使用固体琼脂培养基有一个弊端，即培养物保持无菌的问题；我们可以加一层蒸馏水(咸水的藻类可以加灭菌过的人工海水)在固体琼脂培养基上，这种做法可以保证在长期保种的过程中减少固体琼脂培养基水分和营养的流失。长期保种使用的培养基，不要选择营养过于丰富的，因为多数的藻，尤其是丝状藻，在营养丰富的环境生长，会发生形态结构上的变化。短期培养则可以直接按照藻种库提供的培养基和培养条件培养。由于试验的需要，常常要求在短期时间内获得大量的培养物，我们可以采用通气培养和摇床的培养方式。通气培养可以通 $CO_2$ 或洁净的空气，视培养物的多少来决定通气泵的大小，在通气的硅胶管中设置一个缓冲瓶，塞上灭菌后的脱脂棉，帮助净化空气，如果对通气有更高的要求，可以在通气管中加上一层滤膜。使用摇床培养，需要注意藻种的生理周期。

2. 培养基的选择和配制

1) 培养基的选择

(1) BG11 培养基是培养淡水微藻使用最广泛的培养基。除了极少部分蓝藻，大部分都可使用 BG11 培养基。按照配方配制好后高压灭菌，待用。BG11 培养液经常会产生絮状沉淀，这是因为其中有 $Ca^{2+}$和 $CO_3^{2-}$。因此在配置的过程中我们可以在灭菌后在超净台上用灭菌过的注射器来加两者之中的另外一种。通常我们建议将氯化钙的母液单独灭菌后在无菌室保存，在配置好 BG11 的工作液并灭菌之后，在超净台上用注射器将氯化钙加入。

(2) SE (Selenite Enrichment)是用来培养常见的绿藻所使用的培养基。一般来说，如果配制了母液，用母液来配培养基，灭菌后是不会产生沉淀的。配置的时候注意先将所需要的蒸馏水准备好，将需要的药品逐个加入，等到一种药品充分溶解之后再加入第二种。

(3) 水是培养基成分中很重要的一个方面。配培养基，可以取蒸馏水、自来水、去离子水，也可以取藻种采集地的水。使用经过处理的水，如双蒸水、去离子水，有时候并不合适培养，因为仪器在处理过程中会带入微量的有毒物质。采集藻种采集地的水来培养是最理想的，但是需要经过一些处理，处理的手段和过程要尽可能保持其营养成分不变。如果是咸水或者海水的藻类采集地采集的水，应将其置于 5℃的黑暗中，保持 6 个月。如果是泉水或者湖水等淡水的水源，水样置于 20℃的室温，立即通过活性炭方法处理：每升水加 2g 活性炭，搅拌一小时后，过滤，并重复此过程 3～4 次。

(4) 咸水和微咸水的藻类需要的人工咸水的合成效果关键在于如何蒸馏；还有一些水华蓝藻难以培养，主要原因是在野外生长时，通常底泥提供的营养元素可以溶在水中，但是在实验室培养，经过高压灭菌，很多营养都损失了。所以我们建议不用高压灭菌法，而使用巴斯德灭菌方法：加热到 73～78℃，保持 15～20min，间隔 24h 灭菌一次，一共三次。

2) 培养基的配制

下面主要介绍一下培养基的配制方法和灭菌方法。

(1) 配制贮液。

培养基一般由三个方面组成：微量元素、大量元素、维生素。准备 100～200mL 的试剂瓶若干，洗净，灭菌。按照提供的培养基配方中贮液的浓度，配制大量元素和微量元素的贮液放在以上准备的试剂瓶(遇光易反应的药品，请放在棕色试剂瓶)，置于 4℃左右的冰箱保存。将需要使用的维生素(最好是针剂)，也置于 4℃左右的冰箱保存。

(2) 配制培养基。

一般可以配制 1000mL 左右的培养基待用。先准备 1000mL 大烧杯，洗净。按照培养基配方中母液的先后顺序，先加入需要的蒸馏水，然后用移液管向其中加配制好的贮液(注意，不可先加贮液，最后加蒸馏水)。一边加，一边搅拌，依次加入所有组分，最后留下维生素不加，摇匀。

3. 灭菌

1) 培养器材的灭菌

灭菌在藻种的培养中是十分重要的一个环节。藻种培养、转接、培养基的制备等，任何一个环节都必须使用灭菌的器械，否则藻种都会染菌，甚至染上其他的藻类。所有的培养藻种所需要的三角瓶、试管、烧杯、接种环、吸管、注射器、针头等，转接藻种所需要的器材都必须经过高压灭菌，配制培养基所需要的移液管、用来装培养基所需要的瓶也必须经过灭菌，转接藻种需要的滴管、接种环、涂布所需要的玻璃棒、培养皿等都必须灭菌。

培养所需要的三角瓶、试管、培养皿，灭菌前洗净，三角瓶可以用牛皮纸内衬粗滤纸来包住瓶口，用棉线缠紧；或者自做棉塞，外部再加上牛皮纸包住；试管必须和棉塞或者试管塞一起用牛皮纸包好灭菌。培养皿可以 5～10 个一起用牛皮纸包好灭菌。移液管、滴管、接种环都可以分别用牛皮纸包好灭菌。所有玻璃器皿都采用高压灭菌，即在 1.5 个大气压下保持 30min。使用之前不能在敞开的环境打开，只能在超净台打开。灭菌结束后，放在烤箱烘干。另外，长期没有使用了但曾经灭菌过的器材或培养基，如果需要使用，也必须重新灭菌一次。

2) 培养基的灭菌

配制培养基的时候，一些经过高压灭菌成分会发生改变的微量元素，应在灭菌后在超净台上用灭菌的注射器添加，如维生素。但是维生素的灭菌也必须很严格，往往藻种污染到细菌都是由维生素引起的，可以使用 0.22μm 或 0.45μm 的滤膜来过滤维生素溶液。对于土水(土壤浸出液)，在蒸馏过后只能使用过滤的方法灭菌，不能经过高温高压灭菌。

洗净若干带橡皮塞的盐水瓶(800mL 或 500mL)，将培养基注入，塞上橡皮塞。然后剪一小块纱布，包在橡皮塞外面，用棉线将塞子和瓶子缠紧，这样保证在灭菌的过程中，培养基不会把橡皮塞冲开。最后在橡皮塞头上插一个小针头，这个做法可以在灭菌的时候放气，也是为了保证培养基不会在灭菌的时候把橡皮塞冲开，然后开始灭菌。灭菌结束后，立即将针头拔出。将培养基放置在洁净的地方，免受污染。

4. 藻种接种

培养液配好灭菌后，即可进行接种培养。接种就是把作为藻种的藻液接入新配好的培养液中，进行丰富培养。接种的过程虽然简单，但要注意藻种的质量、藻种的密度、接入藻液的数量以及接种的时间等问题。

1) 藻种质量

藻种的质量对培养结果的影响很大，一般要求藻种无污染、生长旺盛、藻液的颜色正常、藻液中无沉淀、细胞无附壁。藻种好坏的标准可从以下几个方面考虑：①外观。第一看颜色是否正常，正常情况下，绿藻类呈鲜绿色，硅藻类呈黄褐色，金藻类呈金褐色；第二看水中分布情况，有运动能力的种类上浮活泼运动；无运动能力的种类均匀悬浮于水中；第三看附壁和沉淀情况，好的藻种无明显附壁，无大量沉淀。②镜检：好的藻种细胞颜色鲜艳，运动种类活泼，无杂藻和敌害生物存在。

2) 接种比例

选好藻种后，进行细胞计数确定投入量。用量可用以下公式计算

$$N_2V_2=N_1V_1$$

其中，$N_1$ 为藻种细胞密度；$V_1$ 为藻种用量；$N_2$ 为接种后培养液的藻种密度；$V_2$ 为接种后培养液的体积。藻种藻液的密度应达到或接近可以收获的密度；接种后藻细胞在新培养液中应该达到较大的密度，这样有利于细胞在培养液中形成优势群体，不易出现污染，缩短培养周期。微藻接种一般采用(1∶2)～(1∶5)的比例，大量生产特别是室外培养应适当提高比例，常采用(1∶1)～(1∶3)的比例。例如，亚心形扁藻的藻种密度要达到30～40万细胞/毫升；三角褐指藻和新月菱形藻的藻种密度要达到300万细胞/毫升；球等鞭金藻的藻种密度，要达到250万细胞/毫升。接种的比例大，可使培养液中的藻类一开始就占据优势，利用生物间的拮抗作用对其他可能污染的生物起抑制作用。另一方面，接种比例大又缩短了培养周期，这是培养成功的重要经验之一。特别是在环境因子不很适合，藻类生长不良，敌害生物有大量出现的可能时，高比例的接种量显得尤其重要。

由于接种比例高，需要的藻种量大，藻种不足时，可以采用分次加培养液的方法。例如，一个 $20m^3$ 水容量的培养池，如果一次按 1:1 的高比例接种，需要藻种 $10m^3$，而采取两次加培养液的方法，只要藻种 $5m^3$ 就可以了。第一次先配培养液 $5m^3$，接种 $5m^3$ 藻种，总水量为 $10m^3$，为培养池容量的一半。培养两三天后，再加培养液 $10m^3$，再培养三四天达收获密度。这样始终保持了 1:1 的高比例接种量。另一方面，分次加培养液，对藻类的细胞生长繁殖效果很好。

3) 接种时间

接种时间最好选择上午8～10点时进行，而不宜在晚上接种。因为晚上不少藻类细胞沉在底部，而白天藻类细胞进行光合作用，有趋光上浮的习性，特别是具有运动能力的藻种类更明显。早上8～10点一般是藻类细胞吸出做藻种，弃去底部沉淀的藻类细胞(这些藻类细胞的生活力往往较弱)，起到部分选种的作用。

5. 藻种培养的基本条件

1) 光照

培养一个藻种，最初先将少量的藻种转接到新鲜的培养基中，可放在白荧光灯管下保持7～10天，或者置于恒温光照培养箱中，观察最初的生长状况。生长较好

以后，移到低光照区域，保持低速率的生长。

实验需要的藻种的培养中，我们推荐使用冷白荧光管来作为光照来源。因为如果使用白炽灯泡和直射的日光作为光源，光照会产热，改变培养的温度。在阳光照射下培养温度通常可以上升 10℃，如果一定需要日光作为光源，应将培养物放置在窗前，窗上用纸挡住。培养的时候，光照与培养物的细胞密度也有关，一般密度比较小的时候，不适合使用较强烈的光照。接种后，细胞密度很低的情况下，需要放置在弱光照下培养，随着细胞密度增大而逐渐加强光照。培养藻类，每天要定期给一段时间置于黑暗中培养。大多数藻种的光暗比都是 12h: 12h，也有 16h: 8h。

2) 温度

大多数淡水藻都可以在 20～25℃生长，高于 30℃有些藻不能坚持到 24 小时就会死亡。一般所有的绿藻生长的温度相对比较广一些。在 10℃左右会几乎停止生长，但是不会死亡。非水华类的蓝藻更加可以耐低温的环境，低于 10℃还可以生存。但是水华类的蓝藻对温度要求更加精确一些，过高或者过低的温度都会死亡。大部分的藻种其培养温度都是 20～25℃。

3) 营养盐

微藻的营养元素可分为大量元素、微量元素和辅助生长物质三部分。微藻生长必需的每一种元素都有一个最低量(最低限)。如果低于最低限，则对生长繁殖起抑制作用。但当某种营养成分含量过高(超出高限)时，也会对微藻产生毒害作用，影响其生长繁殖，甚至使微藻死亡，后者的危害比前者更为严重。需要值得特别注意的是，微量元素的适量和致毒量之间的幅度很小。最小营养需求可以用微藻生物质的近似生物组成公式来估计：$CO_{0.48}H_{1.83}N_{0.11}P_{0.01}$。有些营养必须保持过量，如磷，这是因为部分磷酸盐会和金属离子形成复合物，无法被生物利用。

4) 特殊藻种的培养要求

一些藻种在培养时对环境有特殊的要求，如果不能满足其培养需求，藻种将很难生长起来或者生长缓慢，有些甚至根本就不生长。例如，衣藻如果在营养丰富的培养基中生长，会有变成类似四集藻型的趋势。所以建议培养的时候适当稀释 SE 培养基，或者用土水培养基来保持它的形态结构。团藻属的藻类需要勤接种，使用营养太丰富的培养基，它可能会由群体散开成为单个游动的细胞。培养含有叶绿素的鞭毛藻，可以用土水培养基加上一粒豌豆；无色的鞭毛藻，可以用土水培养基加上一两粒谷粒或者小麦。硅藻可以使用很多种培养基来培养，但是培养基中必须含有硅，建议硅藻的培养基中 $Na_2SiO_3 \cdot 9H_2O$ 达到 10～30mg/L。

6. 微藻生长条件的优化

在单细胞微藻的培养过程中，培养基成分、温度、光照、pH 值、培养方式、通气量、盐度等均会影响微藻的生长以及其细胞内部结构以及新陈代谢产物(如脂肪酸的含量与组成)。这些因素除了具有合适的范围外，也可能存在一定的交互作用。因此在对微藻进行培养时，应该针对某一个因素或几个因素，综合考虑其影响，选择合适的培养条件。

1) 光照

单细胞藻类自养生活必须依靠光合作用来合成有机物质，而光合作用不能缺少光照条件。光合作用合成的物质是营养、发育、生长等生命活动的物质基础，同时，根据植物生理实验的研究已证明光合作用的强弱与光照强度有密切关系。不过不同的藻种光合作用需要的光照强度是不同的。因此，对于光合自养生活的微藻而言，光是藻生长的重要限制因素。当温度和营养不限制其生长时，光就成为影响藻自养生长的主要因素了。一般情况下，在一定光照范围内藻的光合作用效率会随光照度的增加而增加，但光照度达到一定值时，光合作用的效率几乎保持在一定水平，不再增加，这种现象称为光饱和效应。如果光照度超过光饱和点一定限度，藻的光合作用效率将会下降，导致细胞生长缓慢甚至死亡，即光抑制现象。在光饱和点以下的光照度是藻生长的一个限制性因子。

光合作用由光反应和暗反应两个过程组成，当暗反应所需的中间产物不能从光反应中得到充分满足时，整个过程的速率完全取决于光反应的速率，即随着光强的增加光合作用加强，小球藻的生长较快；若光反应形成了大量中间产物，而暗反应速率已配合不上光反应的速率，此时光合作用的整体速率将只取决于暗反应的速率，同时由于光照强度太强，会导致光合色素的光氧化和细胞中的某些酶受到氧化伤害而使光合作用速率下降，因而存在一个适宜的光照强度。

2) 温度

单细胞藻类在进行光合作用时，要求一定范围的温度。在温度上升或下降时，会促进或减弱光合作用。温度是影响藻类所有代谢活动的一个主要因子，也是影响微藻脂肪含量和脂肪酸种类的重要因素之一。早期研究表明，在极端高温或低温条件下，微藻合成脂肪的量减少，使藻生长变慢，生物量降低。在一定范围内升高培养温度会使某些藻的脂肪含量增加，但是高温下培养的微藻不饱和脂肪酸的含量下降。已有研究证明温度能影响光合作用与呼吸作用的强度，而这两个作用是生长发育的基础；同时，由于微藻是一类生态热型生物，它们的热源必须从环境中获得，环境温度的变化，迅速导致新陈代谢和生长的细胞化学反应速率的变化，所以培养温度是影响单胞藻类生长的重要因素。微藻能够适应的温度范围较广，为10～35℃。但是不同的微藻对温度的耐受能力又有所不同，作为单细胞绿藻的小球藻，一般适应温度的范围上限是35℃左右，下限在5～8℃，最适温度为25～30℃。

3) 主要的营养元素

(1) 氮源。

氮元素是单细胞微藻生长发育必需的元素之一，微藻必须从环境中吸收一定的氮源，以满足其生长繁殖的需要。氮是藻类培养中常见的限制性元素，是蛋白质、核酸、磷脂的主要成分，也是组成叶绿素的主要元素，而且也参与构成各种酶与辅酶。适当的氮源及理想浓度，才能促进藻的生长。

微藻通常可以利用铵盐、硝酸盐及尿素等作为其氮源。单胞藻虽对这些盐类都能吸收与利用，但在吸收的速度与利用的程度上是有差别的。其中有机氮尿素对不同微藻生长影响的情况较无机氮的复杂。已经证实许多藻含有尿素酶，在它的催化下，尿素分解出氨被微藻利用。由于不同微藻体内的酶功能存在差异，各种微藻对氮盐喜好程度不同以及利用氮的能力不同。

在藻类养殖中，多种氮源混合使用是广泛采用的模式，这样可以使各种氮源互相弥补缺点，充分发挥氮元素的功能，使氮源被充分利用，既节约成本，又可获得较高的藻生物量。

(2) 微量元素。

维生素和微量元素的影响也不可忽略，微量元素对藻的生长影响极为显著。例如，有研究表明，在 f/2 配方中去掉微量元素(f/2-W)，小球藻的最终密度降低了近一半，维生素对小球藻的生长也有影响，在 f/2 配方中去掉维生素(f/2-V)，球藻的终密度亦有所降低。

4) pH 值

pH 值是影响藻类有关生长代谢等许多生理过程的另一重要因子，它会影响光合作用中二氧化碳的可用性，在呼吸作用中影响微藻对有机碳源的利用效率，并影响培养基中微藻细胞对离子的吸收和利用，以及代谢产物的再利用和毒性。

藻类生长的 pH 值在不同种之间存在差异。例如，一般来说，小球藻的生长的 pH 值范围在 4.5～10.6，在 pH 值为 5.5～8.0 时有利于小球藻的生长，由于在微藻生长过程中二氧化碳被消耗吸收引起培养液的 pH 值升高，故初始 pH 值以 6 为宜。此外，pH 值还能影响微藻细胞中代谢产物的形成，对其组成与含量均会有所影响。通过每日取样测定藻液的 pH 值发现，小球藻在生长的过程中其 pH 值是呈逐渐上升的趋势的，有时也下降，但最终 pH 值均稳定在 9.5 左右。同时也说明，pH 值对不同的藻种或者同种藻种不同品系的藻株的影响，也是有很大差异的。

5) 通气量和溶氧

微藻进行自养生长时会利用 $CO_2$ 放出 $O_2$，培养基中通入大量的无菌空气既可为活细胞提供碳源，而且会把抑制藻细胞生长的 $O_2$ 排出，同时又有助于保持藻细胞处于悬浮状态并促进营养物质运送到细胞表面。但通气量过大可能会损伤或杀死一些敏感细胞，应保持较小的通气量，并且通气管道和过滤器都需无菌。当光照到培养液表面时，藻体本身对光有遮挡作用，故入射光穿透培养液时存在着不断衰减的现象，且随着培养密度的增加，这种光衰减现象会不断加重，因此增加通气量会加强培养液的混合，使小球藻每一个细胞接受光照的机会均等。但过强的通气使之对细胞的剪切力加大，反而不利于小球藻的生长。

光合生物反应产生的氧气容易造成培养液的溶氧值远远高于空气饱和值，从而抑制光合成反应，甚至会对藻类造成光氧化损伤，所以需要在循环中加入一个脱气区，培养基必须周期性地进入脱气区以除去氧气和气泡。

### 7.2.7 微藻规模化培养技术

1. 光生物反应器

光生物反应器(photobioreactor)是指能用光合微生物及具有光合能力的组织或细胞培养的一类装置，与一般的生物反应器具有相似的结构，有光、温度、溶解氧、$CO_2$、pH 值和营养物质等培养条件的调节与控制系统。其研究始于 20 世纪 40 年代，当时的主要目标是大量培养微藻，其目的是探讨微藻作为人类未来食用蛋白和燃料资源的可行性。藻类尤其是单细胞微藻能有效地利用光能、$CO_2$ 和无机盐类合成蛋白质、脂肪、油以及多种高附加值生物活性物质，故目前光生物反应器主要用于微藻的大量和高密度培养。与微生物发酵使用的生物反应器所不同的是，该类反应器首先要考虑的是藻对光能的吸收效率，不需要严格的无菌操作，在设计上可以不考虑设备的灭菌系统；可实现一天 24h 培养，从而能够达到高密度培养，获得较高的生物量产率。

经过近 30 多年微藻工业化生产以来，人们逐渐意识到微藻生物量的生产和积累在很大程度上依赖光生物反应器技术，因而光生物反应器技术受到国内外科研人员的关注。生物反应器是微藻大量培养的一场革命，它使微藻高效、大规模化生产成为可能。在研究、开发和生产中均需使用不同的光生物反应器，在反应体积扩大后，光的供给往往受到限制，尤其当细胞密度达到较高时，提高反应器的受光面积体积比已成为光反应器设计的重要参数之一。微藻的培养密度受到反应器结构的影响与制约，根据其是否密封将其分为开放式与封闭式。又根据反应器的结构、培养液的吸收和利用、光源的捕获、气液传质等，细分为不同的反应器。

1) 开放式光生物反应器

开放式光生物反应器指的是开放池培养系统(open pond culture system)。该反应器最突出的特点是结构简单，成本低廉，操作简便(图 7-14 和图 7-15)。Oswald 在 1969 年设计的跑道池反应器(race-way photobioreactor)则是最典型的。开放式光生物反应器主要有两大类：①水平式光生物反应器。该特点是反应器水平放置，其培养液主要靠叶轮或者旋转臂实现循环。②倾斜式光生物反应器。反应器被放置在斜面上，通过泵的动力使培养液在斜面上形成湍流完成循环过程。

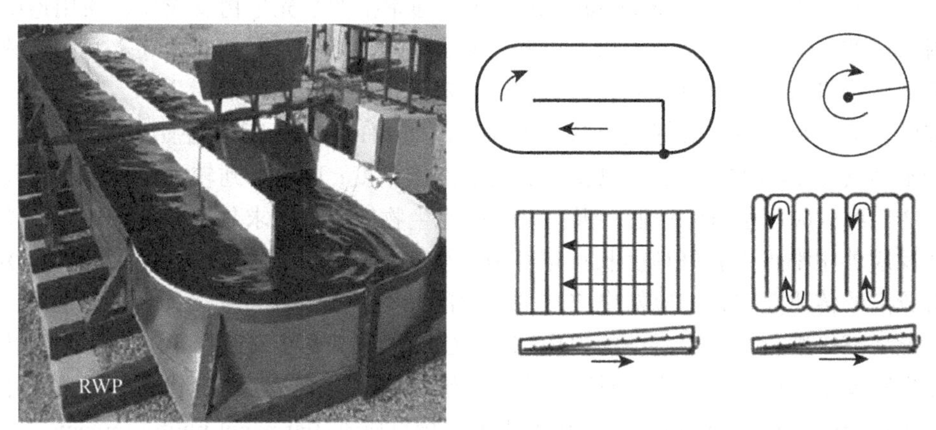


图 7-14　跑道池真实图与结构示意图[250]

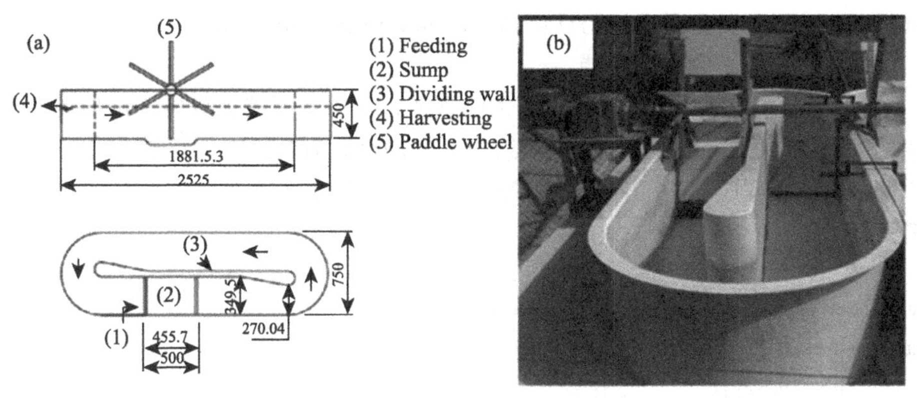


图 7-15　改进后的跑道池[251]

开放式培养系统开发以来，仅仅是在混合方式与实时监控上做了一些改进，总体上的结构没有太大的变化，是比较古老的藻类培养反应器，其占地面积较大，培养深度较浅，大约为 15cm 的环形浅池，使用叶轮转动将培养液与藻细胞混合，循环，降低藻体沉淀的几率从而提高光能利用率。为了加强混合效果，近些年国内外学者通过多方尝试，如使用活动挡板、气升、泵循环、增加搅拌桨、液体喷射、依靠重力差流动等多种手段。但是由于该系统存在易污染、培养条件不稳定等缺点，其光合效率较低，微藻的生物量较低，一般只有 0.1～1g/L。该系统只能用于盐藻、螺旋藻、小球藻等少数可以耐受极端生长环境(如高盐、高 pH 值)的微藻培养。大部分的学者认为该反应系统的发展已经到达极限，不能满足现代化的微藻生物技术的要求，大部分将精力转向新型光生物反应器的研制与开发。

2) 封闭式光生物反应器

封闭式培养系统(closed culture system)，通常指的是光生物反应器，使用透明材料组建的一类可以透光的生物反应器，该反应器一般都是封闭且自带光源，为获得藻类生物量为目的所设计的容器。该反应器的优势在于：降低污染率，获得单一培养的目的产物；可以更好地控制外界环境，如 pH 值，温度，光强度，$CO_2$ 等；减少水蒸气与 $CO_2$ 的损失；可以获得更高的细胞浓度；可以得到较为纯净的次级代谢产物，可以应用于医疗行业。现在设计的光生物反应器要求具有普适性，任何藻种在反应器中都可以较好地生长；培养液接受光照的面积要均匀一致，$CO_2$ 和 $O_2$ 要有较高的传质速率；反应器中应减少结垢的几率，尤其是接受光源照射的位置，尽可能地减小细胞在反应器中的损伤。自从 Cook 于 1950 年研制出第一台垂直管状的光生物反应器以来，各种类型的反应器相继问世。主要有立式管状光生物反应器(vertical tubular photobioreactor)，平板式光生物反应器(flat panel photobioreactor)，管状光生物反应器(tubular photobioreactor)，搅拌罐式光生物反应器(stirred tank photobioreactor)，混合型光生物反应器(hybrid type photobioreactor)。

(1) 立式管状光生物反应器。

它是使用垂直的可以透射光线的透明管道，气体喷射器被放置于反应器底部，喷出的气体呈 1～2mm 的小气泡，喷射出的气泡可以有效地混合培养基与藻类，也可以降低 $O_2$ 在反应器中的停留的时间。该类反应器主要有鼓泡塔光生物反应器和气升式反应器(图 7-16)。

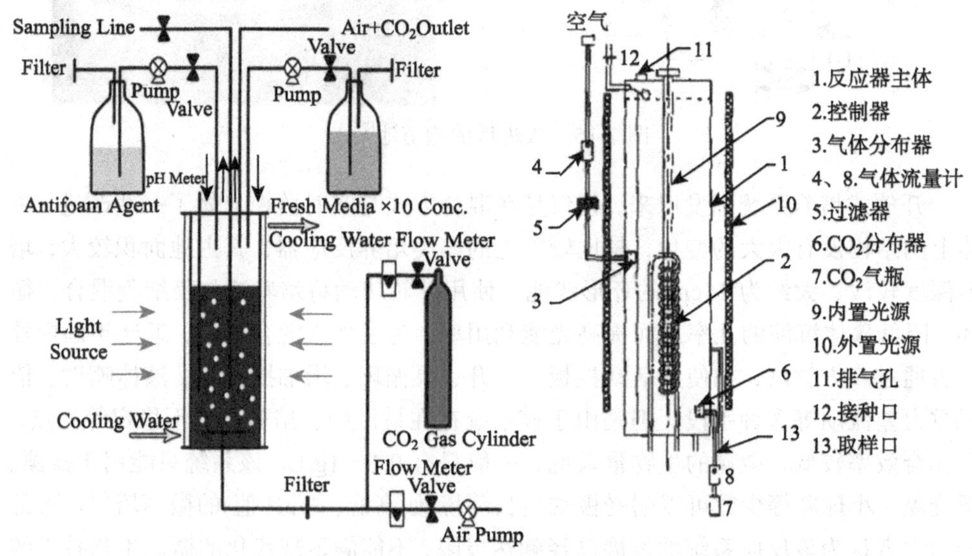


图 7-16　鼓泡塔光生物反应器与气升式光生物反应器[252]

(2) 平板式光生物反应器。

平板式光生物反应器具有立方形状最小的光路径，也是由透明材质构成，最突出的特点是比表面积高(图 7-17)。

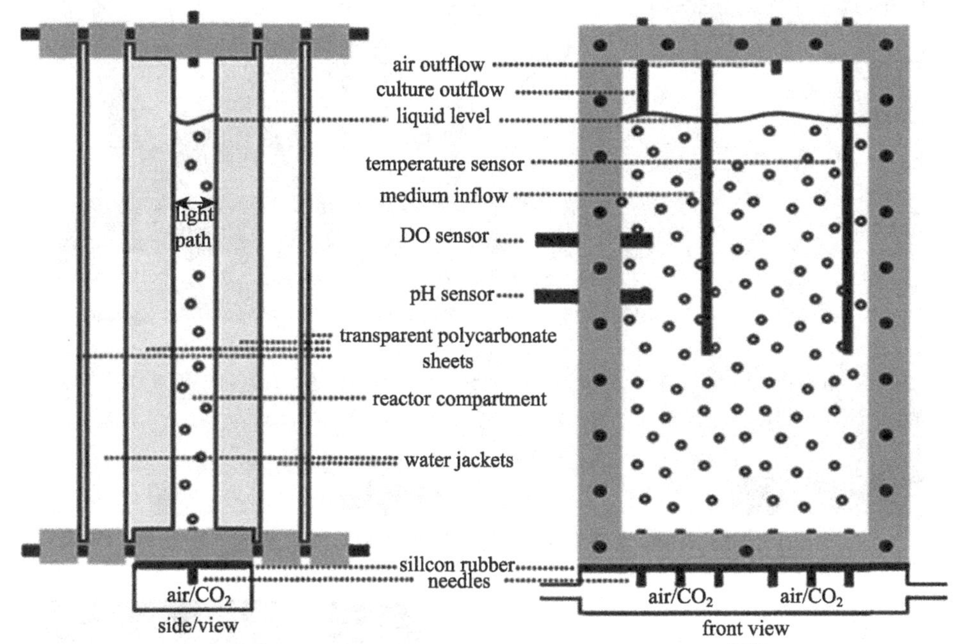


图 7-17　平板式光生物反应器的正视图和侧视图[253]

(3) 管状光生物反应器。

在大多数情况下，反应器的主体是一由透明塑料制成的管子，安放成不同的形式以便最充分地利用太阳光。如将管子弯曲，水平排列成跑道式；或间错开来排列成两层；或将管子弯曲，螺旋形环绕成圆筒状；或将管子环绕在圆锥形支撑物上等(图 7-18 和图 7-19)。此外还有很多其他排列方式。含有藻体的培养液通过泵或空气升液器的作用在管道中循环流动。由于二氧化碳通过泵进入培养液后随之在管道中流动，与培养液接触时间长，因而二氧化碳的利用率高，这是该反应器的一大优点。

(4) 搅拌罐式光生物反应器。

该反应器呈罐状，有搅拌设备，与好氧发酵罐较为类似，搅拌釜式反应器是其典型代表(图 7-20)。其主要特点是，该反应器需要大量的光源设备来提高其光合效率，很少有死角，但是该设备比较耗能。

到目前为止能成功运用微藻工业化大规模生产的主要是各类的管道式光培养生物反应器和平板式光生物反应器。

图 7-18　50L 水平管道示意图其 PVC 泵与放气装置[254]

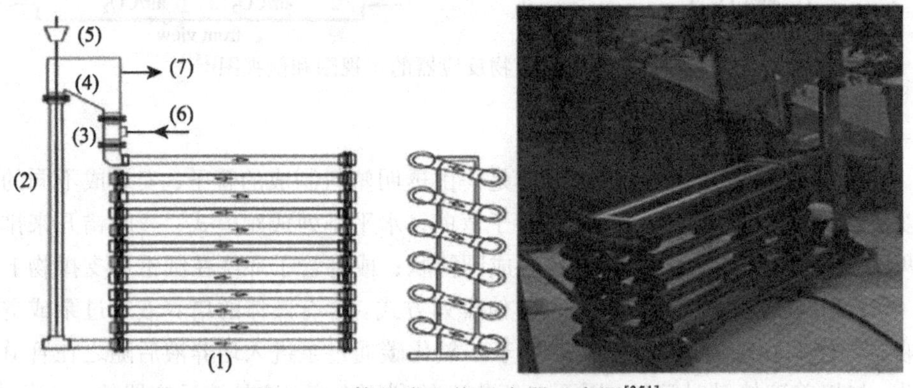


图 7-19　管状光生物反应器示意图[351]

(5) 混合型光生物反应器。

将上述几种光生物反应器结合其优势，降低其缺点。Fernandez 等将气升式反应器、管式反应器结合起来，使得反应器体积达到 200L。该反应器一方面具有较高的补光效率，另一方面也可以在气质传递上得以提升，使得它可以获得更高的生物产量，消耗更少的能量。

表 7-8 是各个封闭式反应器的优缺点。

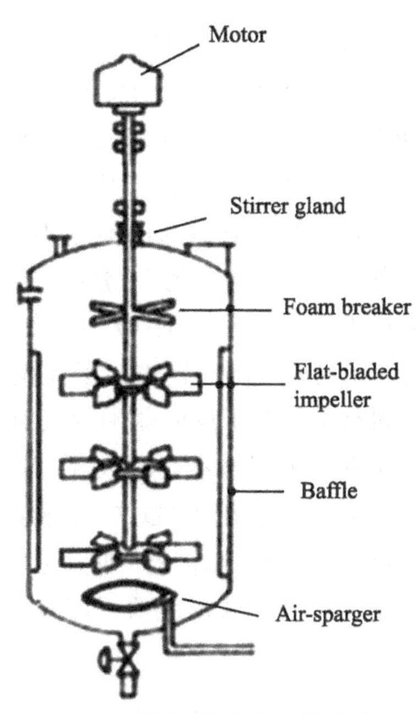


图 7-20　搅拌罐式光生物反应器

**表 7-8　封闭式光生物反应器的优缺点**

| 生产类型 | 优点 | 不足 |
| --- | --- | --- |
| 管道式 | 照明表面积加大，适应户外培养，价格相对便宜，良好的生产力 | 管道上会有藻类污垢，占地大，梯度 pH 值，溶氧和 $CO_2$ |
| 平板式 | 高生物产量，易于消毒，低氧气建造，易于调节，良好的光路，造价相对便宜，易于清理，适合固定的藻类，大表面积的照明，适应户外培养 | 规模化后有许多辅助材料，温度难以控制，水动力的压力较小，贴壁生长 |
| 垂直管式 | 紧密，高传质，低能耗，良好的混合与低剪切应力，易于消毒，高潜力的可扩展性，易于调节，减少光抑制和氧气 | 照明区域较小，比跑道池要昂贵许多，有剪应力，施工要求精良，比例放大后照明区域减少 |
| 搅拌罐式 | 良好的混合能力，易于消毒，易于调节，有效的 $CO_2$ 利用效率 | 容易将细胞损伤，比例放大后照明区域减少 |

2. 计算流体力学

计算流体力学(computational fluid dynamic，CFD)是指利用数值方法通过计算机求解描述流体运动的数学方程，揭示流体运动的物理规律，研究定常流体运动的空间物理特征和非定常流体运动的时–空物理特征的学科。它与理论流体力学和实验流体力学共同组成了完整的流体力学。CFD 计算相对于实验研究，具有成本低、速度快、资料完备、可以模拟真实及理想条件等优点。

在生物反应器的设计中大部分都要使用 CFD 进行模拟，它可以较好地模拟反应器内的混合，目前已经广泛应用于化工、生物反应器等方面的设计。而新近发展起来的粒子成像测速技术(PIV)等测量方法能够提供流场内粒子图像、速度矢量图分布，成为 CFD 模拟过程控制方程校正的首选。因此采用 CFD 模拟与 PIV 等测量方法相结合已经成为研究反应器内部流场分布的新趋势。

Pruvost 等运用 CFD 方法对圆环结构的光生物反应器内的流体动力学及混合状况进行了研究，并采用粒子成像测速技术对 CFD 计算结果进行了验证。Perner 等采用 CFD 方法对平板式光生物反应器的结构进行了优化，在降低压力损失的基础上改进了反应器几何形状，同时也降低了反应器中的入射光能力。这个研究也很突出地指出了流型可以减少积累和影响混合不好的区域。研究显示有很大曲率的弯管和圆管要比矩形的通道要好。Sato 等利用 CFD 方法研究了管壳式、球形、圆顶式及平板式等四种光生物反应器内的全局混合和藻细胞受光的情况。应用 CFD 技术对光生物反应器的研究主要集中在封闭式反应器，而对敞开式的研究较少。

### 3. 微藻培养模式

微藻产业发展的前提条件是获得充足的生物质原料，微藻培养模式的选择是提高微藻生物质产量的关键环节，因此，微藻培养模式一直是国内外研究的热点之一。目前广泛使用的微藻培养模式主要有批次培养(一次性培养)、流加培养、半连续培养和连续培养。不同培养模式对微藻生长以及主要生化组分的合成具有很大的影响，因此根据不同的培养目的来选择不同的培养模式，对于提高微藻生产能力具有重要作用。

#### 1) 批次培养模式

微藻批次培养模式具有操作简单、成本低的优点，是实验室内普遍采用的一种培养方式。在不同的培养条件下(如光强、培养基组分、pH 值、温度和不同收获时期)，可研究藻细胞内特定组分的积累规律和最佳的培养优化，提供简单易行的方法。微藻细胞内某些组分的合成与微藻细胞生长阶段密切相关，在微藻生长的不同阶段，其胞内各组分含量差异较大，据文献报道许多藻类的总脂含量在静止期明显高于其他时期。如纤细角毛藻在静止期末期总脂肪含量是指数生长期的 9 倍，裸甲藻静止期的脂肪产量是对数生长末期的 30 倍，可达到 30mg/(L·d)。微拟球藻静止期的总脂肪含量是对数生长末期的 1.3 倍。

对于大多数微藻来说，通过诱导可使细胞内特定组分得到大量积累，即在营养盐限制或者缺乏条件下才能大量合成特定组分。在这种情况下，采用批次培养便于严格控制诱导条件，有利于获得目标产物。氮是微藻生长最重要的营养元素之一，大量研究已经证明，氮缺乏可诱导油脂、虾青素和β-胡萝卜素含量的明显增加，其中以缺氮诱导提高微藻油脂含量方面的研究最多。

2) 流加培养模式

流加培养也称为分批补料培养，是指在培养过程中向培养液中添加一种或多种营养物质的培养方法。流加培养技术已经在微生物、动物和植物细胞的培养中得到广泛应用。

氮、磷元素作为微藻生长最重要的营养盐，是微藻生长过程中消耗最快，最易缺乏的营养元素，而一次性加入过多氮、磷元素，将对微藻生长造成抑制和毒害效应。采用流加培养模式可有效避免底物抑制与毒害作用，促进细胞生长和代谢，获得较高生物量和代谢产物。与批次培养相比，流加培养可显著提高微藻细胞密度和最终生物量。

限制流加，即通过营养盐低量流加方式限制培养液中营养元素的浓度，也是经常采用的一种流加培养方式。特定营养盐的限制流加可促进藻细胞内特定物质的积累，如在微拟球藻的流加培养过程中限制 $KNO_3$ 的添加，胞内中性脂的含量比批次培养高 30%。

流加培养主要分为两种，恒速流加和变速流加。恒速流加是以均匀的流加速度逐渐向培养液内加入营养盐，而变速流加则是根据培养生物的生长特点进行非线性流加的一种培养方式。由于变速流加可根据藻细胞的生长状态适时调整微藻培养液中的营养元素浓度，为微藻生长或某些代谢产物的合成创造更合适的环境，因此比恒速流加更适合于高密度培养，更有利于生物量的积累。杜氏盐藻(*Dunaliella salina*)变速流加培养积累的生物量比批次培养增加 7～8 倍，比恒速流加培养增加 1.5 倍；球等鞭金藻(*Isochrysis galbana*)的生物量、胞内蛋白、叶绿素含量在变速流加情况下，分别比恒速流加高 1.4 倍、1.2 倍和 1.2 倍；新月菱形藻 (*Nitzschia closterium*)的变速流加培养研究结果表明，其藻细胞密度、蛋白质、多糖含量分别是批次培养的 4.83 倍、6.23 倍、6.12 倍，是恒速流加的 2.1 倍、3.8 倍、2.8 倍。由此可见，通过流加培养，尤其是变速流加培养可有效调节藻细胞生长过程中的营养盐浓度，使培养液中营养盐浓度维持在合适水平，既能减轻较高初始营养盐浓度引起的抑制和毒害作用，使藻体生长的延迟期大大缩短，又能有效解决批次培养中营养盐限制问题，保证营养盐的持续供给，使微藻长时间处于对数生长期，提高了增殖效率。此外，流加培养模式中营养盐的添加方式简单，容易操作，在提高藻细胞生物量的同时可刺激次生代谢产物的高度积累，在微藻的培养中，尤其是微藻的高密度培养中发挥着重要的作用。

3) 半连续培养模式

半连续培养是在一次性培养的基础上，当藻细胞达到一定浓度后，收获一定量的藻液，补充等量培养液继续培养。半连续培养不仅广泛用于大规模培养，也是微藻实验室研究中常用的培养模式。定时定量地采用新鲜培养基替代原培养液，可以使培养液中营养成分增加，透光率增加，生物密度降低，从而使得藻体光合效率增强，生长速率增快，有利于藻细胞保持良好的生长状态。其最主要的参数是更新率。

当外界条件一定时，特定藻株的最适更新率是一定的。如果更新率过高，会使得藻液中细胞浓度降低，虽然营养充足，单个细胞的生长速率可以达到最大，但是单位体积藻液中的生物量依然很低。如果更新率过低，会造成营养盐的供给不足，有光遮蔽效应，严重影响生物量的积累，影响藻细胞的产率。在很多情况下，半连续培养微藻的更新率为20%～30%，如雨生红球藻、淡水微藻(*Parietochloris incise*)在20%更新率下的细胞产率达最大值，明显高于其他更新率的细胞产率。

由于微藻更新率不仅影响微藻的细胞密度，而且影响微藻的生长速率，因此可在合适的更新率条件下结合营养盐的限制添加，在不降低生物量的同时促进细胞内油脂的积累，为微藻生物质的大规模生产以及微藻生物能源的发展提供重要的培养技术。在更新率为25%并限制添加氮源的条件下，小球藻(*Chlorella* sp.)的油脂产率达最大值 0.139g/(L·d)，明显高于批次培养模式和流加培养模式。当更新率为 40%时，在室外大规模培养微拟球藻(*Nannochloropsis* sp. F&M-M24)在限氮条件下每天的油脂产率可达 204 mg/(L·d)，比营养盐充足的对照组高 87 mg/(L·d)。

近年来，半连续培养在微藻油脂积累方面的应用研究越来越多，实践证明，半连续培养模式是微藻规模生产生物柴油的最佳培养方式之一。在半连续培养模式下，不同微藻的最适更新率有所不同，不同培养系统中微藻的最适更新率差异也较大。因此，在进行半连续培养时，须要根据不同的藻种及培养系统选择合适的更新率，以提高大规模培养微藻的生物质产量。

4) 连续培养模式

连续培养是指以一定的流速连续向培养系统内添加新鲜培养液，同时以相同的速度流出培养液，使反应器内的细胞生长环境处于恒定状态。这种恒定状态使细胞生长处于一个稳定的环境中，细胞的生长速度、代谢活性处于相对恒定的状态，从而达到稳定高速培养微藻或产生大量代谢产物的目的。稀释率是连续培养模式中最重要的参数，它直接影响微藻的生物质产量、细胞产率以及代谢产物的积累。

大多数微藻在一定稀释率范围内连续培养时，生物量随着稀释率的增加而增加，当稀释率超过临界值后，藻细胞未能充分生长便被冲走，生物量反而会随着稀释率的增加而下降。大量研究表明，微藻连续培养时都存在一个最佳稀释率，如杜氏盐藻、三角褐指藻的最佳稀释率为 $0.15d^{-1}$、栅藻为 $0.31d^{-1}$。

以特定稀释率进行连续培养时，微藻细胞处在一个稳定的环境中生长，细胞代谢活动相对稳定，从而能够高效稳定地产生某些重要的代谢产物。研究表明，与批次培养相比，连续培养模式更有利于某些微藻细胞内代谢产物的积累，富含 PUFA 的鲁兹帕夫藻(*Pavlova lutheri*)在稀释率为 0.297$d^{-1}$时，EPA 和 DHA 的产率均高于批次培养的产率；当稀释率为 0.9$d^{-1}$，硝酸盐浓度为 1.7mM 时，雨生红球藻诱导产虾青素的厚壁孢子，得到最大的脂肪酸含量为 7.6%，这比非连续培养下的油脂含量高 4.3%。

以最佳稀释率进行连续培养时，细胞的生长环境相对稳定，细胞处于优化的生长条件下，从而使细胞生理代谢达到一种稳定状态，微藻生长稳定且生长速率快，藻细胞稳定的生长状态对于微藻合成某些重要次生代谢产物具有重要作用。因此，连续培养不论是在稳定高产微藻生物质方面还是在稳定生产某些重要代谢产物方面，都发挥着其他模式所不能替代的作用。

4. 微藻生物量的采收

微藻生长到对数生长期末期的时候，藻密度达到最高，采取一定的方法，将其从培养液中分离出来。采收是影响微藻生物质能源生产成本的主要因素之一，随着微藻生物质能源的推广和大规模培养，微藻采收技术显得越来越重要，寻求一种高效率、低成本的采收方法是当前亟须解决的问题。正常生长的藻密度比较低，为 0.1～1g/L，而在密闭式光生物反应器中可以达到 2～5g/L。与普通微生物相比较，微藻细胞较小，除个别种类，一般在十几微米左右。微藻细胞容易受到损伤破裂，一般的固液分离技术不太适合，而且微藻细胞周围含有多糖，当细胞浓度较高时，会变得黏稠，不利于采收。现有的微藻采收技术主要有：离心、絮凝、过滤和筛滤、重力沉降、浮选、电泳等。

微藻的采收通常分为两步进行：第一步为富集，富集的目标是从悬浮的藻液中收获大量藻细胞。通过富集，使单位体积的微藻增加 100～800 倍，达到 2%～7%的固体含量，不过这也依赖于藻液的初始固体含量和采收方法，富集方法有絮凝、浮选和重力沉降等。第二步为浓缩，将藻液浓缩成藻泥。通常利用离心、过滤等手段来实现，在浓缩的过程中需消耗大量能量。

1) 离心分离

离心可以从藻液中收获大部分微藻。Grima 等用实验室离心机在 500～1000g 条件下，2～5min 内回收了 80%～90%的微藻，结果表明离心是一种很好的微藻采收方法，但离心采收微藻能耗较大，且在较高的离心力和剪应力下微藻的细胞结构会受到破坏。

2) 絮凝采收

絮凝是使分散的小颗粒聚集在一起形成大颗粒的过程，絮凝包括自动絮凝和化学絮凝等。

(1) 自动絮凝。

自动絮凝是在 pH 值升高，碳酸盐夹带藻细胞沉淀下来的结果，尤其是在光合作用消耗大量 $CO_2$ 后，因此可以在 $CO_2$ 不足的条件下通过长时间光合作用自动采收微藻。实验过程中还发现在藻液中加入 NaOH 使其 pH 值升高时，微藻也能自动絮凝，这可能与藻细胞在强碱作用下的失活有一定关系。

(2) 化学絮凝。

在各种固液分离过程中，添加化学物质诱导絮凝作为预处理阶段的做法被引入到微藻的采收技术中。研究表明几乎所有的微藻都能被絮凝。细胞表面带有负电荷，是细胞表面有机离子表面官能团吸附物质分解或电离的结果，絮凝是通过破坏藻细胞表面的稳定性达到采收效果的。向藻液中添加絮凝剂会发生凝聚作用，凝聚是一个非常复杂的反应过程，它受到体系中物理、化学及动力学等的作用和影响，同时与水中分散介质的性质、絮凝剂的特性、分散介质与各种絮凝剂的相互作用条件以及它们彼此之间的一系列反应有关。由于藻细胞带负电荷，所以最有效的絮凝剂应当是阳离子絮凝剂。阴离子或非电解质往往不能很好地起到絮凝效果，这是因为相同电荷之间的排斥作用使得粒子之间距离较大，不能聚集在一起沉淀下来。

絮凝有一些不足如：① 絮凝剂在微藻采收时的大量添加会带来水体的污染；② 絮凝剂对 pH 值较为敏感；③ 同一絮凝剂对不同微藻具有不同的絮凝效果；④絮凝剂的使用会导致采收的微藻受到污染。

(3) 电解絮凝。

电凝机理包括三步连贯的过程：① 絮凝电极氧化过程；② 悬浮颗粒的破乳作用；③ 絮凝体的聚集，絮凝发生。Poelman 等研究表明电解絮凝可采收藻液中 80%～95%的藻生物量，但采收微藻工艺目前还不太成熟。

3) 重力沉降

重力沉降常用于微藻的采收和废水的处理中。Brennan 和 Owende 研究表明重力沉降采收微藻时，藻液密度和藻细胞粒径大小会对沉降产生明显影响。藻液密度较低时微藻不能很好地沉降，不过絮凝剂的添加可使沉降加速。由于藻细胞具有一定活性，通过重力沉降采收微藻时对失活的藻细胞效果较好，而对活性较强的藻液则很难起到沉降效果。

4) 筛分过滤

Grima 等指出微藻采收过程需要考虑采收率和采收成本两个因素。筛选涉及滤布的孔隙率选择等；微滤器和振动筛过滤器是筛分过程中的两个主要部件。微滤器有以下优点：操作简单、投资少、磨损低等。由于微藻颗粒较小，易堵塞微滤器，所以需经常冲洗，而在藻液浓度过低时采收效果不很理想。作为固液分离的常用方法，筛滤可以作为微藻絮凝采收的下游工艺，也可以直接过滤采收微藻。另外超滤、错流过滤也在微藻采收中得到应用，膜过滤在采收小量藻液中效果良好。

5) 浮选

浮选是通过溶气形成气泡，把固体小颗粒带离液体的过程。在浮选前需先向藻液中加入絮凝剂，产生絮凝，然后从底部通入气体产生气泡，气泡在上升过程中碰到絮凝体，会吸附在上面使絮凝体密度降低，上浮到液体表面，再用刮板收集藻细胞。目前浮选存在工艺复杂、采收效率低，能耗高等问题。

微藻的采收是当前微藻生物柴油发展的瓶颈之一，目前还没有一种高效，同时能耗、成本低的采收技术。在微藻的众多采收技术中，离心和化学絮凝是目前采用最多的方法。但离心采收能耗较高，经济可行性差；化学絮凝需添加化学物质，会带来水体的污染，处理污水使得采收工艺变得复杂，成本上升。重力沉降可用于藻体较大的藻类，如螺旋藻大规模生产。浮选法从微藻培养液浓度低、藻细胞颗粒小的特性出发，或许是一个行之有效的采收方法，然其工艺条件仍需进一步改进。

### 7.2.8　微藻油脂的提取及转酯化制备生物柴油

在采收之后，所得生物质将用于进一步加工。首先需要通过离心、过滤及絮凝等方式将多余的水分去除。所得浓缩细胞须经直接抽提或破壁将胞内油脂释放出来。考虑到目标产物油脂存在于细胞内，破壁可作为抽提的一个步骤。微藻油脂可通过压榨、溶剂法、酶法、超临界法、微波或超声技术进行抽提。具体方法的选择取决于微藻的种类、相关技术的成本效率以及环境因素。抽提所得油脂经分馏去除其中不需要的极性油脂及非中性甘油酯(如游离脂肪酸、甾醇、酮类、胡萝卜素及叶绿素等)。纯化产物即可经转酯化转化为生物柴油。

人们一直对一系列的油脂抽提和转酯化方法进行研究，以期获得更好的生物柴油产率，同时提高整个过程的能源利用率并避免过多地使用有毒溶剂。直接溶剂抽提是目前以微藻全生物量为原料最简单的油脂抽提技术，但是目前常用抽提技术的效率跟相应藻株息息相关，且生产过程涉及高挥发危险溶剂。在实际生产过程中应尽量避免使用传统的油脂抽提方法以及有机溶剂，一方面是为了尽可能减少有毒污染物的产生，另一方面也是因为溶剂回收需要消耗大量能源。一个具有前景的选项是利用兼性溶剂[255]。兼性溶剂(switchable solvents)抽提是一个更具环保和安全性的手段。这类溶剂平时处于极性或非极性状态，但在经氮气或二氧化碳曝气之后会改变其极性[256]。处于极性状态时，其亲水特性使得溶剂可进入细胞与胞内中性脂质结合。一旦转变为非极性状态，溶剂即可将油脂从胞内抽提出来并与水相分开。油脂及溶剂的回收可通过溶剂的极性转变实现，这有效地规避了传统挥发性溶剂使用过程中所需的蒸馏过程，同时也大大提升了油脂和溶剂的回收率。相关可行性已经在植物油脂[257]以及微藻[258, 259]中得到验证。此种溶剂在未富集的微藻培养体系中抽提油脂也许可行[260]。

另一个极具前景的方法是湿法抽提技术[261]。在此过程中，采收生物质在抽提之前无需完全干燥，且约 80%的油脂可经过转酯化从藻体中抽提出来。其他一些有关细胞破壁以及加速溶剂油脂亲和速度的方法也可有效提高抽提产率。脉冲电场电穿孔技术的相对低能耗使之具有吸引力[262]。

经抽提所得以甘油三酯为主的产物必须经转酯化后形成脂肪酸脂。这个过程涉及以甲醇或者乙醇替换甘油三酯中的甘油，最终形成脂肪酸甲酯或者脂肪酸乙酯。整个反应过程需要酸碱催化以在较低的温度压力下以合适的速度进行反映。在实际生产中，甲醇、碱或甲醇钠等试剂广泛应用于包括微藻生物柴油在内的生物柴油的生产过程中。微藻生物柴油的生产过程中，转酯化相较于微乳化或热解技术显得最为适用[263]。转酯化即甘油三酯和酰基受体之间发生的化学反应。转酯化生产生物柴油设计到许多步骤，具体来说，转酯化反应可分为化学酸碱催化、生物酶催化及高压非催化反应三种。均相 (NaOH、$CH_3ONa$、KOH、$KOCH_3$)及非均相(碱土金属氧化物、沸石、$KNO_3/Al_2O_3$、BaO、SrO、CaO、MgO)催化剂均是常见的生物柴油生产催化剂。相较于酸催化剂，这些催化剂对游离脂肪酸含量 2%以下的油脂具有更高的催化效率，其反应速率更高且操作温度更低。不过考虑到生物柴油原料的水分及酸值，酸催化更有利于减少皂化的负面影响。尽管酸催化非食用油脂效率较高，但其高醇类需求、高温、高压及低反应速率严重制约了其应用。均相及非均相酸催化剂(硫酸、盐酸、磷酸及磺化有机酸)主要用于两步法生产中；油脂依次经酸催化和建催化与醇类反应。此种方法适用于高游离脂肪酸含量的油脂，因为此种工艺可将游离脂肪酸的量降低至操作水平[264, 265]。但是传统化学催化技术有其自身的缺陷，皂化过程副产物对环境有负面影响，同时后续过程中催化剂和甘油回收过程的能耗也是一个问题。

生物催化技术在许多方面要优于化学催化，其中包括低能耗、反应条件温和、低醇油比、高转化率及产物易于回收[266, 267]。脂肪酶是用于生物柴油生产的关键生物催化剂。目前常见的商业化脂肪酶主要源自黑曲霉、米曲霉、短小芽孢杆菌、洋葱假单胞菌、南极假丝酵母、褶皱假丝酵母、解脂假丝酵母、皱落假丝酵母、黏稠色杆菌、产气肠杆菌、阿氏假囊酵母、大肠杆菌、白地霉、米黑毛霉、圆弧青霉、扩展青霉、局限青霉、荧光假单胞菌、莓实假单胞菌、少根根曲霉、德氏根霉、米根霉、酿酒酵母以及疏棉状嗜热丝孢菌等，这些脂肪酶均可满足大规模生物柴油生产的要求[268, 269]。生物催化法的主要缺点在于酶的高成本、易失活、反应时间长、反应速度低以及水和有机溶剂需求大[263]。从经济性的角度来说，化学催化法要比生物催化经济，但是采用固定化技术及强化再利用等措施可有效提高生物催化技术的竞争力[270]。

针对不同的原料及后续加工要求有许多种不同的生物柴油生产优化研究。其中一种新技术就是所谓的 Mcgyan Process 工艺，即在连续固定床上利用金属氧化物催化剂催化生产生物柴油。此工艺作为一种连续转酯化技术，可使用一系列的反应底物，同时不会带来催化剂损耗，并可将反应时间从数小时缩短至数秒，且不消耗淡水及任何危险化学品[271, 272]。利用此工艺处理杜氏盐藻及拟球藻油脂，甘油三酯及游离脂肪酸转化率高达 85 %[272, 273]。

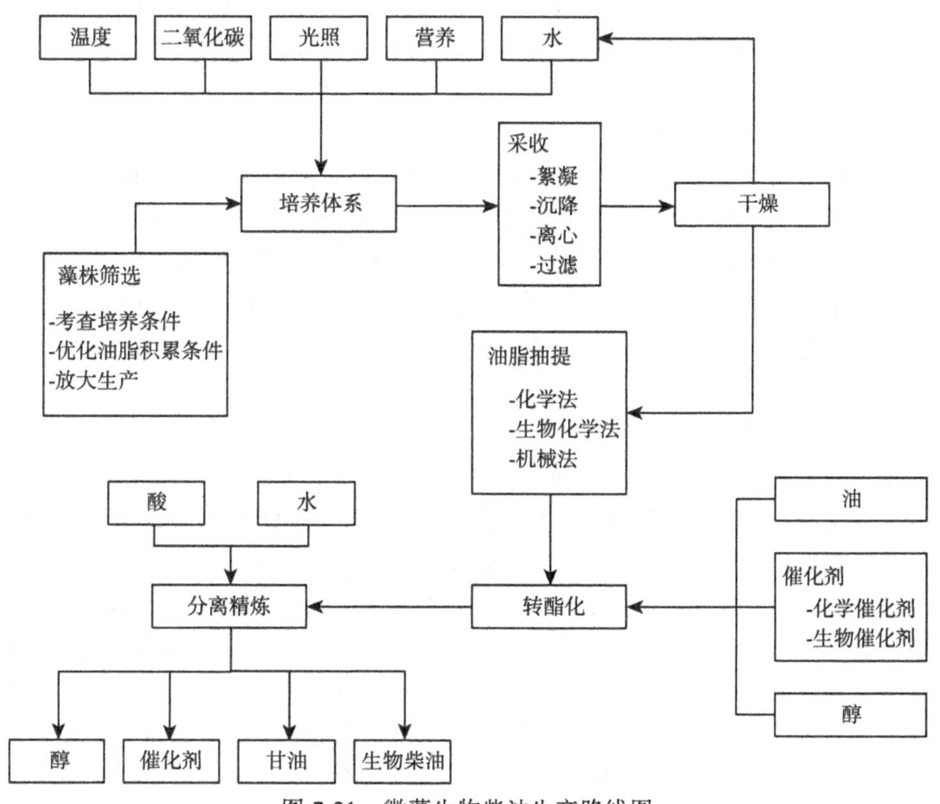


图 7-21　微藻生物柴油生产路线图

另外，还可以采用催化加氢处理粗油脂用于生产绿色柴油。催化加氢与转酯化的最大区别是前者用氢替代了后者所使用的醇类。此外，催化加氢的副产物包括丙烷、水和二氧化碳，而转酯化副产物则是甘油[274]。绿色柴油质量要高于生物柴油，其与石油炼制燃油一样氧含量为零。采用催化加氢工艺的目的是生产低氧高能的绿色柴油[275]。同时，绿色柴油的高烷烃含量使得其十六烷值和能含量均高于普通生物柴油。催化加氢法可有效利用传统石油炼制所使用的设备，同时水和二氧化碳等副产物还可以回收并在微藻培养体系中再利用，因此催化加氢制取微藻生物柴油极具前景。

### 7.2.9　微藻生物能源发展趋势

近年来，我国微藻生物技术产业发展迅速，尤其在微藻生物能源研发方面得到政府、科研机构和企业的高度关注，但是微藻生物技术产业规模和潜力之间的差距仍不可避免[276]。

微藻生物技术产业仍然处在初期发展阶段，微藻生物质的生产成本仍然很高，大部分微藻生物质产品仅限于保健品和饲料添加剂等高附加值产品，而生物柴油等微藻生物能源技术产品的单位价值相对很低。因此，今后微藻生物能源的主要发展方向有：

1) 开发高附加值产品

近期内有可能商业化生产的微藻高附加值产品主要包括类胡萝卜素产品和食用生物油脂类产品两大类别，这些产品因为附加值比较高，与微藻生物质能源产品相比能够承受更高的微藻生物质生产成本[276]。目前，高附加值微藻生产的研发主要集中在中国、美国和韩国等国家[277]。我国在这方面的发展迅速，目前仍保持比较好的增长态势，可以预测，今后微藻高附加值产品的研发及生产，将成为微藻规模化生产的主要推动力。

2) 与环保产业结合

由于微藻可以固定 $CO_2$，同时分解水体中的营养物质(如氮、磷等)，因此，可以利用污水培养微藻，或利用电厂等排放的烟道气作为 $CO_2$ 的来源，进行微藻的培养。微藻在废水处理过程中生成的生物质可能用于生物能源、肥料和饲料等。但是，污水并不能支撑大规模的微藻燃料的生产。以美国为例，任何美国大城市的污水排放量仅能维持约相当于当地石油需求量 1%的微藻燃油的生产。在最优化的情况下，一个千万人口级城市的污水量所带来的年均微藻燃油产率约为 42.5 万 t。上述预测基于以下条件，即人均每天污水排放量 378L、污水总氮含量 85mg/L、总磷含量 10mg/L、微藻氮含量 6.6%、磷含量 1.3%、油脂含量 40%、藻油密度 887kg/$m^3$ 且 1.25L 藻油热值等同于 1L 石油、年人均石油消耗量 3577L。此外，美国石油消耗中仅 73%用于生产汽油、柴油及航空煤油等运输燃料[278]。因此，若以藻油替代运输燃油，则一个千万人口规模城市的污水排放量至多能提 3%的年需求。以天津为例，2011 年天津市总氮、总磷排放量分别为 36700t 及 4700t，其对应氮磷摩尔比约为 17.3，略高于 Redfield 比(16)。假定微藻中碳元素占干重的一半，以磷为限制性元素，按照 Redfield 比，可知利用污水每年最高可得 38.64 万 t 微藻。若其油脂含量为 25%，则年均最高油脂产率为 9.66 万 t，仅为天津市 2009 年全年柴油消耗量的 3.18%。此外，在大规模培养条件下，必须考虑生产地点问题，这意味着该处必须与污水来源相距不远[279]。

3) 改进生产工艺

微藻产品成本主要来源于固定资产折旧、微藻干燥燃油费用、二氧化碳等原材料费用、微藻采收电力费用、微藻培养过程电力费用和人力工资等[276]。降低产品生产成本的方法之一就是改进生产工艺，如采用开放式培养，而非封闭反应器；使用烟道气等废气以降低二氧化碳费用；采用絮凝技术而非离心以降低微藻采收成本等工艺，都可以大幅降低微藻生产成本。

## 7.3　海洋生物质能源

土地是制约生物能源发展的首要因素。相较于玉米、大豆等传统能源作物，海洋生物质不需要占用耕地。这是因为海洋生物质生长在水生环境中，同时从水体中吸收营养元素，因而不需要依赖于地力，其养殖不会对耕地造成不良影响。相较于直接使用粮食作物的第一代生物燃料而言，这是一个巨大的优势。

全球目前广泛种植燃料作物包括油菜和玉米等，但其大面积种植同时也会消耗大量的淡水资源；对生物质能源而言，其生产过程需要耗费大量的水资源。这在很大程度上将对食物等生活必需品的生产造成严重威胁。根据相关报告预测，到 2050 年全球年用水量将增至 70 亿～90 亿 $m^3$，因此海洋生物质，尤其是微藻，可利用非耕地及非饮用水资源这个优点吸引了众多的目光。

海洋生物质能是海洋植物利用光合作用将太阳能以化学能的形式储存的能量形式，海洋生物质的主要来源为海洋藻类，包括海洋微藻和大型海藻等。

据了解，我国的有机碳组成中，海洋藻类占了 1/3，藻类是一种数量巨大的可再生资源，也是生产生物质能源的潜在资源，其中微型藻类的含油量非常高，可以用于制取生物柴油，利用微藻生产生物能源具有潜在的应用前景。微藻能够有效地利用太阳能，通过光合作用固定二氧化碳，将无机物转化为氢、高不饱和烷烃、油脂等能源物质；而且微藻生物能源可以再生，燃烧后不排放有毒有害物质，对大气二氧化碳没有净增加。

虽然微藻适应性很强，但在目前的技术条件下，淡水资源尚不足以支撑任何形式大面积的微藻燃料的生产。而咸水的供应实际上是很有限。因此，以海水培养海洋微藻是微藻能源唯一切实可行的途径。但是利用海水实际上并不一定完全杜绝淡水的使用。淡水需要用于补偿培养过程中的蒸发量并缓解因此带来的盐度上升问题。

蒸发量取决于气候环境，尤其是辐射水平、气温、风速及绝对湿度。在诸如澳大利亚的 Goodlands 之类的干燥环境下，月均蒸发量高达 241.1mm。某些热带地区的每平米日均蒸发量甚至高达 10L，这相当于日均蒸发量 10mm。同时，在油脂抽提等加工工艺之前需要用淡水对海藻进行洗涤脱盐。因此，利用淡水微藻进行生物能源生产是极其短视的行为。为了减少淡水的利用，必须尽可能地降低蒸发量损失。这可能需要在相关生产过程中严格执行水循环措施。此外，选址过程中应该考虑蒸发量的问题。浅海、盐湖、海岸湿地以及临海区域都是很好的选址目标。海洋嗜盐微藻可以忍耐蒸发所带来的高盐度，但这同时会引起细胞代谢变化最终导致细胞因维持渗透压平衡而丧失部分产率。

因此，必须对微藻燃料的淡水需求量进行评估。对于海洋微藻而言，其整个油料生产过程的淡水需求量远低于陆生作物。在开放跑道池中培养的淡水微藻，若在没有水循环的情况下，其全过程的单位生物柴油需水量约为 3700kg/kg；水循环技术可将需水量降至 600kg/kg 左右[280]。封闭式光生物反应器也可以进一步地减少生产过程的需水量。如果在开放跑道池中用海水培养微藻，则需要利用淡水来补偿蒸发所带来的损失，但整个过程的单位生物柴油淡水需求将降低至 370kg/kg。假定生物柴油的热值是 37.27MJ/kg，则单位热值的微藻生物柴油需水量为 10L/MJ。另有研究认为，开放培养体系中每升微藻生物柴油的淡水消耗量是 216L。若假定生物柴油密度为 880kg/m$^3$，则相应的单位热值需水量为 10L/MJ。而大豆单位生物柴油的需水量则是 13676kg/kg，或者 367L/MJ [280]。对玉米乙醇而言，每升乙醇的耗水量是 138L，相当于 6.54L/MJ。对旱地作物纤维素乙醇而言，平均单位需水量是 6.5L/L 或 0.31L/MJ。而石油炼制的单位需水量则仅为 0.05L/MJ。因此，微藻生物柴油的需水量远高于石油，但远低于大豆生物柴油，且至少是纤维素乙醇的 32 倍。

因此，考虑到培养过程中对水资源的消耗，海洋微藻被认为是生物能源的最佳选择。

### 7.3.1　海洋微藻生物能源

微藻几乎可用于生产目前所有的生物燃料(图 7-22)：微藻及其粗油脂可直接燃烧或转化为柴油、汽油及航空煤油等液体燃料；其生物质可经厌氧发酵产气，亦可用于发酵生产乙醇或氢气；微藻还可直接用于生产乙醇。具体细节在能源微藻部分有所介绍，在此不加赘述。

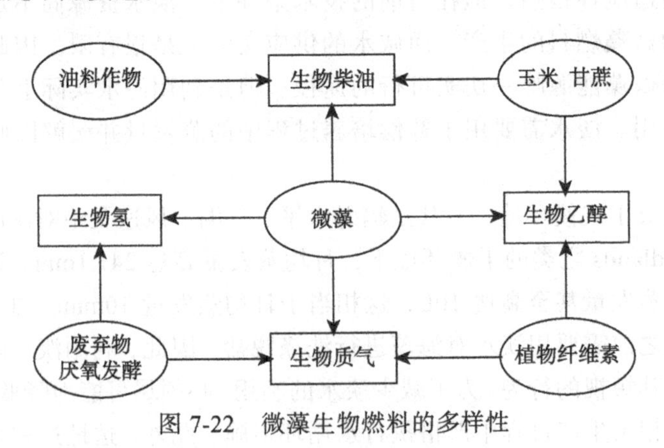


图 7-22　微藻生物燃料的多样性

### 7.3.2　大型海藻生物能源

大型海藻含有丰富的碳水化合物(海藻胶、纤维素、海藻淀粉等)和甘露醇，可以转化为燃料乙醇等，有关研究已有多年的积累，大型海藻生物质能开发具有以下特点和优势：① 产量高，可大规模栽培；② 不占用土地与淡水资源，可以避免海洋生物质能开发对粮食安全的影响；③ 有利于保护海洋环境，预防海洋灾害，如大型海藻的栽培可以有效吸收富营养化元素，抑制赤潮发生；还可通过光合作用吸收利用 $CO_2$，产生显著的减排效益；④ 大型海藻木质素含量比陆地植物少得多、藻体柔软、机械强度不高，因此容易被破碎和消化，从而可以降低燃料乙醇等的生产成本；⑤ 整个藻体均可用于生物质能开发，剩余的原料可以通过综合利用，做到“吃干榨尽”。

在人类开发海洋藻类资源的历史进程中，大型海藻被用作重要的食物与化工原料来源，其栽培技术已经得到长足发展。第二次世界大战以前，日本就已逐步建立了海带、紫菜的人工与半人工栽培技术；第二次世界大战期间，由于海藻胶的国防需求，美国加强了海藻的栽培技术研究和海藻胶的制备，形成了成熟的海藻工业；战后，特别是 50～70 年代，我国广泛深入地开展了海藻栽培和加工利用研究，目前已成为世界上最大的海藻栽培国，拥有规模庞大的海藻化工产业，大规模生产并出口褐藻胶、琼胶、卡拉胶等产品，为大型海藻生物质能的研究开发奠定了坚实的研究和技术基础。

1974 年，在当时的国际能源危机背景下，美国政府启动了 MBP 计划，主要目标是建立自然海域特别是深海海域的人工支撑与附着平台大规模栽培海藻，开发海洋生物质能。针对巨藻开展了 3 个人造系统模式的栽培试验，第一个试验由于支撑系统被风浪和轮船破坏而完全失败；第二个试验建立了更加复杂的支撑和抗风浪技术 ——“1/4 英亩单元”(QAM)，由于设计问题而失败；第三个试验通过对海藻附着绳网的锚定和悬浮，建立了水深 30 英尺(1 英尺=$3.048\times10^{-1}$米)的近海栽培系统，并取得成功，获得了海藻生长、能量转换效率、营养需求等方面的数据，但光能转化效率仅为预期的一半。在 MBP 项目中，最为重要的进展是获得了高效发酵巨藻生产甲醇的技术，转化率高达 71 %。

在 MBP 计划的带动下，美国、日本、西欧等国家对海藻生物质能开展了广泛的研究，研究内容包括：选择不同的能源海藻藻种、海藻的遗传育种和分子改良，不同培养模式的尝试、海藻甲醇/乙醇转化技术的建立、鲜藻的直接热裂解技术、海藻产能的副产品综合开发、海藻产能潜力的实验室评估技术，以及海藻产能的环境影响评估等。同时，该项目为发展大型海藻的深海栽培提供了有益的经验。

近年来，日本在海藻生物质能研究领域中的发展十分迅速，对海带和马尾藻的生物质能技术开展了一系列研究。2007 年，日本启动了大型海藻的生物质能源计划 OSP 项目，利用马尾藻大规模生产汽车用乙醇。该项目计划在日本海沿岸水深 400 m 的海域建立栽培场，预计到 2020 年，栽培面积将达万 k $m^2$，一年将可收获 6500t 的干藻，生产约 200 万 L 的燃料乙醇，可以替代现有日本汽车燃油消耗量的 1/3。同年，日本学者发表了利用海带大规模栽培来生产甲醇并用以发电，可以年产 $1.02\times10^9$kW 火电的设想，该设想可实现 1 M t 的减排指标，相当于“京都议定书”确定日本减排目标 0.9 % 的贡献。

1. 大型海藻热解制油

作为一种生物质燃料生产技术，热解可用于大型海藻的处理。就定义而言，热解即在高温下对生物质有机组分热分解的一种技术。按照其处理温度及时间，热解大致可分为慢速、快速以及闪式三种。在慢热解过程中，系统反应温度较低(<400℃)且生物速率较慢(0.01～2℃/s)；原料经较长时间处理后所得焦炭产量高于液相或气相产物。另一方面，快速及闪式热解反应温度高、处理时间短，并具有较高的商业应用价值。

热解可有效促进生物质燃料的生产，且其生产过程及产品可控。此外，不同溶剂的添加有助于热解生产不同产品。例如，浒苔与减压馏分油(VGO)共热解的主要产物为碳氢化合物，而其与甲醇共热解所得产物则主要为氧化产品[281]。快速热解的油气产率高达 70%～80%，高于慢速热解(15%～65%)[282]。考虑到其能量密度及运输储存性能，生物油作为热解产物比焦炭或合成气更具吸引力。相关研究表明，1～200℃/s 的升温速率始于快速热解生成油气[283]。而对小球藻的研究表明，其最优热解条件与闪式热解极为接近。目前，微藻热解的相关研究已取得显著成效。干小球藻热解产率及产品质量均优于大型藻类等生物质原料[284]；其最大生物油产率、热值及能量回收率分别可达 50.8%～57.9%、39.7 MJ/kg 及 85%。与微藻不同，大型海藻类经快速热解后其能量回收率较低，仅为 76% 左右[285]，这一现象可能源于油脂含量对其热解能量回收率有积极影响。

2. 大型海藻发酵生产甲烷

研究认为，大型海藻是厌氧发酵产气的最适生物质原料，且其产品碳减排能力相比天然气高 42%～82%[286]。此外，发酵后的废液富含氮磷等营养，具有一定经济价值。

厌氧发酵菌株对原料组成极为敏感，较之于糖类和蛋白，油脂可更有效藻体产气产率的提升[287]。尽管大型藻类的理论产气值较高，但研究发现其实际产率处于较低水平。其挥发性有机物的分解率仅为原生污水的 60%～70%；不过石莼(*Ulva lactuca*)的甲烷产率(0.271 $m^3$/kg)接近于牛粪及其他陆基能源作物。就大型藻类而言，其甲烷产率一般介于 0.14～0.40 $m^3/kg$[288]。对大型海藻而言，发酵产气主要受制于藻酸盐等多糖的水解过程，且产气菌对藻胶处理能力的提升可有效促进沼气的生成。

相较于绿藻，褐藻的沼气产率要更高。大型绿藻的高硫属性可导致 $H_2S$ 生成，并最终对产气过程形成抑制作用；这一负面效应可通过添加金属盐予以消除，但同时也会对产气过程带来一定负面影响。作为海洋生物，大型藻类的最大优势是不需要淡水资源。但是，高盐度(≥10‰)对厌氧发酵产气有抑制作用，这一现象源于渗透压的升高或产气菌的脱水，且主要取决于 $Na^+$及 $K^+$等阳离子浓度。研究认为，产气菌的最适 $Na^+$浓度为 230mg/L；其最佳产气活性为海水盐度下的两倍[289]。不过，厌氧发酵体系可逐步适应盐度的连续性上升[290]。因此，大型藻类可直接用于发酵产气，但在生产过程中需添加其他生物质原料以适当降低盐度过高所带来的影响。

值得注意的是，大型海藻在进行发酵前应进行破碎处理。石莼的研究表明破碎处理可将甲烷产率提高 53%～56%[291]。但是，大型海藻的产气成本高达天然气的 7～15 倍，且大型海藻发酵产气的商业化必须以原料成本大幅度降低为前提。不过，研究发现该过程具有能量成本优势。此外，大型海藻发酵产气较之于陆生植物及市政废弃物更具竞争性。

## 7.4　合成气发酵制油

生物质合成气发酵燃料油，是以生物质为原料生产油品的一种新技术，该技术结合了热化学和生物发酵两种方法。先利用热解气化将生物质转化得到合成气(含 $H_2$、CO、$CO_2$、$CH_4$ 以及少量的 $NO_x$、硫化物、$C_2$ 化合物和焦油等)，得到合成气后，再通过微生物发酵将其转化为油。或者通过厌氧消化装置获得甲烷，然后通过甲烷重整反应制备合成气。本节主要探讨生物质热解气、气化气、沼气这三种原料作为发酵原料的发展潜力。

研究人员对合成气发酵制油技术的生产工艺优势、生物质气化技术进展、生物质合成气发酵生产生物油微生物、发酵基本过程和代谢机理及产业化进展进行了阐述，并提出了该领域面临的问题和建议。通过以上对热解气，气化气以及沼气的分析，认为这三种气体可很好地作为发酵制油的原料。

生物油合成的热化学方法要先把生物质进行气化得到合成气，再利用化学催化合成途径或微生物发酵途径合成生物油。生物化学合成途径预处理后得到的可发酵性糖类含量较低，10%～40% 的生物质不能转化为产品[328]，热化学途径则可以将生物质原料完全气化。与化学催化合成途径相比，合成气生物发酵生物油工艺更具优势：①合成气生物发酵可以在环境温和与常压下进行；②微生物转化的产率要比化学转化高得多，因为，微生物只利用底物的很少一部分用于维持自身的能量和生长[329]；③与化学催化合成途径相比，微生物转化具有较高的选择性，减少了发酵副产物产生，在适宜的条件下，通过微生物发酵可以得到单一产品，降低了纯化成本；④生物质合成气流量和合成气中各成分的比例对生物油合成过程影响不大[330]；⑤微生物对硫化物耐受，不会产生硫化物中毒现象。

生物质合成气发酵燃料油在生产成本上也具有很大优势。首先，所使用的原料是分布广泛的农林废弃物，如秸秆、废木料、城镇垃圾等，这些废弃生物质成本比较低。其次，在原料的预处理上，只需要简单的干燥、切割等操作，不需要酶、酸、碱等昂贵试剂，同样降低了成本。生物质合成气发酵燃料油也具有很大的环境效益，可以大幅度减少 $CO_2$ 和 $SO_x$ 等污染气体的排放。生物质生长过程中吸收空气中的 $CO_2$，原则上等同于气化后产生的 $CO_2$，即使合成气中的 $CO_2$ 不被利用，也只是自然界的一个物质循环过程，不会增加大气中 $CO_2$。需要注意的是，生物质合成气发酵制取燃料油还存在一些劣势，如合成气成分复杂、发酵周期较长等。

生物质气化技术，可以追溯到 1664 年 Thomas Shirley 所进行的简单的气化实验。这项技术真正受到重视是第二次世界大战爆发后，特别是 20 世纪 70 年代的石油危机发生时期，寻找新的能源开发技术成为迫切要求。美国、日本、加拿大、欧盟等国在生物质热解气化相关技术上做了大量的研究和开发，并逐渐运用于燃气、发电、化学合成生物燃料等领域。生物质气化是生物质原料在气体介质存在时在一定的温度、氧气等条件下使其由固态变为气态的过程，整个过程分为干燥、热解、氧化和还原。气化介质主要有 4 类：空气、高氧、水蒸气及空气/水蒸气，气化设备一般分为固定床气化器和流化床气化器，还有一种比较少见的携带悬浮气化器[331]，这种气化器要求气化前将生物质粉碎至小于 0.1～0.4mm，对于很多纤维质类的生物质不能适用，前两种比较适用于纤维质类的生物质。生物质气化技术还在不断的发展之中，Amigun 等开发了一种 AER 系统，通过这个系统可以得到富含 $H_2$ 的合成气，$H_2$ 的体积达到 75%[332]。欧美等发达国家生物质气化技术应用广泛，以发电和供热为主。中国经过多年发展，气化技术也已成熟，中国科学院广州能源所、天津大学、山东省科学院能源研究所、大连环境科学设计研究院、华中科技大学等单位在国内分别建立了多处示范工程。

气化成本上，李仲来分析了 8 种主要煤气化技术的经济性，得出 8 种气化技术得到粗煤气的成本在 0.2 元/$m^3$ 左右，最低达到 0.12 元/$m^3$，最高 0.26 元/$m^3$[333]。氧化气化法气化秸秆得到燃气的单位用气成本为 0.211 元/$m^3$[334]。这种合成气的廉价成本为利用生物质合成气发酵制取燃料乙醇奠定了必要的基础。从 20 世纪 80 年代开始，研究者陆续从动物粪便(鸡粪[335]、兔粪[336]等、农业潟湖[337]、下水道污泥[335]、煤浆[335]等物质中发现了能够利用合成气生产乙醇的微生物，这些菌种都是常温菌，适宜生长的温度一般在 37℃左右，适宜乙醇代谢的 pH 值在 4.0～7.5。利用合成气发酵生产乙醇的微生物中研究和报道最多的是 *Clostridium ljungdahlii*、*Clostridium carboxidivorans* P7T 等。*Clostridium ljungdahlii* 是美国 Arkansas 大学的 Gaddy 等从鸡粪中分离出来，并在美国专利局注册专利的菌种[329]。该菌种属于运动型，棒状，大多数状态是单细胞，很少有孢子产生，具有一层很厚的衣被，严格厌氧，革兰氏染色阳性；最适生长温度是 37℃，适宜生长 pH 值为 4.0～7.0，但是，最适宜代谢生产乙醇的 pH 值是 4.0～4.5。*Clostridium carboxidivorans* P7T 是从农业泻湖中分离出来的菌株[338]。该菌属运动型，棒状，革兰氏染色阳性，很少有芽孢出现，通常以单细胞或成双出现，可以利用 CO、$H_2/CO_2$ 生产乙醇、乙酸、丁醇和丁酸等，最适生长温度在 37～40℃，适宜生长 pH 值在 4.4～7.6。最近几年，科研人员陆续发现了 *Moorellasp*.HUC22-1 和 *Clostridium thermoaceticum* 等嗜热菌也可以利用合成气发酵乙醇，这两种菌利用合成气生产乙醇的最适温度都在 55℃左右。从上述内容可见，发酵是一门具备良好发展前景的技术，在生产可再生燃料方面，具有无法比拟的优势。

生物质气化得到合成气后必须进行净化处理，以消除一些有毒气体、固体颗粒等，净化后的合成气通入发酵装置中，通过微生物的作用转化成燃料乙醇。微生物利用合成气发酵燃料乙醇的代谢途径已经有过很多报道，现在已经证明微生物利用 $H_2$、CO、$CO_2$ 等发酵合成乙醇和乙酸以及其他副产物是通过厌氧乙酰辅酶 A(acetyl—CoA)途径实现的，如图 7-23 所示[339]。没有氧或其它氧化剂参与的厌氧代谢与好氧代谢相比，更能够有效地保留合成气底物中的化学能，因为在厌氧代谢过程中，没有电子流到分子氧或是氧化剂中而造成的损失，这为合成气生产燃料和化学品提供了乐观的转化途径。厌氧乙酰辅酶 A 途径是在绝对厌氧环境下进行的一种不可逆、非循环反应途径[330]。首先，CO、$CO_2$ 通过乙酰辅酶 A 途径的甲基支路、羧基支路，在还原力作用下消耗 ATP，经过一系列还原反应被还原成甲基基团、羧基基团。然后，甲基、羧基、CoA 基团在乙酰辅酶 A 合成酶和 CODH (一氧化碳脱氢酶)的作用下合成乙酰辅酶 A。乙酰辅酶 A 紧接着被逐步还原成乙醇、乙酸，或者转化为细胞物质。整个代谢过程中，$H_2$ 是一种重要物质，$H_2$ 在氢化酶作用下产生还原力。$H_2$ 存在的情况下，包括 CO 在内的碳源利用 $H_2$ 产生的还原力转化，这时的碳转化率相对较高。$H_2$ 缺乏或者氢化酶被抑制时，CO 不仅作为碳源，还要在 CODH 作用下被氧化为 $CO_2$ 提供还原力，与前者对比，碳转化率有所降低。氢化酶、一氧化碳脱氢酶和乙酰辅酶 A 合成酶是代谢途径中的关键酶。氢化酶氧化 $H_2$ 产生还原力，对于后续的代谢非常重要，影响到碳转化率。一氧化碳脱氢酶一方面可以氧化 CO 形成 $CO_2$，另一方面与乙酰辅酶 A 合成酶共同作用，催化甲基、羧基和 CoA 基团合成乙酰辅酶 A。

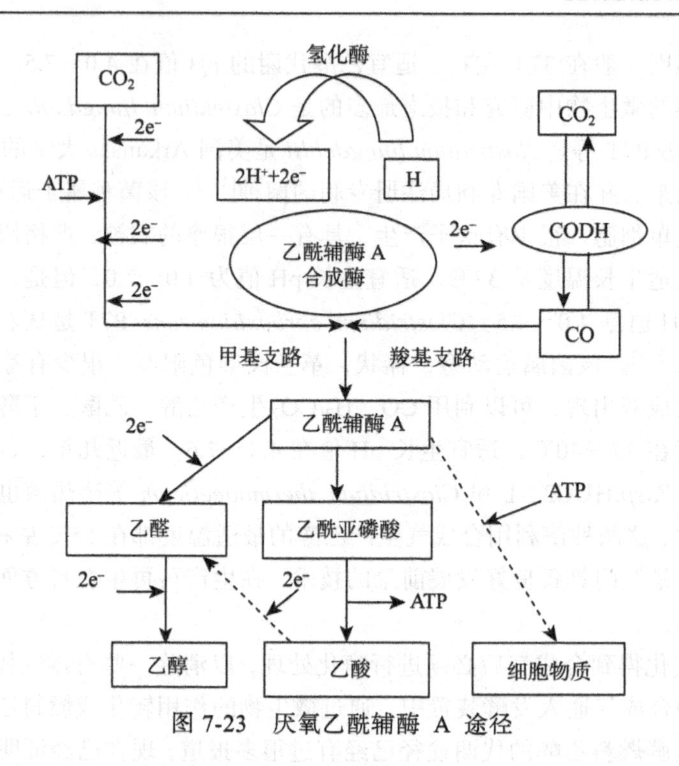


图 7-23　厌氧乙酰辅酶 A 途径

科研工作者对微生物利用合成气发酵燃料乙醇做了很多的研究，包括影响生物质气化、发酵过程以及后期的物质提炼等的各个因素，以求乙醇产率得到提高，符合工业化的需要。Klasson 等用 *Clostridium ljungdahlii* 在改进的两步连续搅拌反应器中进行发酵，利用经过净化的煤气合成气，包含 25%～35%的 $H_2$、40%～65%的 CO、1%～20%的 $CO_2$、0%～7%的 $CH_4$，乙醇和乙酸的产量比达到 4∶1，乙醇浓度接近 3g/L[339]。Gaddy 等的专利中运用相同的菌种和发酵设备可以使乙醇浓度达到 7g/L[295]。Phillips 等在连续搅拌反应器中使用改进的培养基进行发酵，乙醇浓度达到 23g/L；发酵设备加上细胞循环系统，发酵 560h 后，乙醇可以达到 48g/L[340]。国外有专家研究指出，如果想使利用合成气发酵燃料乙醇经济可行，产品质量浓度需达到 40g/L[341]。

美国的 Coskata 拥有一个年产 5000 万～1 亿加仑乙醇的生产线，已于 2009 年 10 月投产。Coskata 可以对包括木屑、柳枝稷、玉米秸秆、城镇垃圾、废旧轮胎等各种生物质进行气化，气化得到的合成气通过过滤器通入到发酵反应器中利用微生物进行发酵，发酵液利用膜技术分离乙醇，最终乙醇的纯度可以达到 99.7%。Coskata 生产工艺每消耗 1t 干生物质可以得到超过 100 加仑的乙醇，对于所使用的菌种和发酵设备都拥有专利权，其菌种是一种梭状芽孢杆菌，该菌种的发酵产物只有乙醇这一种产物。美国 BRI 公司与美国能源部合作，对生物质合成气发酵乙醇技术进行评估，于 2003 年 11 月在阿肯色州建立了一个示范工程，并于 2005 年末开始建设商业化运作装置[341]。美国密西西比乙醇公司以锯末为气化原料，已经与美国能源部合作筹建甲醇合成工厂。

新西兰 Lanzatech 公司是一个可以利用工业废气、生物质合成气为原料生产燃料乙醇的公司，可以将城市垃圾、工业有机垃圾、废木料等生物质气化，使用其具有专利权的微生物能够将生物质中 90%以上的能量用于液态燃料的发酵。Lanzatech 计划在 2011 年建立一个商业化前期工厂，并迅速将其扩展为年产超过 2 亿 L 的商业化工厂。

利用生物质合成气发酵乙醇既属于燃料乙醇，利用的原料又是非粮作物，在经济性、环境性、社会性等方面都具有巨大优势，很多国家、科研院所等都对生物质合成气发酵乙醇的工业化生产进行了评估、探索以及半商业化的运行试验，相信在 10 年左右的时间里，生物质合成气发酵乙醇的产业化会取得显著的发展。生物质合成气发酵燃料乙醇在研究过程中也有许多潜在的问题，具体表现在以下几个方面：

(1) 原料。不同的生物质原料，其本身含有的各种元素是不一样的，气化后得到的合成气成分也就随着生物质的多样化而不同。对于常用于气化发酵的生物质应该对其元素组成进行深入的研究，可以指导气化时原料的选取。除了一般的生物质资源外，还应该关注其他可以气化并用于合成乙醇的原料。

(2) 气化方法。气化方法的选择影响到合成气的品质，而合成气的品质又直接影响到发酵的最终结果。一般的气化方法往往导致合成气中除了 $H_2$、CO、$CO_2$ 这些微生物利用的主要成分外，还含有其它杂质，如焦油、$N_2$、硫化物、$C_2$ 化合物等。特别是焦油会对微生物的生长、发酵产生抑制，影响到乙醇的产量。怎样去除焦油等杂质，提高合成气中可利用成分的含量应该做更多的研究。在气化设备的终端加上过滤设备或许能够有效去除杂质，提高合成气品质。

(3) 菌种。现在发现的可以利用生物质合成气发酵燃料乙醇的菌种存在一些缺点。这些菌种往往在产油的同时也产乙酸，而且很多时候乙酸的产量要高于油：菌种在利用合成气发酵时会受到其中杂质如焦油等的抑制，这些都导致油的产量不是很高，不利于产业化的进行。今后的工作需要朝着筛选高产油、耐焦油的菌种方向努力：多数菌种同时存在乙醇、乙酸两个代谢途径，应该在改变菌种代谢途径上努力，例如可以通过基因工程等手段改变或抑制菌种的乙酸代谢，使菌种只进行乙醇代谢，从而提高乙醇产量。

(4) 发酵设备。发酵设备在发酵过程中起着重要的作用，往往影响着最终产量。对于合成气发酵这种比较特殊的发酵方式，发酵设备的改进也是至关重要的。合成气发酵过程中，合成气通入反应器时气体的溶解效率很低，气体的溶解直接影响到气体的转化效率从而影响到乙醇的产量。所以，发酵设备的改进要在提高气体溶解效率上努力。一些研究表明，微泡扩散器、复合纤维膜等设备可以使气体在通入反应液时分散成微小的气泡甚至不会产生气泡，提高溶解效率。

(5) 产物回收。产物回收方法对最终产量影响很大。由于乙醇易挥发等性质，传统的蒸馏等技术不能保证回收效率。新的回收方法亟待发现和运用，特异性膜的运用也许是一个趋势。可以将发酵液直接通过特异性膜，膜本身只选择性地吸收乙醇，这样就提高了回收效率并减少了回收本身的能量消耗。

合成气发酵制备生物油技术将在未来展现其独有的优势，必为我国的能源安全和环境污染等问题作出突出贡献，具备良好的发展前景。

### 7.4.1　热解气

生物质热裂解(又称热解或裂解)，通常是指在无氧或低氧环境下，生物质被加热升温引起分子分解产生焦炭、可冷凝液体及不可冷凝气体产物的过程，是生物质能的一种重要利用形式[292, 293]。

生物质热裂解技术是目前世界上生物质能研究的前沿技术之一。该技术能以连续的工艺和工厂化的生产方式将以木屑等废弃物为主的生物质转化为高品质的易储存、易运输、能量密度高且使用方便的代用液体燃料生物油。其不仅可以直接用于现有锅炉和天然气等设备的燃烧，而且可通过进一步改进加工使液体燃料的品质接近于柴油或汽油等常规动力燃料的品质，此外还可以从中提取具有商业价值的化工产品。相比于常规的化石燃料，生物油因其所含的硫、氮等有害成分极其微小，可视为 21 世纪的绿色燃料[294-296]。

根据反应温度和加热速度的不同，生物质热解工艺可分为慢速、常规、快速或闪速几种。慢速裂解工艺具有几千年的历史，是一种以生成木炭为目的炭化过程，低温和长期的慢速裂解可以得到 30%的焦炭产量；低于 600℃的中等温度及中等反应速率(0.1～1℃/s)的常规热裂解可制成相同比例的气体、液体和固体产品；快速热裂解大致在 10～200℃/s 的升温速率，小于 5s 的气体停留时间；闪速热裂解相比于快速热裂解的反应条件更为严格，气体停留时间通常小于 1s，升温速率要求大于 103℃/s，并以 102～103℃/s 的冷却速率对产物进行快速冷却[297, 298]。

生物质快速热解过程中，生物质原料在缺氧的条件下，被快速加热到较高反应温度，从而引发了大分子的分解，产生了小分子气体和可凝性挥发分以及少量焦炭产物。可凝性挥发分被快速冷却成可流动的液体，称之为生物油或焦油。生物油为深棕色或深黑色，并具有刺激性的焦味。通过快速或闪速热裂解方式制得的生物油具有下列共同的物理特征：高密度(约 1200kg/m$^3$)，酸性(pH 值为 2.8～3.8)，高水分含量(15wt%～30wt%)以及较低的发热量(14～18.5MJ/kg)[299, 300]。

生物质快速热解技术是指在隔绝空气或少量空气的条件下，采用中等反应温度，很短的蒸汽停留时间，对生物质进行快速的热解过程，再经过骤冷和浓缩，最后得到深棕色的生物油。图 7-24 是典型的生物质快速热解工艺图(循环流化床快速热解工艺简图[301])。目前国际上热解的研究现状如下：国际能源署(IEA)组织了加拿大、芬兰、意大利、瑞典、英国及美国的 10 余个研究小组进行了 10 余年的研究工作，重点对这一过程发展的潜力、技术、经济可行性以及参与国之间的技术交流进行了协调，并在报告中得出了十分乐观的结论[302]。

我国是一个农业大国，生物质资源非常丰富，仅稻草、麦草、蔗渣、芦苇、竹子等非木材纤维年产就超过 10 亿 t，加上大量的木材加工剩余物，都是取之不尽的能源仓库[303]。目前我国生物质的利用形式还是以直接燃烧为主，快速热解技术研究在国内尚处于发展阶段。沈阳农业大学从国家“八五”重点攻关项目“生物质热裂解液化技术”开始开展研究工作，并与荷兰 Twente 大学合作，引进生产能力 50kg/h 的旋转锥型热解反应器，在生物质热解过程的实验研究和理论分析方面做了很有成效的工作；浙江大学、中国科学院过程工程研究所、河北省环境科学院等近年来也进行了生物质流化床实验的研究，并取得了有效的成果[304]；其中浙江大学于 20 世纪 90 年代中期，在国内率先开展了相关的原理性试验研究，最早使用 GC-MS 联用技术定量分析了生物油的主要组分，得到了各个运行参数对生物油产率及组成的影响程度；山东工程学院于 1999 年成功开发了等离子体快速加热生物质热解技术，并首次在国内利用实验室设备热解玉米秸粉，制出了生物油[305]。中国科学技术大学、天津大学、华中科技大学、中国科学院广州能源所等机构研究的几种反应器与工艺，由于运行简单、结构紧凑、适合放大而得到越来越多的重视[306]。

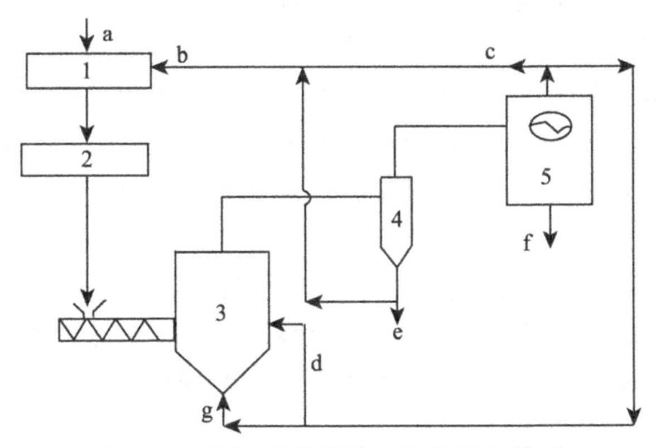


图 7-24　循环流化床快速热解工艺简图

a. 生物质(biomass); b. 干燥气体(drying gas); c. 热解气体(pyrolysis gas); d. 供热气体(heating gas); e. 炭(charcoal); f. 生物油(bio-oil); g. 流化气体(fluidizing gas)

1. 干燥器(drier); 2. 粉碎机(grinder); 3. 反应器(reactor); 4. 旋风分离器(cyclone separator); 5. 冷凝器(condenser)

生物质热解的气体产物中，主要以 $CO_2$、CO、$CH_4$ 以及 $H_2$ 为主，同时还有少量的 $C_2H_4$、$C_2H_6$ 等有机气体，通过一定的方法将 $CO_2$ 除去后，热解气是一种很好的发酵制油原料，具备很强大的开发潜力。生物质快速热解是一个复杂的、包含有多个一次、二次或多次热解和热裂解反应的过程。其获得的液、固、气相产物的得率和组成受原料和热解条件的影响很大。生物油的含氧量较高，稳定性较差，成分极其复杂，热值低等因素制约了其应用。提高热解产物的得率，加大生物油的加工精制及反应系统整体效率的优化，将是未来研究的重点。

### 7.4.2　气化气

所谓气化是指将固体或液体燃料转化为气体燃料的热化学过程。在这个过程中，在气化装置里，游离氧或结合氧与燃料中的碳进行热化学反应，生成可燃气体[307]。

燃料的气化和燃料的燃烧是不可分割的，固体燃料气化过程的基础是碳的燃烧，这是因为：①碳是大多数固体燃料中有机物质的主要组成部分；②碳的燃烧是反应过程中一个最大的阶段，因此，这个阶段决定整个燃烧气化过程；③碳的燃烧是热的主要来源，反应过程的其他各个阶段进行的质量取决于碳燃烧阶段中放热的状况[308-310]。所以，我们首先要了解生物质的燃烧机理，之后再进一步了解生物质的气化过程和气化原理。生物质的燃烧通常可分为三个阶段，即预热起燃阶段，挥发分燃烧阶段，木炭燃烧阶段[3108, 310-314]。

(1) 预热起燃阶段：在该阶段，生物质随着被加热，水分逐渐蒸发，变成干物料，当生物质被加热到 160℃时开始释放出挥发分。挥发分的组成为二氧化碳($CO_2$)、一氧化碳(CO)、低分子碳氢化合物如甲烷($CH_4$)、乙烯($C_2H_4$)等，还有氢、氧、氮等气体。挥发分中的氢气、甲烷、不饱和烃($C_mH_n$)、一氧化碳是可燃成分，二氧化碳、氮气是不可燃成分，氧气参加燃烧反应，但它本身不放出热能。

(2) 挥发分燃烧阶段：生物质经高温加热所释放的挥发分在高温下开始燃烧，同时释放出大量的热能，我们平时看到木质类物质燃烧时的火焰(火苗)就是挥发分的燃烧所形成的。由于挥发分的成分较复杂，其燃烧反应也很复杂。

(3) 木炭燃烧阶段：挥发分物质在燃烧初期将固定碳包裹着，氧气不能接触炭的表面。因而炭在挥发分燃烧的初期是不燃烧的，经过一段时间以后，挥发分燃烧结束，剩下的火红炽热的木炭与氧气接触并发生燃烧反应。

木炭燃烧时的反应方程式如下：

$$4C+3O_2=\!=\!=2CO_2+2CO \tag{7-4}$$

$$2H_2+O_2=\!=\!=2H_2O \tag{7-5}$$

$$CO_2+C=\!=\!=2CO \tag{7-6}$$

$$C+H_2O=\!=\!=CO+H_2 \tag{7-7}$$

其中，前两个反应是放热反应，后两个反应是吸热反应。

碳的燃烧一般有如下三个过程[314-316]：

(1) 与氧的化学反应或叫做碳本身的燃烧，燃烧结果生成一氧化碳和二氧化碳，同时放出热量。其反应方程式为：

$$C+O_2 = CO_2+\Delta H, \quad \Delta H=408.8kJ \tag{7-8}$$

$$2C+O_2 = 2CO+\Delta H, \quad \Delta H=246.441kJ \tag{7-9}$$

碳与氧化合通常称为一次反应，这时生成的二氧化碳和一氧化碳称为一次产品。

(2) 二氧化碳被碳分解：

$$C+CO_2 = 2CO-\Delta H, \quad \Delta H=162.37kJ \tag{7-10}$$

(3) 一氧化碳被氧氧化：

$$2CO+O_2 = 2CO_2+\Delta H, \quad \Delta H=571.14kJ \tag{7-11}$$

二氧化碳被碳分解和一氧化碳被氧氧化的过程为二次反应，而这时生成的一氧化碳和二氧化碳称为二次产品。燃料燃烧主要由下面几个条件控制 ：一定的温度、一定量的空气(氧气)、燃料与空气(氧气)的混合程度以及反应时间。

生物质的燃点约为 250℃，其温度的提高由点火热供给。点火过程中热量逐渐积累，使更多的物料参与反应，温度也随之升高，当温度达到 400℃时，生物质便能很好地燃烧了。所有的燃烧反应都是物料与氧进行的，因而氧气的供给量决定燃烧反应的过程，通过对供氧量的控制，可以很好地控制反应。生物质的颗粒大小也影响燃烧过程，这是因为物料与氧气的接触是否充分，直接影响着反应的过程。燃料的燃烧是一种化学反应，均需要一定的时间才能完成，因此足够的反应时间是燃料完成燃烧的重要条件之一[317, 318]。

气化过程的几个基本参数[319-321]：

1) 当量比

当量比指自供热气化系统中单位生物质在气化过程所消耗的空气(氧气)量与完全燃烧所需要的理论空气(氧气)量之比，是气化过程的重要控制参数。当量比大，说明气化过程消耗的氧量多，反应温度升高，有利于气化反应的进行，但燃烧的生物质份额增加，产生的 $CO_2$ 量增加，使气体质量下降，理论最佳当量比为 0.28，由于原料与气化方式的不同，实际运行中，控制的最佳当量比在 0.2～0.28。

2) 气体产率

气体产率是指单位质量的原料气化后所产生气体燃料在标准状态下的体积。

3) 气体热值

气体热值是指单位体积气体燃料所包含的化学能。

气体燃料的低值简化计算公式为

$$Q=126CO+108H_2+359CH_4+665C_nH_m \tag{7-12}$$

式中，$Q$ 为气体热值，kJ /m$^3$；$C_nH_m$ 为不饱和碳氢化合物 $C_2$ 与 $C_3$ 的总和。

4) 气化效率

气化效率是指生物质气化后生成气体的总热量与气化原料的总热量之比。它是衡量气化过程的主要指标。气化效率(%)=[冷气体热值(kJ/Nm$^3$)·干冷气体率(m$^3$/kg)]/原料热值(k$^3$/kg)

5) 热效率

热效率为生成物的总热量与总耗热量之比。

6) 碳转换率

碳转换率是指生物质燃料中的碳转换为气体燃料中的碳的份额，即气体中含碳量一与原料中含碳量之比。它是衡量气化效果的指标之一。

7) 生产强度

生产强度指单位时间内每单位反应炉截面积处理原料的能力。

生产强度[kg/(m$^2$·h)]=单位时间处理原料量(kg/h)/反应炉总截面积(m$^2$)

8) 焦油危害[325, 326]

(1) 焦油占秸秆气总能量的3%～5%，在低温下难以同秸秆气一道被燃烧利用，民用时大部分焦油被浪费掉。

(2) 焦油在低温下凝结，容易和水、炭颗粒、灰分等杂质结合在一起，堵塞输气管道，卡死阀门、抽气机转子，腐蚀金属。

(3) 焦油难以完全燃烧，并产生炭黑等颗粒，对燃气利用设备如内燃机、燃气轮机等损害相当严重。

(4) 焦油及其燃烧后产生的气味对人体是有害的。

### 7.4.3 沼气

生物沼气(简称沼气)，在本书 2.3 部分有详细的介绍，此处不再赘述，本部分重点介绍沼气重整制备合成气。

生物质通过厌氧发酵产生的沼气，主要是由 $CH_4$ 和 $CO_2$ 组成。$CH_4$ 可以燃烧，是一种能源，通过 $CO_2$ 催化重整沼气制合成气，不但使沼气中的 $CH_4$ 被回收利用，而且使其中常规沼气中需要分离的 $CO_2$ 被作为一种碳源也利用起来，大大提高了沼气的品质和热值。

利用 $CH_4$ 和 $CO_2$ 重整制备合成气，还可以有效抑制反应过程中产生的积碳；同时可以通过改变氧气的进气量，调节合成气 $H_2/CO$ 的摩尔比，对后续工艺有更强的适应性，如当摩尔比为 1 时，可在直接作为羰基合成及费托合成的原料，弥补了甲烷水蒸气重整生产合成气中氢碳比($H_2/CO \geqslant 3$)较高的不足[338, 339]。

自 1928 年 Fischer 和 Tropsch 首次对 $CH_4$-$CO_2$ 重整反应进行研究以来，近几十年来，世界各国的研究者从催化剂的选择和改性，反应器的优化，催化剂积碳机理，反应动力学、热力学和机理等方面对重整反应进行了大量的研究并取得一定的研究成果。

1. 沼气催化重整技术原理

$CH_4$-$CO_2$ 重整制合成气是强吸热过程，对于不同催化反应体系，不同反应温度条件反应机理不尽相同。一种认为由于 $CH_4$-$CO_2$ 重整反应中始终伴随着 $H_2O$ 的存在，反应机理同 $CH_4$-$H_2O$ 重整机理一样。1995 年 Edwards 等对 $CH_4$-$CO_2$ 重整反应中总压、温度与水生成之间的联系进行了研究，在 1atm (1atm=$1.01325\times10^5$Pa)情况下，从低温开始反应就伴随着水的生成，直到温度高于 900℃时消失，水的存在降低了产物中 CO 与 $H_2$ 的比例。因此，$CH_4$-$CO_2$ 重整反应机理类似于 $CH_4$-$H_2O$ 重整机理。另一种则认为 $CH_4$-$CO_2$ 重整反应中虽然有水存在，但是量特别少，不是反应的主要途径，$CH_4$ 活化和 $CO_2$ 活化才是反应的主要步骤[340]。

Bradford 等于 1999 年提出 Ni 基催化剂上 $CH_4$-$CO_2$ 重整反应的机理如下：

$$CH_4+※ \longrightarrow CH_x※+(4-x)/2H_2$$

$$2[CO_2+※ \longrightarrow CO_2※]$$

$$H_2+2※ \longrightarrow 2H※$$

$$2[CO_2+H※ \longrightarrow CO※+OH※]$$

其中，※表示表面吸附位。

以上反应机理为研究中所共识，但含氧化物的参与途径存在较大争议。

$$OH※+H※ \longrightarrow H_2O+2※$$

$$CH_xO※+OH※ \longrightarrow CH_xO_2※+H※$$

$$CH_xO※ \longrightarrow CO※+x/2H_2$$

$$3[CO※ \longrightarrow CO+※]$$

$CH_4$-$CO_2$ 重整反应是一个复杂的反应体系，发生的反应主要为[340]：

$$C+CO_2 \longrightarrow 2CO, \quad \Delta rH_m^{298}=172.5kJ/mol \tag{7-13}$$

$$CH_4+O_2 \longrightarrow 2CO+2H_2, \quad \Delta rH_m^{298}=247.1kJ/mol \tag{7-14}$$

$$CH_4 \longrightarrow C+2H_2, \quad \Delta rH_m^{298}=74.6kJ/mol \tag{7-15}$$

$$CO_2+H_2 \longrightarrow CO+H_2, \quad \Delta rH_m^{298}=41.2kJ/mol \tag{7-16}$$

$$C+H_2O \longrightarrow H_2+CO, \quad \Delta rH_m^{298}=131.3kJ/mol \tag{7-17}$$

$$CH_4+H_2O \longrightarrow CO+3H_2, \quad \Delta rH_m^{298}=205.9kJ/mol \tag{7-18}$$

Rafiq 等于 2011 年利用 Gibbs 自由能最小化法考察了原料比、不同温度对平衡组成的影响。运用平衡常数计算法计算了反应(7-14) 和(7-15)组成的 $CH_4$-$CO_2$ 重整

体系在 $CH_4$: $CO_2$=1: 1 时的平衡组成，包括平衡常数，$CH_4$ 和 $CO_2$ 转化率、$H_2$ 和 CO 产率，其中 K1、K2 分别表示反映式(7-14)、(7-15)的平衡常数，如表 7-9 所示。

**表 7-9　$CH_4$-$CO_2$ 重整反应的平衡常数、转化率和产率**

| 反应温度 | 平衡常数 | 平衡常数 | 转化率/% | | 产率/% | |
|---|---|---|---|---|---|---|
| $T$/K | $K_1$ | $K_2$ | $CH_4$ | $CO_2$ | $H_2$ | CO |
| 300 | $2.51\times10^{-30}$ | $1.73\times10^{-9}$ | 0 | 0 | 0 | 0 |
| 400 | $1.71\times10^{-19}$ | $3.54\times10^{-6}$ | 0.97 | 0 | 0.97 | 0 |
| 500 | $6.6\times10^{-13}$ | $4.13\times10^{-4}$ | 4.92 | 0 | 4.92 | 0 |
| 600 | $1.8\times10^{-8}$ | $1.10\times10^{-2}$ | 16 | 0.098 | 16 | 0.098 |
| 700 | $2.79\times10^{-5}$ | 0.122 | 51.58 | 0.54 | 51.58 | 0.54 |
| 800 | $7.06\times10^{-3}$ | 0.776 | 80.44 | 4.09 | 80.44 | 4.09 |
| 900 | 0.527 | 3.355 | 94.48 | 16.08 | 94.48 | 16.08 |
| 1000 | 16.545 | 11.009 | 98.64 | 37.74 | 98.64 | 37.74 |
| 1100 | $2.76\times10^{2}$ | 29.411 | 99.67 | 60.39 | 99.67 | 60.39 |
| 1200 | $2.84\times10^{3}$ | 67.134 | 99.83 | 90 | 99.83 | 90 |

2. 催化剂的研究

由于反应体系是用 $CH_4$/CO: 体积比为 2 的模拟生物沼气和适量氧气作为重整原料气来制备合成气，所以此反应实质上是耦合甲烷部分氧化和二氧化碳重整反应。因此，我们可以从研究适合耦合甲烷部分氧化和二氧化碳重整的催化剂出发，找到生物沼气重整制备合成气的高活性、高强度与抗积碳的高性能催化剂。

$CH_4$-$CO_2$ 催化重整催化剂一般采用 VIII 族过渡金属作为活性组分，主要有 Ni、Co、Ru、Rh、Pd、Ir、Pt 等，其催化活性受到很多因素的影响，载体、担载量、反应温度及前驱体等是影响其催化活性的主要因素。

贵金属作为活性组分催化活性高，抗积炭性能强、稳定性好，$CH_4$ 转化率和 CO、$H_2$ 选择性均很高，然而贵金属资源有限、价格昂贵，使其利用受限，大规模的开发和研究非贵金属催化剂是 $CH_4$-C 催化重整的主要研究方向。非贵金属催化剂，特别是 Ni、Co 基催化剂，由于它们催化活性高，价格低廉而受到广泛关注，但 Ni 基催化剂的主要缺点是严重的积炭问题和活性组分的流失。近年来，一些研究者还以活性炭、堇青石、铝酸盐为载体制备了一系列催化重整的催化剂。

在 $CH_4$-$CO_2$ 重整催化剂的大量研究中，提高催化剂的抗积炭性最常见也是最有效的方法是添加适合的助剂。添加助剂能提高金属的分散性，降低晶粒尺寸，从而提高活性位数量，改善催化剂的活性；能提高催化剂的表面碱度，加强 $CO_2$ 在催化剂的表面吸附；能降低催化剂的还原性，增强金属与载体之间的作用力；能提高金属的抗氧化性等。常见的助剂主要有：活性金属，稀土金属，碱金属等。

3. 沼气重整制合成气的关键技术

沼气除含有甲烷和二氧化碳主要组分外，杂质种类较多，而且硫化物和挥发性有机化合物的种类和形态复杂，难以彻底脱除，势必给沼气的净化处理和重整催化剂的性能带来困难和影响。因此，与天然气蒸汽重整相比，沼气重整的主要难点之一在于原料预处理阶段的各种杂质的去除，必须充分考虑到各种杂质对重整催化剂的影响。根据沼气组成和利用方式的不同，净化要求也不同。沼气的净化程度直接影响重整催化剂的催化性能。沼气净化通常包括除渣、脱水、脱硫、脱二氧化碳、脱氧、脱氮、脱硅氧烷、脱氨气等。

经净化处理后的沼气重整和天然气重整的主要差别在于沼气中含有大量的二氧化碳，一方面可以弥补氢多碳少的问题；另一方面使沼气重整反应过程不同于天然气重整反应过程，合成气中 $H_2/CO$ 比的调节和催化剂积炭之间的关系更加复杂，提高沼气重整中二氧化碳的转化率存在一定难度。

# 7.5　微生物电池

电能是高品位能源，将生物质能转化为电能，可以提高生物质能的品味，拓宽应用领域。作为一类特殊的生物质燃料电池，微生物燃料电池(microbial fuel cells, MFC)是利用自然存在的微生物在常温常压条件下将有机/无机物氧化产生电流的装置。MFC 除了具有化学燃料电池效率高、无污染等优点外，还具有自身独特的优势。

1910 年，英国植物学家马克·比特首次发现了细菌的培养液中能够产生电流，于是他用铂作电极，将其放进大肠杆菌和普通酵母菌培养液里，成功制造出了世界上第一个 MFC。MFC 采用微生物取代了化学燃料电池中昂贵的化学催化剂，这样在大大降低成本的同时，还可以利用非常复杂的燃料如废水中碳水化合物等发电。加上微生物具有自我繁殖和更新能力，因此可以长期有效地在污水处理过程中实现电力输出。1991 年，Habermann 和 Pommer[344]第一次尝试利用微生物处理污水并进行产电的实验之后，污水同步处理与微生物燃料电池发电的技术不断得到研究和开发。这一技术既净化了污水又获得了能源，具有广阔的应用前景。

## 7.5.1　微生物燃料电池的基本原理

1. 微生物燃料电池的基本概念

MFC 是在微生物的催化作用下，将化学能转化成电能的一种装置。它一般含有两个槽体，分别为阳极槽、阴极槽，以质子交换膜相隔；其中阳极室为厌氧槽，阴极室为好氧槽。MFC 槽内的微生物将基质降解后，释放质子和电子。电子经由外部回路到达阴极，质子将从阳极出发，通过质子交换膜到达阴极，在阴极表面电子、质子与氧结合产生水。除在电子产生及传递路径上稍有不同，MFC 与常规电池产能的原理基本相同(图 7-25)。

微生物通过发酵降解底物(如葡萄糖)，生成多种末端产物。在此过程中，微生物体内形成 ATP 获得能量，也产生了还原型辅酶(如 NADH)，微生物必须将其转化为 $NAD^+$以维持反应的继续进行。还原型辅酶上的氢原子以质子形式脱下，其电子则沿着电子呼吸链转移，于电子呼吸链末端某些特定的点位(如细胞色素 bc1、c 或 aa3 等)将电子传递到阳极表面，同时释放质子。质子在溶液中进行快速扩散并覆盖到阴极表面，由阳极收集得到的电子，经由外电路，最终传递到阴极表面。在阴极处，电子、质子与阴极表面吸附的氧气发生氧化反应，生成水，进而完成了整个的电化学过程，同时也将有机物的化学能转化成为电能。

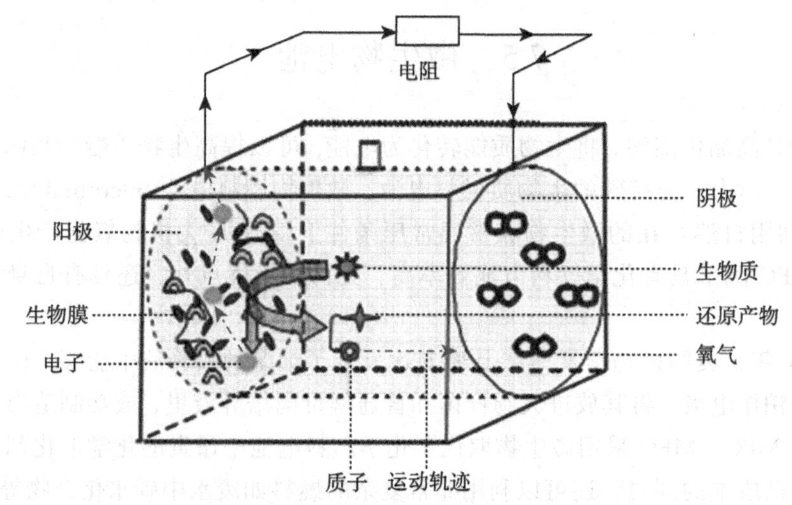


图 7-25　微生物燃料电池工作过程示意图

有机物在阳极产电菌的作用下被氧化，释放质子和电子，电子首先传递到阳极后，然后经外电路传递至阴极，而质子在电解质溶液中，通过膜和电解质到达阴极。在阴极，在催化剂的作用下，电子受体(如 $O_2$、$[Fe(CN)_6]^{3-}$等)得电子被还原，从而完成 MFC 的产电过程。2007 年逐渐兴起的生物阴极，是指在阴极利用微生物取代金属催化剂 Pt 等，以 $O_2$、$NO^{3-}$等为电子受体，完成相应的阴极半反应。以葡萄糖为燃料的 MFC 生化转化的电极反应方程式如下所示，总的氧化还原反应见方程式(7-21)。

阳极反应：
$$C_6H_{12}O_6 + 6H_2O = 6CO_2 + 24H^+ + 24e^- \tag{7-19}$$

阴极反应：$24H^+ + 24e^- + 6O_2 = 12H_2O$ (7-20)

总的氧化还原反应：$C_6H_{12}O_6 + 6O_2 = 6CO_2 + 6H_2O$+电能 (7-21)

理论上-2840kJ/mol。

从污水处理的角度而言，MFC 的阳极室就是一个填料型厌氧反应器。不同的是，在普通厌氧工艺中，填料只充当生物膜载体的作用，而在 MFC 内，阳极会起到生物膜载体和收集传导电子的双重作用。在 MFC 的三个关键部件中，阴极和阴极室是 MFC 区别于一般污水处理反应器最大的不同之处，阴极接收从阳极传过来的电子并发生还原反应；而电解质和膜在 MFC 中最主要的作用是实现阴阳极的隔离(防止短路)、质子传递和阴阳极室条件的维持。

2. 细菌电子传递原理

细菌呼吸的过程就是电子转移的过程。电子传递过程伴随着 ATP 的产生，细菌在电子传递过程中获得生长和代谢的能量。在 MFC 中，具有向电极直接进行电子传递的细菌统称为胞外产电菌(exoelectrogens)。它们是一类特殊的微生物，能够形成具有电化学活性的生物膜，在自然界矿物溶解、碳循环、磷和重金属的吸附络合的反应过程中起到关键的作用。目前胞外产电菌的绝大多数研究集中于两类异化金属还原菌属：*Shewanella* 和 *Geobacter*。作为产电的模式微生物，它们的基因组序列为我们提供了产电菌电子传递的最初步信息。现在被普遍认同的电子胞外传导机理有三种，即细胞膜相关的电子转移过程、伞毛的纳米导线作用和细胞自身产生电子中介体(图 7-26)。细胞膜相关的电子转移过程，也就是氧化过程，是通过参与呼吸链电子传递的化合物进行的。这些物质如细胞色素 c，可以自由往返于胞内和细胞膜表面。当菌体与电极接触时它们就可以作为电子中介体向电极转移电子。

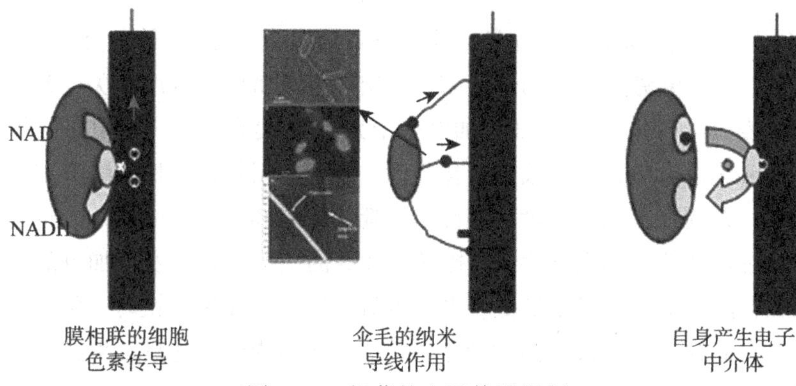


图 7-26　细菌的电子传递机制

然而，MFC 电化学活性生物膜的群落分析表明，胞外产电菌的多样性比预测得要多很多。目前关于电子由胞内传递至胞外电子受体的其他机理还处于探索阶段。

3. MFC 的内阻分布

在实际的 MFC 体系中，电子从微生物传递至最终电子受体的过程伴随着能量的损失，在电化学中表现为内阻。内阻降低了 MFC 的电压输出，从而降低了能量效率(图 7-27)。内阻可以分为活化内阻、欧姆内阻和传质内阻。

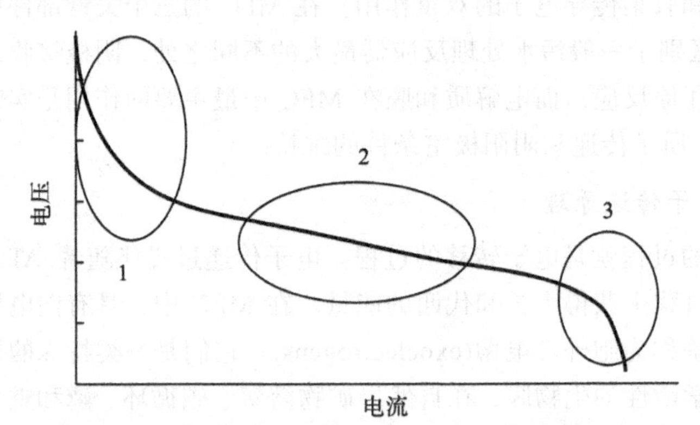


图 7-27　微生物燃料电池极化曲线上的内阻分区示意图

图 7-27 中区域 1 代表活化内阻控制区，区域 2 代表欧姆内阻控制区，区域 3 代表传质内阻控制区。不论是在阳极表面还是在细菌表面的氧化还原过程，都需要一定的能量活化氧化反应，这部分能量造成的电子传递内阻就是活化内阻，而这种活化作用导致的电势损失一般称为活化过电势。活化过电势可以用 Tafel 方程(式 7-22)来描述：

$$\eta=a+b\log|i| \tag{7-22}$$

式中，$\eta$ 代表过电势；$a$ 是相关系数，由化学反应自身决定；$i$ 是电流密度，$i_0$ 为交换电流密度，即过电势为零时的电流密度。交换电流密度与温度有关，升高反应温度、对电极表面进行化学修饰(如添加电子中介体)、提高细菌传输电子的能力等手段均可降低活化过电势，从而减少活化内阻。欧姆内阻是由电极、溶液和膜的物理电阻造成的。尤其在高电流密度区，欧姆内阻是限制 MFC 功率提升的重要因素。我们可以通过增加溶液的电导率、选择导电性好的电极材料以及增加分隔介质的离子扩散系数，使欧姆内阻降至最低。当阳极氧化底物的速率很快时，化合物被氧化的速率大于它们补充到电极表面的速率，会造成传质内阻，这只发生在更高电流密度的情况下。一般来说，只有当扩散过程被厚厚的生物膜阻碍或者在极小外电阻下运行 MFC 时，扩散内阻才成为一个问题。

### 7.5.2　MFC 发展历史与现状

纵观 MFC 的发展历史，经历了几种形式的变革。早期的 MFC 是将微生物发酵的产物作为电池的燃料，如从家畜粪便中提取甲烷气体作为燃料发电。20 世纪 60 年代末以来，人们将微生物发酵和制电过程合为一体。20 世纪 80 年代后，由于电子传递中间体的广泛应用，MFC 的输出功率有了较大提高，使其作为小功率电源而使用的可行性增大，并因此推动了它的研究和开发。2002 年后，随着直接将电子传递给固体电子受体的菌种的发现，人们发明了无需使用电子传递中间体的微生物电池，其中所使用的菌种可以将电子直接传递给电极。由于 MFC 能够长时间提供稳定电能，所以它在诸如深海底部和敌方境内的军事装备这些“特殊区域”具有潜在用途。近年来，全球的能源需求不断增加，而煤、石油等化石燃料的储量有限，同时人们对于生活环境越来越重视，使得我们对于清洁能源的需求越来越迫切，而 MFC 作为一种新型的清洁能源，受到了越来越多的关注，对它的研究也在不断深入。

MFC 的分类

根据微生物细菌的产电原理可设计出各式各样的微生物燃料电池，对这些电池进行分门别类有助于更进一步地了解电池的本质，促进该技术的发展。目前，微生物燃料电池的分类方法尚无统一的标准，根据不同的划分依据，微生物燃料电池可以分为不同种类。普遍采用的分类方法主要有两种，其中一种是根据阳极室中产电微生物的电子传递机理来进行分类，另外一种是根据微生物燃料电池的构型来进行分类。

根据阳极室内微生物与电极材料之间的电子传递方式的不同，可将微生物燃料电池分为间接型和直接型。微生物燃料电池研究的初期认为，大部分微生物不具电子传递特性，电子无法直接从微生物到达电极，所以很多微生物燃料电池的阳极产电过程都需要电子传递作为中间体参与微生物细菌与电极之间的电子传递过程，即构成间接微生物燃料电池。微生物燃料电池中引入电子传递中间体在一定程度上可提供有效的电子传递通道，但却增大了电子传递的距离，其总体效果仍然不佳，并且很多电子传递中间体有毒易分解。随着微生物燃料电池研究的不断深入，发现某些微生物细菌可在无电子传递中间体存在的条件下，吸附并生长在电极的表面将电子直接传递给电极产生电流，构成直接微生物燃料电池。虽然这种类型的微生物燃料电池得以成功构建，电池在无须人为添加电子传递的条件下就能产生较高的功率输出，但在微生物与电极间的胞外电子传递机制，以及吸附在电极上的细菌和悬浮在溶液中的细菌分别对电能输出所起的作用等方面都需要更广泛的研究。根据阳极电子传递机理进行分类的方法直接明了，便于认识微生物燃料电池的本质。

依据微生物的营养类型不同，微生物燃料电池可分为异养型、光能异养型和沉积物型。异养型是指厌氧菌代谢有机底物产生电能；光能异养型是指光能异养菌(如藻青菌)利用光能和碳源作底物，以电极作为电子受体输出电能；沉积物型是微生物利用沉积物相与液相间的电势差产生电能。

依据电子从细菌到电极转移方式的不同，MFC 又可分为介体 MFC 和无介体 MFC。微生物的细胞膜对电子传递造成很大阻力，需要借助介体将电子从呼吸链及内部代谢物中转移到阳极。常用的介体有硫堇、中性红、亚甲基蓝、劳氏紫等，在 MFC 中介体分子载着电子往返于细菌氧化还原酶和电极表面之间，为电子传递提供方便的通道。介体是典型的氧化还原分子，它们可以形成可逆的氧化还原电对，并且氧化形式和还原形式非常稳定，对生物无毒无害不易降解。尽管外源加入的介体可以大幅度提高电子传递效率，但它们造价太高无法应用于实际，并且可能有毒或者在长时间的运行过程中被生物降解。着眼于 MFCs 的应用可行性，无介体 MFC 才是研究的中心。

根据微生物燃料电池构型的不同，又可分为单室型和双室型。MFC 的构型直接影响到电池的内阻。良好的构型设计能够在提高废水处理效率的同时获得较高的功率输出。因此，优化构型研究一直在进行，MFC 的内阻不断减小，功率密度不断得到提升。最初无介体 MFC 的研究是从传感器型带有阳离子交换膜的双室 MFC 开始的。随着研究的深入和燃料电池领域的快速发展，后来的研究结合了燃料电池和废水处理反应器的设计开发出多种 MFC[345]，MFC 的结构也由双室逐渐演化为单室空气阴极 MFC。

早期的大多数 MFC 研究是在双室型 MFC 反应器中开展的。由于该种反应器大多由中间夹有阳离子交换膜的两个带有单臂的玻璃瓶组成，外观上很像字母“H”，因此又被形象地称为 H 形 MFC(图 7-28)。

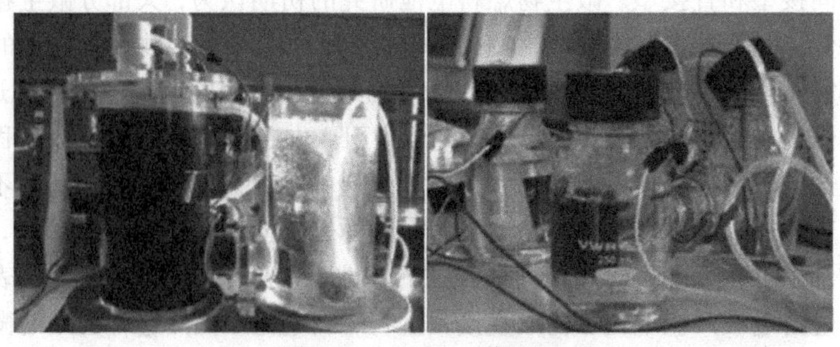

图 7-28 双室 H 形 MFC

双室 H 形 MFC 由阳极室和阴极室构成，中间由阳离子交换膜隔开，保证了阳极电子供体和阴极电子受体在空间上的独立性。由于阴阳极分别处在不同的空间，因此可以在保证一个极室不受影响的前提下，在另一个极室进行实验。由于双室 MFC 的密闭性较好，抗生物污染的能力较强，因此产电菌的分离及其性能测试的实验通常在双室 MFC 中进行。而当固定阳极室条件时，研究者使用双室 MFC 进行了阴极电子受体的测试，验证了如 $K_3Fe(CN)_6$、$KMnO_4$ 和 $K_2Cr_2O_7$ 这类可溶性氧化剂可以作为阴极电子受体，同时也证明了在阴极无氧的条件下以硝酸盐作为电子最终受体可以实现阴此外，这种构型的优点是容易组装，甚至使用矿泉水瓶就可以组装简易的反应器。

为了降低双室 MFC 内阻，有效的方法就是增大膜面积。双室方型 MFC 中(图 7-29 和图 7-30)，在阴阳极之间夹有与两极室横截面积相同的离子交换膜。与双室 H 形 MFC 相比，方形 MFC 的内阻降低到 10 左右。在使用铁氰化钾为阴极电子受体时，功率密度达到了 $4.31W/m^2$。

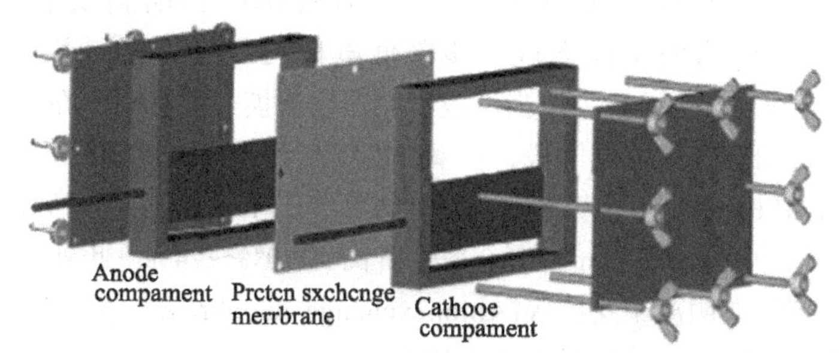


图 7-29　Rabaey 等设计的双室方形 MFC

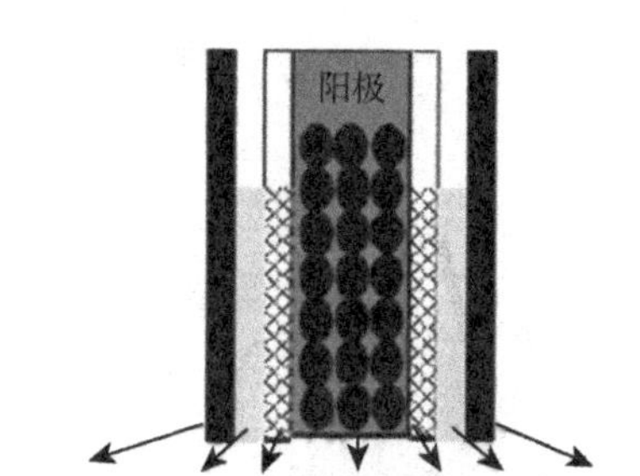


图 7-30　双室圆筒形 MFC 示意图

空气阴极 MFC 可以将阴极室压缩为很薄的一层，因此一般表观上来看，空气阴极 MFC 有阳极室(图 7-31)。空气阴极的设计思路来源于质子交换膜(proton exchange membrane，PEM)燃料电池[346]。2003 年，Park 和 Zeikus 首次设计出单室空气阴极 MFC，他们将阳离子交换膜更换为 2mm 厚，50mm 直径的高岭土陶瓷膜，利用 $Mn^{4+}$-石墨作为阳极材料，$Fe^{3+}$-石墨作为阴极材料，功率输出为 $91mW/m^2$[347]。Liu 等将 PEM 热压在碳布上并卷成筒状，在外圈设置了 8 根石墨棒阳极，圆筒内侧为空气阴极，在连续流运行条件下以生活污水为底物，获得了 $26mW/m^2$ 的最大功率输出[348]。Min 等基于燃料电池流场板的设计思路，在阳极板和阴极板上分别设计了

15cm×15cm×2cm 的矩形盘状流道，使用生活污水为底物连续流运行，平均输出功率为 $72mW/m^2$[349]。2004 年 Liu 和 Logan 发现，在空气阴极 MFC 中去掉 PEM，最大功率密度由(262±10)$mW/m^2$ 上升到(494±21)$mW/m^2$(葡萄糖为底物)，但与此同时库仑效率从 40%～55%下降到 9%～12%[350]。从未来应用的角度看，在不考虑底物的利用率和能量转化率时，去掉 PEM 既降低了 MFC 成本又提高了功率输出。该研究设计的立方体 MFC 因其操作方便和功率输出高等特点，被后来的研究者广泛应用于考察 MFC 的底物、电极材料以及产电影响因素等方面。使用乙酸盐为底物时，当电极间距从 4cm 减少到 2cm，由于内阻的降低，功率输出从 $720mW/m^2$ 提高到 $1210mW/m^2$。添加 NaCl 将溶液离子强度由 100mmol/L 增加到 400mmol/L，功率密度由 $720mW/m^2$ 增加到 $1330mW/m^2$ [351]。尽管缩短两极间距降低了反应器内阻，但在以葡萄糖为底物的条件下进一步降低电极间距至 1cm 时，功率密度由 $811mW/m^2$ 降低到 $423mW/m^2$。但当反应器在连续流模式运行时，在 1cm 的电极间距下反应液穿透阳极直接流向阴极，功率密度提高到 $1540mW/m^2$ [352]。用涂有钴卟啉催化剂(CoTMPP)的管状阴极替代了原有的安装于阳极对面的平板阴极后，以葡萄糖为底物功率密度为 $18W/m^2$，库仑效率升高到 70%～74%。此外，Zuo 等[353]将 CoTMPP 催化剂涂在阴离子交换膜(Anionexchange membrane，AEM)上制成了空气膜电极，获得了 $449mW/m^2$ 的最大功率密度。

图 7-31　单室空气阴极 MFC

### 7.5.3　MFC 产电微生物

近年来，科研工作者已分离出的具有产电功能的微生物涉及很广，从原核的细菌、绿藻到真核的酵母菌都存在。在产电微生物的研究初期，产电菌需要人为添加中间介体(中性红、硫堇、AQDS 等)才能将电子传到电极上，而这些中间介体成本高、有毒等特点使产电微生物的应用出现了困境。直到 1999 年，直接产电菌 *Shewanella putrefactions*[IR-1]的发现使产电微生物的研究出现了重大的转折，从此开始了对无介体微生物燃料及直接产电微生物的研究。在细菌产电类群中存在两类产电微生物，一种是利用细菌呼吸的初级代谢产物将化学能转化为电能(如大肠杆菌(*Escherichia coli*) K12 利用铂涂层作为导电聚合物保护阳极制氢)，另一种是利用金属还原细菌(如 *Geobacter* 或 *Shewanella*)通过胞外酶或色素将电极作为末端电子受体直接将代谢过程中产生的电子传递给阳极或者是由细菌分泌的氧化还原介质(如喹啉等)来完成。

### 1. 产电微生物分类

产电微生物主要是从运行稳定的微生物燃料电池中分离出来，这些已分离的产电微生物多数为细菌，分别隶属于变形菌门、厚壁菌门和酸杆菌门。这些细菌多为革兰氏阴性短杆菌，兼性厌氧。从厌氧呼吸的最终电子受体的类型来看，它们属于不同的功能菌类型，例如，以 Fe(III)或 Mn(IV)为呼吸链的最终电子受体金属还原菌 *Shewanella*、*Geobacter*、*Geopsychrobacter* 等菌属；以硫酸盐为电子受体的硫酸盐还原菌 *Desulfoblbus*、*Desulfovibrio*、*Desulfuromon* 等菌属；以硝酸盐为电子受体的硝酸盐还原菌 *Pseudomonas*、*Ochrobactrum*、*Comamonas* 等菌属。另外，厌氧发酵的大肠杆菌、进行光合作用的 *Rhodopseudomona*、绿藻(*Chlamydomonas*)以及真核的酵母菌均能表现出产电的特性。产电微生物的具体分类见表 7-10。

**表 7-10　产电微生物的具体分类**

| 细菌 | 变形菌门 | α-变形菌纲 | 沼泽红假单胞菌(*Rhodopseudomonas palustris*) |
|---|---|---|---|
| | | | 人苍白杆菌(*Ochrobactrum anthropi*) |
| | | | *Rhodobacter sphaeroides* |
| | | | *Acidiphilium cryptum* |
| | | β-变形菌纲 | 铁还原红育菌(*Rhodofoferax ferrireducens*) |
| | | | *Comamonas denitrificans* |
| | | γ-变形菌纲 | 嗜水气单胞菌(*Aeromonas hydrophilia*) |
| | | | 铜绿假单胞菌(*Pseudomonas aeruginosa*) |
| | | | 希万氏菌属 *Shewanella putrefactions*、*Shewanella oneidensis* |
| | | | 埃希氏大肠杆菌(*Escherichia coli*) |
| | | δ-变形菌纲 | 地杆菌属 *Geobacter sulfurreducens*、*Geobacter metallireducens*、*Geopsychrobacter electrodiphilus* |
| | | | 丙酸硫叶菌(*Desulfoblbus propionicus*) |
| | | | 脱硫弧菌(*Desulfovibrio desulfuricans*) |
| | | | *Desulfuromonas acetoxidans* |
| | 厚壁菌门 | 梭菌属 *Clostridium butyricum*，*Clostridium beijerinckii*，*Clostridium cellulolyticum*，*Thermincola* sp. Jr | |
| | 酸杆菌门 | *Geothrix fermentan* | |
| 真菌 | | | 异常汉逊酵母(*Hansenula anomala*) |
| 藻类 | | | 绿藻(*Chlamydomonas reinhardtii*) |

2. 产电微生物的性质及电化学活性

产电微生物目前研究比较多的主要是细菌，在电池中常见的细菌类群有：变形杆菌、异化金属还原菌、梭状芽孢杆菌和大肠杆菌等。

产电微生物从早期的介体型细菌到无介体型细菌，再到最近的自介体细菌的发现，表明产电微生物的种类较分散、来源较广泛。如今已经有很多菌种被发现能够用于构建直接 MFC，例如，*Geobacter* 和 *Shewanella* 种类的菌种[354, 355]可以在细胞外释放电子；*Geobacter sulfurreducens* 和 *Shewanella putrefaciens*[356-357]可以利用膜外细胞色素进行细胞外的电子传递；*Pseudomona saeruginosa*[358]能够自己产生可溶性电子传递中间体并利用它进行电子传递而不需要细胞与电子受体的直接接触；*Synechocystis* 和 *Pelotomaculum thermopropionicum*[359]被证实具有纳米丝结构，使得这些细菌能够和远处的电子受体直接进行反应，这样就不需要可溶性电子传递中间体，而且能够实现菌种间的直接电子传递[360]。研究表明，产电微生物大致来自于细菌域的三个分支：变形菌、酸杆菌和厚壁菌。

1) 大肠杆菌

大肠杆菌自身电化学活性很低，需要富集纯培养，其纯菌种产电的性向单一明了，代谢产生的电子需要外源中间体的参与才能传递到电极表面。该类细菌在厌氧条件下均能发酵产氢，主要集中于电子传递过程中化学介体的选择和菌体-介体组合的研究。此类菌还包括枯草杆菌、变形菌、脱硫弧菌等。

2) 地杆菌科

地杆菌科有很好的遗传背景，属 δ-*Proteobacteria*。以 *G. sulferreducens* 为例[361]，在有机物降解过程中，可以只用电极作电子受体而完全氧化电子供体；在无氧化还原介体的情况下，可以定量转移电子给电极。这种电子传递归功于吸附在电极上的大量细胞。由于 *G. sulfurreducens* 的全基因组序列的测序已经完成，所以目前基本都是以 *G. sulfurreducens* 为模式菌进行 MFC 的研究。

3) 腐败希瓦氏菌

希瓦氏菌因其呼吸类型的多样性而得到广泛研究，Kim 等[355]采用循环伏安法研究了 *S. putrefaciens* MR-1、*S. putrefaciens* IR21 和 SR221 的电化学活性，对分别以这几种细菌为催化剂、以乳酸盐为燃料的 MFC 研究发现，不用氧化还原介体，直接加入燃料后电池的电势都有明显提高，说明该类细菌是通过细胞膜直接传递电子。

4) 红螺菌

红螺菌是一种氧化铁还原微生物。与其他产电菌相比，其最重要的优势就是它能将糖类物质转化为电能，并完全氧化葡萄糖。研究发现铁还原红螺菌将糖类转化为电能的效率高达 80%以上，是一种高效的产电菌，这将大大推动 MFC 的实用进程。除上述几类细菌外，丁酸梭菌、粪产碱菌、鹑鸡肠球菌和铜绿假单胞菌等也有产电能力[362]。总的说来，目前了解的比较高效的产电微生物主要集中于固体金属氧化物还原菌，它们属于变形菌，革兰氏阴性，这类细菌的自然生长条件与 MFC 的条件类似，电子传递方式也有共同之处。

最近的研究发现，一些低 G+C 革兰氏阳性细菌也能产电，能降解有机物、发酵葡萄糖产酸产气，但不能直接分解糖类，其能量来源是氨基酸代谢和呼吸过程[363]。由于革兰氏阳性菌细胞壁的厚度远大于阴性菌，电子穿过细胞壁到体外的过程与发酵和细胞质内的其他电子传递过程相比优势并不明显，因此产电能力相对较弱。该类细菌以酸杆菌门、弯曲杆菌科和螺杆菌科为主。

### 7.5.4　MFC 各组件对电池性能的影响

1. 阳极材料

MFC 阳极直接参与微生物催化的燃料氧化反应，而且吸附在电极上的那部分微生物对产电的多少起主要作用。对阳极材料的基本要求是电导性高、耐腐蚀、比表面积大、孔隙率高、不易堵塞。MFC 常用的电极材料有炭布、石墨毡、石墨颗粒、石墨棒、石墨盘片等。Rabaey 等对电极构型和功率密度的关系做了研究。采用石墨盘片和石墨毡时，容积功率大致相同，前 50h 的平均容积功率分别为$(8.8\pm0.4)W/m^3$和$(8.0\pm0.6)W/m^3$，最大容积功率分别为 $15.9W/m^3$ 和 $15.2W/m^3$，而采用柱型石墨电极时，开始阶段和前两种的容积功率相近，但随后容积功率发生明显下降[364]。由活性炭纤维制成的石墨刷具有较高的比表面积和孔隙率，直径 5cm，长 7cm 的纤维的表面积可达 $1.06m^2$，其比表面积为 $7170m^2$，孔隙率达到 98%。梁鹏等考察了以碳纳米管、活性炭和柔性石墨为阳极材料的三种 MFC 的产电性能，其最大产电功率密度分别为 402、354 和 $274mW/m^2$，以碳纳米管为阳极材料可以有效降低 MFC 的阳极内阻，据推测可能碳纳米管含有丰富的羧基等含氧基团，还具有管壁缺陷等特性，可促进电子传递[365]。

化学修饰电极也被用于 MFC 反应器。铂/石墨电极比普通石墨电极催化效果好，极化作用小。Moon 等的实验证明：采用铂/石墨电极，功率密度可高达 $0.15mW/m^2$，是采用普通石墨电极的 3 倍。增加电极比表面可以降低电流密度，从而降低电化学极化。采用穿孔铂/石墨盘片电极时，电极表面微生物的覆盖率远好于采用普通铂/石墨盘片电极，从启动到达稳定状态的时间也明显缩短。这是因为穿孔电极在保障生物膜形成和菌团形成所需足够的空间的同时，使电解质在稳定状态下流动，很好地防止了含悬浮物的污水造成的堵塞[366]。Park 和 Zeikus 利用锰修饰石墨电极，将接种 5putrefacians 的 MFC 的功率密度由 $0.02mW/m^2$ 提高到 $0.2mW/m^2$，当采用混合菌群时，功率密度高达 $788mW/m^2$。由于在修饰锰的同时，将 CEM 换成高岭土陶瓷隔膜，因此无法完全将 MFC 功率的提高归于修饰电极的应用。利用气相沉积将氧化铁负载到碳纸上，可以缩短 MFC 的富集时间，但是其最大输出功率不会发生变化[367]。Lowy 等将具有电子传导作用的 AQDS 或 1，4-萘醌(NQ)修饰到石墨电极上，发现电流分别提高 1.7 倍和 1.5 倍[368]。Crittendon 等发现 5.putrefacians 在金电极上产生的电流非常小，当修饰 11-巯基十一烷酸后电流有很大的提高，推测修饰物的作用可能与在微生物和金电极之间传递电子有关[369]。

2. MFC 阴极材料

MFC 阴极使用的一般电极和阳极是差不多的，多是碳毡、碳纸、石墨盘、石墨颗粒以及网状玻璃碳等，但是由于溶解氧在一般电极表面的还原速率较低，所以对于阴极的改进就主要集中在对电极的修饰以提高氧还原速率方面，还有就是用别的电子受体代替氧在阴极上被还原。为了提高 MFC 的输出功率，人们使用高还原性的物质作为电子受体，如铁氰化物和高锰酸盐[370]，但由于它们不可再生、需增加额外成本的缺陷，使其不具备实用价值。利用廉价易得的空气中的 $O_2$ 作为电子受体无疑是最佳选择，但是氧的还原是一个不可逆反应，其反应动力学慢，会造成阴极电势 0.3～0.4V 的损失。因此提高阴极氧还原的电催化活性成了目前 MFC 的研究重点之一。

目前人们对氧还原催化活性的改进主要集中在以过渡金属大环化合物、金属氧化物来取代价格昂贵的 Pt 催化剂方面上。Zhao 等[371]研究了热解法制备的铁酞菁及钴卟啉作为两室 MFC 阴极氧还原的催化特性，结果发现钴卟啉和铁酞菁催化剂的性能接近于商用 Pt/C 催化剂；Yu 等[372]也研究了金属大环化合物作为 MFC 阴极催化剂，结果表明在中性 pH 值下，金属大环化合物对氧还原的性能要高于 Pt。目前研究的可作为 MFC 阴极催化剂的金属氧化物主要有 $PbO_2$ 和 $MnO_2$ 等；Morris 等[373]比较了 Pt 和 $PbO_2$ 作为双室 MFC 阴极催化剂的性能，发现与 Pt 催化剂相比，$PbO_2$ 的产能效率增高了 2～4 倍，成本却降低了 2～17 倍；汪家权等[374]以单室 MFC 为研究对象，得出钛基板作为阴极材料是可行的，且输出功率密度在 8 天的运行中比较稳定，最大可达到 485 $mW/m^2$，而且钛基 $PbO_2$ 电极比 Pt 电极要经济很多。Clauwaert 等[375]发现 $MnO_2$ 作为 MFC 阴极催化剂能够使得电池的启动时间比不修饰的电极启动时间提高约 30%，Roche 等研究了 $MnO_2$ 分别在碱性[376]和中性[377]的条件下作为阴极催化剂的电催化性能，并指出通过促进氧在 $MnO_2$ 上的失电子途径还原的 Ni、Mg 等金属离子的掺杂能够提高 $MnO_2$ 催化剂的性能。Zhang 等[378]分别比较了不同晶型的 $MnO_2$($\alpha$-$MnO_2$，$\beta$-$MnO_2$，$\gamma$-$MnO_2$)对 MFC 阴极氧还原的性能，结果表明三种晶型的催化剂对氧还原都具有很好的电催化活性，其中 $\beta$-$MnO_2$ 的催化活性最强，这可能是由于 $MnO_2$ 具有比较大的多分子层理论吸附(BET)表面积和较高的平均氧化态，所得电池的最大功率密度为 161mW/m$^2$。Liu 等[379]通过电沉积的方法制备了形貌和大小都可控的 $MnO_x$ 催化剂，他们指出，Mn 的氧化态以及形貌控制着催化剂对 MFC 阴极氧还原的催化性能和活性，而这些又都和电化学制备过程紧密相关，他们还指出氧在 $MnO_x$ 纳米棒上的还原是通过四电子途径进行，他们的工作为研究低成本、高效益、简单可控的单室空气阴极 MFC 阴极催化剂提供了重要信息。Li 等[380]研究了钾矿型八面体分子筛结构(OMS-2)的锰氧化物取代 MFC 中常用阴极 Pt 催化剂的情况，系统比较了未修饰的和分别用 Co、Cu、Ce 修饰的 OMS-2 以及 Pt 催化剂对氧还原的性能，结果表明修饰过的 OMS-2 能够有效增加 MFC 的产电功率，提高有机物质的降解效率，金属离子修饰的 OMS-2 的活性依次为 Co-OMS-2 > Cu-OMS-2 > Ce-OMS-2 > ud-OMS-2。Cheng 等[381]发现氧从阴极处扩散到阳极表面会导致系统的库仑效率降低并降低电池的能量产出，于是他们在阴极表面修饰一层由碳和聚四氟乙烯组成的扩散层，结果表明修饰了 20mg/cm$^2$ 聚四氟乙烯 2.5mg/cm$^2$ 碳的扩散层以后，系统库仑效率有效提高，同时能量产出也增加到 766mW/m$^2$。

3. 膜材料的研究

目前在 MFC 中常用的质子交换膜(PEM，包括阳离子交换膜、阴离子交换膜)，因其具有价格昂贵、易变形等一系列问题，人们已开始研究各种 PEM 的替代膜，例如，双极膜、微滤膜(MFM)、超滤膜(UFM)等。

早在 2007 年 Kim[382]等就比较了各种不同的膜在双室 MFC 中的应用。Sun 等[383]以 MFM 为 PEM 的代替膜，研究了偶氮染料在单室空气阴极 MFC 中的脱色以及产电情况，结果证明 MFM 的使用不但提高了电池的功率效率而且还提高了输出电压，之后他们[84]又进一步比较了 3 种不同孔径的 UFM、PEM 及 MFM 在空气型 MFC 上的应用，结果证明截流分子量为 500 左右的 UFM 性能最好，并且他们还从氧扩散系数和底物扩散系数的角度进行了原因分析。一般而言，膜的氧扩散系数和底物扩散系数的变化是一致的，氧扩散系数越大，阳极进行的厌氧反应进行得就越慢，甚至还会受到阻碍，而底物扩散系数越大，电池的内阻就越低，底物的转化率就越高，所以它们之间存在一个最佳选择条件。而 Liu 等还发现去掉离子交换膜以后虽然系统的库仑效率降低了，但是系统的能量产出提高了 89%，Zhuang 等[385]也研究了无膜 MFC，电池的功率密度分别到达到了 9.87W/m$^3$，可见离子交换膜在 MFC 系统中并不是必须的。

4. 底物

底物作为 MFC 的燃料决定了释放能量的多少，其降解难易程度对微生物的种类及相应的代谢途径有选择作用。MFC 的典型底物主要包括：乙酸[4386-388]、葡萄糖[389]、乳酸[390]、醇类以及组成相对复杂的废水。

微生物对各种底物的分解利用速率存在较大差异，如果在以葡萄糖为底物的 MFC 中加入乙酸、丁酸等小分子物质，则该底物可较快地发生分解；而在以乙酸、丁酸等为底物的 MFC 中加入葡萄糖，其降解需要一定的适应期[391]。对比醋酸和葡萄糖作为底物时电子的流向发现，虽然二者大部分的电子用来产生电流，但在以葡萄糖为底物的实验中，有部分电子流向氢气和甲烷[392]。这是因为在厌氧条件下葡萄糖需要经过糖酵解途径才能转化为乙酸，而乙酸可直接进入生化反应产生电子和氢离子。葡萄糖的代谢链比较长，参与的微生物数量相应较多，因而有较多的底物转化为生物质，表现为库仑效率低。在理想条件下，底物会被产电微生物分解生成二氧化碳、氢离子和电子，但非产电微生物的竞争代谢会产生甲烷和氢气。其中产甲烷菌的竞争尤为明显，在很多试验中观察到阳极区存在甲烷。

此外，底物代谢的中间产物对 MFC 也有影响。在乙酸为底物的代谢过程中，如果外接电阻过大，部分底物则转化成聚 β-羟基丁酸酯(PHB)。这可能是电阻高时电流密度过小以至于细胞产生电子的速度大于电子的传递速度，所以出现了底物储藏行为。这一现象与基于生物膜 MFC 的模型的计算结果相似。细菌的内源代谢可以减小 MFC 电流的最大值，但在一定程度上也可以提升电流的最小值；特别是在外源添加物耗尽时，内源代谢的影响尤其明显[392]。Catal 等[393]研究了混合菌种分别在以 12 种单糖为碳源的产电情况，结果表明甘露糖的功率密度最低而葡萄醛的产电性能最好。所有有机碳源的 COD 的去除率都达到了 80%以上，之后他们[394]又以不同的混合单糖为底物((A) 葡萄糖–半乳糖，(B)半乳糖–甘露糖，(C)葡萄糖–木糖，(D) 阿拉伯糖–木糖，以及 (E) 葡萄糖–半乳糖–甘露糖–木糖–阿拉伯糖)，研究了它们在单室无介体 MFC 中的产电情况，结果表明六碳糖(葡萄糖，甘露糖和半乳糖)的利用率要高于五碳糖(木糖和阿拉伯糖)。当单糖被消耗完以后，它们降解过程中所产生的挥发酸(VFAs)(主要是乙酸和丙酸)可作为产电的主要能源，在 MFC 中，利用混菌时，产电过程优于发酵过程，尤其是当电流的产生由外电阻限制时。

在 MFCs 的，葡萄糖和乙酸是 MFC 基础研究中最好的产能产电的底物[393]，而农产品的水解残渣则是 MFC 产电较好的底物，啤酒厂废水由于含有促生长的有机质而成为 MFC 中与众不同的最具应用潜力底物[395]，淀粉工艺废水可用于培养微生物群落[396]。市政和工业废水、合成和化学废水、染料废水以及垃圾沥出物等是 MFC 的非传统底物[397]。

5. 离子浓度的影响

通常以城市污水接种的 MFC，在不投加营养盐及磷酸盐缓冲溶液的情况下，可以获得电能，但产电效果不理想。投加营养盐后，产电性能有较大的提高，外电路负载两端最高电压为 228.2mV，功率密度为 35.2mV/m$^2$，COD 去除率 39.7%，库仑效率可达 60.6%。李贺等研究了在阳极液中氯化钠的投加量为 0.3 mol/L 时电池效能最高，但微生物对盐分有一定的耐受性，故不能投加过量；同时用不同摩尔浓度的磷酸氢钠和磷酸氢二钠缓冲液考察阴极离子强度对产电的影响，发现因缓冲液的挥发会引起的负载电压升高，主要是因为缓冲溶液中离子强度的改变。

### 7.5.5　MFC 的发展方向及应用前景

1. MFC 的发展方向

MFC 自身潜在的优点展示了其良好的发展前景，但作为电源应用于实际生产与生活还比较遥远。其主要原因是输出功率密度与其他电池技术相比存在着数量级上的差距。此外，较之其他电池，制作与运行成本也较高。若 MFC 能降低成本和提高发电效率，将会为废水处理节省庞大的开支。因此，在污水处理中应用 MFC，有必要在以下几方面开展研究：

(1) 筛选高活性的微生物或选择低(无)毒、廉价的催化剂–介体组合，进一步提高电流和功率密度。

(2) 单室结构 MFC 的研究与开发。在电池的构造方面，现有的 MFC 一般有阴阳两个极室，中间由质子交换膜隔开，这种结构不利于电池的放大，单室设计的 MFC 将质子交换膜缠绕于阴极棒上，置于阳极室[398]，这种结构有利于电池的放大，已用于大规模处理污水。Zhang 等[399]通过改换电极、改进分离膜等对电池的扩大化进行了研究。

(3) 阴阳极材料的选择与修饰。电能的输出很大程度上受到阴极反应的影响，氧气通过质子交换膜扩散至阳极，以及阴极本身微弱的氧气还原反应都导致了低电量输出。特别是一些兼性厌氧菌，氧气扩散到阳极会严重影响电量的产生，因为这类菌很可能不再以电极为电子受体而以氧气作最终电子受体。对于阴阳极材料的选择仍是 MFC 研究的重点之一。

(4) 反应器结构和运行参数的研究。应进一步优化反应器的结构，提高混菌 MFC 的整体效能；利用微生物固定化技术、重金属负载技术等改善其结构和性能；进一步探明不同环境条件和运行工况下，微生物的代谢途径和生物多样性；在运行参数对 MFC 产电效率的影响、构建 MFC 的反应动力学模型等方面均需开展深入工作。

2. MFC 的应用前景

1) 处理废水

MFC 不仅可以净化水质，还可以发电，废水处理可以说是最具前景的应用方向，也是目前研究最热的课题。就我国来说，目前有一半以上的污水处理厂因经费不足无法正常运行，污水处理的高成本不仅严重制约了污水处理的发展，也直接威胁到人们的健康和安全。采用 MFC 处理污水既能净化水又能产能，尽可能使污水处理利益最大化。另外，由于微生物代谢的特殊性，所以很多微生物(单菌或者混菌)都可用于 MFC 中，像生活污水、食品加工厂废水、宰猪厂废水等富含有机质的物质都可以作为 MFC 的底物，卢娜等[400]研究表明以淀粉废水为基质，$MnO_2$ 为阴极氧还原催化剂构建的双室连续流 MFC 不仅能够在产电的同时使废水得到处理，MFC 的性能也能同时得到大大改善。COD 和 $NH_4^+$-N 去除率可达到 90.2%和 81.9%。

2) 生物传感器

生物传感器有如乳酸传感器、$BOD_5$ 传感器等。MFC 的厌氧菌落可更替的特性使得其可作为在线监测有机物含量的生物传感器。尽管常规的通过 BOD 来计算废水中的有机物的方法很多，但是绝大多数都不能实现在线监控和对水处理的过程的控制，MFC 中的电量和有机质的强度之间存在线性关系，这提供了一种关于流动液体 BOD 的设想，即可以在一个较宽浓度范围里精确测定废水的 BOD 值。

3) 将厌氧发酵技术和 MFC 进行耦合

因为实际污水所含有的复杂有机物的浓度和颗粒物含量均较高，而 MFC 只能高效地利用溶解态的小分子有机物，所以可以考虑将二者进行耦合。耦合后，厌氧发酵段将复杂的有机物降解为简单的有机物，同时产生生物质能源，后继的 MFC 能够以简单有机物为燃料生产电能。整个系统将实现对较高浓度的复杂有机物的降解，同时产生大量能量。

4) 生物修复

利用环境中微生物氧化有机物产生电能，既可以去除有机废物，又可以获得能量。目前除了一套深海无人发电机(benthic unattached generator，BUG)为湖泊和海洋的水文监测仪器提供电力以外[401]，还未见其他有关 MFC 应用的报道。尽管现有 MFC 的成本较高，但对其潜在的应用前景学者仍持乐观态度。Logan 等[402]预测，未来 MFC 将会应用于污水处理及驱动偏远地区的环境监测器；经过稍加修改，MFC 又可变为微生物电解电池(microbial electrolysis cell，MEC)，后者将运用于生物修复(主要是重金属)、生物产氢及生物质发电[403]。

## 7.6　生物质气化与燃料电池联合发电

### 7.6.1　简述

生物质气化是利用空气中的氧气或含氧物作气化剂，在高温条件下将生物质燃料中的可燃部分转化为可燃气(主要是氢气、一氧化碳和甲烷)的热化学反应。燃料电池是一种直接将储存在燃料和氧化剂中的化学能高效地转化为电能的发电装置，不受卡诺循环限制，具有更高能量转化效率的技术，同时具有低污染、低噪声等优点[404]。表 7-11 为燃料电池与火力发电的大气污染比较。

**表 7-11　燃料电池与火力发电的大气污染比较[375]**　(单位：$kg/10^6(kW·h)$)

| 污染成分 | 天然气火力发电 | 重油火力发电 | 煤火力发电 | 燃料电池 |
| --- | --- | --- | --- | --- |
| $SO_2$ | 2.5～230 | 4550 | 8200 | 0～0.12 |
| $NO_x$ | 1800 | 3200 | 3200 | 63～107 |
| 烃类 | 20～1270 | 135～5000 | $30～10^4$ | 14～102 |
| 尘末 | 0～90 | 45～320 | 365～680 | 0～0.14 |

然而由于技术问题，至今一切已有的燃料电池均没有达到大规模民用商业化程度。为此，美国、日本及欧洲国家相继斥巨资进行开发研究。我国也在加快燃料电池的研究进程，已在相关材料和关键技术方面取得突破。上海交通大学进行了 1kW 熔融碳酸盐燃料电池(MCFC)组的发电试验，中国科学院大连化学物理研究所研制了约 530W 管型固体氧化物燃料电池(SOFC)堆，这为我国开展生物质气化与燃料电池联合发电系统的研究提供了必要条件。另外，结合电池排气温度高的特点，可借鉴内燃机/蒸汽轮机的发电经验联合发电，当然，这需要辅以调整工艺参数，进行匹配技术方面的研究。广州能源研究所用模拟生物质气对 MCFC 单电池进行了性能测试，旨在探索最佳气体组分，为改进现有的生物质气化和 MCFC 加工技术提供依据，也为我国将来建立千瓦级的生物质气化与燃料电池联合发电系统的示范工程提供参考。由于生物质气化产生气体成分的复杂性，燃料电池的应用受到了限制[405]。

生物质气化与燃料电池联合发电系统，简称 BIGFC 发电系统，就是将通过气化处理的生物质，转换为可燃气体，并通入燃料电池中进行发电，既能解决其难于燃用、分布分散的缺点，又可以充分发挥燃料电池紧凑、污染小等优点，是生物质能最有效、最洁净的利用方式之一[405]。与以天然气为燃料的电池发电系统相比，BIGFC 发电系统具有以下特点：

(1) 天然气的主要成分是 $CH_4$，其高温下易分解形成积碳，需经重整处理；气化气中的 $CH_4$ 等碳氢化合物的含量少，减轻了重整的负荷。

(2) 与天然气不同，气化气中除含有少量 $H_2S$ 外，还有灰分、焦油、固体颗粒等，故脱硫前要多级净化处理，即净化环节相对复杂。

(3) 尽管生物质气化与燃料电池联合发电中的燃料处理部分相对复杂，除净化和重整外，还增加了气化环节；但可结合气化气温度与电池运行温度相匹配这一特点，合理利用热量。

生物质气化与燃料电池联合发电装置主要包括生物质预处理系统、生物质气化系统、燃气净化和重整系统、燃料电池本体等(图 7-32)。将生物质气化和燃料电池联合发电，具有高效、超低污染排放和 $CO_2$ 接近零排放的优点，是未来生物质发电的首选发电模式。

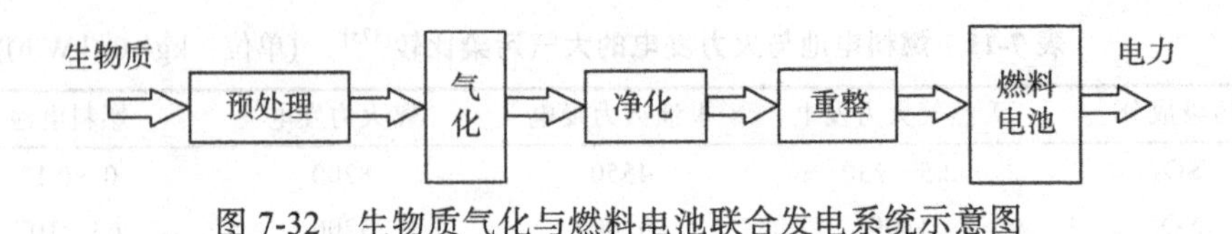


图 7-32　生物质气化与燃料电池联合发电系统示意图

### 7.6.2　国内外发展现状

生物质能作为一种可再生能源，因其原料丰富、分布广泛、碳排放低、污染小而备受青睐。通过气化处理，将生物质转换为可燃气体，并通入燃料电池中进行发电，既能解决其难于燃用、分布分散的缺点，又可以充分发挥燃料电池紧凑、污染小等优点，是生物质能最有效、最洁净的利用方式之一[406]。生物质气化与燃料电池联合发电技术是 20 世纪 70 年代末提出的，但由于生物质气化气成分的复杂性以及燃料电池本身的技术和成本问题，直到最近才引起国内外研究者的注意。国外一些研究者对一体化发电系统进行了理论模拟和效率估算。

(1) 60 MW 生物质气化-MCFC-燃气轮机联合循环发电系统。瑞典皇家研究所的 Timo Kivisasri 等模拟了 60 MW 的一体化发电系统，并通过建立相关模型，对系统效率进行了估算[407]。该系统的发电装置采用熔融碳酸盐燃料电池和燃气轮机联合循环发电(MCFC-IGCC)，生物质气化部分采用流化床气化器，以空气为气化介质进行加压气化，产气组分见表 7-12。气化气经过低温净化除去焦油、氨、硫、氯等杂质；净化后的燃气经换热器加热后通入 MCFC 的阳极；反应后的气体又进入燃气轮机进行联合发电。通过对气化、净化、MCFC、燃气轮机等过程建立相应的数学模型，对不同气化过程 MCFC-IGCC 系统的发电和热电联产效率进行了估算，结果见表 7-13。

表 7-12　产气组分　　(单位：wt%)

| $CH_4$ | $H_2$ | CO | $CO_2$ | $H_2O$ | $N_2$ |
|---|---|---|---|---|---|
| 3.4～6.1 | 14.3～14.8 | 18.9～19.8 | 9.9～10.8 | 10.3～11.3 | 37.5～41.1 |

由表 7-13 可以看出，在Ⅱ～Ⅶ 6 种工况下，系统的发电效率和热电联产总效率变化不大，分别约为 32%和 80.5%，即气化参数( 温度、压力)的改变对 MCFC-

IGCC 发电系统效率的影响可以忽略；工况 I 下的发电效率和热电联产效率分别为 43.5%和 86.5%，较其他 6 种工况分别高出约 11.5%和 6%，这主要是因为工况 I 是在假设 MCFC 具有内重整功能下模拟出的结果。可见，电池的内重整功能对系统的发电效率及总效率影响很大。

**表 7-13　不同气化参数下的系统效率**(燃料利用率为 85%)

| 工况 | I | II | III | IV | V | VI | VII |
|---|---|---|---|---|---|---|---|
| 气化温度/℃ | 900 | 900 | 900 | 900 | 900 | 900 | 900 |
| 气化压力/$10^5$Pa | 5 | 5 | 10 | 15 | 5 | 10 | 15 |
| 发电效率(LHV)/% | 43.5 | 31.9 | 32.1 | 32.4 | 32.4 | 32.3 | 32.5 |
| 热电总效率(LHV)/% | 86.5 | 80.7 | 80.5 | 80.8 | 79.8 | 80.6 | 80.7 |

(2) 240MW 生物质气化-MCFC-蒸汽轮机联合发电系统。美国 Dartmouth 大学工程学院的 Kirill 等模拟了 240 MW 的生物质气化与 MCFC 一体化发电系统，并与技术相对成熟的 BIGCC 发电系统进行了比较[408]。如图 7-33 所示，气化部分采用双流化床气化器(气化炉和燃烧炉)，气化介质为水蒸气，气化温度为 800℃，常压气化；气化后的气体进入焦油裂解炉(催化剂为白云石)除去焦油和碱金属；裂解后的高温燃气经过滤器除去颗粒后通入 MCFC 的阳极；湿生物质经干燥装置干燥出来的水分依次经过几个换热器被加热到 650℃，进入蒸汽轮机联合发电。通过对上述系统建立相应的数学模型，计算出此 MCFC-蒸汽轮机联合发电系统的发电效率约

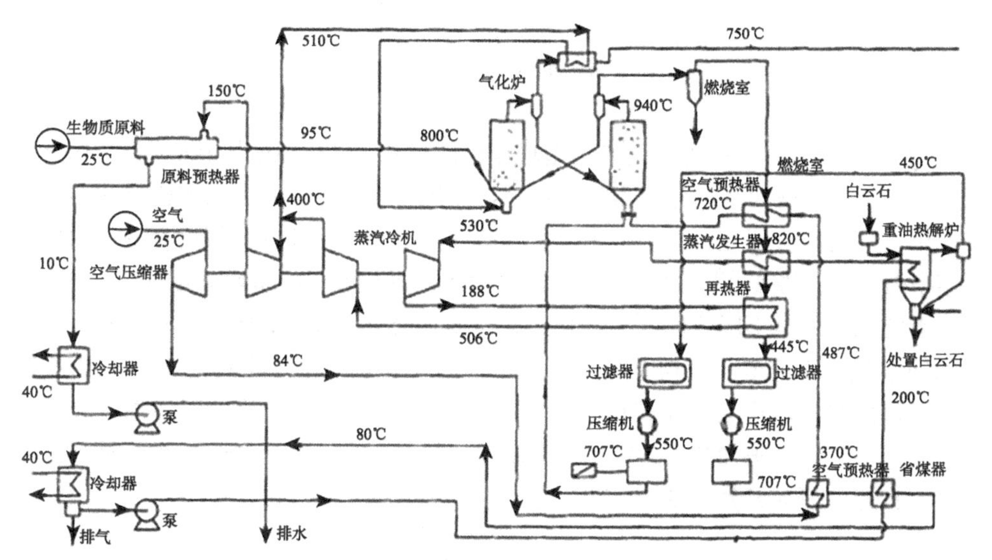


图 7-33　240MW 生物质气化-MCFC-蒸汽轮机联合发电系统

为 53%，比 BIGCC 系统的理论发电效率大约高出 10%。该一体化系统与 BIGCC 系统相比具有明显优势：高温净化后的气体与 MCFC 的工作温度匹配，无需外部加热，而 BIGCC 发电系统需将高温净化后的气体加热到约 1100℃，增加了外部能耗。

(3) 200kW 生物质气化-SOFC 一体化发电系统。英国 Imperial 大学的 Omosun 等研究人员对 200kW 的生物质气化-SOFC 一体化发电系统进行了理论模拟和效率估算，并比较了低温净化和高温净化技术对发电效率的影响[409]。图 7-34 所示的发电系统采用下吸式固定床气化炉，气化温度约 600℃。气化气进入旋风分离器除去气体中含有的颗粒和碱金属化合物；经过热交换器冷却后流经布袋除尘器，除去小金属颗粒和碱金属化合物；又经过湿静电沉淀器除去焦油和残留的颗粒；净化后的燃气经换热器加热到 850℃后，通入 SOFC 的阳极。假设 SOFC 的燃料利用率为 50%，估算出此系统的发电效率为 21%，热电联供的总效率为 34%。

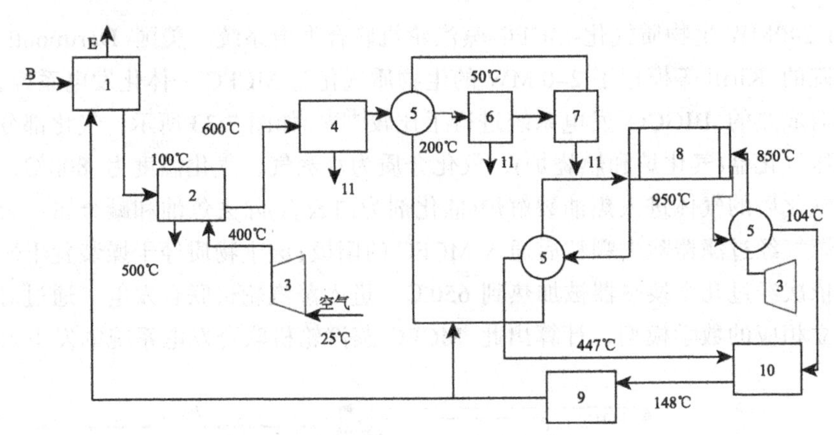


图 7-34　下吸式固定床气化炉

图 7-35 所示的一体化系统采用循环流化床气化，气化温度约 900℃，气化介质为空气。气化气进入旋风分离器除去颗粒，经热交换器冷却后进入陶瓷过滤器除去气体中含有的碱金属化合物；净化后的气体通入 SOFC 的阳极。假设 SOFC 的燃料利用率为 50%，估算出此系统的发电效率为 23%，热电联供的总效率为 60%。图 7-34 所示系统采用的是下吸式固定床气化炉，与循环流化床相比，碳的转化率较低，产生相同电量需要较多的生物质，因此其系统的发电效率相对较低。另外，图 7-35 所示系统的热电联产效率比较低(34%)，主要是因为低温净化后的气体温度较低，需要外部供热使其被加热到 850℃，所需额外热量较多，产出净热减少。结果证明其具有良好的研究开发价值。

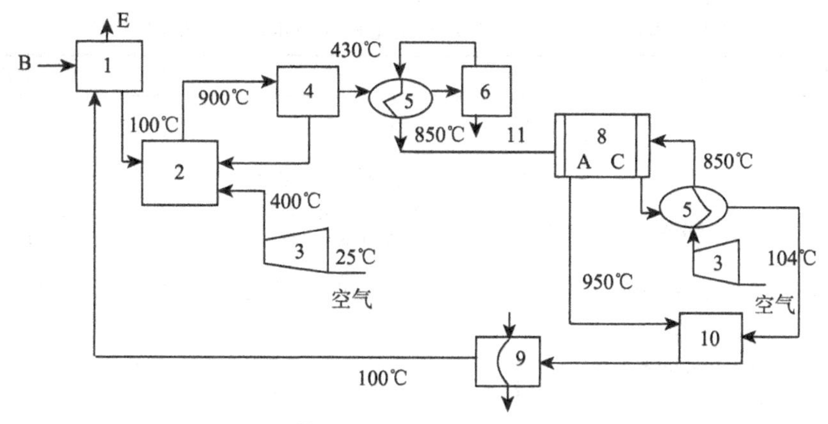


图 7-35　一体化系统采用循环流化床气化系统

通过以上 4 种一体化模拟系统可知，流化床气化的发电效率要高于固定床；净化技术对系统的热电联供效率影响较大；电池的内重整功能可以大大提高系统的发电效率。

继一些研究者估算出以生物质气为燃料的电池发电系统具有较高的效率后，欧洲和美国相关单位也开始进行试验研究，并相继建立了一体化的示范工程。例如，①意大利 Perugia 大学工程学院的 Poberto 等研究者模拟了几种生物质气(气化气、厌氧发酵气、垃圾填埋气等)作为 MCFC 的燃料进行发电，试验结果表明，模拟生物质气和重整天然气具有几乎相同的功率输出曲线[410]。②欧盟的几所大学、研究所和企业联合攻关，投资 260 万欧元于 2001 年 3 月启动了生物质气化和燃料电池一体化的项目，采用 500kW 快速内循环流化床气化器和 125kW 的熔融碳酸盐燃料电池，试图通过详细模拟整套系统和部件，开发一套最佳的运行和控制方案。③欧洲 5 个国家(奥地利、德国、斯洛伐克、西班牙、丹麦)投资 360 万欧元于 2001 年 12 月启动了 AMONCO 工程，采用生物质厌氧发酵工艺生产的气体作为燃料电池的燃料，旨在通过整个系统的测试改进生物质发酵的条件和燃料电池性能，并进行经济性分析，从而开发商业运行系统。④2003 年 1 月，欧盟的几所大学、研究所和企业联合攻关启动了一个为期 3 年的项目，该项目以生物质裂解产生的氢作为燃料电池(MCFC)的燃料，其规模为 500kW。⑤美国爱荷华州立大学等研究机构于 1998 年 9 月联合启动了生物质气化与燃料电池联合发电的示范工程(Chariton Valley Biomass Project)，该工程采用流化床气化器及碳酸盐燃料电池，规模为 2.85MW，系统的发电效率约为 46%。表 7-14 所示为国外生物质气化与燃料电池联合发电的研究情况[403]。

表 7-14　国外生物质气化与燃料电池联合发电的研究情况[411-415]

| 国别 | 规模/效率 | 电池 | 气化炉 | 净化 | 状态 |
|---|---|---|---|---|---|
| 美国 | 1.75MW/46% | MCFC | 空气，常压流化床 | — | 气化试验/模拟，评价 |
| 欧洲 | — | MCFC | 快速内循环流化床 | — | 气化炉试验 |
| 欧盟 | 125kW | MCFC | 快速内循环流化床，催化水蒸气 | | 设计，试验，进行中 |
| 日本、荷兰 | 发电效率 25% | MCFC | 循环流化床/空气气化 | 低温净化 | 计算机模拟 |
| 英国 | 热电联供 16～80kW/发电效率 24%～27%，总效率 60%～63% | MCFC | LPO 气化炉 | — | 模拟 |
| 英国 | 200kW 热电联供/发电效率 23%，总效率 60% | SOFC | 下吸式固定床 | 低温净化 | 模拟，可行性探索 |
| | 200kW 热电联供/发电效率 21%，总效率 34% | SOFC | 流化床 | 高温净化 | |
| 挪威、奥地利 | 1kW | SOFC | 快速内循环流化床，水蒸气气化 | 高温 | 试验，模型 |

我国对生物质气化技术的深入研究始于 20 世纪 80 年代，目前生物质气化发电技术日趋完善，但是我国对以生物质气化为电池燃料的理论和试验研究均比较少。中国科学技术大学燃料电池课题组对以生物质气为燃料的 SOFC 的性能及理论计算开展了一些工作；广州能源研究所正在开展以生物质气化气为燃料的 MCFC 性能的理论和试验研究[416]。近年来我国对生物质气化与燃料电池联合发电技术的研究日益重视。

### 7.6.3　技术工艺分析

BIGFC 系统主要由气化、净化、重整、燃料电池本体和余热回收系统组成，各子系统对整体发电性能和运行经济性均有重要影响。

1) 气化系统

原料气的质量对系统的技术和经济指标都有影响，而且决定了后续设备的选用。影响气化效果的因素很多，主要有气化炉的类型、气化温度、气化压力、气化介质等。气化炉是气化系统的核心部件。固定床操作温度较低，气化气中焦油含量偏高；携带床气化气中焦油含量低，但多用于小颗粒原料如煤粉的气化；流化床炉内温度高且恒定，反应速率快，且高温下焦油裂解成轻质气体。目前应用较多的是流化床和循环流化床，其技术也相对成熟。

温度是影响气体质量和产量的关键因素。高温操作有利于提高单位生物质的产$H_2$量：高温下可促进焦油的热裂解反应，提高了$H_2$的含量；提高温度可增大产气率。压力的选择取决于系统的匹配和经济性。加压气化产生的高压燃气能减小电池电极上的能量损失，但高压气化易生成碳氢化合物，不利于$H_2$的产生。有两种选择：① 常压操作，在后续处理中压缩至电池的操作压力；② 加压气化，满足电池的操作压力。国外有学者建议采用加压气化[417]，但加压操作目前尚存在加料难、设备复杂、成本高等问题。

以选用空气为气化介质具有投资少、操作可行性强的优点，在工业中应用广泛，但$H_2$的含量只有 8%～14%。为提高$H_2$的含量，建议采用水蒸气/氧气气化，气化需要的一部分氧可由水蒸气提供，减小了氧气的消耗量，并生成更多的$H_2$，降低了后续重整的负荷。

2) 净化系统

燃料电池对燃料的要求较高(表 7-15)。气化气中的固体颗粒可通过旋风分离器和其他过滤装置(如：过滤器/布袋除尘)除去，除尘率达 99.8%[418]；碱金属蒸气在低于 500e 时凝结，可在过滤出颗粒的过程中一并除去。

**表 7-15　MCFC 和 SOFC 对杂质含量的要求**　(单位：$mL/m^3$)

| | $NH_3$ | $H_2S$ | HCl | 焦油 | 碱金属蒸气 |
|---|---|---|---|---|---|
| MCFC | $< 10^4$ | < 0.5 | < 10 | < 2000 | 1～10 |
| SOFC | < 5000 | < 1 | < 1 | < 2000 | — |

焦油易在电池阳极积碳，造成催化剂失活，且对除硫设备造成不良影响，必须除去。有两种除焦油技术：①高温催化裂解，这是目前最有效的除焦方法；②水洗除焦，此法简单成熟，且能有效除去硫等，但易造成水污染，须有配套的废水处理系统。

硫严重危害镍基催化剂的性能寿命，有两种除硫技术[419]：①有机硫化物高温下发生氢解反应转化为$H_2S$，可用金属氧化物将其吸收除去；ZnO 固定吸收床能有效地将$H_2S$的含量降至 ppm 级，但其操作温度应低于 600℃；②常温常压下通过 Claus 反应将$H_2S$转化为硫，由固定碳床将硫吸收。

3) 重整系统

气体净化后除含$H_2$和 CO 外，也有一定量的$CH_4$等碳氢化合物，$CH_4$等易在阳极形成积碳。因此在反应前，需通过重整反应转化为$H_2$和$CO_2$。

$$CH_4 \longrightarrow C+2H_2 \tag{7-23}$$

$$2CO \longrightarrow C+CO_2 \tag{7-24}$$

$$CH_4+H_2O \longrightarrow CO+3H_2 \tag{7-25}$$

$$CO+H_2O \longrightarrow CO_2+H_2 \tag{7-26}$$

为了凸现燃料电池发电启动快、对负载反应快速等优点，重整器须小巧灵便；国内外学者在其工作条件及改进方面进行了探索：有专家提出了流化床膜重整反应的方法[420]，Peters 在 SOFC 系统中采用了内重整和预重整相结合的方法[421]。

4) 燃料电池本体系统

燃料电池是发电系统中的核心部件，燃料和空气在此发生电化学反应，产生大部分的电能并排出高温尾气。在电池本体系统中，燃料利用率 $U_f$ 是一个重要参数，恒电流密度下，随着 $U_f$ 的增大，电池工作电压下降；但过低的 $U_f$ 会增加电池的内耗，也易造成燃料不能充分利用，降低总的能量转化率。因此，$U_f$ 存在一个最佳值，对于独立运行的电池系统，其值控制在 75%～85%[422]。此外，由于其排气温度高，可在维持较小的 $U_f$ 下，与蒸气或燃气轮机联合发电，系统发电效率提高约 10%[418]。

5) 余热回收系统

根据电池的操作压力和容量，余热回收系统有以下选择方案：

(1) 常压运行的燃料电池，多采用余热锅炉产生蒸气。小容量的发电系统，蒸气一般作供热用；容量较大时，可配备余热锅炉、蒸汽轮机和发电机组构成底部蒸汽循环发电系统。

(2) 加压运行的燃料电池，可直接以燃气轮机回收动力。小容量时，可采用燃气轮机压缩机将排气的能量用来压缩电池的入口气体，甚至还能产生一部分电力；容量较大的发电系统，可组成燃气–蒸汽联合循环发电系统来回收排气能量。

由以上分析可知，各子系统均有多种运行方案，但在其组成的 BIGFC 系统中，各自运行参数的选择不是孤立的，应充分考虑子系统间的匹配问题。例如，与传统燃气轮机相比，燃料电池对燃料提出了不同要求(表 7-16)，应根据电池的特点，选择合适经济的净化路线；另外也要积极开展各子系统关键技术的研究，进一步提高系统的运行性能[423]。

**表 7-16　燃气轮机和燃料电池对原料气适应性的比较[424, 425]**

| | 焦油含量/(mL/m³) | 碱金属蒸气/(mL/m³) | 固体颗粒/(mg/m³) |
|---|---|---|---|
| 燃气轮机 | 0 | 0.1～0.2 | 0～10 |
| 燃料电池 | 0 | 1～10 | <100 |

### 7.6.4　面临的主要问题分析

燃料电池发电技术由于其高效和低污染排放的特点，很可能成为 21 世纪最具竞争力的能源新技术之一[426]。生物质气化与燃料电池联合发电技术将二者有机结合，适合生物质分散的特点，具有比常规发电技术高的效率和环境优势，发展前景良好。

生物质气化与燃料电池联合发电技术的商业化仍需克服技术、经济等方面的障碍。经济有效的生物质气化、净化和重整技术，电池先进材料的开发制造技术、电池核心部件的组装技术以及其他以降低造价、延长寿命、提高可靠性为目的的电池系统及其子系统研究，整个一体化系统的工艺和关键技术研究以及系统整体效率、可靠性的提高等都是制约生物质气化与燃料电池联合发电系统产业化的重要因素，也是摆在科学工作者面前的机遇和挑战。这些问题的解决需要进行学科的交叉研究，只有在技术、工艺、材料、制造和系统优化上不断发展，整体的效率才能得到提高，从而使生物质气化与燃料电池联合发电技术真正具有竞争力。我国发展生物质气化与燃料电池联合发电技术，应重点关注以下几个方面的研究和开发[404]。

(1) 加强高温燃料电池的研究力度，在关键部件和材料制备方面取得突破和创新，进一步提高燃料电池的寿命，掌握 MCFC 和 SOFC 的设计制造及发电系统集成技术，形成具有我国自主知识产权的燃料电池产业。

(2) 开展以模拟生物质气为电池燃料的试验研究，进而改进燃料电池的性能。

(3) 由于电池内重整功能对系统的发电效率影响很大，因而有必要开展提高高温电池内重整功能的研究。

(4) 尽管低温水洗净化技术能除去硫和氨，但也降低了系统的总效率。因此应进一步完善净化技术，特别是要研究和完善除硫、氨等的技术[403]。

(5) 目前我国商业化运行的气化炉多是空气气化，故需进行相应攻关和匹配技术的研究；加压气化能紧凑系统结构，且高压燃料能减小电极上能量损失，但目前我国加压气化技术还不成熟，相应的高压热气净化技术也不够完善。因此，我国要发展 BIGFC 技术，现阶段只能选以水蒸气/氧气为气化介质的常压气化炉，可在后续处理中将燃料压缩加压。净化环节可参考 BIGCC 发电系统中的除颗粒和焦油技术，也可借鉴煤气化发电的除硫工艺[423]。

## 7.7　生物质化学链气化

生物质气化是一种有发展前景的生物质利用途径。通常情况下，如果期望通过生物质气化获得高热值或富氢合成气，则需要提供富氧气体或高温水蒸气来作为气化剂，从而使工艺过程变得复杂。化学链气化( chemical-looping gasification，CLG)是一种新颖的气化技术，它利用氧载体中的晶格氧来代替常规气化反应的气化介质，向燃料提供气化反应所需的氧元素，通过控制晶格氧与燃料的比值，使固体燃料气化，得到以 CO 和 $H_2$ 为主要组分的合成气[322]。

传统的燃烧的基本原理是空气中的氧气与燃料直接接触发生反应，而化学链气化是借助载氧体中的晶格氧与燃料接触，来实现晶格氧的传递，反应原理如图 7-36 所示。燃料在燃料反应器(fuel reactor，FR)中被氧载体中的晶格氧部分氧化生成以 CO 和 $H_2$ 为主的合成气，经还原后的低价态的氧载体，在流化介质推动下进入空气反应器中(air reactor，AR)再生，氧载体循环使用，反应持续进行，整个过程是温和的放热反应，不需要纯氧等气化剂，设备投资少，同时氧载体对气化中的焦油具有催化裂解作用，可获得高品质合成气。

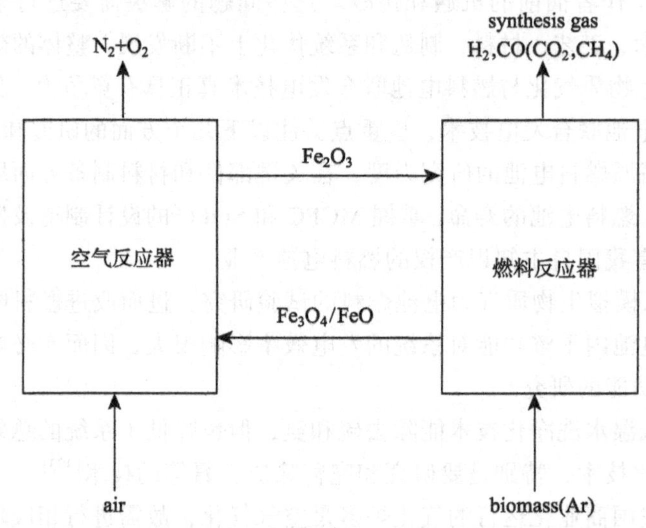


图 7-36　基于 $Fe_2O_3$ 氧载体的生物质化学链气化原理

化学链气化系统由两个反应器组成，空气反应器以及燃料反应器，固体载氧体在两个反应器之间循环。还原反应器中，金属氧化物载氧体被还原为单质 M，氧化生成 $CO_2$，由于没有 $N_2$ 等杂质，经冷凝除去水后有较高浓度的 $CO_2$，因此这种技术能够有效捕集 $CO_2$，用于其他用途[323]。

$$2MO+C \longrightarrow 2M+CO_2 \tag{7-27}$$

氧化反应器使用水替代空气作为氧化剂，并将金属 M 氧化为 MO，同时生成高浓度 $H_2$：

$$M+H_2O \longrightarrow MO+H_2 \tag{7-28}$$

若在氧化反应器同时使用 $H_2O$ 和 $CO_2$ 作为氧化剂，便可获得 $H_2$、CO 为主要组成的合成气：

$$2M+H_2O+CO_2 \longrightarrow 2MO+H_2+CO \tag{7-29}$$

化学链气化适用于多种含碳燃料，如合成气、天然气和煤等。其具有以下优点：

(1) 氧载体的循环使用为燃料气化提供了氧元素，省去了纯氧制备，节省了成本。

(2) 在空气反应器中氧载体发生氧化反应，放出的热被氧载体带入燃料反应器，为燃料的气化提供了热量，氧载体同时起到热载体的作用，因而无需外加热就可以使气化反应持续进行。

(3) 利用载氧体在还原反应器中释放氧的同时生成只含 $CO_2$ 和 $H_2O$ 的气态产物，仅需通过冷凝便可实现高浓度 $CO_2$ 富集。

(4) 燃料在燃烧时无空气介入，仅从氧化物载氧体中获取氧，故可杜绝燃料型 $NO_x$ 的产生，同时空气侧反应器的温度较低，热力型 NO 的生成也可得到控制。

### 7.7.1　载氧体

载氧体是化学链技术中最重要的要素，载氧体的性能关系到整个化学链燃烧系统的效率，这是由于反应器之间是通过载氧体进行能量与氧的传递。影响化学链技术应用到工业应用的因素有很多，比如载氧体的反应性能和生产成本以及对环境的影响，其中载氧体的性能尤为重要。一般地，氧载体应具有以下特点[324]：①良好的反应性，通过循环来减少氧载体的存量；②良好的耐磨损性，减少反应过程的损失；③高选择性，能选择性地使燃料部分氧化转化为 CO 和 $H_2$；④可以忽略的碳沉积以及良好的流化性质(没有烧结)；⑤原材料价廉易得、具有较低的生产成本。同时，还需具有易于制备以及对环境友好、不会造成二次污染等性质。

目前研究较多的应用于 CLG 过程的氧载体主要为 Cu、Ni、Mn、Fe、Ce 等过渡金属的氧化物以及 $CaSO_4$ 等价格低廉的金属盐类物质。按反应活性排序为：$NiO>CuO>Fe_2O_3>Mn_2O_3$。镍基载氧体有很好的反应活性，且具有较强的抗高温能力，再生性好，因而较早受到关注，但是其高温积碳烧结，而且其价格较高，对环境有危害，NiO 的应用受到很大限制；虽然铁基价格低，但是其高温易烧结，且反应是吸热反应；铜基载氧体具有较高的活性和较大的载氧能力，碳沉积现象也较少，铜基载氧体也有较好的反应活性，高温下能释放氧生成 $Cu_2O$，但是其熔点较差(小于 1030℃)。除此之外，还有天然铁矿石、钙钛矿也可用作化学链气化过程氧载体。

载氧体的循环持久是化学链技术中一个重要的因素，影响循环能力的因素有两种，机械强度及比表面积，目前用于增强这种能力的方法是负载惰性载体，常用的惰性载体有 $Al_2O_3$、$SiO_2$、$TiO_2$、$ZrO_2$、$MgAl_2O_4$、$NiAl_2O_4$、YSZ( $Y_2O_3$+ $ZrO_2$)、海泡石、高岭土、膨润土等，由于纯金属载氧体的性能较差，经常负载惰性载体。

### 7.7.2　基于载氧体 $Fe_2O_3$ 的生物质化学链气化

生物质化学链气化原理如图 7-37 所示。在燃料反应器内，生物质和载氧体 $Fe_2O_3$

所发生的主要反应方程式如下[326]。

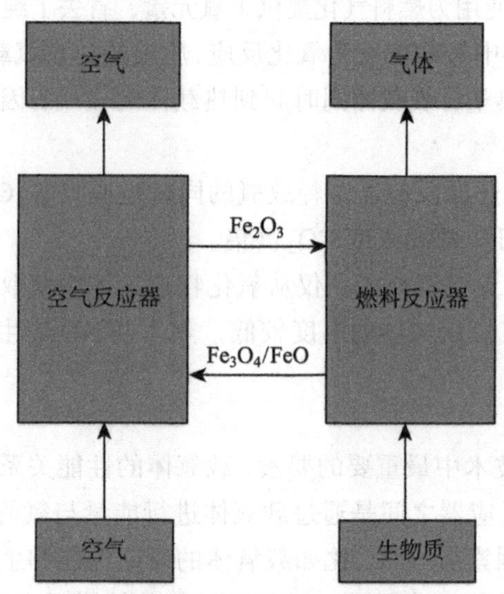


图 7-37　基于铁基载氧体的生物质化学链气化示意图

生物质的热解：

$$C_nH_{2m}O_x \longrightarrow 半焦+焦油+合成气 \tag{7-30}$$

$Fe_2O_3$ 颗粒和生物质热解产物($CO$、$H_2$、$CH_4$ 等) 以及焦炭颗粒的还原：

$$CO+3Fe_2O_3 \longrightarrow CO_2+2Fe_3O_4-37.666\ kJ/mol \tag{7-31}$$

$$CO+2Fe_2O_3 \longrightarrow CO_2+2FeO-3.217kJ/mol \tag{7-32}$$

$$H_2+3Fe_2O_3 \longrightarrow H_2O+2Fe_3O_4-2.011kJ/mol \tag{7-33}$$

$$H_2+Fe_2O_3 \longrightarrow H_2O+2FeO+32.438kJ/mol \tag{7-34}$$

$$CH_4+3Fe_2O_3 \longrightarrow 2H_2+CO+2Fe_3O_4+221.762kJ/mol \tag{7-35}$$

$$CH_4+4Fe_2O_3 \longrightarrow 2H_2O+CO_2+8FeO+317.871kJ/mol \tag{7-36}$$

$$C+3Fe_2O_3 \longrightarrow CO+2Fe_3O_4+133.646kJ/mol \tag{7-37}$$

$$2CO+2Fe_2O_3 \longrightarrow 2CO_2+4FeO+164.877kJ/mol \tag{7-38}$$

水汽的转换反应：

$$CO+H_2O \longrightarrow H_2+CO_2-35.656\ kJ/mol \tag{7-39}$$

炭的气化反应：

$$C+H_2O \longrightarrow H_2+CO+135.656\ kJ/mol \tag{7-40}$$

$$C+CO_2 \longrightarrow 2CO +171.312\ kJ/mol \tag{7-41}$$

$CH_4$的重整反应：

$$CH_4+H_2O \longrightarrow 3H_2+CO +223.733\ kJ/mol \tag{7-42}$$

在空气反应器中，可能发生的主要反应：

$$4Fe_3O_4+ O_2 \longrightarrow 6Fe_2O_3-483.066kJ/mol \tag{7-43}$$

$$4FeO+ O_2 \longrightarrow 2Fe_2O_3-554.684kJ/mol \tag{7-44}$$

生物质化学链气化是一个复杂的过程，系统内有多个反应相互竞争，是多个反应相互协同、综合作用的结果。除了载氧体本身的反应活性，另一方面，生物质特别是半焦，与载氧体之间的反应性能及结渣特性，决定了生物质化学链气化的反应速度及气化效率。当前对于半焦气化的研究，主要集中在水蒸气或催化剂条件下的气化[327]。

## 参考文献


[1] Du N. Domestic and international use and development of energy plants. World Agriculture，2006，324(4): 58-60.

[2] 王国胜，吕文，刘金亮，等. 中国林木生物质能源培育与发展潜力调查(中国林木生物质能源研究专题第二章). 中国林业产业，2006，1: 12-21.

[3] 雷加富. 中国森林资源. 北京: 中国林业出版社，2005: 163-185.

[4] 日本能源学会. 生物质和生物质能手册. 北京: 化学工业出版社, 2007: 1-37.

[5] 李平，孙小龙，韩建国，等. 能源植物新看点–草类能源植物. 中国草地学报，2010，32(5): 97-100.

[6] Liia K，Hugo R，Elsa S，et al. Reed canary grass biomass yield and energy use efficiency in Northern European pedoclimatic conditions. Biomass and Bioenergy，2011，35(10): 4407-4416.

[7] Scordia D，Cosentino S L，Lee J W，et al. Bioconversion of giant reed (Arundo donax L.) hemicellulose hydrolysate to ethanol by Scheffersomyces stipitis CBS6054. Biomass and Bioenergy，39，296-305.

[8] Nicoletta N Di N, Neri R, Federico T，et al. Seasonal nutrient dynamics and biomass quality of giant reed (Arundo donax L.) and miscanthus (Miscanthus x giganteus greef et deuter) as energy crops. Italian Journal of Agronomy，2011，6(3): 24.

[9] del Río J C, Prinsen P, Rencoret J, et al. Structural characterization of the lignin in the cortex and pith of elephant grass (Pennisetum purpureum) stems. Journal of Agricultural and Food Chemistry，2012，60(14): 3619-3634.

[10] Hutla P，Jevič P，Strašil Z，et al. Impact of different harvest times on ash fusibility of energy grasses. Research in Agricultural Engineering，2012，58(1): 9-15.

[11] Shield I F，Barraclough T J P，Riche A B，et al. The yield response of the energy crops switchgrass and reed canary grass to fertiliser applications when grown on a low productivity sandy soil. Biomass and Bioenergy. 2012，42: 86-89.

[12] Fu C，Sunkar R，Zhou C，et al. Over expression of miR156 in switch grass (Panicum virgatum

L.) results in various morphological alterations and leads to improved biomass production. Plant Biotechnol J., 2012，10(4): 443-452.

[13] Nabity P D，Orpet R，Miresmailli S，et al. Silica and nitrogen modulate physical defense against chewig insect herbivores in bioenergy crops Miscanthus gigantesu and Panicum virgatum (Poaceae). Journal of Economic Entomology，2012，105(3): 878-883.

[14] Maughan M, Bollero G, Lee D K，et al. Miscanthus×giganteus productivity: the effects of management in different environments. GCB Bioenergy，2012，4 (3): 253-265.

[15] 吴斌，胡勇，马璐，等. 柳枝稷的生物学研究现状及其生物能源转化前景. 氨基酸和生物资源，2007，29(2): 8-10.

[16] 袁振宏，孔晓英，颜涌捷，等. 芒草稀硫酸水解工艺条件的正交实验. 太阳能学报，2006，27(6): 631-634.

[17] 陈慧清，张卫，赵宗保，等. 大米草浓酸水解及发酵生产生物燃料的初步研究. 可再生能源，2007，25(3): 16-20.

[18] 高瑞芳，张建国. 能源草研究进展. 草原与草坪，2013，33(1): 89-96.

[19] 汪辉，周禾，高凤芹，等. 能源草的研究与应用进展. 草业与畜牧，2013，1: 50-53.

[20] Ugheoke B I, Patrick D O, Kefas H M, et al. Determination of optimal catalyst concentration for maximum biodiesel yield from tigernut (Cyperusesculentus) oil. Leonardo Journal of Sciences，2007，10: 131-136.

[21] Dakota M J. Measuring the economic impacts of switch grass and cellulosic ethanol production in Oklahoma. Pro Quest Dissertations and Theses, 2012.

[22] Li L H，Kong X Y，Yang FY，et al. Biogas production potential and kinetics of microwave and conventional thermal pretreatment of grass. Applied Biochemistry and Biotechnology, 2012，166(5): 1183-1191.

[23] Louis W，Rose I V, Modan K Das. Effects of high-vs. low-yield environments on selection for increased biomass yield in switch grass. Euphytica, 2007，156: 407-415.

[24] Uwe A，Schneider，Bruce A. Economic potential of biomass based fuels for greenhouse gas emission mitigation. Environmental and Resource Economics，2003，24: 291-312.

[25] Streets D G，Waldhof S T. Biofuel use in asia and acidifying emissions. Energy，1998，23(12): 1029-1042.

[26] 范希峰，侯新村，武菊英，等. 我国北方能源草研究进展及发展潜力. 中国农业大学学报，2012，17(6): 150-158.

[27] Venturi P，Venturi G. Analysis of energy comparis on for crops in European agricultural systems. Biomass and Bioenery，2003，25(3): 235-255.

[28] Berndes G，Hoogwijk M，vanden Brock R. The contribution of biomass in the future global energy supply: A review of 17 studies. Biomass and Bioenergy，2003，25: 1-28.

[29] Hoogwijk M，Faanija A，vanden Brock R. Exploration of the ranges of the global potential of biomass for energy. Biomass and Bioenergy，2003，25(2): 119-133.

[30] 邢义满，蒋崇林. 光皮树油酯化制取生物柴油的中试研究. 新能源，1997，19(4): 38-40.

[31] 丁荣. 固定化脂肪酶催化光皮树油脂合成生物柴油. 湖南长沙：中南大学，2010.

[32] Meng Y，Calyan L，George F，et al. Current situation and prospects of Jatropha curcas as a multipurpose tree in China. Agroforestry Systems，2009，76(2): 487-497.

[33] 余朱花，刘大川，刘金波，等. 麻疯树籽油理化特性和脂肪酸组成分析. 中国油脂，2005，

30(5): 30-31.
[34] Azam M M，Waris A，Nahar N M. Prospects and potential of fatty acid methylesters of some non-traditional seed oils for use as biodiesel in India. Biomass and Bioenergy，2005，29: 293-302.
[35] 陈元雄，毛宗强，吴宗斌，等. 麻疯果油料的综合开发利用. 中国油脂，2006，31(3): 63-65.
[36] 刘方炎，李昆，孙永玉. 中国麻疯树研究进展与开发利用现状. 中国农业大学学报，2012，17(6): 178-184.
[37] 马蓁，朱玮，尉芹. 木本油料生产生物柴油研究. 西北林学院学报，2007，22(6): 125-130.
[38] 王宗训. 中国资源植物利用手册. 北京: 中国科学技术出版社，1989.
[39] 中国科学院植物研究所. 中国油脂植物手册. 北京: 科学出版社，1973.
[40] 祖元刚. 生物柴油. 北京: 科学出版社，2007.
[41] 王凌晖. 园林树种栽培养护手册. 北京: 化学工业出版社，2007.
[42] 邵瑞. 广西油茶产业发展效益分析及模式选择. 北京: 北京林业大学，2011.
[43] 钱学射，张卫明，黄晶晶，等. 油脂植物油茶的开发利用. 中国野生植物资源，2011，30(5): 33-36.
[44] 候新村. 生物柴油木本能源植物中国黄连木的调查与研究. 北京: 中国林科院，2005.
[45] 付玉杰，祖元刚. 生物柴油. 北京: 科学出版社，2006.
[46] 马蓁，朱玮，尉芹. 木本油料生产生物柴油研究. 西北林学院学报，2007，22(6): 125-130.
[47] 郝一男. 文冠果种仁由的提取及其生物柴油合成的研究. 内蒙古: 内蒙古农业大学，2011.
[48] 于海燕，周绍箕. 文冠果油制备生物柴油的研究. 中国油脂，2009，34(3): 43-45.
[49] 王林，孙云东，王耀，等. 内蒙古自治区林业生物质能源林基地建设现状与发展对策. 林业资源管理，2009，5: 21-23.
[50] 赵伟. 桐油转化生物柴油的试验研究. 陕西: 西北农林科技大学，2007.
[51] 谭晓风，蒋桂雄，谭方友，等. 我国油桐产业化发展战略调查研究报告. 经济林研究，2011，29(3): 1-7.
[52] 肖千文. 生物质能源问题与对策. 生物质化学工程，2006，40(增刊): 108-114.
[53] 晁月文，李竞芸，张广辉. 生物柴油原料树种油桐的研究进展. 贵州农业科学，2009，37(4): 26-27.
[54] 闵恩泽，姚志龙. 近年生物柴油产业的发展–特色、困境和对策. 化学进展，2007，19(7/8): 1050-1059.
[55] 熊惠波，李瑞，李希娟，等. 油棕产业调查分析及中国发展油棕产业的建议. 中国农学通报，2009，25(24): 114-117.
[56] 张以山，曹建华，林位夫. 中国油棕产业发展战略研究. 中国热带农业，2009，8(4): 15-18.
[57] 雷新涛，曹红星，冯美利，等. 热带木本生物质能源树种–油棕. 中国农业大学学报，2012，17(6): 185-190.
[58] Kalam M A，Masjuki H H. Biodiesel from palm oil-an analysis of its properties and potential. Biomass and Bioenergy，2002，23: 471-479.
[59] Heaton E A，Dohleman F G，Long S P. Meeting US biofuel goals with less land: the potential of Miscanthuss.Global Change Biology，2008, 14: 2000-2014.
[60] Clifton-Brown J C，Lewandowski I. Water use efficiency and biomass partitioning of three different Miscanthus genotypes with limited and unlimited water supply. Annals of Botany，2000，86(1): 191-200.

[61] Pauly M, Keegstra K. Cell-wall carbohydrates and their modification as a resource for biofuels. The Plant Journal, 2008, 54(4): 559-568.
[62] Lewandowski I, Scurlock J M O, Lindvall E, et al. The development and current status of perennial rhizomatous grasses as energy crops in the US and Europe. Biomass and Bioenergy, 2003, 25: 335-361.
[63] Himken M, Lammel J, Neukirchen D, et al. Cultivation of Miscanthus under west european conditions: seasonal changes in dry matter production, nutrient uptake and remobilization. Plant and Soil, 1997, 189: 117-126.
[64] Farage P K, Blowers D, Long S P, et al.Low growth temperatures modify the efficiency of light use by photosystem II for $CO_2$ assimilation in leaves of two chilling tolerant C4 species, Cyperuslongus L.and Miscanthusgiganteus.Plant Cell and Environment, 2006, 29: 720-728.
[65] Wang D, Portis A R J, Moose S P, et al.Cool C4 photosynthesis: pyruvate pidikinase expression and activity corresponds to the exceptional cold tolerance of carbon assimilation in Miscanthus giganteus. Plant Physiology, 2008, 148: 557-567.
[66] 徐颖，刘鸿雁. 能源植物的开发利用与展望. 中国农学通报，2009，25(3): 297-300.
[67] Vanloocke A, Bernacchi C J, Twine T E. The impacts of Miscanthus×giganteus production on the midwest US hydrologic cycle.Global Change Biology Bioenergy, 2010. 2: 180-191.
[68] 朱明东，蒋建雄，肖亮，等. 基于形态性状及 Adhl 基因序列的芒与五节芒自然杂交现象研究. 草业学报，2012，21(3): 132-137.
[69] Clifton-Brown J C, Stampfl P F, Jones M B. Miscanthus biomass production for energy in Europe and its potential contribution to decreasing fossil fuel carbon emissions.Global Change Biology, 2004, 10(4): 509-518.
[70] 易自力. 芒属能源植物资源的开发与利用. 湖南农业大学学报(自然科学版)，2012，38(5): 455-463.
[71] 肖晖，王珣，宋洋，等. 利用能源牧草柳枝稷生产燃料乙醇的研究进展. 草业科学，2011，28(3): 487-492.
[72] Pimentel D, Patzek T W. Ethanol production using corn, switchgrass, and wood; biodiesel production using soybean and sun power.Natural Resources Research, 2005, 14(1): 256-261.
[73] 李高扬，李建龙，王艳，等. 利用高产牧草柳枝稷生产清洁生物质能源的研究进展. 草业科学，2008，25(5): 15-21.
[74] Fike J H, Parrish D J, Wolf D D, et al. Long-term yield potential of switch grass-for-biofuel systems. Biomass and Bioenergy, 2006, 30(3): 198-206.
[75] 章春彪，陆国权. 柳枝稷研究进展. 现代农业科技，2013，11: 175-176.
[76] Walsh M D, Ugarte H, Shapiro S. Bioenergy crop production in the United States: Potential quantities, land use changes, and economic impacts on the agricultural sector. Environmental and Resource Economics, 2003, 24: 313-333.
[77] Mclaughlin S B, Walsh M E. Evaluating environmental consequences of producing herbaceous crops for bioenergy. Biomass and Bioenergy, 1998, 14: 317-324.
[78] Huang P, Bransby Di, Santen E V. Long-term biomass yields of giant reed, mimosa and switchgrass in Alabama. Biofuels Bioproducts and Biorefining, 2014, 8(1): 59-66.
[79] Pimentel D P. Ethanol Production using corn, switch grass and wood.Natural Resources Research, 2005, 14(1): 798-847.

[80] 胡松梅，龚泽修，蒋道松. 生物能源植物柳枝稷简介. 草业科学，2008，25(6): 29-33.
[81] 马永清，郝智强，熊韶峻，等. 我国柳枝稷规模化种植现状与前景. 中国农业大学学报，2012，17(6): 133-137.
[82] Paine L K，Peterson T L，Undersander D J，et al. Some ecological and socio-economic considerations for biomass energy crop production. Biomass and Bioenergy，1996，10(4): 231-242.
[83] 余醉，李建龙，李高扬. 利用多年生牧草生产燃料乙醇前景. 草业科学，2009, 26(9): 62-69.
[84] 郭新红，喻达时，王婕，等. 6种植物中木质纤维素含量的比较研究. 湖南大学学报，2008，35(9): 76-78.
[85] 李瑜. 我国苜蓿产业发展状况及对策研究. 科技信息，2007，32: 307.
[86] Dien B S, Jung H G, Vogel K P, et al. Chemical composition and response to dilute-acid pretreatment and enzymatic saccharification of alfalfa，reed canarygrass，and switchgrass. Biomass and Bioenergy，2006，30(10): 880-891.
[87] 王学江，柯凤山. 优良能源草的选择和开发利用. 农村能源，1998，5: 24-25.
[88] 刘亮，朱明，朱太平. 芒荻类植物资源的开发和利用. 自然资源学报，2001，16(6): 562-563.
[89] 周宇飞. 甜高粱辽饲杂三号高产高效栽培措施及汁液含糖量研究. 沈阳: 沈阳农业大学，2005.
[90] 冯国郡. 能饲作物甜高粱农艺性状的研究及营养成份的分析. 北京: 中国农业大学，2007.
[91] 刘莉，孙君社，康利平，等. 甜高粱茎秆生产燃料乙醇. 化学进展，2007，8(7): 1110-1115.
[92] Osoriomorales S，Sema Saldivar SO，Chavez CJ，et al. Production of brewing adjuncts and sweet worts from different types of sorghum. Journal of the American Society of Brewing Chemists，2000，58(1): 21-25.
[93] 黄季焜，仇焕广. 我国生物燃料乙醇发展的社会经济影响及发展战略与对策研究. 北京: 科学出版社，2010.
[94] 刘莉，孙君社，康利平，等. 甜高粱茎秆生产燃料乙醇. 化学进展，2007，19(7, 8): 1109-1115.
[95] 何皓，胡徐腾，齐泮仑. 中国第1.5代生物燃料乙醇产业发展现状及展望. 化工进展，2012，31(增): 1-6.
[96] 黎贞崇. 甘蔗在燃料乙醇产业中的角色和定位. 酿酒科技，2008，12: 129-131.
[97] 覃毅延，邓艳平. 我国发展甘蔗燃料乙醇的战略思考. 可再生能源，2011，29(5): 152-156.
[98] 邱晓娜. 中国能源甘蔗-燃料乙醇产业的发展研究.福建: 福建农林大学. 2006.
[99] 李苗苗，于淑娟. 甘蔗生产燃料乙醇的发展现状及前景展望. 酿酒科技，2007，6: 111-113.
[100] 李杨瑞，谭裕模，李松，等. 甘蔗作为生物能源作物的潜力分析. 科学中国人，2007，5: 80-83.
[101] 张琳叶，魏光涛，童张法，等. 我国甘薯生产燃料乙醇的工艺现状及脱水技术改进. 现代化工，2010，30(2): 15-18，20.
[102]《中国能源作物可持续发展战略研究》编委会. 中国能源作物可持续发展战略研究. 北京: 中国农业出版社，2009.
[103] 黄季焜，仇焕广. 我国生物燃料乙醇发展的社会经济影响及发展战略与对策研究. 北京: 科学出版社，2010.
[104] 沈金雄，傅廷栋，涂金星，等. 中国油菜生产及遗传改良潜力与油菜生物柴油发展前景. 华中农业大学学报. 2007，26(6): 894-899.
[105] 王汉中. 我国油菜产需形势分析及产业发展对策. 中国油料作物学报，2007，01.
[106] 刘春明，我国油菜生产与生物柴油发展研究. 武汉: 华中农业大学，2008.

[107] Liu Z X, Spiertz J H J, Sha J, et al. Growth and yield performance of Jerusalem artichoke clones in a semiarid region of China. Agronomy Journal，2012，104(6): 1538-1546.
[108] Liu Z X, Han L P, Yosef S, et al.Genetic variation and yield performance of Uer usalemari to choke germ plasm collected in China. Agricultural Sciences in China，2011，10: 668-678.
[109] Zhuang D F，Jiang D，Liu L，et al. Assessment of bioenergy potentialon marginal land in China. Renewable and Sustainable Energy Reviews，2011，15: 1050-1056.
[110] Sang T，ZhuW X. China's bioenergy potential. GCB Bioenergy，2011，3(2): 79-90.
[111] 吕跃钢，马家津，顾天成．利用固定化菊糖酶和酵母细胞以菊芋为原料发酵生产酒精的研究．食品与发酵工业，2003，29(5): 66-68.
[112] 袁文杰，赵心清，白凤武．一步法发酵菊芋产乙醇菌种的筛选及产酶条件、酶学性质的研究．生物加工过程，2008，6(6): 25-29.
[113] 袁文杰，任剑刚，赵心清，等．一步法发酵菊芋生产乙醇．生物工程学报，2008，24(11): 1931-1936.
[114] 周正，曹海龙，朱豫，等．菊芋替代玉米发酵生产乙醇的初步研究．西北农业学报，2008，187(4): 297-301，305.
[115] 汪伦记，董英．以菊芋粉为原料同步糖化发酵生产燃料乙醇．农业工程学报，2009，25(11): 263-268.
[116] Zhao Y L，Dolat A，Steinberger Y，et al. Biomass yield and changes in chemical composition of sweet sorghum cultivars grown for biofue. Field Crops Research，2009，111(1/2): 55-64.
[117] Curt M D，Aguado P，Sanz M，et al. Clone precocity and the use of Helianthus tuberosus L. stems for bioethanol. Industrial Crops and Products，2006，24(3): 314-320.
[118] 胡建锋，邱树毅．菊芋发酵生产酒精的研究进展．酿酒科技，2009，8: 100-104.
[119] 刘祖昕，谢光辉．菊芋作为能源植物的研究进展．中国农业大学学报，2012，17(6): 122-132.
[120] Lehtomaki A, Bjorusson L.Two-stage anaerobic digestion of energycrops, methane production, nitrogen mineralization and heavy metal mobilization.EnvironTechnol，2006，27(2): 209-218.
[121] 华艳艳，赵鑫，赵金，等．圆红冬孢酵母发酵菊芋块茎产油脂的研究．中国生物工程杂志，2007，27(10): 59-63.
[122] Alcantara R, Amores J, Canoira L, et al. Catalytic produetion of biodiesel from soybean oil, used frying oil tallow. Biomass and Bioenergy，2000，18: 515-527.
[123] 倪红艳．中国发展生物燃料乙醇及其对玉米市场的影响研究．南京：南京航空航天大学，2012.
[124] 吴永民，葛建平．生物燃料乙醇产业研究综述与展望．安徽农业科学，2013，41(9): 4008-4012.
[125] 李昌珠，李培旺，肖志红．我国木本生物柴油原料研发现状及产业化前景．中国农业大学学报，2012，17(6): 165-170.
[126] 张华新，庞小慧，刘涛．我国木本油料植物资源及其开发利用现状．生物质化学工程，2006，S1: 291-302.
[127] 王亚静，毕于运，唐华俊．中国能源作物制备液体生物燃料现状及发展趋势．可再生能源，2009，27(2): 100-105.
[128] Scott S A，Davey M P，Dennis J S. Biodiesel from algae: Challenges and prospects. Curr Opin Biotechnol, 2010, 21: 277-286.
[129] Gerbens-Leenes P W，Hoekstra A Y，van der Meer T. The water footprint of energy from biomass: A quantitative assessment and consequences of an increasing share of bio-energy in energy

supply. Ecol Econ., 2009, 68: 1052-1060.

[130] Yanfen L, Zehao H, Xiaoqian M. Energy analysis and environmental impacts of microalgal biodiesel in China. Energy Policy, 2012, 45: 142-151.

[131] Rosenberg J N, Mathias A, Korth K. Microalgal biomass production and carbon dioxide sequestration from an integrated ethanol biorefinery in Iowa: A technical appraisal and economic feasibility evaluation. Biomass Bioenergy, 2011, 35: 3865-3876.

[132] Khan S A, Rashmi, Hussain M Z. Prospects of biodiesel production from microalgae in India. Renew Sust Energ Rev., 2009, 13: 2361-2372.

[133] Richmond A. Open systems for the mass production of photoautotrophic microalgae outdoors: physiological principles. J Appl Phycol., 1992, 4: 281-286.

[134] Anandarajah K, Mahendraperumal G, Hu Q. Characterization of microalga Nannochloropsis sp. mutants for improved production of biofuels. Appl Energy, 2012, 96: 371-377.

[135] Singh A, Nigam P S, Murphy J D. Renewable fuels from algae: An answer to debatable land based fuels. Bioresour Technol., 2011, 102: 10-16.

[136] Chisti Y. Biodiesel from microalgae. Biotechnol Adv., 2007, 25: 294-306.

[137] Zhang Q, Ma J, Qiu G, Li L. Potential energy production from algae on marginal land in China. Bioresour Technol., 2012, 109: 252-260.

[138] de-Bashan LE, Bashan Y. Immobilized microalgae for removing pollutants: Review of practical aspects. Bioresour Technol, 2010, 101: 1611-1627.

[139] Huang C C, Hung J J, Peng S H. Cultivation of a thermo-tolerant microalga in an outdoor photobioreactor: Influences of $CO_2$ and nitrogen sources on the accelerated growth. Bioresour Technol., 2012, 112: 228-233.

[140] Christenson L, Sims R. Production and harvesting of microalgae for wastewater treatment, biofuels, and bioproducts. Biotechnol Adv., 2011, 29: 686-702.

[141] Lestari S, Mäki-Arvela P, Murzin D Y. Transforming triglycerides and fatty acids into biofuels. Chemsuschem, 2009, 2: 1109-1119.

[142] Zamalloa C, Vulsteke E, Verstraete W. The techno-economic potential of renewable energy through the anaerobic digestion of microalgae. Bioresour Technol, 2011, 102: 1149-1158.

[143] Ho SH, Kondo A, Hasunuma T, Chang JS. Engineering strategies for improving the $CO_2$ fixation and carbohydrate productivity of Scenedesmus obliquus CNW-N used for bioethanol fermentation. Bioresour Technol, 2013, 143: 163-171.

[144] Williams D. In the news: Algenol biofuels announces plan to build and operate a pilot-scale algae-based integrated biorefinery. J Can Pet Technol. 2009, 48: 6.

[145] Aleš P, Rakesh KB, Mark EZ. Algal biorefineries II: Products and Refinery Design. UK: Springer International Publishing AG Switzerland, 2015.

[146] Chisti Y, Yan J. Energy from algae: Current status and future trends. Algal biofuels - A status report. Appl Energy. 2011, 88: 3277-3279.Robles Medina A, Molina Grima E, Ibáñez González M J. Downstream processing of algal polyunsaturated fatty acids. Biotechnol Adv., 1998, 16: 517-580.

[147] Dunn R O, Bagby M O. Low-temperature properties of triglyceride-based diesel fuels: Transesterified methyl esters and petroleum middle distillate/ester blends. Journal of the American Oil Chemists' Society, 1995, 72: 895-904.

[148] Belarbi E H, Molina E, Chisti Y. A process for high yield and scaleable recovery of high purity eicosapentaenoic acid esters from microalgae and fish oil. Process Biochem., 2000, 35: 951-969.
[149] Ward O P, Singh A. Omega-3/6 fatty acids: Alternative sources of production. Process Biochem., 2005, 40: 3627-3652.
[150] Stansell G, Gray V, Sym S. Microalgal fatty acid composition: implications for biodiesel quality. J Appl Phycol., 2012, 24: 791-801.
[151] Babich IV, van der Hulst M. Catalytic pyrolysis of microalgae to high-quality liquid bio-fuels. Biomass Bioenergy, 2011, 35: 3199-3207.
[152] Steen E J, Kang Y, Bokinsky G, et al. Microbial production of fatty-acid-derived fuels and chemicals from plant biomass. Nature, 2010, 463: 559-562.
[153] Kovács KL, Maróti G, Rákhely G. A novel approach for biohydrogen production. International Journal of Hydrogen Energy, 2006, 31: 1460-1468.
[154] Masukawa H, Mochimaru M, Sakurai H. Hydrogenases and photobiological hydrogen production utilizing nitrogenase system in cyanobacteria. International Journal of Hydrogen Energy, 2002, 27: 1471-1474.
[155] Kojima E, Lin B. Effect of partial shading on photoproduction of hydrogen by Chlorella. J Biosci Bioeng, 2004, 97: 317-321.
[156] Guan Y, Zhang W, Yu X. Significant enhancement of photobiological $H_2$ evolution by carbonylcyanide m-chlorophenylhydrazone in the marine green alga Platymonas subcordiformis. Biotechnol Lett., 2004, 26: 1031-1035.
[157] Guan Y, Deng M, Zhang W. Two-stage photo-biological production of hydrogen by marine green alga Platymonas subcordiformis. Biochem Eng J., 2004, 19: 69-73.
[158] Aoyama K, Uemura I, Asada Y. Fermentative metabolism to produce hydrogen gas and organic compounds in a cyanobacterium, Spirulina platensis. J Ferment Bioeng, 1997, 83: 17-20.
[159] Melis A. Photosynthetic $H_2$ metabolism in Chlamydomonas reinhardtii (unicellular green algae). Planta, 2007, 226: 1075-1086.
[160] Kosourov S, Makarova V, Ghirardi M. The effect of sulfur re-addition on $H_2$ photoproduction by sulfur-deprived green algae. Photosynth Res, 2005, 85: 295-305.
[161] Dasgupta C N, Jose Gilbert J, Lindblad P, et al. Recent trends on the development of photobiological processes and photobioreactors for the improvement of hydrogen production. International Journal of Hydrogen Energy, 2010, 35: 10218-10238.
[162] Rupprecht J, Hankamer B, Kruse O. Perspectives and advances of biological $H_2$ production in microorganisms. Appl Microbiol Biotechnol, 2006, 72: 442-449.
[163] Vijayaraghavan K, Karthik R, Kamala Nalini S P. Hydrogen production by Chlamydomonas reinhardtii under light driven sulfur deprived condition. International Journal of Hydrogen Energy, 2009, 34: 7964-7970.
[164] Stripp S T, Happe T. How algae produce hydrogen-news from the photosynthetic hydrogenase. Dalton Transactions, 2009: 9960-9969.
[165] Gaffron H, Rubin J. Fermentative and photochemical production of hydrogen in algae. J Gen Physiol, 1942, 26: 219-240.
[166] Gfeller R P, Gibbs M. Fermentative metabolism of Chlamydomonas reinhardtii: I. Analysis of fermentative products from starch in dark and light. Plant Physiol, 1984, 75: 212-218.

[167] Gfeller R P, Gibbs M. Fermentative metabolism of Chlamydomonas reinhardtii: II. Role of plastoquinone. Plant Physiol, 1985, 77: 509-511.
[168] Melis A, Zhang L, Seibert M. Sustained photobiological hydrogen gas production upon reversible inactivation of oxygen evolution in the green alga Chlamydomonas reinhardtii. Plant Physiol, 2000, 122: 127-135.
[169] Laurinavichene T, Tolstygina I, Tsygankov A. The effect of light intensity on hydrogen production by sulfur-deprived Chlamydomonas reinhardtii. J Biotechnol, 2004, 114: 143-151.
[170] Pyo K J, Duk K C, Jun S S. Enhanced hydrogen production by controlling light intensity in sulfur-deprived Chlamydomonas reinhardtii culture. International Journal of Hydrogen Energy, 2006, 31: 1585-1590.
[171] Zhang Y, Fan X, Guo R. Characterization of $H_2$ photoproduction by a new marine green alga, Platymonas helgolandica var. tsingtaoensis. Appl Energy, 2012, 92: 38-43.
[172] Philipps G, Happe T, Hemschemeier A. Nitrogen deprivation results in photosynthetic hydrogen production in Chlamydomonas reinhardtii. Planta, 2012, 235: 729-745.
[173] Hirayama S, Ueda R, Ogushi Y, et al. Ethanol production from carbon dioxide by fermentative microalgae//Makisy T I, Yamaguchi T. Stud Surf Sci Catal: Elsevier, 1998, 114(98): 657-660.
[174] Ueno Y, Kurano N, Miyachi S. Ethanol production by dark fermentation in the marine green alga, Chlorococcum littorale. J Ferment Bioeng, 1998, 86: 38-43.
[175] Syrett P J, Wong H A. The fermentation of glucose by Chlorella vulgaris. The Biochemical Journal, 1963, 89: 308-315.
[176] Stal L J, Moezelaar R. Fermentation in cyanobacteria. FEMS Microbiol Rev., 1997, 21: 179-211.
[177] Troshina O, Serebryakova L, Lindblad P. Production of $H_2$ by the unicellular cyanobacterium Gloeocapsa alpicola CALU 743 during fermentation. International Journal of Hydrogen Energy, 2002, 27: 1283-1289.
[178] Clarens A F, Resurreccion E P, Colosi L M. Environmental life cycle comparison of algae to other bioenergy feedstocks. Environ Sci Technol., 2010, 44: 1813-1819.
[179] Jorquera O, Kiperstok A, Sales E A, et al. Comparative energy life-cycle analyses of microalgal biomass production in open ponds and photobioreactors. Bioresour Technol., 2010, 101: 1406-1413.
[180] Khoo H H, Sharratt P N, Shaik S. Life cycle energy and $CO_2$ analysis of microalgae-to-biodiesel: Preliminary results and comparisons. Bioresour Technol, 2011, 102: 5800-5807.
[181] Cooney M J, Young G, Pate R. Bio-oil from photosynthetic microalgae: Case study. Bioresour Technol, 2011, 102: 166-177.
[182] Beal C, Hebner R, Seibert A F. The energy return on investment for algal biocrude: Results for a research production facility. BioEnergy Research, 2012, 5: 341-362.
[183] Ferreira L S, Rodrigues M S, Converti A. Arthrospira (Spirulina) platensis cultivation in tubular photobioreactor: Use of no-cost $CO_2$ from ethanol fermentation. Appl Energy, 2012, 92: 379-385.
[184] Wongluang P, Chisti Y, Srinophakun T. Optimal hydrodynamic design of tubular photobioreactors. J Chem Technol Biotechnol, 2013, 88: 55-61.
[185] Sompech K, Chisti Y, Srinophakun T. Design of raceway ponds for producing microalgae. Biofuels, 2012, 3: 387-397.

[186] Chisti Y. Response to Reijnders: Do biofuels from microalgae beat biofuels from terrestrial plants? Trends Biotechnol, 2008, 26: 351-352.
[187] Samson R, Leduy A. Biogas production from anaerobic digestion of Spirulina maxima algal biomass. Biotechnol Bioeng, 1982, 24: 1919-1924.
[188] Sánchez Hernández EP, Travieso Córdoba L. Anaerobic digestion of Chlorella vulgaris for energy production. Resour Conserv Recy., 1993, 9: 127-132.
[189] Vergara-Fernández A, Vargas G, Velasco A. Evaluation of marine algae as a source of biogas in a two-stage anaerobic reactor system. Biomass Bioenergy, 2008, 32: 338-344.
[190] Markou G, Angelidaki I, Georgakakis D. Carbohydrate-enriched cyanobacterial biomass as feedstock for bio-methane production through anaerobic digestion. Fuel, 2013, 111: 872-879.
[191] Minowa T, Kishimoto M, Okakura T. Oil production from algal cells of Dunaliella tertiolecta by direct thermochemical liquefaction. Fuel, 1995, 74: 1735-1738.
[192] Sawayama S, Minowa T, Yokoyama SY. Possibility of renewable energy production and $CO_2$ mitigation by thermochemical liquefaction of microalgae. Biomass Bioenergy, 1999, 17: 33-39.
[193] Brown T M, Duan P, Savage P E. Hydrothermal liquefaction and gasification of Nannochloropsis sp. Energy Fuels, 2010, 24: 3639-3646.
[194] Biller P, Ross A B. Potential yields and properties of oil from the hydrothermal liquefaction of microalgae with different biochemical content. Bioresour Technol, 2011, 102: 215-225.
[195] Valdez P J, Dickinson J G, Savage P E. Characterization of product fractions from hydrothermal liquefaction of Nannochloropsis sp. and the influence of solvents. Energy Fuels, 2011, 25: 3235-3243.
[196] Frank E, Han J, Wang Z. Life cycle comparison of hydrothermal liquefaction and lipid extraction pathways to renewable diesel from algae. Mitigation and Adaptation Strategies for Global Change, 2013, 18: 137-158.
[197] Faeth J L, Valdez P J, Savage P E. Fast hydrothermal liquefaction of Nannochloropsis sp. to produce biocrude. Energy Fuels, 2013, 27: 1391-1398.
[198] Jesus S S, Filho R M. Modeling growth of microalgae Dunaliella salina under different nutritional conditions. American Journal of Biochemistry and Biotechnology, 2010, 6: 279-283.
[199] Mendes A, Reis A, Vasconcelos R. Crypthecodinium cohnii with emphasis on DHA production: A review. J Appl Phycol., 2009, 21: 199-214.
[200] Singh S, Kate B N, Banecjee U C. Bioactive compounds from cyanobacteria and microalgae: An overview. Crit Rev Biotechnol, 2005, 25: 73-95.
[201] Stephens E, Ross I L, King Z, et al. An economic and technical evaluation of microalgal biofuels. Nat Biotechnol, 2010, 28: 126-128.
[202] Grung M, Borowitzka M, Liaaen-Jensen S. Algal Carotenoids 51. Secondary carotenoids 2. Haematococcus pluvialis aplanospores as a source of (3S, 3′S)-astaxanthin esters. J Appl Phycol., 1992, 4: 165-171.
[203] Olaizola M. Commercial production of astaxanthin from Haematococcus pluvialis using 25, 000-liter outdoor photobioreactors. J Appl Phycol., 2000, 12: 499-506.
[204] Rodríguez-Sáiz M, De La Fuente J L, Barredo J L. Xanthophyllomyces dendrorhous for the industrial production of astaxanthin. Appl Microbiol Biotechnol, 2010, 88: 645-658.
[205] Fernández-Sevilla J M, Acién Fernández F G, Molina Grima E. Biotechnological production of

lutein and its applications. Appl Microbiol Biotechnol, 2010, 86: 27-40.

[206] Rito-Palomares M，Nuez L，Amador D. Practical application of aqueous two-phase systems for the development of a prototype process for c-phycocyanin recovery from Spirulina maxima. J Chem Technol Biotechnol, 2001, 76: 1273-1280.

[207] Hu Q. Industrial production of microalgal cell-mass and secondary products-Major industrial species: Arthrospira (Spirulina) platensis. Handbook of Microalgal Culture: Blackwell Publishing Ltd., 2007, 264-272.

[208] Tanticharoen M，Reungjitchachawali M，Cohen Z. Optimization of γ-linolenic acid (GLA) production in Spirulina platensis. J Appl Phycol, 1994, 6: 295-300.

[209] Huerlimann R，de Nys R，Heimann K. Growth，lipid content，productivity，and fatty acid composition of tropical microalgae for scale-up production. Biotechnol Bioeng, 2010, 107: 245-257.

[210] Alonso L，Grima E M，García Camacho F. Fatty acid variation among different isolates of a single strain of Isochrysis galbana. Phytochemistry, 1992, 31: 3901-3904.

[211] Kilian O，Benemann C E，Vick B. High-efficiency homologous recombination in the oil-producing alga Nannochloropsis sp. Proc Natl Acad Sci USA, 2011, 108: 21265-21269.

[212] Tababa H G，Hirabayashi S，Inubushi K. Media optimization of Parietochloris incisa for arachidonic acid accumulation in an outdoor vertical tubular photobioreactor. J Appl Phycol., 2012, 24: 887-895.

[213] Ismail A. Marine lipids overview: Markets，regulation，and the value chain. OCL-Oleagineux Corps Gras Lipides, 2010, 17: 205-208.

[214] Menoyo D，Lopez-Bote C J，Obach A. Growth，digestibility and fatty acid utilization in large Atlantic salmon (Salmo salar) fed varying levels of n-3 and saturated fatty acids. Aquaculture, 2003, 225: 295-307.

[215] Fábregas J，Arán J，Otero A. Modification of sterol concentration in marine microalgae. Phytochemistry, 1997, 46: 1189-1191.

[216] Francavilla M，Colaianna M，Zotti M，et al. Extraction，characterization and in vivo neuromodulatory activity of phytosterols from microalga Dunaliella tertiolecta. Curr Med Chem., 2012, 19: 3058-3067.

[217] Sioen I，Matthys C，Huybrechts I，et al. Consumption of plant sterols in Belgium: Consumption patterns of plant sterol-enriched foods in Flanders，Belgium. Br J Nutr., 2011, 105: 911-918.

[218] Vincenzini M，Sili C，Materassi R. Occurrence of poly-β-hydroxybutyrate in Spirulina species. J Bacteriol., 1990, 172: 2791-2792.

[219] Reddy C K，Ghai R，Kalia V C. Polyhydroxyalkanoates: an overview. Bioresour Technol., 2003, 87: 137-146.

[220] Wu G F，Shen Z Y，Wu Q Y. Modification of carbon partitioning to enhance PHB production in Synechocystis sp. PCC6803. Enzyme Microb Technol., 2002, 30: 710-715.

[221] Bhati R，Mallick N. Production and characterization of poly (3-hydroxybutyrate-co-3- hydroxyvalerate) co-polymer by a $N_2$ -fixing cyanobacterium，Nostoc muscorum Agardh. J Chem Technol Biotechnol, 2012, 87: 505-512.

[222] Arad S，Levy-Ontman O. Red microalgal cell-wall polysaccharides: Biotechnological aspects. Curr Opin Biotechnol, 2010, 21: 358-364.

[223] De Philippis R, Colica G, Micheletti E. Exopolysaccharide-producing cyanobacteria in heavy metal removal from water: Molecular basis and practical applicability of the biosorption process. Appl Microbiol Biotechnol, 2011, 92: 697-708.
[224] Bixler H J, Porse H. A decade of change in the seaweed hydrocolloids industry. J Appl Phycol, 2011, 23: 321-335.
[225] Goiris K, Muylaert K, Cooman L. Antioxidant potential of microalgae in relation to their phenolic and carotenoid content. J Appl Phycol., 2012, 24: 1477-1486.
[226] Klein B C, Walter C, Buchholz R. Microalgae as natural sources for antioxidative compounds. J Appl Phycol., 2012, 24: 1133-1139.
[227] Ohta S, Shiomi Y, Kawashima A, et al. Antibiotic effect of linolenic acid from Chlorococcum strain HS-101 and Dunaliella primolecta on methicillin-resistant Staphylococcus aureus. J Appl Phycol., 1995, 7: 121-127.
[228] Schaeffer DJ, Krylov V S. Anti-HIV activity of extracts and compounds from algae and cyanobacteria. Ecotoxicol Environ Saf., 2000, 45: 208-227.
[229] Morlière P, Mazière JC, Santus R, et al. Tolyporphin: A natural product from cyanobacteria with potent photosensitizing activity against tumor cells in vitro and in vivo. Cancer Res., 1998, 58: 3571-3578.
[230] Baker J T. Seaweeds in pharmaceutical studies and applications. Hydrobiologia, 1984, 116-117: 29-40.
[231] Yamaguchi K, Murakami M, Okino T. Screening of angiotensin-converting enzyme inhibitory activities in microalgae. J Appl Phycol., 1989, 1: 271-275.
[232] Mayer A S, Glaser K B, Cuevas C, et al. The odyssey of marine pharmaceuticals: A current pipeline perspective. Trends Pharmacol Sci., 2010, 31: 255-265.
[233] Gerwick W H, Moore B S. Lessons from the past and charting the future of marine natural products drug discovery and chemical biology. Chem Biol., 2012, 19: 85-98.
[234] Pettit G R, Kamano Y, Herald C L, et al. The isolation and structure of a remarkable marine animal antineoplastic constituent: Dolastatin 10. J Am Chem Soc., 1987, 109: 6883-6885.
[235] Luesch H, Moore R E, Corbett T H. Isolation of dolastatin 10 from the marine cyanobacterium Symploca species VP642 and total stereochemistry and biological evaluation of its analogue symplostatin 1. J Nat Prod., 2001, 64: 907-910.
[236] Chetsumon A, Maeda I, Mizoguchi T. Antibiotic production by the immobilized cyanobacterium, Scytonema sp. TISTR 8208, in a seaweed-type photobioreactor. J Appl Phycol., 1994, 6: 539-543.
[237] Morton S L, Bomber J W. Maximizing okadaic acid content from Prorocentrum hoffmannianum Faust. J Appl Phycol., 1994, 6: 41-44.
[238] Schwenzfeier A, Helbig A, Gruppen H. Emulsion properties of algae soluble protein isolate from Tetraselmis sp. Food Hydrocolloids, 2013, 30: 258-263.
[239] Schwenzfeier A, Wierenga PA, Gruppen H. Isolation and characterization of soluble protein from the green microalgae Tetraselmis sp. Bioresour Technol., 2011, 102: 9121-9127.
[240] Batista A P, Nunes M C, Fradinho P, et al. Novel foods with microalgal ingredients - Effect of gel setting conditions on the linear viscoelasticity of Spirulina and Haematococcus gels. J Food Eng., 2012, 110: 182-189.
[241] Garcia-Pichel F, Castenholz R W. Occurrence of UV-absorbing, mycosporine-like compounds

among cyanobacterial isolates and an estimate of their screening capacity. Appl Environ Microbiol., 1993, 59: 163-169.
[242] Balskus E P, Walsh C T. The genetic and molecular basis for sunscreen biosynthesis in cyanobacteria. Science, 2010, 329: 1653-1656.
[243] Llewellyn C A, Airs R L. Distribution and abundance of MAAs in 33 species of microalgae across 13 classes. Mar Drugs., 2010, 8: 1273-1291.
[244] Spanova M, Daum G.. Squalene - biochemistry, molecular biology, process biotechnology, and applications. Eur J Lipid Sci Technol., 2011, 113: 1299-1320.
[245] Achitouv E, Metzger P, Largeau C. C31 –C34 methylated squalenes from a Bolivian strain of Botryococcus braunii. Phytochemistry, 2004, 65: 3159-3165.
[246] Fan KW, Chen F, Jiang Y. Enhanced production of squalene in the thraustochytrid Aurantiochytrium mangrovei by medium optimization and treatment with terbinafine. World J Microbiol Biotechnol, 2010, 26: 1303-1309.
[247] Kaya K, Nakazawa A, Matsuura H. Thraustochytrid Aurantiochytrium sp. 18w-13a accummulates high amounts of squalene. Bioscience, Biotechnology and Biochemistry, 2011, 75: 2246-2248.
[248] Arai S. Functional food science in Japan: State of the art. BioFactors, 2000, 12: 13-16.
[249] Gouveia L, Coutinho C, Mendonça E, et al. Functional biscuits with PUFA-ω3 from Isochrysis galbana. J Sci Food Agric, 2008, 88: 891-896.
[250] David C, Matteo P, David C. Review of energy balance in raceway ponds for microalgae cultivation: Re-thinking a traditional system is possible. Applied Energy, 2013, 102(2): 101-111.
[251] Zouhayr A, Jesús R, Pablo Á D. Long term outdoor operation of a tubular airlift pilot photobioreactor and a high rate algal pond as tertiary treatment of urban wastewater. Ecological Engineering, 2013, 52(3): 143-153.
[252] Ranjbar R, Inoue R, Shiraishi H, et al. High efficiency production of astaxanthin by autotrophic cultivation of Haematococcus pluvialis in a bubble column photobioreactor. Biochemical Engineering Journal, 2008, 39(3): 575-580.
[253] 吴垠，孙建明，杨志平. 气升式光生物反应器培养海洋微藻的中试研究. 农业工程学报，2004，20(5): 237-240.
[254] Scoma A, Giannelli L, Faraloni C, et al. Outdoor $H_2$ production in a 50-L tubular photobioreactor by means of a sulfur-deprived culture of the microalga Chlamydomonas reinhardtii. Journal of Biotechnology, 2012, 157(4): 620-627.
[255] Boyd A R, Champagne P, Melanson J E. Switchable hydrophilicity solvents for lipid extraction from microalgae for biofuel production. Bioresour Technol., 2012, 118: 628-632.
[256] Jessop P G, Heldebrant D J, Li X. Green chemistry: Reversible nonpolar-to-polar solvent. Nature, 2005, 436: 1102.
[257] Phan L, Brown H, White J. Soybean oil extraction and separation using switchable or expanded solvents. Green Chem., 2009, 11: 53-59.
[258] Du Y, Schuur B, Samorì C, et al.Secondary amines as switchable solvents for lipid extraction from non-broken microalgae. Bioresour Technol., 2013, 149: 253-260.
[259] Young G, Nippgen F, Titterbrandt S. Lipid extraction from biomass using co-solvent mixtures of ionic liquids and polar covalent molecules. Sep Purif Technol., 2010, 72: 118-121.
[260] Samorì C, Torri C, Samorì G, et al. Extraction of hydrocarbons from microalga Botryococcus

braunii with switchable solvents. Bioresour Technol., 2010, 101: 3274-3279.
[261] Sathish A，Sims RC. Biodiesel from mixed culture algae via a wet lipid extraction procedure. Bioresour Technol., 2012, 118: 643-647.
[262] Moheimani N R，Borowitzka M A，Bahri P A. Extraction and conversion pathways for microalgae to biodiesel: A review focused on energy consumption. J Appl Phycol., 2012, 24: 1681-1698.
[263] Robles-Medina A，González-Moreno P A，Molina-Grima E. Biocatalysis: Towards ever greener biodiesel production. Biotechnol Adv., 2009, 27: 398-408.
[264] Sharma Y C，Singh B，Upadhyay S N. Advancements in development and characterization of biodiesel: A review. Fuel, 2008, 87: 2355-2373.
[265] Shahid E M，Jamal Y. Production of biodiesel: A technical review. Renew Sust Energ Rev. 2011, 15: 4732-4745.
[266] Diego T D，Manjón A，Iborra J L. A recyclable enzymatic biodiesel production process in ionic liquids. Bioresour Technol., 2011, 102: 6336-6339.
[267] Bajaj A，Lohan P，Mehrotra R. Biodiesel production through lipase catalyzed transesterification: An overview. J Mol Catal B: Enzym, 2010, 62: 9-14.
[268] Gog A，Roman M，Irimie F D. Biodiesel production using enzymatic transesterification – Current state and perspectives. Renewable Energy, 2012, 39: 10-16.
[269] Zhang B，Weng Y，Mao Z. Enzyme immobilization for biodiesel production. Appl Microbiol Biotechnol, 2012, 93: 61-70.
[270] Jegannathan K R，Eng-Seng C，Ravindra P. Economic assessment of biodiesel production: Comparison of alkali and biocatalyst processes. Renew Sust Energ Rev., 2011, 15: 745-751.
[271] McNeff C V，McNeff L C，Yan B，et al. A continuous catalytic system for biodiesel production. Applied Catalysis A: General, 2008, 343: 39-48.
[272] Um B H，Kim Y S. Review: A chance for Korea to advance algal-biodiesel technology. Journal of Industrial and Engineering Chemistry, 2009, 15: 1-7.
[273] Krohn B J，McNeff C V，Nowlan D. Production of algae-based biodiesel using the continuous catalytic Mcgyan® process. Bioresour Technol, 2011, 102: 94-100.
[274] Knothe G.. Biodiesel and renewable diesel: A comparison. Progress in Energy and Combustion Science, 2010, 36: 364-373.
[275] Pienkos P T，Darzins A. The promise and challenges of microalgal-derived biofuels. Biofuels，Bioproducts and Biorefining, 2009, 3: 431-440.
[276] 李健，张学成，胡鸿钧，等.微藻生物技术产业前景和研发策略分析．科学通报, 2012, 57(1)：23-31.
[277] Chen H，Qiu T，Rong JF，et al. Microalgal biofuel revisited: An informatics-based analysis of developments to date and future prospects. Applied Energy, 2015, 155: 585-598.
[278] Guanyi C, Liu Z, Yun Q. Enhancing the productivity of microalgae cultivated in wastewater toward biofuel production: A critical review. Applied Energy, 2015, 137: 282-291.
[279] Biofuels CODOA. Sustainable development of algal biofuels in the United States. The National Academies Press，2012.
[280] Yang J，Xu M，Zhang X，et al. Life-cycle analysis on biodiesel production from microalgae: Water footprint and nutrients balance. Bioresour Technol., 2011, 102: 159-165.

[281] Song L, Hu M, Liu D, et al. Thermal cracking of Enteromorpha prolifera with solvents to bio-oil. Energy Conversion and Management, 2014, 77: 7-12.
[282] Varfolomeev S D, Wasserman L A. Microalgae as source of biofuel, food, fodder, and medicines. Applied Biochemistry and Microbiology, 2011, 47(9): 789-807.
[283] Marcilla A, Catalá L, García-Quesada J C, et al. A review of thermochemical conversion of microalgae. Renewable and Sustainable Energy Reviews, 2013, 27: 11-19.
[284] Demirbas A. Hydrogen from mosses and algae via pyrolysis and steam gasification. Energy Sources, Part A: Recovery, Utilization and Environmental Effects, 2010, 32(2): 172-179.
[285] Trinh T N, Jensen P A, Kim D J, et al. Comparison of lignin, macroalgae, wood, and straw fast pyrolysis. Energy and Fuels, 2013, 27(3): 1399-1409.
[286] Sutherland A D, Varela J C. Comparison of various microbial inocula for the efficient anaerobic digestion of Laminaria hyperborea. BMC Biotechnology, 2014, 14(1): 1-8.
[287] Park S, Li Y. Evaluation of methane production and macronutrient degradation in the anaerobic co-digestion of algae biomass residue and lipid waste. Bioresource Technology, 2012, 111: 42-48.
[288] Murphy F, Devlin G, Deverell R, et al. Biofuel production in ireland-an approach to 2020 targets with a focus on algal biomass. Energies, 2013, 6(12): 6391-6412.
[289] Chen W H, Han S K, Sung S. Sodium inhibition of thermophilic methanogens. Journal of Environmental Engineering, 2003, 129(6): 506-512.
[290] Lefebvre O, Moletta R. Treatment of organic pollution in industrial saline wastewater: A literature review. Water Research, 2006, 40(20): 3671-3682.
[291] Tedesco S, Marrero Barroso T, Olabi A G. Optimization of mechanical pre-treatment of Laminariaceae spp. biomass-derived biogas. Renewable Energy, 2014, 62: 527-534.
[292] Goyal H B, Seal D, Saxena R C. Bio-fuels from thermochemical conversion of renewable resources: A review. Renewable and Sustainable Energy Reviews, 2008, 12(2): 504-517.
[293] 朱锡锋, 陆强, 郑冀鲁, 等. 生物质热解与生物油的特性研究. 太阳能学报, 2006, 27(12): 1285-1289.
[294] Poliakoff M, Licence P. Sustainable technology: Green chemistry. Nature, 2007, 450: 810-812.
[295] Ragauskas A J, William C K, Davison B H, et al. The path forward for biofuels and biomaterials. Science, 2006, 311(5760): 484-489.
[296] Vispute T P, Zhang H, Sanna A, et al. Renewable chemical commodity feedstocks from integrated catalytic processing of pyrolysis oils. Science, 2010, 330(6008): 1222-1227.
[297] Demirbas A. Mechanisms of liquefaction and pyrolysis of biomass. Energy Conversion and Management, 2000, 41: 633-646.
[298] Bridgwater A V, Peacocke G V C. Fast pyrolysis processes for biomass. Renewable and Sustainable Energy, 2000, 4(1): 1-73.
[299] Luo Z, Wang S, Liao Y, et al. Research on biomass fast pyrolysis for liquid fuel. Biomass and Bioenergy, 2004, 26(5): 455-462.
[300] Bridgwater A, Czernik S, Diebold J. Fast pyrolysis of biomass: a handbook. UK: CPL Press, 2005.
[301] Bridgwater A V, Meier D, Radleinc D. An overview of fast pyrolysis of biomass. Organic Geochemistry, 1999, 30(12): 1479-1493.

[302] 姚福生，易维明，柏雪源，等. 生物质快速热解液化技术. 中国工程科学，2001，3(4): 63-67.
[303] 谌凡更，欧义芳. 木质纤维原料的热化学液化. 纤维素科学与技术，2000，8(1): 44-57.
[304] 王树荣，骆仲泱，谭洪，等. 生物质热裂解生物油特性的分析研究. 工程热物理学报，2004，25(6): 1049-1052.
[305] 刘守新，张世润. 生物质的快速热解. 林产化学与工业，2004，24(3): 93-101.
[306] 刘荣厚，张春梅. 我国生物质热解液化技术的现状. 可再生能源，2004，(3): 11-14.
[307] 马隆龙，吴创之，孙立. 生物质气化技术及其应用. 北京：化学工业出版社，2003.
[308] Chen G，Spliethoff H，Andries J. Catalytic pyrolysis of biomass for hydrogen-rich fuelgas production. Energy Conversion and Management，2003，(44): 2289-2296.
[309] 刘荣厚，牛卫生，张大雷.生物质热化学转化技术. 北京：化学工业出版社，2005.
[310] Yan R，Yang H P，Chin T，et al. Influence of temperature on the distribution of gaseous products from pyrolyzing palm oil wastes. Combustion and Flame，2005，142(1/2): 24-32.
[311] 白兆兴，曹建峰，林鹏云，等. 秸秆类生物质燃烧动力学特性实验研究. 能源研究与信息，2009，25(3): 130-137.
[312] Worassuwannarak N，Sonobe T，Tanthapanichakoon W. Pyrolysis behavions of rice straw，rice husk and comcob by TG-MS technique. Journal of Analytical and Applied Pyrolysis，2007，78(2): 265-271.
[313] 闵凡飞，张明旭. 生物质燃烧模式及燃烧特性的研究. 煤炭学报，2005，30(1): 104-108.
[314] 臧丹丹，陈良勇，任强强. 生物质热解与燃烧特性试验研究. 锅炉技术，2008，39(3): 76-80.
[315] 蒲舸，张力，辛明道. 王草的热解与燃烧特性实验研究. 中国电机工程学报，2006，26(11): 65-69.
[316] 王智微，孙宝洪，王立双，等. 循环流化床燃烧室内细焦碳颗粒的燃尽特性分析. 动力工程，2002，22(2): 1697-1699.
[317] 刘建禹，翟国勋，陈荣耀. 生物质燃料直接燃烧过程特性的分析. 东北农业大学学报，2001，32(3): 290-294.
[318] 刘振海. 热分析导论. 北京：化学工业出版社，1991.
[319] 朱清时，阎立峰，郭庆祥. 生物质洁净能源. 北京：化学工业出版社，2002.
[320] Yan C，YangW，John T R，et al. A novel biomass air gasification process for producing tar-free higher heating value fuel gas. Fuel Processing Technology，2006，87(4): 343-353.
[321] Bridgwater A V. Progress in Thermochemical Biomass Conversion. Bodmin (UK ): MPG Book Ltd.，2001.
[322] Diego L F D, Ortiz M, García-Labiano F, et al. Hydrogen production by chemical-looping reforming in a circulatingfluidized bed reactor using Ni-based oxygen carriers. Power Sources, 2009, 192(1): 27-34.
[323] 荣鼐. 基于 CaO 载碳体的煤化学链气化关键过程实验研究.杭州：浙江大学, 2015.
[324] 黄振，何方，李海滨，等.天然铁矿石为氧载体的生物质化学链气化制合成气实验研究.燃料化学学报, 2012, 40(3): 300-308.
[325] 禹建功. 生物质化学链气化及生物质半焦/载氧体气化反应动力学研究. 重庆：重庆大学，2015.
[326] 赵坤，何方，黄振，等. 基于热重-红外联用分析的生物质化学链气化实验研究. 太阳能学报, 2013, 34(3): 357-364.
[327] 张松. 松木/铁基载氧体化学链气化反应特性研究. 重庆：重庆大学, 2015.

[328] Rohit P D, Rustin M S, Bruno G C, et al. Fermentation of biomass-generated producer gas to ethanol. Biotechnology and Bioengineering, 2004, 86( 5): 587-594.
[329] Gaddy J L, Clausen E C. Clostridiumm ljungdahlii, an anaerobic ethanol and acetate producing microorganism, USA. 5173429, 1992-12-22.
[330] Munasinghe P C, Khanal S K. Biomass-derived syngas fermentation into biofuels: Opportunities and challenges. Bioresource technology, 2010, 101: 5013-5022.
[331] McKendry P. Energy production from biomass (part3): Gasification technologies. Bioresource Technology, 2002, 83(1): 5-63.
[332] Amigun B, Gorgens J, Knoetze H. Biomethanol production from gasification of non-woody plant in South Africa: Optimum scale and economic performance. Energy Policy, 2010, 38: 312-322.
[333] 李仲来. 煤气化技术综述.小氮肥设计技术, 2002, 23(3): 7-17.
[334] 陈百明, 陈安宁, 张正峰, 等. 秸秆气化商业化发展的驱动与制约因素分析. 自然资源学报, 2007, 22(1): 62-68.
[335] Barik S, Prieto S, Harrison S B, et al. Biological production of alcohols from coal through indirect liquefaction. Applied Biochemistry and Biotechnology, 1988, 18(1): 363-378.
[336] Abrini J, Naveau H, Nyns E. Clostridium autoethanogenum, sp. nov., an anaerobic bacterium that produces ethanol from carbon monoxide. Archives of Microbiology, 1994, 161: 345-351.
[337] Shen G J, Shieh J S, Grethlein A J, et al. Biochemical basis for carbon monoxide tolerance and butanol production by Butyribacterium methylotrophicum. Applied Microbiology and Biotechnology, 1999, 51(6): 827-832.
[338] Liou J S, Balkwill D L, Drake G R, et al. Clostridium carboxidivorans sp. nov., a solvent-producing clostridium isolated from an agricultural settling lagoon, and reclassication of the acetogen Clostridium scatologenes strain SL1 as Clostridium drakeispnov. International Journal of Systematic and Evolutionary Microbiology, 2005, 55: 2085-2091.
[339] Hurst K M, Lewis R S. Carbon monoxide partial pressureeffects on the metabolic process of syngas fermentation. Biochemical Engineering Journal, 2010, 48: 159-165.
[340] Klasson K T, Ackerson C M D, Clausen E C, et al. Biological conversion of synthesis gas into fuels.International Association for Hydrogen Energy, 1992, 17(4): 281-288.
[341] Phillips J R, Klasson K T, Clausen E C, et al. Biological production of ethanol from coal synthesis gas.Applied Biochemistry and Biotechnology, 1994, 39-40(1): 559-571.
[342] 李东, 袁振宏, 吕鹏梅, 等. 合成气生物利用的研究进展. 生物质化学工程, 2007, 41(2): 54-58.
[343] 武力军, 周静, 刘璐, 等. 煤气化技术进展. 洁净煤技术, 2002, 8(1): 31-34.
[344] 郭新宇. 钢铁企业三气配气制甲醇新工艺的介绍. 2005 年全国炼焦行业利用焦炉煤气生产甲醇暨应用研讨会论文集, 2005.
[345] Habermann W and Pommer E. Biological fuel cells with sulphide storage capacity. Applied microbiology and Biotechnology, 1991, 35(1): 128-133.
[346] 王鑫. 微生物燃料电池中多元生物质产电特性与关键技术研究. 哈尔滨: 哈尔滨工业大学, 2010.
[347] Wang Z, Wang C, Chen K.Two-phase flow and transport in the air cathode of proton exchange membrane fuel cells. Journal of Power Sources, 2001, 94(1): 40-50.
[348] Park D H, Zeikus J Z. Improved fuel cell and electrode designs for producing electricity from

microbial degradation. Biotechnology and Bioengineering，2003，81(3): 348-355.
[349] Liu H，Cheng S，Logan B E. Production of electricity from acetate or butyrate using a single-chamber microbial fuel cell. Environmental Science and Technology，2005，39(2): 658-662.
[350] Min B，Logan B E. Continuous electricity generation from domestic wastewater and organic substrates in a flat plate microbial fuel cell. Environmental Science and Technology，2004，38(21): 5809-5814.
[351] Liu H，Logan B. Electricity generation using an air-cathode single chamber microbial fuel cell in the presence and absence of a proton exchange membrane. Environmental Science and Technology，2004，38(14): 4040-4046.
[352] Liu H，Cheng S A，Logan B E. Power generation in fed-batch microbial fuel cells as a function of ionic strength，temperature，and reactor configuration. Environmental Science and Technology，2005，39(14): 5488-5493.
[353] Cheng S，Liu H，Logan B E. Increased power generation in a continuous flow MFC with advective flow through the porous anode and reduced electrode spacing. Environmental Science and Technology，2006，40(7): 2426-2432.
[354] Zuo Y，Cheng S，Call D，et al. Tubular membrane cathodes for scalable power generation in microbial fuel cells. Environmental science and technology，2007，41(9): 3347-3353.
[355] Anderson R T，Vrionis H A，Ortiz-Bernad I，et al.Stimulating the in situ activity of geobacter species to remove uranium from the groundwater of a uranium-contaminated aquifer. Applied and Environmental Microbiology，2003，69(10): 5884-5891.
[356] Kim H J，Park H S，Hyun M S，et al. A mediator-less microbial fuel cell using a metal reducing bacterium，Shewanella putrefaciens. Enzyme and Microbial Technology，2002, 30(2): 145-152.
[357] Myers J M，Myers C R. Role for outer membrane cytochromes OmcA and OmcB of Shewanella putrefaciens MR-1 in reduction of manganese dioxide. Applied and Environmental Microbiology，2001，67(1): 260.
[358] Magnuson T，Isoyama N，Hodges-Myerson A，et al. Isolation，characterization and gene sequence analysis of a membrane-associated 89 kDa Fe (III) reducing cytochrome c from Geobacter sulfurreducens. Biochemical Journal，2001，359(1): 147-152.
[359] Rabaey K，Boon N，Höfte M，et al. Microbial phenazine production enhances electron transfer in biofuel cells. Environmental Science and Technology，2005，39(9): 3401-3408.
[360] Gorby Y A，Yanina S，McLean J S，et al. Electrically Conductive bacterial nanowires produced by shewanella oneidensis strain MR-1 and other microorganisms. Proceedings of the National Academy of Sciences of the United States of America，2006，103(30): 11358-11363.
[361] Logan B E and Regan J M. Microbial fuel cells-challenges and applications. Environmental Science and Technology，2006，40(17): 5172-5180.
[362] Bond D R，and Lovley D R. Electricity production by geobacter sulfurreducens attached to electrodes. Applied and Environmental Microbiology，2003，1548-1555.
[363] Rabaey K，Boon N，Siciliano S D，et al. Biofuel cells select for microbial consortia that self-mediate electron transfer. Applied and Environmental Microbiology，2004，5373-5382.
[364] 孙寓姣，左剑恶，崔龙涛.不同废水基质条件下微生物燃料电池中细菌群落解析.中国环境科学, 2008，28(12): 1068-1073.

[365] Rabaey K, Ossieur W, Verhaege M. Continuous microbial fuel cells convert carbohydrates to electricity. Water Science and Technology, 2005, 52(1): 515-523.
[366] 梁鹏，范明志，曹效鑫，等. 碳纳米管阳极微生物燃料电池产电特性的研究.环境科学，2008, 29: 2356-2360.
[367] Moon H, Chang I S, Jang J K, et al. Residence time distribution in microbial fuel cell and its influence on COD removal with electricity generation. Biochemical Engineering Journal, 2005, 27(1): 59-65.
[368] Kim J R, Min B, Logan B E. Evaluation of procedures to acclimate a microbial fuel cell for electricity production. Applied Microbiology and Biotechnology, 2005, 68(1): 23-30.
[369] Lowy D A, Tender L M, Zeikus J G, et al. Harvesting energy from the marine sediment–water interface II: kinetic activity of anode materials. Biosensors and Bioelectronics, 2006, 21(11): 2058-2063.
[370] Crittenden S R, Sund C J, Sumner J J. Mediating electron transfer from bacteria to a gold electrode via a self-assembled monolayer. Langmuir, 2006, 22(23): 9473-9476.
[371] Chaudhuri S K, Lovley D R. Electricity generation by direct oxidation of glucose in mediatorless microbial fuel cells. Nature Biotechnology, 2003, 21(10): 1229-1232.
[372] Zhao F, Harnisch F, Schr der U, et al. Application of pyrolysed iron (II) phthalocyanine and CoTMPP based oxygen reduction catalysts as cathode materials in microbial fuel cells. Electrochemistry Communications, 2005, 7(12): 1405-1410.
[373] Yu E, Cheng S, Logan B, et al. Electrochemical reduction of oxygen with iron phthalocyanine in neutral media. Journal of Applied Electrochemistry, 2009, 39(5): 705-711.
[374] Morris J M, Jin S, Wang J, et al.Lead dioxide as an alternative catalyst to platinum in microbial fuel cells. Electrochemistry Communications, 2007, 9(7): 1730-1734.
[375] 汪家权，李晨，谭茜. 二氧化铅阴极单室微生物燃料电池处理有机废水研究. 水处理技术，2009, 35(9): 84-86.
[376] Clauwaert P, van der Ha D, Boon N, et al. Open air biocathode enables effective electricity generation with microbial fuel cells. Environmental Science and Technology, 2007, 41(21): 7564-7569.
[377] Roche I, Chainet E, Chatenet M, et al. Durability of carbon-supported manganese oxide nanoparticles for the oxygen reduction reaction (ORR) in alkaline medium. Journal of Applied Electrochemistry, 2008, 38(9): 1195-1201.
[378] Roche I, Scott K. Carbon-supported manganese oxide nanoparticles as electrocatalysts for oxygen reduction reaction (orr) in neutral solution. Journal of Applied Electrochemistry, 2009, 39(2): 197-204.
[379] Zhang L, Liu C, Zhuang L, et al. Manganese dioxide as an alternative cathodic catalyst to platinum in microbial fuel cells. Biosensors and Bioelectronics, 2009, 24(9): 2825-2829.
[380] Liu X W, Sun X F, Huang Y X, et al. Nano-structured manganese oxide as a cathodic catalyst for enhanced oxygen reduction in a microbial fuel cell fed with a synthetic wastewater. Water Research, 2010, 44(18): 5298-5305.
[381] Li X, Hu B, Suib S, et al. Manganese dioxide as a new cathode catalyst in microbial fuel cells. Journal of Power Sources, 2010, 195(9): 2586-2591.
[382] Cheng S, Liu H, Logan B.Increased performance of single-chamber microbial fuel cells using an

improved cathode structure. Electrochemistry Communications, 2006, 8(3): 489-494.
[383] Kim J R, Cheng S, Oh S E, et al. Power generation using different cation, anion, and ultrafiltration membranes in microbial fuel cells. Environmental Science and Technology, 2007, 41: 1004-1009.
[384] Sun J, Hu Y, Bi Z, et al.Improved performance of air-cathode single-chamber microbial fuel cell for wastewater treatment using microfiltration membranes and multiple sludge inoculation. Journal of Power Sources, 2009, 187(2): 471-479.
[385] Hou B, Sun J A, Hu Y Y. Simultaneous Congo red decolorization and electricity generation in air-cathode single-chamber microbial fuel cell with different microfiltration, ultrafiltration and proton exchange membranes. Bioresource Technology, 2011, 102(6): 4433-4438.
[386] Zhuang L, Zhou S, Wang Y, et al. Membrane-less cloth cathode assembly (CCA) for scalable microbial fuel cells. Biosensors and Bioelectronics, 2009, 24(12): 3652-3656.
[387] Freguia S, Rabaey K, Yuan Z, et al. Electron and carbon balances in microbial fuel cells reveal temporary bacterial storage behavior during electricity generation. Environmental Science and Technology, 2007, 41(8): 2915-2921.
[388] Clauwaert P, Mulenga S, Aelterman P, et al. Litre-scale microbial fuel cells operated in a complete loop. Applied Microbiology and Biotechnology, 2009, 83(2): 241-247.
[389] Clauwaert P, van der Ha D, Boon N, et al. Open air biocathode enables effective electricity generation with microbial fuel cells. Environmental Science and Technology, 2007, 41(21): 7564-7569.
[390] Kim K Y, Chae K J, Choi M J, et al. Enhanced coulombic efficiency in glucose-fed microbial fuel cells by reducing metabolite electron losses using dual-anode electrodes. Bioresource Technology, 2011, 102(5): 4144.
[391] Dewan A, Beyenal H, Lewandowski Z. Intermittent energy harvesting improves the performance of microbial fuel cells. Environmental Science and Technology, 2009, 43(12): 4600-4605.
[392] Chae K J, Choi M J, Lee J W, et al. Effect of different substrates on the performance, bacterial diversity, and bacterial viability in microbial fuel cells. Bioresource Technology, 2009, 100(14): 3518-3525.
[393] Picioreanu C, Head I M, Katuri K P, et al. A computational model for biofilm-based microbial fuel cells. Water Research, 2007, 41(13): 2921-2940.
[394] Catal T, Li K, Bermek H, et al. Electricity production from twelve monosaccharides using microbial fuel cells. Journal of Power Sources, 2008, 175(1): 196-200.
[395] Catal T, Fan Y, Li K, et al. Utilization of mixed monosaccharides for power generation in microbial fuel cells. Journal of Chemical Technology &# 38; Biotechnology, 2011, 86(4): 570-574.
[396] Feng Y, Wang X, Logan B E, et al. Brewery wastewater treatment using air-cathode microbial fuel cells. Applied Microbiology and Biotechnology, 2008, 78(5): 873-880.
[397] Kim B, Park H, Kim H, et al. Enrichment of microbial community generating electricity using a fuel-cell-type electrochemical cell. Applied Microbiology and Biotechnology, 2004, 63(6): 672-681.
[398] Pant D, Van Bogaert G, Diels L, et al. A review of the substrates used in microbial fuel cells (MFCs) for sustainable energy production. Bioresource Technology, 2010, 101(6): 1533-1543.

[399] 连静，冯雅丽，李浩然，等. 微生物燃料电池的研究进展. 过程工程学报，2006，(2): 334-338.
[400] Zhang X，Cheng S，Liang P，et al. Scalable air cathode microbial fuel cells using glass fiber separators，plastic mesh supporters，and graphite fiber brush anodes. Bioresource Technology，2011，102(1): 372-375.
[401] 卢娜，周奔，邓丽芳，等. $MnO_2$ 为阴极催化剂的微生物燃料电池处理淀粉废水研究. 应用基础与工程科学学报，2009，17(增): 65-73.
[402] Lovley D R. Microbial fuel cells: Novel microbial physiologies and engineering approaches. Current Opinion in Biotechnology，2006，17(3): 327-332.
[403] Logan B E，Call D，Cheng S，et al. Microbial electrolysis cells for high yield hydrogen gas production from organic matter. Environmental Science and Technology，2008，42(23): 8630-8640.
[404] 黄艳琴，阴秀丽，吴创之. 生物质气化高温燃料电池一体化发电技术研究. 可再生能源，2006(130): 43-47.
[405] 阴秀丽，吴创之，马隆龙. 生物质气化燃料电池一体化发电技术应用前景. 2005 年中国生物质能技术与可持续发展研讨会论文集. 济南，2005: 43-52.
[406] 盛建菊. 生物质气化发电技术的进展. 节能技术，2007，1(1): 67-70.
[407] 叶贻杰，陈汉平，王贤华. 生物质流化床燃烧过程中的结渣特性. 可再生能源，2007，25(3): 50-53.
[408] Timo K，Pehr P，Christopher S. Study of biomass fuelled MCFC systems. Journal of Power Sources，2002，104: 115-124.
[409] Kirill V L，Horst J R. Anadvanced integrated biomass gasification and moltenfuel cell power system. Energy Convers，1998，39: 1931-1943.
[410] Omosun A O，Bauen A，Brandon N P，et al. Modelling system efficienciesand costs of two biomass-fuelled SOFC systems. Journal of Power Sources，2004，131: 96-106.
[411] Roberto B，PierO L. Experimentalcomparison of MCFC performance using three differentbiogas types and methane. Journal of Power Sources，2005，145: 588-593.
[412] Morita H，Yoshiba F，Woudstra N，et al. Feasibility study of wood biomass gasification/molten carbonate fuel cell system-comparative characterization of fuel cell and gas turbine systems. Journal of Power Sources，2004，138: 31-40.
[413] Mcllveen-Wrigllt D R，Williams B C，McMullan J T. Wood gasification integrated with fuel cells. Renewable Energy，2000，19: 223-228.
[414] Mcllveen-Wright D，Guiney D J. Wood-fired fuel cells in an isolated community. Journal of Power Sources，2002，106: 93-101.
[415] Mcllveen-Wright D R，McMullall J T，Guiney D J. Wood-fired fuel cells in seleetedbuildings. Jounial of Power Sourees，2003，118: 393-404.
[416] Omosuln A O，Bauen A，Brandon N P，et al. Modelling system effieieneies and costs of two biomass-fuelled SOFC systems. Journal of Power Sources，2004，131: 96-106.
[417] 刘爱虢，王冰，曾文，等. 生物质-燃料电池/燃气轮机集成原理及技术分析. 沈阳航空航天大学学报，20013，3(30): 14-19.
[418] Timo K，Pehr P，Christopher S. Study of biomass fuelled MCFC systems. Journal of Power Sources，2002，104: 115-124.
[419] Tomasi C，Baratieri M，Bosio B. Process Analysis of molten carbonate fuel cell power plant fed

with a biomass syngas. Journal of Power Sources，2006，157: 765-774.
[420] Dayton D C. Fuel cell integration-A study of the impacts of gas quality and impurities milestone completion report. NREL/MP-510-30298，2001.
[421] Roy S，Cox B G，Adris A M，et al. Economics and simulation of fluidized bed membrane reforming. Hydrogen Energy，1998，23(9): 745-752.
[422] Peters R，Riensche E，Cremer P. Pre-forming of natural gas in solid oxide fuel-cell system. Journal of Power Source，2000，86: 432-441.
[423] Chen Y H，Cao G Y，WengY W. Simulation and optimization of a MCFC-gao turbine combined cycle system. Journal of Engineering for Thermal Energy and Power，2006，21(2): 119-123.
[424] 黄艳琴，阴秀丽，吴创之，等. 生物质气化燃料电池发电关键技术可行性分析. 武汉理工大学学报，2008，5(30): 11-14.
[425] Kirill V L，Horst J Richter. An advanced integrated biomass gasification and molten fuel cell power system. Energy Convers，1998，39: 1931-1943.
[426] Kinoshita K，Mclarnon F R，Cains E J. Fuel cells: A Hand book. Morgantown WV: Morgantown Energy Technology Center，1998.
[427] 许世森，朱宝田. 探讨我国电力系统发展燃料电池发电的技术路线. 中国电力，2001，34(7): 9-12.

# 第 8 章　生物质炼制与高值化利用

## 引　言

生物质炼制是指以可再生的生物质为原料，经过生物、化学、物理方法或这几种方法集成的方法，生产一系列化学品与材料的新型工业技术模式[1]。该种模式通过生产价值较高的精炼产品来提高生物质的利用价值和商业价值，所得的精炼产品或是能够直接在生产生活过程中得到应用，或是可以经过进一步的转化过程得到有用的化学品和材料，从而显著提高生物质转化产业的盈利能力，进而提升生物质产业的竞争力。本章主要讨论生物丁醇、生物基润滑油、生物炭、生物基高值聚合物。

## 8.1　生物丁醇的制备与利用

### 8.1.1　生物丁醇概述

丁醇是一种重要的化工原料，在医药工业、塑料工业、有机工业、印染工业等方面具有广泛应用。生物丁醇是指以粮食或非粮作物为原料，在生物菌种的催化下，利用生物发酵得到的丁醇产物，它具有蒸汽压力低、腐蚀性小、便于管道输送等优势，可作为生物基化学品，也可以作为一种新型生物燃料，用于未来交通运输应用。

传统工业丁醇主要以石油产品为原料进行化学合成，其合成途径如图 8-1 所示：①以乙醛为原料，通过醇醛缩合形成丁醇醛，脱水生成丁烯醛，最后加氢得到正丁醇；②以丙烯为原料，通过羰基合成法生成正、异丁醛，然后加氢分馏得到正丁醇。其中，醛加氢过程催化剂选用重金属氧化铜、氧化铝等，羰基合成过程催化剂采用重金属铑的络合物等。采用该方法得到的正丁醇纯度高达 99.5 %，但含有丁醛、辛醇、氯化物等杂质，其天然度较差，无法作为医药、香料的添加剂使用。

我国生物质资源(如农作物秸秆、林业废弃物等木质纤维质原料)十分丰富，利用这些廉价的废弃资源生产生物丁醇，不仅可以克服化学工业丁醇对石油资源的依赖，而且还可满足交通运输对生物丁醇燃料的需求。从生物丁醇的产业状况来看，其发展经历过高潮与低谷。早期，生物丁醇主要用于合成丁二烯橡胶和汽车油漆，生产发展迅猛；但随着石化产业的发展和生产原料糖蜜成本的上涨，国内外很多生

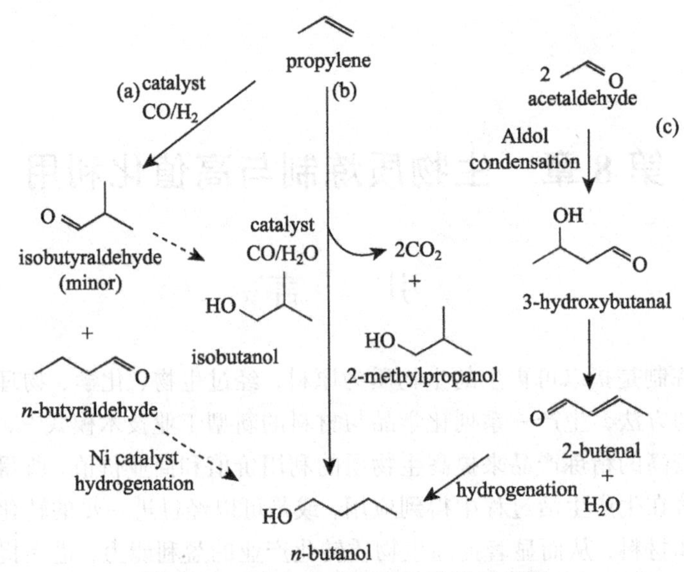


图 8-1 工业上合成丁醇的路线示意图

(a) 羰基合成；(b) 雷比法合成；(c) 丁烯醛加氢[2]

物丁醇生产工厂纷纷停产；如今国际对于环境问题的重视程度日益加深，以非粮生物质为原料生产生物丁醇的技术再次成为研究热点，但粮食原料的成本高、丁醇毒性造成的产物浓度低和发酵产物中存在副产物丙酮和乙醇等因素仍制约着生物丁醇生产的进一步发展。据统计，2010 年我国正丁醇产能为 70.5 万 t/a，其中化学法正丁醇生产能力为 48.5 万 t/a，主要采用以石油为原料通过丙烯羰基化法生产；生物发酵法制备生物正丁醇产能为 22 万 t/a，均以玉米为原料生产。

### 8.1.2 生物丁醇的应用

1. 直接应用

丁醇本身有两个基本的商业用途。首先在燃料应用方面，丁醇是一种极具潜力的新型生物燃料。丁醇的热值与汽油的热值相近，而且丁醇具有亲水性弱、腐蚀性小、便于管道输送及能与汽油任意比混合的优点，可替代或部分替代汽油作发动机燃料。同时丁醇的辛烷值为 94，作为汽油(辛烷值 96)的高辛烷值组分，可提高点燃式内燃机的抗震性，使发动机运行更平稳。与乙醇相比，丁醇更具有如下优点[3, 4]：①丁醇的燃烧热高于乙醇，几乎与汽油相当。丁醇的高燃烧热使得其燃费性能远高于乙醇，在单位体积燃料价格相近的情况下采用丁醇作为燃料具有更高的经济性。②丁醇的亲水性弱，腐蚀性小，适合在现有的汽油供应和分销系统应用。乙醇在水中的溶解度大，并有腐蚀的倾向，因此对乙醇与汽油进行调和时必须使用汽车槽车、铁路储罐等。相比之下，丁醇在水中的溶解度只有 17 %，亲水性弱，且丁醇的蒸汽压低，腐蚀性小，可用管道输送，不需要在分销终端进行调和，可用现有的加油站系统，无须进行改造，更适合在现有的汽油供应和分销系统中应用。③丁醇与汽油的配伍性更好，能够与汽油达到更高的混合比。汽油中的主要组成是 $C_6$～$C_8$，因此丁醇比乙醇更类似于“油”。在不对汽车发动机进行改造的情况下，乙醇与汽油混合比的极限为 10%，而汽油中允许调入的丁醇可以达到 16% [3]。

丁醇本身的另一个直接的用途是作为工业的溶剂或助溶剂，主要用于表面涂层(树脂、涂料、油漆、蜡类)。在美国，丁醇直接用作溶剂的消耗量是每年 50000 公吨，占世界总丁醇市场的 8%。

2. 生产衍生物

生物丁醇是一种重要的平台化合物，通过以丁醇作为原料进行化学反应，可得到醋酸丁酯、丙烯酸丁酯、邻苯二甲酸二丁酯等化合物。图 8-2 列出了由丁醇得到的分子中氧官能团保留的衍生物。

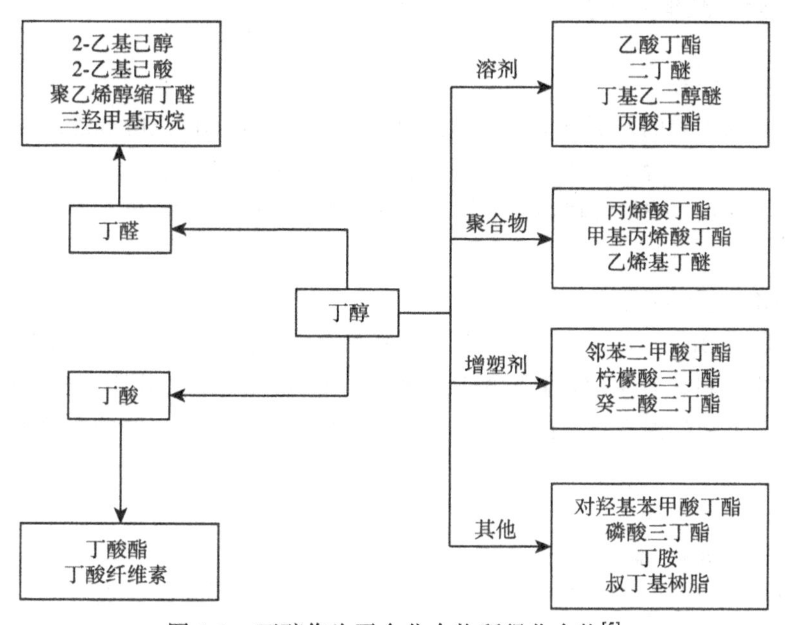


图 8-2　丁醇作为平台化合物所得化合物[5]

来自丁醇的醚和酯是非常重要的工业溶剂。美国每年消耗的醋酸四丁酯为 105000t，占整个丁醇市场的 16%[5]。通过丁醇和环氧乙烷反应得到的丁基乙二醇醚($BuO(CH_2CH_2O)_nH$)溶剂，代表了丁醇的衍生物作为溶剂使用的具有最大容量的化合物。它们在油墨、颜料、农药、清洁配方、航空燃料中的除冰剂和纺织染料应用非常广泛。美国每年消耗这种醚类的量为 177000t，占总丁醇市场的 27%。丁酯类在丁醇衍生物中占有很大比例，在美国丁酯类的年需量为 288000t，占整个丁醇市场的 44%。

通过丁醛的自缩合反应和后续的加氢反应可得到 2-乙基己醇。2-乙基己醇主要应用于塑化剂和丙烯酸酯或甲基丙烯酸酯方面。邻苯二甲酸二(2-乙基)己酯(DEHP)在塑化剂中占有最大的分量，被称为“增塑剂的性能比较的国际标准”[5]。2-乙基己醇通过与氧气进行氧化反应可得到 2-乙基己酸。在所有的羧酸中，它的可接近性和可利用性使其成为有重要意义的化合物[5]。

通过对丁醛进行催化氧化反应可得到丁酸。丁酸与醇类进行酯化可得到丁酸酯，丁酸酯作为无毒溶剂应用于工业生产中的很多方面，也包括香水化学品方面。最值得一提的是丁酸纤维素酯，特别是混合的醋酸丁酸纤维素聚合物，由于具有优于纤维素乙酸酯的与塑化剂和合成树脂的兼容性，被广泛应用于被单布、塑料和剥薄膜制品中。

### 8.1.3　生物丁醇生产工艺

1. 发酵工艺

制备生物丁醇的发酵方法按运行工况划分可以分为间隙发酵和连续发酵两种，其中连续发酵更适合工业生产，但存在菌种易于退化，易遭杂菌污染，营养物的利用率较低等缺点。按发酵路径进行划分，制备生物丁醇的发酵方法又可以分为如下几种：

1) ABE 一步发酵法

传统的 ABE 一步发酵法以玉米、木薯等淀粉质农副产品或糖蜜甘蔗、甜菜等糖质产品为原料，经水解得到发酵液，然后在丙酮-丁醇菌作用下，经发酵制得丁醇、丙酮及乙醇的混合物。混合物中三者比例因菌种、原料、发酵条件不同而异，其发酵程序如图 8-3 所示：

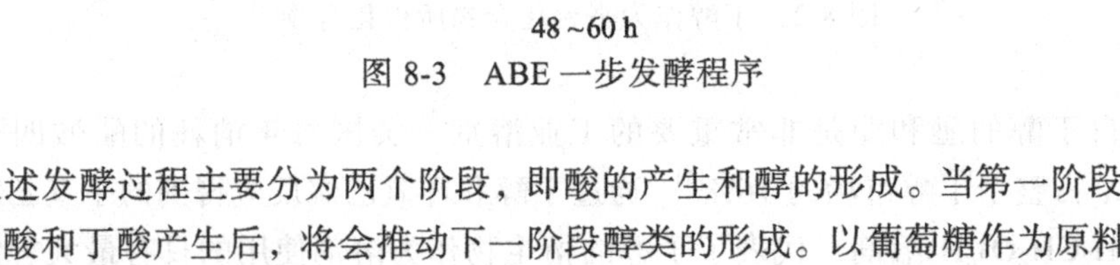

原料 —(粉碎、蒸煮；冷却)→ 发酵罐 —(厌氧；37~38℃，48 ~60 h)→ 发酵缪 —(蒸馏)→ 丁醇

图 8-3　ABE 一步发酵程序

上述发酵过程主要分为两个阶段，即酸的产生和醇的形成。当第一阶段有足够的丙酮酸和丁酸产生后，将会推动下一阶段醇类的形成。以葡萄糖作为原料，ABE 法发酵生产丁醇的转化路径如图 8-4 所示[2]。

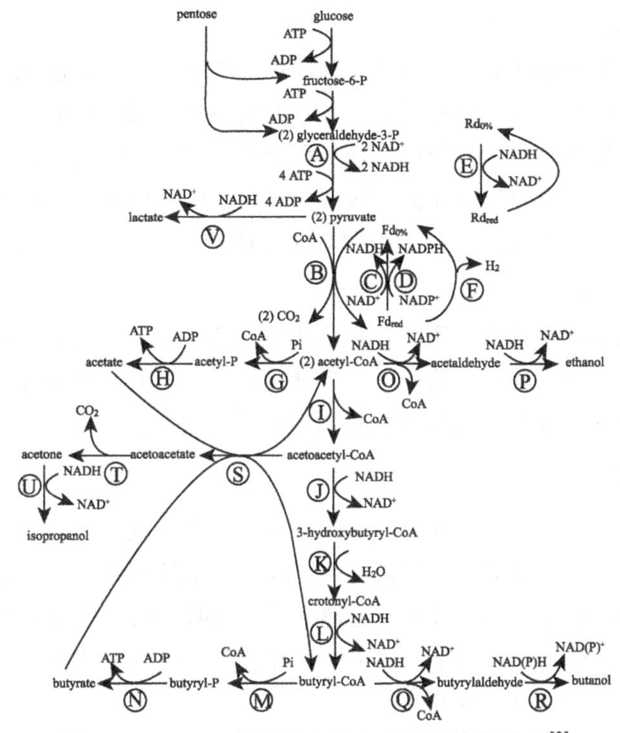


图 8-4　ABE 一步发酵法生产丁醇的转化路径[2]

由于强烈的产物抑制，采用 ABE 工艺发酵制得的产品液中丁醇的质量浓度很低。当丁醇的质量浓度达 4～5 g/L 时，菌体生长开始受到影响；当丁醇的质量浓度达到 11g/L 时，菌体生长受到严重抑制；当丁醇的质量浓度达 15g/L，菌体将停止生长。

2) 两步发酵法

两步发酵法是在传统发酵法的基础上进一步发展得到的生产丁醇的方法，其第一步采用厌氧梭菌将糖高温发酵得到丁酸，第二步将第一步得到的丁酸发酵生成丁醇。这一技术使微生物的产酸和产溶剂两个过程分别在两个发酵罐中完成，有效地降低了丁醇对微生物的毒性，从而保证了发酵稳定连续的进行。

3) 萃取发酵

萃取发酵就是将发酵技术和萃取操作结合，把丁醇从醒液中移去，不仅解除了底物抑制，也避免了代谢产物的积累对微生物生长的影响。早期间歇萃取发酵广泛地采用油醇作为萃取剂，取得了较好的发酵效果。而后也有研究采用生物柴油作为萃取剂，使得丁醇萃取发酵中的总溶剂产量与传统分批发酵相比大大提高。

4) 固定化法

固定化法是将细胞固定在载体上，利用细胞内酶来实现酶催化反应的，这种固定在载体上的细胞是一种多酶体系，有着较好的发酵效果。例如，将梭菌细胞固定在藻酸钠胶体颗粒上进行生物化学反应，得到的产物以丁醇为主，且其产率至少可保持 1 周不变。与传统发酵法相比，该方法具有反应速度快、产率高、重复利用性高、粮耗和能耗少、设备投资少、控制方便等优点。

5) 四步整合法

四步整合法是指将生物丁醇生产过程中预处理、水解、发酵和回收四个步骤整合，酶和细菌将同时完成各自的任务。有研究表明，使用这种方法可以使生物丁醇的生产能力比传统的葡萄糖发酵方法提高两倍[6]。

2. 分离工艺

由于丁醇沸点在 117.7 ºC 左右，因而从发酵液中回收丁醇，如果采用和乙醇一样的传统蒸馏途径，需要消耗大量的能量。现代的丁醇分离主要采用萃取手段，除此之外还有渗透汽化、汽提、吸附等分离手段。同时，由于丁醇和水在高浓度区有共沸，目前通过亲水性渗透汽化的方法从发酵液中分离浓缩纯化丁醇的研究也比较多，但目前尚未实现产业化应用。

### 8.1.4　生物丁醇的研究现状

目前国外生物丁醇的产业化较为成熟，美国 Cobalt 科技公司、美国 Gevo 公司、加拿大 Syntec 生物燃料公司、BP 公司与 DuPont 公司等国外公司都已经实现了高效的较大规模的生物丁醇生产，正在积极开发非粮食原料生产生物丁醇的技术，并努力扩大生产规模，拓展产品市场。相比之下，我国目前生物丁醇产业的发展起步较晚，更多地停留在理论研究的层面，实际的产能上还存在不足。

传统的发酵法制备生物丁醇主要以玉米等粮食作为原料，成本较高，目前国内外越来越多的研究趋向于采用木质素为原料发酵制备生物丁醇。Qureshi 等采用 C. beijerinckii P260 菌株测试了麦草水解液的溶剂发酵情况，在分步糖化发酵和同步糖化发酵两种工艺条件下，ABE 产物浓度分别达到 13.12g/L、11.93 g/L[7]；采用分批-补料发酵工艺时，C. beijerinckii P260 菌株的丁醇生产强度为 0.36 g/(L·h)，高于批式发酵的 0.31 g/(L·h)[8]。C. beijerinckii BA101 菌株也被用于玉米皮水解液的发酵测试，ABE 溶剂浓度可达 9.3 g/L[9]。相比较国外而言，国内的相关研究较少，早期的如陈守文等利用丙酮丁醇梭菌 C. acetobutylicum C375 菌株发酵稻草酶法水解液，分别研究了氮源、生长因子、pH 值等因素对发酵的影响，最终的总溶剂浓度为 12.8 g/L，溶剂生成率为 29.9%[10]；近年来中国科学院过程研究所的李冬敏等利用汽爆秸秆膜循环酶解耦合技术进行了丙酮丁醇发酵的研究，实现了酶解与发酵的同步进行[11]。综合目前的研究进展来看，木质纤维素转化制造丁醇的工艺路线可以概括为：原料预处理和水解为单糖；糖液发酵生成丁醇；产物蒸馏回收等。尽管上述工艺路线具备可行性，但仍有诸多技术瓶颈需要克服。

## 8.2　生物基润滑油的制备与利用

### 8.2.1　生物基润滑油概述

在工程应用中，润滑油为减少摩擦磨损、节约能源、延长机器寿命及满足苛刻工况条件下的润滑需要发挥了巨大作用，而基础油是润滑油的主要组成部分。传统的润滑油以矿物油作为基础油，矿物油基的润滑油具有成熟的生产技术水平和良好的润滑特性，但其在使用过程中会造成严重的环境问题：润滑油在使用时不可避免地会通过运输、泄漏、溅射、溢出或不恰当的排放等各种途径进入环境，而矿物油的生物降解性差，会随着泄漏长久存留于土壤、水体中，严重污染水体、土壤，破坏生态环境。即使是在润滑油高再生率(>60%)国家，仍有 4%～10%的润滑油流入土壤和水中[12]。据调查，每年在欧共体市场销售的 450 万 t 润滑油当中有 60 万 t 直接消失在环境中，美国废润滑油中约有 32%原封不动地排放到环境中，德国每年渗透入土壤中的链锯油就高达 0.5 万 t。因此，提高润滑油的环境兼容性，研制出高生物降解性的润滑油材料已成为润滑油使用领域亟待解决的环保问题。

为改善矿物油基的润滑油低生物降解性所带来的环境问题，近年来提出了“生物基润滑油”这一概念。生物基润滑油又称生物降解润滑油、绿色润滑油、环境友好润滑油、环境容许型润滑油等。尽管称谓各有不同，但其含义相同，即以生物原料或其他合成酯作为基础油的润滑油，可生物降解，无生物毒性或对环境毒性最小[13]，必须在满足机械设备润滑需要(使用性能要求) 的同时，对环境不会造成危害，或在一定程度上为环境所容许(生态效应要求)。

据欧洲 NECC 机构的生物降解性试验表明各类有机物生物的降解率为：矿物油<聚 α-烯烃<合成酯<天然植物油[14]。因此，目前用作生物基润滑油的基础油主要是合成酯和植物油，其经过氢化等过程可生产出环境友好的润滑油。其中，合成酯作为高性能润滑油的基础油在航空领域已得到广泛的应用，近年来也被应用于发动机润滑油领域以弥补矿物油在某些性能上的缺陷，合成酯的热稳定性及低温性能突出，黏温指数高，具有优良的摩擦学性能，可生物降解，低毒性；植物油具有优良的润滑性能，黏温指数高、无毒和易生物降解(CEC 试验生物降解率在 90%以上)，而且可以再生，二者均具有良好的环境兼容性和润滑特性，是理想的润滑油材料。

目前，国内外学术及商业领域对于生物基润滑油的研究发展迅速：早在 20 世纪 70 年代，美国、欧洲等就开始了向传统润滑油中添加生物成分以提高润滑油生物降解性的研究，并在相关高校、企业的带领下以每年 10%的速度增长，直至近年来加速研究绿色润滑剂全面替代传统润滑剂；相较于美、欧等发达地区，我国在生物降解润滑油研究领域还处于起步阶段，但也呈快速发展趋势，一些科研单位如南开大学、上海交通大学、中国石油大学等陆续开展了有关可生物降解润滑油的研制和开发[15]，在这些研究中，以菜籽油为原料的处理加工技术日趋成熟并处在国际先进水平。另外，生物基润滑油相关领域的研究挑战与机遇并存：首先，绿色润滑油虽然生物降解性高，但其作为润滑油的某些工作特性相较于矿物油存在一定不足，各类基础油的性能对比见表 8-1[16]；其次，润滑油的更新换代需要配合发动机的性能参数，因此绿色润滑油的大规模应用需要投入更多的研究；最后，如何加强国内与国际在行业标准以及科研的一致性也需要我们做出进一步努力。总的来说，随着科学技术的不断发展，人们对能源的需求日益加剧，生物基润滑油的研究开发具有广阔的前景。

表 8-1 不同基础油的理化性能[16]

| 性能指标 | 矿物油 | 聚醚 | 合成酯 | 植物油 |
|---|---|---|---|---|
| 密度/($kg/m^3$, 20℃) | 880 | 1100 | 930 | 940 |
| 黏度指数 | 100 | 100～200 | 120～220 | 100～250 |
| 剪切稳定性 | 好 | 好 | 好 | 好 |
| 倾点/℃ | -15 | -40～20 | -60～-20 | -20～10 |
| 与矿物油相容性 | — | 不相容 | 好 | 好 |
| 水溶解性 | 不相容 | 易容 | 不相容 | 不相容 |
| 橡胶相容性 | 好 | 缩小 | 差 | 差 |
| 生物降解性/% | 10～30 | 11～99 | 10～100 | 70～100 |
| 氧化安定性 | 好 | 好 | 好 | 差 |
| 水解安定性 | 好 | — | 差 | 差 |
| 相对价格 | 1 | 2～4 | 4～20 | 2～3 |

### 8.2.2 生物基润滑油的应用

在应用范围上，生物基润滑油与传统的石油基润滑油并没有本质的区别。然而在实际的应用过程中，必须要考虑到制备的生物基润滑油的一些理化性能，只有当生物基润滑油的一般理化性能和特殊理化性能都达到了相应的使用要求后，才能够运用于相应的生产生活过程。

润滑油的一般理化性能主要包括以下几点：①外观(色度)。对于基础油来说，一般精制程度越高，其烃的氧化物和硫化物脱除得越干净，颜色也就越浅。②相对密度和密度。相对密度和密度的含义不同，但(同温度下) 数值一样，常用 GB/T1884-83 测定。③黏度。黏度越大，油膜强度越高，而流动性越差。目前，我国已全部使用运动黏度来表达润滑油的黏度，作为润滑油牌号划分的依据。④黏度-温度特性。温度升高则黏度降低，温度降低则黏度增大。黏度指数越高，表示油品的黏度受温度的影响越小，其黏温性能越好。黏度指数一般可以通过已知该油品的 40℃( 或 50℃) 与 100℃运动黏度，按 GB/T1995-80 或 GB/T2541-81 法求得。⑤凝点及倾点。凝点高的润滑油不能在低温下使用。相反，在气温较高的地区则没有必要使用凝点低的润滑油。因为润滑油的凝点越低，其生产成本越高，造成不必要的浪费。凝点的测定方法依照 GB/T510-83，倾点的测定方法依照 GB/T3535-83。⑥闪点。根据测定方法和仪器的不同，又可分为开口闪点法( GB/T267-88 法) 和闭口闪点法( GB/T261-83 法)。油品的危险等级是根据闪点划分的，闪点在 45℃以下为易燃品，45℃以上为可燃品，在油品的储运过程中严禁将油品加热到它的闪点温度。在黏度相同的情况下，闪点越高越好。一般认为，闪点比使用温度高 20~30℃，即可安全使用。⑦酸值、碱值和中和值。对于新油，酸值表示油品精制的深度，或添加剂的加入量(当加有酸性添加剂时)。对于旧油，酸值表示氧化变质的程度。酸值过大说明油品氧化变质严重，应考虑换油。

除了一般理化性能之外，每一种润滑油品应具有表征其使用特性的特殊理化性质，这些性质包括氧化安定性和热安定性、油性和极压性、耐蚀性、抗泡性、抗乳化性、水解安定性、空气释放值、橡胶密封性、剪切安定性、润滑脂的特殊理化性能等[17]。越是质量要求高、专用性强的油品，其特殊理化性能就越突出。

### 8.2.3　生物基润滑油生产工艺

天然植物油与合成酯相比，成本较低、来源丰富，是可再生性资源。它包括菜籽油、大豆油、棕榈油等，表 8-2 列出了几种植物油的组成结构及其润滑性能。由于植物油的来源不同，其各项理化性质如碘值、凝固点、氧化稳定性等亦有所不同，这主要是由于脂肪酸的结构和种类对其各种性能有决定性作用。由于植物油成分的多样性，不同的植物油性质差异很大，而其中占主要成分的某一种脂肪酸，往往决定了植物油某一方面的性质，例如，植物油中的不饱和脂肪酸的含量往往决定了植物油的抗氧化性能和低温性能的优劣。重要的不饱和高级脂肪酸如表 8-3 所示。不饱和酸含量越高，其低温流动性越好，但氧化稳定性越差。一般在植物油分子中含有大量的 C═C 双键，使植物油氧化机理主要表现为活泼的烯丙基自由基反应机理，这正是其氧化稳定性差的主要原因。尤其是含 2~3 个双键的亚油酸或亚麻酸组分，在氧化初期就被迅速氧化，同时对以后的氧化反应起到引发作用。

如何提高植物油的氧化稳定性是其用作润滑油基础油的关键，为此，目前常规的植物油改性制备生物基润滑油的方法主要包括生物技术改造、加入添加剂、化学改性三种。

表 8-2　几种植物油的组成结构及其润滑性能[18]

| 植物油 | 含油量/% | 黏度/$mm^2$/s | | 黏度指数 | 油酸/% | 亚油酸/% | 亚麻酸/% |
|---|---|---|---|---|---|---|---|
| | | 40℃ | 100℃ | | | | |
| 玉米油 | 3~6 | 30 | 6 | 162 | 26~40 | 40~55 | <1 |
| 蓖麻油 | 50~60 | 232 | 17 | 72 | 2~3 | 3~5 | 痕量 |
| 菜籽油 | 35~40 | 35 | 8 | 210 | 59~60 | 19~22 | 7~8 |
| 大豆油 | 18~20 | 27.5 | 6 | 75 | 22~31 | 49~55 | 6~11 |
| 葵花油 | 42~63 | 28 | 7 | 188 | 14~35 | 30~75 | <9.1 |

表 8-3　重要的不饱和高级脂肪酸[19] (数字表示双键所在的前一个碳原子号数)

| 脂肪酸名称 | 分子式 | 双键 |
|---|---|---|
| 油酸 | $C_{17}H_{33}COOH$ | 9 |
| 亚油酸 | $C_{17}H_{31}COOH$ | 9,12 |
| 亚麻酸 | $C_{17}H_{29}COOH$ | 9,12,15 |
| 桐酸 | $C_{17}H_{29}COOH$ | 9,12,13 |
| 蓖麻酸 | $C_6H_{13}CH(OH)C_{10}C_{18}COOH$ | 9 |
| 芥酸 | $C_{21}H_{41}COOH$ | 13 |

1. 生物技术改造

基础油中的植物油氧化安定性较差是由于植物油中 C═C 双键造成的，因此通过生物技术利用遗传基因改性增加一元不饱和组分，减少多元不饱和组分，减少 C═C 双键，可以使植物油具有更好的氧化稳定性。国外已经利用现代生物技术培育出了油酸含量高的葵花籽油和菜籽油，其中油酸含量可以达到 90%以上，具有较强的抗氧化能力。

2. 加入添加剂

为了满足润滑油的工况要求，添加剂必不可少。目前研究较多的添加剂主要是减摩抗磨极压添加剂和抗氧化添加剂两种。向植物油中加入抗磨剂可以大大改善其润滑状态，润滑油中加入了添加剂后，首先由于添加剂的存在而增加了真实接触面积，降低了接触应力，还可以对摩擦副的凹凸表面起到填充和修复作用，使表面逐渐趋于光滑。向植物油中加入抗氧剂可以提高植物油的氧化稳定性。抗氧剂之所以能够改善植物油的氧化稳定性是由于抗氧剂反应活性较高，容易与植物油最初生成的自由基发生反应，生成比较稳定的物质，延缓了链反应的进行。大多数植物油添加 0.1% ~ 0.2%抗氧剂就很有效，加入 1% ~ 5%的抗氧剂就能克服易氧化的缺陷，按抗氧剂的作用机理，可以把抗氧剂分为链反应终止剂、过氧化物分解剂、金属钝化剂三种[20]。

传统的添加剂分子设计主要从满足润滑油的使用性能角度出发，很少考虑环保。添加剂的加入对基础油本身的生物降解性能会有所影响，尤其会对基础油降解过程中的活性微生物或酶有危害作用，从而影响基础油的生物降解率。因此，研制适用于绿色润滑油的添加剂是实现绿色润滑油实际应用的重要前提，而这一工作在世界范围内还刚刚起步。一般来说某些含磷和氮的添加剂有利于微生物的生长和繁殖，可提高生物降解性；而含氯的添加剂具有毒性，会造成工件腐蚀或环境污染；含硫的硫化脂肪酸是特别重要的抗磨剂和极压剂，用在植物油或合成酯中能够起到较好的效果。一些用于配制生物降解性润滑剂的添加剂的生物降解性列于表 8-4 中。

**表 8-4 用于配置生物降解性润滑剂的添加剂的生物降解性[15]**

| 添加剂 | 水污染等级 | 生物降解率/% | 检测方法 |
|---|---|---|---|
| 硫化脂肪酸(10%硫) | 0 | >80 | CECL-33-T82 |
| 硫化脂肪酸(18%硫) | 0 | >80 | CECL-33-T82 |
| 二万基苯磺酸钙 | 1 | 60 | CECL-33-T82 |
| 琥珀酸衍生物 | 1 | >80 | CECL-33-T82 |
| 无灰磺酸盐 | 1 | 50 | CECL-33-T82 |
| 甲苯三唑 | 1 | 70 | OECD 302B |
| 2,6-二叔丁基对甲酚 | 1 | 17~28d 完全降解 | MITI II |
| 烷基二苯胺 | 1 | 9 | OECD 301D |

3. 化学改性

植物油的物理性质可以通过改变其化学结构来改变，如提高其支链化程度可以获得出色的低温性能，提高水解稳定性和降低黏度指数，高线性的分子结构则会提高植物油的黏度系数；低饱和度的脂肪酸可增强植物油的低温性能，而高饱和度的脂肪酸则可以提高植物油的氧化稳定性。因此通过化学改性可以提高植物油的热稳定性、氧化稳定性和水解稳定性[21]。目前对于植物油化学改性的研究主要集中于提高其饱和度及支链化程度等方面，其化学思路主要有氢化、聚合、酯交换及酯化、异构化等。以蓖麻油为例，目前常见的化学改性方法包括氢化、环氧化、酯化三种。

氢化蓖麻油是指在催化剂的作用下，使蓖麻酸碳链上的双键( CH═CH ) 与氢发生催化氢化反应，让软性油脂转变为蜡状性质的硬性物质。氢化蓖麻油可以用来制造光蜡、润滑脂、化妆品、医用软膏，是蜡的很好代用品，有着广泛的使用价值和社会需求。蓖麻油常压氢化工艺包括 4 个部分：①氢气的制取和纯化；②催化剂的配方和制取；③蓖麻油的氢化及其催化剂的分离；④催化剂的再生和利用。

环氧化蓖麻油是指蓖麻油分子中的双键在非酸性溶液中以无水过氧酸为条件进行氧化，从而在双键位置生成环氧键。在 $H^+$的存在下，羧酸与双氧水反应生成过氧羧酸，过氧羧酸立即与蓖麻油中的不饱和双键反应，生成环氧蓖麻油。我国目前研究较多的环氧植物油类增塑剂主要为环氧大豆油、环氧棉籽油和环氧菜油，而对于具有光稳定性好、挥发性小、透明度高、低毒、耐热性优于环氧大豆油、可赋予产品优良的热稳定性和耐寒性等优点的环氧化蓖麻油的研究报道却很少[22]。

酯化蓖麻油是指将蓖麻油与酸类物质进行酯化反应从而改良蓖麻油的产品性质。在该反应的相关研究中，硫酸等常见的酸类物质的研究较为成熟，也较为深入，然而近期的研究表明马来酸酐在该反应过程中同样具备许多优良性能，因而逐渐受到研究者重视。

### 8.2.4　生物基润滑油研究现状

国外对生物降解润滑油的研究较早。在 20 世纪 70 年代末，欧洲率先开始生物降解润滑油的研究，并于 80 年代首先在森林开发中应用，随后应用领域不断扩大，品种和数量不断增多，现已应用于林业机械、农业机械、造纸业等行业中。如在德国所有的开放式锯炼油都必须采用可生物降解型的润滑油，10%的润滑脂也被取代，而且每年以 10% 的速度递增。奥地利环保立法部门从 1992 年 5 月 1 日起，禁止使用非生物降解的链锯油。自 1991 年以来，美国就启动了对植物油基(生物)润滑油广泛的研究和开发程序。瑞安勃润滑油、美国国防部、内政部、能源部、农业部、Concurrent Technologies 公司、美国大豆协会、陶氏益农公司、路博润、俄亥俄州大豆委员会、国家和俄亥俄玉米种植者协会、宾夕法尼亚州立大学、内布拉斯加州林肯大学和雪佛龙菲利浦化学等 14 个机构的通力合作，使该项目取得了巨大的成功。由 Stablized 专利生产的 HOBS 高油酸基础油和专有的添加剂在生物基配方中显示了优异的性能，大大提高了植物基润滑油的低温性能和氧化稳定性，使其可用于高低温发动机、变速器、液压、齿轮润滑剂和许多工业加工油等应用中。大量的测试和应用数据表明，生物润滑油性能已经超过其他商用的合成油脂。美国以多种植物油混合配制了一种植物内燃机油，可以使废气排放量减少 20% ~ 30%，而且在发动机的高温、高压状态下，性能与传统机油没有太大差别。

我国在生物降解润滑油研究领域还处于起步阶段，但是政府部门也越来越认识到生物降解润滑油的重要性，而且一些科研单位如南开大学、上海交通大学、中国石油大学等陆续开展了有关可生物降解润滑油的研制和开发[15]。我国在这一领域的研究正日益活跃。植物油尤其是菜籽油具有较好的黏温特性以及优良的润滑性能，可再生，不污染环境，但其分子结构中含有大量的双键，限制了其应用范围和使用寿命[23]。针对这一问题，研究者通过试验证明了环氧化是一种提高植物油氧化稳定性的有效方法。以环氧化大豆油为原料，在催化剂存在下，可使环氧大豆油与乙酸发生反应得到一种新型氧化稳定性好的可生物降解的润滑油。

## 8.3　生物炭的制备与利用

### 8.3.1　生物炭概述

生物炭即生物质在缺氧和一定温度条件下热裂解干馏形成的富碳产物，它有较大的孔隙度和比表面积，较强的吸附力、抗氧化力和抗生物分解能力，因此可广泛应用于土壤改良、肥料缓释剂、固碳减排等[24]。鉴于生物炭高含碳量和多孔的特性，它不仅可提高土壤蓄水储养的能力，还可保护土壤中的微生物。同时，生物炭可吸收有机物质腐烂时释放至大气的二氧化碳，并帮助植物有效储存其光合作用所需的二氧化碳。

生物炭不仅自身具有固定二氧化碳的作用，在其生产过程中的副产物也可以实现发电等产业化利用，同时，生物炭表面的物理化学性质使其成为一种良好的吸附材料。除此以外，生物炭具有的高度芳香化结构，使其与其他任何形式的有机碳相比具有更高的生物化学和热稳定性，不易被矿化，可长期保存于环境和古沉积物中，因此被认为是稳定的 $CO_2$ 储库[25]。

自 20 世纪末“生物炭”概念出现至今，短短十余年，相关研究已受到广泛关注并迅速升温。Christoph Steiner 等的研究发现生物炭则可以固定碳元素长达几百年。另外根据美国国家航空航天局的科学家 James Hansen 的研究，如果生物炭可在全球范围内有效使用，那么大气中的二氧化碳含量可在 50 年内降低百万分之八。近年来，在气候变化、环境污染、能源短缺、粮食危机和农业可持续发展等宏观背景下，生物炭的潜在应用价值和应用空间被进一步拓展，相关领域的理论研究与技术开发也已由涓涓细流汇聚成澎湃浪潮，正在朝着理论更深入、技术更完善、目标多元化的方向发展。

### 8.3.2　生物炭的应用

生物炭在非常多的领域都有应用，如图 8-5 所示。

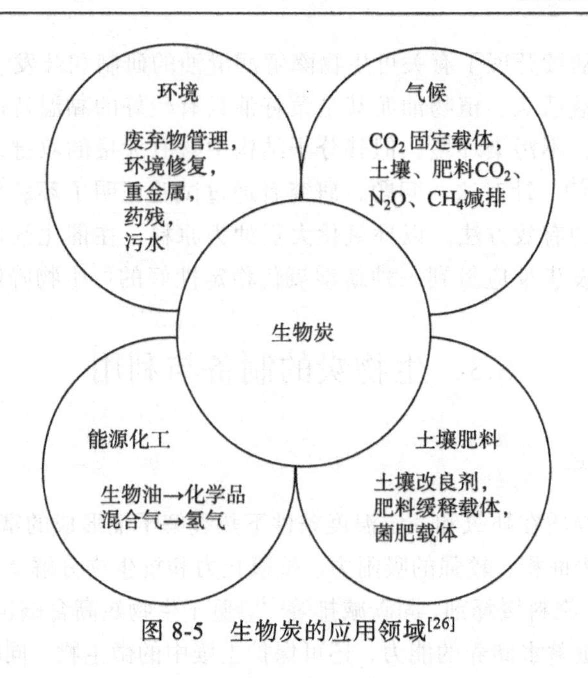


图 8-5　生物炭的应用领域[26]

1. 生物炭在农业中的应用

生物炭用于农业可改良和培肥土壤，可提高土壤作物生产率，促进土壤可持续利用及作物增产，促进农业可持续发展。其优良的性能主要体现在以下几个方面：①生物炭富含有机碳，可以增加土壤有机碳含量[27]，以及土壤有机质[28]或腐殖质含量，从而可提高土壤的养分吸持容量及持水容量[29]。②生物炭含有一定量的矿质养分，可增加土壤中矿质养分含量，如磷、钾、钙、镁及氮素，特别是畜禽粪便生物炭具有较高矿质养分，生物炭通常对养分贫瘠土壤及沙质土壤的一些养分补充作用较明显[30, 31]。③生物炭大多呈碱性，或者具有较大石灰当量值，可以作为石灰替代物，通过提高土壤碱基饱和，降低可交换铝水平，消耗土壤质子而提高酸性土壤 pH 值，因此，可改良酸性土壤一些养分的有效性[27, 31]。④生物炭具有一定的吸水能力，尤其是氧化后的生物炭可提高沙质土壤的持水量，从而改善土壤持水能力[32]。⑤生物炭具有离子吸附交换能力及一定吸附容量，其可改善土壤的阳离子或阴离子交换量，从而可提高土壤的保肥能力[33]。生物炭对土壤阳离子交换量(cation exchange capacity，CEC)或保肥能力的改善取决于生物炭的 CEC、pH 值及生物炭在土壤中的氧化[27, 31, 34]。⑥生物炭具有高的吸附能力、CEC 及化学反应性，因此，生物炭可作为肥料缓释载体，可延缓肥料养分在土壤中的释放，降低肥料养分的淋失及固定等损失，提高肥料养分利用率[35]。

2. 生物炭在环境保护中的应用

生物炭的利用在环境保护方面具有十分积极的意义：①以废弃生物质热裂解生

产生物炭，还可以获得生物油和混合气，并可进一步升级加工成氢气及化学品，增加废弃生物质的附加值，从而可促进废弃生物质利用，实现对废弃生物质的有效管理[36-38]。②生物炭可延缓肥料养分的释放，增加对土壤养分的吸附交换，可降低土壤养分淋失损失，减轻水域环境富营养化[39]。③生物炭可增加对重金属、农药、除草剂及石油污染物的吸附，降低植物的吸收，同时由于生物炭提高微生物活性，活性增强的微生物促进土壤中有害物的降解及失活[40-44]。④生物炭可将生物质固定的二氧化碳以生物炭形式固定于土壤，并影响土壤碳、氮转化，降低土壤温室气体($CO_2$，$CH_4$ 及 $N_2O$)排放，有利于减缓气候变暖[45]。⑤生物炭可以用于处理污水，净化水质，从而改善水质量及水域美观[44, 46-48]。

3. 生物炭在能源领域的应用

废弃生物质热裂解生产生物炭过程中还可获得混合气及生物油，生物油或混合气经过蒸汽催化重整分离可得到氢气副产品，氢气可作合成氨原料，也可作氢能源[36-38]。生物油精炼可得到生物柴油燃料，生物油也可升级加工为工业化学品[49]。因此，废弃生物质热裂解生产生物炭过程产生的生物能源及化学品可降低对化石能源或原料的依赖，降低化石原料的碳排放。依托于生物质炭化技术制备得到的固体生物炭，可直接代替煤炭或固体燃料使用，需求量巨大，综合效益高，具有很好的市场应用前景。除此以外，生物炭自身具有较大的比表面积和较高的孔隙率，且富含碱金属和碱土金属，因此可将其作为一种廉价易得的吸附剂或催化剂，用于生物质气化工艺中焦油的脱除。目前在低温条件下利用生物炭对焦油进行吸附脱除的方法已经被广泛使用。而生物炭作为催化剂或者催化剂载体，用于焦油催化裂解同样可以取得良好的效果。生物炭作为催化剂载体负载镍、铁等金属，一方面可以增强金属催化剂对焦油的催化效率，另一方面其自身也可以与焦油在高温下进行反应，提升合成气的品质。有实验表明，在蒸汽环境下利用生物炭作为催化剂是裂解脱除焦油的有效途径，其效果好于一般的矿物催化剂，且裂解产物中可燃性组分(氢气、一氧化碳等)明显增加。

### 8.3.3　生物炭生产工艺

当前制备生物炭主要使用热解技术，热解过程采用限氧升温炭化法。根据反应条件，热裂解可以分为两种：一种是快速裂解，温度一般在 700℃以上，生物燃料的制备通常采用这种方法；另一种是常规裂解，温度一般在 300~500℃，生物炭主要用这种方法制备而成[50]。温度是生物炭制备过程中一个非常关键的因素，它既能控制生物炭的表面结构和性质，又可以影响生物炭的产量。在利用凋落松针制备生物炭的研究中发现，裂解温度为 100℃时制备的样品呈高极性和脂肪性。随着温度的升高，生物炭的芳香性急剧增加，但极性迅速降低，生物炭逐渐从“软碳质”过渡到“硬碳质”，同时生物炭的比表面积迅速增加[46]。不同的材料，结构不同，最佳制备温度不同，碳的回收量也不相同[25]。

1. 生物炭生产原料

在生物炭研究的初期，耕地种植用于生产生物炭的原料作物或营造速生林,作为生物炭生产原料的思路一度很盛行，但是这种思路很快受到许多人的质疑，因为集约化种植作物或营林会加剧土壤肥力耗竭，甚至会加剧地球荒漠化。近年来以废弃生物质作为生物炭生产原料的思路得到重视，许多企业及研究人员积极研究废弃生物质生产生物炭的技术及设备。废弃生物质包括初级农林生产剩余物，如农作物秸秆、穗芯、种壳、果核、果皮、林木采伐废枝、果树修剪及换代枝条等。农林次级剩余物包括甘蔗渣、甜菜渣、果渣(苹果渣、梨渣、桃渣、草莓渣，猕猴桃、葡萄籽和皮)、菜籽粕、棉籽粕、葵花籽粕、大豆粕、造纸黑液等。生物利用及转化废弃物包括畜禽粪便、发酵渣(沼气渣、味精渣、酒糟(高粱渣、大麦渣))、菌菇栽培废基质等。据估计，全球废弃生物质资源量可达 1400 亿 t，这是一个可再生和取之不尽的资源。尽管废弃生物质的收集及运输存在一些困难，但是固定厂房热裂解可用于利用大型养殖场、榨汁厂(如甘蔗糖厂、果汁厂)及易于长距离运输的废弃生物质，而热裂解移动设备可用于零散及难以长距离运输的废弃生物质资源热裂解利用。以废弃生物质生产生物炭不但可获得生物炭，也可获得生物能源或化学品，使废弃生物质附加值提高，还可提高对废弃生物质的利用和管理，有助于解决废弃生物质弃置、焚烧、随意排放的环境污染问题[26]。

2. 生物炭生产与热裂解

传统木炭是采用土窑、砖窑或钢制窑生产的，是隔绝氧气的闷燃烧，是慢速热解过程，目的是取得最大产量的木炭。然而，工业热裂解是生物炭生产的主流方向，热裂解是在缺氧气或有限供氧气环境中热分解有机材料，生物质在不同温度及升温速度下热裂解都可产生生物炭，只是生物炭的产量、性质及特征有所不同，而慢速热裂解工艺的生物炭产率最大。生物质热裂解除了获得生物炭外，还可获得生物油及合成气，这些都可进一步升级加工为氢气、生物柴油或其他化学品[51]。快速热裂解(fast pyrolysis)或闪速热裂解(flash pyrolysis)及气化以获得生物油或混合气等生物能源为主，这也是目前大部分生物质热裂解与气化研究与开发的主要兴趣所在，但其生物炭产率偏低[51-53]。生物质及生物质基前体(碳水化合物)在高温水蒸气(160℃ $< T <$ 220℃)及高压作用处理后的炭化是热水炭化或热水热裂解，也称为湿法热裂解，其生物炭产率很高[54，55]，但生物炭挥发有机物含量高。热裂解通常都是采用热能直接或间接加热生物质，而微波热裂解是采用微波能对生物质加热，由于微波

加热速度较慢，温度较低，蒸汽驻留时间长[56]，因此微波热裂解是典型慢速热裂解，但原料颗粒度较大，可用于生产大颗粒生物炭。此外，微波热裂解需要生物质具有一定的含水量，才可获得较佳的加热效率。热裂解装置或设备制造简单，成本低，适于在生物质原材料地附近建设小型热裂解厂[57]。生物炭生产工艺及工艺参数决定或影响生物炭的特征或性质，高温热裂解比低温热裂解的生物炭具有较高 pH 值[25]、灰分含量[58]，生物学稳定性及含碳量[58, 59]，但高温热裂解保留原生物质中的碳要比低温热裂解要少。而生物炭的孔隙度及比表面积、CEC 是在一定温度范围内热裂解方可获得最大值[25, 30]。生产生物炭的原料生物质种类及预处理也影响生物炭的性质或特征。通常木本植物生物炭具有较高的含碳量及较低灰分含量，而草本植物及禾本科植物生物质生产的生物炭具有较高灰分含量及较低的含碳量。而畜禽粪便生产的生物炭具有高的灰分含量及低的含碳量[30]。酸碱处理或添加化学品后的生物质生产的生物炭的特征或性质显著不同于未处理生物质生产的生物炭[60]，这是设计生产所需目标性质或特征生物炭的基础。

### 8.3.4　生物炭研究现状

目前全球有关生物炭的国际组织、地区组织、协会及学会、企业、研究机构网站已逾千家，这为生物炭的知识传播和研究交流提供了很好的平台，推动了全球生物炭的研究、生产与推广，推动了生物炭测试方法标准化。全球有数百个大专院校、公司和企业开展生物质热裂解转化生物炭的研究、小试及中试，有些单位具有中试车间、示范厂。个别单位拥有生物炭移动生产设备，如美国弗吉尼亚理工大学，加拿大西安大略大学等。美国、加拿大、澳大利亚等国家的生物炭研究与中试工艺先进。美国爱普利瑞达公司的生物炭与肥料联产工艺是最先进的工艺之一。在全球生物质热裂解研究与开发企业中，大部分以生物能源为中心，生物炭为副产物，甚至将生物炭作为能源物质来使用。虽然以生物质热裂解获取生物能源的技术是碳中和技术，但生物能源生产需要能源植物，种植能源植物又会改变土地利用方式，导致能源作物与粮食生产争夺土地，且能源植物生长快、产量高，易于导致土壤肥力衰竭，不利于土壤可持续利用及农业可持续发展。而以废弃生物质热裂解生产生物炭为主导产品，并将生物炭作为土壤改良剂和肥料缓释载体可作为全球气候问题可持续的、综合的解决方案。但目前全球仅有少数企业以生产生物炭为主导产品，但随着对生物炭固碳、土壤改良及肥料增效研究深入及推广，这种状况可能会逐渐改变。全球有关生物炭的会议已经举办过多次，最著名的国际生物炭倡导组织(International Biochar Initivative，IBI)自 2007 年在澳大利亚召开第一届会议至今，已召开了 3 届。许多国家也成立了全国生物炭学会，一些国家还成立了地区协作研究网络、工作组，并相继召开了有关生物炭的研究及示范专题会议。我国也于 2010

年6月12日在中国农业大学成立了中国生物炭网络中心。这些为生物炭名词统一、测试内容及测试方法、生物炭质量标准制定、相关政策制定及立法均起到了积极的作用。IBI 向联合国气候变化公约及联合国沙漠治理委员会提交了建议报告，建议将生物炭作为气候变化控制及适用性工具，并为将生物炭列入碳减排贸易产品进行着积极的努力[26]。

我国具有丰富的废弃生物质资源，且由于地理跨度大，生物质种类具有较大差异，如林木、果树及水果废弃生物质具有多样性。我国每年仅作物秸秆可达 8 亿 t 之多[61]，然而，废弃生物质利用率较低，尤其生物炭生产尚在起步阶段。20 世纪 90 年代中期沈阳农业大学从荷兰引进了一套生物质热裂解装置，之后国内许多大学，研究院所开展了生物质热裂解的研究，但大多以生产生物能源为主，生物炭为副产物，并且大多数将生物炭用作燃料，特别是机制炭。在生物炭研究领域中国的竹炭研究较为先进，主要用于空气净化剂和纺织品中。近年来通过与国外合作研究与交流，中国生物炭农用研究开始起步，并举办过涉及生物炭的学术会议，并且对生物炭改良土壤、肥料增效的研究获得了一些初步结果。但是，中国对废弃生物质热裂解生产生物炭工艺及参数与生物炭性质、特征缺乏系统研究；对生物炭性质和特征对全国不同生态区不同土壤的改良效果缺乏系统的、长期的研究；对生物炭与肥料复合及肥料效益改善也缺乏系统研究；对生物炭的碳固定及碳减排的作用还未足够重视。

## 8.4　生物基高值聚合物制备与利用

### 8.4.1　生物基高值聚合物概述

传统石油基聚合物在塑料业、包装业、制造业和医药行业有着广泛的应用，给人类生活带来了诸多便利。但生产原料石油的不可再生性、有限性，以及燃烧过程的不清洁性，使得石油基聚合物产业的发展面临着新的挑战。此外，石油基塑料如快餐用具、包装盒、垃圾袋等物品在处理过程中容易造成严重的环境和空气污染问题。因此，寻找传统不可降解塑料的替代物在缓解石油危机、减少环境污染等方面，具有巨大的发展潜力。

生物基聚合物是指利用可再生生物质，包括植物来源的碳水化合物、脂肪酸等，通过生物、物理或者化学等手段制造的一类新型聚合物材料，具有环境友好、原料可再生和生物可降解等特性。生物基聚合物材料是传统化学聚合技术和工业生物技术的完美结合，与石油化工高分子材料相比，具有原料可再生、环境污染小等特点，开发前景广阔。

生物基高值聚合物大类上可以分为聚氨基酸类生物基聚合物、聚酯类生物基聚合物和淀粉基生物降解聚合物三种，国内外对这三种生物基聚合物都有着较为深入的研究。

聚氨基酸是指由一种氨基酸通过酰胺键连接而成的聚合物，它们与蛋白质的不同在于蛋白质是由不同的氨基酸残基组成的。由于这类高分子来自非石油资源，具有很好的水溶性、生物相容性、生物可降解性和结构易修饰性等优点，在医药、化工、环保和农业等领域显示出十分广阔的应用前景。目前开发的聚氨基酸产品主要有：γ-聚谷氨酸(γ-PGA)、聚天冬氨酸(PASP)、ε-聚赖氨酸(ε-PL)和聚精氨酸(PAA)等。

聚酯类材料包括 PHAs、PHB、PBS 类聚酯等，它们是具有生物可降解性和生物相容性的热塑性材料，可通过热塑技术制成各种形状的产品，部分 PHAs、PHB、PBS 类聚酯材料已有广泛的商业应用。近年来，一种可以完全生物可降解性高分子、降解产物安全无毒的新型高分子材料聚苹果酸(PMLA)的开发也得到高度关注。这些聚酯类材料的生产和应用开发取得了快速发展，引起了材料界广大人士广泛的关注。

淀粉基生物降解聚合物主要指淀粉基生物降解塑料。淀粉基生物降解塑料可分为填充型淀粉基生物降解塑料和完全生物降解淀粉基塑料。填充型淀粉基生物降解塑料(淀粉含量 7%~30%)属于生物破坏性塑料，它只有淀粉降解，其中的聚乙烯(PE)、聚氯乙烯(PVC)等很少降解，一直残留于土壤中，日积月累仍然对环境造成污染，此类产品已属于淘汰型。真正有发展前途的是全淀粉塑料(淀粉含量≥90%)，其中添加的少量增塑剂也是可以生物降解的。这类塑料在使用后能完全生物降解，最后生成二氧化碳和水，不污染环境，是近年来国内外淀粉降解塑料研究的主要方向。

据统计，2011 年全球生物基原料生产的可降解和非降解的高分子聚合物达到 116.1 万 t。预测到 2050 年，生物基聚合物产量可达 1.13 亿 t，约占有机材料市场的 38%[62]。

### 8.4.2　生物基高值聚合物的应用

1. 聚羟基脂肪酸酯(PHAs)的应用

PHAs 的应用是材料科学与生物科学相结合的一个新的领域。作为一种新型的功能材料，PHAs 首先是作为传统塑料的替代品而出现的。随着石油资源不断耗竭、环境污染日益严重，PHAs 由于具有可完全生物降解和利用可再生资源合成的特点，引起越来越多的关注。目前，PHAs 已被广泛地应用于生物塑料、纤维、生物医学植入材料、药物缓释载体及特殊包装等领域。

PHAs 材料包括 PHB、PHBV、P(3HB-4HB)、P(4HB)、P(3HO)和 PHBHHx 等，其在缝线、修复装置、修补补丁、绷带、心血管补丁、骨科针、防粘连膜、支架等医用植入材料上的应用已被广泛研究。PHAs 可用作动物和人体组织的移植物，将其做成某些组织的支架植入体内，可制成骨科手术中的骨钉、骨料等固定骨架材料。研究表明，用 PHAs 制成的微纤维基质作为细胞生长支持材料，不仅具有生物降解性和良好的相容性，而且机械强度和微结构比天然细胞外基质更有利于细胞生长，可用作植入生物材料。由于 PHAs 材料具有多样性的特点，其有望成为一个具有丰富用途的生物植入材料家族。

PHAs 的生物可降解性及生物相容性使其在药物缓释材料方面也有广泛的应用。在 20 世纪 90 年代初期，PHAs 已经成为药物载体候选材料。PHAs 在机体内容易被水解成单体 β-羟基丁酸，最后通过酮代谢成为 $CO_2$ 和 $H_2O$，而且生物机体对其不具有强烈的排斥作用。因此在医学上，可用作外科手术缝合线及药物控制释放体系的载体，利用 PHAs 包覆压成微细状的药物，供静脉注射或口服，使药物在体内逐渐释放，延长药效，并使药效达到难以施药的部位。在人的血细胞中发现了较多量的 100~200 个单位的小分子 PHB，这对于利用 PHB 来包裹药物进行定向定量释放，以及 PHAs 在医疗方面的应用提供了理论依据。在农业上，可用 PHAs 包埋杀虫剂，随着聚合物降解和药物释放，可有效地控制害虫的发育与发展。此外，PHAs 能与其他化学合成的降解性塑料相混融，从而改进 PHAs 的物理特性，为其在农、牧、渔业上的大面积使用奠定了基础，并且避免了对环境造成的污染。

PHAs 还可以作为环境的标记物，应用于环境监测领域。通过比较河湾沉积物中的微生物中磷脂和 PHAs 的合成比例，可以监测外界因素对沉积物的影响程度。由于在碳源较丰富的环境中，大多数细菌都具备将过量的碳源转化为 PHAs 的能力，通过活性污泥、富含碳源有机物的环境中大多数嗜冷海洋微生物在限氮条件下胞内积累 PHAs 的情况，确定原油生产地的污染程度。

另外，由于 PHAs 具有压电性，可制成压电元件，用于压力传感器、点火器、声学仪器和振荡发生器等，还可用作换能元件，尤其是生物体内的换能器。PHAs 具有气体阻隔的性质，$CO_2$ 和 $O_2$ 只能缓慢透过，在包装材料领域的研究也很广泛。

2. 聚丁二酸丁二醇酯(PBS)的应用

将 PBS 作为生物材料来研究是近几年的事情，它可完全生物降解且降解产物无毒，具有生物相容性，力学性能和加工性能良好，而且可通过分子设计控制其性能，是一类极具开发潜力的生物材料，其主要用途如表 8-5 所示。

表 8-5　PBS 的主要用途[62]

| PBS 的应用 | 用途 | 产品 | 公司 |
|---|---|---|---|
| 包装材料 | 包装薄膜、餐盒、化妆品瓶及药品瓶、电子器件包装等 | Bionole | 日本昭和公司 |
| | | 降解塑料薄膜 | 德国 APACK 公司 |
| | | 一次性包装用品、餐具 | 上海申花集团、福建恒安集团 |
| 农林业用品 | 农用薄膜，种植用器皿，植被网等(加入柔性组分乙二酸等) | | |
| 日用杂品 | 一次性器具，如一次性餐饮用具、卫生用品等 | PBS 填充滑石粉、碳酸钙制成各种成型制品 | 日本 YKK 公司 |
| | | 卫生产品 | 上海申花集团 |
| 纺织业 | 复合纤维材料 | 抗菌纤维(与带有金属离子的陶瓷材料共混)；保温纤维(与锆化合物共混) | 日本尤尼吉卡公司 |
| 医用 | 人造材料，如人造软骨、缝合线、支架等 | | |

3. γ-聚谷氨酸(γ-PGA)的应用

γ-PGA 对环境无污染，为绿色生物产品，具有极佳的生物可降解性、成膜性、成纤维性、可塑性、黏结性、保湿性等许多独特的理化和生物学特性，这些特性使其具有增稠、乳化、凝胶、成膜、保温、缓释、助溶和黏结等有益功能。因此，在注重环保、强调可持续发展的今天，γ-PGA 及其衍生物在医药、农业、环境保护、食品、化妆品等诸多领域具有十分广阔的应用前景。

在水处理领域中的应用：①生物絮凝剂，γ-PGA 是一种水溶性的可生物降解的生物高分子，用作絮凝剂具有无毒、环境友好、高效的特点。γ-PGA 絮凝剂能絮凝各种无机物(如活性炭、酸黏土、固体土壤、钙镁化合物等)和有机物(如纤维素、酵母等)悬浮液。可以预见，γ-PGA 用作絮凝剂不仅在水处理领域，还可用于饮用水处理、食品、发酵工业等。②重金属和放射性物质吸收：利用生化过程治理重金属和放射性核污染的研究正日益展开。研究表明阴离子型 γ-PGA 对 $Ni^{2+}$、$Cu^{2+}$、$Cr^{3+}$ 和 $U^{4+}$等金属离子有较强的亲和力[63, 64]。③γ-PGA 阻垢、缓释剂的应用。相对分子质量在 4000 左右的聚天冬氨酸具有优良的阻垢、缓蚀性能，由于 γ-PGA 具有与聚天冬氨酸相似的分子结构与性质，因此理论上也能起到类似的阻垢、缓蚀作用。但通过发酵生产的 γ-PGA 相对分子质量较大，其流变性难以控制，分子化学修饰困难，从而难以直接应用于阻垢、缓蚀。在该领域目前的研究更多地倾向于通过酸解等方法制备低分子量 γ-PGA(LMPGA)[65]。

在化妆品领域的应用：日本铃木草本研究所研究发现，γ-PGA 敷于皮肤可作为一层保护膜，能有效防止水分的流失，比公认最具有保湿能力的透明质酸的效果高 2~3 倍。γ-PGA 还可直接渗透至肌肤内部的角质层，促进皮肤角质细胞内的天然保湿因子的增生，恢复肌肤本来的保湿能力，使皮肤更具透明度与润泽感，因此是一种机能型而非一般覆盖型的保湿剂。此外 γ-PGA 还具有良好的抗菌性能，可增进皮肤弹性、抚平肌肤细纹和维持皮肤健康的 pH 值，是理想的化妆品成分[62, 63]。

在医药领域中的应用：因为 γ-PGA 具有良好的生物相容性、生物降解性，且结构易于修饰，用作药物载体可提供药物缓释性、靶向性，提高药物水溶性，降低药物毒副作用，从而提高药物疗效、扩大药物使用范围。目前关于 γ-PGA 作为药物载体的研究主要集中在抗癌方面。另外，γ-PGA 作为生物黏合剂可用于控制组织的持续性渗血或密封气体和机体内液体的渗漏，也可应用于大动脉切割的修补，是一种新型、安全无害的生物胶带。一系列由 γ-PGA 及其衍生物作为载体的药物正在研发中，其在作为药物输送平台和基因药物载体方面显示出巨大的潜力。

4. 聚苹果酸(PMLA)的应用

PMLA 作为载体时，能够包裹药物并能够与特定的组织特异型标记物共价结合，这提供了特异性的组织定向装置，可以控制药物释放的时间和部位。PMLA 及其衍生物与其他降解性材料一样，经过一定的改造和加工后，可以作为生物医学材料如手术缝合线及伤口、烧伤治疗的绷带等，直接用于人体。由于 PMLA 及其衍生物也具有生物降解性及生物可吸收性，PMLA 及其衍生物可以制备成为具有生物活性的大分子胶束、表面活性剂或乳化剂、固体药物外包装、纳米微胶囊、渗析袋、医疗器械附加高分子涂层、手术缝合线、组织工程的支架材料以及用于骨外科中的骨骼修复。

### 8.4.3　生物基高值聚合物的生产工艺

1. 聚羟基脂肪酸酯的生产工艺

短链聚羟基脂肪酸酯(SCL-PHAs)主要靠生物化学法生产，因为 SCL-PHAs 是许多原核生物于非平衡生长(如缺乏氮、磷、镁、氧等)条件下合成的细胞内碳源和能源的储藏性物质。目前生产 SCL-PHAs 主要采用的生物化学方法是微生物发酵法，该方法分为发酵和后处理(提纯)两部分。生产 SCL-PHAs 的发酵流程一般需要经过菌种选育、摇瓶培养、种子罐培养、主罐培养等环节，这些环节可以分为两个阶段，第一个阶段主要生产菌体，而第二个阶段主要积累 SCL-PHAs。

中长链聚羟基脂肪酸酯(MCL-PHAs)的合成与 SCL-PHAs 的合成采用不同的工

艺路线，其采用的微生物也有所不同。目前应用最为广泛的生产 MCL-PHAs 的微生物是格兰阴性细菌-荧光假单胞菌，包括铜绿假单胞菌、荧光假单胞菌、食油假单胞菌、莱氏假单胞菌、睾丸酮丛毛假单胞菌、恶臭假单胞菌。实验室规模 MCL-PHAs 的微生物合成方法分为一步法和两步法两种：一步法是直接在限制氮源的培养基中进行发酵；两步法是先大量繁殖菌体，再通过无菌离心，接种在无氮源的培养基中进行发酵。

从合成的微观路径来看，目前已知的 PHAs 合成路径主要有以下三条：①由脂肪酸 β-氧化的中间产物参与的 MCL-PHAs 合成路径，该路径的关键酶是 PHAs 酶；②与脂肪酸从头合成相偶联的路径，PHAs 合酶和 3-羟酰基-酰基转移蛋白-辅酶 A 是该路径的关键酶；③中心糖降解路径，常用酶有 β-酮硫解酶、乙酰辅酶 A 还原酶等。

2. 聚丁二酸丁二醇酯的生产工艺

PBS 传统上一直采用成本较低的化学方法合成，然而采用生物发酵的方法可以以纤维素为原料制备 PBS，由于纤维素是植物通过固定空气中的 $CO_2$ 来生产的，因此该方法可以认为是以 $CO_2$ 这种温室气体作为反应底物，在一定程度上开辟了温室气体利用的新途径。

生物发酵法合成 PBS 主要包括两个步骤，首先通过生物发酵将纤维素转化合成 1,4-丁二醇，继而将 1,4-丁二醇与聚合级丁二酸进行反应合成 PBS。目前来看，该方法虽然有着反应条件温和、污染小、利用了温室气体等优点，但合成成本太高，尚不能满足工业化生产的需求，生物基 PBS 的制备工艺仍待进一步优化和完善。

3. γ-聚谷氨酸的生产工艺

γ-PGA 的生物基合成方法目前包括提取法和微生物发酵法。该物质的提取法是从日本传统食物纳豆(类似中国的豆豉)中分离得到 γ-PGA，由于纳豆成分复杂，γ-PGA 的含量不稳定，这就使得该方法得不到广泛的应用。目前生产 γ-PGA 的主要方法是微生物发酵法，该法工艺相对简单，培养条件温和，产物分离纯化容易，周期较短，适合于大规模生产。γ-PGA 的合成效果与发酵培养基组成、发酵条件关系密切。γ-PGA 的发酵生产通常采用合成培养基，培养基中各种元素的配比对 γ-PGA 的生产非常重要。大多数 γ-PGA 发酵培养基以柠檬酸、甘油和 L-谷氨酸为复合碳源，且多采用有机复合氮源(牛肉膏或酵母浸汁)。发酵通常采用 pH 中性，培养温度为 30~37℃，同时对种龄、装液量、发酵时间和接种量等培养条件也有一定的要求。

4. 聚苹果酸的生产工艺

PMLA 的合成方法包括化学法和微生物发酵法两种。

PMLA的化学合成方法主要有两种：开环聚合法和直接聚合法。开环聚合法虽然步骤较多，成本较高，但得到的PMLA分子量较大，可达到几万至几十万。开环聚合包括两种方法：交酯开环法和内酯开环法。内酯开环法是目前研究最多的合成PMLA的方法。该方法得到的PMLA具有更好的生物可降解性和生物相容性，形成内酯的步骤较多、不经济或产率太低是制约该方法发展的主要因素。开环聚合法合成PMLA具有分子量高的优点，但是合成步骤冗长，提纯工艺复杂，收率低，成本高，严重制约了其规模化生产。直接聚合法是新近发展起来的合成PMLA的一种方法，它以L-苹果酸为起始原料，在无溶剂或有溶剂的条件下发生本体缩聚，得到α,β-聚苹果酸。该法简单方便，整个反应仅一步，具有绿色反应的优点，但此种方法合成的PMLA分子量相对较低。直接聚合法现阶段还处于实验探索阶段，所得聚合物的相对分子质量较低，不具备实际的应用价值，有待进一步研究。

在PMLA的微生物发酵方法方面，Shimada等最早从圆弧青霉中分离得到一种酸性的大分子化合物，这种物质能抑制蛋白酶的活性，推测可能是PMLA。1989年，Fischer等从黏菌细胞中分离出聚苹果酸，并发现它是DNA聚合酶α的抑制剂。研究者先后从菌株 *Physarum polycephalum* 和 *Aureobasidium pullulans*、*Aureobasidium* sp.中得到PMLA。到目前为止，对微生物合成PMLA的研究较少，分离得到的菌株也很少。生物发酵得到的产物相对分子质量一般在几万，有的达到几十万。发酵法虽然能得到相对分子质量较大的PMLA，但产酸能力强的菌株难以筛选得到，均存在发酵过程难以控制、发酵周期过长和产量较低等不足。筛选产酸能力强的发酵菌株及优化培养条件将是目前微生物发酵法制备PMLA亟须解决的问题。

### 8.4.4　生物基高值聚合物研究现状

在γ-PGA研究方面，自1996年美国的Donlar公司因为开发和生产得到聚天冬氨酸(PASP)绿色可生物降解高分子而获得美国总统绿色化学奖以来，聚氨基酸受到了世界各国的关注，其研究与开发已逐步由实验室阶段进入商品化实际应用阶段。日本、美国等一些发达国家和地区对γ-PGA制备和应用的研究已经十分活跃，其中日本明治制果、味之素和中国台湾味丹企业等已对γ-PGA进行了商业化试生产，所开发的产品已经开始用于化妆品和美容产品原料、絮凝剂、食品添加剂等多个领域。与之相比，我国内地在该领域的研究起步相对较晚，关于γ-PGA工业化生产方面，尤其是在应用方面的研究都较少。尽管如此，国家已经日益重视于这一方面的研究。目前南京工业大学[65]、浙江大学、华中农业大学等高校和秦皇岛领先科技发展有限公司等企业也正在进行此方面的研究，研究领域涵盖了各级学科，包括从产品的开发到下游的分离纯化步骤。

在 PHAs 研究方面，从事这一领域研究和生成的公司主要有：ICI 化学公司、Massachusetts 技术学院(MTI)、Metabolix 公司、奥地利生物技术研究有限公司和林茨化学集团、Archer Daniels Midland(AMD)公司、巴斯夫公司、日本钟渊化学工业公司与美国 P&G 公司。国外几家 PHAs 生产企业的产量大都在年产几十吨到几百吨之间。我国在 PHAs 领域的研究也是多学科的，从高分子材料科学、生物材料、生物工程、微生物抑制到生化与分子生物学和化学等。

在 PBS 研究方面，国际上比较活跃的主要集中在日本和韩国的科研院所，国内 PBS 的研究机构有北京化工大学、中国科学院上海有机化学研究所、清华大学和北京理工大学等。国内最大的生产厂家是中国科学院物理化学研究所参与的浙江杭州鑫富药业有限公司，拥有 2 万 t 的生产规模。此外，安徽安庆和兴化工公司目前有 100t 的生产规模，可以快速扩大成千吨规模的生产能力。

## 参 考 文 献

[1] Ragauskas A J. The path forward for biofuels and biomaterials. Science, 2010, 311:484-489.
[2] Tigunova O A, Shulga S M, Blume Y B. Biobutanol as an alternative type of fuel. Cytology & Genetics, 2013, 47(6): 366-382.
[3] 宋锦玉. 新一代的生物燃料——丁醇的开发动向. 当代化工, 2011, 40(6): 631-632.
[4] Shapovalov O I, Ashkinazi L A. Biobutanol: Biofuel of second generation. Russian Journal of Applied Chemistry, 2008, 81(12): 2232-2236.
[5] Mascal M. Chemicals from biobutanol: technologies and markets. Biofuels Bioproducts & Biorefining, 2012, 6(4): 483-493.
[6] 黄潇，蔡颖慧. 生物丁醇研究现状及进展. 科技情报开发与经济, 2010, 20(35): 148-150.
[7] Qureshi N, Saha B C, Hector R E, et al. Butanol production from wheat straw by simultaneous saccharification and fermentation using Clostridium beijerinckii. Part I. Batch fermentation. Biomass & Bioenergy, 2008, 32(2): 168-175.
[8] Qureshi N, Saha B C, Cotta M A. Butanol production from wheat straw by simultaneous saccharification and fermentation using Clostridium beijerinckii: Part II—Fed-batch fermentation. Biomass & Bioenergy, 2008, 32(2): 168-175.
[9] Qureshi N, Ezeji T C, Ebener J, et al. Butanol production by Clostridium beijerinckii. Part I: Use of acid and enzyme hydrolyzed corn fiber. Bioresource Technology, 2008, 99(13): 5915-5922.
[10] 陈守文，马昕. 稻草酶法水解液的丙酮丁醇发酵. 工业微生物, 1998, (4): 30-34.
[11] 李冬敏，陈洪章. 汽爆秸秆膜循环酶解耦合丙酮丁醇发酵. 过程工程学报, 2007, 7(6): 1212-1216.
[12] 耿海军. 生物基润滑油的研究进展. 河南化工, 2012, (6): 3-6.
[13] 李秋丽，吴景丰，董言，等. 植物油应用于绿色润滑剂的研究现状. 润滑油, 2005, 20(4): 11-14.
[14] Goyan R L, Melley R E, Wissner P A, et al. Biodegradable lubricants. Lubrication Engineering, 1998, 54(Jul): 10-17.
[15] 陈利. 可生物降解蓖麻油基润滑油的制备及性能研究. 中北大学, 2009.

[16] 唐俊杰. 合成润滑油基础知识讲座之二. 润滑油, 1999, (6): 59-64.
[17] 冯薇荪，汪孟言，唐秀军. 润滑油的生物降解性能与其结构及组成的关系. 石油学报:石油加工, 2000, 16(3): 48-57.
[18] 周茂林. 三嗪衍生物润滑油添加剂的合成及其润滑性能研究. 中南大学, 2008.
[19] 柴家同. 可生物降解汽油机油(10W/30 SG)全配方优化试验及低温性能研究. 长安大学, 2002.
[20] 李秋丽，吴景丰，崔刚，等. 改善植物油的氧化稳定性. 合成润滑材料, 2005, 32(3): 25-27.
[21] 李凯，王兴国，刘元法. 植物油为原料合成润滑油基础油研究现状. 粮食与油脂, 2008, (4): 3-6.
[22] 李久盛，张雁燕. 菜籽油环氧化工艺改进和反应条件对粘度影响的研究. 润滑油, 2000, (6): 53-55.
[23] 张强，李文林，郑畅，等. 菜籽油环氧化新工艺制备润滑油基础油的研究. 可再生能源, 2009, 27(2): 20-23.
[24] 陈温福，张伟明，孟军. 农用生物炭研究进展与前景. 中国农业科学, 2013, 46(16): 3324-3333.
[25] Lehmann J. Bioenergy in the black. Frontiers in Ecology & the Environment, 2007, 5(7): 381-387.
[26] 何绪生，耿增超，佘雕，等. 生物炭生产与农用的意义及国内外动态. 农业工程学报, 2011, 27(2): 1-7.
[27] Zwieten L V, Kimber S, Morris S, et al. Effects of biochar from slow pyrolysis of papermill waste on agronomic performance and soil fertility. Plant & Soil, 2010, 327(327): 235-246.
[28] Kimetu J M, Lehmann J, Krull E, et al. Stability and stabilisation of biochar and green manure in soil with different organic carbon contents. Australian Journal of Soil Research, 2010, 48(7): 577-585.
[29] Steiner C, Glaser B, Teixeira W G, et al. Nitrogen retention and plant uptake on a highly weathered central Amazonian Ferralsol amended with compost and charcoal. Journal of Plant Nutrition & Soil Science, 2008, 171(6): 893-899.
[30] Gaskin J W, Steiner C, Harris K, et al. Effect of Low-Temperature Pyrolysis Conditions on Biochar for Agricultural Use. Transactions of the Asabe, 2008, 51(6): 2061-2069.
[31] Novak J M, Busscher W J, Laird D L, et al. Impact of biochar amendment on fertility of a southeastern Coastal Plain soil. Soil Science, 2009, 174(2): 105-112.
[32] Glaser B, Lehmann J, Zech W. Ameliorating physical and chemical properties of highly weathered soils in the tropics with charcoal – a review. Biology & Fertility of Soils, 2002, 35(4): 219-230.
[33] Liang B, Lehmann J, Solomon D, et al. Black carbon increases cation exchange capacity in soil. Soil Science Society of America Journal, 2006, 70(5): 1719-1730.
[34] Cheng C H, Lehmann J, Thies J E, et al. Oxidation of black carbon by biotic and abiotic processes. Organic Geochemistry, 2006, 37(11): 1477-1488.
[35] 钟雪梅，朱义年，刘杰，等. 竹炭包膜对肥料氮淋溶和有效性的影响. 农业环境科学学报, 2006, 25(S1): 154-157.
[36] Laird D A, Brown R C, Amonette J E, et al. Review of the pyrolysis platform for coproducing bio - oil and biochar. Biofuels Bioproducts & Biorefining, 2009, 3(5): 547-562.

[37] Brewer C E, Schmidt-Rohr K, Satrio J A, et al. Characterization of biochar from fast pyrolysis and gasification systems. Environmental Progress & Sustainable Energy, 2009, 28(3): 386-396.
[38] 吴层，颜涌捷，李庭琛，等. Preparation of hydrogen through catalytic steam reforming of bio-oil. 过程工程学报, 2007, 7(6): 1114-1119.
[39] Laird D, Fleming P, Wang B, et al. Biochar impact on nutrient leaching from a Midwestern agricultural soil. Geoderma, 2010, 158(3): 436-442.
[40] Liu Z G, Zhang F S. Removal of lead from water using biochars prepared from hydrothermal liquefaction of biomass. Journal of Hazardous Materials, 2009, 167(1-3): 933-939.
[41] Cao X D, Ma L, Gao B, et al. Dairy-manure derived biochar effectively sorbs lead and atrazine. Environmental Science & Technology, 2009, 43(9): 3285-91.
[42] Sheng G Y, Yang Y N, Huang M S, et al. Influence of pH on pesticide sorption by soil containing wheat residue-derived char. Environmental Pollution, 2005, 134(3): 457-463.
[43] 田超，王米道，司友斌. 外源木炭对异丙隆在土壤中吸附-解吸的影响. 中国农业科学, 2009, 42(11): 3956-3963.
[44] Chen B L, Chen Z M. Sorption of naphthalene and 1-naphthol by biochars of orange peels with different pyrolytic temperatures. Chemosphere, 2009, 76(1): 127-33.
[45] Yanai Y, Toyota K, Okazaki M. Effects of charcoal addition on N2O emissions from soil resulting from rewetting air-dried soil in short-term laboratory experiments. Soil Science & Plant Nutrition, 2007, 53(2): 181-188.
[46] 陈宝梁，周丹丹，朱利中，等. 生物碳质吸附剂对水中有机污染物的吸附作用及机理. 中国科学, 2008, (6): 530-537.
[47] Chen B, Zhou D, Zhu L. Transitional adsorption and partition of nonpolar and polar aromatic contaminants by biochars of pine needles with different pyrolytic temperatures. Environmental Science & Technology, 2008, 42(14): 5137-43.
[48] 周建斌，叶汉玲，张合玲，等. 生物改性竹炭制备工艺及其应用的研究. 水处理技术, 2008, 34(10): 38-41.
[49] Yaman S. Pyrolysis of biomass to produce fuels and chemical feedstocks. Cheminform, 2004, 35(31): 651-671.
[50] Mohan D, Pittman C U, Steele P H. Pyrolysis of wood/biomass for bio-oil: A critical review. Energy & Fuels, 2006, 20(3): 848-889.
[51] Bridgwater A V, Meier D, Radlein D. An overview of fast pyrolysis of biomass. Organic Geochemistry, 1999, 30(12): 1479-1493.
[52] Kumar A, Jones D D, Hanna M A. Thermochemical biomass gasification: a review of the current status of the technology. Energies, 2009, 2(3): 556-581.
[53] Raja S A, Kennedy Z R, Pillai B C, et al. Flash pyrolysis of jatropha oil cake in electrically heated fluidized bed reactor. Energy, 2010, 35(7): 2819-2823.
[54] Steinbeiss S, Gleixner G, Antonietti M. Effect of biochar amendment on soil carbon balance and soil microbial activity. Soil Biology & Biochemistry, 2009, 41(6): 1301-1310.
[55] Rillig M C, Wagner M, Salem M, et al. Material derived from hydrothermal carbonization: Effects on plant growth and arbuscular mycorrhiza. Applied Soil Ecology, 2010, 45(3): 238-242.
[56] 万益琴，王应宽，刘玉环，等. 玉米棒芯的连续微波裂解制取生物油. 中国农学通报, 2009, 25(24): 559-564.

[57] Şensöz S. Slow pyrolysis of wood barks from Pinus brutia Ten. and product compositions. Bioresource Technology, 2003, 89(3): 307-11.

[58] Gheorghe C, Marculescu C, Badea A, et al. Effect of pyrolysis conditions on bio-char production from biomass. 2009.

[59] Tilly C. The art, science, and technology of charcoal production†. Industrial & Engineering Chemistry Research, 2003, 42(8): 1619-1640.

[60] Hina K, Bishop P, Mcamps A, et al. Producing biochars with enhanced surface activity through alkaline pretreatment of feedstocks. Australian Journal of Soil Research, 2010, 48: 606-617.

[61] 毕于运，高春雨，王亚静，等．中国秸秆资源数量估算．农业工程学报, 2009, 25(12): 211-217.

[62] 欧阳平凯．生物基高分子材料．化学工业出版社, 2012.

[63] Shih I L, Van Y T. The production of poly-(gamma-glutamic acid) from microorganisms and its various applications. Bioresource Technology, 2001, 79(3): 207-225.

[64] Yao J, Xu H, Wang J, et al. Removal of Cr(III), Ni(II) and Cu(II) by poly(gamma-glutamic acid) from Bacillus subtilis NX-2. Journal of Biomaterials Science Polymer Edition, 2007, 18(18): 193-204.

[65] 佟盟，徐虹，王军. γ-聚谷氨酸降解影响因素及其生物降解性能的研究．南京工业大学学报：自然科学版, 2006, 28(1): 50-53.

# 第 9 章　生物质能源利用的环境生态社会效应

## 引　言

基于生物质能源的规模化开发利用，本章分析了可能面临的生态环境社会问题，涉及环境污染物、生态负面问题、社会影响。从环境角度，分析了生物质能源化利用过程中避免的环境污染问题和可能衍生的环境污染问题；从生态角度，分析了种植开发能源植物与作物的优势以及可能造成的生物多样性问题，以及大规模利用秸秆造成的土壤养分缺失问题，对于微藻废水的生物质利用对避免水体富营养化的贡献等；从社会角度，分析了生物质能源化利用对于粮食安全的影响，对于社会稳定、就业机会、农村与城镇化发展的贡献等；最后对生物质能源的碳减排效应与应对气候变化进行了分析探讨。

## 9.1　环境效应

### 9.1.1　减少使用传统化石能源造成的大气污染和温室气体排放

以生物燃油替代石化燃油以减少碳氢化物、氮氧化物等对大气的污染，将对于改善能源结构、提高能源利用效率、减轻环境压力贡献巨大[1]。无论是传统的煤燃料还是石油燃料，在使用过程中都不可避免地产生多种有害物质并向环境排放，如煤燃烧产生的 $SO_2$、$NO_x$ 和煤灰；汽车尾气中的碳氢化合物、NO 等。生物质能原料硫含量和灰分都比煤低，而氢元素含量较高，因此比煤清洁。此外，矿物燃料在燃烧过程中排放出的 $CO_2$ 气体在大气层中不断积累，工业化前期大气中 $CO_2$ 浓度按体积比在空气中占 0.028%，到 1980 年已增加到 0.034%，预计到本世纪初，将提高到 0.056%，温室气体在大气中的浓度不断增加，导致气候变暖。而生物质既是低碳燃料，又由于其生产过程中吸收 $CO_2$ 成为温室气体的汇(sink)。因此，随着国际社会对温室气体减排联合行动的付之实施，大力开发生物质能资源，对于改善我国以化石燃料为主的能源结构，特别是为农村地区因地制宜地提供清洁方便能源，具有十分重要的意义[2]。

### 9.1.2　为解决能源和环境矛盾提供了一个新的发展方向

生物质能利用技术的开发与发展为解决能源和环境矛盾提供了一个新的发展

方向。基于 LCA(LCA 是从环境角度出发，用于量化评价由原料生产到转化为最终产品整个生命周期中各种排放及其相关的环境影响的分析工具)对不同生物质发电系统的分析结果可以得出，相对于直接燃煤发电，生物质能的利用，不论是气化还是共燃都是减排 $CO_2$、$NO_x$ 和 $SO_x$ 有效措施。相比而言，生物质气化联合循环具有更强的环境优势。生物质热裂解发电对减排 $NO_x$ 和 $SO_x$ 也有积极作用，但是由于其系统效率低下，集中在燃料过程中的 CO 和 $CH_4$ 的排放相应较高。同时，当前生物质制取生物油价格昂贵，直接燃烧这种低品质利用缺乏市场竞争优势，因此基于环境和效益两方面的考虑，生物质气化和共燃发电将更具发展优势[3]。

### 9.1.3　避免了秸秆露天焚烧的污染

秸秆露天焚烧已经成为社会关注的公害，它主要的危害有：焚烧后产生大量的烟雾、烟尘、一氧化碳、二氧化碳、二氧化硫等污染物质，使局部大气环境质量恶化诱发呼吸道、肺部和眼部疾病等[4]。

据统计，我国农作物产生的秸秆总量约每年 7 亿 t，其中稻秸 2.9 亿 t，玉米秸 1.9 亿 t，麦秸 1.5 亿 t，这 3 种秸秆约占秸秆资源总量的 75.6%。秸秆燃烧所排的污染物包括气溶胶和各种气态污染物。气溶胶一方面影响城市环境，一方面可以通过散射及反射太阳辐射改变地球能量平衡，从而影响全球气候。气体污染物中，$CO_2$ 和 $CH_4$ 是温室气体，$NO_x$ 和 $SO_2$ 等有利于酸雨的形成，氮氧化物是生成光化学烟雾的重要一环。Koppmann 等指出生物质燃烧排放的 CO、$CH_4$ 和 VOC 通过与 OH 自由基的反应，对对流层的氧化性影响很大，而排放的 VOC 和氮氧化合物会导致臭氧和其他光化学氧化物的形成[5]。

### 9.1.4　避免了垃圾焚烧厂带来的二次污染

随着垃圾焚烧厂的建设和长期运行，由此产生的二次污染问题也日益显现出来，主要包括垃圾焚烧所产生的飞灰，以多氯二苯并二噁英、多氯二苯并呋喃(PCDDs/PCDFs)为代表的有毒有机物，Hg 等重金属，HCl、$SO_x$、$NO_x$、HF、CO 等有害气体，其中 HCl 气体是最主要的污染气体之一，浓度一般可达到 400～1500 $mg/m^3$。这些有害气体和物质对环境危害很大[7]。

主要是垃圾焚烧产生的废气(含粉尘、酸性气体、二噁英、重金属等)、灰渣及废水(垃圾渗滤水、生产废水等)。由于垃圾成分的复杂性和多样性，其焚烧时比煤、石油、天然气等燃料所产生的污染物更多、更复杂、毒性更大；主要污染物的形态，气、固和液态都有存在。以气态形式存在的主要污染物有酸性气体($SO_x$、HCl、$NO_x$ 等)、有机类污染物(PCDDs、PCDFs)等；以固态形式存在的污染物主要是附着在飞灰上的重金属、有机微量污染物等；以液态存在的污染物，按照所含有害物的种类，可分为有机废水和无机废水。

酸性气体污染物主要由 $SO_x$、HCl 和 $NO_x$ 组成。其中 $SO_x$、HCl 主要是垃圾中所含的 S、Cl 等化合物在燃烧过程中产生的。据国外研究，一般城市垃圾中 S 含量为 0.12%，其中有 30%～60%转化为 $SO_2$，其余则残留于底灰或被飞灰所吸收。$NO_x$ 主要来源于垃圾中含氮化合物的分解转换和空气中的氮气高温氧化，其主要成分为 NO。

有机类污染物主要是指在环境中浓度虽然很低，但毒性很大，直接危害人类健康的二噁英类化合物，其主要成分为多氯二苯并二噁英和多氯二苯并呋喃。通常认为，垃圾的焚烧，特别是含氯化合物的垃圾焚烧，是环境中这类化合物产生的主要来源。

固态形式的污染物主要指灰渣，由底灰和飞灰共同组成。底灰是垃圾焚烧炉的炉排下和炉床尾端、余热锅炉等收集下来的排出物，主要是不可燃的无机物以及部分未燃尽的可燃有机物。飞灰是指由空气污染控制设备中所收集的细微粒，一般系经旋风除尘器、静电除尘器或布袋除尘器所收集的中和反应物(如 $CaCl_2$、$CaSO_4$ 等)，及未完全反应的碱剂(如 $Ca(OH)_2$ 等)。飞灰中可能含有各种较高浸出浓度的重金属元素，如 Pb、Cr、Cd 等，属于要控制的危险废物的范畴。研究表明，垃圾焚烧飞灰中还含有二噁英，其含量超过了废弃物排放标准，必须经有效处理，才能进行填埋、资源化利用等最终处理；而底灰中不含二噁英。垃圾焚烧厂的废水主要有垃圾渗滤液和生产废水。生产废水包括洗车冲洗水、垃圾卸料平台地面清洗水、锅炉排污水和冷却烟气的废水等[8]。

### 9.1.5　避免了垃圾填埋产生渗滤液的污染

垃圾渗滤液中的有机物可分为 3 种：①低分子量的脂肪酸；②中等分子量的灰黄霉酸类物质；③高分子量的碳水化合物类物质、腐殖质类。渗滤液中的有机成分随填埋时间而变化。填埋初期，渗滤液中的有机物的可溶性有机碳约 90%是短链的可挥发性脂肪酸，其中以乙酸、丙酸和丁酸浓度最大。其次的成分是带有相对高密度的羟基和芳香族羟基的灰黄霉酸。随着填埋时间的增加，填埋场逐步相对稳定，此时，渗滤液中挥发性脂肪酸含量减少，而灰黄霉酸物质的比重则增加。垃圾渗滤液的特性如下：

1) 有机污染物种类繁多，水质复杂

在垃圾填埋场中，有许多物质会进入渗滤液。当水分渗入穿过填埋层时，其中的原有可溶物及生物降解反应产生的可溶物，以及由此引起的化学反应所产生的可溶物均会进入渗滤液中，某些亲水性的毒性有机物会从垃圾的空隙中进入渗滤液，有些疏水性的、被吸附在空隙中细小颗粒上的有机物，也可能被吸入渗滤液中。

2) 污染物浓度变化范围大

垃圾渗滤液中 COD、$BOD_5$ 最高值可达几万 mg/L，主要是在酸性发酵阶段产生，和城市污水相比，浓度高得多。一般而言，COD、$BOD_5$、$BOD_5$/COD 随填埋场的“年龄”增长而降低，且垃圾中有机物降解极其缓慢，产生渗滤液的时间持久，一般是 20～30 年，所以垃圾渗滤液是污水处理的难题之一。

3) 水质水量变化大

由于垃圾填埋场是一个敞开的作业系统，所以填埋场内的自然降水为垃圾渗滤液来源的主要部分，因而垃圾渗滤液的水量波动很大，雨季明显大于旱季。Nancy Ragle 等曾对美国西雅图的一座城市垃圾填埋场作过调查，结果显示，渗滤液水质的时变化系数、日变化系数竟高达 200%和 300%，并且老龄填埋场的水质日变化相对较大。渗滤液的水质取决于填埋场的构造方式、垃圾的种类、质量、数量以及填埋年数的长短，其中构造方式是最主要的。

4) 金属含量高

渗滤液中含有多种金属离子，其浓度与所填埋的垃圾类型、组分及时间密切相关。重金属离子达到一定浓度时会对微生物产生毒害作用，它们能够和细胞的蛋白质相结合，而使其变性或沉淀。只接收生活垃圾的填埋场渗出的液体中重金属离子含量很少，在好氧和厌氧填埋中影响不大。Joar 等对挪威 4 个填埋场重金属离子的渗滤情况进行了调研，表明渗滤液中待测重金属的含量很低。除 Fe 之外，国内垃圾渗滤液中重金属含量较高的为 Ni、Pb、Zn、Cu，最低的为 Cd 和 As，国外垃圾渗滤液重金属含量除了 Fe 最高外，Zn、Mn 含量也较高，而 Ni、Cr、As、Cu 同处一个数量级，Cd、Hg 含量最低，垃圾渗滤液中重金属离子浓度呈数量级递减可能与工业上使用量多少有关。

5) 氨氮含量高

城市垃圾渗滤液是一种组成复杂的高浓度有毒有害有机废水，其中高 $NH_4^+$—N 浓度是渗滤液的重要水质特征之一。渗滤液中的氮多以氨氮的形式存在，约占 TN 的 70%～80%。当氨氮(尤其是游离氨)浓度过高时，会影响微生物的活性。有资料显示：在好氧情况下，温度为 15℃、pH=8 的条件下，当总氮浓度超过 200mg/L 时，其中有 6%的氨氮转化为 $NH_3$ 形式，会破坏微生物的氧化作用，氨氮浓度越高，抑制性越强。因此，对氨氮含量较高时应进行有效的预处理。垃圾渗滤液中氨氮浓度不仅很高，而且在一定时期随时间的延长会有所升高，主要是因为有机氮转化为氨氮造成的。在中晚期填埋场中，氨氮浓度高是导致垃圾渗滤液处理难度增大的一个重要原因。渗滤液中氨氮严重超标，生物脱氮所需要的碳源又严重不足，C/N 过低则对常规的生物处理有抑制作用，且因有机碳缺乏，难以进行有效的反硝化。

6) 营养元素比例失调

一般来说，对于采用生物处理法，垃圾渗滤液中的磷元素总是缺乏的。在北美几个垃圾填埋场，垃圾渗滤液中的 $BOD_5$/TP(生化需氧量/总磷)都大于 300，此值与微生物生长所需要的碳磷比(100∶1)相差甚远。在不同场龄的垃圾渗滤液中，滤液中营养元素比例失衡给渗滤液的生物处理碳氮比有较大的差异。但总的说来，渗滤液中营养元素比例失衡给渗滤液的生物处理，尤其是好氧生物处理带来了困难。

### 9.1.6　生物质气化产生焦油对环境的负效应

美国 NREL 的 MilneTA 等提出，在热解和部分氧化气化条件下，所产生的所有的有机物都可以认定为焦油，焦油通常为大分子的芳香族碳氢化合物；Dayton D 将 MilneTA 等提出的定义进一步总结为，有机物气化过程中产生的可凝物为焦油，通常为大分子芳香烃，包括苯。国内周劲松等对焦油是这样定义的，焦油主要为较大分子碳氢化合物的集合体，主要成分是苯的衍生物及多环芳烃。在 1998 年 EU/IEA/US—DOE 会议上，Brussels 提出的焦油测定议案得到了大多数专家的认同，他们把焦油定义为分子质量大于苯的有机污染物。这一定义虽然广泛被专家认可，但定义中焦油成分没有包括苯，参考上述众多国外专家对焦油的定义，参照国内各大学实验过程中选取焦油模型化合物的时候都将苯作为主要参考对象，对于焦油更确切的定义应为有机物热解和气化过程中产生的大分子芳香族碳氢有机污染物，包括苯在内。焦油在是许多有机物的混合物，成分相当复杂，其中含有的有机物质估计有 10000 种以上。仅已辨识出的组分就有 400 余种，主要成分不少于 20 种，其中绝大多数化合物的含量是非常少的，占 1%以上的仅有 10 几种，主要有萘、苯、菲、甲苯、二甲苯、苯乙烯、苯酚及其衍生物等。

焦油的危害：首先，气化燃气中焦油能量在总能量中占有很大的比重，尤其在生物质气化燃气中占到 5%～15%，这部分能量在低温时难与可燃气体一起被利用，大多浪费掉，大大降低了气化效率。其次，焦油难以完全燃烧，并产生炭黑等颗粒，对内燃机等燃气利用设备损害相当严重。这些大大降低了气化燃气的利用价值。再次，焦油 200℃以下冷凝为呈黑色的黏稠液体，容易与水、焦炭、灰尘等黏结，从而堵塞管道，卡住阀门、引风机转子，腐蚀金属，严重影响气化系统的稳定运行。最后，焦油本身及其不完全燃烧后产生的气味对人体健康构成威胁。由此可见，生物质气化燃气中的焦油具有显著的危害性，直接影响到系统的正常运行及人身安全，也是影响生物质气化技术商业化推广的一个关键因素。

# 9.2 生 态 效 应

## 9.2.1 生物质能源利用中的能源植物优势

能源植物(energy plant)又称石油植物、柴油植物或生物燃料油植物，通常指那些具有合成较高还原性烃能力，可产生类似石油成分、可替代石油使用或作为石油补充产品的植物，以及富含油脂的植物。能源植物在形态及习性上具有广泛的多样性，有陆生的，也有水生的。陆生能源植物有高大的乔木，如千年桐、橡胶树、黄连木等；也有矮小的灌木和草本植物，如清香木、牛角瓜、木薯、象草、甜菜等。水生能源植物主要指一些特殊的藻类，如在淡水中生存的一种丛粒藻，这种藻就好像产油机，能够直接排出液态燃油。

开发利用能源植物的优势：①资源丰富，易于普及推广。②可再生性能源植物通过光合作用固定 $CO_2$ 和水，将太阳能以化学能形式储藏在植物中，这种能量形式是可再生的，并能有计划地种植和开采。③对环境友好。酸雨、温室效应等已给人们赖以生存的地球带来了严重的后果，生物质能燃烧所释放出的 $CO_2$ 大体上相当于其生长时通过光合作用所吸收的 $CO_2$，几乎没有 $SO_2$ 产生。因此使用大自然馈赠的生物质能源，几乎不产生污染，这是气、油、煤等常规能源所无法比拟的。④安全可靠。能源植物使用起来比核电等能源安全得多，不会发生爆炸、泄漏等安全事故。另一方面，开发能源植物可减少世界各国对石油市场的依赖，可以在保障能源供给、稳定经济发展等方面发挥积极的作用。⑤种植面积大。我国南方约有 0.2 亿 $hm^2$ 荒山荒坡，北方有 1 亿 $hm^2$ 盐碱地，利用荒山荒坡和盐碱地、荒滩、沙地种植能源植物既不占用宝贵的耕地资源，又可提供大量的生产原料，还有利于改善生态环境，增加农民收入[10]。

## 9.2.2 生物质能源利用中的能源植物对生物多样性的影响

目前在荒山、荒地、滩涂等土地类型上开展的生物质能源植物大规模集约化种植，大多经过先行整地，即清除杂草和树木等原生植被，并对土地进行必要的平整，然后采用集中连片的种植模式。这种种植模式可能会导致原生境破碎化，对原有生境造成隔离、切割、干扰或替代，使原有动植物的平衡被打破。另一方面，如果是在生境已发生破碎化的地区种植，则有可能部分地起到恢复生态廊道的作用。这两方面可能的影响包括：

(1) 对当地物种扩散、迁移和建群产生隔离与限制或促进作用，这主要是由于这种大面积集中连片的开发种植方式，有可能影响动物迁徙路线和动植物繁衍所需最小的空间。

(2) 限制或促进不同种群间的基因交换。

(3) 物种丰富度、种间关系和群落结构发生变化。生境斑块化或破碎生境的恢复以及食物链是否完好将会改变上述这些指标。

(4) 种群的抗逆性会随着种群规模变化而变化，最终会影响到种群的基因多样性并影响到种群中物种的生存和进化能力。

(5) 食物链将受到影响，由于植被的变化，依赖原有植被、群落与生境的昆虫、小型动物会首先受到影响。

(6) 生态系统服务功能发生变化，生境的变化将会改变生态系统的完整性和组成，使生态系统的结构、生态过程发生变化，从而使原生态系统类型及生态系统的服务功能随之发生变化。

(7) 外来物种、大规模种植、高强度集约管理等活动可能会对土壤和植被产生扰动，特别是对天然次生林、天然灌木和草地的扰动，这些都可能是影响生物多样性的潜在因素。在我国广泛栽培的生物质能源植物中，主要的物种选择依据是植物的适生性和能源价值及其市场前景，这必然会导致大量外来物种的引进和栽培。事实上，目前我国产业化种植的生物质能源植物，很多都是外来物种。其中有些外来物种在中国已经有悠久的栽培历史，早已驯化并实现了与当地生态系统的融合，能够按要求产生各种服务功能和效益。但其中也不乏近年来才引进的物种，这些外来物种一般都具有较高的生物质能源价值和很强的适应性，因而呈现了迅速发展之势。国内不同地区之间的引种也是近年来出现的另一个不容忽视的“外来物种”问题。外来物种的大规模引进与规模化栽培，会对当地的生态系统、群落、物种和基因有什么样的影响，目前都还不确定。据研究，外来物种一般通过空间与营养的竞争，以及本身的感化物、抑制物的作用等，对当地物种和生态系统产生如下可能影响：对当地物种和群落的排挤、景观与栖息地的改变、生态系统结构和服务功能的改变、经济林的入侵、对农业和养殖业的影响、对野生动物的影响等。这些影响是否存在及其程度与机制研究仍处于起步阶段。另外，大规模采用单一的外来物种也可能会降低生物质能源林对自然灾害的抗性，尤其是对病虫害的抗性。因此，外来物种的采纳也是生物质能源植物种植中一个值得重视的问题[11]。

大量种植能源植物也存在生物安全性问题。在自然界长期的进化过程中．不同生物之间相互制约、相互协调．形成了稳定的生态平衡系统。一旦植物被引种到新环境，脱离原来物种之间的相互制约后，可能会给引种地的生态系统带来灾难性后果。据统计，全球因外来物种入侵给各国造成的经济损失每年超过 4000 亿美元，其中我国高达 1198.76 亿元人民币[12]。

### 9.2.3 大规模利用秸秆造成的土壤养分缺失

虽然每年有大量的秸秆被浪费掉，但是大规模利用秸秆，将会使秸秆还田受到限制，进而可能造成土壤养分的缺失，而秸秆还田对土壤养分有着重要的影响。

(1) 秸秆还田是增加土壤营养储量的有效方法之一，秸秆的施用可以明显提高土壤中 N、P、K 大量养分元素及各种微量元素的含量，为作物生长提供大量的营养元素，同时也可以提高作物吸收养分的有效性。

(2) 秸秆可以提高土壤肥力，有机质是衡量土壤肥力的重要指标。土壤中的大部分有机质是作物秸秆的成分经发酵腐解分解转化为土壤的重要组成成分。

(3) 秸秆还田可以改善土壤理化性状，使土壤耕性变好，秸秆还田后经腐解形成的腐殖质是土壤结构的胶结剂，可使土壤团粒结构变好，土壤水分增加，水、肥、气、热得以协调，土壤物理性质得以改善，抗旱抗涝能力得到很大提高，保墒性能增强。土壤团聚体是土壤物理条件和养分状况的重要指标之一，不同粒径的团聚体养分状况和酶的活性不同。

(4) 秸秆覆盖农田是提高土壤水分利用率的重要途径，可以缓和土壤温度的日变化和年变化，而且也缓解气温激变对作物的伤害，对作物起到了保护作用。

(5) 秸秆还田可以提高微生物数量和微生物群落的多样性并增加土壤中各种酶的数量及提高土壤酶的活性。作为土壤肥力水平的活指标，土壤微生物是土壤有机质、腐殖质的形成和分解、土壤养分转化和循环的动力来源，它已日渐受到土壤工作者的关注，微生物对土壤保氮、溶磷(提高磷的有效性)、供钾也起着定性影响。

(6) 土壤酶主要由动物根系和微生物产生，秸秆还田研究表明：施用作物秸秆可以提高土壤的转化酶蛋白酶等多种酶的活性，如施入玉米秆后还可不同程度地提高土壤中过氧化氢酶、尿酶的活性。庞新等研究表明，秸秆还田使土壤的磷酸酶、淀粉酶、蔗糖酶、蛋白酶、转化酶、脱氢酶和 ATP 酶等活性都得到了不同程度的提高。还有研究表明，秸秆直接还田后土壤中的脲酶、蔗糖酶、中性磷酸酶和过氧化氢酶的活性都有明显增加，各种酶的活性明显增强，从而促进了土壤有机质的转化和土壤养分的有效性[9]。

### 9.2.4 对于微藻废水的生物质利用与水生态系统

通常所称的微藻(microalgae)一般是指那些需借助显微镜才能观察到其形态结构的微观单细胞群体或丝状藻类。海洋、淡水湖泊等水域均有微藻存在，微藻作为一类重要的光合微生物，在自然界能量转化和碳元素循环中起到举足轻重的作用，有些微藻可通过光合作用将产生的糖转化成脂类贮藏起来，这些脂类可提炼成生物柴油供汽车、火车作为动力燃料，进一步加工还可制成航空煤油，供飞机使用。

我国污水处理系统中，常用的污水处理方法有活性污泥法、生物膜法，这类技术成熟，出水稳定，对有机物、悬浮物、细菌及病毒的去除率很高，但对污水中的氮、磷以及重金属等处理效果并不理想，其排放造成的环境问题引起越来越多的关注。微藻是自养型生物，生长对废水营养要求低，能够利用氮、磷，并且能够富集金属，对 Zn、Hg、Cd 等富集可达几千倍，并且其生长代谢快，吸附作用强而净化速率高。利用微藻处理生活、工业和农业废水， 因为具有双重的经济社会效益，近些年受到科研和产业界的重视。

和传统的污水处理方法相比，微藻不仅能去除污水中的有机物，还能去除含氮和磷等的无机营养盐，避免了水体富营养化，有利于水生态系统的良性发展。水体富营养化是指水体中含有大量的磷、氮等植物生产所需要的营养盐，造成藻类植物和其他浮游生物的爆发性繁殖，致使水中的溶氧量大幅度下降，水质恶化，导致鱼类和其他生物大量死亡的现象。水体富营养纯是自养型生物(浮游藻类)在水体中建立优势的过程，包含着一系列生物、化学和物理变化，与水质化学、水体物理性状，湖泊形态和底质，以及气象、地理等众多因素有关。富营养不仅仅是困扰发达国家的水污染课题之一，也是发展中国家面临的一个严重的水环境问题。富营养化不仅使水体丧失了应有的功能，而且使水体的生态环境向着不利于人类的方向改变，最终将会影响经济建设和社会的发展。[14]微藻在废水处理过程中生成的生物质可能用于生物能源、肥料和饲料等。微藻处理废水技术研发的历史比较久，在产业上也早有应用。近些年，我国的一些湖沼和海洋氮磷富营养化已经造成了灾难性的后果，一些地方的重金属污染严重危害人民健康，这种形势要求我们要加强对于微藻废水的生物质利用技术的研发[13]。

## 9.3 社 会 效 应

### 9.3.1 刺激经济发展，增加就业

由于生物质原料的种植、加工和转化具有劳动密集型特征，对增加就业具有一定作用，因而对 20 世纪 90 年代以来就业压力凸显的发达国家具有一种政治上的吸引力和舆论上的支持率(Markandya，et al 2008)。其实，发达国家经济与就业问题的根本原因不是原油价格，而是其产业结构调整和发展中国家竞争力提高。随着发展中国家总体竞争力的提升，发达国家为了维持其竞争力，将多数“夕阳产业”以直接投资方式“恩惠”于发展中国家。由于转移出来的多是就业贡献较大的价值链低

端部分，这样其国内的就业压力必然出现。不仅如此，由于转移出来的多是价值链中污染程度较高环节，因而发展中国家的环境问题、温室气体问题也开始显现，这就为发达国家要求发展中国家履行《京都议定书》找到了最好的理由，也为其自己不履行减排义务找到了一个“公平”的托辞。

### 9.3.2 培育新的农产品市场，促进农村发展

生物质产业的多功能性进一步推动了农村经济发展。生物质产业是以农林产品及其加工生产的有机废弃物，以及利用边际土地种植的能源植物为原料进行生物能源和生物基产品生产的产业。中国是农业大国，生物质原料生产是农业生产的一部分，生物质能源的蕴藏量很大，每年可用总量折合约 5 亿 t 标准煤，仅农业生产中每年产生的农作物秸秆，就折合 1.5 亿 t 标准煤。中国有不宜种植粮食作物，但可以种植能源植物的土地约 1 亿 $hm^2$，可人工造林土地有 311 万 $hm^2$。按这些土地 20% 的利用率计算，每年约可生产 10 亿 t 生物质，再加上木薯、甜高粱等能源作物，据专家测算，每年至少可生产燃料乙醇和生物柴油约 5000 万 t，农村可再生能源开发利用潜力巨大。生物基产品和生物能源产品不仅附加值高，而且市场容量几近无限，这为农民增收提供了一条重要的途径；生物质能源生产可以使有机废弃物和污染源无害化和资源化，从而有利于环保和资源的循环利用，可以显著改善农村能源的消费水平和质量，净化农村的生产和生活环境。生物质产业的这种多功能性使它在众多的可再生能源和新能源中脱颖而出和不可替代，这种多功能性对拥有 8 亿农村人口的中国和其他发展中国家具有特殊的重要性。

这一目标是巴西等少数热带发展中国国家提出的发展生物质能源的优先目标。从表面上看，由于生物质能源的发展建立在农业原料和农产品的基础之上，在国际农产品贸易自由化受阻的情况下，生物质能源发展的确能为其过剩的农产品提供新的出路。另外，能源作物的大规模种植和相适应的农产品加工业的发展对于协调国内区域发展差异、推动农村发展也具有一定的推动作用。但从深层次看，由于这些国家多为农产品出口大国，农业资源丰裕，因而它们的选择实际上成为变农产品出口为新型生物质能源出口，改变与发达国家斗争的一种新形式。

与具备技术或资源条件国家不同的是，大多数发展中国家由于缺乏发展生物质能源的技术和大规模的资本投资，因而高成本的生物质能源是其经济发展的一种“奢侈品”，其经济的增长只能寄希望于价格日益高涨的化石能源。虽然这种发展的中短期成本相对较低，但这一被动抉择的长期成本将是高昂的。因为从长期看，化石能源的枯竭是一种必然的趋势，其价格超过生物质能源价格只是时间问题。最后的结果就是发展中国家的经济发展将由对化石能源的依赖转向对生物质能源的依赖，这种依赖实质上就是对少数生物质能源大国的依赖。所以，土地资源的制约

使得未来能源供给的唯一希望就是生物质能源技术能发生“跳跃性”的进步，否则发展中国家经济发展将会面临“断血”的困境。应对“断血”的唯一选择就是用原料换能源，即发展中国家将会沦为发达国家生物质能源的原料产地，新一轮的经济“殖民化”可能会出现。

综上所述，对于美欧等发达国家而言，发展生物质能源的核心动机不像是应对能源危机，而更像是抢占未来可再生能源市场。对于巴西等热带发展中国家而言，发展生物质能源的核心动机是规避农产品贸易保护，改变与发达国家的斗争形式和斗争领域。

### 9.3.3　生物质能源发展对世界粮食供求的影响

目前各国发展的是第一代生物质能源，其使用的原料主要是玉米、小麦、糖类和油料。2003 年以来，全球生物质能源发展规模急剧增长。2007 年全球液态生物燃料的产量达到 3600 万 t，其中乙醇汽油 2857 万 t，生物柴油 7.56 万 t。在所有生产国中，美国和巴西的产量分别占世界总产量的 43.73%和 29.37%。

随着生物质能源规模的急剧扩张，全球粮食供求剧烈波动，粮食价格快速上涨，全球小麦、玉米和大米的储备水平几乎下降了一半，亚洲、非洲和拉美地区的一些国家爆发了粮食抢购风潮，直接影响到社会稳定，世界粮食供求形势日益严峻。尽管本轮粮食危机的原因较为复杂，但粮食的能源化趋势是本轮粮食价格上涨的一个直接诱因。统计资料显示，2004～2007 年的 4 年中，世界各国用于发展生物质能源的谷物消耗量由 4300 万 t 增加到 9490 万 t，这一消耗量占世界谷物总产量的比重由 2.1%增加到 4.5%，占世界总储备量的比重由 10.7%增加到 27.3%。

由于美国是世界最大的粮食生产和出口国，而其生物质能源的主要原料又是与小麦、稻谷两大主要粮食存在直接资源竞争关系的玉米，因而其生物质能源战略成为了世界的焦点，国际社会普遍关注美国的玉米乙醇战略对国际粮食供求的影响。统计资料显示，因大规模发展生物质能源，美国三大粮食作物的种植结构发生了较为明显的变化。与 2003 年相比，2007 年美国三大作物的总种植面积下降了 1.51%，其中小麦的种植面积下降了 3.87%，稻谷下降了 8.33%，但玉米的种植面积却上升了 21.99%。种植结构的改变导致其三大粮食出口全面下降，其中玉米下降 28.17%，小麦下降 9.13%，稻谷下降 4.29%，总量达到 1661.50 万 t。

从逻辑上看，生物质能源的发展对粮食安全的影响包括三个方面：一是总量效应。2003 年以来世界小麦、玉米和大米的产量仍然在增长，但因生物质能源的发展耗费了大量的玉米、小麦和粗粮，世界食用粮供给下降。其中，最大粮食出口国的美国，其 2003 年的三大粮食出口占世界总出口的比重是 38.97%，而 2006 年则降至 34.54%。二是结构竞争效应。以美国为例，由于目前美国生物质原料以玉米为主，高度的保护、支持和进出口限制导致玉米种植面积大幅增加，产量增长明显，而与玉米“直接争地”的小麦和其他粮食作物的种植受到了明显的影响。三是示范效应。美欧和巴西等国生物质能源的大规模发展对其他国家产生了严重的影响。出于对未来能源市场不确定性的担忧，印度、马来西亚等发展中国家已经开始发展生物质能源，农业资源极度稀缺的日本和韩国也制订了庞大的生物质能源发展计划。

综上可见，生物质能源的大规模发展已经给世界粮食安全造成较严重影响，但未来的影响会更大。根据 2007 年美国新能源法案，到 2020 年美国生物乙醇产量将达到 360 亿加仑，这大约要耗费 1442.91 万 t 玉米(相当于 2007 年美国玉米产量的 41.2%)。按照美国 2007 年的玉米单产计算，玉米种植面积要增加 152.17 万 $hm^2$。耕地资源的有限性和用途的竞争性使得小麦和稻米的种植面积必然会下降。由此可以推断，未来世界的粮食供求形式将会进一步恶化，粮食安全这一人类最基本的权利将会受到前所未有的挑战。而挑战者却是少数国家，尤其是美、欧和巴西等农产品贸易大国。所以从道义上看，生物质能源的发展是少数国家把国家利益置于人类生存权之上的一种[15]。

## 9.4　生物质能源的碳减排效应与应对气候变化

气候变化和全球变暖是当代人类社会面临的共同问题。以往，人类大量使用矿物能源，这在为我们的经济发展作出巨大贡献的同时也在破坏了我们赖以生存的生态环境。另外石油、天然气和煤炭等矿物质能源都是枯竭性能源，据估算，这些能源供开采的年限分别只有 40 年、60 年和 220 年。人类社会正在千方百计地摆脱长期以来形成的以牺牲环境为代价的发展模式，试图寻找各种新能源，进而实现能源、经济与社会的可持续发展。

随着中国经济的高速增长，以石化能源为主的能源消费量剧增，在过去的 20 多年里，中国能源消费总量增长了 2.6 倍，对环境的压力越来越大。中国二氧化碳排放量已经超过美国而居首位。中国二氧化硫的排放量也超过了 2000 万 t，居世界第一位，酸雨区已经占到国土面积的 30%以上。中国二氧化碳排放量的 70%、二氧化硫排放量的 90%、氮氧化物排放量的 2/3 均来自燃煤。预计到 2020 年，二氧化硫和氮氧化物的排放量将分别超过中国环境容量 30%和 46%。此外，农业生产和废弃物排放也对生态环境带来严重伤害。中国拥有丰富的生物质能资源，我国目前每年可开发的生物质能源约合 $1.2\times10^5$ 万 t 标准煤，超过全国每年能源总耗量的 1／3，根据节约 1kg 标准煤等于减排 2.5kg 二氧化碳，得出沼气、生物质发电、生物乙醇、生物柴油等生物质能源替代化石能源带来的碳减排量总量在 2009 年达到了 6709 万

t[16]。因此，发展生物质能源，以生物质燃料直接或成型燃烧发电替代煤炭以减少二氧化碳排放，根据 CDM 方法学 ACM0006，一个 310 000t 秸秆生物质发电项目平均每年可节约标准煤耗约 21 万 t，可减少二氧化碳排放量约 207 514t[17]。此外沼气也是生物质利用的另一种重要形式，按照我国农户沼气以及规模化沼气工程的发展规划，到 2020 年将达到年产约 600 亿 $m^3$ 沼气，可相应减排温室气体当量 1.2 亿 t,届时如全年全国温室气体排量达 40 亿 t，则沼气可做 3%的直接减排贡献[18]。

## 参 考 文 献

[1] 王欧. 中国生物质能源开发利用现状及发展政策与未来趋势. 中国农村经济, 2007.
[2] 闫晶晶. 我国生物质能源开发利用的可持续发展评价与实证研究-以北京密云县为例. 2010.
[3] 廖艳芬, 马晓茜. 生物质能利用技术控制污染物排放的作用. 2006.
[4] 郑方成, 曹国良, 张小曳, 等. 秸秆露天焚烧排放的 TSP 等污染物清单. 农业环境科学学报, 2005.
[5] 田宏伟, 邓伟, 申占营, 等. 生物质燃烧的环境影响研究进展.
[6] 魏庆华. 秸秆露天焚烧的危害及综合利用研究.
[7] 李诗媛, 别如山. 城市生活垃圾焚烧过程中二次污染物的生成与控制. 环境污染治理技术与设备, 2003.
[8] 钟瑾, 朱庚富. 垃圾焚烧发电过程中的二次污染物控制处理技术. 污染防治技术, 2007.
[9] 朱林, 王磊. 秸秆还田对土壤养分、微生物量、酶活性的影响研究. 2011.
[10] 林长松, 李玉英, 刘吉利, 等. 能源植物资源多样性及其开发应用前景. 河南农业科学, 2007.
[11] 张风春, 李培, 曲来叶. 中国生物质能源植物种植现状及生物多样性保护. 气候变化研究进展, 2012.
[12] 阳国军, 郭卫军. 我国麻风子油制备生物柴油的进展与思考. 中国石化, 2009.
[13] 李健, 张学成, 胡鸿钧, 等. 微藻生物技术产业前景和研发策略分析. 科学通报, 2012.
[14] 孙世群, 何昱. 巢湖营养盐赋存形态研究及其对藻类生态系统和水质影响. 2009.
[15] 闫逢柱, 乔娟. 国际生物质能源发展的评价—动机、支持措施及对世界粮食供求影响视角. 财贸研究, 2009.
[16] 刘莹莹. 我国生物质能利用及其对碳减排的影响. 合肥工业大学硕士研究生论文, 2009.
[17] 李颖, 李静. 生物质发电项目碳排放计算方法应用研究. 环境科学与管理, 2009.
[18] 程序. 生物质能与节能减排及低碳经济. 中国生态农业学, 2009.

# 第10章 管理政策与公众参与

## 引　言

尽管促进发展生物质能源及其废物资源综合利用的方法多种多样，但相比较而言，管理政策法规措施则是一种更为有效的措施。这一方面因为法律规定人们的权利和义务，保障生物质废物资源综合利用措施的有效实施，促进其顺利发展。另一方面，推动生物质废物资源综合利用的措施只有通过立法，上升到法律的地位，才能具有权威性，更易于贯彻执行。当前国内外有关生物质资源化管理政策主要围绕在生物质能源化方面，包括燃气化、燃油化和发电供热，其他方面缺乏管理政策。故本章主要以废物和生物质能源化利用的管理政策为主进行介绍。有了管理政策的保障，通过促进公众参与，发展广大民众的积极性，有利于规范和推动生物质废物资源综合利用行业在我国的良性发展。

## 10.1 管理制度

### 10.1.1 废物管理制度

1. 世界主要国家废物管理制度

1) 国外废物的管理体制

为实现垃圾分层次管理目标，国外发达国家对城市固体废弃物的管理体制基本都是按图 10-1 所示来划分的[1]。

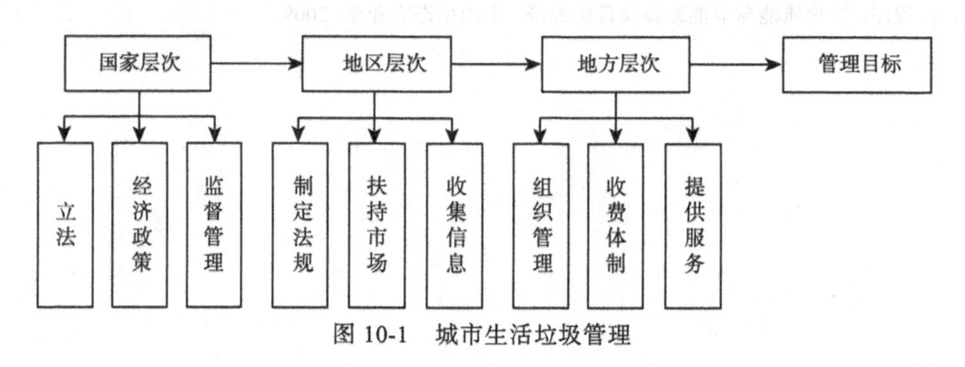


图 10-1　城市生活垃圾管理

国家层次的管理活动有：

(1) 制定有关减少废弃物的产生、废弃物的回收利用、废弃物的无害处置的法律、法规和管理条例；

(2) 制定适应市场经济具有激励机制的有关经济政策，推动有关法规的实施；

(3) 规范从事废弃物处理处置企业的行为和废弃物产生者废弃物避免和处置的责任及行为，加强监督管理；建立废弃物管理信息网，提供技术支持。

地区层次的管理活动主要有：

(1) 根据国家法律法规，制定地区管理法规和条例，规定消费者和企业经营者行为；

(2) 组织建立收集、分类处理的协作网，完善再生材料(或再制品)市场，加强市场建设，提供优惠贷款政策和减免税政策，扶持废品加工利用企业；

(3) 完善地区废弃物管理信息网，提供技术支持和交流的平台。

地方层次的管理活动有：

(1) 完善与组织城市垃圾收集公司和处置厂，通过招标竞争，规范管理要求，与企业签定合同，并实行许可管理；

(2) 确定垃圾收费价格，处置收费标准，并不断完善收费体制；

(3) 组织地区宣传、提高居民和企业者垃圾源削减意识，并组织各企业，居民积极参与分类收集、回收利用的各项活动；

(4) 加强监督检查，落实管理条例，包括对执行废弃物收集，处置者防止污染监督，对居民乱倾倒垃圾的不良行为的检查、处罚；

(5) 提供分类回收，废弃物再利用的技术指导与服务。

管理机构的设立一般是国家层次统一由环保局负责，地区、地方层次是由该地区、地方环保局负责，由他们向地方政府负责所有管理活动。要求负责收集、运输垃圾的公司，以及焚烧填埋处置垃圾的公司必须每年向当地环保部门提交废弃物流报告和污染控制报告。这种单一领导管理体制，既简化了管理程序，又有利于责任的落实。高效的、合理的管理是将管理所有有关服务的责任与权力赋予单一机构，由该机构领导负责服务的费用和质量，这包括赋予机构及其领导特定的自治权利，至少有权决定每天的一般性事务，以利于高效地管理各项服务。

2) 典型国家城市废物管理情况

(1) 美国纽约。

纽约是美国的第一大城市，2009 年拥有 839 万人，土地面积为 789.4km$^2$，人口密度为 10 630 人/km$^2$，城市日产固体废弃物 36 200t。

①组织架构。纽约的城市固体废弃物管理具有悠久的历史。早在 1881 年，纽约市就指定当时的街道清洁部(Department of Streets Cleaning)具体负责城市固体废

弃物管理。如今纽约市固体废弃物的管理机构是纽约市环境卫生部(Department of Sanitation)。它是世界上最大的城市固体废弃物管理组织，负责管理纽约市的固体废弃物(其余的由私人部门管理)，2009 年拥有员工 8632 名，使用 5700 辆机动车辆为城市的 57 个街区提供服务。纽约市固体废弃物管理部门的一个重要特点是，它拥有自己的警察力量，配备有巡逻警车，卫生执法警察可以佩带武器，可以发出传票、实施逮捕以及使致命打击的手段。为更好地促进公众参与城市废弃物管理，纽约市在 20 世纪 80 年代末相继建立多个公民咨询委员会，每个公民咨询委员会拥有 10 万美元的预算资金支持环境影响评价活动。1989 年，纽约市颁布了《地方法 19 号》，以法令的形式将公民咨询委员会制度化。因此，公民咨询委员会的名称亦改名为公民固体废弃物咨询委员会。

②制度与发展规划。1988 年，纽约州制定《固体废弃物管理法》，提出要在 1997 年实现的废弃物减量回收和堆肥处理以及废弃物转化为能源的目标，并要求各有关计划部门(主要是各个城市)制定为期 10 年的固体废弃物一体化管理计划。为满足这一要求以及应对越来越严峻的管理挑战，纽约市不断出台不同版本的固体废弃物管理计划，计划管理和一体化管理成为纽约市固体废弃物管理的两大制度特征。一体化管理计划涵盖废弃物特征分析、废弃物出口、回收、放置、运输、处理新技术、堆肥处理系统和垃圾焚化炉排放标准等多方面问题。

③采取的技术和方法。技术创新是纽约市固体废弃物管理的永恒主题。早在 20 世纪初期，时任纽约市街道清洁部总监的乔治·威尔伦(George Waring)创新性地建造了当时先进的资源回收工厂，将可循环使用的材料分类回收，将剩下的废弃物燃烧发电，并禁止向大海倾倒垃圾。在第二次世界大战之前，纽约已经全面停止向大海倾倒城市垃圾的活动。在第二次世界大战期间，纽约市新建垃圾焚烧炉的步伐放缓，固体废弃物处理成为城市管理中的一个大问题。这一问题随着战后经济的迅速发展而变得日益尖锐。1947 年，纽约市决定在斯达顿岛的弗莱希 · 基尔斯(Fresh Kills)建立临时垃圾填埋场。

20 世纪 60 年代，纽约大规模启用垃圾焚烧技术，有 1/3 的垃圾由分散在全市的 17000 个家用焚烧炉和 22 座市政焚烧炉焚烧，超过一半的垃圾在弗莱希基尔斯填埋。由于饱受垃圾之害，斯达顿岛的市民们为争取关闭这一垃圾填埋场抗争了半个多世纪，甚至提出要从纽约市分离的主张。随着公民环境意识的与日俱增，公众反对垃圾焚烧与垃圾填埋的呼声越来越强烈，纽约最后一个垃圾焚烧炉于 1992 年关闭，最后的(也是世界上规模最大的)垃圾填埋场弗莱希 · 基尔斯亦于 2000 年关闭。

进入 21 世纪，纽约市固体废弃物一体化管理计划进一步强调“再循环优先”(recycle first)，废弃物回收成为首选政策。即使如此，由于再不可能在市域范围实施焚烧和填埋处理，纽约市目前处理最终剩余的海量垃圾的唯一办法是向外出口，在“NIMBY 逻辑(垃圾不要在我家后院)”日益为世人所诟病的世界，这一做法决非长久之计。

④管理机制。针对诸如废弃物回收、垃圾非法倾倒、狗粪处理、机动车废弃处理、有毒废弃物处理等情形，纽约市设置了严格的管理机制，《纽约市环境卫生部规章制度汇编》对相关机制做了详细说明。以纽约市公寓大楼的废弃物再循环箱管理为例：如果发现某个公寓大楼的再循环箱被废弃物污染，那么，这座楼的废弃物就得不到正常的清理，整个公寓大楼的居民将被罚款，屡教不改将导致进一步的处罚。对个人违规行为的处罚规定：6 个月内，初次违犯者罚款 25 美元，二次犯规罚款 50 美元，第三次罚款 100 美元，第四次或更多次罚款 500 美元。对居住区大楼的违规处罚规定：6 个月内，收到 4 次罚款的有 10 间以上套房的大楼，将为每一袋不按规定处理的废弃物支付 500 美元罚金；在 24 小时之内，最高计罚量为 20 袋，因此，单日最高罚款可达 10000 美元。还有一项监督与奖惩的制度，即如有人提供了违反废弃物管理规定的信息，使得纽约市环境卫生部官员处理了违法行为并进行了罚款，则提供信息者最高奖金可达罚款数目的 50%；如惩罚不是罚金而是承担刑事责任的案例，则最高奖励举报者 500 美元。

(2) 英国伦敦。

截至 2009 年底，伦敦市的总人口为 775.36 万人，土地面积为 1572km$^2$，人口密度为 4932 人/km$^2$，年度固体废弃物产出为 2200 万 t，其中市政固体废弃物产出为 400 万 t。在 2008～2009 年，伦敦有 49%(195 万 t)的固体废弃物被填埋处理，另外有 23%(91.4 万 t)的固体废弃物被焚烧，回收与作为堆肥处理的固体废弃物份额占 25%。伦敦市的固体废弃物有 80%最终填入伦敦之外的英格兰南部和东部的填埋场，但这些填埋场将在 2025 年关闭；其余 20%的垃圾填入伦敦市辖区之内的 2 个填埋场，这 2 个填埋场也将在 2018 年和 2021 年关闭，此后伦敦将不再有垃圾填埋场。

①组织架构。英国 1875 年颁布的《公共健康法》(Public Health Act 1875)规定各地方当局负责管理市政废弃物的清理。1963 年，英国依照《伦敦政府法》建立大伦敦委员会，但整个伦敦的固体废弃物管理责任依然由作为二级地方政府的各下级区县承担。大伦敦委员会于 1986 年解体之后，伦敦的固体废弃物管理一直保留分散化管理的组织架构，伦敦的 32 个区县以及伦敦公司各自负责其辖区的市政垃圾管理工作，其中 11 个区县以及伦敦公司对自己收集的废弃物实施处理，其余 21 个区县则形成 4 个跨区县的废弃物处理当局，这 4 个当局处理的废弃物量占全伦敦的 63%。1999 年，《大伦敦管理当局法》通过。2000 年，建立了大伦敦管理当局之后，尽管法律规定管理市政固体废弃物和制定固体废弃物管理战略是伦敦市长的法定责任，但是，收集和处理固体废弃物的具体职能实际上依然分散在各自治城市手中，

伦敦固体废弃物分散化管理的格局依然得以延续。为改革这一现状，伦敦市于 2008 年 9 月建立由市长、伦敦各自治城市以及其他利益相关方组成的伦敦废弃物管理与再循环委员会，伦敦市长任主席。该委员会管理着高达 8400 万英镑的伦敦废弃物管理与再循环基金，其中 6000 万英镑由英国政府出资，这一安排凸显伦敦作为英国首都所具有的特殊地位；另外 2400 万英镑由地方机构-伦敦发展署出资。

②采取的技术和方法。伦敦市在固体废弃物管理方面的技术创新源远流长。早在 19 世纪初，废弃物回收技术被广泛使用，伦敦街头活跃着两支固体废弃物处理队伍：一支是非正式的固体废弃物再循环与回收利用队伍，另一支队伍是正式的、有组织的“残余”废弃物管理系统。1874 年，阿尔伯特·弗莱尔(Albert Fryer)发明世界上第一台垃圾焚烧炉。此后直到第一次世界大战前夕，第一代垃圾焚烧技术一直是伦敦以及英国东南部其他城市处理废弃物的主要技术选项之一。20 世纪 30 年代，伦敦启用第二代垃圾焚烧技术，采用电磁铁分离铁类金属，再通过人工分拣系统进一步分拣玻璃、非铁金属、骨头、纸类等。第二次世界大战期间，由于战时资源紧缺，固体废弃物回收利用技术在伦敦被发挥到极致，纸张、金属、玻璃、橡胶等资源回收活动成为英国“总体战”的一部分，共回收纸张 200 多万 t、金属 159 万 t，回收资源总量近 900 万 t，有力地支持了反法西斯战争。第二次世界大战之后，随着经济迅速成长和消费大幅度攀升，在伦敦，不仅焚烧和填埋处理能力日益落后于垃圾的生成数量，而且土地的供给也越来越有限。

近年来，由于填埋场的温室气体排放受到了全社会的高度关注，因此固体废弃物的回收和再循环技术再次被大张旗鼓地应用，更多的新型机械生物处理技术(如废弃物-能源转换技术、堆肥处理技术等等)纳入到备选方案之中。

③管理机制。伦敦有近一半的垃圾被填埋处理。垃圾填埋场生成大量的温室气体(主要是甲烷和二氧化碳)，污染地表水、地下水、土壤和空气，危害居民健康。1999 年，欧盟制定欧洲垃圾填埋指令，对欧洲各国(包括英国)提出了限期关闭垃圾填埋场的要求。为了实现欧盟指令的要求，英国制定《废弃物及排放物交易法》(The Waste and Emission Trading Act 2003)，责成各地方废弃物处理当局减少填埋废弃物中的可生物降解的市政废弃物数量，并依法制定废弃物填埋允许量交易框架。该交易机制设定了全国性的可交易废弃物填埋允许量限额，此限额水平足以保证英国实现欧盟指令的要求。限额的指标分解到各地方废弃物处理当局，超过限额的任何地方将被课以高达每吨 135 英镑的罚金。为解决垃圾填埋问题，伦敦采取了多项措施，包括加入自 2005 年建立的全英格兰范围的垃圾填埋允许量交易计划。另一项机制是启用填埋税升级计划。按照这一计划，在伦敦填埋处理的每吨垃圾需缴纳一项附加税，且从 2005 年开始，税额每年按 3 英镑递增，直到达到每吨 35 英镑为止。尽管这一税额在 2008 年已达到每吨 40 英镑，但是，修正的计划要求在 2009～2013

年，填埋税以每吨每年 8 英镑的速度递增，最终达到每吨 72 英镑。

(3) 日本东京。

截至 2010 年 4 月止，东京都的总人口为 1301 万人，土地面积为 2188km$^2$，人口密度为 5937 人/km$^2$。尽管城市垃圾处理在东京已有三百多年的历史，但是，固体废弃物管理问题在东京真正得到重视却是在第二次世界大战之后。20 世纪 60～70 年代，伴随着经济的高速发展和人口向城市的高度集聚，东京的垃圾产出亦呈现出阶跃式的增长。尽管东京都知事美浓部亮吉在 1971 年号召整个城市“向垃圾宣战”，但东京都市区的垃圾总量仍然扶摇直上，在 1985～1989 年的 5 年间，市政垃圾总量由 379 万 t 增加到创纪录的 490 万 t，以体积来衡量，增加了几乎 30%。20 世纪 90 年代，东京都进一步加大对固体废弃物的管控力度，回收利用、焚烧、填埋等多种技术与方法并举，市政废弃物总量开始逐渐回落，废弃物产出水平在 2009 年降为 294.73 万 t。

①组织架构。1900 年，日本颁布污物扫除法，东京市依法承担市政废弃物的收集和搬运责任。1943 年，东京都成立东京都清扫局，开始对全东京都的市政废弃物实施中央化管理。中央化管理体制在垃圾量激增、环境问题突出、社区间矛盾尖锐的年代发挥了积极的作用。在“向垃圾宣战”的 20 世纪 70～80 年代，东京都下属的一些特别区围绕垃圾转运以及垃圾焚烧工厂选址问题僵持不下，争执长达 8 年之久。最后，在东京都官方的积极斡旋下，化解了矛盾，圆满解决了垃圾焚烧工厂的选址问题。在“向垃圾宣战”的过程中，各特别区深切地体察到废弃物管理中 NIMBY(强烈反对在自己住处附近设立任何有危险性、不好看或有其他不宜情形之事物)问题的错综复杂性，独立自主的意识亦与日俱增。2000 年，东京都撤销清扫局，设立“东京二十三区清扫一部事务组合”负责全东京的不可燃垃圾、大件垃圾的清扫、清理和收集以及清扫工场的维修、管理和运营，而可燃性垃圾的清扫和收集作业则下放到各特别区独自承担。

②采取的技术和方法。东京在垃圾处理领域的技术创新走在了世界的前列。由于土地资源极为稀缺，东京采取了多种技术和措施处理固体废弃物。从 1927 年开始，东京都生产的绝大部分垃圾都被填入东京湾的大海，著名的“梦之岛”便是由垃圾填埋形成的东京湾畔的众多人工岛之一。在市政垃圾激增的 20 世纪 60～70 年代，在“梦之岛”上肆虐的苍蝇一度成为东京市民挥之不去的梦魇，而如今从岛的周遭时不时逸出的易燃沼气同样给人几分不安全感。因此，海上填埋垃圾一开始就遭到东京市民的强烈反对是不足怪的。20 世纪 70 年代之后，资源、环境、政治、经济和社会接受度等众多因素的角力最终导致垃圾分类和垃圾焚烧技术在东京广泛使用。事实上，早在 1924 年，东京就在大崎建立起垃圾焚烧工厂。到了 20 世纪 70 年代，随着市政垃圾的激增，东京都政府开始鼓励使用能使垃圾体积显著减少的

垃圾焚烧技术，并着手在23个特别区中的每一个区建造垃圾焚烧厂(地方每建一座焚烧炉可从都政府获得25%～50%的补贴)，并在居民当中大力推进和普及本质上服务于垃圾焚烧技术的垃圾分类技术。在20世纪末，焚烧技术的确为东京化解当时的“垃圾危机”立下头功。但是，垃圾焚烧过程中产生的二噁英、重金属等毒副作用又给东京市民带来新的威胁。1999年7月，日本颁布《二噁英对策特别措施法》，东京、大阪、川崎等城市加大研究与开发力度，采用熔融法、气相氢气还原法、光化学分解法、电子束分解技术、低温等离子体等多种技术降低二噁英排放。官方的《东京的环境2010》白皮书称，2008年东京空气中二噁英含量的平均值已经降到规定标准值的十分之一。但是，一些民间人士以及如“绿色和平”“我们的地球家园”之类的非政府组织则认为，实际二噁英含量远高于官方公布的数字。进入21世纪，东京进一步将“减量化”和“零排放”作为固体废弃物管理的长期战略，技术创新的重点也开始从末端治理技术向源头控制措施转移。

③管理机制和公众参与机制。固体废弃物管理涉及多个利益相关方，是多维度的系统工程。东京能够在固体废弃物管理领域走在世界前列，与其在长期管理实践中的各种机制创新是分不开的。机制创新涵盖垃圾分类处理、信息披露、公众参与、利益协调等诸多方面。分类机制将固体废弃物筛选为可燃型、不可燃型、资源型、粗大型与可搬运型五个大类，居民粗大垃圾以及企业垃圾的处理属于收费服务项目。经过分类处理，东京有将近一半的废弃物被送进工场焚烧，其余的要么作为资源直接回收利用，要么在经过中间处理之后进入再循环。从20世纪70年代的“向垃圾宣战”开始，信息披露、公众参与和利益协调机制在东京不断得到完善。在“向垃圾宣战”之初，离东京湾垃圾填埋场最近、深受垃圾之害的江东区枝川町的居民团体主张，有着更高生活标准、更惬意的生活环境的其他更富有的东京人应该自己照管自己生产的垃圾，而不应该将不讨好的垃圾处理责任一股脑地压在东京很小一部分人的头上；枝川町居民有权获得环境赔偿。高级住宅区杉并区高井户的居民则扬言不惜流血和牺牲生命也要抵制政府在其社区附近建立垃圾焚烧工场。江东区居民设置路障阻止杉并区的垃圾转运车辆在江东区卸载的行动，将两区之间的民意对立推向顶点。最后，在都政府的积极协调下，采取了充分的信息披露、大范围的公众参与以及充分照顾各方合理诉求的利益协调等办法，才使两区民众接受了一个双赢型的解决方案[2]。

2. 我国废物管理制度

我国城市经济迅速发展，居民的生活水平日渐提高，居民的生活方式也发生了很大变化，这也导致城市生活垃圾的产量急剧增加，城市生活垃圾成分发生较大变化。城市生活垃圾的成分变化使得垃圾管理和处理问题更为复杂化。

多年来，在计划经济体制下，城市生活垃圾处理一直被作为一种社会福利事业来管理。垃圾的清扫，收集、运输到处理，全部费用和管理均由政府包办。1980 年以来，城市生活垃圾的污染防治得到了国家和政府主管部门的重视，陆续出台了一些政策，逐渐形成了我国现行的城市垃圾管理体制(见图 10-2)。

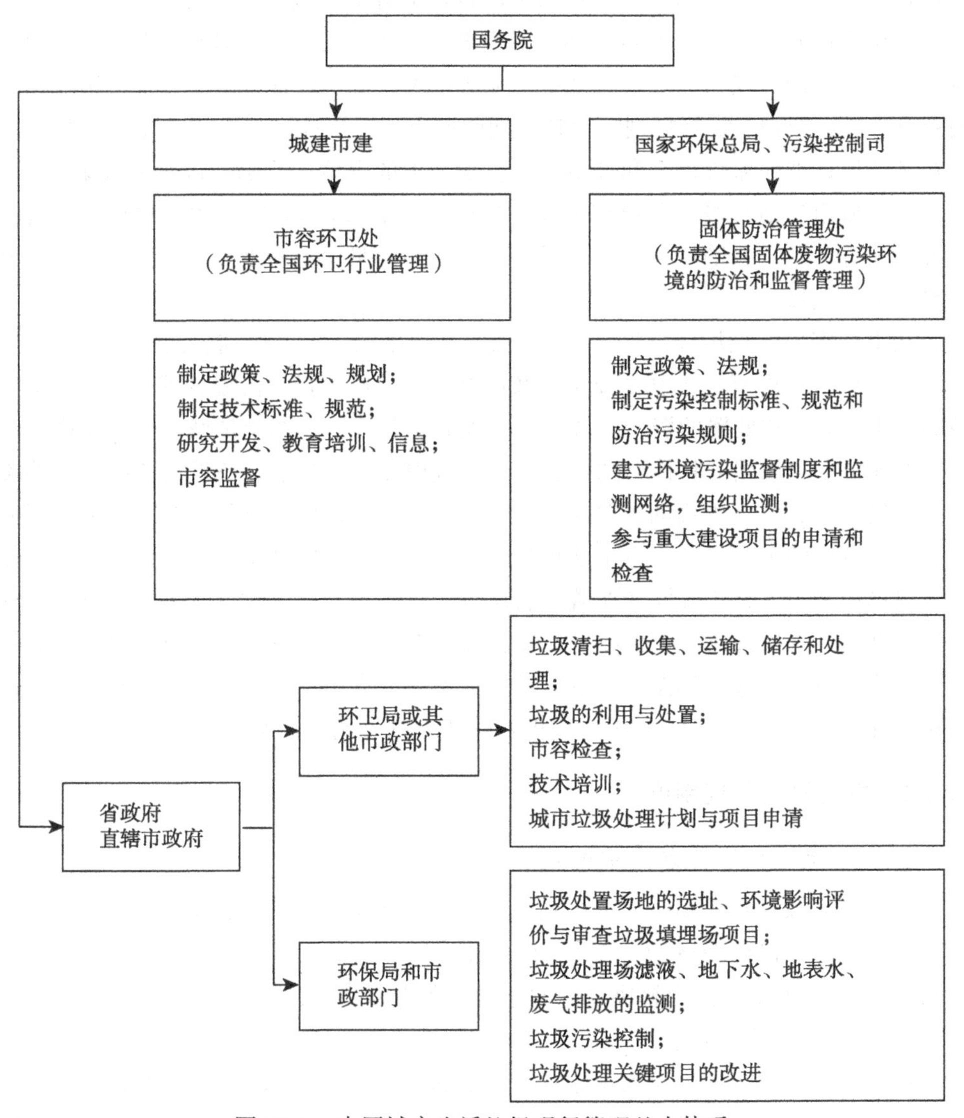


图 10-2　中国城市生活垃圾现行管理基本体系

废物处置的实施机制分析如下[3]：

根据《城市生活垃圾管理办法》(以下简称《管理办法》)，城市生活垃圾的治理，实行减量化、资源化、无害化和“谁产生，谁依法负责”的原则。

国家采取有利于城市生活垃圾综合利用的经济、技术政策和措施，提高城市生活垃圾治理的科学技术水平，鼓励对城市生活垃圾实行充分回收和合理利用。

国家建设部、省级建设部门及市县级环境卫生行政主管部门在各自的职责范围内负责城市生活垃圾管理工作，包括生活垃圾的分类、收集、运输、处理等。

城市人民政府把城市市容和环境卫生事业纳入国民经济和社会发展计划；制定城市生活垃圾治理规划，统筹安排城市生活垃圾收集、处置设施的布局、用地和规模；改进燃料结构；统筹规划生活垃圾回收网点；逐步提高环境卫生工作人员的工资福利待遇；加强城市市容和环境卫生科学知识的宣传；奖励先进个人或集体等。

产生城市生活垃圾的单位和个人，按照城市人民政府确定的生活垃圾处理费收费标准和有关规定缴纳城市生活垃圾处理费，并按照规定的地点、时间、分类等要求投放生活垃圾。

从事城市生活垃圾经营性清扫、收集、运输的企业，应当取得服务许可证。

城市生活垃圾资金机制主要是由政府补贴，用户缴费只占很少部分。城市生活垃圾收集、运输和处置的资金来源主要是地方财政，另一部分是城市生活垃圾处理费。处理费征收使用的具体办法由省级人民政府制定。目前，还没有全国统一的关于生活垃圾资金收支管理的政策文件。以开封市为例，征收对象包括在市区范围内产生生活垃圾的国家机关、企事业单位、社会团体、个体经营者、城市居民、暂住人口等单位和个人；征收标准如城市居民每户每月 5 元；征收主体是市环境卫生管理局；收费性质是行政事业性收费，收费时向缴纳人开具河南省财政厅统一印制的行政事业性收费基金专用票据。生活垃圾处理费的支出一般用于支付垃圾收集、运输和处理费用，《管理办法》规定垃圾处理费专款专用，严禁挪用。

### 10.1.2　生物质能管理制度

1. 世界主要国家生物质能管理制度

为应对能源紧缺和国际原油价格飞涨，近几年世界生物质能源发展十分迅猛，尤其是以美国、巴西及欧盟等为主的一些国家和地区把发展生物质能源(主要包括生物乙醇和生物柴油)作为解决能源问题的一条重要途径，制定了具体的发展目标，并采取了相应的管理措施[4]。

世界生物乙醇产量近年大幅增长，从 2000 年的 294 亿 L 增加到 2014 年的 892 亿 L，增长 74.5%①。美国和巴西是世界上两个最大的生物乙醇生产国，两国乙醇的

① 中国产业信息网发布的《2015～2020 年中国燃料乙醇行业深度调研与投资前景分析报告》.http://www.chyxx.com/industry/201507/329534.html.

产量占世界总产量的 73.4%。美国是世界上最大的车用乙醇汽油生产和消费国。目前美国已经有 50 个州，在推广使用车用乙醇汽油。美国燃料乙醇的生产量和消费量逐年上升，2015 年产量达 4422 万 t，占全世界产量的 58%。全美玉米产量的 4 成，都用来生产燃料乙醇①。截至 2013 年，巴西生物乙醇的产量约 1880.1 万 t，占全球总产量的 26.75%②。亚洲的主要生产国是中国。中国科学院近日在天津发布的《中国工业生物技术白皮书 2015》显示，2014 年，我国生物燃料乙醇年产量约 216 万 t，是世界上第三大生物燃料乙醇生产国和应用国，仅次于美国和巴西③。

2015 年，世界生物柴油总产量为 2010 万 t，其中欧盟占 87%、美国占 7.6%、巴西占 1.7%。与世界乙醇产业的生产规模相比，当前世界生物柴油的生产规模比较小。但是，随着美国、欧盟及巴西等国家和地区生物燃料发展计划的实施，世界生物柴油产业进入快速发展的时期。2015 年比 2004 年增加了 14 倍④。上述国家和地区的生物燃料未来都有宏大的发展计划与相应支撑承诺(表 10-1)。

2. 我国生物质能管理制度

利用行政命令、管理规定等行政手段来推动生物质能产业发展，在中国是一种常用的手段，被证明是行之有效的。就中国政府而言，其中最典型的政策文件是 2006 年 12 月，国家发展改革委、财政部颁布的《关于加强生物燃料乙醇项目建设管理，促进产业健康发展的通知》。该《通知》是针对当时一些地区存在产业过热和盲目发展的状况而提出的要求。其主要内容和精神包括[11]：

1) 严格统筹规划

必须按照系统工程的要求统筹规划，正确引导生物燃料乙醇产业发展。要结合土地资源状况，研究分析原料供需总量和区域分布，围绕产业经济性和市场目标，因地制宜确定产业发展的指导思想、发展目标、项目布局和配套政策、法规等工作，特别应注意市场是否落实，避免盲目发展。

2) 严格建设项目管理与核准

强调“十一五”期间，继续实行燃料乙醇“定点生产，定向流通，市场开放，公平竞争”等相关政策。

强调生物燃料乙醇必须经国家投资主管部门商财政部门核准，实行建设项目核准制。

强调任何地区无论是以非粮为原料还是其它原料的燃料乙醇项目一律要报国家审定，非粮示范也要按照规定执行。

---

① http://mt.sohu.com/20160706/n458114766.shtml.
② http://cn.chinagate.cn/news/2014-08/11/content_33202041.htm.
③ http://finance.huanqiu.com/roll/2016-03/8750010.html.
④ http://www.chyxx.com/industry/201612/474995.html.

表 10-1　世界 5 个国家和地区的生物质能源发展管理计划与补助

| 美国 | 巴西 | 欧盟 | 中国 | 印度 |
|---|---|---|---|---|
| 预计到 2022 年生物燃料产量为 320 亿加仑 | 承诺实施超过 30 年的“乙醇项目” | 到 2010 年综合目标为 5.75%，到 2020 年为 10% | 计划到 2020 年生物燃料代替 20%的原油进口 | 现有的发展路线中生物燃料综合目标是：到 2012 年达到 5%，到 2017 年达到 10%，长远目标为 20% |
| 预期按体积免税为：乙醇每加仑 0.51 美元；生物柴油每加仑 1.00 美元 | 每年的综合目标乙醇为 25%，到 2013 年生物柴油的目标为 5% | 虽然曾经因食物危机引发是否放弃目标的讨论，但到目前为止政策并未改变 | 到 2020 年实现 17 亿加仑乙醇的目标 | 2020 年实现 20%的生物燃料计划 |
| 纤维素乙醇的生产商预期免税为每加仑 1.01 美元，小型生产商预期免税为每加仑 0.01 美元 | 乙醇的税率比汽油低 | 国家级补助金平均为乙醇每加仑 1.9 美元；生物柴油每加仑 1.5 美元 | 向原料富有国进行投资 | 对进口麻疯树属原料实行免税，以支持生物柴油计划 |
| 支持第二代技术 10 亿美元 | 使用 FFV 的交通工具的税率为 14%，而仅用汽油的为 16% | 对违背生物燃料目标要求的 5 个国家进行罚款 | 第二次多层次计划：承诺和中石油、中石化、中粮集团合作发展非粮基的生物燃料 | 每个州必须有额外的支持生物燃油的措施，限制糖蜜在各州边界的运输 |
| *玉米/木质纤维素 | *甘蔗 | *油菜籽/木质纤维素 | *木质纤维素/多种原料 | *多种原料 |

*表示主要原料[10]。

强调凡违规审批和擅自开工建设的不得享受燃料乙醇财政税收优惠政策，造成的经济损失将依据相关规定追究有关单位的责任。非定点企业生产和供应燃料乙醇的以及燃料乙醇定点企业未经国家批准，擅自扩大生产规模，擅自购买定点外企业乙醇的行为，一律不给予财政补贴，有关职能部门将依据相关规定予以处罚。银行部门审批货款要充分考虑市场是否落实的风险。

3) 严格市场准入标准和政策

强调在“十一五”期间，国家发展生物燃料的总体思路是积极培育石油替代市场，促进产业发展，为此共提出了以下几项必须遵循的基本原则：

(1)　因地制宜，非粮为主，重点支持以薯类、甜高粱及纤维素等非粮原料产业发展。

(2) 能源替代，能化并举，实行生物能源发展与生物化工相结合，增长生物质能产业链，提高资源开发利用水平。

(3) 自主创新，节能降耗，努力提高产业经济和竞争力，促进纤维素乙醇生产的产业化。

(4) 清洁生产，循环经济，发展“吃干榨尽”综合利用技术，减少废物排放。

(5) 合理布局，留有余地，确保市场供应。

(6) 统一规划，业主招标，通过公平竞争，择优选择投资主体，防止一哄而上。

(7) 政策支持，市场推动。强化地方立法，依法行政，充分发挥市场优化资源配置的基础作用，促进产业的健康发展。

4) 强化组织领导，完善工作体系

为了保证燃料乙醇试点推广工作，“十五”期间中央和试点地区均成立了组织领导机构，确保了试点工作稳步推进。这是集中力量办大事的成功经验，也是今后生物燃料乙醇产业发展应积极借鉴的。国家发改委将会同财政部继续发挥体制优势，进一步调整和完善现有组织领导机构，增加相关部门为领导小组成员单位。各地区可根据本省实际与条件，建立相应的组织机构，以加强产业发展的领导与协调。

为了加强生物液体燃料产业发展和原料使用的引导和监管，2007 年 9 月，国务院办公厅、国家发改委先后发出了《关于促进油料生产发展的意见》和《关于促进玉米深加工健康发展的指导意见》。前者要求严格控制油料转化项目，坚持食用优先，严格控制油菜转化为生物柴油；后者对玉米燃料乙醇加工业做出具体布置，以防止燃料乙醇的无序发展，强调以黑龙江、吉林、安徽、河南等省现有企业和规模为主，按照国家车用燃料乙醇“十一五”发展规划的要求，今后不再建设新的以玉米为主要原料的燃料乙醇项目，且暂不允许外商投资生物液体燃料乙醇生产项目和兼并、收购、重组国内燃料乙醇生产企业。

对以陈化粮为原料的燃料乙醇生产及车用乙醇汽油推广应用工作，按照国务院批准的《变性燃料乙醇及车用乙醇汽油“十五”发展专项规划》，国家发展和改革委员会先后于 2002 年和 2004 年会同相关部门发布《车用乙醇汽油使用试点方案》《车用乙醇汽油使用试点工作实施细则》和《车用乙醇汽油扩大试点方案》《车用乙醇汽油扩大试点工作实施细则》，规定了四家定点燃料乙醇企业的产品定向流通销售方案，指定中国石油天然气集团公司和中国石油化工集团公司两公司调配乙醇汽油，并在省市封闭区域强制民用车辆使用乙醇汽油。为贯彻落实方案，国家组织制定并颁布了《变性燃料乙醇》(GB 18350)和《车用乙醇汽油》(GB 18351、GB 18351-2004)国家标准，试点区域的省份均制定和颁布了地方性法规。

此外，为推动我国生物能源、生物材料等生物质产业的技术创新和产业创新，国家发改委决定，2006～2007 年两年实施生物质工程高技术产业化专项。其主要目的是加速我国生物质开发利用的产业化进程，促进生物质开发工业化成套技术的集成和应用，为我国能源结构的重大调整提供技术支撑和应用示范。生物质工程高技术产业化专项重点领域包括以下三类[12]。

1) 生物能源

开展燃料乙醇、生物柴油、生物质成型燃料、工业化沼气等生物能源产品的产业化。主要包括以木薯、甘蔗、甜高粱、甜菜、秸秆等非粮食原料生产的燃料乙醇，以棉籽、油菜籽、废弃油及其他木本油料植物为原料生产的生物柴油，以秸秆、农林业废弃物等为原料压缩成型生产的生物质成型燃料，以及利用有机废弃物开展大型工业化沼气的生产和利用。

2) 生物材料

开展以生物质为原料生产可生物降解高分子材料和替代石油基产品的基础化工材料的产业化。主要包括可生物降解的生物质塑料，淀粉与可生物降解高分子材料共混得到的环境友好高分子材料单体及聚合物，生物合成高分子材料，新型炭质吸附材料等。

3) 生物质原料的高效生产

重点支持边际性土地(如沙荒地、盐碱地、山坡地等)高产作物、植物的育种及新品种产业化，基因工程高产淀粉质、纤维质、油料作物等的品种改造与新品种产业化等。

通过国家发改委专项的实施，促使非粮原料生物能源、生物基材料实现 10 万 t 以上的规模化工业生产，形成我国生物质产业的工业技术基础和产业发展的基础框架，为我国生物质产业持续、快速、健康发展奠定基础。

# 10.2　政 策 法 规

## 10.2.1　固体废物政策法规

1. 国外固体废物政策法规

1) 美国

1965 年，美国制定了《固体废弃物处理法》(Solid Waste Disposal Act，SWDA)，开始了有机固体废弃物的立法管理；1969 年，为了解决不断恶化的环境问题，美国制定了《环境保护法》(National Environmental Policy Act，NEPA)，并于 1970 年成立了美国国家环保局(U.S Environmental Protection Agency，EPA)。

EPA 成立后，由于其他部门自行管理的法律法规全部统一由 EPA 负责管理，使美国开始进入现代化环境管理的新阶段，同时也开始了大规模的环境立法，揭开了环境法制管理新的一页。EPA 根据《环境保护法》制定了一系列的环保条例和标准，并对一些旧法进行了重新修订，把环境管理全部纳入到法制管理的轨道，为全面实施环境法规管理奠定了基础。美国和固体废弃物有关的一些法规见表 10-2。

**表 10-2　美国有关固体废弃物的主要法规**

| 法律名简称 | 法律名称 | 制定及修改年度 |
| --- | --- | --- |
| CAA | 《大气清洁法》(Clean Air Act) | 1970 年、1977 年、1990 年 |
| CWA | 《清洁水法》(Clean Water Act) | 1977 年 |
| SDWA | 《饮用水安全法》(Safe Drinking Water Act) | 1974 年、1976 年、1977 年、1986 年、1996 年 |
| RCRA | 《资源保护和回收法》(Resource Conservation and Recovery Act) | 1976 年、1984 年、1986 年、1996 年 |
| WQAof1987 | 《1987 年水质法》(Water Quality Act of 1987) | 1987 年 |
| PPA | 《污染防治法》(Pollution Prevention Packaging Act) | 1990 年 |
| PPPA | 《防止毒物包装法》(Poison Prevention Packaging Act) | 1995 年修订 |
| ODA | 《海洋倾倒法》(Ocean Dumping Act) | 1995 年修订 |

美国的环境立法经过 30 多年的发展，目前已经形成了比较成熟和完善的环境法律体系。从联邦法规体系来看，体系上层是兼有纲领性和可操作性的《环境政策法》，体系下层包括污染控制和环境资源保护两大法律法规系列，体系完整、覆盖面广。

美国 20 世纪 70 年代制定的环境法主要是以控制环境污染为基本目的；进入 80 年代，根据社会的要求，提高和增加了限制标准，加大了处罚力度。这两个时期的法规主要以已经发生或正在发生的环境问题为控制对象，以不对环境造成恶劣影响为重点实行法制管理，环境管理的方针是“先污染后治理”。进入 90 年代，在制定或修改的法律、法规中提出了“预防为主”的新观念，要求在有害物质对环境造成恶劣影响之前抑制有害物质的产生。最具有典型的就是 1990 年制定的《污染防治法》，它以面向 21 世纪的污染防治为目标，以源头控制、节能以及再循环为重点，对大气，水、土壤固体废弃物等实行全方位的管理，环境治理已经和社会的可持续发展紧密地联系在一起。

美国的环境法规中一个最大的特点就是在环境执法方面，不仅有民事执行行为，还有刑事执行行为。民事执行行为主要为民事令和民事罚款。刑事执行行为主要有罚金、监禁和罚金与监禁并罚，对过失或故意违反环境法的，不仅处以罚金，还可以处以监禁，情节严重的可处以五年的监禁；如果是违反 RCRA 法的行为人，每件每天可处以 25000 美元的罚款；构成犯罪的，可处以 50000 美元的罚款，并处以 5 年的监禁。

EPA 制定的法律还有一个特点就是具有很高的透明度，强调公民参与、提出的议案要向外公开、实行召开公众听证会制度、接受市民的批评或评论。这样制定出来的法律、法规容易获得市民的理解和支持，政策易于顺利贯彻实施。

美国环境法律中的另一个特点就是对被害方进行赔偿。对排放有毒物质造成国有资源损害的排污者可提起刑事诉讼，任何个人和公众团体也可以对排污者提起刑事诉讼，进行索赔，排污者必须对其造成的损害实行赔偿。美国对有机固体废弃物的治理战略方针是，保持环境的可持续发展、实施源头控制政策，从生产阶段抑制废弃物的产生，减少使用可成为污染源的物质，节约资源，减少浪费，最大限度地实施资源的回收、再利用及再生利用，通过堆肥、焚烧热能回收利用实现废弃物资源，能源的再利用，最后进行卫生填埋，填埋过程中也应充分考虑资源、能源的再生利用，将环境污染减少到最低限度。

2) 英国

近年来，随着环境管理水平的不断提高，英国政府制定和完善了许多有关废弃物处理处置的法律及配套的相关规章和标准规范，为依法治理废弃物和开发废弃物资源提供依据和准绳。法规的建立健全，促进了垃圾规范化管理。早在 20 世纪 70 年代，英国政府就针对环境保护和废弃物处理问题制定了《固体废弃物污染法》，随后几年中，又相继出台了一系列的法律和法规，如《固体废弃物回收再利用法》《包装废弃物管理法》《有机废弃物再循环法》等。

除法律、法规保障外，英国政府还对有机固体废弃物的再循环和再利用予以政策上的支持，同时遵循“谁污染谁负责”的原则，借助经济手段规范实施举措，如采取苛税制度等，在产品的制造阶段既对所含的有害物质苛收税金，作为其处理费用。英国政府还制定了废弃物再循环的优惠政策，对城市居民实行垃圾收费制，在商品流通领域实行押金制度。另外，还实行政府补贴和设立基金等方式来鼓励废弃物的再生利用和资源化。英国政府还给配电公司发放补贴，用以购买垃圾焚烧生产的电力。英国政府早在 1995 年就制定了“固体废弃物填埋税”，并从 1996 年开始实施，其目的是利用经济杠杆引导经济目标，将商业上所负担的税收逐步转移到后继污染者和资源使用者身上，通过实行这项税收，减少垃圾的产生、降低了垃圾的填埋量、促进了废弃物的回收再利用和资源化。

近几年，英国把实现垃圾资源化提高到了社会可持续发展的战略高度，实现垃圾资源化已经成为英国政府制定的固体废弃物治理目标之一。最近为了配合欧盟一系列的废弃物管理法规、政策和管理目标，针对国内具体情况，英国政府又制定了《固体废弃物管理目标》，该目标中要求：到 2020 年，除极小一部分不可回收利用垃圾做填埋处理外，其余一律纳入废弃物处理再循环轨道，实现垃圾处理的可持续发展战略目标。

3) 德国

德国在废弃物立法方面处于世界领先地位，是积极推行废弃物减量化及资源化的国家之一。德国 1972 年 6 月颁布了《垃圾清除法》(ABFG)。第一次以立法形式提出对工业垃圾的清除包括收集、运输、处理、储存、填埋。各州政府管理机构应对处置废弃物的设施进行审批，对负责废弃物清除、收集，运输，处置进行许可管理。为了更加规范的管理城市垃圾，减少对资源的浪费和环境污染，1982 年德国对原《垃圾清除法》进行了修订，制定《关于避免和废弃物处置法》。这部法相对于过去的注重垃圾清除，更优先考虑避免和减少垃圾的产生量。在法律中也强调了回收利用，规定以目前的技术不能再利用的垃圾必须进行填埋和焚烧处理，对处置的方式在法令中也有了规定。这部垃圾法的颁布在德国以至欧洲地区都有极大影响，不少欧洲国家都参照德国的法律，纷纷制定了各国自己的垃圾法。1994 年 9 月再次通过了对原垃圾法的修订，颁布了《循环经济法》——“废弃物避免、回收再利用与处置法”，该法的全称应该是《促进物质闭合循环的废弃物管理及确保环境相容的废弃物处置法案》。

德国《循环经济法》与传统意义上的垃圾处置，主要有以下不同之处。

(1) 强调资源综合利用、物质闭合循环的废弃物分层次管理原则。

①首先必须以避免产生为主，特别是减少其数量和毒性；

②其次，必须从属于物质的回收利用；

③不能再利用的物质用于回收热量(获得能源)；

④灰渣和那些不能回收热量的，再以环境相容方式填埋，土地再复垦或利用。

(2) 物质闭合循环废弃物管理的义务。

对产品生产者根据废弃物避免义务，即废弃物产生者有避免、回收再利用和处置废弃物的义务，提出了对产品全生命周期负责的生产责任制义务。

对使用了包装材料和容器产品，只有对所产生的废弃物有正确的回收再利用或合适处置的保证，经认可执行的，方可进入市场。

①有的产品应以有利于废弃物管理的方式提供了保证时才可进入市场；

②有些产品若不可避免在管理中有有害物质流失，或必须投入大量资金才能避免，或通过其他方式也不能保证环境相容的处置，就不能进入市场流通；

③有的产品只有在标签上有特别表明，返还生产者或销售者或第三方回收利用的，方可进入市场流通；

④需要收取包装押金的产品，也应标明要求，甚至包括押金金额；

⑤对产品的生产者和销售者还规定了应支付接收废弃物返还、回收利用或处置的义务，承担与此相关的费用。

(3) 规定了为保护环境避免废弃物的义务。

在新的垃圾法中所述的废弃物避免的义务包括三方面：一足以产品生产的物质闭合循环管理和低耗、低污染、废弃物少的产品的设计；二是购买低损耗和低污染产品的消费行为；三是废弃物的回收利用必须是以合理的、环境相容的方式进行，必须符合法定要求；废弃物中污染物的含量及回收处理措施，不应损害公众利益，且在物质闭合循环中，污染物的含量不会富集，才可以安全进行。

(4) 规定了环境相容的废弃物最终处置方式和管理监督的要求。

从《经济循环法》可以看出，德国在对城市固体废弃物的立法管理上有根本的改变，从单纯的《废弃物清除法》过渡到《关于避免和废弃物处置法》，发展到现在的《循环经济法》，实现了对固体废弃物进行全方位的管理。

《循环经济法》体现了废弃物管理的层次原则，既有宏观管理要求，又有可操作性，管理对象是全方位的，涉及城市垃圾从产生到处置的全过程，管理的手段符合市场经济要求，把产品生产责任制列入了废弃物管理的法律范围，使废弃物的减量化真正可行。

《循环经济法》的颁布，不仅对德国，而且对欧洲也有很大影响，循环经济法有许多法令条文是值得借鉴的。

除法律、法规保障外，德国政府也对固体废弃物的再循环和再利用予以政策上的支持，主要包括以下三点。

(1) 垃圾收费政策。德国的垃圾收费方法因城市而异，因居民人口而异，有的按照垃圾处理税的方式收取；有的按照垃圾量收费。垃圾采取收费政策后，废弃物的产生量明显减少，废弃物的资源化利用率明显提高，城市垃圾中厨余垃圾减少了65%，填埋的垃圾量减少了40%。

(2) 对产品征收生态税。德国通过征收生态税的手段，不仅促进生产部门开展节能、降耗、生产对环境友好的产品，也要求消费者采用环境友好的消费方式进行消费。采用生态税可以从宏观上有效控制市场经济的导向，促进工业企业采用现代化的生产技术进行生产活动、规范消费者的行为、改进消费模式和调整产业结构，同时也能提供新的就业机会。

(3) 建立有竞争机制的废弃物处理处置管理模式。为了促进社会经济和环保产业的可持续发展，德国政府鼓励在生产过程中材料的循环利用和产品使用后符合生态要求的回收利用。德国政府强调积极执行“绿色标志”的“包装管理条例”，使产品更符合生态和环境要求。同时，进一步制定产品全生命周期的产品责任制管理办法，通过生产者、销售者及消费者协调合作，促进经济循环法的实施。

4) 瑞典

自从 1993 年瑞典政府制定了“生态循环政策”，1996 年又提出了“建设可持续发展经济社会”的目标后，政府制定了一系列的技术经济政策，以改变那种不可持续发展的旧社会形态。瑞典政府采取的政策包括：进行税制改革，增加对环境不友好产品的苛税；改变能源结构，冻结现有原子能开发，建立依靠可再生能源的分散型能源供应体系；明确生产商对废弃物的产生应负的责任等。

为了实现“建设可持续发展社会”这一战略目标，瑞典环境法规管理委员会对过去的法律法规进行了修改和统合，在此基础上，1998 年编制了环境法典。环境法典的指导性原则包括污染者负担原则、采用最佳技术原则、向生产有害物质含量最低产品转化原则和预防原则。

在废弃物方面，1994 年瑞典政府对《废弃物收集、处置法》进行了修改；1994 年还制定并实施了“关于包装物的生产商责任政令”“关于废纸的生产商责任政令”等，在这些政令中，确定了国家、企业、地方政府及消费者对废弃物所应负的责任。国家的责任是负责制定和修改各项法律、法规及大致方针；地方政府负责确定废弃物的分类、收集、最终处置方法及具体业务，制定明确的实施规则和垃圾处理计划；生产商的责任包括建立废品回收系统，提供有关利用回收系统的信息，提供关于废弃物及废品回收量和处置量的信息；消费者有责任对排出的垃圾进行分类。这些政令中最有特色的是强化生产商对废弃物的责任。

针对城市垃圾问题，瑞典政府制定了基本对策，包括将垃圾的产生量降低到最小；最大限度地实现垃圾资源的回收与再利用；促进垃圾的无害化处理；改进垃圾收集方式和卫生状况。具体措施有以下 6 种。

(1) 确立生产者责任制。其目的是从生产阶段将垃圾的产生量降低到最小，同时建立资源垃圾回收系统，开辟垃圾资源化的有效途径。例如，按照“关于包装物的生产商责任政令”的规定，制造商应按照包装材料的种类设立专门的回收、处理公司，并向国家、地方政府及消费者提供相关信息。“包装政令”还要求成立“瑞典包装协会”，开展广泛的有关垃圾分类收集的宣传教育活动。另外，“包装政令”还规定了生产商有义务对在瑞典使用的 8 种包装材料进行再利用和再循环，同时确定了这 8 种包装材料再使用与再循环的具体目标值。生产商在产品成为废弃物时应自行负责回收；无能力回收的，应向国家缴纳税金，由国家指定专门的回收公司回收和处置。

(2) 建立押金制度。押金制度具有灵活性、经济刺激性和促进了个人行为的合理性，并能以较小的成本达到防止污染的目的，具有经济上的可行性。瑞典 1994 年就建立了包装物回收押金制度，押金制度实行后，啤酒瓶、软饮料用玻璃瓶、铝制易拉罐和 PET 瓶的回收率都超过了目标值。

(3) 建立居民垃圾分类收集系统。居民生活垃圾的投放分为有机物和无机物两种。有机物指家庭厨房垃圾，排放时倒入埋在地下的密闭式收集容器中，再由专门的垃圾收集公司定期用泵将有机垃圾抽到垃圾收集车内，送到垃圾堆肥场进行堆肥处理。无机垃圾分为金属、塑料、纸张、玻璃及电池等，投放时，按照不同的类别放入不同的垃圾容器内。

(4) 建立垃圾收费制度。垃圾收费制度主要包括四个方面：一是向居民征收垃圾处理费；二是向企事业单位征收垃圾处理费；三是征收有毒、有害垃圾处理费；四是征收工业垃圾处理费。收取的垃圾处理费主要用于垃圾处理设施的运营管理。

(5) 征收碳税。瑞典在1991年开始征收碳税，是世界上最早征收碳税的国家，征收的对象主要是石油、煤、天然气，其中不包括生物能源。如果要少负担过高的能源成本的话，就要少使用化石燃料，尽量使用生物能源。征收碳税后，将进一步推动生物能源的开发利用。

(6) 实行环境罚款。瑞典在1999年公布的环境法规中扩大了罚款的对象范围，罚款的主要目的是让人们严格执行和遵守为保护环境而制定的法律。罚款的对象是从事商业活动的法人和个人，罚款的额度根据违法的种类和情节的轻重来确定。

2. 我国固体废物政策法规

我国全面开展环境立法的工作始于20世纪70年代末期。在1978年的宪法中，首次提出了“国家保护环境和自然资源，防止污染和其他公害”的规定，1979年颁布了《中华人民共和国环境保护法》，这是我国环境保护的基本法，对我国环境保护工作起着重要的指导作用。1995年我国颁布《中华人民共和国固体废物污染环境防治法》，该法于2004年经第十届全国人民代表大会常务委员会第十三次会议予以修订通过。修订的《中华人民共和国固体废物污染环境防治法》共分为六章，内容涉及固体废物污染环境防治的监督管理、固体废物污染环境的防治、危险废物污染环境防治的特别规定、法律责任等，这些规定从2005年4月1日起正式成为我国固体废物污染环境防治及管理的法律依据。

迄今，国务院印发的垃圾处理相关文件有三个，第一个是1986年国务院办公厅印发的《关于处理城市垃圾改善环境卫生面貌的报告》，标志着国家开始重视垃圾处理工作；第二个是1992年国务院批转住房和城乡建设部等部门的《关于解决我国城市生活垃圾问题几点意见的通知》，为国家开展生活垃圾专业管理奠定基础，同年颁布了《城市市容和环境卫生管理条例》，次年成立了中国城市环境卫生协会；第三是2011年国务院批转住房和城乡建设部等16个部门提交的《关于进一步加强城市生活垃圾处理工作意见的通知》，明确了我国生活垃圾处理工作的指导思想、基本原则、发展目标、控制垃圾产生、提升垃圾处理能力和水平、加强监管以及加大政策支持等内容，该文件将用来指导我国未来二十年的垃圾处理工作。

我国的固体废物管理国家标准基本由国家环境保护总局和建设部在各自的管理范围内制定。建设部主要制定有关垃圾清扫、运输、处理处置的标准。国家环境保护总局制定有关污染控制、环境保护、分类、检测方面的标准。

1) 分类标准

主要包括《国家危险废物名录》、《危险废物鉴别标准》、住房和城乡建设部颁布的《城市垃圾产生源分类及垃圾排放》以及《进口废物环境保护控制标准(试行)》等。

2) 方法标准

主要包括固体废物样品采样、处理及分析方法的标准。如《固体废物浸出毒性测定方法》《固体废物浸出毒性浸出方法》《工业固体废物采样制样技术规范》《固体废物检测技术规范》《生活垃圾分拣技术规范》《城市生活垃圾采样和物理分析方法》《生活垃圾填埋场环境检测技术标准》等。

3) 污染控制标准

污染控制标准是固体废物管理标准中最重要的标准，是环境影响评价制度、“三同时”制度、限期治理和排污收费等一系列管理制度的基础。它可分为废物处置控制标准和设施控制标准两类。

(1) 废物处置控制标准。它是对某种特定废物的处置标准、要求，如《含多氯联苯废物污染控制标准》即属此类标准。

(2) 设施控制标准。目前已经颁布或正在制定的标准大多属于这类标准，如《一般工业固体废物贮存、处置场污染控制标准》《生活垃圾填埋场污染控制标准》《城镇生活垃圾焚烧污染控制标准》《危险废物安全填埋污染控制标准》等。

4) 综合利用标准

为推进固体废物的“资源化”并避免在废物“资源化”过程中产生“二次”污染，国家环保总局将制定一系列有关固体废物综合利用的规范和标准，如电镀污泥、磷石膏等废物综合利用的规范和技术规定。

### 10.2.2 生物质能政策法规

1. 世界主要国家生物质能产业政策分析

尽管各国扶持政策的方式和内容有所不同，但基本政策框架是相似的。总的来看，各国通过财政政策、税收政策促进可再生能源发展的措施一般有：提供补贴，实施政府采购，提供税收优惠。除此之外，各国采取了其他相关政策措施，以配合财税政策的实行。这些政策大致有：设定具体的长远发展目标、设立生物质能源发展的补偿机制或基金、完善生物质能源企业的认证机制等。主要国际组织和发达国家在发展生物质能方面制定了相对完善的优惠政策，大致可分为以下几类，如表 10-3 所示。

表 10-3　主要国际组织和发达国家生物质能开发政策分类

| 主要政策 | 主要措施 |
| --- | --- |
| 税收政策 | 减免关税、减免形成固定资产税、减免增值税和所得税(企业所得税和个人收入税) |
| 价格政策 | 政府高价购买政策、实行绿色电价 |
| 补贴政策 | 对投资者和消费者(即用户)进行补贴，以及根据可再生能源设备的产品产量进行补贴 |
| 财政政策 | 提供低息(贴息)贷款，减轻企业负担，降低生产成本 |

以下各国关于生物质能的研究规划较为系统，研究计划和项目数量多，政府支持力度较大，其产业政策各具特色，值得深入研究和思考。

1) 美国

目前美国推广使用生物质能的政策集中于完善监管立法、加大对生物质能和替代能源研究的资助以及对生物质产品和生物质能生产研究的资助方面。

(1) 完善生产监管立法为生物质能产业发展提供法律保障。

美国先后通过《公用事业管制政策法》(1978),《大气洁净法修正案》(1990),《农业法案》(2002),《能源政策法案》(2005)等法案，对生物质能的发展加强宏观监管，从法律意义上为产业发展指明了方向。美国 1999 年 8 月美国发布了“关于开发和推进生物质产品和生物能源”的总统令，提出了到 2010 年生物质产品和生物能源增加 3 倍，2020 年增加 10 倍，以及每年为农民和乡村经济新增 200 亿美元的收入和减少 1 亿 t 碳排放量的宏大目标。

目前，美国发展生物能源的政策主要体现在 5 个法案，即《2000 生物质研究与开发法案》《2002 农场安全及农村投资法案》《2004 美国创造就业机会法案》《2005 能源政策法案》以及《2007 美国新能源法》。其中，①《2002 农场安全及农村投资法案》包含了关于促进生物燃料发展的议题。这些议题主要有生物质精炼和开发、生物质研发以及联邦购买以生物质为基础的产品等。②《2004 美国创造就业机会法案》规定，对于混合乙醇的汽油燃料以及混合生物柴油的柴油燃料课税，每升减免 13.47 美分的税金(课税扣除会有弹性考虑，以使这些混合燃料中乙醇含量到 2010 年能够达到 10%)。③《2005 能源政策法案》规定包括：创造一个可再生燃料标准，到 2012 年美国生物乙醇产量达到 283.91 亿升。④《2007 美国新能源法》计划：到 2020 年，美国乙醇的使用量将达到 1362.76 亿 L，其中利用纤维质生产的乙醇达到 794.94 亿 L、粮食原料生产的乙醇达到 567.81 亿 L。

除了美国联邦政府出台了许多关于发展生物燃料的政策法规外，美国各州政府对发展生物燃料也都给予极大支持，26 个州通过了相关的法律支持发展生物燃料。一些州已经通过立法建立了强制将生物燃料混合使用，目的是支持生物能源的生产和利用。如明尼苏达州通过的法律规定：到 2013 年汽油中的乙醇比例要达到 20%,

生物柴油在柴油中的混合比例要达到 2%。2005 年，北达科他州计划：在 2006、2007 两年时间里，州政府支出 460 万美元补贴该州生物燃料产业的发展，具体补贴内容包括：①对消费者购买 E85 进行税收鼓励，对生产乙醇和生物柴油设施投资给予税收减免。②对加工生物柴油的收入进行税收减免等。

(2) 制定财政激励措施为生物质能产业发展提供政策保障。

对于新兴的生物质能产业，美国政府在主要法案中增加制定了多种形式的财税激励条款，包括《能源税法(ETA)》(1978)，《税制改革法》(1986)，《能源政策法(EPACT)》(1992)，《延长减税法》(1999)，《绿色能源购买激励政策》(1999)，以及相关鼓励替代燃料型交通工具的政策等。政府通过在立法中增加税收减免和生产激励补贴条款，调动投资者热情，加速产业发展。美国 1999 年 8 月美国发布了“关于开发和推进生物质产品和生物能源”的总统令，提出了到 2010 年生物质产品和生物能源增加 3 倍，2020 年增加 10 倍，以及每年为农民和乡村经济新增 200 亿美元的收入和减少 1 亿 t 碳排放量的宏大目标。

为应对 20 世纪 70 年代中期国际市场石油价格的持续上升，1978 年卡特政府颁布了《能源税法》，通过了 100%减免混合乙醇汽油的燃料税(当时美国的汽油税为 1.06 美分/L)，鼓励美国国内发展生物燃料。但随后由于国际市场原油价格的回落与平稳，美国的生物燃料产业又处于缓慢发展的状态。直到进入 21 世纪，国际石油价格再次走高，美国制定了新的生物燃料发展计划。

1992 年美国的《能源政策法》规定了一项优惠内容：通过国会年度拨款为免税公共事业单位、地方政府和农村经营的可再生能源发电企业，每生产 1kW·h 的电能补助 1.5 美分。此外，美国政府还加大对生物质能发电计划的投入，1999 年度财政投入就达到 3.08 亿美元。另外还采取直接减税政策，即生物质能发电企业自投产之日起 10 年内，每生产 1kW·h 的电能可享受从当年的个人或企业所得税中免交 1.5 美分的待遇。2005 年 10 月 6 日，美国农业部和能源部联合宣布 11 个生物质能研发、示范项目获得政府生物质能研发计划 1260 万美元的资助，加上来自私营伙伴的投入，总经费为 1900 万美元，集中体现了美国生物质能研究的重点领域。

(3) 加大研发投入为生物质能产业发展提供资金保障。

美国农业部对“生物质能和替代能源研究项目”、“生物质能产品和生物质能生产研究项目”提供资助。美国能源部和农业部联合资助了一批生物质能研究项目，环境部门和交通部门也积极采取各项措施配合生物质能研发项目的开展。

从 2002～2015 年，美国政府将实施一个生物质研究及发展计划，用以协调和加速发展所有联邦生物产品和生物能源的研发活动。这个计划受《2000 生物质研发法案》指导。具体由美国能源部和农业部管理，在 2002～2006 年期间，美国政府拨款 1.6 亿美元，用于支持原材料生产、纤维素生物质转化技术，以及在生物精炼厂生产制造生物质为原料的产品。当前，美国共有 9 个纤维质乙醇加工厂正在建设中。

美国政府许多机构不断协调与合作来发展生物燃料，能源部和农业部是美国最主要的机构。另外，环境保护署制定规则来管理可再生燃料标准的执行。2007 年，美国总统布什提出了“10 年内将汽油的消费量减少 20%”的倡议，该倡议促使美国制定了一个生物燃料发展计划，即：到 2017 年美国的生物燃料要达到 1324.90 亿 L，这个数字大致相当于美国年汽油使用量的 15%。

美国第一次针对发展生物能源进行多机构合作是在 2006 年 11 月。并制定了国家生物燃料行动计划(NBA)。这个计划将提高政府部门、生产企业和其他利益相关者的能力，一起努力实现美国的生物能源发展目标——到 2012 年，使制造乙醇的成本具有竞争力。美国能源部生物质计划制定了一个长期的目标，与 2004 年相比，到 2030 年美国动力汽油需求量的 30%将由生物能源替代。参与及涉及 NBA 计划的美国联邦机构有：农业部、能源部、国家科学基金会、交通部、美国环保署、内务部、科学技术政策办公室、联邦环境执行办公室、商务部以及国防部等。

2) 欧盟

欧盟一直走在大力发展可再生能源、积极应对全球气候变化的前列，从政策制定、实施取得的进展以及优先研究领域来看，欧盟在生物质能的开发和利用方面有以下特点。

(1) 注重整体远期规划为生物质能产业发展明确阶段目标。

欧盟在生物质能的规划方面注重整体规划、远期规划，并以整体规划为基础提出分品种发展目标，使其生物质能产业发展具有有序性、开放性、可持续性特点。

(2) 重视关键技术研发为生物质能产业发展提供技术储备。

欧盟非常重视能源作物的研究，从而为生物质能产业发展提供原料支持。另外，欧盟还率先开展了“生物质和矿物燃料的联合应用研究”以及“生物质联合供电供热系统开发及配套设施研究”等具有世界领先水平的新技术研究。通过技术研发为产业发展明确导向，注入活力，加速生物质能产业化。

1997 年欧盟在制定的可再生能源发展战略白皮书中提出：到 2010 年，欧盟可再生能源消费量要达到总能源消费量的 12%。2007 年欧盟新出台的“可再生能源路线图”提出新的目标，即到 2020 年，可再生能源的消费量占总能源消费量的 20%；交通运输消费的生物燃料数量在交通运输燃料消费总量所占的比重至少达到 10%。这些目标在 2007 年的欧盟理事会首脑会议上得到确认。

欧盟“生物质能源行动计划”和“2006 年生物燃料战略”提出了旨在提高生物能源和生物燃料供求的战略框架。在欧盟农业政策和交通燃料政策里面，都有涉及促进生物燃料发展的政策。

欧盟共同农业政策中引人对种植生物质作物的农民给予发放农业补贴的政策。

欧盟对在休耕地(传统上种植粮食作物的耕地)上种植能源作物。给予每公顷 45 欧元的补贴。此外，当农民不能在休耕地上种植粮食作物时，他们能用这些耕地种植非粮食作物(包括生物燃料作物)并能得到补贴。欧盟计划将这项补贴政策一直实施到 2011 年。

目前，欧盟在交通运输方面共出台三个关于生物燃料的政策法规。第一个是第 2003/30/EC 号法规。该法规鼓励生物燃料同成本相对低的矿物燃料进行竞争；采用的方式是制定了生物燃料“参考消费目标”：到 2005 年，生物燃料的消费量要达到能源消费总量的 2%；到 2010 年 12 月 31 日达到 5.75%。该法规同时要求各成员国根据该“参考消费目标”，制定出本国生物燃料的消费目标。欧盟成员国必须在每年 7 月 1 日前，向欧盟委员会报告本国为促进使用生物燃料而采取的措施；如果需要的话，还得向委员会解释本国没有实现预期消费目标的原因。第二个是第 2003/96/EC 号法规。该法规容许给予生物燃料优惠税收减免。这些税收减免被认为是一种环境补助。同时，欧盟各成员国可以根据本国实际情况，决定本国生物燃料及矿物燃料的税率。第三个是 2003 年对第 2003/17/EC 号法规作出的修正。由于技术上的原因，该法规限定了生物柴油在混合柴油中所占比例不得超过 5%；这对欧盟的生物燃料消费目标实现造成障碍，因此，修改后的目标为：2010 年生物燃料达到能源消费总量的 5.75%。

3) 巴西

(1) 巴西依托研究计划为生物质能产业拓展产业化路径。

巴西的生物质能发展体现在几个贯穿始终的国家能源计划上。其中以巴西乙醇燃料计划为依托，鼓励乙醇利用技术研发。以巴西清洁发展机制(CDM Brazil)为依托，发展了生物质发电厂拓展项目。以巴西“生物柴油”计划为依托，加大投入寻求车用替代生物质能方面的突破[13]。

(2) 政策法规促进发展及详细的财税政策

为促进巴西生物燃料产业发展，巴西政府对生物乙醇及生物柴油产业的发展制定了非常详细的政策法规。巴西的生物乙醇产业已经有 80 多年的发展历史，因此，巴西在生产、使用生物乙醇燃料方面积累了丰富的经验。另外，巴西使用乙醇作为汽油添加剂的历史较早，可以追溯到 20 世纪 20 年代。然而，巴西制定《国家乙醇计划》较晚，具体是在 1975 年。该计划为巴西本国糖及乙醇产业在 30 年后成为世界上的领先者创造了必要的条件。在过去的 30 年里，用乙醇替代的石油，为巴西节约的石油数量大约为 10 亿桶。《国家乙醇计划》的主要目的是在促进汽油和无水乙醇混合使用，并且鼓励开发专门以含水乙醇作燃料的汽车。

巴西能源矿产部在生物柴油的生产使用方面出台了《生物柴油法》。该法律分别制定了生物柴油与柴油混合比例的目标：到 2008 年生物柴油占混合燃料的最小比率为 2%，到 2013 年达到 5%。另外，为促进社会和地区经济发展，巴西制定了一系列税收激励和津贴发放政策。以鼓励巴西北部及东北部地区(特别是半干旱地区)的小农户种植生产生物柴油的原料。为了能够达到生物柴油占 2%的生产及销售目标，从 2008 年开始，巴西每年的产量将达到 8.2 亿升。巴西农业畜牧部制定了关于向汽油中强制混合无水乙醇的《强制混合燃料法律》。该法律规定，从 2007 年 7 月 1 日开始，无水乙醇在汽油中混合的比率要达到 20%～25%。巴西还规定，对汽车实行不同比率的税收。根据汽车耗费的无水乙醇和汽油比率的不同，征收的税率也不同。这项政策是为了鼓励发展专门以无水乙醇作燃料的汽车。另外，巴西联邦政府对生物柴油产业链上所有的产品都不征税。

4) 其他国家

(1) 印度目前印度生物质资源的发展集中体现在清洁发展机制(CDM)项目、农村地区生物质能计划(Biomass Energy for Rural India Project，BERP)和非常规能源计划等几个国家性规划示范项目上。通过一批国家示范项目的实施，开展关键技术研发，推动重点项目的发展，促进生物质能产业化进程。

(2) 丹麦为建立清洁发展机制，减少温室气体排放，丹麦政府很早就加大了生物质能和其他可再生能源的研发力度。为了鼓励生物质能发电等可再生能源的发展，丹麦政府制定了财税扶持政策，如免征能源税、二氧化碳税等环境税，并优先调用秸秆生产的电和热，由政府保证最低其最低上网价格。政府还对各发电运营商提出明确要求，各发电公司必须有一定比例的可再生能源容量。目前丹麦的秸秆发电技术已走向世界，并被联合国列为重点推广项目。美国政府加大科技投入，用于可再生能源的研究和开发，提供产出补贴。

(3) 英国 21 世纪以来，英国政府加大了可再生能源的研发投入。政府向供电公司征收矿物燃料(包括核电在内)发电税，用于补贴包括生物质能在内的可再生能源发电。由于英国的供电和发电系统已经在 1990 年成功地实现了私有化，因此，所有供电商都必须履行责任和义务，从可再生能源发电企业购买合格电力，达到当年规定的可再生能源电力份额。如果完不成任务，电力监管局规定，供电商将要交纳最高达其营业额 10%的罚款。此外，英国还通过对小企业实行研发税减免政策鼓励企业特别是新兴中小企业的研究与开发。德国的《可再生能源促进法》规定，电力运营商有义务以一定价格向用户提供可再生能源发电，政府根据运营成本的不同对运营商提供金额不等的补助，该政策是全球首创，现已被各国竞相效仿。

(4) 德国对生物质能政策法规采取鼓励扶持政策。德国每年安排大笔资金用于生物质能研究，示范和推广。仅 2000 年，财政拨款就高达 5100 万马克。制定专门法，使生物质能产业有法可依,如 2001 年颁布的《生物质条例》。明确发展重点、制定发展计划、有序推进生物质产业发展。大力发展生物柴油、乙醇汽油，在《生物质条例》和 2004 年颁布的《可再生能源法》中都有对其进行财政支持的条款。

2. 我国生物质能政策法规发展的现状及特点

1) 我国生物质能政策法规发展的现状

伴随着生物质能产业的发展，中国政府也从多角度、多层次制定了包括生物质能在内的可再生能源发展政策。《中华人民共和国可再生能源法》和《中华人民共和国节约能源法》以及《可再生能源的中长期发展规划》是其代表[14]。

(1) 明确了生物质能的法律定义。《可再生能源法》第二条第一款规定：本法所称可再生能源，是指风能、太阳能、水能、生物质能、地热能、海洋能等非化石能源。明确将生物质能纳入法律规制范围之内。并于第三款排除了用直接燃烧方式利用生物质能。

(2) 总体上列举了支持包括生物质能在内的可再生能源发展政策。《节约能源法》第五十九条规定：国家鼓励、支持在农村大力发展沼气，推广生物质能、太阳能和风能等可再生能源利用技术，按照科学规划、有序开发的原则发展小型水力发电，推广节能型的农村住宅和炉灶等，鼓励利用非耕地种植能源植物，大力发展薪炭林等能源林。

(3) 制定了生物质能的中长期发展规划。2007 年 6 月 7 日国务院常务会议审议并通过了《可再生能源的中长期发展规划》，具体到生物质能方面，将根据我国经济社会发展需要和生物质能利用技术状况，重点发展生物质发电、沼气、生物质固体成型燃料和生物液体燃料。

2) 我国生物质能政策法规的特点

①既明确了生物质能在整个能源结构中的战略地位，又规定了实现发展目标和建立市场的具体措施，易于将战略地位落到实处。②规定政府为生物质能发展的组织者和推动着，明确其职责所在。③以农村和偏远地区为生物质能发展的重要区域，凸显出我国农业大国的特点，以及政府解决“三农”问题的决心。

3) 我国具体生物质能源政策

中国政府十分重视生物能源发展规划的制定。因而生物燃料不仅多次被确定为政府的议事内容，列入国民经济长远发展规划，而且还制定了专项发展计划。中国科学院提出的中国能源科技发展战略路线图是：近期(至 2020 年)重点发展节能和清洁能源技术，提高能源效率；中期(2030 年前后)重点推动核能和可再生能源向主力能源发展；远期(2050 年前后)建成中国可持续能源体系，总量上基本满足中国经济社会发展的能源需求，结构上对化石能源的依赖度降低到 60%以下，可再生能源成为主导能源之一。

1996 年初，《中华人民共和国经济和社会发展“九五”计划和 2010 年远景目标纲要》，强调科教兴国和可再持续发展战略，指出中国能源发展要“以电力为中心，以煤炭为基础，加强石油、天然气资源的勘探开发，积极发展新能源，改善能源结构”。在电力发展一节中指出“积极发展风能、海洋能、地热能等新能源发电”，在论及农村能源时再次强调“因地制宜，大力发展小型水电、风电、太阳能、地热能、生物质能”。“十五”时期，即 2001 年 3 月，第九届人大四次会议即在《中华人民共和国经济和社会发展第十个五年计划纲要》中明确提出要开发燃料酒精等石油替代品等要求。

中国第一部《可再生能源法》在 2005 年 2 月，被十届人大第十四次会议通过，2006 年 1 月正式开始实施。《可再生能源法》的颁布实施标志着生物燃料的开发利用得到法律认可，正式成为国家能源发展的一项基本国策。确立了以下一些重要法律制度：①可再生能源总量目标制度；②可再生能源并网发电审批和全额收购制度；③可再生能源上网电价与费用分摊制度；④可再生能源专项资金和税收、信贷鼓励措施。同时，国家发展和改革委员会等相关部委以最快的速度相继出台了相关配套法规，据国家发展与改革委员会介绍，与《中华人民共和国可再生能源法》相配套的法规将达 12 个之多。“可再生能源法”第 11 条规定：“国家鼓励清洁、高效地开发利用生物质燃料，鼓励发展能源作物”。同时规定“利用生物质资源生产的燃气和热力，符合城市燃气管网、热力管网的入网技术标准的，经营燃气管网、热力管网的企业应当接受其入网”。又称：“国家鼓励生产和利用生物液体燃料。石油销售企业应当按照国务院能源主管部门或者省级人民政府的规定，将符合国家标准的生物液体燃料纳入其燃料销售体系”。并在第 31 条中规定“如果石油销售企业未按照规定将符合国家标准的生物液体燃料纳入其燃料销售体系，造成生物液体燃料生产企业经济损失的，应当承担赔偿责任，并由国务院能源主管部门或者省级人民政府管理能源工作的部门责令限期改正，拒不改正的处以生物液体燃料生产企业经济损失一倍以下的罚款”。这就为生物液体燃料的生产和销售提供了法律保障。

另外，为了有效调整我国电源结构，促进可再生能源发电，国家将采用国际通行的做法，即可再生能源配额制规定各发电企业每新增 1000 万千瓦火力发电装机容量，必须按照 5%的配额发展 50 万千瓦可再生能源发电项目，这其中只有生物质发电和风力发电能担任此项配额任务。国家发改委制定的《可再生能源发电有关管理规定》中规定电力监管委员会需负责可再生能源发电企业的运营监管工作，协调发电企业和电网企业的关系，对可再生能源发电、上网和结算进行监管。

2005 年 11 月，为配合《可再生能源法》的实施，国家发展改革委员会颁布了《可再生能源产业发展指导目录》。该《目录》对生物燃料发展提出了 4 项支持对象：生物液体燃料生产、生物液体燃料生产成套装备制造、能源植物种植和能源植物选育。对于该《目录》中具备规模化推广利用的项目，国务院有关部门将制定和完善技术开发、项目示范、财政税收、产品价格、市场销售和进出口等方面的优惠政策。

2006 年 3 月,《国民经济和和社会发展第十一个五个计划纲要》，进一步明确提出要大力发展可再生能源，加快开发利用生物质能，扩大生物燃料乙醇和生物柴油的生产能力。

2007 年 4 月，国家发展和改革委员会发布了《高技术产业发展“十一五”规划》和《生物产业发展“十一五”规划》，对发展生物液体燃料等高新技术和产业的发展显示了明确的支持态度。《高技术产业发展“十一五”规划》提出要积极发展生物能源，充分利用非粮作物、植物和农林废弃物，开发低成本、规模化、集约化生物能源技术，积极培育生物能源产业；选育发展一批速生、高产、高含油、高淀粉含量的能源植物新品种，实现规模化种植；重点建设以甜高粱、木薯等非粮作物为原料的燃料乙醇示范工程，加快木质纤维素生产燃料乙醇技术研发和产业化；积极推动以麻疯树、黄连木等农林油料植物为原料的生物柴油规模化生产；建设年产 10 万吨级非粮原料燃料乙醇、生物柴油的示范工程，初步形成我国生物能源的技术基础和产业基础。《生物产业发展“十一五”规划》明确支持生物液体燃料领域的如下工作：①能源植物：充分利用荒草地、盐碱地等，以提高单产和淀粉、糖分含量、降低原料成本为目标，培育木薯、甘薯、甜高粱等能源专用作物新品种。以黄连木、麻疯树、油桐、文冠果、光皮树、乌桕等主要木本燃料油植物为对象，选育一批新品种，促进良种化进程；积极培育与选育高含油率、高产的油脂植物新品种(系)，建立原料林基地；积极研制一批基因工程油用植物新品种。②燃料乙醇：支持以甜高粱、木薯等非粮原料生产燃料乙醇，加快以农作物秸秆和木质素为原料生产乙醇技术研发和产业化示范，实现原料供应的多元化；优化燃料乙醇生产工艺，降低水耗、能耗和污染，降低生产成本，提高综合效益；逐步扩大燃料乙醇生产规模和乙醇汽油推广范围。③生物柴油：支持以农林油料植物为原料生产生物柴油，加强清洁生产工艺开发，提高转化效率，建立示范企业，提高产业化规模。开发餐饮业油脂等废油利用的新技术、新工艺，加快制订生物柴油技术标准，加速我国生物柴油产业化进程。

2007 年 8 月，国家《可再生能源中长期发展规划》进一步明确了生物燃料近期和中长期的发展方向和具体目标，重申根据我国土地资源和农业生产的特点，合理选育和科学种植能源植物，建设规模化原料供应基地和大型生物液体燃料加工企业；不再增加以粮食为原料的燃料乙醇生产能力，合理利用非粮生物质原料生产燃料乙醇；近期重点发展以木薯、甘薯、甜高粱等为原料的燃料乙醇技术，以及以麻疯树、黄连木、油桐、棉籽等油料作物为原料的生物柴油生产技术，逐步建立餐饮等行业的废油回收体系；从长远考虑，要积极发展以纤维素生物质为原料的生物液体燃料技术；在 2010 年前，重点在东北、山东等地，建设若干个以甜高粱为原料的燃料乙醇试点项目；在广西、重庆、四川等地，建设若干个以薯类作物为原料的燃料乙醇试点项目；在四川、贵州、云南、河北等地建设若干个以麻疯树、黄连木、油桐等油料植物为原料的生物柴油试点项目；到 2010 年，新增非粮原料燃料乙醇年利用量 200 万吨，生物柴油年利用量达到 20 万吨；到 2020 年，生物燃料乙醇年利用量达到 1000 万吨，生物柴油年利用量达到 200 万吨，总计年替代约 1000 万吨成品油。《可再生能源中长期发展规划》中对于生物质发电提到，根据各类可再生能源的资源潜力、技术状况和市场需求情况，2010 年和 2020 年可再生能源发展重点领域之一为生物质发电。根据我国经济社会发展需要和生物质能利用技术状况，重点发展生物质发电、沼气、生物质固体成型燃料和生物液体燃料。到 2010 年，生物质发电总装机容量达到 550 万千瓦，到 2020 年，生物质发电总装机容量达到 3000 万千瓦，生物质发电包括农林生物质发电、垃圾发电和沼气发电。

此外，国家还采取了经济激励与财税优惠政策。基本方法就是利用各种形式的补贴(包括投资补贴、生产补贴、销售补贴)、税收减免、价格优惠等经济手段，对生物燃料产业发展给予一定扶持，以实现其引导和促进生物燃料产业健康发展之目的。国外的实践表明，这也是一些行之有效的政策。因此，中国政府十分重视这方面政策的研究与制定并出台了一批政策，其中比较突出的、与生物燃料直接相关的政策规定举例如下：

(1) 为推动车用乙醇汽油试点工作，国家对生产销售陈化粮燃料乙醇和车用乙醇汽油实行如下优惠政策：

①免征用于调配车用乙醇汽油的变性燃料乙醇 5%的消费税。

②定点企业生产调配车用乙醇汽油所用变性燃料乙醇的增值税实行先征后返。

③四个定点企业生产变性燃料乙醇所使用的陈化粮享受陈化粮补贴政策。

④按国家发展和改革委员会同期公布的 90 号汽油出厂价(供军队和国家储备)，乘以车用乙醇汽油调配销售成本的价格折合系数 0.9111，为变性燃料乙醇生产企业与石油、石化企业的结算价格。

⑤车用乙醇汽油的零售价格，按国家发展和改革委员会公布的同标号普通汽油零售中准价格执行，并随普通汽油价格变化相应调整，也可视市场情况在国家允许的范围内浮动。

⑥执行上述政策后，变性燃料乙醇生产和变性燃料乙醇在调配、销售过程中发生的亏损，由国家财政对生产企业实行定额补贴。据 2005 年 8 月《财政部关于燃料乙醇补贴政策的通知》，对生产销售变性燃料乙醇的定点企业的补贴额度 2005 年和 2006 年分别为 1883 元/吨和 1628 元/吨，2007 年和 2008 年为 1373 元/吨。

(2) 2006 年 5 月，财政部颁布了《可再生能源发展专项资金管理暂行办法》，规定以无偿资助和贷款贴息的方式支持发展可再生能源，并明确规定对替代石油的可再生能源开发利用提供专项资金支持，重点扶持发展用甘蔗、木薯、甜高粱等制取的燃料乙醇，以及用油料作物、油料林木果实、油料水生植物等为原料制取的生物柴油。

(3) 2006 年 9 月，财政部、国家发展改革委、农业部、国家税务总局、国家林业局联合印发了《关于发展生物能源和生物化工财税扶持政策的实施意见》，提出将建立风险基金制度、实施弹性亏损补贴，提供原料基地补助和示范补助，以及税收优惠等措施，扶持发展生物液体燃料。2007 年 9 月，财政部据上述实施意见颁布了《生物能源和生物化工原料基地补助资金管理暂行办法》决定对为生物能源和生物化工定点和示范企业提供农业原料和林业原料的原料基地提供资金补助。根据该暂行办法，中央财政将对符合相关要求和标准的林业原料基地补助标准为 200 元/亩，对农业原料基地补助标准原则上为 180 元/亩。

## 10.3 公众参与

废弃物管理与能源化利用是涉及建设资源节约型、环境友好型社会，营造人与自然和谐相处政府管理的基本工作，做好废弃物管理工作的社会宣传，将为管理事业发展起到积极的推进作用。

近年来，随着城市的建设和发展，赋予城市生活废弃物有了更多更新的社会管理内容。作为一项面向社会、面向公众的公共管理事业，需要市民的大力支持与合作。环境，是典型的公共产品。作为环境要素的延伸——生活废弃物，同样具有公共产品的属性。公众的参与，不仅可以成为监督政府、企业履行管理和处理义务的有效力量，而且会有效提高公众的环境意识。

### 10.3.1 公众参与的概念与内涵

公众参与涉及的内容非常广泛，关于其概念和内容学界众说纷纭。从社会学角度上讲，“公众参与”(Public Participation)是指社会群体、社会组织、单位或个人作为主体，在权利义务范围内有目的的社会行动。进一步来说，也就是社会公众对某一事物的共同维护和处理。

“环保公众参与”则特指社会公众对环境保护的认知、维护和参与程度。其内涵是指在环境活动中，公民有权通过一定的程序或途径参与一切与环境利益相关的活动。这种参与，应包括决策参与(指公众在经济环境政策、规划和计划制定中和开发建设项目实施之前的参与)、过程参与(指公众对环境法律、法规、政策、规划、计划及开发建设项目实施过程中的参与)、末端参与(指公众对环境污染和生态破坏发生之后的参与)。

公众参与是建设项目在立项阶段或前期准备中的一项重要工作，我国目前已将之纳入建设项目环境影响评价(Environmental Impact Assessment，EIA)中。环评中的“公众参与”[15]是项目方或者环评工作组同公众之间的一种双向交流，其目的是使项目能够被公众充分认可并在项目实施过程中不对公众利益构成危害或威胁，以取得经济效益、社会效益、环境效益的协调统一。

### 10.3.2　公众参与对生物质废物利用制度建立的价值

在生物质废物综合利用的过程中，公众参与是不可或缺。没有公众的积极参与和大力支持，生物质废物综合利用工作是无法做好的，相关的法律政策也无从实现。需要公众在各个方面、各个环节的积极参与。公众参与生物质废物综合利用制度建立的价值主要体现为如下五个方面：

(1) 确立以可持续发展为核心的生物质废物综合利用的法治理念，需要公众的认同和参与。自制定《中国 21 世纪议程》以来，我国通过制定和修订相关环境立法，确立相应的原则和制度，初步确立了可持续发展的指导思想。但是，目前“经济优先论”在实践中仍然占据主导地位。这也是我国环境法治理念存在的最主要的问题。社会对某一理念的认同和实践，归根结底要落实到每一个“人”以及作为人的复数形式的“公众”的认同和实践。要确立可持续发展的环境法治理念，不仅需要社会成员对可持续发展原则的普遍认同，而且还需要社会成员通过积极的实践，参与到环境法治的各个方面中。

(2) 制定和完善生物质废物综合利用的管理制度与立法，需要公众参与。公众参与立法活动，是公民身份的重要体现，是人民主权观念的必然要求，是程序正义的实现方式，也是实现法治国家的前提条件。公众参与立法在我国拥有充分的法律依据：一方面，根据我国《宪法》，作为立法机关的全国人民代表大会由人民选举的代表组成，因此立法过程实际上就是全体人民共同参与的制定法律的过程；另一方面，根据我国《立法法》，立法过程中也应当听取各方面的意见。环境立法通常涉及公众的财产、健康甚至生命安全，所以立法过程必然要求实行公众参与。

(3) 实现生物质废物综合利用管理过程中的司法公正，需要公众的积极参与和监督。德沃金说，“如果判决不公正，社会就可能使某个社会成员蒙受一种道德上的伤害”——事实上，在环境司法领域，这种“伤害”通常超出了“道德”范畴，往往会极大地影响到公众的财产、健康和生命权利。公众参与环境司法，不仅仅是由于其拥有诉讼法上的权利，而且还因其可以基于监督职能，确保司法的公正性。在我国，公民作为环境诉讼当事人，享有控告权、申辩权、质证权、上诉权等诉讼权利。在诉讼过程中，律师代理或辩护制度、陪审员制度等，都是公众直接进入审判体制内部、直接参与或制约司法权的一种机制。自 2003 年开始试行的“人民监督员”制度，则在检察系统引入了公众参与机制。这些都是公众参与环境司法的具体体现。进一步的立法应对此进行完善。

(4) 保证生物质废物综合利用相关管理制度和法律和执法的公正性和效率性，需要公众的广泛参与。公众参与管理和执法，主要有两方面理由。一方面，管理和执法的重要对象之一，是作为行政相对人的公众。一些管理和执法形式，如行政处罚、行政强制措施，将对公众的环境权益和人身、财产权益造成相当大的影响。为了确保管理和执法的公正性，就有必要通过信息公开、听证等公共服务形式，确保公众的知情权、申辩权。另一方面，正如孟德斯鸠所言，“每个有权力的人都趋于滥用权力，而且还趋于把权力用至极限”。为了防止行政权的滥用，也有必要引入公众监督机制，从而对环境行政机关形成制约，同时还有利于提高环境行政效率。

(5) 对生物质废物综合利用相关管理制度和法律的监督，需要公众参与。守法包括各类主体的守法，公众的守法是其中不可或缺的重要内容之一。在我国，监督既包括立法监督、行政监督、司法监督、舆论监督、政党和社会团体监督等机关团体的监督，也包括公众监督。其中，公众监督不仅是机关团体监督的有力补充，而且还是生物质废物综合利用相关管理制度的执行工作得以健康发展和顺利进行的有力保障。

## 参 考 文 献


[1] 席北斗. 有机固体废弃物管理与资源化技术. 北京: 国防工业出版社，2006.

[2] 刘安国，蒋美英，杨开忠. 世界城市固体废弃物管理对北京市的借鉴意义. 北京社会科学，2011，(4): 34-40.

[3] 宋国君. 环境政策分析. 北京: 化学工业出版社，2008.

[4] 李先德，罗鸣，马晓春. 世界主要国家生物燃料发展动态与政策法规. 世界农业，2008，(9): 29-32.

[5] 中国产业信息网发布的《2015-2020 年中国燃料乙醇行业深度调研与投资前景分析报告》http://www.chyxx.com/industry/201507/329534.html.

[6] http://mt.sohu.com/20160706/n458114766.shtml.

[7] http://cn.chinagate.cn/news/2014-08/11/content_33202041.htm.

[8] http://finance.huanqiu.com/roll/2016-03/8750010.html.

[9] http://www.chyxx.com/industry/201612/474995.html.

[10] 肖波，周英彪，李建芬. 生物质能循环经济技术. 北京: 化学工业出版社, 2006.

[11] 国家发展和改革委员会能源研究所，可再生能源发展中心. 中国生物液体燃料规模化发展研究(专题报告三): 中国生物液体燃料现行政策的实施与回顾. 2008.

[12] 钦佩，李刚，张焕仕. 生物质能产业生态工程. 北京：化学工业出版社，2011.

[13] 陈徐梅，马晓微，范英. 世界主要国家生物质能战略及对我国的启示. 中国能源，2009，31(4): 37-39.
[14] 张哲，田义文. 生物质能政策法规建设的探索与实践. 商场现代化，2009，(567): 273-274.
[15] 张雪琴. 论我国环境保护中的公众参与. 北京：中国地质大学，2006.

# 第 11 章　生物质能源技术发展与应用挑战

生物质能由于其分布广、可再生的特点，有利于促进环保和节能减排。在发展可再生能源对化石能源尤其油品的补充上，以生物质能源担纲主角是世界潮流，但是生物质能源的发展与应用在原材料的获得、转化科技以及对生态环境的影响方面仍面临着巨大的挑战。

## 11.1　生物质能源技术发展趋势

由于生物能源所具有的优势，世界各国已经将其作为发展新型能源尤其运输燃料的重要选择。美国、德国、法国、日本、荷兰以及北欧(瑞典、芬兰、丹麦)等国家近年来已经加大在生物能源特别是先进生物燃料上的开发与投入。到 2010 年底，全球生物质发电装机容量超过 6000 万千瓦。2015 年，全球生物制造市场已达 7000 亿美元。进入 21 世纪后，随着国际石油价格的不断攀升及《京都议定书》的生效，生物质能更是成为国际可再生能源领域的焦点，世界各国也纷纷制定了开发生物质能源、促进生物质产业发展的研究计划和相关政策。在今后几年，生物质能源技术发展的主要趋势将主要集中于：生物质制备高能燃气，生物质制备高品质燃油，生物质经催化转化等化学技术生产高附加值的化学品以及利用生物质发电供热等领域。以“低碳经济”和“循环经济”为理念的发展思路将带领生物质能源技术朝着高性能、低成本、低污染、高附加值和专用化方向发展[1]。在技术开发领域，重点发展新型催化、分离和化工过程强化等关键共性技术，多联产目标产物的生物冶炼，以及多技术的耦合集成—热化学与生物法耦合等，促进生物质能源产业技术升级是重要的发展趋势。另外，在提高生物质能源收集、利用效率的同时，兼顾环境-经济-社会效益也不容忽视。

北欧是世界上生物质能利用效率最高的地区之一。瑞典从 2009 年开始，生物质已超过石油成为第一位的能源来源，占瑞典能源消费总量的 32%。瑞典利用无工业价值的木材采用热电联合装置产热和供电，其联合汽化(BIG-CC)工艺处于世界领先地位。生物质能源达 1100 亿 kW · h，其中，330 亿 kW · h 以区域供暖的形式提供，530 亿 kW · h 供给工业，130 亿 kW · h 供给居民及服务部门，110 亿 kW · h 供应交通部门。瑞典的生物质能源利用主要实行市场化，其中颗粒燃料市场在近几年增长了100%，总需求量达150万t，总价值达2.5亿欧元。根据瑞典生物能源协会(Swedish Bioenergy Association)统计，瑞典从生物质产生的总的能源消费在2000～2009年期间已从88 TW · h增加至115 TW · h。而在此期间内，基于石油产品的使用量已从142 TW · h减少至112 TW · h。瑞典政府计划到2020年将使可再生能源达到该国能源消费总量的50%。到2030年达到运输部门完全不依赖于进口化石燃料率先进入后石油时代[2]。芬兰生物质能源提供方式以建立燃烧站为主，较小规模的燃烧站仅提供暖气，大型燃烧站则同时提供暖气和电力，全国年能源总消耗4000亿kWh，其中810亿kWh由生物质能源提供，占20%。丹麦的BWE公司率先研究开发了秸秆生物燃烧发电技术，迄今在这一领域仍是世界最高水平的保持者。目前，丹麦已建立了130家秸秆发电厂，使生物质成为丹麦重要的能源。丹麦正准备在全国前5大城市，逐步减少并淘汰燃煤发电站，要求发电站进行技术改造，使用生物燃料替代煤和燃油，作为城市生产和生活的主要能源来源。

欧洲的生物质热电联产已很普遍，能源利用效率高，生物质与煤混燃发电较多，秸秆直接燃烧发电技术、生物质流化床锅炉发电技术已十分成熟。目前，德国生物质能源发电站1兆瓦以上的有350 家，有超过7万户家庭使用以木材颗粒燃料为原料的供暖机、发电机。到2030年，德国生物质能源占年能源总消耗量的比例将达到17.4%。欧洲生物质能协会(European Biomass Association)预计2020年生物质能的贡献将会从现在的72百万吨增长到220百万吨油当量。欧洲委员会于2010年采取积极步骤来改善欧盟的生物废弃物管理，并以此取得大的环境和经济效益。预计到2020年，欧盟运输业1/3能源供应将通过使用来自生物废弃物的生物气体来得以满足[3]。

美国在开发利用生物质能方面处于世界领先地位，生物质能利用占一次能源消耗总量的4% 左右。美国计划在2018年后，把从石油中提炼出来的燃油消费量减少20%，代之以生物燃油。美国于20世纪90年代初开始商业性生产生物柴油，到2006年，生物柴油生产能力为260万吨，实际产量为125万吨，美国现有生物柴油生产企业超过200家，生物柴油产量4.5亿加仑。美国生物质能发电总装机容量目前超过10000 MW，单机容量达10～25 MW。根据美国国家生物柴油委员会的计划，到2015年，生物柴油产量将占全国运输柴油消费总量的5%，达到610万吨。据《2010年美国能源展望》，到2035年美国可用生物燃料满足液体燃料总体需求量增长，乙醇占石油消费量的17%，使美国对进口原油的依赖在未来25年内下降至45%[4]。到2035年美国非水电可再生能源资源将占发电量增长的41%，生物质发电占49.3%。生物质发电的市场价值将从2010年450亿美元增加到2020年530亿美元。按照生物质发电协会(Biomass Power Association，BPA)的统计，生物质工业每年产生500万kW·h的电力。

日本在生物质能源利用方面，也有着先进的技术和理念[5]。近年来，为了促进循环型社会的形成和有竞争性新兴产业的成长，日本又推出了“日本生物质综合战略”，明确了日本在未来开发利用生物质的综合政策和方向，该战略也是产、学、官三位一体，跨学科、跨行业、跨部门的大型综合国家战略攻关计划[6]。在各项政策的引导下，日本秋田县能代市能代森林资源利用协作组织投资约 14.5 亿日元建设了发电量为 3000kW 的生物质发电项目，年利用林业和建材业废旧材料 5.9 万 t[7]。截至 2010 年，日本通过堆肥化、甲烷发酵、气化等技术手段对禽畜排泄物、木材加工厂的残材，以及建设木材废料等的废弃物类生物质的利用率已经达到 90%以上，对造纸残渣、下水污泥等的资源化利用率也达到约 80%[8]。2011 年日本大地震发生后，由于对独立和分散型能源系统的需求，日本对可再生能源的期待日益提高。日本农林水产省、内阁府、环境省等与生物质有关的七个中央部门于 2012 年 9 月公布了“生物质商业化战略”。该战略计划到 2020 年生物质能源可供电 130 亿 kW · h，以供约 280 万户用电，可供燃料 1180 千万 L，同时将减少温室气体 $CO_2$ 排放量约 4070 万 t[9]。为了实现这一目标，将充分利用林地间木材、废弃食品、下水污泥、家畜粪便等废弃生物质，着力使液体燃料化、固体燃料化、直接燃烧、甲烷发酵堆肥化等 4 项技术重点实现商业化。同时还将建立反映生物质利用技术水平的技术评价体系，通过对生物质以及技术的选择和集中，推动商业化的进行。另外，还将通过有效利用生物质使其产业化为目标，构建生物质产业城市。日本“生物质城”的提出，旨在建立以某一区域为单位的物质和能源的循环系统，在详细分析当地生物质的质和量、当地物质和能源需求等基础上，有计划地引进适合当地生物质精炼的技术，最终建立能完全有效地使用当地生物质的循环系统的社区。2013 年 6 月，日本选出了以北海道十胜地域、茨城县牛久市等 8 个地区为代表的生物质城作为试点，并计划在未来 5 年内构建约 100 个生物质城。除此之外，发展经济环保的生物质收集运输技术也是日本生物质开发利用过程中关注的一个重要方面。

随着中国“五年计划”的持续推进，我国生物质能多元化利用取得较大进展，生物质发电、液体燃料、燃气、成型燃料等多种利用方式并举，技术不断进步，已呈现出规模化发展的势头。2010 年，生物质能利用量(不含直接燃烧薪柴等传统利用方式)约 2400 万 t 标准煤。到 2010 年底，我国生物质发电装机容量 550 万 kW，其中农林生物质发电 190 万 kW，垃圾发电 170 万 kW，蔗渣发电 170 万 kW，沼气等其他生物质发电 20 万 kW。生物质发电已形成一定规模，年发电量超过 200 亿 kW · h，相应年消耗农林剩余物约 1000 万 t，总计增加农民年收入约 30 亿元。生物质发电技术和设备制造发展较快，已掌握了高温高压生物质发电技术。以陈化粮和木薯为原料的燃料乙醇年产量超过 180 万 t，以废弃动植物油脂为原料的生物柴油年产量约 50 万 t。培育了一批抗逆性强、高产的能源作物新品种，木薯乙醇生产技术基本成熟，甜高粱乙醇技术取得初步突破，纤维素乙醇技术研发取得较大进展，建成了若干小规模试验装置。在生物质燃气领域，生物质多联产技术、热化学-生物耦合技术等发展较快。到2010年底，我国农村户用沼气保有量超过4000万户，年产沼气约130亿$m^3$。建成畜禽养殖场沼气工程5万多处，年产沼气约10亿$m^3$。农村沼气技术不断成熟，产业体系逐步健全，许多地方建立了物业化管理沼气服务体系。生物质气化、集中供气技术和工艺不断改进，目前已建成使用的生物质集中供气项目约1000个。2010年，生物质成型燃料产量约300万t，主要用于农村居民和城镇供热锅炉燃料及生物质木炭原料。成型燃料设备能耗显著降低，易损件寿命和可维护性明显提高，成型燃料已初步具备较大规模产业化发展条件。全国已经试点推广种植了能源林100万亩，至2020年全国将种植能源林2亿亩，生产生物柴油600万t，将逐步改变我国的能源结构，减少对石油的依赖[10]。

## 11.2　生物质能源应用所面临的挑战

人们越来越认识到，尽管生物能源发展为可持续发展提供了新的机遇，但是由于原料问题、技术经济问题、发展理念问题等一系列因素，生物质能源的发展与应用在原材料的获得、转化科技以及对生态环境的影响方面仍面临着巨大的挑战。

生物质原料的获得与转化技术仍然面临挑战。获得大量生物质原料是发展生物质能源的基础，但是为了保障生物质能“不与粮争地、不与人争粮”，必须选择在边际土地上发展能源植物资源产业，在多为干旱、盐碱、瘠薄的边际土地上发展生物质能。我国边际土地资源多分布在西北部地区，与水资源、人口呈逆向分布，这给实际开发带来相当大的困难。由于绝大多数未利用的土地地处偏远、自然条件恶劣、土地开发成本巨大，利用边际性土地生产生物能源任重而道远。原料供应不足成为制约生物乙醇、生物柴油产量增加的瓶颈。粮食比能源更重要，只有在保障粮食安全的前提下才能用余粮生产生物燃料，高产作物如甜高粱、薯类等迄今仍未有专门为乙醇生产的规模化种植；高产作物在育种、实验种植等方面取得了一定进展，但较少进行在边际性土地上种植以及在现有耕地替代种植方面的全面技术经济可行性分析。纤维素乙醇、生物质合成油(BTL)被称为“第二代生物燃料”，同第一代生物燃料相比，纤维素乙醇、BTL利用秸秆、谷壳、林业采伐剩余物、加工残余物等富含纤维素的农林废弃物为原料，价格便宜，供应充足，不会对粮食安全产生威胁。然而纤维素类生物质季节性强、能量密度低、收集贮存困难，目前原料收集主要依靠人工和小型机械，运输主要依靠通用运输工具，缺乏完整的专业化原料收集、运输、储存及供应体系，收储运效率低，难以满足生物质能规模化利用的需要；同时，纤维素水解技术、气化技术、合成技术尽管原理上都已实现，但在技术可靠性和经济可行性上仍存在严重障碍，这些问题都阻碍了纤维素乙醇、BTL 的商业化进程。因此，生物能源技术未来将会由“制造燃料”向“制造原料”转移。“制造原料”包括提高原料的产量和品质、扩大可利用的原料范围、降低原料种植过程消耗和废物排放等。遗传工程、微生物技术、基因工程等“制造原料”的基础研究在制造原料过程中将发挥重要作用，因而将成为研发重点，高品质能源植物开发、微生物“细胞工厂”、生物质精炼技术、生物系统工程等将成为技术前沿和研发热点。主要用于能源领域的转基因产品由于不涉及食品安全问题，将会更快发展。

兼顾高科技和经济性是可再生能源发展要面临的重要挑战之一。特别是我国生物质发电和供热产业的规模化发展起步较晚，由政府主导的传统户用发展模式比例远高于市场化发展模式，导致资源利用技术水平和效率低、工程质量差、重建轻管等问题的产生，产业发展模式无法适应新形势下农村经济和社会发展对生物质发电和供热产业发展的要求。随着目前我国经济发展方式的转变以及城镇化进程的加快，生物质能由于在分布式供热和发电领域具有较为明显的优势，从扩大内需、改善民生等战略角度出发，发展潜力巨大。但总的来看，生物质发电、供气和供热产业需要多种技术和多种资源协调才能健康发展。考虑到目前这些技术的发展模式还不清晰，支持其大规模发展的市场框架、机制还不健全，引导和激励各类生物质能全面协调发展的政策措施也不完善，需要从优化生物质能利用的角度出发，研究制定国家层面的、系统完整的，综合考虑资源生产供应、技术选择发展、市场终端需求、政策激励引导等要素的生物质发展路线图，提出优化的发展目标，描绘详细的发展路径，指明我国生物质发电和供热产业的发展方向，以此指导和推动中国生物质发电和供热产业的协调可持续发展。

从技术发展层面，我国仍未掌握循环流化床气化及配套内燃发电机组等关键设备技术，非粮燃料乙醇生产技术需要升级，生物降解催化酶等核心技术亟待突破，生物柴油生产技术应用水平还不高，航空生物燃油、生物质气化合成油等技术尚未产业化。生物质能综合利用水平低，转换效率有待提高。生物质热解技术需完善工程设计、设备制造等方面的技术水平。生物质能项目的专业化市场化建设管理经验不足，产品、设备、工程建设和项目运行等方面的标准不健全，检测认证体系建设滞后，缺乏市场监管和技术监督。成型燃料市场尚未完全开发，农村生物质能项目产业化程度较低，可持续发展能力不足。国家应加大在基础研究领域的投入，开展物质的全组分利用，梯级分级利用，多联产目标产物的生物冶炼，以及多技术的耦合集成——热化学与生物法耦合等领域的研究，提升我国在生物质转化领域的科技创新能力。

生物质能的发展对环境与生态的影响仍然面临挑战。生物能源生产影响本地环境和全球环境，对土地、水资源、生物多样性和全球气候等均具有影响。气候变化减缓是许多国家进行生物能源开发的一个政策目标。但是，测量生物能源生产链全过程排放的生命周期分析显示，所使用的技术、地点和生产路径不同，碳平衡也会大相径庭，生物能源的一个重要的特性就是“碳中性”，即生物能源燃烧所释放到空气中的二氧化碳，可以被生物能源生长过程吸收的二氧化碳所抵消。但这种说法受到了越来越多的质疑。能源植物的种植及收获需要消耗肥料、农药和动力，生物燃料生产和提纯过程也要消耗大量化石能源；作为碳平衡尤为重要的一个方面，土地利用变更所产生的影响仍无法确定，能源植物种植引起土地需求的增长，有可能毁林开荒，破坏天然碳汇，使数百年来积聚于土壤中的碳由于垦殖而大量分解，增加温室气体排放，将形成需要几十年甚或几百年才能“偿还”的“碳债务”[11]。毁林开荒还可能引起生态和环境问题，造成难以挽回的灾难性后果。在这些问题上，尽管国内外都有相关研究，但还不全面，缺乏系统性，其中仍有大量工作要做。就目前掌握的数据而言，已经产业化的生物能源对全球温室气体减排的贡献很难估算，而在令人信服的结论出来之前，生物液体燃料的发展必然会受到影响。一般认为，能源生物质的种植是一个生态改善的过程，这种看法是片面的。只有在荒漠、贫瘠等自然条件恶劣、原本生物群落匮乏的地区中种植高抗逆性植物的时候成立，这种情况下，生态效益甚至大于能源效益。然而，水、肥的缺乏以及自然条件的恶劣必然导致生物质资源产量低下，这些地区的投资意味着高投入、低产出。总体上，这些投入是值得的，它改善了生态和环境，形成了新的碳汇而实现减排作用，不过这些地区很难成为生物质资源的主要供应地区。能源作物一个重要的特点是高产，也就是说能够实现光合作用的最大化或最优化。实现这一点，要保证能源作物足够的、合适的水、肥、光照、温度等自然条件，拥有这些条件的地区必然是生物群落发达的地区，如东南部地区等。新型能源作物是外来物种，甚至是新创造的物种，有可能挤占生物群落比较发达的土地，并且新型能源作物具备更强的适应能力、更有效的阳光利用率、更高的生物量产量，这将带来诸如物种入侵、基因入侵、生物链破坏、物种灭绝等严重的生态问题。近年来，发展能源农业所导致的生态和环境破坏的报道屡见不鲜，如巴西种植甘蔗、东南亚国家种植油棕破坏原始热带雨林等，历史上人类也经历了将大量原始林地、草原改造成良田过程。当然这并不是不可以接受的——当能源需求和生态、环境发生矛盾的时候，采取一种对环境影响最小、实现能源供应效果最大的生物能源开发利用方式是必要的，以保证环境和社会协调发展。生物能源将来的发展也需要土地来种植能源作物，为了避免走破坏的老路，需要对环境及生态现状及新物种对现存生物群落的影响作尽可能详细的调查研究，尽最大可能地做好保护物种、保存基因等工作，生态问题将和生物能源技术不可分割，必然受到广泛关注。

## 11.3　展望与未来

作为可替代能源，生物质能在能源体系中的地位将会越来越重要。替代石油是生物能源产业发展的核心目标。在所有可再生能源中，生物能源是最有希望替代石油的，以生物质为原料既可发展生物基能源替代石油基汽柴油为主的石油能源产品，也可发展生物基化工材料如塑料、化工原料以及高附加值的化学品。从长远发展来看，生物能源发展前景广阔，欧盟、美国、巴西等都制定了生物能源替代石油发展规划，并且生物能源已经在这些国家的石油产品消费中占据了一定的规模。当前，少数生物质能利用技术已经比较成熟，具有一定的经济竞争力，初步实现了商业化、规模化应用。生物质能供热、供气以及发电具有技术成熟、产业化程度高以及应用贴近终端用户的特点，许多国家都将生物质发电、供热和供气等技术作为生物质能发展的重要方向，采取各种措施加快其开发利用，并制定了相应的发展路线图，明确了未来发展目标、技术方向、发展重点和途径。如丹麦 2011 年制定了《能源战略 2050》，提出要修改丹麦供暖法案、提供沼气补贴，促进生物质供暖、供气发展[12]；国际能源署 2012 年发布了生物燃料技术路线图，指出到 2050 年全球用于供暖和电力的生物能源将增加一倍，生物质年需求量将达到 50～70 亿吨[13]；英国 2012 年发布了《英国可再生能源发展路线图》，提出到 2020 年包括生物质能在内的可再生能源发电装机容量达到 29 GW、供热装置安装量达到 12.4 万个[14]；日本 2009 年公布的《生物质活用推进基本计划》提出，到 2020 年预计含 2600 万吨碳的生物质将得以有效利用，同时还将开创出 5000 亿日元规模的新产业。2010 年 5 月，为保证美国生物质能和生物质产品远景发展目标的实现，美国生物质能研究和发展技术顾问委员会提出了《美国生物质能技术发展路线图》。通过美国生物质能技术发展路线图，委员会向能源部、农业部、内政部、环保署、国家科学基金和科技政策办公室提出了未来生物质技术的发展方向，美国能源部先后多次发布《生物质多年项目计划》报告，指出生物质多年项目计划的战略目标是发展具有成本竞争力的生物质技术，在国内形成新的生物产业，实现生物燃料在全国范围内的生产和使用，减少国内原油依赖，全面支持“10 年 20%计划”中提出的目标[15,16]。欧盟 2003 年《生物燃料促进法则》，提出了 2020 年的生物液体燃料的发展目标；2005 年公布了《生物质行动计划》，其中涵盖生物质能发电、生物质能热利用和生物交通燃料全部生物质能的开发利用计划；2006 年又公布了《欧盟生物燃料发展战略》。2011 年底，全球生物质热利用能力达到 290 GW，占全部可再生能源产能的 23.00%；欧洲的生物质能供暖满足了供暖能源总需求的 12.90%，占可再生能源供暖的 93.00%，生物质能发电占可再生能源发电的16.85%，生物质能提供了63.59%的热电联产。

我国自2006年1月1日正式颁布《可再生能源法》。该能源法明确“将可再生能源的开发利用列为能源发展的优先领域”，从“资源调查与发展规划”“产业指导与技术支持”、“推广与应用”、“价格管理与费用分摊”、“经济激励与监督措施”等方面提出可再生能源发展的基本原则和思路框架，明确了相关部门在各个环节的职责、权利和法律责任。在发展生物能源方面，该能源法提出：“国家鼓励清洁、高效地开发利用生物质燃料，鼓励发展能源作物”、“国家鼓励生产和利用生物液体燃料”“因地制宜地推广应用沼气等生物质资源转化”，以立法的方式确定了生物能源的重要地位，并初步指出了生物能源的发展重点。近年来，我国在生物质能开发与利用方面取得了较大成就，利用方式主要集中在生物质直燃发电、气化发电及燃气集中供应、生物质成型燃料用于炊事和供热等方面。2012年生物质发电总装机容量达910万kW，年发电380亿kW·h；生物质燃气产量达到8亿$m^3$，生物质成型燃料产量达到600万t，年替代化石能源量约折合1530万t标准煤。我国已经颁布的《可再生能源发展“十二五”规划》、《生物质能发展“十二五”规划》明确了，到2015年生物质发电总装机容量将达到1300万kW，年发电量达到780亿kW·h，生物质燃气产量达到60亿$m^3$，生物质成型燃料产量达到1000万t，年替代化石能源总量达到3100万t标准煤。

新型原料的培育、产品的综合利用、高效低成本的转化技术将成为我国未来生物质能技术三大发展趋势。生物质能技术发展的总趋势，一是原料供应从以传统废弃物为主向新型资源选育和规模化培育发展，二是高效、低成本转化技术与生物燃料产品高值利用始终是未来技术发展核心，三是生物质全链条综合利用是实现绿色、高效利用的有效方式。我国“十二五”时期生物质能科技重点任务包括微藻、油脂类、淀粉类、糖类、纤维类等能源植物等新型生物质资源的选育与种植，生物燃气高值化制备及综合利用，农业废弃物制备车用生物燃气示范，生物质液体燃料高效制备与生物炼制，规模化生物质热转化生产液体燃料及多联产技术，纤维素基液体燃料高效制备，生物柴油产业化关键技术研究，万吨级的成型燃料生产工艺及国产化装备，生物基材料及化学品的制备炼制技术等。

从目前生物质能资源状况和技术发展水平看，生物质成型燃料的技术已基本成熟，作为供热燃料将继续保持较快发展势头。大型沼气发电技术成熟，替代天然气和车用燃料也成为新的使用方式。生物质热电联产以及生物质与煤混燃发电仍是今后一段时期生物质能规模化利用的主要方式。低成本纤维素乙醇、生物柴油等先进非粮生物液体燃料的技术进步，为生物液体燃料更大规模发展创造了条件，以替代石油为目标的生物质能梯级综合利用将是主要发展方向。生物质能及相关资源化利用的资源将继续增多，油脂类、淀粉类、糖类、纤维素类和微藻，以及能源作物(植物)种植等各种生物质都是生物质能利用的潜在资源。因此，我国发展生物能源产业，应坚持生态发展原则，建立生物能源生态技术体系和生态产业体系，做到不与民争粮、争油，不与粮争地、争水，达到人、自然和生物能源的和谐发展。在实际操作中，要坚持资源、技术与产品多元化发展，大力发展能源植物、能源藻类、产能微生物等多样性生物能源资源；大力发展热化学转化、绿色化学催化转化、工业生物技术等各具特色的核心技术；大力发展生物质发电、生物燃气、生物液体燃料等多种形式的能源终端产品。同时，还应坚持因地制宜，大力发展适合当地气候、土壤和降水特征的生物质资源，发展适合当地资源条件和需求的技术、工艺与产品。

除了高度重视前瞻性的基础研究、关键与共性技术开发、成套化集成系统研发与示范工程建设外，我国在生物能源开发利用上还应加强生物质能源科技发展的战略研究与评价工作，建立生物质能源战略研究与评价体系；加强我国生物质资源普查与收集工作，特别是适合我国国情的能源植物、能源微藻与产能微生物资源的收集工作，建立国家级的生物质种质资源收集与保藏平台；加强生物能源的信息化工作，建立基于 3S 技术的生物质资源监控与预测预警体系以及生物能源资源、技术、产品、专利等科学数据库与数字生物能源系统；加强政策研究，制定有利于推动我国生物能源产业持续健康发展的产业引导与扶持政策；加强基础设施建设，建立我国生物质能源产、供、销体系；加强标准体系研究，制定我国生物能源技术与产品系列标准，建立我国生物能源标准与市场准入体系。

## 参 考 文 献

[1] 中国石油和化学工业联合会. 石油和化学工业“十二五”科技发展指南, 2011.
[2] 瑞典生物能源协会(Swedish Bioenergy Association). http://www.svebio.se/.
[3] 欧洲生物质能协会(European Biomass Association). http://www.aebiom.org/.
[4] 美国能源部. 2010 年美国能源展望, 2010.
[5] 何季民.日本的新阳光计划.华北电力技术, 2002，1:52-54.
[6] 小宫山宏，迫田章义，松村幸彦.日本生物质综合战略. 李大寅，蒋伟忠，译. 北京：中国环境科学出版社，2005.
[7] 王鹏. 日本生物质应用实例和综合战略. 洁净煤技术, 2006, 12(3):21-26.
[8] 日本农林水产省. 生物质有关情报. 日本第 6 回生物质活用推进会,2013.
[9] 日本农林水产省. 生物质商业化战略摘要. 日本第 5 回生物质活用推进会,2012.
[10] 国家能源局. 生物质能发展“十二五”规划, 2012.
[11] 联合国粮食及农业组织.气候变化和生物能源的挑战, 2008.
[12] The Danish Government. The energy strategy 2050: From coal,oil and gas to green energy. 2011.
[13] International Energy Agency (IEA). Technology Roadmap: Bioenergy for Heat and Power. 2012.
[14] UK department of Energy & Climate change.UK Renewable Energy Roadmap Update 2012.
[15] US Department of Energy. National Algal Biofuels Technology Roadmap, 2010.
[16] US Department of Energy. Biomas Multi-Year program Plan, 2011.

# 索 引